Inklusion für Menschen mit Demenz

Birgit Schuhmacher

Inklusion für Menschen mit Demenz

Exklusionsrisiken und Teilhabechancen

Birgit Schuhmacher
Bochum, Deutschland

Dissertation Albert-Ludwigs-Universität Freiburg, 2017

u.d.T.: Birgit Schuhmacher: „Inklusion für Menschen mit Demenz? Exklusionsrisiken und Teilhabechancen."

ISBN 978-3-658-20034-3   ISBN 978-3-658-20035-0 (eBook)
https://doi.org/10.1007/978-3-658-20035-0

Die Deutsche Nationalbibliothek verzeichnet diese Publikation in der Deutschen Nationalbibliografie; detaillierte bibliografische Daten sind im Internet über http://dnb.d-nb.de abrufbar.

Springer VS
© Springer Fachmedien Wiesbaden GmbH 2018
Das Werk einschließlich aller seiner Teile ist urheberrechtlich geschützt. Jede Verwertung, die nicht ausdrücklich vom Urheberrechtsgesetz zugelassen ist, bedarf der vorherigen Zustimmung des Verlags. Das gilt insbesondere für Vervielfältigungen, Bearbeitungen, Übersetzungen, Mikroverfilmungen und die Einspeicherung und Verarbeitung in elektronischen Systemen.
Die Wiedergabe von Gebrauchsnamen, Handelsnamen, Warenbezeichnungen usw. in diesem Werk berechtigt auch ohne besondere Kennzeichnung nicht zu der Annahme, dass solche Namen im Sinne der Warenzeichen- und Markenschutz-Gesetzgebung als frei zu betrachten wären und daher von jedermann benutzt werden dürften.
Der Verlag, die Autoren und die Herausgeber gehen davon aus, dass die Angaben und Informationen in diesem Werk zum Zeitpunkt der Veröffentlichung vollständig und korrekt sind. Weder der Verlag noch die Autoren oder die Herausgeber übernehmen, ausdrücklich oder implizit, Gewähr für den Inhalt des Werkes, etwaige Fehler oder Äußerungen. Der Verlag bleibt im Hinblick auf geografische Zuordnungen und Gebietsbezeichnungen in veröffentlichten Karten und Institutionsadressen neutral.

Gedruckt auf säurefreiem und chlorfrei gebleichtem Papier

Springer VS ist Teil von Springer Nature
Die eingetragene Gesellschaft ist Springer Fachmedien Wiesbaden GmbH
Die Anschrift der Gesellschaft ist: Abraham-Lincoln-Str. 46, 65189 Wiesbaden, Germany

Danksagung

Die Fertigstellung meiner Dissertation verdankt sich nicht nur meinen Bemühungen, sondern wesentlich auch der Hilfe anderer Menschen.
Meinen Gutachtern Prof. Dr. Baldo Blinkert und Prof. Dr. habil Thomas Klie danke ich für die hilfreichen und kritischen Gespräche während der Entstehung der Arbeit. Insbesondere Thomas Klie verdanke ich vielfältige und tiefgehende Erkenntnisse zu den wissenschaftlichen, ethischen und rechtlichen Aspekten der sozialen Gerontologie, die ich im Zuge unserer gemeinsamen Forschungsarbeit bei AGP Sozialforschung Freiburg sammeln durfte.

Ich danke der Konrad-Maier-Stiftung an der Evangelischen Hochschule Freiburg, insbesondere Frau Hable-Maier, für die Gewährung einer finanziellen Unterstützung, die mir in einer wichtigen Phase der Arbeit deren konzentrierte Fortführung erlaubt hat.
Die Teilnahme am „Begleitzirkel Promotion" der Landeskonferenz der Gleichstellungsbeauftragten an Hochschulen für angewandte Wissenschaften in Baden-Württemberg und der Dualen Hochschule Baden-Württemberg (LaKof BW) hat die Strukturierung der Arbeit wesentlich gefördert.

Diskussionen, Rückfragen und Anmerkungen zum Text, zahlreiche formale Korrekturen, Hilfe in allen Belangen des (Familien-)Alltags – für all das, für die nicht enden wollende Unterstützung und Ermutigung danke ich Maja Apelt, Annerose Siebert, Sabine Behrend, Christine Kimpel, Constanze Lohmeyer und Christoph Rück sowie meinem Mann, Archie C. Füßer.

Die Arbeit ist meinen Eltern Ingeborg und Erich Schuhmacher gewidmet.

Inhaltsverzeichnis

1 Einleitung: Inklusion und Demenz? 1
   1.1 Ziel und Fragestellungen der Arbeit 3
   1.2 Methodik und Gang der Argumentation 8

2 Exklusion 13
   2.1 **Exlusionstheorie** 13
      2.1.1 Relation von Inklusion und Exklusion 13
      2.1.2 Exklusionsbegriff 17
      2.1.3 Exklusionsdimensionen: Produktion, Reproduktion, Partizipation 21
   2.2 **Sozialgeschichte der Demenz** 27
      2.2.1 Demenz in der Antike 28
      2.2.2 Demenz im Mittelalter 35
      2.2.3 Demenz in der Neuzeit 37
      2.2.4 Fazit: Exklusion bei Demenz in historischer Perspektive 44
   2.3 **Demenz als Behinderung des Alters** 48
      2.3.1 Epidemiologischer und medizinischer Forschungsstand 49
          2.3.1.1 Epidemiologie 49
          2.3.1.2 Definition des Demenzsyndroms 57
          2.3.1.3 Ätiologie und Symptomatik der häufigsten Demenzformen 61
          2.3.1.4 Diagnose und Therapie 66
      2.3.2 Körpernahe Exklusionen 76
      2.3.3 Kommunikationsprobleme und Zivilisationskonflikte 81
      2.3.4 Exklusion in Unterstützungsarrangements 86
          2.3.4.1 Exklusionsrisiken der familiären Pflege und Unterstützung 87
          2.3.4.2 Exklusionsrisiken in Einrichtungen 96
          2.3.4.3 Ökonomie der Demenz 101

2.3.5 De-Personalisierung 109
    2.3.5.1 Pathologisierung bzw. Medikalisierung der Demenz 110
    2.3.5.2 Philosophische und mediale Strategien 116
    2.3.5.3 Exklusionsfolgen der De-Personalisierung 121
2.3.6 Exklusion in unterschiedlichen Lebensphasen 124
    2.3.6.1 Menschen mit Demenz in Beruf und Ruhestand 124
    2.3.6.2 Menschen mit Demenz am Lebensende 129
    2.3.6.3 Verlust von Kapitalien bei Demenz................................ 132
2.3.7 Blick von innen 134
2.3.8 Sinnunterstellung als Exklusionsrisiko 141

2.4 Fazit: Exklusion von Menschen mit Demenz 146

3 Inklusion 149

3.1 Karriere einer Idee 149

3.2 Inklusion, Integration oder Teilhabe? 161

3.2.1 Inklusion 162
3.2.2 Integration 172
    3.2.2.1 Soziologie 173
    3.2.2.2 Soziale Arbeit 178
    3.2.2.3 Heilpädagogik.. 180
    3.2.2.4 Überblick: Abgrenzung von Inklusion und Integration..... 187
3.2.3 Teilhabe 191

3.3 Fazit: „Container"-Begriff Inklusion 208

4 Inklusion und Demenz 215

4.1 Inklusion im Kontext sozialer Kohäsion 215

4.1.1 Was hält Gesellschaften zusammen? 216
4.1.2 Demenz als Anomierisiko? 220
4.1.3 Einbeziehung von Menschen mit Demenz 222
4.1.4 Sozialraum und Demenz... 229

Inhaltsverzeichnis

4.2 Der systemtheoretische Kontext von Inklusion **245**
4.2.1 Inklusion als Vergesellschaftung in funktional
differenzierten Systemen 246
    4.2.1.1 Gesellschaft als System 246
    4.2.1.2 Inklusion durch Rollenübernahme 249
    4.2.1.3 Kommunikation in Organisationen und Interaktionen 251
    4.2.1.4 Adressierung im Spezialfall Familie 253
4.2.2 Inklusion von Menschen mit Demenz in
systemtheoretischer Perspektive 256
    4.2.2.1 Inklusionsdruck durch Voluntarismus der Systeme 256
    4.2.2.2 Kommunikation als Exklusionsmotor
und Inklusionsoption 258
    4.2.2.3 Einrichtungen: Inkludierende Exklusion bei Demenz 260
    4.2.2.4 Familie als Modell multipler Adressierung 265

4.3 Der (menschen-)rechtliche Kontext von Inklusion **269**
4.3.1 Menschenrechte und Menschenwürde 270
4.3.2 Die UN-Behindertenrechtskonvention 275
    4.3.2.1 Inhalt und Bedeutung der BRK 275
    4.3.2.2 Der Inklusionsbegriff in der BRK 278
    4.3.2.3 Geltung und Umsetzung der Konvention 288
4.3.3 Inklusion bei Demenz in normativer Perspektive 293
    4.3.3.1 Inklusion in Menschenwürde und Menschenrechte 294
    4.3.3.2 Wandel von Strukturen und Haltungen 295
    4.3.3.3 Selbstbestimmung und rechtliche Assistenz 299
    4.3.3.4 Demenz als Behinderung? 304

4.4 Inklusion im Kontext sozialer Ungleichheit **310**
4.4.1 Vertikale und horizontale Ungleichheiten 310
4.4.2 Inklusion und soziale Ungleichheit 313

5 Fazit und Ausblick **317**

Literatur **325**

Tabellen- und Abbildungsverzeichnis

Tabelle 1:	Prävalenz Demenzerkrankungen in Deutschland nach Altersgruppe	52
Tabelle 2:	Menschen mit Demenz in Mio. nach Einkommensklassen 2015	56
Tabelle 3:	Geschätzte Zunahme der Krankenzahl in Deutschland 2010 bis 2050	57
Tabelle 4:	Überblick nicht-medikamentöse Therapien, Pflegemodelle und Angebote	73
Tabelle 5:	Durchschnittliche jährliche Kosten in Euro pro Demenzpatient (2008)	104
Abbildung 1:	Theoretische Perspektiven, Zielgruppen und Praxisfelder von Inklusion	151
Tabelle 6:	Definitionselemente und disziplinäre Kontexte von Inklusion	170
Tabelle 7:	Differenz Integration zu Inklusion nach Disziplinen	187
Abbildung 2:	Das bio-psycho-soziale Modell der ICF	199
Tabelle 8:	Integrationstheorien	218

Abkürzungsverzeichnis

BRK	Behindertenrechtskonvention: „Convention on the Rights of Persons with Disabilities" (CRPD); dt.: „Übereinkommen über die Rechte von Menschen mit Behinderungen"
DIMDI	Deutsches Institut für Medizinische Dokumentation und Information
FEM	Freiheitsentziehende Maßnahmen
GG	Grundgesetz
ICD	„International Statistical Classification of Diseases and Related Health Problems"; dt.: „Internationale statistische Klassifikation der Krankheiten und verwandter Gesundheitsprobleme"
ICF	„International Classification of Functioning, Disability and Health"; dt.: „Internationale Klassifikation der Funktionsfähigkeit, Behinderung und Gesundheit"
k. i. O.	kursiv im Original
UN	United Nations; dt.: Vereinte Nationen
WHO	World Health Organization; dt.: Weltgesundheitsorganisation

1 Einleitung: Inklusion und Demenz?

In einer auf Individualität, Selbstbestimmung und Rationalität bedachten Zeit gilt es weder als erstrebenswert noch überhaupt als akzeptabel, ganz und unbedingt in einem anderen Menschen aufzugehen. Allenfalls in der romantischen Liebe oder in der elterlichen Beziehung zu noch sehr kleinen Kindern ist dies denkbar, weil in beiden Fällen der damit verbundene Ich-Verlust von vorneherein partiell, zeitlich begrenzt und reversibel ist – alle Beteiligten finden zu ihrer Unabhängigkeit im Denken und Handeln (zurück). Ganz anders sieht dies John Baley, der Ehemann der im Alter an Alzheimer-Demenz erkrankten Philosophin und Schriftstellerin Iris Murdoch (1919-1999):

> „Früher existierte ich einmal außerhalb ihrer, war eine von ihr, ihrem Denken, ihren Daseins- und Schaffenskräften vollkommen getrennte Wirklichkeit. Jetzt bin ich das nicht mehr. Jetzt habe ich das Gefühl, daß wir beide miteinander verschmolzen sind. Manchmal erschreckt mich das, aber es erscheint mir auch tröstlich, bestärkend und normal." (Bayley 2000, 249 f.)

Er lernt während des Lebens mit seiner demenzkranken Frau ihre Abhängigkeit von ihm, die wiederum ihn in existenzielle Abhängigkeit bringt, als „tröstlich, bestärkend und normal" zu schätzen. Hier ist eine Sicherheit entstanden, und zwar gerade nicht im Vertrauen auf die je eigene, „getrennte Wirklichkeit", sondern sie ist erwachsen aus dem unbedingten Dasein eines anderen Menschen, obwohl sich dieses Dasein und damit die Verschmelzung jeder rationalen Steuerung entzieht.

Der Schriftsteller Arno Geiger hat den Gang über die Brücke in das Exil, in dem sein an Demenz erkrankter Vater gefangen und aus- bzw. eingeschlossen ist, und die Begegnung mit ihm in diesem Exil beschrieben (Geiger 2011). Viele weitere Romane und Filme, die in den letzten Jahren zum Thema Demenz entstanden sind (Kuhlmey 2013), wie auch die Erfahrungen von Angehörigen, Bezugspersonen und Pflegenden von Menschen mit Demenz zeigen, dass es trotz des langsamen Abbaus von Gedächtnis und Sprache – den Angelpunkten der sozialen Bezugnahme schlechthin – Raum und Möglichkeiten gibt für neue Begegnungen, neue

Wege der Kommunikation, aber auch die Notwendigkeit, diese Räume und Wege zu suchen.

Demenzkrankheiten, und hier vor allem die Alzheimer-Krankheit, sind mitten in der Gesellschaft angekommen: Fast 1,5 Millionen Betroffene lebten in Deutschland im Jahr 2012 (Bickel 2014, 2). Es sind durchschnittlich 1,7 bis 2 Menschen, meist Angehörige, die einen älteren hilfe- oder pflegebedürftigen Menschen unterstützen (Rothgang, Müller, Unger 2012, 13), so dass weitere knapp 3 Millionen Menschen in Deutschland direkt betroffen sind. Etwa eine Million Beschäftigte in Pflegeheimen und ambulanten Pflegediensten (Pfaff 2013) sind beruflich mit der Betreuung und Versorgung von Menschen mit Demenz befasst, deren Anteil in Pflegeheimen bei knapp 70 % liegt (Schäufele et al. 2009, 173). Neben diesen insgesamt ca. 5 Millionen Menschen bzw. gut 6 % der Bevölkerung, die nahezu täglich mit demenzkranken Menschen zu tun haben oder selbst erkrankt sind, kommen weitere Angehörige, Freundinnen und Freunde, Nachbarinnen und Nachbarn, Ärztinnen und Ärzte, Pflegekräfte, Angehörige von Therapieberufen, Sozialplanerinnen und -planer, Beratungskräfte, Sozialdienste u. v. a. m. immer häufiger in Kontakt mit demenzkranken Menschen.

Als Resonanz auf diese persönliche bzw. professionelle Betroffenheit nimmt die öffentliche Bearbeitung des Themas Demenz einen immer größeren Raum ein.[1] Sie reicht von medialer Berichterstattung und Diskussion über künstlerische Ausdrucksformen in Filmen, Ausstellungen, Fotografien, Literatur und Theater bis hin zu einer umfangreichen Ratgeberliteratur. In wachsendem Maße melden sich die von der Krankheit Betroffenen selbst zu Wort und nehmen eine Sprecherrolle ein (u. a. Rohra 2011; Zimmermann, Wißmann 2011). Es ist also fraglich, ob von der vielfach beklagten Tabuisierung der Demenz noch die Rede sein kann; vielmehr scheint angesichts des Altersstrukturwandels die Thema-

---

[1] So wurde im Gästebuch der Sendung „Hart aber fair" vom 28.10.2013 mehrfach kritisiert, dass direkt anschließend an die Ausstrahlung einer Sendung über Demenzbetroffene am 14.10.2013 eine weitere mit Fokus auf die pflegenden Angehörigen gesendet wurde – angesichts drängenderer politischer Themen werde zu viel über das Thema Demenz bzw. Alzheimer berichtet, so der Tenor. (http://www.wdr.de/tv/hartaberfair/sendungen/2013/1028/index.php5?seite=51&countr=10&sort=0&buch=2100; Abruf am 14.12.2013)

tik im medialen Agenda-Setting ihre Relevanz für die gesellschaftliche Selbstverständigung in Deutschland bewiesen zu haben. Was sich durch die Medien in dieser Weise abbildet, ist in den einzelnen, funktional spezialisierten Teilbereichen der Gesellschaft bereits seit längerer Zeit vorbereitet worden: Politik, Forschung, Medizin, Pflege, Sozialwissenschaften, Zivilgesellschaft und Kultur haben eine je eigenständige Perspektive auf die Demenz und die von ihr Betroffenen sowie auf Hilfestellungen und Umgangsweisen entwickelt.

Warum also das Thema „Inklusion und Demenz"? Wenn personale Begegnung mit Menschen mit Demenz möglich ist, wenn in funktional spezialisierter Weise Ressourcen zur Lösung der mit der Krankheit verbundenen Probleme bereitgestellt werden, wenn nicht mehr nur in Fachöffentlichkeiten, sondern auch über die Medien gesamtgesellschaftlich ein Selbstverständigungsprozess begonnen hat, wie mit den Erkrankten und ihren Angehörigen umzugehen sei – warum dann also noch die Frage nach Inklusion und Demenz stellen?

1.1 Ziel und Fragestellungen der Arbeit

Inklusion – hier vorläufig verstanden als gleichberechtigte Teilhabe ausnahmslos aller Menschen am sozialen, politischen und kulturellen Leben in der Gesellschaft – hat als Begriff und Konzept infolge der Ratifizierung der UN-Behindertenrechtskonvention (BRK)[2] durch die Bundesrepublik Deutschland im Jahr 2009 erhebliche Aufmerksamkeit erfahren. Dennoch gilt:

> "Der Inklusionsbegriff hat sich aber sowohl als sozialpolitisches Konzept einer Vision zur Teilhabe aller an der Gemeinschaft, als auch im konkreten professionellen und Alltagshandeln in verschiedenen gesellschaftlichen Bereichen zu verorten, zu legitimieren und in seiner Nützlichkeit zu beweisen." (Balz, Benz, Kuhlmann 2012a, 2)

---

[2] Die „Convention on the Rights of Persons with Disabilities" (CRPD), dt.: „Übereinkommen über die Rechte von Menschen mit Behinderungen", wurde am 13. Dezember 2006 von der Generalversammlung der Vereinten Nationen beschlossen (vgl. Abschnitt 4.3.2).

Inklusion umfasse, wie Balz et al. weiter ausführen, Prozess und Ziel zugleich. Demnach gilt es zu untersuchen, ob das Konzept der Inklusion für Menschen mit Demenz eine sinnvolle Zielperspektive umreißt und inwieweit es handlungspraktisch in diesem Feld fruchtbar gemacht werden kann. Der Inklusionsbegriff legt dies nahe, weil er „als unteilbar verstanden (wird), denn der Anspruch erstreckt sich demnach auf alle Lebensbereiche und auf alle gesellschaftlichen Gruppen." (Terfloth 2007, 5 f.) Die hier vorgelegte Untersuchung ist darüber hinaus auch darin begründet, dass schon jetzt die Verwirklichung von Inklusion für Menschen mit Demenz als fachliches und politisches Ziel proklamiert wird (vgl. Abschnitt 3.1), und dass für Menschen mit Demenz als Menschen mit Behinderung die (Schutz-)Rechte, die in der UN-Behindertenrechtskonvention formuliert sind, ebenso Geltung haben. Schon deshalb ist es sinnvoll, den vielschichtigen Begriff hinsichtlich seiner disziplinären Ursprünge (Soziologie, Soziale Arbeit, Heil- und Sonderpädagogik) und Sinngehalte grundsätzlich zu klären und die Frage nach dem „Wie" der Inklusion von Menschen mit Demenz zu stellen.

Der hier vorgelegten Ausarbeitung liegt die Annahme zugrunde, dass Inklusion unter den Bedingungen einer Demenzerkrankung für die Betroffenen und ihre Angehörigen, für die damit befassten Organisationen und Institutionen sowie für die Gesamtgesellschaft andere Voraussetzungen hat und andere Konsequenzen in sich birgt als für Menschen mit geistiger oder körperlicher Behinderung oder andere Bevölkerungsgruppen, z B. Menschen mit Migrationshintergrund oder von Armuts- und Bildungsrisiken betroffene Menschen. Ziel dieser Arbeit ist es zu klären, ob das Konzept der Inklusion auf die Belange von Menschen mit Demenz und ihren Angehörigen sinnvoll übertragen werden kann, welche Einschränkungen oder Ausweitungen ggf. notwendig sind, um der Situation eines Lebens mit Demenz gerecht zu werden, und welche Gewinne sich für das Zusammenleben von demenziell erkrankten und kognitiv orientierten Menschen ergeben können. Inklusion wird also im Spannungsfeld zwischen ihrem universellem Geltungsanspruch und der Spezifität einer bestimmten Zielgruppe untersucht.

Dabei ist die Zielgruppe selbst in hohem Maße heterogen. Der Begriff „Demenz" ist in doppelter Hinsicht nicht klar bestimmt: Zum einen stellt er einen Sammelbegriff dar für zahlreiche im Einzelnen recht unterschiedliche Demenzformen wie bspw. die Alzheimer-Demenz oder die vaskuläre Demenz (vgl. Abschnitt 2.3.1). Zum anderen bezeichnet er zwei unterschiedliche Ebenen der Krankheit: Das „klinische(.) Syndrom als mehr oder minder typische Kombination mehrerer Symptome einerseits und d[ie] diese Symptome verursachenden Krankheitsfaktoren andererseits" (Jahn, Werheid 2014, 156), wobei die verursachenden Krankheitsfaktoren ebenso wie der Verlauf nicht eindeutig aus den Symptomen abzuleiten seien (Jahn, Werheid 2014, 156). Wo immer möglich, sollte die Ursache des Demenzsyndroms benannt werden (Jahn, Werheid 2015, 5). Unter allen Demenzformen nimmt die altersabhängig exponentiell häufiger auftretende Alzheimer-Demenz eine hervorgehobene Stellung ein. Sie betrifft inkl. ihrer Mischformen über zwei Drittel der Erkrankten und bedingt als Folge der steigenden Lebenserwartung die insgesamt wachsende Anzahl der Erkrankten (Förstl, Lang 2011, 9). In Bezug auf die Fragestellung dieser Arbeit interessieren aber weniger einzelne spezifische Demenzformen oder -ursachen, sondern das Ausgrenzungspotenzial von Demenz(en). Allen Demenzformen ist – in unterschiedlichen Ausprägungen – gemeinsam, dass aufgrund hirnorganischer Beeinträchtigungen im (späteren) Lebensverlauf kognitive Desorientierung und psychopathologische Veränderungen auftreten. Daraus ergeben sich Verhaltensänderungen und Unterstützungsbedarf, die für die Betroffenen Exklusionsrisiken mit sich bringen. Insofern wird in dieser Arbeit der allgemeine Begriff „Demenz" benutzt und ggf. auf die Spezifika einzelner Formen verwiesen.

Die Arbeit will den vielfältigen, auch umstrittenen, Begriff der Inklusion hinsichtlich seiner „Verheißungen" klären. Unterschiedliche Begriffskontexte werden erläutert, um seine Eignung für demenziell erkrankte Menschen überprüfen zu können. Dadurch wird auch die Diskussion um die theoretischen Grundlagen des Begriffs und um die Umsetzung von Inklusion in der Praxis, die in der Heil- und Sonderpädagogik und in den Disability Studies[3] bereits geführt wird, für die Soziale Arbeit und die Pflege(wissenschaft) geöffnet, also für diejenigen Disziplinen, die sich mit der

---

[3] Vgl. http://www.disability-studies-deutschland.de/ (Abruf: 19.12.2013)

Unterstützung von Menschen mit Demenz und ihren Angehörigen befassen. Forderungen nach (mehr) Inklusion sind normativ begründet (Lanwer 2012, 50) und ziehen die fachliche Umsetzung in der Praxis nach sich. Ein Bindeglied zwischen diesen beiden Ebenen kann die soziologische Analyse von Exklusionsrisiken von Menschen mit Demenz und ihren Angehörigen sowie die Nutzbarmachung von soziologischen Erklärungsmodellen für das konzeptionelle Arbeiten am „Wie" einer gelingenden Inklusion von Menschen mit Demenz sein. Ziel dieser Arbeit ist es, Bausteine für eine derart theoretisch inspirierte Praxis zur Verfügung zu stellen.

Um die zentrale Frage nach dem Verhältnis von Inklusion und Demenz beantworten zu können, müssen folgende Teilfragestellungen geklärt werden:

- Was genau beinhaltet das Konzept der Inklusion und welchen Gewinn verspricht es gegenüber korrespondierenden bzw. konkurrierenden Konzepten, insbesondere „Teilhabe" und „Integration"? Welche Verwendung findet das Konzept in unterschiedlichen wissenschaftlichen Disziplinen bzw. Professionen (Heil- und Sonderpädagogik, Soziologie, Soziale Arbeit)?

- Welche normativen und nicht-normativen theoretischen Begründungskontexte von Inklusion lassen sich identifizieren, und wie lassen sich die dadurch entstehenden Ambivalenzen, Widersprüche und Paradoxien beschreiben? Die Normativität des Inklusionsansatzes entspringt seinem engen Bezug zu den Allgemeinen Menschenrechten und der UN-Behindertenrechtskonvention. Andererseits ist der Begriff systemtheoretisch und damit nicht-normativ angelegt (Merten 2013, 955). Was bedeutet diese Ambivalenz vor dem Hintergrund, dass ein sozialer Wandel in Richtung Inklusion starke gesellschaftliche Antriebskräfte benötigt?

- Wie, nach welchen Mechanismen, erfolgt die Aussonderung (Exklusion) von Menschen mit Demenz? Obwohl mehr als 2/3 der Betroffenen in der privaten Häuslichkeit leben, erleben sie in unterschiedlichen Stadien der Krankheit (nach der Diagnosestellung, mit zunehmendem Orientierungsverlust, bei hohem Pflegebedarf) und in unterschiedlichen Kontexten (bspw. im Wohnumfeld, im Gesundheitssystem oder in der Öffentlichkeit) Ausgrenzung oder sogar Missachtung. Welcher Gehalt kommt dem Inklusionsbegriff angesichts der so gelagerten Exklusionsprozesse zu?

- Entwickelt das Paradigma der Inklusion eine Tendenz zur Vereinnahmung und Vereinheitlichung spezifischer Lebensweisen? Befördert die Frage nach der Inklusion spezifischer Zielgruppen eine Verfestigung defizitorientierter Kategorien für Menschen mit unterschiedlichen körperlichen, geistigen und seelischen Beeinträchtigungen? Kann oder sollte Inklusion deshalb (nicht) differenziert nach Lebensphasen betrachtet werden?
- Welche Spezifika kennt ein Konzept der Inklusion von Menschen mit Demenz, von Personen also, die sich dem Ende ihres Lebens nähern? Inklusion am Lebensende und unter den Bedingungen einer fortschreitenden neurodegenerativen Krankheit muss grundlegend anders ausbuchstabiert werden als die bisher viel diskutierte inklusive (Früh-)Pädagogik oder auch die Inklusion von Menschen im mittleren Lebensalter mit Behinderung ins Arbeitsleben. Angesichts des universellen Anspruchs des Konzepts muss gefragt werden, ob Inklusion auf einem Weg, der in kurz- oder mittelfristiger Perspektive *aus* dem Leben *heraus* führt, überhaupt möglich und sinnvoll ist. Wie kann eine Balance zwischen der „Selbstaktualisierung" (Kruse 2012, 51) von Menschen mit Demenz und einem ggf. gewünschten Rückzug aus der Welt gestaltet werden?
- Wie lassen sich – exemplarisch – Inklusionschancen und Exklusionsrisiken von Menschen mit Demenz auf der Grundlage der oben skizzierten Überlegungen analysieren? Wie können bspw. räumliche Sonderwohnbereiche (sog. Pflegeoasen oder Demenzdörfer/-quartiere) oder Wohnformen für Menschen mit Demenz, die ihren familienähnlichen Charakter betonen (wie ambulant betreute Wohngruppen) mit Hilfe der Begriffe Inklusion und Exklusion analysiert und konzeptualisiert werden?

1.2 Methodik und Gang der Argumentation

Auf Basis dieser Fragestellungen wird in dieser Arbeit diskutiert werden, inwiefern das Konzept der Inklusion die besondere Situation einer „Behinderung durch Demenz" reflektiert. Das Arbeitsprogramm umfasst eine Literaturarbeit, die auf nationalen und internationalen empirischen Studien und theoretischen Ausarbeitungen u. a. zu Inklusion, Integration und Teilhabe beruht. Der Forschungsstand zum Themenfeld Inklusion, zu Demenzerkrankungen sowie zu weiteren korrespondierenden Themen wurde durch kumulative Literaturrecherchen in wissenschaftlichen Bibliothekskatalogen und einschlägigen Datenbanken ermittelt. Die Arbeit beleuchtet den wissenschaftlichen und fachlichen Diskurs um das Inklusionskonzept in Deutschland. Da Inklusion nicht an Nationalstaatsgrenzen Halt macht und letztlich nur in einer umfassenden internationalen Perspektive verwirklicht werden kann[4], wie sie sowohl in der BRK zum Ausdruck kommt als auch in differenzierungstheoretischen Positionen herausgearbeitet wird, ergibt sich ein Spannungsbogen zwischen menschenrechtlichem bzw. differenzierungstheoretischem Universalismus und kulturellen Spezifika, der aus Sicht des deutschsprachigen Diskurses in dieser Arbeit aufgegriffen wird.

Nach der Einleitung (Kapitel 1) wird im zweiten Kapitel zunächst der Exklusionsbegriff beleuchtet. Die unterschiedliche disziplinäre Rezeption von Inklusion und Exklusion, die Definition des Begriffs und die Darstellung zentraler Dimensionen von Exklusion eröffnen den Blick auf vielfältige Kontexte des Begriffspaares, die im vierten Kapitel wieder aufgegriffen werden. Exklusion mit Blick auf Demenz wird in Abschnitt 2.2 zunächst anhand einer Sozialgeschichte der Demenz dargestellt und es wird hinterfragt, wie Gesellschaften in unterschiedlichen Stadien ihrer Entwicklung mit dem sozialen Regelungsbedarf umgehen, den Demenz mit sich

---

[4] Ingrid Körner (Präsidentin von Inclusion Europe und Vorstandsmitglied von Inclusion International) beschreibt Inklusion als Vision von einem „soziale[n] Europa bzw. eine[r] soziale[n] Welt, in der alle Menschen mit geistiger Behinderung die volle Teilhabe in ihrer Gesellschaft genießen und alle Bürger- und Menschenrechte wie jede andere Person auch haben." Inklusion ist demnach „aktuelle Zielsetzung und leitende[r] Handlungsmaßstab in den Dachorganisationen ‚Inclusion International' und ‚Inclusion Europe', den Zusammenschlüssen auf Welt- und europäischer Ebene nationaler Organisationen wie der Lebenshilfe in Deutschland." (Frühauf 2010, S. 27)

bringt. In Abschnitt 2.3 werden unter dem Stichwort „Demenz als Behinderung des Alters" die spezifischen Exklusionsrisiken von Menschen mit Demenz, die sich aus ihrer erst spät im Leben auftretenden Behinderung ergeben, beschrieben und analysiert. Im dritten Kapitel werden zunächst Überlegungen zur Dynamik der Verbreitung des Begriffs der Inklusion angestellt (Abschnitt 3.1). Die disziplinär unterschiedlichen Definitionen des Begriffs Inklusion aus der Perspektive der Soziologie, der Sozialen Arbeit und der Heilpädagogik werden in Abschnitt 3.2 in Bezug gesetzt zu den Begriffen der Integration und der Teilhabe. So gelingt es, einerseits die Inhalte des Begriffs Inklusion und andererseits seine semantischen Überschneidungsbereiche zu Integration und Teilhabe genauer zu bestimmen. Im Fazit von Kapitel 3 kann eine erste Bilanz in Bezug auf die Möglichkeiten und Grenzen des Inklusionsbegriffs bei Demenz gezogen werden. Im vierten Kapitel wird nach der Möglichkeit von Inklusion für Menschen mit Demenz gefragt, indem die zentralen Kontexte von Inklusion, die in den vorhergehenden Kapiteln herausgearbeitet wurden, vertieft betrachtet und auf die Situation von Menschen mit Demenz bezogen werden. Es handelt sich dabei zunächst um die Frage nach sozialer Kohäsion auf gesellschaftlicher und auf individueller Ebene, wobei für letztere diskutiert wird, welche Bedingungen eine Einbeziehung von Menschen mit Demenz im sozialen Nahraum kennt. Der systemtheoretische Inklusionsbegriff (Abschnitt 4.2) erlaubt es, in differenzierter Weise die inkludierende bzw. exkludierende Wirkung unterschiedlicher Wohn- und Pflege-Arrangements für Menschen mit Demenz zu analysieren, stößt jedoch an Grenzen, bspw. bei der Erklärung von Kommunikation mit Menschen mit Demenz. In Abschnitt 4.3 wird die UN-Behindertenrechtskonvention als zentraler rechtlicher Kontext von Inklusion analysiert. Ihre Geltung auch für Menschen mit Demenz hat, so kann gezeigt werden, eine große Bedeutung für einen würdesichernden Umgang mit demenzkranken Menschen. Gleichzeitig werden soziale und kulturelle Spezifika in Bezug auf Menschen mit Demenz deutlich, die trotz der rechtlichen Gleichstellung von Menschen mit Demenz und Menschen mit Behinderung Grenzen der Anwendung des Inklusionsbegriffs aufzeigen oder zumindest eine spezifische Ausgestaltung nahelegen. Abschnitt 4.4 beleuchtet Inklusion im Kontext der Theorie sozialer Ungleichheit und weist auf die Bedeutung des Unterschieds zwischen legitimierbaren und nicht-legitimierbaren sozialen Differenzierungen hin. Im abschließenden Fazit werden die Möglichkeiten und Grenzen des Inklusionskonzeptes für Menschen mit Demenz zusammenfassend dargestellt und ein Ausblick auf den weiteren Forschungsbedarf gegeben.

Im Rahmen dieser methodisch als Literaturarbeit angelegten Dissertation stehen der Begriff und das Konzept der Inklusion im Mittelpunkt. Dessen Gehalt, seine Widersprüche und Paradoxien werden analysiert, um die Passfähigkeit auf die Situation der Betroffenen zu bestimmen. Daten zur sozialen Lage und zur subjektiven Perspektive von Menschen mit Demenz werden der empirischen Forschung sowie Selbstberichten entnommen. Die Rede über Menschen mit Demenz, eine Thematisierung ihrer Lebenssituation macht es notwendig, sie sprachlich anhand des ihnen zukommenden Unterscheidungsmerkmals zu benennen. In dieser Arbeit werden dafür die Formulierungen „Menschen mit Demenz", „von einer Demenz(erkrankung) betroffene Menschen oder Personen" oder auch – substantiviert – „Demenzerkrankte" bzw. „Demenzbetroffene" benutzt. Die Bezeichnungen „demente Menschen oder Personen", „Demente" oder „(D)dementierende (Personen)" werden nicht benutzt, da sie das Merkmal der Demenzerkrankung ohne weitere Spezifizierung nach Art und Schwere der Erkrankung als alleiniges die Person identifizierendes Merkmal setzen und die damit bezeichneten Personen auf dieses Merkmal reduzieren. Die oben angeführten Bezeichnungen dagegen lassen erkennen, dass neben und mit der Demenz weitere Eigenschaften und Merkmale die Person in ihrer Ganzheit ausmachen.[5]

In einem überwiegend von Frauen besetzten Feld wie dem der Sorge und Pflege für Menschen mit Demenz wäre es nicht vertretbar, ausschließlich das generische Maskulinum zu verwenden. Die ausschließliche Verwendung maskuliner Personenbezeichnungen führt dazu, dass bei den Lesern und Leserinnen Frauen gedanklich nicht oder unterrepräsentiert sind (Stahlberg, Sczesny 2001). Aber auch die Verwendung rein weiblicher Bezeichnungen bedeutete den (sprachlichen) Ausschluss eines Geschlechts und würde dem in dieser Arbeit untersuchten Gedanken

---

[5] Die Frage, ob Demenz als Krankheit bezeichnet werden sollte, wird in Abschnitt 2.3.5.1 behandelt (vgl. auch Gronemeyer 2013; Kojer 2010, 147 f.).

der Inklusion in geradezu absurder Weise widersprechen. Insofern werden geschlechtsneutrale Bezeichnungen gewählt oder beide Geschlechter benannt.

2 Exklusion

Exklusion, also Aussonderung und Ausgrenzung in den unterschiedlichsten Formen, ist ein basaler Strukturierungsmechanismus von Gesellschaften. Aus der Perspektive des Inklusionsdiskurses gilt Exklusion entweder als zu überwindender Zustand (menschenrechtsbasierte Argumentation, Diskurs der sozialen Ungleichheit) oder als notwendige Begleiterscheinung von Inklusion (soziologische Systemtheorie). Inklusion kann demnach kaum analysiert und verstanden werden, ohne zuvor die Verwendungskontexte des Exklusionsbegriffs zu klären. Im Folgenden werden zunächst die theoretischen Grundlagen von Exklusion dargestellt: die Relation von Inklusion und Exklusion, die Entstehung und Bedeutung des Begriffs und die grundlegenden Dimensionen, auf denen sich Exklusion bzw. Inklusion abspielt. In einem Exkurs zur noch wenig beleuchteten Sozialgeschichte der Demenz wird anschließend gefragt, ob die Ausgrenzung von Demenzbetroffenen als Phänomen der Moderne betrachtet werden muss. Die empirisch beobachtbaren Exklusionsprozesse in Bezug auf Menschen mit Demenz lassen eine Charakterisierung von Demenz als „Behinderung des Alters" zu, da die Bedingungen von Exklusion bei Demenz eng in Zusammenhang stehen mit denen bei Alter oder Behinderung.

2.1 Exlusionstheorie

2.1.1 Relation von Inklusion und Exklusion

Die Begriffe Inklusion und Exklusion sind sowohl in system- und differenztheoretischen Überlegungen als auch in der normativen Perspektive unabdingbar miteinander verknüpft:

> "Die Unterscheidung von 'Inklusion' und 'Exklusion' ist offensichtlich ohne größere Probleme über theoretische Grenzlinien hinweg zu gebrauchen." (Stichweh 2009a, 363)

Inklusion wird erst durch ihr Gegenteil, die Exklusion, manifest und damit sichtbar, was auch umgekehrt gilt (Lanwer 2012, 50). Inklusion ist ohne die Möglichkeit und Existenz von Exklusion eine Selbstverständlichkeit und als solche nicht zu erkennen oder zu benennen. Umgekehrt gilt genauso, dass Exklusionen erst als solche manifest werden, wenn Inklusion als anzustrebender Wert in das kulturelle Bewusstsein gerückt, also sichtbar geworden ist:

> „Exklusion heute, unter den Bedingungen transnationaler Marktbeziehungen, universalisierter Normen und Konsumstandards sowie gesellschaftlich intern verallgemeinerter Bürgerrechte, setzt somit mehr denn je einen gewohnheitsmäßigen, normativen oder bereits formalisierten Anspruch auf Zugehörigkeit und Teilhabe voraus – ohne dass dieser Anspruch eingelöst würde" (Kronauer 2010a, 44)

Die normative, auf den Menschenrechten basierende Forderung nach Verwirklichung von Inklusion speziell für Menschen mit Behinderung (BRK, vgl. Abschnitt 4.3) reagiert auf in dieser Weise sichtbar gewordene Exklusionen und treibt daraufhin wiederum die normative Entwicklung voran. Denn erst die Diskriminierung und Ausgrenzung von behinderten Menschen führte dazu, die als universal gedachten Menschenrechte „systematisch durchzudeklinieren, auszudifferenzieren und zu ergänzen" (Bielefeldt 2010, 66; vgl. auch Lanwer 2012, 50). In- und Exklusionsprozesse beeinflussen und verstärken sich sogar ggf. gegenseitig. Keinesfalls aber kommt ein Mehr an Inklusion schematisch einem Weniger an Exklusion gleich.

In der systemtheoretischen Sichtweise verweisen – freiwillige wie unfreiwillige – In- bzw. Exklusionen ebenfalls aufeinander und sind zunächst nur notwendige Formen der Vergesellschaftung von Individuen. Demnach „gibt es Inklusion nur, wenn Exklusion möglich ist" (Puhr 2009, 11). Es handelt sich dabei um die Innen- und Außenseite derselben Form (Terfloth 2007, 108).

> "Exklusion stellt sich also in diesem Theoriekontext wertneutral dar als strukturelle Voraussetzung für den Prozess, wie sich die moderne Gesellschaft produziert und aufrechterhält, und damit gleichsam für Inklusion als Normalfall moderner Gesellschaft." (Wansing 2007, 280)

Die (Forderung nach) Inklusion, die ihre Berechtigung aus einer sich zuvor ereignenden Exklusion bezieht, ist eine normativ begründete, während soziologisch betrachtet In- und Exklusion wechselnde, kulturell und politisch gestaltete und gestaltbare Lebenslagen darstellen. Obwohl in der einen wie in der anderen Sichtweise In- und Exklusion notwendig zusammengehörige, konzeptionelle Bestandteile sind, wurden die Begriffe disziplinär höchst unterschiedlich rezipiert. Wansing (2013, 18) weist darauf hin, dass der Inklusionsdiskurs in der Heil- und Sonderpädagogik ohne "seinen semantischen Gegenpart Exklusion geführt" wird und auch der in den Sozialwissenschaften differenziert ausgearbeitete Exklusionsbegriff dort weitgehend unbemerkt bleibt[6]. Stattdessen erfolge eine Engführung auf die Inklusion behinderter Kinder (und damit eine Stabilisierung der Differenz behindert/nicht-behindert), während andere Heterogenitätsdimensionen in gesonderten Programmen bearbeitet werden. Die Soziale Arbeit adaptiere zwar Exklusionskonzepte in Theorie und Praxis, Behinderung werde jedoch weiterhin eher als gesundheitsbezogene Beeinträchtigung und „unabänderliche Folge individueller Defizite" gesehen, so Wansing (2013, 17). Hier muss gegenläufig konstatiert werden, dass die Ablösung von einer individuumszentrierten Sicht auf Behinderung in der Sozialen Arbeit breit diskutiert wird (für viele andere Loeken, Windisch 2010; Wacker 2011; Metzler 2011). Aber es sind bis heute erst wenige Texte, in denen die sozialwissenschaftlich geführte Diskussion um Exklusionsphänomene und die Inklusionsdebatte der Heil- und Sonderpädagogik bzw. der Sozialen Arbeit zusammengeführt werden, obwohl Dederich schon 2006 gleichzeitig mit dem „Anschwellen der Literatur zur Inklusion" in der (Sonder-)Pädagogik deren „auffällige(.) Zurückhaltung gegenüber Exklusionsphänomenen" (Dederich 2006, 11) konstatiert hat. Fragen der sozialen Ungleichheit, also von Teilhabedefiziten von

---

[6] Die deutschsprachigen Fachlexika der Heil- und Sonderpädagogik (Theunissen, Kulig, Schirbort 2013; Bundschuh, Heimlich, Krawitz 2007) und der Sozialen Arbeit (Kreft, Mielenz 2013; Deutscher Verein 2011) nehmen „Exklusion" nicht als einschlägigen Fachbegriff der Disziplin auf. Einzig die internationale Encyclopedia of Disability (Albrecht 2006) greift das Stichwort in einem gemeinsamen Artikel „Inclusion and Exclusion" (Ravaud, Stiker 2006) auf und erläutert empirisch gegebene, aber historisch und kulturell variable „Idealtypen" von Exklusion in Bezug auf Menschen mit Behinderung. Nur im deutschsprachigen der beiden gesichteten soziologischen Lexika (Smelser, Baltes 2001; Fuchs-Heinritz et al. 2013) findet sich ein Eintrag zu Exklusion, der sie als starke Abwärtsmobilität mit Risiken für den sozialen Zusammenhalt der Gesellschaft als Ganzes erläutert (Lautmann 2013) (vgl. Abschnitt 3.2.1).

Menschen mit Behinderung im Bildungssystem und in der Erwerbsarbeit greifen Puhr (2009), Wansing (2005b) und Bartelheimer (2007) auf, während Terfloth (2007) und Merten (2004) eine systemtheoretische mit einer heilpädagogischen bzw. sozialarbeitswissenschaftlichen Perspektive verknüpfen.

Hieran wird für die vorliegende Arbeit zweierlei deutlich: Zum einen wird eine unreflektierte Übertragung dieses „exlusionsblinden" Inklusionsdiskurses der Heil- und Sonderpädagogik auf die Situation von Menschen mit Demenz dem Dualismus „Systemtheorie vs. normative Perspektive" verhaftet bleiben. Wenn der Exklusionsbegriff als Bezugspunkt fehlt, kann der jeweilige Kontext des Inklusionsbegriffs nicht geklärt werden. Diskriminierung aufgrund zugeschriebener Merkmale, sozial ungleiche Positionierung aufgrund erworbener Merkmale, Anerkennungsdefizite oder gesellschaftliche Desintegration sind exklusionsrelevante, soziale Prozesse, die in sehr unterschiedlicher Weise immer auch Menschen mit Demenz und deren Angehörige betreffen, und die sich nicht zweidimensional – entweder der systemtheoretischen oder der normativen Seite – zuordnen lassen. Es ist daher unabdingbar, zu klären, in welchen unterschiedlichen Weisen Menschen mit Demenz exkludiert werden, um einen angemessenen Begriff von Inklusion von und für Menschen mit Demenz zu entwickeln.

Zum Zweiten beruht die Vernachlässigung einer systematischen Analyse von Exklusionsprozessen in der Heil- und Sonderpädagogik darauf, dass diese nur als Ausgangspunkt für die Installation gelingender inklusiver Praktiken gelten. Der Fokus der Heil-und Sonderpädagogik als anwendungsbezogene Profession liegt auf der Überwindung der Ausgrenzung. Dies kann dazu führen, dass die positiven Aspekte von Inklusion, bspw. die angestrebte, unbedingte bzw. unmittelbare Zugehörigkeit (vgl. Abschnitt 3.2.1), überbetont werden[7] und gleichzeitig die vielfältigen, sozialen Ursachen und Ambivalenzen von Exklusionsprozessen ausgeblendet werden. Die Exklusionsblindheit trägt so dazu bei, die professionelle Legitimation der Heil- und Sonderpädagogik und ihre Deutungshoheit über

---

[7] „Es gibt so etwas wie eine moralbedingte Schieflage in der Beobachtung von Behinderung, eine verschwitzt humane Angestrengtheit, die auf Latenzen verweist, auf blinde Flecke der starken Art, (…)", so Fuchs (2002, o. S.) sehr nuanciert.

"Inklusion" zu sichern. Dieses Risiko, das mit mono-professionellen Deutungen einhergeht, kennt die Thematik der Demenzen ebenso (vgl. Abschnitt 2.3), so dass es umso wichtiger erscheint, über eine Analyse der vielfältigen Exklusionsursachen zu einem entwickelten wissenschaftlichen, multiprofessionellen und auch zivilgesellschaftlichen Diskurs zu kommen.

2.1.2 Exklusionsbegriff

Im Folgenden wird deshalb der Exklusionsbegriff in seinen Ambivalenzen näher dargestellt. Er zeichnet sich durch „eine höchst uneinheitliche und in der Folge unscharfe Verwendungsweise" (Dederich 2006, 14) aus. Castel (2008, 69) spricht von einem „Allzweckwort (...), mit dem sich alle Varianten des Elends der Welt durchdeklinieren lassen". Die auf seiner Grundlage gebildeten, zugespitzten Idealtypen ("Population von Entheimateten und Abgeschriebenen" (Bude 2004, 7), „Überflüssige" (Baecker et al. 2008) tragen, so Dederich (2006, 14), durch ihren polemischen und Empörungspotenziale aktivierenden Charakter eher zu einer Pauschalisierung und Verschleierung des Konzeptes bei. „Exklusion" stellt damit einen Begriff mit erheblicher sozial- und wohlfahrtspolitischer Durchschlagskraft dar und ist aber auch in der (soziologischen) Theorie verwurzelt. Beide Ebenen sind komplex miteinander verwoben[8].

Exklusion[9] (lat. exclusio) bezeichnet den Prozess oder die Tatsache der Ausschließung oder Ausgrenzung, die meist gegen den Willen der Betroffenen erfolgt. Umgekehrt bleiben diejenigen, die ausgrenzen, exklusiv, also unter sich. Schon die alltagssprachlich positive Bedeutung des abgeleiteten Adjektivs „exklusiv" (i. S. von: einem außergewöhnlichen, geschlossenen Kreis zugehörig) deutet darauf hin, dass mit Ausgrenzung meist eine Abwertung einhergeht.

---

[8] Die dritte semantische Ebene des Begriffs (neben seiner wissenschaftlichen und politischen Bedeutung) wird durch die Begriffsverwendung in der professionellen, sozialen und pädagogischen Arbeit gebildet. Es handelt sich dabei um die Vermeidung oder Reduzierung von Exklusion durch Fachkräfte. Diese dritte Ebene wird hier nicht behandelt, da sie mit Inklusionsförderung in eins fällt, als solche für den Inklusionsbegriff eine wichtige Rolle spielt und dort behandelt wird (vgl. Abschnitt 3.2.1).

[9] In sozialwissenschaftlichen und sozialpolitischen Kontexten wird nur bisweilen, aber nicht systematisch, von „sozialer" Exklusion gesprochen.

Anders als beim aktuell vielzitierten Inklusionsbegriff liegt der Höhepunkt der Popularität des Exklusionsbegriffs schon etwas zurück (vgl. Kronauer 2010b; Bude 2004; Baecker et al. 2008; Merten, Scherr 2004; Nassehi 2008; Stichweh 2005)[10]. In den späten 1980er Jahren verbreitete sich der Begriff angesichts zunehmender Arbeitslosigkeit, Armut und Einkommensungleichheit von Frankreich aus in Politik und Wissenschaft. Die Folge des Wandels von der Industrie- zur Dienstleistungsarbeit sind – auch aktuell noch für die meisten europäischen Staaten – deutliche Einkommensunterschiede in den Arbeits- und Beschäftigungsverhältnissen: Der Ausbau des Niedriglohnsektors, eine Liberalisierung der Finanzmärkte und die dadurch bewirkte Abkopplung der Gewinnerzielung von der Produktion schwächen die Arbeitsplatzsicherheit und Durchsetzungsmacht von Arbeitnehmerinnen und Arbeitnehmern erheblich und führt insgesamt zu einem Rückgang der an- und ungelernten Tätigkeiten (Kronauer 2010a, 34 ff.)[11].

Die sozialwissenschaftliche Analyse dieser Prozesse erweiterte dabei in zweierlei Hinsicht den theoretischen Rahmen der klassischen, an Schicht und Klasse orientierten Ungleichheitsforschung (Wansing 2005a, 57). Zum einen wurden nun gegebene Schlechterstellungen hinsichtlich erworbener Merkmale (Bildung, Einkommen, Status) mit Diskriminierung anhand zugeschriebener Merkmale (Geschlecht, ethnische Herkunft, …) verknüpft[12], so dass komplexe, sich verfestigende, subjektiv und objektiv

---

[10] Die deutschsprachige Diskussion um Exklusion wurde und wird von Kronauers Werk „Exklusion. Die Gefährdung des Sozialen im hoch entwickelten Kapitalismus" (2002; 2. Aufl. 2010b) maßgeblich geprägt. Daneben hat das Hamburger Institut für Sozialforschung in seiner Zeitschrift „Mittelweg 36" eine Reihe von Aufsätzen veröffentlicht, die in von Heinz Bude und Andreas Willisch in dem Sammelband „Exklusion. Die Debatte über die ‚Überflüssigen'" (2008) veröffentlicht wurden. Ein dritter Themenstrang ist der der Systemtheorie, der auf den Arbeiten Niklas Luhmanns aufbaut und bspw. von Nassehi (2008), Stichweh (2005) sowie Merten und Scherr (2004) weitergeführt wurde.

[11] Dieser, im Kern auf (die Vermeidung von) Armut bezogene Exklusionsbegriff wird 1995 in die Wohlfahrtspolitik der EU aufgenommen (Wansing 2005a, 57), im Gemeinsamen Bericht über die soziale Eingliederung der Europäischen Kommission (Luxemburg 2004) definiert und als Leitstrategie gegen armutsbedingte Ausgrenzung implementiert (Report on Social Protection and Social Inclusion der Europäischen Kommission, Brüssel 2010) (vgl. Wansing 2012, 93). Zur Programmatik und Problematik eines auf soziale Ungleichheit bezogenen, internationalen Exklusionsbegriffs vgl. Schädler (2013).

[12] Zur Unterscheidung von vertikaler und horizontaler sozialer Ungleichheit vgl. Abschnitt 4.4.

kaum veränderbare, benachteiligende Lebenslagen beschrieben werden können. Nach Castel sind Diskriminierungen eine direkte Folge von sich verschärfender sozialer Ungleichheit. Durch die empirisch beobachtbare Destabilisierung der Bedingungen von Erwerbsarbeit und sozialer Sicherung seien wachsende Bevölkerungsgruppen vom Ausschluss bedroht („verwundbar"). Exklusion im eigentlichen Sinne entstehe dann, wenn diese Marginalisierungsprozesse in einer "explizit diskriminierenden Behandlung" münden (Castel 2008, 83). Exklusionsprozesse haben demnach ihren Ursprung in der Destabilisierung der Mittelschichten, die, von der Mitte der Gesellschaft ausgehend, eine "normale Feindseligkeit" verursacht, wobei die "einseitige Fokussierung auf die Prozesse am Rand der Gesellschaft den Blick auf interne Destabilisierungs- und Erosionsprozesse" häufig verstellt (Dederich 2006, 23). „Nutzlosigkeit – als soziale Zuschreibung und Lebensgefühl" (Kronauer 2010a, 52) markiert den Übergang von dynamischen Ungleichheitsverhältnissen, die für die überwiegende Mehrheit der Gesellschaft soziale Auf- und Abstiege innerhalb prinzipiell existenzsichernder Lebensverhältnisse ermöglichen, hin zu quasi vormodernen Verhältnissen der Undurchlässigkeit von Lagen (ehemals: Stände, aktuell: Randgruppen ohne Chance auf Anschluss). Das Begriffspaar In-/Exklusion aktualisiere somit die soziologische Grundkategorie der sozialen Schließung (Max Weber), so Kronauer (2010a, 25). Ein quantitativ unterschiedliches Ausmaß an Besser- oder Schlechterstellung mündet in einen qualitativ anderen Zugang zur Gesellschaft.

Zum anderen werden in diesem erweiterten Theorierahmen die Folgen von Exklusionsprozessen auf die soziale Kohäsion von Gesellschaften untersucht. Die zunehmende Fragilität vormals stabiler sozialstaatlicher Sicherungssysteme stellt "die Institutionen infrage, die das gesellschaftliche Zusammenleben regeln" bis hin zur „Zukunft der Demokratie" (Kronauer 2010a, 24 f.). Desintegrative Prozesse in der Gesamtgesellschaft und der Verlust sozialer Zugehörigkeit für größere Bevölkerungsteile sind die Folge, weil Gruppen von Exkludierten (oder: Entkoppelten) in ähnlichen sozialen Lagen reproduktionsfähige Unterschichten oder Exklusionsmilieus bilden (Kronauer 2010a, 51 f.).

Die Wurzeln des Konzeptes reichen jedoch weiter zurück als die bis hier skizzierten ungleichheitstheoretischen Überlegungen. Stichweh skizziert die Genese des Begriffspaares In-/Exklusion für die letzten drei bis vier Jahrzehnte in drei, eng miteinander zusammenhängenden, Diskurssträngen: Zunächst ist dies mit Talcott Parsons und Niklas Luhmann ein genuin soziologisch-systemtheoretischer Zugang, der Inklusion als "Form der Beteiligung und der Berücksichtigung von Personen in Sozialsystemen" definiert (Stichweh 2013, o. S.). Es war Parsons' Aufsatz „Full Citizenship for the Negro American?" (1965), der eine „analytische Perspektive vorbereitete, die die Inklusion größerer Bevölkerungskreise als einen Schlüsselprozess in der Ausdifferenzierung der die Moderne prägenden Funktionssysteme auffaßte." (Stichweh 2013, o. S.). Zuvor marginalisierte Milieus wurden nun unter dem Druck, deren Beiträge als funktionale Vorteile für die Gesamtgesellschaft zu würdigen, anerkannt.

> „Inklusion hebt gesellschaftliche Ungleichheit nicht auf. Vielmehr schärft sie (gerade im Lichte des Gleichheitsgebotes) den Blick für solche Ungleichheiten, mit der Folge, dass faktische Ungleichheiten in Ansprüche umgemünzt werden, die dann beispielsweise in sozialen Bewegungen artikuliert und deren Erfüllung eingefordert wird." (Dederich 2006, 12)

Die strukturfunktionalistische Idee der funktionalen Gliederung und normativen Integration von Gesellschaft wurde von Luhmann zum Systemfunktionalismus weiterentwickelt (Luhmann 1997). Gesellschaften bestehen demnach aus prinzipiell offenen, differenzierten Funktionssystemen ohne zentrale Steuerung und innere Abhängigkeit. Exklusion bezeichnet in dieser Sichtweise die Prozesse der Nicht-Berücksichtigung von Individuen durch die Funktionssysteme (bspw. steht Personen mit einem Förderschul-Abschluss der Arbeitsmarkt in nur begrenzter Weise offen). "Exklusionsindividualität" meint die Differenz von Individualität und Rolle und damit die Gesamtheit derjenigen Anteile einer Person, die nicht durch Rollenübernahmen (bspw. im Beruf, im Ruhestand oder in der Freizeit) in die Gesellschaft eingebunden sind. In diesem Sinne sind alle Menschen von Exklusion betroffen (Nassehi 2008, 123), und der Begriff verliert seine sozialpolitische Bedeutung ebenso wie seinen Stellenwert in der Beschreibung sozialer Ungleichheit. Der zweite Entstehungsdiskurs von Inklusion und Exklusion basiert auf der französischen Sozialtheorie, die bis hin zu Foucault (Sozialdisziplinierung als In- bzw. Exklusion) und Bourdieu den Begriff der Solidarität von Èmile Durkheim „nahezu in eins setze" mit dem Begriff der Gesellschaft[13] (vgl. Abschnitt 4.1) (Stichweh 2013, o. S.). In- bzw. Exklusion ist dann gleichbedeutend mit dem Gelingen bzw. Scheitern von Solidarität, also: Gesellschaft. Zur Zeit der sozialen Umbrüche ab den 80er Jahren des letzten Jahrhunderts (s. oben) erlangte die Semantik von „Solidarität" und „Exklusion" nicht nur in der soziologischen Theorie, sondern auch in der Sozialpolitik Frankreichs große Bedeutung. Einem dritten Diskursstrang folgend sieht die "britische Wohlfahrtsstaatstheorie seit Thomas Humphrey Marshall (...) die kommunikative Berücksichtigung von Personen in Sozialsystemen als Mitgliedschaft nach dem Paradigma von ‚citizenship'" (Stichweh 2013, o. S.), wobei plurale (also: bürgerliche, politische und/oder soziale) Mitgliedschaften möglich sind. Exklusion in diesem Sinn bezieht sich auf Personen ohne oder mit eingeschränkten Bürgerrechten.

2.1.3 Exklusionsdimensionen: Produktion, Reproduktion, Partizipation

Nach dieser ersten Übersicht über Begriffe und Konzepte von „Exklusion" sollen im Folgenden einige Merkmale detaillierter betrachtet werden. Martin Kronauer definiert Exklusion, der oben schon erläuterten Relationalität der beiden Begriffe folgend, als Abwesenheit von Inklusion:

> "Inklusion, wie sie hier verstanden wird, meint gesellschaftliche Zugehörigkeit und Teilhabe, die durch die Einbindung von Menschen in die wechselseitigen Sozialbeziehungen der gesellschaftlichen Arbeitsteilung, durch Reziprozität in Verwandtschaft und Bekanntenkreisen sowie die Zuerkennung und Materialisierung von (persönlichen, politischen und sozialen) Bürgerrechten gewährleistet wird. Umgekehrt bedeutet Exklusion letzten Endes den Abbruch der Wechselseitigkeiten, soziale Isolation und den Verlust von Bürgerrechten, sei es durch deren formale Verweigerung oder durch ihren Substanzverlust, der die Materialität gesellschaftlicher Teilhabe infrage stellt." (Kronauer 2010c, 17)

Exklusion beruht also auf einem Interdependenzdefizit in den Sphären der Produktion (gesellschaftliche Arbeitsteilung) und der Reproduktion (soziale Nahbeziehungen) sowie einem Mangel an Partizipation (formale

---

[13] Kronauer (2010a, 32) sieht auch Robert Castel in dieser theoretischen Tradition.

Verweigerung des Bürgerstatus oder faktische Benachteiligung hinsichtlich der Umverteilung erwirtschafteter Güter). Im Folgenden wird zunächst die Verflechtung dieser drei Dimensionen näher beleuchtet und dann auf jede einzelne näher eingegangen.

Die Dimensionen Produktion, Reproduktion, Bürgerrechte sind grundlegend für soziale Stabilität und Entwicklung von Gesellschaften (Kronauer 2010a, 47). Aus Sicht der Individuen substituieren sie sich gegenseitig nicht (Kronauer 2010c, 18), sind aber dennoch eng miteinander verwoben, ergänzen sich und können auch in Widerspruch zueinander geraten (Kronauer 2010a, 31):

> „Aus dem Paradox, dass kapitalistische Marktwirtschaften nichtmarktförmiger Vorleistungen und Regeln bedürfen, die sie zugleich einschränken und ermöglichen, ergeben sich die Spannungen, Widersprüche, aber auch Komplementaritäten zwischen den Institutionen, die gesellschaftliche Zugehörigkeit und Teilhabe vermitteln. Nicht obwohl, sondern gerade weil Erwerbsarbeit, Sozialstaat und Familie relativ eigenständige, aber zugleich komplementäre Institutionen der Inklusion umfassen, können auch die Exklusionsprozesse in den jeweiligen Dimensionen institutionell 'übergreifen', sich verbinden und einander wechselseitig verstärken." (Kronauer 2010a, 49 f.)

So ist bspw. die – kapitalistisch organisierte – Erwerbssphäre auf das Funktionieren der auf Nahbeziehungen beruhenden Reproduktion (bspw. Kindererziehung) angewiesen. Die Übernahme von Sorgearbeiten gilt unter Erwerbsgesichtspunkten in der Marktgesellschaft als soziales Risiko (Kuhlmann 2012, 38). Werden soziale Sicherungssysteme eingerichtet, die erst eine umfassende Ausübung von Bürgerrechten ermöglichen, sind diese wiederum – gesteuert durch staatliche Umverteilungsmechanismen – abhängig von den wirtschaftlichen Erträgen der Unternehmen:

> "Inklusion auf der Grundlage sozialer Rechte bleibt deshalb unter kapitalistisch-marktwirtschaftlichen Vorzeichen immer gefährdet und fragil. Die prekäre Verbindung von Marktabhängigkeit und sozialen Rechten stellt gewissermaßen die ‚Achillesferse' der sozialen Inklusion dar." (Kronauer 2010a, 34)

Die Nichtverfügung über materielle Güter, der Ausschluss aus sozialen Interdependenzbeziehungen und das Vorenthalten von Rechten münden in objektiv gegebener und subjektiv erlebter Bedeutungslosigkeit, Abhängigkeit und mangelnder Anerkennung (Puhr 2009, 14):

> „Lebensbedrohlich im sozialen, wenn nicht gar körperlichen Sinn wird Ausschließung dann, wenn der Zugang zu grundlegenden gesellschaftlichen Funktionen versperrt bleibt oder nur um den Preis sozialer Missachtung gewährt wird; wenn Ausgrenzungen alle Aspekte des menschlichen Lebens übergreifen und auf Dauer gestellt werden. In diesem letzteren Sinn soll (...) von sozialer Exklusion die Rede sein." (Kronauer 2010a, 26)

In der Trias von Produktion, Reproduktion und Bürgerrechten kommt der Produktionssphäre, also den Strukturen der (Erwerbs-)Arbeit, eine zentrale Bedeutung für In- bzw. Exklusionsprozesse zu:

> „Wechselseitige Abhängigkeit in und durch Erwerbsarbeit bildet in unserer Gesellschaft eine wesentliche Voraussetzung für soziale Anerkennung, sei es in der Arbeit selbst oder durch das Geld, das man verdient. (...) Auch in Gesellschaften, die nicht mehr auf einer Zentralität von Erwerbsarbeit beruhen würden, blieben die wechselseitigen Abhängigkeiten in der und durch die Arbeit ein wesentliches Moment der Vergesellschaftung. Denn die Menschen als zugleich tätige und soziale Wesen leben von der und durch die Kooperation miteinander." (Kronauer 2010a, 30 f.)

Weiter unten wird die Frage geklärt werden müssen, inwieweit Personen, die aufgrund ihres Alters, wegen Krankheit oder Behinderung von der Teilhabe an Erwerbsarbeit ausgeschlossen sind, ebenfalls unter mangelnder sozialer bzw. materieller Anerkennung leiden[14] oder stattdessen „in eine gesellschaftlich anerkannte Lebensform und Tätigkeit jenseits der Erwerbsarbeit (wie etwa die des Rentners) ausweichen" (Kronauer 2010a, 45) können. Es scheint zu kurz zu greifen, Exklusion monokausal auf ein Scheitern an den Leistungsanforderungen moderner Gesellschaften zurückzuführen, wie Stein es für Menschen mit Behinderung unternimmt:

> „Die tiefere Ursache jedoch liegt in dem gemeinsamen 'Merkmal' der mangelnden Leistungsfähigkeit hinsichtlich der wirtschaftlichen Verwert-

---

[14] Vgl. bspw. den Bericht der im Alter von 54 Jahren mit einer Lewy-Body-Demenz diagnostizierten Helga Rohra über ihre Bemühungen, vom zuständigen Integrationsfachdienst in eine geeignete Arbeitsstelle vermittelt zu werden (Rohra 2011, 53 ff.).

barkeit ihrer Arbeitskraft. (...) Da unser Wirtschaftssystem noch heute die gleichen ökonomischen (Grund-)Strukturen aufweist, ist die Problemstellung seit Beginn der Industrialisierung letztlich dieselbe geblieben." (Stein 2010, 74)[15]

Tatsächlich kennt auch die nach-ständische, industrialisierte Gesellschaft Rollen und Milieus, die nicht über die wirtschaftliche Verwertung der Arbeitskraft vergesellschaftet sind und dennoch Anerkennung genießen, wie bspw. die bürgerliche Hausfrau. Umgekehrt werden auch wirtschaftlich erfolgreiche und leistungsfähige Personen ausgegrenzt, bspw. aufgrund ihrer ethnischen Zugehörigkeit. Obwohl die Bedeutung von Erwerbsarbeit für die Vermeidung von Exklusionsprozessen nicht unterschätzt werden darf, geht es angesichts der oben schon erläuterten paradoxen Verschränkung marktförmiger und nicht-marktförmiger Mechanismen nicht nur um die (Nicht-)Erfüllung von Leistungsnormen, sondern um grundlegende Ausschlüsse aus den produktiven und reproduktiven Austauschprozessen, durch die die Menschen Bedeutung für einander erlangen. So werden schwerbehinderte Menschen im ersten Arbeitsmarkt weniger durch das Verfehlen der Leistungsnorm, sondern eher durch Verstöße gegen kulturelle Normen und Regeln (bspw. am gemeinsamen Mittagstisch) aus den sozialen Austauschprozessen ausgeschlossen (Bruker, Schuhmacher 2013). Die von Stein im Zusammenhang mit dem oben angeführten Zitat angesprochene „systematisch(.) erfolgende(.) Verbesonderung von Menschen aufgrund bestimmter Merkmale" (2010, 74), also ihre Institutionalisierung, erfolgt demnach nicht nur aufgrund ihrer geringeren Leistungsfähigkeit, sondern auch deshalb, weil moderne Gesellschaften in der Lage sind, hoch-effiziente funktional differenzierte, separierende (Versorgungs-)Strukturen aufzubauen und zu betreiben. Denn das Strukturprinzip der Arbeitsteilung bzw. der funktionalen Differenzierung durchzieht nicht nur den wirtschaftlichen Sektor, sondern alle Lebensbereiche (Exner 2007, 175).

In der zweiten der genannten Dimensionen, die der familiären, reproduktiven sozialen Nahbeziehungen, hat, im Unterschied zur Produktionssphäre, Leistungsfähigkeit keine Bedeutung. Stattdessen beruhen sie auf

---

[15] Vgl. für diese Argumentation auch: Plemper et al. (2007, 13).

„(...) einer informellen Reziprozität. Das Geben und Nehmen wird hier nicht nach dem Äquivalententausch oder einem Preis bemessen wie auf den verschiedenen Märkten, sondern nach den Maßstäben von Loyalität und Solidarität." (Kronauer 2010a, 31).

Nicht erst die totale Isolation, sondern schon „eine Einschränkung der sozialen Kontakte im Wesentlichen auf Menschen in gleicher oder ähnlich benachteiligter Lage" (Kronauer 2010a, 46) wirkt exkludierend, weil in einer solchen Lage Netzwerke, die eine Unterstützungsfunktion übernehmen können, fehlen. Bspw. wirken berufliche Netzwerke und "Nutzfreundschaften" nach Luhmann "parasitär" und steuern Ex- und Inklusion, auch gegenläufig zu den formal gültigen Zugangs- und Ausschlusskriterien. Kleine Netzwerke, die von Verwandtschaft und Menschen in ähnlich benachteiligter Lage geprägt sind, verstärken die Abhängigkeit von formaler Hilfe. (Wansing 2007, 284 f.) Darüber hinaus ist das Risiko des Verlusts selbst dieses sozialen Halts in der und durch Familie, Freunde oder Nachbarn durch den Individualisierungsschub westlicher Gesellschaften seit Mitte des 20. Jh. erhöht worden. Das Herauslösen der Individuen aus traditionellen sozialen Milieus eröffnet einerseits Chancen zur Gestaltung des Lebenslaufs, zwingt andererseits aber auch dazu, Nahbeziehungen selbstbestimmt auszuwählen und aufzubauen – ein Unterfangen, das – gerade auch, wenn wenig materielle Ressourcen zu Verfügung stehen – misslingen und in die Isolation führen kann (Beck 1986). Die selbstgewählten und -bestimmten Beziehungen zeigen sich aufgrund der fehlenden Verankerung milieuspezifischer Normen, Werte und sozialer Routinen fragiler und weniger verbindlich in Bezug auf eine kooperative Bewältigung von Notlagen: "Mehr denn je sind die Menschen heute materiell und sozial auf Leistungen angewiesen, die sie von Märkten und vom Staat beziehen." (Kronauer 2010a, 36) Dabei gilt:

> „Die bedrohliche Kehrseite von Individualisierung, die Gefahr sozialer Isolation, macht sich vor allem an biographischen Bruchstellen bemerkbar – Arbeitslosigkeit, Krankheit, Hinfälligkeit; in solchen Situationen also, die an gesellschaftlich Verdrängtes rühren, weil sie die Grenzen der individuellen Gestaltungsfähigkeit aufzeigen."(Kronauer 2010a, 37)[16]

---

[16] Vgl. auch Dederich (2006, 22 f.)

Individualisierung im negativen Sinn gilt Kronauer darüber hinaus als „Verlust jeder Möglichkeit, das eigene Scheitern dann noch als kollektives Schicksal zu deuten und daraus womöglich Widerstandskraft zu ziehen." (Kronauer 2010c, 12). Exklusion auf der Dimension der sozialen Nahbeziehungen ist für Menschen mit Demenz und deren Angehörige in höchstem Maß bedeutsam (vgl. Abschnitt 2.3.4.1).

Für die dritte der angesprochenen Dimensionen, die der sozialen Bürgerrechte, gelte, so Kronauer (2010a, 34 ff.), dass sie in Deutschland eher auf Statussicherung denn auf die Beseitigung sozialer Ungleichheit ausgelegt seien. Dies lässt sich bspw. an der Arbeitslosensicherung ablesen, die nicht nur durch Beitragszahlungen weitestgehend an den Erwerbsstatus geknüpft ist, sondern auch an den Status als staatsangehörige bzw. inländische Person. Werden soziale Rechte aber nicht unabhängig vom Erwerbsstatus gewährt, so verlieren sie ihren Bezug zur Sicherung sozialer Teilhabe: "Für eine wachsende Zahl von Menschen hat (…) der Bürgerstatus seine materielle Grundlage verloren." (Kronauer 2010a, 40 f.) Personen, die Sozialleistungen wie Arbeitslosengeld oder Pflegeversicherungsleistungen erhalten, werden eher als „Kunden" begriffen und weniger als mit Rechten ausgestattete Bürger. Kann kein Bezug der Leistung zum Marktsystem mehr hergestellt werden, wird stattdessen das Leitbild der „Fürsorge" wirksam (Huster, Bourcarde 2012, 20), das aber ebenfalls den Fokus nicht auf bürgerrechtlich legitimierte, materielle Umverteilung und soziale Teilhabe legt. Zu den gesellschaftlich legitimierten und ggf. sogar individuell selbstgewählten Formen der „fürsorglichen Exklusion" zählen bspw. Regelungen zum Mutterschutz, Krankengeldzahlungen oder Rentenregelungen, die „zumindest phasenweise und statusgruppenbezogen vom unbedingten Verweis auf Erwerbsarbeit als Einkommensquelle" entbinden und so ökonomisch bedingte Exklusionsrisiken abmildern oder aufheben sollen (Benz 2012, 120) (vgl. auch Stein 2013, 5; Dederich 2006, 11).

> "Die zeitweilige Ausschließung eines Personenkreises von bestimmten gesellschaftlichen Funktionen kann sogar eine Maßnahme zum Schutz dieser Personen darstellen und in deren Interesse vollzogen werden. Das trifft beispielsweise für das Verbot von Kinderarbeit zu." (Kronauer 2010a, 25)

Das ggf. mit dem Schutzstatus verbundene Anerkennungs- und Gerechtigkeitsdefizit (vgl. oben zur Bedeutung der Erwerbsarbeit) wird, wie hier bei Kronauer, in der Ungleichheitssoziologie nicht problematisiert. Exklusionen durch den Schutzzweck zu legitimieren ist aber in Bezug auf Menschen mit Behinderung und in wachsendem Maße auch für Menschen mit Demenz als fragwürdige Praxis kritisiert worden (Neumann 2006) (vgl. Abschnitt 2.3).

Die Analyse der Ausgrenzung von Menschen mit Demenz im folgenden Abschnitt basiert auf dem Exklusionsbegriff von Martin Kronauer, der definiert ist als „Abbruch der Wechselseitigkeiten, soziale Isolation und den Verlust von Bürgerrechten". Damit sind die Produktions- ebenso wie die Reproduktionssphäre und die soziale und politische Sprachfähigkeit erfasst. Exklusion ist nicht kurzfristig, sondern auf Dauer gestellt, schwer umkehrbar und kann lebensbedrohliche Ausmaße annehmen. Dabei wirkt nicht nur extreme materielle Ungleichheit ausgrenzend, sondern auch soziale Missachtung von Personen oder Gruppen anhand von zugeschriebenen Merkmalen.

2.2 Sozialgeschichte der Demenz

Wie bekannt war Altersverwirrtheit in unterschiedlichen historischen Epochen? Welche Bedeutung wurde ihr beigemessen, und wie haben demenzerkrankte ältere Menschen an der Gesellschaft teilgenommen? Wurden sie aufgrund ihres sozial abweichenden Verhaltens als Fremde oder fremd Gewordene ausgegrenzt, oder kamen sie – evtl. auch in Erwiderung auf die von ihnen erbrachte Lebensleistung – in den Genuss einer aufmerksamen Begleitung im Alltag? Wie sind schließlich Ausgrenzungsrisiken von Menschen mit Demenz im historischen Vergleich zu bewerten? Bevor anschließend an die theoretischen Überlegungen zu Exklusion (2.1) auf die spezifischen Ausgrenzungsrisiken von Menschen mit Demenz (2.3) eingegangen wird, soll zunächst in historischer Perspektive nach dem Umgang mit Menschen mit Demenz gefragt werden.

Publikationen zur Geschichte von Demenzerkrankungen fokussieren überwiegend medizinhistorische Aspekte: die Erarbeitung des Krankheitskonzepts, die systematische Einordnung anhand beobachteter

Symptome (Nosologie) sowie die Suche nach den Ursachen der Erkrankung und geeigneten Therapien. Dabei wird vor allem der Zeitraum seit der Entdeckung der nach ihm benannten Krankheit durch Alois Alzheimer in den Blick genommen (Lauter 1991; Berzewski 1996; Boller, Forbes 1998). Für die Zeit vor 1800 liegen nur wenige medizinhistorische Quellen vor[17]:

> „Weder aus den frühen Hochkulturen noch aus griechisch-römischer Zeit ist auch nur eine einzige ärztliche Abhandlung überliefert, die sich ausschließlich oder vorwiegend mit der Frage progredienter kognitiver Einbußen befasst. In der gesamten medizinischen Literatur gibt es auch keinen in sich geschlossenen Abschnitt, der nur im entferntesten ein Zustandsbild ‚Demenz' zum Gegenstand hätte." (Karenberg, Förstl 2003a, 6)[18]

Ebenso mangelt es an einer systematischen Auswertung der Quellen (Karenberg, Förstl 2003b, o. S. ff.). Noch weniger Hinweise finden sich auf die hier interessierenden sozialgeschichtlichen Aspekte des Umgangs mit Menschen mit Demenz und ihrer Einbezogenheit bzw. Ausgrenzung in verschiedenen Epochen: u. a. bei Karenberg und Förstl (2003a), Berchthold und Cotman (1998) und Wetzstein (2005). Stellenweise wurde für die folgenden Abschnitte auf historische Darstellungen des Lebens von Menschen mit geistiger Behinderung zurückgegriffen (Häßler 2011; Clark 1993).

2.2.1 Demenz in der Antike

Der Blick der Antike[19] auf das Alter und auf die in dieser Lebensphase auftretenden kognitiven Beeinträchtigungen ist uneinheitlich (Wetzstein

---

[17] Dies gilt für die Geschichte von geistig behinderten Menschen ganz allgemein und mündet, wie Ferguson konstatiert, auch in einer wissenschaftlichen Marginalisierung: „As one historian has put it, the ‚social marginality' where historians seemed to feel that people who could not learn were also not worth learning about" (Ferguson 2006, 1089) Insbesondere über das Alltagsleben intellektuell eingeschränkter Menschen liegen kaum Quellen vor.

[18] Dieser Text liegt zum einen als gedruckte Publikation vor (Karenberg, Förstl 2003a), aber auch leicht verändert als Internetveröffentlichung (Karenberg, Förstl 2003b).

[19] Hier die griechisch-römische Antike, die etwa das 3. Jh. vor bis zum 4./5. Jh. nach Chr. umspannt. Obwohl sie als Ursprung des Abendlandes gilt („Ancient West"), ist sie aus einer Mischung von, auch dezidiert nicht-westlichen, Kulturen entstanden (Rose 2006,

2005, 27). Häufig und auch schon in sehr frühen Dokumenten werden die Nutzlosigkeit geschwächter, alter Menschen und deren kognitive Defizite beklagt, so vom altägyptischen Wesir Ptahhotep im 24. Jh. v. Chr.:

> „Die Gebrechlichkeit (*teni*) ist eingetreten (...), Altersschwäche (*wegeg*) ist dazugekommen, infantile Schwäche (*ihu*) manifestiert sich erneut (...). Das Herz (als Denkorgan) läßt nach, es kann sich nicht (mehr) des Gestern erinnern (...) Was das Alter den Menschen antut? Übles in jeder Hinsicht!" (Fischer-Elfert 2002; 222)

Ähnlich negativ äußert sich Pythagoras im 7. Jh. v. Chr. und bezeichnet die beiden letzten Lebenszyklen (63-80 Jahre bzw. 81 Jahre und älter) als „a period of decline and decay of the human body and regression of mental capacities." (Berchtold, Cotman 1998, 173). Die menschliche Existenz kehre zur Beschränktheit des ersten Zeitraums der Kindheit zurück. Vermutlich kannte auch Hippokrates (460-377 v. Chr.) die im Zusammenhang mit dem höheren Alter auftretende geistige Schwäche, aber es ist nicht sicher, ob er sie als organisch verursachte, unheilbare Gemütskrankheit („paranoia") beschrieb oder als Teil des normalen Alterungsprozesses. Beide Interpretationen schließen sich nicht restlos aus, da Hippokrates zufolge sowohl die geistigen Krankheiten als auch der Alterungsprozess auf einer Verschiebung im Mischungsverhältnis der vier Körpersäfte beruhen. Auf Basis der Humoraltheorie ist das Alter die Lebensphase, in der die Balance zu Ungunsten des Warmen und Feuchten verliert und das Kalte und Trockene überwiegt (Berchtold, Cotman 1998, 172 f.).

Plato unterscheidet im Dialog „Phaidros" (ca. 370 v. Chr.) den krankheitsbedingten bzw. durch Mangel an Einsicht verursachten Wahnsinn von einem, der als göttliche Gabe zu verstehen sei. Diese „nützliche Art" (Erler 2006, 122) des Wahnsinns umfasst den prophetischen Wahnsinn, den heiligen Wahnsinn der Riten, den dichterischen Wahnsinn sowie – als höchste Form – den erotischen Wahnsinn im Sinne einer Erinnerung an den „vorgeburtlichen Zustand seliger Schau" (2006, 122). Gronemeyer schließt daraus für die Antike auf ein

---

852). Andere vorzeitliche Kulturen können im Rahmen dieser Arbeit nicht bearbeitet werden.

„(...) Band zwischen Normalität und ‚Demenz' (wie alle möglichen Formen des Wahnsinns geheißen haben) (...). Ein Band, dass darin bestanden hatte, dass man der 'Demenz' eine göttliche, eine religiöse und kulturelle Bedeutung zugestehen konnte". (Gronemeyer 2013, 81)[20]

Dies steht jedoch im Widerspruch dazu, dass Greise in den Augen Platons und auch nach Ansicht der meisten antiken Philosophen und Naturwissenschaftler an Vernunft, menschlicher Vollkommenheit und Zugang zur Wahrheit verlieren. So zitiert Platon ca. 360 v. Chr. das antike Sprichwort „Im Blick auf die Vernunft sind Greise zum zweiten Mal Kinder" (Gesetze, 646a), das im weiteren historischen Verlauf in ganz Europa bis in die frühe Neuzeit hinein aufgegriffen wurde (Karenberg, Förstl 2003a, 10). So nennt der Arzt Galen (130-210 n. Chr.) das Alter als eine der Situationen, in denen Einfältigkeit auftreten kann:

"(...) some in whom the knowledge of letters and other arts are totally obliterated; indeed they can't even remember their own names (...) Even now it is seen, that on account of extreme debility in old age, some are afflicted with similar symptoms" (Torack 1983, 24; zit. nach Berchtold, Cotman 1998, 174 f.; Auslassung durch Torack)

Der römischen Satirendichter Juvenal (2. Jh. n. Chr.) betont die mit einer Demenz verbundene soziale Entfremdung:

---

[20] Karenberg und Först (2003a, 6) weisen darauf hin, dass vor 1800 eine Vielfalt von Begriffen („amathía, amentia, amnesia, anoía, fatuitas, memoriae debilitas, mentis stupor, morosis, oblivio, stultitia und stupiditas, um nur die wichtigsten und am häufigsten benutzten zu nennen") für geistige Beeinträchtigungen benutzt wurden und umgekehrt der Begriff Demenz inhaltlich abweichend von der heutigen Bedeutung für ganz unterschiedliche Erscheinungsweisen von geistiger Behinderung verwendet wurde . Die Geschichte des Begriffs sei also von der historischen Entwicklung des Konzepts zu unterscheiden, so Wetzstein (2005, 26). Auch Ferguson betont die komplexe Interaktion zwischen den Bezeichnungen und den damit bezeichneten Phänomenen, die eine Geschichte der geistigen Behinderung anzuerkennen habe (Ferguson 2006, 1089). Gronemeyer dagegen fasst Konzept und Begriff zusammen, wenn er betont: „Im Kern sind die Worte ‚Wahnsinn' und Demenz in ihrer ursprünglichen Bedeutung identisch. Die Dementen waren deshalb die Wahnsinnigen ganz allgemein (...)", im Sinne von „ohne"/"leer an Verstand" bzw. „ohne Sinn". Erst seit ca. 1980 gelte die moderne Bedeutung von Demenz als einer eingeschränkten Erinnerungsfähigkeit (Gronemeyer 2013, 69). Angesichts der Fülle an angeborenen oder erworbenen geistigen und seelischen Erkrankungen bzw. Beeinträchtigungen trägt die Ineinssetzung von Konzept und Begriff m. E. allerdings nicht zu einer differenzierten Klärung der historischen Entstehung des Demenzkonzeptes bei.

"Doch schlimmer als jeder Schaden an den Gliedern ist der Schwachsinn (dementia), durch den er weder die Namen der Sklaven noch das Gesicht des Freundes erkennt, mit dem er in der vergangenen Nacht speiste, noch jene, die er zeugte, die er aufzog (...)" (Karenberg, Förstl 2003a, 12 f.)

Ob das Alter allerdings zwingend mit kognitiven Defiziten verbunden ist, darüber herrschten unterschiedliche Ansichten: Terenz (ca. 195/184-159 v. Chr.) betont wie Aristoteles[21] die Unausweichlichkeit von Altersbeschwerden: „senectus ipast morbus" (Das Alter selbst ist die Krankheit). Cicero (106-43 v. Chr.) führt die Einbußen auf mangelnde Aktivität und Disziplin zurück:

„Doch das Gedächtnis schwindet. Vermutlich, wenn man es nicht übt, oder auch, wenn man von Natur aus schwerfälliger ist. (...) Alten Menschen bleiben ihre Geistesgaben erhalten, wenn ihnen nur ihr Eifer und ihr Fleiß erhalten bleibt, (...)." (Cicero, De senectute; zit. nach: Wetzstein 2005, 27)[22]

Dennoch, so Berchtold (1998, 175), ist die überwiegende Auffassung in der griechisch-römischen Antike die, dass kognitive Defizite unausweichlich zum Alter gehören, was vermutlich die Grundlage für den Bedeutungswandel der Begriffe „Senilität/senil" legt, und zwar von „sehr alt" auf „demenzkrank".
Zusammenfassend lässt sich festhalten, dass altersbedingte geistige Verwirrung und Gedächtnisverlust in der Antike keine unbekannten Phänomene waren, sondern neben der körperlichen Gebrechlichkeit als alltägliche Begleiterscheinung des Alters thematisiert wurden (vgl. für weite-

---

[21] Aristoteles bewertete die Senilität als unausweichliche Alterserscheinung ohne nennenswerte organische Ursachen, die dementsprechend keiner medizinischen Klärung bedurfte. Er vermutete den Sitz des Gedächtnisses im Herz, anders als schon 600 v. Chr. der Naturphilosoph Alkmaion, für den das Gehirn das zentrale Wahrnehmungs- und Erkenntnisorgan war. Diese Auffassung wurde von Hippokrates bestätigt, geriet aber – ebenso wie die Überlegungen zu möglichen organischen Ursachen der altersbedingten Demenz – unter dem großen Einfluss der aristotelischen Schriften für mehrere Jahrhunderte in Vergessenheit (Berchtold, Cotman 1998, 174).
[22] Ebenso Diogenes von Oinoanda (2. Jh. n. Chr.): „(...) Diogenes of Oenoanda too protests (rather frequently) against the anticipation of senility. Two fragments give the tone: '[... since many] live to the last day of their lives with their faculties unimpaired', and, 'let us not forget that it is not from old age that derangement comes but from some other natural cause'." (Clark 1993, 69)

re Belege Clark 1993, 69 ff.). Dies, obwohl die Gruppe der Betroffenen zahlenmäßig klein war: Schätzungen zufolge wurden etwa 5 % der Bevölkerung bis zu 60 Jahre alt und nur 3 % bis zu 65 Jahren (Karenberg, Förstl 2003a, 6). Die dennoch nicht unerhebliche Bedeutung des Phänomens geistiger Verwirrung und Vergesslichkeit im Alter zeigen Regelungen zum Umgang mit älteren, verwirrten Menschen, die gleichzeitig Hinweise auf den in dieser Arbeit interessierenden Grad der Ein- bzw. Ausgrenzung von demenzkranken Menschen in der Antike geben:

Aristoteles konstatiert im Alter den Verlust des Scharfsinns ebenso wie der intellektuellen Fähigkeiten (Urteilsvermögen, Vorstellungskraft, Argumentationskraft und Gedächtnis) (Berchtold, Cotman 1998, 173). Seine Erwägungen, deshalb hohe Staatsämter nicht an Ältere zu vergeben, geben einen ersten Hinweis auf soziale Ausgrenzung von älteren Menschen bzw. Menschen mit Demenz. In der von Solon (500 v. Chr.) überarbeiteten Rechtsprechung zum Erbrecht wird das Alter allgemein als Risiko für ein eingeschränktes Urteilsvermögen gesehen, und den Älteren kann unter bestimmten Umständen die Selbstbestimmung über das Erbe entzogen werden[23]:

> „Solon amended the laws of the time that dictated that an inheritance was to be divided among the family, and annexed the legality of including an extra-familial heir, ‚provided judgment was not impaired by pain, violence, drugs, old age, or the persuasion of a woman' (152)."[24] (Berchtold, Cotman 1998, 173)

Platon entwirft in seinen „Gesetzen" eine detaillierte Ablaufplanung für die Aberkennung von Bürgerrechten zum Schutz des Familienvermögens im Falle einer demenziellen Erkrankung[25], wobei auch der Gewissenskonflikt

---

[23] Bei Cicero findet sich der Bericht über das Gerichtsverfahren, dass Iophon gegen seinen Vater Sophokles anstrengte: Da dieser bis ins hohe Alter an seinen Tragödien arbeitete, erweckte er den Eindruck, die Familienfinanzen zu vernachlässigen, weshalb ihn sein Sohn für unmündig erklären lassen wollte. Nachdem Sophokles Verse aus dem Stück *Oidipous auf Kolonos,* an dem er gerade arbeitete, rezitierte hatte, fragte er das Gericht, ob ein geistig Verwirrter diese Verse geschrieben haben könne, und wurde daraufhin freigesprochen (Clark 1993, 71).

[24] Teilzitat nach: Terry, R. D. (1996): The pathogenesis of Alzheimer disease: An alternative to the amyloid hypothesis. J. Neuropathol. Exp. Neurol. 55:1023–5

[25] „Now suppose illness or old age or a cantankerous temper (…) or all three make a man more wayward (or "unusually demented" – (…) [Loeb]) than old men usually are, unbe-

des klagenden Sohnes, der zwischen der Achtung vor der väterlichen Autorität und einem das Eigentum schützenden Umgang mit dessen Verlust seiner geistigen Fähigkeiten hin- und hergerissen ist, thematisiert wird.

Die Verantwortung für die Sorge um geistig verwirrte Personen kam der Familie zu, die alle Haushaltsmitglieder, Sklaven und Freigelassenen und ggf. auch enge Freunde umfasste. Dies war nicht nur in der athenischen Verfassung geregelt, die Söhne verpflichtete, für das leibliche Wohlergehen der Eltern und ein würdiges Begräbnis zu sorgen, auch wenn diese geistig verwirrt waren, sondern es entsprach auch fest verankerten Gepflogenheiten und sozialen Erwartungen (Clark 1993, 144). Tötungen oder Aussetzungen mit Todesfolge von Personen, die aufgrund geistiger Verwirrung von ihrer Familie nur schwer zu kontrollieren waren, galten in der griechischen Polis als barbarisch[26] und waren mit sozialen und rechtlichen Sanktionen bewehrt (Clark 1993, 160 f.). Dies kann als Hinweis gelten, dass Familien durchaus zu solchen, als extremste Form der Exklusion geltenden, Handlungsweisen griffen.[27]

---

known to all except his immediate circle; and suppose he squanders the family resources on the grounds that he can do as he likes with his own property, so that his son is driven to distraction but hesitates to bring a charge of lunacy (…). This is the law the son must observe. First of all he must go to the eldest Guardians of the Laws and explain his father's misfortune, and they, after due investigation, must advise him whether to bring the charge or not. If they advise that he should, they must come forward as witnesses for the prosecution and plead on his behalf. If the case is proved, the father must lose all authority to manage his own affairs, even in trivialities, and be treated like a child (…) for the rest of his days." (Platon, Gesetze, zit nach: Clark 1993, 151) Die „Gesetze" stellen in weiten Teilen eine idealtypische Formulierung von Regeln für ein Staatswesen dar. Das hier beschriebene Entmündigungsverfahren spiegelt aber, so Clark, das tatsächlich angewandte Recht in Athen.

[26] „Die Tötung von Greisen wird von Herodot als barbarisch, bei wilden Völkern vorkommend vermerkt, zumal sie bei den Skythen und Issedonen noch mit Kannibalismus verbunden gewesen sein soll." (Häßler, Häßler 2005, 9) Auch die römische Antike bezeichnet die Tötung alter Menschen als Element in weniger zivilisierten Kulturen. Der römische Geschichtsschreiber Aelianus (ca. 170-222 n. Chr.) dokumentiert für Sardinien den Brauch, dass Söhne ihre alten Väter erschlagen und beerdigen, und für andere Gebiete, dass „sehr alte und nutzlose" Menschen zunächst wie für ein Fest geschmückt und dann vergiftet werden (Clark 1993, 71).

[27] Weit verbreitet war allerdings in zahlreichen Kulturen, u. a. auch im antiken Griechenland und Rom, die Legitimation bzw. die Verpflichtung zur Tötung verkrüppelter, beeinträchtigter oder funktionseingeschränkter Säuglinge. Der Vater, die Ältesten, der Staat oder ggf. die Hebamme entschieden meist „direkt nach der Geburt, jedenfalls vor dem

Wohlhabendere Familien suchten geistig behinderte Verwandte oder Sklaven auf entlegene, ländliche Besitztümer zu verbannen oder im Haus einzusperren (Clark 1993, 138 ff.).

> „In den gehobenen Kreisen der Patrizier und der Aristokratie war für die im Alter, nach Trunksucht oder späterem Krankheitsausbruch wahn- oder schwachsinnig gewordenen Familienmitglieder das Einschließen, die Verwahrung im Haus und die Betreuung durch einen Haussklaven die übliche Lösung. Die Bemerkungen zu Kleomenes bei Herodot deuten darauf hin." (Häßler, Häßler 2005, 9)[28]

Das athenische Recht erlaubte es einem Sohn, den Vater einsperren zu lassen, wenn er das Gericht von dessen Verrücktheit überzeugen konnte (Clark 1993, 69, 150). Körpernahe Fixierungen (Fesseln, Festhalten) wurden bei Personen angewendet, die Gefahr liefen, sich selbst oder andere zu verletzen, bspw. in manischen Zuständen oder unter epileptischen Anfällen. Im Zusammenhang mit Senilität werden sog. physical restraints nicht erwähnt (Clark 1993, 361 ff.). Geistig verwirrte Personen, die weder sich noch andere gefährdeten, waren zwar häufig in der Öffentlichkeit anzutreffen, aber sie liefen Gefahr, gemieden, verspottet, bespuckt und auch gesteinigt zu werden (Clark 1993, 138 ff.). Geduld und Toleranz gegenüber dem abweichenden Verhalten von Personen mit geistiger oder seelischer Behinderung werden vor allem dann eingefordert, wenn diese eine einflussreiche Position einnahmen:

> „Although when our friends are in their right minds it is best to show them their errors and correct them when they make a mistake, we usually do not struggle with them or contend against them when they are mentally deranged or delirious, but humour them and agree with them." (Plutarch Mor. Fr. 136.3,4; zit. nach Clark 1993, 144)

Patricia Clark, die in ihrer umfangreichen Dissertation „The Balance of the Mind. The Experience and Perception of Mental Illness in Antiquity."

---

[28] Zeitpunkt, zu dem ein Kind zur sozialen Person wird, etwa durch Namensgebung" (Kastl 2010, 25) über das Lebensrecht.
Kleomenes, 6. Jh. v. Chr., König von Sparta: „Gleich darauf aber wurde er geisteskrank, wie es auch schon früher mit ihm nicht ganz richtig gewesen war. Wenn er einem Spartaner begegnete, schlug er ihm mit dem Stock ins Gesicht. Weil er das tat und den Verstand verloren hatte, legten seine Verwandten ihn in den Stock." (Herodot; zit. nach Häßler, Häßler 2005, 2)

(1993) literarische, sozialhistorische und medizinische Quellen aus der griechischen und römischen Antike ausgewertet hat, um Erkenntnisse zum Wissensstand über und den Umgang mit Geisteskrankheit in der Antike zu generieren, kommt zu dem Schluss, dass ...:

> "In the "face to face" society of the ancient polis people responded to aberrant individuals on a continuing and immediate level and sought explanations and cures in a flexible, individual and pragmatic manner." (Clark 1993, iii f.)

Demenziell erkrankte Menschen waren also Teil des alltäglichen Lebens, was nicht heißt, dass es nicht zu sozialer Ausgrenzung, körperlicher und seelischer Misshandlung oder Tötung und Vertreibung von Betroffenen kommen konnte. Die schon in der Antike formulierten moralischen und gesetzlichen Verpflichtungen Älteren (und speziell den eigenen Eltern) gegenüber werden im Christentum auf der Grundlage des Gebots, die Eltern zu ehren, aufgenommen und verstärkt. Es gilt, deren materielle und soziale Lebensgrundlage zu sichern, sie bis an ihr Lebensende zu begleiten und ihnen mit Ehrfurcht zu begegnen. Dabei ist, ebenso wie in der griechischen Polis, zunächst die Familie, der Haushalt in der Pflicht. Das Gebot der christlichen Barmherzigkeit verpflichtet jedoch auch die Gemeinschaft zur Pflege und Sorge für alte und kranke Menschen, was zum Aufbau von Hospizen führte. In Bezug auf die Frage nach der Ausgrenzung von demenziell Erkrankten bringen diese als räumlich separierte Institutionen bereits ein grundsätzliches Stigmatisierungsrisiko mit sich (Wetzstein 2005, 28 f.).

2.2.2 Demenz im Mittelalter

Im Mittelalter[29] wird allmählich die Grenze zwischen denjenigen, die caritative Zuwendung verdienen, und denen, die sie nicht verdienen, stärker betont. Sehr kranke und bspw. auch alte Menschen, die nicht mehr in der

---

[29] Hier der Zeitraum von 500 bis 1500 n. Chr., wobei das Auftreten bestimmter sozialhistorischer Entwicklungen (bspw. Entstehung der Nationalstaaten, Rückgriff auf antike Werte in der Renaissance) innerhalb Europas große zeitliche Unterschiede kennt (Schalick 2006, 868).

Lage sind zu arbeiten, kommen dabei in den Genuss christlicher Barmherzigkeit (Schalick 2006, 871). Hospize, die geistig behinderten Menschen, für die die Familie nicht sorgt oder sorgen kann, Zuflucht und Pflege angedeihen lassen, bestehen nicht nur im Mittelalter fort, sondern werden sowohl von der Kirche als auch vom Staat weiter ausgebaut. Sie geben einerseits besser gestellten Bürgerinnen und Bürgern Gelegenheit, sich mildtätig zu zeigen und damit um Vergebung von Sünden zu bitten, und bieten andererseits Bedürftigen, Armen, Kranken und Alten Versorgung (Schalick 2006, 871; Ferguson 2006, 1088). Daneben aber sind im Mittelalter kognitiv eingeschränkte Menschen als behinderte Bettler frei und ohne Versorgung auf Wanderschaft oder leben als Hofnarren in den Häusern der Begüterten. Es kann – wie in der Antike – von einer grundsätzlichen Akzeptanz von Menschen mit Behinderung als Teil des alltäglichen Lebens ausgegangen werden, was aber grausame und vernachlässigende Umgangsformen nicht ausschließt. Die gegen Ende des Mittelalters und mit Beginn der Neuzeit auftretenden Hexenverbrennungen betreffen vermutlich häufig geistig behinderte oder psychisch kranke Menschen und darunter nicht wenige ältere, an Demenz erkrankte Frauen und Männer (vgl. Abb. in Berchtold, Cotman 1998, 176; Häßler, Häßler 2005, 32). Auch die Tötung behinderter Säuglinge, wird weiter praktiziert und auch von der Kirche toleriert (Ferguson 2006, 1089). Inwieweit dies Rückschlüsse auf die Situation von altersbedingt behinderten, also demenziell erkrankten Menschen zulässt, kann nicht vollständig geklärt werden. Häßler vermutet, dass das Verstoßen und Aussetzen von erwachsenen, geistig behinderten Menschen, also auch demenziell Erkrankten, rechtfertigungsbedürftig war (Häßler, Häßler 2005, 17 f.). Ähnlich wie in der Antike ist es in den Häusern der Begüterten kein Problem, ältere, geistig Verwirrte in verschlossenen Zimmer oder abgelegenen Landhäusern von der Dienerschaft betreuen zu lassen. Geistig behinderte Erwachsene, die sich und andere nicht gefährdeten, werden mit Narrenkleidung oder -schellen gekennzeichnet. Für Schäden, die sie anrichten, sind Familienmitglieder oder nicht-verwandte Vormünder verantwortlich (Häßler, Häßler 2005, 24). Insgesamt kommt der Familie die Hauptverantwortung für die Sorge zu. Darüber hinaus lässt sich für die spezifische Situation der Demenzkranken im Mittelalter wenig aussagen. Die aufgrund der Dominanz der katholischen Kirche in der westlichen Welt herrschende Stagnation wissenschaftlicher Arbeit betrifft auch die Dokumentation des Umgangs mit demenzkranken Menschen (Berchtold, Cotman 1998, 175).

2.2.3 Demenz in der Neuzeit

Literarische Beschreibungen, bspw. bei Shakespeare, legen nahe, dass die Krankheit in der Neuzeit bekannt und alltäglich ist (Berchtold, Cotman 1998, 176). Historische Texte und Gesetze aus Frankreich, England und Deutschland über geistig behinderte oder psychisch kranke Personen geben zudem Aufschluss über die soziale Stellung Demenzkranker. Neben angeborenen Behinderungen und Beeinträchtigungen aufgrund von Unfällen, Krankheiten oder militärischem Dienst gehört auch die altersbedingte Gebrechlichkeit bzw. kognitive Beeinträchtigung zu den in der beginnenden Neuzeit geläufigen und nicht weiter erklärungsbedürftigen Behinderungen.

> „Maims experienced in military service were the work of other men, and not God (no matter which side He fought on), and it was accepted that the elderly were more susceptible to disabling conditions." (Hudson 2006, 857)

Christoph Wirsung, ein deutscher Arzt, bestreitet ebenfalls schon in der zweiten Hälfte des 16. Jh., dass Verhaltensauffälligkeiten durch magische oder religiöse Erklärungen gedeutet werden könnten: „Dementia, in which the patient is ‚wholly out of his right mind' only results from cold humors." (Benedek 2006, 865). Als behindert gelten Personen, die aufgrund ihrer Beeinträchtigung nicht in der Lage waren, für ihren Lebensunterhalt zu sorgen (Hudson 2006, 855). Historisch gesehen begründen seit dem Ende des 16. Jh. zunächst in England Pensionen für Personen, die im militärischen Dienst verletzt wurden, das System des staatlichen Nachteilsausgleichs. Die medizinische Profession sichert dabei über humoraltheoretische Diagnosen das soziale und politische Konstrukt Behinderung ab und legitimiert die Leistungszuweisung (Hudson 2006, 856 f.). Von diesem eher allgemeinen Begriff von Behinderung ausgehend wächst im Zuge der Aufklärung ab dem 16. Jh. zum einen das Interesse an einer präzisen wissenschaftlichen Klassifizierung und Therapie und zum anderen an einer Kontrolle der Betroffenen.

„The official social response gradually moved on the one hand from the custodial to the therapeutic and on the other hand from tolerant neglect to aggressive confinement." (Ferguson 2006, 1090)

Die bereits im Mittelalter gegründeten Leprastationen, Almosenhäuser und Hospize werden vom späten 16. Jh. an zahlreicher und größer und wandeln sich zum Teil in Irren- oder Arbeitshäuser. Diese Gründungen sind eine Folge der Politik, die das frei umherwandernde Bettlertum kriminalisiert, arbeitsfähige Menschen zur Leistung verpflichtet und die Gemeinden durch steuerfinanzierte, vor den Stadtgrenzen liegende Einrichtungen entlasten sollte[30]. Um 1700 existieren in Frankreich über 100 sog. „allgemeine Krankenhäuser" (hôpital général), die als Anstalten gleichermaßen für Arme, chronisch Kranke, geistig oder körperlich Behinderte wie für Bettler, Diebe, Prostituierte und alleinerziehende Mütter dienten[31]. Michel Foucault spricht hier vom „großen Einschließen" (Hudson 2006, 856), das mit hoher Wahrscheinlichkeit auch demenzkranke, alte Menschen betraf (Berchtold, Cotman 1998, 178).

In der Folge werden bereits im 17. und 18. Jh. unter der Maßgabe, durch eine früh ansetzende Bildung eine Verbesserung des Zustandes zu erreichen, Erziehungsinstitutionen für behinderte Menschen gegründet, die sich im Laufe des 19. Jh. als spezialisierte Einrichtungen für intellektuell eingeschränkte Personen rapide ausbreiten. Obwohl der Optimismus hinsichtlich der Bildbarkeit kognitiv eingeschränkter Menschen zum Ende des 19. Jh. nachlässt, breiten sich Einrichtungen für behinderte Menschen weiter aus (Ferguson 2006, 1090; Hudson 2006, 855; Häßler, Häßler 2005, 24).

Parallel dazu wandeln sich die Einrichtungen für psychisch Kranke, geistig behinderte und sozial schwache oder randständige Personen, die

---

[30] Im Jahr 1591 lebten in Rom knapp 120.000 Einwohner und 4.000 Menschen in Einrichtungen (Hudson 2006, 855).
[31] Vgl. auch die vier „Hohen Hospitäler", die 1527 vom Landgraf Phillip dem Großmütigen von Hessen eingerichtet wurden und neben Armen, Kranken und geistig oder körperlich behinderten Menschen auch alte Menschen aufnahmen und von Seelsorgern und „Aufwärterehepaaren" versorgt wurden. Ein Arzt wurde erst 1821 tätig (Häßler 2011, 4).

bisher der Überwachung dienen, mehr und mehr in Heilanstalten. Philippe Pinel (1745-1826) markiert den Beginn dieser Entwicklung, die mit der Professionalisierung der Psychiatrie als eigenständiges Fach in der Medizin einhergeht (Karenberg, Förstl 2003a, 29) und die Deutungshoheit der Medizinischen Wissenschaft über psychische Beeinträchtigungen etabliert (vgl. Abschnitt 2.3.3). Pinel leitete als Arzt die beiden Einrichtungen Hospice de Bicêtre (für Männer) und Hôpital de la Salpêtrière (für Frauen) in Paris und wurde bekannt dafür, dass er gegen erheblichen Protest der Öffentlichkeit und auch der Regierung ab 1793 die Befreiung der Anstaltsinsassen von ihren Ketten durch setzte, mit der Begründung, es handele sich um kranke, aber nicht um kriminelle Menschen.

> „In his book entitled *Treatise on Insanity*, printed in 1806, Pinel condemned this system that routinely 'abandoned the patient to his melancholy fate, as an untamable being, to be immured in solitary durance, loaded with chains, or otherwise treated with extreme severity, until the natural close of a life so wretched shall rescue him from misery'." (Pinel 1806; zit. nach Berchtold, Cotman 1998, 177)

Die De-Institutionalisierung von – auch demenzkranken – Personen im 18. Jh. durch Philippe Pinel stellt gleichzeitig die Schlüsselszene der Deutung von Demenzen als Krankheit dar[32]. Sie markiert damit den Beginn einer Medikalisierung bzw. Pathologisierung, aber auch Humanisierung im Umgang mit demenzkranken Älteren. Auf soziale Ausgrenzung und Diskriminierung folgt nun die Anerkennung von Menschen mit Demenz in der – ambivalenten – sozialen Position als psychiatrische Patienten. Wurde die Ausgrenzung der älteren, demenzbetroffenen Familienmitglieder und Mitbürgerinnen und -bürger zuvor mit ihrem dysfunktionalen Verhalten begründet, so beginnt mit Pinel die Hegemonie von Psychiatrie und Medizin im Gebiet der Erklärung und Behandlung des De-

---

[32] Das Gemälde „Pinel at Bicêtre" von Charles Muller (Library of the Academy of Medicine, Paris) zeigt, wie einem sehr alten, vermutlich demenzkranken Mann die Handfesseln gelöst werden. „Given that even today, many of the behavioral disturbances associated with Alzheimer's disease show similarities to mental disturbances, it would be surprising, in retrospect, if some Alzheimer's disease cases were not included in the category of the institutionalized, (...)" (Berchtold, Cotman 1998, 178; dort auch eine Abbildung des Gemäldes).

menzsyndroms. Dies markiert einen tiefgreifenden Wandel in der Art und Weise der Ausgrenzung, nicht aber ihren Beginn.
Allerdings ist die von Pinel favorisierte Behandlung ebenfalls nicht im modernen Sinn human, da sie die Anwendung von Zwangsjacken, Kaltwasserbädern oder Hungerkuren vorsieht. Dennoch erweist sich das Legitimationsmuster der Medikalisierung als Antriebsmotor einer Humanisierung des Umgangs mit psychisch kranken oder geistig behinderten Menschen: So verfügt bspw. das englische Parlament schon im Jahr 1774 aufgrund der Berichte über Misshandlung und mangelhafte Unterbringung, Ernährung und Versorgung in den Einrichtungen für behinderte Menschen ein Gesetz, das die Insassen schützen soll und den „bestehenden Privatanstalten einen ärztlichen und juristischen Status gab." (Leibbrand-Wettley 1969, 211; vgl. auch Häßler 2011, 4). In Frankreich sind im 19. Jh. die meisten, immer noch privat geführten, Anstalten für geistig behinderte Menschen sowohl von der Qualität der Versorgung als auch von der medizinischen Behandlung her völlig unzureichend (Unterernährung, Misshandlung, Ketten). 1838 regelt dort ein Gesetz „die Einweisungsumstände neu und garantierte ein Minimum an staatlicher Fürsorge" (Häßler, Häßler 2005, 51).
In Wechselwirkung mit dem Bedeutungszuwachs der medizinischen Disziplinen setzt sich in der Neuzeit die Verrechtlichung im Umgang mit demenziell erkrankten Menschen fort. Schon im März 1790 setzte in Frankreich ein Dekret die Freilassung aller ohne Gerichtsverfahren inhaftierten Personen vor, allerdings nicht der „wegen Wahnsinn" eingesperrten. Diese sollen innerhalb von drei Monaten Richtern und Ärzten vorgestellt werden, um dann entweder ebenfalls freigelassen oder in einem Hospital behandelt zu werden. Die Kommunen sind zunächst für diese Verfahren zuständig; später werden verstärkt die Familien der Internierten in die Verantwortung gezogen, wobei ab 1790 Familiengerichte und ab 1803 der Code Civil deren Rechte und Pflichten regeln (Häßler, Häßler 2005, 47) und bspw. eine Kostenerstattung bei Heimunterbringung vorsehen:

> „Die neuen zivil- und vermögensrechtlichen Gesetze des Kaiserreichs und der Republik mit Rückgriff auf den im Arbeitsleben oder durch Erbschaft erworbenen Besitz der Dementen und Schwachsinnigen ließen die häusliche Pflege häufig als günstigere Lösung erscheinen." (Häßler, Häßler 2005, 51)

Wie schon in der Antike bleiben geistig verwirrte Menschen auch im Mittelalter und in der beginnenden Neuzeit von strafrechtlicher Verantwortung für ihre Taten ausgenommen, bspw. niedergelegt in der „Peinlichen Gerichtsordnung" von Karl dem V. von 1532 – die zumindest der Bezeichnung nach (dementes) auch Menschen mit Demenz umfasst[33] (Häßler 2011, 4). In der seit 1751 von Diderot und d'Alembert herausgegebenen Encyclopédie erscheint (neben einem medizinischen Artikel zur Démence, der das Krankheitsbild, seine Ursachen und Behandlungsmöglichkeiten beschreibt) ein juristischer Eintrag, der

> „(...) vor allem zivilrechtliche Fragen betraf (Testierfähigkeit, Vertragsabschlüsse, Auswirkungen auf den Ehestand etc.). Der Nachweis der Demenz sollte mittels Befragung durch einen Richter, durch ärztliche Atteste sowie durch Zeugenaussagen gesichert werden (...)." (Karenberg, Förstl 2003a, 27)

In Deutschland werden im Nationalsozialismus ärztliche Urteile zur Ausgrenzung und Vernichtung erwachsener, geistig oder psychisch behinderter Personen missbraucht. Vermutlich waren Menschen mit Demenz zumindest teilweise von der sog. „Aktion T4" betroffen: Im Oktober 1939 bestimmte ein Erlass, dass Bewohner und Bewohnerinnen von Heil- und Pflegeanstalten, die nicht mehr arbeitsfähig sind, dauerhaft in der Anstalt leben, nicht die deutsche Staatsangehörigkeit haben oder vorbestraft sind an das Innenministerium gemeldet werden müssen. „Insgesamt wird die Zahl der in Anstalten des Deutschen Reiches (einschließlich Österreich und annektierter Gebiete der Tschechoslowakei) ermordeten Psychiatriepatienten auf 185.000 geschätzt (...)." (Häßler, Häßler 2005, 75). Vor allem das Kriterium der Arbeitsfähigkeit entscheidet über Leben oder Tod. Auch altersbedingt senile und deshalb nicht mehr arbeitsfähige Menschen sollen für die systematische Vernichtung gemeldet werden, wobei allerdings nicht bekannt ist, zu welchem Anteil die Bewohner/innen der Heil- und Pflegeanstalt Menschen mit Demenz waren (Häßler, Häßler 2005, 72). Neurologen und Psychiater diskutieren ebenfalls im Nationalsozialismus, ob in „neuro- und psychopathologisch belasteten Familien"

---

[33] Wobei, wie oben schon erwähnt, Bezeichnung und Konzept von Demenz zu dieser Zeit noch nicht dem heutigen Konzept entsprach.

die senile Demenz häufiger auftrete, also als krankhafte Erbveranlagung anzusehen sei, und somit das Recht auf Fortpflanzung einzuschränken sei. Diese Diskussion, so Karenberg und Förstl (2003a, 44) blieb jedoch ohne Ergebnis. Da in dieser Darstellung die soziale Ausgrenzung von Menschen mit Demenz im Fokus steht, werden die medizinhistorischen Aspekte nur kurz skizziert. Seit dem 16. Jh. bemüht sich die Medizin um eine exakte Klassifikation der geistigen Krankheiten, die bspw. den getrennt oder gemeinsam auftretenden Verlust von Gedächtnis bzw. Verstand erfasst oder angeborene von erworbener Geistesschwäche, wie sie bei der Demenz vorliegt, unterscheidet (Berchtold, Cotman 1998, 176 f.):

> „Der Demente ist der Güter beraubt, deren er sich sonst erfreute, er ist ein Armer, der früher reich war; der Idiot hat immer im Unglück und Elend gelebt. Der Zustand des Dementen kann sich ändern, der des Idioten bleibt immer derselbe." (Esquirol 1838; 158f.; zit. nach Karenberg, Förstl 2003a, 31)

Für die Interpretation von Befunden der vermehrt durchgeführten Sektionen wurde bis in die zweite Hälfte des 18. Jh. die Humorallehre herangezogen, also das „kalte" und „trockene" Alter (Karenberg, Förstl 2003a, 27). Der Pathologe William Cullen klassifizierte im Jahr 1776 Demenz erstmals als medizinischen Tatbestand innerhalb der Gruppe der Nervenkrankheiten und definierte sie als: "decay of perception and memory, in old age {Amentia senilis}" (Cullen 1776; zit. nach Berchtold, Cotman 1998, 177). Das von Cullen noch als Amentia bezeichnet Syndrom sollte in der Folge unter Demenz zusammengefasst werden. Im 19. Jh. wandeln sich die „soziokulturellen Rahmenbedingungen" der Demenz:

> „Mit der allmählichen Zunahme der Lebenserwartung stieg die Zahl derjenigen Menschen, die im Alter psychisch nicht mehr gesund waren. Das Aufkommen der Neurosyphilis, bald das Nervenleiden par excellence, und die zunehmende Verbreitung des Alkoholismus stellten zusätzliche Risikofaktoren dar (...)." (Karenberg, Förstl 2003a, 29)

Die Erforschung der hirnorganischen Ursachen wurde getrieben vom Interesse an Therapien für die progressive Paralyse, einer Spätfolge der verbreiteten Syphilis, und von den Fortschritten in der Mikroskoptechnologie (Boller, Forbes 1998, 129; Karenberg, Förstl 2003a, 35; Wetzstein 2005, 32). Arnold Pick (1851–1924), Otto Binswanger (1852–1929) und Alois Alzheimer (1864–1915) beschreiben den Zusammenhang von cerebralen Atropien und Symptomen neuropsychologischer Defizite sowie „eine Vielzahl vaskulärer Hirnveränderungen, die mit schweren kognitiven Störungen assoziiert waren und klinisch sowie neuropathologisch von der progressiven Paralyse unterschieden werden mussten." (Karenberg, Förstl 2003a, 35). Nachdem so die vaskuläre (Multi-Infarkt)-Demenz von der paralytischen, auf die Syphilis zurückzuführenden Demenz unterschieden war, „blieb ein unklarer Rest der im engeren Sinne ‚senilen Demenz' übrig." (Lauter 1991, 7). Schwierigkeiten bereitet aber weiterhin, dass die Symptome der unterschiedlich verursachten demenziellen Veränderungen nicht unterschieden werden können:

> „Insbesondere durch Alzheimer und seine Schüler ist die Unterscheidung der einfachen senilen atrophischen Hirnveränderungen des Gehirns von der arteriosklerotischen begründet worden und wird festgehalten werden müssen. Praktisch klinisch finden wir aber die beiden Prozesse häufig nebeneinander und sind dann nicht in der Lage, ihre Symptome auseinanderzuhalten." (Lewandowski 1912; zit. nach Karenberg, Förstl 2003a, 41)

Schon seit den 1890er Jahren sind extraneuronale Ablagerungen, sog. Plaques, in den Gehirnen von Patienten mit Demenz oder anderen schweren Gehirnerkrankungen entdeckt worden. Alois Alzheimer kann aufgrund einer neuartigen Silberimprägnationsmethode intraneuronale Fibrillen darstellen:

> „Berichtenswert erschien Alzheimer der Nachweis dieser Neurofibrillen und der länger bekannten Plaques bei der Patientin Auguste D., die 1901, mit 51 Jahren, an einer rasch fortschreitenden Demenz erkrankte und 1906 verstarb." (Karenberg, Förstl 2003b, 38)

Die daraufhin erfolgende Unterscheidung einer präsenilen von der senilen Demenz wird schon zu Lebzeiten von Alzheimer wieder angezweifelt. In einem späteren Aufsatz schlägt er vor, die präsenile und senile Demenz nicht mehr dualistisch zu unterscheiden, sondern ggf. die präsenile Form als Sonder- oder Unterform der senilen zu bezeichnen (Lauter

1991, 8). Einzig greifbarer Unterschied bleibt letztlich das Lebensalter der Betroffenen zum Zeitpunkt des Auftretens.

Neben den Bemühungen um eine korrekte Klassifikation und der damit verbundenen Ursachensuche machen die Anstrengungen um die Suche nach einer geeigneten Therapie eher den kleineren Teil der medizinischen Forschung aus. Während in der ersten Hälfte des 20. Jh. sich die Therapievorschläge vorrangig auf die Sicherheit und Beruhigung der Erkrankten beziehen (Diät, warme Bäder, Opium, Beaufsichtigung), ist es bemerkenswert, dass sich auch im weiteren Verlauf das wissenschaftliche Interesse kaum auf die Frage der Therapie ausdehnt:

> „Die Forschung schien lange Zeit vorrangig mit Konzeptbildung und dabei kaum mit praktischen Fragen beschäftigt. In der Erstausgabe der ‚Psychiatrie der Gegenwart: Forschung und Praxis' (1960) etwa wird das Thema Alter und Psychiatrie komplex und theoretisch abgehandelt. Von Therapie ist keine Rede." (Karenberg, Förstl 2003a, 45)

Schwerpunkte sind nicht etwa antidementive Therapieansätze, sondern betont werden „psychosoziale(.), neuroleptische(.) und antidepressive(.) Interventionen" (Karenberg, Förstl 2003a, 46). Erst mit der Konzentration auf einen medikamentösen Ausgleich des „cholinergen Defizits bei neurodegenerativen Erkrankungen" seit den 70er Jahren des 20. Jahrhunderts wird ein demenzspezifischer Therapieansatz verfolgt (Karenberg, Förstl 2003a, 46).

2.2.4 Fazit: Exklusion bei Demenz in historischer Perspektive

Körperliche und psychische Beeinträchtigungen bringen sozialen Regelungsbedarf hervor, der historisch und kulturell sehr unterschiedlich beantwortet wird (Fuchs 2002, o. S. ff.). Obwohl in nur geringem Umfang auftretend, war das Phänomen „Demenz" bekannt und wurde meistenteils als unvermeidliche Begleiterscheinung des Alters akzeptiert. Dessen ungeachtet wurde in durchaus selbstverständlicher Manier in der Antike, im Mittelalter und in der Neuzeit zu ausgrenzenden Strategien gegriffen. Obwohl eine differenzierte historische Analyse noch aussteht, zeigen die wenigen Textbelege, dass Menschen mit Demenz getötet wurden, eingeschlossen und von ihrer Familie getrennt, als Hexen verbrannt, in Anstalten interniert und körperlich und gesundheitlich vernachlässigt wurden[34]. Daneben finden sich aber immer wieder Hinweise auf einen freundlichen, von Toleranz und Humor geprägten Umgang. Die Gleichzeitigkeit von ausgrenzenden und grausamen Handlungsweisen und Akzeptanz, Sichtbarkeit, Einbezogenheit und Unterstützung, die Ferguson in Bezug auf Menschen mit intellektuellen Beeinträchtigungen konstatiert, gilt auch für Menschen mit Demenz:

> „From ancient superstition to modern science, from old to modern empires, the history of intellectual disability is largely one of expanded possibilities rather than total change." (Ferguson 2006, 1088)

Die erst in der Neuzeit entstehende Form des Umgangs mit Demenz – die Medikalisierung – entfaltet eine ambivalente Wirkung: Sie begründet und unterstreicht Schutzrechte der Betroffenen und Schutzpflichten der Familien und ggf. des Staates. Zwar finden sich schon in der Antike kulturell und rechtlich basierte Regelungen zu einem humanen Umgang mit altersverwirrten Personen in Familien, aber nun erfahren die normativen Vorgaben eine weitere Begründung, indem von Pinel nachdrücklich darauf verwiesen wird, dass geistig verwirrte Personen aufgrund ihrer Krankheit abweichendes Verhalten zeigen und nicht willentlich anderen oder sich selbst Schaden zufügen wollen[35]. Gleichzeitig konstruiert die Medikalisierung der Demenz die davon betroffenen Menschen nach und nach als Patienten – und dies, obwohl nahezu ein ganzes Jahrhundert lang keine medizinische Therapie in Aussicht stand. Sie begründet und etabliert damit eine moderne Form der sozialen Distanzierung von intellektuell eingeschränkten oder altersverwirrten Menschen.

---

[34] Mit Bezug auf die Medikalisierung der Demenz urteilt Gronemeyer: „Die Wurzeln dieser Entwicklung, an deren Ausläufer wir stehen, bilden sich im 17. Jahrhundert. Bis dahin sind die Wahnsinnigen Teil der Gesellschaft, (...)" (Gronemeyer 2013, 71). Dem kann aus zweierlei Gründen nicht zugestimmt werden: zum einen waren – wie dargestellt – unterschiedliche Formen der Ausgrenzung seit der Antike üblich und geläufig, so dass Menschen mit Demenz keineswegs einfach „Teil der Gesellschaft" waren, und zum zweiten stellt die Medikalisierung der Demenz nicht die alleinige Ursache für die Ausgrenzung von Menschen mit Demenz dar. Schon ihr dysfunktionales Verhalten oder ihre Nutzlosigkeit konnten der Grund für Tötung, Entrechtung oder Freiheitsentzug sein.

[35] Allerdings ohne dass sich in der Folge systematisch die empirisch beobachtbaren Lebensverhältnisse der Betroffenen besserten.

Historisch schon sehr früh tritt die Altersverwirrtheit als Tatbestand rechtlicher Regelungen auf. Bei ihrem Auftreten galt es, Regelungen hinsichtlich der Aberkennung familiärer und sozialer Rollen und Entscheidungsbefugnisse zu treffen. Die Begutachtung der Betroffenen geschah zunächst durch rechtliche und politische Gremien, in der Neuzeit aber, entsprechend der wachsenden Definitionsmacht der Medizin, durch Ärzte. Deutlich wird im historischen Rückblick ebenfalls, dass die Ausgrenzung von alten, behinderten oder altersverwirrten Menschen aufgrund ihrer mangelnden Leistungsfähigkeit keine Erfindung der Moderne ist. Nutzlosigkeit war schon in der Antike und im Mittelalter Kernmerkmal von Alter und Behinderung[36]. Ob und wie der durch Alter oder Behinderung entstandene Versorgungsbedarf gedeckt wird, hängt historisch über weite Strecken weniger mit dem Umfang oder der Art des Bedarfs, als vielmehr mit normativen Vorstellungen und mit der Ausgestaltung von Infrastrukturen zusammen. Auch heute noch ist das ärztliche Gutachten, das vermeintlich authentisch die natürlichen Gegebenheiten abbildet, Grundlage der Adressierung von Personen als hilfebedürftig und Voraussetzung für deren Unterstützung. Dabei beziehen sich der festgestellte Bedarf und die daraus erwachsenden Ansprüche aber „nicht auf individuell wahrgenommene Unterstützungserfordernisse, sondern auf die systemeigene Programmlogik des Sozialrechts und den darauf bezogenen Code 'anspruchsberechtigt'/'nicht-anspruchsberechtigt'." (Wansing 2007, 286). Die Hilfebedarfsfeststellung erweist sich so als individuelle Zuschreibung teils struktureller Defizite und wird den Programmen (Routinen) der Einrichtungen und sozialen Dienste, die mehr am "selbstreferentiellen Prozess zur Erhaltung der Organisation" (Wansing 2005a, 141 ff.) orientiert sind, entsprechend umgesetzt.

Durchgängig durch die Epochen zieht sich die Verantwortung der Familie für demenzkranke Menschen. Es ist deutlich geworden, dass Institutionen für sozial abweichende Gruppen von Menschen sich nach dem anfänglichen „großen Einschließen" differenziert haben in Einrichtungen, die auf die Erziehung und Ausbildung von intellektuell eingeschränkten Men-

---

[36] Vgl. Pollitt (1996): Alter wird in einfach strukturierten, traditionalen Gesellschaften weniger über das Lebensalter in Jahren, als über die nutzenstiftenden Tätigkeiten des Einzelnen definiert.

schen in Hinblick auf ihre Arbeitsfähigkeit setzten, und Anstalten für als kriminell geltende Menschen. Da die Familien der Älteren auch für die Kosten der Unterbringung herangezogen wurden, hat sich die (kostengünstigere) Familienpflege als vorrangige Versorgungsform für Menschen mit Demenz entwickelt.

Hinsichtlich der Frage, inwieweit frühere Gesellschaftsformen besser in der Lage waren, mit Demenz umzugehen, und entsprechend eine akzeptierende(re) Haltung gegenüber demenzkranken Älteren pflegten, hilft eine auf Luhmann basierende Überlegung weiter: In einfachen Gesellschaften kann das Alter ein Exklusionsrisiko darstellen, muss es aber nicht (Saake 2006, 88). Einfache Gesellschaften sind Luhmann zufolge „das große Experimentierfeld der gesellschaftlichen Evolution und entwickeln unabhängig voneinander, gleichsam versuchsweise, für eine begrenzte Anzahl an Strukturproblemen eine Vielzahl verschiedener äquivalenter Lösungen." (Luhmann 1975, 137). Sie sind geprägt durch Kollokalität, Kopräsenz und Transparenz in Bezug auf die wenigen zur Verfügung stehenden sozialen Rollen (bspw. Kind/Erwachsener, Mann/Frau). Hilfe in Notlagen wird gewährt, weil gut zu beobachten ist, dass man selbst einmal auf Hilfe angewiesen sein wird. Eine wichtige Rolle hinsichtlich der Anerkennung bzw. Ausgrenzung von alten Menschen spielt dabei deren unterstellte Nähe zur Welt der Ahnen. Durch den bald zu erwartenden Tod können sie als schutzbringende Mittler zwischen den Welten gelten, aber auch – entgegengesetzt – als Boten von Unheil und Tod. Weniger die wirtschaftliche Lage oder Qualität der Nahrungsversorgung, als die an einfacher Magie orientierte, kulturelle Einordnung des Alters in Bezug zur heilsbringenden oder unheilstiftenden Sphäre der Toten entscheidet darüber, ob Ältere gepflegt, geschützt und unterstützt werden, oder ob man sich ihrer entledigt (Saake 2006, 88 ff.). Übertragen auf die Situation der nicht nur nutzlos-gebrechlich gewordenen, sondern auch verwirrten alten Menschen erklärt diese Überlegung abweisende, von Angst und Aggression gegenüber Menschen mit Demenz gekennzeichnete Verhaltensweisen – so wie sie sich für Hexenverbrennungen im Mittelalter ebenfalls andeuten. Zumindest ist es wahrscheinlich, dass Demenzkranke ebenso wie die Älteren in Bezug auf ihre Chancen auf Versorgung den Zufälligkeiten magischer Deutungen ausgeliefert waren.

Sie erlebten freundlich-akzeptierende Toleranz ebenso wie Verstoßung oder Ablehnung. Der Komplexität, die eine Demenzerkrankung für das Zusammenleben mit sich bringt, systematisch und regelhaft ohne Ausgrenzung zu begegnen und nicht nur gelegentlich oder auf magischen Vorstellungen beruhend, bedarf offensichtlich sozialer Mechanismen, die leistungsfähiger sind als diejenigen, die in traditionalen, mittelalterlichen oder früh-neuzeitlichen Gesellschaften zur Verfügung standen. Aus der sozialhistorischen Betrachtung ergibt sich, dass (post-)industrielle Gesellschaften besser als weniger entwickelte und weniger moderne Gesellschaften in der Lage sind, die komplexen sozialen Probleme zu bearbeiten, die ein nicht-ausgrenzender Umgang mit Menschen mit Demenz mit sich bringt. Im Zusammenspiel von Produktion und Reproduktion tragfähige Sorgebeziehungen auf individueller, organisationaler und gesellschaftlicher Ebene zu entwickeln, die die Rechte der Demenzbetroffenen ebenso anerkennt wie die ihrer An- und Zugehörigen (hier vor allem das Recht auf ein geschlechtergerechte Arbeitsteilung), ist eine Aufgabe, die hohe und rational begründbare normativ-rechtliche, soziale, ökonomische, demokratische und zivilgesellschaftliche Standards voraussetzt.

2.3 Demenz als Behinderung des Alters

Der historische Rückblick bildet die Basis für eine Darstellung der vielfältigen Exklusionsformen und -prozesse, denen Menschen mit Demenz und auch ihre An- und Zugehörigen in der heutigen Zeit – bezogen auf Deutschland – ausgesetzt sind. Exklusionsrisiken von Menschen mit Demenz sind – als Abbruch der Wechselseitigkeiten – häufig in der Sphäre der sozialen Nah- und Sorgebeziehungen (Reproduktion) verortet, aber auch die Lebensphasen der Erwerbsarbeit bzw. des Ruhestands (Sphäre der Produktion) bergen die Gefahr von Ausgrenzung. Exklusionsprozesse bei Demenz treten in modernen Gesellschaften in atypischer Weise nicht nur als inkludierende Exklusion (in Einrichtungen, vgl. Abschnitt 4.2.2.3) sondern auch in lebensbedrohlichen, körpernahen Formen auf. Die Exklusion von Menschen mit Demenz verläuft in Teilen analog zur Exklusion aufgrund von Alter oder Behinderung, während andere Ausgrenzungsphänomene aber typisch für Menschen mit Demenz sind. Wie genau – so die Frage – und nach welchen Mechanismen funktioniert die Aussonderung von Menschen mit Demenz? So gelten Menschen mit Demenz rechtlich immer auch als Menschen mit Behinderung (Klie 2008; Igl 2013) (vgl. Abschnitt 4.3.3.4), aber anders als Menschen mit Behinderung erleben sie Exklusion nicht primär über die Separation in Sondereinrichtungen, sondern auch in der privaten Häuslichkeit, wo mehr als 2/3 der demenzbetroffenen Menschen leben. In unterschiedlichen Stadien der Krankheit (nach der Diagnosestellung, mit zunehmendem Orientierungsverlust, bei hohem Pflegebedarf) und in unterschiedlichen Kontexten (z. B. in Beruf, Freizeit und Ehrenamt, in der Öffentlichkeit, im Gesundheitssystem) leiden sie unter dem Verlust sozialer Anerkennung. Im Verlauf der Krankheit treten typischerweise ganz unterschiedliche Formen und Intensitäten von Ausgrenzung auf. Wenig beeinträchtigte Demenzkranke möchten „lediglich dort ein wenig Unterstützung oder auch Toleranz erfahren, wo uns durch unsere verschiedenen Handicaps Grenzen gesetzt [sind]" (Rohra 2011, 95 f.), während stark demenzbetroffene Personen in Einrichtungen diese, ggf. sogar ihr Zimmer bzw. ihr Bett nicht mehr verlassen können (Schuhmacher, Klie 2013) und somit als stark exkludiert gelten müssen. Im nächsten Abschnitt wird zunächst eine Grundlage für die Analyse demenzspezifischer Exklusionsrisiken geschaffen, indem in der gebotenen Kürze der epidemiologische und medizinische Forschungsstand zu Demenz referiert wird.

2.3.1 *Epidemiologischer und medizinischer Forschungsstand*

2.3.1.1 Epidemiologie

Für Menschen mit Demenz eröffnen oder verschließen sich Handlungsräume je nachdem, wie viele Menschen einer Gesellschaft an Demenz erkrankt sind bzw. daran erkranken werden. Entsprechend der aktuellen und prognostizierten Verbreitung werden gesundheits- und sozialpolitische Programme durchgeführt und Maßnahmen ergriffen, die sich auf die Betroffenen und ihr soziales Umfeld auswirken. Daten hierzu liefert die deskriptive Epidemiologie. Die analytische Epidemiologie untersucht demgegenüber „die Krankheitsursachen und (...) Determinanten von

Krankheitsverlauf und -ausgang" sowie „Risikofaktoren, durch deren Kontrolle das Krankheitsvorkommen verhindert werden kann." (Bickel 2012, 18) Querschnittstudien erhellen die Prävalenz, also die Anzahl der Erkrankten zu einem bestimmten Zeitpunkt[37], während Längsschnittstudien die Inzidenz, also die Rate der Neuerkrankungen, bestimmen[38]. Routinedaten, bspw. zur Diagnosestellung, werden ebenfalls hinzugezogen, verfügen jedoch aufgrund ihrer „unklaren Validität" nur über eingeschränkte Aussagekraft[39] (Bickel 2012, 18).

Sowohl für Europa als auch weltweit bewegen sich die Gesamtprävalenzraten für die ältere Bevölkerung in einem engen Korridor. Für die über 65-Jährigen in westlichen Industriestaaten liegen sie zwischen 5 % und 9 %, und bis zu 10 %, wenn auch leichte Stadien der Erkrankung mit einbezogen werden. Leichte, mittelschwere und schwere Stadien „stehen (...) in einem Verhältnis von ungefähr 3:4:3 zueinander." (Bickel 2012, 19) Für die Über-60jährigen liegt weltweit betrachtet die Gesamtprävalenz ähnlich:

> „The highest standardised prevalences were those in North Africa/Middle East (8.7 %) and Latin America (8.4 %), and the lowest in Central Europe (4.7 %). The other regions occupied a fairly narrow band of prevalence, ranging between roughly 5.6 % and 7.6 %." (Prince et al. 2015, 21)[40]

---

[37] Auch als Punktprävalenz bezeichnet (Bickel 2012, 19)
[38] „Die Prävalenz ist vor allem für die Versorgungsplanung wichtig. Sie kann jedoch nur bedingt Auskunft über die Verteilung des Erkrankungsrisikos geben, denn die Prävalenz ist eine Funktion von Inzidenz und Krankheitsdauer. Ob Prävalenzdifferenzen auf Unterschiede in der Krankheitsdauer oder auf Unterschiede im Neuerkrankungsrisiko zurückzuführen sind, ist nicht beurteilbar. (...) Die Inzidenz hingegen kann Aufschluss über Unterschiede im Erkrankungsrisiko geben. Sie ist deshalb besonders für die Ursachenforschung bedeutsam." (Bickel 2012, 18)
[39] Weitere methodische Einschränkungen in der epidemiologischen Forschung entstehen durch zu kleine Stichproben, systematische Stichprobenausfälle durch Verweigerung, Todesfälle oder Ausschlüsse in der Stichprobenkonstruktion (bspw. Heimbewohner und Heimbewohnerinnen) und durch Unschärfen in der Terminologie („Alzheimer", „Demenz"), den Diagnosekriterien und der Messung des Schweregrads der Krankheit (Bickel 2012, 19).
[40] Die Angaben beruhen auf einer Metaanalyse von insgesamt 273 Prävalenzstudien, die erstmals auch chinesische Studien miteinbezog. Für eine ausführliche Darstellung der Methodik und Analyseprozeduren vgl. Prince et al. 2015, 10 ff..

Systematische Unterschiede in der Häufigkeit des Auftretens von Demenzerkrankungen innerhalb einer Region oder zwischen Ländern oder Kontinenten lassen sich nicht nachweisen (Bickel 2014, 3)[41]. Für die in den Ländern Europas im Einzelnen unterschiedlichen Prävalenzraten[42] lässt sich keine schlüssige Interpretation finden, bspw. in der Art, dass diese Differenzen auf soziokulturelle Unterschiede zurückgeführt werden könnten. Der noch 2007 von Plemper et al. vermutete „Zusammenhang zwischen starken Familienstrukturen und geringerer Häufigkeit von Demenz" (Plemper et al. 2007, 16)[43] kann dementsprechend nicht bestätigt werden.

In großer Übereinstimmung zeigt die europäische wie auch die globale Studienlage die Altersabhängigkeit des Auftretens von Demenzerkrankungen. Dem „Modell eines exponentiellen Anstiegs" folgend, verdoppelt sich die Prävalenzrate „nach konstanten Altersintervallen von jeweils etwa 5 Jahren" (Bickel 2012, 20)[44]. Oberhalb einer Altersgrenze von 90 Jahren allerdings flacht der Anstieg ab. Die nur wenigen für diese Altersgruppe vorliegenden Studien streuen zwischen einer Prävalenz von 54 % und 100 %. Es kann nicht davon ausgegangen werden, dass jeder hochaltrige Mensch an einer Demenz erkrankt, aber auch nicht, dass jenseits einer Grenze von 100 Jahren keine Neuerkrankungen mehr auftreten, so Bickel (2012, 20). Frauen sind weltweit stärker von Demenzerkrankungen betroffen als Männer. In einigen Regionen der Welt (Ostasien, Südasien, Karibik, Westeuropa und Lateinamerika) liegt die Prävalenz für Männer zwischen 14 % und 32 % niedriger als für Frauen, in anderen Regionen ist der Effekt nicht signifikant. In höheren Altersgruppen verstärkt sich

---

[41] Signifikante Differenzen in der Prävalenzrate innerhalb des Gebiets Ostasien konnten aufgrund des unterschiedlichen Durchführungszeitraums der Studien erklärt werden (höhere Prävalenzraten in jüngeren Studien) (Prince et al. 2015, 19).

[42] Mit Italien, für das die meisten Studien vorliegen, als Referenz (1,0) liegt Finnland am niedrigsten (0,55) und Frankreich am höchsten (1,93) (Prince et al. 2015, 19).

[43] „Unsere Lebensweise, ob freiwillig oder unfreiwillig 'gewählt', kennt Kosten ..." (Plemper et al. 2007, 16).

[44] „The prevalence of dementia increased exponentially with age, doubling with every 5.5 year increment in age in North America, 5.7 years in Asia Pacific, 5.9 years in Latin America and, with every 6.3 year increment in East Asia, every 6.5 years in West and Central Europe, every 6.6 year increment in South Asia, and every 6.9 years in Australasia, 7.2 years in the Caribbean and SSA, and 10.6 years in South East Asia." (Prince et al. 2015, 18)

diese Differenz (Prince et al. 2015, 18 ff.). Die höhere Gesamtprävalenz leitet sich von der höheren Lebenserwartung von Frauen her, die damit in den höchsten Altersklassen deutlich überrepräsentiert sind. Aber auch die altersspezifischen Prävalenzraten zeigen Frauen ab 80 Jahren überrepräsentiert, was auf eine längere Krankheitsdauer und ein in sehr hohem Alter erhöhtes Erkrankungsrisiko zurückzuführen ist (Bickel 2012, 19). Eine Studie an 688 Frauen und Männern über 65 Jahre zeigt darüber hinaus, dass sich die Abbauprozesse bei Nervenzellen und der Verlust kognitiver Funktionen bei weiblichen Erkrankten im Altersverlauf deutlicher ausprägen, auch wenn zu Beginn die kognitiven Fähigkeiten vergleichbar waren. Hinsichtlich der Erklärung dieser Unterschiede besteht noch Forschungsbedarf. (Holland et al. 2013; vgl. auch Görres 2013) Für Deutschland ergibt sich auf Grundlage einer Metaanalyse von Prävalenzraten aus europäischen Studien die absolute Anzahl von knapp 1,5 Millionen demenzkranken Personen im Jahr 2012 (vgl. Tabelle 1).

Tabelle 1: Prävalenz Demenzerkrankungen in Deutschland nach Altersgruppe

Altersgruppe	Mittlere Prävalenzrate nach EuroCoDe (%)			Geschätzte Krankenzahl in Deutschland Ende des Jahres 2012		
	Männer	Frauen	insgesamt	Männer	Frauen	insgesamt
65-69	1,79	1,43	1,60	33.700	29.200	62.900
70-74	3,23	3,74	3,50	72.300	97.000	169.300
75-79	6,89	7,63	7,31	109.100	155.600	264.700
80-84	14,35	16,39	15,60	129.900	233.000	362.900
85-89	20,85	28,35	26,11	85.000	271.800	356.800
90 und älter	29,18	44,17	40,95	39.300	217.200	256.500
65 und älter	6,56	10,51	8,82	469.200	1.003.900	1.473.100

Quelle: Bickel 2014, 2; Schätzung der Zahl der Erkrankten in Deutschland auf Basis der EuroCoDe-Studie, Alzheimer Europe (Metaanalyse über 17 europäische Studien von 1990-2005, Stand: 6.5.2013).

Ca. 35.000 Über-65jährige nicht-deutscher Herkunft, die in Deutschland leben, sind – die o. a. Prävalenzraten zugrunde gelegt – von einer Demenzerkrankung betroffen. In der Altersgruppe der 45-bis-64jährigen beträgt die Prävalenzrate 0,1 %, so dass in Deutschland von etwa 20.000 Personen ausgegangen werden kann, die von früh beginnenden Demenzen betroffen sind. (Bickel 2014, 2)

Die Inzidenzrate, die den Anteil der Neuerkrankungen an den zuvor Gesunden innerhalb eines Jahres in Prozent ausweist, liegt auf Basis europäischer Studien für die Bevölkerung über 65 Jahre zwischen 1,4 und 2,4 % (Bickel 2012, 21). Sofern sehr leichte Erkrankungsstadien berücksichtigt werden, steigt die Inzidenzrate auf bis zu 3,2 % (Bickel 2012, 22). Vergleichbar den Prävalenzraten gilt für die Inzidenz eine altersabhängige Verdoppelung etwa alle 5 Jahre, die bis in die höchsten Altersklassen exponentiell ansteigt (Bickel 2012, 22 f.). Für Deutschland bedeutet dies, dass ca. 250.000 bis 300.000 Menschen jährlich neu an Demenz erkranken. Im Alter von unter 65 Jahren sind es ca. 6.000 Menschen, während die Spitze in der Altersstufe der 80-bis-84jährigen mit ca. 60.000 Neu-Erkrankten jährlich liegt, wobei sich die am stärksten besetzte Altersklasse in den nächsten Jahren im Zuge des demografischen Wandels nach oben verschieben wird[45]. 70 % der Neuerkrankungen entfallen auf Frauen (Bickel 2012, 23). Europäische Daten zeigen, dass das Lebenszeitrisiko für eine Demenzerkrankung für Männer zwischen 22 und 29 % liegt, für Frauen zwischen 37 und 47 % (Bickel 2014, 23 f.).

„Demenzen verlaufen in der Regel irreversibel chronisch-progredient und enden mit dem Tode." (Bickel 2012, 24) Die Krankheitsdauer wird im Mittel mit 6 Jahren[46] angegeben und reduziert sich, je älter und je schwerer krank[47] die Betroffenen sind. Die Krankheitsdauer streut sehr stark und lässt sich nicht individuell vorhersagen. (Bickel 2012, 24 f.)

---

[45] Global gesehen variiert dieser Gipfel entlang der Altersstruktur der Regionen: „In Europe and the Americas peak incidence is among those aged 80-89 years, in Asia it is among those aged 75-84, and in Africa among those aged 65-74." (Prince et al. 2015, 2)

[46] Bickel vermutet hier eine Überschätzung, da sehr kurze Krankheitsverläufe statistisch unterrepräsentiert sind. Bereinigt beträgt die Krankheitsdauer nur 3,3 Jahre.

[47] Dies bezieht sich sowohl auf den Krankheitsverlauf der Demenz selbst als auch auf begleitende Erkrankungen.

Studien aus der analytischen Epidemiologie geben Hinweise auf den Zusammenhang von Risikofaktoren und dem Auftreten einer Krankheit.

„Nur sehr wenige Risikofaktoren für die Alzheimer-Demenz konnten bisher etabliert werden. Dazu zählen in erster Linie das Alter und genetische Risiken. Zwar sind inzwischen auch zahlreiche modifizierbare Risikofaktoren (deren Kenntnis für die Prävention genutzt werden könnte) in der Diskussion, Doch gibt es auf diesem Gebiet noch viele widersprüchliche Befunde. Weitgehend fehlen Belege aus kontrollierten Studien, dass sich mit einer gezielten Beeinflussung der jeweiligen Faktoren die Erkrankungsrate senken lässt." (Bickel 2012, 26)

Alter gilt stärkster Risikofaktor vor allem der Alzheimer-Demenz; vor allem sehr alte Frauen haben ein um 20 % erhöhtes Erkrankungsrisiko. Bei nur wenigen Familien weltweit wurden genetische Varianten als Risikofaktoren für – meist präsenile – Demenzen gefunden, die die Wahrscheinlichkeit einer Erkrankung um das 2–12fache erhöhen können. Deutlich ausgeprägt ist der Einfluss von schulischer und beruflicher Bildung auf das Risiko, an einer Demenz zu erkranken. Mit niedrigem Bildungsstand erhöht sich die Wahrscheinlichkeit um 1,5 bis 2,0.

„Folgende Gründe für den Zusammenhang von Bildung und Demenz werden diskutiert:
- frühe Störungen der Hirnreifung, die sowohl einen weiterführenden Schulbesuch weniger wahrscheinlich machen als auch das Demenzrisiko im Alter erhöhen
- durch geistige Stimulation vermittelte Stärkung der zerebralen Reservekapazität
- bildungsassoziierte Unterschiede im Gesundheitsverhalten und in den Arbeitsplatzrisiken" (Bickel 2012, 28)[48]

Rauchen, starker Alkoholkonsum, Übergewicht bzw. günstige oder ungünstige Ernährungsgewohnheiten, körperliche und geistige Aktivität, Schädel-Hirn-Traumata, kardiovaskuläre Krankheiten, Diabetes und Depressionen haben ebenfalls Einfluss auf die Wahrscheinlichkeit des Auftretens einer Demenz (Bickel 2012, 29 ff.; Riedel-Heller 2014). Eine erste Schätzung zeigt für die USA auf, dass durch die Elimination von sieben

---

[48] Für Arbeitsplatzrisiken wie Kontakt mit Pestiziden, elektromagnetischen Feldern o. ä. liegen bisher keine belastbaren Belege vor.

Risikofaktoren 54 % der Demenzerkrankungen vermieden werden könnten. Bickel kommt dennoch zum Schluss:

„Die Studien zur *präventiven Wirksamkeit* (...) befinden sich noch in einer frühen Phase. Es scheint nach den vorläufigen Resultaten nicht ausgeschlossen, dass durch relativ einfache Maßnahmen ein mit substanziellen Verminderungen der Krankenzahlen verbundener Aufschub der Erkrankungen möglich sein wird; bisher konnte eine Demenzreduktion durch gezielte Interventionen jedoch noch nicht zweifelsfrei nachgewiesen werden." (Bickel 2012, 30; k. i. O.)

Kontrollierte Studien zur präventiven Wirkung unterschiedlicher Medikamente (Antihypertonika, Lipidsenker, Entzündungshemmer, Antioxidanzien, Antidementiva) zeigen ebenfalls noch widersprüchliche Ergebnisse (Bickel 2012, 30 f.).

Die Qualität von Prognosen zur zukünftigen Entwicklung der Anzahl von demenzkranken Menschen[49] basiert auf der Qualität und Anzahl der für eine Metaanalyse verfügbaren Prävalenz- und Inzidenzstudien[50] und auf Bevölkerungsprognosen. Weltweit ist mit einem enormen Anstieg bei der Anzahl von Menschen mit Demenz zu rechnen:

„We estimate that 46.8 million people worldwide are living with dementia in 2015. This number will almost double every 20 years, reaching 74.7 million in 2030 and 131.5 million in 2050." (Prince et al. 2015, 22)

Der größere Anteil des Anwachsens der Anzahl von Demenzkranken entfällt auf Länder mit niedrigen und mittleren Einkommen (LMIC: Low and Middle Income Countries gemäß Klassifikation der Weltbank von 2015; vgl. Tabelle 2). Im Jahr 2015 sind es 58 % aller Menschen mit De-

---

[49] Die Mehrheit der verfügbaren Prognosen nimmt stabile alters- und geschlechtsspezifische Prävalenzraten an. Tatsächlich können sich jedoch sowohl die der Prävalenz zugrundeliegenden Inzidenzraten als auch die Krankheitsdauer zukünftig ändern, und zwar auch gegenläufig und in unterschiedlichen Weltregionen in unterschiedlicher Weise. Deshalb, so betonen die Autorinnen und Autoren des Welt-Alzheimer-Berichts, können Langzeittrends, die die zukünftige Entwicklung der Krankenzahlen modulieren, auf der Grundlage der bisher zur Verfügung stehenden Studien nicht konsistent bewertet werden (Prince et al. 2015, 2 f.). Riedel-Heller geht von sinkenden Neuerkrankungsraten zumindest für die Industrieländer aus (Riedel-Heller 2014).

[50] Im Welt-Alzheimer-Bericht von 2015 sind die Prognosen aus dem Jahr 2009 um 12-13 % nach oben korrigiert worden, und zwar nicht, weil die tatsächliche Prävalenz angestiegen ist, sondern weil neue Studien Evidenz in einer höheren Qualität zur Verfügung stellen. (Prince et al. 2015, 1, 10)

menz, die in LMIC leben, während der Anteil im Jahr 2030 63 % beträgt und in 2050 68 % (Prince et al. 2015, 22).

Tabelle 2: Menschen mit Demenz in Mio. nach Einkommensklassen 2015

Einkommensklasse gemäß Weltbank	Anzahl von Menschen mit Demenz in Mio.							
	2015	2020	2025	2030	2035	2040	2045	2050
Low Income	1,2	1,4	1,7	2,0	2,4	2,9	3,6	4,4
Lower Middle Income	9,8	11,5	13,7	16,4	19,5	23,1	27,2	31,5
Upper Middle Income	16,3	19,4	23,3	28,4	34,3	40,4	46,9	53,4
High Income	19,5	22,0	24,7	28,0	31,7	35,7	39,1	42,2
World	46,8	54,3	63,5	74,7	87,9	102,2	116,8	131,5

Quelle: Prince et al. 2015, 23; gerundet

Der höhere Anstieg in einkommensschwächeren Ländern ist auf das überproportionale Wachstum der älteren Bevölkerung dort zurückzuführen:

> „Between 2015 and 2050, the number of older people living in higher income countries is forecast to increase by just 56 %, compared with 138 % in upper middle income countries, 185 % in lower middle income countries, and by 239 % (a more than three-fold increase) in low income countries." (Prince et al. 2015, 1, 8)

Ebenso bestimmt in Deutschland die Zunahme des Bevölkerungssegments im Alter von über 65 Jahren den zukünftigen Verlauf der Ausbreitung von Demenzerkrankungen. Bisher muss von jährlich 250.000 bis 300.000 zusätzlichen Neuerkrankungen ausgegangen werden[51], die zu einer Verdoppelung der Anzahl von Menschen mit Demenz bis zum Jahr 2050 führen.

---

[51] Eine längere Überlebensdauer der an Demenz erkrankten Personen und eine stärker steigende Lebenserwartung würden zu deutlich höheren Zuwachsraten führen. (Bickel 2014, 4)

Tabelle 3: Geschätzte Zunahme der Krankenzahl in Deutschland 2010 bis 2050

Jahr	geschätzte Anzahl Über-65jährige in Mio.	geschätzte Krankenzahl
2010	16,8	1.450.000
2020	18,7	1.820.000
2030	22,3	2.150.000
2040	23,9	2.580.000
2050	23,4	3.020.000

Quelle: (Bickel 2014, 4); Schätzung der Zunahme der Erkrankten in Deutschland auf Basis der 12. Koordinierten Bevölkerungsvorausberechnung (2009) sowie des Zensus (2014), Statistisches Bundesamt Wiesbaden

Zusammenfassend kann festgehalten werden, dass die Faktoren Alter und Geschlecht den stärksten Einfluss auf die Wahrscheinlichkeit haben, an einer Demenz zu erkranken. Sozioökonomische Faktoren und Bildung beeinflussen den gesundheitsbezogenen Lebensstil und damit auch das Erkrankungsrisiko. Bemerkenswert ist der zu erwartende weltweite Anstieg von Demenzerkrankungen in Ländern mit niedrigen und mittleren Einkommen, der auf die hohe Relevanz globaler sozialer Anstrengungen für eine Verbesserung der Situation von Menschen mit Demenz und ihren An- und Zugehörigen verweist, auf die aber in dieser Arbeit nicht näher eingegangen werden kann.

2.3.1.2 Definition des Demenzsyndroms

Die Definition einer Krankheit (Ursachen, Diagnose, Therapie) beinhaltet ihre Kennzeichnung als körperliches, geistiges oder seelisches Geschehen, das medizinisch behandlungsbedürftig bzw. behandelbar ist (vgl. Abschnitt 2.3.5.1). Die zwei maßgeblichen Klassifikationen für die Definition von Demenzerkrankungen sind die ICD 10[52] und das DSM IV[53], deren Kriterien nur wenig voneinander abweichen (Jahn, Werheid 2015, 3). Sie definieren Demenz nicht als Krankheit im engeren Sinn, sondern als

---

[52] International Statistical Classification of Diseases and Related Health Problems, herausgegeben von der WHO, Version 2013
[53] Diagnostic and Statistical Manual of Mental Disorders, herausgegeben von der American Psychiatric Association (APA), Version IV von 1994 bzw. Version V von 2013

"klinisches Bild", d. h. als "typische Kombination mehrerer Symptome", die durch eine Störung der normalen Hirnfunktionen verursacht wurde (Jahn, Werheid 2014, 156). Diagnosekriterium ist der objektive Nachweis der zerebralen Störung bzw. einer Krankheit, die zerebrale Funktionseinbußen zur Folge hat, sowie die zeitliche Koinzidenz von zerebraler und psychischer Störung (Förstl, Lang 2011, 4). Die Beschreibung des allgemein psychopathologischen Demenzsyndroms lässt jedoch noch keine spezifischen Aussagen zur Krankheitsursache zu.

"Zwischen den Begriffen Demenz und demenzielle (das heißt zu einer Demenz führende) Erkrankung ist also stets zu unterscheiden. Der diagnostische Prozess ist daher zweischrittig: Zunächst ist zu klären, ob ein Demenzsyndrom überhaupt vorliegt. Danach ist zu klären, wodurch das Syndrom verursacht sein könnte." (Jahn, Werheid 2014, 156)

Entsprechend umfasst die Definition nicht nur chronische und fortschreitende Demenzverläufe, sondern auch "reversible Zustandsbilder und sekundär bedingte Demenzsyndrome" (Jahn, Werheid 2015, 5). Zentrale Kriterien für die Diagnose bzw. Definition einer Demenz sind neben der Abnahme des Gedächtnisses Einbußen bei mindestens einer weiteren kognitiven Fähigkeit (bspw. Denken, Orientierung, Auffassung, Rechnen, Lernfähigkeit, Sprache und Urteilsvermögen) in einem Ausmaß, das die alltägliche Lebensführung beeinträchtigt (Jahn, Werheid 2014, 156). Die ICD 10 geht gegenüber dem DSM IV gesondert auf den Nachweis der jeweiligen Störungen ein, benennt eine zeitliche Dauer (6 Monate) und charakterisiert die affektuellen Störungen näher[54]. Jahn und Werheid (2014, 157) weisen darauf hin, dass die Entwicklung von Konsensus-Kritierien für bestimmte Demenzformen und -unterformen durch Expertenrunden zu einer Verfeinerung der Typisierung geführt hat, die sich in der revidierten ICD der WHO (ICD 11, vorauss. 2018) niederschlagen wird. Die stärkere Differenzierung von Diagnose- und Definitionskriterien korrespondiert mit dem wachsenden Forschungsinteresse der Medizin, das als Grundlage eine tragfähige Klassifizierung des Demenzsyndroms und seiner Subtypen benötigt. Die ICD 10 differenziert die folgenden

---

[54] Für einen dezidierten Vergleich der Definitionskriterien in der ICD 10 und im DSM IV vgl. Jahn, Werheid (2015, 4).

spezifische Demenzformen und ihre Untergruppen nach ihrer Ursache (ätiologisch):
- Demenz vom Alzheimertyp: früh beginnend (< 65 J.), spät beginnend (> 65 J.), atypische sowie nicht näher bezeichnete Form;
- vaskuläre Demenz (VD): akuter Beginn, Multiinfarkttyp, subkortikale VD, kortikal-subkortikale VD;
- Demenz bei anderen Krankheiten und Ursachen: Morbus Pick, Morbus Huntington, Morbus Parkinson, Creutzfeldt-Jakob-Krankheit und andere Prionkrankheiten, HIV-assoziiert, substanzinduziert, andere Ätiologien, nicht näher bezeichnet;
- sowie zusätzliche psychopathologische Auffälligkeiten: keine, Wahn, Halluzinationen, depressive Symptome, gemischte Symptome (Jahn, Werheid 2014, 157).

Im DSM V wird statt der veralteten Bezeichnung „Morbus Pick" die Kennzeichnung „Frontotemporale Lobärdegeneration" benutzt sowie, zusätzlich zu den in der ICD 10 genannten Demenzformen, die Lewy-Körperchen-Krankheit genannt (Jahn, Werheid 2014, 157). Eine Präzisierung hinsichtlich der Häufigkeiten unterschiedlicher Demenzformen gelingt nur unvollständig, da in Feldstudien „üblicherweise eine diagnostische Klassifikation in die Kategorien Alzheimer-Demenz, vaskuläre Demenz und sonstige Demenzen" (Bickel 2012, 21) vorgenommen wird, während tiefergehende Verfahren zur Differentialdiagnostik auf wenig Bereitschaft der Studienteilnehmenden treffen. Die Schätzungen gehen davon aus, dass 60 % aller Menschen mit Demenz von der Alzheimer-Krankheit betroffen sind, 15 % von zerebrovaskuläre Krankheiten, 10 % von der Lewy-Körperchen- bzw. Parkinson-Krankheit, 5 % von einer frontotemporalen Degeneration[55], 5 % von anderen Neurodegenerationen, 2 % von infektiösen Krankheiten, 2 % von metabolischen Krankheiten und 1 % von Demenzen mit potenziell behebbaren Ursachen wie Avitaminosen oder Schilddrüsenfehlfunktionen (Jahn, Werheid 2014, 162). Die häufige Komorbidität vaskulärer und degenerativer Demenzen wird als Mischform bezeichnet (Jahn, Werheid 2015, 18).

---

[55] Danek (2011, 156) geht für die Frontotemporale Lobärdegeneration von einem Anteil von bis zu 20 % aus.

„Dabei finden sich in den Gehirnen verstorbener alter Menschen sehr häufig sowohl vaskuläre als auch alzheimertypische Veränderungen. Abgesehen davon, dass solche Veränderungen keineswegs immer mit kognitiven Defiziten zu Lebzeiten einhergehen müssen, weist dies darauf hin, dass Mischformen von altersassoziierten Demenzen eher die Regel als die Ausnahme sein dürften." (Jahn, Werheid 2014, 162)

Die ein Demenzsyndrom verursachenden Prozesse sind vielfältig und umfassen neben neurodegenerativen Geschehnissen auch Gefäßveränderungen, Ernährungsmangel (Vitamin-B_1- oder B_{12}-Mangel, Folsäuremangel) oder internistische Erkrankungen wie Hypertonie, Hirntumoren oder Schilddrüsenüber- oder -unterfunktion (Jahn, Werheid 2015, 17). Zum klinischen Bild des Demenzsyndroms allgemein gehören in unterschiedlichen Anteilen und ggf. nur vorübergehend Symptome auf psychischer Ebene wie Angst, Unruhe, depressive Verstimmung[56], Halluzinationen[57] sowie Verhaltensänderungen wie Aggressivität oder Enthemmung[58] und körperliche Symptome wie motorische Defizite in Bezug auf Beweglichkeit und Balance, fehlende Muskelkontrolle, Inkontinenz,

---

[56] Zur Situation von Menschen mit Demenz in Deutschland, die nicht in einer stationären Einrichtung leben, und zu der ihrer (pflegenden) Angehörigen liefert die Studie „Möglichkeiten und Grenzen selbständiger Lebensführung in privaten Haushalten (MuG III)" (Schneekloth, Wahl 2005) repräsentative Daten auf der Grundlage einer populationsbezogenen Stichprobe. Sie untersuchte N = 151 Probanden mit Demenz (leichte: 67, mittelschwere: 51, schwere Demenz: 33) und N = 155 Probanden ohne Demenz. Die Probanden waren 60 J. oder älter, befragt wurde neben den Probanden die Hauptpflegeperson. (Schneekloth, Wahl 2005, 100 ff.) Eine Komorbidität von depressiven Störungen und leichter Demenz ist in der MuG–III–Studie bei 54,8 % wahrscheinlich, bei weiteren 21,4 % möglich. „Eine aktuelle Major Depressive Episode bestand bei 6 %." (Schneekloth, Wahl 2005, 107).

[57] Die MuG-III-Studie fand in ihrer Stichprobe (vgl. vorige FN) bei Menschen mit Demenz in der Häuslichkeit in einem vierwöchigen Bezugszeitraum, dass Apathie/Gleichgültigkeit (66,7 % der Betroffenen) das am häufigsten genannte neuropsychiatrische Symptom war, gefolgt von Angst (58 %), Depression/Dysphorie (54 %), problematischen Schlafgewohnheiten (49,6 %) und Reizbarkeit/Labilität (46,7 %). Die nicht-kognitiven Symptome traten mit der Schwere der Demenz häufiger und stärker ausgeprägt auf. (Schneekloth, Wahl 2005, 109)

[58] In der MuG-III-Studie (s. vorige FN) war „'Verstecken/Verlegen von Gegenständen' (29,3 %) am häufigsten aufgetreten, noch vor ‚Gefährdung anderer durch Fehlhandlungen' (24,2 %) und ‚Abweichendem Ausdruck' (z. B. Fluchen, Schimpfen) (20,2 %)." Verhaltensänderungen traten mit zunehmender Schwere der Demenz häufiger und stärker ausgeprägt auf, wobei „im schweren Erkrankungsstadium anhaltendes Schreien und Weglaufen" hinzutrat. (Schneekloth, Wahl 2005, 110)

Schluckstörungen, Schlafstörungen, Wahrnehmungsstörungen[59] (Kastner, Löbach 2007, 10 ff.).

2.3.1.3 Ätiologie und Symptomatik der häufigsten Demenzformen

Im Folgenden sollen die vier am häufigsten vorkommenden spezifischen Demenzformen (Alzheimer-Demenz, Vaskuläre Demenz, Demenz mit Lewy-Körperchen und Frontotemporale Demenz) nach ihren Ursachen und ihrer Symptomatik charakterisiert werden.

Die Alzheimer-Demenz beruht auf neurodegenerativen Veränderungen in Form spezifischer Ablagerungen von Eiweißen (u. a. β-Amyloid) zwischen den Nervenzellen (Plaques) und Neurofibrillenveränderung (verklebte Faserbündel des Tau-Proteins) innerhalb der Nervenzellen. Insbesondere im Temporallappen (dessen Funktion in der Verarbeitung auditorischer Wahrnehmung, Sprachverarbeitung, im visuelles Arbeitsgedächtnis und im Erkennen von bedeutungsvollen Gegenständen sowie Gesichtern liegt) und dem Parietallappen (Verarbeitung von Sinneswahrnehmungen, Schnittstelle von Sinneseindrücken und Motorik, bspw. Hand-Auge-Koordination sowie räumliche Orientierung) sterben Nervenzellen ab (Atrophie). Gedächtnisstörungen treten zunächst im sog. Arbeitsspeicher auf:

> "Die Alzheimer-Erkrankung ist gekennzeichnet durch eine Störung in der Überführung von bestimmten Gedächtnisinhalten vom Kurzzeitgedächtnis (oder Arbeitsspeicher) in das Langzeitgedächtnis." (Preiter 2005, 109)

Das Kurzzeitgedächtnis kann etwa sieben Wahrnehmungen erfassen, die im Arbeitsgedächtnis inhaltlich weiterverarbeitet, bewertet, mit anderen Gedächtnisinhalten verknüpft und „unter Beachtung von bestimmten Sequenz- und Hierarchieregeln manipulier[t werden]" (Calabrese, Lang, Förstl 2011, 13). Zur Verarbeitung gehört die Entscheidung, ob Inhalte

---

[59] Die MuG-III-Studie (s. vorige FN) zeigt für extra-mural wohnende Menschen mit Demenz erhebliche Mobilitätseinschränkung bei 59,6 % der untersuchten Personen, wobei 23,2 % völlig unfähig waren zu gehen. „Überwiegend bettlägerig, worunter zu verstehen ist, dass mehr als die Hälfte der Wachzeit im Bett verbracht wurde, war ein Viertel der demenzkranken älteren Menschen. Ebenfalls ein Viertel war bei der Fortbewegung auf einen Rollstuhl angewiesen." (Schneekloth, Wahl 2005, 111)

vergessen oder in das Langzeitgedächtnis eingetragen werden. Eine wie oben beschriebene Störung der Gehirnfunktion bewirkt, dass Wahrnehmungen beim Verlassen des Arbeitsspeichers nicht in das Langzeitgedächtnis eingetragen werden. Die dort bereits gespeicherten Inhalte bleiben aber (zunächst) erhalten. Die Störung betrifft in erster Linie das episodische Gedächtnis (räumlich-zeitlich eingebundene Information, bspw.: „Wo habe ich heute zu Mittag gegessen?"), sowie das semantische Gedächtnis (kontextunabhängige Inhalte, die aus dem episodischen Gedächtnis überführt worden sind: Wissen über die Welt) und weniger das subkortikal angesiedelte prozedurale Gedächtnis (motorische Bewegungsabläufe, bspw. Erlernen und Behalten neuer Tanzschritte) (Preiter 2005, 109 ff.; Calabrese, Lang, Förstl 2011, 14 f., 22). Obwohl die Entstehung und Ausbreitung der Plaques und Fibrillen ebenso wie weitere die Alzheimer-Krankheit begleitende Veränderungen (bspw. entzündliche Prozesse), seit langem erforscht sind, ist die eigentliche Ursache ebenso wie eine kausale Therapie noch unbekannt (Jahn, Werheid 2014, 158)[60]. Durch die postmortale Untersuchung von Gehirnen in unterschiedlichen Altersstufen ist bekannt, dass die Neurodegeneration zu einem deutlich früheren Zeitpunkt beginnt als die Manifestation ersten Symptome (kognitive Verluste). Diese Zeitspanne ist interindividuell unterschiedlich und „u. a. von den Kompensationsmechanismen des Gehirns und der kognitiven Reservekapazität abhängig" (Jahn, Werheid 2015, 23).
Im Vorstadium der Alzheimer-Krankheit können schon „Schwierigkeiten beim Abspeichern neuer Informationen, beim planvollen Handeln oder dem Rückgriff auf semantische Gedächtnisinhalte" (Förstl, Kurz, Hartmann 2011, 52) auftreten, die jedoch von den Betroffenen leicht durch Gedächtnishilfen oder Vermeidungsstrategien bewältigt werden. Typisch für eine Alzheimer-Demenz in der leichten Phase sind Schwierigkeiten beim Lernen von neuen Sachverhalten, stärker werdende Defizite im

---

[60] Hinsichtlich der These von einer Ansteckung als Ursache gibt es Belege, dass im Tierversuch Alzheimer-Demenz durch Übertragung von krankhaft verändertem Eiweiß ausgelöst werden kann. Allerdings gibt es keinerlei Belege dafür, dass sich die Krankheit im Kontakt mit Menschen mit Alzheimer-Demenz überträgt (Perneczky 2012). Auch für die Vermutung, dass eine Demenzkrankheit als bewusst oder unbewusst gewählter Weg der Verdrängung traumatischer Erlebnisse oder unangenehmer Erinnerungen erklärt werden könne (vgl. Jens 2009; Gronemeyer 2013, 60), existieren keinerlei systematische Belege aus der Medizin oder Psychologie.

planvollen Handeln, organisatorischen Geschick und vernünftigen Urteilen. Die Sprache wird stockend und zunehmend unpräzise, das Fahrverhalten ist durch falsche Einschätzung von Abständen und Geschwindigkeiten sowie durch Defizite in der räumlichen Orientierung eingeschränkt. Die Störungen sind in Tests nachweisbar, aber eine eigenständige Lebensführung ist, abgesehen von der Bewältigung komplexer Aufgaben, möglich. (Förstl, Kurz, Hartmann 2011, 53) Gleichzeitig auftretende Depressionen können reaktiv oder eigenständig sein (Kastner, Löbach 2007, 15). In der mittleren Phase der Alzheimerkrankheit, die sich durchschnittlich drei Jahre nach der Diagnose einstellt, sind das Neugedächtnis und das logische Denken, Handeln und Planen stark beeinträchtigt. Wortfindungsstörungen und semantische Aphasie erschweren die Kommunikation, Gegenstände werden nicht wiedererkannt (Agnosie). Gleichzeitig treten psychische Störungen wie Aggressionen, Angst, Unruhe und Wahnvorstellungen verstärkt auf und die Verhaltenskontrolle geht verloren (sexuelle Enthemmung, Diebstahl, Nicht-essbares in den Mund schieben). Mittelschwer an Alzheimer-Demenz erkrankte Menschen zeigen Verhaltensweisen wie zielloses Wandern, wiederholtes Rufen, Sammeln und Sortieren, und sie verlieren die Einsicht in ihre Krankheit. (Förstl, Kurz, Hartmann 2011, 53 f.) Harn- und Stuhlinkontinenz entstehen evtl. durch apraktische Störungen (Toilette wird nicht mehr erkannt) oder nicht erkannte organische Ursachen. In einem schweren Stadium der Alzheimer-Demenz sind auch frühe Erinnerungen nicht mehr abrufbar, und die Sprache reduziert sich auf einzelne Worte und Phrasen, so dass Grundbedürfnisse nicht mehr ausgedrückt werden können, was zu aggressivem und unruhigem Verhalten führen kann. Die motorische Beeinträchtigung kann zu Stürzen beitragen und bei Bewegungsmangel zu Kontrakturen, Dekubitalgeschwüren und sekundären Muskelatrophien führen. Harn- und Stuhlinkontinenz sowie Schluckbeschwerden gehören zu den Symptomen schwerer Alzheimer-Demenz. Die emotionale Reaktivität, also Zugänglichkeit für Zuwendung und nichtverbale Kommunikation bleibt erhalten. (Förstl, Kurz, Hartmann 2011, 54 f.; Jahn, Werheid 2014, 158)

> "Der Münchner Neurologe und Psychiater Hans Förstl stellt dazu fest, das Nervensystem eines Betroffenen sei bis zuletzt aktiv. Das Erlebnis

der Gegenwart setze sich aus der kollektiven Funktion aller noch vitalen Neuronen zusammen. Auch wenn bei Menschen mit fortgeschrittener Demenz vieles zerstört ist, veranstalteten die restlichen Nervenzellen weiterhin ein 'ganz großes Konzert'. Und selbst bei kleinerer Besetzung sei, so Förstl, 'das Musikstück noch komplett erhalten'." (Klare 2012b)

Klinisch (gemäß Sterbeurkunde) und pathologisch sind Pneumonien bei Menschen mit Demenz die häufigste Todesursache vor Herz-Kreislauf-Erkrankungen, wobei „(…) grundsätzlich abweichende Ansichten, ob die demenziellen Erkrankungen als unmittelbare Todesursache betrachtet werden können", herrschen (Förstl et al. 2010, 205)[61].

Vaskuläre Demenzen sind „Erkrankungen der Hirngefäße, so dass abnorme Durchblutungsverhältnisse zu einer Minderung der motorischen und/oder kognitiven Leistungsfähigkeit führen." (Jahn, Werheid 2014, 159) Infarkte in großen oder kleineren Arterien führen zur „Zerstörung von funktionstragendem Gewebe, (…) Unterbrechung von Leitungsbahnen und (…) Beeinträchtigung von Neurotransmittersystemen" (Jahn, Werheid 2014, 159). Die Infarkte werden u. a. durch Bluthochdruck, Herzkrankheiten, Fettstoffwechselstörungen, Diabetes mellitus, Rauchen, übermäßigen Alkoholkonsum sowie Übergewicht und Bewegungsmangel verursacht.

„Die Vielgestaltigkeit vaskulärer Demenzen und die beträchtliche Komorbidität vaskulärer und neurodegenerativer Entstehungsfaktoren erschweren die neuropsychologische Charakterisierung und Differenzialdiagnose (…) all dieser Demenzformen." (Jahn, Werheid 2015, 30)

Abhängig davon, ob kortikale oder subkortikale Areale durch einzelne oder Multiinfarkte betroffen sind, ist der Beginn einer vaskulären Demenz schlagartig oder schleichend. Der Verlauf kann stufenförmig, fluktuierend oder langsam fortschreitend sein. Zur neuropsychologischen Symptomatik gehören Sprach-, Werkzeug-, Erkennens- und Gedächtnisstörungen ebenso wie Aufmerksamkeitsstörungen (Jahn, Werheid 2015, 29). Früh auftretende Gang-, Miktions- und Sprachstörungen sind typisch für vaskuläre Demenzen ebenso wie Störungen im Bewegungsablauf und Lähmungen (Haberl 2011, 97).

---

[61] Vgl. auch: van der Steen (2010); Pinzon et al. (2013)

„Häufig kommt es zum Auftreten eines pseudobulbären Syndroms, das durch Sprech- und Schluckstörungen sowie affektive Labilität mit pathologischem Weinen und Lachen gekennzeichnet ist." (Haberl 2011, 98)

Die Demenz mit Lewy-Körperchen (DLK) ist der Alzheimer-Demenz insofern ätiologisch ähnlich, als sie ebenfalls mit der Bildung von Neurofibrillen und Ablagerung von Amyloid-Plaques einhergeht. Gleichzeitig finden sich innerhalb der Zellen die für die Parkinson-Krankheit typischen Lewy-Körperchen, die sich von „den Kerngebieten des Hirnstamms (...) allmählich in höhere Hirnregionen ausbreiten." (Jahn, Werheid 2014, 159) Symptomatisch für die DLK sind starke Schwankungen in der geistigen Leistungsfähigkeit und der Aufmerksamkeit sowie optische Halluzinationen, die oft sehr detailreich sind. Bewegungsstörungen ähnlich der Parkinson-Krankheit, wie unwillkürliches Zittern der Hände, Steifigkeit der Bewegungen und häufige Stürze oder kurze Bewusstlosigkeiten gehören ebenfalls zu den Symptomen. Bei ansonsten großer Ähnlichkeit zur Alzheimer_Demenz treten Gedächtnisstörungen deutlich seltener auf. (Jahn, Werheid 2014, 159)

Der Pick-Komplex bzw. die frontotemporale Lobärdegenerationen (FTLD) umfassen eine Reihe von Demenzen, die sich ätiologisch durch eine Degeneration von Zellen in den frontalen oder seitlichen Gehirnarealen (Frontallappen, Temporallappen) kennzeichnen lässt. Diese Störungen sind jedoch „klinisch und neuropathologisch heterogener" (Jahn, Werheid 2014, 160):

„Trotz neuer Konsenskriterien und verfeinerter Kenntnis der histologischen Korrelate gibt es noch keine Klassifikation, die Klinik, Pathologie und Genetik vollständig umfasst." (Danek 2011, 156)

Die Unterformen (prototypische klinische Syndrome) lassen sich in drei Ausprägungen beschreiben: primäre Beeinträchtigung des Verhaltens (Behaviorale Variante der Frontotemporalen Demenz – FTD) oder primäre Beeinträchtigung der Sprache, die entweder als semantische Demenz oder als Aphasie ohne semantische Störungen auftritt (Jahn, Werheid 2014, 160; Danek 2011, 159). Typisch für alle Unterformen ist ein früher Beginn im Alter von 40 bis 60 Jahren (Spanne: 21 bis 85 Jahre). Eine FTLD führt im Verlauf von 6 bis 8 Jahren zum Tod (Spanne: 2 bis 20

Jahre) (Danek 2011, 159). Die FTD ist primär mit einer Veränderung der Persönlichkeit und des Sozialverhaltens verbunden (Aggressivität, Taktlosigkeit, Enthemmung bei Sexualität und Essen, Apathie bzw. Hyperaktivität, verflachte Affekte). Den Erkrankten fehlt die Einsicht in ihren veränderten Zustand. (Danek 2011, 161) Die semantische Demenz ist durch ein „gestörtes Verständnis des Sinns von Wörtern und/oder als gestörtes Wissen um Objekte" gekennzeichnet (Danek 2011, 162), während die Aphasie an Störungen in der Sprachproduktion, Lautfehlern und Wortfindungs- bzw. Benennstörungen erkennbar ist (Danek 2011, 161). Durch ihren frühen Beginn und die extremen Verhaltensänderungen stellen FTLD eine große Belastung für die Erkrankten und ihre Angehörigen dar. Der langsame Beginn der neurodegenerativen Prozesse und ihr zeitlicher Abstand zur Manifestation von Symptomen hat zur Klassifikation der Mild Cognitive Impairment (MCI) geführt, die zwischen dem Demenzsyndrom und den normalen kognitiven Alterungsprozessen situiert ist. Definitionsmerkmale einer MCI sind subjektiv erlebte kognitive Störungen, kognitive Leistungen, die unter der Altersnorm liegen und sich gegenüber dem prämorbiden Niveau verschlechtert haben. Dabei ist die betroffene Person nicht dement und kann Alltagsaktivitäten normal ausführen. Die kognitiven Störungen können auf das Gedächtnis oder andere kognitive Kompetenzen bezogen sein. Allerdings wurde die Vermutung, dass MCI die Prognose eines Demenzsyndroms ermöglicht, widerlegt: Die jährliche Konversionsrate liegt bei 5-10 % und 30 % der Betroffenen kehren innerhalb von 2 Jahren zu ihrem ursprünglichen Leistungsniveau zurück. (Jahn, Werheid 2014, 161)

> „Offensichtlich ist eine MCI nicht notwendigerweise als Demenzvorstufe anzusehen, was intensive Forschungsbemühungen ausgelöst hat, Merkmale zu identifizieren, die vorherzusagen erlauben, welche Personen mit MCI eine Demenz entwickeln werden und welche nicht." (Jahn, Werheid 2014, 161)

2.3.1.4 Diagnose und Therapie

Um eine (spezifische) Demenzform zu diagnostizieren, muss zunächst das Demenzsyndrom gegen die MCI und verwandte Syndrome (Amnesie, Verwirrtheitszustand, Depression) abgegrenzt werden (Förstl 2011,

266). Anlass für eine Diagnosestellung sind (selbst-)berichtete Defizite in der Leistungsfähigkeit allgemein, in der Gedächtnisleistung oder Sprachstörungen. „Berichtete oder beobachtete Störungen müssen unbedingt durch einen zumindest kurzen ‚neuropsychologischen' Test objektiviert werden." (Förstl 2011, 267), wobei eine rein isolierte Betrachtung der Testergebnisse zu vermeiden ist, da sie durch sensorische oder motorische Beeinträchtigungen verfälscht sein können[62]. Voraussetzung für die Testung ist die Teilnahmebereitschaft der zu untersuchenden Person, da ansonsten ihr Recht auf Nichtwissen verletzt wird und die Aussagekraft der Diagnostik eingeschränkt ist (Jahn, Werheid 2015, 37). Die dem Demenzsyndrom zugrundeliegende Krankheit bzw. spezifische Demenzform wird anhand des bisherigen Verlaufs, der Symptommuster, der somatischen und psychischen Vorerkrankungen sowie der aktuellen Komorbidität, Familiarität und Häufigkeit der vermuteten Grunderkrankung eingegrenzt (Differentialdiagnose) (Förstl 2011, 266). Der Diagnoseprozess ist eine „multiprofessionelle Aufgabe" (Kastner, Löbach 2007, 45), die neben der Anamnese eine internistische Untersuchung beinhaltet sowie die Feststellung von Alltagskompetenz[63], neuropsychologische Tests[64], bildgebende Verfahren[65] und Labordiagnostik[66]. Durch die Verfahren gelingt es „geübte[n] Untersucher[n]" in bis zu 80 % der Fälle eine (spezifische) Demenz zu diagnostizieren bzw. auszuschließen (Kastner, Löbach 2007, 45). Jahn und Werheid geben zu bedenken:

> „Eine einigermaßen sichere Diagnosestellung ist letztlich nur unter längerer Beobachtung, im klinischen Verlauf bzw. post mortem möglich."
> (Jahn, Werheid 2014, 162)

Insbesondere die am häufigsten vorkommende Alzheimer-Demenz und die vaskuläre Demenz werden – teilweise – über Ausschlusskriterien

---

[62] Ausführlicher zur Sensitivität sowie den Einsatzmöglichkeiten und Grenzen kognitiver Kurztests: Jahn, Werheid (2015, 36 f.)
[63] Bspw. mit Hilfe des Barthel-Index, vgl. Ivemeyer, Zerfass (2006, 148).
[64] Vgl. ausführlich dazu: Ivemeyer, Zerfass (2006); Jahn, Werheid (2015, 40 ff.).
[65] Magnetresonanztomographie (MRT), Computertomographie (CT)
[66] „Als Minimallabor wird ein Blutbild, Leber- und Nierenwerte, Glukose im Serum, Cholesterin, Schilddrüsenparameter und VitB12/Folsäure gefordert." (Kastner, Löbach 2007, 63). Die Labordiagnostik erlaubt es, mangelbedingte oder toxikologische Ursachen zu erkennen.

definiert. Zu den prinzipiellen Unsicherheiten in der Zuordnung von Symptomatik und körperlichen Ursachen in der (Differential-)Diagnostik von Demenzerkrankungen trägt auch die Unschärfe der Diagnoseinstrumente (hier: neurologische Tests) im Zusammenhang mit dem Bildungsstand oder einem Migrationshintergrund der Betroffenen bei. Der weit verbreitete Mini-Mental-Status (MMS) bspw. steht in der Kritik wg. falsch negativer Diagnosen bei hohem Bildungsstand (kognitive Reserve) und falsch positiven Diagnosen bei niedriger Bildung (Jahn, Werheid 2015, 41). Noch problematischer stellt sich die Testung bei älteren Menschen mit Demenz dar, die wg. ihres Migrationshintergrunds nur eingeschränkt über deutsche Sprachkenntnisse verfügen (Flüh 2014).

Angesichts der aufwändigen Differentialdiagnostik verwundert es nicht, dass nur etwa die Hälfte der Betroffenen diagnostiziert ist: In der MuG–III–Studie war nur bei 49 %[67] der häuslich lebenden, im Screening sicher als demenzkrank identifizierten Personen die Symptomatik abgeklärt. Von diesen hatten wiederum nur 31 % eine spezifische Demenzdiagnose erhalten. Problematisch ist eine erst spät im Krankheitsprozess oder gar nicht erfolgende Diagnose, da Behandlungsoptionen, die – frühzeitig eingesetzt – zum Erhalt der Leistungsfähigkeit beitragen können, nicht genutzt werden (Haupt 2012, 1), oder demenzspezifische Unverträglichkeiten, wie bspw. die ausgeprägte Neuroleptikaüberempfindlichkeit bei Lewy-Körperchen-Demenz (Jahn, Werheid 2014, 159) nicht berücksichtigt werden können. Nur eine frühzeitige Diagnose mit anschließender Aufklärung und Beratung im Einverständnis mit den Betroffenen sichere ihnen die Möglichkeit, Verfügungen hinsichtlich ihrer Zukunft zu treffen, und biete ihnen und ggf. ihren Angehörigen eine reelle Chance auf Krankheitsbewältigung, so Gutzmann und Steenweg (2011, 286 f.)[68].

Dies hat vor allem deswegen eine große Bedeutung, weil für die meisten Demenzformen wirksame Therapien noch nicht zur Verfügung stehen. In

---

[67] 46 von 151 demenzkranken Befragten, vgl. FN 56.
[68] Angesichts dessen, dass für einen Teil der Betroffenen auch eine behutsame Aufklärung eine Überforderung dastellt, empfehlen Gutzmann und Steenweg: „In den Aufklärungsgesprächen sollte man sich immer wieder der Formulierung von Max Frisch erinnern, nach der es darum geht, im Dialog dem anderen die Wahrheit wie einen Mantel hinzuhalten, in den er schlüpfen kann, und sie ihm nicht wie einen nassen Lappen um die Ohren zu schlagen." (Gutzmann, Steenweg 2011, 287)

dem im Jahr 2000 verfassten Geleitwort zur ersten Auflage des Bandes „Demenzen in Theorie und Praxis" beklagt Hans Lauter einen „immer noch weit verbreiteten therapeutischen Nihilismus" (2011, VI). Nach dem Erscheinen der 3. Auflage 2011 erhielt dieser Nihilismus noch einmal Auftrieb: „Das Scheitern der Alzheimerforschung" titelt die Süddeutsche Zeitung am 21. Juli 2011 (Blawat 2011). Mehrere Studien zur Alzheimer-Demenz, die auf eine Immunisierung gegen das beta-Amyloid setzten, zeigten zwar einen Rückgang der schädlichen Eiweiße, aber der kognitive Zustand der Probanden verbesserte sich nicht (Dodel 2013). Allerdings sind im Jahr 2015 drei Studien vorgestellt worden, die erneut unterschiedliche Antikörper gegen beta-Amyloid-Ablagerungen zum Einsatz bringen. Im Unterschied zu früheren Studien verringern die Antikörper nun nicht nur die Ablagerungen, sondern verzögern auch die Abnahme der kognitiven Leistungen deutlich. Diese noch in der Entwicklung befindlichen Medikamente sind jedoch nur in einem sehr frühen Stadium der Alzheimer-Krankheit bzw. bei leichten kognitiven Störungen (MCI) wirksam: Dann verhindern sie den Übergang zur Alzheimer-Krankheit. Mit der Zulassung ist nicht vor 2017 zu rechnen. (Grimmer 2015) Trotz der Fortschritte im Wissen um die molekularen Vorgänge beschränken sich Therapieansätze für alle neurodegenerativen Demenzen deshalb bis heute auf eine Besserung der Symptome. Für Demenzen mit behandelbaren Ursachen werden diese therapiert, um den demenziellen Wirkungen zu begegnen. Dies gilt auch für vaskuläre Demenzen: Erst nach der Senkung und Stabilisierung des Blutdrucks folgt die Behandlung der kognitiven und psychischen Symptome der Demenz (Jahn, Werheid 2015, 68 f.).

Bisher verfügbare antidementive pharmakologische Therapien sind bei bestehenden Demenzerkrankungen in der Lage, den Abbau von kognitiven und alltagspraktischen Leistungen um mehrere Monate zu verzögern (symptomatische Therapie). Antidementiva erhöhen den Spiegel von Botenstoffen im Gehirn und verbessern damit die Signalübertragung zwischen den Nervenzellen (Gutzmann, Mahlberg 2011, 300)[69]. Zu den

---

[69] Acetylcholinesterase-Hemmer verhindern den Abbau des Botenstoffes Acitylcholin und sind im frühen und mittleren Stadium wirksam bzgl. Kognition, Alltagskompetenz und klinischem Gesamteindruck. Sie können aber Nebenwirkungen wie Übelkeit/Erbrechen,

pharmakologischen Therapieansätzen sind darüber hinaus Antidepressiva zu zählen, die stimmungsaufhellend, angstlösend, beruhigend oder aktivierend und schmerzlösend wirken (Kastner, Löbach 2007, 76). Bis zu einem Drittel der Menschen mit Demenz erhalten Antidepressiva:

> „Antidepressiva galten lange Zeit als unbedenklich und wurden bei Alzheimer-Patienten in gleicher Weise empfohlen wie bei gesunden älteren Patienten mit Depression. In den letzten Jahren ist dies in Frage gestellt worden durch Studien, die bei ungünstigerem Nebenwirkungsprofil keine überlegene antidepressive Wirkung von SSRI (Sertralin) und NaSSAN (Mirtazapin) gegenüber Placebobehandlungen feststellen konnten (...)."
> (Jahn, Werheid 2015, 85)

Antidepressiva können die Sturzneigung erhöhen, sie reduzieren jedoch psychische Auffälligkeiten wie Agitation oder Wahn. Eine dritte Medikamentengruppe sind Neuroleptika, die zur Reduzierung psychischer oder verhaltensbezogener Symptome[70] bei Menschen mit mittlerer oder schwerer Demenz eingesetzt werden. Sie reduzieren im 3-Monatszeitraum aggressives Verhalten und Wahnphänomene, erhöhen aber das Mortalitätsrisiko um das 1,5- bis 1,8fache gegenüber unbehandelten Patienten. Eine Langzeitbehandlung erhöht die Nebenwirkungen (Sedierung, Verwirrtheit, kardiovaskuläre Nebenwirkungen), nicht aber die Wirksamkeit: „Ein Neuroleptika-Entzug nach diesem Zeitraum ergab keine Verschlechterung der BPSD (...)" (Jahn, Werheid 2015, 85). Neuroleptika werden vorrangig verschrieben, um die Pflegepersonen zu entlasten (Jahn, Werheid 2015, 85). In einer Studie zur Situation von Menschen mit Demenz in Pflegeeinrichtungen erhielten nur 10,7 % der demenzkranken Bewohner/innen Antidementiva, aber 38,2 % Neuroleptika (Schäufele et al. 2009, 200).

Durchfall, Schlafstörungen, Kopfschmerzen/Schwindel und Muskelkrämpfe zeigen. Glutamatantagonisten verhindern die Überdosierung des Botenstoffes Glutamat im Gehirn, die bei der Alzheimer-Erkrankung auftritt und zu einer Zerstörung von Nervenzellen führt. Sie sind im mittleren und schweren Stadium wirksam bzgl. Alltagskompetenz und klinischem Gesamteindruck und kennen als Nebenwirkungen Kopfschmerzen, Schwindel/Stürze und Unruhe. (Jahn, Werheid 2015, 84)

[70] Behavioral and Psychological Symptoms of Dementia (BPSD)

"Noch viel zu oft werden Probleme, die durch eine Optimierung der Betreuung zu bewältigen wären, aus der ‚Not der Umstände' heraus allein medikamentös angegangen." (Gutzmann, Mahlberg 2011, 312)

Die größere Bedeutung in der symptomatischen Therapie von Demenzen kommt den sog. nicht-medikamentösen Therapien (s. unten) zu. Für sie wie auch für die medikamentösen Therapien gelten als Therapieziele: Progressionsverzögerung, Reduzierung von Beschwerden, Steigerung des subjektiven Wohlbefindens und des Selbstwertgefühls, Schutz vor Eigen- und Fremdgefährdung, körperliche und psychische Entlastung der Angehörigen und Reduktion der Kosten sowie die Verzögerung des Heimübertritts (Kastner, Löbach 2007, 65). Jahn und Werheide nennen als Interventionsziele soziale Teilhabe, zufriedenstellende soziale Beziehungen und (dadurch) größtmögliches körperliches und seelisches Wohlbefinden. Hinzu treten der Erhalt der Alltagskompetenzen und die Entlastung von pflegenden Angehörigen. (Jahn, Werheid 2015, 69) Die Behandlungsziele ändern sich im Verlauf der Demenzerkrankung, so dass in etwa chronologischer Folge nach Diagnostik und (Erst-)Beratung die Progressionsverhinderung und der Aufbau eines Hilfesystems wichtig werden. In der mittleren Phase gewinnt die Therapie von Verhaltensänderungen an Bedeutung, und der Wohnraum wird ggf. neu geplant. Fragen der Unterstützung von Mobilität und Ernährung prägen die Behandlung bei schwerer Demenz. Durchgängig sind die internistische Basistherapie sowie eine Vielfalt von nicht-medikamentösen Therapieformen. Dabei sind alle Behandlungen und Therapien auf die spezifische Demenzform, den individuellen Krankheitsverlauf, die Lebensumstände und die Bedürfnisse des Menschen mit Demenz anzupassen. (Kastner, Löbach 2007, 65 f.; Jahn, Werheid 2015, 73)
Tabelle 4 gibt einen Überblick über die sog. nicht-medikamentösen Therapien[71]. Es handelt sich dabei nicht nur um therapeutische Maßnahmen

---

[71] Gräßel et al. schlagen vor, statt des verbreiteten Begriffs der nicht-medikamentösen oder nicht-pharmakologischen Therapien von „Ressourcen erhaltender Therapie" zu sprechen. Diese richteten sich nicht gegen den Einsatz von Medikamenten, sondern würden unabhängig davon angewandt und seien sämtlich dem Ziel verpflichtet, kognitive oder alltagspraktische Ressourcen zu erhalten (Gräßel et al. 2013, 15). Dies hat m. E. zudem den Vorteil, dass der Begriff nicht auf einer Ausschlussdefinition („nichtmedikamentös") beruht. Allerdings wird dieser Gewinn wieder verschenkt, weil damit

i. e. Sinn, sondern um vielfältige individual- oder gruppenbezogene Interventionen, Kommunikationsmethoden, Alltagskonzepte oder im Menschenbild der Anwendenden verankerte Haltungen bzw. Prinzipien. Eine Abgrenzung zu Pflegemodellen, Pflegekonzepten und einzelnen Pflegemaßnahmen lässt sich in der Literatur nicht konsistent nachvollziehen[72]. „Überschneidungen sind häufig und klare Zuordnungen zu den klassischen Kategorien, wie Psychotherapie oder Pflegemaßnahmen, oftmals nicht möglich." (Kastner, Löbach 2007, 67) Non-pharmakologische Therapien entstammen unterschiedlichen Professionen und Disziplinen wie der Sozial- und Neuropsychologie, der Pflege(wissenschaft), der Ergo-, Logo- oder Physiotherapie, der Geragogik, der Sozialen Arbeit, der Heilpädagogik oder der ökologischen Gerontologie[73]. Nur wenige wurden bisher auf ihre Wirksamkeit überprüft. Die S3-Leitlinie „Demenzen" der Deutschen Gesellschaft für Psychiatrie, Psychotherapie und Nervenheilkunde „resümiert ‚geringe Effekte' (...) und spricht deshalb nur vorsichtige Behandlungsempfehlungen aus – ‚kann angeboten werden'." (Gräßel et al. 2013, 9) Das Institut für Qualität und Wirtschaftlichkeit im Gesundheitswesen (IQWiG) bescheinigt einigen nicht-medikamentösen Interventionen Nutzen, weist aber auch auf möglichen Schaden hin und darauf, dass die langfristige Wirksamkeit nicht belegt sei. (Gräßel et al. 2013, 9) Multimodale oder Multikomponenten-Therapien kombinieren Interventionen zur kognitiven Stimulation, zu Verhaltensänderungen, zur Motorik und zur Förderung der alltagspraktischen Fähigkeiten. Ihre Wirksamkeit hinsichtlich einer Verzögerung des Ressourcenabbaus kann für alle Phasen einer Demenzerkrankung relativ gut belegt werden. Dabei kann die Effektstärke medikamentöser Therapien erreicht und übertroffen werden, ohne dass Nebenwirkungen zu befürchten sind. (Gräßel et al. 2013, 12 f.;

---

kein für non-pharmakologische Therapien eigenständiges Profil benannt wird: Auch die pharmakologische Therapie trägt durch Symptomverzögerung, Aktivierung und Stimmungsaufhellung sowie Verhaltensintervention zum Erhalt von Ressourcen bei. Im Folgenden wird deshalb – mangels einer besseren Alternative – weiterhin von nichtmedikamentösen oder non-pharmakologischen Therapien gesprochen.

[72] So gilt bspw. die Validation nach N. Feil als Kommunikationsprinzip (Jahn, Werheid 2015, 71), als Therapieform (Jahn, Werheid 2015, 83; Gutzmann, Mahlberg 2011, 302) oder als Pflegemaßnahme (Kastner, Löbach 2007, 139).

[73] Vgl. auch unterschiedliche Klassifikationen bei Weyerer (2005, 17); Jahn, Werheid (2015, 68); Kastner (2007, 67).

Korczak, Habermann, Braz 2013, 71 ff.) Hier wirkt sich m. E. vermutlich schon der hohe zeitliche Umfang (Frequenz und Dauer)[74] der Interventionen positiv auf den Erhalt kognitiver und alltagspraktischer Fähigkeiten aus[75].

Tabelle 4: Überblick nicht-medikamentöse Therapien, Pflegemodelle und Angebote

Therapie	Inhalte	Bemerkung
Milieutherapie	Ziel: Symptomlinderung und Erhalt von Alltagsfähigkeiten Methodik: Anpassung der materiellen und sozialen Umwelt an die veränderte Wahrnehmung, Empfindung und Kompetenz(en) von Menschen mit Demenz. Institutionelle Settings werden reduziert und stattdessen alltagsnahe Settings inszeniert. Kontext: Betroffene selbst, deren soziales Netzwerk, der Wohn- und Lebensraum und die soziale Betreuung und Pflege insgesamt	Ganzheitlicher, aber deswegen auch störanfälliger Ansatz (bspw. bei Ausfall von Mitarbeiter/innen) Risiko der deterministischen Zuweisung von Menschen mit Demenz zu spezifischen Lebenswelt-Inszenierungen
Personzentrierter Ansatz (T. Kitwood)	Ziel: Menschen mit Demenz als Person anzuerkennen und ihnen Respekt und Vertrauen entgegenzubringen. Methodik: Die Vermeidung negativer (maligner) sozialer Interaktionsformen gegenüber Menschen mit Demenz wie bspw. Ignorieren, Betrug, Einschüchtern u. a. m. gelingt, wenn die eigenen Ängste und die daraus folgenden Abwehrmechanismen reflektiert und abgebaut werden. Stattdessen werden bewusst positive Interaktionsformen eingesetzt wie bspw. Anerkennen, Verhandeln, Feiern. Kontext: Wie alle Menschen haben Demenzbetroffene Grundbedürfnisse nach Wertschätzung, Selbstwirksamkeit und Kontrolle, aktiv durch sie selbst gestaltbaren sozialen Kontakten sowie nach Vertrauen und Sicherheit.	Sozialpsychologisch begründete Grundhaltung für die Pflege, Betreuung und das Zusammenleben mit Menschen mit Demenz. Dementia Care Mapping (DCM) als Verfahren zur Einschätzung des Befindens von Menschen mit Demenz und Verbesserung der Beziehungsgestaltung beruht auf dem personenzentrierten Ansatz.

---

[74] So besteht die Gruppentherapie MAKS aus Übungen zur (Psycho-)Motorik, Alltagspraxis und Kognition und einem spirituellen Impuls im Umfang von zwei Stunden pro Tag an sechs Tagen pro Woche für zwölf Monate. Eine Gruppe von zehn demenziell erkrankten Menschen wird von zwei Therapeut/innen und einer Hilfskraft betreut. Die Kontrollgruppe erhielt die übliche Versorgung im Pflegeheim. (Gräßel et al. 2013, 12)
[75] Zum Verhältnis alltagspraktischer und therapeutischer Zuwendung vgl. Wißmann o. J.

Therapie	Inhalte	Bemerkung
Validation (N. Feil), Integrative Validation (N. Richards)	<u>Ziel</u>: Verständigung mit Menschen mit Demenz und Verbesserung ihrer Lebensqualität. <u>Methodik</u>: Kommunikationsmethode, bei der Wertschätzung, Verständnis (Empathie) und Akzeptanz gegenüber den Aussagen von Menschen mit Demenz geäußert wird. Deren Gefühlen kommt immer eine Wahrheit zu, unabhängig vom Grad der kognitiven Orientierung. Sie werden aufgenommen, verbalisiert und damit bearbeitet. <u>Kontext</u>: Validation nach N. Feil impliziert, dass demenzbetroffene Personen aufgrund ungelöster Konflikte kognitiv desorientiert sind. Die Integrative Validation geht von hirnorganischen Störungen als Ursache aus.	Die deterministischen Grundannahmen der Validationstherapie nach N. Feil sind vielfach kritisiert worden. Die Integrative Validation verzichtet darauf. In der Praxis als emotionsorientierte Kommunikationsmethode weit verbreitet.
Biographiearbeit /Reminiszenztherapie	<u>Ziel</u>: emotionale Entlastung, Stärkung von Identität und Selbstwertgefühl, Steigerung der Lebensqualität und Verbesserung der Kommunikation <u>Methodik</u>: Mit Hilfe von Fotos, Musik, biografisch relevanten Gegenständen sowie Geruchs- und Geschmackserlebnissen werden Erinnerungen an individuelle und Kohortenerlebnisse geweckt und besprochen.	Mögliche Gefahren sind das Aufbrechen traumatischer Erlebnisse, die Verletzung der Intimsphäre oder die Verwendung subjektiv gefärbter oder falscher Informationen aus 2. Hand.
Physio- / Logopädie	<u>Ziel</u>: Förderung von Mobilität und Orientierung, Sturz- und Kontrakturprophylaxe, Vermeidung von Schluckstörungen <u>Methodik</u>: angeleitete Übungen, Schlucktraining, Massagen, Beratung zu Hilfsmitteln <u>Kontext</u>: Logopädische Interventionen zu Sprach- und Sprechstörungen nur in frühen Stadien	
Psycho-(soziale)-therapie	<u>Ziel</u>: Krankheitsbewältigung, Reduktion von Verhaltensänderungen, Wohlbefinden, Identitätsstärkung, Aktivierung <u>Methodik</u>: In leichten Phasen tiefenpsychologische, sprachorientierte, kognitionssteigernde Verfahren; in mittleren Phasen: verhaltensorientierte, selbstwertstärkende, umweltstrukturierende, non-verbale Verfahren <u>Kontext</u>: Einbezug bzw. Kotherapie von Angehörigen (Einzeltherapie, Psychoedukation); Abstimmung der Psychotherapie mit anderen Interventionen	Die Wirkung psychotherapeutischer Interventionen wird für ältere Menschen allgemein wie auch für Menschen mit Demenz unterschätzt. Die Verfahren müssen, bspw. durch häufige Wiederholungen, auf die geringen Lernkapazitäten angepasst werden.

Therapie	Inhalte	Bemerkung
Realitäts-Orientierungs-Training	Ziel: Verbesserung der zeit-/räumlichen Orientierung durch intensive Wiederholung von entsprechenden Angaben Methodik: Übungen mit bspw. Kalendern oder Fotos in Kleingruppen (Klassenraum-ROT) oder Einbettung in Milieu und Beziehungen zu den demenzbetroffenen Menschen (24-Stunden-ROT). Kontext: Als kognitive Therapie ggf. Teil einer strukturierten psychosozialen Therapie	Nur für Klassenraum-ROT leichte Verbesserungen nachgewiesen, dennoch finden sich sehr häufig ROT-Materialien wie Kalender, Pläne, Fotos in stationären Einrichtungen.
Musik- oder Kunsttherapie	Ziel: Stressabbau, Eröffnung nicht-sprachlicher Kommunikationskanäle, Zugang zur emotionalen Ebene, Erinnerungspflege Methode: aktives und passives Musizieren und Singen, kreative Ausdruckstechniken in angeleiteten Einzel- oder Gruppensettings Kontext: kognitive Fähigkeiten im musikalischen Bereich bleiben länger erhalten als im sprachlichen Bereich	
Ergotherapie	Ziel: Erhalt von motorisch-funktionellen und kognitiv-neuropsychologischen Fähigkeiten, Selbsthilfetraining für Alltagsfähigkeiten und Selbstpflege, Förderung von Orientierung und Kommunikation, psychische Stabilisierung Methode: vielfältiger Einsatz von funktionell wirksamen, neuropsychologischen und neurophysiologischen Methoden wie Biografiearbeit, Umgebungsgestaltung, Einsatz von Hilfsmitteln, Trainings zur Sturzprophylaxe u. v. a. m Kontext: verschreibungsfähiger, breit aufgestellter therapeutischer Ansatz	Wirksamkeit ist aufgrund methodischer Mängel der vorhandenen Studien und der sehr großen Bandbreite von ergotherapeutischen Interventionen nicht klar nachweisbar, aber Ergotherapie wird zur Verbesserung der Symptome empfohlen
Körperorientierte Verfahren	Ziel: Förderung der Körperwahrnehmung, Vermittlung von Sicherheit, Geborgenheit, Anregung und Aktivierung Methodik: Basale Stimulation, Aromatherapie, Massagen, Kinästhetik, Entspannungsverfahren, Snoezelen (Aktivierung und sinnliche Stimulation durch Licht, Geräusche, Gefühle) Kontext: Menschen mit mittelgradiger und weit fortgeschrittener Demenz	Wirksamkeit ist aufgrund methodischer Mängel der vorhandenen Studien nicht klar nachweisbar, aber körperorientierte Verfahren werden zur Verbesserung der Symptome empfohlen

Eigene Darstellung nach (Kastner, Löbach 2007, 87 ff.; Jahn, Werheid 2015, 68 ff.; Hirsch 2011; Korczak, Habermann, Braz 2013). Die Darstellung beansprucht nicht, einen vollständigen oder detaillierten Überblick über alle therapeutischen Angebote für Menschen mit Demenz zu geben, da dies den Rahmen dieser Arbeit sprengen würde.

2.3.2 Körpernahe Exklusionen

Exklusionsprozesse können in unterschiedlichen Intensitäten und Erscheinungsformen beobachtet werden. Empirisch eher selten treten Exklusionen als verfestigte soziale Zustände im Sinne eines sozial-räumlich scharf abgegrenzten „Draußen" auf. Häufiger zeigen sich Exklusionen als Prozesse sozialen Wandels innerhalb einer Gesellschaft (Kronauer 2010a, 41; Puhr 2009, 88; Benz 2012, 120; Stichweh 2009a, 364).

> "Die moderne Gesellschaft kennt kaum noch Exklusionen, die unwiderruflich und irreversibel sind. (...) Viel typischer sind für die Weltgesellschaft seit dem 18. Jahrhundert die vielen Exklusionen, die von vornherein in die Form einer Inklusion gebracht werden." (Stichweh 2013, o. S)

Dies deshalb, weil die Zivilisierung und Modernisierung von Gesellschaften normative Regeln für die Vermeidung von Exklusion und die Installation von Inklusion setzt: „Unter modernen Bedingungen ist Exklusion nur 'zulässig', soweit sie in die Form einer Inklusion gebracht wird." (Stichweh 2009b, 37). Exklusion als Extinktion, also Vernichtung oder Tötung, sei als radikaler Begriff von Ausgrenzung in seiner Bipolarität analytisch zu wenig differenziert und deshalb empirisch untauglich (Wansing 2005a, 64 ff.) bzw. markiere lediglich „historisch wirksam gewordene rechtsextremistische Positionen", unter denen von Armut, Behinderung oder Krankheit betroffene Menschen oder Angehörige ethnischer Minderheiten gelitten haben (Benz 2012, 119). Mit einem „Minimum demokratischer Bezugnahme" (Castel 2008, 84) sei eine Beseitigung der „für die Welt Unnützen" kaum mehr denkbar. Allerdings wird die Relevanz von Exklusion als Extinktion daran deutlich, dass über Abtreibung, Abschiebung, Sterbehilfe und Todesstrafe „gesellschaftlich (...) leidenschaftlich gestritten" werde und auch werden müsse (Benz 2012, 120). Für Demenzbetroffene deutet sich „Extinktion", also die Tötung von Demenzkranken, zumindest im Dunkelfeld an. Daten der US-amerikanischen Supplemental Homicide Reports aus dem Jahr 1999 zeigen, dass das Viktimisierungsrisiko in Bezug auf Tötungsdelikte ab dem 75. Lebensjahr ansteigt, der Anteil vollendeter Delikte dann vergleichsweise hoch ist, und die Tötungen sich zu einem hohen Anteil im sozialen Nahraum abspielen. Für Deutschland liegt eine ähnlich altersdifferenzierte Statistik nicht vor (Görgen 2004, 47 f.). Es lässt sich zumindest vermuten, dass Menschen mit Demenz überrepräsentiert sind unter den Opfern von Nahraumgewalt, auch weil Angehörige vielfach Erleichterung angesichts des Todes von demenzkranken Familienmitgliedern äußern oder sich deren Tod sogar herbeiwünschen[76]. An den Rändern des Lebens, also vor der Geburt und zum Ende hin, relativiert sich die Unveräußerlichkeit des menschlichen Rechts auf Leben latent (als Wunsch) oder manifest (durch Suizid, Tötung oder Sedierung) (vgl. Wetzstein 2010, 55). Auf diese Exklusionstendenzen reagiert auch die BRK:

> "Aus den Protokollen der Sitzungen des Ad-hoc-Komitees wird deutlich, dass mit Artikel 11 der Konvention zu den bioethischen Konflikten über das Lebensrecht von behindert geborenen Kindern und von Menschen mit sehr schweren kognitiven Beeinträchtigungen eindeutig Position bezogen werden sollte (u. a. UN A/AC.265/2004/5). Das müsste auch in zukünftigen Diskussionen über gesetzliche Regulierungen von Behandlungsverzicht, Behandlungsabbruch und Sterbehilfe berücksichtigt werden." (Graumann 2011, 54)

Eine weitere Exklusionsform, die weniger dem modernen Bild der Exklusion *innerhalb* der Gesellschaft entspricht, sondern eher den archaischen Charakter von Verbannung und (unbefristetem) Wegsperren transportiert, stellen die sog. Freiheitsentziehenden Maßnahmen (FEM) dar, die demenzbetroffene Menschen vielfach und gegen ihren Willen an ihrer Bewegungsfreiheit hindern. Freiheitseinschränkende Maßnahmen sind alle Maßnahmen, die die körperliche Bewegungsfreiheit einschränken und/oder den Zugriff auf den eigenen Körper verhindern, und die nicht vom Betroffenen selbständig entfernt werden können, so die fachliche Definition (Evans, Wood, Lambert 2002; Retsas 1998). In Pflegeheimen werden 39,5 % der Bewohnerinnen und Bewohner innerhalb eines Jahres mindestens einmal in ihrer Freiheit eingeschränkt, u. a. durch hochgestellte Bett-Seitenteile (38,5 %), Fixiergurte im Bett oder am Stuhl (8,9 %) und Stecktische (9,9 %) (Meyer et al. 2009, 986). In privaten Haushalten sind etwa 6 % (Borgloh 2013, 65) bis 9 % (Herold-Majumdar

---

[76] Vgl. bspw. Rosenberg, Martina (2013): Mutter, wann stirbst du endlich? Wenn die Pflege der kranken Eltern zur Zerreissprobe wird. München: Blanvalet.

et al. 2010)[77] der häuslich gepflegten alten Menschen in ihrer Bewegungsfreiheit eingeschränkt: durch Bettgitter, medikamentös sediert oder in der Wohnung eingeschlossen[78]. Freiheitsentziehung betrifft ganz überwiegend kognitiv eingeschränkte Personen: So waren in der Studie MuG IV über 90 % der FEM-Betroffenen demenzkrank (Schäufele et al. 2009, 202). In der ambulanten Pflege ist ein etwa doppelt so großer Anteil von demenzkranken alten Menschen gegenüber kognitiv orientierten Pflegebedürftigen betroffen (Herold-Majumdar et al. 2010, 16).

Körpernah eingesetzte FEM wie bspw. Fixiergurte sollen die Sicherheit der Betroffenen gewährleisten:

> "Es wird mir unmöglich sein, den genauen Zeitpunkt zu verkünden, an dem ich mich aufgrund meines Zustands nicht mehr rational und gleichberechtigt an Gesprächen über mich beteiligen kann, an Gesprächen über mein Verhalten und darüber, wie mit mir umzugehen ist, damit mir nichts passiert und sie weniger Angst haben müssen. Meine Angehörigen tun, als wäre dieser Zeitpunkt bereits da. Ich dagegen spüre und denke: Noch ist er nicht gekommen. Gut möglich, dass es keine klare Trennlinie gibt zwischen völliger Eigenständigkeit und Abhängigkeit von anderen, dass der Übergang fließend ist. (Taylor 2008, 147)

Zentraler Beweggrund von professionellen Kräfte ebenso wie pflegenden Angehörigen für den Einsatz einer FEM ist es, Stürze und unbemerktes Verlassen der Wohnung bzw. der Einrichtung zu verhindern (Borgloh 2013; Meyer et al. 2009).

Dabei spielt die Frage der Haftung für die Schäden, die ein Mensch mit Demenz sich oder anderen zufügt, für An- oder Zugehörige, Freiwillige und beruflich oder professionell in der Pflege tätige Menschen eine wichtige Rolle. Hier bestehe jedoch eine erhebliche Differenz zwischen den subjektiven bzw. allgemein geteilten Annahmen zur Haftung bzw. zur Verantwortung von Sorgepersonen und den tatsächlichen rechtlichen Bestimmungen. Subjektiv spiele ein allgemeiner moralischer Impuls gegenüber vulnerablen, hilfsbedürftigen Menschen ebenso eine Rolle wie das eher ich-bezogene Bedürfnis der Sorgepersonen, Risiken zu beherr-

---

[77] Aufgrund der Erhebung dieser Daten an einzelnen Stichtagen durch Pflegekräfte (Borgloh 2013) bzw. Begutachtende des MDK (Madjumar 2010) können diese Werte als konservative Schätzung gelten und liegen vermutlich höher.

[78] Das Einschließen in der Wohnung gilt allerdings nicht als körpernahe FEM.

schen und Fehler zu vermeiden. (Klie 2014a, 69) Bleibe das Verantwortungsgefühl im Unterschied zum „rechtlichen Gehalt der eigenen Verantwortung" unreflektiert, so drohe zum einen eine aus der Überfürsorglichkeit entspringende Missachtung der Selbstbestimmungs- und Freiheitsrechte der Betroffenen und zum anderen eine Überforderung der Sorgepersonen aufgrund eines Zuviels an Verantwortungsübernahme. (Klie 2014a, 70) Je nach Rolle im Sorgearrangement können verschiedene Verantwortungsbereiche unterschieden werden: Angehörige handeln gegenüber den Betroffenen freiwillig. Sie haben keine Aufsichtspflicht und auch kein Recht, Maßnahmen zu ergreifen, die in die Freiheit der Person eingreifen. Sie sind „grundsätzlich nicht gesetzlich befugt, Entscheidungen für den anderen zu treffen" (Klie 2014a, 70), da in Deutschland kein gesetzlich geregeltes Angehörigenvertretungsrecht gegenüber Erwachsenen existiert[79]. Die Aufsichtspflicht im engeren Sinn nach § 832 BGB regelt, dass Sorgeberechtigte für die Schäden minderjähriger Kinder oder geistig behinderter Menschen einzustehen haben. Fürsorgerischer Zwang gegenüber Demenzbetroffenen lässt sich aber nicht durch eine Aufsichtspflicht legitimieren. Davon unberührt ist die fachliche Verantwortung für eine Pflege und Betreuung, die dem Wohl der Betroffenen dient (Klie 2014a, 72 f.). Die allgemeine Pflicht der Angehörigen, auf die Unversehrtheit der mit ihnen zusammenlebenden Person zu achten, wird begleitet von vielfältigen Rechten auf Beratung und Unterstützung (bspw. durch die soziale Pflegeversicherung) (Klie 2014a, 70). Professionell Tätige aus der Pflege, Medizin, Sozialen Arbeit und aus therapeutischen Berufen tragen die Verantwortung für die fachliche Qualität ihres Handelns, zu der auch ein reflektiertes Risikomanagement gehört. Die Risiken einer Maßnahme sollen mit den Risiken ihrer Unterlassung abgewogen werden, und es soll nach Alternativen für riskante „Schutz"maßnahmen wie bspw. die körpernahe Fixierung gesucht werden. (Klie 2014a, 71) In diese Abwägungsprozesse sollten alle relevanten Akteure wie bspw. formell und informell Pflegende, Ärztinnen und Ärzte, Therapeutinnen und Therapeuten, Apothekerinnen und Apotheker sowie hauswirtschaftliche Kräfte einbezogen sein. Hier kommt das Modell der

---

[79] Zur rechtlichen Vertretung vgl. Abschnitt 4.3.3.3.

geteilten Verantwortung zum Tragen, das in systematischen Aushandlungsprozessen nach Vorgehensweisen sucht, die Risiken minimieren und dem Wohl und dem Willen der Demenzbetroffenen gerecht werden (Klie 2014a, 72; Klie, Schuhmacher 2007). Dabei lassen sich nicht alle Risiken gänzlich vermeiden:

> „Zu einem professionellen Umgang mit Menschen mit Demenz gehört auch der verantwortliche Umgang mit Risiken, die auch und gerade für Menschen mit Demenz zu akzeptieren sind." (Klie 2014a, 74)

Neben Haftungsängsten ist auch die Kontrolle des sog. „herausfordernden Verhaltens" von Menschen mit Demenz ein relevanter Kontext für die Anwendung von FEM. Unruhe oder aggressives Verhalten belastet pflegende Angehörige, aber auch professionell Pflegende psychisch und physisch und kann den Einsatz von Psychopharmaka nach sich ziehen (Schuhmacher 2013; Bredthauer 2006).

Eine schützende Wirkung freiheitsentziehender Maßnahmen kann allerdings nicht nachgewiesen werden. Stattdessen führt ihre Anwendung bei den Betroffenen zu psychischem Stress, zur Verstärkung von Verhaltensauffälligkeiten, zu einer Einschränkung der Mobilität und zu Verletzungen aufgrund von Gegenwehr. Werden in Folge dieser Effekte verstärkt Psychopharmaka verabreicht, kann dies zu einer Erhöhung der Sturzrisiken führen. Letztlich tragen FEM zu einer Verschlechterung des Gesundheitszustands bei, die bis hin zum Tod führen kann (Bredthauer 2006). Unsachgemäß angewendete Gurtfixierungen können direkt zum Tod führen (Berzlanovich, Schöpfer, Keil 2012). Freiheitsentziehende Maßnahmen bergen erhebliche Risiken für Alleinlebende wie auch für Menschen, die, wenn auch nur kurzzeitig, in einem Raum oder in der Wohnung allein gelassen werden. Tatsächlich ist es aber kaum möglich und oft auch gerade nicht die Intention einer FEM, dass während ihrer Anwendung ununterbrochen eine betreuende Person anwesend ist (Schuhmacher 2013), was den exkludierenden Charakter Freiheitsentziehender Maßnahmen unterstreicht.

2.3.3 Kommunikationsprobleme und Zivilisationskonflikte

Ein erhebliches Exklusionsrisiko erleiden Menschen mit Demenz, weil sie an den Orten der sozialen Teilhabe (bspw. in der Kirche, im Verein, Freundeskreis oder Supermarkt etc.) nicht oder nur noch eingeschränkt kommunizieren können. Vergleichbar zu Menschen mit geistiger oder Lernbehinderung wird die Kommunikation durch Missverständnisse, Zeitverluste und Anschlussprobleme behindert, was dazu führt, dass die Betroffenen nicht oder nur eingeschränkt als Kommunikationspartner wahrgenommen werden. In systemtheoretischer Perspektive kann Demenz „als Exklusionsmotor par excellence" (Lindner 2010, 73) analysiert werden (Franken 2014, 12 f.). Interaktion beruht – systemtheoretisch – auf dem Zusammenspiel von Bewusstsein, neuronalem System und Kommunikationssystem. Diese schaffen durch das

> „(...) ‚Zurverfügungstellen' der jeweiligen Eigenkomplexität die Voraussetzung für das Funktionieren der anderen Systeme, oder anders gesagt, jedes System übernimmt Funktionen für die anderen Systeme. (...) Es handelt sich um wechselseitig kontingente Selektionsprozesse." (Terfloth 2007, 70)

Dabei ist die „Operationsweise des Bewusstseins auf Gedächtnisleistungen angewiesen." Das Gedächtnis liefert Interpretationsvorschläge für die „sozial angelieferte(n) Sinnzumutungen". Diese „Zitation gerät ins ‚Schlingern'", wenn durch Demenz die Gedächtnisleistung nachlässt[80] (Terfloth

---

[80] Sehr eindrücklich schildert Richard Taylor die existentielle Problematik gescheiterter Zitationsversuche: „So kommt es, dass ich im Gespräch, beim stillen Nachdenken, manchmal auch einfach beim Versuch, den Alltag zu bewältigen, eine Tür ins Dunkle öffne. Keine Ahnung, was dort mal gelagert war. An manchen Türen ist die Beschriftung verblasst, bei anderen sind die Schilder abgefallen. Die Zimmer sind da, aber drinnen herrscht ein großes Durcheinander, ihr Inhalt ist nicht komplett, manche Teile sind schwer zu erkennen oder völlig verschwunden. Es ist sehr ärgerlich, mitten in einem Gespräch plötzlich die Tür zu einem Raum öffnen zu müssen, um an den Inhalt zu kommen – und der Raum ist dunkel. Keine Ahnung was los ist. – *Wie meine jüngste Enkeltochter heißt – Wo ich das Auto geparkt habe – Ob ich das Auto geparkt habe – Wovon ich eben sprach – Wovon Sie eben sprachen – Wo ich hingehen wollte – Womit ich mich vorhin beschäftigt habe – Was ich soeben mache und getan habe!* – Ich halte im Gespräch inne und suche nach Hinweisen und Verbindungen. Ich renne in den Fluren meines Gedächtnisses herum und versuche fieberhaft zu verstehen, was los ist. Manchmal macht mich die Suche noch verwirrter, worauf ich vergesse, was mich so verwirrt. Ich weiß nicht was los ist, weil ich auf einen leeren Raum treffe, auf eine Wand

2007, 71), die Interaktion bricht ab und der Prozess der sozialen Adressierung ist gescheitert. Laut- und körpersprachliche Äußerungen werden im Verlauf einer Demenzerkrankung immer weniger anschlussfähig, weil ihre Intention kaum noch entschlüsselt werden kann – auch nicht in der Hinsicht, ob überhaupt eine Intention vorliegt (Müller-Hergl 2014, 7). Das ist mit Anerkennungsverlusten verbunden:

> "Bewusstsein, ohne ausreichend Kontakt zu sozialen Systemen, erleidet Restriktionen, denn Bewusstsein braucht die mit der Adresse verbundene Anerkennung. Bewusstsein kann diesen Prozess der Adressenkonstruktion jedoch nicht steuern, sondern die Selektivität von Kommunikation legt die soziale Relevanz von psychischen Systemen fest." (Terfloth 2007, 81)

Die „Inkommensurabilität von Kommunikationserwartungen" (Müller-Hergl 2014, 9) führt entsprechend zu wachsender Entfremdung.
Engel (2007, 271) zeigt in einer an den Symbolischen Interaktionismus angelehnten Perspektive, dass fehlende Rückkopplung von Sinn in Interaktionen nicht nur den Aufbau und Erhalt von Empathie, sondern auch das Selbstbild der gesunden Interaktionspartner stört:

> "In langjährigen familiären Beziehungen (…) nehmen die Mitglieder immer wieder die Haltungen der anderen gegenüber sich selbst ein, und bilden somit aufeinander bezogene Rollenidentitäten aus. Kommt es aufgrund einer Demenzerkrankung zu einer starken Veränderung der Kommunikationsrolle des Kranken, führt dies auch zu einer Verunsicherung des eigenen bislang akzeptierten Selbstbildes und der bisher unproblematischen Rollenerwartungen an sich selbst." (Engel 2007, 274)

Für beide mündet dies in ein "systematisches Miss-Verständnis der eigenen subjektiven Welt" (Engel 2007, 274).
Das Scheitern funktionaler, sinnhafter Kommunikation führt bei Pflegenden zu Stress und Frustration und damit zu einer Fokussierung auf die eigene peer-group (der Gesunden) und Ablehnung "der anderen" (Müller-Hergl 2014, 9 f.). Dennoch hat gerade face-to-face-Kommunikation ein

---

am Ende des Flurs, womöglich befinde ich mich auf einem Stockwerk meines Gedächtnisses, das mir fremd ist. Ich bin gezwungen, inne zu halten und mich zu fragen, warum ich überhaupt hier bin, aber ich sehe nur unbeschriftete Türen, die mir keine Hinweise geben. Ich bekomme eine fragende Miene und reagiere manchmal beschämt, weil ich mich verirrt habe." (Taylor 2008, 60)

hohes Potenzial, zu einer annähernd sinnhaften Kommunikation zu kommen, weil sie als Interaktion grundsätzlich kontingent ist, also frei in der Suche nach Anschlussmöglichkeiten. Bspw. setzen spezialisierte Expertinnen und Experten oder durch Liebe oder Freundschaft motivierte Angehörige substitutive Dialoge ein[81]. In spezialisierten, je nach Art und Schwere der Demenz differenzierten Einrichtungen „werden dann sachliche, zeitliche und soziale Bedingungen geschaffen, unter denen belastete Kommunikation möglich und aushaltbar ist und Routinen für den Umgang mit eigenwilligem Verhalten eingeübt sind." (Müller-Hergl 2014, 5 f.). Diese "Dauersimulation einer kommunikativen Inklusion" sei aber so aufwändig, dass die Frage offen bliebe, wie Demenz im Alltag inkludiert werden könne, bzw. die Vermutung nahe liege, dass nur die vergleichsweise "Verträglichen, Freundlichen, sozial Akzeptablen" mit Inklusion rechnen könnten, während kommunikativ schlecht erreichbare Menschen mit Demenz der exklusiven Behandlung durch Experten überlassen blieben, so Müller-Hergl (2014, 11 f.).

Nicht nur Anschlussprobleme in der Kommunikation, sondern auch Missgeschicke und Fehlverhalten führen zu Ausgrenzung von demenziell erkrankten Menschen, denn sie verletzen kulturelle Standards und inkorporierte Scham- und Peinlichkeitsgrenzen:

> „Der Zivilisierungsprozess ist auch gekennzeichnet von der zunehmenden Beherrschung des Körpers, der Kontrolle über Körperfunktionen und der Einhaltung von Konventionen im menschlichen Miteinander, die auch ein Mehr an Distanz zum Gegenüber auszeichnet." (Klie 2006, 66)

Elias spricht hier von „zum Teil automatisch funktionierenden zivilisatorischen Selbstkontrollen" (1991a, LXII). Durch Sozialisation tief im Subjekt verankert, funktionieren sie unter dem Radar der rationalen Verhaltenssteuerung und lösen Schamgefühle aus. Menschen mit Demenz ziehen sich zurück („mich in einem dunklen Schrank verstecken") oder werden von ihren Angehörigen aus der Öffentlichkeit (Restaurants, Gottesdiens-

---

[81] "Nahestehende und Pflegende ergänzen stellvertretend die mangelnde Rückkopplung, so wie wenn die Person eine adäquate Resonanz gegeben hätte. Es kommt zu einer fiktiven Anschlussreaktion, einer 'als-ob' Kommunikation, die aufrechterhalten wird, selbst dann, wenn die Person mit Demenz durch ihre Reaktionen diese Anschlussreaktion fortwährend zu ent-plausibilisieren scheint." (Müller-Hergl 2014, 11)

te, Konzerte oder Straßenfeste) ferngehalten, um peinliche Situationen zu vermeiden. Insbesondere für unpassendes Verhalten in Bezug auf Kleidung, Tischsitten oder Gesprächsregeln schämen sich die Betroffenen und ihre Angehörigen (Held 2010, 26 ff.). Scham und Peinlichkeit tragen so zur Ausgrenzung von Menschen mit Demenz bei, obwohl die sozial abweichenden Verhaltensweisen auf die krankhaften Veränderungen zurückzuführen sind:

> "Ganz nüchtern betrachtet ist eine Demenz nichts, wofür man sich schämen müsste. Jeder kann eine Demenz bekommen, unverschuldet und schicksalhaft. Auch die Symptome und Ausfallerscheinungen, die mit der Behinderung einhergehen, entziehen sich dem persönlichen Einfluss. Man kann einfach nichts dafür, wenn man Termine, Orte, Personen vergisst oder wenn man urplötzlich die Orientierung verliert. Trotzdem fühlen sich Betroffene oftmals schuldig, wenn sie nicht mehr so funktionieren, wie sie selbst oder andere es von ihnen gewohnt sind. Auch mir erging das so. Erst allmählich habe ich begriffen, dass meine Defizite nicht die Folge meines Versagens oder meiner mangelnden Disziplin sind, sondern Auswirkungen der Demenz." (Rohra 2011, 65)

Obwohl also kein schuldhaftes Versagen vorliegt, wird das Verletzen normativer Vorgaben von den Betroffenen selbst und ihrer Umwelt so interpretiert. Abweichendes Verhalten wird persönlich zugerechnet, eine Verletzung der übergeordneten Norm stellt zunächst einmal nicht deren Geltung in Frage, sondern hat Sanktionen gegenüber dem individuell abweichenden Verhalten zu Folge. Dies kann als Stigmatisierung bezeichnet werden:

> "Als 'Stigmatisierung' werden soziale Prozesse bezeichnet, die durch 'Zuschreibungen' bestimmter – meist negativ bewerteter – Eigenschaften ('Stigmata') bedingt sind oder in denen stigmatisierende, d. h. diskreditierende und bloßstellende 'Etikettierungen' eine wichtige Rolle spielen, und die in der Regel zur sozialen Ausgliederung und Isolierung der stigmatisierten Personengruppe führen." (Brusten, Hohmeier 1975, 1 f.)

Prinzipiell entstehen durch die Zuschreibung von Eigenschaften wichtige Bezugspunkte für die Entwicklung sozialer Identität (Goffman 1975, 10). Die in Interaktionen transportierten, informationstragenden Symbole markieren die Erwartungen von Interaktionspartnern bzw. Organisationen und erlauben die Einordnung von Personen nach bestimmten Attributen.

Zum Stigma wird ein Attribut dann, wenn es den Erwartungen „in unerwünschter Weise" nicht entspricht, wobei Personen, deren Attribute den Erwartungen entsprechen, als „normal" bezeichnet werden (Goffman 1975, 13). Goffman unterscheidet sichtbare Stigmata und die dadurch diskreditierten Menschen von nicht-sichtbaren Stigmata und den dadurch lediglich diskreditierbaren Menschen: Diskreditierte Personen mit sichtbarem Stigma müssen "bei jedem sozialen Kontakt auf kontingente Verknüpfungen ihres Stigmas mit anderen Attributen gefasst sein" (Saake 2006, 130), während Diskreditierbare mit nicht-sichtbarem Stigma sogenanntes Stigma-Management betreiben können, nämlich – zumindest phasenweise – das Stigma durch Täuschen oder Verheimlichen verbergen. Stigma-Management ist Teil jeder interaktiven Praxis und zwar durch das "Stereotypisieren oder 'Profilieren' unserer normativen Erwartungen in Bezug auf Verhalten und Charakter." (Goffman 1975, 68). Nicht immer wird ein Stigma in einer Interaktion wirksam, sondern dies ist von den Techniken der Stigmatisierung und vom Gegenüber abhängig sowie von den Kennzeichen der Situation. Stigmatisierungsprozesse verlaufen demnach relational und kontingent:

> "Angehörige, mit dem Stigma Vertraute, können es übersehen; in manchen Situationen könne es gar nicht wahrgenommen werden, weil die Begegnung zu kurzfristig oder auf anderes fokussiert sei. (...) Die Vielfalt an Umgangsweisen mit Stigmata, die Goffman zusammenstellt, ist erstaunlich. Als beeinflussende Faktoren identifiziert er den Status des Gegenübers, die Gewöhnung der anderen, aber auch die eigene Erfahrung im Umgang mit der Andersartigkeit." (Saake 2006, 130)

Menschen mit Demenz und ihren An- und Zugehörigen ist Stigma-Management, also der der flexible, situationsgebundene Umgang mit abweichendem Verhalten in der je aktuellen Situation oder Interaktion sehr vertraut. Je stärker sichtbar bzw. wahrnehmbar das Stigma Demenz wird, desto eher sind die Betroffenen dem Risiko ausgesetzt, aufgrund dieses Merkmals ausgegrenzt zu werden[82].

---

[82] So laufen Menschen mit Demenz Gefahr, aus Veranstaltungen mit stark formalisierten Verhaltensvorschriften wie bspw. Gottesdiensten oder Kunstaustellungen ausgeschlossen zu werden (Rothe, Kreutzner, Gronemeyer 2015, 71 f.).

2.3.4 Exklusion in Unterstützungsarrangements[83]

Die spezifische Ausgestaltung des jeweiligen Unterstützungs-, Hilfe- und Pflegearrangements eines Menschen mit Demenz bestimmt in erheblichem Umfang den Grad seiner Ausgrenzung bzw. Einbezogenheit. Noch vor der Pflege im engeren Sinn ist es vor allem die Unterstützung im Alltag, die dabei für Menschen mit Demenz von Bedeutung ist[84].

"Die Alzheimer-Krankheit: Wie fühlt sie sich an? Wie ist es, alzheimerkrank zu sein? Auch das hängt von vielen Faktoren ab: Gibt es in Ihrem Leben ein paar Menschen, denen an Ihrem Wohlbefinden gelegen ist? (...) Wohnen Sie in Houston, Texas oder in Houston, Nigeria? Sind Sie krankenversichert? Besonders wichtig: Haben Sie eine Langzeitpflegeversicherung abgeschlossen? Ist es in Ihrer Kultur und ökonomischen Schicht üblich, die junge Generation zu ermuntern, Verantwortung zu übernehmen und ältere Familienangehörige zu betreuen? Wird sie dabei unterstützt?" (Taylor 2008, 44 f.)

Weltweit leben 94 % der Menschen mit Demenz nicht in Einrichtungen, sondern in der (eigenen) Häuslichkeit (Prince et al. 2015). Der Anteil der in Deutschland häuslich versorgten Menschen mit Demenz lässt sich nicht exakt bestimmen, da eine Demenzdiagnose häufig erst in mittleren Krankheitsphasen gestellt wird. Mit Fortschreiten der Demenz zieht ein immer größerer Anteil der Betroffenen in eine Einrichtung der vollstationären Pflege um: Etwa 80 % der leicht demenzkranken, ca. 70 % der mittelschwer erkrankten und nur noch 30 % der schwer erkrankten Menschen mit Demenz leben in einem privaten Haushalt. Populationsbezogene Studien in verschiedenen Städten Deutschlands ergaben 2012

---

[83] In dieser Arbeit soll vom Begriff der Versorgung Abstand genommen werden, der im Kern auf eine hierarchisch und bürokratisch organisierte Leistungszuweisung zielt. Versorgung ist eine Form von Unterstützung und Pflege, die von der Wechselseitigkeit menschlicher Interaktion abstrahiert, die die Fähigkeiten und Kompetenzen der auf Hilfe Angewiesenen missachtet und deren Bedarfe zugunsten einer Zuweisungslogik ignoriert (Rothe, Kreutzner, Gronemeyer 2015, 263 ff.).

[84] Zu 90 % werden Menschen mit Demenz bei hauswirtschaftlichen Tätigkeiten unterstützt, zu 81 % bei der Körperpflege, zu 64 % bei der Fortbewegung, zu 55 % beim Toilettengang und zu 57 % beim Essen (forsa 2015, 6). Rothgang differenziert zwischen Pflegebedürftigkeit und Nicht-Pflegebedürftigkeit bei Demenz: „In den jüngeren Jahren bestehen die Dementen zu etwa gleichen Teilen aus Pflegebedürftigen und Nicht-Pflegebedürftigen. Erst ab der Alterskategorie 80–84 wird die Prävalenz für Pflegebedürftigkeit und Demenz größer, während die Prävalenz für Demenz ohne Pflegebedürftigkeit stagniert." (Rothgang et al. 2010, 161)

einen durchschnittlichen Anteil von 35–40 % aller Menschen mit Demenz, die in Heimen leben[85] (Bickel 2012, 25), während die MuG-III-Studie 73,6 % Menschen mit Demenz ausweist, die zusammen mit ihrer Hauptpflegeperson in einem Haushalt leben.

Im Folgenden wird die unterschiedliche Situation von allein, mit ihrer Familie oder in Einrichtungen lebenden Menschen mit Demenz untersucht. Anschließend zeigt ein kurzer Blick auf die Kosten, die Demenzkrankheiten verursachen, dass diese einen erheblichen Einfluss haben können auf das gewählte Arrangement.

2.3.4.1 Exklusionsrisiken der familiären Pflege und Unterstützung

Ein nicht unerhebliches Ausgrenzungsrisiko ergibt sich für Menschen mit Demenz gerade dann, wenn keine familiären Unterstützungspersonen in der Nähe zur Verfügung stehen. Nicht wenige Menschen mit Demenz leben – zumindest zu Beginn der Erkrankung – allein in ihrem Haushalt:

> „15 (22,4 %) der leicht demenziell Erkrankten und immerhin noch neun (10,8 %) der mittelschwer bis schwer Demenzkranken lebten zum Zeitpunkt der Befragung noch allein in einem Privathaushalt." (Schneekloth, Wahl 2005, 115)[86]

Die meisten der alleinlebenden Demenzbetroffenen leben allerdings im gleichen Haus mit der Hauptpflegeperson oder weniger als 10 Minuten entfernt (Schneekloth, Wahl 2005, 120). 41,7 % können auf die Unterstützung von zwei und 33,3 % sogar auf drei Unterstützungspersonen zurückgreifen. Nur 2 % der Alleinlebenden (in der Studie waren dies zwei Personen mit leichter Demenz und eine mit mittelschwerer Demenz) sind ausschließlich auf professionelle Hilfe angewiesen (Schneekloth, Wahl 2005, 116). Zur Lebenslage alleinlebender Menschen mit Demenz mit einem nur schwach ausgeprägten sozialen bzw. familiären Netzwerk liegen nur wenige, qualitative Studien vor. Sie sind eher weiblich, höheren Alters, finanziell schlechter gestellt, meist nur leicht demenzkrank und

---

[85] Bickel spricht hier von der „geschlossenen Altenhilfe".
[86] Probanden mit Demenz: N=151 (leichte: 67, mittelschwere: 51, schwere Demenz: 33); Probanden ohne Demenz: N=155. Die Probanden waren 60 J. oder älter, befragt wurde neben den Probanden die Hauptpflegeperson. (Schneekloth, Wahl 2005, 100 ff.)

schwach funktionell eingeschränkt (Schniering 2010, 9 f.)[87]. Sie äußern deutlich den Wunsch nach einem selbstbestimmten Leben in der vertrauten Wohnung bzw. dem vertrauten Wohnumfeld (Deutsche Alzheimer Gesellschaft e.V. 2010, 38 ff.)[88]. Dennoch erleiden alleinlebende Menschen mit Demenz soziale Ausgrenzung, weil sie nur schwer durch professionelle oder ehrenamtliche Hilfen erreicht werden. Erst wenn der Alltag in erheblichem Maß nicht mehr bewältigt werden kann, werden Nachbarn oder das professionelle Hilfesystem aufmerksam (Cotrell 1997, zit. nach BMFSFJ 2002, 172; Deutsche Alzheimer Gesellschaft e.V. 2010, 56, 63 ff.). Alleinlebenden Demenzkranken ohne Bezugsperson fehle zudem die Möglichkeit, an ihrer und über ihre Krankheit zu lernen. Sie litten objektiv und subjektiv unter einem Mangel an sozialen Kontakten, häufig seien kurze Besuche der professionellen Helfer die einzigen Kontakte. Dabei verstärken sich der angstbesetzte Rückzug der Betroffenen von ihrer Umwelt und der angst- und schambesetzte Rückzug des sozialen Umfeldes von den Demenzbetroffenen wechselseitig und münden in sozialer Isolation. Die wenigen informell Helfenden im Unterstützungsarrangement fühlen sich schnell überlastet. Das professionelle Hilfesystem kann diese Defizite kaum ausgleichen, da es an Zeit und einer die Hilfen koordinierenden Instanz fehlt (Schniering 2010, 77 ff.).

Diejenigen Menschen mit Demenz, die nicht alleine, sondern mit ihrem Partner oder ihrer Familie zusammenleben, wünschen sich mehrheitlich – wie kognitiv orientierte, ältere oder hochbetagte Menschen auch – ihr Leben in der eigenen Häuslichkeit und begleitet von den Angehörigen verbringen zu können (BMVBS 2011, 54). Hier zeigt sich ein wichtiger Unterschied zu Menschen mit (geistiger) Behinderung im Erwachsenenalter, deren Verbleib in der (Herkunfts-)Familie häufig einem Mangel an geeigneten, individuellen Assistenzleistungen für ein selbstständiges Leben außerhalb der Familie geschuldet ist:

---

[87] Qualitative Studie auf der Grundlage von 39 Experteninterviews im professionellen Hilfesystem.
[88] Die Deutsche Alzheimer Gesellschaft interviewte zehn alleinlebende Menschen mit Demenz, die nicht auf Hilfe und Pflege von Angehörigen oder aus dem Freundeskreis zurückgreifen können, um deren Situation, Bedürfnisse und Unterstützungsbedarf zu analysieren (Deutsche Alzheimer Gesellschaft e. V. 2010, 19).

"Selbständiges Leben im Haushalt bedeutet deshalb für Menschen mit Behinderung in der Regel ein Leben in Abhängigkeit von der Unterstützung durch Familienangehörige." (Wansing 2005a, 158)

Menschen mit Behinderung werden somit auf vormoderne Rollenmuster verwiesen und erfahren Exklusion allein schon durch den erzwungenen Verbleib in der Familie (Hasler 2006, 932).

Aber auch für Menschen mit Demenz ist ein Leben in der Familie und mit Unterstützung und Pflege der Angehörigen von spezifischen Exklusionsrisiken geprägt. Dabei handelt es sich erstens um die ungleiche Verteilung des zeitlichen Ausmaßes der erfahrenen Unterstützung, zweitens um eine ausgrenzend wirkende familiäre Überfürsorglichkeit und drittens um die Folgen der hohen Belastung von pflegenden Angehörigen.

Das zeitliche Ausmaß an Unterstützung, die Menschen mit Demenz erhalten, ist (extrem) ungleich verteilt. Bezogen auf alle Demenzphasen wenden Angehörige durchschnittlich 42,5 Std. pro Woche auf (leichte Demenz: 36,1; mittelschwere, schwere Demenz: 47,0; zum Vergleich: keine Demenz: 27,9 Std./Woche) (Schneekloth, Wahl 2005, 121). In der Pflegebudgetstudie[89] berichten Angehörige von Menschen mit Demenz über durchschnittlich 41 Std./Woche Unterstützung bei geringer bis mittlerer Pflegebedürftigkeit und von 64 Std./Woche bei schwerer Pflegebedürftigkeit.

Professionelle Pflegedienste unterstützen bei 38 % der Befragten weniger als 30 min am Tag, bei ebenfalls 38 % 30–60 min pro Tag[90]. Nur 9 % der befragten pflegenden Angehörigen berichten von mehr als einer Stunde am Tag Unterstützung durch einen Pflegedienst (forsa 2015, 12, 14 ff.). Die Daten der Pflegebudget-Studie zeigen, dass professionelle Dienste bei den demenziell erkrankten Studienteilnehmenden mit geringer Pflegebedürftigkeit durchschnittlich eine Stunde pro Woche und bei denen mit hoher Pflegebedürftigkeit vier Stunden pro Woche tätig waren. Der Zeitaufwand, den die Begleitung eines Menschen mit Demenz erfordert, wird demnach kaum durch professionelle Pflege aufgefangen, sondern allein durch informell Pflegende, also Angehörige, erbracht (forsa

---

[89] N=706 Fälle aus der Ersterhebung (Blinkert 2008, 25), davon 338 mit einem Hinweis auf Vorliegen einer Demenzerkrankung (Blinkert 2008, 87).
[90] 13 % „ganz unterschiedlich"

2015, 12; Blinkert 2008, 91 f.). Allerdings variiert dieser Zeitaufwand signifikant mit der Qualität des sozialen Umfelds der Demenzbetroffenen. Die Ausprägungen von vier Faktoren, nämlich der Netzwerkqualität (stark/prekär), der Region (ländlich/urban), des Lebensentwurfs der Hauptpflegeperson (traditionell/modern) und des sozialen Status der Hauptpflegeperson (niedrig/hoch), beeinflussen die Zeit, die von der Hauptpflegeperson für Pflege- bzw. Sorgeaufgaben aufgewendet wird:

> „Was die Involviertheit von Angehörigen in die Versorgung angeht, ist (...) ein klarer Effekt des sozialen Umfeldes erkennbar: Unabhängig vom Grad der Pflegebedürftigkeit wird unter günstigen Umfeldbedingungen stets mehr Zeit investiert als unter ungünstigen Bedingungen – also in ländlichen Regionen, bei einem stabilen Netzwerk und wenn die Hauptpflegeperson einen niedrigen Sozialstatus und einen eher vormodernen Lebensentwurf hat." (Blinkert 2008, 127)

Die Differenz zwischen einem ungünstigen und einem günstigen sozialen Umfeld beträgt bei starker Pflegebedürftigkeit 90 Std./Woche (min. 25/max. 115), bei mittlerer Pflegebedürftigkeit 66 Std./Woche (min. 1/max. 67), bei leichter 39 Std./Woche (min.1/max. 40)[91]. Angesichts der hohen Bedeutung, die die Unterstützung im Alltag für Menschen mit Demenz hat, kann am unteren Rand der genannten Werte von erheblichen Ausgrenzungsrisiken für die demenzbetroffenen Menschen ausgegangen werden. Dies entspricht dem oben (vgl. Abschnitt 2.1.2) skizzierten Begriff von Exklusion als Übergang von einem quantitativ unterschiedlichen Ausmaß an Besser- oder Schlechterstellung zu einem qualitativ anderen Zugang zur Gesellschaft. Das Defizit an familiärer Begleitung, das, wie gezeigt, nicht regelhaft durch professionelle Dienste ausgeglichen werden kann, mündet für die Betroffenen in Situationen von existenzieller Abgeschlossenheit. Exklusion als Interdependenzdefizit in sozialen Nahbeziehungen mündet in Exklusion im Sinne einer faktischen Aberkennung grundlegender Rechte, wenn bspw. aufgrund mangelnder Unterstützung Personen in der Wohnung eingeschlossen werden. Diese Exklusionsprozesse verlaufen als Folge der Individualisierung jedoch

---

[91] Ähnlich im DAK-Pflegereport: Nur 5 % der pflegenden Angehörigen mit Hauptschulabschluss, aber 14 % mit Abitur oder Hochschulabschluss wenden weniger als eine Stunde wöchentlich für die Pflege auf. Umgekehrt pflegen 32 % der weniger Qualifizierten drei bis sechs Std./Tag, aber nur 23 % der Hochqualifizierten (forsa 2015, 14).

nicht statuskonsistent, sondern gegenläufig zum Status der Hauptpflegeperson. Ein zweites Exklusionsrisiko besteht für Menschen mit Demenz, wenn die Familien selbst als quasi geschlossene Systeme auftreten: Indem sie paternalistisch und überfürsorglich agieren, machen „die Angehörigen die Betroffenen nur noch betroffener", so Helga Rohra, die selbst demenziell erkrankt ist (Rohra 2011, 50). Die familiären Unterstützungspersonen behindern die Selbständigkeit, Selbstbestimmung, eigene Aktivitäten und so auch die notwendige konstruktive Verarbeitung des unvermeidlichen Rollenwandels nach der Diagnose. Menschen mit Demenz fiele es aber schwer, so Rohra, die Personen, von deren Hilfe und Unterstützung sie existenziell abhängig sind, zu kritisieren. Ihr Bericht aus einer Selbsthilfegruppe von demenziell erkrankten Menschen wird unterstrichen durch statistischen Daten, die kaum Nicht-Verwandte als Hauptpflegepersonen ausweisen: Neben (Ehe-)partnern oder -partnerinnen und (Schwieger-)Kindern spielen weitere Verwandte (8,2 %) nur eine untergeordnete Rolle als Hauptpflegeperson. Nicht-Verwandte Personen treten in der MUG-III-Studie praktisch nicht hauptverantwortlich bei der Sorge um Menschen mit Demenz auf (Schneekloth, Wahl 2005, 121).[92]. Im DAK-Pflegereport sind andere Personen bzw. Freunde und Nachbarn mit einem Anteil von 13 % vertreten (forsa 2015, 3). Die EuroFamCare-Studie[93] weist 15,3 % Menschen mit Demenz aus, deren Hauptpflegeperson Angehörige 2. Grades oder andere Helfende sind (Kofahl, Arlt, Mnich 2007, o.S.; eigene Berechnung). In 54,4 % der Fälle ist die Haupt-

---

[92] Der DAK-Pflegereport (N=2237; Einschlusskriterien: 18 J. und älter, Übernahme von informellen Pflegetätigkeiten aktuell oder in der Vergangenheit; 36 % der Befragten haben eine demenziell erkrankte Person gepflegt) nennt als informelle Pflegepersonen von Menschen mit Demenz in der Häuslichkeit ebenfalls an erster Stelle die Kinder (46 %), dann andere Verwandte (23 %) und Schwiegerkinder (13 %). Nur 4 % der Befragten geben an, schon einmal ihre Ehepartnerin oder ihren Ehepartner mit Demenz gepflegt zu haben oder noch zu pflegen. Der geringe Anteil von pflegenden Ehepartnern ist vermutlich auf die Einschlusskriterien zurückzuführen: Interviewt wurden Personen, die aktuell pflegen oder schon einmal gepflegt haben. Dadurch sind die ältere oder hochaltrige Probanden in der Gesamtstichprobe gegenüber den Jüngeren unterrepräsentiert (forsa 2015, 1).

[93] N=908 pflegende An- und Zugehörige von hilfs- oder pflegebedürftige Personen im Alter von 64 J. oder älter, die nicht in einer stationären Einrichtung leben – davon 477 Personen mit Demenz (Kofahl, Arlt, Mnich 2007, o.S. ff.).

bezugsperson auch gleichzeitig die einzige informelle Unterstützungsperson der demenzkranken Person. In der Pflegebudget-Studie wurde die Zahl der Helfenden in einem Pflege- bzw. Unterstützungsarrangement (für Menschen mit oder ohne Demenz) auf durchschnittlich 2,1 bei geringer, 2,6 bei mittlerer und 2,9 bei starker Pflegebedürftigkeit bestimmt. Dabei sind die Angehörigen mit 0,9/1,3/1,7 Hilfepersonen am stärksten vertreten, gefolgt von professionellen Pflegekräften (0,4/0,4/0,5). Nichtverwandte Helfende wie Nachbarn, Freunde oder Ehrenamtliche (0,4/0,4/0,3) sind vor allem bei schwerer Pflegebedürftigkeit deutlich weniger vertreten ebenso wie sonstige berufliche Anbieter (0,4) (Blinkert 2008, 89). Schneekloth et al. fanden im Durchschnitt 2,2 Hilfepersonen bei einer Spanne von 0–9 Personen. Nachbarn und Freunde spielen hier ebenfalls eine untergeordnete Rolle (Schneekloth, Wahl 2005, 115 f.). Die Daten zeigen, dass sich zum einen die Verantwortung für die Begleitung von demenzkranken Menschen häufig auf nur eine Person konzentriert und dass diese fast immer ein Familienmitglied ist. Familiäre, ggf. eher paternalistisch geprägte, Unterstützungslogiken sind also deutlich überrepräsentiert gegenüber anderen Beziehungsmustern wie Freundschaft oder Nachbarschaft.

Das dritte hier darzustellende Exklusionsrisiko von Menschen mit Demenz, die in der Häuslichkeit von Angehörigen unterstützt werden, gründet sich in der hohen psychischen und physischen Belastung der informell Pflegenden. Angehörige von Menschen mit Demenz pflegen aus Verbundenheit (63 %), weil es der Wunsch der demenziell erkrankten Person ist (50 %) oder aus Pflichtgefühl (48 %). Kostengründe (18 %) oder Misstrauen gegenüber Pflegeeinrichtungen (15 %) spielen eine untergeordnete Rolle (forsa 2015, 8).[94] Trotz der überwiegend intrinsischen Motivation beschreiben pflegende Angehörige von Menschen mit Demenz die Belastung als sehr hoch (29 %), eher hoch (37 %) oder als mittel (26 %). 78 % fühlen sich zeitlich überlastet, wobei Auszüge aus qualitativen Interviews zeigen, dass nicht nur der Umfang der aufzuwen-

---

[94] In der EuroFamCare-Studie geben pflegende Angehörige (hier nicht nach Demenz unterschieden) ebenfalls überwiegend intrinsische Motive an: „Emotionale Bindung", „Persönlich-moralische Verpflichtung", „gutes Gefühl"). Ehepartner geben häufiger als (Schwieger-)kinder an, „in die Sitation hineingerutscht" zu sein bzw. keine Alternative gesehen zu haben. (Kofahl, Arlt, Mnich 2007, o.S. ff.).

denden Zeit zur Belastung führt, sondern auch die fremdbestimmte Rhythmisierung:

"Ein Pflegebedürftiger bestimmt natürlich unbewusst den Tagesablauf der ganzen Familie." "Mein Tagesablauf veränderte sich insoweit, dass ich nun ganz nach der Uhr lebte, (...)." "Ich habe eigentlich keine freie Zeit." (Gröning 2012)

78 % der pflegenden Angehörigen eines demenziell erkrankten Familienmitglieds fühlen sich psychisch überfordert, 59 % körperlich und 30 % finanziell (forsa 2015, 16). Knapp zwei Drittel (65 %) geben an, das private Leben habe gelitten, und ein knappes Drittel (27 %) hatte berufliche Einbußen (forsa 2015, 20). Entsprechend häufig sind negative Gefühle im Zusammenhang mit der Pflege: Ungeduld (53 %), widersprüchliche Gefühle (47 %), Vermissen von Wertschätzung und Dankbarkeit (43 %), Schuldgefühle (29 %) und Wut (31 %). Etwa ein Viertel der Befragten hat schon einmal Ekel gespürt, war peinlich berührt oder fühlte sich ausgenutzt. Befragte, die einen Menschen mit Demenz pflegen oder gepflegt haben, beschreiben sich als deutlich höher belastet als die Gesamtgruppe der informell Pflegenden (forsa 2015, 29)[95]. 35 % der pflegenden Angehörigen eines demenzbetroffenen Menschen leiden unter einer klinisch relevanten Depression, während dies in der Allgemeinbevölkerung nur 17,4 % sind. Dabei sind die befragten Frauen subjektiv stärker belastet durch „persönliche Einschränkungen und mangelnde soziale Anerkennung sowie [durch] ein höheres Konfliktpotenzial zwischen familiären Bedürfnissen und Pflegeaufgaben" (Zank 2010, 438), worin sich die objektiv gegebene Situation weiblicher pflegender Angehöriger spiegelt. Pflegende Ehepartner sind stärker belastet als (Schwieger-)Kinder, und die in Kleinstädten und Dörfern lebenden pflegenden Angehörigen beschreiben sich als belasteter und weniger sozial anerkannt als die in Großstädten lebenden. Mit Bezug auf die oben angeführten Daten der Pflegebudgetstudie lässt sich folgern, dass der zeitlich höhere Betreuungsaufwand in ländlichen Regionen mit stärkerer Angehörigenbelastung „bezahlt" wird (Blinkert 2008, 91 f.; Zank 2010, 439).

---

[95] Vgl. auch Zank (2010, 433)

Die Belastungen resultieren aus den zeitlichen und finanziellen Einschränkungen, die sich aus der Unterstützung bei komplexen Alltagsaufgaben (bspw. Behördengängen), bei hauswirtschaftlichen Arbeiten und grundlegenden Fertigkeiten (Essen, Sprechen, Toilettengänge) ergeben, und den damit einhergehenden Verhaltensauffälligkeiten und Gedächtnisverlusten, die in eine Trauer über den Abschied von einem nahen Menschen münden (Zank 2010, 433). Durch Rollenwechsel, neue Aufgabenverteilungen und Irritationen im Zusammenhang mit der Demenz (Schuldzuweisungen, Täuschen) wird die Beziehung von Lebenspartnern nach und nach getrennt, die demenziell erkrankte Person als fremd in der Beziehung und im Vergleich zu ihrem bisherigen Dasein betrachtet (Müller-Hergl 2014, 8). Dabei spielen Schuldgefühle und Aggressionen der Angehörigen, die aus dem Dilemma resultieren, einerseits den Betroffenen schützen und bei ihm bleiben zu wollen und andererseits autonom leben zu wollen, eine wichtige Rolle. Demnach werden

"... die aggressiven Impulse, die aus dem Grundbedürfnis nach Autonomie entstehen, als eigene Schwäche missverstanden und nicht als selbstverständliche Konstituente des Schulddilemmas, (...)" (Engel 2007, 274)

Vor allem Angehörige im selben Haushalt sind subjektiv und objektiv deutlich belasteter als Pflegende in separaten Haushalten und neigen zu einer erhöhten Aggressivität gegenüber der Person mit Demenz (Zank 2010, 439).
Zahlreiche Studien zu Ausmaß, Ursachen und Verlauf der Belastung pflegender Angehöriger wurden durchgeführt[96], um den in Folge der Überforderung auftretenden gesundheitlichen Defiziten begegnen und häusliche Pflegearrangements stabilisieren zu können. Tagespflege wirkt für informell Pflegende entlastend durch die räumliche Trennung vom demenziell beeinträchtigten Familienmitglied und die Erschließung zeitli-

---

[96] Für einen Überblick vgl. Kurz, Wilz (2011). Zank et al. (2010, 434) entwickelten ein mehrdimensionales, spezifisch auf die Pflege eines Menschen mit Demenz bezogenes Modell der Belastung, das sich aus objektiven und subjektiven Dimensionen sowie primären und sekundären Stressoren innerhalb individueller und milieutypischer Kontexte zusammensetzt. Ein ähnliches Modell, jedoch ohne die explizite Differenzierung von Indikatoren für objektive Belastung und subjektiv empfundene Beanspruchung sowie primäre/sekundäre Belastungsfaktoren in Kurz, Wilz (2011).

cher Ressourcen. Für die demenziell erkrankten Tagesgäste entfaltet die individuumszentrierte Förderung verbliebener Fähigkeiten positive Wirkungen (Zank 2010, 439 f.). Selbsthilfegruppen von Angehörigen werden zwar in der Praxis positiv beurteilt und als angenehm empfunden, zeigen aber keine Wirkung hinsichtlich Depressivität oder Lebensqualität – auch nicht, wenn parallel die Angehörigen mit Demenz betreut werden (Zank 2010, 440). Eine Ausweitung des Hilfenetzes wirkt in der Übersicht von Kurz et al. in vier von fünf Studien positiv auf Heimaufnahme, Symptombewertung und Lebensqualität. Dennoch fokussieren Interventionen für pflegende Angehörige von Menschen mit Demenz häufiger Wissensvermittlung und Verbesserung der Problemlösefähigkeit (Kurz, Wilz 2011, 339 f.).

Das Exklusionsrisiko von Menschen mit Demenz, das aus der Be- und Überlastung ihrer pflegenden Angehörigen resultiert, besteht also in einem erhöhten Risiko, physischer und psychischer Gewalt im Nahraum ausgesetzt zu sein, in der Familie Entfremdung zu erleben und das Familiensetting nur selten verlassen zu können. Interventionen sind vor allem dann wirksam, wenn sie die Angehörigen zeitlich nennenswert entlasten und es der demenzerkrankten Person ermöglichen, das Familiensystem zeitweise zu verlassen (bspw. Tagespflege). Dennoch liegt ein Fokus auf Interventionen, die in einer Wissensvermittlung bestehen, was darauf hindeutet, dass Forschung und Praxis zu Be- und Entlastung pflegender Angehöriger eher auf ein besseres Funktionieren des Systems Familie zielen und weniger auf eine kulturelle und soziale Öffnung von Familien. Überlastung zeigt sich selbst in Familien mit „hohe(r) intergenerationelle(r) Unterstützungsbereitschaft":

> „Demnach ist auf der Basis dieser Studie zu hinterfragen, in welchem Umfang Ressourcen zur Bewältigung der Versorgungsanliegen bei Demenz im mikrosozialen Bereich von Familie prinzipiell vorgehalten werden können." (Philipp-Metzen 2011, 403)

Statt den Idealen eines Familialismus anzuhängen, sei ein „interdisziplinäre(r) und transsektorale(r) Einbezug multipler Ebenen und Qualifikationsniveaus" im Sinne einer geteilten Verantwortung von hoher Bedeutung (Philipp-Metzen 2011, 403).

2.3.4.2 Exklusionsrisiken in Einrichtungen

Etwa ein Drittel der von einer Demenz betroffenen Menschen leben in stationären Pflegeeinrichtungen, darunter vor allem Personen mit fortgeschrittener Demenz. Der Anteil der demenzerkrankten Pflegeheimbewohner beträgt knapp 70 %, mit einer Spannweite von weniger als 50 % bis zu 90 % pro Einrichtung (Schäufele et al. 2009, 183).

Die Exklusionsrisiken für Menschen in Einrichtungen sind gut beschrieben. Einrichtungen gelten – im Unterschied zu körpernahen Exklusionsformen – als Form der „exkludierenden Inklusion"[97] (Stichweh 2009a, 364).

> „Die Gleichzeitigkeit des 'Drinnen' und 'Draußen' macht ihr Wesensmerkmal aus." (Kronauer 2010a, 44).

Diese Form der Exklusion tritt üblicherweise befristet und zu Therapiezwecken[98] auf, wobei stationäre Einrichtungen der Langzeitpflege aufgrund des hohen Lebensalters der Betroffenen die Funktion der exkludierenden Inklusion entfristen. Exkludierende Inklusion findet statt durch den „Aufbau geschlossener Räume, die von der Gesellschaft abgetrennt sind, sich jedoch innerhalb der Gesellschaft befinden" (Castel 2008, 81). Im Vergleich zur Exklusion durch Verbannung oder Todesstrafe sei dies aber nicht nur negativ zu bewerten, so Kuhlmann (2012, 44).

Die in dieser Weise Ausgegrenzten beziehen sich auf dieselben „sozialen Institutionen, Erfahrungen und Wünsche (…) wie die Ausgrenzenden." (Wansing 2005a, 62 ff.). Sozialräumliche Exklusionsformen finden sich in

---

[97] Als inkludierende Exklusion bezeichnet Stichweh demgegenüber Vereinigungen, die unbefristet gegenstrukturelle Entwürfe zur Gesellschaft verfolgen. Sie exkludieren ihre Mitglieder der Gesellschaft, inkludieren sie aber gemäß ihrer Werte und Normen (Sekten, jugendkriminelle Banden, terroristische Vereinigungen) (Stichweh 2009b, 40). Dabei verläuft die Zuordnung zur inkludierenden Exklusion bzw. exkludierenden Inklusion nach normativen Gesichtspunkten und dem empirisch beobachtbaren sozialen Wandel entsprechend. So gilt ein Pflegeheim als – legitime – Form der exkludierenden Inklusion, während Sterbehilfe als – nicht zwangsläufig legitimierte – inkludierende Exklusion bezeichnet werden kann.

[98] So auch Haftstrafen oder Werkstätten für behinderte Menschen, deren Ziel die (Wieder-)Eingliederung in die Gesellschaft ist – auch wenn dies für die überwiegende Anzahl der so Exkludierten nicht verwirklicht wird.

modernen Gesellschaften in vielfältigen Formen. Michel Foucault[99] und Erving Goffman[100] haben die Aussonderung und Disziplinierung von Menschen in und durch Institutionen untersucht. Gefängnisse, Psychiatrien oder Heime stellen Normalität her, indem sie abweichendes Verhalten messen, bewerten und dessen Differenz zum „Normalen" festschreiben. Allein die Existenz der exkludierenden Institutionen wirkt auf Nicht-Insassen in der Gesamtgesellschaft disziplinierend (Kuhlmann 2012, 44). Als totale Institutionen vereinheitlichen sie die räumlichen und zeitlichen Anordnungen der Lebensbezüge der Insassen (Spielen, Schlafen, Arbeiten). Sie beeinflussen die alltäglichen Interaktionen, geben ihnen einen Rahmen und begrenzen so deren Kontingenz. Diese Entdifferenzierung unterstützt und erleichtert die Kontrolle durch das Personal (mit dem Ziel der Unterwerfung der Insassen). Dabei folgt die Einweisung psychisch kranker Menschen in psychiatrische Kliniken in der Studie Goffmans eher vielfältigen Zufällen, als dass sie der Funktion der Klinik, einem gezielten gesellschaftlichen Interesse oder der Krankheit selbst geschuldet wäre. Besonderes Interesse an einer Einweisung zeigen häufig Angehörige. Die Beliebigkeit in Bezug auf den Anlass der Einweisung wandelt sich mit dem Eintritt in die Organisation in die Bestimmtheit der Etikettierung als psychisch kranker Mensch (Saake 2006, 136).

Sondereinrichtungen für Menschen mit Behinderung, zu denen auch die Pflegeheime für Menschen mit Demenz zählen, haben eine lange Tradition und erhebliche Beharrungskraft, weil sie hervorragende Bedingungen bieten, um einerseits die Irritation der nicht-behinderten Gesellschaft zu begrenzen und andererseits den medizinisch, psychotherapeutisch und pädagogisch begründeten Behandlungszielen (Pflege, Rehabilitation, Bildung) gegenüber behinderten Menschen nachzukommen (Graumann 2012, 81). Funktional spezialisierte Institutionen der Pflege und der Heil- und Sonderpädagogik sind mit Ressourcen (u. a. bezahltes, professionelles Personal) ausgestattet, um beeinträchtigte Menschen darin zu unterstützen, „Kommunikation unter erschwerten Bedingungen aufrecht zu

---

[99] Foucault, M. (1977): Überwachen und Strafen. Die Geburt des Gefängnisses. Frankfurt a. M.: Suhrkamp.
[100] Goffman, E. (1973): Asyle Über die soziale Situation psychiatrischer Patienten und anderer Insassen. Frankfurt am Main: Suhrkamp.

erhalten" (Terfloth 2007, 182). Entsprechend stellt die (räumliche) Segregation in Institutionen, die klar ein "Innen" von einem "Außen" trennen (und so auch die Begriffe In-/Exklusion versinnbildlichen), die häufigste Form der Exklusion von Menschen mit Behinderung dar (Ravaud, Stiker 2006, 926). Sie gleicht eher einer Simulation von Inklusion oder auch stellvertretenden Inklusion, in dem sie den Inklusionsanspruch von Menschen mit Behinderung durch funktional spezialisierte Institutionen einlöst (Wansing 2005b, 28; Fuchs 2002). Diese entlasten „(...) den Rest der Gesellschaft von [den] Exklusionsfolgen und den durchschnittlichen Bürger vom alltäglichen Umgang mit Menschen mit Behinderung (...)" (Wansing 2005a, 186). Für die Bewohnerinnen und Bewohner dagegen bedeuten Behinderteneinrichtungen „ohne Zweifel (...) eine (erheblich) reduzierte soziale Mobilität und Erfahrungswelt" und stellen „für diesen Personenkreis nur ein eingeschränktes Spektrum an sozialen Rollen" (Exner 2007, 178) zur Verfügung. Exner verweist in diesem Zusammenhang auf Bernhard Peters, der eine „illustrative Liste" von Vergesellschaftungsoptionen erstellt hat:

> „Freundschaften. Gespräche auf der Straße. Konzerte. Sportveranstaltungen. Volksfeste. Familien. Verwandtschaftsgruppen. Nachbarschaften. Städte. Nationale Gesellschaften. Staaten. Berufsverbände. Universitäten. Die Wissenschaft. Kirchen, Sekten, Denominationen. Gewerkschaften. Vereine. Firmen. Parteien. Armeen. Museen. Das Erziehungswesen. Das Gesundheitswesen. Gerichtsverfahren. Begegnungen im Waschsalon. Parties. Soziale Bewegungen." (Peters 1993, 57 f.)

Exner betont, dass Bewohner und Bewohnerinnen von Einrichtungen in einigen dieser Zusammenhänge *auch* zu finden sind und somit keineswegs von einem totalen Ausschluss aus der sozialen Welt gesprochen werden kann. Dennoch macht die Vielfalt lebensweltlicher Bezüge, die in der Liste angesprochen werden, unmittelbar deutlich, welcher Engführung ein Leben in funktional ausgerichteten Sonderinstitutionen unterworfen ist: Stellvertretende Inklusion schwächt den Bezug zu individuell relevanten Ressourcen (bspw. persönlichen Netzwerken) (Wansing 2007, 287). Hierzu trägt auch bei, dass sich schon die Wahrscheinlichkeit von Kommunikation verringert:

"Körper, die sich nur kaum oder nicht willkürlich in die Nähe anderer Körper bewegen oder gebracht werden können, sind wesentlich schwerer erreich- und adressierbar." (Terfloth 2007, 99)

Dies trifft bspw. auf nicht-mobile Bewohner/innen von Pflegeheimen zu (Schuhmacher, Klie 2013). Organisationen verstärken diesen grundsätzlich gegebenen Exklusionseffekt von Sondereinrichtungen, indem sie normative Grundhaltungen gegenüber Menschen mit Behinderung oder Pflegebedarf prozessieren wie bspw., dass diese sich nicht ohne Begleitperson in der Öffentlichkeit aufhalten sollen (Exner 2007, 173 f.). In Sondereinrichtungen oder durch Dienste wird durch soziale Kontrolle zum einen die interne Ordnung der Organisation gegenüber der Zielgruppe durchgesetzt (bspw. eine effektive Bewirtschaftung der Arbeitszeit der Betreuenden, Regeln zur Körperhygiene) und zum anderen die arbeitsteilige Ordnung der Gesellschaft (Exner 2007, 175 ff.). Eine individuelle Lebens- und Alltagsgestaltung wird durch weitere Faktoren verhindert: Interne Regelsysteme wie die Dienstplanorganisation machen abendlichen Ausgang oder andere Aktivitäten unmöglich, und Standardversorgungsleistungen (Leistungstypen) erfüllen nur teilweise den individuellen Bedarf, so dass bspw. die eigenständige Bewältigung hauswirtschaftlicher Leistungen oft organisatorisch nicht möglich ist. Dies führt dazu, dass grundlegende Kompetenzen nicht mehr ausgeübt werden können und Zugänge zu selbstgewählten Aktivitäten nicht ermöglicht werden (Wansing 2005a, 151 f.). Probleme werden nur insoweit gesehen und bearbeitet, als in der Organisation Lösungen zur Verfügung stehen oder generiert werden können (Wansing 2007, 286 f.).
Selbst innerhalb spezialisierter Einrichtungen für pflegebedürftige Menschen haben demenziell erkrankte Bewohnerinnen und Bewohner ein höheres Exklusionsrisiko:

"Indem sie sich nicht an die 'Spielregeln' der Organisation halten (können), und damit ein 'geregeltes' Zusammenleben behindern, gelten sie auch innerhalb der Heimbewohnerschaft als Außenseiter." (Pleschberger 2005, 132)

Menschen mit Demenz sind häufiger zurückgezogen und kommunizieren seltener oder überhaupt nicht mit dem Personal oder anderen Mitbewohnerinnen und -bewohnern als kognitiv orientierte, pflegebedürftige Menschen. Sie nehmen außerdem wesentlich seltener an Veranstaltungen und Beschäftigungsangeboten der Einrichtungen teil (Schäufele et al. 2008, 140)[101]. Die normative Ordnung des Rationalen gilt auch innerhalb der Einrichtung. Organisationen, die funktional spezifiziert und aufgabenorientiert sind, grenzen Menschen mit Demenz und deren Bedürfnisse nach Kontakt und Interaktion aus:

> "Die meisten Kontakte gehen von den Mitarbeitenden aus und sind kurz, funktional und zuweilen wortlos. Klienten haben bei diesen Kontakten kaum Einwirkungs- und Wahlmöglichkeiten." (Müller-Hergl 2014, 9)

Menschen mit Demenz in Einrichtungen sind auf diese Weise doppelt exkludiert – räumlich durch das Leben in der Institution und normativ durch die Abläufe innerhalb der Organisation (vgl. auch Bruce 2004). Die „Fremde Welt Pflegeheim"[102] (Koch-Straube) tendiert dazu, sich nach außen abzuschließen, denn Organisationen konstituieren ihre Grenzen genau dadurch, dass sie thematisch festgelegt sind und eine Struktur für erwartbares Handeln bilden (vgl. Abschnitt 4.2.1). Insofern verhilft die Einrichtung der demenziellen Persönlichkeit erst zur Bedeutung. Kann in offenen, alltäglichen Interaktionen eine Vielfalt von Verhaltensweisen gezeigt werden und unter Umständen durch geschicktes Stigma-Management noch über längere Zeit hinweg die Demenz als nichtsichtbares Merkmal „umspielt" werden, so gibt es im „Heim" nur noch eine Wirklichkeit – die der Demenz. Die doppelte Exklusion durch Einrichtungen (und durch die Zurichtung) gleicht derjenigen, die oben für Menschen mit Behinderung beschrieben wurde.

---

[101] Beim Vergleich demenziell erkrankter mit kognitiv orientierten Heimbewohnerinnen und -bewohnern ist zu beachten, dass Menschen mit Demenz in Einrichtungen im Durchschnitt älter, in ihrer Mobilität deutlich eingeschränkter und stärker gefährdet sind, Verletzungen zu erleiden, als kognitiv orientierte Menschen (Schäufele et al. 2008, 142).

[102] Der Journalist Jörn Klare über seine Mutter: "Ich bemühe mich, sie so oft wie möglich zu besuchen, obwohl ich mich mit der Atmosphäre im Heim noch nicht wirklich anfreunden kann. Anfangs musste ich häufig an das düstere Altenheim in Michels Lönneberga denken, dessen Bewohner eher dahin vegetieren denn leben, bis der kleine Held sie befreit. Das Altenheim meiner Mutter ist modern und hell. Und doch ist die Atmosphäre von einer Art Warten auf Godot-Stimmung beherrscht. Obwohl (...) Eigentlich ist es ein Warten auf den Tod." (Klare 2012a, 56)

Die bis hier dargestellten Exklusionsrisiken für Menschen mit Demenz in Einrichtungen ergeben sich grundsätzlich daraus, dass Einrichtungen für pflegebedürftige und/oder demenziell erkrankte Menschen funktional spezialisierte Problemlösungen sind. Sie können nur erfolgreich sein, wenn sie die Gesellschaft entlasten – also die Betroffenen von der Öffentlichkeit zumindest zeitweise segregieren. Außerdem sind sie in ihrer Funktionsweise auf die Geltung interner Regelungen und Strukturen angewiesen. Auch Einrichtungen, die eine hohe Lebens- und Versorgungsqualität für ihre Bewohnerinnen und Bewohner erreichen (wollen), können exkludierend wirken. Weyerer et al. (2006) haben gezeigt, dass spezifische Wohnbereiche für Menschen mit Demenz (segregative Wohnform, special care units) zwar besser auf ihre Zielgruppe eingehen, indem häufiger Daten zur Biografie erhoben werden, die Bewohnerinnen und Bewohner häufiger gerontopsychiatrisch behandelt werden und häufiger Antidementiva erhalten. Demgegenüber ist in der integrierten Betreuung, also in Wohnbereichen, in denen demenziell erkrankte Menschen mit kognitiv orientierten pflegebedürftigen Menschen zusammenleben, aber die Besuchshäufigkeit höher, die Einbindung von Angehörigen stärker, und die Bewohnerinnen und Bewohner nehmen häufiger an kompetenzfördernden Aktivitäten teil. Eine einheitliche Bewertung der Wirkungen integrativer gegenüber segregativer stationärer Betreuung von Menschen mit Demenz ist auf Basis der bisher vorliegenden Studien aber bisher nicht möglich. (Weyerer 2006, 112 ff.). Auch die zahlreichen Innovationen in der stationären Altenpflege, die eine bessere „Versorgung" oder „Betreuung" von Menschen mit Demenz anstreben (wie bspw. Wohn- oder Hausgemeinschaften für Menschen mit Demenz; vgl. Klie, Schuhmacher 2007) reflektieren und reduzieren nicht notwendig deren Exklusionsrisiken[103].

2.3.4.3 Ökonomie der Demenz

„(...) if dementia care were a country, it would be the world's 18th largest economy, more than the market values of companies such as Apple

---

[103] Es würde den Rahmen der Arbeit sprengen, im Einzelnen die Exklusionsrisiken dieser Versorgungsvarianten zu analysieren.

(US$ 742 billion), Google (US$ 368 billion) and Exxon (US$ 357 billion)."
(Prince et al. 2015; Vorwort)

Die einleitenden Sätze im Vorwort des Welt-Alzheimer-Berichts 2015 machen auf die bedeutsame ökonomische Dimension der Krankheit aufmerksam, die die von den Demenzerkrankten, ihren Familien, der Sozialversicherung oder der öffentlichen Hand zu tragenden Kosten in den Blick rückt. Trotz unterschiedlicher methodischer und begrifflicher Grundlagen[104] kommen verschiedene internationale Kostenstudien auf übereinstimmende Befunde:

- Demenzen verursachen hohe Kosten, die im Krankheitsverlauf steil ansteigen,
- die „pflegerische Versorgung", also die Begleitung von Menschen mit Demenz, macht im Vergleich mit den Sachkosten den größeren Teil (bis zu 80 %) der Kosten aus, wobei jeweils etwa die Hälfte auf informelle und auf formelle Pflege entfällt und
- die stationäre medizinische Behandlung von Personen mit Demenz ist teurer als die von nicht-dementen Patienten (Bickel 2012, 32).

Tabelle 5 zeigt die anfallenden Kosten auf der Grundlage einer detaillierten Erhebung bei 176 Personen mit Demenz im Vergleich zu nicht demenzkranken Patienten.

Die anfallenden Gesamtkosten lassen sich nur schätzen, da zur Kostenentwicklung im Krankheitsverlauf keine sicheren Angaben ge-

---

[104] In der Literatur werden die Kosten der Demenzkrankheit pro Kopf angegeben (Leicht, König 2012; Leicht et al. 2013; Leicht et al. 2011) oder – alternativ – als nationale oder globale Gesamtkostenschätzung, die sich aus den Pro-Kopf-Kosten, multipliziert mit der Anzahl der an Demenz erkrankten Personen im entsprechenden Gebiet, ergibt (Prince et al. 2015, 56). Demenzkostenschätzungen unterscheiden sich auch nach den Kostenarten, die in die Berechnung einbezogen werden: Top-Down-Studien berücksichtigen die Ausgaben der Kostenträger, aber nicht die privaten Zuzahlungen der Betroffenen und ihrer Familien, den Zeitaufwand und die ggf. auftretenden Produktivitätsausfälle. Bottom-up-Ansätze erheben die Gesamtkosten anhand von „Primärdaten auf Patientenebene" sehr differenziert, aber in vergleichsweise kleinen Stichproben (Bickel 2012, 32). Die Gesamtkosten lassen sich differenzieren in direkte Kosten (medizinische und professionelle Pflegeleistungen, Medikamente, Heil- und Hilfsmittel) sowie indirekte Kosten der informellen Pflege bzw. der „entgangenen Wertschöpfung von Patient und Pflegeperson". Zu den methodischen Problemen der Kostenerfassung vgl. Bickel (2012, 32).

macht werden können: ca. 80 % der Demenzbetroffenen ziehen vor ihrem Tod in ein Pflegeheim um. Erfolgt dieser Umzug bereits in einer frühen Phase, sind die Kosten hoch, steigen aber nicht mehr stark an. In der informellen Betreuung (Care) dagegen steigen die Kosten stark an – und zwar proportional zum Verlust der alltagspraktischen Fähigkeiten (activities of daily living – ADL) der Betroffenen (Leicht, König 2012, 679). Dies führt dazu, dass die Gesamtkosten der häuslichen Begleitung und Pflege für demenzkranke Menschen letztlich höher sind als die einer stationären Unterbringung (Leicht et al. 2013, 9).

Tabelle 5: Durchschnittliche jährliche Kosten in Euro pro Demenzpatient (2008)

Kostenkategorie	Leichte Demenz (n=121)	Mittelschwere Demenz (n=32)	Schwere Demenz (n=23)	Alle (n=176)	Kontrollgruppe (n=173)
Insgesamt	24437	41125	49784	30783	8267
Medizinische Versorgung	6171	7581	10375	6977	4828
• stationäre Behandlung	3212	3449	6325	3662	2451
• ambulante ärztliche Behandlung	697	959	855	765	725
• Medikamente	1390	1780	1383	1460	1099
• Sonstige ambulante Behandlung	388	596	993	505	250
• Med. Hilfsmittel und Zahnprothesen	484	797	819	585	303
Professionelle Pflege	9167	15193	19117	11562	1806
• Pflegeheim	3652	8917	13855	5942	669
• Ambulante Pflege	5514	6277	5262	5620	1137
Informelle Betreuung (Care)	8886	18228	19684	11996	1625
Sonstiges	214	122	609	249	8

Quelle: Leicht et al. 2011, 388 (Übersetzung: BS); Patienten von Allgemeinpraxen über 75 Jahre, alle Demenzformen; vgl. auch Bickel 2012, 33.

Die Kosten können also die Wahl des formellen oder informellen Unterstützungs- bzw. Pflegearrangements determinieren, wodurch eine enge Wechselwirkung mit möglicherweise exkludierenden Effekten entsteht. Deutlich wird dies an der Schattenwirtschaft von Pflege und Unterstützung durch europäische 24-Stunden-Kräfte: In der Befragung für den DAK-Pflegereport gaben 10 % der pflegenden Angehörigen von Menschen mit Demenz an, die Unterstützung einer „ausländischen Pflegekraft" genutzt zu haben, für 54 % käme das zumindest in Frage, für 30 % aber nicht (forsa 2015, 13). Schätzungen gehen von ca. 2-300.000 meist osteuropäischen Haushalts-und Pflegehilfen in deutschen Haushalten aus (Da Roit, Weicht 2013, 474), deren „Dienstleistungserbringung im Privathaushalt in der Regel zu Arbeitsbedingungen [erfolgt], die Ausbeutungsverhältnissen sehr nahe kommen." (Böning, Brors, Steffen 2014, 25) Inwiefern Pflegearrangements mit europäischen 24-Stunden-Kräften Exklusionsrisiken befördern, ist bisher wenig untersucht. So kann sich der Verbleib in der Häuslichkeit und in der vertrauten Umgebung positiv auf die Interdependenzbeziehungen im Nahraum auswirken. Wenn aber, um zusätzliche Kosten zu sparen, Angebote wie Tagespflege oder Betreuungsgruppen nicht genutzt werden, kann eine isolierte Situation des so betreuten Menschen mit Demenz und der 24-Stunden-Kraft entstehen.

Auch durch die Ausgestaltung der Transferleistungen der sozialen Pflegeversicherung (SGB XI), die einen Teil der Kosten für die Pflege, Betreuung und Begleitung von Menschen mit Demenz decken[105], entstehen Exklusionsrisiken. So diskriminiert der Pflegebedürftigkeitsbegriff in § 14 f. SGB XI Menschen mit Demenz gegenüber körperlich gebrechlichen Menschen, da die spezifischen, nicht verrichtungsbezogenen Hilfebedarfe bei Demenz, wie bspw. Unterstützung bei der Kommunikation oder Assistenz bei der Bewältigung des Alltags, nur eingeschränkt anerkannt werden (BMFSFJ 2010a, 347 f.). Erst in den Ergänzungen zum SGB XI[106] wurden Leistungen für die soziale Begleitung von Menschen mit Demenz berücksichtigt, so bspw. in den §§ 45a ff. SGB XI[107]. Das für Menschen mit Demenz bedeutsame grundrechtliche Gebot des Würdeschutzes wird in § 2 SGB XI aufgegriffen, hat aber leistungsrechtlich keinen Stellenwert, so dass die Grundsätze einer „aktivierenden Pflege", der

---

[105] Zur Höhe und Ausgestaltung der Leistungen vgl. http://www.bmg.bund.de/themen/pflege/pflege-berater.html, (Abruf 25.12.2015).
[106] Pflegeleistungs-Ergänzungsgesetz vom 14.12.2001; Pflege-Weiterentwicklungsgesetz vom 1. Juli 2008, Pflege-Neuausrichtungsgesetz vom 30.10.2012 und Pflegestärkungsgesetz vom 1.1.2015.
[107] Für eine detaillierte Darstellung der Leistungen nach SGB XI für Demenzbetroffene vgl. Schölkopf (2015, 5 ff.).

Selbstbestimmung bei Pflegebedarf und der „Reha vor Pflege" zwar als Orientierung gelten, aber in der Praxis nur wenig umgesetzt werden (BMFSFJ 2010a, 348). Leistungen der Pflegeversicherung determinieren damit die Lebenswirklichkeit von Menschen mit Demenz[108] und ihren An- und Zugehörigen und vernachlässigen dennoch zugleich in diskriminierender Weise deren Unterstützungsbedarfe (Klie 2001, 680). Mit dem Inkrafttreten des Pflegestärkungsgesetzes II am 1. 1. 2017 wird ein neuformulierter Pflegebedürftigkeitsbegriff wirksam, der den Grad der Selbstständigkeit einer Person in sechs Bereichen (Mobilität, kognitive und kommunikative Fähigkeiten, Verhaltensweisen und psychische Problemlagen, Selbstversorgung, Bewältigung von und selbstständiger Umgang mit krankheits- oder therapiebedingten Anforderungen und Belastungen und Gestaltung des Alltagslebens und sozialer Kontakte) bemisst und den daraus sich ergebenden Assistenzbedarf seinem Umfang nach in fünf Pflegegraden einordnet[109]. Leistungsauslösend sind dann nicht mehr Defizite aufgrund körperlicher Gebrechlichkeit, sondern Assistenz- und Pflegebedarfe zur Erlangung sozialer Teilhabe und Ausführung selbstständiger Aktivitäten im Alltag, zur Krankheitsbewältigung und zur Gestaltung von individuell ausgewählten Lebensbereichen (BMG 2013, 11). Die Engführung des Leistungsanspruchs bei Pflegebedarf auf körperliche Defizite und ein medizinisch-fachpflegerisches Pflegeverständnis wird damit aufgehoben, so dass „im Ergebnis Gleichbehandlung von somatisch, kognitiv und psychisch beeinträchtigten Pflegebedürftigen bei Begutachtung und Leistungszugang entsteht." (Schölkopf 2015, 8) Aber nicht nur die Begriffsdefinition von „Pflegebedürftigkeit" hat einen erheblichen Einfluss auf die erlebte Teilhabe, sondern auch die Form der Leistungsgewährung. Klie weist daraufhin, dass das – bisher selten genutz-

---

[108] Vgl. Klie (2014a, 14): „Gerade die Pflegeversicherung ist bekannt dafür, dass sie Grundsätze der Subsidiarität in einem entfalteten Sinn verletzt. Dem Staat, den Sozialversicherungsträgern wird hier eine Verantwortung in Sachen Qualität zugeordnet, die unangemessen ist: Sie bedroht die individuellen Rechte der Betroffenen, der Familie, der kleinen sozialen Lebenskreise, in denen immer noch die meisten Aufgaben der Integration, der Teilhabe und Pflege realisiert werden." (vgl. auch: Klie 2014d)

[109] Vgl. auch die Informationsseite des Bundesgesundheitsministeriums zum Pflegestärkungsgesetz II
http://www.bmg.bund.de/themen/pflege/pflegestaerkungsgesetze/pflegestaerkungsgesetz-ii.html; Abruf 26.12.2015.

te – Persönliche Budget[110] „oftmals wesentlich besser geeignet [ist], persönliche Präferenzen der Alltagsgestaltung und der Hilfearrangements zu berücksichtigen." (Klie 2014a, 174)
Die Leistungen des SGB V (Gesetzliche Krankenversicherung) für Menschen mit Demenz werden, so Klie (2001, 680), noch zu wenig genutzt bzw. nur restriktiv gewährt: Dies betreffe die häusliche Krankenpflege nach § 37 SGB V (hier vor allem die psychiatrische Pflege), die Soziotherapie gemäß § 37a SGB V und insbesondere die Rehabilitation. Zwar sieht das Pflege-Neuausrichtungsgesetz (§ 18a SGB XI) die Erstellung von Empfehlungen zur medizinischen Rehabilitation im Rahmen der Pflegeeinstufung durch die Begutachtenden des MDK verpflichtend vor, aber die Rehabilitationsangebote werden nicht ausgeschöpft (Hoberg, Klie, Künzel 2013, 6). Hier fehle es an einem materiellen Interesse der Krankenkassen, die von der Pflegekasse festgestellten Rehabilitationsbedarfe durch entsprechende Verordnungen zu beantworten (Hoberg, Klie, Künzel 2013, 9)[111].

Eine wichtige Rolle für Menschen mit Demenz spielen die Leistungen des Zwölften Sozialgesetzbuches, also die Sozialhilfe und die Eingliederungshilfe. Die Sozialhilfe finanziert im Sinne eines Auffangnetzes diejenigen Hilfen zur Pflege (§§ 61 ff. SGB XII), die durch die Teilleistungen der Pflegeversicherung nicht gedeckt sind, und die von den Betroffenen selbst nicht in aus Eigenleistungen bestritten werden können. Außerdem sind Personen, die im Sinne des SGB XI nicht als pflegebedürftig gelten (Pflegebedarf in einem zeitlichen Umfang von weniger als 90 Minuten pro Tag), anspruchsberechtigt[112]. Die Hilfe zur Pflege umfasst auch Leistungen, die von der Pflegeversicherung nicht abgedeckt werden, bspw.

---

[110] Vgl. auch das Modellprojekt Pflegebudget (GKV-Spitzenverband 2011, 36).
[111] Dementsprechend schlagen Hoberg et al. eine grundlegende Reform des Pflege- und Teilhaberechts vor, innerhalb derer die Pflegekassen selbst Reha-Träger werden (Hoberg, Klie, Künzel 2013, 27). Der Expertenbeirat zur konkreten Ausgestaltung des neuen Pflegebedürftigkeitsbegriffs sieht dagegen in Bezug auf die medizinische Rehabilitation an der Schnittstelle von SGB V und SGB XI keinen Reformbedarf (BMG 2013, 75).
[112] Durch die Neuordnung in Pflegegrade wird nach Einschätzung des Expertenbeirats zur konkreten Ausgestaltung des neuen Pflegebedürftigkeitsbegriffs die Anspruchsberechtigung aufgrund einer Pflegebedürftigkeit unterhalb der Einstufungsgrenze unwahrscheinlich. Für quantitative Mehrbedarfe wäre allerdings auch zukünftig die Sozialleistung „Hilfe zu Pflege" notwendig. (BMG 2013, 70)

Hilfsmittel zur Kommunikation. Das SGB XII kennt damit einen qualitativ und quantitativ gegenüber dem SGB XI erweiterten Pflegebedürftigkeitsbegriff, der dennoch in zweierlei Hinsicht an Grenzen stößt: Zum einen kann die Anerkennung bestimmter Pflege- oder Assistenzleistungen durch die Sozialhilfe zu sozialen Ungleichheiten unter den pflegebedürftigen Menschen führen, wenn Leistungen vom Sozialhilfeträger finanziert werden. Familien, deren Betroffene nicht sozialhilfeberechtigt sind, müssen sich hier mit familiärer Unterstützung, Schwarzarbeit oder geringfügig bezahlten Kräften behelfen.

> „Es ist ein struktureller Fehler der deutschen Pflegeversicherung, dass besonders betreuungsintensive Situationen zum persönlichen finanziellen Risiko des Einzelnen und seiner Familien [sic!] werden." (Klie 2014a, 102)

Stattdessen sollte die Krankenversicherung (SGB V) hinzugezogen werden. Zum anderen belässt die Teilleistungslogik des SGB XI, trotz der zusätzlichen quantitativen Absicherung durch die Sozialhilfe, zentrale „Care"-Aufgaben[113] in der Lebenswelt der Betroffenen.

> „Die Kompensation der Leistungsgrenzen der Pflegeversicherung obliegt tatsächlich weithin der betroffenen Person, seiner [sic!] Familie oder seinem sozialen Umfeld." (BMFSFJ 2010a, 349)

Dauerhaft körperlich, seelisch oder geistig behinderte Menschen erhalten Eingliederungshilfe gem. §§ 53 ff. SGB XII, wenn eine Besserung oder Stabilisierung ihres Zustandes erreicht werden kann. Diese Leistung zielt auf die Selbstständigkeit, das eigenverantwortliche Leben und die Integration in das soziale Umfeld. Würde die Eingliederungshilfe für Menschen mit Demenz, die als Menschen mit Behinderung gelten müssen (vgl. Abschnitt 4.3.3.4), geöffnet, so bedeutete dies einen Zugang zu weit umfangreicheren Leistungen zur Förderung ihrer sozialen Teilhabe (Kommunikationshilfen, spezielle Mobilitätshilfen).

---

[113] „Zu Care zählen alle Formen der Sorge und Versorgung, die für den Lebensalltag erforderlich sind – personenbezogene Leistungen zur unterstützenden Alltagsgestaltung, hauswirtschaftlichen Basisversorgung, Grundpflege und Förderung der sozialen Teilhabe." (Hoberg, Klie, Künzel 2013, 11)

„Wir müssen sicherlich auch das Recht zur sozialen Teilhabe als Leistungsrecht für Menschen mit Demenz als Menschen mit Behinderung öffnen und eine Reihe von Altersdiskriminierungen abbauen: Etwa den Stop der Eingliederungshilfeleistung ab 65, der in den meisten Bundesländern in europarechtswidriger Weise erfolgt." (Klie 2008, 10)

Voraussetzung wäre die Definition eines Eingliederungsziels, das mit der Führung eines selbstständigen Lebens trotz Einschränkungen und der Teilhabe an selbstgewählten Lebensbereichen und Aktivitäten gegeben wäre (Klie 2001, 681). Inwieweit die Reform des Pflegeversicherungsgesetzes[114] der Segmentierung von Teilhabe und Pflege, der Trennung von Eingliederungshilfe und Pflegeversicherung so entgegenzutreten vermag, dass sowohl für behinderte Menschen mit Pflegebedarf als auch für alte, und hier insbesondere für demenziell erkrankte Menschen mit Pflegebedarf, Verfahren der Bedarfsfeststellung (Assessments) sowie aufeinander abgestimmte und in der Lebenswelt der Betroffenen verankerte Pflege-, Teilhabe- und Rehabilitationsleistungen prozessiert werden, ist noch offen (vgl. hierzu Klie 2007a). Da eine grundlegende Strukturreform der Pflege- und Teilhabegesetzgebung ausgeblieben ist und auch der Expertenbeirat zur konkreten Ausgestaltung des neuen Pflegebedürftigkeitsbegriffs die Schnittstelle zwischen Pflegeversicherung und Eingliederungshilfe nur aus Sicht der behinderten Menschen mit Pflegebedarf diskutiert (BMG 2013, 73), ist zu vermuten, dass Menschen mit Pflegebedarf und insbesondere Menschen mit Demenz auch in Zukunft in sozialversicherungsrechtlicher Hinsicht auf segmentierte Leistungen treffen und deshalb mit Teilhabeproblemen zu kämpfen haben werden.[115]

2.3.5 De-Personalisierung

Ein für die Exklusion von Menschen mit Demenz typisches Exklusionsmuster ist die Figur der De-Personalisierung oder De-Humanisierung. Als (latente) Zuschreibung legitimiert sie manifeste Ausgrenzungen wie

---

[114] Pflegestärkungsgesetze II und III
[115] Vgl. Klie (2014a, 14): „(…) Pflegebedürftigkeit mit Demenz gleichzusetzen oder umgekehrt ist falsch. Die Reduzierung der Teilhabeansprüche auf sogenannte besondere Betreuungsleistungen im Pflegeversicherungsrecht überzeugt keinesfalls. Hier diktiert das Geld die Sichtweise."

Kommunikationsabbruch oder Freiheitsentzug bis hin zur Tötung von Menschen mit Demenz durch assistierten Suizid. Die meistdiskutierte Form der De-Personalisierung ist die der Medikalisierung der Demenz, aber auch philosophische, mediale und sozialpsychologische Strategien lassen sich beobachten.

2.3.5.1 Pathologisierung bzw. Medikalisierung der Demenz

Unterschiedliche Deutungen des Demenzsyndroms entweder als Krankheit oder als Begleiterscheinung des Alterungsprozesses lassen sich bis zurück in die Antike rekonstruieren. Aktuell wird dieser Diskurs fach- und populärwissenschaftlich unter dem Label der „Medikalisierung" oder „Pathologisierung"[116] der Demenz geführt.

Die in der Antike bis ins Mittelalter und die beginnende Neuzeit vorherrschende Humoralpathologie vertrat die Ansicht, dass geistige Verwirrung im Alter (ebenso wie körperliche Gebrechlichkeit) auf eine natürliche Verschiebung der Säfteanteile im Körper zurückzuführen sei und also keinen Krankheitswert habe (Wetzstein 2005, 28). Noch Ende des 16. Jh. führte Barrough geistige Krankheiten, u. a. auch Demenz, auf zu kalte und zu trockene Zustände im Gehirn zurück. Die meisten Ärzte und Philosophen vertraten die Ansicht, dass dieser Prozess unausweichlich sei und das Alter selbst, so Galen, eine nicht behandelbare Krankheit sei (Berchtold, Cotman 1998, 175 f.). Das Demenzsyndrom war demnach „vor dem 19. Jh. in keiner Weise medikalisiert" (Karenberg, Förstl 2003b, o.S.), auch weil Ärzte es als ihre

> „(...) wesentliche Aufgabe an[sahen], möglichst erfolgreiche Kuren durchzuführen – und nicht, Schwerkranken und Alten mit geringen Aussichten auf eine positive therapeutische ‚response' beizustehen." (Karenberg, Förstl 2003a, 7 f.)

Die gesellschaftliche und fachliche Definition dessen, was als Krankheit galt, richtete sich danach, was geheilt werden konnte:

---

[116] Die beiden Begriffe werden in dem hier vorliegenden Zusammenhang gleichbedeutend verwendet.

„The spectrum of both lay and medical responses to aberrant individuals was determined (...) in the case of physicians, by what was in their power to alter." (Clark 1993, iv)

Ärzte waren weder universell verfügbar noch wurden sie prioritär adressiert:

„Physicians were clearly not universally accessible – nor were they perhaps universally sought. It should be noted that among the several cures and treatments for his senile father pursued by the reasonably well to do Philocleon in Aristophanes Wasps, there was no attempt made to consult a doctor." (Clark 1993, 122)

Im Gegensatz dazu ist heutzutage die Auffassung allgemeingültig, dass es sich bei Demenzen, allen voran bei der Alzheimer-Demenz, um Krankheiten handelt. Das ist deshalb von Bedeutung, weil für die Medizin als „handlungsleitender Wissenschaft" der Krankheitsbegriff über die „reine Deskription" hinaus eine „normative Begriffsbestimmung [ist], die ärztliches Handeln präformiert, spezifiziert und limitiert" (Wetzstein 2005, 97). Die Bemühungen um eine exakte Klassifikation als Krankheit beinhalten immer auch die Erschließung von Tätigkeitsfeldern – sowohl für die angewandte Medizin als auch für die medizinische Forschung.

Wetzstein untersucht die Vereinnahmung der Alzheimer-Demenz[117] als Krankheit, also ihre Pathologisierung, mit dem Ziel, eine integrative Ethik der Demenz zu fundieren. Dabei geht sie von einem modernen Krankheitsbegriff aus, in dem 1) naturwissenschaftliche Grundlagen, 2) soziokulturelle Deutungen (Fremdzuschreibungen) und 3) subjektive Selbstzuschreibungen der Betroffenen zusammenfließen.

Zu (1): Die Grundlegung der Medizin in den exakten Naturwissenschaften seit der Mitte des 19. Jahrhunderts führte zu einem Krankheitsbegriff, bei dem hinsichtlich Ätiologie, Diagnostik und Therapie „die Krankheit selbst (...) im Zentrum des Interesses" steht. "Der kranke Mensch gelangt erst in zweiter Linie in den Fokus der Betrachtungen." (Wetzstein 2005, 102) In diesen Kontext fügt sich die Entdeckung der pathologischen Veränderungen in den Gehirnen altersverwirrter Personen zum Ende des Jahrhun-

---

[117] Inwieweit diese Argumentation auf andere Demenzformen übertragbar ist, müsste geprüft werden.

derts. Spätestens mit der Zusammenfassung der senilen Alzheimer-Demenz mit der prä-senilen zu einem einzigen Krankheitsbild in den Jahren zwischen 1960 und 1980 gelten kognitive Defizite nicht länger als Alterserscheinung, sondern als Krankheit. Die im Unterschied zu anderen psychiatrischen Krankheiten bei Demenzen vorhandenen neuropathologischen Veränderungen verstärken diese somatische Sichtweise – obwohl die Zusammenhänge zwischen Symptomatik und Ätiologie bis heute nicht vollständig aufgeklärt sind (Wetzstein 2005, 103 ff.). Die Diskussion, ob Demenzen als Alterserscheinung oder Krankheit zu gelten haben, führe zu einem „schillernden Ergebnis", so Wetzstein, da weder biologische Marker noch epidemiologische Forschung oder der Versuch der Differenzierung des MCI-Syndroms vom normalen Alterungsprozess oder zur Demenz eindeutige Antworten erbrächten (Wetzstein 2005, 105 ff.).

Zu (2): Dennoch finden die Erkenntnisse der medizinischen Grundlagenforschung Eingang in die soziokulturelle Deutung der Alzheimer-Krankheit. Der soziale Prozess der Etikettierung eines Zustandes als „krank" spielt vor allem bei psychischen Krankheiten eine bedeutsame, die Krankheit erst als solche konstituierende Rolle[118] (Wetzstein 2005, 110 f.; Muthy 2006, 1088). Hier dominiert im Alltagsverständnis, so Wetzstein, vor allem hinsichtlich der mittleren und schweren Phasen, die Auffassung, dass das Demenzsyndrom eine besonders schwere, unumkehrbare und vergleichsweise weit verbreitete Krankheit sei. Noch mehr als die kognitiven Defizite gilt der Verlust der Persönlichkeit als grausames Schicksal. Einen scharfen Gegensatz hierzu bildet die alltagsweltliche Betonung von Ressourcen des Alters („rüstig") in Verbindung mit dem wissenschaftlichen Kompetenzmodell des Alters. Vor dem Hintergrund dieser Leitbilder vom aktiven und erfolgreichen Altern begreift Wetzstein die Deutung von Demenzen als Krankheit als eine Pathologisierung, die

---

[118] Vgl. auch Schnabel (2014, 441) mit Bezug auf Foucault: „Krankheiten entstehen im Schnittpunkt diskursiver Verbindungslinien zwischen diagnostischen Techniken, Befunden, ihrer Interpretation und Bezeichnung, wissenschaftlichen Leitideen und außermedizinischen Faktoren wie ökonomischen Zwängen oder institutionellen Gegebenheiten (…). Ein Krankheitskonzept wie das der Demenz besitzt in diesem Verständnis keine in sich ruhende Konsistenz, Entwicklung oder Dauer. Seine Geschichte ist stets die seiner Thematisierung."

der Abwertung des hohen, von psychischen und physischen Einschränkungen geprägten Alters gleichkomme (Wetzstein 2005, 112 ff.)[119].
Zu (3): Dies vor allem, weil die dritte für die Feststellung eines krankheitswertigen Zustandes notwendige Einordnung, nämlich die subjektive Selbstzuschreibung, von Demenzbetroffenen in allen Krankheitsphasen nur schwer zu gewinnen sei: Zu Beginn fehle die Bereitschaft, kognitive Verluste einzugestehen, in mittleren und späten Phasen die Fähigkeit. Hier bliebe eine Leerstelle in der Krankheitskonzeption (Wetzstein 2005, 116 f.):

> „Das gegenwärtig vorherrschende Demenzkonzept stellt somit zwar ein mögliches Interpretationsmodell dar, das seine Attraktivität vor allem der Herkunft aus dem scheinbar objektiven Grundmuster der Naturwissenschaften verdankt. Allerdings liegen ihm Prämissen zugrunde, die sich aus dem funktionalen Zugang der Medizin zu dem Phänomen erklären: Aus einem methodisch bedingten Reduktionismus wird durch die Überführung der medizinischen Konzeption in ein öffentliches Konzept so ein anthropologischer Reduktionismus. In seinen Kernpunkten werden dabei bedeutsame Aspekte ausgeblendet. Gleichzeitig ermöglichen es diese Leerstellen, dass das gegenwärtige Demenz-Konzept für reduktionistische Personkonzeptionen anschlussfähig wird." (Wetzstein 2010, 56)

Ähnlich argumentiert Waldenfels[120], der die Medikalisierung als Transformation eines in der Arzt-Patienten-Beziehung zur Sprache kommenden Krankheitsereignisses in einen messbaren, prüfbaren und methodisch beschreib- und analysierbaren Krankheitsfall definiert. Was zunächst unproblematisch und in der Perspektive der Medizin funktional ist („Körper behandeln" statt „Leib sein") wird zum Problem, wenn die Medizin als Profession und auch die allgemeine Öffentlichkeit diese Transformation „vergisst", also nur noch den Krankheitsfall thematisiert. Die Pathologisierung führt so zu einer Ausblendung von Menschen mit Demenz als Personen (vgl. auch Harding, Palfrey 1997, 77 ff.). Angesichts der bisher fehlenden Heilungschancen kommt dies einer Abwertung eines

---

[119] Kruse zeigt die Problematik einer solchen Trennung in ein drittes, aktives und ein viertes, verletzliches Alter auf und setzt dagegen, dass in der Erfahrung der Grenzen des hohen Alters Wachstumschancen für die Betroffenen und ihr soziales Umfeld liegen (Kruse 2012, 37 ff.).

[120] Vortrag „Selbstsorge und Fremdsorge" im Rahmen der 21. Jahrestagung der Viktor von Weizsäcker Gesellschaft am 9.10.2015 in der Katholischen Akademie Freiburg

Lebens mit Demenz gleich: Es könne nicht lebenswert sein (vgl. auch Wetzstein 2005, 120 f.).

In zuweilen unterkomplexer Weise werden Elemente aus der bisher dargestellten Argumentation herausgelöst und zu der These verdichtet, dass Demenz „keine Krankheit" sei (Gronemeyer 2013; Stolze 2012): Der fragile Bezug zwischen Ätiologie und Symptomatik zum einen, die ausbleibenden Forschungserfolge hinsichtlich einer Heilung von neurodegenerativen Demenzen zum anderen und schließlich die (ökonomischen, professionsbezogenen) Interessen des Gesundheits- und Pflegesystems an der „Produktion" neuer Patientengruppen gelten dabei als Belege. Anstrengungen, die Frühdiagnostik zu verbessern und in der Breite zu installieren, dienten dem zufolge lediglich dazu, die Zielgruppe der zu Behandelnden zu vergrößern (Gronemeyer 2013, 248). Diese Argumentation weist Widersprüche hinsichtlich der Frage nach Exklusionsrisiken und Inklusionschancen auf für Menschen mit Demenz. So kann bspw. eine frühe Diagnose Handlungsoptionen für die weitere Lebensplanung eröffnen und die sozialen und (re)produktiven Interdependenzbeziehungen stärken.

Marina Kojer vertritt mit Nachdruck die Gegenposition, nämlich dass Demenz eine chronische, progrediente, unheilbare und von körperlichen, seelischen und sozialen Belastungen begleitete Krankheit sei (Kojer 2010, 2011; Kojer, Schmidl 2011). So widerspreche der zwar individuell unterschiedliche, jedoch immer phasenhafte Verlauf der Alzheimer-Demenz dem Bild einer Alterserscheinung. Außerdem wirkten Demenzen, unabhängig von der Komorbidität und vom Zeitpunkt ihres Auftretens, lebensverkürzend (Kojer 2011, 14). In unterschiedlichen Krankheitsphasen gebe es vielfältige Hinweise auf das Erleben von seelischem, körperlichem und sozialem Leid (Gefühle von Unsicherheit, Verlust und Verzweiflung, Deprivation, Schmerzen) (Kojer 2010, 150 ff.), auch wenn eine subjektive Selbstzuschreibung als krank, wie oben dargelegt, meist fehlt. Gefährlich sei es, Menschen mit Demenz das Recht, als kranke Menschen wahrgenommen zu werden, abzusprechen und damit das Recht auf Hilfe durch die Gesellschaft (u. a. ärztliche Leistungen) (Kojer 2011, 14; vgl. auch Wetzstein 2005, 126). Hiermit benennt Kojer ein deutliches Exklusionsrisiko. Demenzielle Erkrankungen nicht als solche, sondern als Elemente des üblichen Alterungsprozesses einzustufen, müsste konsequenterweise mit Leistungskürzungen verbunden werden. Außerdem würde an die Betroffenen die Erwartung des Leistungsverzichts herangetragen – welches Recht hätten Menschen, die nicht krank sind, von der Gesellschaft diese Leistungen zu beanspruchen.

Auch Selbstberichte von demenzkranken Menschen in frühen Phasen deuten auf den Krankheitswert von Demenzen hin:

> "Es geht also um weit mehr als nur um Gedächtnisprobleme. Wir sind desorientiert, wir haben Schwierigkeiten mit dem Sehen, mit dem Gleichgewicht, mit Zahlen und mit der Richtung. Es ist eine echte Krankheit, die nicht zum normalen Alterungsprozess gehört. Wir haben kein Gefühl für die Zeit und deshalb leben wir ohne Vergangenheit und Zukunft in der Gegenwart. Wir investieren all unsere Energie in das Jetzt, nicht in das Damals oder Später. Manchmal macht uns das große Angst, denn wir sorgen uns um die Vergangenheit und die Zukunft, weil wir deren Existenz nicht 'fühlen'." (Bryden 2011, 106)

Neben den vor allem in späteren Krankheitsphasen schweren körperlichen Beeinträchtigungen sind es von Beginn an die seelischen Belastungen, die die Demenz begleiten. Ohne den sicherheitsstiftenden Bezug auf Vergangenheit und Zukunft fehlen die Rahmenbedingungen, um sich unbeschwert, sozusagen „selbstvergessen", auf den gegenwärtigen Moment einzulassen. Auch wenn dies mit fortschreitender Demenz und mit Hilfe aufmerksamer, authentischer und sicherheitsstiftender Unterstützung häufig gelingen mag, so kann doch der Krankheitswert der existenziellen Verunsicherung durch die (gezwungenermaßen, nicht freiwillig erlebte) Verabsolutierung des Gegenwartsbezugs nicht geleugnet werden.[121]

Es wurde deutlich, dass der hegemonial medizinisch-psychiatrische, therapeutische Umgang mit Demenz zur Herauslösung von Menschen mit Demenz aus ihrer Lebenswelt beitragen kann: So wird bspw. die in alltäglichen Beziehungen verankerte Neugier auf den Anderen zur schriftlich zu erfassenden, formalisierten und therapeutischen Biographiearbeit

---

[121] Vgl. gegenläufig dazu Otto (2012, 116 f.), der in der Unausweichlichkeit des Gegenwartsbezugs einen „Zugewinn im Defizit" sieht und dies anhand zahlreicher Literaturstellen belegt.

(Wißmann o. J.). Die in die Alltagswelt diffundierte methodische Reduktion der naturwissenschaftlich-medizinischen Forschung, die die Krankheit isoliert und vom Menschen trennt, kann zu ausgrenzenden Umgangs- und Versorgungsformen beitragen. Dennoch hat sich die gesundheitliche und soziale Situation vieler demenzbetroffener Menschen durch die seit den 80er- und 90er-Jahren des letzten Jahrhunderts enorm verstärkte Thematisierung der Demenz in Medizin und Pflege erheblich verbessert. Auch kann sie entlastend für Bezugspersonen von demenzbetroffenen Menschen aus dem familiären oder professionellen Umfeld wirken: Dysfunktionale Verhaltensweisen werden „der Krankheit" zugeschrieben und nicht der Person (Wetzstein 2005, 126). Den Krankheitswert von Demenzen zu bestreiten dagegen stellt das Recht auf medizinische und pflegerische Versorgung in Frage und „bedeutet eine Verharmlosung und eine Ignoranz den Betroffenen und ihren Angehörigen gegenüber" (Lützau-Hohlbein, Schönhof 2010, o. S.).

2.3.5.2 Philosophische und mediale Strategien

Neben der Medikalisierung gibt es andere, philosophische oder mediale, Strategien der De-Personalisierung. Gemeinsam ist ihnen, dass die sprachliche Bezeichnung von Demenzerkrankten als „Nichts", als zerstörte Personen oder Persönlichkeiten die Vorwegnahme des biologischen Todes darstellt (Grebe 2012, 103 f.). Die neuromedizinische Subjektkonstruktion interpretiert das Gehirn als Sitz der Persönlichkeit, während der Vitalität des Körpers als Nicht-Denkendes keine Relevanz zukommt. An die philosophisch begründete Kognitionszentrierung („Ich denke, also bin ich") schließt ein als Körper-Gehirn-Dualismus modernisierter Körper-Geist-Dualismus an.

> "Das Bewußtsein, also die Fähigkeit des rationalen Erkennens, des Denkens, hat sich (...) aus dem Gewissen, also der Einheit von Handeln und Denken, herausspezialisiert, aber mit Beginn der Neuzeit, unserer modernen Gesellschaft eindeutig die Führung übernommen." (Dörner 1994, 12)

Für den Philosophen Peter Singer ist ein Leben mit Demenz und ohne Bewusstsein von der eigenen Persönlichkeit nicht mehr lebens- und schützenswert (Klie 2001, 672). Werden Menschen nur noch „als Quasi-

oder Post-Personen betrachtet", dann wird ihr „moralischer Status (...) im Verlauf der Demenz" verhandelbar, und in der Folge fallen sie „immer weiter aus dem Schutzkonzept der Menschenwürde heraus. (...) Ihnen ist zwar noch mit Respekt vor der Person, die sie einmal waren, zu begegnen, aber nicht mehr mit der Anerkennung als Personen im Vollsinn." (Wetzstein 2010, 55). Ob „potenzielle Personalität" für den Status als Rechtssubjekt ausreicht, wird kontrovers diskutiert (Graumann 2011, 19), was einen therapeutisch-pflegerischen Nihilismus und die Forderung nach Sterbehilfe befördern kann. Um der reduktionistischen Perspektive zu entkommen, genüge es nicht, auf Fähigkeiten zu verweisen, die selbst bei sehr schwer demenzkranken Personen erhalten bleiben (Wetzstein 2010, 58). Diese Strategie liegt nahe, wenn bspw. auf den Erhalt des Leibgedächtnisses (Fuchs 2010) verwiesen wird, auf die emotionale Resonanzfähigkeit auch bei schwerer Demenz (Kruse 2008, 7) oder das Glücksempfinden von Menschen mit Demenz (Kruse 2008, 12). Obwohl diese Forschungsergebnisse einen erheblichen Einfluss auf die Praxis des Umgangs gerade mit schwer demenzkranken Menschen haben können, ist es argumentativ doch entscheidend, davon auszugehen, dass – unabhängig davon, wie schwerwiegend oder sogar vollständig die Verluste an Kompetenzen und Wahrnehmungsfähigkeit sich gestalten – von einer Person ausgegangen werden muss, der in der Kontinuität ihrer Identität Würde und grundsätzliche Rechte zukommen (Wetzstein 2010, 57 f.).

Die mediale Aufbereitung des Expertenwissens über Demenz aus der naturwissenschaftlichen Forschung, der Medizinpraxis und der Pflege(-wissenschaft) trägt ebenfalls zur De-Personalisierung von Menschen mit Demenz bei, weil sie häufig defizitorientierten Mustern folgt (Grebe 2012, 99). Im Mittelpunkt stehen dabei die „kognitiven Inkompetenzen sowie damit verbunden Verlust-, Entfremdungs-und Belastungserfahrungen" (Grebe 2012, 97). Schilderungen von existenzieller Orientierungslosigkeit („Schuhe im Kühlschrank") und der "Angst vor Demenz – vor dem Leben, kein Mensch mehr zu sein"[122] prägen eine Sicht auf Demenz als De-

---

[122] Bild (78(14)/2008) über ein Interview mit Inge Jens (Grebe 2012, 101).

Humanisierungsprozess (Grebe 2012, 101)[123]. Angehörige von Menschen mit Demenz erleben sich angesichts der „Zerstörung der Persönlichkeit" noch zu Lebzeiten der Betroffenen als „Hinterbliebene" (Grebe 2012, 102). Zusätzlich werden die Probleme auf der individuellen Ebene rückgebunden an die Perspektive einer „apokalyptischen Demografie", die Szenarien von volkswirtschaftlichen Risiken mit dem Etikett der Volkskrankheit verknüpft (Grebe 2012, 102 f.). Analog zu negativen Altersbildern, die von der Funktionslosigkeit des Alters (vgl. Abschnitt 2.3.6) geprägt sind, gelten Menschen mit Demenz nicht nur als unproduktiv, sondern als erhebliche "Kosten- und Belastungsfaktoren" – ein Motiv, das einer "existenziellen Entwertung" gleichkommt. (Grebe 2012, 104 f.; vgl. auch Klie 2001, 672).

Der Vergleich mit der Altersbild-Forschung kann helfen aufzuzeigen, dass und in welcher Weise die medialen Inhalte als soziokulturelle Konstruktionen Wissens- und Wertbestände zu Demenz transportieren und so „die konkrete Form des defizitzentrierten Beschreibungstyps mit beeinflussen." (Grebe 2012, 104) Ähnlich wie Altersbilder sind über die Medien verbreitete, defizitorientierte Sichtweisen von Demenz soziale Konstruktionen, die unabhängig von den physiologischen und biologischen Gegebenheiten Ausdruck einer sozialen Verarbeitungsnotwendigkeit (von Alter bzw. Demenz) sind. Sie stellen keine fixen Interpretationen dar, sondern entwickeln sich „(…) wie alle Menschenbilder im offenen Horizont kultureller Perspektiven, Praktiken und Aushandlungsprozesse." (Zimmermann 2012, 76) Vor dem Hintergrund der anthropologisch gegebenen Weltoffenheit des Menschen (Gehlen) strukturieren sie als Erwartungscodes das tägliche Leben und die biografischen Perspektiven, eröffnen und begrenzen Handlungsspielräume und weisen einen Platz in der Gesellschaft zu (Schroeter, Künemund 2010, 393). Soziale Konstruktionen des Alters bzw. der Demenz reduzieren Komplexität, indem sie es

---

[123] "'Es ist die Furcht vor dem Nichts. Dem Zerfall und Erlöschen des Menschen zusehen zu müssen, mit dem sie 46 Jahre verheiratet ist' (Bild 174(39)/2005). Bei der aufgeführten Textstelle kommt einmal mehr die Wahrnehmung einer zunehmenden De-Humanisation zum Tragen. Die Antwort auf die Frage, was Angehörigen bleibt, wenn ein geliebter Mensch derart 'zerfällt' oder 'erlöscht', ist unmissverständlich: 'Nichts.'" (Grebe 2012, 102). Vgl. auch: Behuniak (2011); Otto (2012, 110 ff.); Pleschberger (2005, 131).

angesichts einer Vielfalt von Wahrnehmungen ermöglichen, das jeweilige Gegenüber situationsadäquat und zeitökonomisch zu adressieren (Saake 2006, 192 f.). Die dabei gefundenen Semantiken und Bilder sind das Ergebnis der symbolischen Strukturierung von empirischen Erfahrungen, die durch ihre ständige Verwendung verdinglicht und als begriffsidentische und real existierende Phänomene betrachtet werden. Dies trifft nicht nur auf Alltagstheorien[124] zu, sondern auch auf sozial- oder naturwissenschaftliche Alterssemantiken wie bspw. Lebensphasentheorien oder Theorien zur neuronalen Plastizität. In dieser Weise kann insbesondere das Aktivierungsparadigma ausgrenzende Wirkung (Friebe 2010, 149 f.; Kruse 2012, 37 f.) gegenüber gebrechlichen oder kognitiv desorientierten Älteren[125] entfalten.

Altersbilder sind auf vier Ebenen zu beobachten: als Ausdruck institutioneller Regelungen (bspw. im Recht), als mediale und als soziale Praxis sowie im Selbstbild (BMFSFJ 2010a, 36 ff.). Auf allen Ebenen sind Altersbilder machtförmig organisiert, zum einen, weil sie im Zuge ihrer Funktion des Sichtbarmachens von Alter andere Aspekte ausblenden (Zimmermann 2012, 77), und zum anderen, weil sie dazu einladen, das Alter zu bewerten (BMFSFJ 2010a, 51) und damit zur Stigmatisierung beitragen und gleichzeitig Exklusion legitimieren (Friebe 2010, 150).

In gleicher Weise wie Bilder vom Alter und Altern werden mediale und soziale Bilder von Demenz kulturell konstruiert. Ihre Dekonstruktion ist notwendig, um Exklusionsrisiken für Betroffenen von Demenz zu reduzieren (Bartlett 2000, 33 f.).

Die mediale Konstruktion defizitorientierter Bilder von der Demenz beruht zum einen darauf, dass selbst dann, wenn individuelle oder gesellschaftliche Bewältigungsperspektiven aufgezeigt werden sollen, das Problem den eigentlichen Wert der Nachricht ausmacht,. Hier sind die Einschätzung des Erkrankungsrisikos von Bedeutung sowie die Relevanz des Themas für breite Teile der Bevölkerung und die große Wirkung, die eine Demenzerkrankung im persönlichen und familiären Intimraum entfaltet.

---

[124] Bspw. wann bestimmte Gruppen von Menschen, wie z. B. Leistungssportlerinnen und -sportler, als alt zu gelten haben.

[125] Vgl. für einen differenzierenden Ansatz in der Alterstheorie das SOK-Modell (Selektion, Optimierung, Kompensation) nach Baltes und Baltes (1990).

Darüber hinaus führt Grebe an, dass Journalistinnen und Journalisten als Angehörige des Bildungsbürgertums mit größerer Wahrscheinlichkeit Ängste vor dem Verlust von kulturellem Kapital (Bildungstiteln) entwickeln und diese auch medial transportieren (Grebe 2012, 106).
Angst vor einer Demenzerkrankung kann zu Abwehrreflexen der Betroffenen selbst, ihrer Angehörigen und der Gesamtgesellschaft führen[126]. Nicht-behinderte Menschen zeigen gegenüber körperlich, geistig oder seelisch Beeinträchtigten Ablehnung, Mitleid oder paternalistische Haltungen und marginalisieren damit ihr behindertes Gegenüber, um das Bewusstsein der eigenen Normalität vor Irritationen zu schützen (Graumann 2012, 81). Während körperliche Beeinträchtigungen oder Krankheiten eher Bedauern auslösen, führt seelisch-geistige Behinderung zur Ausstoßung (Wetzstein 2005, 112); die Differenz zum Nicht-Vernünftigen, zum nicht behandelbaren Leid wird gezogen und verfestigt. Diese Marginalisierung körperlich und geistig beeinträchtigter Menschen hat im Zuge der wachsenden politischen Gleichberechtigung im 18. Jh. einen Schub erfahren.

> "Behinderte und psychisch kranke Menschen passten nicht in das Bild einer leidfreien Gesellschaft vernünftiger Menschen, die ihr Handeln zweckrational bestimmt sehen wollen." (Stein 2013, 7)

Die „Schuld an der Andersartigkeit" wird dem Individuum zugeschrieben, die Differenz zum „Normalen" wissenschaftlich vermessen und so Ungleichbehandlung legitimiert (Stein 2013, 5 f.). Schließlich führt

> „(…) gesellschaftlich aufkommendes eugenisches und sozialhygienisches Denken zu Beginn des 20. Jahrhunderts (…) dazu, dass die Nationalsozialisten später das Bild eines Lebens behinderter und psychisch kranker Menschen als nicht lebenswertes, 'minderwertiges' Leben übernehmen konnten." (Stein 2013, 7)

---

[126] Etwa die Hälfte der Befragten (48 bis 54%) einer im Auftrag der DAK Gesundheit jährlich durchgeführten Studie berichten, dass Alzheimer bzw. Demenz die von ihnen am meisten gefürchtete Krankheit sei. In der höchsten Altersgruppe ist Demenz noch vor Krebserkrankungen die am stärksten angstbesetzte Krankheit (forsa 2015a, 4). Lt. der Bevölkerungsbefragung „Demenz" des Zentrums für Qualität in der Pflege (ZQP) würden im Fall einer Demenz-Diagnose 1/3 der Interviewten Suizid erwägen. Allerdings stimmen 34% der Aussage zu, sie machten sich wegen einer Erkrankung an Demenz keine Sorgen und 41% beschäftigen sich generell nicht mit Krankheiten, die sie eventuell einmal treffen könnten (Suhr 2014; ZQP 2014, 10).

Einstellungen, die im Nationalsozialismus geprägt wurden, prägen bis heute die Einstellungen gegenüber behinderten Menschen (Entwertung bis hin zur Vernichtung) (Stein 2010, 75). Die darin erfahrene Entwertung schreibt sich letztlich in das Selbstbild behinderter Menschen ein (Terfloth 2007, 140 ff.).

Medien bringen also gesellschaftlich virulente Ängste zum Ausdruck, verfestigen diese und können – im Bemühen, einen Problemzusammenhang öffentlich zu artikulieren – zur Ausgrenzung von Menschen mit Demenz beitragen:

> "Unter anderem kann die Beschwörung eines destruktiven Verlustes von Persönlichkeit oder Menschlichkeit zu erhöhten Missachtungs- und Stigmatisierungsrisiken führen, denen sich die Betroffenen ausgesetzt sehen (...)." (Grebe 2012, 106)

2.3.5.3 Exklusionsfolgen der De-Personalisierung

Die Demonstration von Verletzlichkeit und Endlichkeit, u. a. durch mediale Berichte über Menschen mit Demenz, führt dazu, dass im Umgang mit ihnen „nur noch Zeichen der Ordnung des Todes" wahrgenommen werden und folglich „die Lebensqualität des demenzkranken Menschen in Frage" gestellt wird. Dies ist insbesondere dann der Fall, wenn eine differenzierte Reflexion der Bedeutung des Todes für das Leben und der Verwobenheit von Leben und Tod fehlt (Kruse 2008, 5). Sind Gesellschaften in wachsendem Maße ungeübt, Leid zu ertragen, so wird aus 'Mitleid' der Leidende beseitigt - wenn schon nicht das Leid beseitigt werden kann.

> "Jedes Bild hat Konsequenzen auf der Handlungsebene. Wer nur noch einen 'Körperklumpen' sieht, der muss sich dem Antlitz des Gegenübers nicht mehr zuwenden." (Plemper et al. 2007, 14)

Schon der Begriff der Betreuung hat die Tendenz, die Betreuten zum Objekt zu machen und ihre Individualität zu negieren (Plemper et al. 2007, 15 f.).

Eine weitere exkludierende Folge der defizitorientierten Bilder von Demenz ist die Entwertung des zukünftig noch zu lebenden Lebens. Schon bei vergleichsweise gesunden, kognitiv orientierten alten Menschen sind die Möglichkeitsräume im Alter reduziert und die Frage nach Sinn des

Alters stellt sich in modernen, funktional differenzierten und individualisierten Gesellschaften auch als Vergleich der verbleibenden Zukunftsbezüge:

> "Alt und Jung werden zwar noch miteinander verglichen wie in einer klassisch stratifizierten Gesellschaft, dieser Vergleich findet nun aber in Bezug auf die Bedeutung der Altersgruppen für die gesellschaftliche Entwicklung statt. (...) An die Stelle von Rangordnungen treten Zukunftsbezüge, über die einzelne Altersgruppen instrumentalisiert werden, gegen andere ausgespielt (...)." (Saake 2006, 112, erster Satz i. O. k.)

Angesichts einer verbesserter medizinischen Versorgung und der Reduzierung potenziell tödlicher Gefahren gehört die Sicherheit und Planbarkeit eines langen, gesunden Lebens zu den Selbstverständlichkeiten der modernen Zeit, während der Tod durch Krankheit oder Unfall in frühen oder mittleren Lebensphasen die Ausnahme darstellt. Im Alltagsverständnis kommt deshalb dem im Zitat angesprochenen Zukunftsbezug, der zukünftigen Lebenserwartung, ein Wert an sich zu: Der Status von Individuen bzw. Alterskohorten wird weniger an ihrem erreichten Alter in Jahren gemessen (Senioritätsprinzip), sondern stärker an den Chancen, die der biographische Verlauf (noch) beinhaltet. Diese sind umso zahlreicher und vielfältiger, je jünger ein Individuum oder eine Altersgruppe ist. Diese kulturelle Zuschreibung unterschiedlich „mächtiger" Möglichkeitsräume folgt dem oben beschriebenen Muster der Stigmatisierung anhand eines ansonsten inhaltlich wenig aussagekräftigen Merkmals. Vor allem in der Gesundheitsversorgung hat die Dauer der potenziell noch verfügbaren Lebenszeit einen erheblichen und diskriminierenden Einfluss auf die Zuteilung von Gesundheitsdienstleistungen und dient dazu, eine im Vergleich zu jüngeren und/oder gesünderen Menschen weniger gute medizinische und pflegerische Versorgung[127] zu legitimieren (Kruse 2008, 11; Schroeter, Künemund 2010, 401).
Defizitorientierte Bilder von Demenz wirken – ähnlich wie Altersbilder – auf der individuellen Ebene des Selbstbildes und können zum Suizid

---

[127] Schäufele et al. (2009, 199)fanden in Pflegeeinrichtungen „bei Demenzkranken ein signifikant niedrigeres Verordnungsniveau im Hinblick auf Analgetika." Schäufele et al. 2009, 201 Für demenzkranke ebenso wie für kognitiv orientierte Personen fand sich „eine erhebliche fachärztliche Unterversorgung der Heimbewohnerschaft" .

demenziell erkrankter Menschen führen[128]. Suizid-Überlegungen von mit Demenz diagnostizierten Personen gründen im antizipierten Würdeverlust. Dieser ist mit dem Verlust von Selbstbestimmung und Kontrolle und der Notwendigkeit, sich anderen anvertrauen zu müssen, assoziiert. Menschen mit Demenz können sich nicht – wie kognitiv orientierte Menschen mit Pflegebedarf – dadurch Würde verschaffen oder erhalten, indem sie "anderen nicht zur Last fallen": sich anpassen, mithelfen, für Pflege- und Dienstleistungen bezahlen oder Entscheidungen treffen, die andere entlasten (Pleschberger 2005, 132).

„Wenn sich Gepflegte allgemein zuerst als Last wahrnehmen und Pflegende ihre Tätigkeit als Belastung empfinden, dann wären sich Betreuende und Betreute auf widersprüchliche Weise einig." (Plemper et al. 2007, 14)

In diesen Kontext sind auch Patientenverfügungen einzuordnen: als Versuch, Entscheidungen zu treffen, die andere entlasten – ohne zu wissen, ob im Anwendungsfall die verfügte Entscheidung für das Individuum selbst tatsächlich die bestmögliche sein wird. Eine vorwegnehmende Kontrolle der Gestaltung von ggf. zukünftig auftretender Desorientierung fokussiert Autonomie und Rationalität und vernachlässigt die Ideen der Sorge und „bewusst angenommenen Abhängigkeit"[129] (Kruse 2008, 5; vgl. auch Klie 2007b). Es ist die Angst, das eigene Leben nicht selbstbestimmt vollenden zu können, die insbesondere die Bedrohlichkeit der

---

[128] Der Prominente Gunter Sachs nahm sich im Mai 2011 das Leben, weil er vermutete an einer Alzheimer Demenz erkrankt zu sein. In seinem Abschiedsbrief wählte er die Formulierung: "Der Verlust der geistigen Kontrolle über mein Leben wäre ein würdeloser Zustand, dem ich mich entschlossen habe, entschieden entgegenzutreten." (Badische Zeitung v. 10. Mai 2011; Online: http://www.badische-zeitung.de/panorama/die-furcht-vor-dem-kontrollverlust--45094679.html; Abruf: 07.08.2016)

[129] Die bewusst angenommene Abhängigkeit ist eine von vier Kategorien, die nach Kruse ein gutes Leben im Alter konstituieren (neben Selbstständigkeit, Selbstverantwortung, Mitverantwortung). Sie bringt zum Ausdruck, „dass Menschen lernen müssen, das Angewiesensein auf die Hilfe Anderer anzunehmen. Dieses Annehmen ist nur möglich, wenn Menschen fähig sind, sich in ihrer Unvollkommenheit, Begrenztheit und Endlichkeit wahrzunehmen und anzunehmen. Dabei muss die Haltung der bewusst angenommenen Abhängigkeit bereits in früheren Lebensphasen – und nicht erst im Alter – ausgebildet werden; sie wird aber gerade im hohen Alter zu einer zunehmend bedeutenden Kategorie." (Kruse 2008, 5)

Demenz ausmacht (Kruse 2008, 13 f.) und letztlich zum auch selbstverordneten Rückzug führen kann:

> "Je mehr 'Fehler' ich mache, desto mehr fürchte ich mich. (...) Mich in einem dunklen Schrank zu verstecken, ist auf seltsame Weise sicherer, auch wenn ich mich vor der Dunkelheit fürchte. Niemand kann mich sehen. Wenn ich beim Vorlesen Fehler mache, wenn ich vergesse die Türe zu schließen oder den Hund auszuführen – niemand erfährt davon." (Taylor 2008, 86)

Einer der zentralen Ausgrenzungsmechanismen gegenüber Menschen mit Demenz besteht also in ihrer Entwertung als Person, die den sozialen Tod als Blaupause des biologischen vorwegnimmt. Menschen mit Demenz finden sich in der diskursiven Schnittstelle von altersbezogener Exklusion (funktionsloses, in seinen Zukunftsbezügen beschnittenes Alter) und Verhinderung bzw. Vernichtung von beeinträchtigtem Leben und sind somit deutlich stärker bedroht durch nicht nur symbolische Ausgrenzung.

2.3.6 *Exklusion in unterschiedlichen Lebensphasen*

2.3.6.1 Menschen mit Demenz in Beruf und Ruhestand

Menschen mit Demenz sind je nach Lebensphase unterschiedlichen Exklusionsrisiken ausgesetzt. Der überwiegende Teil demenzbetroffener Menschen ist schon vor Ausbruch der Krankheit nicht (mehr) erwerbstätig. Ein kleinerer Teil von ca. 20.000 Personen erkrankt aber früh und sieht sich als Erwerbstätige spezifischen Exklusionsmechanismen ausgesetzt, die noch wenig untersucht sind (Müller 2014, 292 f.):

- Weil früh auftretende Demenzen sehr selten auftreten und das Krankheitsbild Demenz stark mit dem hohen Alter assoziiert ist, ist die Wahrscheinlichkeit von Fehldiagnosen höher.
- Der Rückzug aus dem Erwerbsleben zu einem frühen Zeitpunkt bedroht das ökonomische Kapital.
- Unterstützende Sozialleistungen (Arbeitslosigkeit, Eingliederungshilfe) sind kompliziert, da Behörden nicht auf die spezifische Behinderung durch Demenz und den Umgang mit den Betroffenen vorbereitet sind (Rohra 2011, 53 ff.).

- Jüngere Demenzkranke müssen ggf. ihrer Verantwortung für Kinder oder ältere Angehörige gerecht werden.
- Es fehlt an geeigneten (alterstypischen) Freizeit-, Therapie- und Selbsthilfeangeboten (Rohra 2011, 28 ff.; Müller 2014, 294).

Die Exklusionsmuster von erwerbstätigen, jüngeren Menschen mit Demenz entsprechen somit weder denen jüngerer behinderter Menschen, die bereits Leistungen nach dem Sozialgesetzbuch erhalten, noch denen älterer pflegebedürftiger Menschen.

Für Menschen mit Demenz, die bereits die Nach-Erwerbsphase erreicht haben, besteht ein mit der Biografie verbundenes Exklusionsrisiko darin, dass sie die „Ressource Biografie" im Vergleich zu kognitiv orientierten Älteren sehr viel schlechter zur Vermeidung von Exklusionsrisiken nutzen können, weil ihnen die den Ruhestand legitimierenden Substitute für die (re-)produktive Vergesellschaftung nicht oder nur in eingeschränktem Maß zur Verfügung stehen. Die Institutionalisierung des Ruhestands als zeitlich festgelegte, sozial normierte und rechtlich verankerte Altersgrenze für die Erwerbstätigkeit erzeugte – zusammen mit der gestiegenen gesunden Lebenserwartung – eine eigens zu gestaltende Lebensphase von nicht unerheblicher Dauer[130]. Für Ältere in der „Lebensphase des Verlustes gesellschaftlicher Funktionen" (Friebe 2010, 143) gilt, dass

"(...) deren Kommunikationschancen von funktionalen Bezügen entlastet sind. Sie müssen Kommunikation bei Themen und in Feldern suchen, wo Kommunikationspartner nicht auf sie angewiesen sind, das heißt, eher spontan, kontingent, jederzeit beendbar und tendenziell folgenlos agieren. Kommunikation ist nicht mit 'technischem' Koordinationsbedarf verknüpft, sondern es liegt eine weitgehende Emanzipation aus sozialen Interdependenzen vorindustrieller und industrieller Art vor." (Gesprächsbeitrag von Wiesenthal, Helmut in: Baecker et al. 2008, 45)[131]

Auch wenn zum einen der Ruhestand zum Schutz Älterer gedacht ist und zum anderen empirisch beobachtet werden kann, dass das Ausscheiden

---

[130] Der Ruhestand bedeutet eine Zäsur, die den Partizipationsmodus des Einzelnen an der Gesellschaft grundsätzlich umstrukturiert (vgl. Kohli 2005, 11f.). Beispiele dafür sind in der Bildungsbeteiligung zu finden (freiwillige statt berufliche Weiterbildung) oder beim Bezug sozialer Unterstützungsleistungen (Grundsicherung statt Sozialhilfe).
[131] Vgl. auch Saake (2006, 66, i. O. k.): „Mit der Durchsetzung beruflicher Spezialisierung ist eine funktionslose Altersphase entstanden, die sich nur noch über ihre Stellung im biologischen Entwicklungsprozess kennzeichnen lässt."

aus dem Erwerbsleben immer stärker individuell ausgedeutet und gestaltet wird (z. B. durch Altersteilzeitmodelle oder freiberufliche Tätigkeit bis ins hohe Alter), so müssen im Allgemeinen doch im Ruhestand systematisch neue Rollen und Aufgaben gesucht werden, die soziale Anerkennung und ggf. materielle Absicherung mit sich bringen und so Ausgrenzung vermeiden helfen:

> „Auch die (im Durchschnitt länger werdenden) Phasen des Alterns nach dem Erwerbsleben stehen noch unter der Anforderung, durch eigene Initiative gesellschaftlichen Wandel individuell zu bewältigen, sich als aktiver Konsument und im ehrenamtlichen Engagement gesellschaftlich zu positionieren." (Kronauer 2010a, 37)

Teilhabe an der Gesellschaft außerhalb der Erwerbstätigkeit lässt sich durch Eigenarbeit, Schattenwirtschaft und alternative Nischen schaffen, durch sog. sekundäre Leistungsrollen im Ehrenamt oder in der Bürgerarbeit (die im Ruhestand durch die Rentenbezüge querfinanziert werden). "Glückliches Nichtstun" (Puhr 2009, 127 ff.) kann immerhin im Ruhestand mit Verweis auf die bereits erbrachte Lebensleistung in Produktion und Reproduktion legitimiert werden. Für Menschen mit Demenz stehen aber praktisch alle Rollenangebote und gesellschaftliche Erwartungen, in die Ältere eingebunden sind, und die Interdependenzbeziehungen in den Dimensionen der Reproduktion und Partizipation zulassen, nicht zur Verfügung. Sie sehen sich stattdessen relativ unvermittelt in eine von funktionalen Bezügen komplett entlastete Lebenssituation gestellt[132], während gleichzeitig Lebenspläne und -ziele, die auf die Lebensphase des aktiven Alters verschoben wurden („späte Freiheit", „3. Lebensalter"), obsolet geworden sind.

Zum Zweiten entfällt mit zunehmender Demenz der für Personen im Ruhestand geläufige Verweis auf die eigene Lebensleistung (berufliche Erfolge, Familienarbeit, Bewältigung von persönlichen oder gesellschaftlichen Krisen), der einen würdigenden, identitätsbildenden, legitimierenden und inkludierenden Charakter hat (Pleschberger 2005, 132). Die

---

[132] "Ich brauche nach wie vor das Gefühl, für etwas zu sorgen (...) Etwas, das sich kaum oder überhaupt nicht an gestern erinnert, sondern alles daran setzt, aus dem heutigen Tag den besten seines Lebens zu machen, und ganz nebenbei auch den besten meines Lebens. Ich setze auf Pflanzen!" (Taylor 2008, 170)

Biografie erweist sich für das gelingende (in anerkannten und individuell zufriedenstellenden Rollen verbrachte) Alter als zentraler Motor der sozialen Einbindung. Sie wird auf Basis der – objektiv gegebenen – Lebensdaten im Rückblick konstruiert und beantwortet in einem fortlaufenden, reflexiven selektiven und gestaltenden Prozess Fragen wie: Woher komme ich? Wie bin ich die Person geworden, die ich bin? Welchen Sinn hat mein Leben im Alter und welche Ziele stellen sich (noch)? (Hölzle 2011, 31) Im Zuge der schwindenden Bedeutung kollektiver Identitätsbildungen in Schicht, Klasse oder traditionellen Milieus ist die Biographie Medium und Ausdruck einer individualisierten und selbstbestimmten Lebensführung, die ihre Lebensgeschichte, ihr Verhalten und ihre Wertstruktur bestimmt. Sie bildet die Wurzeln der Identität, Individualität und des Selbstvertrauens und ist bedeutsam für die In- bzw. Exklusion von älteren Menschen. Sie

> „(…) beschreibt die Einpassung des Individuums als Person in unterschiedliche Systembezüge bei gleichzeitiger Notwendigkeit zur Wahrung von Kontinuität. Resultat dieser Biographiearbeit sind gegenwartsbasierte Selbstbeschreibungen, in denen Vergangenheit, Gegenwart und Zukunft parallel zu Inklusionserfahrungen neu bestimmt bzw. neu als unverändert bezeichnet werden." (Saake 2006, 250)

Die erlebte und gedeutete Biographie erlaubt es also, sich im Alter Zugänge und Teilhabe zu verschaffen, bspw. als Senior-Beraterin, Weltreisende oder bei der Betreuung der Enkel. Menschen mit Demenz entgleitet dieser Zugriff auf ihre Biografie und damit auch die Möglichkeit, diese im Rückblick und dennoch situationsorientiert auf die Gegenwart hin zu gestalten, wodurch sie im Alter von ihrer Lebensleistung profitieren könnten. Andere, selbst nahestehende Personen, können diese Aufgabe nur eingeschränkt stellvertretend übernehmen:

> "Meine Mutter ist in einem professionellen Pflegesystem zu 'einem Fall' geworden. (…) Um dem entgegenzuwirken, habe ich für das Heim einen kurzen Lebenslauf (…) geschrieben. Wer ihre persönliche Geschichte kennt, so der Gedanke, wird sie anders wahrnehmen. (…) Meine Mutter

hätte ihre Geschichte diesen noch völlig fremden Menschen vermutlich anders erzählt." (Klare 2012a, 44)[133]

Ein Exklusionsmanagement, das kognitiv orientierten Personen auf der Grundlage ihrer Biografie im Ruhestand möglich ist, ist demgegenüber für Menschen mit Demenz nur schwer zu realisieren.
Zum Dritten stellt der biografische Verlauf eine wichtige Quelle sozialer Ungleichheit im Alter dar. Insbesondere auf den Dimensionen Einkommen, Bildung und Gesundheit werden „die Grundlagen für die Exklusion im höheren Alter bereits in der Erwerbsphase gelegt." (Friebe 2010, 155). In Zusammenhang mit „prekären Arbeitsverhältnissen, geringem Bildungsabschluss, geringem Einkommen, schlechter Gesundheit oder fehlender Lernbereitschaft, kumulieren Gefahren der langfristigen Ausgrenzung (...)." (Friebe 2010, 145) Besonders deutlich zeigt sich dies darin, dass Personen mit einem niedrigeren Status auf den genannten Dimensionen eine um bis zu fünf Jahre niedrigere Lebenserwartung haben[134], „was eine besonders krasse Form sozialer Exklusion darstellt." (Friebe 2010, 145). Unterschiede in der Bildungsbeteiligung Älterer korrelieren deutlich mit ihrem in früheren Jahren erworbenen Schulabschluss (BMFSFJ 2010a, 143 ff.). Die Einkommen in der zweiten Lebenshälfte variieren entsprechend dem Verlauf der Erwerbsbiografie, also nach Bildung, Geschlecht und dem Wohnort West- oder Ostdeutschland (BMFSFJ 2010b, 14). Hinsichtlich der Exklusionsrisiken Älterer geht Friebe dementsprechend und in Anlehnung an Castel (vgl. Abschnitt 2.1) von drei abgestuften Zonen der Ausgrenzung aus: Gelungene Integration ist gleichzusetzen mit einer, auf Basis gewahrter Ressourcen, gesellschaftlichen Partizipation bis ins hohe Alter; Verwundbarkeit ist charakterisiert durch Verlusterfahrungen, gesundheitliche Beeinträchtigungen und Einsamkeit. Alter erscheint hier als "Konzentrierung von Diskontinuitäten durch kritische Lebensereignisse" (Friebe 2010, 147). Von Marginalität oder gar Entkoppelung muss gesprochen werden, wenn Altersarmut nicht durch ausreichend tragfähige soziale Netze aufgefangen wird. Menschen mit Demenz und ihre Angehörigen, die für die Bewältigung der mit der

---

[133] In den Auslassungen geht Klare auf den Verlust von Privatsphäre ein, der mit der Veröffentlichung der Biografie zwangsläufig einhergeht.
[134] Vgl. ausführlich Lampert, Kroll (2014).

Demenzerkrankung einhergehenden Probleme auf materielle Ressourcen angewiesen sind, können hier von Exlusionsrisiken in Form von Versorgungslücken bei Krankheit und Pflege (Friebe 2010, 148 f.) betroffen sein.

2.3.6.2 Menschen mit Demenz am Lebensende

Exklusion von Menschen mit Demenz kann auch als ein Rückzug (aus dem Leben) angesichts der anthropologisch gegebenen Nähe zum Tod interpretiert werden[135]. Exklusion bei Demenz im Sinne der Gestaltung eines Wegs aus dem Leben heraus würde dann gerade nicht auf Inklusionsnotwendigkeiten verweisen (vgl. Abschnitt 2.1.1). Sloterdijk findet dafür das Bild vom: „Alter als Rückzug von den Geschäften und Orientierung auf das Sterben. (...) Nicht Weisheit, sondern Weltferne macht die Würde des Alters aus, (...)" (Sloterdijk 1996, 19 f.). Diese philosophische Perspektive skizziert einen zivilisationskritischen Gegenentwurf zum funktionslosen Alter. Sloterdijk interpretiert die von ihm selbst als melancholisch und resignativ bezeichnete Phase des gebrechlichen Alters um zu „vielleicht ... einer positiven Theorie der Altersschwäche" (Sloterdijk 1996, 19). Der letzten Lebensphase wird die exzentrische Position der Kritik an der Geschäftigkeit der Moderne zugewiesen:

> „Der alte Mensch verkörpert, gerade mit seinen zunehmenden Insuffizienzen, das Negativ zu allem Positivismus. Indem er beginnt, die Welt nicht mehr zu verstehen, deutet er auf die Welt als etwas hin, dem man auch und vor allem im Modus des Nicht-Verstehens entspricht. Indem er aufhört, in alles eingemischt zu sein, beweist er, daß es ein mildes und mittelbares Leben gibt, das wie das Leben der Mönche von einst und wie der allnächtliche Schlaf den Weltzwang lockert und uns umsiedelt von der Licht-, Lärm- und Kampfseite auf die Rückseite der Welt." (Sloterdijk 1996, 20)

Die Weltferne der alten Menschen zeige, dass der anthropologisch weltoffene und weltfremde Mensch ein Leben führen könne, das dem Gestaltungszwang entsagt. Letztlich weist Sloterdijk der Altersphase in dieser Weise doch wieder eine Funktion zu.

---

[135] Hier ist nicht die Argumentationsfigur der „Flucht" in die Demenz gemeint, die in Abschnitt 2.3.8 behandelt wird.

Hier gilt es m. E. zu betonen, dass das prinzipiell den alten oder verwirrten Menschen zustehende Recht auf Weltferne nicht zur Legitimation von nicht selbstgewählten, bspw. zu Schutzzwecken oder aus Gründen der Effektivität durchgeführten Ausgrenzungen, herangezogen werden darf. Weltferne verweist aber deutlich darauf, dass das Aktivitätsparadigma nicht ausschließlicher Maßstab im Umgang mit Menschen mit (weit fortgeschrittener) Demenz und Richtschnur ihrer „Inklusion" sein kann. Norbert Elias reklamiert eine grundsätzliche Einbezogenheit der Ältesten und beschreibt unter dem Titel „Die Einsamkeit der Sterbenden" in der für seine Zivilisationstheorie typischen Verschränkung gesamtgesellschaftlicher und individualspezifischer Prozesse die dennoch stattfindende Exklusion der Älteren und Sterbenden kritisch (Elias 1982).

> "Viele Menschen sterben allmählich, sie werden gebrechlich, sie altern. Die letzten Stunden sind wichtig, gewiß. Aber oft beginnt der Abschied von Menschen viel früher. Schon Gebrechen sondern oft die Alternden von den Lebenden. Ihr Verfall isoliert sie. Ihre Kontaktfreudigkeit mag geringer, ihre Gefühlsvalenzen mögen schwächer werden, ohne daß das Bedürfnis nach Menschen erlischt. Das ist das Schwierigste – die stillschweigende Aussonderung der Alternden und der Sterbenden aus der Gemeinschaft der Lebenden, das allmähliche Erkalten der Beziehung zu Menschen, denen ihre Zuneigung gehörte, der Abschied von Menschen überhaupt, die ihnen Sinn und Geborgenheit bedeuteten." (Elias 1982, 8)

Obwohl heutzutage die grundsätzliche „Identifizierung" des Menschen mit seiner Gattung höher sei als in früheren Zeiten, in denen ohne weitere Gefühlsregung andere Menschen getötet und verletzt wurden, fehle dennoch weitgehend ein grundlegendes Bewusstsein für die menschliche Endlichkeit als Grundlage einer Identifizierung mit Sterbenden (Elias 1982, 9 f.). Die vergleichsweise große Sicherheit und Langlebigkeit, die Vorhersehbarkeit des Todes und das sog. Vorrücken der Scham- und Peinlichkeitsschwellen hat im Zuge der Zivilisierung der europäischen Gesellschaften zu einem Vergessen und zu einer Verdrängung des Sterbens geführt (Elias 1982, 17, 33).

> "Der Tod ist eine der großen bio-sozialen Gefahren des Menschenlebens. Gleich anderen animalischen Aspekten wird auch der Tod als Vorgang und als Gedanke während dieses Zivilisationsschubes in höherem Maße hinter die Kulissen des Gesellschaftslebens verlegt. Für die Ster-

benden selbst bedeutet dies, daß auch sie in höherem Maße hinter die Kulissen verlagert, also isoliert werden." (Elias 1982, 22)

Waren Menschen früher weniger alleine und spielte sich das Leben stärker im öffentlichen Raum und im Rahmen familiärer Bezüge ab, so war auch „das Sterben der Menschen eine weit öffentlichere Angelegenheit als heute" (Elias 1982, 30), von dem auch Kinder nicht ferngehalten wurden und über das in Bildern, Gedichten und Liedern detailliert berichtet wurde. In der heutigen Zeit fehle es an Sprachritualen und stereotypen Verhaltensweisen für starke emotionale Situationen wie Liebe, Geburt und Tod (Elias 1982, 39). Deren Gestaltung bleibe dem Individuum überlassen, das sich aber dieser Aufgabe „nicht recht gewachsen" zeige: „So wird unbefangenes Sprechen mit oder zu Sterbenden, dessen sie doch bedürfen, schwierig." (Elias 1982, 45 f.) Das Fehlen von sozialem, das individuelle Leben übergreifenden Sinn[136] verstärke die Tendenz zur Einsamkeit im Sterbeprozess.

"Wenn das geschieht, wenn ein Mensch im Sterben fühlen muß, daß er – obwohl noch am Leben – kaum noch Bedeutung für die umgebenden Menschen besitzt, dann ist er wirklich einsam." (Elias 1982, 97)

Hier deutet sich an, dass Menschen mit Demenz am Lebensende erheblichen Exklusionsrisiken ausgesetzt sind, wenn sie – was wahrscheinlicher ist als bei kognitiv orientierten Menschen – „kaum noch Bedeutung" haben für ihre soziale Umwelt (vgl. auch Cox, Watchman 2004). Dies vor dem Hintergrund, dass die emotionale Reaktivität, die Zugänglichkeit für Zuwendung und nichtverbale Kommunikation auch bei schwerer Demenz erhalten bleibt. (Förstl, Kurz, Hartmann 2011, 54 f.; Jahn, Werheid 2014, 158)

Ein Rückzug sehr alter und demenziell erkrankter Menschen aus gesellschaftlichen Bezügen und letztlich aus dem Leben scheint also eher kulturell-historisch bedingt als anthropologisch notwendig zu sein. Der Weg aus dem Leben von Menschen mit Demenz unterliegt Exklusionsrisiken

---

[136] "'Sinn' ist eine soziale Kategorie; das zugehörige Subjekt ist eine Pluralität miteinander verbundener Menschen." (Elias 1982, 84) Demnach kann einzelnes, mit dem Tod beendetes Leben nach Elias nicht als sinnvoll bezeichnet werden. Sinn ist immer nur zu denken als Bedeutung für andere.

wie Einsamkeit und Sprachlosigkeit (Schuhmacher, Klie 2013). Die ggf. zu beobachtende Weltferne von hochaltrigen und kognitiv desorientierten Menschen sucht über eine reine Kulturkritik hinaus nach Akzeptanz in der persönlichen Ansprache und im Aufrechterhalten von Beziehung.

2.3.6.3 Verlust von Kapitalien bei Demenz

Charakteristisch für das Exklusionsgeschehen bei Demenz ist seine zeitliche Dynamik und das lebensgeschichtlich späte Auftreten. Dies stellt einen wichtigen Unterschied zu den Exklusionsverläufen von behinderten Menschen dar, die bisher in der Inklusionsdebatte betrachtet werden. Menschen, die von Geburt an oder noch im Laufe ihres Erwerbslebens von einer Behinderung betroffen sind, werden „quasi nach vormodernem Integrationsmuster" (Wansing 2005b, 29) in nur ein Sozialsystem, nämlich das der sozialstaatlichen Unterstützung, integriert und seinen Regeln unterworfen. Das Exklusionsrisiko beruht auf unvollständigen, weil in Sondereinrichtungen verlaufenden Sozialisations- und Anerkennungsprozessen. Menschen mit Demenz dagegen schauen auf eine individuell gestaltete Biografie zurück, innerhalb derer sich die „Inklusionspflichten (z. B. Religionszugehörigkeit, Ehepflicht, Wehrpflicht)" (Wansing 2005b, 29) eher gelockert haben. Während also Menschen mit Behinderung durch Exklusionsverkettungen wichtige Inklusionserfahrungen in vielfältigen Kontexten gar nicht erst erleben, erlangt für Menschen mit Demenz eine andere Form der Aussonderung Gültigkeit: Sie fallen relativ abrupt und unumkehrbar aus ihren bestehenden sozialen Bezügen[137] – es findet eine Form von „Kapitalverpuffung" statt[138]. Häufig zum Zeitpunkt der Di-

---

[137] Dies gilt für Aussonderungsprozesse, die durch die Demenz angestoßen werden. Ggf. verkettet sich die Exklusion aufgrund der Demenz mit weiteren, zuvor erlebten Exklusionen, bspw. durch Armut oder Migration. Hier bedarf es weiterer Forschung.

[138] Pierre Bourdieu entwarf für die Analyse von sozialer Ungleichheit ein Modell unterschiedlich verteilter Kapitalien. Dieses umfasst ökonomisches Kapital in Form von Geld oder Eigentumsrechten sowie kulturelles Kapital als inkorporiertes Wissen bzw. Bildung, als Besitz von Kulturgütern oder Zertifikaten und schließlich soziales Kapital in Form unterstützender Beziehungen, die eine Ressource darstellen. Das symbolische Kapital entspricht dem Prestige oder Ansehen einer Person und beeinflusst die Optionen, Kapitalien zu tauschen, positiv (bspw. Zeugnisse in eine lukrative Beschäftigung). (Bourdieu 1983; Diezinger, Mayr-Kleffel 2009)

agnose[139] wird den Betroffenen schlagartig das bisher akkumulierte symbolische Kapital, also Status, soziale Anerkennung und die Berechtigung, ihre akkumulierten Kapitalien gegeneinander einzutauschen, abgesprochen. Die Diagnose fungiert als generalisiertes Kommunikationsmedium, das bestimmte Deutungsmuster (bspw. eingeschränkte Sprache und Gedächtnisleistung) des sozialen Umfelds gegenüber den Betroffenen aktiviert und legitimiert (Terfloth 2007, 161).

> „Zu den bestürzendsten Erfahrungen der Betroffenen gehört die häufige Reaktion des medizinischen Personals, das nach der Diagnose nicht selten dazu übergeht, die Betroffenen nur noch als Objekt zu behandeln und oft auch in ihrer Gegenwart das Gespräch allein mit den Angehörigen zu führen." (Nationaler Ethikrat 2006, 30)

In Folge der initialen Kapitalverpuffung werden die akkumulierten Kapitalien der Betroffenen und ihrer Familien in unterschiedlicher Geschwindigkeit aufgebraucht bzw. entwertet. Kulturelles Kapital in Form von Zertifikaten verliert unmittelbar nach der Diagnose seinen Wert, sofern es nicht schon durch den Rückzug aus dem Erwerbsleben an Bedeutung verloren hat. Inkorporiertes Bildungskapital (Wissen) dagegen schwindet nur langsam, ebenso wie objektiviertes kulturelles Kapital (bspw. Bücher, Kunstgegenstände), das mit der Zeit seine Bedeutung für die Betroffenen verliert. Abhängig von der Lebenslage verringert sich das ökonomische Kapital stetig, je nach Versorgungsform und ursprünglich vorhandener Menge. Die für Menschen mit Demenz vergleichsweise wichtigste Ressource, das soziale Kapital in Form unterstützender Beziehungen, ist ebenfalls von schlagartiger, umfassender Entwertung bedroht, wenn Familie, Freunde und Nachbarn die eigene Verunsicherung[140] oder (Angst-)Abwehr nicht bewältigen können oder wollen:

---

[139] "Am Tag vor der Diagnose war ich eine fleißige und erfolgreiche alleinerziehende Mutter mit drei Töchtern, die eine hohe Position bei der australischen Regierung bekleidete. Am Tag danach war ich abgestempelt als Person mit Demenz. (...) Ich war stigmatisiert, wurde gewissermaßen über Nacht nur noch über meine Krankheit definiert." (Bryden 2011, 165)

[140] Christine Bryden beschreibt die Situation direkt nach der Diagnose: „Die anderen wussten nicht, was sie sagen sollten, was sie von mir erwarten konnten, wie sie mit mir sprechen sollten, sie wussten nicht einmal, ob sie mich besuchen sollten." (Bryden 2011, 165)

> "Auf dem Tisch steht eine Grußkarte alter Freunde, die sie kaum noch besuchen. Ein schwieriges Thema. Von zumindest einer der besten Freundinnen meiner Mutter weiß ich, dass sie die Besuche schon recht früh eingestellt hat, weil sie sie ‚so in Erinnerung behalten möchte, wie sie war'." (Klare 2012a, 205 f.)

Für Menschen mit Demenz, die gerade in fortgeschrittenen Phasen auf Beziehungen zu vertrauten Personen und Resonanz in bekannten Umgebungen angewiesen sind –Leibgedächtnis (Fuchs 2010) und emotionale Sensibilität (Kruse 2013) bleiben erhalten – stellen der Rückzug des sozialen Umfeldes und damit der Verlust des sozialen Kapitals eine bedeutende Quelle von Ausgrenzung dar.

2.3.7 Blick von innen

Wie interpretieren Menschen mit Demenz ihre Lebenssituation, welche subjektiven Relevanzstrukturen sind wirksam, zu welchen Handlungsstrategien greifen sie? Ohne Zweifel ist es schwierig, als nicht demenziell beeinträchtigter Mensch etwas über die Innensicht eines Menschen mit Demenz zu sagen. Der Arzt Christoph Held und sein Team (Held 2013, 2010; Held, Ermini-Fünfschilling 2006) charakterisieren das subjektive Erleben von demenziell erkrankten Menschen als „dissoziatives Erleben". Die Innenwelt von Menschen mit Demenz sei nicht vorrangig durch das Vergessen geprägt, sondern dadurch gekennzeichnet, dass die Kontrolle über zunächst komplexe, dann basale Verrichtungen des Alltags verlorengeht, Entscheidungen nicht mehr getroffen werden können und nichts mehr „von selbst" gehe. (Held 2013, 16 ff.) Mit dem Fortschreiten der Demenzerkrankung verschwinde dann auch das Selbsterleben dieser dissoziativen Zustände, so dass kein Bewusstsein über die mangelnde Selbstkontrolle bestehe. Die Reflexion von (ggf.) noch vorhandenem Wissen, noch vorhandenen Erfahrungen, motorischen Fähigkeiten oder sensorischen Wahrnehmungen auf das „Selbst", die eigene Person, ist gestört:

> „Solch zeitweisem oder länger andauerndem Verlust von *Selbstgewissheit* – von der Gewissheit: ‚Ich bin es, der Kaffee trinkt', ‚Ich bin es, der im Pflegezentrum umherwandert', ‚Ich bin es, der schreit oder Hallo ruft', ‚Ich bin es, der mich im Spiegel erkennen kann' bis hinzu: ‚Ich bin es, der

stirbt' – begegnen wir im Pflegezentrum beim Menschen mit Demenz jeden Tag." (Held 2013, 24; k. i. O.)

Selbstgewissheit ist nicht nur als kognitiv kontrollierter Vorgang „der Hinwendung des Menschen auf sein geistiges Vermögen, auf die Vernunft" (Held 2013, 24) zu verstehen, sondern spielt sich auch un- bzw. unterbewusst ab. Das Selbst als „prozessuales Selbst" ist neurologisch nicht in einer bestimmten, eigenständigen Region des Gehirns zu verorten, sondern entsteht „nur durch ein komplexes, in jeder Sekunde immer wieder herzustellendes Zusammenspiel verschiedener Domänen im Gehirn." (Held 2013, 25) Identität im Sinne von Selbstgewissheit ist nicht stabil, sondern immer wieder neu herzustellen[141]. Der Verlust der Fähigkeit, ein „Selbst" zu konstruieren, wird von den Betroffenen nicht als solcher wahrgenommen, wohl aber der Verlust einer zentralen Kontrolle, was zum Zustand der Dissoziation führt. Dabei können Erfahrungen nicht mehr mit Handlungen verknüpft werden[142] oder sensorische Eindrücke trotz funktionierender Organe nicht mehr wahrgenommen werden. Dissoziatives Erleben ist von Außenstehenden nicht immer zu erkennen, es äußert sich als Wander- und Suchbewegungen, Erstarrung oder durch einen „leeren" Blick. Werden bspw. Schmerzen zwar körperlich wahrgenommen, aber nicht mehr auf sich selbst bezogen (und bleiben deshalb unbehandelt), kann sich dies „in Angst, Wahn, Traurigkeit oder Unruhe" äußern (Held 2013, 27). Der Verlust der Selbstgewissheit ist für die Betroffenen meist mit Gefühlen der Bedrohung, der Verlorenheit, Ratlosigkeit und „existenziellen Angst" verbunden, so wie es auch Richard Taylor in seinem Bericht „Alzheimer und ich" beschreibt:

> „Inzwischen weiß ich bestimmt, dass der Punkt erreicht ist, an dem ich nicht mehr weiß, ob ich etwas weiß oder nicht. Ich weiß einfach nicht, wenn ich etwas nicht weiß. (...) Mein persönliches Entwicklungspotenzial entzieht sich zunehmend meiner Kontrolle. Meine Fähigkeit zur Selbsterkenntnis entzieht sich meiner Kontrolle. Diese Kontrollverluste lösen existenzielle Angst aus, mich selbst zu verlieren." (Taylor 2008, 86 f.)

---

[141] „Das ‚Ich' ist, wie es die Dichterin Ingeborg Bachmann (1980) so trefflich formuliert hat, in jedem Moment ein ‚Ich ohne Gewähr'." (Held 2013, 25 f.)
[142] Held (2013, 23) führt das Beispiel eines Menschen mit Demenz an, der beschreiben kann, zu welchen Verletzungen heißer Kaffee führt, sowie über funktionierende Sinneswahrnehmungen verfügt und sich dennoch an zu heißem Kaffee verbrüht.

Auch in repetitiven Fragen („Was soll ich machen, was soll ich machen?") und der Suche nach Kontakt zu Angehörigen und Begleitern, die „ein stabiles Selbst ausstrahlen" äußern sich die Ängste der Betroffenen (Held 2013, 28). Zwar sind vielfach auch positive Gefühlsäußerungen zu beobachten, aber Demenzerkrankungen als ein „mehr oder weniger zufriedenes Abgleiten, zunächst in frühere Zeiten, später in einen vergangenheits- und zukunftslosen Zustand" zu betrachten, wäre lt. Held „völlig abwegig" (2013, 27 f.). Stattdessen dissoziieren sich in existenzieller Weise das Selbstbewusstsein und Umwelterfahrung, so dass Exklusion zur bestimmenden Realität wird.

Menschen mit Demenz dokumentieren ihre Empfindungen, Wahrnehmungen und Überlegungen in Blogs, Tagebüchern, Interviews. Zunächst selbstständig, dann – im Zuge zunehmender kognitiver Defizite – assistiert von Menschen aus ihrem sozialen Umfeld, werden die Dokumente zu Biografien und Selbstberichten zusammengestellt und veröffentlicht (bspw. Bryden 2011; Taylor 2008; Zimmermann, Wißmann 2011; Rohra 2011). Erklärtes Ziel der meisten Berichte ist, nicht nur einen Einblick zu schaffen in die Innenwelt von Demenzbetroffenen, sondern auch deren Situation zu verbessern, Akzeptanz für ein Leben mit Demenz zu schaffen und die Rechte von Menschen mit Demenz zu stärken. Neben die Bitterkeit des Verlusterlebens tritt demnach, in koproduzierender Autorenschaft, mehr oder weniger stark die Bewältigungsdimension, ein Fokus auf die positiven Aspekte eines Lebens mit Demenz. Auch die Berichte enger Angehöriger wie bspw. des eingangs zitierten John Bayley, der als Ehemann von Iris Murdoch ihr gemeinsames Leben mit der Demenz beschreibt (Bayley 2000), oder von Arno Geiger, der sich seinem demenzkranken Vater wieder annähert (Geiger 2011), greifen diese Ambivalenz auf und geben Resonanz aus dem Innenleben von demenzkranken Menschen.[143]

---

[143] Typischerweise ist es ein bildungsbürgerliches Milieu, aus dem Selbstberichte oder literarische bzw. dokumentarische „proxys" vorliegen. Neben den oben genannten (John Bayley, Arno Geiger) sind dies bspw. Tilman Jens, der den Krankheitsverlauf seines Vaters, des Intellektuellen Walter Jens, beschreibt (Jens 2009); David Sieveking, der als jüngstes Kind einer Akademikerfamilie einen Film über das Leben seiner demenziell erkrankten Mutter gedreht hat (Sieveking 2012); Richard Taylor, der als Professor für Psychologie über seine Krankheit berichtet (Taylor 2008) und Christine Bry-

Die Betroffenen schildern das oft frustrierende und deprimierende Erleben der kognitiven Verluste und ihrer Strategien im Umgang damit, wobei die Merkliste von der Gedächtnisstütze zum Symbol des Verlustes der zentralen Kontrolle wird:

"Das war die Zeit, als wir eine 'Aufgabenliste' in den Computer eingaben und ständig aktualisierten. Jetzt sind es nur noch kurze Einträge im Terminkalender. Für andere ist es nur eine Liste, aber für mich mein Leben, die einzige Möglichkeit, mein Leben zu organisieren, das sonst ein einziges Chaos wäre, weil auch in meinem Kopf nur Chaos herrscht." (Bryden 2011, 112)

"Anfangs habe ich mir mit einzelnen Zetteln beholfen, auf denen ich Wichtiges notierte, ging dann zu Besorgungslisten über, dann zu computergenerierten Besorgungslisten mit Alarmfunktion, schließlich listete ich mir die Besorgungslisten auf, dann beschloss ich, mich nur noch mit dem heutigen Tag zu befassen, (...)." (Taylor 2008, 205)

Die Erinnerung kann zwar reaktiviert werden, bleibt aber „eigenartig fremd".

"Jedes Foto hat eine mit silbernem Stift geschriebene Überschrift. Ich schaue mir die verschiedenen Orte an, wo ich (...) abgebildet bin, und spüre eine eigenartige Fremdheit. Ich weiß nicht mehr, dass ich dort war, und kann mich auch nicht an die Situation erinnern, in der die Fotos gemacht wurden. Sie lassen in meinem Gedächtnis keine Bilder oder Geräusche entstehen. Aber die Beweise liegen vor mir, also war ich da und

---

den, die vor ihrer Diagnose eine leitende Stellung in der australischen Bundesverwaltung bekleidete (Bryden 2011). Aufgrund der soziokulturellen Standortgebundenheit können die Stellungnahmen und Berichte keine Geltung für die Gesamtheit der Demenzbetroffenen beanspruchen. So kann bspw. die Manifestation der Symptomatik je nach Bildungsgrad erheblich variieren, wie oben gezeigt wurde, und der Umfang der finanziellen Ressourcen, die für die ambulante oder stationäre Unterstützung einer demenzbetroffenen Person eingesetzt werden können, beeinflusst vermutlich ebenfalls das Krankheitserleben. Diese unterschiedlichen sozialstrukturellen und -kulturellen Rahmenbedingungen werden nur teilweise reflektiert: So weist Bryden, auf ihr kräftezehrendes Engagement angesprochen, daraufhin, dass sie sich „(...) allen Betroffenen tief verbunden fühl[t], deren Energie mich ausreicht, um sich für sich und andere zu engagieren, (...)" (Bryden 2011, 65). David Sieveking dagegen, von Konrad Beyreuther nach der Verallgemeinerbarkeit seiner Filmbotschaft, angesichts des vergleichsweise hohen sozialen Status und der komfortablen materiellen Situation seiner Familie, gefragt, kann keinen sozialstrukturellen Bias ausmachen (Kongressgespräch; Extra der DVD des Spielfilms „Vergiss mein nicht", 23.08.2013). Systematische Forschung zu diesem Aspekt steht noch aus.

kann mich heute noch an den längst vergangenen Ereignissen erfreuen, wenn ich mir die Bilder ansehe." (Bryden 2011, 63)

Der Erhalt bzw. Verlust von Kontrolle als täglicher Kampf um Normalität zieht sich wie ein zentrales Motiv durch die Berichte:

"Ich bin wie ein Schwan, der ruhig über das Wasser gleitet, aber unter der Oberfläche verzweifelt paddelt. Über der Wasseroberfläche wirkt meine Funktionsfähigkeit normal, aber unten strampele ich wie wild mit den Beinen, um mich über Wasser zu halten. Ich habe das Gefühl, dass ich jeden Tag schneller paddeln muss, und dass ich bald untergehe, weil der Kampf einen Punkt erreicht, an dem die Erschöpfung siegt und ich nicht mehr weitermachen kann." (Bryden 2011, 108)

Der angesichts der Defizite zur Entlastung vorgebrachte Hinweis auf die verursachende Demenz kann im Gegenzug zu einer „Entpersonalisierung" führen – nicht die Person ist das für ihr Handeln verantwortliche Subjekt, sondern die Demenz handelt sozusagen an ihrer Stelle:

"Wenn ich heute etwas vergesse, bekomme ich gesagt, das wäre überhaupt nicht schlimm, weil es die Krankheit sei, nicht ich. Wenn ich heute einen Fehler mache, bekomme ich gesagt, die Krankheit sei schuld, nicht ich. Wenn ich mit etwas herausplatze, was ich gerne wieder zurückholen und runterschlucken würde, bekomme ich gesagt, der unangemessene Ausbruch sei krankheitsbedingt." (Taylor 2008, 151)

Auch in anderer Hinsicht trägt die Demenzerkrankung zu einem reduzierten Selbstwertgefühl bei:

"Ich kann mein Tun nicht immer steuern und muss deshalb auf das stolze Gefühl verzichten, das sich einstellt, wenn ich eine Sache gut mache." (Taylor 2008, 93)

Der Versuch, soziale Kontakte aufrechtzuerhalten, ist in wachsendem Maß kompliziert für Menschen mit Demenz. Im Zuge der zunehmenden Probleme, mit seinen Merklisten zurechtzukommen, notiert Richard Taylor eher frustriert:

„(…) dann wurde mir zunehmend egal, was mit mir passiert oder nicht, und [ich] nahm auch meine Verpflichtungen anderen gegenüber weniger ernst." (Taylor 2008, 205)

Umgekehrt ziehen sich – u. U. auch gute – Freunde zurück:

> "Isolation ist ein echtes Problem für uns. Viele Menschen mit Demenz haben den Eindruck, dass andere glauben, Demenz sei ansteckend! Viele Freunde ziehen sich zurück. Die Leute behandeln uns anders, wenn sie wissen, dass wir Demenz haben und sind unsicher, wie sie sich verhalten sollen. Vielleicht befürchten sie, dass wir komisches Zeug reden und merkwürdige Dinge tun. Wir haben oft das Gefühl, dann man uns beobachtet und nur darauf wartet, dass wir etwas falsch machen." (Bryden 2011, 128)

Scharfsichtig stellt Richard Taylor fest, dass die Isolation praktisch unausweichlich ist, weil nicht nur die Beziehungen zu den kognitiv Orientierten schwierig werden, sondern auch Gruppenerlebnisse unter Demenzkranken:

> "Pflegende bleiben Mitglieder ihrer Gruppe, die Menschen in ihrer Obhut werden im Laufe der Zeit zu einer Ein-Personen-Gruppe." (Taylor 2008, 144)

Bryden sieht dennoch – oder gerade deswegen – im gemeinsamen Restaurantbesuch von Demenz-Aktivist/innen eine Chance auf gelingende Kommunikation:

> "Wir wissen nicht, was die Kellnerin von uns dachte – von Leuten, die ganz normal aussahen, und die doch nicht wussten, was sie bestellt hatten, (...). Vielleicht hätten wir uns ein Schild mit der Aufschrift: 'Wir sind Menschen mit Demenz' umhängen sollen, dann hätte sie uns vielleicht besser verstanden. Oder doch nicht? Vielleicht hätte sie dann erwartet, dass wir nicht sprechen oder nicht in ein Restaurant gehen können." (Bryden 2011, 69)

Deutlich wird in vielen Selbstberichten, aus denen hier stellvertretend die von Bryden und Taylor ausgewählt wurden, dass letztlich eine gewisse Ignoranz gegenüber sozialen Normen und zivilisatorischen Verpflichtungen sowie der bewusste Verzicht auf (Selbst-)Kontrolle eine Strategie ist, um mit der erheblichen Verunsicherung (bis hin zur existenziellen Angst) umzugehen, die die demenzbedingten Verluste mit sich bringen. Taylor stellt eher frustriert fest:

> "Ich bin es mittlerweile Leid, über mich und meine Zukunft nachzudenken, und das ist einer der Gründe, weshalb ich in meinen Gefühlen lebe." (Taylor 2008, 131)

Dabei lässt sich die Ebene der Gefühle ohne kognitiv gestützte Erinnerungen erreichen:

> "Ich sah Gesichter, die ich gut kannte, und es blitzte so etwas wie Wiedererkennen und Freude darüber auf. Ich lächelte und umarmte diese netten Menschen. (...) Ich kannte nicht ihre Namen, wusste nicht, ob sie verheiratet waren oder nicht, ob sie Kinder hatten oder einen Job. Ich wusste nichts über sie, was man 'normalerweise' über Menschen weiß, die man kennt. Ich erkenne Menschen auf einer Ebene, die etwas mit der Seele und mit Emotion zu tun hat." (Bryden 2011, 116)

Die soziale Beziehung erhält ein Ungleichgewicht, da das Umfeld von demenziell erkrankten Menschen diese dabei unterstützt, ihre Identität zu erhalten, aber diese Leistung reziprok nicht erbracht werden kann, wie Bryden feststellt:

> „Erlauben Sie mir, in der Gegenwart zu leben. (...) Ich brauche Sie, damit Sie meine Identität bestätigen und mich begleiten. Ich kann Sie nicht bestätigen, mich nicht erinnern, wer Sie sind und ob Sie mich besucht haben." (Bryden 2011, 117)

Im strikten Bezug auf die Gegenwart lässt sich das soziale Ungleichgewicht zumindest punktuell aufheben, Bryden spricht hier von ihrem „Tanz mit der Demenz"

> "Die Situation verändert alle paar Monate irgendetwas an der Art und Weise, wie wir leben. Es sind nur Kleinigkeiten, aber sie sind spürbar. Wir passen uns den Veränderungen des Tanzes mit der Demenz an, dessen Begleitmusik sich immer dann ändert, wenn sich mein Zustand verschlechtert und ich meine Bedürfnisse kommuniziere. Paul muss einen neuen Tanzschritt machen und ich mache auch einen, wir lassen uns führen oder übernehmen selbst die Führung, je nach Bedarf." (Bryden 2011, 173)

Um also in der Planlosigkeit (und damit auch Losgelöstheit, Schutzlosigkeit) des Gegenwartsbezugs die Ängste beherrschen zu können und evtl. sogar zu einer Ungebundenheit im Sinne einer kreativen Freiheit des Augenblicks zu kommen, bedarf es sicherheitsstiftender Bindungen. David Sieveking berichtet im Interview über seine Mutter, die sich den gefühlten Leistungsanforderungen verweigerte, aber dann – „getragen" von Beziehungen wieder „mitgemacht" hat:

> "Trotzdem hat sie gesagt: Ich will nicht mehr, und ich kann nicht mehr. Und zwar hat sie das auch immer begründet. Sie hat gesagt: Ich kann nicht mehr, weil ich das nicht weiß. Oder: Ich will das nicht, weil ich das nicht weiß. Mein Vater hatte das Gefühl, der sagte, sie hatte eben Angst vor diesem Unbekannten oder vor den ganzen Anforderungen, aber sie hat sich irgendwann getragen gefühlt und hatte dann sozusagen wieder Lust, mitzumachen. Weil sie wieder gemerkt hat, sie kann da nichts falsch machen. Und hat dann noch eine Zeit lang mit uns mitgemacht." (Sieveking 2013, 18:50 ff.)

Zentrale Exklusionsdimensionen sind den Selbstberichten der Betroffenen zufolge demnach der Verlust der Kontrolle über das eigene Leben und der Fähigkeit, soziale Beziehungen aktiv zu gestalten. Dabei deutet sich an, dass im Vertrauen auf Bindungen, die stützen, aber nicht bevormunden, Zugehörigkeit möglich ist.

2.3.8 Sinnunterstellung als Exklusionsrisiko

Die Beeinträchtigung durch Demenz und die Herausforderung, Menschen mit Demenz zu unterstützen, werden zuweilen im Demenzdiskurs nicht nur als soziales Problem gewertet, sondern auch als Ansatzpunkte zur Lösung anders gelagerter Probleme. Im Zuge dieser Argumentation wird dem verstärkten Auftreten von Demenzen und dem gesellschaftlichen Umgang damit Sinn unterstellt. Über die empirische Beobachtung[144] hinaus, dass positive Aspekte eines Lebens mit Demenz existieren, geht es einer solchen Argumentation a) darum, eine sinnhaltige Ursache für Demenzerkrankungen benennen zu können, und b) das vermehrte Auftreten von Demenzerkrankungen als funktionalen Beitrag zur sozialen (Wei-

---

[144] vgl. Otto (2012): In seiner Analyse von Ratgeberliteratur und belletristischen Texten entdeckt er in einem (kleineren) Teil der Quellen positive Darstellungen von Demenz, die auf einen „Zugewinn im Defizit" schließen lassen. Diese von ihm als „Sinnfenster" bezeichneten Phänomene beziehen sich auf die empirisch gut belegte Annahme, dass Menschen auch bei fortgeschrittener Demenz die Erfahrung von Glück und einem guten Leben machen können, nicht aber auf eine Sinnsuche auf gesellschaftlicher Ebene. Vgl. auch Bär 2010.

ter)Entwicklung der Gesellschaft zu konstruieren. Besonders deutlich wird dies in der Argumentationsfigur der „Flucht" in die Demenz, die vor der Auseinandersetzung mit unliebsamen und mit eigener Schuld verbundenen Erinnerungen schützen soll (Jens 2009). Auch unbearbeitete Traumata werden als Erklärung für das Auftreten von Demenz herangezogen: Die im Nationalsozialismus durch Kriegserlebnisse und eine oft rigide, gewalttätige Erziehung traumatisierte Generation habe im Erwachsenenleben diese Erfahrungen angesichts wachsenden Wohlstands und sich ausbreitender Individualisierung verdrängt und ziehe sich jetzt, orientierungslos geworden in einer automatisierten, digitalen Welt, in die Demenz zurück (Gronemeyer 2013, 98 ff.). Naomi Feil interpretiert kognitive Verwirrung im Alter als Symptom für unerledigte biographische Entwicklungsaufgaben, so die Grundannahme, auf der die von ihr entwickelte Kommunikationstechnik der Validation beruht (Feil, Klerk-Rubin 2013, 32 ff.)[145].

Die Suche nach gesellschaftlichen Ursachen der Demenz setzt in dieser Logik bei der in Industriegesellschaften vorfindlichen „Hyperkognitivität" an (Gronemeyer 2013, 11 ff.). Ein „tieferes, reiferes Verständnis der Demenz" mache deutlich, dass sie in „erklärender Weise Züge unserer allgemeinen gesellschaftlichen Entwicklung zum Ausdruck bringt", und zwar die Korrespondenz zwischen kollektiver und individueller Erinnerungslosigkeit wie auch Parallelen zwischen der „Welt des Konsumismus", der „Welt der toten Dinge" und der Demenz als Kulminationspunkt eines radikalen Individualismus', der lebendige, soziale Beziehungen zerstöre (Gronemeyer 2013, 215).

Diese Suche nach sozialen bzw. politischen Ursachen[146] der Demenz bei gleichzeitiger Zurückweisung von naturwissenschaftlichen Erklärungen[147] deutet auf den Versuch hin, dem Krankheitsgeschehen einen Sinn zu

---

[145] Die von Nicole Richards zur Integrativen Validation weiterentwickelte Technik kennt diese Grundannahme nicht (Richard 2010).

[146] Hier werden genannt: Überlastung durch mediale Einflüsse (Gronemeyer 2013, 111 ff.), iatrogen durch Psychopharmaka (Gronemeyer 2013, 125 ff.), Folge von Umweltgiften (Gronemeyer 2013, 41), falsche Ernährung (Gronemeyer 2013, 132 ff.).

[147] „Einer offenen Debatte steht die Tatsache entgegen, dass der Alzheimer-Komplex zu einer medizinischen Goldgrube geworden ist, von der man sich nicht verabschieden möchte." (Gronemeyer 2013, 33).

verleihen. Jörn Klare bebildert das Bedürfnis nach sinnvollen Erklärungen durch einen kurzen Dialog mit seiner Mutter:

> "‚Was liest Du?' ‚Wörter, die zu den Buchstaben passen.' Gern sehe ich in solchen Aussagen einen höheren Sinn, ahne aber, dass (...) da wohl auch eine Art Zufallsgenerator vermeintlich Sinnverwandtes neu zusammenwürfelt, Kontexte an- und aufreißt und die Scherben beliebig neu zusammensetzt." (Klare 2012a, 151)

Sinnstiftende Erklärungen, so Saake, nehmen Druck aus dem Pflegealltag und helfen professionellen Pflegekräften, aggressives und störendes Verhalten „zu verstehen", was zum Erfolg der Validation in der Praxis beitrage:

> "Organisatorische Probleme im Umgang mit alten Menschen verlangen geradezu nach einer Sinnunterstellung. (...) Es sind desorientierte alte Menschen, deren Pflege höchste Anforderungen an die tägliche Handlungsplanung von Pflegekräften stellt. Von dieser Zumutung an Sinnlosigkeit überfordert, stellt sich das Angebot einer mit sinnversorgenden [sic!] Vergangenheit als Entlastung heraus." (Saake 2006, 237 ff.)

Angesichts der kostenintensiven, aber bisher nur bedingt erfolgreichen naturwissenschaftlichen Forschung und der Aussicht auf die enorm komplexen und umfassenden sozialen und kulturellen Lernprozesse, die ein würdesichernder Umgang mit Menschen mit Demenz und ihren Angehörigen zukünftig erfordert, erleben vereinfachende Erklärungen für Demenzerkrankungen und Sinnzuweisungen an die Krankheit eine Konjunktur. Auf die individuelle Ebene bezogen, versprechen darüber hinaus die Erklärungen, die potenziell veränderbare Auslöser beinhalten, dem angesichts der neurologischen Veränderungen hilflosen Subjekt – auch jenseits der medizinischen Expertenkulturen – die Rückeroberung seiner individuellen Handlungsfähigkeit. Diese ist mit der Hoffnung verbunden, die eigene, existenziell gegebene physische und psychische Verletzlichkeit doch gestalten zu können: sei es durch gesündere Ernährung, weniger Medikamente, soziale Toleranz oder weniger digitale Medien.
Den Betroffenen selbst fällt es dagegen eher schwer, der Krankheit oder dem hirnorganischen Alterungsprozess einen Sinn zu unterstellen. Richard Taylor resümiert seine Beschäftigung mit Informationen zur Alzheimer-Krankheit folgendermaßen:

> „Hat das Ganze einen Sinn? NEIN! Die Alzheimer-Krankheit aber ebenso wenig." (Taylor 2008, 76 f.)

Als positive Aspekte der Krankheit nennt er: Häufigeren und innigeren Kontakt zu Angehörigen, ein Dankbarkeitstagebuch, mehr Sympathie für Studierende, aufgeschobene Pläne werden verwirklicht sowie emotionale Fokussierung, und kommt zum Schluss:

> "Ist das nun ein 'Vorteil' oder hätte ich nicht immer schon so leben sollen? Wie dem auch sei: Diese Reaktionen auf die Erkrankung fühlen sich gut an. Dennoch kann ich, im Gegensatz zu manchen anderen alzheimerkranken Personen, eigentlich nicht sagen, ich sei froh, dass ich meine Diagnose kenne und die Alzheimer-Krankheit frühzeitig diagnostiziert wurde." (Taylor 2008, 91 f.)

Demenzerkrankungen als funktionalen Beitrag für eine Weiterentwicklung der Gesellschaft zu interpretieren, bedeutet, das vermehrte Auftreten von Demenzerkrankungen nicht als Problem, sondern als Beitrag zur Lösung von Problemen aufzufassen. So könnte die Demenz Gewinn bringen für die Gesellschaft, die durch sie wieder helfen und sich kümmern lernt. Sie soll auf sozial-emotionale Defizite verweisen und Reformen auslösen. (Gronemeyer 2013, 17). Die Demenz fungierte dann als eine Art Weckruf für einen Wertewandel hin zu weniger rational-kognitiven und stärker empathisch-sozialen Werten.

> „Demenz sensibilisiert für die Aufgabe, unser Menschenbild tiefgreifend zu reflektieren." (Kruse 2008, 6)

Eine weitere, ähnliche Überlegung ist, ob demenzkranke Menschen die Flexibilität von Organisationen steigern können (Birken, Weihrich 2013). Das Risiko, das diese zunächst auch durchaus optimistisch anmutende Fokussierung auf die „Leistungen" und „Beiträge" der Demenzbetroffenen birgt, ist, dass eine – trotz ggf. schwerster Behinderung inkl. ggf. aggressiven Verhaltens – voraussetzungslose Anerkennung von Menschen mit Demenz als Personen aus dem Blick gerät. Gleichzeitig werden Demenzbetroffene und ihre Angehörigen für einen gesellschaftlichen Kulturwandel funktionalisiert, wenn nicht instrumentalisiert, was darüber hinaus kaum ohne unzulässige Generalisierungen erfolgen kann. Es gilt „die Dementen", „die Früh-Diagnostizierten", „die Menschen mit weitfortgeschrittener Demenz" zu identifizieren, damit zu reifizieren und letztlich gerade dadurch Demenz wieder zu biologisieren. Hier gilt in ähnlicher Weise, was Saake für das Alter herausgearbeitet hat,:

> „Weder lassen sich gesetzmäßige Merkmale des Altseins identifizieren (Identitätsansatz), noch ein Zusammenhang als Gruppe rechtfertigen (Differenzansatz)." (Saake 2006, 241)

Die Unterstellung von Sinn, wie bspw. Demenz als Reaktion auf ein Trauma oder späte Flucht vor erlebter Schuld zu begreifen, verbindet sich darüber hinaus nahezu zwangsläufig mit Schuldzuweisungen an die betroffene Personen oder aber andere, ggf. ihr nahestehende Personen. Hier besteht die Gefahr, dass durch Vermutungen zu möglichen Ursachen der Demenz wie Gewalterfahrung, Ernährungs- oder Medikationsfehler die Anstrengungen von Angehörigen, Betroffenen und professionell Pflegenden um eine gelingende, gegenwartsorientierte Lebensgestaltung mit Demenz hintertrieben werden. Eine weitere Gefahr verbindet sich mit der Sinnunterstellung, weil sie eine beobachtungsferne Interpretation von Phänomenen und Verhalten darstellt und deshalb erfahrungsgeleitetes und einfühlendes Verstehen eher verhindert. Was, wenn eine zunehmende Unruhe nicht durch quälende Erinnerungen, sondern schlicht durch Zahnschmerzen, die nicht mehr benannt werden können, verursacht ist? Brandenburg und Güther (2013) postulieren ebenfalls Sinn als zentrale Bedingung eines guten Lebens für Menschen mit Demenz. Sie orientieren sich jedoch dabei strikt an den „subjektiven Präferenzen", die „zu objektiven Gegebenheiten sinnhaft und sinnschaffend in Bezug gesetzt" werden (Brandenburg, Güther 2013, 92). Ausgangspunkt sei dabei ein hermeneutisch-dialogischer Prozess der Interpretation der (veränderlichen) Bedürfnisse von Menschen mit Demenz.

> "Vor allem aber sollten Sie nicht vergessen, dass wir Individuen sind. Wir haben Demenz, aber Sie können die Schäden nicht sehen und folglich auch nicht wissen, wie sie sich anfühlen. Interpretieren Sie nicht so viel in uns hinein. Sehen Sie uns als das an, was wir sind: Menschen, keine Krankheit. Und dann können sie uns helfen, unser Potenzial weiterhin voll auszuschöpfen." (Bryden 2011, 134)

Oben wurde dargestellt, dass die Fokussierung auf Demenz als Krankheit zu einer reduktionistischen Personkonzeption führen kann. In ähnlicher Weise kann eine Vereinnahmung von Demenzbetroffenen durch eine Kulturkritik, die Demenz als Mahnung für die hyperkognitive Gesellschaft instrumentalisiert, dazu führen, dass individuelle Bedürfnisse von Menschen mit Demenz übersehen werden.

2.4 Fazit: Exklusion von Menschen mit Demenz

Die Analyse des Exklusionsbegriffs hat gezeigt, dass Exklusions- und Inklusionsprozesse notwendig aufeinander verweisen: Exklusion wird nur in dem Ausmaß sichtbar, in dem kulturelle und soziale Ansprüche an Inklusion in einer Gesellschaft formuliert worden sind. Dennoch hat sich eine disziplinär unterschiedliche Rezeption der Konzepte entwickelt, derzufolge Exklusion primär in der Soziologie als extrem benachteiligende, verfestigte soziale Ungleichheit untersucht wird und Inklusion in der Heil- und Sonderpädagogik auf den Aufbau von Bildungsinstitutionen für behinderte und nicht-behinderte Kinder und Jugendliche fokussiert. Exklusion, die hier Kronauer (2010a) folgend als Abbruch der Wechselseitigkeiten auf den Dimensionen Produktion, Reproduktion oder Partizipation definiert wird, hat das Potenzial, Ausgrenzungsprozesse umfassend sowohl im zentralen Bereich des Erwerbslebens, als auch in sozialen Nahbeziehungen und bei der Artikulation von Interessen zu beschreiben und zu analysieren. Die Darstellung der spezifischen Exklusionsrisiken von Menschen mit Demenz hat dementsprechend soziale, ökonomische und kulturelle Aspekte von Ausgrenzung aufgezeigt. Exklusion von Menschen mit Demenz ist dabei keine Erfindung der Moderne. Bereits in der Antike, dem Mittelalter und in der Neuzeit sind Demenzerkrankte verschiedenen Abstufungen von Exklusion ausgesetzt (Extinktion, Marginalisierung, Freiheitsentzug). Die spezifischen Exklusionsrisiken von Menschen mit Demenz in der heutigen Zeit sind denen von alten Menschen oder von Menschen mit Behinderung ähnlich. Analog zu den Erfahrungen von Menschen mit Behinderung zeigen sich die Exklusionsformen der Elimination, der Medikalisierung, des Verweises in Sondereinrichtungen und der Stigmatisierung (die in Abwehrreaktionen der kognitiv orientierten

Umwelt gründet). Im Unterschied zu (lebenslang) körperlich oder geistig beeinträchtigten Menschen, für die die Exklusion in den Bereichen Bildung und Beruf von großer Bedeutung ist, spielt dies für Menschen mit Demenz durch die überwiegend spät im Leben eintretende Demenz eine weniger entscheidende Rolle. Dagegen ist die Exklusion in und mit der oder sogar durch die Familie typisch für Demenz. Analog zu den Exklusionsrisiken des Alters zeigt sich bei Demenz die Figur der Funktionslosigkeit (für die den Demenzbetroffenen im Unterschied zu kognitiv orientierten Älteren aber kein Substitut zur Verfügung steht). Die Ausgrenzung und Isolation der Sterbenden in zivilisierten Gesellschaften trifft Demenzerkrankte ebenso wie andere Menschen in hohem Alter. Im Unterschied zum kognitiv orientierten Alter und zu einem Leben mit Behinderung zeigen sich Exklusionen bei Demenz typischerweise als Kapitalverpuffung und in der De-Personalisierung der Betroffenen. Exklusion als Abbruch der Wechselseitigkeiten und soziale Isolation basiert bei Menschen mit Demenz auf stabilen Zuschreibungen umfassender Bedeutungslosigkeit. Dies betrifft für die kleine Gruppe der jüngeren Menschen mit Demenz die Produktionssphäre und kommt praktisch einem Arbeitsverbot gleich. Kulturelle oder soziale Leistungen werden von Menschen mit Demenz nicht erwartet. Ressourcen im sozialen Nahbereich wirken ambivalent, da Unterstützung durch die Familie in sehr unterschiedlichem Ausmaß zu Verfügung steht und teilweise in paternalistischer Weise erbracht wird. Der Verlust der Kontrolle wird von Demenzbetroffenen als existenzielle Exklusion erlebt, kann jedoch im Vertrauen auf soziale Beziehungen, die stützen, aber nicht bevormunden, teilweise aufgefangen werden. Exklusionen von Menschen mit Demenz sind häufig unumkehrbar und werden mit Verweis auf das nahe Lebensende auf Dauer gestellt. Obwohl demenzkranke Menschen in den Genuss der vollen Menschenrechte kommen, laufen sie also Gefahr, soziale Missachtung in einem Ausmaß zu erfahren, das einer völligen Entwertung ihrer Person gleichkommt.

Im Folgenden soll zunächst der Begriff der Inklusion geklärt werden, bevor auf die hier dargestellten Exklusionsdimensionen zurückgegriffen wird, um zentrale Kontexte von In- und Exklusion zu vertiefen. Dazu gehört die Frage nach der Einbeziehung von Menschen mit Demenz in den Nahraum (vgl. Abschnitt 4.1) oder in Institutionen (vgl. Abschnitt 4.2) sowie die inkludierende Wirkung von Rechtsnormen (vgl. Abschnitt 4.3). Auch welche Bedeutung der für den Exklusionsbegriff relevante Kontext der sozialen Ungleichheit in Bezug auf Menschen mit Demenz hat, wird in Kapitel 4 vertiefend untersucht (vgl. Abschnitt 4.4).

3 Inklusion

Um zu prüfen, ob und wie das Konzept der Inklusion auch für Menschen mit Demenz fruchtbar gemacht werden kann, soll im Folgenden zunächst die von der Behindertenarbeit ausgehende „Karriere" der Idee skizziert werden. Die anschließende Begriffsdefinition dient der Abgrenzung von Inklusion zu „Integration" und „Teilhabe", den bisherigen Leitbildern[148] für eine Eingliederung von Menschen mit Behinderung bzw. Demenz. Aus der Begriffsklärung wird ein erstes Fazit gezogen hinsichtlich der Frage der Anwendbarkeit des Inklusionsbegriffs auf die Situation von Menschen mit Demenz. Dies dient als Ausgangspunkt für die vertiefte Analyse der theoretischen und normativen Kontexte von Inklusion, die schon zu Anfang des Kapitels kurz vorgestellt werden, und ihren Bezug auf Demenz in Kapitel 4.

3.1 Karriere einer Idee

Der Begriff der Inklusion hat, ausgelöst durch die UN-Behindertenrechtskonvention (BRK) von 2006, nicht nur in wissenschaftlichen Veröffentlichungen und Fachkreisen der Behindertenhilfe, sondern auch alltagssprachlich Karriere gemacht.

> „Inklusion als Leitziel hat den Weg in Staat und Gesellschaft gefunden und in unzähligen Veröffentlichungen, Medienberichten und fachpolitischen Stellungnahmen wird aktuell die Umsetzung diskutiert." (Siebert 19.02.2013)

Der zunächst doch eher sperrige Begriff „Inklusion" wird inzwischen breit in der Tagespresse[149] und im Rundfunk rezipiert. Terfloth spricht schon 2007 von einem „Modewort" (2007, 8), und Balz et al. konstatieren kritisch:

---

[148] Vgl. u. a. Flieger (2011); Frühauf (2010); Hinz (2010a) für den Begriff der Integration und Klie (2008) für die Forderung nach Teilhabe für Menschen mit Demenz.
[149] Für den Monat Dezember 2013 verzeichnete bspw. selbst die Regionalzeitung „Badische Zeitung" (Auflage: 147.410) 32 Beiträge zum Thema Inklusion.

"So besteht die Gefahr, dass sich der Begriff der Inklusion zu einem sozial- und bildungspolitischen sowie populärwissenschaftlichen Modewort (ohne klaren inneren Bedeutungskern) entwickelt, verschiedene Interessengruppen sich seiner bedienen und mit der Forderung nach Inklusion (lediglich) einen Vorteil in der Debatte um gesellschaftliche und institutionelle Veränderungsperspektiven verschaffen wollen (...)." (Balz, Benz, Kuhlmann 2012a, 2)

Im Folgenden sollen die drei Ebenen der theoretischen Perspektiven, der möglichen Zielgruppen und schließlich der professionellen Handlungs- und Praxisfelder des Begriffs benannt (s. **Abbildung 1**) und seine Karriere hin zum „Modewort" beleuchtet werden. Dies vor dem Hintergrund, dass die wissenschaftlichen, politischen, rechtlichen und professionellen Ebenen des Inklusionsdiskurses noch unverbunden nebeneinander stehen (Degener, Mogge-Grotjahn 2012, 60) und bestehende Inklusionsprojekte eher funktional differenziert wahrgenommen werden denn als politische oder professionelle Querschnittsaufgabe (Degener, Mogge-Grotjahn 2012, 67). Außerdem, so Siebert, ist „das Spektrum der theoretischen Grundlagen des Inklusionsbegriffs äußerst vielfältig" (Siebert 19.02.2013, 9). Diese theoretische Komplexität in Verbindung mit der empirisch gegebenen Vielfalt inklusiver Konzepte und Praxisprojekte lässt keine vollständige, endgültige Klärung des Begriffs zu, sondern erlaubt lediglich die Reflexion des aktuellen wissenschaftlichen, konzeptionellen und fachpraktischen Diskurses und der dort eingelagerten Interessen (Kuhlmann 2012, 54). Dies anzuerkennen ist m. E. eine wichtige Voraussetzung, um zu einem sinnvollen Begriff von Inklusion für Menschen mit Demenz zu kommen.

Abbildung 1: Theoretische Perspektiven, Zielgruppen und Praxisfelder von Inklusion

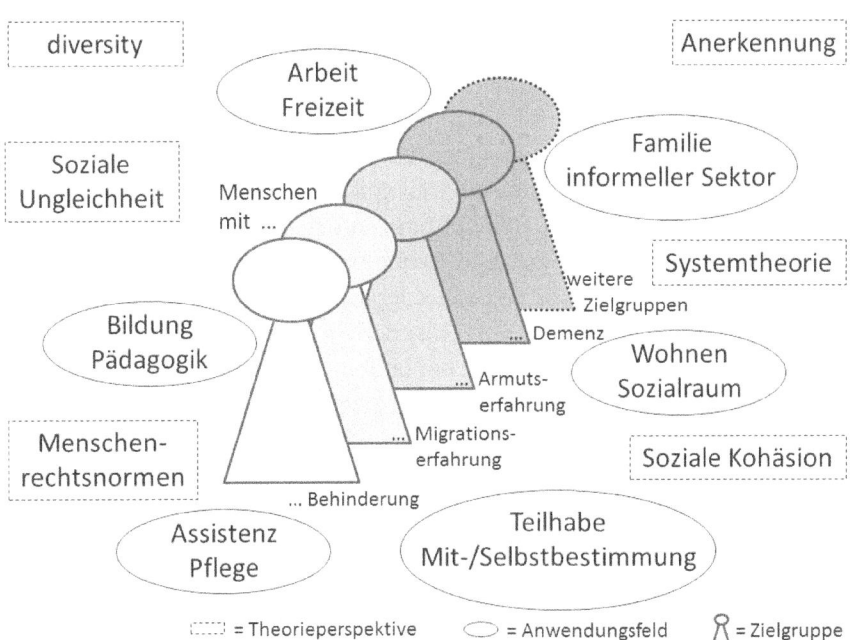

Quelle: Eigene Darstellung

Die theoretischen Perspektiven auf Inklusion (erste Ebene) gründen in unterschiedlichen wissenschaftlichen und normativen Kontexten:

- Ganz grundlegend fragt die Soziologie zunächst nach den Bedingungen von sozialer Kohäsion in Gruppen oder der gesamten Gesellschaft. Soziale Kohäsion stellt eine Vorbedingung von Inklusion dar (vgl. Abschnitt 4.1).
- Die soziologische Systemtheorie (vgl. Abschnitt 4.2) beschreibt Inklusion als Wahrnehmung sozialer Rollen in den funktional differenzierten Teilbereichen der Gesellschaft – Exklusion ist demnach nicht zwangsläufig die Folge sozialer Ungleichheit oder Diskriminierung, sondern bezeichnet schlicht die Nicht-Wahrnehmung einer zur Verfügung stehenden sozialen Rolle oder Position – unabhängig davon, ob sie überhaupt angestrebt wurde (Wansing 2005a, 39 ff.).

- Der Katalog der Menschenrechte, insbesondere die UN-Behindertenrechtskonvention konstituiert Menschen mit Behinderung als Rechtssubjekte und betont den Schutz ihrer Würde. Inklusion ist als normative Forderung in nationalen und internationalen Gesetzen und Rechten verankert (vgl. Abschnitt 4.3; vgl. stellvertretend für zahlreiche Veröffentlichungen Degener 2009a). Die BRK verweist als Anti-Diskriminierungsrichtlinie auf einen sozialen Begriff von Behinderung, greift den diversity-Diskurs auf (Mecheril, Plößer 2011, 278) und zielt somit auf Anerkennung.
- Die Soziologie der sozialen Ungleichheit (s. Abschnitt 4.4) fragt nach der Verteilung von Ressourcen und Chancen in einer Gesellschaft, und dies zunächst unabhängig davon, ob diese Verteilung als gerecht oder ungerecht wahrgenommen wird. Inklusion vollzieht sich demnach entlang der zentralen Ungleichheitsdimensionen: Einkommen, Status, Macht und Bildung. Aber auch Gesundheit, Wohnverhältnisse, soziale Sicherheit und Arbeits- und Freizeitbedingungen bilden sozial ungleiche Lebensverhältnisse und damit Ein- bzw. Ausgrenzung ab (Hradil 2002, 206 ff.).

Noch weitgehend ungeklärt sind die Überschneidungsbereiche und Bezüge der genannten theoretischen Perspektiven (Kuhlmann 2012, 35) und ebenso, welche davon in fruchtbarer Weise auf die Lebenssituation von Menschen mit Demenz und ihren Angehörigen angewendet werden können.

> „Ob Inklusion als Chance oder Gefahr zu sehen ist, hängt (…) im Wesentlichen davon ab, in welches System und unter welchen Bedingungen ein Mensch ‚inkludiert' wird. Und dies zeigt sich möglicherweise, wenn die Absichten derjenigen, die diesen Begriff benutzen, näher beleuchtet werden. Wer spricht in welchem Kontext von Inklusion?" (Kuhlmann 2012, 52)

Dies gilt es auch für den Zusammenhang von Inklusion und Demenz zu klären.

Die zweite Ebene von Inklusion betrifft die angesprochenen Gruppen von Personen. Inklusionstheoretische Überlegungen beziehen sich (mit Ausnahme der Systemtheorie) immer auf spezifische Zielgruppen von Personen, die aufgrund der ihnen gemeinsamen Merkmale (bspw. körperliche oder geistige Beeinträchtigung, Geschlechtszugehörigkeit oder Alter) oder Lebenslagen (bspw. Betroffenheit von materieller oder Bildungsarmut, Migrationsgeschichte) problematische Ausgrenzung aus relevanten gesellschaftlichen Bereichen erfahren (s. **Abbildung 1**)[150]. In Bezug auf unterschiedliche Zielgruppen sind für Ausgrenzungsprozesse unterschiedliche Begrifflichkeiten in Gebrauch: So gelten bspw. Personen mit Migrationshintergrund als schlecht integriert, alten und unterstützungsbedürftigen Menschen mangelt es an Teilhabe, Menschen mit Behinderung leiden unter ihrer Exklusion (in Sondereinrichtungen) und (meist) weibliche Personen werden aufgrund ihres Geschlechts diskriminiert bzw. profitieren umgekehrt von Gleichstellungsmaßnahmen (Benz 2012, 118). Bei aller Unterschiedlichkeit der Bezeichnungen gleichen sich die Ausgrenzungsprozesse: Benz konstatiert als Gemeinsamkeiten der „Antidiskriminierungs-, Integrations- und Inklusionsdiskurse und -politiken" deren Thematisierung und „Infragestellung" von „soziale[n] Grenzen", von „soziale[r] (Un-)Gerechtigkeit und (...) ökonomischen, politischen und sozialen Interessen" und ihr multidimensionales Verständnis von „soziale[n] Spaltungen entlang der beiden Achsen 'Oben' und 'Unten' ('Haben'/'Nicht-Haben') sowie 'Drinnen' und 'Draußen' ('Dazugehören'/'Nicht-Dazugehören')" (Benz 2012, 119).

Neben den vergleichsweise traditionellen Exklusionsrisiken wie Geschlecht, materieller bzw. Bildungsarmut oder Behinderung sind andere bisher weniger beachtet worden, bspw. die Exklusionsrisiken, die mit chronischer Krankheit und/oder Pflegebedarf verbunden sind. Aufgrund der prinzipiellen Unabgeschlossenheit des Inklusionsbegriffs sind aber einer Ausweitung der Betroffenengruppen keine Grenzen gesetzt. Der aktuelle Diskurs um Inklusion und Exklusion nimmt zum einen neu als problematisch erkannte Exklusionsrisiken in den Blick, zum anderen wird im Rahmen des Diskurses die Rede von der Inklusion auf Kontexte übertragen, in denen vormals eher von Integration und Teilhabe die Rede gewesen wäre:

---

[150] Zur Kritik an der Konstruktion von Personengruppen durch die Identifikation über beeinträchtigende Merkmale und damit einer objektivierenden Sicht auf Individuen vgl. Eppenstein, Kiesel (2012).

"Immer neue Gruppen (neben behinderten Menschen auch türkische Jugendliche oder Sinti und Roma) werden als ‚exkludiert' bezeichnet, um anschließend ihre Inklusion zu fordern." (Balz, Benz, Kuhlmann 2012a, 1)

Außerdem entstehen „neue" zu inkludierende Zielgruppen dadurch, dass unter dem Stichwort „Intersektionalität" verstärkt Lebenslagen untersucht werden, die von zwei oder mehr Exklusionsrisiken geprägt sind (Eppenstein, Kiesel 2012).

Immer häufiger wird auch von Inklusion für die Gruppe der demenziell erkrankten Menschen gesprochen[151], allerdings fehlt es bisher an einer theoretischen Grundlegung und konzeptionellen Ausgestaltung inklusiver Prozesse für Menschen mit Demenz, ohne die sich eine gewisse Beliebigkeit in der Formulierung des Anspruchs auf Inklusion für diese Zielgruppe nicht vermeiden lässt. Entsprechend fordern auch Degener und Mogge-Grotjahn:

"Entscheidend ist die inhaltliche Qualifizierung des Inklusionsbegriffes weit über den Bereich der Behindertenpolitik und der Kinder- und Jugendhilfe hinaus. Denn in einer Gesellschaft, die sich durch ein hohes Maß an sozialen Spaltungen und heterogenen Milieus auszeichnet, kann man nicht einfach die 'Zugehörigkeit aller' und/oder die 'Vielfalt' als solche zum Leitbild erheben, sondern es bedarf eines öffentlichen (und wissenschaftlichen) Diskurses über die Bedingungen und die Qualitäten gesellschaftlichen Zusammenlebens und Zusammenhaltes." (Degener, Mogge-Grotjahn 2012, 71)

Die dritte für eine Klärung von Inklusion relevante Ebene ist die der professionellen Handlungs- und Praxisfelder, also derjenigen gesellschaftlichen Bereiche, in denen Menschen von In- und Exklusionen betroffen

---

[151] Stellvertretend für andere vgl.: „Inklusion von Menschen mit Demenz. Vision oder Illusion", Diskussionsveranstaltung des Zentrum für Qualität in der Pflege am 19.5.2014 in Berlin; „Ausdruck von Lebensfreude. Inklusion Demenzkranker", Frankfurter Rundschau vom 4.3.2016; „Die Angebote für Demenzkranke gehören zum Aufgabenbereich von Birgit Tellmann, die in der Bundeskunsthalle für Inklusion in Kunstvermittlung und Bildung verantwortlich ist.", Auszug aus dem Bericht: „Kunst für den Kopf" der Aktion Mensch (https://www.aktion-mensch.de/magazin/gesellschaft/Bundeskunsthalle-Demenz-Programm.html; Abruf: 6.7.2016); „Es geht um Teilhabe und Inklusion von Menschen mit Demenz und um ein neues Bild von Menschen mit Demenz in der Öffentlichkeit.", Auszug aus dem Internetauftritt des Vereins Trotzdemenz (http://www.trotzdemenz.de/; Abruf: 6.7.2016).

sind, und in denen entsprechend sozialstaatliche Interventionen implementiert werden. So kann z. B. das Exklusionsrisiko Armut in den Bereichen Arbeit/Freizeit, Wohnen, Bildung oder auch Assistenz/Pflege wirksam werden – Letzteres bspw., wenn eine geeignete Assistenz nicht finanziert werden kann. Diese Bereiche sind zugleich die Arbeitsfelder der um Inklusion bemühten Professionen: So verknüpfen Fachkonzepte und Modellprojekte der Erziehungswissenschaften, der Heil- und Sonderpädagogik und der Sozialen Arbeit meist eine bestimmte, von Ausgrenzung bedrohte Zielgruppe (bspw. Armutsbetroffene) mit einem Praxisfeld (z. B. Wohnen), ggf. mit Bezug auf eine bestimmte theoretische Perspektive.

Das Dreieck aus „Menschenrechtsnormen" als theoretischem Kontext, „Bildung, Pädagogik" als professionellem Handlungsfeld und „Menschen mit Behinderung" als Zielgruppe, das sich in Abb. 1 im Zentrum befindet, bildet momentan das am stärksten diskutierte Feld der Entwicklung und Umsetzung von Inklusion. Konkret geht es dabei um den Aufbau von sog. inklusiven Kindertagesstätten und Schulen in Folge des Artikels 24 der Behindertenrechtskonvention der Vereinten Nationen. Allerdings genüge die „Engführung des Diskurses zur inklusiven Bildung auf die Behinderungsdimension" nicht (Degener, Mogge-Grotjahn 2012, 70). Weitere und andere Bezüge zwischen Zielgruppen mit spezifischen Exklusionsrisiken und Praxisfeldern sind denkbar, werden Zug um Zug reflektiert und für die professionelle Bearbeitung erschlossen. Eine systematische Verknüpfung der theoretischen Perspektiven, merkmalsdefinierten Zielgruppen und gesellschaftlichen Bereiche von Inklusion steht aber noch in den Anfängen (Balz, Benz, Kuhlmann 2012b; Deutscher Verein 2013). Sie ist angesichts der rasanten Verbreitung des Konzepts „Inklusion" von großer Relevanz:

> „Wenn heute oft gesagt wird, Inklusion beziehe sich nicht ‚nur' auf behinderte Menschen, und z. T. eher normativ ‚Inklusion für alle' gefordert wird, ohne fundiert zu begründen, vor welchem Hintergrund diese Forderung entstanden ist, auf welche Formen von Ausgrenzung in welchen Bereichen diese Forderung reagiert, bleibt sie u. U. lediglich eine romantisierende idealistische Hülle." (Stein 2013, 8)

Die bis hierher skizzierten theoretischen Kontexte, Zielgruppen und Anwendungsfelder von Inklusion geben schon einige Hinweise auf die dynamische Karriere des Inklusionsbegriffs in Wissenschaft und Praxis. Stärkste Antriebskraft ist die politische Verpflichtung zur Umsetzung der BRK, die am 13. Dezember 2006 in der UN-Generalversammlung verabschiedet wurde, und die in Deutschland seit dem März 2009 rechtsverbindlich in Kraft ist. Eine eigene Dynamik der Verbreitung entstand in Deutschland darüber hinaus (1) durch die zum Teil entschiedene Abgrenzung der Fachöffentlichkeit vom Begriff der Integration. Zudem klingt (2) im Inklusionsbegriff ein Versprechen auf Universalität an und (3) fungiert der bisher vorrangig diskutierte Bereich der Bildung bzw. des Schulsystems als Transmissionsriemen in die allgemein-gesellschaftliche Öffentlichkeit.

Zu (1): Obwohl, oder gerade weil, in der offiziellen deutschen Übersetzung der BRK „inclusion" mit „Integration" übertragen worden ist, setzte sich der Inklusionsbegriff in Deutschland durch:

> "Mittlerweile wurde zwischen den deutschsprachigen Ländern Europas (Deutschland, Liechtenstein, Österreich und Schweiz) eine Übersetzung abgestimmt, in der zentrale Begriffe des englischsprachigen Originals wie 'inclusion' und 'accessibility' mit 'Integration' und 'Zugänglichkeit' übersetzt werden und nicht – wie von Vertretern behinderter Menschen nachdrücklich gefordert – mit 'Inklusion' und 'Barrierefreiheit'. (...) Mit derartigen 'Formulierungskünsten' soll offensichtlich die Reichweite dieser UN-Konvention begrenzt werden." (Frühauf 2010, 13f.)

Die hier, wie in zahlreichen anderen Veröffentlichungen auch, geäußerte Kritik an der Übersetzung unterstellt, dass durch die Verwendung des Integrationsbegriffs der Aufwand und die Kosten vermieden werden sollen, die ein mit dem Konzept der Inklusion assoziierter grundlegender Umbau der Hilfestrukturen für Menschen mit Behinderung mit sich bringen würde (Theunissen 2011; Graumann 2011, 48 f.; Dannenbeck 2011, 17). Empirische Daten, die die marginale Wirksamkeit der seit Jahrzehnten betriebenen Integrationsbemühungen zeigen, unterstreichen die Kritik an der Beibehaltung des Begriffs (Clausen 2012, 214 ff.). Inklusion dagegen beinhalte die Chance, bestehende gesellschaftliche Normalitätskonstruktionen, die zu illegitimen Ungleichheiten führen, wirksam zu verändern und zu überwinden (Frühauf 2010, 14). „Integration" belasse diese unangetastet. Obwohl die Unterschiede in der inhaltlichen Bedeutung der beiden Begriffe in der deutschen und englischen Sprache nicht zwingend eine geringere Reichweite von „Integration" gegenüber „Inklusion" nahelegen (vgl. Fußnote 177), geriet die deutsche Übersetzung der BRK zum Auslöser für einen innerhalb der Fachöffentlichkeit von betroffenen behinderten Menschen, professionellen Kräften, Fachverbänden, Einrichtungen und Wissenschaft anschlussfähigen kritischen Diskurs (Degener 2009b, 269)[152]. Der Inklusionsbegriff ist zum Ausdruck des politischen Protestes gegen die auf Sondereinrichtungen setzende deutsche Behindertenhilfe geworden und erhielt dadurch eine weit größere Öffentlichkeit, als dies Fachbegriffen üblicherweise zukommt. Unterstrichen wird dies durch eine eingängige Illustration[153], die einen Phasenablauf von Aus- hin zu Eingrenzung nahelegt: Liegt zunächst eine Menge bunter Elemente außerhalb eines Kreises mit einfarbigen Elementen, so finden sich die Bunten in einem nächsten Schritt als abgegrenzte Teilmenge im Kreis bis schließlich innerhalb des Kreises alle Elemente bunt gemischt sind – außerhalb des Kreises finden sich keine Elemente mehr. Schon 1993 formuliert Alfred Sander für die Pädagogik die These, dass „Inklusion" das gegenüber der „Integration" weitreichendere Konzept sei, und bettet dies in ein Stufenmodell des sozialen Wandels ein. Von einer Phase der Exklusion behinderter Menschen verlaufe der Wandel über Segregation und Integration hin zur Inklusion, die als Vorstufe einer Gesellschaft gilt, in der Vielfalt der Normalfall ist und keiner weiteren Thematisierung bedarf[154] (Frühauf 2010, 14 f.; vgl. auch Wocken 2010). Dieses Modell verstärkt die durch den Protest angelegte Dynamik der Begriffskarriere, indem sie Integration und Inklusion nicht als kontingente, ggf. historisch nebeneinander bestehende Optionen des sozialen Einbezogen-Seins von vielfältig unterschiedlichen Personen und Gruppen begreift – wie es

---

[152] Vgl. die Schattenübersetzung von „Netzwerk Artikel 3", Verein für Menschenrecht und Gleichstellung Behinderter e. V., veröffentlicht am 12. November 2009: http://www.netzwerk-artikel-3.de/index.php?view=article&id=93:international-schattenuebersetzung, Abruf am 16.01.2014

[153] „(…) eine Art *corporated design* der Inklusionsbewegung" (Kastl 2013, 133; k.i.O.)

[154] Sanders bezeichnet dies als „Allgemeine Pädagogik" (vgl. Frühauf 2010, S. 14).

oben für unterschiedliche Formen und Grade von Exklusion herausgearbeitet wurde – sondern sie als aufeinander aufbauende Entwicklungsstufen der Pädagogik als Profession bzw. des sozialen Wandels der Gesamtgesellschaft konzipiert. Inklusion stellt in dieser Perspektive notwendig das Ziel jeder sinnvollen konzeptionellen Weiterentwicklung dar, während Integration als bloße Phase weitestmöglich überwunden werden muss – eine Auffassung, die der Verbreitung des Inklusionsbegriffs weiteren Auftrieb gegeben hat.

Zu (2): Die Dynamik der Ausbreitung des Begriffs „Inklusion" ergibt sich durch seinen umfassenden Geltungsbereich, durch die ihm inhärente Universalität. Wenn Inklusion normativ eingefordert und Exklusion als ungerechte Diskriminierung zurückgewiesen wird, dann kann es keine Merkmalsgruppe geben, die „zu Recht" Ausschluss aus den für sie relevanten Zusammenhängen (vgl. die oben angesprochen Felder) erfährt. Vielmehr wird

> "(...) das bedingungslose Einbezogensein aller als vollwertige Mitglieder der Gemeinschaft, unabhängig von Fähigkeiten und Unfähigkeiten, angestrebt. Der Inklusionsbegriff wird als unteilbar verstanden, denn der Anspruch erstreckt sich demnach auf alle Lebensbereiche und auf alle gesellschaftlichen Gruppen."(Terfloth 2007, 5 f.)

Hinz weist darauf hin, dass der in US-amerikanischen Forschungsgruppen in den 80er Jahren, aber auch im englischen Originaltext der BRK verwendete Ausdruck „full inclusion" die Qualität eines „weißen Schimmels" habe: „Wenn die Forderung nach dem Willkommensein aller Menschen erhoben wird, kann dies nur vollständig sein." (Hinz 2010b, 35) Die normative Perspektive erfordert also geradezu eine immer weitergehende Suche nach Exklusionstatbeständen und deren Aufhebung. Inklusion gilt als Vision eines nie ganz zu erreichenden "gesellschaftlichen Idealzustand(s)" (Terfloth 2007, 8 f.), in dem Heterogenität als Normalfall gilt (Hinz 2010b, 34).

Zu (3): Ein weiterer Grund für das Interesse an Inklusion auch über Fachöffentlichkeiten hinaus liegt darin, dass die Umsetzung der BRK und damit die Mehrheit der inklusiven Modellprojekte und Einrichtungen sich vorrangig mit der Inklusion von Kindern mit Behinderung in das Bildungssystem für Vor- und Grundschulkinder befasst (Kastl 2013, 133). Trotz der gerade in Deutschland ausgeprägten Differenzierung von Schulkindern nach Leistung integrieren das Bildungssystem und seine Institutionen (und hier vor allem die Grundschulen) milieu- und interessenübergreifend ganze Jahrgänge von Kindern und Jugendlichen. Einzig Behinderung bzw. Krankheit bieten legale Rückzugsoptionen bzw. -verpflichtungen, während Armut, Migrationshintergrund, niedriger Status oder defizitäre Wohnverhältnisse nicht von der allgemeinen Schulpflicht entbinden. Die Sozialisationsinstanz Schule vermittelt weit ausgeprägter als Organisationen in anderen funktionalen Teilsystemen (bspw. Unternehmen in der Wirtschaft oder Vereine im kulturellen Bereich) allgemein anerkannte Werte und Normen an breite Bevölkerungsschichten (Durkheim 1973, 191 f.). Inklusive Schulversuche in der Regelschule erzielen einen höheren Wirkungsgrad in der allgemeinen Öffentlichkeit als bspw. inklusive Sport- oder Freizeitprojekte, die auf Interessengruppen begrenzt sind. Schulen – insbesondere Grundschulen – tragen als Schauplatz von Inklusion sehr effektiv zum Bekanntheitsgrad des Konzepts bei.

Von den drei genannten Verbreitungsmechanismen ist es vor allem die prinzipielle semantische Unabgeschlossenheit, die dazu einlädt, mit dem Inklusionsbegriff auch die Exklusionsrisiken von Menschen mit Demenz und ihren Angehörigen in den Blick zu nehmen. Wansing (2013, 16) weist daraufhin, dass es vermutlich gerade die Unschärfe des Inklusionsbegriffes ist, die zu dessen (politischer) Vereinnahmung verleitet, und Kuhlmann weist mit Ludwig Wittgenstein und Jean Francois Lyotard darauf hin, dass Begriffe immer auch Elemente von „Sprachspielen" sind, innerhalb derer „Sprechakte (…) so etwas wie Schachzüge sind, dass wer spricht, immer auch im Sinne eines Spiels kämpft – nicht immer nur, um zu gewinnen, aber um etwas zu erreichen." (Kuhlmann 2012, 53) So könnten mit dem Inklusionsbegriff Einsparungen verschleiert werden, bspw. wenn Schulformen mit der Vorgabe, mehr Inklusion zu schaffen, zusammengelegt werden (Kuhlmann 2012, 54). Die Gefahr bestehe, dass durch die Verwendung des neuen Inklusionsbegriffs „geradezu gegenläufige Ziele und Inhalte in ein positives, fortschrittliches Licht gesetzt werden." (Frühauf 2010, 13) Die Strategien sind aber nicht einseitig festgelegt:

„Genauso gut kann 'Inklusion' aber auch eine kämpferische Absicht ausdrücken, mit der Verbesserungen in der Förderung eingefordert oder sogar durchgesetzt werden können." (Kuhlmann 2012, 54)

Die Strategien zielen nicht nur auf den Ausbau von Unterstützungssystemen, sondern auch auf das Image der von einer Behinderung oder Beeinträchtigung Betroffenen. Handelt es sich um einen

"(...) bloßen Austausch von Begriffen und Etiketten, so wie durch das Wechseln von Begrifflichkeiten rund um die Thematik geistige Behinderung historisch schon so häufig versucht wurde, ein negatives Image positiv zu wenden bzw. eine soziale Aufwertung des Personenkreises behinderter Menschen zu bewirken?" (Frühauf 2010, 11)

Welche Strategien lassen sich für die Verwendung des Begriffs der Inklusion im Hinblick auf die Zielgruppe „Menschen mit Demenz" erkennen? Der „Imagegewinn" für eine von Anerkennungsdefiziten betroffene Gruppe von Menschen zählt sicherlich dazu: Das Konzept der Inklusion fokussiert gemäß seiner Verortung primär im (früh-)pädagogischen Bereich biographische Entwicklungsperspektiven von behinderten Kindern und Jugendlichen. Auf Menschen mit Demenz übertragen lässt sich mit dem Inklusionsbegriff ein semantisches Gegengewicht zu ihrer Abwertung bzw. De-Personalisierung aufgrund der Nähe zum Lebensende schaffen und stattdessen die biographischen Entwicklungspotenziale betonen[155]. Darüber hinaus ist es sicherlich generell ein Ziel der Begriffsverwendung, angesichts der Popularität des Konzepts „Inklusion" allgemeine Aufmerksamkeitsvorteile für die Situation von Menschen mit Demenz zu erwirtschaften[156]. Dem universalen Geltungsanspruch des Begriffs folgend soll

---

[155] Zur Einordnung von Menschen mit Demenz als Menschen mit Behinderung vgl. Abschnitt 4.3.
[156] So definiert Schulze (2013, 44) in ihrer im Internet zugänglichen Masterthesis „Gemeinsam statt einsam – Gesellschaftliche Inklusion von Demenzkranken unter besonderer Berücksichtigung von Demenz-Wohngemeinschaften" den Begriff folgendermaßen: „Gesellschaftliche Inklusion – so die hier formulierte These – manifestiert sich in Bezug auf Demenz(kranke) dann in der respektvollen Beachtung und dem Umgang mit und der Veränderung der Haltung gegenüber der Erkrankung und den Betroffenen als Menschen und Mitbürger mit einer eigenen Persönlichkeit." In der so formulierten These bleibt aber offen, worin das Spezifische einer Inklusion für Menschen mit Demenz bestehen könnte, im Unterschied bspw. zu den Konzepten „Respekt/Würde", „gelingende Krankheitsbewältigung" und „Selbstbestimmung bei Demenz". Dennoch signalisiert die

– drittens – eine weitere von Exklusionsrisiken betroffene Merkmalsgruppe, benannt und politisch vertreten werden. Die semantische und auch normative Unabgeschlossenheit, die mit Inklusion assoziiert wird („Alle sind willkommen") produziert Legitimationsdefizite für den Fall, dass sich Gruppen von Menschen anhand bestimmter Merkmale systematisch bestimmten Exklusionsrisiken ausgesetzt sehen. Und letztlich kann mit dem Inklusionsbegriff die Situation derjenigen, die doppelt von den Exklusionsrisiken „Behinderung" und „Demenz" betroffen sind, in den Blick genommen werden, wie bspw. in dem Freiburger Modellprojekt „Inklusion und Demenz", an dem demenziell erkrankte Menschen mit geistiger Behinderung teilnehmen[157].

Eine Analyse der „Bedeutung dieses Begriffes in dem jeweiligen Diskurskontext, bzw. seine strategische Funktion in diesem 'Sprachspiel'" (Kuhlmann 2012, 54), wie sie in Bezug auf den Zusammenhang von Demenz und Inklusion hier versucht wurde, reicht jedoch nicht aus, um den Inklusionsbegriff tatsächlich sinnvoll auf die Belange von Menschen mit Demenz und ihren Angehörigen anzuwenden. Im Fokus der hier vorliegenden Arbeit steht deshalb die Frage nach angemessenen theoretischen Analysekategorien und den Bedingungen von Inklusion für Menschen mit Demenz.

3.2 Inklusion, Integration oder Teilhabe?

Die Angemessenheit und Eignung des Inklusionskonzeptes für die Situation von Menschen mit Demenz muss sich auch daran messen lassen, ob und inwieweit eine semantische Eigenständigkeit gegenüber den Begriffen „Integration" sowie „Teilhabe" bzw. „Partizipation" besteht. Sie werden nicht selten in eins gesetzt mit Inklusion (vgl. Stein 2010; Terfloth 2007, 7; Franken 2014, 1; Niehoff 2013, 369). Im Folgenden wird deshalb zunächst jeder der drei Begriffe definiert und anschließend Differenzen und Überschneidungsbereiche zum Begriff der Inklusion geklärt. Es ist

---

Verwendung des Begriffs „Inklusion" im Titel einen innovativen und universalistischen Ansatz.

[157] http://www.abcfreiburg.de/index.php?showpage=angebote_seniorinnen, Abruf: 25.6.2014

zwar „nicht notwendig und möglich (...), die eine, 'richtige' Definition von Inklusion zu geben" (Kuhlmann 2012, 54), aber eine Analyse einschlägiger Fachlexika sowie weiterer themenrelevanter Literatur kann die disziplinär differenten Verwendungsweisen und Bedeutungsgehalte bestimmen und aufzeigen, inwieweit diese bereits über die zahlreichen aktuellen Veröffentlichungen hinaus kanonisiert sind. Entsprechend der oben aufgeführten Begriffskontexte wurden Fachwörterbücher aus der Heil- und Sonderpädagogik[158] (Bundschuh, Heimlich, Krawitz 2007; Theunissen, Kulig, Schirbort 2013), den Disability Studies (Albrecht 2006), der Soziologie (Fuchs-Heinritz et al. 2013; Smelser, Baltes 2001), der Sozialen Arbeit (Deutscher Verein 2011; Kreft, Mielenz 2013) und den Politikwissenschaften (Nohlen 2010; Schmidt 2010) ausgewertet. Außerdem wurden die Begriffe in der Internet-Enzyklopädie Wikipedia[159] überprüft, die zwar keine wissenschaftlich geprüfte Quelle, aber ein vielgenutztes Informationsmedium darstellt und insofern einen Eindruck zur Nutzung der Begriffe vermitteln kann.

3.2.1 Inklusion

Inklusion geht auf das lateinische includere (einschließen, einsperren; metaphorisch: einfügen, einlassen, hineingeben) (Petschenig 1971, 259) zurück. Die Online-Enzyklopädie Wikipedia gibt einen Überblick über die Bedeutung von Inklusion in verschiedenen Disziplinen: Mineralogie und Metallkunde (Einschlüsse von andersartigen Materialien), Mathematik (Teilmengenbeziehung, Inklusionsabbildung), Statistik (Inklusionsschluss) sowie Medizin bzw. Biologie (Fetale Inklusion) (Wikipedia

---

[158] Exner (2007, 12 f.) verweist zur Klärung der Professions- und disziplinären Grenzen im Feld der Hilfe für Menschen mit Behinderung auf Bleidieck und Hagemeister (1992), die „Heilpädagogik als medizinisches Modell mit einem weitgehend personorientierten Begriff von Behinderung; Sonderpädagogik als systemsoziologisch faßbares Modell von Institutionendifferenzierung; Behindertenpädagogik als interaktions- und gesellschaftstheoretisches Modell" beschreiben. Dabei gelte: „Die verschiedenen Modelle bilden Zugangsweisen für behindertenpädagogische Maßnahmen. Sie sind Perspektiven: nicht auf Vollständigkeit hin angelegt, untereinander nicht sämtlich klar abgegrenzt und mehrfach gebrochen, für sich idealtypische Theorien begrenzter Reichweite, deren systemimmanente Teilrichtigkeiten so etwas wie eine multifaktorielle Betrachtungsweise des Phänomens Behinderung abgeben mögen."

[159] http://de.wikipedia.org/wiki/Wikipedia:Hauptseite; Abruf: 15.02.2014

2014a). Für die sozialwissenschaftlichen Disziplinen wird auf die Seiten „Inklusion (Pädagogik)", „Inklusion (Soziologie)" und „Soziale Inklusion" verlinkt.[160] Über die damit getroffene Unterscheidung von „sozialer Inklusion" und „Inklusion" herrscht in der Literatur keine Einigkeit. Für Benz ist „soziale Inklusion" jegliche Begriffsverwendung außerhalb von Naturwissenschaft und Technik:

> „Was aber meint nun '*soziale* Inklusion'? Der Einschluss eines Insekts in Bernstein mag eine Inklusion darstellen, beansprucht aber sicher nicht das Attribut 'sozial'." (Benz 2012, 117; k. i. O.)

Kuhlmann sieht „soziale" Inklusion auf Fragen der sozialen Ungleichheit bezogen, während der ohne Adjektiv gebrauchte Begriff „Inklusion" sich auf die Rechte behinderter Menschen beziehe (Kuhlmann 2012, 35) – eine Unterscheidung, die von Kronauer (2010b) nicht nachvollzogen wird: Er behandelt Fragen der sozialen Ungleichheit ebenfalls unter dem Stichwort Inklusion – ohne den Zusatz „sozial". Klare begriffliche Differenzierungen zwischen „sozialer Inklusion" und „Inklusion" sind m. E. kaum möglich, aber auch nicht zwingend notwendig. Inklusion in sozialwissenschaftlichen, pädagogischen und politischen Diskursen ist immer „soziale Inklusion". Soll mit dem Begriff darüber hinaus mehr als ein Schlaglicht gesetzt werden, sind tiefergehende, kontextbezogene Differenzierungen notwendig (vgl. Abschnitt 0), die allein durch das Adjektiv „sozial" nicht zu leisten sind.

Die Soziologie ordnet Inklusion in der funktionalistischen bzw. systemtheoretischen Gesellschaftstheorie ein: Mit Bezug auf die Systemtheorie sei Inklusion „Einbeziehung einer größeren Zahl von Einheiten (Personen, sozialen Rollen, sozialen Mechanismen) in spezifische Funktionskreise" (Luhmann, Schimank 2013, 306) der Gesellschaft und nach Talcott Parsons Bestandteil des Entwicklungsprozesses moderner Gesell-

---

[160] In dem Bemühen, die soziologische von der pädagogischen Perspektive abzugrenzen, wurden die Erläuterungen zu Inklusion auf Wikipedia in drei unterschiedlichen Einträgen vorgenommen (vgl. die Blogeinträge zu Inklusion auf der Seite der Deutschen Gesellschaft für Soziologie: http://soziologie.de/blog/2014/03/inklusion/#more-3233; Abruf am 7.1.2015). Die drei Artikel überschneiden sich dennoch inhaltlich, vor allem „Soziale Inklusion" und „Inklusion (Pädagogik)", und geben auch insgesamt keinen konsistenten Überblick über die theoretischen, politischen und inhaltlichen Aspekte und Bezüge von Inklusion.

schaften. Differenzierungstheoretisch, also akteursbezogen, wird Inklusion erklärt als „Teilhabe an gesellschaftlichen Teilsystemen" durch vielfältige Rollenübernahmen („Partialinklusion") (Luhmann, Schimank 2013, 306). Inklusion in diesem Sinn steht in einer Wechselwirkung zur „Universalisierung der primären Bildung":

> "*Inclusion* refers to one of the central aspects of modern social structures, namely the access of a population at a whole to all of the functionally specific subsystems constituted at the level of society. More precisely, inclusion means the universalization, not of so-called 'service-roles' (...) but of the corresponding 'service-receiving roles' (...). Thus, the educational correlate to the inclusion process at the level of society at large was, in terms common to present-day debates on education and development, the 'universalization of primary education'." (Schriewer, Nóvoa 2001, 4217; k. i. O.)[161]

Oft seien wichtige Schritte der Universalisierung der Bildung gleichzeitig mit weiteren Maßnahmen erfolgt, die die Bürgerrechte für bestimmte Gruppen ausweiteten und stärkten und so deren Inklusion in den Nationalstaat verbesserten. Die für alle zugängliche elementare Schulbildung schaffe erst die Voraussetzung für die komplexen Kommunikationsanforderungen, die sich aufgrund von Rationalisierung, Mobilisierung und Industrialisierung von Gesellschaften ergeben.

> "In this sense, the process of inclusion in the emerging educational system corresponded to the gearing of that system to its actual function, for this function consists precisely in laying the foundations of the capability for universal communication across all subsystems of society." (Schriewer, Nóvoa 2001, 4218)

Der soziologische Kanon stimmt sowohl im deutschen Sprachraum als auch international darin überein, dass es bei Inklusion um die Bedingungen der Vergesellschaftung, also um die Rollenübernahme von Individuen bzw. die Einbeziehung von Gruppen in größere gesellschaftliche Gebilde geht. Die „International encyclopedia of the social & behavioral sciences" betont den Faktor Bildung als Transmissionsriemen für Moderni-

---

[161] In der „International encyclopedia of the social & behavioral sciences" (Smelser, Baltes 2001) erscheint das Stichwort Inklusion ausschließlich im Artikel „History of education" (Schriewer, Nóvoa 2001, 4217 ff.).

sierung und Partizipation und damit Auslöser und Antrieb für Inklusion, ohne damit jedoch auf die pädagogische Diskussion um das Menschenrecht auf (inklusive) Bildung einzugehen.

In der Sozialen Arbeit[162] wird Inklusion als ein auf der BRK basierendes Ziel und Handlungsprinzip der Behindertenhilfe definiert (Niehoff 2011, 447), weitergehend sogar als „neues Leitmotiv Sozialer Arbeit" (Degener, Mogge-Grotjahn 2012, 75):

> „Gleichheit unter Anerkennung der Verschiedenheit und Berücksichtigung von Autonomie, Freiheit und Partizipation bedeutet Inklusion." (Degener, Mogge-Grotjahn 2012, 75)

Inklusion gelte als „Einbeziehung und unbedingte Zugehörigkeit" und erfordere Akzeptanz der „grundsätzlich heterogenen Gesellschaftsstruktur (…) (diversity)" (Niehoff 2011, 447). Dabei berücksichtige Inklusion mehrdimensionale Identitäten, deren Merkmale in unterschiedlichen Lebenslagen verschiedene Bedeutung erlangen (Degener, Mogge-Grotjahn 2012, 75). Vor allem für Menschen mit Behinderung, aber auch für alle Personenkreise darüber hinaus sollen durch den Abbau von Barrieren und Kategorisierungsprozessen alle gesellschaftlichen Bereiche, „Regelstrukturen" und Institutionen zugänglich gemacht werden. Inklusion erfordere demnach Systemveränderungen (Degener, Mogge-Grotjahn 2012, 75; Niehoff 2011, 447). In Bezug auf die schulische Bildung wird dem Zugang zu „örtlichen Regelschulen" bzw. dem Einbezug in „allgemeine Schulkonzepte" (Niehoff 2011, 447) höchste Bedeutung für eine gelingende Inklusion zugewiesen. Dagegen interpretiert Mollenhauer Inklusion als einen „eher politische[n] Prozess hin zum Zusammenleben von Menschen mit und ohne Behinderung." (2013, 453) Inklusion erhalte demnach ihre Relevanz als gesamtgesellschaftliche Strategie, habe aber weniger Bedeutung auf der Ebene der Ausgestaltung von konkretem fachlichem Handeln. Damit folgt die Soziale Arbeit als Disziplin unter-

---

[162] Das „Wörterbuch Soziale Arbeit" (Kreft, Mielenz 2013) enthält keinen selbstständigen Artikel zum Begriff der Inklusion, erläutert diesen jedoch im Zug des Eintrags „Integration, soziale" (Mollenhauer 2013, 452 f.). Um die Perspektive der Sozialen Arbeit auf Inklusion hier vertieft darstellen zu können, wird hier zusätzlich auf den Artikel „'All inclusive'? Annäherungen an ein interdisziplinäres Verständnis von Inklusion" von Theresia Degener und Hildegard Mogge-Grotjahn (2012) zurückgegriffen.

schiedlichen Bedeutungszuschreibungen für Inklusion: Während zum einen der Aspekt der (hier „unbedingten") sozialen Zugehörigkeit, vor allem im Bildungssystem, betont wird, verorten andere Inklusion auf der Ebene politischer und fachpolitischer Fragen.

Die Heilpädagogik definiert Inklusion – in Abgrenzung zu Integration[163] (vgl. auch Abschnitt 3.2.2) – als Aufbau von Lebenswelten, in denen alle Menschen (ggf. mit entsprechender Unterstützung) handlungs- und kommunikationsfähig sind. „Inklusion steht für Nicht-Aussonderung, soziale und gesellschaftliche (unmittelbare) Zugehörigkeit" (Theunissen 2013, 181) in allen Lebensphasen bis hin zum unterstützten Ruhestand. Basierend auf rechtlich verankerten Teilhabeansprüchen werde die Vision einer „inklusiven Bürgergesellschaft" durch Übernahme von sozialer Verantwortung, bürgerschaftliches Engagement und informelle Nachbarschaftshilfe möglich. Inklusive Pädagogik basiere auf dem „Salamanca Statement and Framework for Action on Special Needs Education" der UNESCO von 1994[164] und zielt auf die Verhinderung einer Aussonderung von Kindern mit Behinderung von Beginn der Erziehung an. Seit den 90er Jahren wird in Deutschland Inklusion als Verankerung eines Lebens mit Behinderung "in den sozialen Regelstrukturen des Gemeinwesens (Nachbarschaft, Sportverein, Volkshochschulen usw.)" von der Lebenshilfe[165] gefordert (Frühauf 2010, 21)[166]. Inklusive Schulen wiesen einen

---

[163] Im „Wörterbuch Heilpädagogik" von 2007 wird dem Begriff Inklusion noch keine eigenständige Bedeutung zugemessen, sondern er wird im Eintrag „Integration/Inklusion" (Bundschuh, Heimlich, Krawitz 2007b, 139) erläutert, ebenso wie inklusive Pädagogik gemeinsam mit Integrationspädagogik behandelt wird (Bundschuh, Heimlich, Krawitz 2007a, 141 ff.).

[164] Vgl. zur rechtlichen Verankerung einer gemeinsamen Erziehung und Bildung von behinderten und nicht-behinderten Kindern auch: „Inclusive Education: The way of future" (Genf 2008) (Wansing 2012, 93); für Deutschland: Die "Empfehlungen der Bildungskommission des Deutschen Bildungsrates zur Pädagogischen Förderung behinderter und von Behinderung bedrohter Kinder und Jugendlicher" (1973) ermöglichen die Durchlässigkeit von sonderpädagogischen Einrichtungen und Regelschulen; 1993 ersetzt die Kultusministerkonferenz (KMK) den Begriff der "Sonderschulbedürftigkeit" durch den des "sonderpädagogischen Förderbedarfs"; 1994 erlässt die KMK Empfehlungen zur sonderpädagogischen Förderung, die auch eine Förderung in Regelschulen ermöglichen. (Stein 2013, 12 f.)

[165] Die Bundesvereinigung Lebenshilfe e. V. ist „(…) Selbsthilfevereinigung, Eltern-, Fach- und Trägerverband für Menschen mit geistiger Behinderung und ihrer Familien." (www.lebenshilfe.de; Abruf: 14.08.2016)

Bezug zum Gemeinwesen auf, seien barrierefrei und schafften gleiche Teilhabechancen für alle Schülerinnen und Schüler (Bundschuh, Heimlich, Krawitz 2007a, 141 ff.). Inklusive Pädagogik nehme als „Optimierung der Integration (...) Heterogenität innerhalb von Lerngruppen in all ihren Dimensionen – Kulturen, sexuelle Orientierungen, Geschlechterrollen, soziale Milieus, Erstsprachen, Beeinträchtigung und mehr" (Boban, Hinz 2013, 182) wahr und zwar mit einer positiven Werthaltung gegenüber dieser Heterogenität. Diskriminierung durch Kategorisierung, bspw. durch die Zuschreibung von Förderbedarf, wird vermieden, und Lernbarrieren werden dementsprechend nicht in der Person, sondern situativ verortet (gesetzliche Regelungen, bauliche Gegebenheiten, Kulturen und Haltungen). Die Verbreiterung der Debatte um inklusive Pädagogik, die in Folge der UN-Behindertenrechtskonvention eingesetzt hat, habe aber dazu geführt, dass unter dem Etikett „Inklusion" sonderpädagogische, dem Charakter nach separierende Verfahren aufrechterhalten würden (Boban, Hinz 2013, 181 f.). Die Analyse zeigt, dass in der Heil- und Sonderpädagogik „Inklusion" mit Bezug auf die Menschenrechte als Weiterentwicklung von „Integration" kanonisiert ist. Demzufolge vermeiden Inklusion und inklusive Pädagogik Kategorisierung und Selektion, bewerten Heterogenität positiv und zielen auf „unmittelbare" Zugehörigkeit aller Menschen.

Die „Encyclopedia of disability" (Albrecht 2006) definiert Inklusion mit Bezug zur sozialen Kohäsion bzw. Dissoziation von Gesellschaften (Ravaud, Stiker 2006, 923). Der Entwicklungsstand einer Gesellschaft determiniert die Art und Weise, wie sozialer Zusammenhalt erzeugt wird, und in der Folge auch, in welcher Weise Menschen als zugehörig oder nicht-zugehörig klassifiziert werden, also inkludiert oder exkludiert sind. Mit Bezug auf Émile Durkheim (vgl. Abschnitt 4.1) wird konstatiert, dass

---

[166] Vgl. ausführlich zu den Meilensteinen der Forderung nach Inklusion: Stein (2013, 7 ff.). Hierzu zählen neben der Verabschiedung von Rechten für behinderte Menschen auf Bildung und Teilhabe auf nationaler und internationaler Ebene auch das Normalisierungsprinzip, der Einbezug von Menschen mit Behinderung in das Erwerbsleben zur Beseitigung von Arbeitskräftemangel, soziale Bewegungen wie die „Heimkampagne" gegen Repression im Fürsorgewesen, die People-First-Bewegung, die Antipsychiatriebewegung, die Krüppelbewegung sowie die Etablierung eines sozialen Modells von Behinderung durch die International Classification of Funktioning, Disability an Health (ICF) (DIMDI 2005).

einfache Gesellschaften aufgrund der Ähnlichkeit ihrer Mitglieder und ihrer lebenslang verbindlichen sozialen Positionen eine hohe interne Kohäsion zeigen, aber schlecht Fremdes oder Neues integrieren können. Exklusionsmechanismen (gegenüber dem Nicht-Ähnlichen, dem keine traditionelle, innergemeinschaftliche soziale Position zukommt) sind häufig radikal. Dagegen verfügen modernere Gesellschaften über eine höhere Inklusionskapazität, sehen sich aber aufgrund ihrer internen Komplexität einem größeren Dissoziationsrisiko gegenüber (Ravaud, Stiker 2006, 924). Im Versuch, soziale Kohäsion herzustellen, bilden sie interne Enklaven und betreiben darüber hinaus eine Strategie der Normalisierung bis hin zum „Assimilationismus" (Ravaud, Stiker 2006, 925). So soll eine möglichst weitgehende Angleichung an universelle Normen, Werte und Ziele erreicht werden, wobei aber irreduzible Verschiedenheit und auch das Recht darauf, verschieden zu sein, ignoriert werden. Inklusions- und Exklusionsformen variieren historisch und kulturell, wobei die für eine Gesellschaftsform typischen Formen immer auch in späteren Gesellschaften erkennbar sind (vgl. Abschnitt 2.2.4)[167].

Der Teilbereich der „Inclusive Education" (McLaughlin 2006) beinhaltet, wie oben schon als inklusive Pädagogik beschrieben, das Recht auf Bildung für jedes Kind, unabhängig von seiner Herkunft und seinem ökonomischen oder gesundheitlichen Status. Inklusion im Zusammenhang mit der „Independent Living"-Bewegung meint den Einschluss von Menschen mit geistiger oder Lernbehinderung in die Ziele der Bewegung. Diese umfassen die Kontrolle über die eigene Lebensführung und Wahlmöglichkeiten für Menschen mit Behinderung („control and choice", Hasler 2006, 933) sowie die Verortung von Menschen mit Behinderung in selbstgewählten sozialen Zusammenhängen statt in Sondereinrichtungen. Ursprünglich war dies nur von Menschen mit körperlicher Behinderung gefordert und von ihnen und für sie umgesetzt worden (Hasler 2006, 933 f.). Inklusion meint hier also die Chance, dass politische Sprecherrollen auch von geistig behinderten Menschen eingenommen werden. Die

---

[167] Dies lässt letztlich die Konstruktionen von Idealtypen der Exklusion zu, die empirische Daten zu abstrakten Formen verdichten (Max Weber). Oben wurden sie genannt, bspw. Extinktion, Stigmatisierung, Etablierung von Sondereinrichtungen (Ravaud, Stiker 2006, 925).

"Encyclopedia of disability" definiert Inklusion bzw. inklusiv also auf drei Ebenen: soziologisch fundiert in Bezug auf die sozialen Mechanismen der Einbeziehung von auch behinderten Menschen in die Gesellschaft, als (Menschen-)Recht auf inklusive Bildung und zum dritten als Prozess der konzeptionellen Ausweitung einer politischen Selbstvertretungsbewegung.

Die Darstellung des Exklusionsbegriffs und der „Karriere" des Inklusionsbegriffs sowie die Analyse seiner fachspezifischen Definitionen lassen die vielfältige Verwendung und einige zentrale Elemente des Inklusionsbegriffs erkennen:

Tabelle 6: Definitionselemente und disziplinäre Kontexte von Inklusion

Elemente der Definition: Inklusion als ...	Bezugs-ebene	Theoretischer / normativer Hintergrund	Disziplin
... Einnahme relativ vorteilhafter Positionen im vertikalen Gefüge sozialer Ungleichheit (Exklusion liegt vor, wenn dauerhaft relativ stark benachteiligende Positionen eingenommen werden müssen)	Soziale Milieus, Schichten, Klassen	Sozialstrukturanalyse, Theorie sozialer Ungleichheit	Soziologie
... Modus der Vergesellschaftung, Rollenerwartungen von funktionalen Teilsystemen an Individuen / Personen	Gesellschaft, Subsysteme	Systemtheorie	Soziologie
... Zugehörigkeit von Einzelnen oder Gruppen zur Gesellschaft. Regeln der Kategorisierung als „zugehörig/nicht-zugehörig" erwachsen aus der historisch differenten Art und Weise, wie soziale Kohäsion produziert wird. In einfachen, vormodernen Gesellschaften steigert der Ausschluss von Andersartigen die „Ähnlichkeit" der Inkludierten und damit die soziale Kohäsion. Moderne Gesellschaften inkludieren über Verschiedenheit und funktionale Abhängigkeit.	Gesellschaft	Theorie funktionaler Differenzierung (Émile Durkheim)	Soziologie
... Form der Berücksichtigung von heterogenen Individuen und Gruppen in einer Gesellschaft, also deren normative Integration aufgrund ihrer funktionalen Beiträge. Basiert auf Zugang zu primärer Bildung und ist lt. T. Parsons eine der zentralen Funktionen von Gesellschaft, die deren soziale Kohäsion stärkt.	Gesellschaft	Strukturfunktionalismus	Soziologie
... politisch-gesellschaftlich umzusetzende Idee der Gleichwertigkeit heterogener Individuen. Heterogenität gilt als positivbereichernde Vielfalt von Lebensformen, Lebenslagen und Merkmalen.	Gesellschaft/ Individuum	Sozialkonstruktivismus, Differenztheorien (cultural/gender studies), Anti-Diskriminierungspolitik	Disability Studies, Soziologie, Soziale Arbeit
... Recht auf soziale und materielle Unterstützung entsprechend dem je persönlichen Kompetenz- bzw. Beeinträchtigungsprofil, um Kontrolle über das eigene Leben zu ermöglichen und Wahlmöglichkeiten zu eröffnen.	Individuum	Allgemeine Menschenrechte, UN-BRK	Disability Studies

Elemente der Definition: Inklusion als …	Bezugs-ebene	Theoretischer / normativer Hintergrund	Disziplin
… konzeptionelle Weiterentwicklung von Integration, die die Kategorisierung von Individuen oder Bevölkerungsgruppen anhand heterogener Merkmale vermeidet und so „von Anfang an" Ausgrenzung verhindert.	Organisationen, Institutionen	Konzepte für die Integration von Menschen mit Behinderung, Soziales Modell von Behinderung (ICF[168])	Heil- und Sonderpädagogik, Disability Studies
… Einbezug heterogener Individuen in „örtliche", „allgemeine" oder „Regel"-Strukturen und -institutionen (insbesondere im Sektor Bildung/Pädagogik). Dies erfordert einen Struktur-, Organisations- und Normenwandel, so dass zentrale Lebensbereiche (Wohnen, Bildung, Arbeit, Freizeit) nicht aufgrund individuell unterschiedlicher Kompetenz- bzw. Beeinträchtigungsprofile separiert werden müssen.	Organisationen, Institutionen	Soziales Modell von Behinderung (ICF)	Heil- und Sonderpädagogik, Disability Studies, Soziale Arbeit
… „unmittelbare" bzw. „unbedingte" Einbeziehung von Individuen in die Gesellschaft. Inklusion münde in ein „Gefühl der Zugehörigkeit"	Individuum, Gesellschaft	BRK Präambel m[169]), Erklärung von Salamanca 1994	Heil- und Sonderpädagogik
… Haltung, die in der Zivilgesellschaft („Bürgergesellschaft") und in Lebenswelten verankert ist. Diese sind für Heterogenität und subsidiäre, gegenseitige Unterstützung sensibilisiert.	Lebenswelten, Soziale Milieus, Familien	Theorie der Sozialraumorientierung, Zivilgesellschaftsdiskurs[170]	Soziale Arbeit, Politikwissenschaften, Soziologie

Quelle: Eigene Darstellung

Die Komplexität der Bezugs- und Bedeutungsebenen des Begriffs der Inklusion tritt in der Übersicht deutlich zu Tage. Das in den Fachlexika

---

[168] International Classification of Functioning, Disability and Health (ICF) (DIMDI2005)
[169] „(…) m) in Anerkennung des wertvollen Beitrags, den Menschen mit Behinderungen zum allgemeinen Wohl und zur Vielfalt ihrer Gemeinschaften leisten und leisten können, und in der Erkenntnis, dass die Förderung des vollen Genusses der Menschenrechte und Grundfreiheiten durch Menschen mit Behinderungen sowie ihrer uneingeschränkten Teilhabe ihr Zugehörigkeitsgefühl verstärken und zu erheblichen Fortschritten in der menschlichen, sozialen und wirtschaftlichen Entwicklung der Gesellschaft und bei der Beseitigung der Armut führen wird, (…)" (Übereinkommen über die Rechte von Menschen mit Behinderungen vom 13. Dezember 2006, Präambel m)
[170] Vgl. Klie (2011a)

kanonisierte Wissen über Inklusion birgt teilweise innerhalb einer Wissenschaftsdisziplin Widersprüche und präsentiert sich disziplinübergreifend als höchst unterschiedlich und ohne wechselseitige Bezüge[171]. Das liegt auch darin begründet, dass die Bezugskontexte auf ganz unterschiedliche historische Entstehungsdaten blicken: Stammt die Analyse über die funktionale Differenzierung Durkheims vom Ende des vorletzten Jahrhunderts, so ist die soziologische Systemtheorie ebenso wie die Überlegungen zur Integration von behinderten Menschen in den 1970er Jahren verortet, während die Ausformulierung von Inklusion als Ziel einer internationalen Bildungspolitik ebenso wie sozialraumorientierte Ansätze und das soziale Modell von Behinderung in den letzten 20 Jahren entwickelt wurden. Eine konsistente theoretische Verortung der verschiedenen Ansätze und Diskusstränge steht noch aus. Obwohl die Analyse kein konsistentes oder vollständiges Bild von „Inklusion" geben kann, zeigt sie doch auf, in welchen Kontexten nach weiteren, differenzierten Inhalten gesucht werden muss. Zunächst sollen jedoch die Schwesterbegriffe Integration und Teilhabe/Partizipation definitorisch von Inklusion abgegrenzt werden.

3.2.2 Integration

Etymologisch leitet sich Integration von lateinisch integratio = Wiederherstellung, Erneuerung ab. Aus dem ursprünglichen Adjektiv integer = unangetastet, unversehrt, unvermindert[172] hat sich das Verb integrare im Sinne von „unangetastet machen" gebildet, womit ebenso wie mit dem zugehörigen Substantiv „integratio" die Wiederherstellung eines Zustandes der Unversehrtheit nach einer wie auch immer gearteten „Verletzung" gemeint ist. (Olshausen 1997, 30 f.) Die Online-Enzyklopädie Wikipedia kennt die Verwendung des Begriffs der Integration in der Mathematik, Technik, Informatik, Medizin, Sprachwissenschaft, Wirtschaft, Soziologie und Pädagogik, wobei die beiden letztgenannten, hier interessierenden

---

[171] Dies gilt auch für die ins Unübersichtliche angewachsenen Zeitschriften-Publikationen, Buchveröffentlichungen und Abschlussarbeiten zu Inklusion.
[172] Das zugehörige Substantiv integritas = Unversehrtsein, Unversehrtheit findet sich im heutigen Sprachgebrauch als Integrität wieder.

Perspektiven[173] – ebenso wie oben für den Inklusionsbegriff konstatiert – zwar in unterschiedlichen Einträgen differenziert werden, die Bearbeitung aber eher unsystematisch erfolgt ist und Überschneidungen aufweist[174]. Im Folgenden werden Begriffsdefinitionen aus der Soziologie, der Heilpädagogik und den Disability Studies, der Sozialen Arbeit und den Politikwissenschaften zunächst dargestellt und darauf folgend für jede Disziplin die semantischen Unterschiede zwischen Integration und Inklusion herausgearbeitet.

3.2.2.1 Soziologie

Soziale Integration in der Soziologie ist in allgemeiner Weise definiert als „Ausmaß und Intensität der Verbindungen zwischen den konstituierenden Teilen einer sozialen Einheit" (Münch 2001, 7591; Übers. BS). „Konstituierende Teile" können sowohl individuelle und kollektive Akteure als auch Handlungen sein. Integration als „Einheit eines Sozialsystems" basiert auf der eindeutigen, konfliktfreien und akzeptierten Definition von sozialen Positionen sowohl im vertikalen Statusgefüge als auch in den horizontal gelagerten Verhältnissen der funktionalen Arbeitsteilung. Die Beziehungen zwischen diesen Positionen sowie deren Verhältnis zu Macht, Geld, Prestige und Fähigkeiten müssen ausgehandelt werden. Kann kein oder nur unzureichend Konsens über die Zuteilung von Positionen hergestellt werden, führt dies zu strukturellen Spannungen (Epskamp, Lautmann 2013, 310). Entsprechend ist es "die jeder Gesellschaft gestellte Aufgabe, das Problem der Verteilung ihrer Ressourcen und Gratifikationen zu lösen." (Integrationsfunktion) (Epskamp 2013, 311). Dabei tragen auch konflikthafte Auseinandersetzungen zur Integration bei, denn individuelle und gesellschaftliche Konfliktaustragung im Sinne einer von Machtunterschieden geprägten Aushandlung ist Teil der sozial integrierenden Kooperation und Normbildung. Gerade die Integrationspotentiale moderner Gesellschaften beruhen auf einer „Dauerinstitutionalisierung von Konflikten" (Kastl 2013, 139), wobei aber Konfliktaustragungen, die

---

[173] Integration, Soziologie (Wikipedia 2014b), Integrative Pädagogik (Wikipedia 2014c), Schulische Integration (Wikipedia 2014d)
[174] Vgl. Präambel zum Eintrag „Schulische Integration" auf Wikipedia vom 4. März 2014

das Ziel haben, das Gegenüber zu vernichten, nicht mehr zur sozialen Integration zu rechnen sind (Exner 2007, 166 ff.).

Das Gegenteil von Integration ist Desintegration. Desintegration liegt vor, wenn die Abstoßungskräfte größer sind als die Anziehungskräfte, was insbesondere dann der Fall ist, wenn Alternativen zur Integration vorliegen oder diese mit zu hohen Transaktionskosten verbunden ist (Münch 2001, 7591 f.). Negative Integration (auch: negative Freiheit, negative Solidarität in Durkheims Theorie der sozialen Arbeitsteilung) liegt vor, wenn Handlungen zwar frei, aber nicht aufeinander bezogen sind – etwa bei einer gegenseitigen Anerkennung von Eigentumsrechten, die aber keinerlei weitere Kooperation oder Unterstützung nach sich zieht. Als positive oder funktionale Integration im engeren Sinn wird das "kooperative[.] und konfliktfreie[.] Zusammenwirken von funktional differenzierten Elementen und Aktivitäten aufgrund ihres sich gegenseitig ergänzenden Charakters" bezeichnet (Reimann 2013, 310), das sich auf der Ebene der schon angesprochenen horizontal gelagerten Arbeitsteilung abspielt.

Integration begründet (im Ggs. zu Anomie) soziale Ordnung, weil sie normative Regeln in Bezug auf die Freiheit des Handelns umfasst. Normative Ordnungen regulieren die Entscheidungen aller, während sich in anomischen Zuständen jedes Individuum auf seine individuelle Macht zur Durchsetzung seiner Interessen verlassen muss. (Münch 2001, 7593) Normative Integration meint die Verankerung von zentralen Werten und Zielen einer Gesellschaft in den „handlungsbestimmenden" Einstellungen der Gesellschaftsmitglieder, was im Rahmen von Sozialisationsprozessen geschieht (Reimann, Epskamp 2013, 310 f.). Münch (2001, 7594) weist in diesem Zusammenhang die interne Homogenisierung einer Gesellschaft entlang ihrer Kultur und Religion, vermittelt über Sprache, Bürokratie, Schulsystem und Gesetze als negativen Effekt sozialer Integration aus (Assimilation). Sie reduziere gesellschaftliche Differenzen und kulturelle Vielfalt wie auch Chancen auf Innovation und sozialen Wandel. Integration reduziert also Freiheitsgrade, verschafft aber dem Gesamtsystem (durch Kooperation) verbesserte Chancen der Verarbeitung von Problemen, die in der sozialen Umwelt auftauchen (Exner 2007, 161). Integration bedeutet im Kern einen Machtverzicht, denn um die Vorteile von Kooperation nutzen zu können, bedarf es gemeinsamer Regeln und

Normen, die den Integrationsprozess leiten. Die Einhaltung von Normen wird kontrolliert und sanktioniert, wobei zentrale Normen (Tötungsverbote, Eigentumsrechte etc.) für die Gesamtgesellschaft gelten, andere nur in Teilkulturen. Dies bedeutet, dass normative Integration auch in pluralisierten Gesellschaften in gewissem Maß möglich ist (Exner 2007, 165 f.).

Der britische Soziologe David Lockwood trifft 1964 die Unterscheidung zwischen System- und Sozialintegration, wobei zwischen beiden Dimensionen Wechselwirkungen und Abhängigkeiten bestehen. Erstere bezieht sich auf die Stabilisierung von Systemen durch funktionale Kooperation (von Teilsystemen oder mit anderen Systemen), während letztere die sozialen Beziehungen zwischen Handelnden fokussiert und den dort kommunikativ zu erzielenden Konsens (Exner 2007, 155 f.). Dabei gilt:

> "*Jede* Form der *systemischen* Integration sozialer Systeme ist ein *aggregiertes* Ergebnis des – wie auch immer motivierten – Handelns von Akteuren." (Esser 2000, 279; k. i. O.)

Umgekehrt seien soziale Handlungen an den Anforderungen sozialer Systeme ausgerichtet (Exner 2007, 161). Sozialintegration benennt den Grad der „Einbettung in kommunikative und soziale Netzwerke" (Kastl 2013, 138). Es gehe darum, „ob Individuen für sich und in den Augen der anderen ihren ‚Platz' haben, ob Wertvorstellungen und Handlungsorientierungen nicht identisch sind, aber ‚zueinander passen', ob und in welcher Dichte Austauschbeziehungen bestehen." (Kastl 2013, 138 f.) Sozialintegration beruhe auf und ergebe sich aus den Prozessen der Kulturation, Platzierung, Interaktion und Identifikation (Kastl 2013, 139). Integration im Sinne von Sozialintegration bedeutet in der Soziologie also auch „Eingliederung, insbesondere Akzeptierung, eines Individuums in seiner Gruppe." (Epskamp, Lautmann 2013, 310)

In der Soziologie beschreibt der Begriff der Integration also grundlegende Zusammenhänge der Entstehung von sozialer Ordnung sowohl auf der Handlungs- als auch auf der Systemebene. Gelingende Integration wirkt sowohl einer als illegitim empfundenen Ungleichverteilung von materiellen und symbolischen Gütern entgegen (vertikale Dimension) wie auch

einer wachsenden Segregation aufgrund funktionaler Arbeitsteilung (horizontale Dimension).
Das Verhältnis bzw. die Abgrenzung von Integration und Inklusion kennt unterschiedliche Lesarten. Zunächst sind in der Soziologie Inklusion als rein deskriptiv-analytischer Ansatz und Integration als kulturell-normative Annäherung (bis hin zu einer möglichen Assimilation) eng verknüpft. Setzen ganze gesellschaftliche Gruppen (bspw. die Arbeiterschaft) angesichts unausgewogener Verhältnisse von Leistung (Steuern, Produktivität) und Ertrag (Mitspracherecht in wirtschaftlichen, politischen und kulturellen Angelegenheiten) ihre Interessen in Kampf- oder Aushandlungsprozessen durch, so wird dieser Prozess als „Inklusion" bezeichnet (Münch 2001, 7594). Die Folge solcher Inklusionen wiederum ist eine normativ-kulturelle Angleichung der inkludierten Gruppen und der Gesamtgesellschaft, also Integration.
In der soziologischen Systemtheorie dagegen ist der Integrationsbegriff obsolet geworden und vollständig durch den der Inklusion ersetzt. Sozialintegration geht in der Unterscheidung Inklusion/Exklusion auf, die das Verhältnis von Individuen zur Gesellschaft als „Chance der sozialen Berücksichtigung von Personen" durch Teilsysteme oder Organisationen beschreibt (Luhmann 1997, 620). Die Differenzierung von System- und Sozialintegration wird überflüssig, da sich Systemintegration in der Systemtheorie von selbst erklärt (Exner 2007, 155 f.) (vgl. Abschnitt 4.2.1).

Kastl (2013) greift explizit auf den soziologischen Bedeutungsgehalt der Begriffe Inklusion und Integration zurück, um gegen die in der Sonder- und Heilpädagogik formulierte These vom paradigmatischen Umschlag von der Integration (als „Vorstufe, halbherzige Teilhabe") zur Inklusion (als nicht-hierarchische Akzeptanz aller Menschen in ihrer Verschiedenartigkeit) zu argumentieren (vgl. Abschnitt 3.2.2.3). Aus soziologischer Perspektive sollte ein Einbezug in Lebenswelten vor Ort, z. B. in die einer Regelschule, eher mit dem Begriff „Integration" (im Sinne von Sozialintegration) bezeichnet werden. Sie zielt nach Kastl auf die soziale Zugehörigkeit in Gruppen und Netzwerken (Kastl 2013, 138 ff.). Mit „Inklusion" wird dagegen die bloße Adressierbarkeit innerhalb eines gesellschaftlichen Teilsystems bezeichnet, also die Zuordnung zu einem Sondersystem. Alle Individuen sind, unabhängig von ggf. beeinträchtigenden oder sie auszeichnenden Merkmalen, betroffen von Inklusion, also von der Vergesellschaftung durch funktional differenzierte Teilsysteme, Organisationen und Interaktionen entlang der Frage: „in [sic!] welcher Form werden Personen in sozialen Systemen berücksichtigt?" (Kastl 2013, 136) Dabei sei, so Kastl, Inklusion via Normen und/oder via Ressourcen möglich und müsse auch entsprechend abgesichert werden:

> „Grund- und Menschenrechte sind ein wichtiger, aber für sich allein sehr schwacher Inklusionsmechanismus. Um in der Praxis wirksam zu werden, müssen sie mit Normen, die konkrete Rechtsansprüche sichern, mit Mitgliedschaftsnormen und Ressourcen verknüpft werden. Jeder behinderte Mensch hat zwar in unserer Gesellschaft das abstrakt gleiche Recht, Wohnort und Wohnform frei zu wählen. Insofern ist er inkludiert in die bürgerliche Gemeinschaft (anders als zum Beispiel der Asylsuchende). Aber in der Realität kann das bedeutungslos bleiben, wenn kein Mechanismus der Sicherung von *Ressourcen* für Assistenz, Pflege, Mobilität o. ä. vorgesehen ist." (Kastl 2013, 138; k. i. O.)

Kastl weist im weiteren die Auffassung zurück, dass mit dem Begriff Inklusion sowohl die Adressierung und Rollenzuweisung (Inklusion in engerem Sinn) wie auch die Einbettung und soziale Anerkennung von Individuen (Sozialintegration) bezeichnet werden kann: Inklusion gehe erstens empirisch häufig mit unzureichender Integration einher, könne zweitens soziale Ungleichheiten verschärfen und habe drittens weder in Bezug auf die Person noch auf die Gesellschaft einen ganzheitlichen Charakter – stattdessen würden nur Teile der Person in Form von Rollenübernahmen in funktionale Teilsysteme inkludiert (bspw. als Arbeitnehmerin in das Wirtschaftssystem) (Kastl 2013, 139 f.). Der soziologische Bedeutungsgehalt der Begriffe lege es also nahe, dass nicht Inklusion als weiterreichendes Konzept Integration ablöse, sondern Inklusion (in Form der Zuweisung von Rechten und Ressourcen) und Integration (in Form von sozialen Austauschbeziehungen in Gruppen und Interaktionen) zwei unterschiedliche, sich ergänzende Mechanismen der Vergesellschaftung darstellten.

Theoretisch ungeklärt bleibt in dieser Perspektive die Frage, wie Sozialintegration als Einbettung der ganzen Person in interaktive Zusammenhänge erreicht werden soll. Wo die Systemtheorie die Adressierung von

Individuen durch Teilsysteme, Organisationen oder Interaktionen entlang der systemrelevanten Codes (bspw. Schulpflicht/keine Schulpflicht oder relevant/irrelevant für die Gruppenkommunikation) setzt und damit den Begriff der Sozialintegration obsolet macht, bleibt bei der Kombination der Konzepte die Frage offen, wie die Überschneidungsbereiche zwischen Inklusion und Integration zu definieren sind, und wo die Differenz zwischen „Adressierung und Rollenzuweisung" (= Inklusion) und „Einbettung und soziale Anerkennung" (= Sozialintegration) verläuft.

3.2.2.2 Soziale Arbeit

Soziale Integration gilt als Grundprinzip des Handelns in der Sozialen Arbeit. Sie sei „zugleich Prozess und Ergebnis" vielfältiger individueller, fachlicher und politischer Bemühungen um die Einbeziehung von Einzelnen oder Gruppen, die „aus unterschiedlichsten Gründen ausgeschlossen seien". Dies setze bei den beteiligten Individuen und Systemen „Kenntnisse, Fähigkeiten und den Willen voraus, sich zu integrieren bzw. zur Aufnahme bereit zu sein." (Mollenhauer 2013, 452) Soziale Integration stelle generell einen Bildungs- bzw. Sozialisations- und Interaktionsprozess dar, der gemeinsame Bedeutungshorizonte schaffe. Die Notwendigkeit, Integrationsprozesse einzuleiten, entstehe dann, „wenn überlieferte oder erzwungene Formen sozialer Segregation aufgegeben werden" (sollen), Subkulturen zu einander in Widerspruch gerieten oder wenn ein „problematische(r) Grad innerer Segregation" erreicht sei, bspw. in der Psychiatrie, der Stadtentwicklung oder im Schulwesen. Jede Segregation oder Integration beinhalte „eine Machtkomponente, ein Moment gesellschaftlicher Herrschaft" und entwickle sich entlang spezifischer Merkmalskonstellationen, so dass Integration „als eine allgemeine Option unsinnig" sei (Mollenhauer 2013, 453). Mit Bezug auf Personen mit Migrationsgeschichte konkretisiert Mollenhauer das Konzept der Integration auf vier Dimensionen: Strukturelle Integration umfasst die Gleichheit der sozialen und politischen Rechte sowie die Gleichverteilung auf Status- und Berufspositionen und im Ausbildungssystem (Chancengleichheit); Soziale Integration meint den Zugang zu Primärgruppen und sozialen Subsystemen (Familie, Peergroups, etc.); Kulturelle Integration bezieht sich auf die Akkulturation in Normen, Rollen, Werten, Gewohn-

heiten und Sprache; Persönliche Integration ist die „Identifikation mit der Gesellschaft, Rückgang überdurchschnittlicher Anomie und Restabilisierung des durch Wanderung destabilisierten Persönlichkeitssystems" (Mollenhauer 2013, 453). Integration von Migrantinnen und Migranten, so Iben, gelinge in einer Gesellschaft „mit starken sozialen Spannungen" weniger gut, da diese „prinzipiell integrationsfeindlich und eine sozial befriedete eher auf Integration bedacht" sei (Iben 2011, 451).
Wirtschaftliche Unsicherheit und Leistungsdruck ließen die Toleranz für randständige und benachteiligte Gruppen schwinden, und gleichzeitig würden Randgruppen zur Disziplinierung der (noch) nicht Abgestiegenen eingesetzt, so dass Desintegration um sich greife. Umgekehrt gelte, dass ungesicherte Aufenthaltsverhältnisse Integration eher behinderten und bei Migrantinnen und Migranten ein Beharren auf der Herkunftskultur mit sich brächten. Desintegration zeige dabei eine sich selbst verstärkende Entwicklung, indem Randständigkeit abweichendes Verhalten erst hervorbringe. Anzustreben seien Integrationsprozesse als wechselseitige, auf Konsens zielende, dialogische Lern- und Aushandlungsprozesse, die statt Anpassung eine gegenseitige Durchdringung und Kenntnis der „positiven Elemente beider Kulturen" ermöglichten, aber auch „abweichende Eigenbereiche innerhalb einer multikulturellen Gesellschaft" anerkennen (Iben 2011, 451 f.). Begrifflich nimmt Integration darüber hinaus ein weites Feld in Bezug auf den institutionellen Ausbau des Fördersystems für Menschen mit Behinderung ein: Integrationsamt, Integrationsfachdienste, Integrationsprojekte (= -betriebe), Integrationsvereinbarung, Integrative Erziehung und schulische Integration werden als Handlungsfelder von Integration definiert (Deutscher Verein 2011).
Die Abgrenzung zwischen Inklusion und Integration verläuft entlang derjenigen zwischen fachlicher Handlungspraxis und politischer Strategie und weist den Konzepten unterschiedliche Geltungsbereiche und Reichweiten zu. Integration umfasst die professionell-fachliche Ebene der Schaffung und Aufrechterhaltung von Interaktion mit randständigen Personen und Gruppen und dort vor allem mit Menschen aus anderen Kulturen. Über die Notwendigkeit von Integration kann deshalb immer nur situationsspezifisch entschieden werden. Beziehe man den Begriff der

Inklusion auf die fachliche Ebene der Umsetzung, so verschmelze er mit dem der Integration:

> „Ob die beiden Begriffspaare 'Integration/Desintegration' und 'Inklusion/Exklusion' 'Gegenpole' für mehr (oder weniger) Teilhabe von gesellschaftlich ausgeschlossenen Menschen sind, ist auf der Handlungsebene bei gleichen Maßnahmen und Projekten kaum auszumachen (z. B. ist Barrierefreiheit Voraussetzung sowohl für Integration als auch für Inklusion)." (Mollenhauer 2013, 452 f.)

Inklusion stellt demnach gerade nicht eine erweiterte oder verbesserte Integration dar (vgl. Abschnitt 3.2.2.3), sondern die Konzepte sind auf unterschiedlichen Ebenen angesiedelt.

3.2.2.3 Heilpädagogik

In der Heilpädagogik gilt Integration den Artikeln 1 und 3 des Grundgesetzes folgend[175] als Grundrecht auf „Durchsetzung der uneingeschränkten Teilhabe und Teilnahme behinderter Menschen an allen gesellschaftlichen Prozessen" (Bundschuh, Heimlich, Krawitz 2007b, 136). In der Umsetzung dieses Grundrechtes haben sich eine eher sonderpädagogische Variante und eine eher integrationspädagogische Variante entwickelt, die beide unter dem Etikett „Integration von Menschen mit Behinderung" gehandelt werden.

Integration als Leitbegriff der Sonderpädagogik münde in den Aufbau und den Betrieb separierter Institutionen für Bildung, Wohnen und Beschäftigung von Menschen mit Behinderung. Es sei jedoch „ein nicht aufzulösender Widerspruch, Integration durch Aussonderung erreichen zu wollen" (Bundschuh, Heimlich, Krawitz 2007b, 137). Erst Proteste von Eltern behinderter Kinder, die durch diese abgesonderten Bildungseinrichtungen das Grundrecht ihrer Kinder auf Entscheidungsfreiheit verletzt sahen, führten zu einer Erweiterung des Konzepts von Integration. Sie war „nicht mehr eine institutionelle Frage, sondern eine nach der Qualität von Prozessen in heterogenen Konstellationen." (Hinz 2013, 183) Neben dem "Sonderschulwesen mit möglichst leistungshomogenen Lerngruppen, zielgleichem Lernen, interindividuellem Leistungsvergleich und objekti-

---

[175] GG Artikel 1, Absatz 1: „Die Würde des Menschen ist unantastbar."; GG Artikel 3, Absatz 3, Satz 2: „Niemand darf wegen seiner Behinderung benachteiligt werden."

vierbarer Leistungsbeurteilung" besteht seitdem die „Idee gemeinsamen Lebens, zieldifferenten Lernens und intraindividueller Leistungsbeurteilung in heterogenen Gruppen" (Bundschuh, Heimlich, Krawitz 2007a, 141). Als Gegenbegriff zur Sonderpädagogik verfolge deshalb die Integrationspädagogik "Theorie- und Handlungskonzepte, die die Erfahrung von Gemeinsamkeit in der Unterschiedlichkeit zum Gegenstand haben" (Bundschuh, Heimlich, Krawitz 2007a, 141). Die Auseinandersetzung zwischen dem selektierenden "Kaskadenmodell" von Integration mit einem „gestuften System sonderpädagogischer Förderung", das Integrationsfähigkeit als persönliche Eigenschaft auffasse und so vor allem schwerer und geistig behinderte Menschen benachteilige[176], gegenüber einer Auffassung von Integration als „bürgerrechtlich begründete[m] Anspruch aller Menschen auf Teilhabe in allen Lebensbereichen, der keine Ausnahme duldet" besteht aber bis heute. Integration im letztgenannten Sinn stelle nicht die Integrationsfähigkeit von Personen, sondern von Institutionen in Frage (Hinz 2013, 183). Werden aber die Institutionen nicht in Frage gestellt, so muss Integration als „Zielkategorie (Input-Prinzip)" (Theunissen 2013, 181) funktionieren. In der Praxis erfolge dann "in der Regel nur eine gesellschaftliche Eingliederung" bzw. "profizentrierte Top-down-Praxis" (Theunissen 2011). Menschen mit Behinderung würden an die "normale" Welt der Nicht-Behinderten angepasst, wobei dieser Anpassungsprozess weniger beeinträchtigte Menschen privilegiere (Theunissen 2011, 161 f.). Dieser Praxis komme insofern eine hohe Relevanz zu, als sie „zumindest im außerschulischen Bereich der Behindertenhilfe und in der Behindertenpolitik heute als *Alltagstheorie* zutage tritt." (Theunissen 2011, 162;, k. i. O.)

Auch die „Encyclopedia of Disability" betont vor allem die handlungseinschränkende, normierende Wirkung von Integration:

> "(...) while the idea of integration presupposes conformity, an alignment that is always experienced as domination, even oppression, by the group that defines the norms or of the majority over the minority." (Ravaud, Stiker 2006, 925)

---

[176] Von kooperativen Lernformen noch häufig gänzlich ausgeschlossen sind schwerstbehinderte Kinder, wodurch sie in kommunikative Isolation geraten können (Bundschuh, Heimlich, Krawitz 2007b, 137).

Aber auch in der auf gemeinsame Lernprozesse setzenden, integrativen Pädagogik muss ein aktives Mittun behinderter Kinder explizit gefördert werden, da durch das bloß passive Dabeisein Stigmatisierungseffekte eher verstärkt würden (Bundschuh, Heimlich, Krawitz 2007b, 137). Vernachlässigung von Beziehungen und Prozessen in der Praxis der Integrationsarbeit führt zu einem Nebeneinander von nicht-behinderten und „nicht wirklich akzeptierten" behinderten Menschen (Hinz 2013, 184). Integration in gemeinsamen Prozessen ist vor allem in Kindergarten und Grundschule möglich, während sie in den Sekundarstufen und in den Bereichen Arbeit bzw. Wohnen schwieriger zu verwirklichen ist (Bundschuh, Heimlich, Krawitz 2007a, 143; Hinz 2013, 184).

Wie gleichen und wie unterscheiden sich der Integrations- und der Inklusionsbegriff in der Heilpädagogik? Zunächst verweist der Disput um die treffende Übersetzung des Begriffs „inclusion" in der deutschsprachigen Fassung der BRK (Welke 2012) (vgl. Abschnitt 3.1) auf die weitgehend ungeklärte Abgrenzung der Begriffe „Integration" und „Inklusion" – ein Umstand, der seit 2002 (Hinz 2002) und bis heute beklagt wird (Kastl 2013)[177]. Lakonisch formuliert Merten, dass die Thematisierung von In- und Exklusion „der Auseinandersetzung um die Frage von Integration/Desintegration (...) den Rang abgelaufen" habe (2004, 99); auch Degener und Mogge-Grotjahn kennzeichnen die Ausgrenzungs- und Integrations-Debatte als „herkömmlich" gegenüber der „jüngere(n) Exklusions- und Inklusions-Debatte" (2012, 60). Wansing konstatiert „seit langem Einigkeit" darüber, dass in Deutschland der Begriff der Inklusion im Zusammenhang mit einer gleichberechtigten Bildung den der Integration abgelöst habe (Wansing 2012, 93). Sind also überhaupt inhaltliche Unterschiede zwischen den Begriffen auszumachen (und wenn ja, welche?), oder geht es schlicht um eine sprachliche Modernisierung der Begrifflichkeit? Unterschiedlich verlaufende Argumentationslinien und diametral gegensätzliche Positionen kennzeichnen die Abgrenzungsbemühungen. So steht die Auffassung, dass sich ein im Vergleich zu Integrationskon-

---

[177] Dass es sich dabei nicht nur um ein Problem der Übertragung aus dem Englischen handelt, zeigt Hinz auf, der die Unschärfen in der Differenzierung der beiden Begriffe auch für den internationalen Diskurs nachzeichnet (Hinz 2002, 2010a; vgl. auch Bürli 2009).

zepten, „grundlegend verändertes Verständnis von Inklusion und Exklusion" entwickelt habe (Degener, Mogge-Grotjahn 2012, 66) und Inklusion einem „Paradigmenwechsel" (Hinz 2002, 355) gleichkomme, im Gegensatz zu der Feststellung, dass in vielen Veröffentlichungen „eine fast beliebige Austauschbarkeit in der Begriffswahl gegeben" sei, „als seien die ihnen [der Inklusion bzw. Integration, B. S.] zu Grunde liegenden Handlungsansätze in ihrem inhaltlichen Aussagehalt quasi identisch" (Frühauf 2010, 11).

Im Folgenden wird zunächst die Argumentation vorgestellt, der zufolge sich Integrationskonzepte *nicht* grundsätzlich von Inklusionskonzepten unterscheiden: Sie basiert auf der Auffassung, dass „die Umsetzung des Konzepts der Integration nur unvollkommen gelungen ist." (Graumann 2012, 79), mit der Folge, „dass die Inklusionsbewegung auf dem Verständnis basiert, dass das Problem scheiternder Integration in gesellschaftlichen Strukturen (...) zu suchen ist." (Terfloth 2007, 11) So betont Stein (2010, 79 ff.), dass empirisch eine unzureichende Umsetzung von Integration festzustellen sei, dass aber das Konzept der Integration ausreichend theoretisch fundiert sei. Die Argumentation, dass Integration sich in Einzelfallhilfen und Kooperationsmodellen erschöpfe, den Fokus auf Menschen mit Behinderung lege, anstatt einen gleichwertigen Einbezug aller anzustreben, und auf eine Anpassung von Menschen statt Strukturen ziele, sei zwar empirisch zutreffend, aber nicht aus der Theorie ableitbar. Insofern gelte es, auf der Grundlage der bestehenden, theoretisch weitreichenden Integrationskonzepte die – auch ökonomischen – Ursachen von Ausgrenzung zu analysieren und entsprechende politische Anstrengungen zur Umsetzung von Integration zu unternehmen (Stein 2010, 81 ff.). Stein vertritt die Position, dass zwischen Inklusion und Integration keine sinnvolle begriffliche Differenz festzustellen sei, und verweist darauf, dass Georg Feuser bereits 1984 ein Konzept der Integration von nicht-behinderten und behinderten Kindern vorgelegt habe, das nicht am zu integrierenden Kind, sondern an den organisationalen Strukturen ansetzt, und später den Ansatz einer Allgemeinen Pädagogik, die auf eine Einbeziehung von stark benachteiligten bzw. behinderten Kindern zielt (Stein 2010, 77 ff.). Begriff und Konzept der Inklusion lieferten demnach nichts, was diese Integrationskonzepte nicht auch schon umfasst hätten, und stellten insofern keine theoretische Erweiterung dar (Stein 2010, 81)[178]. Für diese Position spricht auch, dass Integration bzw. Inklusion sich in Teilen auf dieselben theoretischen Grundlagen berufen: Im „Handlexikon Geistige Behinderung" wird die Pädagogik der Vielfalt, ein Konzept von Annedore Prengel, als deutsche Variante der inklusiven Pädagogik bezeichnet (Boban, Hinz 2013, 182 f.), während derselbe Ansatz im „Wörterbuch Heilpädagogik" als theoretische Grundlage einer integrativen Pädagogik reklamiert wird (Bundschuh, Heimlich, Krawitz 2007a, 144)[179]. Ebenso beziehen sich sowohl Integration als auch Inklusion mit der Forderung nach „uneingeschränkte[r] Teilhabe und Teilnahme (...) an allen gesellschaftlichen Prozessen" nahezu gleichlautend auf Menschen- und Grundrechtsnormen (Bundschuh, Heimlich, Krawitz 2007b, 136; Niehoff 2011, 447).

Im Gegensatz dazu wird jedoch im heilpädagogischen Diskurs überwiegend die Auffassung vertreten, dass Inklusion eine grundlegende inhaltliche Erneuerung gegenüber Integration darstelle, auch unabhängig davon, wie die Bezeichnung laute:

> "Wenn das Inklusionsmodell in seiner vollen Tragweite ernst genommen wird, handelt es sich um einen echten Paradigmenwechsel, wobei es letztlich nachrangig scheint, ob die entstehende neue Wirklichkeit als die 'dann erst richtige Integration' oder als Inklusion bezeichnet wird. Es gibt jedoch auch unübersehbare Tendenzen, den Begriff Inklusion für gänzlich andere Inhalte und Interessen zu missbrauchen." (Frühauf 2010, 30)

Mit der beliebigen Ausbreitung des Inklusionsbegriffes verwische dessen strikter Gemeinwesenbezug und sein widerständiges Potenzial gegenüber Sonderinstitutionen (Hinz 2013, 183). Inklusion setze dem Anspruch nach stärker als Integration auf die Einbindung von Institutionen und Personen in das Gemeinwesen und versucht so, Ausgrenzung von Anfang zu vermeiden, anstatt bereits ausgesonderte Personen wieder zu integ-

---

[178] Vgl. auch Feuser (2006), der eine Umgestaltung der Regel-Kindertagesstätten und -schulen fordert, so dass allen Kindern der Schulbesuch am Wohnort ermöglicht werden kann.

[179] Was im Übrigen in gleicher Weise für die „Pädagogik für alle" (R. Krawitz) gilt, die sowohl von der inklusiven wie auch von integrativen Pädagogik als konzeptionell-theoretische Grundlage und Richtschnur beansprucht wird (Bundschuh, Heimlich, Krawitz 2007a, 144; Feyerer 2012).

rieren (Niehoff 2011, 452; Rothmayr 2011, 454). Inklusive Pädagogik dringe auf einen grundsätzlichen Institutionen- und Organisationswandel, so dass grundsätzlich von der Kategorisierung nach individuellem Förderbedarf abgesehen werden kann (Boban, Hinz 2013, 182). Letzteres steht im Zentrum der Argumente für eine grundlegende Unterschiedlichkeit von Integration und Inklusion. Die Kritik an Integrationskonzepten lässt sich folgendermaßen zusammenfassen:

- Die sonderpädagogische Förderung selektiert je nach vorliegender Einschränkung Integrationsoptionen und knüpft damit Integrationschancen an persönliche Merkmale (Hinz 2013, 183).
- Vor allem schwer beeinträchtigte Kinder und Erwachsene werden nicht durch Integrationsbemühungen erreicht (Bundschuh, Heimlich, Krawitz 2007a, 143).
- Integration erhält die Etikettierung behinderter Kinder aufrecht und greift als Schularbeit in Sondergruppen zu kurz (Terfloth 2007, 5).
- Durch Bildung in separierten Sonderinstitutionen wird die Orientierung auf Beziehungen und Prozesse vernachlässigt, was zu einem Nebeneinander von (dominanten) nicht-behinderten und behinderten Menschen führt (Hinz 2013, 183).
- Integration wird institutionell konzipiert, ohne den Institutionen einen grundsätzlichen Wandel abzuverlangen (Hinz 2013, 183; Graumann 2011, 13f.).

Deshalb, so die Kritik, stelle das Konzept der Integration im Unterschied zu Inklusion den Versuch dar, behinderte Menschen durch Anpassung und Assimilation in die Welt der Nicht-Behinderten zu integrieren, und greife solchermaßen als „Zwei-Gruppen-Theorie" bzw. „Zwei-Welten-Theorie" (Hinz 2002, 356; Theunissen 2013, 181) zu kurz.

> „In der Integrationsperspektive erscheinen die Übernahme, Akzeptanz und Verinnerlichung der gegebenen Werte und Normen als Voraussetzung für Integration (…)" (Degener, Mogge-Grotjahn 2012, 60)

Integration in diesem Sinn verfolgt das Ziel einer „Normalisierung", einer Einbindung zuvor aufgrund ihrer Behinderung marginalisierter Personen, allerdings um den Preis ihrer körperlich-geistig-seelischen Anpassung und Unterwerfung:

> "The doubtless most dynamic notion of inclusion leaves room for the work of adjustment, acceptability and social participation, while the idea of integration presupposes conformity, an alignment that is always experienced as domination, even oppression, by the group that defines the norms or of the majority over the minority." (Ravaud, Stiker 2006, 925)

Normalisierung ignoriert die Tatsache, dass Menschen mit Behinderung ebenso zur gesellschaftlichen Normalität gehören wie nicht-behinderte Menschen (Degener, Mogge-Grotjahn 2012, 61), und etabliert die Nicht-Behinderung zum Bezugspunkt der Integration:

> "Würde mit dem Anspruch, daß Integration die Beteiligung aller meint, logisch-konsequent umgegangen, dann müßten grundsätzlich auch nichtbehinderte Kinder, die in Regelschulen ohne behinderte Kinder beschult werden, als nicht integriert gelten, denn auch sie wurden selektiv von den anderen getrennt. Doch eine entsprechende Diskussion zum Nichtintegriertsein nichtbehinderter Menschen und zur Notwendigkeit, sie zu integrieren, wird nicht geführt – eine derartige Sichtweise würde wahrscheinlich von vielen Seiten vor dem Hintergrund des derzeitigen Integrationsverständnisses – (...) als absurd betrachtet werden." (Exner 2007, 84)

Darüber hinaus werte Integration mit Bezug auf eine dominant gedachte Kultur soziale Beziehungen unter ausschließlich behinderten Menschen, bspw. subkulturelle Milieus, Selbstbestimmt-Leben-Initiativen oder Selbsthilfegruppen, als nicht-integriert ab (Exner 2007, 93). Genau diese Gleichwertigkeit heterogener Lebensweisen stehe aber im Zentrum des Inklusionskonzeptes:

> „Begriff und Theorie der sozialen Inklusion, so wie wir sie hier vertreten, fordern (…) dazu heraus, die gewohnten Denkmuster des 'Gegenübers' von Individuum und Gesellschaft und der 'Integration' von 'Randgruppen' in die Gesellschaft zu überwinden." (Degener, Mogge-Grotjahn 2012, 60 f.)

In der Perspektive der Heilpädagogik ist die Abgrenzung von Inklusion und Integration letztlich nicht widerspruchsfrei möglich. Inklusion sei nicht notwendig, wenn Integrationskonzepte konsequent umgesetzt würden, so die eine Auffassung. Demgegenüber steht die Position, dass Inklusion das gegenüber der Integration deutlich erweiterte Konzept sei, indem es Kategorisierungen und Assimilationsdruck vermeidet und auf einen Wandel von Institutionen und Strukturen dringt.

3.2.2.4 Überblick: Abgrenzung von Inklusion und Integration

Um einen Überblick über die Abgrenzung von Inklusion und Integration zu geben, wird die im vorigen Abschnitt dargestellte Tabelle in verkürzter Form hier aufgenommen und um den Integrationsbegriff erweitert:

Tabelle 7: Differenz Integration zu Inklusion nach Disziplinen

Disziplin	Inklusion	Integration
Soziologie	<ul><li>Einnahme vorteilhafter Positionen im vertikalen oder horizontalen Gefüge sozialer Ungleichheit (Exklusion: extrem benachteiligte Positionierung)</li><li>Vergesellschaftung von Individuen durch Adressierung (Rollenerwartung) von Seiten gesellschaftlicher Teilsysteme</li><li>Steigerung der sozialen Kohäsion innerhalb einer Gesellschaft durch Einbeziehung heterogener Individuen oder Gruppen</li></ul>	<ul><li>eindeutige, konfliktfreie und akzeptierte Definition von sozialen Positionen im vertikalen Statusgefüge von Macht, Geld, Prestige und Fähigkeiten</li><li>funktional-arbeitsteilige Kooperation von (Teil-)Systemen, ggf. auch durch Konflikt-austragung (Systemintegration) – Gegenbegriffe: Anomie, Desintegration</li><li>Qualität der Kooperation zwischen handelnden Personen (Sozialintegration); Aufnahme und Akzeptanz von Individuen in sozialen Gruppen</li><li>Vereinbarung und Sanktionierung von Regeln und Normen innerhalb eines Systems, begleitet durch Entdifferenzierung aufgrund Assimilation heterogener Elemente (normative Integration)</li></ul>
Soziale Arbeit	<ul><li>zivilgesellschaftlich verankerte Haltung in Lebenswelten, die für Heterogenität und gegenseitige Unterstützung sensibilisiert sind</li><li>politische Strategie zur Bewältigung von gesellschaftlicher Heterogenität bzw. fachpolitische Ausrichtung der Sozialen Arbeit</li></ul>	<ul><li>Fachliches Handeln (Förderung von dialogischen Prozessen, Bildung, Identitätsfindung etc.) in vorab als segregiert diagnostizierten gesellschaftlichen Teilbereichen/Gruppen mit dem Ziel der Schaffung gemeinsamer Bedeutungshorizonte (Fortsetzung s. nächste Seite)</li></ul>

Disziplin	Inklusion	Integration
Heil- und Sonder-pädago-gik, Disability Studies	Fortsetzung: • politisch-gesellschaftlich umzusetzende Idee der Gleichwertigkeit heterogener Individuen, wobei Heterogenität als sozial konstruiert und die Vielfalt von Lebensformen, Lebenslagen und Merkmalen als positiv-bereichernd gilt • (Menschen-)Recht auf Einbezug heterogener Individuen in „örtliche", „allgemeine" oder „Regel"-Strukturen und -institutionen (insbesondere im Sektor Bildung/Pädagogik) • Struktur-, Organisations- und Normenwandel, der die Separierung zentraler Lebensbereiche (Wohnen, Bildung, Arbeit, Freizeit) entlang individuell unterschiedlicher Kompetenz- bzw. Beeinträchtigungsprofile vermeidet und damit „von Anfang an" Ausgrenzung verhindert • Einbeziehung, die „unmittelbar" bzw. „unbedingt" erfolgt. Inklusion münde in ein „Gefühl der Zugehörigkeit" (BRK Präambel m)	• auf Menschenwürde und Benachteiligungsverbot basierendes Recht auf Teilhabe und Teilnahme in allen Lebensbereichen • pädagogisches Handeln, das auf die Förderung von Kindern mit Behinderung zielt: a) in separierenden, nach Kompetenzen abgestuften Sonderschulbereichen oder b) durch gemeinsames Lernen von behinderten und nicht-behinderten Kindern in denselben Institutionen und Organisationen. Empirisch gelingt Letzteres vor allem im Vor- und Grundschulbereich, weniger bei erwachsenen Personen im Bereich Arbeit und Wohnen. Bildung und Erziehung in Sonderinstitutionen erhält die Kategorisierung von behinderten Menschen nach dem Grad der persönlichen Beeinträchtigung aufrecht, so dass vor allem schwer beeinträchtigte Personen benachteiligt werden. • Assimilation von behinderten Kindern und Erwachsenen an die „Welt" der Nicht-Behinderten

Quelle: Eigene Darstellung

Wie lässt sich nun die Abgrenzung der Begriffe Inklusion und Integration bewerten? Worin liegen die Probleme einer präzisen Definition (im Sinne von inhaltlicher Klärung und Abgrenzung) begründet?

Zentrales Moment der Abgrenzung aus heilpädagogischer Sicht ist zunächst das Moment der De-Kategorisierung bzw. De-Konstruktion, das dem Konzept der Inklusion zukommt, während heilpädagogische Integrationskonzepte – zumindest in der Praxis – auf Förderung von behinderten Menschen in Sonderwelten setzen. Damit beinhaltet Inklusion immer ein Moment des Offenlassens, der Unsicherheit und der Irritation, bspw. in Bezug auf die Inklusionsfähigkeit von Organisationen:

"Der Begriff der Lernfähigkeit schließt in diesem Zusammenhang ein, 'dass Organisationen ihre Bereitschaft intensivieren, sich in ihren Sicht-

> weisen und in ihren Gewohnheiten irritieren zu lassen' (Wimmer 2004, 208), diese Irritationen sogar herbeiführen und deren Bewertung als Lernprozess in die Organisationsgestaltung einbeziehen. (...) Das führt allerdings auch zu einer kontinuierlichen Destabilisierung." (Stammeier-Tölle 2013, 29)[180]

Integration dagegen setzt auf das Benennbare und muss darauf setzen, da dieses Benennbare den Ankerpunkt für eine Vielzahl von sozialstaatlichen Förderungen bildet, wie die Darstellung der Fördermechanismen für Menschen mit Behinderung zeigt. Integration kann daher in zweifacher Weise normierend wirken: durch die Definition von Behinderung nach Art und Grad der Beeinträchtigung und indem ein Anpassungsdruck an die Mehrheitsgesellschaft bzw. normativ dominante Milieus erzeugt werden kann.

Umgekehrt wird deutlich, dass das Konzept der Inklusion zwar eine nichtkategorisierende Heterogenität als zentrale Säule betont, aber die Frage nach Macht- und Durchsetzungsmöglichkeiten weitgehend offen lässt (Kastl 2013). So weisen nicht nur Ravaud und Stiker auf die verbleibende Differenz zwischen Inklusion als normativ nicht-determinierter Einbindung von Individuen und der Anerkennung dieser Individuen hin:

> "Being included can signify a situation of which one is organically a part, without being necessarily obliged to behave according to a rigid norm. On the other hand, inclusion, like insertion, can prove to be weak and may merely be synonymous with simple presence, simple admission, simple tolerance. You can be tolerated without being recognized. You can be admitted without being incorporated." (Ravaud, Stiker 2006, 925)

Im sog. „bubble-kid"-Phänomen in der Einzelförderung von behinderten Kindern bspw. befinden sich das Kind und die Assistenz in einer gemeinsamen Blase, bemüht um Einbeziehung in den sozialen Kontext, ohne dass die Gesamtstrukturen darauf ausgerichtet wären (Stein 2010, 80).

> "Wenn wir diese kritischen Anmerkungen richtig weiter denken, so steht mit Foucault die 'inklusive Pädagogik' in der Gefahr, in ein krampfhaftes Bemühen um eine 'Schein-Normalität' abzugleiten, die eine verschärfte Form von Exklusion innerhalb eines inkludierenden Schulsystems pro-

---

[180] Wimmer, Rudolf (2004): Organisation und Beratung. Systemtheoretische Perspektiven für die Praxis. Heidelberg: Carl-Auer-Systeme Verlag.

duziert. Erfahren Schülerinnen und Schüler mit Behinderungen in einer inklusiven Klasse möglicherweise ihre 'Anomalität' in verschärfter Weise, weil sie dauernd mit dem 'Normalen' konfrontiert werden und an den 'normalen' Ansprüchen mit gemessen werden?" (Kuhlmann 2012, 47)

Die Durch- und Umsetzung von Inklusion berührt also im Kern die Frage nach der Herstellung von Anerkennung der vorfindlichen Heterogenität, vor dem Hintergrund, dass Anerkennung nicht verpflichtend vorgegeben werden kann. Weiter stellt sich die Frage nach Umfang und Art der Ressourcen, die für die Umsetzung inklusiver Bildung und Unterstützung für Menschen mit Behinderung aufzubringen sind (für viele andere: Kastl 2013; Becker, Wacker, Banafsche 2013). Die Ressourcenfrage stellt, wie in Abschnitt 2.1.3 bereits ausgeführt, unter marktwirtschaftlichen Bedingungen die „Achillesferse" der Inklusion dar, eine „prekäre Verbindung von Marktabhängigkeit und sozialen Rechten" (Kronauer 2010a, 34), so dass auch in dieser Hinsicht der Inklusionsbegriff fragil und in Teilen unbestimmt bleibt.

Neben den Aspekten der Anerkennung von Heterogenität und der Finanzierung verursacht die Vielfalt der in den beiden Begriffen transportierten Bedeutungsaspekte weitere Abgrenzungsprobleme: Sowohl Inklusion als auch Integration werden nicht nur interdisziplinär verwendet, sondern auch als „Container"-Begriffe benutzt. Neben etymologisch oder fachlich-disziplinär eng vorgegebenen, eher deskriptiven und gut abgegrenzten Bedeutungsinhalten werden eine ganze Reihe weiterer Bedeutungen mittransportiert. Dies sind zum Teil kritische Impulse wie bspw. die Überlegung, dass die Ausgrenzung bestimmter Bevölkerungsgruppen der Befriedung der Bevölkerungsmehrheit diene, zum Teil eher naiv-bildhafte Beschreibungen, wenn Integrative Erziehung u. a. als Entfaltung behinderter Kinder in "einer 'natürlichen' Umgebung" (Rothmayr 2011, 454) definiert wird, oder umstandslose Übertragung, wenn Bundschuh aus Artikel 1 und 3 des Grundgesetzes die „Durchsetzung der uneingeschränkten Teilhabe und Teilnahme behinderter Menschen an allen gesellschaftlichen Prozessen" (Bundschuh, Heimlich, Krawitz 2007b, 136) ableitet. Dederich konstatiert, dass mit der Reflexion und Kritik an exklusiven Pädagogiken eine eher empathische als analytische integrative Pädagogik eingesetzt habe, wobei sich die Exklusionsdrift fortsetze

(2006, 13). Aspekte von Anerkennung, Teilhabe, Bürger- und Menschenrechten, materieller Umverteilung, einem ganzheitlichen Menschenbild (Rothmayr 2011, 454) – all dies wird den Container-Begriffen Inklusion und Integration mitgegeben, so dass es unabdingbar scheint, die spezifischen Kontexte näher zu beleuchten.

3.2.3 Teilhabe

Im Folgenden wird zunächst Teilhabe definiert. Die Analyse des Begriffs rückt die mit Teilhabe eng verwandten Begriffe der Partizipation, der Teilnahme und der Teilgabe ebenfalls in den Blick. Allen ist gemeinsam, dass sie Bedeutungsfelder abdecken, die ebenso der Inklusion zugerechnet werden. Der Duden vermerkt für Teilhabe ebenso wie für Teilnahme einen mittel- bzw. althochdeutschen Ursprung (Duden 2015a, 2015b). Partizipation leitet sich als wörtliche Übersetzung aus dem Lateinischen pars = Teil und capere = nehmen, fassen ab (Drosdowski 1997, 513). Dabei wird im engeren Sinne zum einen das spätlateinische participatio (Teilhabe) als Ursprung genannt (Duden 2015c; Welti 2005, 535), zum anderen particeps = Anteil habend, teilnehmend (Duden 2015d).
In der Soziologie gilt soziale Teilhabe als

> "... symbolische (Status) oder organisatorische (Partizipation) Zurechnung einer Person oder Gruppe zu einem positiv bewerteten sozialen Gebilde und daraus folgende Rechte." (Kaufmann 2013, 681)

Praktisch gleichbedeutend wird Partizipation soziologisch als „Teilhabe und Teilnahme" an einer Gruppe, Organisation etc. definiert, was auch eine Beteiligung an der Bestimmung und Verwirklichung der Ziele des Kollektivs beinhaltet. Politische Partizipation im engeren Sinn bedeutet Mitwirkung bei Entscheidungen, während soziale Partizipation als „soziale oder informelle Teilnahme" an offener (nicht an Vereine o. ä. gebundene) Geselligkeit, bspw. in einer Stammkneipe, (Fuchs-Heinritz, Strubelt 2013, 500) definiert ist. Im Rahmen der Theorie sozialer Ungleichheit meint Teilhabe die „Verfügung über gesellschaftlich relevante Ressourcen" (Krause 2013, 709). Bartelsheimer skizziert in seinem Essay „Politik der Teilhabe. Ein soziologischer Beipackzettel" einen Teilhabebegriff, der Klassen- und Schichtbegriffe überwindet und Armutslagen fokussiert:

"Die Schwelle, jenseits derer soziale Ungleichheit nicht hinnehmbar ist, lässt sich nur bezeichnen, wenn man zu beschreiben vermag, wovon niemand ausgeschlossen werden soll. 'Teilhabe' gehört also zum Gespräch über soziale Ungleichheit und Sozialstruktur; (...)" (Bartelheimer 2007, 5)

Teilhabe gilt in diesem Sinn als positiver Gegenbegriff zu Ausgrenzung (vgl. Abschnitt 2.1.2), der das Maß nicht (mehr) tolerierbarer Ausgrenzung normativ zu bestimmen vermag: "Teilhabe als sozialstaatliches Leitkonzept bezeichnet dabei die Schwelle, deren Unterschreiten öffentliches Handeln und soziale Sicherungsleistungen auslösen soll." (Bartelheimer 2007, 5) Dieser Teilhabebegriff ist in nationalen und internationalen Politikprogrammen und Gesetzen verankert (GG, SGB XII, SGB IX) und muss sich empirisch überprüfen lassen. Mit dem Teilhabebegriff gelinge es, erwünschte, legitime Vielfalt von Lebensweisen von „inakzeptablen Gefährdungen von Teilhabe" zu unterscheiden (Bartelheimer 2007, 8). Darüber hinaus habe Teilhabe einen Bezug zur gesellschaftlichen Integration bzw. Inklusion:

"Mit dem Begriff der Teilhabe werden zwei Fragen verhandelt: Wie wird gesellschaftliche Zugehörigkeit hergestellt und erfahren, und wie viel Ungleichheit akzeptiert die Gesellschaft?" (Bartelheimer 2007, 8)

Bartelheimer stellt fünf Anforderungen an einen „hinreichend bestimmte(n) Teilhabegriff":

„Er ist historisch relativ, das heißt, Teilhabe ist an die sozioökonomischen Möglichkeiten einer gegebenen Gesellschaft gebunden. Er ist mehrdimensional, da sich Teilhabe erst durch das Zusammenwirken verschiedener Teilhabeformen ergibt. Es sind verschiedene Abstufungen sowie erwünschte und inakzeptable Formen ungleicher Teilhabe zu unterscheiden. Als dynamisches Konzept ist Teilhabe in zeitlichen Verläufen zu betrachten. Schließlich wird Teilhabe durch handelnde Subjekte, durch individuelles Handeln in sozialen Beziehungen angestrebt und verwirklicht." (Bartelheimer 2007, 4)

Die genannten struktur- bzw. subjektbezogenen Anforderungen fließen zusammen im Konzept der „Teilhabe- und Verwirklichungschancen" nach Amartya Sen (Bartelheimer 2007, 4). Die grundsätzliche Möglichkeit von Teilhabe bilden dabei materielle Ressourcen und Rechtsansprüche, die dann mittels individueller Fähigkeiten im Rahmen günstiger gesellschaftlicher Bedingungen (Normen, Infrastrukturen) in „Verwirklichungschancen" münden. Erst wenn gegebene Handlungs- und Entscheidungsspielräume und individuelle und gesellschaftliche Ziele entsprechend übereinstimmen, entwickelt sich aus der Verwirklichungschance realisierte Teilhabe (bzw. Verortung in einer bestimmten Lebenslage). Im Ergebnis bedeutet Teilhabe „ein Leben führen zu können, für das sie [die Menschen, B. S.] sich mit guten Gründen entscheiden konnten und das die Grundlagen der Selbstachtung nicht in Frage stellt" (Bundesregierung 2005, 9). Ziel einer gerechten Verteilungspolitik muss es sein, für eine Angleichung der Verwirklichungschancen zu sorgen. Teilhabe in soziologischer Perspektive kennt also einen klaren Bezug zur sozioökonomischen Ungleichheit, während der Partizipationsbegriff sich eher auf die Zugehörigkeit zu Organisationen, Staaten oder Gruppen sowie die damit verbundenen Mitbestimmungsrechte bezieht.

Die Soziale Arbeit unterscheidet sozialwissenschaftliche von rechtlichen Bedeutungskomponenten des Teilhabebegriffs. Die erste Sichtweise sehe „Teilhabe als Spannungsverhältnis zwischen Partizipation an Lebenswelten (wie Familie, soziale Milieus) oder [sic!] der Inklusion in gesellschaftliche Funktionssysteme (wie Bildungssysteme, Justiz, Verwaltung)" (Pöld-Krämer 2011, 899), wobei ihre Realisierung eher den Individuen abverlangt werde. Im Bildungssektor sei Teilhabe gleichzusetzen mit Inklusion, wobei ein Mangel an sozioökonomischen Ressourcen (Einkommen, Gesundheit, Netzwerke) Teilhabe bzw. Inklusion gefährde (Pöld-Krämer 2011, 899 f.). Sozialrechtlich fungiert Teilhabe als Leitbegriff:

> „In Deutschland leitet die Perspektive der Teilhabe spätestens seit Inkrafttreten des Sozialgesetzbuches IX im Jahr 2001 das gesamte Rehabilitationsrecht und ist auch hier Ausdruck eines grundlegenden Perspektivenwechsels in der Rehabilitation: Die Tradition der Fürsorge wird abgelöst durch die Verpflichtung, die Bürgerrechte von Menschen mit Behinderung uneingeschränkt anzuerkennen, sozialer Ausgrenzung entgegenzuwirken und ihre Teilhabe am gesellschaftlichen Leben zu ermöglichen." (Wansing 2005a, 16)

Im Sozialrecht (§ 9 SGB I) berechtigt eine sozioökonomisch prekäre Situation zu Hilfen, die eine "Teil*nahme* am Leben in der Gemeinschaft als Grundbedürfnis des täglichen Lebens" (kursiv B. S.) ermöglichen, während § 10 im selben Gesetzbuch die Förderung der „Teil*habe* behinderter Menschen" (kursiv B. S.) mit Bezug auf Selbstbestimmung und Gleichberechtigung regelt (Pöld-Krämer 2011, 900). Das Konzept der Teilhabe wird im neunten Sozialgesetzbuch und der BRK weiterentwickelt: ein Mangel an sozialer Teilhabe ist konstitutives Merkmal von Behinderung (§ 2 Abs. 1 SGB IX), ihre (Wieder-)Herstellung trägt zur Überwindung bzw. Abmilderung von Behinderung bei, ist also kompensatorischer Natur. Teilhabe ist – trotz der Differenzierung von Leistungsgruppen – letztlich nicht teilbar, sondern es geht immer um den Aufbau von sozialer Teilhabe. Entsprechend habe § 55 SGB IX (Leistungen zur Teilhabe am Leben in der Gemeinschaft) eine "Auffangfunktion": Alle Leistungen, die zur Erlangung von sozialer Teilhabe notwendig seien und in anderen Bereichen (Arbeit, Wohnen, kulturelles Leben) nicht gewährt werden, werden darin berücksichtigt. Die Hilfen sind einzelfallbezogen, nicht zeitlich, inhaltlich oder altersbezogen begrenzt (Pöld-Krämer 2011, 900). Teilhabe hat als Synonym für Selbstbestimmung und -verwirklichung sowie Autonomie das Rollenverständnis in Bezug auf Menschen mit Behinderung verändert, hinsichtlich ihrer Rechte und Chancen, der Barrierefreiheit, Antidiskriminierung und Wahlfreiheit in der Lebensführung (Pöld-Krämer 2011, 900).

Der Partizipationsbegriff in der Sozialen Arbeit betont den Integrationsaspekt:

> „(...) die Beteiligung von Personen an der Gestaltung sozialer Zusammenhänge und an der Erledigung gemeinschaftlicher Aufgaben sowie die Bindung an soziale Institutionen bzw. an sozial maßgebliche Strömungen innerhalb einer Gesellschaft." (Wurtzbacher 2011, 634)

Politische Partizipation im engeren Sinn meint eine Beteiligung an demokratischen Willensbildungsprozessen, die die Legitimität und Effektivität von Institutionen und Prozessen steigert. Partizipation in einem ökonomischen Sinn erhöhe die Mitspracherechte von Kunden, Klienten und MitarbeiterInnen und sei insofern Teil von Professionalisierungsprozessen. Dies führe aber nicht notwendig zu Hierarchieabbau und Artikulation marginaler Interessen, da Partizipation in einem solchen ökononomischen Sinn auch interessengeleitet sein könne (Wurtzbacher 2011, 634).

Der Anspruch, sich durch partizipative Prozesse zu professionalisieren, richte sich aber generell an die Soziale Arbeit:

> "P[artizipation] in der Sozialen Arbeit steht für die sehr unterschiedlichen Ansätze der bewussten Beteiligung der AdressatInnen und meint dabei Teilnahme, teilhaben lassen, Mitgestaltung, Selbstorganisation, Koproduzentenschaft. (...) Es geht bei P. in der Sozialen Arbeit immer um Interaktion, Kommunikation und Hilfeprozesse mit dem Gegenstand, wer welche Einflussmöglichkeiten bei der Definition dieser Prozesse, der Entscheidungsfindung und der konkreten Gestaltung der Handlungsabläufe hat. Dies weist auf Machtdifferenzen der unterschiedlichen AkteurInnen hin." (Gintzel 2013, 650)

Vielfältige Milieubezüge der Klientinnen und Klienten erforderten eine partizipative Arbeit, um deren Bedarfe erfassen zu können. Partizipation sehe sich im Kontext von Bürgerrechten, Empowerment und Emanzipation der Zielgruppe (Gintzel 2013, 651 f.). Wansing betont, dass Dienstleistungsorientierung (im Verhältnis von Produktion und Konsumption – „choice") und Partizipation (Realisierung von Grundrechten – „voice"), noch wenig aufeinander bezogen und häufig kaum verwirklicht seien. Qualität und Erfolg personenbezogener Dienstleistungen, die nach dem Uno-Actu-Prinzip funktionieren (Produktion und Konsumption fallen in eins) hängen aber entscheidend von der Mitwirkung der Nutzerinnen und Nutzer ab (Ko-Produktion) (Wansing 2005a, 163 ff.).

> „Auch Menschen mit Behinderung erfahren sich in der modernen Gesellschaft 'in der Zumutung der Selbstbestimmung' (...) und benötigen für die Herstellung moderner Biografie flexible und individualisierte Dienstleistungen, welche ihnen Zugänge zu den 'passenden' Ressourcen eröffnen bzw. Unterstützung bei der Entwicklung erforderlicher Kompetenzen leisten." (Wansing 2005a, 168)

Für die Soziale Arbeit ist Teilhabe also als Leitbegriff des Rehabilitationsrechts, mit dessen Umsetzung sie professionell betraut ist, relevant. Vor dem Hintergrund der Annahme, dass nur partizipativ, unter Beteiligung der Klientel, geplante Interventionen Wirksamkeit entfalten können und den Wünschen und Bedarfen der Nutzerinnen und Nutzer entsprochen

werden kann, steht Partizipation im Kontext von Professionalisierung und Qualitätssicherung.
Für die Heilpädagogik bringt Teilhabe „grundsätzlich Einfluss auf die Gestaltung von Lebensumständen mit sich", während Teilnahme als „das vergleichsweise passive 'Dabei-sein'" charakterisiert ist (Niehoff 2013, 369). Die in SGB IX und der BRK gesetzlich verankerte Teilhabe sichere Menschen mit Behinderung das Recht auf Nutzung von gesellschaftlichen Regelstrukturen zu. Die Erfüllung dieses Rechts, also "[v]olle gesellschaftliche Teilhabe" sei „weitgehend identisch mit Inklusion". Teilhabe stelle eine Teilmenge dieser gesellschaftlich umfassenden Inklusion dar, sie „kann sich schon innerhalb des Hilfesystems für Menschen mit Beeinträchtigungen realisieren, Inklusion außerhalb" (Niehoff 2013, 369).

Örtliche Teilhabeplanung zielt auf die operative Umsetzung von Teilhabe als Reduzierung von Behinderung im Sinne eines sozialen Modells von Behinderung: Diese ergibt sich aus einem Wechselspiel von funktionaler Einschränkung und physischen, institutionellen, sozialen und kommunikativen Barrieren.

> "Als Handlungskonzept blickt dieser Ansatz auf das Gesamtgeschehen in einer Kommune, das durch staatliche und zivilgesellschaftliche Anstrengungen so zu gestalten ist, dass institutionelle Ausgrenzungen möglichst vermieden werden." (Schädler, Rohrmann 2013, 370)

Teilhabeplanung ist dabei als partizipatives, iteratives Modell gedacht, das Menschen mit Behinderung als Sprecher ihrer Anliegen installiert (Empowerment) und die nicht-behinderte allgemeine Öffentlichkeit für deren „Diskriminierungsrisiken" sensibilisiert (Schädler, Rohrmann 2013, 370).
Partizipation als Einbindung von Bürgerinnen und Bürgern in (politische) Planungen und Entscheidungen erhöht Akzeptanz und Qualität von politischen Prozessen, benötigt aber in Bezug auf Menschen mit geistiger Behinderung besondere Ressourcen für deren Unterstützung (bspw. ähnlich der Trialoge für psychiatrieerfahrende Menschen). Menschen mit Behinderung kommt ein Mitspracherecht bei Entscheidungen zu, die ihr Leben betreffen: Wohnen, Arbeit bzw. Ausgestaltung von Assistenzformen. Aufgabe von Assistenzpersonen, Trägern, Einrichtungen und Ver-

bänden ist es deshalb u. a., "Foren zur Mitbestimmung/Partizipation einzurichten". (Niehoff 2013, 262 f.) Die Encyclopedia of disability nennt aus Sicht von Menschen mit Behinderung drei Dimensionen von Partizipation[181] (Beresford 2006, 1210y ff.):

- Partizipation gewährleistet Bedarfsgerechtigkeit in der Gestaltung der Hilfen und Konformität mit Menschen- und Bürgerrechten,
- Partizipation bedeutet Zugehörigkeit zur allgemeinen Gesellschaft (Arbeit, Bildung, Gesundheit etc.) statt Segregation in Sondereinrichtungen und
- politische Partizipation soll im gleichen Maß wie für nichtbehinderte Menschen Chancen der Einflussnahme und Teilnahme ("take part") am öffentlichen Leben gewährleisten.

Partizipation könne danach beurteilt werden, inwieweit Personen Einfluss ausüben und Veränderungen bewirken können – von einer „Alibipolitik" über Beratungsleistungen bis hin zu einem substanziellen Mitspracherecht (Beresford 2006, 1210). Dabei seien zwei konkurrierende Ansätze von Partizipation zu unterscheiden: Partizipation als Kunden- oder Nutzereinbindung verfolge die Interessen von Unternehmen, Staaten und Wohlfahrtsverbänden an Datenerhebungen bei Kunden. Werden die Leistungen und Produkte für Menschen mit Behinderung anhand dieser Daten gestaltet, sei dies erfahrungsgemäß wenig nützlich. Partizipation in einem rechtebasierten Verständnis setze auf die Sicherung und Verwirklichung von Rechten von Menschen mit Behinderung durch kollektive und individuelle Aktivitäten (Beresford 2006, 1210 f.). Dies erfordere „access" und „support" als zentrale Komponenten von Partizipation:

"Access includes equal and ongoing access to the political structure at international, national, regional, and local state levels and to other organizations and institutions that affect people's lives. Support includes increasing people's expectations and confidence; extending their skills; offering practical support such as child care, information, advocacy, and transport; enabling people to get together in groups; (...)" (Beresford 2006, 1211 f.)

---

[181] „participation"; ein eigenständiger englischer Begriff für Teilhabe existiert nicht.

Der Teilhabebegriff hat eine zentrale Bedeutung in der Definition von Behinderung der ICF[182]: Behinderung konstituiere sich „im Horizont dynamischer Wechselwirkungen zwischen individuellen Beeinträchtigungen (Gesundheitsproblemen) und sozialen und materiellen Umweltfaktoren." (Metzler 2011, 105) Jede Beeinträchtigung der funktionalen Gesundheit eines Menschen kann Behinderung auslösen. Dabei kann, wie in Abbildung 2 deutlich wird,

„(...) der Zustand der funktionalen Gesundheit einer Person betrachtet werden als das Ergebnis der Wechselwirkung zwischen einer Person mit einem Gesundheitsproblem (ICD) und ihren Kontextfaktoren auf ihre Körperfunktionen und -strukturen, ihre Aktivitäten und ihre Teilhabe an Lebensbereichen." (Schuntermann 2013, 32)[183,184]

---

[182] Der „Teilhabebericht der Bundesregierung über die Lebenslagen von Menschen mit Beeinträchtigungen" von 2013 (BMAS 2013) formuliert keine Definition von Teilhabe, bezieht sich jedoch explizit auf die Begrifflichkeit der ICF (DIMDI 2005). Indikatoren wie bspw. die Anzahl erreichter Schulabschlüsse im Vergleich bestimmter Merkmalsgruppen in der Bevölkerung beschreiben die "Wahrnehmung von Teilhabechancen" in bestimmten Lebenslagedimensionen. Letztere werden auch als Teilhabefelder bezeichnet und sind in der UN-BRK und im zugehörigen nationalen Aktionsplan der Bundesregierung (NAP) genannt: Familie und soziales Netz, Bildung und Ausbildung, Erwerbsarbeit und Einkommen, Alltägliche Lebensführung, Gesundheit, Freizeit, Kultur und Sport, Sicherheit und Schutz vor Gewalt, Politik und Öffentlichkeit (BMAS 2013, 7 ff.).
[183] ICD: International Classification of Diseases
[184] Gesundheitsprobleme umfassen neben physischen auch psychische und mentale Beeinträchtigungen (Schuntermann 2013, 44).

Abbildung 2: Das bio-psycho-soziale Modell der ICF

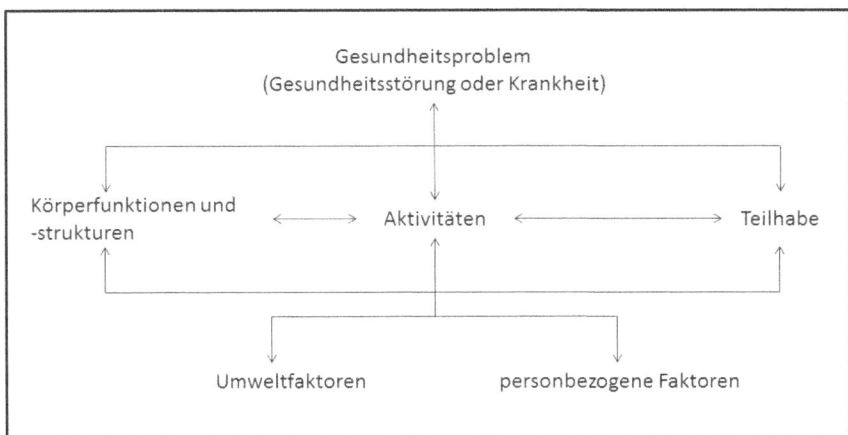

Komponenten funktionaler Gesundheit. Quelle: (Schuntermann 2013, 32); Original: ICF (DIMDI 2005), abgedruckt mit freundlicher Erlaubnis der Weltgesundheitsorganisation (WHO). Alle Rechte liegen bei der WHO.

Umweltfaktoren sind in der ICF in fünf Gruppen klassifiziert als
- Produkte und Technologien,
- natürliche und vom Menschen veränderte Umwelt,
- Unterstützung und Beziehungen.
- Einstellungen, Werte und Überzeugungen anderer Personen und der Gesellschaft,
- Dienste, System und Handlungsgrundsätze.

Die personbezogenen Faktoren sind nicht klassifiziert. Zu ihnen zählen bspw. Alter, Geschlecht, sozialer Hintergrund, Motivation und Wille. Die Kontextfaktoren „Umwelt" und „Person" treten entweder als Förderfaktoren oder als Barrieren auf. (Schuntermann 2013, 26) In Wechselwirkung mit dem Gesundheitsproblem verstärken oder verringern sie die Behinderung – je nachdem ob Barrieren reduziert bzw. Förderfaktoren verstärkt werden (Schuntermann 2013, 39). Je nach Art und Stärke der beeinflussenden Kontextfaktoren kann davon gesprochen werden, dass eine Person behindert wird (die Beeinträchtigung von Aktivität und Teilhabe lässt sich durch die Beseitigung von Barrieren und Implementation von Förderfaktoren verringern) oder behindert ist. Letzteres wäre nur „dann der Fall,

wenn sich die Behinderung nach Art und Umfang nicht ändert, welche Konstellation von Kontextfaktoren auch immer betrachtet wird." (Schuntermann 2013, 39) Dies ist selbst im Fall schwerster geistiger und körperlicher Beeinträchtigungen kaum denkbar.
In der ICF ist der Begriff „participation" mit Partizipation oder Teilhabe übersetzt, so dass in diesem Fall Partizipation und Teilhabe die gleiche Bedeutung haben (DIMDI 2005; 19; Schuntermann 2013, 10 ff.).

> „Partizipation [Teilhabe] ist das Einbezogensein in eine Lebenssituation."[185] (DIMDI 2005, 19;eckige Klammer i. O.)

Teilhabe/Partizipation wird von der ICF eng in Beziehung gesetzt zu den Konzepten der Aktivität und der Leistung bzw. Leistungsfähigkeit. Eine Aktivität ist dabei „die Durchführung einer Aufgabe oder einer Handlung (Aktion) durch einen Menschen." (DIMDI 2005, 19) Aktivitäten können der ICF zufolge in neun unterschiedlichen Lebensbereichen stattfinden: Lernen und Wissensanwendung, Allgemeine Aufgaben und Anforderungen (bspw. Routinen durchführen, Verantwortung übernehmen), Kommunikation, Mobilität, Selbstversorgung, Häusliches Leben, Interpersonelle Interaktionen und Beziehungen (bspw. mit sozialer Nähe und Distanz umgehen), bedeutende Lebensbereiche (Bildung, Arbeit, Wirtschaft), Gemeinschafts-, soziales und staatsbürgerliches Leben (bspw. Freizeit, Zivilgesellschaft, Religion, Politik) (DIMDI 2005, 95 ff.). Leistung ist die tatsächliche Durchführung einer Aufgabe unter realen Lebensbedingungen, also den förderlichen oder hemmenden Kontextfaktoren, die einer Person im gelebten Alltag zur Verfügung stehen (Schuntermann 2013, 105). Eine Operationalisierung des Teilhabebegriffs im Sinne eines „eigenständige[n] Beurteilungsmerkmal[s] für Beeinträchtigungen der Teilhabe an Lebensbereichen" (Schuntermann 2013, 106), also mit Bezug zu Aktivität und/oder Leistung fehlt aber bisher in der ICF, so dass sich ein weiter Interpretationsspielraum ergibt.

Wie unterscheidet sich Teilhabe von Leistung? Teilhabe und Leistung beziehen sich auf die gleichen Lebensbereiche. Bedeutet eine Leistung

---

[185] „Participation is involvement in a life situation" (ICF); etwas ausführlicher zu didaktischen Zwecken Schuntermann: „Teilhabe ist das Einbezogensein einer Person in eine Lebenssituation oder einen Lebensbereich." (2013, 60)

in einem Lebensbereich auch gleichzeitig, dass die Teilhabe an diesem Lebensbereich gewährleistet ist? Und umgekehrt, ist Teilhabe einer Person möglich, die keine Leistung erbringen kann (Schuntermann 2013, 106)?[186] In der ICF selbst sei keine andere Möglichkeit vorgesehen als die, Teilhabe über die Leistung in einem Lebensbereich zu bestimmen (zu kodieren). Dennoch bedeutet das nicht, „dass Teilhabe automatisch gleichgesetzt wird mit Leistung." (DIMDI 2005, 20) Schuntermann schlägt vor, Teilhabe in zwei Dimensionen zu operationalisieren: Die erste Dimension beinhalte, in den Genuss von Menschenrechten zu kommen (Zugang zu Ressourcen und Lebensbereichen, Recht auf Selbstentfaltung und -bestimmung, Gleichberechtigung), während die zweite Dimension die subjektive Erfahrung von Teilhabe betreffe (Zufriedenheit, gesundheitsbezogene Lebensqualität, Anerkennung und Wertschätzung erleben) (Schuntermann 2013, 62). In dieser Weise operationalisiert, geht die Teilhabe an einem Lebensbereich über die Leistung, die dort erbracht wird, hinaus. Gemeinsam ist beiden Konzepten, dass sie nicht sinnvoll ohne einen Bezug zu einem bestimmen Lebensbereich sowie zu fördernden oder hemmenden Umweltfaktoren gedacht werden können. Mit dem Leistungskonzept wird dann die Durchführung von Aktivitäten beurteilt, während die Teilhabe zusätzlich den Menschenrechtsbezug und die subjektive Beurteilung einer Situation umfasst (Schuntermann 2013, 63). So deutet vieles darauf hin, dass in allen Lebensbereichen sowohl Leistung (mit Bezug auf Aktivität) als auch Teilhabe (mit Bezug auf Menschenrechte und die subjektive Perspektive auf das Einbezogensein) von Bedeutung sind, die Beurteilung des Ausmaßes von Teilhabe aber als offene Forschungsfrage gesehen werden muss (Schuntermann 2013, 110 f.).

Welti definiert ebenfalls mit Bezug auf die ICF und das SGB IX Teilhabe als „zentrale(n) Bezugspunkt" des Behinderungsbegriffs. „Ist sie in Folge einer Schädigung beeinträchtigt, so liegt eine Behinderung vor." (Welti 2005, 101) Teilhabe gilt ihm als deutsche Entsprechung des Begriffs

---

[186] Schuntermann erklärt die Unschärfe der Abgrenzung von Teilhabe und Leistung mit der Entstehungsgeschichte der ICF: Einerseits seien die Begriffe gerade nicht deckungsgleich (ansonsten wäre Teilhabe überflüssig), andererseits die Differenzierung zwischen Leistung und Teilhabe so komplex, das dies auf Nutzer und Nutzerinnen der ICF abschreckend wirken könne. (Schuntermann 2013, 61)

participation, der allerdings auch mit Teilnahme übersetzt werden kann. Historisch gehe der Teilhabegriff zurück bis in die griechische Philosophie: Platon benutzte ihn zur Charakterisierung des Verhältnisses der Dinge (Abbilder) zu ihren Ideen (Urbilder), während Aristoteles einen politischen Teilhabebegriff (Rechte und Mitbestimmung in der Polis) und einen logischen (Zuordnung von Individuen zur Kategorie des Menschlichen) verfolgte. Cicero bezog Teilhabe darauf, dass die menschliche Vernunft Teil der göttlichen Vernunft ist und bereitete so die Verknüpfung von Teilhabe und Selbstbestimmung bei Kant vor, wie Welti ausführt:

> "Im Teilhabegedanken sind Gleichheit und Selbstbestimmung verknüpft. Eine Teilhabe ohne andere Teilhaber ist begrifflich nicht denkbar, da sich das Teil auf ein Ganzes beziehen muss. Die Teilhaber haben in der Teilhabe ein gemeinsames Gleiches. Dieses ist Teil der wie immer eingeordneten Bestimmung über das menschliche Schicksal. Bestimmen die Menschen ihr Schicksal selbst, so haben die Teilhaber gemeinsam an der Selbstbestimmung teil." (Welti 2005, 536)

Der Begriff der fraternité gilt als "erster moderner Ausdruck eines politischen und staatsrechtlichen Teilhabegedankens." (Welti 2005, 536) und zielt auf das Recht auf (lebenserhaltende) Arbeit, (Aus-)Bildung und eine gleichmäßige Verteilung von Eigentum (Welti 2005, 535 ff.). Sehr grundlegend definiert Welti den modernen Teilhabebegriff:

> "Teilhabe ist eine Kategorie des Verhältnisses, der Zugehörigkeit und Zuteilung. Teilhabe kann als erkenntnistheoretische Kategorie und als politischer, rechtlicher und sozialer Begriff für das Verhältnis der einzelnen Person zu Staat und Herrschaft und zur Verteilung materieller und ideeller Güter gebraucht werden. Wechselseitige Teilhabe von Menschen an den Leistungen anderer Menschen kann als eine soziale Grundtatsache in der arbeitsteiligen Gesellschaft begriffen werden, die Voraussetzung für Selbstbestimmung ist und ihr nicht entgegensteht." (Welti 2005, 535)

Im engeren Sinn bezeichnet Teilhabe im „deutschen verfassungsrechtlichen Diskurs eine bestimmte Wirkungsweise der Grundrechte, die auf staatliche Schutzansprüche und insbesondere auch auf originäre und abgeleitete Teilhabeansprüche auf bestehende staatliche und gesellschaftliche Güter gerichtet ist." (Welti 2005, 101) Über die

> „(...) abwehrrechtliche Garantie von Freiheiten hinaus (werden) Ansprüche vermittelt, die dem Ziel der tatsächlichen Freiheitsverwirklichung dienen. Es sind Ansprüche auf Erweiterung der gegebenen Verhaltensmöglichkeiten oder des gegebenen Vermögens." (Welti 2005, 540)

Teilhabe umfasst also die Dimensionen der soziokulturell-materiellen Ungleichheit („Zuteilung") und der Antidiskriminierung („Zugehörigkeit"), wobei Defizite und Beeinträchtigungen, die die Verwirklichung von Freiheitsrechten verhindern, durch teilhabefördernde Leistungen auszugleichen sind.

In einer letzten Annäherung an den Teilhabebegriff wird dieser hier ins Verhältnis zur Sozialiät des Menschen gesetzt: Klaus Dörner zufolge sind soziale Beziehungen nicht nur eine frei gewählte, austauschbare Ressource, sondern sie gehören prinzipiell zur Seinsweise des Menschen. Zwischen Autonomiestreben und Bindungsbedürfnis wollen Menschen Bedeutung für andere erlangen und „belasten" sich deshalb mit Abhängigkeit und Fremdbestimmung.

> "Wenn nämlich Teilhabe 'Zugehörigsein' im vollen Sinne des Wortes bedeutet, dann ist Teilhabe geradezu im Gegensatz zur Selbstbestimmung das Sicheinlassen auf das Wechselspiel von Selbstbestimmung und Fremdbestimmung, von Unabhängigkeit und Abhängigkeit, von Autonomie und Heteronomie." (Dörner o. J.; zitiert nach: Göhring-Lange 2011, 31)

Bevor auf die semantischen Überschneidungen und Differenzen zwischen Teilhabe und Inklusion eingegangen wird, soll zunächst das Verhältnis der häufig als Synonyme zu Teilhabe gehandelten Begriffe Partizipation, Teilnahme und Teilgabe eingegangen werden.

Im Deutschen steht der Partizipationsbegriff, wie gezeigt wurde, für die Zugehörigkeit zu einem sozialen Zusammenhang (Gruppe, politisches System, Betrieb, Verband etc.), die ein Artikulations-, Mitbestimmungs- und/oder Mitwirkungsrecht beinhaltet. Innerhalb dieses Bedeutungsfeldes kann dann politische Partizipation i. e. S. von einer eher ökonomisch orientierten Partizipation als Qualitätssicherungs- und Professionalisierungsmaßnahme, die in Unternehmen oder in professionellen sozialen Dienstleistungen verortet ist, unterschieden werden. In Abgrenzung dazu fokussiert der Teilhabebegriff auf die Bedeutungsfelder der „Verfügung über gesellschaftlich relevante Ressourcen" und des entsprechenden, rechtlich verankerten Nachteilsausgleichs bei Vorliegen von Beeinträchtigungen. Beide Begriffen gemeinsam ist der Bedeutungsaspekt der Zugehörigkeit. Der englische oder französische Begriff „participation" wird im Deutschen mit „Teilhabe" übersetzt, so bei Welti (Welti 2005, 535), in der ICF und auch der BRK (u. a. Präambel e, k, m). In der BRK sei „full participation" eher passiv im Sinne des Nachteilsausgleichs zu interpretieren (Teilhabe), „effectiv participation" eher als aktive Mitgestaltung von Gesellschaft und Mitbestimmung in der Demokratie (Partizipation) (Wansing 2012, 96).

Die Abgrenzung der Begriffe „Teilhabe" und „Teilnahme" wird in der Literatur selten behandelt und auf ganz unterschiedliche Weise gezogen. Welti wertet beide Begriffe als gültige Übersetzung von participation, da lat. „capere"[187] = „nehmen". Dabei komme aber nur dem Begriff Teilhabe der doppelte Sinn von „Beteiligung an etwas" und „Erhalt von etwas" zu, während der Teilnahme-Begriff auf das Feld der Beteiligung beschränkt sei. (Welti 2005, 535). Eine Analyse der typischen Wortkontexte[188] von „teilhaben" und „teilnehmen" (Duden 2015a, 2015b) zeigt wenig Überschneidungen: teilhaben wird am häufigsten von dem Begriff „Leben" begleitet, am zweithäufigsten von „Wohlstand" und „Erfolg" und am dritthäufigsten von „Aufschwung", „Gewinn", „Einkommensentwicklung", „Geschehen" und „Reichtum". Das Verb „teilnehmen" wird der Reihenfolge der Häufigkeit nach in folgenden Kontexten verwandt: „Sitzung", „Wettbewerb"/„Wahl", „Konferenz"/„Veranstaltung", „Verlosung", „Treffen", „Abstimmung". Während also Teilhabe ganz allgemein eine Zugehörigkeit ausdrückt („Leben", „Geschehen") und sich in der Folge im Schwerpunkt auf den Zugang zu bzw. den Besitz von wirtschaftlichen, materiellen Gütern bezieht, drückt Teilnahme ein mit einer Zugangsberechtigung verbundenes Mitwirken an einer kollektiven Aktivität aus. Diese Zugangsberechtigung wird nicht selten durch Leistung erwirkt. So ist es bspw. schlecht vorstellbar, an einem sportlichen Wettbewerb teilzu*haben* statt teilzu-

---

[187] Im Original bei Welti „cipere" (Welti 2005, 535).
[188] Analysiert wird der Duden-Textkorpus, eine „digitale Volltextsammlung mit über zwei Milliarden Wortformen aus Texten der letzten zehn Jahre, die Romane ebenso enthält wie Sachbücher und journalistische Texte. In einer Wortwolke werden der Größe geordnet nach die häufigsten Kontextbegriffe genannt."

nehmen. Tatsächlich schwingt nur im Teilhabebegriff eine gewisse Voraussetzungslosigkeit in Bezug auf die Leistungsfähigkeit auf individueller Ebene mit, während Teilnahme mit einer an das Individuum und seine Eigenschaften (Sportler, Staatsbürgerin) geknüpften Berechtigung einhergeht. Wenn, wie oben gezeigt, die Begriffe genau gegenläufig zum fach- und alltagsprachlichen Gebrauch definiert werden (nämlich Teilnahme als „das vergleichsweise passive 'Dabei-sein'", Teilhabe als „Einfluss auf die Gestaltung von Lebensumständen" Niehoff 2013, 369) trägt dies m. E. wenig zur semantischen und inhaltlichen Klarheit bei. Das Kunstwort „Teilgabe", das in den Kontexten von Behinderung, Demenz und sozialer Ungleichheit[189] zuweilen benutzt wird, „auch wenn es den [Begriff] gar nicht gebe", meint die Möglichkeit, „selbst etwas einbringen zu können. (…) Ich muss auch etwas geben können, um Bedeutung für andere zu haben." (Dörner 2010) Hiermit wird ein Aspekt betont, der im Bedeutungsfeld von Teilhabe bisher nicht zur Sprache kam. Marianne Gronemeyer dagegen definiert Teilgabe im Bedeutungshorizont von Partizipation: „Teilgabe meint, dass jedes Mitglied einer Gesellschaft seinen Beitrag zur Gestaltung des gesellschaftlichen Miteinanders in allen Fragen, die sein Leben betreffen, leisten kann." Teilnahme wiederum ist bei ihr gleichbedeutend mit Teilhabe: „Teilnahme ist dagegen der Anspruch, bei der Verteilung des sogenannten großen Kuchens seinen Teil abzukriegen." (Gronemeyer 2009, 79) Auch hier muss gefragt werden, ob die freie Umdeutung von Sinngehalten eingeführter Begriffe die Diskussion um Teilhabe wirklich schärft oder eine klärende Reflexion doch eher verhindert.

Wie lässt sich nun Teilhabe zu Inklusion in Beziehung setzen? Zunächst wurde deutlich dass weitreichende inhaltliche Überschneidungen bestehen (vgl. für Inklusion **Tabelle 6**). Beide Begriffe ...

---

[189] Im christlichen Kontext steht Teilgabe für die Weitergabe der Gabe Gottes an andere: „Zu des Menschen Dankbarkeit gehört nicht nur die vertikale *Rückgabe* an Gott im Gebet, im Glauben, sondern gleich ursprünglich die horizontale *Weitergabe* an den Nächsten in der Liebe." (Bayer, 356; k. i. O.). Für diesen Hinweis danke ich Sabine Behrend.

- ... bilden einen positiven Gegenbegriff zu Ausgrenzung bzw. Exklusion, die im Kontext sozialer Ungleichheit ein Unterschreiten eines Mindestmaßes an materieller Sicherheit ausdrücken[190],
- ... drücken Zugehörigkeit zur Gesellschaft aus, u. a. durch den Bezug auf Wechselseitigkeit der Leistungserbringung in der arbeitsteiligen Gesellschaft,
- ... stehen für das Recht auf soziale und materielle Unterstützung entsprechend dem je persönlichen Kompetenz- bzw. Beeinträchtigungsprofil, um Kontrolle über das eigene Leben zu ermöglichen und Wahlmöglichkeiten zu eröffnen,
- ... zielen auf einen Wandel von Strukturen, Organisationen und Normen zur Reduzierung von Behinderung, indem sie auf den einen sozialen Begriff von Behinderung rekurrieren.

Teilhabe, in der ICF definiert als „Einbezogensein" in eine Lebenssituation, weist eine große Überschneidung mit der Konzeptualisierung von Inklusion auf. In der ICF selbst findet sich der Hinweis, dass „Einbezogensein" als Kernkonzept von Teilhabe auch als „teilnehmen an", „teilhaben an" oder „beschäftigt sein in", „anerkannt werden" oder „Zugang haben zu benötigten Ressourcen" definiert werden kann (DIMDI 2005, 20). Der Aspekt der Zugehörigkeit basiert darüber hinaus auf der Idee, dass Teilhabe ohne andere Teilhabende nicht denkbar ist . Zugehörigkeit ist somit sowohl ideell bestimmt (Teilhabe an der Kategorie des Menschlichen), als auch materiell (Teilhabe an der arbeitsteiligen Produktion). Die im Zusammenhang mit dem Inklusionsbegriff benannte, aber nicht näher erläuterte „unmittelbare" Zugehörigkeit erhält so ihre theoretische Basis. Mit Bezug auf einen systemtheoretischen Inklusionsbegriff in Anschluss an Luhmann begründet Wansing die Abgrenzung von Teilhabe und Inklusion:

> "Während der Inklusionsbegriff als Horizont des Möglichen auf gesellschaftliche Voraussetzungen für Teilhabe zielt, setzt Teilhabe stärker am aktiv handelnden Subjekt an und fokussiert dessen Blick auf gesell-

---

[190] Vgl. Bartelheimer (2007, 6): Der Diskurs der Sozialen Ungleichheit solle um das Konzept der Teilhabe erweitert werden, weil das Begriffspaar In-/Exklusion in Deutschland zu stark mit der Luhmann'schen Systemtheorie verknüpft sei und der Integrationsbegriff in seiner Komplexität hochanschlussfähig an viele Debatten sei und dadurch zu einer „babylonischen Diskussionslage" führe.

schaftliche Verhältnisse und individuelle Verwirklichungschancen."
(Wansing 2013, 21)

Inklusion „als Blickrichtung von gesellschaftlichen Strukturen und Prozessen auf den Menschen" ist daher aus Sicht der Einzelnen „eher (...) ein passives Sich-Ereignen von Gesellschaft." (Wansing 2012, 96) Daher seien Teilhabe und Inklusion „keineswegs synonym zu verwenden, sondern als komplementäre Perspektiven zu betrachten" und in der BRK „als Grundsätze untrennbar miteinander verbunden", so Wansing (2013, 21).

> „Inklusion beschreibt also das, was gesellschaftlich auf der Basis gleicher Rechte als Teilhabeoption für alle Bevölkerungsmitglieder grundsätzlich in Aussicht gestellt wird. Teilhabe meint das, was seitens einzelner Menschen tatsächlich verwirklicht wird bzw. werden kann." (Wansing 2012, 96)

Dabei haben aber sowohl Teilhabe als auch Inklusion einen Bezug zur normativen Ordnung der Gesellschaft. Inklusion insofern, als die Zuweisung von sozialen Positionen entlang der Leitdifferenz der gesellschaftlichen Teilsysteme nicht nur einer funktionalen Logik folgt, sondern aufgrund der „wohlfahrtsstaatlichen Inklusionsdynamik für alle Gesellschaftsmitglieder gegenüber allen Teilsystemen" das Recht auf Inklusion anerkannt wird (Wansing 2013, 21). Die "Inklusionsbedingungen der einzelnen Funktionssysteme und ihrer Institutionen" sowie "individuelle Voraussetzungen" bestimmen in historisch und kulturell spezifischer Weise die Verwirklichung der – grundsätzlich garantierten – Teilhabe. Personseitig bestimmen ökonomische, soziale und kulturelle Ressourcen sowie askriptive Merkmale wie Geschlecht, Alter und Behinderung die Chancen auf Teilhabe (Wansing 2013, 22).

> „Zwischen (erwartbarer) Inklusion und (realisierter) Teilhabe können sich in benachteiligten Lebenslagen angesichts realer gesellschaftlicher Entwicklungen erhebliche Diskrepanzen aufspannen." (Wansing 2012, 96)

(Nicht-)realisierte Teilhabe kann dabei als „Maßstab für die Bewertung gesellschaftlicher Entwicklungen" operationalisiert werden und als Richtschnur für sozialpolitisches Handeln zum Ausgleich ungleicher Lebenslagen hinsichtlich der ökonomisch-materiellen, politisch-rechtlichen kulturellen und sozialen Teilhabe dienen (Wansing 2012, 96).

3.3 Fazit: „Container"-Begriff Inklusion

Die Komplexität, die der Begriff Inklusion transportiert, erwächst u. a. daraus, dass er neben unterschiedlichen Theoriebezügen auch unterschiedliche Zielgruppen in unterschiedlichen Praxisfeldern in den Blick nimmt. Zu Beginn des Kapitels wurde herausgearbeitet, dass das Dreieck, bestehend aus normativ-rechtlicher Konzeption (BRK) als theoretischem Bezug, der Zielgruppe der (nicht-)behinderten Kinder und Jugendlichen sowie der Profession der (Heil- und Sonder-)Pädagogik momentan den Diskurs um Inklusion bestimmt. Die Dynamik der Verbreitung des Konzeptes wird befördert durch eine teleologische Perspektive, die Inklusion als nie ganz zu erreichendes, aber anzustrebendes Ziel vorgibt. Dies unterstreicht den Charakter von Inklusion als Vision, widerspricht aber der empirisch gut belegten Annahme der historischen Gleichzeitigkeit unterschiedlichster Formen von In- und Exklusion (vgl. Abschnitt 2.2). Die Forderung nach Inklusion für Menschen mit Demenz schließt an die visionäre Perspektive an und verspricht Imagegewinne in einem gerontologischen Feld, die durch die Assoziation von Inklusion mit zukunftsorientierter pädagogischer Arbeit mit Kindern und Jugendlichen entstehen.

Die multidisziplinäre Analyse von Definitionen des Inklusionsbegriffs hat eine Vielfalt von inhaltlichen Elementen herausgearbeitet, die auf ihrer Entstehung nach sehr unterschiedliche Bezugskontexte zurückgehen. Inklusion nimmt deshalb den Charakter eines „Container"-Begriffs an, dem es folglich an Konsistenz, Widerspruchsfreiheit und Trennschärfe mangelt. Dennoch sind einige der inhaltlichen Aspekte von Inklusion geeignet, die in Kapitel 2 aufgezeigten Exklusionsrisiken von Menschen mit Demenz zu beantworten. Welche sind das, und welche Fragen bleiben offen?

- die Idee einer sozial positiv bewerteten Idee von Heterogenität → Abweichendes Verhalten von demenzkranken Menschen würde als Ausdruck gegebener Vielfalt gewertet werden, weniger als Kommunikationshindernis oder zivilisatorisch-kulturelles Defizit.
- das Recht auf soziale und materielle Unterstützung entsprechend des je persönlichen Kompetenz- bzw. Beeinträchtigungsprofils, um Kontrolle über das eigene Leben zu ermöglichen und Wahl-

möglichkeiten zu eröffnen
→ Unterstützende Sach- und Geldleistungen orientierten sich am tatsächlichen Bedarf, nicht an einem fiskalisch begründeten Leistungsumfang (SGB XI als „Teilkaskoversicherung") bzw. an der Kategorisierung der Beeinträchtigung (SGB XI bzw. SGB XII).
- Einbezug heterogener Individuen in „örtliche", „allgemeine" oder „Regel"-Strukturen und -institutionen, was einen Struktur-, Organisations- und Normenwandel erfordert
→ Es entspricht dem verbreiteten Wunsch älterer demenziell erkrankter Menschen, ihr Leben im eigenen Haushalt und ggf. zusammen mit den eigenen Angehörigen fortzuführen. Können An- und Zugehörige entsprechend durch Infrastrukturen „vor Ort" entlastet werden, so kann das Institutionalisierungsrisiko in der letzten Lebensphase gesenkt werden.
- „unmittelbare" bzw. „unbedingte" Einbeziehung von Individuen in die Gesellschaft. Inklusion mündet in ein „Gefühl der Zugehörigkeit".
→ Angesichts der schwindenden Fähigkeit von Menschen mit Demenz zu koordinierten Rollenübernahmen im privaten oder öffentlichen Bereich (Vater, Kunde, Gast etc.) wäre Inklusion im Sinne unmittelbarer Einbeziehung ein wichtiger exklusionsvermeidender Mechanismus.
- Haltung, die in der Zivilgesellschaft („Bürgergesellschaft") und in Lebenswelten verankert ist. Diese sind für Heterogenität und subsidiäre, gegenseitige Unterstützung sensibilisiert.
→ Für Menschen mit Demenz sind neben fachlich-professionellen Hilfen der Medizin, der Pflege und aus therapeutischen Berufen die in der Lebenswelt/der Familie verankerten, alltäglichen – quasi beiläufigen – Unterstützungsleistungen von größter Wichtigkeit. Dabei darf es nicht um die Substituierung der Finanzierung und Erbringung fachlicher Leistungen und Dienste gehen, sondern darum, die subsidiär erbrachten Anstrengungen zur Bewältigung eines Lebens mit Demenz zunächst mit Respekt in ihrer Eigenwilligkeit gelten zu lassen und deren Logik entsprechend durch Sach- und Geldleistung zu stabilisieren.

Hinsichtlich der genannten Aspekte bleiben jedoch Fragen in Bezug zur Umsetzung von Inklusion offen: So kann die Finanzierung zusätzlicher Unterstützungsleistungen für Menschen mit Demenz trotz rechtlicher Ansprüche nicht als gesichert gelten. Auch weisen diskriminierende und abwertende Einstellungen trotz der normativen Leitlinie der Wertschätzung von Heterogenität eine erhebliche Beharrungskraft auf (vgl. Abschnitt 4.3). Offen ist auch, ob und wie Kommunikation bzw. soziale Interaktionen zwischen Individuen oder in Organisationen im Modus der Unmittelbarkeit erfolgen könnten (vgl. Abschnitt 4.1). Neben diesen Fragen, die sich auf die Umsetzung von Inklusion beziehen, stellen sich weitere, die auf die soziologischen Bedeutungsgehalte von Inklusion und ihren Bezug zur Situation von Menschen mit Demenz zielen: Der Zusammenhang zwischen sozialer Ungleichheit und dem Auftreten oder der Bewältigung von Demenz (vgl. Abschnitt 4.4) muss ebenso geklärt werden wie spezifische Vergesellschaftung von Menschen mit Demenz innerhalb funktional ausgerichteter Teilsysteme (Inklusion als Übernahme von Rollen, vgl. Abschnitt 4.2). Der strukturfunktionalistische Ansatz hingegen verweist auf Inklusion als Mechanismus der normativen Integration von sozialen Gruppen aufgrund ihrer funktionalen Beiträge für die Gesamtgesellschaft. Funktionale Beiträge von Menschen mit Demenz (als Menschen mit Behinderung im Alter) können aber kaum identifiziert werden. Der Versuch, durch Sinnunterstellungen solche funktionalen Beiträge zu konstruieren, muss, wie gezeigt wurde, zurückgewiesen werden (vgl. Abschnitt 2.3.8). Dies führt letztlich zu der Frage, wie Menschen mit Demenz Selbstvertretungs- oder Sprecherrollen nach dem Muster der Behindertenbewegung ausbilden können, um ihre Inklusion politisch einzufordern. Bisher werden diese Rollen nur von wenigen besonders befähigten Menschen mit Demenz und nur für eine beschränkte Zeit wahrgenommen (vgl. Abschnitt 4.3.3.4).

Unabhängig von Fragen der Umsetzung und Operationalisierung von Inklusion, die in der Literatur mit Bezug auf Menschen mit Behinderung bereits vielfältig diskutiert werden (vgl. für viele andere Deutscher Verein 2013), wirft die multidisziplinäre Begriffsklärung die Frage auf, ob Konsistenz, Widerspruchsfreiheit und Trennschärfe des „Container"-Begriffs Inklusion angesichts der Fülle der inhaltlichen Aspekte und theoretischen

Bezüge tatsächlich gesteigert werden können. Inwiefern sind ggf. die Konzepte Integration oder Teilhabe besser geeignet, Exklusionsrisiken und Chancen auf Zugehörigkeit von Menschen mit Demenz zu beschreiben und zu analysieren? Die Begriffsklärung hat gezeigt, dass Integration in der Heil- und Sonderpädagogik ein spezifisches, empirisch beobachtbares, professionelles Handeln gegenüber Menschen mit Behinderung in den Blick nimmt, nämlich ihre Unterstützung in und durch Sondereinrichtungen. Integration wird in diesem Zusammenhang als Assimilation der machtschwächeren Gruppe in die dominanten Kulturen und Strukturen der Normalität der Nicht-Behinderten kritisiert. Die Kritik trifft vor allem dann zu, wenn von überwiegend werthomogenen Mehrheitsgesellschaften ausgegangen wird. Der Vorwurf einer „Zwei-Welten-Theorie" schwächt sich aber ab angesichts der empirisch gegebenen Pluralität und Heterogenität moderner offener Gesellschaften. So stellt Frühauf aus Sicht der Heilpädagogik fest:

> "Integrationsmodelle eröffnen jedoch letztlich – bei aller Kritik an ihrer quantitativen und qualitativen Reichweite – grundsätzlich Wahlmöglichkeiten zwischen unterschiedlichen Lern- und Lebensorten und damit auch zwischen unterschiedlichen Lebensplänen." (Frühauf 2010, 20)

Für Menschen mit Demenz stellt sich in Bezug auf den Integrationsbegriff die Frage, ob oder in welchem Ausmaß sie angesichts ihrer schwindenden Adaptionsfähigkeiten die für eine gelingende Integration notwendigen Kulturations- bzw. sogar Assimilationsprozesse bewältigen können (vgl. Abschnitt 4.1.3). Der Integrationsbegriff verweist auch auf die Frage, ob ein Rückzug in normativ homogene Lebenswelten (bspw. in segregative Versorgungseinrichtungen) eine sinnvolle Bewältigungsstrategie darstellt. Auf gesamtgesellschaftlicher Ebene kann gefragt werden, ob die Integration von Menschen mit Demenz zur sozialen Kohäsion der Gesellschaft beiträgt. Oder umgekehrt: Trägt die Segregation von Menschen mit Demenz zur normativen Fragilität der Gesellschaft bei, weil Norm und Normrealisierung zu weit auseinanderklaffen? Fragen der Integration von Menschen mit Demenz haben also einen Bezug zur gesamtgesellschaftlichen Ebene, zur Ebene intermediärer Organisationen und zur Ebene der Individuen.

Das Konzept der Teilhabe gründet, wie gezeigt wurde, in der Idee der Zugehörigkeit ebenso wie in der Idee der Zuteilung und verknüpft so Antidiskriminierungs- mit Ungleichheitsaspekten. Der Teilhabebegriff eröffnet darüber hinaus durch seine Operationalisierung als Durchführung von Aktivitäten in realen Lebensbedingungen (= Leistung) in der ICF[191] den Diskurs um die Frage der Teilhabe von Menschen, die ohne ein Mindestmaß an Leistung ihren Alltag bewältigen, wie dies bei Menschen mit sehr weit fortgeschrittener Demenz regelmäßig der Fall ist. Obwohl hier noch offene Fragen bestehen, ist doch durch die ICF das Instrumentarium gegeben, diese Fragen zu bearbeiten. Neben dem Fokus auf Kompensation von Behinderung durch Beeinflussung der Förderfaktoren (Person, Umwelt) bspw. durch Leistungsausgleiche wäre hier in der Lebenssituation des hohen Alters und bei Demenz auch auf Haltungen der bewusst angenommenen Abhängigkeit zu rekurrieren.

Der Begriff der Teilhabe weist einen gewissen Überschneidungsbereich zum Begriff der Partizipation auf, der sich aber semantisch konsistent und trennscharf bestimmen lässt. So geht es zum einen um Bedeutungsgleichheit – und zwar wenn der Begriff „participation" aus dem Englischen oder Französischen übersetzt wird. Zum anderen zielt Partizipation auf die politische Mitbestimmung und auf die Mitwirkung als Kunde oder Klient.

Die oben skizzierte Position der Heilpädagogik, dass Teilhabe eine Teilmenge der gesellschaftlich umfassenden Inklusion darstelle und sie als „Einfluss auf die Gestaltung von Lebensumständen" sich „schon innerhalb des Hilfesystems für Menschen mit Beeinträchtigungen realisieren [kann], Inklusion außerhalb" (Niehoff 2013, 369), ist m. E. bei näherer Betrachtung nicht nachzuvollziehen. Inklusion und Teilhabe erfordern beide für ihre Realisierung die Option eines Institutionen- und Normenwandels (Teilhabe als Recht auf „access" und „support").

Die Durchsicht der fachspezifischen Hintergründe der Konzepte Inklusion, Integration und Teilhabe zeigt auf, dass der Teilhabebegriff theoretisch und operativ gut geeignet ist, Fragen der Einbeziehung und Aus-

---

[191] Dies gilt für die Zielgruppe der Menschen mit Behinderung. Wie Teilhabe für andere Zielgruppen operationalisiert werden kann, wird im Rahmen dieser Arbeit nicht untersucht.

grenzung von Menschen mit Demenz zu bearbeiten. Allerdings bringt der Teilhabebegriff nicht den „visionären Charme" des Inklusionsbegriffs mit sich. Der Integrationsbegriff im engeren Sinn weist wenig Bezüge zur Situation von Menschen mit Demenz auf, er handelt aber das für das Inklusionskonzept zentrale Thema der sozialen Zugehörigkeit ab und ist deshalb von hoher Relevanz in der weiteren Betrachtung.

4 Inklusion und Demenz

Inklusion erfährt, wie gezeigt wurde, aktuell durch die Behindertenrechtskonvention der UN große Aufmerksamkeit, und zugleich ist Inklusion ein Begriff, der seit Mitte des 20. Jahrhunderts prominent in der soziologischen Differenzierungs- und Systemtheorie verankert ist. In der gegenwärtigen Diskussion wird deshalb häufig eine „normative" Sichtweise von Inklusion einer „systemtheoretischen", „soziologischen" oder „wissenschaftlichen" gegenübergestellt (Wansing 2013, 18; Müller-Hergl 2014, 3; Brandenburg 2014, 1). Die Analyse des Exklusionsbegriffs (vgl. Abschnitt 2.1) und der spezifischen Exklusionsprozesse und -strukturen, von denen Menschen mit Demenz und ihre Angehörigen betroffen sind (vgl. Abschnitt 2.3), sowie die begriffliche Abgrenzung von Inklusion, Integration und Teilhabe (vgl. Abschnitt 3.2) haben aufgezeigt, dass die Kontexte des Inklusionsbegriffs vielfältiger sind: Inklusion bezieht sich auch auf Fragen der sozialen Kohäsion und der sozialen Ungleichheit[192]. Im Folgenden werden diese Kontexte wie auch die systemtheoretische und die Menschenrechtsperspektive kurz dargestellt, um aufzeigen zu können, ob und inwiefern es Erkenntnisgewinne verspricht, von der Inklusion von Menschen mit Demenz zu sprechen bzw. welche Grenzen ein solches Vorgehen kennt.

4.1 Inklusion im Kontext sozialer Kohäsion

Inklusion und soziale Kohäsion gehören notwendig zusammen:

---

[192] Diese Kontexte werden auch von Degener und Mogge-Grotjahn (2012) analysiert. Sie führen den soziologischen Integrations- mit dem Inklusionsbegriff im Lebenslagenkonzept zusammen, während im rechtswissenschaftlichen Kontext Ungleichheit als Diskriminierung thematisiert wird und soziale und materiale Gleichheitsrechte formuliert werden. So verstanden stelle das Inklusionskonzept ein umfassendes Programm zur Überwindung von vertikalen und horizontalen Ungleichheiten dar, das im politischen und professionellen Kontext länder- und berufsgruppenübergreifende Anstrengungen erfordere. Wie in Abschnitt 3.2 ausgeführt, transportiert der Inklusionsbegriff damit als „Container" eine so große Fülle von Inhalten, dass fraglich ist, ob dies zu seiner (internen) Konsistenz und (externen) Trennschärfe beiträgt.

"The question of the inclusion and exclusion of disabled people cannot be separated from the way in which a society constructs social cohesion or produces dissociation." (Ravaud, Stiker 2006, 923)

Dies gilt auf zwei verschiedenen Ebenen: Zum einen geht es beim Zusammenhang von Inklusion und Kohäsion um die Frage, was Gesellschaften trotz ihrer funktionalen Differenzierung „zusammenhält", also wie sie Anomierisiken begegnen. Zum anderen bedeutet Inklusion für Individuen „Einbeziehung" in oder „Zugehörigkeit" zu sozialen Netzwerken und verweist damit auf soziale Kohäsion im Nahraum. Auf beiden Ebenen (Gesellschaft und Individuum) überschneiden sich die Begriffe Inklusion und Integration semantisch in einem relativ großen Bereich (vgl. Abschnitt 3.2.2). In der Soziologie werden Kohäsionsprozesse auf gesellschaftlicher Ebene als „Systemintegration" untersucht, während die Prozesse der Einbeziehung in den sozialen Nahraum als „Sozialintegration" gelten.

In den folgenden Abschnitten wird dargestellt, welche Chancen oder Begrenzungen in der Verwendung des Inklusionsbegriffs liegen, wenn er im Kontext „soziale Kohäsion" und in Bezug auf Menschen mit Demenz benutzt wird. Zunächst wird Durkheims Ansatz der mechanischen bzw. organischen Solidarität als gesellschaftlicher Integrationsmechanismus dargestellt (4.1.1), um anschließend zu untersuchen, ob Demenz ein Anomierisiko darstellt, also die soziale Kohäsion auf gesellschaftlicher Ebene gefährden kann (4.1.2). Für die Ebene des sozialen Nahraums wird gefragt, wie Menschen mit Demenz einbezogen werden können (4.1.3), ein Anliegen, das der Inklusionsbegriff ausdrücklich transportiert (vgl. Abschnitt 3.2.1). Dies führt zur Frage, wie angesichts funktionaler Differenzierung eine Gemeinschaftsbildung in den (sozial-)räumlichen Gegebenheiten „vor Ort", von der Menschen mit Demenz profitieren können, aussehen müsste (4.1.4).

4.1.1 Was hält Gesellschaften zusammen?

Die Frage danach, was Gesellschaften – angesichts wachsender Vielfalt im sich beschleunigenden sozialen Wandel – zusammenhält, steht in umfassender Weise bereits am Anfang der Soziologie als Wissenschaft (Pries 2012, 10).

„Es geht bei Integration um sozialen Zusammenhalt, um eine Art von Vergemeinschaftung, um die Kohäsion eines Gemeinwesens, um die Kohärenz einer sozialen Ordnung, um primordiale Interdependenzgeflechte und nicht zuletzt auch um einen Fundus an allgemein geteilten ethischen Normen und Werten." (Imbusch, Heitmeyer 2012, 10)

Gelingende Integration spielt sich demnach auf der Makro-, Meso- und Mikro-Ebene gleichermaßen ab: auf der sozialstrukturellen Ebene des Zugangs zu Arbeits-, Wohnungs- und Konsummärkten (Reproduktionsaspekt/positionale Anerkennung), auf der institutionellen Ebene der gleichberechtigten und demokratischen Aushandlung konfligierender Interessen (Vergesellschaftungsaspekt/moralische Anerkennung) und auf der personalen Ebene der emotionalen Beziehungen, die Identitätsaufbau, Selbstverwirklichung, Zuwendung und Aufmerksamkeit gewähren (Vergemeinschaftungsaspekt/emotionale Anerkennung) (Imbusch, Heitmeyer 2012, 15). Die Analyse von Exklusionsprozessen (vgl. Abschnitt 0) hat gezeigt, dass diese Ebenen eng miteinander verwoben sind und sich gegenseitig beeinflussen. Es wurde ebenfalls deutlich, dass sie sich alle auch auf den Inklusionsbegriff beziehen lassen (vgl. Tabelle 6 und Tabelle 7).

Zentrale Integrationsprinzipien auf gesellschaftlicher Ebene, die in – historisch unterschiedlichem Ausmaß und Anteilen – zur Entstehung von sozialer Ordnung beitragen, sind Imbusch und Heitmeyer zufolge:

- eine gemeinsam geteilte Wertebasis (Adam Smith: „moral sentiments"; Emile Durkheim: mechanische und organische Solidarität; John Dewey, George Herbert Mead: Pragmatismus, Amitai Etzioni, Charles Taylor: Kommunitarismus),
- eine vernunft- und rechtebasierte Aushandlung bzw. ein „Gesellschaftsvertrag" (Thomas Hobbes: Rational-Choice-Theorie; Jürgen Habermas: herrschaftsfreier Diskurs),
- „spezifische Vermittlungssysteme" zwischen Teilsystemen oder Strukturen (Herbert Spencer, Talcott Parsons, Niklas Luhmann, Richard Münch) und

- Konfliktverarbeitung und Anerkennung von Differenz (Karl Marx, Lewis Coser, Ralf Dahrendorf, Helmut Dubiel, Axel Honneth). (Imbusch, Heitmeyer 2012, 10 f.)

Tabelle 8 gibt einen vergleichenden Überblick über verschiedene Dimensionen der Integrationsprinzipien:

Tabelle 8: Integrationstheorien

Kriterium	wert-orientiert	vertrags-orientiert	funktionalistisch	konflikt-orientiert
Basiseinheit	Individuum, Gruppe	Individuum Institution	Subsystem, System	Gruppenkonstellationen
Gelungene Integration	Werte-gemeinschaft, Solidarität	Vertragstreue	Arbeitsteilung	Anerkennung von Differenz
Garant	Werte, Sozialisation, soziale Sanktion	Vertrauen, institutionelle Sicherungen (rechtliche Sanktion)	systemische Leistung, Interpenetrationsmechanismen	Empathie, Anerkennung von Recht, Verfassungspatriotismus
Bedrohung	Wertezerfall	Vertragsbruch, Vertrauensverlust	Dysfunktion	Gewalteskalation
Misslungene Integration	Sozialkrise (Anomie)	Sozialkrise und Systemkrise	Systemkrise	Sozialkrise (Segregation, Repression)
Blinder Fleck	institutionelle Kontrolle	Kollektive Identität	kreatives soziales Handeln	systemische Integration

(Imbusch, Heitmeyer 2012, 12)

Mehrere dieser Integrationsprinzipien müssen zusammenwirken, damit integrative Prozesse in nachhaltigen gesellschaftlichen Zusammenhalt münden (so benötigt bspw. arbeitsteiliges Wirtschaften ein gewisses Maß an Rechtssicherheit) (Imbusch, Heitmeyer 2012, 17). Integration ist dabei nicht per se positiv. Einer positiv gedachten Integration (Stabilität, Sicherheit) steht eine negativ gedachte (Zwang, Kontrolle) gegenüber. Positive Wirkungen von Desintegration sind sozialer Wandel und Innovation, negative Wirkungen bestehen in Ausgrenzung und Gewalt (Imbusch,

Heitmeyer 2012, 16). Im Folgenden wird zunächst Integration durch das Prinzip der Wertorientierung dargestellt (vgl. Tabelle 8, Spalte 1). Vertragsorientierte Prinzipien (Spalte 2) lassen sich der normativen Diskussion zuordnen (Abschnitt 4.3) und funktionalistische Prinzipien dem systemtheoretischen Modell (Abschnitt 4.2) und während konfliktorientierte Prinzipien in dieser Arbeit im Zusammenhang mit der Frage, inwieweit Menschen mit Demenz als Menschen mit Behinderung gesehen werden können (Abschnitt 4.3.3.4) angesprochen werden.

Emile Durkheim verbindet seinen wertorientierten, normativen Ansatz mit der funktionalen Integration von Gesellschaft. Er unterscheidet in seinen soziologischen Analysen zur Arbeitsteilung (1930, De la division du travail sociale) die sog. mechanische Solidarität, die durch Ähnlichkeit der Produktions- und Reproduktionsaufgaben (und damit der Lebensläufe) in einfachen Gesellschaften entsteht, von der organischen Solidarität, die aus der Komplementarität der Arbeitsabläufe, Produkte und Dienstleistungen in komplex-arbeitsteiligen Gesellschaften erwächst. Traditionelle, lokal verankerte und hierarchische Gesellschaften zeigen aufgrund ihrer für das Individuum lebenslang verbindlichen sozialen Positionen eine hohe interne Kohäsion:

> „In traditionalen Gesellschaften sind es die gemeinsamen Normen und Werte, die die Gleichheit der Institutionen und der Sitten und Gebräuche garantieren. Sie uniformisieren das Verhalten und Bewusstsein der Individuen (Kollektivbewusstsein)." (Windolf 2009, 11)

Sie sind nach außen stark abgegrenzt, können schlecht Fremdes oder Neues integrieren, und ihre Exklusionsmechanismen (gegenüber dem Nicht-Ähnlichen, dem keine traditionale, innergemeinschaftliche soziale Position zukommt) sind häufig radikal. In modernen Gesellschaften dagegen gewinnen – angesichts höherer Bevölkerungsdichte, knapper Ressourcen und technologischem Entwicklungsdruck – die professionelle Spezialisierung und die Arbeitsteilung an Bedeutung. Diese prägen nicht nur die innerstaatlichen, sondern auch die internationalen Beziehungen. Trotz räumlicher und thematischer Trennung von Wohnen, Wirtschaften, Produktion, Bildung, Pflege, sozialer Betreuung und Kultur verfügen moderne Gesellschaften über eine höhere Inklusionskapazität als einfache. Sie sehen sich aber auch einem größeren Dissoziationsrisiko gegenüber.

„In modernen Gesellschaften ist es die Arbeitsteilung, die die Individuen in eine funktionale wechselseitige Abhängigkeit einbindet. Sie sind in die Gesellschaft integriert, weil sie voneinander abhängig sind und deshalb nicht weglaufen können (...). Die Gesellschaftsmitglieder werden autonomer und 'individualisieren' sich; gleichzeitig werden sie voneinander immer abhängiger." (Windolf 2009, 11)

Organische Solidarität ist auf Kooperation angewiesen, deren Voraussetzung es ist, dass die Ziele, Handlungen und Erwartungen der arbeitsteilig differenzierten Akteure wechselseitig aufeinander bezogen sind. Diese Kooperation wird entlang generalisierter Verhaltenserwartungen organisiert, die in – mit Sanktionen bewehrten – Regeln, Haltungen und (Rechts-)Normen niedergelegt sind (Fuchs 1999, 165 f.). Soziale (Norm-)Kontrolle unterstützt also die funktionale Arbeitsteilung, indem sie Koordination ermöglicht[193]. Kohäsion bzw. Integration durch organische Solidarität reduziert demnach Freiheiten und Handlungsoptionen, verbessert aber durch Kooperation die Chancen des Gesamtsystems und seiner Akteure auf eine erfolgreiche Bewältigung von Umweltproblemen (Exner 2007, 161). Zurückbezogen auf den Inklusionsbegriff bedeutet dies, dass traditionale Gesellschaften Kohäsion (oder auch: Systemintegration) durch Ähnlichkeit und statischen Wertekonsens produzieren und entlang dieser Dimensionen ihre Mitglieder inkludieren, während moderne Gesellschaften dies durch flexible Kooperationen in pluralistischen Normgefügen bewirken.

4.1.2 Demenz als Anomierisiko?

Anomie, also die Abschwächung der Geltungskraft von Normen, gefährdet die Systemintegration (Kooperation auf Makroebene). Anomie, Desintegration und soziale Konflikte entstehen dem Soziologen Robert Merton zufolge, wenn Individuen oder ganze Bevölkerungsgruppen gesellschaftlich anerkannte Ziele (bspw. Wohlstand) nicht mehr im Rahmen der gegebenen Normstruktur (bspw. legale Erwerbsarbeit) erreichen können

---

[193] Parsons verlagert in seiner strukturfunktionalistischen Theorie die Normproduktion in ein eigenes soziales Subsystem, das die Subsysteme Markt, Bürokratie und Assoziationen, denen kein Bestand aus sich selbst heraus zukommt, zu einem übergeordneten Ganzen integriert (Pries 2012, 31; Imbusch, Heitmeyer 2012, 11).

(Stichweh 2013, o. S.). Welche Effekte sind nun angesichts des immer größeren Anteils an Menschen mit Demenz hinsichtlich der sozialen Kohäsion bzw. der Anomie auf Makroebene zu erwarten? Ist bspw. mit der Bildung von Parallelgesellschaften oder der Erosion zentraler Normen und Werte (wie Empathie oder Fürsorge) zu rechnen?
Dies ist nicht zu erwarten:Systemintegration als normative Ordnung für komplexe, institutionelle Kooperation betrifft Menschen mit Demenz in ähnlicher Weise wie Menschen mit Behinderung:

> „Entsprechende Problemlösungen werden in der Gesellschaft gefunden und auch in ihr realisiert. Dabei stellt die Integrationsfrage in Bezug auf behinderte Menschen für die gesellschaftliche Systemintegration kein systemgefährdendes Problem dar." (Exner 2007, 169 f.)

Menschen mit Demenz werden in den komplexen, auf Rationalität basierenden Kooperations- und Verweisketten der organischen Solidarität gerade nicht als handelnde Individuen oder Kollektive angesprochen. Sie stellen stattdessen das „Problem" dar, das in den unterschiedlichen Subsystemen „kleingearbeitet" werden kann und muss (Schimank 2000, 454). Nicht nur Medizin und Pflege problematisieren Demenz in dieser Weise durchaus produktiv (vgl. Abschnitt 2.2, dort Pathologisierung bzw. Medikalisierung der Demenz), sondern auch der mediale Bereich, der in der Boulevard-, Meinungs- und Fachpresse mit dem Thema Demenz Aufmerksamkeit generiert. Darüber hinaus be- und verarbeiten eine Reihe (sozial-)wissenschaftlicher Disziplinen sowie soziale und therapeutische Professionen Demenz und erwirtschaften damit materielle, Status- und Erkenntnisgewinne. Die normative Absicherung des arbeitsteilig-kooperativen Umgangs mit Demenz erfolgt dabei m. E. dominant über die Diskurse (Ziele) „Gewinn von evidenzbasiertem Wissen", „Verhinderung bzw. Heilung von Demenzerkrankungen" sowie „Schutz bzw. Fürsorge". Der Umgang mit Demenz bringt Kooperationsanstrengungen, die in diesem Sinn normativ stabilisierend wirken, hervor und stellt somit gerade kein Anomierisiko dar, sondern trägt zur sozialen Kohäsion der Gesellschaft bei. Obwohl Menschen mit Demenz und ggf. auch ihre Angehörigen von der Erreichung wichtiger, gesellschaftlich anerkannter Ziele ausgeschlossen sind, erwächst aus diesem Zustand dennoch keine Desintegration oder gar Anomie. Dies ist insofern von Bedeutung, als anomische Zustände in Innovation und sozialen Wandel münden können und so letztlich zur Inklusion der zuvor exkludierten Bevölkerung. In Bezug auf Menschen mit Demenz scheidet aber Anomie als Antriebskraft oder Promotor für Inklusion aus.

4.1.3 Einbeziehung von Menschen mit Demenz

Die Einbeziehung von Menschen mit Behinderung in den sozialen Nahraum ist erklärtes Ziel von Inklusion, das auch für Menschen mit Demenz gelten soll (Wißmann 2012; Rothe, Kreutzner, Gronemeyer 2015). Einbeziehung in diesem Sinn kann auch als Sozialintegration bezeichnet werden (Kastl 2013, 138 f.). Die bisher beschriebene Systemintegration (Kooperation auf der Makroebene) steht in enger wechselseitiger Beziehung zur Sozialintegration, die sich auf die Individuen selbst und deren Motive, Orientierungen, Handlungen und Beziehungen bezieht. Sozialintegration beruht auf Gruppen- und Netzwerkbildungsprozessen, in denen mittels Kulturation, Platzierung, Interaktion und Identifikation gegenseitige Verhaltenserwartungen und normativer Konsens ausgehandelt werden (Exner 2007, 156). In diesem Kontext ist es relevant, dass Menschen mit Demenz mit zunehmender kognitiver Desorientierung die Bindung an gemeinsame, in der Sozialisation erworbene Werte, Normen und Regeln verlieren (Wojnar 2007) (vgl. Abschnitt 2.3.7). Die kurzen Überlegungen zur Sozialintegration zeigen, warum die Einbeziehung von Menschen mit Demenz – anders als bspw. von Menschen mit Migrationshintergrund – kaum in geeigneter Weise als „Integration" bezeichnet werden kann: Einbeziehung im Sinne von Sozialintegration basiert auf der Fähigkeit, geltende Norm- und Wertstrukturen zu deuten und selbstreflexiv das eigene Verhalten an ihnen auszurichten. Sie setzt, wie in Abschnitt 3.2.2.2 gezeigt wurde, „Kenntnisse, Fähigkeiten und Willen" voraus. Zugehörigkeit ist dann das Ergebnis von Bildungs- bzw. Sozialisations- und Interaktionsprozessen, innerhalb derer gemeinsam geteilte Bedeutungshorizonte aufgebaut werden (Müller-Hergl 2014, 7) (vgl. Abschnitt 3.2.2)[194]. Im Zu-

---

[194] Ein restriktiverer Integrationsbegriff, der Integration als Assimilation an die Leitkultur auffasst, trifft ebenfalls nicht auf die Situation von Menschen mit Demenz zu, da sich ihre Fähigkeit, sich an Gegebenheiten sozial und kulturell anzupassen, krankheitsbedingt verliert.

ge einer Demenzerkrankung gelingt dies immer seltener. Stattdessen lösen sich bereits vorhandene sozialintegrative Bezüge (Nachbarschaft, Vereine, Arbeitsleben etc.) mehr und mehr auf, und Menschen mit Demenz finden sich „überinkludiert" wieder in den auf ihr Problem bezogenen sozialen Systemen:

> "Meine Ausgangsthese ist, dass wir es bei der Inklusionsthematik bei MmD mit einem Widerspruch zu tun haben. Einerseits 'verschwinden' diese Personen aus dem gesellschaftlichen Umfeld (vor allem in Institutionen und in der Familie). Diesbezüglich könnte man von einem zu geringen Grad an Inklusion in das gesamtgesellschaftliche System ausgehen. Andererseits jedoch sind die Personen in das Gesundheits- und Pflegesystem in hohem Maße inkludiert, in der Regel dauerhaft." (Brandenburg 2014, 1)

Soziale Kohäsion im Kontext von Inklusion gestaltet sich, wenn es um die Einbeziehung von Menschen mit Demenz geht, demnach in mehrfacher Hinsicht widersprüchlich: Zunächst zeigt sich, dass die vor allem in der Heilpädagogik geführte Abgrenzungsdebatte um die Konzepte „Integration" und „Inklusion" (vgl. Abschnitt 3.2.2.3) nicht auf den Zusammenhang von Inklusion und Demenz übertragen werden sollte. Ein auf Menschen mit Demenz und ihre Angehörigen bezogener Inklusionsbegriff muss von vorneherein konzeptionell eigenständig sein, weil der Integrationsbegriff nicht sinnvoll angewendet werden kann. Dabei hilft auch eine Differenzierung von Inklusion als Adressierung bzw. Zuweisung von Rechten und Ressourcen einerseits und Integration als sozialer Einbettung vor dem Hintergrund gemeinsam geteilter Normen andererseits, wie Kastl (2013, 138f.) sie vornimmt, nicht weiter. Er löst damit den Kontext der sozialen Kohäsion als Einbeziehung im Nahraum vom Inklusionsbegriff und ordnet ihn dem Integrationsbegriff zu. Da aber Menschen mit Demenz Integrationsprozesse aufgrund der progredient sich verlierenden selbstreflexiven Kompetenzen immer schlechter selbst gestalten oder sich an ihnen beteiligen können, verbleibt ein rein rechtebasierter, funktionaler Inklusionsbegriff. Weder damit noch mit dem Integrationsbegriff ist also die besondere Situation der sozialen Einbindung von Menschen mit Demenz plausibel konzeptionell gefasst.

Vor diesem Hintergrund führt der Vorschlag, soziale Eingebundenheit für Menschen mit Demenz nach dem Leitbild „Gastfreundschaft" anzustreben, der als expliziter Gegenentwurf zum Inklusionskonzept in die Diskussion gebracht wurde (Gronemeyer 2013, 36 ff.), m. E. ebenfalls nicht weiter. Zwar ist es richtig, dass im Gegenüber von kognitiv orientierten Menschen und Demenzbetroffenen Gastfreundschaft „die Unterschiedlichkeit respektiert und nicht verwischt." (Gronemeyer 2013, 241) Aber Gastfreundschaft gilt ihrem Wesen nach in erster Linie dem Fremden, nicht dem Freund (Schulz-Nieswandt 2013, 47 f.; Bischof 2004, 433). In ihrer zeitlich und normativ strikt geregelten Struktur ermöglicht sie es dem Gastgeber oder der Gastgeberin wie auch den Gästen, einem als unterschiedlich oder ggf. sogar als bedrohlich wahrgenommenen Gegenüber ohne Gewalteinwirkung zu begegnen (Pflicht zum Gewaltverzicht) (Göhlich, Zirfas 2013, 188). Gastfreundschaft etabliert deshalb gerade nicht eine Beziehung auf Augenhöhe, sondern diejenigen, die das Gastrecht in Anspruch nehmen, sind auf dessen Gewährung angewiesen und haben sich in die geltende Norm- und Wertstruktur der gastgebenden Personen bzw. des Gastlandes einzufügen. Eine kreative und selbstbestimmte Ausbalancierung von auch abweichendem Verhalten kann unter Umständen im Rahmen von Gastfreundschaft stattfinden, sie ist aber darin nicht notwendig vorgesehen. Gastfreundschaft bietet Sicherheit in fremdem Terrain. Menschen mit Demenz haben – um im Bild zu bleiben – trotz ihres Andersseins ein Recht auf Einbezogensein in ihrer Heimat.

Angesichts der komplexen Anforderungen, die eine Kommunikation mit Menschen mit Demenz (soll sie auch nur annähernd gelingen) an deren Umfeld stellt, schlägt Müller-Hergl vor, diese Aufgabe bis auf weiteres professionell ausgebildeten Personen zu überlassen. Der „Anspruch, Demenz als etwas Alltägliches zu erleben, stellt eine Überforderung dar" (Müller-Hergl 2014, 1).

> "Dass Demenz ‚normal' und alltäglich wird, ist nicht zu erwarten: sich seines Verstandes nicht bedienen zu können, wird eine Relevanz-Demarkierung bleiben. Also ist es sinnvoll, das Expertentum voranzutreiben und weiter an Schutzräumen zu arbeiten, die im normalen Leben nicht zu realisieren sein werden." (Müller-Hergl 2014, 29)

Gerade spezialisierte Einrichtungen seien besser in der Lage, ein Höchstmaß an Funktionalität in Bezug auf Versorgung von Menschen mit Demenz mit Interaktionsformen zu vereinen, die den Erkrankten Geborgenheit und Selbstwirksamkeit vermitteln. Dabei gehe es um

> "... nicht-reziproke Fürsorge, als fürsorglich-gelassene Bindungsarbeit (...), die der Bezugspflegekraft gestattet, mit der Person mit Demenz eine positive, schützende regressionfreundliche Situation zu gestalten. Personen mit Demenz sollen auf gute Weise abhängig werden dürfen unter Berücksichtigung der ich-nahen Bereiche, in denen eine Autonomie besteht." (Müller-Hergl 2014, 19 f.)

In familienähnlichen Hausgemeinschaften der stationären Altenhilfe gelänge es, einen einfachen, subtil unterstützten Alltag zu inszenieren, der "... außerhalb eines professionellen Umfeldes in der ‚normalen Welt' nicht mehr/noch nicht zur Verfügung steht, weil wir evolutionär und kulturell nicht/noch nicht auf Demenz vorbereitet sind." (Müller-Hergl 2014, 20) Die stationäre Altenhilfe sei zur Wegbereiterin einer Pflege geworden, die in soziale Lebenswelten eingebettet sei: Eine durch Biografiearbeit, Milieutherapie und Fallbesprechungen unterstützte, strikt subjektzentrierte Haltung sei dort entwickelt und etabliert worden, die aus der Sicht und den Äußerungen der Menschen mit Demenz ein interaktionelles Geschehen entwickele (Müller-Hergl 2014, 18 f.). Müller-Hergl entwickelt also eine pragmatische Haltung der Akzeptanz inkludierender Exklusion und konstatiert, dass ein Konzept- und Wissensaustausch zwischen geschlossenen Expertenräumen und offenen bürgerschaftlichen Ansätzen wirksam werde (Müller-Hergl 2014, 21).

Bei diesem Ansatz bleiben m. E. Fragen offen: So entwickelte sich der person-zentrierte Ansatz der Pflege von Menschen mit Demenz gerade aus der Kritik an defizitären, hochfunktionalen und exkludierenden stationären Strukturen (Kitwood 2013). Die professionelle Weiterentwicklung dieses funktionalen Systems bediente sich dann lebensweltlicher Elemente (Biografie- und Milieubezug, einseitige Reziprozität), ohne dass jedoch der Eigensinn der Lebenswelt, ihre intersubjektive und fraglose Gegebenheit (Otto, Bauer 2008, 195 f.)[195] mittransportiert würde oder

---

[195] Lebenswelt „(...) bezeichnet jenen Wirklichkeitsausschnitt, zu dem das Subjekt Zugang hat und in dem es sich zu Hause fühlt. Lebenswelt als die die Subjekte umgebende

mittransportiert werden könnte. Stattdessen werden mit Hilfe lebensweltlicher Elemente „positive, schützende" Umgebungen inszeniert. Dieser funktionale, weil problemlösende, Einsatz lebensweltlicher Elemente birgt m. E. das Risiko, dass andere, die alltäglichen Lebenswelten prägenden Phänomene wie Streit, Trauer oder Scheitern, die ein Störpotenzial für die Einrichtung mit sich bringen würden, negiert werden. Gerade weil die Vorbilder für kreative, fürsorgliche und stützende Interaktionsformen im Umgang mit Demenzbetroffenen Adaptionen von lebensweltlich verankerten Handlungsweisen sind, muss erstens hinterfragt werden, ob sie nur in spezialisierten Umgebungen inszeniert werden können und ob zweitens eine solche Strategie nicht doch weniger dem Schutz der Menschen mit Demenz als dem Schutz und dem störungsfreien Funktionieren der Welt außerhalb der Einrichtungen dient. Seifert (2013) hat diesen Gedanken vor dem Hintergrund des Teilhabebegriffs der UN-Behindertenrechtskonvention für Menschen mit schweren Behinderungen und herausfordernden Verhaltensweisen durchdekliniert. Sie laufen Gefahr, angesichts der sich verstärkenden sozialen Ablehnung und der hohen Kosten, die sie im ambulanten Hilfesystem verursachen, als konzentrierte Restgruppe in Komplex- und Spezialeinrichtungen für Menschen mit Behinderung zurückzubleiben:

"Sind wirklich alle gemeint? Oder gibt es erneut einen 'harten Kern', der übrig bleibt – eine Aufteilung in Menschen, die teilhabefähig sind, und solche, die es nicht sind? Die Etikettierung von Menschen als 'nicht teilhabefähig' kommt einer *Entwertung ihrer Persönlichkeit* als Menschen zweiter Klasse gleich und missachtet die in der Konvention verankerten Menschenrechte." (Seifert 2013, 37; k. i. O.)

Gerade bei Menschen, die aufgrund ihrer schweren Beeinträchtigungen – und zu diesen gehört zumindest ein Teil der Demenzbetroffenen – in extremen Abhängigkeitsverhältnissen leben, seien auf „der strukturellen,

---

Wirklichkeit unter Einschluss anderer Personen, mit denen sie durch eine Wir-Beziehung verbunden sind, die sich durch gemeinsame Orientierungen, Werte und Normen herstellt, ist intersubjektiv und fraglos gegeben. Die Lebenswelt hat ihren Ausgangspunkt im Alltag als einem wiederkehrenden eingeschliffenen Ablauf. Die Möglichkeit, in sozialer Alltäglichkeit routinemäßig handeln zu können, entsteht unter Inanspruchnahme materieller und sozialer Unterstützung und im Wissen um die Verlässlichkeit der Lebensbedingungen." (Otto, Bauer 2008, 197)

der individuellen und der interpersonalen Ebene (...) die komplexen Bedürfnisse, die spezifischen Unterstützungsbedarfe und mögliche Gefährdungen (...) immer mitzudenken." (Seifert 2013, 45) Dies erfordere das Zusammenwirken aller Akteure und sei ein Prüfstein für gelingende Inklusionsprozesse.

Es ist m. E. also zu hinterfragen, ob die Spezialisierung von Wohn-, Versorgungs- und Freizeit-Angeboten für demenzbetroffene Menschen deren soziale Zugehörigkeit befördern kann. Dies auch deshalb, weil es für Menschen mit Demenz mit zunehmender kognitiver Beeinträchtigung problematischer wird, einen befriedigenden, sinnvollen oder sicherheitsstiftenden kommunikativen Austausch mit anderen Demenzbetroffenen zu pflegen[196]: Für eine gelingende Sozialintegration von Menschen mit Demenz wäre es deshalb günstiger, wenn deren Kontakte auch in fortgeschrittenen Krankheitsphasen überwiegend zu kognitiv orientierten Personen bestehen würden, was gerade in spezialisierten Einrichtungen für pflegebedürftige Menschen nicht der Fall ist. Regelmäßige, alltägliche Kontakte zu nicht-demenzkranken Menschen helfen, die dem jeweiligen Kontext angemessenen Erwartungen und Verhaltensweisen zu klären. Fehlgeleitete Verhaltenserwartungen und Kommunikationsangebote können so moderiert und ausbalanciert (nicht notwendig korrigiert!) werden. Menschen mit Demenz haben so eine Chance auf Mitgliedschaft in Gruppen und den Erhalt ihrer sozialen Beziehungen im bisher vertrauten Nahraum. Inklusion bei Demenz im Sinne von Einbeziehung und daraus folgend Zugehörigkeit kann gelingen, wenn die Verantwortung für eine gelingende Abstimmung von Verhalten und Verhaltenserwartungen für stärker beeinträchtigte Demenzbetroffene von kognitiv orientierten Menschen in ihrem Umfeld übernommen wird. Im Sinne eines modernen, sozial- und geschlechtergerechten Sorgekonzepts sollten Unterstützungspersonen dabei eine Vielfalt von familiären, beruflichen, professionellen und ehrenamtlichen Hintergründen repräsentieren und nicht allein der Gruppe der professionell Pflegenden oder der engeren Familie entstammen. Negative Folgen der Individualisierung, die Überforderung von

---

[196] Allerdings bieten bei einer beginnenden Demenz Selbsthilfegruppen die Chance, Artikulationsmacht und Selbsthilfekompetenz – auch gegenüber überfürsorglichen Pflegepersonen – zu stärken (vgl. Abschnitt 2.3.4.1).

pflegenden Angehörigen und soziale Isolation zur Folge haben können, könnten so kompensiert werden. Gleichzeitig bleiben die Gewinne der Individualisierung (Geschlechtergerechtigkeit, selbst gewählte solidarische Beziehungen statt fraglos gegebener und übernommener Sorgeverpflichtungen) erhalten. Je nach der spezifischen Entwicklung des Symptomkomplexes einer Demenz erfordert der Abbau höherer kognitiver Fähigkeiten zunehmend stärkere Anstrengungen der sozialen Umwelt, um letztlich soziale Einbindung zu erreichen. Kulturelle, soziale, zivilisatorische, kurz: normative Aushandlungen müssen sich zunehmend an den Wünschen und Bedürfnissen der demenziell Betroffenen orientieren, um gemeinsam geteilte Bedeutungshorizonte zu konstruieren. Dabei sind, wie eben gezeigt, die Ressourcen und Kompetenzen für solche „substitutiven Dialoge" durchaus nicht nur in spezialisierten Einrichtungen vorhanden – so die Auffassung, die Müller-Hergl vertritt (2014, 11) –, sondern sie erwachsen aus der lebensweltlichen Kommunikation (die sich regelhaft auf bspw. Kenntnisse der Biografie, Normen und Regeln des Milieus und den Versuch, gemeinsam geteilte Sinnwelten herzustellen, stützt). Kommunikation mit Menschen mit Demenz erfordert dabei keine grundsätzlich anderen Kommunikationstechniken als Kommunikation unter kognitiv orientierten Menschen. Die Fähigkeit, eine Interaktion, die zu scheitern droht, zu „reparieren", gehört zu den verbreiteten Techniken der Bewältigung von Alltag. Sie muss allerdings im Kontakt mit Menschen mit Demenz weitaus intensiver zum Einsatz gebracht werden.

Diese Struktur von Einbezogenheit und unterstützter Interaktion bzw. Kommunikation entspricht dem durch die ICF definierten Teilhabebegriff (vgl. Abschnitt 3.2.3). Es handelt sich um eine sich mit dem Fortschreiten der Krankheit verschiebende Balance zwischen den gegebenen kognitiven Beeinträchtigungen einer Person (Gesundheitsproblem) und den sie hemmenden oder stützenden umwelt- und personbezogenen Faktoren (kommunikativen Ressourcen der betroffenen Person selbst und ihres sozialen Umfeldes). Im ICF-Modell wird deutlich, dass sich Teilhabe (als Ausdruck sozialer Eingebundenheit im Nahraum) auch dann erreichen lässt, wenn das Individuum selbst mehr und mehr die Kompetenz einbüßt, sich (selbst-)reflexiv auf die geltenden Normstrukturen des sozialen

Nahraums zu beziehen. Demnach wäre also für das komplexe Feld der Einbeziehung von Individuen (Kohäsion auf der Ebene von Interaktionen) der Teilhabebegriff dem der Inklusion vorzuziehen. Soziale Einbeziehung von Individuen auf der personalen Ebene ist einerseits als Sozialintegration beschrieben worden und gehört andererseits zum semantischen Kontext des Inklusionsbegriffs. In Bezug auf Demenzbetroffene wurde gezeigt, dass weder der Integrations- noch der Inklusionsbegriff die Komplexität ihrer sozialen Eingebundenheit in Gruppen, im Nahraum und in der alltäglichen Lebenswelt zu fassen vermag. Sie beruht auf der schrittweisen Substitution der normativ abgesicherten Kooperationsmuster durch individuell angepasste, flexible und kreative Reaktionen des (kognitiv orientierten) Umfelds, das mit einem auf die ICF gestützten Teilhabebegriff differenziert beschrieben werden kann.

4.1.4 Sozialraum und Demenz

Wenn Inklusion von Menschen mit Demenz als Einbeziehung in Settings außerhalb spezialisierter Einrichtungen und Angebote angesiedelt sein soll, verweist ihre Umsetzung auf den physischen und sozialen Raum. Soziale Gruppen, deren Bewegungsradien eingeschränkt sind und deren Ressourcen hauptsächlich im sozialen Nahraum verfügbar sind, erleben diesen Nahraum als Restriktion, aber auch als Form sozialer Sicherheit (Stichweh 2009a, 372). Ein „inklusiver" Sozialraum ist vertraute Lebenswelt, hält Ressourcen und Sicherheit bereit und bietet Teilhabe und Einbezogenheit vor Ort (Becker, Wacker, Banafsche 2013; Schulz-Nieswandt 2013). Inwiefern ist es sinnvoll, Inklusion für Menschen mit Demenz als sozialräumliches Phänomen auszubuchstabieren? Ausgehend von der Untersuchung der räumlichen Dimension werden ergänzend drei relevante Ansätze inklusiver Sozialräume skizziert, um abschließend die Frage nach der Möglichkeit von Inklusion von Menschen mit Demenz im Sozialraum beantworten zu können.

Im Verlauf einer Demenz tritt die Störung der räumlichen Orientierung – zusammen mit dem Gedächtnisverlust – früh auf und zählt zu den am stärksten beeinträchtigenden Symptomen. Die Raumnutzung von Menschen mit Demenz ist aber noch wenig erforscht. Marquardt konnte in einer Studie in 30 Altenpflegeheimen[197] zeigen, dass die Fähigkeit, eine „kognitive Karte der eigenen Umgebung" zu erzeugen, im Verlauf der Demenz nachlässt (Marquardt 2006, 4). Unterstützung bieten dann überschaubare, geradlinige Mittelflure, während die – in stationären Einrichtungen beliebten – Rundläufe die Orientierung eher einschränken. Räume, in denen soziale Aktivitäten stattfinden, wie Ess- und Aufenthaltsräume, werden leichter gefunden als Orte, die bestimmungsgemäß alleine genutzt werden (Bewohnerzimmer, Sanitärräume) (Marquardt 2006, 94 ff.). Je größer die Zahl von Mitbewohnerinnen und –bewohnern in einem Wohnbereich ist, desto stärker verschlechtert sich die Orientierung, vor allem bei mittlerer und schwerer Demenz (Marquardt 2006, 82). Die Forschungsergebnisse zeigen, dass die räumliche Desorientierung von Menschen mit Demenz deren Chancen, gezielt Kontakt zu anderen Menschen aufzunehmen, deutlich verringert.

Über die Orientierung im physischen Raum hinaus spielt die soziale Bedeutung von Räumen eine entscheidende Rolle für die Möglichkeit von Menschen mit Demenz, sich zugehörig zu fühlen. Gelingende Interaktionen zwischen Personen oder zwischen Personen und ihrer sachlichen Umwelt beruhen auf sozialen Regeln der Raumnutzung und der Bedeutung, die in Räume „eingeschrieben" sind (Löw 2001, 161 f.). Zum einen signalisieren Räume, räumliche Anordnungen sowie Raumgestaltung und -nutzung Eigentumsverhältnisse und Positionen im Gefüge sozialer Ungleichheit (Bourdieu 1991) und zum anderen steuern sie Nähe und Distanz in personalen Interaktionen und definieren private und öffentliche Sphären (Elias 1991a, 1991b):

Bourdieu hat auf die distanzierende Funktion des Raumes hingewiesen. Der physische Raum verkörpert das soziale Ungleichheitsgefüge und bildet durch die Distanzen, die er schafft, soziale Hierarchien ab. Anordnungen im physischen Raum sind Wegweiser für soziale Positionen, wie

---

[197] Die Einrichtungen verfügten über spezifische Demenzkonzepte und unterschieden sich hinsichtlich der baulichen Gestaltung und Größe der Wohnbereiche. Bewohnerinnen und Bewohner dieser Einrichtungen wurden in die Studie aufgenommen, wenn sie eine Demenzdiagnose aufwiesen, mindesten sechs Monate in der Einrichtung lebten und selbstständig mobil waren. Pflegekräfte schätzten auf einer dreiteiligen Ordinalskala ein, mit welchem Grad von Selbstständigkeit die Studienteilnehmerinnen und -teilnehmer ausgewählte Wege (bspw. vom eigenen Zimmer zum Essbereich) bewältigten. (Marquardt 2006, 61 ff.)

bspw. die Größe von Büro- oder Repräsentationsräumen, die Macht und Reichtum demonstrieren. Eine größere Menge an ökonomischem, sozialem und kulturellem Kapital kann den Kapitalinhabern Dominanz im Raum sichern, so dass sie in der Lage sind, sich Unerwünschtes „vom Leibe" zu halten (Bourdieu 1991, 30). Der Umgang mit dem zur Verfügung stehenden Raum prägt sich den Individuen biographisch tief ein (Habitus):

> „Der soziale Raum ist somit zugleich in die Objektivität der räumlichen Strukturen eingeschrieben und in die subjektiven Strukturen, die zum Teil aus der Inkorporation dieser objektivierten Strukturen hervorgehen."
> (Bourdieu 1991, 28)

In ähnlicher Weise beschreibt Norbert Elias den „Prozeß der Zivilisation", ausgehend vom Vorrücken der Scham- und Peinlichkeitsschwellen, als "eine spezifische Veränderung des menschlichen Verhaltens" (Elias 1991a, 65) hin zu verstärkter Selbstkontrolle (Verwandlung von Fremd- in Selbstzwänge). Dieser Prozess ist auch Rahmen und Bedingung für die Ausbildung und Internalisierung einer kulturellen Norm der Privatsphäre, die für Mahlzeiten, Gespräche oder bestimmte Arbeiten geschlossene, nicht öffentliche Räume vorsieht und auch spezielle Räume für intime Verrichtungen kennt: Bad, Toilette, Schlafzimmer. Privatsphäre basiert demnach zentral auf dem Zurückdrängen von Körperlichkeit aus der Öffentlichkeit, und ihre Verletzung wird gleichgesetzt mit der Verletzung der personalen Würde[198]. Die Interpretation räumlicher Gegebenheiten erfolgt eher latent: Ob ein Raum als sozial „zugänglich" oder abweisend empfunden wird, als öffentlich oder privat, beruht auf Entscheidungen, die häufig nicht bewusst reflektiert werden. Die den Räumen soziokulturell und generationenspezifisch „eingeschriebenen" Bedeutungen können von Menschen mit Demenz im Verlauf ihrer Erkrankung immer weniger „gelesen" werden. Aus der Begleitung von Menschen mit Demenz ist z. B. bekannt, dass sie die Nähe anderer Personen suchen und dabei

---

[198] „Die Gestaltung der Bau- und Raumkonzepte von Heimen im Sinne von § 1 Abs. 1 LHeimG muss sich vorrangig an den Zielen der Erhaltung von Würde, Selbstbestimmung und Lebensqualität orientieren. Dies schließt das Recht auf eine geschützte Privat- und Intimsphäre der Bewohner von Heimen mit ein." (Landesheimbauverordnung von Baden-Württemberg, gültig ab 01.09.2009, in der Fassung vom 18.04.2011)

kulturspezifisch geltende Maßstäbe für das Einhalten von zwischenmenschlicher Distanz (Privatsphäre) ignorieren, dass sich die Idee von persönlichem Eigentum verliert und dass räumliche Objekte, die ein bestimmte Nutzung nahe legen (Türen, Sanitäranlagen) nicht mehr erkannt werden. Weil also sozial bedeutsame Sinngehalte, die Pflegenden, Angehörigen und Menschen in einem frühen Demenzstadium präsent sind und für sie eine alltägliche, orientierende Relevanz entfalten, von Demenzkranken nicht mehr entschlüsselt werden können und die dementsprechende Verhaltenssteuerung fehlt, entstehen Missverständnisse und Frustrationen. Fehlende Orientierung im physischen Raum und Defizite in der Interpretation der Raumsymbolik beeinträchtigen also im Verlauf einer Demenz die Chancen auf Kontaktaufnahme, Verständigung und soziale Einbeziehung erheblich. Räume sind demnach beziehungsgestaltendes Element in einem Leben mit Demenz. Dies zeigen sowohl die Diskussion um die Chancen und Risiken von Pflegeoasen[199] als auch die Irritationen um eine sog. bodennahe Pflege[200]. Dabei besteht das Risiko, dass existenzielle Bedürfnisse von Menschen mit Demenz nach – auch räumlicher – Zugehörigkeit und Einbeziehung aufgrund unterschiedlicher Rauminterpretationen der Demenzbetroffenen und ihres kognitiv orientierten Umfeldes negiert werden.

Sog. Demenzdörfer oder –quartiere reagieren auf dieses Defizit, indem sie das Konzept der geschlossenen, stationären, auf Demenz spezialisierten Einrichtung räumlich ausdehnen, so dass es sich auf mehrere Wohngebäude für jeweils etwa 12 demenzbetroffene Menschen und de-

---

[199] Pflegeoasen sind Mehr-Personenräume in stationären Pflegeeinrichtungen, in denen Menschen mit weit fortgeschrittener Demenz und einem sehr hohen Pflege- und Unterstützungsbedarf dauerhaft wohnen und leben. Das Konzept beruht auf der Annahme, dass die ständige Präsenz von Pflegekräften und das gemeinschaftliche Raumkonzept den psychischen, körperlichen und sozialen Bedürfnissen der Zielgruppe besser entsprechen (Brandenburg et al. 2012, 177 f.). Demgegenüber wird die kulturelle Norm der in und durch geschlossene Räume hergestellten Privatheit in Pflegeoasen nachrangig behandelt.

[200] Fallbeispiel aus Schuhmacher et al. (2010, 14): Der Aufenthalt eines immobilen, schwer demenziell erkrankten, aber bewegungsfreudigen Bewohners eines Altenpflegeheimes auf einem Matratzenbett direkt auf dem Boden war für dessen Ehefrau nicht zu ertragen, da sie seine Würde beeinträchtigt sah. Sie bestand darauf, dass ihr Mann in ein normal hohes Bett gelegt wurde, wo er aufgrund der Gefahr, aus dem Bett zu stürzen, körpernah mit Gurten fixiert werden musste und seine Bewegungsfähigkeit einbüßte.

ren Umgebung (Wege, Plätze) erstreckt. Demenzquartiere halten eine spezielle Infrastruktur vor, die von den Bewohnerinnen und Bewohnern selbstständig aufgesucht und genutzt werden kann (bspw. Supermarkt, Café, Dorfplatz, Friseur etc.) und ggf. auch den Anwohnerinnen und Anwohnern der Einrichtung zur Verfügung steht. Demenzdörfer bieten den demenzbetroffenen Bewohnerinnen und Bewohnern Zugehörigkeit nach dem Schema der inkludierenden Exklusion: Exklusion aus der Gesellschaft durch Inklusion in eine geschlossene Einrichtung (Brandenburg 2013; Brandenburg 2014, 2). Demenzdörfer bedienen als funktional spezialisierte Problemlösungen zentral die Erwartung nach Sicherheit und Lebensqualität im Sinne von Leidminderung für Menschen mit Demenz sowie nach Entlastung für deren Familien und den Sozialraum (vgl. auch Bennewitz 2013). In ihren Außenbeziehungen sind sie eingebettet in die normativ koordinierten Kooperationsbeziehungen der Gesellschaft (organische Solidarität). Nach innen setzt das Demenzdorf – stärker noch als andere spezialisierte Pflege- oder Demenzeinrichtungen – auf das vormoderne Muster der mechanischen Solidarität, also auf die Bindungskraft durch Ähnlichkeit (alle Bewohnerinnen und Bewohner sind demenzkrank, alle Mitarbeitenden, Angehörigen oder ehrenamtlich Helfenden nicht) bei gleichzeitiger Geschlossenheit nach außen[201]. Die Idee der mechanischen Solidarität wird durch ein ausgefeiltes Milieukonzept noch verstärkt, indem den einzelnen Häusern des Dorfes soziokulturell unterschiedliche Profile zugeordnet werden (Hans 2012)[202]. Die räumlichen Gegebenheiten im Demenzdorf sind physisch barrierefrei und von ihrer symbolischen Bedeutung weitgehend befreit. So kann bspw. im Supermarkt konsumiert werden, ohne zu bezahlen. Zugehörigkeit und Einbezogensein werden nicht nur durch Ähnlichkeit hergestellt, sondern auch dadurch, dass die Bewohnerinnen und Bewohner weitgehend von normativen Erwartungen entlastet werden. Die Inszenierungen reduzieren demnach Missverständnisse um die Nutzung von Räumen und räumlich

---

[201] Zumindest für die Bewohnerinnen und Bewohner, die die Einrichtung ggf. verlassen wollten.
[202] Hans-Josef Vogel, Bürgermeister der demenzfreundlichen Stadt Arnsberg betont, dass Demenzquartiere nicht nur exkludierend wirken, sondern auch genau das Gegenteil von Urbanität bedeuten, da Städte immer schon Orte der Verschiedenheit waren (ZQP 19.5.2024).

situierten Objekten, aber damit auch Gelegenheiten für (unterstützte) Aushandlungen. Inwieweit die Bewohnerinnen und Bewohner in diesem Rahmen ein authentisches Zugehörigkeitsempfinden entwickeln können, ist eine offene empirische Frage[203].

In Bezug auf die räumliche Dimension von Sozialräumen ist deutlich geworden, dass sie in Hinblick auf die Bedürfnisse von Menschen mit Demenz so gestaltet sein müssen, dass neben der physischen Barrierefreiheit die soziale Bedeutung von Raumgrenzen und Objekten im Raum deutlich erkennbar ist. Nutzungsoptionen sollten physikalisch sichtbar sein (Blickachsen) und offene Räume als Verbindungs- und nicht als Distanzmedien fungieren sowie Zugänglichkeit signalisieren. Klie schlägt hier eine „Zivilisation zweiter Ordnung" vor:

> „Wir werden dem Menschen mit Demenz in seiner inneren Welt nicht begegnen können, wenn wir in der Semantik unserer Zivilisation gefangen bleiben. (…) So wird sich eine im positiven Sinn verstandene Zivilisation, die in ihren zivilisatorischen Regeln in besonderer Weise ihre Werte lebt, darum bemühen, dem Subjekt, dem Menschen mit Demenz, gerecht zu werden, und sich auf einer zweiten Ordnung eine Zivilisiertheit im Umgang mit Andersartigen angewöhnen bzw. Verhaltensrepertoirs entwickeln, die nicht mit Ausgrenzung, sondern mit Akzeptanz zu tun haben." (Klie 2001, 677)

Eine solche zivilisatorische Haltung der Akzeptanz kann m. E. durch dauerhafte räumliche Strukturen wesentlich gestützt werden, denn gestalteter, bebauter Raum legt bestimmte Verhaltensweisen nahe, während andere Handlungsoptionen unwahrscheinlicher werden[204]. Räume, die physisch barrierefrei oder -arm, das heißt: übersichtlich, normativ

---

[203] Vgl. zur ethischen Bewertung von Scheinelementen in der Pflege von Menschen mit Demenz: Graf-Wäspe (2016). Graf-Wäspe weist daraufhin, dass einzelne Scheinelemente, wie bspw. eine fingierte Bushaltestelle, von demenzkranken Menschen zumindest zeitweise als Täuschung oder Lüge erkannt werden, und sie sich deshalb verletzt und gedemütigt fühlen können (Graf-Wäspe 2016, 13). Für Demenzquartiere als Ganzes liegt eine entsprechende Einschätzung nicht nicht vor. Unkritisch zur Täuschung durch Scheinelemente positionieren sich dagegen Kotsch und Hitzler (2013, 116 ff.), weil die Täuschung von Menschen mit Demenz, die auf den Augenblick orientiert seien, nicht erkannt werden könne. Dies muss in Hinblick auf neurologische Erkenntnisse (vgl. Abschnitt 2.3.7) angezweifelt werden.

[204] Dies könnte bspw. eine Möblierung sein, die bodennahe Pflege ermöglicht und einladend gestaltet, ohne die Würde erwachsener Menschen zu beschädigen.

einladend und unkompliziert zu nutzen sind, sowie über Orientierungshilfen und Sitzgelegenheiten verfügen, fördern die Einbeziehung von Menschen mit Demenz. Es gilt, Konzepte von Barrierefreiheit zu entwickeln, die physische ebenso wie symbolische Barrieren vermeiden. Wenn sich dagegen der physisch-soziale Raum für Menschen mit Demenz als Distanzmedium darstellt und letztlich zum Hindernis entwickelt, sind Chancen auf Zugehörigkeit oder Einbeziehung reduziert.

Abschließend sollen drei Ansätze in Grundzügen vorgestellt werden, die für Inklusion als Einbeziehung von Menschen mit Demenz in den Sozialraum relevant sind: Demenzfreundliche Kommune, inklusiver Sozialraum und Sorgende Gemeinschaften (Caring Community). Die an zweiter und dritter Stelle vorgestellten Ansätze beziehen sich originär auf die Personengruppe der Menschen mit Behinderung, der erste Ansatz hat bereits Menschen mit Demenz explizit im Blick: Die 2008 gegründete „Aktion Demenz e. V." verfolgt den Aufbau von zivilgesellschaftlich getriebenen, expertenfernen und kommunalpolitisch gesteuerten sog. Demenzfreundlichen Kommunen (Rothe, Kreutzner, Gronemeyer 2015). Sie sollen die Sichtbarkeit von Menschen mit Demenz und eine Kultur der Sorge um Demenzbetroffene im Alltag fördern und stehen für den Umbau von Systemen und Organisationen (wie bspw. an der Forderung nach demenzfreundlichen Fahrkartenautomaten deutlich wird). Unterstützung, die vor Ort zur Verfügung steht, bspw. durch Assistenzmodelle, soll es Menschen mit Demenz erlauben, eigensinnige Lebenswege zu gehen und selbstständige Entscheidungen zu treffen. (Müller-Hergl 2014, 24 f.) Demenzfreundliche Kommunen verfolgen die Politik einer Sensibilisierung, die zum einen die Abwehrhaltung gegenüber dem Thema Demenz hinterfragt und zum Anderen anti-stigmatisierende Haltungen dadurch etablieren will, dass Menschen mit Demenz sichtbar und erlebbar gemacht werden (Rothe, Kreutzner, Gronemeyer 2015, 253; Brandenburg, Brünett 2014, 191). Erst in Ansätzen wird diskutiert, wie das zuweilen extrem abweichende Verhalten von Menschen mit Demenz in der Öffentlichkeit toleriert und akzeptiert werden kann. Das Konzept der Demenzfreundlichen Kommunen betont den Wert einer kritischen Bürgerlichkeit und lehnt die Institutionalisierung dieses Ansatzes ab (Brandenburg 2014, 4 ff.). Es gelte, eine „Graswurzelperspektive" einzunehmen und bürgerschaftliche Initiativen für demenzfreundliche Kommunen in ihrer Autonomie zu stärken. Eine Steuerung der lokalen Aktivitäten durch landes- oder bundespolitische Regelungen wird abgelehnt, weil sie die Initiativen instrumentalisiere (Brandenburg, Brünett 2014, 194). Die Deutungshoheit des medizinischen Systems über Demenz wird ebenfalls kritisch zurückgewiesen (Rothe, Kreutzner, Gronemeyer 2015, 156 f.) (vgl. auch Abschnitt 2.3.5.1). Allerdings wird aber in der Evaluation des Förderprogramms „Menschen mit Demenz in der Kommune"[205] deutlich, dass die Entfaltung und Wirksamkeit von bürgerschaftlichen Initiativen für Demenzfreundliche Kommunen durch die fehlende institutionelle Unterstützung von Kommunalpolitikerinnen und -politikern oder von niedergelassenen Ärztinnen und Ärzten bzw. Kliniken und Krankenhäusern erheblich gebremst werden kann (Rothe, Kreutzner, Gronemeyer 2015, 146, 192 ff.).

„Inklusion im Sozialraum" (Kuhn 2013), als zweiter hier zu nennender Ansatz, stellt für Menschen mit Behinderung die Alternative zu einem Leben und Arbeiten in spezialisierten Einrichtungen dar.[206] Individualisierte Unterstützungsleistungen ermöglichen stattdessen die selbstbestimmte Wahl von Wohnort und Arbeitsplatz und mildern die aus der körperlichen, geistigen oder seelischen Beeinträchtigung erwachsende Benachteiligung (vertikale soziale Ungleichheit) ab. Ebenso wie im Ansatz der Demenzfreundlichen Kommunen soll der „Unsichtbarkeit" von Menschen mit Behinderungen entgegengewirkt werden (Wacker 2013, 27), was langfristig zu einer Änderung des sozialen Klimas führen soll (Seifert 2013, 42). Darüber hinaus kann sozialraumorientierte Unterstützung die Konzentration auf einzelne behinderte Menschen – die immer auch eine Stigmatisierung mit sich bringt – verhindern und Strukturen für alle in ihrer Verschiedenheit vor Ort schaffen (Wacker 2013, 26; Stein 2010, 79 ff.). Inklusion im Sozialraum bedeutet Zugang zu Fachkräften und

---

[205] 78 Kommunen wurden in den Jahren 2008 bis 2015 von der Robert-Bosch-Stiftung beim Aufbau demenzfreundlicher Strukturen gefördert (Rothe, Kreutzner, Gronemeyer 2015, 7 ff.).

[206] Schulz-Nieswandts Ansatz eines „inklusiven Sozialraums" (2013) bezieht sich ebenfalls auf Menschen mit Behinderung, bezieht aber auch gebrechliche und demenzkranke Menschen mit ein. Da er zwar die gleiche Bezeichnung führt wie die Ansätze der Behindertenhilfe, aber große inhaltliche Ähnlichkeit mit dem Ansatz der Caring Communities aufweist, wird er weiter unten vorgestellt.

fachlichen Hilfen vor Ort, eine Vielfalt von unterstützten Wohnformen, Zugang zu differenzierten Gesundheits- und Therapieleistungen und Unterstützung bei der Kommunikation und auch bei Lösung von ggf. auftretenden Konflikten (bspw. mit der Polizei, Nachbarn) für Menschen mit – auch schweren – Behinderungen (Seifert, Bradl 2013, 285). Über die individuumsbezogene Begleitung (Unterstützung im Alltag, emotionale Geborgenheit) hinaus sind die Betroffenen "in erster Linie Bürger der Gesellschaft" (Seifert 2013, 42), denen im Zuge der sozialraumorientierten Unterstützung eine Pflicht zur Gegenleistung erwächst: Indem sie eigene Ressourcen (Arbeitsleistung) einbringen, stärken sie ihre Eigenständigkeit und Selbstbefähigung und erhalten teilweise die Kontrolle über ihre Lebensumstände (zurück) (Wansing 2005a, 187). Gesellschaftliche Solidarität sollen aber auch Personen erfahren, die keine Gegenleistung (mehr) erbringen können (Wansing 2005a, 189). Anstatt Ehrenamt müsse im inklusiven Sozialraum verstärkt bezahltes Engagement oder strukturierte Zeitspenden geleistet werden, um "eine Wiederbelebung moralischer, caritativer Motive der sozialen Unterstützung zu vermeiden, welche beispielsweise Menschen mit Behinderung erneut zur Dankbarkeit verpflichten und einen erheblichen Rückschritt ihrer Emanzipation bedeuten würde." (Wansing 2005a, 188)

Der dritte der hier kurz zu skizzierenden Ansätze wird unter der Bezeichnung Sorgende Gemeinschaften/Caring Communities diskutiert[207]. Ebenso wie die Überlegungen zum inklusiven Sozialraum für Menschen mit Behinderung fußt es auf dem Konzept der „Community Care", das seit 1970 in Großbritannien und den USA entwickelt und umgesetzt wird (Schablon 2010, 29). Community Care stellt ein Leitbild und Handlungsmodell dar für ein gleichberechtigtes, ggf. unterstützendes Zusammenleben im sozialen Nahraum. Vor allem Menschen mit (geistiger) Behinderung sollen in das Gemeinwesen eingebunden und nicht in Institutionen ausgegrenzt werden. Community Care zielt auf die Partizipation und politische Artikulation von Interessen, uneingeschränkte soziale Teilhabe aller, Hilfen und Angebote vor Ort statt in Sondereinrichtungen, Subsidia-

---

[207] Die Idee der Sorgenden Gemeinschaften ist eingegangen in den 8. Familienbericht (2012), in die Demografie-Strategie (2013) und den 6. Altenbericht der Bundesregierung (2010) (Klein 2014, 25 f.; vgl. 7. Altenbericht (i. E.))

rität (professionelle, bezahlte Unterstützung greift erst dann, wenn das informelle Netzwerk und reguläre Strukturen an ihre Grenzen kommen) und eine Ethik der Achtsamkeit, Anerkennung und Gerechtigkeit (Schablon 2010, 295). Das Konzept der Sorgenden Gemeinschaften wurzelt darüber hinaus in der feministischen Diskussion um die sozial- und wirtschaftspolitische Bedeutung einer geschlechtergerechten Verteilung der Care-Tätigkeiten (Klein 2014, 25).

> „Inhaltlich ist das Leitbild „Sorgende Gemeinschaften" *sektoren-, themen- und generationen- bzw. zielgruppenübergreifend* angelegt: Hier geht es um die Bündelung und Verzahnung professioneller Dienstleistungen und ergänzender freiwilliger Unterstützungsangebote zur Bewältigung sozialer Aufgaben im (sozial-)räumlich eingrenzbaren Kontext von Gemeinschaften. Mitglieder ‚lokaler Gemeinschaften' werden sowohl auf ihre Bedürfnisse als auch auf ihre Potenziale zur Mitgestaltung hin in den Blick genommen." (Klein 2014, 26; k. i. O.)

Das Leitbild der Sorge rekurriert auf eine „Mitverantwortlichkeit, die das Glück des Lebens nicht nur in mir sucht, sondern auf Andere und den öffentlichen Raum ausgerichtet ist" (Klie 2014b, 12). Teilhabe zu ermöglichen, heiße deshalb immer auch, Menschen in die Lage zu versetzen, für andere sorgen zu können. Dies erfordere finanzielle und räumliche Ressourcen ebenso wie Wertschätzung (Kruse 2014). Sorgende Gemeinschaften formulieren damit eine Antwort auf den Würdeverlust, der fundamental mit der existentiellen Abhängigkeit, die mit Pflegebedürftigkeit oder Demenz einhergeht, verknüpft ist, so Klie. Weil Sorgende Gemeinschaften Selbst- und Mitverantwortung anthropologisch fundieren, könne erstens die Sorge nicht mehr nur allein der Planungs- und Durchführungslogik professioneller Dienste und Einrichtungen überlassen bleiben und würden zweitens zwischenmenschliche Abhängigkeitsverhältnisse als selbstverständlich biografisch auftretende Gegebenheiten rehabilitiert (Klie 2014b, 14). Sorge sei Gegenstand intersektoraler Kooperationen in der gemischten Wohlfahrtsproduktion von Staat, Markt, Familien und Drittem Sektor (Klie, Roß 2005), die als geteilte Verantwortung eine „Kultur der Verständigung und Aushandlung und ökonomischer Effizienz des Arrangements" (Klie 2014b, 15) etabliere. Das Prinzip der Subsidiarität garantiere dabei, dass die staatlichen Rahmenbedingungen vielfältige, milieuspezifische und eigensinnige Verantwortungs- und Unterstützungsformen der Familien und des Dritten Sektors zulassen oder deren Entstehung erst fördern (Klie 2014b, 16 ff.). Um dies leisten zu können, erfordern Sorgende Gemeinschaften eine gewisse Dichte lokaler Beratungs-, Unterstützungs- und Koordinationsstrukturen (Case- und Care-Management) für die verschiedensten Lebenslagen und Bedürfnisse sowie familienentlastende Dienste und Angebote (Klein 2014, 16 ff.): „Die Bereitschaft zur Sorge braucht, darauf weisen soziologische Befunde hin, einen aktiven Sozialstaat (…)" (Klie 2014b, 21). Nur so könne eine geschlechtergerechte Verteilung der Verantwortung und Sorge gelingen.

> „Das Ineinandergreifen von Bundespolitischen [sic!] Anreizstrukturen mit örtlichen Entwicklungspotenzialen wird zum wesentlichen Erfolgsindikator für eine Politik, die sich dem Leitbild ‚Sorgender Gemeinschaften' verschreibt." (Klie 2014b, 22)

Den Kommunen komme deshalb nicht nur als Träger der örtlichen Infrastruktur eine große Bedeutung zu. Sie bilden den Rahmen der alltäglichen Lebensführung und Lebenswelt der Menschen, weshalb ihre Steuerungsfähigkeit und -bereitschaft für die gegenseitige Sorge und die Teilhabe aller Bürgerinnen und Bürger gestärkt werden müsse (Klie 2014c, 22). Gemeinschaft als erlebte Zugehörigkeit könne dabei nicht verordnet werden, sollte aber entlang räumlicher, kultureller oder sozialer Strukturen vor Ort wie Nachbarschaften, communities[208], Vereine oder Kirchengemeinden gefördert werden.

> „In den kleinen Lebenskreisen spielen die erlebte Zugehörigkeit, die soziale Aufmerksamkeit für den Anderen, nicht als technische Observierung oder Monitoring, sowie geteilte Werte und das Gefühl von Sicherheit eine große Rolle im Zusammenhang mit den zentralen Begriffen des Vertrauens und der Verantwortung." (Klie 2014b, 16)

Die Herausforderungen für die Etablierung von Caring Communities liegen in „der Überwindung einer Logik der Ökonomisierung aller Lebensbereiche" (Klie 2014b, 20). Es gelte, Angst, Ekel und andere Formen der Abgrenzung vor dem – räumlich benachbarten – Fremden zu überwinden

---

[208] i. S. räumlich verorteter, kulturell und/oder sprachlich homogener Gemeinschaften, bspw. von Gruppen mit Migrationshintergrund.

und nicht einem „anachronistisch-romantischen Familialismus" zu verfallen. Dies erfordere Offenheit für innovative Formen der Daseinsvorsorge (bspw. als genossenschaftliche Organisation) und Alltagskultur (Klie 2014b, 20).

Das Konzept der Caring Community bzw. Sorgenden Gemeinschaft weist damit eine große Ähnlichkeit auf zum „inklusiven Sozialraum", wie Schulz-Nieswandt ihn ausformuliert (Schulz-Nieswandt 2013). Als zentralen Mechanismus des Gemeindelebens identifiziert er den Umgang mit dem Andersartigen, der sozialpsychologisch zu analysieren sei (Schulz-Nieswandt 2013, 18 ff.). Dabei gelte es, vor dem Hintergrund des demografischen Wandels integrierte Versorgungsstrukturen für komplexe Bedarfslagen aufzubauen (Schulz-Nieswandt 2013, 28). Dabei folgt Schulz-Nieswandt dem von der BRK inspirierten und vor allem in der Heilpädagogik geprägten Begriff von Inklusion als Überwindung von Integration, die als bloße Assimilation gelten müsse. Indem sich „die dominante Mehrheitskultur (...) nach den Bedürfnissen der Minderheitskultur des leidenden Menschen" (homo patiens) (Schulz-Nieswandt 2013, 33 f.) ausrichte, könne Behinderung als behindernde Umwelt beeinträchtigter Menschen dekonstruiert werden (Schulz-Nieswandt 2013, 33 f.). Dies erfordere es, die Anerkennung des grundsätzlich Anderen als kulturelle Entwicklungsaufgabe im Sozialraum zu installieren (Schulz-Nieswandt 2013, 35). Inklusion im Sozialraum zu verwirklichen, bedeute im Sinne einer Verantwortungsethik die Nebenwirkungen der De-Institutionalisierung mitzudenken (Schulz-Nieswandt 2013, 39). Dies bedeute, dass die materielle und rechtliche Absicherung von Bedarfen eine notwendige, aber keine hinreichende Bedingung für Inklusion sei (Schulz-Nieswandt 2013, 40). Zentral sei es, soziale Lernprozesse im Sozialraum zu initiieren, die Vertrauen schaffen und dadurch Sicherheit geben für innovative, kreative Umgangsweisen mit dem Fremden (Schulz-Nieswandt 2013, 41 ff.).

Wie ist nun vor dem Hintergrund dieser Ansätze die Frage nach der Möglichkeit von Inklusion von Menschen mit Demenz im Sozialraum zu beantworten? Auf die spezifischen Bedürfnisse von Menschen mit Demenz nach räumlicher und symbolischer Orientierung im sozialen Nahraum gehen die dargestellten Ansätze nicht explizit ein. Diese werden nur im sog. Demenzdorf berücksichtigt, das als geschlossene, spezialisierte Einrichtung gerade keinen inklusiven Sozialraum darstellt. Das Programm der Demenzfreundlichen Kommune konzentriert sich auf die kulturelle und zivilgesellschaftliche Präsenz von Menschen mit Demenz, distanziert sich dabei aber entschieden vom Begriff der Inklusion (Gronemeyer 2013, 201)[209]. Mit Schulz-Nieswandt (2013, 38) kann hier festgehalten werden, dass rein semantisch die „'demenzfreundliche Gemeinde' (...) dann nur ein Spezialfall" des inklusiven Sozialraums ist. Aktivitäten im Rahmen der Demenzfreundlichen Kommunen sollen auf einer „kritischen Bürgerlichkeit" basieren, eine Steuerung entsprechend institutioneller Logiken wird zurückgewiesen. Dennoch werden die eigentlichen Zielgruppen des Programms, also die Menschen mit Demenz und ihre Angehörigen, häufig durch die Initiativen nur schlecht erreicht, wie Rothe berichtet (2015, 125 ff.). Hier muss die Frage gestellt werden, ob nicht kooperative, sektor- und berufsgruppenübergreifende Aktivitäten im Sinne einer geteilten Verantwortung besser in der Lage wären, Einbezogenheit für Menschen mit Demenz herzustellen. Dies (ausschließlich) wenig formalisierten, auf freiwilliger Arbeit beruhenden Initiativen zu überlassen, könnte sich als inhaltliche und strukturelle Überforderung erweisen.

Der Ansatz von Inklusion im Sozialraum für Menschen mit Behinderung setzt auf die Umgestaltung der Strukturen der Leistungsgewährung und -erbringung (vgl. auch Dannenbeck 2013), ohne zu ignorieren, dass Anerkennung und Wertschätzung von behinderten Menschen ebenfalls zur Einbeziehung beitragen (s. hierzu Dederich 2013). Der Fokus eines solchen inklusiven Sozialraums liegt auf Unterstützungsleistungen, die die gemeinsame Bildung von beeinträchtigten und nicht-beeinträchtigten Kindern und Jugendlichen ermöglichen und Arbeitsplätze für behinderte Menschen im ersten Arbeitsmarkt schaffen. Dies eröffnet Chancen auf eine selbstbestimmte und eigenständige Gestaltung eines Lebens mit Behinderung. Lebenssituationen, die davon geprägt sind, dass kaum eine

---

[209] Brandenburg und Brünett verorten die Demenzfreundlichen Kommunen im Kontext eines kritischen Inklusionsbegriffs, der Unterschiedlichkeit respektiere und dem Prinzip der Gastfreundschaft folge (2014, 191 f.). Die Anerkennung von Unterschiedlichkeit gehört ohnehin zu den Kern-Definitionsmerkmalen von Inklusion. Zur Kritik an Gastfreundschaft als Prinzip der Einbeziehung von Menschen mit Demenz vgl. Abschnitt 4.1.3.

Leistung[210] erbracht wird (wie bspw. bei sehr schwer beeinträchtigten oder sterbenden Menschen) sind in diesem Sozialraumkonzept weniger verortet, ebenso wie der Gedanke der bewusst angenommenen Abhängigkeit (vgl. Abschnitt 2.3.5.3, FN 129). Beides sind aber wichtige Aspekte für ein in den Sozialraum einbezogenes Leben mit Demenz.

Die Sorgende Gemeinschaft führt ebenso wie die Skizze eines inklusiven Sozialraums von Schulz-Nieswandt die Idee der Sichtbarkeit von Menschen mit Demenz und des Abbaus von Ängsten und Abgrenzungswünschen mit den zu lösenden Infrastrukturfragen zusammen. Gelingensbedingung für die Etablierung einer Kultur der Sorge ist ein leistungsfähiger Sozialstaat und eine ausgebaute Infrastruktur von Diensten und Angeboten der Sozialen Arbeit, des Case und Care Managements, der Pflege, Therapie und Medizin, ohne dass diese die Eigenlogik und Kompetenz von selbst- und mitverantworteten Sorgestrukturen der Bürgerinnen und Bürger und ihrer Netzwerke vor Ort beschneiden dürften. Sorgende Gemeinschaften laden zum Engagement ein und zur Offenheit gegenüber Neuem und Andersartigem, weil sie materielle und Versorgungssicherheiten bieten und Transparenz und Verlässlichkeit in Bezug auf die kulturellen Regeln des Umgangs miteinander. So wie der von Norbert Elias (1991b) analysierte Prozess der Zivilisation sich nur auf der Basis zunehmender Rechtssicherheit, die erst die Bildung längerer und komplexer Handlungsketten ermöglichte, über ganz Europa verbreitete, so benötigt auch eine Zivilisation Zweiter Ordnung Sicherheiten, um sich entwickeln zu können. Schulz-Nieswandt (2013, 47 f.) betont hier die Bedeutung von Vertrauen für die Reduzierung von Unsicherheiten. Dies entstehe in Netzwerken, die deshalb für ihren Aufbau einen „Vertrauensvorschuss" benötigten, also anthropologisch positive personale Haltungen. Diese, so die hier vertretene Position, benötigen, um sich zu entfalten, die Basis einer ausreichenden und in der Gewährungspraxis transparenten materiellen Absicherung von Lebensphasen, die durch Krankheit oder Behinderung geprägt sind.

Im Unterschied zu Demenzfreundlichen Kommunen setzt die Sorgende Gemeinschaft stärker auf institutionelle Verankerung und Steuerung und

---

[210] Leistung hier im Sinn der ICF als Aktivität, die unter Realbedingungen erbracht wird (vgl. Abschnitt 3.2.3).

im Unterschied zu inklusiven Sozialraumkonzepten für Menschen mit Behinderung stärker auf zivilgesellschaftliche, auch: caritative Elemente. Der Begriff der Sorge betont die Legitimität von Austauschverhältnissen, die ungleichgewichtig sind, und drückt Wertschätzung gegenüber Menschen aus, die empfangene Unterstützung, Pflege und Zuwendung weder mit eigenen Anstrengungen um Eigenständigkeit (Empowerment) noch mit Dankbarkeit beantworten (können). Sorge ist dann – im Rückgriff auf den Behinderungsbegriff der ICF (vgl. Abschnitt 3.2.3) – ein intersubjektiv konstruiertes Geschehen zwischen Menschen, in Anerkennung der Tatsache, dass die meisten Menschen im Laufe ihres Lebens zumindest zeitweise auf die Sorge anderer angewiesen sind. In dieser Sorgebeziehung wird Zuwendung und Unterstützung realisiert, die sich an den personalen und Umweltressourcen der beteiligten Personen orientiert und damit Eigenständigkeit und Angewiesensein in der jeweiligen Interaktion individuell ausbalancieren kann. Kritisch muss allerdings angemerkt werden, dass der von Schulz-Nieswandt (2013, 33) eingesetzte Begriff des „homo patiens", der eine Minderheitskultur der Leidenden der Mehrheitskultur der Nicht-Beeinträchtigten gegenüberstellt, gerade die soziale Konstruktion der Hilfebeziehung verschleiert und stattdessen Krankheit und Behinderung als Leiden fest- und personal zuschreibt.

Es lässt sich also festhalten, dass Sozialraum für Menschen mit Demenz eine hohe Bedeutung hat, auch weil der Nahraum immer seltener verlassen wird. Er erweist sich mit dem Fortschreiten der Krankheit aber als Hindernis, vor allem wenn räumliche Strukturen sich den demenzbetroffenen Menschen nicht in ihrer symbolisch-normativen Bedeutung (Eigentum, Zugang, Nutzung o. ä.) erschließen. Ein Sozialraum, der von Menschen mit Demenz genutzt werden kann und die mit Fortschreiten der Krankheit entstehenden Defizite substituiert, muss räumlich-symbolisch barrierearm sein, über ausreichend, sektor- und berufsgruppenübergreifend organisierte Infrastruktur und Unterstützungsangebote verfügen, Menschen mit Demenz sichtbar werden lassen und ihnen in der vertrauten Wohnumgebung bedeutsame Beziehungen erhalten helfen. In dieser Hinsicht von Inklusion im Sozialraum oder einem inklusiven Sozialraum zu sprechen, ist möglich, aber es treten die in Abschnitt 3.3 bereits angesprochenen Probleme mit der mangelnden begrifflichen

Konsistenz und Trennschärfe auf. Auch in Bezug auf den Sozialraum transportiert der „Containerbegriff" Inklusion eine Vielfalt unterschiedlicher Aspekte; darüber hinaus sind die für Menschen mit Demenz besonders relevanten Aspekte der symbolischen Barrierefreiheit und der bewusst angenommenen Abhängigkeit kaum vertreten. Vor allem Letzteres wird in der Idee der Sorgenden Gemeinschaften transportiert. Darüber hinaus werden sowohl „Sorge" als auch „Gemeinschaft" nicht als unveränderlich gegebene anthropologische Konstanten gedacht, sondern als soziale Konstruktionen, die in pluralirisierten, individualisierten Gesellschaften eine Kulturentwicklung im Rahmen gegebener Ressourcen und Strukturen darstellen.

Offen bleibt die Frage nach den Antriebskräften einer Sorgenden Gemeinschaft bzw. der Inklusion oder des Einbezogensein von Menschen mit Demenz oder anderen Beeinträchtigungen in den örtlichen Sozialraum. Wansing verweist darauf, dass in einer inklusiven Bürgergesellschaft die funktionalen Teilsysteme "Verantwortung für soziale Ausgrenzungsprozesse und ihre Bewältigung" durch "Inszenierung und Stabilisierung einer barrierefreien und vernetzten Infrastruktur für alle Bürger(innen)" und eingebettet in die vier Felder der gemischten Wohlfahrtsproduktion übernehmen werden (Wansing 2005b, 32). In Folge rechtlicher Verpflichtungen könnten so Infrastrukturen vor Ort und eine verstärkte Sichtbarkeit von Menschen mit Demenz (oder andere Behinderungen) entstehen, die zu einer Vertrautheit im gegenseitigen Umgang und damit zu einer erhöhten Wertschätzung führen können (für diesen Gedanken vgl. auch u. a. Graumann 2006, 150; Schulz-Nieswandt 2013, 37 ff.). Das dadurch geschaffene Vertrauen erlaubt dann auch kreative Handlungsweisen in Bezug auf Kommunikationsabbrüche und Normverstöße (vgl. auch Klie 2014b, 20; Schulz-Nieswandt 2013, 51).

Letztlich ist es also nicht nur die ökonomische Logik, die (zumindest) aus den lebensweltlichen Handlungsfeldern vor Ort (ggf. auch aus den Feldern der Erwerbswirtschaft und der Bildung) zurückgedrängt werden muss, sondern auch die Dynamik eines funktionalen, lösungsorientieren Denkens. Da sich dieses Denken als einer der stärksten Motoren der gesellschaftlichen Entwicklung im Sinne der Modernisierung erwiesen hat, ist zumindest fraglich, inwieweit dies gelingen kann. Im folgenden

Abschnitt wird deshalb auf Grenzen, aber auch auf Gewinne des funktionalen und in der Weiterentwicklung systemtheoretischen Denkens hingewiesen.

4.2 Der systemtheoretische Kontext von Inklusion

Die soziologische Systemtheorie hat aus zwei Gründen einen besonderen Bezug zur Diskussion um das Inklusionskonzept: Zum einen ist es die Systemtheorie und vor allem Niklas Luhmann, der dem Begriff eine festumrissene Bedeutung in seinem Theoriekosmos gegeben hat, und zum zweiten ist Inklusion in der Systemtheorie strikt nicht-normativ gedacht. Dies steht im Widerspruch zur Normativität der Forderung nach Inklusion in Folge der BRK.

> "Aus dem Blickwinkel der Systemtheorie bzw. der gesellschaftlichen Funktionssysteme beschreibt Inklusion also kein (positives) gesellschaftliches Ziel, das auf der Grundlage gemeinsamer Handlungsperspektiven oder Solidaritätserwartungen angestrebt wird, sondern charakterisiert wertneutral das moderne Passungsverhältnis von Individuum und Gesellschaft bzw. die Voraussetzung für die Entstehung und Aufrechterhaltung der differenzierten Gesellschaftsstruktur – mit anderen Worten: Aus Sicht der Systemtheorie gilt Inklusion als der Normalfall moderner Gesellschaft." (Wansing 2007, 278)

Inklusion im systemtheoretischen Sinn zielt also nicht auf einen gesamtgesellschaftlichen Strukturwandel entlang normativer Ziele, wie es der Mainstream der heilpädagogischen Literatur einfordert, sondern „kann sich nur auf die „Art und Weise beziehen, in der im Kommunikationszusammenhang Menschen bezeichnet, also für relevant gehalten werden" (Luhmann 1994, 20). Inklusion geschieht dann, wenn Menschen als Personen durch Systeme berücksichtigt werden, bspw. als Konsumierende, Zeitungsleserinnen und -leser etc. (Wansing 2007, 277). Was bedeutet die Ambivalenz zwischen dem normativen und dem analytischen Kontext des Inklusionsbegriffs für die Übertragung auf die Situation von Menschen mit Demenz? Diese Fragen stehen im Mittelpunkt der nächsten beiden Abschnitte der Arbeit. Der Luhmann'sche Inklusionsbegriff[211] wird im nächsten Abschnitt (4.2.1) näher erläutert, bevor untersucht wird, inwieweit es sinnvoll ist, von Inklusion für Menschen mit Demenz im systemtheoretischen Sinn zu sprechen (4.2.2). Im Fokus der systemtheoretischen Betrachtung stehen die Fragen, welche Chancen durch Demenz behinderte Menschen (und ggf. deren Angehörige) haben, an einer, aus Sicht der Systemtheorie, ausschließlich durch Kommunikation strukturierten Gesellschaft teilzuhaben, und welche Rolle Familien als vorrangige „Verarbeitungsinstanz" der Problematik Demenz und der mit ihr einhergehenden Kommunikationsdefizite spielen.

4.2.1 Inklusion als Vergesellschaftung in funktional differenzierten Systemen

4.2.1.1 Gesellschaft als System

Die Systemtheorie nach Luhmann schließt mit ihrem Begriff der In- bzw. Exklusion von Individuen in die Gesellschaft an den soziologischen Klassiker Durkheim und seine Theorie der Arbeitsteilung an:

> „Mit diesen multiplen Inklusionen (Exklusionen) wird eine paradoxe Beziehung, auf die Durkheim in der Arbeitsteilung hingewiesen hatte, in einem neuen Sprachspiel reformuliert: Das Individuum wird zugleich autonomer, weil es nicht mehr mit seiner ganzen Existenz in ein System (z. B. Clan) eingebunden ist; es wird zugleich abhängiger, weil jede Partialinklusion neue (funktionale) Abhängigkeiten schafft." (Windolf 2009, 16)

Ebenso wie Durkheim unterscheidet Luhmann historisch unterschiedliche Formen im Aufbau von Gesellschaften. Eine segmentäre Differenzierung als die am wenigsten komplexe Strukturierung differenziere den Sozialraum einer Gesellschaft in gleiche Teile, bspw. Clans, Familien oder Stämme, die lokal situiert und in ihrer Handlungsreichweite begrenzt seien. Voraussetzung für soziale Zugehörigkeit, also Inklusion, sei hier die

---

[211] Die systemtheoretische Perspektive wird hier vorrangig auf der Basis von Literatur behandelt, die eine Anwendung der Systemtheorie bereits in den Feldern der Heilpädagogik und der Sozialen Arbeit vollzogen haben (Fuchs 2002; Merten 2013; Terfloth 2007; Wansing 2005a; Hillebrandt 2004)

lokale Anwesenheit von Personen. Die stratifikatorische Differenzierung war bis ins 15. Jahrhundert in Europa vorherrschend. Die soziale Zugehörigkeit von Personen wird durch Geburt festgelegt, durch Eheschließung reproduziert und durch Moral bzw. Religion stabilisiert (Wansing 2005a, 32). Die funktionale Differenzierung in gleichwertige, nichtsubstituierbare Teilsysteme (Politik, Religion, Recht, Wirtschaft, Pädagogik etc.) setzt mit dem 16. Jahrhundert ein (Saake 2006, 143):

> „Gesellschaft kann als funktional differenziert bezeichnet werden, wenn sie ihre wichtigsten Teilsysteme im Hinblick auf spezifische Probleme bildet, die dann in dem jeweils zuständigen Funktionssystem gelöst werden müssen." (Luhmann 2009, 36)

Diese Fokussierung auf funktionale Problemlösungen hat Konsequenzen für das Teilsystem der Wohlfahrtssicherung: Es bearbeitet Exklusionen, die durch soziale Ungleichheit, Krankheit, Behinderung entstehen, versorgt die Betroffenen und gliedert sie perspektivisch wieder ein. Es sei aber „nicht Sache von Hilfe, sich eine Änderung der Strukturen zu überlegen, die konkrete Formen der Hilfsbedürftigkeit erzeugen." (Luhmann 1973, 35) Dies führt zu der in der Sozialen Arbeit kontrovers diskutierten Frage, „ob sie für Exklusionsvermeidung, Inklusionsvermittlung und/oder Exklusionsverwaltung zuständig" sei (Merten 2013, 956).
Eine zentrale Prämisse der Systemtheorie lautet, dass Gesellschaft sich ereignet, wenn kommuniziert wird: Gesellschaft stellt die Gesamtheit aller erwartbaren Kommunikation dar, deren Außenseite bzw. Umwelt Nicht-Kommunikation ist. (Wansing 2005a, 27 f.) Kommunikation ist dabei selbst ein geschlossenes System, dessen Zweck es ist, Selektion zu betreiben (Wansing 2005a, 25): „Kommunikation greif aus dem je aktuellen Verweishorizont, den sie erst selbst konstituiert, *etwas* heraus und lässt *anderes* beiseite." (Luhmann 1984, 194; k. i. O.)) Teilsysteme sind ebenfalls Kommunikationssysteme und beziehen sich als solche nicht auf Akteure und deren Handlungen, sondern treffen Systementscheidungen entlang binärer Codes (Wansing 2007, 277), wie bspw. gesund/nicht gesund oder zahlungsfähig/nicht zahlungsfähig. Die Selektion dient angesichts kontingenter Anschlussmöglichkeiten der Reduktion von Komplexität, so dass zwischen Umwelt und System ein Komplexitätsgefälle herrscht. Die binären Codes bestimmen die kommunikative Anschlussfä-

higkeit eines Themas zu einem System („nicht-..." entspricht der Systemumwelt) (Saake 2006, 144) und damit die System-Umwelt-Grenze.

"Probleme werden folglich ausschließlich unter dem Gesichtspunkt behandelt, ob sie von der Sozialität in einer Weise problematisiert werden, die eine Reproduktion funktionaler Differenzierung nicht gefährdet." (Hillebrandt 2004, 124)

Die Selektion und Verarbeitung von Problemen durch Reduktion von Komplexität ist konstitutiv für Systeme (Systemzweck) und wird als „Sinn" des Systems bezeichnet. Systeme sind operativ geschlossen („autopoiesis"), so dass die (soziale) Umwelt keine Veränderungen im System durchführen kann. Sie irritiert lediglich das System, das dann die Veränderung nach seiner eigenen Logik vornimmt. (Wansing 2005a, 22 ff.) Systemtheorie als differenztheoretisches, äquivalenzfunktionalistisches Vorgehen fragt nicht danach, was Gesellschaft ist, sondern wie sie als relativ dauerhafte Reproduktion an sich unwahrscheinlicher Vorgehensweisen möglich ist. Als konstruktivistische Theorie problematisiert sie die Position des Beobachtenden (Beobachtung 1. Ordnung), die nicht außerhalb von Gesellschaft denkbar ist. Die Regeln der Beobachtung 1. Ordnung (bspw. wird eine Person als behindert oder als nicht-behindert wahrgenommen) lassen sich erst erkennen, wenn der Beobachter selbst beobachtet wird (Beobachtung 2. Ordnung). (Terfloth 2007, 29) Nicht beobachtete Realität kann nicht von Belang sein, sondern nur Probleme, die kommuniziert werden, werden sichtbar (Hillebrandt 2004, 121; Wansing 2005a, 22). Daraus folgt gesamtgesellschaftlich eine gewisse Beliebigkeit in der Auswahl der Probleme, die bearbeitet werden: Sie beschränkt sich auf Probleme, die kommuniziert werden können und die zur Reproduktion eines oder mehrerer (Teil-)Systeme beitragen (Hillebrandt 2004, 121 f.). Diese konstruktivistisch gedachte "polykontexturale Selbstbeobachtung" macht eine inhaltliche, normative – positive oder negative – Bestimmung sinnlos: Gesellschaft könne in ihrer (wachsenden) Komplexität beschrieben, aber nicht bilanziert werden, so Wansing (2005b, 30).

4.2.1.2 Inklusion durch Rollenübernahme

Menschen bestehen nicht aus Kommunikation und gehören folglich zur Umwelt von Gesellschaft. Dies trägt insofern zur Konsistenz des Theoriegebäudes bei, als ansonsten die Differenzierungstheorie eine Theorie der Verteilung von Menschen wäre, nicht von Funktionen (Wansing 2005a, 29). Inklusion, also soziale Zugehörigkeit von Personen, bezieht sich auf die Art und Weise, wie diese von den Teilsystemen berücksichtigt werden. Kontingente Teil-Inklusionen in mehrere Funktionssysteme (bspw. Wohlfahrtsystem und Sport) sind die Regel, während umfassende Inklusion der ganzen Person nur in vormodernen Gesellschaften gegeben ist (Familie, Clan, Dorf oder Stand) (Wansing 2005b, 22 f.; Hillebrandt 2004, 128). Exklusion beschreibt demzufolge den „Zustand, in dem sich das Individuum in der Moderne ‚normalerweise' befindet" (Kuhlmann 2012, 42), da nie alle Rollenangebote beantwortet werden (können). Der – zeitweise oder dauerhaft – nicht durch Rollen adressierte Kern des Menschen wird als Exklusionsindividualität bezeichnet. Exklusion umfasst – systemtheoretisch – demnach nichts weiter als diejenigen individuellen Anteile der psychischen Systeme, die nicht durch Rollenübernahmen geprägt sind (Kronauer 2010a, 26 f.). Inkludiert werden Menschen immer als Personen, also als Trägerinnen und Träger von Rollen: "Menschen werden geboren. Personen entstehen durch Sozialisation und Erziehung." (Luhmann, Lenzen 2002, 38) Inklusion kann durch die Übernahme von Leistungs- oder von Publikumsrollen erfolgen. Leistungsrollen beinhalten Verantwortung für die jeweilige Systemfunktion, während Personen in Publikumsrollen Leistungen abnehmen (bspw. im Gesundheits- und Sozialsystem) oder als Beobachtende fungieren (bspw. im Mediensystem) (Stichweh 2009b, 32). In professionell orientierten Funktionssystemen wie bspw. dem Gesundheitssystem, „in denen eine einzige Profession eine die operativen Vollzüge des Systems kontrollierende Stellung besitzt" zeigt sich eine eindeutige Zuordnung von Leistungs- und Publikumsrollen:

> „Der Publikumsstatus bedeutet in diesen Systemen, dass Inklusion die Form der *Betreuung* (‚people processing') der Publikumsrollen durch die Leistungsrollen des Systems annimmt." (Stichweh 2009b, 33; k. i. O.)

Auch bei gelingender Inklusion, bspw. in das Bildungssystem, bewirkt die Autonomie der Teilsysteme eine sog. Interdependenzunterbrechung, so dass Erfolge oder Verluste, die in einem Teilsystem erzielt wurden, nicht notwendig Wirkungen in anderen Teilsystemen zur Folge haben (wie dies in segmentären und stratifikatorischen Systemen regelhaft der Fall ist) (Wansing 2005a, 33)[212].

Da Kommunikation grenzübergreifend anschlussfähig ist, sind territoriale Abgrenzungen von Systemen möglich, aber nicht konstitutiv (Wansing 2005a, 29). Stattdessen greifen Systeme alles auf, was entsprechend ihrer binären Logik anschlussfähig ist. Stichweh spricht hier von einer "'voluntaristische[n]' Selbstbeschreibung der Funktionssysteme":

> "Diese kennen, das ist fast ein Definiens eines Funktionssystems, keine im Selbstbezug erfolgenden Limitationen der gesellschaftsweiten Relevanz des Funktionssystems oder zumindest tolerieren sie solche Limitationen semantisch und legitimatorisch nicht." (Stichweh 2013, o. S.)

Dies hat zum einen Auswirkungen auf die Reichweite von Systemen und zum anderen auf den Grad der Erfassung von Personen durch diese Systeme:

> "Globalisierung und Inklusion verhalten sich wie zwei Seiten derselben Medaille. Überzeugende funktionsspezifische Symbole beanspruchen weltweite Geltung, und sie beanspruchen überall dort, wo sie Ansprüche erheben, Geltung für alle Teilnehmer an Kommunikation. Postuliert werden räumliche und soziale Universalität. Ob dies effektiv etabliert werden kann, ist eine andere Frage." (Stichweh 2009b, 36)

Von funktionalen Lösungen geht demnach ein kulturübergreifender Legitimationsdruck aus: Sie nicht anzuwenden, bedarf einer Begründung. Dies betrifft bspw. wirksame Therapien für Krankheiten, die (noch) nicht

---

[212] Vgl. kritisch dazu Windolf (2009, 18): Das Kriterium der Interdependenzunterbrechung liefere erstens keine zutreffende Beschreibung der sozialen Realität und sei zweitens auch ungeeignet, soziale Ungleichheit zu legitimieren. Es gebe klare empirische Zusammenhänge zwischen sozialer Herkunft, Bildungsniveau, Karrierechancen und der Einnahme von Führungspositionen. Auch Wansing konstatiert, dass statt von einer Interdependenzunterbrechung im strengen Sinn stattdessen von einer temporären und teilsystemischen Verknüpfung von Inklusions- und Exklusionserfahrungen im Lebenslauf ausgegangen werden muss (Wansing 2013, 20). Die empirisch klar zu beobachtende Kumulation von Exklusionsrisiken sei nicht vereinbar mit der theoretisch konzedierten Interdependenzunterbrechung (Wansing 2005a, 52 f.).

in allen Regionen der Welt eingesetzt werden (Stichweh 2009b, 35). Normative Aspekte werden so in die Systemtheorie reintegriert. Ebenfalls folgt aus der prinzipiellen Nichtbeschränkbarkeit von Systemen in der Weltgesellschaft (die kein Außen mehr kennt), dass Exklusionen als irreversible, vollständige Exklusionen nicht mehr existieren. Diese „soziale Universalität" (s. oben) mündet (theoretisch) in Vollinklusion:

> „In einer funktional differenzierten Gesellschaft besteht der Anspruch, Inklusion für alle Menschen zu ermöglichen, d. h. alle müssen an allen Funktionssystemen teilhaben können." (Puhr 2009, 11)

Vollinklusion kennt allerdings empirische Grenzen, wenn Angebote nicht der Nachfrage entsprechend zur Verfügung stehen (Arbeitsmarkt, Gesundheitsversorgung) und deshalb nicht alle Individuen im Geltungsbereich des jeweiligen Systems inkludiert werden (können). Da aber die Inklusionschancen dem Anspruch nach gleichverteilt sind, werden diese strukturellen Exklusionsrisiken auf Angebotsseite ignoriert und die Probleme der scheiternden Inklusion dem Individuum zugeschrieben. (Puhr 2010, 172)

4.2.1.3 Kommunikation in Organisationen und Interaktionen

Innerhalb der Gesellschaft als Gesamtheit von sinnhafter Kommunikation stellen Interaktionen und Organisationen Kommunikationszusammenhänge dar, die sich dadurch unterscheiden, dass unterschiedlich stabile Erwartungen an sie herangetragen werden. Interaktionen sind zeitlich begrenzt und beruhen auf der Anwesenheit von Personen, während Organisationen „soziale, sachliche und zeitliche Verweisungsmöglichkeiten auf Dauer" stellen und dafür über Regeln für die Mitgliedschaft und Entscheidungen verfügen (Saake 2006, 145). Im Unterschied zu Funktionssystemen, die Inklusion als den Normalfall prozessieren, schließen Organisationen alle aus, die Nichtmitglieder sind (Wansing 2007, 281). Problematisch sind die Organisationen der oben schon erläuterten inkludierenden Exklusion. Sie ermöglichen, gemäß den Exklusionsverboten moderner Gesellschaften, Inklusion, schließen dabei jedoch die Mitglieder von anderen relevanten Teilhabemöglichkeiten aus, wie bspw. an stationären Pflegeeinrichtungen zu beobachten ist. Organisationen der inkludierenden Exklusion werden

von den Personen, an die sie adressiert sind, nach Möglichkeit gemieden, da die Adressierung die Benachteiligung erst sichtbar macht (Stichweh 2009a, 370).
Interaktionen sind weniger leistungsfähig als Organisationen. Sie sind

> "... über die Anwesenheit im wechselseitigen Wahrnehmungsfeld und über die Gemeinsamkeit des 'response focus' der Beteiligten konstituiert. Interaktionssysteme können diejenigen, die die Bedingung der Anwesenheit erfüllen, nur schwer exkludieren. Darin liegt eine Begrenzung ihrer Leistungsfähigkeit: Wenn unwillkommene Anwesende hinzukommen, löst diese Störung das Interaktionssystem häufig auf." (Stichweh 2009b, 32)

Explizite Exklusionen im Sinne eines „Sie werden hier nicht länger geduldet" ereignen sich relativ selten. Das Management von In- und Exklusion in personalen Interaktionen ist ein komplexes, selbstreflexives Geschehen, weil es

> „(...) präferentiell in der Form erfolgt, dass der derzeitige Sprecher den jeweils nächsten Sprecher auswählt. In anderen Fällen bleibt es nach Abschluss der Äußerung offen, wer als nächster die Sprecherrolle übernimmt. In diesen Fällen erfolgt die Inklusion in Sprecherrollen auf dem Wege der Selbstinklusion durch aktives Beanspruchen der Sprecherrolle, und dies ist oft ein kompetitiver Vorgang unter mehreren potentiellen Sprechern." (Stichweh 2009b, 30 f.)

Kommunikation zwischen Individuen wird systemtheoretisch als "Prozessieren von Selektion" (Wansing 2005a, 25) auf den Ebenen Information, Mitteilung und Verstehen verstanden. Dabei garantiert nicht schon die sprachliche Äußerung (Information, Mitteilung) den kommunikativen Anschluss, sondern erst „ein sozialer Verstehensprozess" (Terfloth 2007, 33). In diesem Prozess ist Kommunikation ebenfalls ein geschlossenes System, das nicht „in" den Menschen entsteht, sondern deren psychische Systeme (= Gedanken) irritiert. Diese versorgen daraufhin wiederum das Kommunikationssystem mit Sinnanforderungen. Psychische Systeme und Kommunikation sind gekoppelt, überlappen sich aber nicht. Unschärfen, Brüche, Übersetzungsfehler und Kontextabgleiche sind deshalb die Regel bei der Kopplung von psychischen Systemen (Gedanken) und sozialen Systemen (Kommunikation) (Terfloth 2007, 72 f.).

„Strukturen brechen zusammen oder fangen zumindest an zu 'schlingern', wenn die Irritationen ein bestimmtes Maß überschreiten, wenn alle plötzlich verschiedene Sprachen sprechen oder niemand über Gedächtnis verfügt (...)" (Fuchs 2002, o.S. ff.)

Dies wird der Fall sein, wenn Kommunikationsangebote aufgrund einer kognitiven oder Sinnesbeeinträchtigung nur fehlerhaft oder sehr langsam verarbeitet werden können (Fuchs 2002, o.S. ff.). Funktionierende Kommunikation ist darauf angewiesen, dass die psychischen Systeme „ein Binnenverhältnis zu sich selbst (Umgang mit der eigenen Selbstreferenz)" (Fuchs 2002, o.S. ff.) entwickeln. Diese „Eigenkomplexität" verschafft dem System – hier Bewusstsein – die Möglichkeit, auch anders mit sich umgehen zu können, bspw. zu lügen (Terfloth 2007, 66f. ff.). Nur wenn Menschen über eine neuronale Grundausstattung, die u. a. auch das Gedächtnis umfasst, verfügen, gelingt es ihnen, die notwendige Selbstreferentialität zu entwickeln und Kommunikationsimpulsen Sinn zu verleihen. Umgekehrt bedeutet dies für Menschen mit einer kognitiven Beeinträchtigung bzw. Gedächtnisstörung, dass ihr kommunikativer Anschluss an Interaktionen unwahrscheinlich wird – und zwar um so unwahrscheinlicher, je stärker die Beeinträchtigung auftritt.

"Personale Inklusion erreicht nur der, der kommunizieren kann, was in den Funktionssystemen kommuniziert werden kann (...)" (Wansing 2005a, 69)

Inklusion von Individuen also ist auf Bewusstsein, neuronale Systeme und Kommunikation angewiesen.

4.2.1.4 Adressierung im Spezialfall Familie

Neben der kommunikativen Anschlussfähigkeit von Personen als psychische Systeme ist für Inklusion der Mechanismus der Adressierung von Bedeutung. Soziale Adressen sind „Bündel von Erwartungen in Form von Personen- oder Rollenzuschreibungen" (Terfloth 2007, 14), die von der Interaktionssituation sowie ggf. der umgebenden Organisation und der teilsystemspezifischen Rahmung (Bildung, Gesundheit, Arbeit, ...) abhängen. Adressierung ist die notwendige Lösung für das „Problem der doppelten Kontingenz", das die „wechselseitige Unbestimmtheit des kommunikativen Anschlusses meint" (Terfloth 2007, 80 f.). Inklusion wird dann als Ereignis operativ vollzogen, wenn aufgrund der Adressierung für die Beteiligten nachvollziehbar ist, an wen eine Äußerung gerichtet ist (Stichweh 2009b, 30 f.). Kommunikation von Individuen besteht demzufolge in der wechselseitigen Zumutung von Adressen und deren innerpsychischer Verarbeitung (systeminterne Rekonstruktion der Adresse). Dabei wird die Adresse nicht nur zitiert, sondern auch anschlussfähig gemacht. Erst wenn die so rekonstruierte Adressierung wieder „gegengezeichnet" wurde, ist Kommunikation entstanden (Terfloth 2007, 147). Adressierung als übergreifendes Paradigma von In- oder Exklusion bezieht sich auf die Gewährung von Mitgliedschaft, Solidarität und äußert sich auch als Disziplinierung. Letzteres geschieht u. a. in erheblichem Maß durch die Kommunikation von Diagnosen:

> "Durch die Feststellung von Diagnosen werden in den Organisationen soziale Adressen generiert, die wiederum Auswirkungen auf die Interaktionen haben. Für die in diesen Organisationen ablaufenden Interaktionen kann dies auch bedeuten, dass die Diagnose den Verlauf entscheidend bestimmt und grundlegend die zeitlichen, sachlichen und sozialen Sinnselektionen dominiert. So kann die Diagnose ‚Pflegebedürftigkeit' die kommunikative Ansprache, die im Rahmen der Organisation vorgesehen ist, auf den Bereich der Pflege einschränken. (...) Anhand des Mediums Diagnose kann strapazierte Kommunikation schneller und unproblematischer ablaufen, da diese unterkomplex betrieben wird." (Terfloth 2007, 161 f.)

Genau gegenläufig findet Adressierung im Sozialsystem der Familie und der Intimbeziehungen statt: Hier wird die Person nicht unter funktionalen Gesichtspunkten angesprochen, und Leistungs- oder Publikumsrollen sind in der Familie der Logik der Systemtheorie zufolge nicht relevant (Wansing 2005a, 40 f.). Familie gehört demnach zum Typ der segmentären (vormodernen) Gesellschaft:

> „Die wichtigsten Teilsysteme werden heute durch Orientierung an spezifischen gesellschaftlichen *Funktionen* gebildet, *und keines dieser Funktionssysteme ist für seine interne Differenzierung auf familiale Segmentierung angewiesen,* (...)" (Luhmann 1970, 199; k. i. O.)

Ohne funktionale Spezifizierung stellt sich aber die Frage, wie Familie überhaupt möglich ist, und ob und wie sie sich von ihrer Umwelt abgrenzen lässt (Luhmann 1970, 199 f.). Die Familie hat in modernen Gesellschaften einen Funktionswandel erlitten: War sie zuvor unilokale Verantwortungsgemeinschaft für praktisch alle Fragen der Ökonomie, Produktion, Reproduktion und Sozialisation, kommt ihr nun die zentrale Funktion der Inklusion von Personen zu. Wie andere soziale Systeme besteht Familie als soziales System aus Kommunikation (nicht aus Menschen oder Beziehungen) (Exner 2007, 148). Ihre System-Umwelt-Differenz ist binär codiert, wobei die Differenz darin besteht, dass in Familien Personen mit ihrem vollständigen Rollenspektrum adressiert werden. Während andere Teilsysteme Personen nur hinsichtlich eines bestimmten Codes mit Rollenerwartungen (bspw. als erwerbsfähig oder nicht-erwerbsfähig, als gesund oder krank) konfrontieren, nimmt die Familie eine Sonderstellung ein. Das

> „(...) führt dazu, daß *das externe und das interne Verhalten* bestimmter Personen *intern* relevant wird. Auch nicht familien-bezogenes Verhalten wird in der Familie der Person zugerechnet und bildet legitimes Thema der Kommunikation. Es kann erzählt, ja durch Fragen ermittelt werden. (...) Die Familie etabliert sich als der Ort, an dem das Gesamtverhalten, das als Person Bezugspunkt für Kommunikation werden kann, behandelt, erlebt, sichtbar gemacht, überwacht, betreut, gestützt werden kann. (...) Die Familie lebt von der Erwartung, daß man hier für alles, was einen angeht, ein Recht auf Gehör, aber auch eine Pflicht hat, Rede und Antwort zu stehen." (Luhmann 1970, 200; k. i. O.)

Dabei geht es aber nicht um die Inklusion des Menschen in seiner Ganzheit – Menschen gehören auch dem System Familie gegenüber zur Umwelt. Familie bietet lediglich anschlussfähige Kommunikation quer und übergreifend zu allen funktionalen Rollenerwartungen und behandelt auf diese Weise die Person als Einheit (Terfloth 2007, 105). Die Person erlebt in der Familie multidimensionale Inklusion. Angesichts dessen muss die Leistungsfähigkeit des sozialen Systems Familie, bspw. im Vergleich zu Organisationen, auf nur wenige Personen begrenzt sein. (Luhmann 1970, 200)

4.2.2 Inklusion von Menschen mit Demenz in systemtheoretischer Perspektive

Nach der kurzen Darstellung der Systemtheorie soll im Folgenden analysiert werden, inwieweit Inklusion als systemtheoretischer Begriff geeignet ist, die Einbeziehung bzw. Ausgrenzung von Menschen mit Demenz zu beschreiben oder zu erklären. Die Stärke einer systemtheoretischen Betrachtung liege darin, Inklusions- und Exklusionsprozesse „verständlich und erklärlich zu machen" (Müller-Hergl 2014, 1). In systematischer Weise und interdisziplinär anschlussfähig analysiert die Systemtheorie Behinderung (also auch Demenz) als soziale Konstruktion im Spannungsfeld von individueller Beeinträchtigung und sozialer Zuschreibung und legt damit die sozialen Verfahrensweisen im Umgang mit Behinderung offen. Der Blick auf das „Wie" von In- und Exklusion enthüllt die paradoxe Wirkung von Unterstützungsleistungen, die die Hilfeempfänger sozial (negativ) adressieren und dadurch erneut benachteiligen (Wansing 2007, 291). Müller-Hergl (2014, 27) konstatiert, dass es der Systemtheorie durch ihre nüchterne Sichtweise gelinge, Schein-Inklusionen zu entlarven, so bspw. wenn – um Menschen mit Demenz zu inkludieren – Verwirklichungschancen für diese geschaffen würden, die dann doch eher Inszenierungen der Angehörigen und ihrer Verbände seien. Hier muss m. E. einschränkend angemerkt werden, dass aus systemtheoretischer Perspektive allein nie die Wahrhaftigkeit von Handlungsweisen zu beurteilen ist. Sie beschränkt sich darauf, soziale Kommunikation auf den Ebenen der Interaktion, Organisation und gesellschaftlichen Subsysteme zu dekonstruieren, so dass deren funktionale Problemlösemechanismen deutlich zu Tage treten. Erst wenn diese im Widerspruch zu normativ begründeten Zielen stehen, können letztere als Legitimationsfassaden entlarvt werden.

4.2.2.1 Inklusionsdruck durch Voluntarismus der Systeme

Die eingangs gestellte Frage, ob Inklusion von und für Menschen mit Demenz der Logik des Begriffs gemäß notwendig oder unausweichlich ist, lässt sich mit dem Verweis auf den oben dargestellten „Voluntarismus der Systeme" bejahen. Stärker noch als die normative Bestimmung durch die BRK verlangt die Logik der funktionalen Differenzierung eine Inklusion auch von altersbedingt geistig verwirrten Menschen. Im Zuge der Modernisierung von Gesellschaften sind Total-Exklusionen, also Vertreibung oder Tötung, immer weniger legitimierbar geworden, weil sich Alternativen wie die Leistungserbringung durch Medizin, Pflege und soziale Arbeit gesamtgesellschaftlich als funktional äquivalent oder sogar als vorteilhafter erwiesen haben. Demenzbetroffenen werden Publikumsrollen im Pflege- und Gesundheitssystem angeboten (Adressierung), was einerseits ihr Leben und ihre Gesundheit schützt und andererseits die System-Umwelt-Grenzen der damit befassten Systeme aufrechterhält, ihnen also Sinn verleiht[213]. Die Grenzen dieser sozialen Universalität zeigen sich in der empirischen Umsetzung des nominellen Anspruchs auf Inklusion. Inklusion ist dann defizitär, wenn Angebote nicht oder nicht ausreichend zur Verfügung stehen bzw. finanziert werden. Letzteres ist bei Demenz bspw. durch die als „Teilkasko"-Versicherung kalkulierten Leistungen des SGB XI der Fall. Die Folgeprobleme dieses strukturellen Exklusionsrisikos werden individualisiert, also den Betroffenen und ihren Familien aufgebürdet (vgl. Abschnitt 2.3.4). Dieser (erneute) Exklusionseffekt wird jedoch dadurch verschleiert, dass nominell alle Demenzbetroffenen durch das Versorgungssystem und seine Organisationen adressiert werden.

"Die einzelnen Funktionssysteme werden durch Exklusionsprobleme der Individuen nicht irritiert; die Brisanz sozialer Exklusionen liegt ja gerade darin, dass sie innerhalb der funktionsspezifischen Beobachtungsleistungen nicht stören, da sie kommunikativ nicht relevant sind." (Wansing 2005a, 53)

Wie oben schon dargestellt (vgl. Abschnitt 4.2.1.1) werden von sozialen Systemen Probleme nur in einer Weise verarbeitet, die „eine Reproduktion funktionaler Differenzierung nicht gefährdet." (Hillebrandt 2004, 124) Schon hier wird deutlich, dass Einbeziehung oder Anerkennung von Menschen mit Demenz systemtheoretisch nicht anders denkbar ist als in

---

[213] Für die Heilpädagogik konstatiert Terfloth: „(…) dass durch die funktionale Differenzierung der Gesellschaft das Teilsystem der Heil- und Sonderpädagogik zur Kompensation von Exklusionsprozessen entstanden ist, um kommunikative Anschlüsse im Sinne des gesellschaftlichen Inklusionsgebotes sicherzustellen. Motivationselemente, wie Bezahlung und Professionalisierung, werden eingesetzt, um die Wahrscheinlichkeit der Kommunikationsannahme zu erhöhen." (Terfloth 2007, 182).

Form von Inklusion im Sinne sozialer Adressierung durch (Teil-)Systeme, Organisationen oder Interaktionen (vgl. auch Abschnitt 3.2.2.1; Kastl 2013). Inklusion in diesem Sinn drängt allerdings auf territoriale und soziale Universalität (vgl. auch Welt-Alzheimerbericht Prince et al. 2015).

4.2.2.2 Kommunikation als Exklusionsmotor und Inklusionsoption

Die systemtheoretische Sichtweise bietet ein gutes Analyseraster für Kommunikationsabbrüche in Interaktionssituationen, an denen Menschen mit Demenz beteiligt sind, wie oben (vgl. Abschnitte 2.3.3, 4.2.1.3) bereits geschildert wurde: Demenz wirkt in Bezug auf Kommunikation als „Exklusionsmotor" schlechthin. Der sowieso immer fragile, kommunikative Kopplungsprozess zwischen zwei Personen wird durch die fehlende Eigenkomplexität im Falle einer Demenzerkrankung zusätzlich (erheblich) gestört. Den Mitteilungen (Irritationen) der Umwelt kann ein demenzbetroffenes psychisches System immer weniger Sinn abgewinnen, weil sich seine Fähigkeit, Differenzen, wie bspw. „wahr/nicht-wahr", zu verarbeiten verliert. Darüber hinaus schwinden die Gedächtnisinhalte, mit denen die erhaltenen Informationen abgeglichen werden könnten. Ebenso verliert sich die im Sozialisationsprozess erlernte Fähigkeit, andere Personen zu adressieren bzw. deren Adressierungen gegenzuzeichnen.

Kommunikation in Interaktionen (die immer nur lokal, zeitlich begrenzt und zwischen einer überschaubaren Anzahl von Personen möglich sind) führt angesichts dieser Probleme, wenn sie nicht abgebrochen wird, zur Stigmatisierung der anwesenden Person mit Demenz: Die „Adresse Demenz" legitimiert ansonsten nicht akzeptierte Verhaltensweisen wie bewusstes Ignorieren, extrem vereinfachende Sprache, den Entzug der Sprecherrolle (durch Unterbrechen) oder einen expliziten Ausschluss aus der Kommunikation (bspw. durch die Bitte zu schweigen)[214]. Die Adressierung als demenzkrank reduziert so die in der Kommunikation an sich und zusätzlich durch die Demenz entstehende Komplexität und damit auch Unsicherheiten und Ängste der anwesenden nicht-demenzbetroffenen Personen. Falls aber die Diagnose Demenz im Interaktionsgeschehen (noch) nicht bekannt ist, werden Demenzbetroffene

---

[214] Tom Kitwood (2013, 75 f.) hat diese Verhaltensweisen als maligne, bösartige Sozialpsychologie bezeichnet.

auf andere Weise adressiert: als vergesslich, nachlässig oder „komisch". Ihnen verbleibt die Möglichkeit, aktives Stigma-Management (vgl. Abschnitt 2.3.3) zu betreiben (vgl. bspw. das Verhalten der Hauptfigur Konrad Lang in Martin Suters Roman „Small World" 1999, der geschickte Ausreden für seine Vergesslichkeit findet). Interaktionen sind grundsätzlich kontingent, frei in der Suche nach Anschlussmöglichkeiten für kommunikative Impulse (Mitteilungen, „Sinnzumutungen") (Saake 2006, 168). Sie verfügen somit über ein hohes Potenzial, jenseits von klassifizierenden Deutungen über Demenz, von Demenzbildern oder -semantiken zu einer sinnhaften, ggf. auch kreativen Kommunikation zu kommen. Erst der Rekurs auf komplexitätsreduzierende Demenzstereotypen wie Diagnosen oder organisationale Abläufe schränkt diese Kontingenz wieder ein. Auf diese Weise werden Menschen mit Demenz aus einer aktuell stattfindenden Interaktion exkludiert. Vor diesem Hintergrund plädiert Saake dafür, Demenz zu begreifen „(…) als Herausforderung an die Kompetenz der Angehörigen und Pflegekräfte, trotz Verwirrtheit eine personale Adressierbarkeit sichtbar zu machen." (Saake 2006, 20) (Kommunikative) Inklusion in dieser Weise systemtheoretisch zu fassen, führt m. E. allerdings zu Widersprüchen.

Zum einen sind Pflegekräfte und auch Angehörige kooperativ in Organisationen eingebunden, deren stabile Verhaltenserwartung an Menschen mit Demenz durch die Differenz „demenzkrank/nicht-demenzkrank" codiert ist. In systemtheoretischer Logik ist die Inklusion von Personen der Außenseite, dem „nicht-…", nicht vorgesehen. Interaktionen, die die Codierung ignorieren, sind zwar innerhalb von Organisationen oder Teilsystemen möglich, weil Interaktionen grundsätzlich kontingent sein können. So können Pflegekräfte ohne weiteres mit demenzkranken Bewohnern ein Fußballspiel ansehen und kommentieren, aber dies trägt nicht zur Reproduktion des Systems bzw. der Organisation bei bzw. gefährdet diese sogar. Insofern stellt die Beschäftigung von Kräften für soziale Betreuung von Menschen mit Demenz in Einrichtungen nach § 87b SGB XI eine folgerichtige funktionale Differenzierung innerhalb der stationären Pflege dar. Allerdings erfolgt auch durch diese Kräfte keine Adressierung im gesamten Spektrum der Person (bspw. als Großmutter, ehemalige Sportlerin oder Anwältin), sondern ebenfalls als demenzbetroffener Menschen. M. E. sieht die systemtheoretische Perspektive innerhalb funktional spezialisierter Systeme wie Pflege und „Demenzbetreuung", keine *systematische* Möglichkeit vor, nicht-funktionale Kommunikation zu betreiben. Zum zweiten gilt in systemtheoretischer Perspektive zumindest bei weit fortgeschrittener Demenz, dass Kommunikation gar nicht möglich ist, da sie notwendig auf Gedächtnis- und Reflexionsleistungen angewiesen ist. „Kognitiv beeinträchtigte Menschen (...) passen nicht in das Bild eines sich anschlussfähig haltenden Systems." (Schulze 2013, 71) Hier produziert die Systemtheorie einen blinden Fleck, indem Menschen mit Demenz die Fähigkeit zu kommunizieren abgesprochen wird. Dies widerspricht empirischen Daten aus der medizinischen und (sozial-)psychologischen Forschung, die auch bei Menschen mit weit fortgeschrittener Demenz Kommunikations- und Resonanzfähigkeit mit nonverbalen Mitteln nachweist (Förstl, Kurz, Hartmann 2011, 54 f.; Jahn, Werheid 2014, 158; Lucero 2004, 174). Ganß et al. konnten zeigen, dass Menschen mit Demenz sprachliche Kommunikation als kulturell geprägtes und inkorporiertes Stilmittel zur Kontaktaufnahme nutzen, auch wenn in solchen Interaktionen keine semantische Bedeutung (Sinn) produziert wird (Ganß et al. 2014, 110). Sinn in der engen systemtheoretischen Bedeutung von „Passfähigkeit von Mitteilungen entlang zweiwertiger Codes" zu betrachten, wird der Vielfalt von Ausdrucks- und Verständigungsmöglichkeiten, über die Menschen mit Demenz verfügen, nicht gerecht. Es bindet sie stattdessen in eine funktionale Logik ein, die sie zwar nominell inkludiert (Adressierung als demenzkrank), aber faktisch exkludiert.

4.2.2.3 Einrichtungen: Inkludierende Exklusion bei Demenz

Inklusion als Ein- und Austritt in soziale Systeme beruht auf einem gewissen autonomen Entscheidungsfreiraum, wie Brandenburg (2014, 1 f.) betont. Exklusion sei nur als inkludierende Exklusion, die auf Wiedereingliederung ausgerichtet ist, zulässig (wie bspw. die Resozialisierungsziele im Strafvollzug verdeutlichen). In Bezug auf Menschen mit Demenz werde aber deutlich, dass beide Ausgangsbedingungen (Freiwilligkeit und Rückkehroption) normalerweise nicht zutreffen. Deshalb sei ein „kritischer Begriff von Inklusion" (Brandenburg 2014, 2; i. O. kursiv) notwendig, der „den ideologischen Charakter dieses Begriffs nicht ignoriert." (Brandenburg 2014, 2) An der Inklusion von Menschen mit Demenz in das Medizin- und Pflegesystem kann in systemtheoretischer Perspektive kein Zweifel herrschen. Nicht wenige stationäre Pflegeeinrichtungen haben sich auf Menschen mit Demenz spezialisiert, nehmen also keine kognitiv orientierten pflegebedürftigen Menschen auf. Diese sog. segregativen Konzepte werden häufig in nominell und/oder faktisch geschlossenen Einrichtungen oder Wohnbereichen angewandt, die teilweise noch zusätzlich nach dem Schweregrad der Demenz differenziert sind, bspw. die Pflegeoasen (vgl. Brandenburg, Adam-Paffrath 2013) oder das sog. Drei-Welten-Modell (vgl. Held, Ermini-Fünfschilling 2006). Pflegeeinrichtungen sind also Organisationen, die ihren Bewohnerinnen und Bewohner Publikumsrollen im Sinne eines „people processing" (vgl. Abschnitt 4.2.1.2). zuweisen und die Regeln der Mitgliedschaft u. a. entlang des persönlichen Merkmals der Demenzerkrankung gestalten. Die Organisation etabliert somit dauerhafte Kommunikations- und Handlungserwartungen, die sich an den kognitiven Defiziten der Bewohnerinnen und Bewohner orientieren, und erreicht darin ein Höchstmaß an funktionaler Spezialisierung. Gleichzeitig vertreten spezialisierte Einrichtungen den Anspruch, den besonderen Bedürfnissen von Menschen mit Demenz gerecht zu werden, sog. herausforderndes Verhalten nicht zu unterbinden, sondern zu tolerieren und so auch Raum für das Irrationale zu bieten (vgl. für viele andere: Held, Ermini-Fünfschilling 2006). Die Frage ist also, ob Organisationen als soziale Gebilde, die erwartbares Handeln strukturieren und auf Dauer stellen (Saake 2006, 194), unerwartetes bzw. unerwartbares, auf die Gegenwart bezogenes und von Rollen abgelöstes Verhalten ihrer demenziell erkrankten Klienten systematisch verarbeiten können. Die fachliche Differenzierung und funktionale Spezialisierung von Pflegeeinrichtungen (vor allem der segregativ arbeitenden) sollte dementsprechend zu einer stärker ausgeprägten Kapazität für die Verarbeitung von Komplexität führen, sollte die Organisation also flexibler machen. Eine erste Studie von Birken und Weihrich (2013) gibt Hinweise, dass auf Demenz spezialisierte Einrichtungen, die die Selbstbestimmung der Bewohnerinnen und

Bewohner achten, dies einerseits können, weil sie die emotionalen Ressourcen der Pflegekräfte nutzen (ohne dass dies aber spezifisch angesprochen oder gewürdigt wird). Außerdem strebt die Organisation durch verschiedene Strategien eine Anpassung der Bewohnerinnen und Bewohner an die organisationalen Abläufe und den Zweck der Einrichtung (Versorgung, Pflege und Betreuung von Menschen mit Demenz) an. Zu diesen Strategien gehört Biografiearbeit, mit deren Hilfe die von den Bewohnerinnen und Bewohnern geäußerten, rational nicht erklärbaren Bedürfnisse biografisch legitimiert werden. Ist dies nicht möglich, wird mit größerer Wahrscheinlichkeit als bei legitimierbaren Handlungsweisen nicht legitimierbares, vor allem sog. herausforderndes, Verhalten unterbunden (Birken, Weihrich 2013, 10 f.). Auch die Beeinflussung der emotionalen Äußerungen der demenzkranken Bewohnerinnen und Bewohner durch Psychopharmaka dient der Anpassung von Verhalten an die Philosophie des Hauses, die sich die Betroffenen nicht lethargisch, aber auch nicht aggressiv wünscht (Birken, Weihrich 2013, 11). Die Studie kommt zum Schluss, „dass man im organisationalen Umgang mit Demenz ohne Rationalitätsfiktionen nicht auskommen kann", weil Organisationen grundsätzlich mit „vernunftbegabten und anreizsensiblen Akteuren" (Birken, Weihrich 2013, 12) rechnen.[215] Nur wenn Verhalten zumindest in Ansätzen erklärbar sei (bspw. durch biografische Erlebnisse[216]), wird es mit Verweis auf die konzeptionell angestrebte, möglichst weit zu erhaltende Selbstbestimmung der Betroffenen zugelassen. Die hier dargestellten Ergebnisse einer qualitativen Studie in einer einzelnen Pflegeeinrichtung zeigen, dass Organisationen, deren Mitgliedschaftsregeln sich auf das Merkmal Demenz beziehen, nicht automatisch einen flexibleren Umgang mit unerwartbarem Verhalten von Menschen mit Demenz praktizieren (können). In dieser Frage zeichnet sich aber weiterer Forschungs- und Konzeptentwicklungsbedarf ab. So zeigen Überlegungen hinsichtlich

---

[215] Zu ähnlichen Ergebnissen kommen Kotsch und Hitzler (2013, 112 ff.): Pflegekräfte seien eher darauf orientiert, den Ablauf der geplanten Tätigkeiten, bspw. bei Mahlzeiten, zu sichern, als die Bewohnerinnen und Bewohner in ihrer Selbstbestimmung zu unterstützen.

[216] Die Liste der legitimen „Gründe" für bestimmte Verhaltensformen von Menschen mit Demenz umfasst sicherlich auch Schmerzen, (Kriegs-)Traumatisierungen oder die An- oder Abwesenheit von vertrauten Personen.

der Inklusion von Kindern mit Behinderung in Regelschulen, dass auch integrative Mitgliedschaftsregeln nicht zu einer Steigerung der Komplexitätsverarbeitungskapazität von Organisationen führen, sondern Organisationen mit Veränderungen ihrer Regeln reagieren, so dass eine größere Vielfalt von Verhaltensweisen oder von personalen Merkmalen klassifiziert werden kann. Kastl (2013, 146) zeigt auf, dass eine Folge der Inklusion in Regelschulen die Individualisierung von Leistungsmessungen sein kann. Mit Hilfe von immer feiner ausdifferenzierten Leistungskategorien, wie sie schon im System des Behindertensports üblich sind, verschärft sich der Leistungsdruck eher, als dass er sich abschwächt. Eine weitere mögliche Konsequenz könne die gänzliche Abschaffung von Leistungsnormen sein, die aber zu einer Entwertung des Schulsystems als Selektionsinstanz führe und die dennoch stattfindenden Selektionen hinsichtlich der Zugänge zum Arbeitsmarkt verlagere (bspw. auf Eingangsprüfungen der Unternehmen). So schafft die Heterogenitätsnorm selbst wieder Exklusionsrisiken (Kastl 2013, 146 ff.). Stichweh betont die ambivalenten Folgen einer „integrierenden Inklusion", wie er die gemeinsame Mitgliedschaft von behinderten und nicht-behinderten Menschen in Organisationen bezeichnet:

> "Alle Beteiligten müssen sich jetzt deutlicher auf Einschränkungen ihrer Wahl und Einschränkungen ihrer Freiheitsspielräume einstellen, die aus der Tatsache folgen, dass ein und dieselbe Schulklasse jetzt mit einer viel höheren Diversität der Beteiligten zurechtkommen muss. Integration im Sinne von wechselseitiger Einschränkung der Wahlmöglichkeiten wird dann für alle Beteiligten alternativenlos, und mit Blick auf diese Einschränkungen als ‚constraints' kann man, wie dies für ‚constraints' generell gilt, entweder die Vorteile (die Erziehungswirkungen der Rücksichtnahme) oder die Nachteile (die Verluste an Individualisierung und Förderung) betonen." (Stichweh 2013, o. S.)

Mit Bezug auf Menschen mit Demenz muss hier konstatiert werden, dass die angesprochene Rücksichtnahme, die Toleranz, Normbefolgung, Flexibilität, Übersicht über mehrere Personen umfassende Handlungsketten und Affektaufschub erfordert, krankheitsbedingt immer weniger gut gelingt (vgl. Abschnitt 4.1.3). In der Konfrontation von demenzkranken und kognitiv orientierten Bewohnerinnen und Bewohnern kann es dann zu den oben in Abschnitt 2.3.4.2 erwähnten Ausschlussreaktionen kommen.

Sowohl die exkludierende Inklusion (Menschen mit Demenz in spezialisierten Einrichtungen) als auch die von Stichweh so bezeichnete integrierende Inklusion (kognitiv behinderte und kognitiv nicht-behinderte Menschen gemeinsam) gehen also nicht systematisch mit einer gesteigerten Kapazität zur Verarbeitung von Komplexität einher. Viel wahrscheinlicher ist stattdessen, dass Organisationen als Reaktion auf unerwartetes oder unerwartbares Verhalten den Grad ihrer funktionalen Differenzierung steigern. Dasselbe gilt, wie oben schon deutlich wurde, im Übrigen auch für Interaktionen: Sie scheitern bei übermäßigen Komplexitätszumutungen:

> "Interaktionssysteme sind auf eine relevante Umwelt angewiesen, die Komplexität zu Verfügung stellt. Diese darf die Kapazität des Systems in sachlicher und zeitlicher Hinsicht nicht übersteigen, denn dann können, aufgrund der eingeschränkten inneren Differenzierbarkeit Abwehrmechanismen für Störungen von außen ausgebildet werden." (Terfloth 2007, 96 f.)

Ebenso wie für Interaktionen und Organisationen gilt für (Teil-)Systeme, dass die Reduktion von Komplexität den zentralen sinn- und systemerhaltenden Mechanismus darstellt. So werden, wie oben gezeigt, angesichts der Komplexitätszumutungen, die Demenz mit sich bringt, neue Berufsbilder geschaffen, die sich nur einem Teil des „Problems", bspw. der sozialen Betreuung, widmen. Insofern verwundert es nicht, wenn Eppenstein und Kiesel lakonisch feststellen:

> "Vielfalt als solche ist weder bereichernd noch bedauerlich, sie stellt vielmehr Pädagogen und Sozialarbeiter vor kommunikative und methodische Aufgaben, denen sie sich oft nicht gewachsen fühlen." (Eppenstein, Kiesel 2012, 108)

Angesichts der fehlenden Kapazität von Interaktionen, Organisationen und (Teil-)Systemen, mit der zusätzlichen Komplexität umzugehen, die Inklusion als Verarbeitung von Heterogenität und – wie im Falle von Menschen mit Demenz – Irrationalität bedeutet, laufen die individuellen, kreativen und emotionalen Ressourcen der Fachkräfte, die zudem nicht immer systematische Anerkennung finden, Gefahr zu erschöpfen. Diese

Aspekte muss ein ideologiekritischer Inklusionsbegriff ebenfalls reflektieren.

4.2.2.4 Familie als Modell multipler Adressierung

Der überwiegende Teil der Menschen mit Demenz lebt in der Familie (vgl. Abschnitt 2.3.4.1) und wird entsprechend von Angehörigen unterstützt. Philip-Metzen verweist darauf,

> „(...) dass das Aufgabenspektrum informeller Pflege, insbesondere beim Vorliegen einer Demenz, in der Regel nicht (...) auf instrumentelle Unterstützungsleistungen begrenzt werden kann, sondern (...) die typische Komplexität zeitgemäßer Familienarbeit aufweist." (Philipp-Metzen 2011, 397)

Familie beinhalte dem 7. Familienbericht folgend „als alltägliche Herstellungsleistung" die Übernahme von Verantwortung „für das emotionale, mentale und physische Wohlergehen eines anderen" (Philipp-Metzen 2011, 397). Systemtheoretisch gesehen inkludieren Familien Personen, indem sie deren gesamtes Rollenspektrum adressieren, d. h. alles, was das Verhalten der Person ausmacht, kann (und muss ggf. sogar) in der Familie thematisiert werden (vgl. Abschnitt 4.2.1.4). Für Menschen mit Demenz, deren Verhalten die Erwartungen anderer sozialer Systeme mehr und mehr scheitern lässt, ist familiale Inklusion von hoher Bedeutung, weil sie prinzipiell die Möglichkeit bietet, auch dysfunktionales oder irrationales Verhalten zu thematisieren[217]. Zwar werden Menschen mit Demenz auch in der Familie nicht „ganzheitlich" oder individuell als Mensch adressiert, sondern als Person („Exklusionsindividualität", vgl. Abschnitt 2.1.2), aber die Familie erlaubt eine Vielfalt von Thematisierungen quer zu allen aktuellen oder ehemals besetzten Rollen und ggf. auch zu Rollenfragmenten. Sie kann bspw. engmaschig wiederholte Referenzen auf die ehemalige Berufstätigkeit „gegenzeichnen". Die Familie stützt damit die personale Identität der Demenzbetroffenen über den Krankheitsverlauf hinweg und ermöglicht im Umgang mit ihnen Flexibilität und Gegenwartsorientierung. Familien sind aber eng begrenzt hinsichtlich der

---

[217] Diese Leistung erbringen Familien im Übrigen auch gegenüber kognitiv orientierten Mitgliedern.

Anzahl der adressierbaren Personen und können nur wenige Entwicklungsmöglichkeiten durch sachliche Differenzierung generieren (vgl. Abschnitt 4.2.1.4). Sachliche Differenzierung, also der Aufbau von Wissens- und Kompetenzpotenzialen zur Demenz, erfolgt in Familien nicht wie in Organisationen, wenn der Problemdruck höher wird, sondern wird durch die Eigenlogik familialer und milieuspezifischer Verarbeitungsformen bestimmt. So entwickeln manche An- und Zugehörigen Expertentum in Sachen Demenz, andere nehmen auch bei fortgeschrittener Demenz ihres Familienmitglieds kaum Beratung und Hilfe in Anspruch.
Familien als soziale Systeme bieten ihren Mitgliedern, im Gegensatz zur Systemumwelt, multiple Adressierungsoptionen. Sie schaffen einen Raum für scheiternde Adressierungsprozesse, weil der zugehörige binäre Code „keine/Adressierung des vollständigen Rollenspektrums" dies nahelegt, und kompensieren dadurch die Inklusionsdefizite der demenzbetroffenen Familienmitglieder in Bezug auf andere Systeme und Organisationen. Dabei müssen Familien aber in ihrem Handeln nicht zwangsläufig durch Liebe, Empathie oder Respekt gegenüber der demenzkranken Person motiviert sein.
Müller-Hergl (2014, 4 f.) vertritt hier in zweifacher Hinsicht eine andere Position: Zum einen würden in Familien Menschen mit Demenz höchstpersönlich, also als Mensch und nicht als Person adressiert. M. E. kann aber nicht schlüssig erklärt werden, wie Familien, die im Kontext funktional differenzierter Gesellschaften leben, eine Vollinklusion nach dem Muster vormoderner, segmentärer Gesellschaften leisten sollen. Zum Zweiten sei die Inklusionsleistung, die Familien erbringen, eminent strapaziös und nur deshalb zu erbringen, weil Familienmitglieder durch Liebe, Verbundenheit oder Freundschaft motiviert seien. Empirisch zeigt sich aber, dass 48 % der pflegenden Angehörigen von Menschen mit Demenz (auch) aus Pflichtgefühl pflegen (forsa 2015, 8). M. E. ist es wahrscheinlicher, dass „Liebe", „Verbundenheit" oder „Pflichtgefühl" zwar auch zur Übernahme dieser Aufgaben motivieren, aber darüber hinaus vor allem „Etiketten" dafür sind, dass die multiplen Adressierungen, die Familien als soziale Systeme auszeichnen, (deutlich) besser geeignet sind, um im Umgang mit Menschen mit Demenz Kommunikation und Interaktion aufrechtzuerhalten. Dadurch, dass Familien im Umgang mit

ihren Mitgliedern nicht auf bestimmte Rollenerwartungen festgelegt sind, gelingt es ihnen, Menschen mit Demenz immer wieder unterschiedlich zu adressieren und so auch bruchstückhafte Kommunikation aufrechtzuerhalten. Liebe, Empathie, Respekt und Verbundenheit sind m. E. dabei als zusätzliche Motivation hilfreich, aber nicht unabdingbar.

Falls eine Familie ihre Leistung, nämlich die Verarbeitung einer großen Vielfalt an (auch) unangepasstem, intimem und körperbezogenem Verhalten als das begreift, was es ist, nämlich eine systeminterne Reproduktionsleistung, so wird sie vermutlich dafür sorgen, dass die demenzbetroffenen Personen eher wenig Kontakt mit Personen außerhalb der Familie haben – denn die Folgen des Scheiterns von Adressierung, Kommunikation oder Interaktion außerhalb der Familie würde mit hoher Wahrscheinlichkeit wieder die Familie tragen. Familien, die sich als nahezu geschlossene Systeme aufstellen, haben gelernt, sich und ihr demenzkrankes Mitglied vor dauerhaft scheiternden Adressierungsprozessen, die außerhalb der Familie stattfinden, zu schützen. Gleichzeitig stellen sie ein erhebliches Exklusionsrisiko für Menschen mit Demenz dar (vgl. Abschnitt 2.3.4.1). Vor allem, wenn das Familiensystem mit dieser Inklusionsleistung überlastet ist, kann dann die Anwendung von physischer oder psychischer Gewalt Teil dieser Leistung sein.

Der systemtheoretische Familienbegriff hilft jedoch nicht nur, die Ambivalenz der Inklusion von Menschen mit Demenz in den Familien selbst zu analysieren, sondern erlaubt es auch, familienähnliche Unterstützungsarrangements zu untersuchen. So erschließen sich aus der systemtheoretischen Analyse Motive für die weit verbreitete Beschäftigung von im Haushalt lebenden, meist osteuropäischen 24-Stunden-Betreuerinnen für Menschen mit Demenz. Neben haushaltsökonomischen Erwägungen sind diese Beschäftigungsverhältnisse motiviert durch die Inklusionsleistung, die die Kräfte durch ihre Quasi-Aufnahme in die Familie erbringen können. Innerhalb eines bestimmten Zeitraums sind sie zeitlich unbegrenzt anwesend und örtlich im Haushalt gebunden, so dass sie kaum Chancen haben, den zu betreuenden demenzkranken Menschen nur unter dem Aspekt seiner Pflege- und Unterstützungsbedürftigkeit zu adressieren (wie dies bspw. in einer Einrichtung möglich ist). Stattdessen legt ihnen das Arrangement nahe, alle oder einen großen Teil der Kommunikationsangebote gegenzuzeichnen, so dass im Alltag komplexe, familienähnliche Beziehungen hergestellt werden (können). Ähnliche Fragen stellen sich in Bezug auf ambulante Wohngruppen für Menschen mit Demenz, zu deren zentralen Charakteristika das familienähnliche Setting gehört (Klie, Schuhmacher 2007, 16). Riegraf et al. (2014, 306) beschreiben dies als eine Verschiebung von Arbeitsformen aus dem privaten Care-Bereich in den öffentlichen und marktwirtschaftlich geprägten Sektor der Erwerbsarbeit. Es werde „emotionale Hingabe an eine Tätigkeit" (Riegraf, Reimer 2014, 306) erwartet, die nicht im privaten Bereich stattfinde. Ebenso wie Müller-Hergl (vgl. oben) stellen Riegraf et al. damit die emotionale Komponente der familialen Care-Tätigkeit in den Fokus. Eine nach dem Vorbild der Familie durch Liebe motivierte Sorgearbeit stößt in beruflichen Kontexten an Grenzen und verursacht Konflikte. So zeichnet sich Familienarbeit durch ihre prinzipielle zeitliche Unbegrenztheit bei gleichzeitiger lokaler Gebundenheit aus. Diese Rahmenbedingungen sind in beruflichen und professionellen Kontexten arbeits- und ordnungsrechtlich eingeschränkt. Hier kann m. E. mit einer Differenzierung von einerseits multipler Adressierung und andererseits emotionalem Gehalt der Tätigkeit für Entlastung der beruflichen und professionellen Kräfte in einer Wohngemeinschaft gesorgt werden. So wäre es möglich, den Bewohnerinnen und Bewohnern (wie im Übrigen auch den in der Wohngemeinschaft anwesenden kognitiv orientierten Personen, bspw. Freiwilligen, Angehörigen oder Kolleginnen und Kollegen) die Thematisierung ihres gesamten, ggf. auch nur noch teilweise erhaltenen, Rollenspektrums zuzugestehen – unabhängig davon, ob es biografisch oder anderweitig legitimiert werden kann. Die schlichte Gegenzeichnung von vielfältigen, ggf. schwer oder gar nicht verständlichen Äußerungen und Verhaltensweisen, kann dann, muss aber nicht emotional motiviert sein (wobei dies in bestimmten Fällen sicherlich nicht zu vermeiden ist). Vor aller Empathie und persönlichen emotionalen Involviertheit ginge es beim „Vorbild Familie" zunächst um die multiple personale Adressierung der Bewohner und Bewohnerinnen.

Der systemtheoretische Inklusionsbegriff birgt, wie gezeigt wurde, ein beachtliches Analysepotenzial für Sorgearrangements von und für Menschen mit Demenz – nicht nur in Familien, sondern auch in familienähnlichen Versorgungsformen und Einrichtungen. Um die Überlegungen allerdings empirisch zu stützen, bedarf es weiterer Forschung.

4.3 Der (menschen-)rechtliche Kontext von Inklusion

Gesellschaften werden durch das Recht, das sie sich geben, gestaltet. Das Recht garantiert dem Individuum Zugang zu Ressourcen, eröffnet ihm Handlungsmöglichkeiten und schützt es vor unberechtigten Übergriffen.[218] (Maydell 2010, 339) Die Frage nach der Rolle des Rechts im Spannungsfeld von „Inklusion und Demenz" führt zuallererst zum „Übereinkommen über die Rechte von Menschen mit Behinderungen" der Vereinten Nationen, der UN-Behindertenrechtskonvention (BRK). Als Teil der Menschenrechtskonventionen zielt sie u. a. auf die Förderung von Inklusion für Menschen mit Behinderung. Die BRK beinhaltet ausdrückliche Diskriminierungsverbote, verlangt Akzeptanz von Vielfalt und greift damit den sozialwissenschaftlichen Diskurs um Heterogenität als soziale Konstruktion auf. Die darin formulierten Rechte auf ein Leben in Selbstbestimmung verweisen für Deutschland auf das Betreuungsrecht, das Fragen der rechtlichen Vertretung regelt und für Menschen mit Demenz im Zuge des Verlustes der Einwilligungsfähigkeit von besonderer Bedeutung ist. In den folgenden Abschnitten wird zunächst die Bedeutung der Menschenrechte und der Menschenwürde erläutert, die die Basis der BRK darstellen. Wie in Kapitel 2 dargestellt wurde, laufen Menschen mit Demenz mit dem fortschreitenden Verlust ihrer kognitiven Fähigkeiten Gefahr, dass ihnen Menschenrechte bzw. Menschenwürde abgesprochen werden. Die BRK selbst wird in ihrem Inhalt erläutert, bevor näher auf die Bedeutung von „Inklusion" im Kontext der Konvention eingegangen wird und die Bedingungen ihrer Umsetzung kurz diskutiert werden. Schließlich wird untersucht, inwieweit es sinnvoll ist, im Zusammenhang mit der BRK von Inklusion von Menschen mit Demenz zu sprechen. Dies betrifft das Recht auf Leben und auf Selbstbestimmung und Fragen der Einwilligungsfähigkeit.

---

[218] Das bedeutet umgekehrt, dass das Recht auch Grenzen setzt.

4.3.1 Menschenrechte und Menschenwürde

Die Behindertenrechtskonvention ist Teil der allgemeinen Menschenrechte. Zunächst werden deshalb unterschiedliche Arten von Rechten, die durch die Menschenrechte garantiert werden, und der grundlegende Bezug der Menschenrechte zu den Konzepten „Vernunft" und „Würde" erläutert. Letztere haben wiederum substanzielle Bedeutung für die Lebenssituation von Menschen mit Demenz, da ihnen die Fähigkeit zu vernünftigem Handeln im Zuge der Erkrankung mehr und mehr abhanden kommt und sie infolgedessen häufig Verletzungen ihrer Menschenwürde erleiden müssen.

Menschenrechte müssten „das Recht auf Rechte oder das Recht jedes Menschen, zur Menschheit zu gehören" garantieren, so Hannah Arendt (1955/1998, 617). Menschenrechte sind keine moralischen Verpflichtungen, die sich an Einzelne richten, sondern sie „richten sich (...) primär an Politik und Staat." (Lanwer 2012, 52)[219] Der Menschenrechtskatalog kennt unterschiedliche Begriffe von Rechten. Rechte im menschenrechtlichen Sinn sind zunächst Freiheitsrechte im Sinne einer Handlungserlaubnis ohne Verpflichtungen anderen gegenüber. Anrechte dagegen sind „legitime Ansprüche, die wir anderen gegenüber geltend machen können." (Graumann 2011, 15) Den Anderen erwachsen entsprechende Pflichten. Anrechte können das Recht auf Nichtintervention gegenüber dem eigenen Handeln umfassen (bspw. gibt es Situationen, in denen andere Personen nicht von mir verlangen dürfen, etwas zu unterlassen), oder Leistungsrechte, die dazu dienen, eine Person zu befähigen (Graumann 2011, 15). Thematisch gliedern sich die Menschenrechte in die bürgerlichen Freiheitsrechte (civil rights), die politischen Rechte sowie in soziale, wirtschaftliche und kulturelle Rechte[220]. Dabei sind Überschneidungen möglich, bspw. gehört die Versammlungsfreiheit zu den Freiheitsrechten ebenso wie zu den politischen Rechten (Graumann 2011, 18). Der Grundsatz der Unteilbarkeit der Menschenrechte verweist

---

[219] Vgl. hier und im Folgenden auch Lanwer (2013).
[220] Niedergelegt sind diese Rechte in der Menschenrechtscharta, die aus der Allgemeinen Erklärung der Menschenrechte von 1948, dem Internationalen Pakt über bürgerliche und politische Rechte und dem Internationalen Pakt über wirtschaftliche, soziale und kulturelle Rechte, beide 1966, besteht (Degener 2009b, 264).

darauf, dass der Schutz dieser verschiedener Menschenrechte sich gegenseitig bedingt und der Schutz als Ganzes durch die Bedrohung einzelner Rechte in Gefahr geraten kann (Graumann 2011, 20).
Die Menschenrechte gründen erstens in der Vernunft und zweitens in der Würde des Menschen. Vernunft ist, ebenso wie die Menschenrechte selbst, ein Produkt der Aufklärung und in ständiger Entwicklung begriffen: "(...) die Geschichte des Vernunftbegriffs [ist] wesentlich eine Geschichte der Kritik des Vernunftbegriffs gewesen (...)", so die These von Herbert Schnädelbach. „Es geht um Kritik der Vernunft durch die Vernunft selbst, und nur dadurch beweist sie ihre Vernünftigkeit." (Schnädelbach (2007, 14). Vernunft kann als das „Vermögen, die Gründe von Veränderungen und den Bedingungszusammenhang von Sachverhalten einzusehen" (Lanwer 2012, 52) definiert werden. Die Vernunft eröffnet dem Menschen die Freiheit einer

> „(...) willentlichen Entscheidung über ein Sein und Sollen. Die Unterscheidung zwischen Sein und Sollen ist ein Vernunftvermögen, das für uns Menschen die Optionen offenhält uns für oder gegen etwas zu entscheiden." (Lanwer 2012, 54)

Diese Willensfreiheit ermöglicht es, die Freiheit des jeweils anderen ebenfalls vernünftigen Menschen zu respektieren. Gerade weil die Vernunft allen gleichermaßen zukommt, ist sie „ein Selbstdenken als auch ein Denken in den Kategorien des/der Anderen, das mit dem konsequenten Reflektieren verknüpft ist." (Lanwer 2012, 53) Immanuel Kant zeige im Kategorischen Imperativ[221] wie auch im Verbot der Instrumentalisierung[222], dass das Denken notwendig seinen Bezug und seine Begrenzung im Anderen finde. Daraus leite sich ab, so Lanwer (2012, 54), dass die Zugehörigkeit (Inklusion) *aller* Menschen, bzw. der Menschheit als Gattung, schon angelegt ist in den auf der Vernunft basierenden, universalen Menschenrechten. Grundlegendes Merkmal von Menschenrechten

---

[221] „(...) dass wir Menschen nur nach der Maxime handeln sollen, von der wir zugleich wollen können, ‚(...) dass sie ein allgemeines Gesetz werde'." (Kant 1785; zit. nach Lanwer 2012, 53)

[222] „Handle so, dass du die Menschheit, sowohl in deiner Person als in der Person eines jeden anderen, jederzeit zugleich als Zweck, niemals bloß als Mittel brauchst." (Kant 1785; zit. nach Lanwer 2012, 53)

ist also ihr Anspruch auf Geltung für alle Menschen, unabhängig von Zeit und Ort. Dieser universelle Geltungsanspruch gelte der Gattung: Vernunft ist dem Mensch als Allgemeines eigen, unabhängig davon, ob Einzelne tatsächlich vernünftig handeln oder denken (können). (Lanwer 2012, 54) Niemand kann folglich vernünftigerweise ausgeschlossen werden, sondern alle Menschen müssen als Rechtssubjekte angesehen werden, d. h. als Inhaber und Inhaberinnen von Rechten im Sinne der Menschenrechte.

Die Menschenwürde, das zweite grundlegende Konzept für die Formulierung der Menschenrechte, bietet einen „Referenzpunkt" für „eine gemeinsame normative Grundlage des Menschenrechtsschutzes jenseits nationaler, kultureller und religiöser Unterschiede" (Graumann 2011, 34).

> „Die spezifische Verbindung zwischen Menschenwürde und Menschenrechten besteht darin, dass diese *implizite Prämisse* normativer Verbindlichkeiten in den Menschenrechten *explizite Anerkennung* und institutionelle Rückendeckung erfährt." (Bielefeldt 2011, 263; k. i. O.

Der Begriff der Würde ist rechtlich eingebunden in die Präambel der Allgemeinen Erklärung der Menschenrechte von 1948 ebenso wie im Grundgesetz Artikel 1 der Bundesrepublik Deutschland von 1949. Daraus ergeben sich Eingriffsverbote, Verbote und Sanktionsgebote sowie Handlungsverpflichtungen, wie bspw. im § 1 SGB XII: „Aufgabe der Sozialhilfe ist es, den Leistungsberechtigten die Führung eines Lebens zu ermöglichen, das der Würde des Menschen entspricht." (Klie 1998, 124) Nach Klie „ist das Würdekonzept des Grundgesetzes verbindliche Orientierung und Auslegungsanhalt im deutschen Recht, zumal im öffentlichen Sozialrecht." (Klie 1998, 124) Es ist nicht selbst Grundrecht, sondern den Grundrechten vorangestellt, „als Achtungsanspruch jedwedem Menschen gegenüber und im Besonderen als Forderung gegenüber jeglicher Staatlichkeit." (Klie 1998, 125) Ebenso wie das Konzept der Vernunft bezieht die Menschenwürde alle Menschen unabhängig von ihren geistig-seelischen Fähigkeiten mit ein – im Falle der Menschenwürde sogar über ihren Tod hinaus. Sie muss von den Individuen nicht eigens hergestellt oder wahrgenommen werden. (Pleschberger 2005, 26 ff.) Andere Formen der Würde haben dagegen einen relationalen Charakter, werden also in der Beziehung zu anderen Menschen hergestellt oder verliehen

(s. unten). Pleschberger betont die Gebundenheit des Würdebegriffs an „verschiedene Lebenskonzepte, Philosophien und religiöse Weltanschauungen" (Pleschberger 2005, 20), womit dem Konzept ähnlich wie dem der Vernunft ein inhärentes Entwicklungspotenzial zukommt. Historisch ist die Würde, wie nach Pleschberger (2005, 20 ff.) im Folgenden dargestellt wird, in der Antike zunächst an moralische Verdienste bzw. an ehrenvolle, prestigeträchtige Stellungen in Politik und Gesellschaft gebunden. Cicero betont erstmals die Verbindung von Würde und Vernunft in seiner Philosophie der Stoa: dem Menschen komme Würde zu aufgrund seiner "Fähigkeit der Willensbildung und des Denkens und damit auch der Möglichkeit, an der Vernunft teilzuhaben" (Pleschberger 2005, 20). Das Christentum sieht die Menschenwürde durch die Gottesebenbildlichkeit des Menschen gegeben. In der Renaissance bestimmt Pico della Mirandolas Schrift "De dignitate hominis" als Grundlage der Würde, dass unter allen Wesen nur der Mensch seine Existenz in Freiheit bestimmen könne. Darauf aufbauend führt Samuel Pufendorf in der Neuzeit die menschliche Existenz in Freiheit mit der Verankerung der Würde im Denken des Menschen zusammen. Für Kant schließlich entspringt die Würde der menschlichen Vernunft, die innerhalb moralischer und sittlicher Grenzen autonomes Handeln ermöglicht. Freiheit ist also immer durch eine vernunftbasierte Moral gebunden. Würde ist damit aus jeglicher religiösen Begründung gelöst und stellt – nach Kant – einen inneren Wert dar: "Was einen Preis hat, an dessen Stelle kann auch etwas anderes als Äquivalent gesetzt werden; was dagegen über allen Preis erhaben ist, mithin kein Äquivalent verstattet, das hat eine Würde." (Kant 1785; zit. nach Pleschberger 2005, 24 f.) Klie betont den vor diesem geistesgeschichtlichen Hintergrund „im wesentlichen individualistischen Kern" der Menschenwürde:

> „Der Mensch wird nicht nur oder primär als Teil einer Gemeinschaft gesehen, sondern als einzigartiger Mensch mit Rechten, die ihm als *Mensch in der Gemeinschaft* und nicht als *Mitglied der Gemeinschaft* zustehen." (Klie 1998, 125; k. i. O.)

Neben dieser, dem solitären Subjekt aufgrund seines Menschseins zwingend zukommenden Würde, existieren nicht nur historisch, sondern auch in der heutigen Zeit relationale Formen der Würde, die aufgrund bestimmter personaler Merkmale und eingebettet in soziale Interaktionen zugesprochen bzw. verliehen wird:

- Die schon in der Antike vertretene Würde der Verdienste umfasst die Anerkennung Älterer für lebenslang erbrachte Leistungen.
- Würde als Tugend wird durch unmoralisches Verhalten geschmälert oder entzogen.
- Die Würde der Identität ist an die Integrität des Körpers gebunden, die durch seelische, geistige oder körperliche Krankheiten oder Verletzungen beeinträchtigt sein kann. Die Würde der Identität leidet unter einem durch Erniedrigungen erschütterten Selbstbild der Person, wodurch auch alte Menschen in ihrer Verletzlichkeit, die auch durch die Nähe zum Tod und die dadurch ausgelösten Ängste und Begrenzungen entsteht, betroffen sind. (Nordenfelt 2004, 74 ff.)

In der BRK wird die Menschenwürde als unhintergehbar begriffen, ist Quelle und Bezugspunkt der Menschenrechte und zusätzlich – im Sinne eines relationalen Würdebegriffs – Gegenstand von eigenständiger Förderung: "(...) and to promote respect for their inherent dignity" (Art. 1 Abs. 1). Die Betonung der „Achtung der dem Menschen innewohnenden Würde" spezifisch für Menschen mit Behinderung u. a. in der Präambel sowie in den Art. 1 und 3 der Konvention, ist angesichts der Demütigung und Verletzung von körperlich, geistig oder seelisch beeinträchtigen Menschen, etwa im Nationalsozialismus oder durch biomedizinische Diskurse, wesentlicher Bestandteil der BRK (Degener 2009a, 204; Bielefeldt 2009, 6). Dabei wird die Würde in Art. 24 der Konvention (Bildung) „als Gegenstand notwendiger Bewusstseinsbildung" (Bielefeldt 2010, 66; i. O. k.) angesprochen, mit dem Ziel, dass Menschen mit Behinderung sich ihrer eigenen Würde bewusst werden („sense of dignity"). Dies werde momentan „von gesellschaftlichen Einstellungen und Strukturen unterminiert, die bei den Betroffenen das Gefühl verursachen, dass man sie nicht braucht, ja, dass man sich ihrer schämt." (Bielefeldt 2010, 67)[223] Artikel 8 der Konvention fordert entsprechend staatliche Anstrengungen,

---

[223] Bielefeldt nennt hier als Beispiele: „U-Bahnschächte ohne Fahrstühle, Bücherregale, die von einem Rollstuhl aus unerreichbar sind, Witze über geistig Behinderte, das fast totale Fehlen von Gebärdendolmetschern in der Universität (...)" (Bielefeldt 2010, 67).

um ein gesellschaftliches Umdenken hin zur Achtung von Menschen mit Behinderung anzustoßen, da „Selbstachtung (...) ohne die Erfahrung sozialer Achtung durch andere kaum entstehen kann" (Bielefeldt 2009, 5).

4.3.2 Die UN-Behindertenrechtskonvention

4.3.2.1 Inhalt und Bedeutung der BRK

Anti-Diskriminierungsrichtlinien, zu denen die BRK gehört, entwickelten sich in Deutschland, den USA, Europa bzw. der UNO zeitlich und rechtlich unterschiedlich, wobei der Verlauf in Deutschland eher zögerlich war – Degener und Mogge-Grotjahn sprechen hier von Deutschland als einem "Entwicklungsland" (Degener, Mogge-Grotjahn 2012, 65)[224]. Die Entstehung der UN-Behindertenrechtskonvention wurde initiiert und begleitet von einem Wandel von einem medizinischen zu einem sozialem Modell von Behinderung (vgl. (Graumann 2011, 27 f.) Mit Letzterem wird "das Verhältnis Umwelt/Individuum in den Blick genommen (...): von der Schädigung der Körperfunktion zur Aktivitätsbeeinträchtigung zur Partizipationseinschränkung."[225] (Stein 2013, 13) Gleichzeitig wird die pädagogische Perspektive auf Menschen mit Behinderung als Objekte von Für-

---

[224] Graumann benennt als wichtige Meilensteine des rechtebasierten Ansatzes die „Declaration on the Rights of Mentally Retarded" (1971) und die „Declaration on the Rights of Disabled Persons" (1975) sowie das 1982 in der Folge des Internationalen Jahrs der Behinderten (1981) von der UN verabschiedete „World Programme of Action Concerning Disabled Persons". Dies benennt neben den Zielen der Prävention und Rehabilitation, die weiterhin eher medizinisch orientiert sind, als drittes Ziel die Chancengleichheit, ebenso wie die UN-Resolution von 1993: "Rahmenbestimmungen für die Herstellung der Chancengleichheit für Behinderte" (Stein 2013, 13; Degener 2009a, 202). Deutschland nimmt diese Entwicklungen erst 2001 auf und orientiert mit dem Sozialgesetzbuch IX die Sozialgesetzgebung auf Teilhabe und Selbstbestimmung. 2002 folgt das Benachteiligungsverbot für behinderte Menschen im Art. 3 GG und 2006 das Allgemeine Gleichstellungsgesetz (Stein 2013, 13). Die UN-BRK wird im Dezember 2008 von der Generalversammlung verabschiedet und tritt am 3. Mai 2008, nachdem der 20. Staat die Konvention ratifiziert hat, international in Kraft. Deutschland ratifiziert die Konvention im Dezember 2008 (Graumann 2011, 26; Metzler 2011, 105).

[225] „Die Kritik am medizinischen Modell von Behinderung beeinflusste auch die Weltgesundheitsorganisation (WHO) und spiegelt sich zunehmend in den WHO Konzepten wie dem *ICDH (International Classification of Impairments, Disabilities and Handicaps, 1980)* oder dem *ICF (International Classification of Functioning)* wider." (Degener 2009a, 201; k. i. O.)

sorge und freiwilliger Wohltätigkeit abgelöst durch eine Sichtweise auf sie als Rechtssubjekte (Graumann 2012, 28): Ihnen kommt die Kontrolle über ihr Leben zu, weshalb die selbstverständliche Dominanz von Expertenmeinungen „zum Wohle" der Betroffenen als Fremdbestimmung zurückgewiesen werden muss (Graumann 2011, 8).

Die BRK gehört zu den acht „core human rights conventions", gilt also völkerrechtlich verbindlich („hard law") für die Situation behinderter Menschen (Graumann 2011, 27). Sie wurde nicht nur in einem vergleichsweise kurzen Zeitraum von fünf Jahren erarbeitet, sondern auch mit umfangreicher Beteiligung von behinderten Menschen selbst – „auf allen Ebenen und Funktionen: als Betroffene und als ExpertInnen, als Zivilgesellschafts- und als RegierungsvertreterInnen" (Degener 2009b, 264).

Die Konvention besteht aus einer ausführlichen, unverbindlichen Präambel und 50 Artikeln. Art. 1 bis 9 enthalten allgemeine Bestimmungen wie den Zweck der Konvention, Definitionen, Prinzipien, Vorschriften in Bezug auf die besonders vulnerablen Gruppen der Frauen und Kinder sowie Bestimmungen zur Bewusstseinsbildung und Barrierefreiheit. Art. 10 bis 30 umfassen die einzelnen Menschenrechte, Art. 31 bis 40 betreffen die Implementierung und Überwachung und Art. 41 bis 50 „technische Regelungen". (Degener 2009a, 203) Zweck der BRK ist es, die „Menschenrechte und Grundfreiheiten" aller Menschen mit Behinderung und die Achtung ihrer Würde „zu fördern, zu schätzen und zu gewährleisten" (Art. 1) und zwar nicht nur durch Diskriminierungsverbote, sondern auch durch „staatliche Achtungs-, Schutz- und Gewährleistungspflichten" (Degener 2009a, 203). Die BRK beinhaltet einen historisch offenen, veränderbaren Behinderungsbegriff (Präambel e) und ist dem sozialen Modell von Behinderung (Art. 1) verpflichtet. In den in Art. 3 niedergelegten Grundsätzen (principles) der Konvention werden die zentralen Dimensionen der Würde und Selbstbestimmung, der Teilhabe und Inklusion, der Nicht-Diskriminierung und Chancengleichheit sowie der Zugänglichkeit miteinander verknüpft. Degener (2009a, 205) führt dazu aus, dass Gleichheit, also die Vermeidung von Diskriminierung, für Menschen mit Behinderung nur als Chancengleichheit (Ausgleich unterschiedlicher Ausgangsbedingungen) geschaffen werden könne, sowie unter den Bedingungen der

Barrierefreiheit (Zugänglichkeit) und der Inklusion. Ohne Letztere münde Gleichheit in Assimilation, so Degener.

„Weil in der BRK das Prinzip der Nichtdiskriminierung begleitet wird von den Grundsätzen der Inklusion, Chancengleichheit und Barrierefreiheit, ist davon auszugehen, dass die BRK einem substantiellen Gleichheitskonzept folgt, das faktische und rechtliche Gleichheit, Gruppenidentität und Dominanzverhältnisse berücksichtigt." (Degener 2009a, 205)

Die Bedeutung der BRK geht über die einer Spezialkonvention für Menschen mit Behinderung hinaus, so Bielefeldt. Die BRK stelle einen „Innovationsschub für die Menschenrechtsphilosophie" dar, und sie *„verändert die Gesamtperspektive* der Menschenrechtstheorie und -praxis." (Bielefeldt 2011, 260; k. i. O.) Bielefeldt sieht in der BRK „eine Reihe von innovativen Elementen inhaltlicher und institutioneller Natur, die keineswegs nur für den Kontext der Behinderung relevant sind." (Bielefeldt 2011, 258) So komme in der Konvention die Bedeutung des menschenrechtlichen Anspruchs auf Schutz vor unfreiwilliger Ausgrenzung deutlicher als in anderen Menschenrechtskonventionen zum Ausdruck, ohne dass individuelle Abwehrrechte (Schutz vor den Übergriffen des Staates oder übermächtiger Kollektive) an Bedeutung verlieren würden (Bielefeldt 2009, 12). Graumann sieht wichtige Impulse für die Weiterentwicklung des gesamten Menschenrechtsdiskurses durch die Abkehr von einer reinen Fürsorgehaltung gegenüber Menschen mit Behinderung hin zu einem rechtebasierten Modell, da so die sozialpolitische mit der menschenrechtlichen Perspektive verknüpft wird (Graumann 2011, 30 f.). Antidiskriminierung muss demnach mit staatlichen Pflichten (claims) und (einklagbaren) Berechtigungen (entitlements) von Menschen mit Behinderung einhergehen. Im Sinn der BRK bedeutet das, dass Menschen mit Behinderung nicht nur die Freiheit haben, selbstbestimmt und unabhängig zu leben, sondern ihnen auch die entsprechende Unterstützung bspw. durch soziale Dienste am selbstgewählten Wohnort garantiert wird (Graumann 2011, 16 f.). Dabei formuliert die BRK keine Sonderrechte für Menschen mit Behinderung, sondern verhilft allgemeinen Geltungsansprüchen zur Durchsetzung (Lanwer 2012, 52). Die BRK betone „das ‚Besondere' im ‚Allgemeinen'" (Lanwer 2012, 50), indem sie den Erfahrungshintergrund von Diskriminierung und Exklusion von behinderten Menschen in der ganzen Welt aufnimmt und anhand dessen die universalen Menschenrechte durchdekliniert (Lanwer 2012, 50; Bielefeldt 2011, 259). Erst durch die andauernde und explizite Reflexion der Situation marginalisierter Bevölkerungsgruppen könne der Universalismus der Menschenrechte überhaupt glaubhaft vertreten werden, andernfalls gerieten die Menschenrechte zu faktischen Exklusionsinstrumenten für nicht-weiße, nicht-männliche oder körperlich, seelisch oder geistig beeinträchtigte Personen (Bielefeldt 2011, 260; Bielefeldt 2012, 150 f.). Die volle Anerkennung der Rechte von behinderten Menschen wird, so die Präambel der BRK, darüber hinaus auch zu einer verstärkten Humanisierung der Gesamtgesellschaft beitragen (vgl. Graumann 2011, 38):

> „(...) und in der Erkenntnis, dass die Förderung des vollen Genusses der Menschenrechte und Grundfreiheiten durch Menschen mit Behinderungen sowie ihrer uneingeschränkten Teilhabe ihr Zugehörigkeitsgefühl verstärken und zu erheblichen Fortschritten in der menschlichen, sozialen und wirtschaftlichen Entwicklung der Gesellschaft und bei der Beseitigung der Armut führen wird, (...)" (BRK Präambel m)

4.3.2.2 Der Inklusionsbegriff in der BRK

Die Vielschichtigkeit des Inklusionsbegriffs wird angesichts seiner Verwendung in der UN-Behindertenrechtskonvention erneut deutlich. Seine inhaltliche Bestimmung erfordere einen fortlaufenden, offenen Interpretationsprozess, so Wansing (2012, 94). Dies auch, weil die BRK auf eine konkrete Definition verzichtet:

> „In Art. 2 BRK werden (...) Begriffe (...) explizit definiert, der Begriff ‚Inklusion' jedoch nicht. Der begriffliche Inhalt von Inklusion muss vielmehr aus dem Kontext erschlossen werden." (Wocken 2011, 57)

Bielefeldt zufolge schlägt die BRK eine „für Theorie und Praxis der Menschenrechte fortan" maßgebliche Neu-Interpretation der „Trias von Freiheit, Gleichheit und Brüderlichkeit" im Sinne von (assistierter) Autonomie, Barrierefreiheit und gesellschaftlicher Inklusion vor (Bielefeldt 2011, 265). Aus dieser Trias soll hier zunächst der Inklusionsbegriff beleuchtet werden, bevor sein Verhältnis zu Autonomie/Selbstbestimmung und Anti-Diskriminierung/Vielfalt/Barrierefreiheit untersucht wird.

Inklusion als moderner Begriff von Brüderlichkeit (Bielefeldt 2011, 268) markiere eine – schwer zu erreichende – langfristige „selbstverständliche Zugehörigkeit". Ziel von Inklusion sei, „dass die Betroffenen ein dauerhaft ein verstärktes Zugehörigkeitsgefühl (...) ausbilden können", wie Bielefeldt mit Verweis auf die Präambel (m) der BRK betont (Bielefeldt 2011, 269). Es gehe darum, in „allen gesellschaftlichen Bereichen (...) Behinderung als Bestandteil normalen und menschlichen Zusammenlebens" zu verstehen und zu akzeptieren (Bielefeldt 2011, 270). Die Idee von Inklusion als „selbstverständlicher Zugehörigkeit" greift auf den Gedanken der universellen Geltung der Menschenrechte zurück: Weil Menschenrechte und Menschenwürde in der Vernunft als allen gemeinsames Gattungsmerkmal wurzeln, lassen sich vernunftbegründete Ausschlüsse von Einzelnen oder Gruppen nicht begründen. Dabei weist Bielefeldt das Argument, dass separierte, konkurrenzfreie Schonräume für behinderte Menschen notwendig seien, entschieden zurück: Zwar benötige eine Gesellschaft Schonräume, die aber nicht pauschal einer Bevölkerungsgruppe zugewiesen werden dürften, während andere davon ferngehalten würden (Bielefeldt 2011, 271). Stattdessen zeige sich in „den Begriffen Inklusion und Zugehörigkeitsbewusstsein (...) ein Paradigmenwechsel weg von einer primär institutionell-systemischen Logik hin zu einem Denken, das die Würde und Selbstbestimmungsrechte der betroffenen Menschen zum Ausgangspunkt nimmt." (Bielefeldt 2011, 269) Dieser Paradigmenwechsel erfordert folglich einen Umbau der gesamten gesellschaftlichen Rahmenbedingungen, der es erst ermöglicht, „dass Behinderte *selbstverständlich dabei* sind." (Bielefeldt 2011, 269; k. i. O.)

Wansing (2012) erläutert in ihrem Aufsatz „Der Inklusionsbegriff in der Behindertenrechtskonvention" unterschiedliche Aspekte des vielschichtigen Konzepts, rechnet aber – anders als Bielefeldt – die „selbstverständliche Zugehörigkeit" nicht dazu. Der inhaltliche Kern von Inklusion in der Konvention könne bestimmt werden als „Grundprinzip sozialen Zusammenlebens, das allen Menschen auf der Basis gleicher Rechte die volle und wirksame Teilhabe an der Gesellschaft ermöglichen soll." (Wansing 2012, 94) In vier Artikeln wird das Inklusionskonzept in der Konvention ausgeführt: Inklusion erscheint demnach

„(...) – als allgemeiner Grundsatz der Einbeziehung in die Gesellschaft (inclusion in society, Art.3),

– als Verpflichtung zur Einbeziehung in die soziale Gemeinschaft (inclusion in the community, Art. 19),

– als Maßgabe für die Ausrichtung des Bildungssystems (inclusive education system), die Gestaltung von Schule und Unterricht (inclusive education) (Art. 24) und die Ausformung des Arbeitsmarktes und -umfeldes (open, inclusive and accessible) (Art. 27),

– als Ziel und Zweck von Diensten und Programmen der Habilitation und Rehabilitation (full inclusion and participation in all aspects of life) (Art. 26)." (Wansing 2012, 94)

Inklusion im Sinne von Artikel 3 interpretiert Wansing als Zugangsrechte und -chancen sowohl auf der Ebene der Weltgesellschaft als auch auf den Ebenen der jeweiligen Nationalstaaten und der zugehörigen Institutionen, Organisationen und Leistungen:

„Inklusion bezieht sich auf die Art und Weise, wie Personen in den verschiedenen Gesellschaftsbereichen sozial berücksichtigt werden." (Wansing 2012, 95)

Wansing folgt damit einer systemtheoretischen Sichtweise, der zufolge Inklusionsansprüche – zumindest in westlichen Gesellschaften – universell allen Gesellschaftsmitgliedern zukommen. Weit entfernt von einer „selbstverständlichen Zugehörigkeit" im Sinne der o. g. modernisierten Brüderlichkeit beschreibt Inklusion nach Wansing „die Blickrichtung von gesellschaftlichen Strukturen und Prozessen auf den Menschen" (Wansing 2012, 96). Exklusion gilt demnach als Normalfall, wenn nämlich Individuen als Rollenträger den Erwartungen der (Teil-)Systeme oder den Mitgliedschaftskriterien von Organisationen nicht entsprechen (vgl. Abschnitt 4.2.1.1). Die von Bielefeldt reklamierte „selbstverständliche Zugehörigkeit" fasst Wansing mit dem Begriff der sozialen Teilhabe[226], die sich bemesse „an der Einbindung in soziale Nahbereiche und Beziehungen." (Wansing 2012, 96) In dieser Arbeit wurde dieser Aspekt der Einbe-

---

[226] Wansing (2012, 96) unterscheidet hier ökonomische, politisch-rechtliche, kulturelle und soziale Teilhabe.

ziehung in den sozialen Nahraum mit Kastl als Sozialintegration untersucht (vgl. Abschnitt 4.1.3). Letztlich vertieft Wansing die Frage nach der persönlichen Einbindung aber nicht, da es ihr primär um die Wahrnehmung und den Abbau von (ungerechtfertigter) sozialer Ungleichheit von Menschen mit Behinderung geht. Diese werde „im Lichte von Inklusion erst sichtbar und als mögliches Unrecht wahrnehmbar" (Wansing 2012, 97), da durch das Menschenrecht auf Inklusion die soziale Zugehörigkeit im Sinne gleicher Zugangsrechte und -chancen „unhinterfragbar" gesetzt sei. Dieser grundsätzliche Anspruch auf Inklusion werde aber für Menschen mit Behinderung bspw. im Bildungs- oder Erwerbsarbeitssystem häufig mit der Zuweisung in separierende Sondereinrichtungen erfüllt, was wiederum einer Diskriminierung, also ungerechtfertigter Ungleichbehandlung gleichkomme (Wansing 2012, 97 f.). Das daraus entstehende Paradox der Inklusion in eine exklusive, also nach Leistungskriterien und Rollenerwartungen „hochselektive" Gesellschaft ließe sich zwar nie ganz auflösen, aber mit Hilfe der BRK fruchtbar bearbeiten, so Wansing. Die Konvention ziele auf eine dynamische Entwicklung von Gesellschaft, in der einer – „aufgrund sichtbarer oder zugeschriebener Unterschiede" (Wansing 2012, 98) – großen Vielfalt von Individuen gleichberechtigte Zugangschancen eröffnet werden (sollen). Damit knüpft Wansing an die oben schon dargestellte Kontroverse um die Konzepte der Integration und Inklusion an: Integration als Kompensation im Sinne einer Wiedereingliederung von zuvor ausgegrenzten Menschen mit Behinderung werde obsolet, weil Inklusion im Sinne der BRK eine Vorwärtsperspektive einnehme und auf Prävention setze, also auf einen fortschreitenden gesellschaftlichen Umbau von Institutionen, Organisationen, Regelwerken und Haltungen (Wansing 2012, 99).[227] Inklusion schaffe bspw. Bildung und Erwerbsoptionen am Wohn- und Lebensort, Dokumente in leichter Sprache oder einen barrierefreien Nahverkehr und erhöhe damit nicht nur die Teilhabechancen von Menschen mit Behinderung, sondern stelle auch einen Beitrag „zum allgemeinen Wohl" (BRK, Präambel m) zur Verfügung. Zudem biete die Sichtbarkeit einer Vielfalt unterschiedlicher

---

[227] Partizipation, im Sinne eines demokratischen, politischen Mitspracherechts von Menschen mit Behinderung in allen Angelegenheiten, die sie betreffen, ist unabdingbare Voraussetzung eines solchen Umbaus. (Wansing 2012, 100 f.)

Menschen, darunter auch Menschen mit Behinderung, gegenseitige Lernchancen:

„Insgesamt zielt der Inklusionsbegriff in der BRK somit auf einen grundlegenden soziokulturellen Wandel, der für alle Gesellschaftsmitglieder bedeutsam wird, weil die soziale Berücksichtigung höchst unterschiedlicher Perspektiven Normalitätsvorstellungen ihrer Basis enthebt und bestehende Maßstäbe verschiebt." (Wansing 2012, 100)

Dies werde besonders in Bezug auf Art. 19 der BRK deutlich, der für Menschen mit Behinderung das Recht formuliert, „mit gleichen Wahlmöglichkeiten wie andere Menschen in der Gemeinschaft zu leben". Für die Verwirklichung dieses Rechts sei die Verfügung über entsprechende Ressourcen (inklusive Bildungseinrichtungen, persönliche Assistenz, barriere- und diskriminierungsfreie Umwelt) unabdingbar. (Wansing 2012, 102)[228]

Ebenso wie Bielefeldt (s. oben) rückt Wansing also den Umbau sozialer, kultureller und materialer Strukturen in den Fokus ihrer Interpretation des Inklusionsbegriffs. Weil damit auch „Normalitätsvorstellungen" verändert werden sollen, muss Inklusion auch in Sozialisationsprozessen wirksam werden, was zudem in Artikel 8 der Konvention ausdrücklich gefordert wird. Während Bielefeldt den sozialen Umbau primär mit der universalen Geltung der Menschenrechte begründet, führt Wansing den präventiven Nachteilsausgleich für körperlich, seelisch oder geistig beeinträchtigte Menschen als Begründung ins Feld. Dass die BRK als Promotor eines, wie Wansing es im obigen Zitat ausdrückt, „grundlegenden soziokulturellen Wandel[s]" angetreten ist, wird auch in den Verhältnissen von Inklusion zu Autonomie/Selbstbestimmung bzw. zu Heterogenität deutlich, die im Folgenden beleuchtet werden.

„Freiheit" als Teil der menschenrechtlichen Trias wird, so Bielefeldt (2011, 265), von der BRK interpretiert als assistierte Autonomie. Dies meine die Achtung der „individuellen Autonomie", „der Freiheit, eigene Entscheidungen zu treffen" und der „Unabhängigkeit" (Artikel 3 BRK)[229]

---

[228] Vgl. auch Schädler (2013); Kastl (2013); Degener (2009a); Müller-Hergl (2014, 16); u. v. a. m.

[229] Im englischen Original „independence"; in der Schattenübersetzung des Netzwerk Artikel 3 e. V.: „Selbstbestimmung" (vgl. FN 152).

und sei nur mit Hilfe fördernder und stützender Strukturen zu verwirklichen. Ein solches Konzept der assistierten Autonomie wirke sich nicht nur auf beeinträchtigte, kranke oder gebrechliche Menschen aus, sondern auf alle Menschen. Nur in dieser Weise, so Bielefeldt mit Bezug auf Graumann (2011) „lässt sich der Begriff der Autonomie überhaupt für den Menschenrechtskontext retten" (2011, 266). Umgekehrt bilde Autonomie das Prüfkriterium für nicht-paternalistische Hilfeformen: Hilfe muss sich immer an der Entscheidung derjenigen, die sie benötigen, orientieren. Von den Betroffenen unerwünschte Unterstützungsmaßnahmen könnten nicht von pädagogischen, pflegerischen oder Betreuungskräften durch den Verweis auf einen etwaigen zukünftigen Nutzen legitimiert werden (Bielefeldt 2011, 267; Graumann 2012, 85). Wansing teilt den Standpunkt Bielefeldts, dass Inklusion in modernen, individualisierten Gesellschaften unabdingbar mit der Sicherung einer Autonomie verknüpft ist, die als assistierte Autonomie Selbstbestimmung ermöglicht und verhindert, dass Inklusion zu Bevormundung wird (Wansing 2012, 102). Die „Freiheit, eigene Entscheidungen zu treffen" (Art. 3) kann auch die Entscheidung beinhalten, nicht dazu gehören zu wollen.

> „Inklusion impliziert immer auch Möglichkeiten der teil- und zeitweisen Nicht-Partizipation in verschiedenen Lebensbereichen und Lebensphasen als Ausdruck von Individualität (...)." (Wansing 2012, 102)

Das Gleichheitsgebot als dritter Teil der menschenrechtlichen Trias drücke, so Bielefeldt (2011, 265), das Verbot aus, einen Unterschied zu machen, zu „diskriminieren", und werde in der BRK durch die Verpflichtung zur Barrierefreiheit konkretisiert. Eine rein formale Gleichheit, die in faktische Ungleichheit aufgrund unterschiedlicher Lebenslagen münde, werde ebenso überwunden wie die Fokussierung auf direkte Diskriminierung (ungleiche Behandlung aufgrund von Personenmerkmalen) (vgl. auch Degener, Mogge-Grotjahn 2012, 63). Die Staaten werden verpflichtet, "angemessene Vorkehrungen" (Art. 2 BRK) zu treffen, die eine befähigende Umgebung schaffen. (Graumann 2011, 44; Aichele 2010, 16) Damit werde auf die Vielzahl struktureller Diskriminierungstatbestände verwiesen, wie bspw. bauliche Gegebenheiten, aber auch organisationale Prozesse, soziokulturelle Haltungen und Sprachbilder. (Bielefeldt 2011,

268) Beim Umbau der Gesellschaft hin zu nicht-ausgrenzenden Haltungen und Strukturen wird der Vielfaltsbegriff zum Prüfstein, wie Wansing unter der Überschrift „Inklusion in eine wandelbare Gesellschaft" (2012, 98) erläutert:

> „Alle Aspekte des gesellschaftlichen Lebens sollen künftig so gestaltet werden, dass jeder Mensch mit seinen je individuellen Voraussetzungen gleichberechtigt teilhaben kann, ohne aufgrund sichtbarer oder zugeschriebener Unterschiede ausgegrenzt oder behindert zu werden. (...) Die zielführende Frage des sozialen Umbaus nach Maßgabe von Inklusion und Anerkennung von Vielfalt lautet: Wie müssen Schule und Unterricht, Arbeitsmarkt, Museen, Krankenhäuser, Kirchen, Behörden usw. gestaltet sein, dass ihren jeweiligen Adressaten (Schüler/innen, Erwerbstätige, Kunstinteressierte, Patienten, Bürger/innen) mit ihren unterschiedlichen Voraussetzungen Zugang und Teilhabe ermöglicht werden?" (Wansing 2012, 98 f.)

Die Akzeptanz von Vielfalt und Inklusion haben also einen engen Bezug. Beide gründen in der prinzipiellen Geltung von Menschenrechten und Menschenwürde als Gattungsmerkmal:

> "Inklusion ist als Weiterentwicklung des Gleichheitsgebotes zu verstehen, welches in allen Menschenrechtsquellen enthalten ist. Die Weiterentwicklung besteht in der Anerkennung der Heterogenität der Menschenrechtssubjekte und ihrer unterschiedlichen Lebenslagen." (Degener, Mogge-Grotjahn 2012, 75)

Die Konvention erkennt in der Präambel die Vielfalt von Menschen mit Behinderung selbst an (i) sowie deren „wertvollen Beitrag (...) zum allgemeinen Wohl und zur Vielfalt ihrer Gemeinschaften" (m) und fordert im verbindlichen Teil Achtung für Menschen mit Behinderungen als Teil der menschlichen Vielfalt (Art. 3, Art. 24). Damit setze die Konvention angesichts der empirischen Erkenntnisse zur Schwächung der Selbstachtung behinderter Menschen durch soziale Mißachtung und „angesichts der wachsenden biotechnischen Möglichkeiten zur ‚Optimierung' des menschlichen Erbguts" ein Zeichen gegen die Stigmatisierung beeinträchtigter Menschen (Graumann 2011, 36 f.). Als Gegenentwurf zu einer „künftigen Gesellschaft ohne Behinderung" schützt die Konvention „genuine Kulturerrungenschaften" von behinderten Menschen wie bspw. die Gebärdensprache (Bielefeldt 2009, 7 f.). Weil sie dabei einem sozialen und nicht einem personenbezogenen Begriff von Behinderung folgt, vermeidet sie es, einzelne Gruppen von behinderen Menschen zu kategorisieren, sondern nimmt die benachteiligenden Strukturen in den Blick:

> „Inklusion impliziert den Bedarf, Formen der Anerkennung des oder der Anderen zu kultivieren, die das Konstrukt von 'Normalität und Abweichung' und damit bestimmte Zumutungen von Zugehörigkeitsbekundungen auf kultureller, gesundheitlicher oder habitueller Ebene hinter sich lässt." (Eppenstein, Kiesel 2012, 96)

Das Recht auf Achtung vor der Vielfalt drängt also ebenso wie das Recht auf Selbstbestimmung auf den Umbau der sozialen und materialen Strukturen nicht nur des Gesundheits-, Hilfe- oder Pflegesystems, sondern der gesamten Gesellschaft. Inklusion im Sinne der BRK wiederum ist untrennbar mit diesen Rechten verknüpft.

Die lebhafte Diskussion um den Inklusionsbegriff in der BRK und seine rapide Verbreitung haben einige verkürzende Interpretationen mit sich gebracht. Dies betrifft zunächst die den Diskurs dominierende (heil-)pädagogischen Auslegungen des Begriffs, die einerseits dessen universelle Gültigkeit betonen, gleichzeitig aber eine strikt professionsgebundene Perspektive auf Inklusion beibehalten. So begrüßt Dannenbeck zwar die „Kritik an einem pädagogisch verkürzten Inklusionsverständnis", er versteht darunter jedoch lediglich, dass die politische Brisanz des Begriffs der Inklusion durch die Übersetzung mit „Integration" verpuffe und das bestehende Bildungssystem in dieser Weise legitimiert werde (Dannenbeck 2011, 17). Diese häufig vorgebrachte Kritik (u. a. Bielefeldt 2009, 11; Degener, Mogge-Grotjahn 2012, 66; Frühauf 2010, 13 f.) und der Verweis auf die sog. „Schattenübersetzung" von Netzwerk Artikel 3 e. V. (vgl. FN 152) ist missverständlich:

> „In der Auseinandersetzung mit der deutschen Fassung der BRK wird vielfach der Eindruck erweckt, der englische Originalbegriff der inclusion sei ausnahmslos mit Integration übersetzt worden. Dies ist nicht durchgängig der Fall, sondern die (berechtigte) Kritik richtet sich auf die Kontexte der Rechte auf Bildung (Art. 24) und Arbeit (Art. 27)." (Wansing 2012, 94)

In allen anderen Artikeln wird auch in der Schattenübersetzung „inclusion" mit „Einbeziehung" übersetzt.[230] Probleme, die eine Verengung des Inklusionsbegriffs auf das Recht des gemeinsamen Schulbesuchs mit sich bringt, zeigen sich auch in der Analyse von Wocken (2011). Den zentralen, aber abstrakten Konzepten der BRK ordnet er Handlungskonzepte positiver und negativer Valenz zu:
- Selbstbestimmung: Assistenz (positiv)/Fürsorge (negativ),
- Gleichberechtigung: Gleichstellung (positiv)/Kategorisierung (negativ),
- Teilhabe: Inklusion (positiv)/Exklusion (negativ). (Wocken 2011, 57)

Inklusion, so Wocken, sei als ein solches Handlungskonzept in Art. 24, Bildung, konkretisiert. Diese genuin pädagogische Perspektive produziert m. E. aber Widersprüche hinsichtlich der Reichweite des Inklusionsbegriffs. Um seine Universalität zu erhalten, muss Wocken ihm eine Doppelbedeutung zuweisen:

> „Inklusion ist einerseits die konzeptadäquate Handlungsfolge für die Rechtsdimension Teilhabe, kann aber andererseits darüber hinausgehend auch als Oberbegriff für die drei Handlungskonzepte Assistenz, Gleichstellung und Inklusion (im engeren Sinne) insgesamt gelten." (Wocken 2011, 57)

Was diesen „Oberbegriff" dann letztlich ausmacht und wie er sich vom Handlungskonzept unterscheidet, bleibt offen.
Eine weitere missverständliche Interpretation bezieht sich auf die Deutung von Inklusion als „Zugehörigkeit", die sowohl als Adjektiv als auch als Substantiv zu Fehldeutungen einlädt. In der Konvention selbst ist nur in der Präambel (m) von einem „Zugehörigkeitsgefühl" (sense of belonging) die Rede:

> „ (...) in der Erkenntnis, dass die Förderung des vollen Genusses der Menschenrechte und Grundfreiheiten durch Menschen mit Behinderungen sowie ihrer uneingeschränkten Teilhabe ihr Zugehörigkeitsgefühl verstärken (...) wird,"

---

[230] Zur Unterscheidung: „participation" wird mit „Teilhabe" und „sense of belonging" wird mit „Zugehörigkeitsgefühl" übersetzt (offizielle und Schattenübersetzung).

Die (nicht als verbindliches Recht zu betrachtende) Präambel betont die Erkenntnis, dass sich die Durchsetzung von Menschen- und Grundrechten und Teilhabe für Menschen mit Behinderung positiv auf deren Zugehörigkeitsgefühl auswirken werde. Theunissen (2011) deutet dies als normatives Gebot:

> "(...) liegt der Behindertenrechtskonvention das Verständnis von einer Gesellschaft zugrunde, in der alle Menschen mit oder ohne Behinderungen willkommen sind, wertgeschätzt, respektiert und anerkannt werden, *sich als angenommen und zugehörig erleben sollen* sowie ein selbstbestimmtes Leben führen können (vgl. Präambel m)." (Theunissen 2011, 158, k. B. S.)

Aus der Verpflichtung, die Würde und die Rechte von Menschen mit Beeinträchtigungen zu achten, wird so eine normative Vorstellung über das Zugehörigkeitserleben von Menschen mit Beeinträchtigung. Dies greift m. E. sowohl auf Seiten der nicht-behinderten wie auf Seiten der behinderten Menschen in die persönliche Gestaltung intimer Beziehungen ein und wäre auch nicht sinnvoll umzusetzen.

Ebenso erweist sich der Begriff „selbstverständlich" in Bezug auf „Zugehörigkeit" als doppeldeutig. Das Adjektiv, das die Bedeutung „sich aus sich selbst verstehend" (Duden 2016) hat, wird weder im Original noch in der Übersetzung der Konvention verwendet. Es legt eine gewisse Leichtigkeit in der Umsetzung von Inklusion nahe, die verschleiert, dass die Umsetzung eines tiefergehenden Verständnisses komplexer sozialer Zusammenhänge und weitreichender Ressourcen bedarf. Ähnlich verhält es sich mit der Kennzeichnung von Inklusion als „unmittelbar", einem Begriff, der ebenfalls so nicht in der BRK verwendet wird, aber bspw. bei Theunissen (2011, 162). „Unmittelbar" wird im Duden definiert als:

> „a) nicht mittelbar, nicht durch etwas Drittes, durch einen Dritten vermittelt; direkt, b) durch keinen oder kaum einen räumlichen oder zeitlichen Abstand getrennt, c) direkt; geradewegs [durchgehend]" (Duden 2015e, eckige Klammern i. O.)

Hier stellt sich die Frage, ob „gesellschaftliche Zugehörigkeit", die in dieser Weise „nicht (...) vermittelt" ist oder „kaum einen räumlichen oder zeitlichen Abstand" kennt, Teil der Menschenrechte sein kann. Gemeinsam geteilte Sozialräume (Wohnen, Verein, Arbeit etc.) sind eine wichtige Voraussetzung für Inklusion, weil sie Begegnungen, Interaktion, Konflikte und Konfliktlösungen erst möglich machen. Erst die Tatsache, dass Menschen bspw. Nachbarn sind, gibt ihnen überhaupt die Gelegenheit, sich zugehörig zu fühlen. (Siebert 2014) Das Recht auf ein Leben in selbstgewählten Sozialräumen ist in der Konvention u. a. in Art. 19 festgeschrieben. Dort werden als vermittelnde Leistungen, die in einem von Menschen mit verschiedensten Kompetenzen und Begabungen gemeinsam geteilten Sozialraum benötigt werden, gemeindenahe Unterstützungsdienste, persönliche Assistenz und Zugänglichkeit der allgemeinen Infrastruktur genannt. Insofern greift es zu kurz, Unmittelbarkeit als Kennzeichen gelingender Inklusion zu setzen.[231] Stattdessen muss die soziale Vermittlung – durch Interaktion, Rituale, Bezugspersonen, Regeln, Ressourcen – in gemeinsam geteilten Sozialräumen in erheblich höherem Maß gegeben sein als in homogenen.[232] Räumliche, zeitliche und soziale Nähe müssen in ein durchdachtes und flexibles Gleichgewicht gebracht werden, das mit dem Begriff „Unmittelbarkeit" nur unterkomplex bezeichnet ist.

4.3.2.3 Geltung und Umsetzung der Konvention

Unterschiedliche Auffassungen herrschen hinsichtlich der Umsetzbarkeit und faktischen Umsetzung der BRK. Die Schwierigkeit, so Wansing, sei, dass Inklusion weder ein „greifbares Ziel" definiere noch eine unmittelbare Ableitung von Handlungen zulasse (Wansing 2012, 102). Dagegen

---

[231] Theunissen schließt im weiteren „ein *unmittelbares soziales Zugehörigsein*, zum Beispiel zu einer Familie, Gemeinschaft oder Gruppe" (Theunissen 2011, 162; k. i. O.) aus dem Geltungsbereich der BRK aus, allerdings ohne die Differenz zwischen „Zugehörigkeit" und „Zugehörigsein" zu definieren. Er kritisiert im Weiteren die deutsche Übersetzung „Einbeziehung" als „Außenperspektive", die die „Position eines nicht-behinderten Menschen", der sich „am Pol der Macht befindet" markiert, was dem Prinzip des Empowerments und der Partizipation widerspreche (Theunissen 2011, 160). Dagegen lässt sich argumentieren, dass Einbeziehung weit präziser auf den langwierigen Prozess, der einer gelingenden Inklusion zugrunde liegt, verweist als die Vokabel „Zugehörigkeit". Woher der Antrieb für diesen Prozess der Einbeziehung kommt und ob er nicht sinnvollerweise gerade auch aus dem Zentrum und nicht nur von den Rändern her initiiert werden muss (Castel 2008, 79), ist damit noch nicht gesagt.

[232] Dass Unmittelbarkeit in gemeinsam geteilten Sozialräumen geradezu kontraproduktiv wirken kann, zeigt das oben schon angeführte Beispiel der „bubble-kids" (vgl. Abschnitt 3.2.2.4).

verweist Graumann darauf, dass die Umsetzung der Konvention für die Behindertenpolitik und -arbeit verbindlich sei und die Konzeption von Inklusion sich „aus den Regelungen der Konvention detailliert erschließen" lasse (Graumann 2012, 79). Im Folgenden soll deshalb kurz auf die rechtliche Geltung, die Prüfung der Umsetzung und empirische Implementationschancen und -hindernisse eingegangen werden.

Da, wie oben schon gezeigt, die BRK keine Spezialkonvention ist, sondern vielmehr die allgemeinen Menschenrechte aus der Perspektive beeinträchtigter Menschen ausgelegt werden, sind für die Umsetzung der Konvention in der deutschen Rechtsordnung und in Bezug auf das Grundgesetz ebenfalls keine neuen Grundrechte erforderlich, sondern es ist die *„behindertenspezifische* Auslegung aller bestehenden Grundrechte gefordert" (Kotzur, Richter 2012, 83; k. i. O.). Das entsprechende Inkorporationsgesetz ist einfaches Bundesrecht, innerstaatlich dem Grundgesetz nachrangig, aber verbindliches Recht. Durch die Ratifikation (inkl. Zustimmung des Bundesrats) sind der Staat insgesamt, die Länder und alle staatlichen Organe (Parlamente, Behörden, Gerichte sowie Körperschaften öffentlichen Rechts) an die Konvention gebunden (Bielefeldt 2011, 275; Aichele 2010, 17). Um das Ungleichgewicht zwischen der völkerrechtlichen Bedeutung und der Geltung als einfaches Gesetz auszugleichen, lege das Bundesverfassungsgericht Grundgesetz und Verfassungsnormen „'im Lichte' des völkerrechtlichen Vertrages" aus (Kotzur, Richter 2012, 83): Als menschenrechtlicher Vertrag überformt die BRK die Grundrechte. Die BRK kann deshalb Grundrechtsdimensionen betonen, die – bspw. in leistungsrechtlicher Sicht – ein Handeln des Staates erfordern und bisher im Grundrecht fehlen. Dies betreffe insbesondere die Aspekte "affirmative action" und "Inklusion" (Kotzur, Richter 2012, 85). Die BRK wurde als verbindliches Recht in die deutsche Rechtsordnung inkorporiert, allerdings kommt unmittelbare Anwendbarkeit nur den Normen zu, die "nach Wortlaut, Zweck und Inhalt geeignet und hinreichend bestimmt sind" (Ständige Rechtsprechung, BVerwGE 87, 11 ff. (S. 13), BVerwGE 80, 233 ff. (S. 235); zit. nach Kotzur, Richter 2012, 84). Neben diesen enthält die BRK aber auch zahlreiche unbestimmte Normen. Die grundsätzliche Geltung der Konvention erfordert deshalb den Erlass „innerstaatlicher Rechtsnormen", um die Ziele der

BRK umzusetzen. Dies ist völkerrechtlich verbindlich (vgl. Art. 4 Abs. 1a BRK), und die Bundesregierung hat einen Nationalen Aktionsplan beschlossen, um den Umsetzungsbedarf zu bestimmen (Bielefeldt 2011, 274). Die Vertragsstaaten sind verpflichtet, Bestandteile, die als „hinreichend bestimmt" gelten, also „das Diskriminierungsverbot oder auch die Abwehrkomponenten der Rechte sowie ihre unverfügbaren Inhalte (die sogenannten Kernbereiche)" ohne Verzug umzusetzen (Aichele 2010, 17 f.)[233]. Von einem „Recht auf Inklusion" zu sprechen (vgl. bspw. Theunissen 2011, 158) erscheint angesichts der Vielschichtigkeit der Umsetzungsverpflichtungen in unzulässiger Weise verkürzend. Stattdessen, so Kastl, habe ein Teil der Menschenrechte inklusive Aspekte (Kastl 2013, 141). Ansonsten müsse die hinreichende Bestimmung unter Bereitstellung der notwendigen Ressourcen Schritt für Schritt entwickelt werden (Kastl 2013, 142 ff.).[234]

Die Durchsetzung der Konvention soll auf nationaler Ebene durch die Regierung selbst, durch eine Monitoringstelle und durch die Zivilgesellschaft (Organisationen der Betroffenen) in enger Abstimmung mit den UN-Ausschüssen betrieben werden (Art. 33) (Bielefeldt 2009, 15). Durch das von Deutschland ebenfalls ratifizierte Zusatzprotokoll ist die Möglichkeit einer Individualbeschwerde gegeben, also subjektives Recht verbürgt – allerdings erst nachdem der innerstaatliche Rechtsweg ausgeschöpft ist (Bielefeldt 2011, 277; Kotzur, Richter 2012, 84).

Das Berichtswesen zur Überprüfung der Umsetzung der Konvention ist komplex[235]: Ausdrücklich nimmt der UN-Ausschuss Berichte, die aus der

---

[233] Vgl. auch: „Stellungnahme der Monitoring-Stelle zur UN-Behindertenrechtskonvention" vom 11. August 2010, Abruf: http://www.institut-fuer-menschenrechte.de/presse/stellungnahmen/stellungnahme-der-monitoring-stelle-zur-un-behindertenrechtskonvention/ (Stand: 25.05.2015)

[234] Hinsichtlich der Frage, ob Inklusion im Sinne der BRK das Recht auf Besuch einer allgemeinbildenden Schule beinhaltet, oder ob die Pflicht, eine Sonderschule zu besuchen, weiterhin gelten kann, sind bereits mehrere Gerichtsurteile ergangen (vgl. Kastl 2013, 144; kritisch dazu: Stellungnahme der Monitoring-Stelle, s. vorige Anm.). Im Rahmen dieser Arbeit wird dieser spezifisch bildungs- und schulpolitischen Frage nicht nachgegangen.

[235] Erster Schritt: Vorlage des Staatenberichts über den Stand der Umsetzung an den UN-Fachausschuss für die Rechte von Menschen mit Behinderungen zwei Jahre nach Inkrafttreten der Konvention (verabschiedet vom Bundeskabinett am 3. 08. 2011). Zweiter Schritt: Ergänzung der Informationen durch den Staat auf Grundlage einer Fragenliste ("List of Issues", 17. April 2014, Beantwortung eingereicht durch die Bundesregierung

Zivilgesellschaft kommen, an, weil sie als Korrektiv zur staatlichen Bewertung des Standes der Umsetzung gelten (Schädler 2013, 3). Im Zusammenhang mit der Prüfung Deutschlands wurde u. a. der Parallelbericht der BRK-Allianz[236] zur Umsetzung der Konvention (Schattenbericht vom 17. Januar 2013) eingereicht. Schädler weist in diesem Zusammenhang kritisch auf korporatistische Verflechtungen hin, die durch

„(...) verbriefte Autonomieansprüche der Freien Wohlfahrtspflege und gesetzlich geregelte staatliche Kostenträgerschaften zu fest institutionalisierten Unterstützungssystemen geführt haben, die ausgrenzenden Charakter haben. Diese durch die Dominanz stationärer Hilfen gekennzeichneten Unterstützungssysteme weisen nicht nur ein erhebliches Maß an Veränderungsresistenz auf, sie widersprechen auch wesentlichen Grundsätzen der UN-BRK." (Schädler 2013, 4)

Entsprechend kritisiere der Schattenbericht zwar die unzureichenden Anstrengungen des Staates, ist aber wenig selbstkritisch in Bezug auf die stationäre Unterbringung von Menschen mit Behinderung, Persistenz von Werkstattarbeit statt unterstützter Beschäftigung auf dem 1. Arbeitsmarkt oder Gewalt gegenüber beeinträchtigten oder pflegebedürftigen Menschen in Einrichtungen (Schädler 2013, 5 f.). Die am 17. April 2015 vorgelegten „Abschließenden Bemerkungen" der UN-Kommission enthalten dementsprechend zahlreiche Kritikpunkte hinsichtlich der bisherigen Umsetzung der Konvention sowie auch Empfehlungen zum weiteren Vorgehen bis zur Vorlage des nächsten Berichtes im Jahr 2019. In den Sätzen 33 und 34 wird Besorgnis geäußert über „die Anwendung körperlicher und chemischer freiheitseinschränkender Maßnahmen, insbesondere bei (...) älteren Menschen in Pflegeheimen." (Ausschuss für die Rechte von Menschen mit Behinderungen 2015, 8) Der Ausschuss empfiehlt, deren Anwendung zu verbieten. Weiter wird die Anwendung von „Zwang und

---

am 29. August 2014). Dritter Schritt: Prüfung durch den Fachausschuss im Rahmen eines Dialogs mit dem Staat ("Constructive Dialogue" am 26. und 27. März 2015). Vierter Schritt: Veröffentlichung der Abschließenden Bemerkungen ("Concluding Observations" am 17. April 2015). Mit der Überwachung der Umsetzung der UN-BRK in Deutschland ist als unabhängige Stelle das Deutsche Institut für Menschenrechte beauftragt. Vgl. für Erläuterungen zur Staatenberichtsprüfung und Abruf aller damit im Zusammenhang stehenden Dokumente: Deutsches Institut für Menschenrechte (2015).

[236] Die BRK-Allianz ist ein Zusammenschluss von 78 Organisationen aus der behindertenpolitischen Arbeit in Deutschland, zu dem auch die Alzheimer Gesellschaft gehört.

unfreiwilliger Behandlung" in Altenpflegeeinrichtungen als Menschenrechtsverletzung beklagt und deren Untersuchung gefordert (Ausschuss für die Rechte von Menschen mit Behinderungen 2015, 9). Die BRK habe, so Bielefeldt, die „Argumentationslasten – zugunsten von Barrierefreiheit und Inklusion Behinderter – generell neu verteilt" (Bielefeldt 2011, 275). Dennoch muss angesichts des hohen finanziellen Aufwands für Barrierefreiheit und der Begrenztheit von Ressourcen der „Zielkonflikt zwischen einer am Wettbewerb orientierten Ökonomie und den ethisch idealen Forderungen der Konvention" thematisiert werden (Seifert 2013, 37 f.). Je nachdrücklicher sich eine Ökonomisierung auch der menschlichen Beziehungen durchsetze, desto schneller befinde sich ein „nur" ethisch begründetes Handeln in der Defensive (Plemper et al. 2007, 14). Die Finanzierung der Umsetzung der BRK durch die Kommunen sei angesichts steigender Kosten der Eingliederungshilfe und fehlender Unterstützung des Bundes unklar (Clausen 2012, 216). Wie oben (vgl. Abschnitt 2.1.3) schon dargestellt verweist vor allem Kronauer darauf, dass die Gewährleistung der für eine gelingende Inklusion substanziellen sozialen Rechte „unter kapitalistisch-marktwirtschaftlichen Vorzeichen immer gefährdet und fragil" bleiben muss (Kronauer 2010a, 34). Zusätzlich behindere die Organisation der Hilfeerbringung die Umsetzung der BRK in Deutschland, wie oben schon an der kritischen Sicht auf den Schattenbericht der BRK-Allianz deutlich wurde.

> "Unsere gewachsenen und differenzierten Systeme der Sozialen Sicherung sind von ihrer Anlage her nicht auf Inklusion, sondern auf immer wieder neu zu prüfende Exklusion ausgerichtet. Klassifikation, Segregation, Gewährung oder (möglichst) Ausschluss von Leistungen sind die grundlegenden Prinzipien, die Verweisung an die Zuständigkeit anderer Leistungsträger ihre alltägliche Praxis, (...)" (Clausen 2012, 218)

Prinzipiell schwächt sich die Geltungskraft von Menschenrechten entlang des Stabilitätgrades von Erwartungen in kommunikativen Systemen ab: Am Beispiel der Altersdiskriminierung zeigt Saake (2006, 266) auf, dass in den gesamtgesellschaftlichen Teilsystemen „Politik" und „Recht" Diskriminierungsverbote eine hohe, unhinterfragte Geltung haben, und zwar weil sich die nebeneinander bestehenden funktionalen Systeme ("Weltzentren") nur über ihre jeweils eigene Perspektive (Leitdifferenz) rechtfertigen. (Saake 2006, 266) Auf der Ebene von Organisationen ist dann

"(...) schon nicht mehr zu erkennen, wie sich dieser abstrakte Wert dort zeigen soll. (...) In der konkreten Interaktion ist es dann vollends unmöglich, diesen allgemeinen Wert zu kontrollieren, weil mit jeder neuen Begegnung immer wieder auch die Möglichkeit zur Wahrnehmung von Altersdifferenzen entsteht und sich unzählige Anlässe bieten würden, um auf Ungleichbehandlung hinzuweisen." (Saake 2006, 264)

Die Durchsetzung von sozialen Rechten für Menschen mit Behinderung wird also nicht nur durch fiskalische Begrenzungen erschwert, sondern auch durch die funktionale Logik, die spätestens bei der Umsetzung der Rechte auf der Ebene der Organisationen die Prozessierung des Rechts in Konkurrenz zu anderen systemerhaltenden Zwecken stellt. Spätestens in Interaktionen, die sich durch hohe Kontingenz und Instabilität auszeichnen, ist die Einhaltung der Antidiskriminierungsverbote und Unterstützungsgebote kaum noch zu kontrollieren oder zu sanktionieren.

4.3.3 Inklusion bei Demenz in normativer Perspektive

Oben wurde gezeigt, dass die BRK kein Sonderrecht für Menschen mit Behinderung darstellt, sondern auf Defizite in deren Berücksichtigung durch die allgemeinen Menschenrechte reagiert. In ähnlicher Weise existiert in Deutschland kein eigenständiges Recht für demenzkranke Menschen. Klie (2007c, 246) verweist darauf, dass ein Sonderrecht für ältere oder demenziell erkrankte Menschen angesichts des damit verbundenen Diskriminierungsrisikos und der Vielfältigkeit der Zielgruppe gerontologisch nicht zu rechtfertigen wäre. Dennoch bleibe die rechtliche Gestaltung der älter werdenden Gesellschaft mit ihrer wachsenden Anzahl von Menschen mit Demenz „Aufgabe der Rechtswissenschaft als auch der Rechtsanwendung" (Klie 2007c, 246). Da die für Menschen mit Demenz und deren An- und Zugehörige relevanten Gesetze nicht systematisch zusammengefasst sind, sollte ein Zugang sinnvollerweise „von Sachproblemen ausgehend nach den dafür geschaffenen rechtlichen Regelungen" (Maydell 2010, 341) fragen. Maydell stellt hier drei Aspekte in den Fokus: die Menschenwürde für Menschen mit Demenz, die Wahrnehmung und Durchsetzung ihrer Interessen und die Pflichten der Gesellschaft gegenüber Menschen mit Demenz und ihren An- und Zugehörigen (Maydell 2010, 341).[237] Im Folgenden soll zunächst untersucht werden, welche Bedeutung der Inklusionsbegriff der BRK in Hinblick auf den Einschluss von Menschen mit Demenz in den Geltungsbereich der Menschenwürde und Menschenrechte hat. Damit eng verknüpft ist die Frage der sozialen Rechte von Demenzkranken, also der Pflichten der Gesellschaft ihnen gegenüber. Selbstbestimmung, die, wie oben gezeigt, Inklusion ohne paternalistische Steuerung erst möglich macht, ist von besonderer Bedeutung unter den Bedingungen sich ausweitender kognitiver Defizite im Alter. Die Frage, ob Inklusion für Menschen mit Demenz möglich und sinnvoll ist, ist letztlich auch eine Frage danach, in welchem Ausmaß Menschen mit Demenz tatsächlich als Menschen mit Behinderung anzusehen sind.

4.3.3.1 Inklusion in Menschenwürde und Menschenrechte

Von Inklusion für Menschen mit Demenz zu sprechen, heißt in expliziter Weise die Geltung des Schutzes der Menschenrechte für diese besonders vulnerable Gruppe zu betonen. Menschen mit Demenz sind in besonderer Weise von Exklusionsrisiken betroffen, die sich aus dem Verlust ihre Würde ergeben: Sie wird ihnen im Rahmen von De-Personalisierungsprozessen als unveräußerlicher Wert abgesprochen (vgl. Abschnitt 2.3.5.2) und zudem wird ihnen auch Anerkennung, die sich auf Integrität, Tugend oder Lebensleistung gründet, verweigert (relationaler Würdebegriff). Die körperliche, seelische und kognitive Integrität wird durch das Auftreten einer Demenz erheblich beeinträchtigt. In der Folge laufen Menschen mit Demenz Gefahr, Erniedrigungen ausgesetzt zu sein, die durch Ängste, Scham und Ekel anderer ausgelöst werden. Dies erschüttert ihre Identität und verletzt ihre Würde. (vgl. Abschnitt 4.3.1; Pleschberger 2005, 36). Tugenden wie bspw. Weisheit oder Ehrlichkeit, die gemeinhin gewürdigt werden, entgleiten Menschen mit De-

---

[237] Die hier behandelten Stichworte zum Einfluss des Rechts auf die Lebenslage von Menschen mit Demenz und ihrer An- und Zugehörigen können nur einen Ausschnitt illustrieren. Vielfältige rechtliche Regelungen durchdringen die besondere Lebenssituation eines Menschen mit Demenz, bspw. zu Fragen der Bewegung, des ehelichen Zusammenlebens, der Sexualität und der Scheidung, zum Wahlrecht und zur Testierfähigkeit. (vgl. Klie 2014a)

menz im Zuge ihrer Krankheit – sie müssen sich ggf. unmoralisches Verhalten (ungerechtfertigte Beschuldigungen anderer etc.) vorwerfen lassen. Ebenso kann die Lebensleistung als würdestiftendes Moment immer weniger kommuniziert werden. Die BRK betont angesichts dieses Würdeverfalls die Achtung der Menschenwürde aller Menschen (Artikel 3 und 8), unabhängig davon, in welcher Lebensphase sie sich befinden oder in welcher Weise sie beeinträchtigt sind. Inklusion in diesem Kontext verweist darauf, dass alle Zugehörigen zur Gattung Mensch sowohl als Subjekte der Menschenwürde als auch als Träger eigener Grundrechte anerkannt werden sollen. Angesichts der alltäglichen und schweren Verletzungen der Menschenwürde und der Menschenrechte, denen ein Teil der demenziell erkrankten Menschen in Einrichtungen und Familien ausgesetzt ist, ist die besondere Betonung der strikten Inklusion von Menschen mit Demenz in den Geltungsbereich der Menschenrechte von großer Bedeutung.[238] Insofern ist es m. E. naheliegend, in diesem Kontext von Inklusion zu sprechen. Vor dem Hintergrund eines rechtebasierten Behinderungsbegriffs ist es aber *auch* möglich, dies als Anerkennung von Menschen mit Demenz als Rechtssubjekte zu bezeichnen.

4.3.3.2 Wandel von Strukturen und Haltungen

Aus der Behindertenrechtskonvention der UN und auch aus dem deutschen Grundgesetz und Sozialstaatsprinzip lassen sich staatliche Verpflichtungen ableiten, „die Bedingungen menschenwürdiger Existenz zu sichern und Vorkehrungen gegen Würdeverletzungen durch Private zu treffen" (Herdegen o. J.; zit. nach Maydell 2010, 349). Aufgrund dieser sozialen Rechte für Menschen mit Behinderung bzw. Demenz zielt, wie oben ausgeführt, der Inklusionsbegriff auf einen tiefgreifenden Wandel von rechtlichen Regelungen, Infrastrukturen und soziokulturellen Haltungen. Für Menschen mit Demenz, so auch Maydell, sei „eine Ordnung zu schaffen (...), in der sie ihre Möglichkeiten und Fähigkeiten entfalten können und nicht nur als Objekt von Fürsorge, sondern als Subjekte im Rahmen des Rechts akzeptiert werden." (Maydell 2010, 349) Zentraler

---

[238] Es bleibt allerdings abzuwarten, inwiefern über die Formulierung der Norm hinaus in Deutschland bis zum Jahr 2019 auf die Besorgnis reagiert wird, die in den Abschließenden Bemerkungen der UN-Kommission (vgl. Abschnitt 4.3.2.3) ausgedrückt wurde.

Regelungsbereich in diesem Sinne ist das Sozialversicherungsrecht, insbesondere die soziale Pflegeversicherung (SGB XI), die eine (Teil-)Absicherung der materiellen Aufwände von Menschen mit Demenz vorsieht. Oben wurde schon gezeigt, dass die für Menschen mit Demenz zur Verfügung gestellten sozialstaatlichen Leistungen dem Umfang und der Art ihrer Gewährung nach aber nicht vollumfänglich ausreichend und geeignet sind, um ein Leben mit Demenz in Würde führen zu können. Eine Anerkennung älterer, pflegebedürftiger oder demenzkranker Menschen als behinderte Menschen

> "... würde den Berechtigtenkreis für behinderungsspezifische soziale Dienste und Leistungen (man denke etwa an einen Anspruch älterer pflegebedürftiger Menschen auf Wahl des Wohn- und Lebensorts und persönliche Assistenz) erheblich ausweiten." (Graumann 2011, 43)

Maydell (2010, 348 ff.) führt weiter aus, dass es über das Sozialrecht hinaus gelte, eine zielgruppengerechte personelle und institutionelle Infrastruktur vorzusehen (bspw. soziale Dienste, Pflegeheim und -dienste, Betreuungsgerichte), wofür die Länder und Kommunen verantwortlich seien. Wissenschaftliche Ursachenforschung und Anstrengungen, das Bild der Demenz in der Öffentlichkeit zu entzerren, seien ebenfalls wichtige Beiträge zur Sicherung der Würde und der Rechte von Menschen mit Demenz. Die Vielfalt des Aufgabenspektrums zeige, dass nicht nur Gesetzgebung, sondern auch Verwaltung und Rechtsprechung verpflichtet seien, die Würde und die Rechte von Menschen mit Demenz zu schützen, und dass diese Verpflichtung sich ebenfalls an die Zivilgesellschaft richte, so Maydell. In Abschnitt 4.1.4 wurde skizziert, welchen Anforderungen materialer, aber auch kultureller Art ein für Menschen mit Demenz „inklusiver" Sozialraum genügen müsste. So schildert bspw. Helga Rohra (2011) ihren Alltag als demenzbetroffene Person ohne familiäre Unterstützungspersonen und weist darauf hin, dass Angebote für Menschen mit Demenz häufig darauf ausgelegt seien, dass unterstützende Personen vorhanden sind. Auf die große Bedeutung von Einstellungen und Haltungen, die die Würde und Rechte von Menschen mit Demenz achten, verweist auch die empirische Forschung zur Anwendung von Freiheitsentziehenden Maßnahmen in Pflegeheimen: In Einrichtungen, die in strukturellen Merkmalen, wie Personalausstattung und Bewohnerprofile

(Pflegestufe, Demenzerkrankungen) vergleichbar sind, differiert die Rate der Bewohnerinnen und Bewohner, die innerhalb eines Jahres Freiheitsentziehenden Maßnahmen ausgesetzt sind, dennoch zwischen 4,9 % und 64,8 % (Meyer et al. 2009, 985). Dies kann auf die Haltung der jeweiligen Leitungs- und Fachkräfte zur Vermeidung von Freiheitsentziehung zurückgeführt werden. Ein tiefgreifender Umbau von materiellen Strukturen sowie sozialen und kulturellen Haltungen, wie er im Anschluss an die BRK vielfach als Voraussetzung für eine gelingende Inklusion von Menschen mit Behinderung gefordert wird, muss also auch Menschen mit Demenz einbeziehen. Dies betrifft zum einen die Entwicklung innovativer und kreativer Unterstützungsangebote für Menschen mit Demenz und zum anderen die Bereitstellung ausreichender Ressourcen.

Die Umsetzung des Anspruchs auf eine die Defizite bei Demenz substituierende und unterstützende materielle, soziale und kulturelle Umwelt rückt den Teilhabebegriff wieder stärker in den Blick. Im Unterschied zum eher abstrakten Inklusionsbegriff ist der Teilhabebegriff im bio-psycho-sozialen Modell von Behinderung der ICF verankert (vgl. Abschnitt 3.2.3). Die dort vorgenommene Differenzierung der Einflussfaktoren in Körperfunktionen und -strukturen einerseits und personale sowie Umweltfaktoren andererseits erlaubt es, Art und Ausmaß behindernder (oder förderlicher) materieller, sozialer und kultureller Strukturen zu bestimmen, und zwar in Hinblick auf Aktivitäten, die von Menschen mit Behinderung selbst gewählt sind und unter realen Lebensbedingungen ausgeführt werden. Als Assessment, das die Wünsche von Menschen mit Demenz hinsichtlich ihrer Lebensgestaltung nicht ignoriert, wird die ICF noch wenig eingesetzt, obwohl sie zur Planung von Rehabilitationsmaßnahmen für Menschen mit Demenz empfohlen wird (Schuntermann 2013, 24; Hopper 2007). Bereits 2007 hat Hopper eine Analyse vorgelegt, die zeigt, dass eine Bewertung von Unterstützungsbedarfen und -arrangements bei Vorliegen einer Alzheimer-Demenz gewinnbringend mit Hilfe der ICF erfolgen kann. Sie weise auf Rehabilitationspotenziale angesichts fortschreitender kognitiver Degeneration hin und helfe, die Wirksamkeit von Interventionen vor dem Hintergrund vielfältiger Einflussfaktoren zu bewerten. (Hopper 2007, 280) Wie in Abschnitt 2.3.1.4 gezeigt wurde, werden zwar in der nicht-medikamentösen Therapie zahlreiche auf Praxiserfahrungen beruhende Interventionen eingesetzt, aber es fehlt überwiegend an systematischen Evaluationen ihrer Wirkung. Wo solche Evaluationen durchgeführt wurden (vgl. MAKS Gräßel et al. 2013), beruhen sie auf kontrollgruppenbasierten Studien, nicht aber auf Assessments der Wünsche der demenzbetroffenen Menschen selbst. Cieza et al. entwickelten zwar einen ICF-Referenzrahmen, um zu überprüfen,

> „(…) inwieweit in Interventionsstudien (…) die Therapieziele berücksichtigt werden, die tatsächlich für die Betroffenen selbst relevant sind, und inwiefern die Entwicklung neuer Erhebungsinstrumente, die auf diese relevanten Therapieziele fokussieren, notwendig ist." (Cieza et al. 2009)

Die zugehörige Website (http://www.icf-effect.org/; Abruf: 12.08.2016) wird jedoch seit 2010 nicht mehr aktualisiert.

Nicht nur für den individuellen Einzelfall, sondern auch in Hinblick auf die Beschreibung, Analyse und Umgestaltung von Sozialräumen könnte die ICF eingesetzt werden, da sie die Gewichtung von körperbezogenen, personenbezogenen und umweltbezogenen Faktoren ermöglicht:

> „Es liegt daher nahe, sie [die ICF] als Transformator auf dem Weg zur geplanten und gestalteten neuen Community zu nutzen, weil sie nicht nur Behinderung sichtbar werden lässt, sondern auch einem über räumliche Perspektiven hinausreichenden Sozialraumbegriff genügt. Wesentlich ist der multiperspektivische Zuschnitt, der auch komplexe Lagen erfassen und aufdecken kann (…)" (Wacker 2013, 34)

Wacker betont allerdings, dass ein solches Projekt des sozialraumorientieren „Disability Mainstreaming" noch am Anfang steht und angesichts der zu erwartenden Komplexität der Transformationsprozesse erhebliche wissenschaftliche, professionelle, staatliche und zivilgesellschaftliche Anstrengungen bedeute (Wacker 2013, 36 ff.). Hier gilt es m. E., die Bedürfnisse von Menschen mit Demenz in einen solchen Prozess von Anfang an einzubeziehen.

Der Inklusionsbegriff leitet, wie oben gezeigt, aus der BRK den Anspruch auf eine Umgestaltung sozialer Umwelten ab, die – auch in Hinblick auf Menschen mit Demenz – in sinnvoller Weise durch die ICF operationalisiert werden kann. Inklusion fungiert hier als Utopie, der sich mittels einer an der ICF orientierten konkreten Teilhabeforschung angenähert werden könne, so auch Wacker (2013, 41 f.). Diese Differenzierung in Vision und operatives Geschehen ist möglich und sichert die inhaltliche und operative Komplexität des in der BRK und der ICF verankerten Teilhabebegriffs für weitere Forschungs- und Praxisanstrengungen.

4.3.3.3 Selbstbestimmung und rechtliche Assistenz

Eine Schlüsselrolle für Menschen mit intellektuellen Beeinträchtigungen kommt in Bezug auf ihre rechtliche Selbstbestimmung Artikel 12 der UN-Behindertenrechtskonvention zu, der volle Anerkennung der Gleichheit vor dem Recht garantiert (Graumann 2011, 56). Dabei soll rechtliche Assistenz zur Verfügung stehen:

> "Die verabschiedeten Regelungen sehen konkret vor, dass die Maßnahmen einer solchen rechtlichen Assistenz den Willen und die Präferenzen der betroffenen Personen respektieren müssen, frei von Interessenkonflikten und zugeschnitten auf die konkreten Umstände sein sollen, nur so kurz wie möglich angewandt und streng überwacht werden sollen." (Graumann 2011, 57)

1992 wurde in Deutschland das Vormundschafts- und Pflegschaftsrecht abgelöst durch ein Betreuungsrecht, das „das Wohl und die subjektiven Wünsche des Menschen, der rechtlich seine Angelegenheiten selbst nicht mehr allein besorgen kann" (Klie 2014a, 27) sowie den Schutz seiner Rechte insbesondere bei Wohnortwahl, Heilbehandlungen oder in Bezug auf seine Bewegungsfreiheit in den Mittelpunkt stellt.

> „Die Bestellung der rechtlichen Betreuung erfolgt, wenn die betroffene Person aufgrund ihrer Demenz mit der Bewältigung ihres Alltags überfordert ist, die faktische Unterstützung durch die Angehörigen oder ambulante Hilfen nicht mehr ausreicht und auch keine Vorsorgevollmacht vorliegt, (...)"[239, 240](Leonhard 2015, 17 f.)

---

[239] Die Vorsorgevollmacht, die im Zustand der Geschäftsfähigkeit des Vollmachtgebers oder der Vollmachtgeberin für eine Person des Vertrauens erteilt wird, ermächtigt diese, über rechtlich relevante Angelegenheiten zu entscheiden (Leonhard 2015, 16). Die vollmachtgebende Person kann den Bevollmächtigten oder die Bevollmächtigte zusätzlich darüber instruieren, *wie* bestimmte Entscheidungen zu fällen sind (schriftlicher Auftrag). Bei einer Einwilligung in eine geschlossene Unterbringung, bei ärztlichen

Rechtlich betreute Personen bleiben grundsätzlich geschäfts- und einwilligungsfähig, so dass „stets im Einzelfall unter Berücksichtigung der noch vorhanden intellektuellen Fähigkeiten und der damit zusammenhängenden Fähigkeit zu einer autonomen Willensbildung" (Leonhard 2015, 20) die Option einer selbstbestimmten Entscheidung geprüft werden muss (Erforderlichkeitsgrundsatz des Betreuungsrechts). Nur durch einen Einwilligungsvorbehalt („Entmündigungsersatz") kann geregelt werden, dass rechtliche Erklärungen des Menschen mit Demenz erst durch die Einwilligung des rechtlichen Betreuers oder der rechtlichen Betreuerin gültig werden (Klie 2014a, 41 f.). Eine Betreuung sollte dialogisch geführt werden, so dass die „wesentlichen Angelegenheiten" persönlich mit der betreuten Person erörtert werden. Dabei gelten das Wohl und der Wunsch der betreuten Person als Richtschnur. (Klie 2014a, 42) Bei einem Zielkonflikt zwischen Wohl und Wille (bspw. verweigert eine rechtlich betreute, insulinpflichtige Person das Setzen der Spritzen) sollte nicht die Gefährdungsintensität der anstehenden Entscheidung maßgeblich sein, um zwischen Fürsorge und Selbstbestimmung abzuwägen, so Leonhard. Stattdessen sei zu prüfen, ob die betreute Person fähig ist, diese Entscheidung frei verantwortlich zu fällen (also einwilligungsfähig ist). Ist dies nicht der Fall, müsse sie vor den absehbaren schweren Beeinträchtigungen geschützt werden. (Leonhard 2015, 23) Die Einwilligungsfähigkeit bemisst sich gemäß der Trias von Verständnis (Fähigkeit, einen bestimmten Sachverhalt zu verstehen), Verarbeitung (Informationen in Bezug auf ihre Folgen und Risiken rational verarbeiten) und Bewertung (Informationen, auch in Bezug auf Behandlungsalternativen und auf das eigene Leben und die eigene Werte bewerten). (Klie 2014a, 45; Klie, Vollmann, Pantel 2014, 6) Einwilligungsfähigkeit liegt dann vor, wenn

---

Zwangsmaßnahmen oder Freiheitsentziehenden Maßnahmen muss zusätzlich das Betreuungsgericht die Entscheidung der bevollmächtigten Person genehmigen (BMJV 2014, 35, 31 ff.). Im Übrigen gilt, wie im Betreuungsrecht, das Prinzip der möglichst weitgehenden Selbstbestimmung des Vollmachtgebers oder der Vollmachtgeberin: „Auch in Vollmachtverhältnissen (...) gilt die Vermutung der Handlungsfähigkeit von Menschen mit Demenz, sind die Entscheidungen mit ihm auszuhandeln, abzustimmen und ist er nach Möglichkeit in die Lage zu versetzen, die Entscheidung selbst zu treffen und zu bekunden." (Klie 2014a, 43)

[240] Durch eine Betreuungsverfügung kann die Person, die die rechtliche Betreuung übernehmen soll, von dem oder der Betreuten selbst bestimmt werden.

eine Person fähig ist „den eigenen Willen auf der Grundlage von Verständnis, Verarbeitung und Bewertung der Situation zu bestimmen" (Klie 2014a, 45) und diese Entscheidung auch zu kommunizieren. Die Diagnose eines Demenzsyndroms sei dabei in keiner Weise mit einer dauerhaften Einwilligungsunfähigkeit gleichzusetzen, auch nicht in den sog. mittleren oder schweren Phasen der Krankheit. Die Diagnose transportiere Abstraktionen und Reduktionen, die das individuelle Profil „neuropsychologischer und psychopathologischer Einzelsymptome (z. B. Merkfähigkeitsstörung, Sprachstörung/Aphasie)" (Klie, Vollmann, Pantel 2014, 12) nicht präzise wiedergeben. Außerdem machten „differenzielle Verläufe in einzelnen Fähigkeiten" (Klie, Vollmann, Pantel 2014, 13) „eine differenzierte individualisierte Herangehensweise notwendig" (Klie, Vollmann, Pantel 2014, 13). Die Einwilligungsfähigkeit kann demnach „bei einem Menschen mit Demenz sowohl dauerhaft als auch vorübergehend, sachverhaltspezifisch als auch sachverhaltunspezifisch, aufgehoben, aber durchaus auch gegeben sein" (Klie, Vollmann, Pantel 2014, 13). Am Beispiel der Einwilligung in medizinische Eingriffe („informed consent") zeigt sich jedoch, dass der Anteil einwilligungsunfähiger Patientinnen und Patienten ansteigt, je anspruchsvoller die formalen Kriterien der Prüfung der Einwilligungsfähigkeit angesetzt werden.

> „Hierbei wird deutlich, dass aus dem wissenschaftlichen Bemühen um mehrdimensionale und sichere Standards zur Prüfung der Einwilligungsfähigkeit ein hoher Anforderungsmaßstab resultiert, der in der klinischen Praxis selbst von gesunden Probanden nicht in allen Fällen erfüllt werden kann." (Klie, Vollmann, Pantel 2014, 7)

Dies auch deshalb, weil im Kontext des Klinikalltags nur wenig zeitliche und fachliche Ressourcen für das Einholen informierter und selbstbestimmter Einwilligungen zur Verfügung stehen, so Klie et al. (2014, 14). Es ist zu vermuten, dass dies auch für andere Entscheidungen, die das Selbstbestimmungsrecht von Menschen mit Demenz in der Häuslichkeit oder in einer Pflegeeinrichtung betreffen, in ähnlicher Weise gilt, nämlich

> „(…) dass die Einwilligungsfähigkeit eines Menschen mit Demenz gar nicht oder nur sehr oberflächlich festgestellt wird. Somit wird zu Lasten

des Selbstbestimmungsrechtes der Patienten einfach über dieses grundlegende Problem hinweggegangen." (Klie, Vollmann, Pantel 2014, 13)

Die anspruchsvolle Konzeption des Betreuungsrechts ist darauf ausgerichtet, Menschen mit Demenz bei Entscheidungen zu assistieren – bspw. durch eine dialogische und in ihrem Schwierigkeitsgrad angepasste Informationsvermittlung – während Stellvertreterentscheidungen demgegenüber nachrangig sind. Das Betreuungsrecht ist auf „Schutz von Menschenrechten, auf Aushandlung hin ausgerichtet" (Klie 2014a, 27). Rechtliche Betreuerinnen und Betreuer haben Anspruch auf Beratung und sollen in schwierigen Entscheidungen unterstützen werden. Diese Konzeption steht jedoch häufig im Widerspruch zur Rechtswirklichkeit: So sei pflegenden Angehörigen nicht bekannt, dass sie als (bloße) Angehörige nicht befugt sind, Entscheidungen für das demenzkranke Familienmitglied zu treffen (kein Angehörigenvertretungsrecht) (Klie 2014a, 28, 110 ff.), und die Übernahme einer rechtlichen Betreuung wird dann als Belastung und überflüssige, kostenintensive Einmischung eines Gerichts aufgefasst (Klie 2014a, 27 f.). Leonhard zeigt auf, dass Angehörige, die die rechtliche Betreuung eines Menschen mit Demenz übernehmen, aufgrund der persönlichen Nähe und einer Tendenz zur Überfürsorglichkeit Gefahr laufen können, die Selbstbestimmungsrechte der betreuten Person zu beschneiden. Berufs- und ehrenamtliche Betreuer und -betreuerinnen im Verein seien häufig unzureichend qualifiziert, um in differenzierter Weise eine assistive, Entscheidungen unterstützende Kommunikation mit Menschen mit Demenz in schwierigen Situationen zu führen. Die Re-Finanzierung von Vergütungen bzw. der Arbeit der Betreuungsvereine werde zudem in keiner Weise dem Zeitaufwand für die dialogische, persönliche Führung der Betreuung, für Beratung und Schulung gerecht. (Leonhard 2015, 24 f.) Auch weisen für den Themenkreis der Freiheitseinschränkenden Maßnahmen in der Häuslichkeit die meisten Betreuungsgerichte mit Verweis auf § 1906 Abs. 1, 4 eine Genehmigungsfähigkeit zurück (Klie 2011b, 156 f.) und stehen somit als begleitende, beratende Instanz nicht zu Verfügung. Graumann kommt zu der Bewertung, dass zwar der Verzicht auf rechtliche Vertretung zugunsten der rechtlichen Assistenz im deutschen Betreuungsrecht gut umgesetzt sei, aber in der Rechtspraxis die Selbstbestimmung der Betreuten durch die häufig nicht vorgenommene Begrenzung der Betreuung auf bestimmte Felder und ihre zeitliche Unbeschränktheit eingeschränkt werde (Graumann 2011, 57 f.). Für Menschen mit Demenz stellt sich demnach das Verhältnis von Inklusion und Selbstbestimmung zumindest im Licht der Rechtspraxis des Betreuungsrechts eher als kaum eingelöstes Versprechen dar. Die Abwehrfunktion selbstbestimmter Entscheidungen in Bezug auf nicht paternalistische Versorgung kann so kaum Wirksamkeit entfalten, wie die hohe Zahl an genehmigten Freiheitsentziehenden Maßnahmen in der stationären Pflege zeigt. Die Genehmigungspraxis verfestigt so u. U. bereits bestehende exkludierende Versorgungspraktiken. Der hohe normative Anspruch des Betreuungsrechts, das auf rechtliche Assistenz durch dialogische Aushandlung zielt, erforderte eine weit größere Anzahl an qualifizierten ehrenamtlichen und Berufsbetreuerinnen und -betreuern sowie ausreichende Beratungsangebote für Familienmitglieder, die eine rechtliche Betreuung übernehmen.[241]

Ein weiterer Aspekt der Selbstbestimmung von Menschen mit Demenz betrifft den Stellenwert der in der BRK zentralen Idee von individueller Autonomie und Unabhängigkeit (Präambel n). Dem steht entgegen, dass Unabhängigkeit für hochaltrige und demenzbetroffene Menschen weniger bedeutsam sein kann als Sicherheit und das Gefühl von Zugehörigkeit:

> "From a disability perspective this is a particularly important issue to unpack, as the notion of independence has the potential to seriously stigmatise people who are not able to do everything for themselves." (Bartlett 2000, 36)

Gerade die Kontrolle an andere abzugeben und dadurch abhängig zu werden, kann ein sehr wirkungsvoller Mechanismus sein, um angesichts drohender physischer und psychischer Verluste Handlungsfähigkeit zu erhalten oder sogar zu optimieren, so Bartlett (vgl. auch Kruse 2005; Klie 2005). Klaus Dörner zufolge schafft dieses Anvertrauen wiederum Bedeutung im Leben derjenigen, die sich mit dieser Sorge „(…) ‚belasten'. Sie wollen da sein für andere und für diese auch notwendig sein und

---

[241] Vgl. auch die Empfehlungen 9 bis 12 in der Stellungnahme des Deutschen Ethikrats zu Demenz und Selbstbestimmung (Schmidt-Jorzig, Woopen, Schockenhoff 2012, 99).

damit gleichzeitig ein Stück weit abhängig und fremdbestimmt sein." (Göhring-Lange 2011, 31) Inklusion als Zugehörigkeit wird hier gerade erst durch den bewussten zeitweisen Verzicht auf Selbstbestimmung möglich. Hier zeichnet sich eine Differenz zur Forderung der politischen Selbstvertretung behinderter Menschen nach (assistierter) Autonomie, die sich in der BRK niedergeschlagen hat, ab.

4.3.3.4 Demenz als Behinderung?

Nicht nur die UN-Behindertenrechtskonvention macht deutlich, dass ein rechtebasiertes Modell von Behinderung im letzten Jahrzehnt an Bedeutung gewonnen hat (Degener, Mogge-Grotjahn 2012, 69).

"(...) in einem modernen Rechtsstaat [ist] die Verrechtlichung von Behinderung eine ganz entscheidende Form der gesellschaftlichen Konstruktion von Behinderung und der gesellschaftlichen Reaktion auf Behinderung und behinderte Menschen." (Cloerkes 2007, 40)

Regelungen zu Behinderung und dem Schutz behinderter Menschen finden sich im Grundgesetz, Sozialrecht, Gleichstellungsrecht und Bürgerlichen Recht sowie im Europäischen und internationalen Recht (Metzler 2011, 105). Behinderung im deutschen Sozialrecht in § 2 SGB IX ist definiert als eine länger als 6 Monate andauernde Abweichung von dem für das Lebensalter typischen Zustand hinsichtlich der körperlichen Funktionen, der geistigen Fähigkeiten oder der seelischen Gesundheit. Leistungen zur Teilhabe erhalten gemäß § 4 auch Personen, die von Behinderung bedroht sind. Der Behinderungsbegriff des SGB IX sei im Vergleich zur ICF enger gefasst (Altersinäquivalenz, zeitlicher Bezug), ziele aber auf einen größeren Personenkreis (drohende Beeinträchtigung) (Schuntermann 2013, 36 ff.). Teilhabedefizite werden dagegen im SGB IX auf Grundlage der Schädigung definiert, ohne die regulierende Wirkung von Kontextfaktoren zu berücksichtigen (Metzler 2011, 105). In rechtlicher Perspektive ist die Einordnung von Menschen mit Demenz als Menschen mit Behinderung unstrittig. Sie sind, auch schon in frühen Phasen der Erkrankung, einer Wechselwirkung zwischen altersuntypischer körperlicher Schädigung (Neurodegeneration) und funktioneller Einschränkung (kognitive Verluste) und deshalb einer Beeinträchtigung von Aktivitäten und Teilhabe unterworfen, so dass sie als behindert im Sinne der ICF, der BRK und des SGB IX gelten müssen (Klie 2008, 10). In sozialer Hinsicht ist die Einordnung von Menschen mit Demenz als behinderte Menschen nicht ganz so eindeutig. Oben wurde gezeigt, dass sich die Exklusionsrisiken der beiden Gruppen nur zum Teil gleichen (vgl. Abschnitt 2.3). Ruth Bartlett (2000) hat analysiert, inwiefern die politischen Ziele der Aktivisten der Behindertenbewegungen auch für Menschen mit Demenz Geltung haben können. Im Unterschied zu körperlich beeinträchtigten Menschen würden Äußerungen von Protest von Menschen mit Demenz häufig als Symptomatik der psychiatrischen Erkrankung missgedeutet, und darüber hinaus fehle aufgrund einer Erziehung zur Bescheidenheit vielen älteren Menschen die Fähigkeit, ihre Interessen deutlich zu machen.[242] Die Forderung nach Empowerment ignoriere die eingeschränkten Kapazitäten sehr alter, gebrechlicher und kognitiv desorientierter Menschen. (Bartlett 2000, 34) Der Fokus der politischen Ziele von Menschen mit Behinderung liege ganz auf der behindernden, aber veränderbaren sozialen Umwelt, um materielle Barrieren, eine restriktive Praxis der Leistungsgewährung und die unangemessene Organisation von Hilfen durch kollektive politische Aktionen zu beseitigen. Der nicht veränderbaren persönlichen Beeinträchtigung komme weniger Aufmerksamkeit als Handlungsfeld zu. Forschung und Praxis zu Demenz zeigen dagegen, dass gegenüber Menschen mit Demenz genau gegensätzlich gehandelt werden sollte, um ihnen gerecht zu werden. Barrieren, die Menschen mit Demenz an der Teilhabe hindern, können besser beseitigt werden, indem sich das Umfeld ganz auf den Menschen konzentriere (totally listen) und sich auf die Erfahrung der kognitiven Beeinträchtigung einlässt (person centered care, Biografiearbeit, Validation). (Bartlett 2000, 35) Dennoch, so Bartlett, erschwere es diese Konzentration auf das Individuum, dass behinderte Personen "their situation in any shared or collective sense" wahrnehmen können:

> „Individual assessments lead to individualised solutions and while a person-centred approach to care raises the profile of personal worth, it inevitably neglects a person's collective identity." (Bartlett 2000, 35)

---

[242] Vgl. dazu auch die Studie zu Qualitätsbefragungen in Pflegeheimen: „Weil ich doch vor zwei Jahren schon einmal verhört worden bin ..." (Kelle, Niggemann 2002).

Außerdem unterschätzten die auf das demenzbetroffene Individuum fokussierten Assessments und Therapien systematisch den Einfluss der sozialen und materiellen Umwelt auf die Entstehung von Barrieren, weshalb Bartlett ebenfalls auf die ICF als ein Assessment, das individuelle und umweltbezogene Faktoren ausbalanciert, verweist (Bartlett 2000, 35). Im Licht des Behinderungsbegriffs der ICF könnten sich aber Demenzforschung und Disability Studies annähern: So wie die Kritik an den Disability Studies die individuelle Erfahrung der Beeinträchtigung wieder stärker in den Fokus gerückt habe, so sollten die Dementia Studies in stärkerem Ausmaß Umweltbarrieren berücksichtigen. (Bartlett 2000, 36)

Igl verweist darauf, dass die rechtliche Einordnung von pflegebedürftigen Menschen (und damit auch von demenzbetroffenen Menschen) als Menschen mit Behinderung „in der sozialrechtlich nicht vorgebildeten Bevölkerung" (Igl 2013, 122) auf Skepsis treffen dürfte. Die Fremdzuschreibung und in weiten Teilen wohl auch die Selbstzuschreibung für Demenz ist – wie oben gezeigt – eher die einer Krankheit, nicht die einer Behinderung. Dies ist neben der Deutungshoheit der Medizin auf den Charakter und Verlauf der Beeinträchtigung zurückzuführen: Demenzen treten erst im höheren Alter auf und verlaufen hinsichtlich der kognitiven Verluste progredient. Dagegen treten Schädigungen, die zu Behinderung führen, häufiger in früheren Lebensphasen durch Krankheit oder Unfall auf bzw. bestehen von Geburt an, wobei progrediente Verläufe möglich, aber nicht typisch sind. Gerade bei früh auftretenden Schädigungen wird die „Behinderung" so zum Teil der persönlichen Identität:

> "Wie 'meine' Interviewpartnerinnen und -partner empfinde auch ich meine Behinderung als Teil meiner Persönlichkeit, meiner Identität. Die Person, die ich jetzt bin, bin ich aufgrund meiner Erfahrungen, Erlebnisse, aufgrund meiner bisherigen Lebensgeschichte, und meine Behinderung ist Teil dieser Geschichte. Mir ein Leben ohne Behinderung zu wünschen, würde bedeuten, mich meiner Identität berauben zu wollen." (Riegler 2011, 33)

Die persönliche Identität von Menschen mit Demenz dagegen ist vor dem Auftreten der Demenz voll entwickelt. Durch die fortschreitende Schädigung der kognitiven Strukturen „verschwinden" Teile der Persönlichkeit, andere verändern sich im Laufe der Krankheit. Ein „Leben ohne Behinderung", wie oben im Zitat angesprochen, würde demnach nicht zum Verlust der Identität, sondern zu ihrer Wiederherstellung führen. Die Chance, im Verlauf einer Demenz Impulse für die eigene Persönlichkeitsentwicklung zu gewinnen, ist im Vergleich zu einer früh im Leben auftretenden oder nicht-progredienten Beeinträchtigung geringer. Identitätsentwicklung als Ergebnis von Sozialisationsprozessen und Rollenübernahmen kann angesichts der vergleichsweise kurzen Überlebenszeit und der kommunikativen Beeinträchtigung bei Demenz nur in begrenztem Maß erfolgen. Um eine Identität und – ggf. positive – Selbstzuschreibung als behinderter Mensch zu gewinnen, bedarf es zum einen genügend Zeit, wie es bspw. früh auftretende und langsame Verläufe der Demenz ermöglichen, und auch kollektiver politischer, sozialer oder kultureller Aktivitäten. Diese Bedingungen sind bei einer Demenzerkrankung vergleichsweise seltener gegeben, und auch die vielfältigen Bewältigungsaufgaben infolge der Diagnose machen eine positive soziale und kulturelle Selbstzuschreibung als behinderter Mensch unwahrscheinlich(er)[243].

Dazu dürfte auch die verbreitete Stigmatisierung behinderter Menschen beitragen. Menschen mit Demenz haben ein Leben als nicht-behinderte Personen gelebt und stehen nun vor der Anforderung, die Trauer um den fortschreitenden Verlust der Kognition in ein positiv besetztes Selbstbild als Mensch mit Behinderung transformieren müssen. Vorurteile und abwertende Haltungen gegenüber Menschen mit Behinderung, die die Demenzbetroffenen über ihre eigene Lebensspanne hinweg wahrgenommen, vielleicht sogar selbst geäußert haben, erschweren dies, so dass zwar ggf. rechtlich die Nähe zum Behinderungskonzept gesucht wird, nicht aber sozial oder kulturell.

Ein weiterer Aspekt, macht die Notwendigkeit einer Differenzierung zwischen Menschen mit Demenz und vor allem jüngeren Menschen mit Behinderung deutlich: Oben wurde gezeigt, dass Inklusion immer auch bedeuten kann, nicht alle Inklusionsoptionen wahrzunehmen oder auch

---

[243] Gesellschaftliche und/oder politische Aktivitäten von Menschen mit Demenz, um ihre Interessen, Sichtweisen, Bedürfnisse und Wünsche besser zur Sprache zu bringen, werden in Deutschland vor allem von Demenz Support Stuttgart unterstützt (http://www.demenz-support.de).

zeitweise nicht teilzuhaben (vgl. Abschnitt 4.3.2.2). In verschiedenen Lebensbereichen oder Lebensphasen bestimmte Inklusionschancen nicht zu wählen, ist Ausdruck einer individualisierten Lebensführung, die Menschen ohne Behinderung ganz selbstverständlich zur Verfügung steht (vgl. Abschnitt 4.2.1.2), aber jungen oder erwachsenen Menschen mit Behinderung häufig nicht. Sie sind stattdessen auf Sondereinrichtungen des Bildungswesens und des Erwerbssystems verwiesen. Diese Frage nach Wahlmöglichkeiten in Bezug auf Inklusionen und Exklusionen stellt sich jedoch in anderer und existenzieller Weise für Menschen im hohen Alter und für Menschen mit weit fortgeschrittener Demenz, weil sie sich in einer Lebensphase befinden, die primär durch ihre Nähe zum Tod geprägt ist[244].

Dennoch wäre es zu kurz gegriffen, Inklusionsbemühungen am Lebensende angesichts der zu erwartenden endgültigen Exklusion durch den Tod als obsolet zu erklären. Die Exklusion durch den Tod – unabhängig davon ob absichtlich herbeigeführt, in Kauf genommen oder durch Unfall, Krankheit oder natürliche Ursachen verursacht – ist zum einen Exklusion aufgrund des biologischen Todes und zum anderen soziale und kulturelle Ausgrenzung. Diese beiden Exklusionsprozesse finden nicht notwendig zeitgleich und/oder ursächlich aufeinander bezogen statt. Durch kulturelle Traditionen oder spirituelle Praktiken, ist es möglich, dass Verstorbene zwar biologisch exkludiert sind, aber sozial inkludiert bleiben – also als anerkannte Mitglieder im Gedächtnis der sozialen Gemeinschaft „weiterleben". Natürliche Todesfälle werden so vor allem in modernen Gesellschaften regelhaft über eine Memorialkultur wieder inkludiert, so Stichweh (2009a, 38), und selbst Menschen mit Demenz, deren biologischer Tod bewusst herbeigeführt oder in Kauf genommen wurde, bleiben im Regelfall sozial und kulturell inkludiert. Nur wenn Personen aus sozialen Bezügen und dem kulturellen Gedächtnis „entfernt" werden, sind sie exkludiert. Weder der Verlust kognitiver Fähigkeiten zu Lebzeiten noch der biologische Tod muss also gleichbedeutend sein mit umfassender Exklu-

---

[244] Vgl. die sog. Disengagement-Theorie (1961) von Cumming und Henry: "Der Tod steht hier also im Mittelpunkt einer Argumentation, die das Besondere der Gruppe der zwischen 50 und 70 Jahre alten Menschen benennen will, und er erzeugt ein Bild, bei dem eben diese Menschen sich als Sterbende von der Gesellschaft weg bewegen." (Saake 2006, 15)

sion. Nobert Elias (vgl. Abschnitt 2.3.6.2) hat gezeigt, dass die Exklusion Sterbender in ihrer Nichtbeachtung gründet, und zwar aufgrund der Verdrängung der bio-sozialen Risiken des Lebens und weil dem Sterbeprozess angemessene Sprachformen fehlten. Diese stehen, so zeigt die palliative Forschung zu Menschen mit Demenz, aber für sterbende Demenzkranke zur Verfügung (als nicht-reziproke oder non-verbale Kommunikation, vgl. Kojer 2010; Kostrzewa 2008).
Aus Sicht der Sterbenden selbst kann trotz aller Bemühungen um Einbeziehung die Tendenz zum Rückzug überwiegen. Elias führt dies z. T. auf die psychischen Selbstkontrollen zurück:

> "Zuvor ist das Problem der Vereinsamung der Sterbenden vor allem im Zusammenhang mit der Haltung der Überlebenden betrachtet worden. Aber diese Betrachtung bedarf der Ergänzung. Vereinsamungstendenzen sind in solchen Gesellschaften begreiflicherweise oft auch in der Persönlichkeitsstruktur der Sterbenden selbst angelegt." (Elias 1982, 86 f.)

Inwieweit auch Menschen mit Demenz mit weit fortgeschrittener Demenz sich aufgrund internalisierter Selbstkontrollen selbst zurückziehen, ist eine offene Forschungsfrage. Allerdings zeichnet sich der Verlauf einer Demenzerkrankung häufig gerade durch den Verlust zivilisatorischer Selbstkontrollen aus, so dass es wahrscheinlicher ist, dass sehr stark beeinträchtigte oder sterbende Menschen mit Demenz durch einfühlsame Kommunikation erreichbar sind. Letztlich gelte es zu beachten, dass die „innere Gegenwart" eines Menschen am Lebensende „nicht die äußere der Institution, Familie und Pflegenden" sein müsse, und es belastend und mit der Würde unverträglich sei, wenn Aktivierungsprogramme den Menschen stets in eine Gegenwart zurückholten, die nicht (mehr) die seine sei, so Klie (1998, 131).
Obwohl also an der rechtlichen Gleichstellung von Menschen mit Demenz zu Menschen mit Behinderung kein Zweifel besteht, zeigen sich soziale und kulturelle Differenzen zwischen beiden Gruppen, die auf die Art der Beeinträchtigung zurückzuführen sind und auf das lebensgeschichtlich späte Auftreten von Demenz. Eine Engführung des Inklusionsbegriffs auf den Bildungs- und Erwerbsbereich wird dem nicht gerecht. Inklusion, die (auch) auf der Entwicklung eines positiven Selbstbil-

des als behinderter Mensch beruht, ist für Menschen mit Demenz in zweifacher Hinsicht problematisch, da sie überwiegend als nicht-behinderte Menschen sozialisiert wurden und ggf. selbst stigmatisierende Bilder von Behinderung verinnerlicht haben. Inklusion am Lebensende, so wurde gezeigt, ist für Menschen mit Demenz möglich, da Einbeziehung auch bei schwerer Demenz gelingen kann.

4.4 Inklusion im Kontext sozialer Ungleichheit

Inklusion bzw. Exklusion und die Theorie sozialer Ungleichheit beziehen sich in unterschiedlicher Weise auf soziale Differenzierung und Diskriminierung in der Gesellschaft. Obwohl angesichts der Pluralisierung in modernen Gesellschaften eine strikte Trennung von (vertikaler) sozialer Ungleichheit und (horizontaler) Verschiedenheit kaum mehr möglich ist, muss doch geklärt werden, auf welche Art von Ungleichheit sich das Inklusionskonzept in welcher Weise bezieht. Im Anschluss wird untersucht, inwiefern Menschen mit Demenz von Inklusion und Exklusion im Kontext sozialer Ungleichheit betroffen sind.

4.4.1 Vertikale und horizontale Ungleichheiten

Mit sozialer Ungleichheit wird die empirisch beobachtbare Tatsache bezeichnet, dass in Gesellschaften vorteilhafte bzw. nachteilige Lebensbedingungen systematisch ungleich verteilt sind, und zwar aufgrund der Positionen, die Individuen im gesellschaftlichen Beziehungsgefüge einnehmen. Unter „Lebensbedingungen" sind in diesem Zusammenhang wertvolle, „knappe" Güter zu verstehen. (Hradil 2002, 206 f.) Im Verhältnis von sozialer Ungleichheit zu Inklusion und Exklusion rückt vor allem die Exklusion in den Fokus (vgl. Abschnitt 2.1.2). Hier ergeben sich zwei Deutungen: Zum einen wird davon ausgegangen, so Dederich, dass der Begriff der Exklusion den der sozialen Ungleichheit vollständig ersetze. In diesem Fall herrsche statt eines fein abgestuften Oben und Unten auf wenigen Dimensionen, von denen der materiellen Dimension (Einkommen, Vermögen) eine zentrale Bedeutung zukommt, eine Dichotomie von Innen und Außen – diese allerdings auf einer Vielfalt von Dimensionen, die den funktional differenzierten Teilsystemen entsprechen. (Dederich

2006, 20) So entstehe ebenfalls ein (horizontal) abgestuftes Modell von sozialer Ungleichheit, je nachdem in welchen und wie vielen Teilsystemen Individuen inkludiert seien (Dederich 2006, 20 f.). Um der Dichotomie eines starren Innen oder Außen zu entkommen und komplexere Ausgrenzungslagen beschreiben zu können, wird darüber hinaus auf die Prozesshaftigkeit von Exklusion verwiesen (Kronauer 2010a, 53) (vgl. Abschnitt 2.1). Letztlich bleibe aber in der Theorie der funktionalen Differenzierung von Systemen ungeklärt, wie soziale Ungleichheit im Sinne einer systematischen Besser- oder Schlechterstellung von Individuen entsteht, so Windolf (2009, 14). Zum anderen werde an beiden Konzepten festgehalten und Exklusion als "eine abgrenzbare und extrem ausgeprägte Form sozialer Ungleichheit" (Dederich 2006, 20) bezeichnet. Kronauer zufolge überlagern sich demnach Exklusion und soziale Ungleichheit, weil Ausgrenzungsrisiken selbst wieder ungleich verteilt sind (Kronauer 2010a, 55). Wansing behält ebenfalls beide Theorieperspektiven bei: Inklusion und das Phänomen der Individualisierung ließen sich gut mit dem Ansatz der Systemtheorie erklären, aber eine Analyse und Beschreibung von Exklusion gelinge nicht. Die Verknüpfung mit der Theorie sozialer Ungleichheit bzw. mit einem Lebenslagenansatz sei notwendig, weil soziale Ungleichheit im Sinne einer systematischen Besser- und Schlechterstellung quer zur Systemdifferenzierung liege. (Wansing 2005a, 53) Pluralisierte Lebenslagen, die durch vertikale *und* horizontale Verschiedenheit geprägt sind, können folglich besser beschrieben werden, wenn beide Konzepte beibehalten werden.

Allerdings bringt es m. E. theoretische Unschärfen mit sich, wenn dabei nicht die Legitimität der sozialen Unterschiede mit in Betracht gezogen wird. Graumann (2011, 14) begreift Inklusion als Leitbegriff der Behindertenpolitik und -pädagogik, der einen normativen Bezug sowohl auf vertikale Unterschiede („zentrale Güter") als auch auf horizontale Unterschiede („Verschiedenartigkeiten") kenne. Dies ist insofern problematisch, als die Einnahme sozial ungleicher erworbener Positionen andere Hintergründe der Legitimation kennt als die kulturelle Zuschreibung von Unterschieden aufgrund natürlich gegebener personaler Merkmale. Die Legitimität sozialer Unterschiede ist in meritokratischen Gesellschaften weitgehend an Leistungsunterschiede gekoppelt (Hradil 2002, 218), was sich bspw. an der Selektionsfunktion des Bildungssystems im Übergang zum Erwerbssystem gut ablesen lässt. Bildungs- und Einkommensunterschiede gelten als erworbene Merkmale und deshalb im Allgemeinen als legitim. Zugeschriebene Merkmale wie Alter, Geschlecht, ethnische Herkunft oder Behinderung dagegen sind soziale Konstruktionen: Die Verknüpfung (natürlich) gegebener Vielfaltsmerkmale mit vorteilhaften oder nachteiligen Lebensbedingungen (Diskriminierung) ist der Rechtsprechung nach nicht gerechtfertigt. (Ehret 2011) Empirisch sind legitime und illegitime Ungleichbehandlungen allerdings eng miteinander verknüpft, wie die vielfache Benachteiligung von Menschen mit Behinderung aufgrund ihrer Beeinträchtigung auf dem Arbeitsmarkt zeigt. (Wansing 2005a, 83 ff.) Degener und Mogge-Grotjahn schlagen deshalb das Lebenslagenkonzept als wesentlichen Baustein eines umfassenden Inklusionsbegriffs vor. Es berücksichtige horizontale und vertikale Dimensionen der Ungleichheit, "Statusinkonsistenzen und individuelle Biografieverläufe" und fokussiere die gegebenen Handlungschancen des Individuums in Rahmenbedingungen, die von spezifischen Bedingungen determiniert sind (bspw. Alter, Migrationshintergrund, Beeinträchtigungen, etc.):

> "(...) materielle(.) (Einkommen, Wohnen) wie immaterielle(.) Dimensionen (Gesundheit, Bildung) werden in die Analyse ebenso einbezogen wie die rechtlichen Bedingungen, die zu ihrer Verfestigung oder Überwindung beitragen (Hilfeansprüche, aber auch staatsbürgerliche Rechte, z. B. bei Migrantinnen und Migranten); ebenso kommen die subjektiven Voraussetzungen und Chancen für ein Leben im Wohlbefinden in den Blick (soziale Netzwerke, Resilienz)." (Degener, Mogge-Grotjahn 2012, 62)

Dennoch muss m. E. auch für das Lebenslagenkonzept eine Einordnung hinsichtlich der Legitimität der Differenzierungen vorgenommen werden, um Benachteiligungen als solche identifizieren zu können. Werden stattdessen vertikale Ungleichheiten (d. i. erworbene) mit horizontalen (d. i. zugeschriebene) gleichgesetzt, so können deren Legitimationshintergründe nicht mehr differenziert und reflektiert werden.[245] Vor allem die Benachteiligung aufgrund zugeschriebener Merkmale (Diskriminierung)

---

[245] Weiterführend zur Frage der Gerechtigkeit von Differenzierungen im Kontext von Inklusion vgl. Balz, Benz, Kuhlmann (2012a); Felder (2012).

beruht auf der Ausübung institutioneller oder personeller Macht, wie in Abschnitt 2.1.2 mit Castel gezeigt wurde: Exklusion beruht auf Diskriminierungsprozessen, die ihren Ausgang in der Mitte der Gesellschaft nehmen.[246] Inklusion und Exklusion reproduzierten und verfestigten diese Machtverhältnisse und seien „Mittel der Eroberung und Durchsetzung von Macht", so Kronauer (2010a, 25). Ausgrenzung ist dabei nicht nur in (Macht-)Beziehungen eingebettet (Ravaud, Stiker 2006, 927), die sich auf personaler Ebene als Zurückweisung, Missachtung und Demütigung zu erkennen geben, sondern auch auf institutioneller Ebene in legitimierten, gleichwohl diskriminierenden Verfahrensweisen (vgl. Abschnitt 2.3.4.2). Im Unterschied dazu gilt zumindest ein Teil der vertikalen sozialen Unterschiede als legitim, weil sie auf erworbenen Merkmalen beruhen. Ein Inklusionsbegriff, der dies ignoriert, entzieht sich m. E. der fachlich und politisch zu führenden Diskussion um die Legitimität von sozialen Unterschieden.

4.4.2 Inklusion und soziale Ungleichheit

Das Risiko, an einer Demenz zu erkranken, steht auf den ersten Blick nicht in Zusammenhang mit dem sozialen Status einer Person – im Einzelfall schützt selbst ein hoher Bildungsstand oder materieller Wohlstand nicht vor der Erkrankung. Wie in Abschnitt 2.3.1.1 gezeigt wurde, korreliert das Erkrankungsrisiko am deutlichsten mit dem Alter. Frauen erkranken häufiger, wobei noch ungeklärt ist, ob dafür soziale oder genetische Faktoren verantwortlich sind. Allerdings erhöht ein niedriger Bildungsstand das Krankheitsrisiko um knapp das 2-fache. Insoweit Bildung den gesundheitsbezogenen Lebensstil (Ernährung, Bewegung, Zugang zum Gesundheitssystem) beeinflusst, zeigt sich hier ein Bezug zwischen der empirisch gegebenen sozialen Ungleichheit und dem Demenzrisiko. Allerdings kann der Zusammenhang auch auf bereits in der Kindheit vorliegende neurologische Störungen hindeuten, die ebenfalls das Demenzrisiko erhöhen, bzw. auf den umgekehrten Effekt, dass Menschen mit einem hohen Bildungsstand über eine höhere zerebrale Reservekapazität verfügen (vgl. Abschnitt 2.3.1.1). Obwohl sowohl hinsichtlich der Ursa-

---

[246] Vgl. dazu auch Elias, Scotson (1990).

chenforschung als auch hinsichtlich einer nach dem sozialen Status differenzierenden Epidemiologie noch Forschungslücken geschlossen werden müssen, wird deutlich, dass das Bild der Demenzerkrankung, die schicksalhaft Menschen jeglichen sozialen Status trifft, zu korrigieren ist. Umgekehrt lässt sich fragen, inwiefern Menschen mit Demenz in besonderer Weise von sozialer Ungleichheit betroffen sind. Für den größten Teil der Demenzbetroffenen ist ihre materielle Versorgung ebenso wie die von kognitiv orientierten Menschen im Alter vom Erwerbsverlauf bestimmt (Motel-Klingebiel et al. 2010, 19), so dass entweder Ruhestandsbezüge oder Grundsicherungsleistungen zur Verfügung stehen. Allerdings werden die zusätzlichen Aufwendungen zur Bewältigung der Krankheit nur zum Teil von der sozialen Pflegeversicherung getragen, so dass sich prekäre soziale Lagen ggf. noch verschlechtern, wie bspw. die alleinstehender älterer Frauen, die besonders häufig von Altersarmut betroffen sind (BMFSFJ 2010b, 14). In Abschnitt 2.3.6.3 wurde bereits gezeigt, dass vor der Demenzerkrankung akkumulierte Kapitalien wie Prestige, Macht und Bildung teilweise schlagartig, teilweise in länger andauernden Prozessen aberkannt und abgebaut werden.

Die kurze Skizze zur Bedeutung sozialer Ungleichheit für Menschen mit Demenz zeigt, dass für Menschen mit Demenz die starke Orientierung des Inklusionsbegriffs auf Einbeziehung in den Bildungssektor und den ersten Arbeitsmarkt, die für Menschen mit Behinderung eine große Bedeutung hat (Wansing 2005a), weniger relevant ist. Inklusion ist eine Option, die durch den Einsatz von sozialen, kulturellen und materiellen Ressourcen im Verlauf der Biografie immer wieder neu verwirklicht werden muss. Inklusion bedeute auch, so Wansing, eine „Zumutung der Selbstbestimmung" (Wansing 2005a, 168), und die Inklusionsangebote der Gesellschaft erforderten auch „die Pflicht, eigene Fähigkeiten und Ressourcen einzubringen." (Wansing 2005a, 138) Menschen mit Behinderung sind demnach auch deshalb von scheiternden Inklusionsprozessen betroffen, weil ihre Fähigkeiten und Ressourcen durch Bildungs-und Erwerbsdefizite, durch soziale Missachtung, durch eingeschränkte Kontakte sowie durch räumliche und kommunikative Barrieren gering ausgebildet sind (Wansing 2005b, 24 f.) und die entsprechenden sozialleistungsrechtlichen Verpflichtungen des Staates selbst wieder exkludierend wirken. Im Ergebnis zeigt sich, dass Inklusion und sozial ungleiche Strukturen für Menschen mit Demenz typischerweise ähnlich denen der Lebensphase Alter strukturiert sind, während für jüngere Menschen mit Behinderung das Erwerbssystem zum einen als Strukturierungsfaktor sozialer Ungleichheit und zum anderen als Inklusionsangebot eine große Bedeutung hat. Im Alter und mit der legitimierten Freisetzung aus dem Erwerbsprozess determinieren dagegen stärker die im Lebensverlauf akkumulierten materiellen und Bildungsressourcen die soziale Position. Inklusion im Kontext sozialer Ungleichheit gestaltet sich demnach für Menschen mit Demenz retrospektiv, während sie für Menschen mit Behinderung prospektiven Charakter hat. Die im vorigen Abschnitt dargestellte Unterscheidung von legitimer sozialer Ungleichheit und nicht-legitimer direkter oder indirekter Diskriminierung ist von großer Bedeutung für Menschen mit Demenz, weil sie primär aufgrund zugeschriebener Merkmale benachteiligt werden.

> "Es geht hier nicht allein um ästhetische Störgrößen, im Kern geht es um die Infragestellung bestimmter gesellschaftlicher Ordnungs- und Normalitätsvorstellungen. Und dies löst Ängste und Unsicherheiten aus. (...) Wir dürfen nicht nur Inklusion als Rechtsanspruch begreifen, sondern müssen auch beachten, wie wir die entsprechenden Personen und Gruppen *wahrnehmen*, welche *Gefühle* wir ihnen entgegenbringen und welche *Eigenschaften* wir ihnen zuschreiben." (Brandenburg 2014, 3; k. i. O.)

Eine Benachteiligung aufgrund erworbener Merkmale erfolgt dagegen nur insoweit, dass ihnen in Bezug auf bestimmte Dimensionen die soziale Positionen, die sie bereits erreicht haben, aberkannt werden.

5 Fazit und Ausblick

Die vorliegende Arbeit leistet einen Beitrag zur theoretischen und konzeptionellen Klärung des Begriffs der Inklusion, und sie geht der Frage nach, inwiefern die Anwendung des Begriffs auf die Lebenssituation von Menschen mit Demenz zu einer verbesserten Kenntnis der spezifischen Exklusionsrisiken und Teilhabechancen von älteren kognitiv eingeschränkten Personen beiträgt. Die Möglichkeiten und Grenzen des Konzepts werden analysiert, insbesondere im Vergleich zu den etablierten Konzepten Integration und Teilhabe.

Für die Analyse wurde zunächst die Relation von Exklusion und Inklusion beleuchtet, der Exklusionsbegriff theoretisch fundiert sowie spezifische Exklusionsrisiken bei Demenz in historischer und zeitgenössischer Perspektive skizziert. Anschließend wurde eine detaillierte Definition des Inklusionsbegriffs in multidisziplinärer Perspektive vorgenommen, die auch semantische Überschneidungsbereiche zu den Konzepten der Integration und Teilhabe identifiziert. Zentrale Kontexte des Inklusionsbegriffs (Soziale Kohäsion, funktionale Differenzierung, rechtliche Kontexte, soziale Ungleichheit) wurden mit Bezug zur Situation von Menschen mit Demenz vertieft bearbeitet, um die Kapazität des Begriffs für die Analyse von Ausgrenzungsrisiken bzw. Teilhabechancen bei Demenz und für die Entwicklung neuer Ansätze im Umgang mit Menschen mit Demenz zu bestimmen. Hinsichtlich der eingangs genannten Fragestellungen wurden vielfältige Überlegungen angestellt, die im Folgenden kurz zusammengefasst werden:

Die Analyse des Exklusionsbegriffs und der spezifischen Exklusionsrisiken von Menschen mit Demenz hat gezeigt, dass die Exklusion im Sinne verfestigter (extrem) benachteiligter sozialer Lagen und Inklusion als verbesserte Einbeziehung von Menschen mit Behinderung in der Soziologie und der Heil- und Sonderpädagogik ohne gegenseitigen Verweiszusammenhang untersucht und diskutiert werden. Allein deshalb verbietet sich eine unreflektierte Übertragung des aktuell verwendeten Inklusionsbegriffs auf die Situation von Menschen mit Demenz. Exklusion wird in dieser Arbeit mit Kronauer (2010a) als Abbruch von Wechselseitigkeiten auf den Dimensionen der Produktion, der Reproduktion und der Partizipation definiert und hat deshalb die Kapazität, Exklusionsprozesse umfassend, mit Bezug auf die zugehörigen Inklusionsprozesse und auch spezifisch für die Situation von Menschen mit Demenz zu beschreiben und zu analysieren. Ausgrenzung von Menschen mit Demenz folgt dabei Mustern, die den Exklusionsrisiken (sehr) alter Menschen und denen von Menschen mit Behinderung ähnlich sind. Demenz kann deshalb als Behinderung des Alters bezeichnet werden. Historisch und zeitgenössisch sind Formen von Ausgrenzung immer auch gleichzeitig mit Umgangsweisen zu finden, die von Akzeptanz und nicht-bevormundender Unterstützung geprägt sind. Exklusion von Menschen mit Demenz kennt dabei körpernahe Formen (Elimination, Fixierung) ebenso wie soziale und kulturelle Formen (De-Personalisierung, Verpuffung von symbolischem Kapital). Exklusionen in und mit der Familie (Reproduktionssphäre) sind typisch, während der ökonomischen Dimension (Produktionssphäre) eine weniger große Bedeutung zukommt. Analog zu den Exklusionsrisiken des Alters zeigt sich bei Demenz die Figur der Funktionslosigkeit (für die den Demenzbetroffenen im Unterschied zu kognitiv orientierten Älteren jedoch nur noch eingeschränkt das Substitut des Verweises auf die Lebensleistung zur Verfügung steht). Die im sozialen Nahraum und ggf. – bei der kleinen Gruppe jüngerer Demenzbetroffener – im Erwerbsleben erfolgenden Exklusionen von Menschen mit Demenz sind häufig unumkehrbar und werden (mit Verweis auf das nahe Lebensende) auf Dauer gestellt. Ausgrenzung als Sterbende trifft Demenzerkrankte, wenn sie keine Bedeutung mehr für ihr soziales Umfeld haben. Eben auf diesen stabilen Zuschreibungen umfassender Bedeutungslosigkeit beruht Exklusion als Abbruch der Wechselseitigkeiten bei Menschen mit Demenz. Obwohl demenzkranke Menschen in den Genuss der vollen Menschenrechte kommen, laufen sie also Gefahr, soziale Missachtung in einem Ausmaß zu erfahren, das einer völligen Entwertung ihrer Person gleichkommt.

Das Konzept der Inklusion verdankt seine dynamische Verbreitung mehreren Faktoren: Inklusion nimmt nicht nur die Stellung eines Fachbegriffs ein, sondern anlässlich seiner Übersetzung aus der englischen Fassung der UN-Behindertenrechtskonvention als „Integration" ist er zum politischen Kampfbegriff in der Diskussion um die Bereitstellung von Leistungen für behinderte Menschen geworden. Die Dynamik der Verbreitung des Konzeptes wird zusätzlich befördert durch eine teleologische Perspektive, die Inklusion als nie ganz zu erreichendes, aber anzustrebendes Ziel vorgibt und so den visionären Charakter von Inklusion unterstreicht. Die in Kapitel 3 durchgeführte Analyse von Definitionen des Inklusionsbegriffs aus der Soziologie, der Sozialen Arbeit und der Heil- und Sonderpädagogik hat eine Vielfalt von inhaltlichen Elementen von Inklusion herausgearbeitet, die auf ihrer Entstehung nach sehr unterschiedliche Bezugskontexte zurückgehen. Inklusion nimmt deshalb den Charakter eines „Container"-Begriffs an, dem es in der Folge an Konsistenz, Widerspruchsfreiheit und Trennschärfe mangelt. Als inhaltliche Aspekte, die gut an die Situation von Menschen mit Demenz anschließen, konnten die Idee einer sozial positiv bewerteten Idee von Heterogenität, das Recht auf soziale und materielle Unterstützung entsprechend dem je persönlichen Kompetenz- bzw. Beeinträchtigungsprofil, der Einbezug heterogener Individuen in „örtliche", „allgemeine" oder „Regel"-Strukturen, die Idee der „unmittelbaren" Zugehörigkeit und die Bedeutung der Subsidiarität in der Zivilgesellschaft identifiziert werden. Allerdings schließen sich hier Fragen an, die einerseits auf die Möglichkeiten der Verwirklichung von Inklusion in dieser Weise zielen und sich andererseits aus der Konfrontation der soziologischen Bezugskontexte mit dem Sachverhalt der Einbeziehung von Menschen mit Demenz ergeben. So müssen bspw. die Auswirkungen von sozialer Ungleichheit auf Demenzbetroffene geklärt werden. Die Betrachtung der Begriffe der Integration bzw. der Teilhabe hinsichtlich ihrer Eignung, Ein- und Ausgrenzungsprozesse bei Demenz zu beschreiben, zeigte, dass der Integrationsbegriff nur wenige Bezüge zur Situation von Menschen mit Demenz aufweist, aber von hoher Relevanz ist, weil er das für das Inklusionskonzept zentrale Thema der sozialen Zugehörigkeit umreißt. Der Teilhabebegriff dagegen erweist sich durch seine Verankerung in der ICF als theoretisch und operativ sehr gut geeignet, Fragen der Einbeziehung und Ausgrenzung von Menschen mit Demenz zu bearbeiten. Er gründet in der Idee der Zugehörigkeit ebenso wie in der der Zuteilung und verknüpft so Antidiskriminierungs- mit Ungleichheitsaspekten. Allerdings transportiert der Teilhabebegriff nicht den „visionären Charme" des Inklusionsbegriffs.

Zentrale Kontexte des Inklusionsbegriffs (Soziale Kohäsion, funktionale Differenzierung, rechtliche Kontexte, soziale Ungleichheit) wurden in Kapitel 4 vertieft und auf die Situation von Menschen mit Demenz bezogen, um einerseits die Potenziale und Grenzen des Inklusionsbegriffs noch genauer bestimmen zu können und andererseits Teilhabechancen für Menschen mit Demenz aufzuzeigen. Im Kontext sozialer Kohäsion auf gesellschaftlicher und individueller Ebene zeigte sich, dass Antriebskräfte zur Inklusion von Menschen mit Demenz weder in der Ausbildung anomischer Zustände (die dann durch Inklusion überwunden werden) noch in Integrationsprozessen (die auf aktiv gesteuerte Rollenübernahmen setzen) zu finden sind. Die Einbeziehung von Menschen mit Demenz benötigt stattdessen den Einsatz struktureller, kultureller und zivilgesellschaftlicher Ressourcen, wie es im Konzept der Caring Communities/Sorgenden Gemeinschaften konzeptionell vorgesehen ist. Inklusion in diesem Sinn respektiert eigensinnige Lebensweisen und setzt statt auf (defizitorientierte) Kategorien auf Leistungsgewährung im Sozialraum. Barrierefreiheit für Menschen mit Demenz bedeutet demnach, nicht nur räumliche Barrieren zu minimieren, sondern auch die in den Raum eingeschriebene Symbolik, die von demenzkranken Personen immer weniger entschlüsselt werden kann, so zu verändern, dass Räume von Distanz- zu Verbindungsmedien werden. Inklusion im Sozialraum denkt Behinderung im Horizont der Wechselwirkungen von körperlicher Beeinträchtigung, funktionaler Störung, personaler und Umweltfaktoren, weshalb auf essenzialistische Zuschreibungen (Behinderte, Demenzkranke, Pflegebedürftige) verzichtet werden kann. Insofern stellen die bisher schon umgesetzten „Demenzfreundlichen Kommunen" einen Schritt in die Richtung Sorgender Gemeinschaften dar. Deren Umsetzung steht insgesamt noch am Anfang und stellt, nicht nur was die benötigten materiellen und fiskalischen Ressourcen betrifft, eine enorme Herausforderung dar. Es ist vor allem auch eine offene Frage, wie der angestrebte Wandel von Haltungen und Einstellungen vollzogen werden kann: „Fraglich bleibt aber, ob und wie andere zur Wertschätzung von Menschen mit Behinderung verpflichtet werden könnten", so Graumann (2012, 12), da Inklusion immer auch eine kulturelle Zumutung darstellt (Klie et al. 2012). Erste Ansätze, die im Rahmen dieser Arbeit nicht berücksichtigt werden konnten, verweisen auf die Theorie der Anerkennung, wie sie von Axel Honneth ausgearbeitet wurde: Darin werden durch die verstärkte personale Anerkennung von Individuen generalisierte Anerkennungserwartungen gebildet, die über die Sozialisation nachfolgender Generationen insgesamt die Entwicklung der gesellschaftlichen Moral antreiben (vgl. Graumann 2012; Dederich, Schnell 2011; mit Bezug zu Menschen mit Demenz: Rösner 2011). Inwieweit Menschen mit Demenz, die ihrer internalisierten kulturellen Überzeugungen Zug um Zug verlustig gehen, dennoch einbezogen sein können in eine sich selbst vorantreibende Haltung der Anerkennung, ist eine noch offene Forschungsfrage.

Die systemtheoretische Perspektive auf Inklusion birgt ein beachtliches Analysepotenzial für Sorgearrangements für Menschen mit Demenz – nicht nur in Familien, sondern auch in familienähnlichen Versorgungsformen und Einrichtungen. Der sog. Voluntarismus der Systeme verlangt territoriale und soziale Universalität, was den Inklusionsdruck auf immer neue Zielgruppen gut erklärt. Deutlich konnte herausgearbeitet werden, dass sowohl die inkludierende Exklusion in Einrichtungen als auch die von Stichweh so bezeichnete „integrierende Inklusion", also die gemeinsame Betreuung (people processing) von behinderten und nichtbehinderten Menschen in einer Einrichtung (Pflegeeinrichtung, Schulklasse etc.) nicht dazu führt, dass sich die Kapazität von Organisationen für die Verarbeitung von Komplexität, die durch die Behinderung/Demenz produziert wird, erhöht. Stattdessen reagieren Organisationen mit weiterer Differenzierung und Selektion – was gerade nicht dem Inklusionsgedanken im Sinne einer Einbeziehung in Regelstrukturen entspricht.

Familien erscheinen in systemtheoretischem Kontext als Systeme, die Personen multipel adressieren können und deshalb besonders gut in der Lage sind, mit Menschen mit Demenz zu kommunizieren. Für familienähnliche Formen des Wohnens und der Begleitung von Menschen mit Demenz, wie bspw. Wohngemeinschaften, bedeutet dies, dass nicht ausschließlich Liebe oder Empathie (die von professionellen Kräften nur begrenzt eingebracht werden können) zu gelingender Interaktion mit den demenzkranken Bewohnerinnen und Bewohnern (und damit deren Inklusion) beiträgt. Inklusion kann auch dann gelingen, wenn Menschen mit Demenz für ihr gesamtes, ggf. auch nur noch teilweise erhaltenes, Rollenspektrum Gehör und Aufmerksamkeit finden, und zwar unabhängig davon, ob diese Rollen biografisch oder anderweitig legitimiert sind. Um die Überlegungen empirisch zu stützen, bedarf es weiterer Forschung. In Bezug auf die Kommunikation mit Menschen mit Demenz birgt der systemtheoretische Inklusionsbegriff allerdings eine Schwachstelle, weil Menschen mit Demenz aufgrund des fortschreitenden Gedächtnisverlustes die Fähigkeit zu kommunizieren schlicht abgesprochen wird. Dies ignoriert die empirisch gut belegte kommunikative Resonanz auch bei weit fortgeschrittener Demenz.

Der (menschen-)rechtliche Kontext von Inklusion erweist sich insofern als zentral für demenzkranke Menschen, als die BRK den Einschluss auch von Menschen mit Demenz in den Schutzbereich der Menschenrechte betont. Die vielfachen Verletzungen der Menschenwürde, unter denen Demenzbetroffene zu leiden haben, werden so benannt und können reduziert werden. Selbstbestimmung bei Demenz ist in der BRK ebenso wie im deutschen Betreuungsgesetz in Form des Anspruchs auf rechtliche Assistenz geregelt. Die Umsetzung dieses Anspruchs wird aber durch die Komplexität der Feststellung von Einwilligungsfähigkeit und die nur begrenzt zur Verfügung stehenden Ressourcen für rechtliche Betreuung und Beratung von Angehörigen behindert. Obwohl an der rechtlichen Gleichstellung von Menschen mit Demenz zu Menschen mit Behinderung kein Zweifel besteht, zeigen sich soziale und kulturelle Differenzen zwischen beiden Gruppen, die auf die Art der Beeinträchtigung und das lebensgeschichtlich späte Auftreten von Demenz zurückzuführen sind. Eine Engführung des Inklusionsbegriffs auf den Bildungsbereich wird dem nicht gerecht. Inklusion, die (auch) auf der Entwicklung eines positiven Selbstbildes als behinderter Mensch beruht, ist dann für Menschen mit Demenz in zweifacher Hinsicht problematisch, weil sie überwiegend als nicht-behinderte Menschen sozialisiert wurden und ggf. selbst stigmatisierende Bilder von Behinderung verinnerlicht haben. Inklusion am Lebensende, so wurde gezeigt, ist aber für Menschen mit Demenz prinzipiell möglich, da auch bei schwerer Demenz und angesichts des biologischen Todes Inklusion die soziale Dimension von Einbeziehung beinhaltet.

Im Ergebnis zeigt die Ausarbeitung des menschenrechtlichen und des systemtheoretischen Kontextes, dass sich die Widersprüche zwischen einer normativen und einer systemtheoretischen Betrachtung von Inklusion auch für die Perspektive von Menschen mit Demenz gut auflösen lassen. Wie gezeigt wurde, speist sich die Normativität einer funktional differenzierten Gesellschaft aus dem Anspruch auf sachlich, zeitlich und geografisch unbegrenzte Geltung der aktuell verfügbaren Effizienz von Problemlösungen (Wansing 2005b, 23). Einem Vorgehen, das funktional mögliche Lösungen (Gesundheitsversorgung, Demokratie etc.) nicht nutzt, fehlt es an Legitimität. Funktionale Problemlösungen entwickeln sich darüber hinaus zu normativ erwünschten in dem Maße, wie sie sich in Form von politisch vereinbarten Rechten und Ansprüchen niederschlagen. (Stichweh 2009b, 36) Normative und systemtheoretische Perspektiven bilden also jeweils eigenständige Erklärungsmuster für Vergesellschaftung, die nicht ineinander aufgehen, aber auch nicht als diametral gegensätzlich aufzufassen sind. Dabei muss aber die an den Menschenrechten orientierte normative Perspektive gegenüber funktionalen Vorgehensweisen, die sich häufig auch als ökonomischer erweisen, dauerhaft gestärkt werden. Normativ begründete Ziele erweisen sich angesichts der Effizienz funktionaler Vorgehensweisen, der Knappheit von Ressourcen und der Komplexität der Durchsetzung sozialer Rechte (wie es für das Betreuungsrecht gezeigt wurde) als fragil in der Um- und Durchsetzung, auch wenn sie rechtlich abgesichert sind. Dies vor allem auch deshalb, weil die politische Artikulationsmacht von Menschen mit Demenz und ihren Angehörigen begrenzt ist. Es ist eine der Limitationen dieser Arbeit, dass die Frage nach der Inklusion durch die Ausbildung von Sprecherrollen, durch widerständige Lebensgestaltung oder Selbsthilfebewegungen nicht weiterführend untersucht wurde. Dennoch ist deutlich geworden, dass der Inklusionsbegriff durch seinen Verweis auf die unbedingte Geltung der Menschenrechte als Freiheits- und soziale Rechte gerade für demenziell erkrankte Menschen von Bedeutung ist. Allerdings mangelt es ihm an Konsistenz und Trennschärfe, weil er eine Vielfalt von Inhalten und Bezugskontexten transportiert, was für die Umsetzung von Inklusion in der Praxis eher hinderlich ist. Hier bietet sich der Teilhabebegriff an, der theoretisch fundiert und in der ICF gut operationalisiert ist. Diesem fehlt jedoch der visionären Charme des Inklusionsbegriffs, der das Spektrum von Emotionalität, Irrationalität und auch Unmittelbarkeit, das in Begegnungen mit Menschen mit Demenz aufscheint, vielleicht besser spiegeln kann und so Mut macht, sich auf ungeschütztes Terrain jenseits funktionaler Logiken zu begeben.

Literatur

Aichele, Valentin (2010): Behinderung und Menschenrechte: Die UN-Konvention über die Rechte von Menschen mit Behinderungen. In: APUZ - Aus Politik und Zeitgeschichte (23), S. 13–19.

Albrecht, Gary L. (Hg.) (2006): Encyclopedia of Disability. Thousand Oaks, Calif: Sage Publications.

Arendt, Hannah (1955/1998): Elemente und Ursprünge totaler Herrschaft. Antisemitismus, Imperialismus, totale Herrschaft. München: Piper

Ausschuss für die Rechte von Menschen mit Behinderungen (2015): Abschließende Bemerkungen über den ersten Staatenbericht Deutschlands. Hg. v. Deutschen Institut für Menschenrechte. Online verfügbar unter http://www.institut-fuer-menschenrechte.de/fileadmin/user_upload/PDF-Dateien/UN-Dokumente/CRPD_Abschliessende_Bemerkungen_ueber-_den_ersten_Staaten-bericht_Deutschlands.pdf, zuletzt aktualisiert am 13.05.2015, zuletzt geprüft am 11.08.2016.

Baecker, Dirk; Bude, Heinz; Honneth, Axel; Wiesenthal, Helmut (2008): "Die Überflüssigen". Ein Gespräch zwischen Dirk Baecker, Heinz Bude, Axel Honneth und Helmut Wiesenthal. In: Heinz Bude und Andreas Willisch (Hg.): Exklusion. Die Debatte über die "Überflüssigen". Frankfurt am Main: Suhrkamp, S. 31–49.

Baltes, Paul B.; Baltes, Margret M. (1990): Psychological perspectives on successful aging: The model of selective optimization with compensation. In P. B. Baltes & M. M. Baltes (Eds.), Successful aging: Perspectives from the behavioral sciences (pp. 1–34). New York: Cambridge University Press.

Balz, Hans-Jürgen; Benz, Benjamin; Kuhlmann, Carola (2012a): (Soziale) Inklusion – Zugänge und paradigmatische Differenzen. In: Hans-Jürgen Balz, Benjamin Benz und Carola Kuhlmann (Hg.): Soziale Inklusion. Wiesbaden: VS Verlag für Sozialwissenschaften, S. 1–9.

Balz, Hans-Jürgen; Benz, Benjamin; Kuhlmann, Carola (Hg.) (2012b): Soziale Inklusion. Wiesbaden: VS Verlag für Sozialwissenschaften.

Bär, Marion (2010): Sinn im Angesicht der Alzheimerdemenz. Ein phänomenologisch-existenzieller Zugang zum Verständnis demenzieller Erkrankungen. In: Andreas Kruse (Hg.): Lebensqualität bei Demenz? Zum gesellschaftlichen und individuellen Umgang mit einer Grenzsituation im Alter. Heidelberg: AKA, S. 249–259.

Bartelheimer, Peter (2007): Politik der Teilhabe. Ein soziologischer Beipackzettel. Berlin. Online verfügbar unter http://library.fes.de/pdf-files/do/04655.pdf, zuletzt geprüft am 11.08.2016.

Bartlett, Ruth (2000): Dementia as a disability: can we learn from disability studies and theory? In: The Journal of Dementia Care (Sept/Oct), S. 33–36.

Bayer, Oswald (2012): Ethik der Gabe. In: Martin Ebner, Irmtraud Fischer, Jörg Frey, Ottmar Fuchs, Berndt Hamm, Bernd Janowski et al. (Hg.): Geben und nehmen (Jahrbuch für biblische Theologie (JBTh), Band 27), S. 341–362.

Bayley, John (2000): Elegie für Iris. 2. Aufl. München: Beck.
Beck, Ulrich (1986): Risikogesellschaft. Auf dem Weg in eine andere Moderne. Frankfurt am Main: Suhrkamp.
Becker, Ulrich; Wacker, Elisabeth; Banafsche, Minou (Hg.) (2013): Inklusion und Sozialraum. Behindertenrecht und Behindertenpolitik in der Kommune. (Studien aus dem Max-Planck-Institut für Sozialrecht und Sozialpolitik, Bd. 59). Baden-Baden: Nomos.
Behuniak, Susan M. (2011): The living dead? The construction of people with Alzheimer's disease as zombies. In: Ageing and Society 31 (1), S. 70–92.
Benedek, Thomas G. (2006): History of Disability: Medical Care in Renaissance Europe. In: Gary L. Albrecht (Hg.): Encyclopedia of disability. Thousand Oaks, Calif: Sage Publications, S. 864–868.
Bennewitz, Jan (2013): Demenzdörfer: Bessere Lebensqualität? pro. In: Die Schwester Der Pfleger 52 (10), S. 964.
Benz, Benjamin (2012): Politik sozialer Inklusion in formaler, inhaltlicher und prozeduraler Perspektive. In: Hans-Jürgen Balz, Benjamin Benz und Carola Kuhlmann (Hg.): Soziale Inklusion. Wiesbaden: VS Verlag für Sozialwissenschaften, S. 115–140.
Berchtold, Nicole C.; Cotman, Carl W. (1998): Evolution in the Conceptualization of Dementia and Alzheimer's Disease: Greco-Roman Period to the 1960s. In: Neurobiology of Aging 19 (3), S. 173–189.
Beresford, Peter (2006): Participation. In: Gary L. Albrecht (Hg.): Encyclopedia of disability. Thousand Oaks, Calif: Sage Publications, S. 1210–1212.
Berzewski, Horst (1996): Geschichtliche Aspekte der Alzheimer'schen Krankheit. In: Psycho 22 (8), S. 554–561.
Berzlanovich, Andrea M.; Schöpfer, Jutta; Keil, Wolfgang (2012): Deaths due to physical restraint. In: Deutsches Ärzteblatt Int 109 (3), S. 27–32.
Bickel, Horst (2012): Epidemiologie und Gesundheitsökonomie. In: Claus-Werner Wallesch (Hg.): Demenzen. 2., überarb. und erw. Auflage. Stuttgart: THIEME, S. 18–35.
Bickel, Horst (2014): Die Häufigkeit von Demenzerkrankungen (Das Wichtigste, 1). Hg. von der Deutschen Alzheimergesellschaft e.V. Online verfügbar unter: https://www.deutsche-alzheimer.de/unser-service/informationsblaetter-downloads.html, zuletzt aktualisiert am 6/2014, zuletzt geprüft am 15.11.2015.
Bielefeldt, Heiner (2009): Zum Innovationspotenzial der UN-Behindertenrechtskonvention. 3. Aufl. Hg. v. Deutsches Institut für Menschenrechte (Essay, 5). Berlin.
Bielefeldt, Heiner (2010): Menschenrecht auf inklusive Bildung. In: Vierteljahresschrift für Heilpädagogik und ihre Nachbargebiete (1), S. 66–69.
Bielefeldt, Heiner (2011): Ein Innovationsschub für die Menschenrechtsphilosophie: Die UN-Konvention für die Rechte von Personen mit Behinderungen. In: Sarhan Dhouib und Andreas Jürgens (Hg.): Wege in der Philosophie. Geschichte - Wissen - Recht - Transkulturalität. Weilerswist: Velbrück Wissenschaft, S. 258–277.

Bielefeldt, Heiner (2012): Inklusion als Menschenrechtsprinzip: Perspektiven der UN-Behindertenrechtskonvention. In: Vera Moser und Detlef Hoerster (Hg.): Ethik in der Behindertenpädagogik. Menschenrechte, Menschenwürde, Behinderung. Stuttgart: Kohlhammer, S. 149–166.

Birken, Thomas; Weihrich, Margit (2013): Jenseits des Rationalen: Über den organisationalen Umgang mit Demenz. In: Hans-Georg Soeffner (Hg.): Transnationale Vergesellschaftungen. Verhandlungen des 35. Kongresses der Deutschen Gesellschaft für Soziologie in Frankfurt am Main 2010. Wiesbaden: Springer VS, CD-ROM.

Bischof, Sascha (2004): Gerechtigkeit-- Verantwortung-- Gastfreundschaft. Ethik-Ansätze nach Jacques Derrida. Freiburg, Schweiz, Freiburg i. Br.: Academic Press Fribourg: Herder.

Blawat, Katrin (2011): Das Scheitern der Alzheimerforschung. In: Süddeutsche Zeitung, 21.07.2011.

Blinkert, Baldo (2008): Begleitforschung zur Einführung eines persönlichen Pflegebudgets mit integriertem Case Management. Schlussbericht des Freiburger Instituts für angewandte Sozialwissenschaft FIFAS e.V. Freiburg i. Br. Online verfügbar unter: https://www.gkv-spitzenverband.de/media/dokumente /pflegeversicherung /forschung/projekte_unterseiten/pflege-budget/4_Anlage_ ausfuehrlicher_Schlussbericht_FIFAS_3275.pdf, zuletzt geprüft am 16.08.2016.

BMAS (Bundesministerium für Arbeit und Soziales) (Hg.) (2013): Teilhabebericht der Bundesregierung über die Lebenslagen von Menschen mit Beeinträchtigungen. Teilhabe - Beeinträchtigung - Behinderung. Berlin

BMFSFJ (Bundesministerium für Familie, Senioren, Frauen und Jugend) (Hg.) (2002): Vierter Altenbericht zur Lage der älteren Generation in der Bundesrepublik Deutschland: Risiken, Lebensqualität und Versorgung Hochaltriger - unter besonderer Berücksichtigung demenzieller Erkrankungen. Berlin.

BMFSFJ (Bundesministerium für Familie, Senioren, Frauen und Jugend) (Hg.) (2010a): Sechster Bericht zur Lage der älteren Generation in der Bundesrepublik Deutschland. Altersbilder in der Gesellschaft. Berlin.

BMFSFJ (Bundesministerium für Familie, Senioren, Frauen und Jugend) (Hg.) (2010b): Altern im Wandel. Zentrale Ergebnisse des deutschen Alterssurveys (DEAS). Berlin.

BMG (Bundesministerium für Gesundheit) (Hg.) (2013): Bericht des Expertenbeirats zur konkreten Ausgestaltung des neuen Pflegebedürftigkeitsbegriffs. Berlin.

BMJV (Bundesministerium der Justiz und für Verbraucherschutz) (Hg.) (2014): Betreuungsrecht: Mit ausführlichen Informationen zur Vorsorgevollmacht. Berlin.

BMVBS (Bundesministerium für Verkehr, Bau und Stadtentwicklung) (Hg.) (2011): Wohnen im Alter. Marktprozesse und wohnungspolitischer Handlungsbedarf. Bonn: Bundesinstitut für Bau-, Stadt- und Raumforschung (BBSR) im Bundesamt für Bauwesen und Raumordnung (BBR) (Forschungen, 147).

Boban, Ines; Hinz, Andreas (2013): Inklusive Pädagogik. In: Georg Theunissen, Wolfram Kulig und Kerstin Schirbort (Hg.): Handlexikon Geistige Behinderung. Schlüsselbegriffe aus der Heil- und Sonderpädagogik, Sozialen Arbeit, Medizin, Psychologie, Soziologie und Sozialpolitik. 2., akt. und erw. Aufl. Stuttgart: Kohlhammer, S. 182–183.

Boller, François; Forbes, Margaret M. (1998): History of dementia and dementia in history: An overview. In: Journal of the Neurological Sciences 158 (2), S. 125–133.

Böning, Marta; Brors, Christiane; Steffen, Margret (2014): Migrantinnen aus Osteuropa in Privathaushalten. Problemstellungen und politische Herausforderungen. Hg. v. ver.di – Vereinigte Dienstleistungsgesellschaft. Berlin. Online verfügbar unter https://gesundheit-soziales.verdi.de/++file++535fb14baa 698e28660007a6/download/2014-05-Migrantinnen-in-Privathaushalten.pdf, zuletzt geprüft am 14.08.2014.

Borgloh, Barbara (2013): Standardisierte Befragung von professionell Pflegenden, BetreuerInnen und BeraterInnen in der Altenhilfe. Freiburg: AGP Sozialforschung. Online verfügbar unter http://agp-freiburg.de/downloads.htm, zuletzt geprüft am 16.08.2016.

Bourdieu, Pierre (1983): Ökonomisches Kapital, kulturelles Kapital, soziales Kapital. In: Reinhard Kreckel (Hg.): Soziale Ungleichheiten. Göttingen: Schwartz (Soziale Welt. Sonderband, 2), S. 183–198.

Bourdieu, Pierre (1991): Physischer, sozialer und angeeigneter physischer Raum. In: Martin Wentz (Hg.): Stadt-Räume. Frankfurt am Main, New York: Campus, S. 25–34.

Brandenburg, Hermann (2013): Demenzdörfer: Bessere Lebensqualität? contra. In: Die Schwester Der Pfleger 52 (10), S. 965.

Brandenburg, Hermann (2014): Inklusion von Menschen mit Demenz – Vision oder Illusion? Vortrag auf der Diskussionsveranstaltung des ZQP. Stiftung Zentrum für Qualität in der Pflege (ZQP). Online verfügbar unter http://www.pthv.de/fileadmin/user_upload/PDF_Pflege/Vorlesungsunterlagen/ Brandenburg/eigene_veroeffentlichungen/Inklusion_von_Menschen_ mit_DemenzZQPBerlin19052104.pdf, zuletzt geprüft am 31.12.2014.

Brandenburg, Hermann; Adam-Paffrath, Renate (Hg.) (2013): Pflegeoasen in Deutschland. Forschungs- und handlungsrelevante Perspektiven zu einem Wohn- und Pflegekonzept für Menschen mit schwerer Demenz. Hannover: Schlütersche.

Brandenburg, Hermann; Brünett, Matthias (2014): Demenzfreundliche Kommunen in Deutschland und England – ein Blick auf mögliche Perspektiven. In: Sozialer Fortschritt (8), S. 190–196.

Brandenburg, Hermann; Güther, Helen (2013): Was ist ein gutes Leben für Menschen mit Demenz? In: Zeitschrift für medizinische Ethik (59), S. 85–95.

Brandenburg, Hermann; Stemmer, Renate; Rutenkröger, Anja; Schuhmacher, Birgit; Kuhn, Christina; Adam-Paffrath, Renate (2012): Positionierung zu Pflegeoasen. In: Pflege und Gesellschaft 17 (2), S. 177–181.

Bredthauer, Doris (2006): Können Fixierungen bei dementen Altenheimbewohnern vermieden werden? In: Betreuungsmanagement (4), S. 185–191.
Bruce, Errollyn (2004): Social Exclusion (and Inclusion) in Care Homes. In: Carole Archibald, Anthea Innes und Charlie Murphy (Hg.): Dementia and social inclusion. Marginalised groups and marginalised areas of dementia research, care and practice. London [u.a.]: J. Kingsley, S. 123–136.
Bruker, Christine; Schuhmacher, Birgit (2013): Inklusion zwischen normativem Anspruch und beruflichem Alltag. In: Wilhelm Schwendemann und Hans-Joachim Puch (Hg.): Theorie - Praxis - Partizipation. Freiburg: FEL (Evangelische Hochschulperspektiven, 9).
Brusten, Manfred; Hohmeier, Jürgen (1975): Vorwort. In: Diess. (Hrsg.): Stigmatisierung. Zur Produktion gesellschaftlicher Randgruppen. Bd. 1 + 2. Darmstadt: Luchterhand, S. 1
Bryden, Christine (2011): Mein Tanz mit der Demenz. Trotzdem positiv leben. Bern: Huber.
Bude, Heinz (2004): Das Phänomen der Exklusion. Der Widerstreit zwischen gesellschaftlicher Erfahrung und soziologischer Rekonstruktion. In: Mittelweg 36 (4), S. 3–15.
Bude, Heinz; Willisch, Andreas (Hg.) (2008): Exklusion. Die Debatte über die "Überflüssigen". Frankfurt am Main: Suhrkamp.
Bundesregierung (2005): Lebenslagen in Deutschland. Der 2. Armuts- und Reichtumsbericht der Bundesregierung. Berlin. Online verfügbar unter: http://www.bmas.de/SharedDocs/Downloads/DE/PDF-Publikationen/forschungsprojekt-a332-lebenslagen-in-deutschland-alt-821.pdf?__blob=publicationFile&v=2; zuletzt geprüft am 15.08.2017
Bundschuh, Konrad; Heimlich, Ulrich; Krawitz, Rudi (Hg.) (2007): Wörterbuch Heilpädagogik. Ein Nachschlagewerk für Studium und pädagogische Praxis. 3., überarb. Aufl. Bad Heilbrunn: Klinkhardt.
Bundschuh, Konrad; Heimlich, Ulrich; Krawitz, Rudi (2007a): Integrationspädagogik/Inklusive Pädagogik. In: Konrad Bundschuh, Ulrich Heimlich und Rudi Krawitz (Hg.): Wörterbuch Heilpädagogik. Ein Nachschlagewerk für Studium und pädagogische Praxis. 3., überarb. Aufl. Bad Heilbrunn: Klinkhardt, S. 141–145.
Bundschuh, Konrad; Heimlich, Ulrich; Krawitz, Rudi (2007b): Integration/Inklusion. In: Konrad Bundschuh, Ulrich Heimlich und Rudi Krawitz (Hg.): Wörterbuch Heilpädagogik. Ein Nachschlagewerk für Studium und pädagogische Praxis. 3., überarb. Aufl. Bad Heilbrunn: Klinkhardt, S. 136–139.
Bürli, Alois (2009): Integration/Inklusion aus internationaler Sicht – einer facettenreichen Thematik auf der Spur. In: Alois Bürli, Urs Strasser und Anne-Dore Stein (Hg.): Integration und Inklusion aus internationaler Sicht. Bad Heilbrunn: Klinkhardt, S. 16–61.
Calabrese, Pasquale; Lang, Christoph; Förstl, Hans (2011): Gedächtnisfunktionen und Gedächtnisstrukturen. In: Hans Förstl (Hg.): Demenzen in Theorie und Praxis. 3. akt. und überarb. Aufl. Berlin, Heidelberg: Springer, S. 11–24.

Castel, Robert (2008): Die Fallstricke des Exklusionsbegriffs. In: Heinz Bude und Andreas Willisch (Hg.): Exklusion. Die Debatte über die "Überflüssigen". 1. Aufl. Frankfurt am Main: Suhrkamp, S. 69–86.
Cieza, Alarcos; Beckmann, Anke; Esteban, Eva; Gall, Heinrich; Kaduszkiewicz, Hanna; Linseisen, Elisabeth (2009): Die ICF als Referenzrahmen zur Bewertung von Effektivenessstudien bei demenziellen Erkrankungen – ICF Effekt. Posterpräsentation anlässlich der Veranstaltung des BMG am 20. Januar 2009. Hg. v. Institut für Gesundheits- und Rehabilitationswissenschaften, Ludwig-Maximilians-Universität München und Institut für Allgemeinmedizin, Universitätsklinikum Hamburg-Eppendorf. Online verfügbar unter https://www.uke.de/institute/allgemeinmedizin/downloads/institut-allgemeinmedizin/Poster_Berlin_gesamt_final.ppt, zuletzt aktualisiert am 08.03.2015, zuletzt geprüft am 12.08.2016.
Clark, Patricia Ann (1993): The Balance of the Mind. The Experience and Perception of Mental Illness in Antiquity. Dissertation. University of Washington, Washington. Department of Classics. Online verfügbar unter http://www.historyoflearningdisability.com/hld-hosts-patricia-a-clark-the-balance-of-the-mind-the-experience-and-perception-of-mental-illness-in-antiquity/, zuletzt geprüft am 14.10.2015.
Clausen, Jens J. (2012): Dimensionen der Inklusion in der Behindertenhilfe und der Sozialpsychiatrie. In: Hans-Jürgen Balz, Benjamin Benz und Carola Kuhlmann (Hg.): Soziale Inklusion. Wiesbaden: VS Verlag für Sozialwissenschaften, S. 211–223.
Cloerkes, Günther (2007): Soziologie der Behinderten. Eine Einführung. 3., neu bearb. und erw. Aufl. Heidelberg: Winter.
Cox, Sylvia; Watchman, Karen (2004): Death and Dying. In: Carole Archibald, Anthea Innes und Charlie Murphy (Hg.): Dementia and social inclusion. Marginalised groups and marginalised areas of dementia research, care and practice. London [u.a.]: J. Kingsley, S. 84–95.
Da Roit, B.; Weicht, B. (2013): Migrant care work and care, migration and employment regimes: A fuzzy-set analysis. In: Journal of European Social Policy 23 (5), S. 469–486.
Danek, Adrian (2011): Pick-Komplex: Frontotemporale Lobärdegenerationen. In: Hans Förstl (Hg.): Demenzen in Theorie und Praxis. 3. akt. und überarb. Aufls. Berlin, Heidelberg: Springer, S. 155–172.
Dannenbeck, Clemens (2011): Inklusion - Anspruch und Wirklichkeit. Anmerkungen zum pädagogischen und politischen Inklusionsdiskurs. In: Forum sozial (1), S. 17–20.
Dannenbeck, Clemens (2013): Inklusionsorientierung im Sozialraum – Verpflichtung und Herausforderung. In: Ulrich Becker, Elisabeth Wacker und Minou Banafsche (Hg.): Inklusion und Sozialraum. Behindertenrecht und Behindertenpolitik in der Kommune. Baden-Baden: Nomos (Studien aus dem Max-Planck-Institut für Sozialrecht und Sozialpolitik, Bd. 59), S. 47–57.

Dederich, Markus (2006): Exklusion. In: Markus Dederich, Heinrich Greving, Christian Mürner und Peter Rödler (Hg.): Inklusion statt Integration? Heilpädagogik als Kulturtechnik. Giessen: Psychosozial-Verlag, S. 11–27.
Dederich, Markus (2013): Inklusionsbarrieren im Sozialraum. In: Ulrich Becker, Elisabeth Wacker und Minou Banafsche (Hg.): Inklusion und Sozialraum. Behindertenrecht und Behindertenpolitik in der Kommune. Baden-Baden: Nomos (Studien aus dem Max-Planck-Institut für Sozialrecht und Sozialpolitik, Bd. 59), S. 61–67.
Dederich, Markus; Schnell, Martin W. (Hg.) (2011): Anerkennung und Gerechtigkeit in Heilpädagogik, Pflegewissenschaft und Medizin. Auf dem Weg zu einer nichtexklusiven Ethik. Bielefeld: Transcript.
Degener, Theresia (2009a): Die UN-Behindertenrechtskonvention als Inklusionsmotor. In: Recht der Jugend und des Bildungswesens (2), S. 200–219.
Degener, Theresia (2009b): Die neue UN Behindertenrechtskonvention aus der Perspektive der Disability Studies. In: Behindertenpädagogik 48 (2), S. 263–283.
Degener, Theresia; Mogge-Grotjahn, Hildegard (2012): „All inclusive"? Annäherungen an ein interdisziplinäres Verständnis von Inklusion. In: Hans-Jürgen Balz, Benjamin Benz und Carola Kuhlmann (Hg.): Soziale Inklusion. Wiesbaden: VS Verlag für Sozialwissenschaften, S. 59–77.
Deutsche Alzheimer Gesellschaft e.V. (Hg.) (2010): Allein leben mit Demenz. Herausforderung für Kommunen. Berlin.
Deutsche Alzheimer Gesellschaft e.V. (Hg.) (2011): Das Wichtigste 15: Allein leben mit Demenz. Hg. von der Deutschen Alzheimergesellschaft e.V. Online verfügbar unter: https://www.deutsche-alzheimer.de/unser-service/informationsblaetter-downloads.html, zuletzt geprüft am 15.11.2015.
Deutscher Verein für Öffentliche und Private Fürsorge (Hg.) (2011): Fachlexikon der sozialen Arbeit. 7. Aufl. Baden-Baden: Nomos.
Deutscher Verein für Öffentliche und Private Fürsorge (Hg.) (2013): Inklusion in der Diskussion. Archiv für Wissenschaft und Praxis der sozialen Arbeit, 44 (3)
Deutsches Institut für Menschenrechte (2015): Staatenberichtsprüfung 2015. Online verfügbar unter http://www.institut-fuer-menschenrechte.de/monitoring-stelle/staatenberichtspruefung/, zuletzt geprüft am 25.05.2015.
Diezinger, Angelika; Mayr-Kleffel, Verena (2009): Soziale Ungleichheit. Eine Einführung für soziale Berufe. 2. Aufl. Freiburg i. Br.: Lambertus.
DIMDI (Deutsches Institut für Medizinische Dokumentation und Information) (Hg.) (2005): Internationale Klassifikation der Funktionsfähigkeit, Behinderung und Gesundheit. Engl. Original 2001, World Health Organization. Genf.
Dodel, Richard (2013): Alzheimer-Forschung: Trotz Fehlschlägen keine Entmutigung. In: Geriatrie-Report (4), S. 20.
Dörner, Klaus (1994): Leben mit Be-wußt-sein? Eine Annäherung. In: Christel Bienstein und Andreas Fröhlich (Hg.): Bewußtlos. Eine Herausforderung für Angehörige, Pflegende und Ärzte. Düsseldorf: Verlag Selbstbestimmtes Leben, S. 10–15.

Dörner, Klaus (2010): Klaus Dörner: Es muss Gleichgewicht zwischen Geben und Nehmen herrschen. In: Weser Kurier, 14.10.2010.
Drosdowski, Günther (1997): Duden Etymologie. Herkunftswörterbuch der deutschen Sprache. 2., völlig neu bearb. und erw. Aufl. Mannheim: Dudenverlag.
Duden (Hg.) (2015a): teilhaben. Online verfügbar unter http://www.duden.de/rechtschreibung/teilhaben, zuletzt geprüft am 08.02.2015.
Duden (Hg.) (2015b): teilnehmen. Online verfügbar unter http://www.duden.de/rechtschreibung/teilnehmen, zuletzt geprüft am 08.02.2015.
Duden (Hg.) (2015c): Partizipation. Online verfügbar unter http://www.duden.de/rechtschreibung/Partizipation, zuletzt geprüft am 08.02.2015.
Duden (Hg.) (2015d): partizipieren. Online verfügbar unter http://www.duden.de/rechtschreibung/partizipieren, zuletzt geprüft am 11.02.2015.
Duden (Hg.) (2015e): unmittelbar. Online verfügbar unter http://www.duden.de/suchen/dudenonline/unmittelbar, zuletzt geprüft am 26.05.2015.
Duden (Hg.) (2016): selbstverständlich. Online verfügbar unter http://www.duden.de/rechtschreibung/selbstverstaendlich_klar_nachvollziehbar_eindeutig, zuletzt geprüft am 15.08.2016.
Durkheim, Émile (1973): Erziehung, Moral und Gesellschaft. Vorlesung an der Sorbonne 1902/1903. Mit einer Einleitung von Paul Fauconnet. Neuwied: Luchterhand.
Ehret, Rebekka (2011): Diversity – Modebegriff oder eine Chance für den strukturellen Wandel? In: Eva van Keuk, Cinur Ghaderi, Ljiljana Joksimovic und Dagmar M. David (Hg.): Diversity. Transkulturelle Kompetenz in klinischen und sozialen Arbeitsfeldern. Stuttgart: Kohlhammer.
Elias, Norbert (1982): Über die Einsamkeit der Sterbenden in unseren Tagen. Frankfurt am Main: Suhrkamp.
Elias, Norbert (1991a): Über den Prozess der Zivilisation. Soziogenetische und psychogenetische Untersuchungen. Erster Band: Wandlungen des Verhalten in den weltlichen Oberschichten des Abendlandes. 16. Aufl. 2 Bände. Frankfurt am Main: Suhrkamp (1).
Elias, Norbert (1991b): Über den Prozess der Zivilisation. Soziogenetische und psychogenetische Untersuchungen. Zweiter Band: Wandlungen der Gesellschaft. Entwurf zu einer Theorie der Zivilisation. 16. Aufl. 2 Bände. Frankfurt am Main: Suhrkamp (2).
Elias, Norbert; Scotson, John L. (1990): Etablierte und Aussenseiter. Frankfurt am Main: Suhrkamp.
Engel, Sabine (2007): Gestörte Kommunikation bei Demenz aus Sicht der pflegenden Angehörigen. Wie Demenzerkrankungen die Bedingungen gelingender Kommunikation zerstören. In: Zeitschrift für Gerontopsychologie &-psychiatrie 20 (4), S. 269–276.

Eppenstein, Thomas; Kiesel, Doron (2012): Intersektionalität, Inklusion und Soziale Arbeit - ein kongeniales Dreieck. In: Hans-Jürgen Balz, Benjamin Benz und Carola Kuhlmann (Hg.): Soziale Inklusion. Wiesbaden: VS Verlag für Sozialwissenschaften, S. 95-111.

Epskamp, Heinz (2013): Integrationsfunktion. In: Werner Fuchs-Heinritz, Daniela Klimke, Rüdiger Lautmann, Otthein Rammstedt, Urs Stäheli, Christoph Weischer und Hanns Wienold (Hg.): Lexikon zur Soziologie. 5., überarb. Aufl. Wiesbaden: Springer VS, S. 311.

Epskamp, Heinz; Lautmann, Rüdiger (2013): Integration. In: Werner Fuchs-Heinritz, Daniela Klimke, Rüdiger Lautmann, Otthein Rammstedt, Urs Stäheli, Christoph Weischer und Hanns Wienold (Hg.): Lexikon zur Soziologie. 5., überarb. Aufl. Wiesbaden: Springer VS, S. 310.

Erler, Michael (2006): Platon. Originalausg. München: C.H. Beck

Esser, Hartmut: Soziologie. Spezielle Grundlagen. Bd.2: Die Konstruktion der Gesellschaft. Frankfurt, New York: Campus.

Evans, David; Wood, Jacquelin; Lambert, Leonnie (2002): A review of physical restraint minimization in the acute and residential care settings. In: J Adv Nurs 40 (6), S. 616–625.

Exner, Karsten (2007): Kritik am Integrationsparadigma im 'Behindertenbereich'. Von der Notwendigkeit soziologischer Theoriebildung. Bad Heilbrunn: Klinkhardt.

Feil, Naomi; Klerk-Rubin, Vicki de (2013): Validation in Anwendung und Beispielen. Der Umgang mit verwirrten alten Menschen. 7., akt. und erw. Aufl. München, Basel: Reinhardt.

Felder, Franziska (2012): Inklusion und Gerechtigkeit. Das Recht behinderter Menschen auf Teilhabe. Frankfurt am Main: Campus.

Ferguson, Philip M. (2006): Mental Retardation, History of. In: Gary L. Albrecht (Hg.): Encyclopedia of disability. Thousand Oaks, Calif: Sage Publications, S. 1088–1091.

Feuser, Georg (2006): Gemeinsame Erziehung, Bildung und Unterrichtung behinderter und nichtbehinderter Kinder und Jugendlicher in Kindergarten und Schule (Integration). Thesenpapier. Hg. v. bidok Volltextbibliothek. Online verfügbar unter http://bidok.uibk.ac.at/library/feuser-thesen.html, zuletzt geprüft am 16.08.2016.

Feyerer, Ewald (2012): Allgemeine Qualitätskriterien inklusiver Pädagogik und Didaktik. In: Zeitschrift für Inklusion (3).

Fischer-Elfert, Hans-Werner (2002): Aus alt mach jung: Medizinisches und Mentalitätsgeschichtliches zum Alter im Pharaonischen Ägypten. In: Axel Karenberg und Christian Leitz (Hg.): Heilkunde und Hochkultur II. 'Magie und Medizin' und 'Der alte Mensch' in den antiken Zivilisationen des Mittelmeerraumes. Münster: LIT, S. 221–244.

Flieger, Petra (Hg.) (2011): Menschenrechte - Integration - Inklusion. Aktuelle Perspektiven aus der Forschung. Bad Heilbrunn: Klinkhardt.

Flüh, Hannah Charlotte (2014): Testverfahren zur Demenzdiagnostik bei Patienten mit Migrationshintergrund. Dissertation. Charité - Universitätsmedizin Berlin, Berlin. Medizinische Fakultät. Online verfügbar unter http://www.diss.fu-berlin.de/diss/servlets/MCRFileNodeServlet/FUDISS_derivate_000000015772/dissertation_hflueh.pdf, zuletzt geprüft am 07.08.2016.

forsa Gesellschaft für Sozialforschung und statistische Analysen mbH (Hg.) (2015a): Angst vor Krankheiten. Studie im Auftrag der DAK Gesundheit.

forsa Politik- und Sozialforschung GmbH (Hg.) (2015): Pflege. Berlin.

Förstl, Hans (2011): Rationelle Diagnostik. In: Hans Förstl (Hg.): Demenzen in Theorie und Praxis. 3. akt. und überarb. Aufls. Berlin, Heidelberg: Springer, S. 265–285.

Förstl, Hans; Bickel, Horst; Kurz, A.; Borasio, G. (2010): Sterben mit Demenz. In: Fortschr Neurol Psychiatr 78 (04), S. 203–212.

Förstl, Hans; Kurz, Alexander; Hartmann, Tobias (2011): Alzheimer-Demenz. In: Hans Förstl (Hg.): Demenzen in Theorie und Praxis. 3. akt. und überarb. Aufls. Berlin, Heidelberg: Springer, S. 47–72.

Förstl, Hans; Lang, Christoph (2011): Was ist eine "Demenz"? In: Hans Förstl (Hg.): Demenzen in Theorie und Praxis. 3. akt. und überarb. Aufls. Berlin, Heidelberg: Springer, S. 3–9.

Franken, Georg (2014): Inklusion und Teilhabe. Eine Begriffsklärung. Literaturstudie. Hg. v. Dialog- und Transferzentrum Demenz, Universität Witten/Herdecke gGmbH. Witten.

Friebe, Jens (2010): Exklusion und Inklusion älterer Menschen in Weiterbildung und Gesellschaft. In: Martin Kronauer (Hg.): Inklusion und Weiterbildung. Reflexionen zur gesellschaftlichen Teilhabe in der Gegenwart. Bielefeld: Bertelsmann, S. 141–184.

Frühauf, Theo (2010): Von der Integration zur Inklusion - ein Überblick. In: Andreas Hinz (Hg.): Von der Integration zur Inklusion. Grundlagen, Perspektiven, Praxis. 2. Aufl. Marburg: Lebenshilfe-Verlag, S. 11–32.

Fuchs, Dieter (1999): Soziale Integration und politische Institutionen in modernen Gesellschaften. In: Friedrichs, Jürgen; Jagodzinski, Wolfgang (Hg.): Soziale Integration. Sonderheft der Kölner Zeitschrift für Soziologie und Sozialpsychologie. Bd. 39. Opladen, Wiesbaden: Westdeutscher Verlag.

Fuchs, Peter (2002): Behinderung und Soziale Systeme. Anmerkungen zu einem schier unlösbaren Problem. Hg. v. IBS Aachen e.V. Online verfügbar unter www.ibs-networld.de/Ferkel/Archiv/fuchs-p-02-05_behinderungen.html, zuletzt aktualisiert im Mai 2002, zuletzt geprüft am 21.03.2014.

Fuchs, Thomas (2010): Das Leibgedächtnis in der Demenz. In: Andreas Kruse (Hg.): Lebensqualität bei Demenz? Zum gesellschaftlichen und individuellen Umgang mit einer Grenzsituation im Alter. Heidelberg: AKA, S. 231–242.

Fuchs-Heinritz, Werner; Klimke, Daniela; Lautmann, Rüdiger; Rammstedt, Otthein; Stäheli, Urs; Weischer, Christoph; Wienold, Hanns (Hg.) (2013): Lexikon zur Soziologie. 5., überarb. Aufl. Wiesbaden: Springer VS.

Fuchs-Heinritz, Werner; Strubelt, Wendelin (2013): Partizipation. In: Werner Fuchs-Heinritz, Daniela Klimke, Rüdiger Lautmann, Otthein Rammstedt, Urs Stäheli, Christoph Weischer und Hanns Wienold (Hg.): Lexikon zur Soziologie. 5., überarb. Aufl. Wiesbaden: Springer VS, S. 500.

Ganß, Michael; Margraf, Kirsten; Ulmer, Eva-Maria; Wißmann, Peter (2014): Interaktion mit allen Sinnen (IMAS). Explorative Studie zur Interaktion in der Begleitung von Menschen mit Demenz. Hg. v. Demenz Support gGmbH. Stuttgart.
Geiger, Arno (2011): Der alte König in seinem Exil. München: Carl Hanser.
Gintzel, Ullrich (2013): Partizipation. In: Dieter Kreft und Ingrid Mielenz (Hg.): Wörterbuch Soziale Arbeit. Aufgaben, Praxisfelder, Begriffe und Methoden der Sozialarbeit und Sozialpädagogik. 7., vollst. überarb. und aktual. Aufl. Weinheim [u.a.]: Beltz Juventa, S. 650–654.
GKV-Spitzenverband (Hg.) (2011): Das Pflegebudget (Schriftenreihe Modellprogramm zur Weiterentwicklung der Pflegeversicherung, Bd. 4). Hürth: CW Haarfeld.
Goffman, Erving (1975): Stigma. Über Techniken der Bewältigung beschädigter Identität. Frankfurt am Main: Suhrkamp.
Göhlich, Michael; Zirfas, Jörg (2013): Zu Gast bei Freunden. Übergänge, Asymmetrien und Verantwortungen in der Gastfreundschaft. In: Familiendynamik 38 (3), S. 188-197.
Göhring-Lange, Gabriele (2011): Selbstbestimmte Teilhabe. Von der Theorie zur Umsetzung in der Praxis. Freiburg i. Br.: Lambertus.
Görgen, Thomas (2004): Ältere Menschen als Opfer polizeilich registrierter Straftaten. Hg. v. Kriminologisches Forschungsinstitut Niedersachsen e.V. (KFN): Hannover (Forschungsberichte, Nr. 93).
Görres, Stefan (2013): Subjektiv gesund, objektiv angeschlagen. In: CAREkonkret 16, 27.09.2013 (39), S. 5.
Graf-Wäspe, Janine (2016): The Real Truman Show? Über die Legitimität von Schein-Elementen in der Betreuung von Menschen mit Demenz. In: Ethik Med 28 (1), S. 5–19.
Gräßel, Elmar; Siebert, Jelena; Ulbrecht, Gudrun; Stemmer, Renate (2013): Was leisten „nichtmedikamentöse" Therapien bei Demenz? Ein Überblick über aktuelle Projekte. In: Informationsdienst Altersfragen 40 (2), S. 9–16.
Graumann, Sigrid (2006): Biomedizin und die gesellschaftliche Ausgrenzung von Menschen mit Behinderung. In: Markus Dederich, Heinrich Greving, Christian Mürner und Peter Rödler (Hg.): Inklusion statt Integration? Heilpädagogik als Kulturtechnik. Giessen: Psychosozial-Verlag, S. 142–156.
Graumann, Sigrid (2011): Assistierte Freiheit. Von einer Behindertenpolitik der Wohltätigkeit zu einer Politik der Menschenrechte. Frankfurt am Main [u.a.]: Campus
Graumann, Sigrid (2012): Inklusion geht weit über "Dabeisein" hinaus - Überlegungen zur Umsetzung der UN-Behindertenrechtskonvention in der Pädagogik. In: Hans-Jürgen Balz, Benjamin Benz und Carola Kuhlmann (Hg.): Soziale Inklusion. Wiesbaden: VS Verlag für Sozialwissenschaften, S. 79–93.
Grebe, Heinrich (2012): "Über der gewonnen Zeit hängt eine Bedrohung ..." - Zur medialen Thematisierung von (hohem) Alter und Demenz: Inhalte, Strukturen, diskursive Grundlagen. In: Andreas Kruse, Thomas Rentsch und Harm-Peer Zimmermann (Hg.): Gutes Leben im hohen Alter. Das Altern in seinen Ent-

wicklungsmöglichkeiten und Entwicklungsgrenzen verstehen. Heidelberg: AKA, S. 97–107.

Grimmer, Timo (2015): Hinweise auf Verzögerung der Alzheimer-Krankheit durch Immunisierungs-Behandlung. In: Alzheimer Info (3), S. 18.

Gronemeyer, Marianne (2009): Die Macht der Bedürfnisse. Überfluss und Knappheit. 2. Aufl. Darmstadt: Wiss. Buchgesellschaft.

Gronemeyer, Reimer (2013): Das 4. Lebensalter. Demenz ist keine Krankheit. München: Pattloch.

Gröning, Katharina (2012): Pflegegeschichten. Pflegende Angehörige schildern ihre Erfahrungen. 2., unveränd. Aufl. Frankfurt am Main: Mabuse

Gutzmann, Hans; Mahlberg, Richard (2011): Rationelle Therapie. In: Hans Förstl (Hg.): Demenzen in Theorie und Praxis. 3. akt. und überarb. Aufl. Berlin, Heidelberg: Springer, S. 299–317.

Gutzmann, Hans; Steenweg, Lydia (2011): Rationelle Beratung. In: Hans Förstl (Hg.): Demenzen in Theorie und Praxis. 3. akt. und überarb. Aufl. Berlin, Heidelberg: Springer, S. 285–298.

Haberl, Roman L. (2011): Morbus Binswanger und andere vaskuläre Demenzen. In: Hans Förstl (Hg.): Demenzen in Theorie und Praxis. 3. akt. und überarb. Aufls. Berlin, Heidelberg: Springer, S. 93–112.

Hans, Barbara (2012): Niederländisches Demenzdorf Hogewey: Alles für den Augenblick. In: Spiegel Online, 28.03.2012.

Harding, Nancy; Palfrey, Colin (1997): The social construction of dementia. Confused professionals? London, Philadelphia: J. Kingsley Publishers.

Hasler, Frances (2006): Independent Living. In: Gary L. Albrecht (Hg.): Encyclopedia of disability, Bd. 2. Thousand Oaks, Calif: Sage Publications, S. 930–935.

Häßler, Frank (2011): Intelligenzminderung. Eine ärztliche Herausforderung. Berlin, Heidelberg: Springer .

Häßler, Frank; Häßler, Günther (2005): Geistig Behinderte im Spiegel der Zeit. 1. Auflage. Stuttgart: THIEME.

Haupt, Martin (2012): Die Diagnose der Alzheimer-Krankheit und anderer Demenzerkrankungen. Hg. v. Deutsche Alzheimer Gesellschaft e.V. Berlin.

Held, Christoph (2010): Wird heute ein guter Tag sein? Erzählungen aus dem Pflegeheim. Oberhofen am Thunersee: Zytglogge.

Held, Christoph (2013): Was ist "gute" Demenzpflege? Demenz als dissoziatives Erleben - ein Praxishandbuch für Pflegende. Bern: Huber.

Held, Christoph; Ermini-Fünfschilling, Doris (2006): Das demenzgerechte Heim. Lebensraumgestaltung, Betreuung und Pflege für Menschen mit Alzheimerkrankheit. 2., vollst. erneuerte und erw. Aufl. Basel [u. a. O.]: Karger.

Herold-Majumdar, A.; Randzio, Ottilie; Berzlanovich, Andrea M.; Plischke, Herbert; Kohls, Niko (2010): Stichtagserhebung Freiheitsentziehende Maßnahmen zum "Annual World Elder Abuse Awareness Day" am 15. Juni 2008 und 2009. Abstract. In: Zeitschrift für Gerontologie und Geriatrie (Supplement 1), S. 16.

Hillebrandt, Frank (2004): Soziale Ungleichheit oder Exklusion? Zur funktionalistischen Verkennung eines soziologischen Grundproblems. In: Roland Merten und Albert Scherr (Hg.): Inklusion und Exklusion in der sozialen Arbeit, 119-142. Wiesbaden: VS Verlag für Sozialwissenschaften

Hinz, Andreas (2002): Von der Integration zur Inklusion – terminologisches Spiel oder konzeptionelle Weiterentwicklung? In: Zeitschrift für Heilpädagogik 53 (9), S. 354–361.

Hinz, Andreas (Hg.) (2010a): Von der Integration zur Inklusion. Grundlagen, Perspektiven, Praxis. 2. Aufl. Marburg: Lebenshilfe-Verlag

Hinz, Andreas (2010b): Inklusion - historische Entwicklungslinien und internationale Kontexte. In: Andreas Hinz (Hg.): Von der Integration zur Inklusion. Grundlagen, Perspektiven, Praxis. 2. Aufl. Marburg: Lebenshilfe-Verlag, S. 33–52.

Hinz, Andreas (2013): Integration. In: Georg Theunissen, Wolfram Kulig und Kerstin Schirbort (Hg.): Handlexikon Geistige Behinderung. Schlüsselbegriffe aus der Heil- und Sonderpädagogik, Sozialen Arbeit, Medizin, Psychologie, Soziologie und Sozialpolitik. 2., akt. und erw. Aufl. Stuttgart: Kohlhammer, S. 183–184.

Hirsch, Rolf-Dieter (2011): Zur Psychotherapie. In: Hans Förstl (Hg.): Demenzen in Theorie und Praxis. 3. akt. und überarb. Aufls. Berlin, Heidelberg: Springer, S. 481–502.

Hoberg, Rolf; Klie, Thomas; Künzel, Gerd (2013): Strukturreform Pflege und Teilhabe. Politikentwurf für eine nachhaltige Sicherung von Pflege und Teilhabe. Freiburg i. Br., Bonn. Online verfügbar unter http://agp-freiburg.de/downloads.htm, zuletzt geprüft am 16.08.2016.

Holland, D.; Desikan, R. S.; Dale, A. M.; McEvoy, L. K. (2013): Higher rates of decline for women and apolipoprotein E epsilon4 carriers. In: AJNR. American journal of neuroradiology 34 (12), S. 2287–2293.

Hopper, Tammy (2007): The ICF and dementia. In: Seminars in speech and language 28 (4), S. 273–282.

Hradil, Stefan (2002): Soziale Ungleichheit, soziale Schichtung und Mobilität. In: Herman Korte und Bernhard Schäfers (Hg.): Einführung in Hauptbegriffe der Soziologie. 6. erw. und akt. Aufl. Opladen: Leske+Budrich, S. 205–227.

Hudson, Geoffrey L. (2006): History of Disability: Early Modern West. In: Gary L. Albrecht (Hg.): Encyclopedia of disability. Thousand Oaks, Calif: Sage Publications, S. 855–858.

Huster, Ernst-Ulrich; Bourcarde, Kay (2012): Soziale Inklusion: Geschichtliche Entwicklung des Sozialstaats und Perspektiven angesichts Europäisierung und Globalisierung. In: Hans-Jürgen Balz, Benjamin Benz und Carola Kuhlmann (Hg.): Soziale Inklusion. Wiesbaden: VS Verlag für Sozialwissenschaften, S. 13–33.

Iben, Gerd (2011): Integration. In: Deutscher Verein für Öffentliche und Private Fürsorge (Hg.): Fachlexikon der sozialen Arbeit. 7. Aufl. Baden-Baden: Nomos, S. 451–452.

Igl, Gerhard (2013): Behinderung und Pflegebedürftigkeit im Alter - sind die sozialrechtlichen Reaktionen konsistent? In: Ulrich Becker, Elisabeth Wacker und Minou Banafsche (Hg.): Inklusion und Sozialraum. Behindertenrecht und Behindertenpolitik in der Kommune. Baden-Baden: Nomos (Studien aus dem Max-Planck-Institut für Sozialrecht und Sozialpolitik, Bd. 59), S. 119–133.

Imbusch, Peter; Heitmeyer, Wilhelm (2012): Dynamiken gesellschaftlicher Integration und Desintegration. In: Wilhelm Heitmeyer und Peter Imbusch (Hg.): Desintegrationsdynamiken. Integrationsmechanismen auf dem Prüfstand. Wiesbaden: Springer VS, S. 9–25.

Ivemeyer, Dorothee; Zerfass, Rainer (2006): Demenztests in der Praxis. Ein Wegweiser. 2., akt. und erw. Aufl. München, Jena: Elsevier, Urban und Fischer.

Jahn, Thomas; Werheid, Katja (2014): Demenz – eine Übersicht. In: neuroreha 06 (04), S. 155–164.

Jahn, Thomas; Werheid, Katja (2015): Demenzen. Göttingen: Hogrefe.

Jens, Tilman (2009): Demenz. Abschied von meinem Vater. Gütersloh: Gütersloher Verlags-Haus.

Karenberg, Axel; Förstl, Hans (2003a): Geschichte der Demenzen und der Antidementiva. In: Hans Förstl (Hg.): Antidementiva. Mit 39 Tabellen. München [u.a.]: Urban & Fischer, S. 5–52.

Karenberg, Axel; Förstl, Hans (2003b): Geschichte der Demenz und ihrer Behandlung. Online verfügbar unter http://www2.psykl.med.tum.de/geschichte_history/karenberg_demenzen.html, zuletzt geprüft am 31.07.2015.

Kastl, Jörg Michael (2010): Einführung in die Soziologie der Behinderung. Wiesbaden: VS Verlag für Sozialwissenschaften

Kastl, Jörg Michael (2013): Inklusion und Integration. In: Holger Burckhart und Markus Dederich (Hg.): Behinderung und Gerechtigkeit. Heilpädagogik als Kulturpolitik. Orig.-Ausg. Gießen: Psychosozial-Verlag, S. 133–152.

Kastner, Ulrich; Löbach, Rita (2007): Handbuch Demenz. München, Jena: Elsevier, Urban & Fischer.

Kaufmann, Franz Xaver (2013): Teilhabe, soziale. In: Werner Fuchs-Heinritz, Daniela Klimke, Rüdiger Lautmann, Otthein Rammstedt, Urs Stäheli, Christoph Weischer und Hanns Wienold (Hg.): Lexikon zur Soziologie. 5., überarb. Aufl. Wiesbaden: Springer VS, S. 681.

Kelle, Udo; Niggemann, Christiane (2002): 'Weil ich doch vor zwei Jahren schon einmal verhört worden bin...'. Methodische Probleme bei der Befragung von Heimbewohnern. In: Udo Kelle und Andreas Motel-Klingebiel (Hg.): Perspektiven der empirischen Alter(n)ssoziologie. Opladen: Leske + Budrich, S. 99–131.

Kitwood, Tom M. (2013): Demenz. Der person-zentrierte Ansatz im Umgang mit verwirrten Menschen. 6., erw. Aufl. Hg. v. Christian Müller-Hergl. Bern: Huber.

Klare, Jörn (2012a): Als meine Mutter ihre Küche nicht mehr fand. Leben mit Demenz. 1., Originalausgabe. Berlin: Suhrkamp.

Klare, Jörn (2012b): Vergessen mit Würde. In: Süddeutsche Zeitung, 17.08.2012.

Klein, Ludger (2014): „Sorgende Gemeinschaften" – Erforderliche Aspekte für eine Operationalisierung. In: Institut für Sozialarbeit und Sozialpädagogik e. V. (Hg.): Sorgende Gemeinschaften – Vom Leitbild zu Handlungsansätzen. Dokumentation. Frankfurt am Main, S. 24–33.
Klie, Thomas (1998): Menschenwürde als ethischer Leitbegriff für die Altenhilfe. In: Harald Blonski (Hg.): Ethik in Gerontologie und Altenpflege. Leitfaden für die Praxis. Hagen: Brigitte Kunz, S. 123–139.
Klie, Thomas (2001): Demenz - Ethische und juristische Aspekte. In: Brücken in die Zukunft. Referate auf der 10. Jahrestagung von Alzheimer Europe. München, 12.-15.10.2000. Berlin: Deutsche Alzheimer Gesellschaft e.V., S. 671–686.
Klie, Thomas (2005): Würdekonzept für Menschen mit Behinderung und Pflegebedarf. Balancen zwischen Autonomie und Sorgekultur. In: Zeitschrift für Gerontologie und Geriatrie 38 (4), S. 268–272.
Klie, Thomas (2006): Altersdemenz als Herausforderung für die Gesellschaft. In: Nationaler Ethikrat (Hg.): Altersdemenz und Morbus Alzheimer. Medizinische, gesellschaftliche und ethische Herausforderungen. Vorträge der Jahrestagung des Nationalen Ethikrates 2005. Berlin, S. 65–81.
Klie, Thomas (2007a): Individuelle Hilfen zur Teilhabe und Pflege. In: Regina Schmidt-Zadel und Heinrich Kunze (Hg.): Unsere Zukunft gestalten. Hilfen für alte Menschen mit psychischen Erkrankungen, insbesondere Demenz. Tagung Aktion Psychisch Kranke. Berlin, 14.-15.11.2006. Bonn: Aktion Psychisch Kranke, S. 58–71.
Klie, Thomas (2007b): Die Zeitlichkeit des Ichs - Die Würde des Menschen und ihre Gefährdung durch Vereinseitung des ethischen Leitprinzips der Autonomie. In: Martin Teising, Lutz M. Drach, Hans Gutzmann, Martin Haupt, Rainer Kortus und Dirk K. Wolter (Hg.): Alt und psychisch krank. Diagnostik, Therapie und Versorgungsstrukturen im Spannungsfeld von Ethik und Ressourcen. Stuttgart: Kohlhammer, S. 77–83.
Klie, Thomas (2007c): Konturen eines Rechts der älteren Menschen. In: Hans-Werner Wahl und Heidrun Mollenkopf (Hg.): Altersforschung am Beginn des 21. Jahrhunderts. Alterns- und Lebenslaufkonzeptionen im deutschsprachigen Raum. Berlin: AKA, S. 237–248.
Klie, Thomas (2008): Teilhabe und Demenz. In: Betreuungsmanagement 3 (1), S. 9–12.
Klie, Thomas (2011b): ReduFix ambulant. Freiheitseinschränkende und - entziehende Maßnahmen in der häuslichen Pflege. Eine betreuungsrechtliche Betrachtung. In: BtPrax (4), S. 154–158.
Klie, Thomas (2011a): Zivilgesellschaft – mehr als Dritter Sektor. Hg. v. zze Freiburg (Zentrum für zivilgesellschaftliche Entwicklung). Online verfügbar unter http://www.zze-freiburg.de/assets/pdf/Unser-Verstaendnis-von-Zivilgesellschaft-zze.pdf, zuletzt geprüft am 09.01.2015.
Klie, Thomas (2014a): Demenz und Recht. Würde und Teilhabe im Alltag zulassen. Hannover: Vincentz Network.

Klie, Thomas (2014b): Caring Community – leitbildfähiger Begriff für eine generationenübergreifende Sorgekultur? In: Institut für Sozialarbeit und Sozialpädagogik e. V. (Hg.): Sorgende Gemeinschaften – Vom Leitbild zu Handlungsansätzen. Dokumentation. Frankfurt am Main, S. 10–23.

Klie, Thomas (2014c): Sorgende Gemeinschaft - Blick zurück oder nach vorn? Geteilte Verantwortung oder Deprofessionalisierung? Was steckt hinter den Caring Communities? In: Praxis PalliativeCare (23), S. 20–22.

Klie, Thomas (2014d): Wen kümmern die Alten? Auf dem Weg in eine sorgende Gesellschaft. München: Pattloch.

Klie, Thomas; Behrend, Sabine; Schuhmacher, Birgit; Bruker, Christine; Kern, Susanne (2012): Scharf gestellt: Inklusion im Fokus. In: neue caritas (3), S. 5–6.

Klie, Thomas; Roß, Paul-Stefan (2005): Wie viel Bürger darf's denn sein!? Bürgerschaftliches Engagement im Wohlfahrtsmix - eine Standortbestimmung in acht Thesen. In: Dieter Döring (Hg.): Bürgerschaftliches Engagement. Unbegrenzte Möglichkeiten? Archiv für Wissenschaft und Praxis der sozialen Arbeit 36 (4). Berlin: Verlag des Deutschen Vereins für öffentliche und private Fürsorge, S. 20–43.

Klie, Thomas; Schuhmacher, Birgit (2007): Wohngruppen in geteilter Verantwortung für Menschen mit Demenz. Das Freiburger Modell Forschungsbericht. Hg. v. BMG (Bundesministerium für Gesundheit). Berlin.

Klie, Thomas; Vollmann, Jochen; Pantel, Johannes (2014): Autonomie und Einwilligungsfähigkeit bei Demenz als interdisziplinäre Herausforderung für Forschung, Politik und klinische Praxis. In: Informationsdienst Altersfragen 41 (4), S. 5–15.

Kofahl, Christopher; Arlt, Sönke; Mnich, Eva (2007): «In guten wie in schlechten Zeiten ...». In: Zeitschrift für Gerontopsychologie & -psychiatrie 20 (4), S. 211–225.

Kohli, Martin (2005): Der Alters-Survey als Instrument wissenschaftlicher Beobachtung. In: Martin Kohli und Harald Künemund (Hg.): Die zweite Lebenshälfte. Gesellschaftliche Lage und Partizipation im Spiegel des Alters-Survey. 2. erw. Auflage. Wiesbaden: VS Verlag für Sozialwissenschaften, S. 11–33.

Kojer, Marina (2010): Brauchen demenzkranke alte Menschen Palliative Care? In: Andreas Heller (Hg.): Hospizkompetenz und Palliative Care im Alter. Eine Einführung. Freiburg i. Br: Lambertus, S. 145–160.

Kojer, Marina (2011): Unheilbar dement. In: Praxis PalliativeCare (11), S. 14–17.

Kojer, Marina; Schmidl, Martina (2011): Demenz und palliative Geriatrie in der Praxis. Heilsame Betreuung unheilbar demenzkranker Menschen. Wien [u.a.]: Springer.

Korczak, Dieter; Habermann, Carola; Braz, Sigrid (2013): Wirksamkeit von Ergotherapie bei mittlerer bis schwerer Demenz. Deutsches Institut für Medizinische Dokumentation und Information (DIMDI). Köln.

Kostrzewa, Stephan (2008): Palliative Pflege von Menschen mit Demenz. Bern: Huber.

Kotsch, Lakshmi; Hitzler, Ronald (2013): Selbstbestimmung trotz Demenz? Ein Gebot und seine praktische Relevanz im Pflegealltag. Weinheim, Basel: Beltz Juventa.

Kotzur, Markus; Richter, Clemens (2012): Anmerkungen zur Geltung und Verbindlichkeit der Behindertenrechtskonvention im deutschen Recht. In: Antje Welke (Hg.): UN-Behindertenrechtskonvention mit rechtlichen Erläuterungen. Berlin: Eigenverlag des Deutschen Vereins für Öffentliche und Private Fürsorge, S. 81–92.

Krause, Detlef (2013): Ungleichheit, soziale. In: Werner Fuchs-Heinritz, Daniela Klimke, Rüdiger Lautmann, Otthein Rammstedt, Urs Stäheli, Christoph Weischer und Hanns Wienold (Hg.): Lexikon zur Soziologie. 5., überarb. Aufl. Wiesbaden: Springer VS, S. 709.

Kreft, Dieter; Mielenz, Ingrid (Hg.) (2013): Wörterbuch Soziale Arbeit. Aufgaben, Praxisfelder, Begriffe und Methoden der Sozialarbeit und Sozialpädagogik. 7., vollst. überarb. und aktual. Aufl. Weinheim u. a. O.: Beltz Juventa.

Kronauer, Martin (2010a): Inklusion - Exklusion. Eine historische und begriffliche Annäherung an die soziale Frage der Gegenwart. In: Martin Kronauer (Hg.): Inklusion und Weiterbildung. Reflexionen zur gesellschaftlichen Teilhabe in der Gegenwart. Bielefeld: Bertelsmann, S. 24–58.

Kronauer, Martin (2010b): Exklusion. Die Gefährdung des Sozialen im hoch entwickelten Kapitalismus. 2., aktualisierte und erw. Aufl. Frankfurt am Main, New York, NY: Campus

Kronauer, Martin (2010c): Einleitung. Oder warum Inklusion und Exklusion wichtige Themen für die Weiterbildung sind. In: Martin Kronauer (Hg.): Inklusion und Weiterbildung. Reflexionen zur gesellschaftlichen Teilhabe in der Gegenwart. Bielefeld: Bertelsmann, S. 9–23.

Kruse, A. (2005): Selbstständigkeit, bewusst angenommene Abhängigkeit, Selbstverantwortung und Mitverantwortung als zentrale Kategorien einer ethischen Betrachtung des Alters. In: Zeitschrift für Gerontologie und Geriatrie 38 (4), S. 273–287.

Kruse, Andreas (2008): Der Umgang mit demenzkranken Menschen als ethische Aufgabe. In: Archiv für Wissenschaft und Praxis der sozialen Arbeit 39 (4), S. 4–14.

Kruse, Andreas (2012): Entwicklung im sehr hohen Alter. In: Andreas Kruse, Thomas Rentsch und Harm-Peer Zimmermann (Hg.): Gutes Leben im hohen Alter. Das Altern in seinen Entwicklungsmöglichkeiten und Entwicklungsgrenzen verstehen. Heidelberg: AKA, S. 33–61.

Kruse, Andreas (2013): Das Individuelle in der Demenz. Zum Prozess der Selbstaktualisierung in späten Phasen der Demenz. In: Gerhard Bäcker und Rolf G. Heinze (Hg.): Soziale Gerontologie in gesellschaftlicher Verantwortung. Wiesbaden: Springer VS, S. 247–257.

Kruse, Andreas (2014): Lebensqualität und Teilhabe bei Demenz. Vortrag auf der Jahrestagung der Landesinitiative Demenz-Service NRW. Online verfügbar unter http://www.demenz-service-nrw.de/dokumentation-938.html, zuletzt geprüft am 30.12.2014.

Kuhlmann, Carola (2012): Der Begriff der Inklusion im Armuts- und Menschenrechtsdiskurs der Theorien Sozialer Arbeit – eine historisch-kritische Annäherung. In: Hans-Jürgen Balz, Benjamin Benz und Carola Kuhlmann (Hg.): Soziale Inklusion. Wiesbaden: VS Verlag für Sozialwissenschaften, S. 35–57.

Kuhlmey, J.; Kuhlmey, A. (2013): Literatur und Medizin: die Demenz. In: Zeitschrift für Gerontologie und Geriatrie 46 (3), S. 270–276.

Kuhn, Andreas (2013): Inklusion im Sozialraum aus Sicht des Deutschen Vereins. In: Ulrich Becker, Elisabeth Wacker und Minou Banafsche (Hg.): Inklusion und Sozialraum. Behindertenrecht und Behindertenpolitik in der Kommune. Baden-Baden: Nomos (Studien aus dem Max-Planck-Institut für Sozialrecht und Sozialpolitik, Bd. 59), S. 107–114.

Kurz, A.; · Wilz, G. (2011): Die Belastung pflegender Angehöriger bei Demenz. Entstehungsbedingungen und Interventionsmöglichkeiten. In: Nervenarzt 82 (3), S. 336–342.

Lampert, Thomas; Kroll, Lars Eric (2014): Soziale Unterschiede in der Mortalität und Lebenserwartung. Hg. v. Robert Koch-Institut, Berlin. GBE Kompakt 5(2). Online verfügbar unter www.rki.de/gbe-kompakt (Stand: 17.03.2014); zuletzt geprüft am 14.3.2016.

Lanwer, Willehad (2012): Ist die Inklusion der Menschen, die behindert werden, ein Wert an sich? Der Versuch einer normativen Begründung. In: Richard Edtbauer (Hg.): Welt - Geld - Gott. Freiburg i. Br: FEL (Evangelische Hochschulperspektiven, 8), S. 49–58.

Lanwer, Willehad (2013): Menschenrechtserklärungen sind keine Gleichgültigkeitserklärungen. Anmerkungen zur normativen Begründung von Inklusion. In: Behindertenpädagogik 52 (2), S. 176–185.

Lauter, Hans (1991): Von der senilen Geistesschwäche zur Alzheimer Krankheit. Die Alzheimersche Krankheit - historische Bemerkungen. In: Psycho: Psychiatrie, Neurologie, Psychotherapie, Psychosomatik für Klinik und Praxis 17 (1), S. 6–10.

Lauter, Hans (2011): Geleitwort. In: Hans Förstl (Hg.): Demenzen in Theorie und Praxis. 3. akt. und überarb. Aufl., Berlin, Heidelberg: Springer, S. V-VI

Lautmann, Rüdiger (2013): Exklusion. In: Werner Fuchs-Heinritz, Daniela Klimke, Rüdiger Lautmann, Otthein Rammstedt, Urs Stäheli, Christoph Weischer und Hanns Wienold (Hg.): Lexikon zur Soziologie. 5., überarb. Aufl. Wiesbaden: Springer VS, S. 190.

Leibbrand-Wettley, A. (1969): Die geschichtliche Entwicklung der Stellung des Geisteskranken in der Gesellschaft. In: Bayerisches Ärzteblatt 24 (3), S. 209–217.

Leicht, H.; Heinrich, S.; Heider, D.; Bachmann, C.; Bickel, H.; van den Bussche, H. et al. (2011): Net costs of dementia by disease stage. In: Acta Psychiatrica Scandinavica 124, S. 384–395.

Leicht, Hannah; König, Hans-Helmut (2012): Krankheitskosten bei Demenz aus gesellschaftlicher Perspektive. In: Bundesgesundheitsblatt 55 (5), S. 677–684.

Leicht, Hannah; König, Hans-Helmut; Stuhldreher, Nina; Bachmann, Cadja; Bickel, Horst (2013): Predictors of Costs in Dementia in a Longitudinal Perspective. In: PLoS ONE 8 (7), S. e70018.
Leonhard, Bettina (2015): Demenz und Selbstbestimmung. Anforderungen an das Betreuungsrecht. In: Archiv für Wissenschaft und Praxis der sozialen Arbeit 46 (1), S. 14–26.
Lindner, Ronny (2010): Soziale Arbeit für Angehörige von demenzkranken Menschen. Systemtheoretische Beobachtungen aus der Praxis. In: Neue Praxis (1), S. 70–95.
Loeken, Hiltrud; Windisch, Matthias (2010): Gemeinwesenorientiertes Unterstützungsmanagement. In: Anne-Dore Stein, Stefanie Krach und Imke Niediek (Hg.): Integration und Inklusion auf dem Weg ins Gemeinwesen. Möglichkeitsräume und Perspektiven. Bad Heilbrunn: Klinkhardt, S. 97–107.
Löw, Martina (2001): Raumsoziologie. Frankfurt am Main: Suhrkamp.
Lucero, Mary (2004): Enhancing the Visits of Loved Ones of People in Late Stage Dementia. In: Alzheimer's Care Quarterly 5 (2), S. 173–177.
Luhmann, Niklas (1970): Sozialsystem Familie. In: Niklas Luhmann (Hg.): Soziologische Aufklärung. Opladen: Westdeutscher Verlag, S. 196–217.
Luhmann, Niklas (1973): Formen des Helfens im Wandel gesellschaftlicher Bedingungen. In: Hans-Uwe Otto, Siegfried Schneider und Thomas Olk (Hg.): Gesellschaftliche Perspektiven der Sozialarbeit.Bd. 1, Neuwied, Berlin: Luchterhand, S. 21–43.
Luhmann, Niklas (1975): Soziologische Aufklärung 2. Opladen: Westdt. Verlag
Luhmann, Niklas (1984): Soziale Systeme. Grundriss einer allgemeinen Theorie. Frankfurt am Main: Suhrkamp.
Luhmann, Niklas (1994): Inklusion und Exklusion. In: Helmut Berding (Hg.): Nationales Bewußtsein und kollektive Identität. Studien zur Entwicklung des kollektiven Bewußtseins in der Neuzeit 2. Frankfurt am Main: Suhrkamp, S. 15–45.
Luhmann, Niklas (2009): Soziologische Aufklärung 4. Beiträge zur funktionalen Differenzierung der Gesellschaft. 4. Aufl.
Luhmann, Niklas (1997): Die Gesellschaft der Gesellschaft. Frankfurt am Main: Suhrkamp.
Luhmann, Niklas; Lenzen, Dieter (2002): Das Erziehungssystem der Gesellschaft. Frankfurt am Main: Suhrkamp.
Luhmann, Niklas; Schimank, Uwe (2013): Inklusion. In: Werner Fuchs-Heinritz, Daniela Klimke, Rüdiger Lautmann, Otthein Rammstedt, Urs Stäheli, Christoph Weischer und Hanns Wienold (Hg.): Lexikon zur Soziologie. 5., überarb. Aufl. Wiesbaden: Springer VS, S. 306.
Lützau-Hohlbein, Heike von; Schönhof, Bärbel (2010): Alzheimer ist kein Mythos, sondern eine Krankheit! In: Alzheimer Info (2).
Marquardt, Gesine (2006): Kriterienkatalog Demenzfreundliche Architektur. Möglichkeiten zur Unterstützung der räumlichen Orientierung in stationären Altenpflegeeinrichtungen. Dissertation. Technische Universität Dresden, Dresden. Fakultät Architektur. Online verfügbar unter

http://www.qucosa.de/fileadmin/data/qucosa/documents/657/1185359165306-5158.pdf, zuletzt geprüft am 22.07.2016.

Maydell, Bernd von (2010): Die Erfassung von Lebensqualität demenzkranker Menschen in ihrer rechtlichen Dimension. In: Andreas Kruse (Hg.): Lebensqualität bei Demenz? Zum gesellschaftlichen und individuellen Umgang mit einer Grenzsituation im Alter. Heidelberg: AKA, S. 339–354.

McLaughlin, Margaret J. (2006): Inclusive Education. In: Gary L. Albrecht (Hg.): Encyclopedia of disability. Thousand Oaks, Calif: Sage Publications, S. 928–930.

Mecheril, Paul; Plößer, Melanie (2011): Diversity und Soziale Arbeit. In: Hans-Uwe Otto und Hans Thiersch (Hg.): Handbuch Soziale Arbeit, 4. Auflage. München: Ernst Reinhardt, S. 278–287.

Merten, Roland (2004): Inklusion/Exklusion und Soziale Arbeit. In: Roland Merten und Albert Scherr (Hg.): Inklusion und Exklusion in der sozialen Arbeit. Wiesbaden: VS Verlag für Sozialwissenschaften, S. 99–118.

Merten, Roland (2013): Systemtheorie. In: Dieter Kreft und Ingrid Mielenz (Hg.): Wörterbuch Soziale Arbeit. Aufgaben, Praxisfelder, Begriffe und Methoden der Sozialarbeit und Sozialpädagogik. 7., vollst. überarb. und aktual. Aufl. Weinheim u. a. O. Beltz Juventa, S. 954–957.

Merten, Roland; Scherr, Albert (Hg.) (2004): Inklusion und Exklusion in der sozialen Arbeit. Wiesbaden: VS Verlag für Sozialwissenschaften

Metzler, Heidrun (2011): Behinderung. In: Hans-Uwe Otto, Hans Thiersch und Klaus Grunwald (Hg.): Handbuch soziale Arbeit. Grundlagen der Sozialarbeit und Sozialpädagogik. 4., völlig neu bearb. Aufl. München: Reinhardt, S. 101–108.

Meyer, Gabriele; Köpke, Sascha; Haastert, Burkhard; Mühlhauser, Ingrid (2009): Restraint use among nursing home residents: cross-sectional study and prospective cohort study. In: Journal of Clinical Nursing 18 (7), S. 981–990.

Mollenhauer, Klaus (2013): Integration, soziale. In: Dieter Kreft und Ingrid Mielenz (Hg.): Wörterbuch Soziale Arbeit. Aufgaben, Praxisfelder, Begriffe und Methoden der Sozialarbeit und Sozialpädagogik. 7., vollst. überarb. und aktual. Aufl. Weinheim ̄[u.a.]œ: Beltz Juventa, S. 452–454.

Motel-Klingebiel, Andreas; Wurm, Susanne; Huxhold, Oliver; Tesch-Römer, Clemens (2010): Wandel von Lebensqualität und Ungleichheit in der zweiten Lebenshälfte. In: Susanne Wurm, Clemens Tesch-Römer und Andreas Motel-Klingebiel (Hg.): Altern im Wandel. Befunde des Deutschen Alterssurveys (DEAS). Stuttgart: Kohlhammer, S. 15–33.

Müller, Matthias (2014): Dement in der Arbeitsgesellschaft. Inklusionspotenziale und Inklusionsrisiken. In: Arbeit 23 (4), S. 292–302.

Müller-Hergl, Christian (2014): Inklusion und Teilhabe - Teil 2. Zugleich notwendig und unerreichbar. Eine Diskussion unterschiedlicher Inklusionsverständnisse mit Bezug auf das Themenfeld Demenz. Hg. v. Dialog- und Transferzentrum Demenz, Universität Witten/Herdecke gGmbH. Witten. Online verfügbar unter http://dzd.blog.uni-wh.de/files/2014/12/christian-inklusion-formatiert.pdf, zuletzt geprüft am 29.12.2014.

Münch, R. (2001): Integration: Social. In: Neil J. Smelser und Paul B. Baltes (Hg.): International encyclopedia of the social & behavioral sciences. 1. ed. Amsterdam [u.a.]: Elsevier, Pergamon, S. 7591–7596.
Muthy, Srinivasa R. (2006): Mental Illness. In: Gary L. Albrecht (Hg.): Encyclopedia of disability. Thousand Oaks, Calif: Sage Publications, S. 1082–1088.
Nassehi, Armin (2008): Exklusion als soziologischer oder sozialpolitischer Begriff? In: Heinz Bude und Andreas Willisch (Hg.): Exklusion. Die Debatte über die "Überflüssigen". Frankfurt am Main: Suhrkamp, S. 121–130.
Nationaler Ethikrat (Hg.) (2006): Altersdemenz und Morbus Alzheimer. Medizinische, gesellschaftliche und ethische Herausforderungen. Vorträge der Jahrestagung des Nationalen Ethikrates 2005. Berlin. Online verfügbar unter http://www.ethikrat.org/archiv/nationaler-ethikrat/tagungsdokumentationen, zuletzt geprüft am 07.11.2012.
Neumann, Eva-Maria (2006): Ethik in der Pflege. In: Hanfried Helmchen, Siegfried Kanowski und Hans Lauter (Hg.): Ethik in der Altersmedizin. Stuttgart: Kohlhammer, S. 310–359.
Niehoff, Ulrich (2011): Inklusion. In: Deutscher Verein für Öffentliche und Private Fürsorge (Hg.): Fachlexikon der sozialen Arbeit. 7. Aufl. Baden-Baden: Nomos, S. 447–448.
Niehoff, Ulrich (2013): Teilhabe. In: Georg Theunissen, Wolfram Kulig und Kerstin Schirbort (Hg.): Handlexikon Geistige Behinderung. Schlüsselbegriffe aus der Heil- und Sonderpädagogik, Sozialen Arbeit, Medizin, Psychologie, Soziologie und Sozialpolitik. 2., akt. und erw. Aufl. Stuttgart: Kohlhammer, S. 369–371.
Nordenfelt, Lennart (2004): The Varieties of Dignity. In: Health Care Analysis 12 (2), S. 69–81.
Olshausen, Eckhart (1997): Versuch einer Definition des Begriffes "Integration" im Rahmen der Historischen Migrationsforschung. In: Mathias Beer, Martin Kintzinger und Marita Krauss (Hg.): Migration und Integration. Aufnahme und Eingliederung im historischen Wandel. Stuttgart: Franz Steiner Verlag, S. 27–36.
Otto, Ulrich; Bauer, Petra (2008): Lebensweltorientierte Soziale Arbeit mit Älteren. In: Klaus Grunwald und Hans Thiersch (Hg.): Praxis lebensweltorientierter sozialer Arbeit. Handlungszugänge und Methoden in unterschiedlichen Arbeitsfeldern. 2. Aufl. Weinheim [u.a.]: Juventa, S. 195–212.
Otto, Welf-Gerrit (2012): Zugewinn im Defizit - Sinnfenster in der populären Rezeption von Demenzen. In: Andreas Kruse, Thomas Rentsch und Harm-Peer Zimmermann (Hg.): Gutes Leben im hohen Alter. Das Altern in seinen Entwicklungsmöglichkeiten und Entwicklungsgrenzen verstehen. Heidelberg: AKA, S. 109–120.
Perneczky, Robert (2012): Ist die Alzheimer-Krankheit ansteckend? In: Alzheimer Info (2).
Peters, Bernhard (1993): Die Integration moderner Gesellschaften. Frankfurt am Main: Suhrkamp.
Petschenig, Michael (1971): Der kleine Stowasser. München: G. Freytag.

Pfaff, Heiko (2013): Pflegestatistik 2011. Pflege im Rahmen der Pflegeversicherung. Deutschlandergebnisse. Hg. v. Statistisches Bundesamt. Wiesbaden.

Philipp-Metzen, H. E. (2011): Die Enkelgeneration in der familialen Pflege bei Demenz: Erfahrungen und Bilanzierungen--Ergebnisse einer lebensweltorientierten Studie. In: Zeitschrift für Gerontologie und Geriatrie 44 (6), S. 397–404.

Pinzon, Luis Carlos Escobar; Claus, Matthias; Perrar, Klaus Maria; Zepf, Kirsten Isabel (2013): Todesumstände von Patienten mit Demenz. Symptombelastung, Betreuungsqualität und Sterbeort. In: Deutsches Ärzteblatt 110 (12), S. 195–202.

Plemper, Burkhard; Beck, Gabriele; Freter, Hans-Jürgen; Gregor, Bärbel; Gronemeyer, Reimer; Hafner, Inge et al. (2007): Gemeinsam betreuen. Bern [u.a.]: Huber.

Pleschberger, Sabine (2005): Nur nicht zur Last fallen. Sterben in Würde aus der Sicht alter Menschen in Pflegeheimen. Freiburg i. Br.: Lambertus (Palliative Care und OrganisationsEthik, Bd. 13).

Pöld-Krämer, Silvia (2011): Teilhabe. In: Deutscher Verein für Öffentliche und Private Fürsorge (Hg.): Fachlexikon der sozialen Arbeit. 7. Aufl. Baden-Baden: Nomos, S. 899–901.

Pollitt, P. A. (1996): Dementia in old age: an anthropological perspective. In: Psychological Medicine 26 (5), S. 1061–1074.

Preiter, Markus (2005): Warum wir wissen, was wir wissen. Die Evolution des Gedächtnisses im Kontext der Demenzen. In: Verena Wetzstein (Hg.): Ertrunken im Meer des Vergessens? Alzheimer-Demenz im Spiegel von Ethik, Medizin und Pflege. Freiburg i. Br: Katholische Akademie der Erzdiözese Freiburg, S. 107–130.

Pries, Ludger (2012): Erweiterter Zusammenhalt in wachsender Vielfalt. In: Ludger Pries (Hg.): Zusammenhalt durch Vielfalt? Bindungskräfte der Vergesellschaftung im 21. Jahrhundert. Wiesbaden: VS Verlag für Sozialwissenschaften, S. 13–48.

Prince, Martin; Wimo, Anders; Guerchet, Maëlenn; Ali, Gemma-Claire; Wu, Yu-Tzu; Prina, Matthew (2015): World Alzheimer Report 2015. The Global Impact of Dementia. An Analysis of Prevalence, Incidence, Cost and Trends. Hg. v. Alzheimer's Disease International (ADI). London.

Puhr, Kirsten (2009): Inklusion und Exklusion im Kontext prekärer Ausbildungs- und Arbeitsmarktchancen. Biografische Portraits. Wiesbaden: VS Verlag für Sozialwissenschaften.

Puhr, Kirsten (2010): Probleme sozialer Teilhabe und Ausgrenzung - Partizipation und Interdependenz. In: Anne-Dore Stein, Stefanie Krach und Imke Niediek (Hg.): Integration und Inklusion auf dem Weg ins Gemeinwesen. Möglichkeitsräume und Perspektiven. Bad Heilbrunn: Klinkhardt, S. 165–175.

Ravaud, Jean-Francoise; Stiker, Henri-Jacques (2006): Inclusion and Exclusion. In: Gary L. Albrecht (Hg.): Encyclopedia of Disability. Thousand Oaks, Calif: Sage Publications, S. 923–927.

Reimann, Bruno W. (2013): Integration, funktionale. In: Werner Fuchs-Heinritz, Daniela Klimke, Rüdiger Lautmann, Otthein Rammstedt, Urs Stäheli, Chris-

toph Weischer und Hanns Wienold (Hg.): Lexikon zur Soziologie. 5., überarb. Aufl. Wiesbaden: Springer VS, S. 310.
Reimann, Bruno W.; Epskamp, Heinz (2013): Integration, normative. In: Werner Fuchs-Heinritz, Daniela Klimke, Rüdiger Lautmann, Otthein Rammstedt, Urs Stäheli, Christoph Weischer und Hanns Wienold (Hg.): Lexikon zur Soziologie. 5., überarb. Aufl. Wiesbaden: Springer VS, S. 310–311.
Retsas, Andrew P. (1998): Survey findings describing the use of physical restraints in nursing homes in Victoria, Australia. In: International Journal of Nursing Studies 35 (3), S. 184–191.
Richard, Nicole (2010): «Sie sind sehr in Sorge». Die Innenwelt von Menschen mit Demenz gelten lassen. In: curaviva (2), S. 4–9.
Riedel-Heller, Steffi G. (2014): Sinkende Neuerkrankungsraten für Demenzen? Implikationen für eine public-health-orientierte Prävention. In: Psychiatrische Praxis 41, S. 407–409.
Riegler, Christine (2011): Identität und Anerkennung. In: Christian Mürner und Udo Sierck (Hg.): Behinderte Identität? Neu-Ulm: AG-SPAK-Bücher, S. 20–33.
Riegraf, Birgit; Reimer, Romy (2014): Wandel von Wohlfahrtsstaatlichkeit und neue Care-Arrangements. Das Beispiel der Wohn-Pflege-Gemeinschaften. In: Brigitte Aulenbacher, Birgit Riegraf und Hildegard Theobald (Hg.): Sorge: Arbeit, Verhältnisse, Regime. (Soziale Welt. Sonderband, 20), S. 293–309.
Rohra, Helga (2011): Aus dem Schatten treten. Warum ich mich für unsere Rechte als Demenzbetroffene einsetze. Frankfurt am Main: Mabuse.
Rose, Lynn M. (2006): History of Disability: Ancient West. In: Gary L. Albrecht (Hg.): Encyclopedia of disability. Thousand Oaks, Calif: Sage Publications, S. 852–855.
Rösner, Hans-Uwe (2011): Im Angesicht des dementen Anderen. Axel Honneths Fürsorgebegriff und seine Bedeutung für die „Kontaktarbeit" in der Altenpflege. In: Markus Dederich und Martin W. Schnell (Hg.): Anerkennung und Gerechtigkeit in Heilpädagogik, Pflegewissenschaft und Medizin. Auf dem Weg zu einer nichtexklusiven Ethik. Bielefeld: Transcript, S. 187–206.
Rothe, Verena; Kreutzner, Gabriele; Gronemeyer, Reimer (2015): Im Leben bleiben. Unterwegs zu demenzfreundlichen Kommunen. Bielefeld: transcript
Rothgang, Heinz; Iwansky, Stephanie; Müller, Rolf; Sauer, Sebastian; Unger, Rainer (2010): BARMER GEK Pflegereport 2010. Schwerpunktthema: Demenz und Pflege. Schwäbisch-Gmünd.
Rothgang, Heinz; Müller, Rolf; Unger, Rainer (2012): Themenreport "Pflege 2030". Was ist zu erwarten - was ist zu tun? Hg. v. Bertelsmann Stiftung. Gütersloh. Online verfügbar unter: https://www.bertelsmann-stiftung.de/fileadmin/files/BSt/Publikationen/GrauePublikationen/GP_Themenreport_Pflege_2030.pdf, zuletzt geprüft am 16.08.2016.
Rothmayr, Angelika (2011): Integrative Erziehung. In: Deutscher Verein für Öffentliche und Private Fürsorge (Hg.): Fachlexikon der sozialen Arbeit. 7. Aufl. Baden-Baden: Nomos, S. 454.

Saake, Irmhild (2006): Die Konstruktion des Alters. Eine gesellschaftstheoretische Einführung in die Alternsforschung. Wiesbaden: VS Verlag für Sozialwissenschaften.

Schablon, Kai-Uwe (2010): Community care: professionell unterstützte Gemeinweseneinbindung erwachsener geistig behinderter Menschen. Analyse, Definition und theoretische Verortung struktureller und handlungsbezogener Determinanten. 2., durchges. Aufl. Marburg: Lebenshilfe-Verlag.

Schädler, Johannes (2013): Überlegungen und Einschätzungen zum Inklusionsbegriff und zur UN-Behindertenrechtskonvention. Wegweiser Bürgergesellschaft (eNewsletter Wegweiser Bürgergesellschaft, 18/2013). Online verfügbar unter http://www.buergergesellschaft.de/fileadmin/pdf/gastbeitrag_schaedler_130927.pdf, zuletzt aktualisiert am 27.09.2013, zuletzt geprüft am 29.04.2014.

Schädler, Johannes; Rohrmann, Albrecht (2013): Teilhabeplanung, Örtliche Teilhabeplanung. In: Georg Theunissen, Wolfram Kulig und Kerstin Schirbort (Hg.): Handlexikon Geistige Behinderung. Schlüsselbegriffe aus der Heil- und Sonderpädagogik, Sozialen Arbeit, Medizin, Psychologie, Soziologie und Sozialpolitik. 2., akt. und erw. Aufl. Stuttgart: Kohlhammer, S. 369–371.

Schalick, Walton O. III (2006): History of Disability: Medieval West. In: Gary L. Albrecht (Hg.): Encyclopedia of disability. Thousand Oaks, Calif: Sage Publications, S. 868–872.

Schäufele, Martina; Köhler, Leonore; Lode, Sandra; Weyerer, Siegfried (2009): Menschen mit Demenz in stationären Pflegeeinrichtungen: aktuelle Lebens- und Versorgungssituation. In: Ulrich Schneekloth (Hg.): Pflegebedarf und Versorgungssituation bei älteren Menschen in Heimen. Demenz, Angehörige und Freiwillige, Beispiele für "good practice" ; Forschungsprojekt MuG IV. Stuttgart: Kohlhammer, S. 159–221.

Schäufele, Martina; Lode, Sandra; Hendlmeier, Ingrid; Köhler, Leonore; Weyerer, Siegfried (2008): Demenzkranke in der stationären Altenhilfe. Aktuelle Inanspruchnahme, Versorgungskonzepte und Trends am Beispiel Baden-Württembergs. Stuttgart: Kohlhammer.

Schimank, Uwe (2000): Gesellschaftliche Integrationsprobleme im Spiegel soziologischer Gegenwartsdiagnosen. In: Berliner Journal für Soziologie 10 (4), S. 449–469.

Schmidt-Jorzig, Edzard; Woopen, Christiane; Schockenhoff, Eberhard (2012): Demenz und Selbstbestimmung. Stellungnahme. Hg. v. Deutscher Ethikrat. Berlin. Online verfügbar unter http://www.ethikrat.org/themen/medizin-und-pflege/demenz, zuletzt geprüft am 08.08.2012.

Schnabel, Manfred (2014): Macht und Wissen im Demenz-Diskurs. In: Pflegewissenschaft 16 (7-8), S. 440–451.

Schnädelbach, Herbert (2007): Vernunft. Stuttgart: Phillip Reclam jun.

Schneekloth, Ulrich; Wahl, Hans-Werner (2005): Möglichkeiten und Grenzen selbständiger Lebensführung in privaten Haushalten (MuG III). Repräsentativbefunde und Vertiefungsstudien zu häuslichen Pflegearrangements, Demenz

und professionellen Versorgungsangeboten. Hg. v. Bundesministerium für Familie, Senioren, Frauen und Jugend. München.
Schniering, Stefanie (2010): Die gesundheitliche und soziale Situation alleinlebender Menschen mit Demenzerkrankung. Eine multiprofessionelle Perspektive. Diplomarbeit. Hochschule für Angewandte Wissenschaften Hamburg, Hamburg. Fakultät Wirtschaft und Soziales; Department Pflege und Management. Online verfügbar unter http://edoc.sub.uni-hamburg.de/haw/volltexte/2010/1115/pdf/sp_d.pf.10.1239.pdf, zuletzt geprüft am 04.01.2016.
Schölkopf, Martin (2015): Die Berücksichtigung von Demenz in der Pflegereform. In: Archiv für Wissenschaft und Praxis der sozialen Arbeit 46 (1), S. 4–12.
Schriewer, J.; Nóvoa, A. (2001): Education, History of. In: Neil J. Smelser und Paul B. Baltes (Hg.): International encyclopedia of the social & behavioral sciences. 1. ed. Amsterdam [u.a.]: Elsevier, Pergamon, S. 4217–4223.
Schroeter, Klaus R.; Künemund, Harald (2010): „Alter" als Soziale Konstruktion – eine soziologische Einführung. In: Kirsten Aner (Hg.): Handbuch soziale Arbeit und Alter. Wiesbaden: VS Verlag für Sozialwissenschaften, S. 393–401.
Schuhmacher, Birgit (2013): Befragung von Anrufenden beim Beratungstelefon der Deutschen Alzheimergesellschaft. AGP Sozialforschung. Freiburg. Online verfügbar unter http://agp-freiburg.de/downloads.htm, zuletzt geprüft am 16.08.2016.
Schuhmacher, Birgit; Becker, Clemens; Koczy, Petra; Viol, Madeleine; Klie, Thomas (2010): Beispiele für eine gute Praxis bei der Vermeidung von körpernahen Fixierungen in Einrichtungen der stationären Altenpflege. Online verfügbar unter http://agp-freiburg.de/downloads/ReduFix_Leitfaden_Vermeidung_koerpernaher_Fixierungen_2010.pdf, zuletzt geprüft am 03.01.2015.
Schuhmacher, Birgit; Klie, Thomas (2013): Lebensqualität durch Kontakte und Aktivitäten - Die Pflegeoase in Adenau. In: Hermann Brandenburg und Renate Adam-Paffrath (Hg.): Pflegeoasen in Deutschland. Forschungs- und handlungsrelevante Perspektiven zu einem Wohn- und Pflegekonzept für Menschen mit schwerer Demenz. Hannover: Schlütersche (Pflege), S. 134–156.
Schulze, Sandra (12. 02 2013): Gemeinsam statt einsam – Gesellschaftliche Inklusion von Demenzkranken unter besonderer Berücksichtigung von Demenz-Wohngemeinschaften. M.A.-Arbeit. Ruhr-Universität Bochum, Bochum. Online verfügbar unter www.sowi.rub.de/mam/content/heinze/heinze/masterarbeit_schulze.pdf, zuletzt geprüft am 16.08.2016.
Schulz-Nieswandt, Frank (2013): Der inklusive Sozialraum. Psychodynamik und kulturelle Grammatik eines sozialen Lernprozesses. Baden-Baden: Nomos.
Schuntermann, Michael F. (2013): Einführung in die ICF. Grundkurs, Übungen, offene Fragen. 4. überarb. Landsberg/Lech: ecomed Medizin.
Seifert, Monika (2013): Inklusion und Teilhabe. Eine Herausforderung für die Unterstützung von Menschen mit geistiger Behinderung und hohem sozialem Integrationsbedarf. In: Michael Nagy und Thomas Ströbele (Hg.): Wege in die Gemeinschaft. Inklusion und Teilhabe - Eine Herausforderung für die Unter-

stützung von Menschen mit sozialem Integrationsbedarf. Fachtagung 2011 –
Wege in die Gemeinschaft. Duisburg, 22.–23.11.2011. Heidelberg: Heidelberger Hochschulverlag, S. 33–47.
Seifert, Monika; Bradl, Christian (2013): Inklusion und Teilhabe - Wegweisende Leitbegriffe für die Praxis? In: Michael Nagy und Thomas Ströbele (Hg.): Wege in die Gemeinschaft. Inklusion und Teilhabe – Eine Herausforderung für die Unterstützung von Menschen mit sozialem Integrationsbedarf. Fachtagung 2011 - Wege in die Gemeinschaft. Duisburg, 22.–23.11.2011. Heidelberg: Heidelberger Hochschulverlag, S. 277–285.
Siebert, Annerose (19.02.2013): Inklusion und Teilhabe von Menschen mit Behinderung durch Förderung von Bürgerengagement und Bürgerbeteiligung. Expertise. Ravensburg-Weingarten. PDF. Persönlich zugesandt.
Siebert, Annerose (2014): Inklusion durch Engagement – mehr Chancen auf Teilhabe. 12. Reichenauer Tage zur Bürgergesellschaft. Landkreistag Baden-Württemberg und Landkreisnetzwerk Bürgerschaftliches Engagement in Kooperation mit dem Ministerium für Arbeit und Sozialordnung, Familie, Frauen und Senioren Baden-Württemberg. Bildungszentrum Kloster Hegne in Allensbach / Hegne, 17.07.2014. Online verfügbar unter http://www.andreaktion.de/AK/reichenauer-tage/RT12_2014_Siebert.pdf, zuletzt geprüft am 25.12.2014.
Sieveking, David (2012): Vergiss mein nicht. Wie meine Mutter ihr Gedächtnis verlor und ich meine Eltern neu entdeckte. Freiburg i. Br.: Herder.
Sieveking, David (2013): Potsdamer Filmgespräch. Andreas Dresen und David Sieveking. DVD. Filmmuseum Potsdam: Lichtblick Media.
Sloterdijk, Peter (1996): Alte Leute und letzte Menschen. Notiz zur Kritik der Generationenvernunft. In: Hans Peter Tews, Thomas Klie und Rudolf M. Schütz (Hg.): Altern und Politik. 2. Kongress der Deutschen Gesellschaft für Gerontologie und Geriatrie. Melsungen: Bibliomed, S. 7–21.
Smelser, Neil J.; Baltes, Paul B. (Hg.) (2001): International Encyclopedia of the Social & Behavioral Sciences. 1. ed. Amsterdam [u.a.]: Elsevier, Pergamon.
Stahlberg, Dagmar; Sczesny, Sabine (2001): Effekte des generischen Maskulinums und alternativer Sprachformen auf den gedanklichen Einbezug von Frauen. In: Psychologische Rundschau 52 (3), S. 131–140.
Stammeier-Tölle, Doris (2013): Von der Integration der Inklusion. Masterthesis. Evangelische Hochschule Freiburg..
Stein, Anne-Dore (2010): Die Bedeutung des Inklusionsgedankens - Dimensionen und Handlungsperspektiven. In: Andreas Hinz (Hg.): Von der Integration zur Inklusion. Grundlagen, Perspektiven, Praxis. 2. Aufl. Marburg: Lebenshilfe-Verlag, S. 74–90.
Stein, Anne-Dore (2013): Inklusion ist nicht voraussetzungslos: historische und aktuelle Implikationen. In: Archiv für Wissenschaft und Praxis der sozialen Arbeit 44 (3), S. 4–15.
Stichweh, Rudolf (2005): Inklusion und Exklusion. Studien zur Gesellschaftstheorie. Bielefeld: Transcript (Sozialtheorie).

Stichweh, Rudolf (2009a): Wo stehen wir in der Soziologie der Inklusion und Exklusion? In: Rudolf Stichweh und Paul Windolf (Hg.): Inklusion und Exklusion: Analysen zur Sozialstruktur und sozialen Ungleichheit. Wiesbaden: Springer Fachmedien, S. 363–372.

Stichweh, Rudolf (2009b): Leitgesichtspunkte einer Soziologie der Inklusion und Exklusion. In: Rudolf Stichweh und Paul Windolf (Hg.): Inklusion und Exklusion: Analysen zur Sozialstruktur und sozialen Ungleichheit. Wiesbaden: Springer Fachmedien, S. 29–42.

Stichweh, Rudolf (2013): Inklusion und Exklusion in der Weltgesellschaft – am Beispiel der Schule und des Erziehungssystems. In: Zeitschrift für Inklusion 7 (1), o. S. Online verfügbar unter: http://www.inklusion-online.net/index.php /inklusion-online/article/view/22, zuletzt geprüft: 31.12.2013.

Stolze, Cornelia (2012): Volkskrankheit oder Volksverdummung? In: Altenheim (10), S. 60–64.

Suhr, Ralf (2014): Inklusion von Menschen mit Demenz. Diskussionsveranstaltung des ZQP. Impulsreferat. Berlin. Online verfügbar unter https://www.youtube.com/watch?v=qdpjXJriVD4&list=PLJL6mWMmG7qBU4U v6tbRIErPVRarsy6lS, zuletzt geprüft am 30.12.2014.

Suter, Martin (1999): Small World. Zürich: Diogenes.

Taylor, Richard (2008): Alzheimer und Ich. Leben mit Dr. Alzheimer im Kopf. Bern [u.a.]: Huber.

Terfloth, Karin (2007): Inklusion und Exklusion - Konstruktion sozialer Adressen im Kontext geistiger Behinderung. Dissertation. Universität Köln, Köln. Humanwissenschaftliche Fakultät: Department für Heilpädagogik und Rehabilitation. Online verfügbar unter http://kups.ub.uni-koeln.de/volltexte/2008/2225/pdf/Dissertation_Karin_Terfloth_2008.pdf, zuletzt geprüft am 09.02.2013.

Theunissen, Georg (2011): Inklusion als gesellschaftliche Zugehörigkeit - Zum neuen Leitprinzip der Behindertenhilfe. In: Neue Praxis (2), S. 156–168.

Theunissen, Georg (2013): Inklusion, Inclusion. In: Georg Theunissen, Wolfram Kulig und Kerstin Schirbort (Hg.): Handlexikon Geistige Behinderung. Schlüsselbegriffe aus der Heil- und Sonderpädagogik, Sozialen Arbeit, Medizin, Psychologie, Soziologie und Sozialpolitik. 2., akt. und erw. Aufl.. Stuttgart: Kohlhammer, S. 181–182.

Theunissen, Georg; Kulig, Wolfram; Schirbort, Kerstin (Hg.) (2013): Handlexikon Geistige Behinderung. Schlüsselbegriffe aus der Heil- und Sonderpädagogik, Sozialen Arbeit, Medizin, Psychologie, Soziologie und Sozialpolitik. 2., akt. und erw. Aufl. Stuttgart: Kohlhammer.

van der Steen, Jenny T. (2010): Dying with dementia: what we know after more than a decade of research. In: J. Alzheimers Dis. 22 (1), S. 37–55.

Wacker, Elisabeth (2011): Behindertenpolitik, Behindertenarbeit. In: Hans-Uwe Otto, Hans Thiersch und Klaus Grunwald (Hg.): Handbuch soziale Arbeit. Grundlagen der Sozialarbeit und Sozialpädagogik. 4., völlig neu bearb. Aufl. München: Reinhardt, S. 87–100.

Wacker, Elisabeth (2013): Überall und nirgends - "Disability Mainstreaming" im kommunalen Lebensraum und Sozialraumorientierung als Transformationskonzept. In: Ulrich Becker, Elisabeth Wacker und Minou Banafsche (Hg.): Inklusion und Sozialraum. Behindertenrecht und Behindertenpolitik in der Kommune. Baden-Baden: Nomos (Studien aus dem Max-Planck-Institut für Sozialrecht und Sozialpolitik, Bd. 59), S. 25–45.

Wansing, Gudrun (2005a): Teilhabe an der Gesellschaft. Menschen mit Behinderung zwischen Inklusion und Exklusion. Univ., Diss. Dortmund, 2004. unveränd. Nachdr. 2006. Wiesbaden: VS Verlag für Sozialwissenschaften.

Wansing, Gudrun (2005b): Die Gleichzeitigkeit des gesellschaftlichen "Drinnen und Draußen" von Menschen mit Behinderung. In: Elisabeth Wacker, Ingo Bosse, Torsten Dittrich, Ulrich Niehoff, Markus Schäfers, Gudrun Wansing und Birgit Zalfen (Hg.): Teilhabe. Wir wollen mehr als nur dabei sein. Marburg: Lebenshilfe-Verlag, S. 21–33.

Wansing, Gudrun (2007): Behinderung: Inklusions- oder Exklusionsfolge? Zur Konstruktion paradoxer Lebensläufe in der modernen Gesellschaft. In: Anne Waldschmidt und Werner Schneider (Hg.): Disability Studies, Kultursoziologie und Soziologie der Behinderung. Erkundungen in einem neuen Forschungsfeld. Bielefeld: Transcript (Disability Studies, Bd. 1), S. 275–298.

Wansing, Gudrun (2012): Der Inklusionsbegriff in der Behindertenrechtskonvention. In: Antje Welke (Hg.): UN-Behindertenrechtskonvention: mit rechtlichen Erläuterungen. Berlin: Eigenverlag des Deutschen Vereins für Öffentliche und Private Fürsorge, S. 93–103.

Wansing, Gudrun (2013): Der Inklusionsbegriff zwischen normativer Programmatik und kritischer Perspektive. In: Archiv für Wissenschaft und Praxis der sozialen Arbeit 44 (3), S. 16–27.

Welke, Antje (Hg.) (2012): UN-Behindertenrechtskonvention mit rechtlichen Erläuterungen. Berlin: Eigenverlag des Deutschen Vereins für Öffentliche und Private Fürsorge.

Welti, F. (2005): Behinderung und Rehabilitation im sozialen Rechtsstaat: Freiheit, Gleichheit und Teilhabe behinderter Menschen. Tübingen: Mohr Siebeck.

Wetzstein, Verena (2005): Diagnose Alzheimer. Grundlagen einer Ethik der Demenz. Frankfurt am Main: Campus.

Wetzstein, Verena (2010): Kognition und Personalität: Perspektiven einer Ethik der Demenz. In: Andreas Kruse (Hg.): Lebensqualität bei Demenz? Zum gesellschaftlichen und individuellen Umgang mit einer Grenzsituation im Alter. Heidelberg: AKA, S. 51–70.

Weyerer, Siegfried (2005): Altersdemenz. Hg. v. Robert Koch-Institut (Gesundheitsberichterstattung des Bundes, 28). Berlin. Online verfügbar unter http://edoc.rki.de/documents/rki_fv/ren4T3cctjHcA/PDF/22wKC7IPbmP4M_43.pdf, zuletzt geprüft am 03.01.2016.

Weyerer, Siegfried (2006): Demenzkranke Menschen in Pflegeeinrichtungen. Besondere und traditionelle Versorgung im Vergleich. Stuttgart: Kohlhammer.

Wikipedia (Hg.) (2014a): Inklusion. Online verfügbar unter de.wikipedia.org/wiki/Inklusion, zuletzt aktualisiert am 04.03.2014, zuletzt geprüft am 04.03.2014.
Wikipedia (Hg.) (2014b): Integration (Soziologie), zuletzt aktualisiert am 09.09.2014, zuletzt geprüft am 26.10.2014.
Wikipedia (Hg.) (2014c): Integrative Pädagogik. Online verfügbar unter http://de.wikipedia.org/wiki/Integrative_Pädagogik, zuletzt aktualisiert am 04.03.2014, zuletzt geprüft am 26.10.204.
Wikipedia (Hg.) (2014d): Schulische Integration. Online verfügbar unter https://de.wikipedia.org/wiki/Schulische_Integration, zuletzt aktualisiert am 26.06.2014, zuletzt geprüft am 26.10.2014.
Windolf, Paul (2009): Einleitung: Inklusion und soziale Ungleichheit. In: Rudolf Stichweh und Paul Windolf (Hg.): Inklusion und Exklusion: Analysen zur Sozialstruktur und sozialen Ungleichheit. Wiesbaden: Springer Fachmedien, S. 11–27.
Wißmann, Peter (2012): Vom "Kranken" zum "Bürger mit Demenz". In: pflege:demenz (22), S. 24–25.
Wißmann, Peter (o. J.): Virtuelle Welten und Alltagswelt. Hg. v. Demenz Support gGmbH. Stuttgart. Online verfügbar unter http://www.demenz-support.de/Repository/Stellungnahme_Virtuelle_Welten_Dess_ und_Kuratorium. pdf, zuletzt geprüft am 20.07.2016.
Wocken, Hans (2010): Integration & Inklusion. Ein Versuch die Integration vor der Abwertung und die Inklusion vor Träumereien zu bewahren. In: Anne-Dore Stein, Stefanie Krach und Imke Niediek (Hg.): Integration und Inklusion auf dem Weg ins Gemeinwesen. Möglichkeitsräume und Perspektiven. Bad Heilbrunn: Klinkhardt, S. 204–234.
Wocken, Hans (2011): Zur Philosophie der Inklusion. Spuren, Eckpfeiler und Wegmarken der Behindertenrechtskonvention. In: Teilhabe 50 (2), S. 52–60.
Wojnar, Jan (2007): Die Welt der Demenzkranken. Leben im Augenblick. Hannover: Vincentz Network.
Wurtzbacher, Jens (2011): Partizipation. In: Deutscher Verein für Öffentliche und Private Fürsorge (Hg.): Fachlexikon der sozialen Arbeit. 7. Aufl. Baden-Baden: Nomos, S. 634.
Zank, Susanne (2010): Belastung und Entlastung von pflegenden Angehörigen. In: Psychotherapie im Alter 7 (4), S. 431–443.
Zimmermann, Christian; Wißmann, Peter (2011): Auf dem Weg mit Alzheimer. Wie sich mit einer Demenz leben lässt. Frankfurt am Main: Mabuse
Zimmermann, Harm-Peer (2012): Über die Macht der Altersbilder: Kultur - Diskurs - Dispositiv. In: Andreas Kruse, Thomas Rentsch und Harm-Peer Zimmermann (Hg.): Gutes Leben im hohen Alter. Das Altern in seinen Entwicklungsmöglichkeiten und Entwicklungsgrenzen verstehen. Heidelberg: AKA, S. 75–85.
ZQP Zentrum für Qualität in der Pflege (19.5.2014): Inklusion von Menschen mit Demenz. Diskussionveranstaltung des ZQP. Podiumsdiskussion. Berlin. Online verfügbar unter

https://www.youtube.com/playlist?list=PLJL6mWMmG7qBU4Uv6tbRIErPVRar
sy6lS, zuletzt geprüft am 16.08.2016.

ZQP Zentrum für Qualität in der Pflege (Hg.) (2014): ZQP-Bevölkerungsbefragung "Demenz". Berlin. Online verfügbar unter https://www.zqp.de/upload/content.000/id00425/attachment00.pdf, zuletzt geprüft am 16.01.2016.

The manufacturer's authorised representative in the EU is Springer Nature Customer Service Centre GmbH, Europaplatz 3, 69115 Heidelberg, Germany. If you have any concerns regarding our products, please contact ProductSafety@springernature.com

Printed and bound by CPI Group (UK) Ltd, Croydon, CR0 4YY
25/03/2026
02078214-0005

Bürgergesellschaft und Demokratie

Reihe herausgegeben von
Frank Adloff, Fachbereich Sozialökonomie, Universität Hamburg, Hamburg, Deutschland
Ansgar Klein, Bundesnetzwerk Bürgerschaftliches Engagement, Berlin, Deutschland
Holger Krimmer, ZiviZ gGmbH im Stifterverband, Berlin, Deutschland
Britta Rehder, Ruhr-Universität Bochum, Bochum, Deutschland
Simon Teune, Zentrum Technik und Gesellschaft, Technische Universität Berlin, Berlin, Deutschland
Heike Walk, Hochschule für nachhaltige Entwicklung, Eberswalde, Deutschland
Annette Zimmer, Institut für Politikwissenschaft, Universität Münster, Münster, Deutschland

Die Buchreihe vereinigt qualitativ hochwertige Bände im Bereich der Forschung über Partizipation und Beteiligung sowie bürgerschaftliches Engagement. Ein besonderer Akzent gilt der politischen Soziologie des breiten zivilgesellschaftlichen Akteursspektrums (soziale Bewegungen, Bürgerinitiativen, Vereine, Verbände, Stiftungen, Genossenschaften, Netzwerke etc.). Die Buchreihe versteht sich als Publikationsort einer inter- und transdisziplinären Zivilgesellschaftsforschung. „Bürgergesellschaft und Demokratie" schließt an die Buchreihe „Bürgerschaftliches Engagement und Non-Profit-Sektor" an.

The book series is conceived as a forum for inter- and transdisciplinary civil society research. "Civil Society and Democracy" builds on the precursory book series "Civic Engagement and the Non-Profit Sector".

Weitere Bände in der Reihe http://www.springer.com/series/12296

Matthias Freise · Annette Zimmer
(Hrsg.)

Zivilgesellschaft und Wohlfahrtsstaat im Wandel

Akteure, Strategien und Politikfelder

Hrsg.
Matthias Freise
Westfälische Wilhelms-Universität
Münster
Münster, Deutschland

Annette Zimmer
Westfälische Wilhelms-Universität
Münster
Münster, Deutschland

Diese Publikation wurde aus Mitteln des Siebten Forschungsrahmenprogramms der Europäischen Union gefördert (Projekt Third Sector Impact, Grant Agreement SSH.2013.3.2–3).

ISSN 2627-3195   ISSN 2627-3209 (electronic)
Bürgergesellschaft und Demokratie
ISBN 978-3-658-16998-5   ISBN 978-3-658-16999-2 (eBook)
https://doi.org/10.1007/978-3-658-16999-2

Die Deutsche Nationalbibliothek verzeichnet diese Publikation in der Deutschen Nationalbibliografie; detaillierte bibliografische Daten sind im Internet über http://dnb.d-nb.de abrufbar.

Springer VS
© Springer Fachmedien Wiesbaden GmbH, ein Teil von Springer Nature 2019
Das Werk einschließlich aller seiner Teile ist urheberrechtlich geschützt. Jede Verwertung, die nicht ausdrücklich vom Urheberrechtsgesetz zugelassen ist, bedarf der vorherigen Zustimmung des Verlags. Das gilt insbesondere für Vervielfältigungen, Bearbeitungen, Übersetzungen, Mikroverfilmungen und die Einspeicherung und Verarbeitung in elektronischen Systemen.
Die Wiedergabe von allgemein beschreibenden Bezeichnungen, Marken, Unternehmensnamen etc. in diesem Werk bedeutet nicht, dass diese frei durch jedermann benutzt werden dürfen. Die Berechtigung zur Benutzung unterliegt, auch ohne gesonderten Hinweis hierzu, den Regeln des Markenrechts. Die Rechte des jeweiligen Zeicheninhabers sind zu beachten.
Der Verlag, die Autoren und die Herausgeber gehen davon aus, dass die Angaben und Informationen in diesem Werk zum Zeitpunkt der Veröffentlichung vollständig und korrekt sind. Weder der Verlag, noch die Autoren oder die Herausgeber übernehmen, ausdrücklich oder implizit, Gewähr für den Inhalt des Werkes, etwaige Fehler oder Äußerungen. Der Verlag bleibt im Hinblick auf geografische Zuordnungen und Gebietsbezeichnungen in veröffentlichten Karten und Institutionsadressen neutral.

Springer VS ist ein Imprint der eingetragenen Gesellschaft Springer Fachmedien Wiesbaden GmbH und ist ein Teil von Springer Nature
Die Anschrift der Gesellschaft ist: Abraham-Lincoln-Str. 46, 65189 Wiesbaden, Germany

Inhaltsverzeichnis

Teil I Einführung

**Zivilgesellschaft und Wohlfahrtsstaat in Deutschland:
Eine Einführung** 3
Matthias Freise und Annette Zimmer

**Wohlfahrtsstaatlichkeit in Deutschland: Tradition und
Wandel der Zusammenarbeit mit zivilgesellschaftlichen
Organisationen** 23
Annette Zimmer

Soziale Investitionen als Strategie im deutschen Wohlfahrtsstaat 55
Carolin Schönert und Matthias Freise

Teil II Zivilgesellschaftliche Akteure

**Zentrifugalkräfte in der Freien Wohlfahrtspflege:
Wohlfahrtsverbände als traditionsreiche und
ressourcenstarke Akteure** 83
Holger Backhaus-Maul

Stiftungen und Wohlfahrtsstaat 101
Rupert Graf Strachwitz

Genossenschaften als alte und neue Player 123
Heike Walk

**Sozialunternehmertum und Social Entrepreneurship in
Deutschland: Change Maker im Kommen?** 143
Katharina Obuch und Christina Grabbe

Frauen in sozialen Dienstleistungsberufen: Verliererinnen der neuen Wohlfahrtsstaatlichkeit? 169
Franziska Paul und Andrea Walter

Vermeintliche *Sozial*wirtschaft: Der „Frauenverein" als Beispiel für dauerhaftes Prekariat in sozialen Dienstleistungsberufen 195
Christina Rentzsch

Teil III   Politikfelder

Soziale Innovationen in der Arbeitsmarktpolitik. 205
Werner Eichhorst und Wolfgang Schroeder

Zivilgesellschaftliches Korrektiv und Koproduzenten im Versorgungssystem: Nutzerorganisationen im deutschen Gesundheitswesen. 227
Benjamin Ewert

Wohnungspolitik als „alte neue" Herausforderung des Sozialstaats. 257
Danielle Gluns

Vereinbarkeit von Beruf und Familie: Herausforderung für Staat und Zivilgesellschaft. 285
Regina Ahrens

Unternehmen als Akteure in der Familienpolitik: Vereinbarkeit von Familie und Beruf am Universitätsklinikum Münster. 311
Corinna Schein

Grenzen der „offenen Gesellschaft": Integration im deutschen Wohlfahrtsstaat. 317
Hendrik Meyer

Arbeitsmarktintegration durch Netzwerke: Das Fallbeispiel „MAMBA". 353
Danielle Gluns

Sport als Politik: Vereine vor neuen Herausforderungen 361
Joachim Benedikt Pahl und Annette Zimmer

Teil IV Fazit

Zivilgesellschaft und Wohlfahrtsstaat in Deutschland:
Ein kurzer Ausblick 395
Matthias Freise und Annette Zimmer

Sachverzeichnis... 403

Herausgeber- und Autorenverzeichnis

Über die Herausgeber

PD Dr. Matthias Freise ist Akademischer Oberrat am Institut für Politikwissenschaft der Westfälischen Wilhelms-Universität Münster; freisem@uni-muenster.de.

Prof. Dr. Annette Zimmer ist Professorin für Deutsche und Europäische Sozialpolitik und Vergleichende Politikwissenschaft am Institut für Politikwissenschaft der Westfälischen Wilhelms-Universität Münster; zimmean@uni-muenster.de.

Autorenverzeichnis

Dr. Regina Ahrens ist Vertretungsprofessorin für Betriebswirtschaftslehre (Schwerpunkt: Personal und Marketing) an der Hochschule Hamm-Lippstadt und arbeitet freiberuflich als Beraterin und Dozentin für nachhaltiges Personalmanagement; regina.ahrens@hshl.de.

Dr. Holger Backhaus-Maul ist verantwortlicher wissenschaftlicher Mitarbeiter für das Fachgebiet Recht, Verwaltung und Organisation an der Martin-Luther-Universität Halle-Wittenberg/Philosophische Fakultät III; holger.backhaus-maul@paedagogik.uni-halle.de.

Prof. Dr. Werner Eichhorst ist Honorarprofessor an der Universität Bremen für europäische und internationale Arbeitsmarktpolitik sowie Stellvertretender Direktor für Arbeitsmarktpolitik und Direktor für Arbeitsmarktpolitik Europa am Institut zur Zukunft der Arbeit; eichhorst@iza.org.

Dr. Benjamin Ewert ist akademischer Mitarbeiter (PostDoc) an der Heidelberg School of Education; ewert@heiedu.ph-heidelberg.de.

Dr. Danielle Gluns ist Leiterin der Forschungs- und Transferstelle Migrationspolitik an der Universität Hildesheim; glunsd@uni-hildesheim.de.

Christina Grabbe (M.A.) ist wissenschaftliche Mitarbeiterin am Institut für Politikwissenschaft der Westfälischen Wilhelms-Universität Münster; christina.grabbe@uni-muenster.de.

Dr. Hendrik Meyer ist Dozent am Institut für Politikwissenschaft der Westfälischen Wilhelms-Universität Münster und lehrt dort insbesondere im Bereich der Sozial- und Integrationspolitik; hendrikm@uni-muenster.de.

Dr. Katharina Obuch ist wissenschaftliche Mitarbeiterin am Institut für Politikwissenschaft der Westfälischen Wilhelms-Universität Münster; k.obuch@uni-muenster.de.

Joachim Benedikt Pahl (M.A.) ist wissenschaftlicher Mitarbeiter am Institut für Politikwissenschaft der Westfälischen Wilhelms-Universität Münster; j.b.pahl@uni-muenster.de.

Franziska Paul (M.A.) war wissenschaftliche Mitarbeiterin am Institut für Politikwissenschaft der Westfälischen Wilhelms-Universität Münster und ist Mitarbeiterin des Vereins Gesundheitskollektiv Berlin e. V.; paul@geko-berlin.de.

Dr. Christina Rentzsch ist persönliche Referentin im Rektorat der Westfälischen Wilhelms-Universität Münster und promovierte am dortigen Institut für Politikwissenschaft; christina.rentzsch@uni-muenster.de.

Corinna Schein (M.A.) ist wissenschaftliche Mitarbeiterin am Forschungszentrum für Familienbewusste Personalpolitik in Münster; corinna.schein@ffp.de.

Carolin Schönert (M.A.) ist wissenschaftliche Mitarbeiterin im Projekt InnoSI am Institut für Politikwissenschaft der Westfälischen Wilhelms-Universität Münster; schoenec@uni-muenster.de.

Prof. Dr. Wolfgang Schroeder ist Professor an der Universität Kassel und leitet dort das Fachgebiet „Politisches System der BRD-Staatlichkeit im Wandel". Er ist außerdem Research Fellow am Wissenschaftszentrum Berlin für Sozialforschung (WZB), Abteilung „Demokratie und Demokratisierung"; wolfgang.schroeder@uni-kassel.de.

Dr. Rupert Graf Strachwitz ist Direktor des Maecenata Instituts für Philanthropie und Zivilgesellschaft, Berlin und Vorstandsvorsitzender der Maecenata Stiftung, München; rs@maecenata.eu.

Prof. Dr. Heike Walk ist Professorin für Transformation und Governance am Fachbereich für Wald und Umwelt an der Hochschule für nachhaltige Entwicklung Eberswalde (HNEE); heike.walk@hnee.de.

Prof. Dr. Andrea Walter ist Professorin für Politikwissenschaft und Soziologie an der Fachhochschule für öffentliche Verwaltung NRW, Studienort Dortmund; andrea.walter@fhoev.nrw.de.

Teil I
Einführung

Zivilgesellschaft und Wohlfahrtsstaat in Deutschland: Eine Einführung

Matthias Freise und Annette Zimmer

Zusammenfassung

Die Einleitung skizziert zunächst den gemeinsamen Ausgangspunkt der im Lehrbuch präsentierten Analysen: Zivilgesellschaft als multidimensionales Konzept und Deutschland als neo-korporatistischer Wohlfahrtsstaat, in dem zivilgesellschaftliche Akteure traditionell als Produzenten personenbezogener Leistungen im Gesundheits- und Pflegewesen, der aktiven Arbeitsmarktpolitik, der Familienpolitik und den sozialen Diensten eine wichtige Rolle spielen und in den vergangenen Jahren auch in weiteren Politikfeldern wie der Integrationspolitik an Bedeutung gewonnen haben. Die Einleitung führt zudem in die Struktur des Lehrbuches ein und fasst zentrale Ergebnisse zusammen.

Schlüsselwörter

Welfare-Mix · Neo-Korporatismus · Co-Produktion · Subsidiarität · Wandel des Wohlfahrtsstaats

---

M. Freise (✉) · A. Zimmer
Westfälische Wilhelms-Universität Münster, Münster, Deutschland
E-Mail: freisem@uni-muenster.de

A. Zimmer
E-Mail: zimmean@uni-muenster.de

© Springer Fachmedien Wiesbaden GmbH, ein Teil von Springer Nature 2019
M. Freise und A. Zimmer (Hrsg.), *Zivilgesellschaft und Wohlfahrtsstaat im Wandel*, Bürgergesellschaft und Demokratie,
https://doi.org/10.1007/978-3-658-16999-2_1

1 Einstieg

Was hat die Zivilgesellschaft mit dem Wohlfahrtsstaat zu tun? Und umgekehrt, was kümmert die Zivilgesellschaft der Wohlfahrtsstaat? Auf den ersten Blick, so scheint es zumindest, handelt es sich hier um zwei Konzepte, die insbesondere in Europa auf eine lange Tradition zurückblicken, die aber weder in der öffentlichen Meinung noch im sozialwissenschaftlichen Diskurs miteinander in Verbindung gebracht und zueinander in Bezug gesetzt werden. Geht es um die Zivilgesellschaft, so wird in den Medien meist über Protestaktionen von Bürger_innen oder Aktivist_innen, wie etwa der russischen Punk-Band Pussy Riots, berichtet. Auch finden sich nicht selten Aussagen wie etwa: „Neben dem offiziellen Besuchsprogramm traf sich der Bundespräsident in der Türkei auch mit Vertreter_innen der Zivilgesellschaft." Entsprechend eindimensional und schmalspurig wird in Medien und allgemeiner Öffentlichkeit der Wohlfahrtsstaat konzeptualisiert. Hier ist dann meist von der Erhöhung der Beiträge zur Renten-, Kranken- oder Arbeitslosenversicherung die Rede; oder es wird der Aufwuchs der Sozialbürokratie in Berlin und insbesondere auf lokaler Ebene beklagt. In der Regel wird von Medien und allgemeiner Öffentlichkeit nicht erkannt, dass Zivilgesellschaft und Wohlfahrtsstaat sehr wohl einiges miteinander zu tun haben. Es ist nicht zu viel behauptet, dass ohne eine aktive Zivilgesellschaft, die auf Missstände aufmerksam macht und gesellschaftliche Ungerechtigkeiten anprangert sowie darüber hinaus praktikable Lösungsvorschläge nicht nur entwickelt, sondern diese auch real ausprobiert, der Wohlfahrtsstaat, wie wir ihn heute kennen, mit seinen vielfältigen Sicherungssystemen und dem breiten Angebot sozialer Dienstleistungen vom Kindergarten bis hin zur Seniorenresidenz, vermutlich nicht existent wäre. Zumindest aus einer historischen Perspektive gilt die Faustregel: „Ohne Zivilgesellschaft kein Wohlfahrtsstaat."

Doch die Entwicklungspfade von Zivilgesellschaft und Wohlfahrtsstaat waren mitnichten überall gleich. In der Regel haben sich der Wohlfahrtsstaat und die Zivilgesellschaft auseinanderentwickelt, sodass nicht nur die Regulierung und Finanzierung, sondern auch die Erstellung sozialer Leistungen und Dienste zu einer rein staatlichen Aufgabe wurde, wie dies etwa paradigmatisch in den skandinavischen Ländern auch heute noch weitgehend der Fall ist. Aber wie noch gezeigt werden wird, ist Deutschland diesem Entwicklungspfad nur bedingt gefolgt. Hier ist der Wohlfahrtsstaat mit der Zivilgesellschaft im Hinblick auf die Erstellung personenbezogener sozialer Dienstleistungen, etwa im Gesundheits-(Krankenhäuser) oder Pflegebereich (Altenheime) oder in der Kinder- und Jugendbetreuung (Kitas), ein enges sowie nachhaltiges Bündnis eingegangen.

Allerdings ist auch unser Wohlfahrtsstaat „in die Jahre gekommen". In seiner heutigen Strukturierung und institutionellen Ausgestaltung ist der Wohlfahrtsstaat in Deutschland ein Ergebnis der Industriemoderne des 19. und 20. Jahrhunderts. Es gibt viele Gründe, warum in den Sozialwissenschaften sowie in den Medien und der allgemeinen Öffentlichkeit eine „Generalüberholung" des Wohlfahrtsstaates gefordert wird. Aufgrund der technischen Revolution – Stichwort Digitalisierung – und Transformation der Wirtschaft kommt es zu neuen sozialen Risiken und Bedarfen; die Veränderung der Geschlechterrollen stellt die überkomme Arbeitsteilung und Differenzierung zwischen Haus- und Lohnarbeit infrage; der demografische Wandel führt herkömmliche Finanzierungsmodelle wohlfahrtsstaatlicher Dienstleistungen an ihre Grenzen; die zunehmende gesellschaftliche Pluralisierung verlangt nach individuelleren Lösungen und differenzierteren Angeboten, als sie bisher vom wohlfahrtsstaatlichen Dienstleistungskatalog vorgesehen sind. Kurzum: Der Wohlfahrtsstaat, wie er sich seit Ende des 19. Jahrhunderts entwickelt hat, steht auf dem Prüfstand. Seine eingefahrenen Strukturen sind nicht mehr zeitgemäß und werden zunehmend infrage gestellt.

Hier setzt der vorliegende Band mit der These an, dass heute – wie in den Anfängen des Wohlfahrtsstaates – der Zivilgesellschaft eine wichtige Rolle zukommt, und zwar zum einen als Raum sowohl des Protests über Missstände als auch des Diskurses über alternative Wege sowie zum anderen als „Labor" zur Erprobung neuer Ideen und Ansätze der sozialen Dienstleistungserstellung, die zunächst „im Kleinen" bzw. in der Zivilgesellschaft im Hinblick auf ihre Praxistauglichkeit und Skalierbarkeit ausprobiert werden. Insofern dient der Band auch dazu, einen Weg zur Reform und Erneuerung des Wohlfahrtsstaates aufzuzeigen, und zwar mithilfe zivilgesellschaftlicher Organisationen und der von diesen Akteuren entwickelten Ansätze und Ideen. Da auf Zivilgesellschaft als traditionsreiches Konzept sowie als realer gesellschaftlicher Raum in den Beiträgen dieses Bandes explizit oder zumindest implizit unisono Bezug genommen wird, ist es angezeigt, im einführenden Kapitel auf „Zivilgesellschaft" zunächst konzeptionell näher einzugehen, bevor der Wohlfahrtsstaat in Deutschland in seinen besonderen Bezügen zur Zivilgesellschaft näher in den Blick genommen sowie in Form einer „Roadmap" auf die zentralen Anliegen und die Struktur des Bandes eingegangen wird.

2 Zivilgesellschaft – ein mehrdimensionales Konzept

2.1 Geschichte und disziplinäre Bezüge

Zivilgesellschaft als Begriff und Konzept kann auf eine lange Tradition zurückblicken, die bis in die Antike zurückreicht. Es handelte sich damals um ein auf den griechischen Philosophen Aristoteles zurückgehendes Gesellschafts- und Politikverständnis, das „societas civilis" als politische Gemeinschaft und ideale Lebensweise von freien Bürgern verstand. In der Neuzeit des 17. und 18. Jahrhunderts wurde von Vertragstheoretikern und Moralphilosophen in England und Schottland auf Zivilgesellschaft ebenfalls als Konzept eines guten und gerechten Zusammenlebens Bezug genommen (Adloff 2005, S. 17 ff.). Im frühen 19. Jahrhundert hat Alexis de Tocqueville mit seiner Reisebeschreibung „Über die Demokratie in Amerika" (1986 [1835]) einen wichtigen Beitrag zur Konkretisierung von Zivilgesellschaft als spezifische Form des gesellschaftlichen und politischen Zusammenlebens geleistet. Am Beispiel der USA zeigte er die Potenziale freiwilliger Vereinigungen (Assoziationen, Vereine) für friedliches Zusammenleben, Problembewältigung und Selbstorganisation von Bürgern auf. Freiwillige Vereinigungen, einschließlich loser Netzwerke gelten seitdem als organisatorischer Unterbau oder Infrastruktur von Zivilgesellschaft.

Ferner ist für das Begriffsverständnis im deutschsprachigen Raum die Frühschrift von Karl Marx „Zur Judenfrage" herauszustellen (Marx 1990 [1843]), in der er zwischen „Citoyen" und „Bourgeois" differenzierte. Während Marx den „Citoyen" als politisch engagierten Bürger beschrieb, charakterisierte er den „Bourgeois" als reinen Wirtschaftsbürger, der vorrangig Eigeninteressen verfolgt und weder am allgemeinen Wohl noch an der politischen Gemeinschaft interessiert ist. Aufgrund dieser Differenzierung erhielt der Begriff der „Bürgergesellschaft" in der Folge im deutschsprachigen Sprachraum einen negativen Beigeschmack (vgl. Reichardt 2004; Kocka 2003, S. 30). Inzwischen hat eine umfangreiche historische Forschung zu Bürgertum und Bürgerlichkeit im 19. Jahrhundert nachgewiesen, dass es sich um komplexe Phänomene handelt (Kocka 2008). Innovatives Unternehmer- und großzügiges Mäzenatentum prägten das Bürgertum damals ebenso wie eine obrigkeitsstaatlich-autoritäre Gesinnung (Gall 1993; Wehler 1996). Heute ist der Begriff Bürgergesellschaft nicht mehr negativ besetzt und wird als Synonym von Zivilgesellschaft verwandt. Einen wesentlichen Beitrag zur begrifflichen Klärung hat die Enquetekommission des Deutschen Bundestages „Zur Zukunft des Bürgerschaftlichen Engagements" geleistet, die eine umfassende Bestandsaufnahme des Forschungsstands zu Zivilgesellschaft und bürgerschaftlichem Engagement in Deutschland geleistet hat (Enquete-Kommission 2002).

Wurde Zivilgesellschaft in der Antike und frühen Moderne als Idee vom guten Leben und im 19. Jahrhundert als Raum der Selbstorganisation vorrangig des Bürgertums konzeptualisiert, kam im 20. Jahrhundert eine weitere Funktionszuschreibung hinzu. Zivilgesellschaft wurde jetzt als gesellschaftliche Sphäre bzw. Raum gedacht, wo Meinungsbildung zu Positionen von gesellschaftlichpolitischer Relevanz erfolgen kann. So betrachtet Jürgen Habermas Zivilgesellschaft als Optionsraum gesellschaftlicher Diskurse und Debatten. Das Zusammenspiel von Gesellschaft, Gemeinschaft und Politik ist für ihn Ergebnis „kommunikativen Handelns", wobei er der Zivilgesellschaft eine wichtige Scharnierfunktion zuschreibt. In der Tradition von de Tocqueville setzt sich für Habermas die Zivilgesellschaft „aus jenen mehr oder weniger spontan entstandenen Vereinigungen, Organisationen und Bewegungen zusammen, welche die Resonanz, die die gesellschaftlichen Problemlagen in den privaten Lebensbereichen finden, aufnehmen, kondensieren und lautverstärkend an die politische Öffentlichkeit weiterleiten" (Habermas 1992, S. 443). Danach ist Zivilgesellschaft sowohl Ort gesellschaftlich-politischer Meinungs- und Identitätsbildung als auch Transmissionsriemen gesellschaftlicher Interessen und Befindlichkeiten in Richtung Politik. In dieser Lesart beinhaltet Zivilgesellschaft eine gesellschaftliche Zustandsbeschreibung, die sich durch einen hohen Grad an Selbstorganisation von Bürger_innen auszeichnet und in der Meinungsbildung zu wichtigen und durchaus strittigen Themen von gesellschaftlicher wie politischer Bedeutung gewaltfrei und unter Akzeptanz der Position des Gegenübers erfolgt. Habermas diskurstheoretische Konzeption von Zivilgesellschaft beinhaltet eine idealistische Komponente, deren Zielrichtung in der Weiterentwicklung und Vertiefung von Demokratie, gerechter Gesellschaft und gemeinschaftlichem Miteinander besteht. Dass Gruppen, soziale Bewegungen und Initiativen auch für unzivile Positionen und Meinungen eintreten und unfair bis hin zur physischen Gewaltanwendung auftreten können, war nicht Thema der Theorie des kommunikativen Handels, die Diskurse als nicht vermachtbar und hegemonialisierend betrachtet.

Trotz Tradition und prominenter Vertreter war Zivilgesellschaft als Begriff und Konzept lange Zeit primär auf den akademischen Kontext und hier auf die politische Philosophie und Ideengeschichte beschränkt (vgl. Cohen und Arato 1997). Dies änderte sich erst Mitte der siebziger Jahre des letzten Jahrhunderts. Damals wurde Zivilgesellschaft von den Dissidentenbewegungen in Osteuropa sowie von jenen Kräften in Lateinamerika aufgegriffen, die sich gegen die dortigen Militärdiktaturen richteten. Zivilgesellschaft wurde jetzt als demokratischer Gegenentwurf gegenüber einem autoritären oder diktatorischen gesellschaftlichen und politischen Status quo konzeptualisiert (Klein 2001). Es war die Idee einer Zivilgesellschaft, die sich gegen einen ungerechten, autoritären und antidemokratischen Staat richtete. Dieses Begriffsverständnis schwingt heute immer dann mit, wenn z. B. in den Medien auf Zivilgesellschaft als Alternative und kritisches Potenzial zu autoritären und/oder anti-demokratischen Regimen in Afrika, Asien, Lateinamerika oder dem Gebiet der ehemaligen Sowjetunion Bezug genommen wird.

Auch in etablierten Demokratien wurde das Konzept neu aufgegriffen. Allerdings wurde Zivilgesellschaft in Westeuropa oder den USA nicht als Alternative zum Status quo gesehen, sondern vor allem mit sozialen Bewegungen und Reformprojekten mit direkter politischer Beteiligung von Bürger_innen in Verbindung gebracht. Insbesondere die „Neuen Sozialen Bewegungen", wie die Friedens-, Dritte-Welt-, Anti-Atomkraft- oder Neue Frauenbewegung (Roth und Rucht 2008), galten als Ausdruck einer Zivilgesellschaft, die gesellschaftliche und politische Reformen einforderte, sich aber durch Gewaltfreiheit und Toleranz auszeichnete. Die Gleichsetzung von Zivilgesellschaft mit sozialen Bewegungen und gesellschaftlichen Initiativen, die post-materialistische Werte vertreten, mehr Partizipation und Bürgerbeteiligung bei Prozessen der Politikgestaltung fordern und insgesamt für eine offene Gesellschaft, die sich durch Toleranz und Respekt gegenüber Anderen auszeichnet, ist unter den heutigen Bedingungen nicht mehr angezeigt. Zunehmend wird aktuell auch auf die „dunklen Seiten" von Zivilgesellschaft verwiesen (Grande 2018). Ob diese Gruppen, die wie z. B. Pegida sich durch Fremdenfeindlichkeit auszeichnen, überhaupt zur Zivilgesellschaft gerechnet werden können, ist mit Hinweis auf die Konzeptualisierung von Zivilgesellschaft durchaus fraglich.

Einen wichtigen Beitrag zur konzeptionellen Klärung hat der Historiker Jürgen Kocka geleistet, der ein dreidimensionales Konzept von Zivilgesellschaft entwickelt hat (Kocka 2003, S. 31). Kocka unterscheidet zwischen einer normativen, einer habituellen sowie einer deskriptiv-analytischen Komponente von Zivilgesellschaft. Die normative Komponente von Zivilgesellschaft ist Thema der politischen Theorie und Philosophie mit ihrem zentralen Anliegen einer theoriegeleiteten Basierung von politischer und gesellschaftlicher Teilhabe und Gerechtigkeit (vgl. Kocka 2003, S. 32). Die habituelle Komponente von Zivilgesellschaft bezieht sich auf einen bestimmten Typus sozialen Handelns, nämlich im ganz wörtlichen Sinne auf den zivilen Umgang miteinander, gewaltfrei und kompromissorientiert. Es ist eine Gesellschaft, die sich durch Zivilität auszeichnet.

Dass ihre Mitglieder „zivil" miteinander umgehen, wird unterstützt durch politische Rahmenbedingungen, die ebenfalls durch „Zivilität" geprägt sind. Hierzu zählen die verfassungsrechtlich garantierten Menschen- und Grundrechte ebenso wie die Gleichheit vor dem Gesetz sowie die Ermöglichung menschenwürdiger Lebensumstände. Die dritte Dimension von Zivilgesellschaft ist nach Kocka akteurszentriert. Das heißt es wird Bezug genommen auf konkret handelnde Personen und Organisationen, die selbstorganisiert tätig werden, und zwar nicht in traditionellen Familienstrukturen und auch nicht im Rahmen von privatwirtschaftlichen Unternehmen oder staatlichen Behörden, sondern primär in einem gesellschaftlichen Bereich jenseits von Markt, Staat und Privatsphäre und damit im Kontext von Vereinen, Netzwerken, informellen Zirkeln, sozialen Beziehungen und Nichtregierungsorganisationen (Kocka 2002, S. 16). Wenn diese Organisationen sich jedoch nicht durch Zivilität sowohl hinsichtlich ihrer Zielsetzungen wie auch ihrer Aktionsformen auszeichnen und eben nicht zivil und damit nicht gewaltfrei und kompromissbereit auftreten, so sind sie gemäß der Definition von Kocka aus einer normativen Perspektive nicht zur Zivilgesellschaft zu zählen. Dies gilt für Pegida als neue, aber antiliberale Bewegung ebenso wie für die Mafia als selbstorganisierte Vereinigung.

2.2 Zivilgesellschaft konkret: Engagement und Organisationen

Wird in Medien und allgemeiner Öffentlichkeit auf Zivilgesellschaft Bezug genommen, geht es in der Regel um die nach Kocka akteurszentrierte Dimension und damit entweder um Aktivist_innen, wie etwa den Friedensnobelpreisträger Liu Xiaobo (2010) aus China, der sich für Rechtsstaatlichkeit und Demokratie in seinem Land eingesetzt hat, um Bürger_innen, die im Rahmen ihres bürgerschaftlichen Engagements freiwillig tätig sind und unbezahlte Arbeit leisten; oder aber es werden Nicht-Regierungsorganisationen (NGOs), gemeinnützige Einrichtungen (NPOs) sowie freiwillige Vereinigungen, etwa Gewerkschaften, Vereine, Verbände in den Blick genommen. Diese übernehmen in einem breiten Spektrum von Tätigkeitsbereichen vielfältige Aufgaben: Sie erstellen Dienstleistungen, vertreten die Interessen ihrer Mitglieder, weisen als Themenanwälte auf gesellschaftliche und politische Missstände hin, helfen Opfern von Naturkatastrophen, markieren Wanderwege oder ermöglichen Sporttreiben und andere Freizeitaktivitäten. Im Zuge des Übergangs von „government" zu „governance" haben die Organisationen der Zivilgesellschaft (NPOs/NGOs) in unterschiedlichen Bereichen der Sozialwissenschaften als Untersuchungsgegenstand an

Bedeutung gewonnen. Infolge der Internationalisierung von Problemlagen wurden die Nicht-Regierungsorganisationen (NGOs) vor einigen Jahren insbesondere von den Internationalen Beziehungen (Rosenau und Czempiel 1982) als Akteure auf internationalem Terrain wiederentdeckt (Brunnengräber et al. 2005; Joachim 2014). Die Verwaltungswissenschaften fokussieren vor allem auf die Rolle und Funktion von NPOs als gemeinnützige oder Sozial-Unternehmen in wohlfahrtsstaatlichen Arrangements und betrachten diese primär als Politikimplementatoren und Partner des Wohlfahrtsstaates (Henriksen et al. 2016). Demgegenüber fokussiert die Politische Soziologie vor allem auf die Momente Affinität, Mitgliedschaft und Zugehörigkeit zu gesellschaftlichen Gruppen und freiwilligen Vereinigungen (Kaina und Römmele 2009). Im Rahmen der Partizipationsforschung werden freiwillige Vereinigungen einerseits als Akteure im Rahmen von Agenda-Setting, Lobbying und somit Bündelung und Vertretung von Interessen in den Blick genommen; andererseits gelten sie in der Nachfolge von Max Weber als „Sozialisationsinstanzen" und Ideologieproduzenten, die für die Bildung sozialer Milieus nicht zu unterschätzen sind (Zimmer 2007, S. 71 f.). Empirisch hat die akteurszentrierte Dimension von Zivilgesellschaft in jüngster Zeit insofern verstärkt Beachtung erfahren, als die kontinuierliche Erfassung des bürgerschaftlichen Engagements (Dauerbeobachtung) sich als ein wichtiger Teilbereich der Engagementforschung (Zimmer und Simsa 2014) etabliert hat.

Obgleich dem bürgerschaftlichen Engagement, wie die Ergebnisse empirischer Untersuchungen zeigen (Simonson et al. 2017; Primer et al. 2017), eine große Bedeutung zukommt, sind viele zivilgesellschaftliche Organisationen heute in beachtlichem Umfang professionalisiert und als Sozialunternehmen tätig, die überwiegend mit hauptamtlich Beschäftigten arbeiten. Als solche sind sie in erheblichem Umfang in die Daseinsvorsorge in Deutschland eingebunden und als Partner bzw. Auftragnehmer des Staates mit der Erstellung von Leistungen und Diensten betraut. Die Dauerbeobachtung sowohl des bürgerschaftlichen Engagements als auch der zivilgesellschaftlichen Organisationen anhand ökonomischer Kennzahlen dient der quantitativ-statistischen Erfassung und somit Sichtbarmachung eines umfänglichen Bereichs unserer sozialen Realität, der lange Zeit von der volkswirtschaftlichen Gesamtrechnung nicht erfasst worden ist und dessen Leistungen und Bedeutung für die Gesellschaft sowie für den Wohlfahrtsstaat hierzulande daher nur bedingt gewürdigt wurden. Erst in jüngster Zeit ist die enge Verschränkung zwischen zivilgesellschaftlichen Organisationen und Wohlfahrtsstaatlichkeit dank sozialwissenschaftlicher Forschung stärker ins Bewusstsein gerückt (Evers et al. 2011; Enjolras et al. 2017).

Insgesamt bleibt festzuhalten: Bei Zivilgesellschaft handelt es sich um ein traditions- und facettenreiches Konzept, das sich eines einfachen Zugangs verschließt.

Zivilgesellschaft als „politische Utopie" bzw. Zieldimension und Entwicklungsperspektive in Richtung einer partizipativeren Politik und gerechteren Gesellschaft ist Thema der Politischen Philosophie und Ideengeschichte. Als ziviler Umgang miteinander dient der Begriff als normative Leitlinie für ein gesellschaftliches Miteinander, das durch die Bereitschaft zu Kompromiss, Gewaltfreiheit und Toleranz den Anderen und gerade dem Fremden gegenüber geprägt ist. In ihrer akteurszentrierten Dimension kann Zivilgesellschaft quantitativ erfasst und gemessen werden, und zwar als bürgerschaftliches Engagement von Einzelpersonen sowie als Spektrum von Leistungen und Diensten, erstellt durch freiwillige Vereinigungen sowie Sozialunternehmen (NPOs) und Nicht-Regierungsorganisationen (NGOs). Vor allem ist Zivilgesellschaft in ihrer akteurszentrierten Dimension in vielen Ländern ein wichtiger Partner des Wohlfahrtsstaates, wobei diese Partnerschaft gerade in Deutschland auf eine lange Tradition zurückblicken kann.

3 Zum Nexus von Zivilgesellschaft und Wohlfahrtsstaat in Deutschland

Deutschland ist ein Paradebeispiel für einen Wohlfahrtsstaat neo-korporatistischer Prägung, in dem zivilgesellschaftliche Akteure eine wichtige Rolle im sogenannten Welfare Mix spielen. Das bedeutet, dass hierzulande nicht nur staatliche Behörden und öffentliche Einrichtungen für die Produktion, Finanzierung und Regulierung der Sozialleistungen verantwortlich zeichnen, sondern in die verschiedenen Tätigkeitsfelder des Wohlfahrtsstaates auch Verbände, lokale Vereine, Stiftungen und andere gemeinnützige Organisationen eingebunden sind (Evers 2011).

Dies gilt insbesondere für die Erstellung personenbezogener Dienste wie die Gesundheitsversorgung, das Pflegewesen, die sozialen Dienste von der Suchtberatung über die Familienhilfe bis hin zur Bahnhofsmission, die Kinderbetreuung oder auch die aktive Arbeitsmarktpolitik mit ihren zahlreichen Angeboten zur Weiterbildung und Umschulung. Hier erlebt das im deutschen Föderalstaat elementare Subsidiaritätsprinzip eine spezifische Interpretation, indem frei-gemeinnützigen Trägern in vielen Politikbereichen durch die Sozialgesetzbücher eine privilegierte Position bei der Leistungserstellung zugewiesen wird (Zimmer und Priller 2004).

Infolgedessen ist nach dem Zweiten Weltkrieg über die Jahrzehnte eine besondere Form der Co-Produktion entstanden, innerhalb derer der öffentlichen Hand vor allem die Funktionen der Finanzierung und Regulierung des Wohlfahrtsstaates zukommt und zivilgesellschaftliche Akteure als Betreiber von

Krankenhäusern, Kindertagesstätten, Alten- und Pflegeheimen und vielen weiteren Einrichtungen in Erscheinung treten. Caritas, Diakonisches Werk, Deutsches Rotes Kreuz, die Arbeiterwohlfahrt, die zahlreichen Mitgliederorganisationen des Paritätischen Wohlfahrtsverbandes und viele lokale Vereine und Stiftungen sind somit das Gesicht des deutschen Wohlfahrtsstaates, während die Bundesregierung und die 16 Landesregierungen über Pflichtversicherungssysteme, Steuern und Gebührenordnungen die Kosten von jährlich fast einer Billionen Euro sicherzustellen haben und zudem den gesetzlichen Rahmen des deutschen Wohlfahrtsstaates aufspannen, Rechtsansprüche normieren und Standards definieren (Hegelich und Meyer 2008).

Allerdings verabschieden Bundestag und Länderparlamente Gesetze nicht im luftleeren Raum, sondern sehen sich einem permanenten Lobbyismus ausgesetzt, einerseits von privaten Interessen, andererseits aber auch aus der Zivilgesellschaft. Den Spitzenverbänden der Freien Wohlfahrtspflege kommt im System der politischen Interessenvermittlung Deutschlands eine wichtige Lobbyfunktion zu, bringen sie doch die Interessen ihrer Mitglieder in den politischen Entscheidungsfindungsprozess ein und nehmen über ihre weiterverästelten Verbandsstrukturen Einfluss auf allen politischen Ebenen von der Europäischen Kommission, über die Bundes- und Landesregierungen bis hin zu den Städten und Gemeinden und werben für die Anliegen ihrer Mitglieder und Zielgruppen. Zahlreiche sozialstaatliche Innovationen der vergangenen Jahrzehnte sind Ergebnisse kontinuierlicher Lobbyarbeit zivilgesellschaftlicher Organisationen (Boeßenecker und Vilain 2013).

Diese enge Form der Zusammenarbeit zwischen öffentlicher Hand und zivilgesellschaftlichen Akteuren erstreckt sich in Deutschland nicht nur auf die Politikfelder, in denen die Leistungserstellung durch frei-gemeinnützige Träger, wie z. B. in der Kinder- und Jugendhilfe, gesetzlich ausdrücklich geregelt ist. Vor allem auf der kommunalen Ebene sind Akteure der organisierten Zivilgesellschaft wichtige Kooperationspartner der Kommunalverwaltung. Das wird besonders deutlich, wenn man – wie in diesem Band – ein weites Verständnis von Wohlfahrtsstaat zugrunde legt und auch Politikfelder wie die Sportpolitik dem Wohlfahrtsstaat zuordnet (Zimmer 1999). Sportvereine leisten durch ihre Angebote nicht nur einen wichtigen Beitrag zur Gesundheitsvorsorge, häufig übernehmen sie auch zusätzliche Aufgaben wie etwa in der Jugendhilfe, wenn sie Sommercamps in den Schulferien organisieren oder Migranten an die deutsche Aufnahmegesellschaft heranführen. Fördervereine unterstützen mannigfaltige Anliegen vom Pflegehospiz bis zum Kinderheim durch Geld- und Zeitspenden. Und ohne die vielfältige Arbeit von Organisationen der Flüchtlingshilfe ist eine gelingende Integration gar nicht denkbar.

In der Zusammenschau hat sich in Deutschland ein Kooperationsmodell von staatlichen Wohlfahrtsbehörden und zivilgesellschaftlichen Akteuren etabliert, das sich als symbiotisches Verhältnis charakterisieren lässt: Der Staat ist wichtigster Financier im deutschen Wohlfahrtsmodell, während den Akteuren der Zivilgesellschaft die Aufgaben in der Leistungserstellung zukommen (Pilz 1998).

Allerdings lässt sich seit einiger Zeit ein Wandel der Wohlfahrtsstaatlichkeit in Deutschland feststellen, der auch nachhaltige Auswirkungen auf das Verhältnis von Staat und Zivilgesellschaft hat: So stellt die anhaltende Pluralisierung der Lebensentwürfe etablierte Rollen- und Familienbilder zunehmend infrage, auf denen der deutsche Wohlfahrtsstaat lange Zeit fußte, und erfordert einen weiteren Ausbau wohlfahrtsstaatlicher Angebote. Jüngste Beispiele sind die Bereitstellung von Betreuungsplätzen für Kleinkinder, die Einführung der Elternzeit, die Vertiefung der Inklusionspolitik und zahlreiche Angebote in der Familienhilfe (vgl. die Policy-Analysen im dritten Teil des Buchs).

Allerdings steht solchen zusätzlichen Angeboten spätestens seit den sogenannten Harzreformen Anfang der 2000er Jahre auch ein Rückbau sozialer Sicherungssysteme gegenüber, vor allem in der Altersversorgung und in der Arbeitslosenversicherung. Hier lässt sich in Deutschland wie in vielen anderen europäischen Staaten ein sogenanntes Retrenchment (engl. für „Beschneidung") beobachten: Leistungen werden pauschal gekürzt, an verschärfte Zugangsbedingungen geknüpft oder zeitlich begrenzt (Keller 2016).

Insgesamt betrachtet wird der deutsche Wohlfahrtsstaat dadurch nicht billiger. Im Gegenteil: Durch den demografischen Wandel wachsen die Ausgaben für die Altersversorgung, die Gesundheitsversorgung und die Pflege seit Jahren schneller als die Produktivität und der deutsche Wohlfahrtsstaat wird von Jahr zu Jahr teurer. Insofern lässt sich die häufig zu hörende Klage, der Wohlfahrtsstaat werde in Deutschland zu Tode gespart, in ihrer Pauschalität nicht bestätigen. Sehr wohl richtig ist jedoch, dass der Wohlfahrtsstaat der Kostenexplosion mit erheblichen Leistungskürzungen begegnet ist (Butterwege 2015). So müssen beispielsweise immer weniger Pflegekräfte immer mehr Pflegebedürftige versorgen, was zu einer deutlichen Verschlechterung der Arbeitsbedingungen in diesem Sektor geführt hat. Auch die Rentenversicherung hat durch die Hinaufsetzung des Renteneintrittsalters und die gleichzeitige Absenkung der Rentenleistungen zu schmerzhaften Einschränkungen für die Betroffenen geführt.

Zudem lässt sich gegenwärtig auch ein Strategiewechsel (oder zumindest eine Strategieerweiterung) in der Wohlfahrtsproduktion konstatieren: Neben kompensierende Leistungen, mit denen der Wohlfahrtsstaat die großen Fährnisse des Lebens (Alter, Krankheit, Pflegebedürftigkeit und Arbeitslosigkeit) durch Versicherungssysteme und finanzielle Transferleistungen absichert, treten vermehrt kapazitätsbildene Maßnahmen auf, die darauf abzielen, künftige Kosten durch Investitionen in Humankapital zu reduzieren: So sollen Investitionen in die Kinderbetreuung perspektivisch ein höheres Steueraufkommen durch Mütter erzeugen. Lebenslanges Lernen und Familienbetreuung sollen Langzeitarbeitslosigkeit und teure soziale Bedürftigkeit verhindern. Die Rendite sozialstaatlicher Maßnahmen (der sog. Social Return on Investment) rückt damit zunehmend in den Fokus von Politik und Sozialwissenschaften (Hemerijck 2013).

Dieser Umbau des Wohlfahrtsstaates schlägt sich auch in der Zusammenarbeit zwischen Staat und Zivilgesellschaft nieder: Pauschalvergütungen beispielsweise in der Gesundheitsversorgung und Jugendpolitik weichen einem Leistungsentgeltsystem, bei dem etablierte frei-gemeinnützige Träger in einen Wettbewerb auch mit privatwirtschaftlichen Anbietern treten. Austerität und Schuldenbremse ziehen ein verschärftes Kontraktmanagement des Staates nach sich, der durch mehr Wettbewerb eine Kostenreduzierung anstrebt (Prandini et al. 2016).

Die Folge ist ein anhaltender Professionalisierungstrend der Organisationen der Zivilgesellschaft. „Verbetriebswirtschaftung" und „gGmbHisierung" zivilgesellschaftlicher Einrichtungen sind Beispiele für eine Verschiebung im Koordinatensystem des Welfare Mix. Damit einher geht beispielsweise die Prekarisierung von Arbeitsverhältnissen im Wohlfahrtssektor und der anhaltende Verlust identitätsstiftender Organisationskulturen, die zivilgesellschaftliche Organisationen in Deutschland lange Zeit ausmachten (Spindler 2014).

Gleichzeitig geraten zivilgesellschaftliche Organisationen auch durch gesellschaftliche Veränderungen unter Druck: Die Erosion gesellschaftlicher Milieus, die u. a. anhand der Mitgliederverluste der beiden großen christlichen Konfessionen aber auch der Gewerkschaftsbewegung deutlich werden, stellt die Legitimation der herausgehobenen Rolle der etablierten zivilgesellschaftlichen Akteure, wie etwa der Wohlfahrtsverbände, im politischen Prozess zunehmend infrage. Zu ihnen in Konkurrenz treten vermehrt neue Player aus Zivilgesellschaft und Privatwirtschaft: Stiftungen betätigen sich als Think Tanks und bringen Expertise in den politischen Entscheidungsprozess ein. Mit Unterstützung der EU sowie privater Förderer entstehen Sozialunternehmen als stärker marktorientierte Anbieter sozialer Dienstleistungen. Im ambulanten Pflegewesen und im Krankenhaussektor fasst die Gewinnorientierung immer stärker Fuß.

Es ist deshalb angebracht, eine Bestandsaufnahme des Verhältnisses von Wohlfahrtsstaat und Zivilgesellschaft vorzunehmen und dabei in ausgewählten Politikfeldern auf die Rolle und Funktion zivilgesellschaftlicher Organisationen zu fokussieren. Das will das vorliegende Lehrbuch leisten.

4 Anliegen des Bandes

Die Zielsetzung des Bandes besteht darin, einen systematischen Überblick über das Verhältnis von Wohlfahrtsstaat und Zivilgesellschaft in Deutschland zu geben und dabei folgende leitende Fragestellungen zu beantworten:

- Was ist Wohlfahrtsstaatlichkeit und wie hat sich das Konzept der Wohlfahrtsstaatlichkeit in Deutschland entwickelt?
- Welche Theorien und Konzepte stehen zur Erklärung von Wohlfahrtsstaatlichkeit in Deutschland zur Verfügung?
- Welche Rolle spielen zivilgesellschaftliche Akteure bei der Regelung, Finanzierung und Implementierung der Wohlfahrtspolitik in Deutschland?
- Welche Pfadabhängigkeiten prägen das Verhältnis von Staat und Zivilgesellschaft in den verschiedenen Politikfeldern des Wohlfahrtsstaats, und welche neuen Trends lassen sich beobachten?
- Wer sind die handelnden Akteure, welche Akteure treten neu auf und wie wandeln sich Akteurskonstellationen im deutschen Wohlfahrtsstaat?
- Wie wandeln sich Strategien und Instrumente der Wohlfahrtspolitik?
- Wer sind Gewinner und Verlierer des Wandels des deutschen Wohlfahrtsstaates?

Um sich diesen Fragen systematisch zu nähern, gliedert sich das Lehrbuch in drei Teile: In einem ersten führen die Autor_innen in Konzepte und Ansätze von Wohlfahrtsstaatlichkeit und Wohlfahrtsgesellschaft ein und verdeutlichen die Rolle zivilgesellschaftlicher Organisationen im Welfare Mix. Der zweite Teil des Lehrbuches befasst sich mit den zentralen zivilgesellschaftlichen Akteuren im Wohlfahrtsstaat: den Wohlfahrtsverbänden, Stiftungen, Genossenschaften und Sozialunternehmen. Die Beiträge skizzieren Entwicklung und Veränderung der Zusammenarbeit zwischen zivilgesellschaftlichen Akteuren und Wohlfahrtsstaat und diskutieren neue Strategien dieser Akteure bei der Wohlfahrtsproduktion. Zudem illustriert ein Kapitel Gewinner und Verlierer im wohlfahrtsstaatlichen Wandel und fokussiert dabei auf die Arbeits- und Beschäftigungsverhältnisse von Frauen in zivilgesellschaftlichen Organisationen des Sozialbereichs.

Im dritten Teil des Lehrbuches werden die konzeptionellen Überlegungen des ersten Teils am Beispiel ausgewählter Politikfelder vertieft, nämlich der Gesundheits-, Migrations-, Vereinbarkeits-, Wohnungs- und aktiven Arbeitsmarktpolitik sowie im Politikfeld Sport, dem in der deutschen Wohlfahrtsstaatsforschung bislang wenig Aufmerksamkeit geschenkt wurde.

Clou des Sammelbandes sind Fallstudien konkreter Organisationen und/oder wohlfahrtsstaatlicher Strategien, die die Bandbreite sowohl wohlfahrtsstaatlicher

Veränderungsprozesse als auch der Einbindung zivilgesellschaftlicher Organisationen beispielhaft dokumentieren und damit die Ergebnisse der voranstehenden konzeptionellen Beiträge anschaulich illustrieren. Diese „Fallbeispiele" sind entweder von den Autor_innen in ihren Beitrag integriert oder als ergänzendes Kapitel konzipiert, das an die Politikfeldanalyse anschließt.

Mit dieser Anlage richtet sich das Buch an Studierende der Sozial-, Rechts- und Wirtschaftswissenschaften, aber auch an Praktiker_innen aus öffentlicher Verwaltung, Politik und Zivilgesellschaft, die sich unter Berücksichtigung zivilgesellschaftlicher Organisationen im deutschen Wohlfahrtsstaat über aktuelle Entwicklungen informieren möchten. Insofern ist der Mehrwert des Bandes im Vergleich zu anderen Lehrbüchern zu Wohlfahrtsstaatlichkeit dieser explizite Fokus auf die besondere Rolle zivilgesellschaftlicher Organisationen im Welfare Mix und bei der Produktion insbesondere personenbezogener sozialer Leistungen und Dienste, die in bestehenden Politikfeldanalysen eher am Rande Beachtung finden (z. B. bei Obinger und Schmidt 2019).

5 Aufbau des Bandes

Den konzeptionellen Einstieg in das Lehrbuch liefert Annette Zimmer, die in die Literatur zum deutschen Wohlfahrtsstaat einführt und die Besonderheiten des deutschen Wohlfahrtsmodells herausarbeitet. Dabei definiert sie die zentralen Begriffe des Lehrbuches und ordnet Deutschland in einschlägige internationale Klassifikationen des Wohlfahrtsstaates ein. Zudem verdeutlicht sie, weshalb zivilgesellschaftlichen Akteuren traditionell eine herausgehobene Rolle zukommt und illustriert ihre zentrale Funktion als Produzenten personenbezogener Dienstleistungen auf der lokalen Ebene. Zuletzt illustriert sie in ihrem Beitrag den aktuellen Wandel des deutschen Welfare Mixes und die daraus resultierende Verbetriebswirtschaftung der sozialen Dienstleistungserstellung.

Im Fokus des Beitrages von Carolin Schönert und Matthias Freise steht die Strategieentwicklung im deutschen Wohlfahrtsstaat. Sie zeigen auf, wie der Fokus des Wohlfahrtsstaates, der lange Jahre auf der Kompensation eintretender Lebensrisiken lag, in den vergangenen Dekaden sukzessive um sogenannte Sozialinvestitionen ergänzt worden ist. Darunter versteht man Maßnahmen des Wohlfahrtsstaates, die darauf abzielen, Menschen in die Lage zu versetzen, selbst mit den Fährnissen des Lebens zurechtzukommen oder die darauf ausgerichtet sind, künftige teure Sozialprogramme durch frühzeitige Investitionen überflüssig zu machen oder zumindest abzumildern. Schönert und Freise zeigen am Beispiel der Arbeitsmarktpolitik und der Vereinbarkeitspolitik, dass solchen

Maßnahmen eine verstärkte Bedeutung im deutschen Wohlfahrtsstaat zukommt, wenngleich kompensierende Leistungen wie Rente, Gesundheit oder die Arbeitslosenversicherung noch immer den Löwenanteil des deutschen Sozialbudgets ausmachen und auch immer ausmachen werden.

5.1 Zivilgesellschaftliche Akteure im Wandel

Den Auftakt zur Bestandsaufnahme der zivilgesellschaftlichen Akteure im deutschen Wohlfahrtsstaat macht Holger Backhaus-Maul mit seinem Porträt der Wohlfahrtsverbände. Caritas, Diakonie, Deutsches Rotes Kreuz, Arbeitswohlfahrt und der Paritätische Wohlfahrtsverband können als die „großen Tanker" zivilgesellschaftlicher sozialer Dienstleistungserstellung hierzulande beschrieben werden, die seitens des Staates mit zahlreichen Aufgaben vom Betrieb von Krankenhäusern bis zur Durchführung von Integrationskursen für Geflüchtete Menschen betraut werden. Backhaus-Mauls analysiert Wandel und Veränderung dieser Verbände in den vergangenen Jahren und hinterfragt ihre zivilgesellschaftliche Qualität kritisch.

Der Beitrag von Heike Walk befasst sich mit Genossenschaften, die 200 Jahre nach Aufkommen der Genossenschaftsidee in Deutschland eine Renaissance erleben. Der Beitrag zeichnet eine Bestandsaufnahme der Genossenschaftslandschaft und verdeutlicht, dass dieses Organisationsmodell zunehmend über die klassischen Einsatzfelder (Landwirtschaft, Konsum, Wohnungsbau, Kreditwesen) hinaus Verwendung findet, zum Beispiel in Energiegenossenschaften. Walk konstatiert, dass Genossenschaften derzeit für die Verwirklichung demokratischer, sozialer und nachhaltiger Wirtschaftsmodelle neu entdeckt werden und damit als zivilgesellschaftliche Player charakterisiert werden können.

Rupert Graf Strachwitz behandelt die Entwicklung des deutschen Stiftungswesens, das in Deutschland eine lange Tradition in der Produktion von Wohlfahrtsgütern hat und mit Fug und Recht als Basis des vormodernen Wohlfahrtsstaates bezeichnet werden kann. Zahlreiche heutige Einrichtungen des Wohlfahrtsstaates wie Pflegeheime oder Krankenhäuser gehen auf Stifterinnen und Stifter zurück, die ihr Vermögen in eine gemeinnützige Rechtspersönlichkeit umwandelten und auf Dauer stellten. War stifterisches Handeln lange Zeit religiös motiviert, existieren heute eine Vielzahl an Stiftungsmotiven und Stiftungen treten schon lange nicht mehr einzig als Betreiber von Einrichtungen in Erscheinung. Stiftungen wie die Bertelsmann Stiftung sind zu mächtigen Think Tanks und Interessenorganisationen aufgestiegen, während eine Vielzahl anderer Stiftungen ihre Erträge in die Unterstützung sozialer Angebote aufwenden.

Katharina Obuch und Christina Grabbe gehen in ihrem Beitrag auf Sozialunternehmen als zivilgesellschaftliche Akteure ein, die in den vergangenen Jahren verstärkte Aufmerksamkeit in der wissenschaftlichen Auseinandersetzung gefunden haben. Dabei handelt es sich um Organisationen, deren Zielsetzung darin besteht, sozialen Problemen mit marktwirtschaftlichen Instrumenten zu begegnen und die insofern gemeinwohl- und gewinnorientierte Elemente zu kombinieren versuchen. Für die aktuelle Wohlfahrtsstaatsforschung sind diese Organisationen deshalb interessant, weil sie als Innovationsmotoren gelten, die Defizite des Wohlfahrtsstaates identifizieren, aufgreifen und möglichst kostenneutral beheben. Auf der Grundlage einer breiten Literaturanalyse illustrieren Obuch und Grabbe, wie sich diese Organisationen in Deutschland entwickelt haben und welcher Stellenwert ihnen heute zukommt.

Den Abschuss der Bestandsaufnahme zivilgesellschaftlicher Akteure nehmen Franziska Paul und Andrea Walter vor, die einen Blick auf das Innenleben der Organisationen und der Entwicklung der Arbeitsbedingungen werfen. Sie zeigen, dass ein Großteil der Arbeitsplätze bei zivilgesellschaftlichen sozialen Dienstleistern von Frauen besetzt ist und fragen, welche Auswirkungen die jüngsten Reformen des Wohlfahrtsstaates auf die Arbeitsbedingungen und -verhältnisse bei diesen Organisationen hatten. Obgleich sich die Arbeitsbedingungen bei den zivilgesellschaftlichen sozialen Dienstleistern vielerorts erheblich verschlechtert haben, illustrieren die Autor_innen gleichzeitig, dass viele Frauen in ihren wohlfahrtsstaatlichen Dienstleistungsberufen nach wie vor zufrieden sind. Es fragt sich allerdings, wie lange dies noch der Fall sein wird. Insofern konstatieren die Autor_innen, dass der Fachkräftemangel notwendig zu einer Verbesserung der Arbeitsverhältnisse wird führen müssen. Der anschließende Beitrag von Christina Rentzsch illustriert die Ergebnisse am Fallbeispiel eines Frauenvereins.

5.2 Policy Analysen

Im dritten Teil des Lehrbuchs werden mit dem Fokus auf zivilgesellschaftliche Organisationen aktuelle Policy-Entwicklungen in sechs Politikfeldern analysiert, die aus wohlfahrtspolitischer Perspektive besonders interessant sind.

Den Anfang machen Werner Eichhorst und Wolfgang Schroeder mit ihrer Analyse der deutschen Arbeitsmarktpolitik. Sie illustrieren die Rolle der Zivilgesellschaft in der aktiven Arbeitsmarktpolitik, die all jene Instrumente des Wohlfahrtsstaates beschreibt, die darauf abzielen, Arbeitslosigkeit so schnell wie möglich zu beenden oder bestenfalls ganz zu vermeiden. Die beiden Autoren illustrieren in ihrer Studie die besondere Bedeutung der Sozialpartner (Arbeitgeber und Gewerkschaften) in der aktiven Arbeitsmarktpolitik und führen eine Bestandsaufnahme des Politikfeldes durch. Als Fallbeispiel wählen sie Projekte gegen den Fachkräftemangel und für neue Chancen von Jugendlichen, die idealtypisch für die Kooperation von Staat und Zivilgesellschaft stehen.

Benjamin Ewert untersucht mit der deutschen Gesundheitspolitik ein weiteres klassisches Feld des Wohlfahrtsstaates. Dazu beschreibt er in einem ersten Schritt die überaus komplexe Architektur der deutschen Gesundheitspolitik und erläutert die Akteurszuständigkeiten für die verschiedenen Aufgaben der Gesundheitsversorgung im deutschen Föderalsystem. Dabei zeigt er auch auf, dass sich seit Beginn der 1990er Jahre eine Verschiebung der Zuständigkeiten ergeben hat und zunehmend private Anbieter auf den Gesundheitsmarkt drängen. Gleichwohl spielen zivilgesellschaftliche Akteure nach wie vor eine wichtige Rolle in der deutschen Gesundheitsversorgung. An seinem Fallbeispiel, der Arbeitsgemeinschaft der Deutschen Selbsthilfegruppen, diskutiert Ewert, wie Patienten und Betroffene Einfluss auf die Ausgestaltung des Politikfeldes nehmen und wie erfolgreich sie dabei sind.

Danielle Gluns richtet den Blick auf die deutsche Wohnungspolitik und damit auf ein Politikfeld, das in jüngerer Zeit enorm an Aufmerksamkeit gewonnen hat, da sich die Wohngewohnheiten der Bevölkerung erheblich gewandelt haben. Eine anhaltende Landflucht hat in peripheren Regionen zu großen Leerständen geführt, während in den Großstädten Wohnungen knapp sind und die Mietpreise schwindelerregende Höhen erreicht haben. Gluns erläutert zunächst die historische Entwicklung des Politikfeldes und die Rollenverteilung von staatlichen, zivilgesellschaftlichen und privaten Akteuren und illustriert aktuelle Herausforderungen. Als Fallbeispiel für die an Bedeutung gewinnenden alternativen Wohnformen aus der Mitte der Zivilgesellschaft wählt sie die Claudius-Höfe in Bochum, die für ein inklusives und auf Nachbarschaftlichkeit ausgerichtetes Zusammenleben stehen.

Mit der Vereinbarkeitspolitik analysiert Regina Ahrens einen vergleichsweise jungen Policy-Bereich, der mit der Einführung des Elterngeldes und dem Ausbau der Kinderbetreuung für Kinder unter drei Jahren einen Paradigmenwechsel erfahren hat. Orientierte sich die Familienpolitik lange Zeit an der Einverdienerehe, in der der Ehemann erwerbstätig war und die Ehefrau – wenn überhaupt – hinzuverdiente, machten gewandelte Lebensentwürfe hier ein Umdenken erforderlich. Ahrens zeichnet die Genese des Politikfeldes nach und illustriert die Rolle zivilgesellschaftlicher Akteure, die sowohl als Interessenvertreter, aber insbesondere als Anbieter von Leistungen in der Kinderbetreuung in Erscheinung treten. Das Kapitel wird ergänzt durch eine Fallstudie von Corinna Schein, die am Beispiel des Universitätsklinikums Münster verdeutlicht, wie öffentliche, private und zivilgesellschaftliche Akteure Netzwerkstrukturen aufbauen, um passgenaue Angebote im Dienst der Vereinbarkeit von Beruf und Familie zu entwickeln.

Ein weiteres hoch aktuelles Politikfeld des Wohlfahrtsstaates thematisiert Hendrik Meyer, der auf die Rolle der Zivilgesellschaft in der Integrationspolitik fokussiert. Spätestens nach dem erheblichen Anstieg von Migration nach Deutschland 2015 im Zuge des Bürgerkrieges in Syrien wird die Frage, wie ein Ankommen der Geflüchteten und anderer Migranten so gestaltet werden kann, dass ein Zusammenleben mit der Aufnahmegesellschaft für beide Seiten bereichernd gelingen kann. Meyer skizziert in seiner Analyse zunächst die Zuständigkeiten und Instrumente der deutschen Integrationspolitik, um dann im nächsten Schritt die besondere Rolle herauszustellen, denen zivilgesellschaftlichen Organisationen vor allem auf der lokalen Ebene zukommt. Neben die großen Wohlfahrtsverbände sind in den vergangenen Jahren zahllose kleine Vereine und Initiativen in diesem Tätigkeitsfeld aktiv geworden, die es rechtfertigen, von einer Neuen Sozialen Bewegung zu sprechen. Ergänzt wird der Beitrag um eine Fallstudie von Danielle Gluns, die das Projekt MAMBA aus Münster vorstellt, in dem verschiedene kommunale, private und zivilgesellschaftliche Akteure die Arbeitsmarktintegration von Geflüchteten erfolgreich vorantreiben.

Mit der Sportpolitik untersuchen Benedikt Pahl und Annette Zimmer ein Politikfeld, das dem Wohlfahrtsstaat eher selten zugeschrieben wird, bei näherer Analyse aber zweifellos wohlfahrtsstaatliche Elemente aufweist. Mit der Bereitstellung ihrer Angebote tragen Sportvereine maßgeblich zu Wohlbefinden und Gesundheit der Bevölkerung bei und können damit als vorbeugende soziale Investition klassifiziert werden. Pahl und Zimmer illustrieren die historische Entwicklung des Politikfeldes, verdeutlichen die Genese der Akteurslandschaft und arbeiten aktuelle Problemlagen heraus, mit denen sich der Sport im Verein konfrontiert sieht. Am Beispiel der TSG Bergedorf diskutiert der Beitrag schließlich die Möglichkeiten und Grenzen im Umgang mit diesen Herausforderungen.

Der Sammelband schließt mit einem Ausblick der Herausgeberin und des Herausgebers auf das weitere Verhältnis von Staat und Zivilgesellschaft in Deutschland.

Danksagung An dieser Stelle möchten sich der Herausgeber und die Herausgeberin ganz herzlich für die Unterstützung der Mitarbeiter_innen bedanken, ohne deren Hilfe dieser Band nicht möglich gewesen wäre. Mitgewirkt an der textlichen Gestaltung, einschließlich Korrekturlesen und Erstellung von Grafiken haben die studentischen Hilfskräfte Pia Kreimeier, Lucas Hünemeyer und Luisa Menzemer. Bei einer ganzen Reihe von Beiträgen des Bandes handelt es sich um die Ausarbeitung und Vertiefung von Vorträgen, die im Rahmen einer Tagung im Münsteraner Franz Hitze Haus im Wintersemester 2016 gehalten worden sind. Den Autor_innen möchten wir für ihr Engagement und ihre Geduld danken. Ermöglicht wurde die Tagung im Franz Hitze Haus sowie die Betreuung und Drucklegung des Bandes dank der Unterstützung der Europäischen Union im Rahmen der Förderung des Projektes Third Sector Impact (SSH.2013.3.2-3)[1]. Für alles Administrative und für die Betreuung der finanziellen Seite des Vorhabens war unsere Sekretärin Frau Melanie Hönnemann zuständig, die das Projekt stets mit Ruhe und Kompetenz gemanagt hat.

Literatur

Adloff, F. 2005. *Zivilgesellschaft. Theorie und politische Praxis*. Frankfurt: Campus Studium.

Boeßenecker, K.-H., und M. Vilain. 2013. *Spitzenverbände der Freien Wohlfahrtspflege: Eine Einführung in Organisationsstrukturen und Handlungsfelder sozialwirtschaftlicher Akteure in Deutschland*. Weinheim: Beltz.

Brunnengräber, A. et al., Hrsg. 2005. *NGOs im Prozess der Globalisierung. Mächtige Zwerge – umstrittene Riesen*. Wiesbaden: VS Verlag.

Butterwege, C. 2015. *Hartz IV und die Folgen: Auf dem Weg in eine andere Republik?* Weinheim: Beltz.

Cohen, J.L., und A. Arato. 1997. *Civil society and political theory*. Cambridge: MIT-Press.

de Tocqueville, A. 1986. *Über die Demokratie in Amerika*. Stuttgart: Reclam Taschenbuch.

Enjolras, B., L.M. Salamon, H.K. Sivesind, und A. Zimmer. 2017. *The third sector as a renewable source for Europe*. New York: Springer.

Enquete-Kommission „Zukunft des Bürgerschaftlichen Engagements", Hrsg. 2002. *Bericht: Bürgerschaftliches Engagement auf dem Weg in eine zukunftsfähige Gesellschaft*. Opladen: Leske + Budrich.

Evers, A., R.G. Heinze, und T. Olk, Hrsg. 2011. *Handbuch Soziale Dienste*. Wiesbaden: VS Verlag.

Evers, A. 2011. Wohlfahrtsmix und soziale Dienste. In *Handbuch Soziale Dienste*, Hrsg. A. Evers, R. Heinze, und T. Olk, 265–283. Wiesbaden: VS Verlag.

Gall, L. 1993. *Von der ständischen zur bürgerlichen Gesellschaft*. München: Oldenbourg (Bd. 25 Enzyklopädie deutscher Geschichte).

Grande, E. 2018. Zivilgesellschaft, politische Konflikte und soziale Bewegungen. *Forschungsjournal Soziale Bewegungen* 31 (1–2): 52–60.

Habermas, J. 1992. *Faktizität und Geltung*. Frankfurt a. M.: Suhrkamp.

Hegelich, S., und H. Meyer. 2008. Konflikt, Verhandlung, Sozialer Friede: Das deutsche Wohlfahrtssystem. In *Europäische Wohlfahrtssysteme. Ein Handbuch*, Hrsg. K. Schubert, S. Hegelich, und U. Bazant, 127–148. Wiesbaden: VS Verlag.

Hemerijck, A. 2013. *Changing welfare states*. Oxford: Oxford University Press.

Henriksen, L.S., S.R. Smith, M. Thorgensen, und A. Zimmer. 2016. On the road to marketization? A comparative analysis of nonprofit sector involvement in social service delivery at the local level. In *Local public sector reforms in times of a crisis*, Hrsg. S. Kuhlmann und G. Bouckaert, 221–236. London: Palgrave & Macmillan.

---

[1] Vgl. auch die Website des Forschungsprojekts: www.thirdsectorimpact.eu/.

Joachim, J. 2014. NGOs in world politics. In *The Globalization of World Politics*, Hrsg. J. Baylis et al., 347–362. Oxford: Oxford University Press.
Kaina, V., und A. Römmele, Hrsg. 2009. *Politische Soziologie. Ein Studienbuch*. Wiesbaden: VS Verlag.
Keller, B. 2016. Germany: Retrenchment before the great recession and its lasting consequences. In *Public service management and employment relations in Europe. Emerging from the crisis*, Hrsg. S. Bach und L. Bordogna, 191–217. London: Routledge.
Klein, A. 2001. *Der Diskurs der Zivilgesellschaft. Politische Hintergründe und demokratietheoretische Folgerungen*. Opladen: Leske + Budrich.
Kocka, J. 2002. Das Bürgertum als Träger von Zivilgesellschaft – Traditionslinien, Entwicklungen, Perspektiven. In *Bürgerschaftliches Engagement und Zivilgesellschaft*, Hrsg. Enquete-Kommission ‚Zukunft des Bürgerschaftlichen Engagements' Deutscher Bundestag, 15–22. Opladen: Leske + Budrich.
Kocka, J. 2003. Zivilgesellschaft in historischer Perspektive. *Forschungsjournal Neue Soziale Bewegungen* 16 (2): 29–37.
Kocka, J. 2008. Bürger und Bürgerlichkeit im Wandel. *Aus Politik und Zeitgeschichte* 9–10 (08): 3–9.
Marx, K. 1990. Zur Judenfrage. In *Karl Marx – Friedrich Engels Studienausgabe*, Hrsg. Iring Fetscher, Bd. I Philosophie, 34–62. Frankfurt: Fischer.
Obinger, H., und M.G. Schmidt, Hrsg. 2019. *Handbuch Sozialpolitik*. Wiesbaden: Springer VS.
Pilz, F. 1998. *Der Steuerungs- und Wohlfahrtsstaat Deutschland: Politikgestaltung versus Fiskalisierung und Ökonomisierung*. Wiesbaden: Springer Fachmedien.
Prandini, R., M. Orlandini, und A. Guerra. 2016. Social investment in times of crisis: A quiet revolution or a shaken welfare capitalism? Overview Report, Bologna.
Primer, J., H. Krimmer, und A. Labigne. 2017. Vielfalt verstehen. Zusammenhalt stärken. ZiviZ Survey 2017. Berlin: Stifterverband & Bertelsmann-Stiftung. http://www.ziviz. info/ziviz-survey.
Reichardt, S. 2004. Civil society: A concept for comparative historical research. In *Future of civil society*, Hrsg. A. Zimmer und E. Priller, 35–55. Wiesbaden: VS Verlag.
Rosenau, J.N., und E.O. Czempiel, Hrsg. 1982. *Governance without government: Order and change in world politics*. Cambridge: Cambridge University Press.
Roth, R., und D. Rucht, Hrsg. 2008. *Die Sozialen Bewegungen in Deutschland seit 1945*. Frankfurt: Campus.
Simonson, J., C. Vogel, und C. Tesch-Römer, Hrsg. 2017. *Freiwilliges Engagement in Deutschland. Der Deutsche Freiwilligensurvey 2014*. Wiesbaden: Springer VS.
Spindler, H. 2014. Schlecht bezahlt und befristet – Arbeitsrechtliche Deregulierung im staatlich finanzierten pädagogischen und sozialen Arbeitsmarkt. In *Prekarisierung der Pädagogik – Pädagogische Prekarisierung*, Hrsg. F. Kessl, A. Polutta, I. van Ackeren, R. Dobischat, und W. Thole, 141–154. Weinheim: Beltz Juventa.
Wehler, H.-U. 1996. *Deutsche Gesellschaftsgeschichte*. München: Beck (Erstveröffentlichung 1995).
Zimmer, A. 2007. *Vereine – Zivilgesellschaft konkret*. Wiesbaden: VS Verlag.
Zimmer, A. 1999. Corporatism revisited – The legacy of history and the German nonprofit-sector. *Voluntas* 10 (1): 37–49.
Zimmer, A., und E. Priller. 2004. *Gemeinnützige Organisationen im gesellschaftlichen Wandel: Ergebnisse der Dritten Sektor Forschung*. Wiesbaden: VS Verlag.
Zimmer, A., und R. Simsa, Hrsg. 2014. *Forschung zu Zivilgesellschaft, NPOs und Engagement. Quo vadis?* Wiesbaden: Springer VS.

Wohlfahrtsstaatlichkeit in Deutschland: Tradition und Wandel der Zusammenarbeit mit zivilgesellschaftlichen Organisationen

Annette Zimmer

Zusammenfassung

Die Kooperation zwischen Wohlfahrtsstaat und zivilgesellschaftlichen Organisationen kann in Deutschland auf eine lange und nahezu ungebrochene Tradition zurückblicken, die bis in die Anfänge der Industriemoderne im 19. Jahrhundert reicht. Für beide Partner – Wohlfahrtsstaat wie zivilgesellschaftlichen Organisationen – war diese Public-Private Partnership von Vorteil. Auf der lokalen Ebene trug sie zur Stabilisierung sozialer Milieus bei und garantierte die Bürgernähe sozialer Dienstleistungserstellung. Die zivilgesellschaftlichen Organisationen konnten mit öffentlichen Mitteln sicher rechnen und waren vor kommerzieller Konkurrenz weitgehend geschützt. Auch war die Partnerschaft Bestandteil des konservativen Regimes des Wohlfahrtsstaates. Inzwischen hat sich das Verhältnis zwischen Staat und zivilgesellschaftlichen Organisationen grundlegend geändert. Aufgrund veränderter staatlicher Rahmenbedingungen haben sich letztere am Markt zu behaupten und sich infolgedessen in Management und Organisationskultur zunehmend Unternehmen als ihren primären Konkurrenten angepasst. Gleichzeitig hat die Bedeutung zivilgesellschaftlicher Organisationen im Kontext wohlfahrtsstaatlicher Leistungen in den letzten Jahren eher zugenommen, da sie traditionell in Politikfeldern tätig sind, die im Kontext sozialer Investitionen einen Bedeutungszugewinn erfahren haben.

A. Zimmer (✉)
Westfälische Wilhelms-Universität Münster, Münster, Deutschland
E-Mail: zimmean@uni-muenster.de

Schlüsselwörter

Wohlfahrtsstaat · Wohlfahrtsgesellschaft · Welfare Mix · Wohlfahrtsstaatliches Arrangement · Wohlfahrtsregime

1 Einleitung

Es vergeht kaum ein Tag, an dem in den Medien nicht auf Sozialpolitik und wohlfahrtsstaatliche Themen Bezug genommen wird. Je nachdem in welchem Teil der Zeitung man sich befindet – ob im Wirtschafts-, Politik- Lokalteil oder im Feuilleton – geht es um Arbeitslose, Kranke, Schüler_innen, Studierende, Theaterbesucher_innen oder Nutzer_innen von Bibliotheken oder Sportstätten. Diskutiert wird hierbei u. a., ob die Bezüge, z. B. der Sozialhilfesätze, ausreichen, die Beiträge, etwa zu den Krankenkassen, gedeckelt werden, endlich mehr in Bildung und Ausbildung investiert wird, oder dem Schwimmbad und der Stadtteilbibliothek vor Ort die Schließung droht, da die Kommune sich dies nicht mehr leisten kann. Insofern kann man leicht den Eindruck gewinnen, es ginge nur ums Geld und Wohlfahrtsstaatlichkeit wäre auf staatlich-öffentliche Transferzahlungen und monetäre Unterstützungsleistungen zu reduzieren.

Bezüge zur Zivilgesellschaft und ihrem breiten Spektrum an Organisationen und Initiativen finden sich kaum. Es scheint in Vergessenheit geraten zu sein, dass viele der heutigen wohlfahrtsstaatlichen Leistungen und Dienste ihren Ursprung in der Zivilgesellschaft haben. Dies gilt für die Sozialkassen ebenso wie für die meisten sozialen Dienstleistungseinrichtungen, angefangen bei den Krankenhäusern bis hin zu Stadttheatern oder Sportstätten (Aner und Hamerschmidt 2010; Sachße und Tennstedt 1998a, b). Auch ist es keineswegs so, dass zivilgesellschaftlichen Akteuren heute keine Bedeutung mehr zukommt. Lobbying und Advocacy sind nach wie vor wichtige Aufgabenbereiche von Wohlfahrtsverbänden wie von anderen zivilgesellschaftlichen Dachorganisationen (vgl. die Beiträge von Backhaus-Maul sowie Pahl und Zimmer in diesem Band). Mit Blick auf die Politikimplementation sind zivilgesellschaftliche Organisationen in vielen Bereichen, angefangen bei der Kita bis hin zum Seniorenheim, ganz maßgeblich in die soziale Dienstleistungserstellung in Deutschland eingebunden. In der Tat zeichnet sich der Wohlfahrtsstaat Deutschlands im internationalen Vergleich gerade dadurch aus, dass zivilgesellschaftlichen Akteuren als soziale Dienstleistungsersteller eine wichtige Bedeutung zukommt (Sachße 2011; Zimmer und Paul 2018; Boeßenecker und Vilain 2013). Doch die für Deutschland typische und traditionsreiche Partnerschaft zwischen Wohlfahrtsstaat und Zivilgesellschaft hat sich in jüngster Zeit stark verändert.

Vor diesem Hintergrund kommt dem folgenden Beitrag eine komplexe Aufgabe zu: Zunächst wird auf definitorische Grundlagen eingegangen und daran anschließend unter besonderer Berücksichtigung politikwissenschaftlicher Arbeiten ein Überblick über die Wohlfahrtsstaatsforschung gegeben. Dabei wird die Ausgestaltung des Wohlfahrtsstaates in Deutschland in den Blick genommen und hierbei insbesondere die traditionsreiche Einbindung zivilgesellschaftlicher Akteure in die wohlfahrtsstaatliche Dienstleistungserstellung thematisiert. Daran anschließend wird auf die Veränderung dieser traditionsreichen Partnerschaft mit ihren Folgen für zivilgesellschaftliche Organisationen eingegangen. Abschließend wird vor dem Hintergrund der aktuellen Diskussion um die Reform von Wohlfahrtsstaatlichkeit die These vertreten, dass es anzeigt wäre und die Reformbemühungen positiv voranbringen würde, wenn vonseiten der Politik in stärkerem Maße als bisher auf die Zivilgesellschaft zugegangen und insbesondere auch jenseits der etablierten Akteure die Anliegen sowie Ansätze der neuen gesellschaftlichen Gruppen ebenfalls berücksichtigt würden.

2 Wohlfahrtsstaatlichkeit und Wohlfahrtsstaatsforschung

2.1 Worum handelt es sich beim Wohlfahrtsstaat? Versuch einer definitorischen Klärung

Bei Wohlfahrtsstaatlichkeit handelt es sich um ein zielgerichtetes Konzept, das eine Funktionszuschreibung staatlichen Handelns beinhaltet. Ein Wohlfahrtsstaat ist insofern „allgemein ein Staat, dessen Tätigkeit dem Anspruch nach in großem Umfang auf die Förderung der ökonomischen, sozialen und gesundheitlichen Wohlfahrt seiner Bürger gerichtet ist" (Schmidt 1995, S. 1082). Historisch ist der Wohlfahrtsstaat eng mit der Entfaltung moderner Staatlichkeit und der Entwicklung dynamischer Volkswirtschaften verbunden. So wurde modernisierungstheoretisch und primär aus europäischer Perspektive Wohlfahrtsstaatlichkeit als Ergebnis einer sukzessiven Entwicklung interpretiert, die in der frühen Neuzeit mit der Zentralisierung staatlicher Kompetenzen und der Ausbildung von Nationalstaaten ihren Anfang nahm. In den territorialen Grenzen der Nationalstaaten entwickelte sich der liberale Rechtsstaat, der zunächst „nur" für die äußere und innere Sicherheit seiner Bürger_innen Sorge zu tragen sowie Rechtssicherheit und Gewerbefreiheit als Grundvoraussetzungen für die Entfaltung einer dynamischen Wirtschaft zu garantieren hatte. Die nächste Stufe der Entwicklung – so der modernisierungstheoretische Ansatz – wurde geprägt durch die Entstehung von Demokratie und Wohlfahrtsstaatlichkeit, als Ausdruck des Anspruchs der Bürger_innen eines Nationalstaates auf gesellschaftliche Teilhabe und politische Partizipation (Kaufmann 2009; Rokkan 2000). Doch, wie sich zeigen sollte, stimmt die Koppelung zwischen Rechts- und Wohlfahrtsstaat sowie Demokratie und marktwirtschaftliche Ordnung mit der Realität keineswegs immer überein.

Wohlfahrtsstaatlichkeit beinhaltet daher eine Staatszielbestimmung, die darauf abzielt, das allgemeine Wohl oder die Wohlfahrt der Bewohner_innen eines Territoriums – der Staatsbürger_innen – zu fördern. Voraussetzung hierfür bildet eine florierende Volkswirtschaft, die dem Staat die für Wohlfahrtsmaßnahmen notwendigen Ressourcen, in der Regel in Form von Steuergeldern, zur Verfügung stellt. Zudem sind die, im Kontext kapitalistischen Wirtschaftens entstehenden gesellschaftlichen Verwerfungen und sozialen Ungleichheiten ursächlich für den kontinuierlichen Aufgabenzuwachs des Wohlfahrtsstaates (Offe 1973). Wohlfahrtsstaat und marktwirtschaftliche Ordnung bzw. Kapitalismus bilden daher ein Tandem zum gegenseitigen Nutzen. Der Wohlfahrtsstaat entlastet die Wirtschaft von negativen externen Effekten bzw. Sozialkosten, wie z. B. Fürsorge für Arbeitnehmer_innen oder Investitionen in Bildung als Maßnahme des Human Ressource Development; die Wirtschaft garantiert Staat und Verwaltung Einnahmen in Form von Steuern (Umsatz-, Gewerbe-, Körperschafts-, Lohn- und Eigentumssteuer) zur Finanzierung wohlfahrtsstaatlicher Leistungen und Dienste. Dass diese Win-win-Situation nicht unbegrenzt zur Verfügung steht, wird spätestens seit Anfang der 1980er Jahre thematisiert, und zwar entweder unter dem Leitmotiv „Growth to Limits" (Flora 1986) oder aber aus neo-marxistischer Sicht als „Strukturprobleme des kapitalistischen Staates" (Offe 1973).

Ob und in welchem Umfang ein Staat in der Lage ist, seine Bürger_innen vor den negativen Folgen modernen Wirtschaftens zu schützen und soziale Sicherheit und Wohlstand zu gewährleisten, hat sich zu einer wesentlichen Legitimitätsressource moderner Staaten entwickelt. Auf den Politikwissenschaftler Fritz Scharpf geht die Unterscheidung zwischen Input- und Output-Legitimität zurück (Scharpf 1973). Erstere bezieht sich auf die demokratische Qualität eines Gemeinwesens bzw. darauf, ob und inwiefern die Staatsbürger_innen an der Gestaltung von Politik mitwirken können. Letztere nimmt Bezug auf die Leistungsfähigkeit des Staates bzw. auf seine Effizienz und Steuerungskompetenz im Hinblick auf die Sicherung des allgemeinen Wohls und eines Wohlfahrtsniveaus für alle. So wird die mangelnde Output-Legitimität infolge maroder Volkswirtschaften u. a. als eine der Ursachen für das Scheitern des real-existierenden Sozialismus und den Untergang der Sowjetunion und ihrer Satellitenstaaten angesehen.

Aus modernisierungstheoretischer Sicht wurde ferner postuliert: „What we call ‚welfare state' is central to modern democracy" (White 2010, S. 20). Diese Einschätzung scheint aufgrund der Entwicklung von Staat, Wirtschaft und Gesellschaft in Asien und insbesondere in China zunehmend infrage gestellt zu sein. Auch in Autokratien sowie in sog. defekten Demokratien kommt es zur Ausprägung von Wohlfahrtsstaatlichkeit, doch ohne, dass der Aufbau wohlfahrtsstaatlicher Strukturen mit einer Entwicklung in Richtung Demokratie einhergehen würde. Darüber hinaus wird heute zunehmend auf die kulturelle Verankerung der normativen Prämissen und Grundüberzeugungen von Wohlfahrtsstaatlichkeit verwiesen, die vor allem mit europäischen Ideenhorizonten und Leitbildern von Solidarität, Gerechtigkeit und sozialer Sicherheit in Verbindung gebracht werden (Kaebele und Schmidt 2004). Danach ist der Sozial- und Wohlfahrtsstaat eine „kulturelle Errungenschaft" (Kaufmann 2015, S. 11), auf die die Europäer zu Recht stolz sein können und deren Zielsetzung, trotz vielfältiger Kritik an einzelnen Maßnahmen und Instrumenten des Wohlfahrtsstaates in Deutschland und Europa, im Grundsatz nicht infrage gestellt wird. Es bleibt daher festzuhalten: Wohlfahrtsstaatlichkeit bedeutet, dass der Staat Verantwortung für das Wohlergehen seiner Bürger_innen übernimmt. Oder wie es ein Klassiker der Wohlfahrtsstaatsforschung ausgedrückt hat: „Der Wohlfahrtsstaat ist der institutionelle Ausdruck der Übernahme einer legalen und ausdrücklichen Verantwortung einer Gesellschaft für das Wohlergehen ihrer Mitglieder in grundlegenden Belangen" (Girvetz 1968, S. 512).[1]

Damit ist zwischen einer engeren und einer weitgefassten Definition von Wohlfahrtsstaatlichkeit zu unterscheiden. Gemäß der *engen Definition* trifft der Staat mittels rechtlicher Maßnahmen für solche Situationen Vorsorge, in denen man aufgrund von Arbeitsunfällen, Invalidität, Alter oder Arbeitslosigkeit nicht aus eigener Kraft für den Lebensunterhalt sorgen kann. Unter einer *weiten Definition* von Wohlfahrtsstaatlichkeit werden neben der Einkommenssicherung alle staatlichen Maßnahmen gefasst, die „für das Wohlergehen" der Mitglieder einer Gesellschaft von Bedeutung sind und im Dienst von Chancengerechtigkeit und sozialer Mobilität stehen oder die Förderung der individuellen Lebensqualität betreffen. Dazu zählen z. B. auch die Wohnungs-, Kultur- oder auch Sportpolitik.

---

[1] „The welfare state is the institutional outcome of the assumption by a society of legal and therefore formal and explicit responsibility or the basic well-being of all of its members".

Wohlfahrtsstaatlichkeit umfasst somit ein sicherndes Element – nämlich Schutz des Einzelnen vor Einkommens- und gesellschaftlichem Statusverlust infolge von Nichterwerbstätigkeit – und ein steuerndes Element – nämlich Verbesserung der Chancenstruktur des Einzelnen, d. h. mehr Gleichheit oder zumindest eine Annäherung an Chancengerechtigkeit. Unter der weiten Definition ist Wohlfahrtsstaatlichkeit gleichzusetzen mit Gesellschaftspolitik, und zwar mit einer Orientierung auf eine chancengerechte Gesellschaft im Sinne einer sozialen Demokratie (Schmidt 2010, S. 225). Mithilfe von Sozialpolitik sollen die Bedingungen der Möglichkeiten für jeden Einzelnen, sich nach seinen oder ihren Vorstellungen und Wünschen zu entwickeln und leben zu können, nachhaltig verbessert werden. Ermöglicht werden soll z. B. Familie und Beruf miteinander in Einklang zu bringen oder den Beruf wählen zu können, den er oder sie ausüben möchte, und zwar ungeachtet ob er oder sie arm oder reich geboren wurde, die Eltern Akademiker oder Arbeiter sind, oder er oder sie zu den Neubürger_innen zählt und die Familie oder der Einzelne Migrationserfahrung hat.

Eine Wohlfahrtsstaatlichkeit, die sich nicht auf Transferzahlungen beschränkt, sondern sich als Gesellschaftspolitik versteht, ist jedoch voraussetzungsvoll. Unter dieser Prämisse umfasst Wohlfahrtsstaatlichkeit zum einen mehr als „nur" monetäre Transferzahlungen und bezieht sich mehrdimensional auf die enge Verbindung von Existenzsicherung, Empowerment sowie Solidarität und Zugehörigkeit (Flora 1986, S. 15), wobei Citizenship nicht ausschließlich rechtlich, sondern zugleich emotional wie normativ definiert wird. Zum anderen bedarf es hierzu aufnahmebereiter gesellschaftlicher Strukturen, die mit „offen", „tolerant" aber auch „empathisch" und mitfühlend gegenüber dem Gegenüber beschrieben werden können. Damit ist angedeutet, dass nicht nur der Staat in der Verantwortung steht, sondern Wohlfahrtsstaatlichkeit immer auch gesellschaftlich basiert ist. Inzwischen wird wieder verstärkt auf die gesellschaftliche Verankerung von Wohlfahrt als Teilhabe an Gemeinschaft sowie auf Solidarität und Reziprozität als Verpflichtung zur gegenseitigen Unterstützung Bezug genommen und hierbei implizit wie explizit auf die Rolle und Funktion von Zivilgesellschaft (vgl. die Einleitung zu diesem Band) und Citizenship als Unterpfand eines funktionierenden Gemeinwesens verwiesen (Evers und Olk 1996; Evers und Guillemard 2013). Ob und inwiefern Zivilgesellschaft dazu beiträgt, Wohlfahrtsstaatlichkeit gesellschaftlich zu verankern und Wohlfahrtsgesellschaft zu ermöglichen, ist bislang jedoch noch kein zentrales Thema der Wohlfahrtsstaatsforschung.

2.2 Zugänge, Themen und Konjunkturen der Wohlfahrtsstaatsforschung

2.2.1 Boombranche und Perspektive der Ökonomie

Aufgrund des kontinuierlichen Aufwuchses von Staatstätigkeit seit dem 19. Jahrhundert hat sich die Beschäftigung mit dem Wohlfahrtsstaat zu einer umfassenden und sowohl in theoretischer wie empirischer Hinsicht anspruchsvollen Subdisziplin der Sozialwissenschaften entwickelt, wobei die Grenzen zwischen soziologischer, politikwissenschaftlicher und ökonomischer Wohlfahrtsstaatsforschung fließend sind (Schmidt et al. 2007; Castles et al. 2010; Obinger und Schmidt 2019).

Gleichwohl lassen sich gewisse disziplinspezifische Schwerpunktsetzungen festhalten. Quantitative Analysen, die sich mit der Dynamik des Wachstums, gemessen an den Sozialleistungsquoten, befassen und ökonometrisch die Entwicklung bestimmter Systeme, z. B. der Renten, im Hinblick auf Leistungen und Beiträge prospektiv berechnen, sind nach wie vor eine Domäne der Ökonomen. Ganz allgemein steht im Zentrum der wirtschaftswissenschaftlich inspirierten Wohlfahrtsstaatsforschung die Frage nach dem Beitrag von Wohlfahrtsstaatlichkeit zur Leistungsfähigkeit der Wirtschaft: Wirkt der Wohlfahrtsstaat als Katalysator wirtschaftlichen Handelns, indem Leistung belohnt und zur (Lohn-)arbeit hingeführt wird, oder wirkt er als Bremsklotz der Wirtschaft, da zu viele Mittel in Unproduktives (z. B. Renten) fließen und infolge hoher Steuern keine Anreize zu unternehmerischem Handeln bestehen? (Øverbye 2010, S. 153; Althammer und Lampert 2014, S. 421 ff.).

2.2.2 Politikwissenschaftliche Perspektiven

Wohlfahrtsstaatsforschung aus politikwissenschaftlicher Perspektive ist nach wie vor eine Boombranche mit hoher Ausdifferenzierung. Wurde in älteren Arbeiten danach gefragt, warum Wohlfahrtsstaaten, gemessen an ihren Sozialleistungsquoten, kontinuierlich wachsen und wie die international unterschiedliche Ausgestaltung sozialer Sicherungssysteme klassifiziert und typologisiert werden kann, liegt der Schwerpunkt heute eher auf der vergleichenden Betrachtung der Strukturierung und des Output von sozialpolitisch relevanten Politikfeldern, wie etwa der Renten-, Gesundheits- oder Bildungspolitik (Reiter 2017; Schmidt und Zohlnhöfer 2006, Kap. 2).

Hierbei stehen Genese, Ausgestaltung und Veränderung der Policies im Zentrum der Betrachtung, wobei in der Regel auf Regulierung, Finanzierung und Implementierung als grundlegende Komponenten jeder wohlfahrtsstaatlichen Leistung (Policy) fokussiert wird. Die Ausgestaltung der Komponenten und das beteiligte Spektrum der Akteure kann hierbei sehr unterschiedlich ausfallen, und zwar im Zeit-, Länder- sowie Policy-Vergleich. So ist die Regulierung in der Regel eine staatliche Aufgabe. Es sei denn, die Regulierung, z. B. von Qualitätsstandards und ihre Überprüfung, wird staatlicherseits übertragen und von gesellschaftlichen Akteuren – Verbänden, Agenturen aber auch Firmen – ausgeübt. Die konzertierte Aktion in der Pflege als Zusammenschluss zentraler öffentlicher, gemeinnütziger und privatwirtschaftlicher Akteure zur Entwicklung neuer Qualitätsstandards, die Akkreditierung von Studiengängen durch privatwirtschaftliche Agenturen oder die Erarbeitung von Behandlungsleitlinien für bestimmte Krankheiten sind hierfür Beispiele (Klenk 2008). Bei der Mehrheit der wohlfahrtsstaatlichen Leistungen ist eine rein öffentliche Finanzierung über das allgemeine Steueraufkommen in Deutschland wie weltweit inzwischen kaum noch die Regel. Die Finanzierungsmixe setzen sich zusammen aus Versicherungsbeiträgen, Gebühren für spezifische Leistungen und öffentliche Zuschüsse aufgrund von gesetzlichen Regelung (z. B. Pauschalen für bestimmte Leistungen) oder auf der Basis von Kontrakten/Verträgen mit Leistungserstellern. Entsprechendes gilt für die Implementierung. Hatten in den Anfängen des Wohlfahrtsstaates zivilgesellschaftliche Akteure in Form von meist kirchlichen Einrichtungen überwogen, war es insbesondere ab der Mitte des 20. Jahrhunderts zu einem bemerkenswerten Aufwuchs staatlicher Einrichtungen weltweit gekommen. Inzwischen sind staatliche Anbieter wohlfahrtsstaatlicher Dienste international eher auf dem Rückzug und schon längst nicht mehr weltweit die wichtigsten Anbieter. Die Welfare Mixe (Evers und Olk 1996) fallen im Länder- wie auch im Policy-Vergleich sehr unterschiedlich aus und schließen öffentliche Einrichtungen (z. B. Jugendamt), zivilgesellschaftliche Organisationen (z. B. Caritas/Diakonie) sowie privat-kommerzielle Anbieter (Firmen, z. B. internationale Krankenhausgesellschaften) wie auch Einzelpersonen (z. B. Tagesmütter) und familiäre Netzwerke (z. B. in der Pflege oder Kinderbetreuung) sowie Nachbarschaftshilfen, gestützt auf bürgerschaftliches Engagement (z. B. Willkommenseinrichtungen für Geflüchtete) mit ein. Aus policy-analytischer Sicht wird zunehmend deutlich, dass die klassischen wohlfahrtsstaatlichen Typologien, die sich am Umfang der Leistungen und ihrer Finanzierung orientieren (Schmid 2010, S. 108), heute nur noch bedingt greifen, da zum einen „Modelle reisen" und Politiken, einschließlich ihrer Finanzierung und Ausgestaltung diffundieren (Holzinger et al. 2007), andererseits die Komplexität der Ausgestaltung wohlfahrtsstaatlicher Politiken sich eines einfachen typologisierenden Zugangs zunehmend entzieht.

Ferner ist die politikwissenschaftliche Wohlfahrtsstaatsforschung vorrangig akteurszentriert. Von der vergleichenden Wohlfahrtsstaatsforschung mit politikwissenschaftlichem Fokus wurden insbesondere Unterschiede zwischen sozialdemokratischen und konservativen Regierungen im Hinblick auf das sozialstaatliche Engagement und Ausgabenvolumen herausgearbeitet (Schmidt 1982), wobei sich sozialdemokratische Regierungen und mit Abstrichen christdemokratische Regierungen als die responsiveren und sozialpolitisch aktiveren erwiesen (Manow 2008). Vereinfacht ausgedrückt geht es bei einer politikwissenschaftlichen Perspektive auf den Wohlfahrtsstaat immer auch um die Machtfrage und darum, welche (partei-)politische Richtung sich durchsetzt sowie, ob und inwiefern die Einführung wohlfahrtsstaatlicher Regelungen Ergebnis von Konflikten ist oder konsensual, z. B. im Schulterschluss von konservativen und linken Parteien, erfolgt (Schmidt 2005).

Dass es in der Zeit nach dem Zweiten Weltkrieg zu einer sehr intensiven wohlfahrtsstaatlichen Tätigkeit kam, ist zu verstehen aufgrund der Erfahrung der weltweiten Wirtschaftskrise der 1920er und 1930er Jahre und in deren Folge der Verbreitung autoritärer sowie totalitärer Regime, die wiederum ursächlich für den Zweiten Weltkrieg waren. Nach 1945 bestand der Nachkriegskonsens über Parteigrenzen und gesellschaftliche Gruppen hinweg im Ausbau von Wohlfahrtsstaatlichkeit. Ermöglicht wurde dies durch den Ausgleich von Kapital und Arbeit im Dienst einer Stabilisierung und Vertiefung von Demokratie. In besonderer Weise ausgebaut wurde der Wohlfahrtsstaat im sog. Zeitalter der Sozialdemokratie (Scharpf 1987; Esping-Andersen 1985) als Projekt sozialdemokratischer Parteien an der Regierung, die die Zielsetzung verfolgten „soziale Demokratie" als umfassende Gesellschaftskonzeption voranzubringen. Eingeschlossen war hierbei neben dem Auf- und Ausbau von Rechtsansprüchen auf Sozialleistungen insbesondere die Einbindung bzw. Inkorporierung großer gesellschaftlicher Gruppen – Verbände, Gewerkschaften, Kirchen – in den politischen Entscheidungsfindungsprozess sowie auch bei der Implementation von Politiken. Für Deutschland sind hier insbesondere die Wohlfahrtsverbände (vgl. Backhaus-Maul in diesem Band), aber auch die Kirchen und die Verbände (u. a. Kassenärztliche Vereinigungen, Krankenhausgesellschaft) im Bereich Gesundheit zu nennen. Institutionell und infrastrukturell basierte die soziale Demokratie auf der als Neo-Korporatismus bezeichneten Einbindung von Verbänden und Parafisci (etwa den Sozialversicherungen) in den politischen Prozess. Forschung zum Neo-Korporatismus wies daher in Deutschland lange Zeit eine hohe Deckungsgleichheit mit politikwissenschaftlicher Wohlfahrtsstaatsforschung auf (Streeck 1994).

2.2.3 Soziologische Perspektive

Auch wenn die Übergänge zwischen politikwissenschaftlicher und soziologischer Wohlfahrtsstaatsforschung alles andere als trennscharf sind, geht es in der Politikwissenschaft eher um die „Machtfrage" (Øverbye 2010, S. 153), während eine soziologisch inspirierte Wohlfahrtsstaatsforschung sich mehr der Analyse der wohlfahrtsstaatlichen Ordnungen und sozialpolitischen Regelungen zugrunde liegenden Werte, Normen und Grundüberzeugungen widmet und insofern vor allem die „intellectual roots" (Pierson und Leimgruber 2010) als strukturprägende normative Leitbilder fokussiert. Und nicht zuletzt fragt die Soziologie danach, ob und inwiefern wohlfahrtsstaatliche Regelungen der sozialen Integration dienen und diese befördern, oder im Gegenteil diese be- oder gar verhindern. Dank soziologisch-feministischer Wohlfahrtsstaatsanalyse und -kritik konnte z. B. gezeigt werden, wie bestimmte wohlfahrtsstaatliche Regelungen sowie Unterlassungen auch heute noch dazu beitragen, eine spezifische Rollenverteilung der Geschlechter zu unterstützen. So ist der Zugang zum Arbeitsmarkt und die Vereinbarkeit von Beruf und Familie für Frauen mit Kindern sehr schwierig, wenn nicht ausreichend Kita- und Kindergartenplätze zur Verfügung stehen, der Schulbetrieb auf den Vormittag begrenzt ist und aufgrund steuerrechtlicher Regelungen – Stichwort Ehegattensplitting – die Nicht-Erwerbsarbeit eines Ehepartners, in der Regel der Frau, begünstigt wird. Der Wohlfahrtsstaat stabilisiert insofern das sog. „Breadwinner-Modell" der Rollenverteilung zwischen den Geschlechtern, wonach der Mann in Arbeit und Öffentlichkeit steht und die Frau für die sog. Reproduktionsarbeit zu Hause – als klassische Trias von Kinder, Küche, Kirche – verantwortlich ist (Lewis 1993). Zweifellos hat die soziologisch-inspirierte Wohlfahrtsstaatsforschung durch die Kombination der Perspektiven wesentlich zur Theorieentwicklung beigetragen.

2.3 Der Wohlfahrtsstaat als Zusammenspiel von Staat, Markt und Familie/Gesellschaft

2.3.1 Das wohlfahrtsstaatliche Arrangement und seine Überalterung

Eine Kombination der verschiedenen wissenschaftstheoretischen Perspektiven auf den Wohlfahrtsstaat liegt den Arbeiten zugrunde, die die Aufmerksamkeit darauf lenken, wie wohlfahrtsstaatliche Politiken als staatliche Steuerung die Bereiche Markt, Staat und Familie/Gesellschaft miteinander verbinden. Franz-Xaver Kaufmann spricht in diesem Zusammenhang vom „wohlfahrtsstaatlichen Arrangement" (Kaufmann 1997, S. 27). Danach gehen die Bereiche – Wirtschaft, Staat und Familie/Gemeinschaft – zum gegenseitigen Nutzen Tauschbeziehungen ein, die auf normativen Leitvorstellungen beruhen und durch gesetzliche Regelungen festgeschrieben und so institutionalisiert werden (Kaufmann 2015). In den Arbeiten von Kaufmann wird insbesondere das befriedende oder pazifizierende

Moment wohlfahrtsstaatlicher Regelungen herausgestellt, deren Einführung häufig heftige soziale und wirtschaftliche Konflikte vorausgingen (Kaufmann 1997, S. 37 ff.). Danach dient der Wohlfahrtsstaat in hohem Maße der sozialen Integration. Gesellschaftliche Dissonanzen werden entschärft, Klassengegensätze pazifiziert und eine Gesellschaft als Gemeinschaft auf ein gemeinsames Werte- und Normensystem eingeschworen.

Aktuell, so seine Diagnose, ist das Arrangement, das in den wesentlichen Grundzügen in etwa mit dem Industriezeitalter des 19. Jahrhunderts seine Ausgestaltung erfuhr, in gewisser Weise überaltert und hinsichtlich seiner Funktionszuschreibung nicht mehr zeitgemäß. In besonderer Weise gilt dies für die „Arbeitsteilung" zwischen Mann und Frau, wobei der Frau die Reproduktionsarbeit als Sorge um die Familie zukommt, während der Mann durch seine Arbeitskraft und Einbindung in die an Beschäftigung gekoppelten sozialen Sicherungssysteme Lebensunterhalt und Wohlstand für Frau und Familie während des Arbeitslebens und in der Rente sichert. Dass dies nicht mehr zeitgemäß ist, steht nicht zuletzt angesichts der Scheidungsraten außer Zweifel. Im Rahmen der Debatte um soziale Investitionen kommen daher auch Maßnahmen im Dienst der Ermöglichung von Vereinbarkeit von Familie und Beruf für Frauen und Männer europaweit eine zentrale Bedeutung zu. Ziel dieser als soziale Investitionen charakterisierten Maßnahmen ist es meist, Frauen und Männer in die Lage zu versetzen, kontinuierlich erwerbstätig zu sein und ihre Employability durch soziale Leistungen und Dienste zu verbessern (vgl. den Beitrag von Schönert und Freise in diesem Band).

2.3.2 Three Worlds of Welfare Capitalism

Der Prämisse, dass es sich bei dem Wohlfahrtsstaat um ein komplexes Arrangement gesellschaftlicher wie staatlicher Zuschreibung von Verantwortung handelt, die kraft gesetzlicher Regelungen festgeschrieben und dadurch institutionalisiert werden, liegt auch den Arbeiten der Wohlfahrtsstaatsforschung zugrunde, die auf den Regime-Ansatz rekurrieren. Zu den in der vergleichenden Wohlfahrtsstaatsforschung wie auch insgesamt in den Sozialwissenschaften häufig zitierten und sehr einflussreichen Arbeiten zählt sicherlich „The Three Worlds of Welfare Capitalism" von Gøsta Esping-Andersen (1990), die der Sub-Disziplin der Politischen Ökonomie zuzurechnen ist und in Anlage und Argumentation die Perspektiven soziologischer und politikwissenschaftlicher Wohlfahrtsstaatsforschung synergetisch miteinander verbindet. Ausgangspunkt der Arbeit von Esping-Andersen war die Kritik an einer rein quantitativen Analyse von Wohlfahrtsstaatlichkeit, wobei die vergleichende Betrachtung vorrangig Umfang und Höhe der Sozialausgaben in den Blick nahm. Aus seiner Sicht griff dieser Ansatz für eine

Theorie des Wohlfahrtsstaates zu kurz. Entscheidender für Esping-Andersen war die Analyse dessen, was Wohlfahrtsstaaten de facto tun und insbesondere warum sie dies tun (Arts und Gelissen 2010, S. 570). In seinem Klassiker der vergleichenden Wohlfahrtsstaatsforschung argumentiert Esping-Andersen neo-institutionalistisch im Sinne eines „history and politics matter" (Arts und Gelissen 2010, S. 570). Wie Wohlfahrtsstaaten Policies ausgestalten, wie sozialstaatliche Politiken reguliert und finanziert werden und welche gesellschaftspolitischen Leitbilder und Ideenhorizonte darin zum Ausdruck kommen, spiegelt aus seiner Sicht gesellschaftliche Normen und politische Machtverhältnisse wider, die durch gesetzliche Regelungen letztlich festgeschrieben und so auf Dauer institutionalisiert werden.

Wohlfahrtsstaatliche Politiken sind daher Ergebnis historischer Entwicklungen und Folge von Auseinandersetzungen um Werte und Normen bzw. um die Definitionsmacht und den Einfluss unterschiedlicher gesellschaftlicher Gruppen – Parteien, Verbände, soziale Bewegungen, Gewerkschaften – und deren jeweiliger Mobilisierungs-, Konflikt- und Konsensfähigkeit. Die aktuelle Gestaltung des Wohlfahrtsstaates ist daher Ausdruck und Ergebnis der Auseinandersetzung um Hegemonie gesellschaftlicher Gruppen und politischer Konstellationen. Haben sich die Verhältnisse erst einmal eingespielt und sind in der bestehenden Form gesellschaftlich anerkannt bzw. legitimiert, sodass z. B. die Familienpolitik gemäß dem Breadwinner-Modell gestaltet ist oder die Gesundheitspolitik nach Statusgruppen differenziert und zwischen „privaten" und Kassenpatienten unterscheidet, ist ein grundlegender Politikwechsel sehr schwierig, wenn nicht sogar unwahrscheinlich: Das „wohlfahrtsstaatliche Regime" hat sich etabliert und determiniert die weitere Politikentwicklung im Sinne eines „policies determine politics" (Lowi 1972, S. 299).

2.3.3 Deutschland und die „Worlds of Welfare Capitalism"

„The Three Worlds of Welfare Capitalism" ist in doppelter Hinsicht für die Thematik Zivilgesellschaft und Wohlfahrtsstaat in Deutschland zentral: Zum einen wird anhand von Deutschland der Prototyp des „konservativen Wohlfahrtsstaatsregimes" charakterisiert; zum anderen hat Esping-Andersen die Wohlfahrtsstaatsregime vorrangig aus einer top-down Perspektive konturiert, wobei auf Zivilgesellschaft lediglich als Vorfeld sowie Verstärker von Parteien als zentralen Akteuren im Gestaltungsprozess von Politik Bezug genommen wird.

Aufgrund der frühzeitigen Einführungen wohlfahrtsstaatlicher Regelungen gilt Deutschland in mehrfacher Hinsicht als leitbildprägender Pionier. So geht die Beitragsfinanzierung der sozialen Sicherungssysteme auf die Einführung der Kranken- Unfall- und Alternsversicherung durch Reichskanzler Bismarck in der zweiten Hälfte des 19. Jahrhunderts zurück (Schmid 2010, S. 129). Entsprechendes gilt auch für das „konservative Wohlfahrtsregime", dessen Ausgestaltung u. a. der Zielsetzung unterliegt, den gesellschaftlichen Status quo der Unterschiede zwischen den verschiedenen Berufsgruppen sowie insbesondere zwischen Beamten als Diener des Staates und Arbeiter_innen festzuschreiben. Zentral für das konservative Wohlfahrtsregime ist das Leitbild einer harmonischen Gesellschaft, in der jeder in Beruf wie Familie seinen angestammten Platz innehat, und die unter der Obhut eines gleichermaßen fürsorglichen wie patriarchalischen Staates steht, der aber auch in der Lage ist, missliebige gesellschaftliche Gruppen und politische Strömungen zu kontrollieren und in Schach zu halten (Schmidt 2005, S. 23; Esping-Andersen 1990, S. 24). An dieser Stelle ist daran zu erinnern, dass sich in Deutschland Wohlfahrtsstaatlichkeit und Demokratie nicht zeitgleich entwickelt haben. Die frühzeitige Einführung wohlfahrtsstaatlicher Regelungen, der Bismarckschen Unfall- und Kranken- und Invalidenversicherung, erfolgte keineswegs im Dienst einer Demokratisierung. Stattdessen bestand die Zielsetzung eher darin, eine Infragestellung der damaligen autokratischen Herrschaft in Deutschland zu verhindern und insofern den undemokratischen Status quo zu stabilisieren (Schmid 1998, S. 32 ff.). Wie heute in China und in anderen Autokratien wurde versucht, den Mangel an demokratischer Input-Legitimität durch ein Mehr an Output-Legitimität im Sinne staatlicher Steuerung zu kompensieren. Um diese Zielsetzung zu erreichen, wurde zumindest auf der lokalen Ebene in Deutschland von Anfang an mit zivilgesellschaftlichen Organisationen zusammengearbeitet und diese frühzeitig in die wohlfahrtsstaatliche Leistungserstellung eingebunden (Sachße 2011). Ebenso wurde frühzeitig und in beachtlichem Umfang auf bürgerschaftliches Engagement als Ressource bei der Umsetzung wohlfahrtsstaatlicher Politiken rekurriert (Aner und Hammerschmidt 2010). Allerdings wurde dieser Aspekt, nämlich wie die Zivilgesellschaft und ihre Organisationen nicht nur für die wohlfahrtsstaatliche Leistungserstellung herangezogen, sondern gleichzeitig auch für die Etablierung und Verfestigung spezifischer Werte und Normen in den Dienst genommen wurden, bislang von der Wohlfahrtsstaatsforschung kaum thematisiert.

Erst in späteren Jahren hat Esping-Andersen kritisch angemerkt: „Political economy needs to become more sociological" (Esping-Andersen 2000, S. 35). Bezug genommen hat er hierbei auf die an Kaufmann angelehnte Definition des „welfare regime" als „the combined, interdependent way in which welfare is produced and allocated between state, market, and family" (ebd.). Während Esping-Andersen in der betreffenden Textpassage dezidiert auf die Familie als Institution Bezug nimmt, deren Bedeutung für Wohlfahrtsproduktion und gesellschaftliche Integration lange Zeit sowohl von der Wohlfahrtsstaatsforschung wie auch von der Politik nicht anerkannt wurde, verweist er auf Zivilgesellschaft und die Leistungen und Relevanz zivilgesellschaftlicher Organisationen für gesellschaftliche Wohlfahrt lediglich in einer Fußnote und bemerkt: „In some countries, the voluntary sector (often run by the Church) does play a meaningful, even significant, role in the administration and delivery of services." (ebd., Fußnote 2).

Während für die Neueinschätzung der Familie sowie insbesondere der hier festgeschriebenen Geschlechterrollen die Arbeiten und Erkenntnisse der Genderforschung zentral waren (Lewis 1993; Dackweiler 2008), der Einfluss sozialdemokratischer Parteien auf die Gestaltung wohlfahrtsstaatlicher Politiken durch eine Neubetrachtung der wohlfahrtsstaatlichen Politiker insbesondere der christdemokratischen Parteien relativiert wurde (Manow 2008), trug die Dritte Sektor und Zivilgesellschaftsforschung sowie in Deutschland insbesondere auch die Wohlfahrtsverbändeforschung dazu bei, die Staatszentriertheit zu relativieren und die politische Ökonomie des Wohlfahrtsstaates um eine wichtige gesellschaftspolitische Komponente zu ergänzen (Merchel 2011; Zimmer und Priller 2007). Und auch diesbezüglich kommt Deutschland die Rolle eines „Paradebeispiels" zu: Die Entwicklung des Wohlfahrtsstaates und der kontinuierliche Aufwuchs seiner Leistungen führten hier nicht zu einer Verstaatlichung zivilgesellschaftlicher Organisationen, sondern diese wurden sukzessive in die soziale Leistungserstellung inkorporiert und in eine spezifische Weise unter Beibehaltung ihrer rechtlichen Eigenständigkeit sowohl in die wohlfahrtsstaatliche Politikgestaltung wie auch in deren Implementierung eingebunden (Heinze und Olk 1981). Insbesondere für den Bereich der sozialen Dienstleistungserstellung liegt der Schlüssel zum Verständnis der Wohlfahrtsstaatlichkeit in Deutschland in der frühzeitigen Inkorporierung und staatlichen Indienstnahme der Zivilgesellschaft in Form einer engen Zusammenarbeit mit zivilgesellschaftlichen Organisationen.

3 Public Private Partnership mit zivilgesellschaftlichen Organisationen

3.1 Am Anfang war alles Zivilgesellschaft

Gerade im internationalen Kontext ist es nicht einfach, den beachtlichen Umfang und die zentrale Bedeutung von Leistungen und Diensten zivilgesellschaftlicher Organisationen für den Wohlfahrtsstaat in Deutschland zu erklären. Auf Unverständnis trifft vor allem die wichtige Rolle der Wohlfahrtsverbände (vgl. Beitrag von Backhaus-Maul in diesem Band), die zum einen mit mehr als 105.000 Einrichtungen und über 1,6 Mio. Beschäftigten als Tanker oder auch "wohlfahrts-industrieller" Komplex (Sachße 1995, S. 133) charakterisiert werden, zu denen aber zum anderen auch kleine Selbsthilfegruppen, Patientenvereinigungen oder von Eltern in Eigenregie geführte Kindergärten und Kitas zählen. In gewisser Weise vereinen die Wohlfahrtsverbände „David" und „Goliath" in einem Organisationsgefüge. Entsprechendes gilt auch für die immer noch prominente und wirkungsmächtige Stellung der beiden großen Kirchen in Deutschland. Gesellschaftspolitisch verfügen sie nach wie vor über eine beachtliche Lobby-Power. Die Kirchengemeinden sind im Bereich der Kindergärten und Unter-3-Betreuungseinrichtungen in manchen Gegenden und Kommunen in diesem Segment wohlfahrtsstaatlicher Dienstleistungsersteller Marktführer. Doch auch lebensweltliche Bereiche, deren Unterstützung eher unter die weite Definition wohlfahrtsstaatlicher Leistungen fällt, wie insbesondere der Sport, sind in Deutschland nach wie vor in beachtlichem Umfang von gemeinnützigen Organisationen – sprich Vereinen – als organisierter Teil der Zivilgesellschaft geprägt (vgl. den Beitrag von Pahl und Zimmer in diesem Band).

Die Gründe warum Deutschland zu den „welfare partnership countries" (Salamon und Sokolowski 2016) zählt, die sich durch eine enge Zusammenarbeit zwischen Staat und zivilgesellschaftlichen Organisationen bei der Erstellung sozialer Leistungen und Dienste auszeichnen, sind vielfältig. Sie reichen vom administrativen Aufbau des Landes und insbesondere dem Institut der kommunalen Selbstverwaltung über die Wirkungsmacht des „Subsidiaritätsprinzips" bis hin zu den inzwischen zwar nicht mehr virulenten, aber institutionell immer noch bedeutsamen sog. klassischen sozialen Milieus. Wenn man mittels eines Zeitstrahls zurückblicken könnte auf die Anfänge wohlfahrtsstaatlicher Leistungen, so würde deutlich werden, dass ein „welfare partnership" zunächst gar nichts Besonderes war und soziale Leistungen und Dienste weltweit lange Zeit überwiegend getragen wurden von einer „private culture of welfare" (Katz und Sachße 1996). Bis in die Moderne des Industriezeitalters basierten soziale Einrichtungen fast ausschließlich auf dem privaten Engagement und der Initiative von Einzelpersönlichkeiten, u. a. Kirchenmännern und -frauen sowie Stiftungsgründer_innen oder städtische Honoratioren, die als soziale Entrepreneure soziale Unterstützungsleistungen für in Not Geratene, wie etwa Waisen, Kranken oder Obdachlose, initiierten und vor Ort im lokalen Kontext ihrer Gemeinde oder Region soziale Einrichtungen schufen (Sachße und Tennstedt 1998b).

Im Geleitzug der Ausbildung des Wohlfahrtsstaates kam es jedoch zu einer Ausdifferenzierung der „modes of governance" bzw. der Kooperationsformen zwischen Staat und zivilgesellschaftlichen Organisationen bei der Erstellung sozialer Dienste, wobei das Spektrum zwischen intensiver Partnerschaft bis hin zur Verstaatlichung der sozialen Dienstleistungserstellung in Form einer gänzlichen Überführung der Einrichtungen in staatliche Obhut reicht. Der Frage, wie die Beziehungen zwischen zivilgesellschaftlichen Organisationen und Staat insbesondere mit Blick auf die Erstellung sozialer Dienstleistungen gestaltet sind, hat sich die Dritte Sektor Forschung in etwa seit Anfang der 1980er Jahre in besonderer Weise angenommen (Salamon 1996; Smith und Gronbjerg 2006). Es ist nicht zu viel behauptet, dass die Analyse dieser Public-Private Partnerschaft einen wesentlichen Beitrag gerade auch zur Theorieentwicklung der Forschung zum Dritten Sektor und seiner zivilgesellschaftlichen Organisationen geleistet hat (vgl. Salamon und Anheier 1998; Seibel 1992; Zimmer 2010a).

3.2 Modelle der Einbindung zivilgesellschaftlicher Organisationen

Im Kontext der Dritten Sektor bzw. Zivilgesellschaftsforschung sind unterschiedliche Muster der Einbindung zivilgesellschaftlicher Organisationen in die wohlfahrtsstaatliche Dienstleistungserstellung herausgearbeitet worden (Granovetter 1985). Unter Rekurs auf den historischen Neo-Institutionalismus und anknüpfend an den Regime-Ansatz von Gøsta Esping-Andersen (1990) sowie die Arbeiten von Lester Salamon und Helmut Anheier (1997, 1998) lassen sich mindestens drei Modelle – ein „liberales", „sozialdemokratisches" und „subsidiäres" – unterscheiden, denen jeweils auch unterschiedliche demokratietheoretische Bezüge zugrunde liegen, siehe Tab. 1.

Tab. 1 Modelle der Einbindung zivilgesellschaftlicher Organisationen. (Quelle: Zimmer 2010b, S. 155)

	Liberales Modell	Sozial-demokratisches Modell	Subsidiäres Modell
Bedeutung auf der Input-Seite	Hoch: Voice, Lobbying	Hoch: Voice	Niedrig: inkorporiert
Bedeutung auf der Output-Seite	Hoch: marktförmig eingebunden	Niedrig: kaum Leistungserstellung	Hoch: in den Sozialstaat inkorporiert
Verbreitung	Angelsächsische Länder	Skandinavien	Zentral-/Südeuropa
Nähe zu Demokratietheorie	Protective democracy Pluralismus	Developmental democracy Soziale Demokratie	Konsensdemokratie Korporatismus

Das liberale Modell basiert auf einer vergleichsweise strikten Trennung der Bereiche Staat/Verwaltung einerseits und den zivilgesellschaftlichen Organisationen andererseits. Im liberalen Modell sind die Funktionen von Voice und Lobbying zivilgesellschaftlicher Organisationen, also die Interessenvertretung und -wahrnehmung, stark ausgeprägt. Diese Funktionszuschreibung wird unterfüttert durch ein „gesundes" Misstrauen der Bürger_innen gegenüber Staat und Verwaltung. Gleichzeitig sind zivilgesellschaftliche Organisationen aber auch in hohem Maße als soziale Dienstleister tätig. Hierbei ist die Einbindung der Organisationen in die wohlfahrtsstaatliche Leistungserstellung marktförmig gestaltet und wird über Kontrakte geregelt. Die Organisationen sind zudem in hohem Maße professionalisiert und unterscheiden sich zwar in ihrem Selbstverständnis, nicht aber in ihrer Managementkultur von privat-kommerziellen Unternehmen. Dieses Modell findet sich traditionell in den angelsächsischen Ländern, insbesondere in den USA und z. T. auch in Großbritannien. Die demokratietheoretische Vorstellung, die in dieser Einbindungsstruktur zum Tragen kommt, ist die der Zivilgesellschaft als Schutz und Barriere gegenüber Übergriffen des Staates. Es ist die Idee der „protective democracy", wie sie u. a. von dem Demokratietheoretiker David Held beschrieben wird (2006, S. 92). Und es ist die klassische Konzeption des Pluralismus als gesellschaftliche Sphäre der Auseinandersetzung und Zusammenarbeit unterschiedlicher, z. T. zu zivilgesellschaftlichen Organisationen zusammengeschlossener Gruppen ohne regulierende und steuernde Einflussnahme des Staates (Schmidt 2010, S. 210).

Spezifisch für das sozialdemokratische Modell der Einbindung zivilgesellschaftlicher Organisationen ist, dass diese gerade nicht als soziale Dienstleister tätig sind. Zivilgesellschaftlicher Organisationen sind hier zum einen als „Sprachrohr" und Lobbyisten gesellschaftlicher Anliegen tätig, zum anderen erfüllen sie wichtige Funktionen der gesellschaftlichen Integratoren und dienen als Ermöglichungsraum lebensweltlicher Identifikation sowie Gemeinschaftsbildung. In diesem Modell ist die Bereitstellung sozialer Dienstleistungen genuin Sache des Staates und erfolgt überwiegend steuerfinanziert. Dieses Einbindungsmuster ist typisch für die skandinavischen Länder. Traditionell kommt zivilgesellschaftlichen Organisationen im Rahmen sozialer Dienstleistungserstellung keine bedeutende Rolle zu (Lundström und Wijkström 1997). Im Kontext der Demokratietheorien ist dieses Einbindungsmuster zivilgesellschaftlicher Organisationen dem Entwurf der „sozialen Demokratie" (Schmidt 2010, S. 225 ff.) bzw. der „delevelopmental democracy" (Held 2006, S. 92) zuzurechnen. Staat und Zivilgesellschaft bilden in gewisser Weise ein Tandem im Dienst gegenseitiger Verstärkung, wobei klassischerweise die soziale Dienstleistungserstellung rein öffentlich und damit auch unter Ausschluss privat-kommerzieller Anbieter – sprich Unternehmen – erfolgt. Hier zeigen sich aber in jüngster Zeit und insbesondere in Schweden deutliche Veränderungen und zwar in Richtung einer zunehmenden Zusammenarbeit zwischen Staat und kommerziellen Anbietern von sozialen Dienstleistungen (Wijkström und Zimmer 2011).

Im „subsidiären Modell" kommt zivilgesellschaftlichen Organisationen als Partner des Sozialstaates und seiner Verwaltung sowohl bei der Leistungserstellung als auch der Politikgestaltung eine wichtige Bedeutung zu. Die Organisationen sind z. T. direkt eingebunden in den wohlfahrtsstaatlichen Verwaltungsvollzug. Eng verbunden und verflochten mit Instanzen der Verwaltung sind sie von öffentlichen Einrichtungen häufig kaum zu unterscheiden. Zivilgesellschaftliche Organisationen sind in diesem Modell Teil neo-korporatistischer Arrangements. Die Organisationen werden gleichberechtigt als Dienstleister sowie Gegenüber am Verhandlungstisch bei der Politikgestaltung gesehen, nicht aber primär als Lobbyisten. Die Voice-Funktion zivilgesellschaftlicher Organisationen ist in Abgrenzung zu den Alternativmodellen hier weniger akzentuiert. Demgegenüber kommt der Integrationsfunktion zivilgesellschaftlicher Organisationen im „subsidiären Modell" eine wichtige Bedeutung zu. Zivilgesellschaftliche Organisationen bieten eine „soziale Heimat" und sind eng verbunden mit dem Konzept von Wertegemeinschaften. Es ist ein auf ein harmonisches Miteinander ausgerichtetes Verständnis der Kooperation von Staat und Zivilgesellschaft, das diesem Modell zugrunde liegt. Insofern sind im subsidiären Modell die zivilgesellschaftlichen Organisationen in einem beachtlichen Umfang in Staat und Verwaltung inkorporiert. Zu finden ist dieses Modell zum einen in Ländern mit einem beachtlichen Anteil von Katholiken an der Gesamtbevölkerung (Cacliagli 2003, S. 175), wie z. B. in Spanien und Italien, sowie zum anderen in Ländern, die sich traditionell durch eine Konkurrenzsituation zwischen gesellschaftlichen Gruppen bzw. Lagern auszeichneten. Österreich, die Niederlande und insbesondere auch Deutschland sind in diesem Kontext zu nennen. Modernisierungstheoretisch betrachtet, dienen im subsidiären Modell zivilgesellschaftliche Organisationen neben der Dienstleistungserstellung im sich entwickelnden Wohlfahrtsstaat vor allem zur Integration sich als Wertgemeinschaften verstehenden gesellschaftlichen Gruppen in Staat und Gesellschaft und damit zur sozialen Befriedung. „Konsensdemokratie" unter Mitgestaltung oder Mitregierung bzw. „Herrschaft der Verbände" sind die demokratietheoretischen Bezugspunkte dieser Einbindungsstruktur zivilgesellschaftlicher Organisationen (Schmidt 2010, S. 319 ff.; Zimmer 2001).

4 Wohlfahrtsstaatliche Dienstleistungserstellung in Deutschland: Tradition und Wandel

4.1 Zur Tradition einer Zivilgesellschaft im Schatten des Staates

Deutschland zählt zu den Ländern, in denen das Verhältnis zwischen Staat und Zivilgesellschaft nach dem „subsidiären Modell" gestaltet ist. Eine Zivilgesellschaft im „Schatten des Staates" ist typisch für Deutschland. Wie kam es zur subsidiären Einbindung zivilgesellschaftlicher Organisationen in den staatlich-administrativen Kontext? Wie in anderen Industrieländern entstand auch auf dem Territorium Deutschlands mit Beginn der industriellen Moderne ein breit gefächertes Spektrum zivilgesellschaftlicher Organisationen, meist in Form von Vereinen. Ohne auf die Entwicklung im Einzelnen einzugehen, kam es in ganz unterschiedlichen Arbeitsfeldern in Deutschland bereits frühzeitig zu Zusammenschlüssen der lokal tätigen Vereine zu überregionalen Verbänden. Auch eine entsprechende Arbeitsteilung zwischen dem lokal vor Ort tätigen zivilgesellschaftlichen Organisationen – sprich den Vereinen – und den überregional auf Landes- oder Reichs- bzw. Bundesebene tätigen Verbänden wurde frühzeitig erreicht: Hierbei gingen die Funktionen der Interessenbündelung und Interessenvertretung gegenüber der Politik an den Verband über, während der lokale Verein sich als Dienstleister sowie als Ort der Gemeinschaft von Mitgliedern etablierte. Zusammengehalten wurde der Verbund aus Verband und angeschlossenen Mitgliederorganisationen durch einen gemeinsamen Wertekanon (vgl. Zimmer und Speth 2009).

In diesem Kontext ist daran zu erinnern, dass die deutsche Gesellschaft lange Zeit entlang dezidierter religiöser sowie weltanschaulich-politischer Konfliktlinien (Cleavages) organisiert war. Die zivilgesellschaftlichen Organisationen vor Ort waren immer auch „Wertgemeinschaften" und dienten als solche zur Strukturierung und Stabilisierung der sog. klassischen sozialen Milieus und waren Vorfeldorganisationen der Politik. Dementsprechend bestand das sozialdemokratische Milieu in Deutschland traditionell aus einem engmaschigen Geflecht von Partei, Gewerkschaft, Arbeitersportvereinen, Kultur- und Jugendorganisation und dem Wohlfahrtsverband Arbeiterwohlfahrt (AWO) angeschlossenen lokalen zivilgesellschaftlichen sozialen Dienstleistern. Entsprechendes galt für das katholische Milieu, das noch in der Weimarer Republik u. a. durch die Zentrumspartei, die christlichen Gewerkschaften, die Mitgliederorganisationen der Caritas als soziale Dienstleister und dem DJK-Sportverein (Deutsche Jugendkraft) strukturiert wurde. Und auch das nationalliberal-konservative Milieu war – wenn auch nicht vergleichbar geschlossen – aber dennoch von einem umfassenden Set von zivilgesellschaftlichen Organisationen geprägt, wozu Gewerkschaften (Hirsch-Dunckersche Gewerkvereine) ebenso zählten wie die liberalen Parteien, die Burschenschaften, Kriegervereine und nicht zu vergessen der Deutsche Turnerbund sowie der Deutsche Alpenverein (Zimmer 1998; Strachwitz und Zimmer 2010).

Die enge Partnerschaft zwischen zivilgesellschaftlichen Organisationen und öffentlichen Instanzen wurde zunächst auf der lokalen Ebene, in den Kommunen etabliert. Die Phase der Hochindustrialisierung in der zweiten Hälfte des 19. Jahrhunderts war eine Zeit markanter sozialer Veränderungen, die eine Zerstörung bisheriger Formen der Fürsorge und Vergesellschaftung, wie sie in Dörfern und Kleinstädten typisch waren, zur Folge hatte. Infolge der starken Stellung der gemeindlichen Selbstverwaltung waren und sind in Deutschland die Kommunen primär für Risikoprävention und -abhilfe zuständig. Die Kommunen reagierten damals auf die Herausforderung der Industriemoderne mit dem Auf- und Ausbau ihrer Verwaltungen und lokalen Sozialsysteme. Zentrale wohlfahrtsstaatliche Politikbereiche, wie das Gesundheitswesen, die Sozialen Dienste oder der Soziale Wohnungsbau, haben in dieser Zeit auf der lokalen Ebene ihren Ursprung. Als die Kommunen ihr Sozialengagement intensivierten, war es mehr als naheliegend, dies nicht an den bestehenden und im Bereich Soziales engagierten zivilgesellschaftlichen Organisationen vorbei zu tun, sondern diese in die Planung direkt mit einzubeziehen und ihnen auch bei der Umsetzung von Sozialpolitik vor Ort einen entsprechenden Platz und eine zentrale Funktion zuzuweisen (Hammerschmidt 2011). Einige Kommunen waren hierbei Pioniere mit Vorbildfunktion, wie etwa Wuppertal am Rande des Ruhrgebiets, das männliche Honoratioren zum Ehrenamt bzw. freiwilliger Mitarbeit in der Armenfürsorge verpflichtete oder Münster, die Westfalenmetropole, in der bis heute mit Ausnahme des Universitätsklinikums Krankenversorgung ausschließlich durch zivilgesellschaftliche und kirchliche Träger erfolgt.

In Deutschland etablierte sich in den Kommunen bereits gegen Ende des 19. Jahrhunderts im Bereich Wohlfahrt und Fürsorge eine enge Zusammenarbeit zwischen den in der sozialen Dienstleistungserstellung aktiven zivilgesellschaftlichen Organisationen und der sich entwickelnden öffentlichen kommunalen Sozialbürokratie. Es entstand das für Deutschland typische „duale System" eines kooperativen Miteinanders von öffentlicher und freier Wohlfahrtspflege (Sachße 1995, S. 130, 2011). Dieses Kooperationsmuster wurde in den 1920er Jahren auf die Ebene des Nationalstaates übertragen. Abgesehen von der Zeit des Nationalsozialismus einerseits, in der auch die zivilgesellschaftlichen Organisationen weitgehend gleichgeschaltet und dem „Führerprinzip" unterstellt waren, und der Deutschen Demokratischen Republik (DDR) andererseits (Anheier et al. 2001), wo zentrale Bereiche der Aktivität zivilgesellschaftlicher Organisationen, wie etwa der Sport oder die Kultur, von parteilizenzierten Massenorganisationen dominiert waren, handelte es sich in Deutschland um eine „verbandsstrukturierte Gesellschaft", die sich durch eine Pluralität ihrer Verbände als zivilgesellschaftliche Organisationen auszeichnete. Insofern wird die Sozialpolitik seit den Anfängen des 20. Jahrhunderts in Berlin durch Vertreter_innen der Verbände, die die Anliegen und Interessen der ihnen angeschlossenen Mitgliederorganisationen – in der Regel Vereine – auf damals Reichs- und jetzt Bundesebene vertreten. Für nahezu jeden Politikbereich, in dem zivilgesellschaftliche Organisationen tätig sind, besteht ein bereichsspezifisch geprägtes Netzwerk aus Vertretern von Politik, Verwaltung, Verbänden und zum Teil auch der Wirtschaft (vgl. die Beiträge von Pahl und Zimmer sowie Backhaus-Maul in diesem Band), das jedoch heute nicht mehr so eng verflochten und konsensual angelegt ist und so reibungslos agiert, wie dies in den Anfangsjahren der Bundesrepublik der Fall war (Hammerschmidt 2005).

4.2 Public-Private Partnerschaft zum gegenseitigen Nutzen

Empirisch sehr gut untersucht ist diese Governancestruktur unter Einschluss von Verbänden für die soziale Dienstleistungserstellung. Die Mitwirkung zivilgesellschaftlicher Organisationen bei der Entwicklung und Umsetzung von Politik (Policy und Politics) galt lange Zeit als Paradebeispiel eines neo-korporatistischen Arrangements (Heinze und Olk 1981; Sachße 1995). Bis heute besonders ausgeprägt ist die institutionalisierte Zusammenarbeit zwischen Staat/ Verwaltung und Zivilgesellschaft auf der kommunalen Ebene im Bereich der Jugendhilfe, für die der Jugendhilfeausschuss verantwortlich zeichnet. Der Ausschuss ist Teil des Jugendamtes, also der Verwaltung, aber paritätisch besetzt mit Vertreten der öffentlichen und der freien Wohlfahrtspflege, d. h. auch mit Repräsentanten der Wohlfahrtsverbände als zivilgesellschaftlichen Organisationen (Bußmann et al. 2003; Epkenhans-Behr 2016). Wenn auch nicht derart ausgeprägt, so finden sich vergleichbare Strukturen auch im Sport. Prominent vertreten werden die Interessen des Sports auf der Bundesebene durch den Deutschen Olympischen Sportbund. Für die lokale Ebene sind die Stadt- sowie Kreissportbünde als Zusammenschlüsse der lokalen Sportvereine anzuführen. Als Mittler zwischen den zivilgesellschaftlichen Sportvereinen sowie Rat und

Verwaltung haben Stadtsportbünde ein vielfältiges Aufgabenspektrum, das von der Verantwortungsübernahme beim Bau und dem Erhalt der lokalen Sportinfrastruktur bis hin zu Dienstleistungen für die lokalen Sportvereine, z. B. Weiterbildungsangebote, reicht (Zimmer et al. 2011, S. 293).

Die enge Zusammenarbeit zwischen Staat und zivilgesellschaftlichen Organisationen wurde von beiden Seiten bis in die jüngste Vergangenheit als vorteilhaft erachtet. Größere Bürgernähe, die Ressource Ehrenamt sowie die Befriedung unterschiedlicher sozialer Gruppen und Milieus durch ihre Einbindung in wohlfahrtsstaatliche Politiken wurden seitens der Politik als gute Gründe für eine Politikgestaltung und wohlfahrtsstaatliche Dienstleistungserstellung in Kooperation mit zivilgesellschaftlichen Organisationen gesehen. Auch trug die Zusammenarbeit nicht unwesentlich zur Verbesserung der Legitimation staatlichen Handelns bei (Seibel 1992). Für die zivilgesellschaftlichen Organisationen, insbesondere für die „Freie Wohlfahrtspflege" der Wohlfahrtsverbände war die Zusammenarbeit bis in die jüngste Vergangenheit zudem ein sowohl profitables als auch sicheres „Geschäft". An die zivilgesellschaftlichen sozialen Dienstleister wurden öffentliche Zuwendungen sowie Entgelte der Sozialversicherungen bis Mitte der 1990er Jahre unter Risikoübernahme von staatlicher Seite bei gleichzeitiger Garantie der Eigenständigkeit und Selbstverwaltung der Organisationen „überwiesen". Ein Scheitern der Organisationen in Form einer Insolvenz war de facto ausgeschlossen, da Defizite am Ende des Jahres von den Kostenträgern (Staat und Sozialversicherungen) weitgehend ausgeglichen wurden.

Politisch legitimiert wurde diese besondere Form der Zusammenarbeit unter Bezugnahme auf das „Subsidiaritätsprinzip" (Horcher 2013), das in den 1960er Jahren in der Form einer Privilegierung der „Freien Wohlfahrtspflege" gegenüber anderen Anbietern von Sozialdienstleistungen in der Sozialgesetzgebung (Bundessozialhilfegesetz BSGH und Jugendwohlfahrtsgesetz JWG) fest verankert worden war. Die privilegierte Stellung zivilgesellschaftlicher Organisationen traf zwar in dieser Form nur auf den Sozialbereich zu, gleichwohl entwickelte sich auch in anderen Feldern mit starker Präsenz zivilgesellschaftlicher Organisationen eine enge Kooperation zwischen Staat/Verwaltung und zivilgesellschaftlichen Organisationen. Unter Rekurs auf die Allzuständigkeit der Kommune und ihre Gesamtverantwortung für die Daseinsvorsorge vor Ort erhalten in Deutschland lokale zivilgesellschaftliche Organisationen in der Regel öffentliche Unterstützung, und zwar sowohl in Form der Bereitstellung von Infrastruktur (z. B. Hallen oder Sportplätze) als auch finanzielle Förderung. Die Kommunen sind zwar gesetzlich nicht zur Förderung von z. B. Sport- oder Kulturvereinen verpflichtet, da es sich hier um freiwillige kommunale Aufgaben handelt, wie lokale Studien zeigen, hat sich aber auch in den Bereichen, in denen keine

Zusammenarbeit in Form von finanzieller Unterstützung zwischen Staat und zivilgesellschaftlichen Organisationen gesetzlich vorgeschrieben ist, gleichwohl eine intensive Kooperation dahin gehend entwickelt, dass z. B. die Vereine vor Ort mehrheitlich seitens der Kommune unterstützt werden (Zimmer 2007, S. 113 ff.). Gleichwohl sind Umfang und Intensität der Förderung stark abhängig von der Finanzkraft der Kommunen.

4.3 Veränderung des Arrangements und die Folgen für zivilgesellschaftliche Organisationen

Allerdings ist das subsidiäre Modell der Einbindung zivilgesellschaftlicher Organisationen in Kontexte wohlfahrtsstaatlicher Politikgestaltung und -umsetzung inzwischen nur noch bedingt in Kraft. Seit Anfang der 1990er Jahre ist es zu maßgeblichen Veränderungen der Beziehung zwischen Staat und zivilgesellschaftlichen Organisationen gekommen, wobei infolge der Einführung von Instrumenten des New Public Management das „liberale Modell" der Ko-operation zwischen Wohlfahrtsstaat und zivilgesellschaftlichen Organisationen auch in Deutschland zunehmend an Bedeutung gewonnen hat. Ferner hat das neo-liberale Paradigma, wonach eine Leistungserstellung durch privat-kommerzielle Anbieter gegenüber einer sowohl durch öffentliche Einrichtungen wie auch durch zivilgesellschaftliche Organisationen zu bevorzugen sei, auch hierzulande maßgeblich an Wirkungsmacht gewonnen.

Insgesamt haben sich sowohl die gesetzlichen Rahmenbedingungen als auch die gesellschaftliche Einbettung der zivilgesellschaftlichen Organisationen in etwa seit der Wiedervereinigung maßgeblich verändert. Die Wiedervereinigung war hierfür zwar nicht ausschlaggebend, doch wurden bereits laufende Veränderungsprozesse, wie etwa die Erosion der sozialen Milieus, indirekt weiter akzentuiert und durch die zunehmenden finanziellen Engpässe der öffentlichen Hand beschleunigt. Die Veränderungen beziehen sich konkret auf die Abschwächung des Subsidiaritätsprinzips in den Sozialgesetzen. Die Mitgliederorganisationen der Wohlfahrtsverbände genießen nur noch einen bedingten Vorrang gegenüber anderen, gerade auch privat kommerziellen Anbietern von sozialen und Gesundheitsdienstleistungen (Backhaus-Maul und Olk 1994). Bei der Mitte der 1990er Jahre eingeführten Pflegeversicherung sind die Wohlfahrtsverbände gänzlich mit anderen Anbietern gleichgestellt. Der Organisationsform – privat-kommerziell, non-Profit oder öffentlich – kommt bei Verhandlungen und Festlegungen von Leistungsentgelten im Gesundheits- und Sozialbereich in Deutschland heute keine Bedeutung mehr zu. Vielmehr geht die Politik hierzulande wie anderenorts davon aus, dass Konkurrenz und Wettbewerb unter den Anbietern von Leistungen im Gesundheits- und Sozialbereich die besten Garanten für sowohl Qualität als auch Kosteneffizienz sind. Dieser „Paradigmenwechsel" in der Sozialpolitik wurde in Deutschland begleitet von einem ebenso umfassenden „Paradigmenwechsel" in der öffentlichen Verwaltung. Auch hierzulande hat die Einführung der verschiedenen Instrumente des New Public Management (u. a. Kontraktmanagement mit zeitlich befristeten Verträgen) das Verhältnis zwischen Verwaltungen und zivilgesellschaftlichen Organisationen im operativen Bereich nachhaltig verändert. Die Beziehungen sind generell marktförmiger geworden. Zivilgesellschaftliche Organisationen im Gesundheits- und Sozialbereich sehen sich als Dienstleister vor Ort daher heute einer Umwelt gegenüber, die nur noch bedingt der Tradition einer „privilegierten Partnerschaft" entspricht (Liebig 2005; Schroeder 2016).

Doch es haben sich nicht nur die Kontextbedingungen zivilgesellschaftlicher Organisationen als Ersteller wohlfahrtsstaatlicher Leistungen verändert (Boeckh et al. 2017, S. 379 ff.). Entsprechendes gilt auch für ihre soziale Einbettung. Die traditionellen sozialen Milieus haben als Sozialisationsinstanzen und Gesellschaft strukturierendes Moment ihre Bedeutung weitgehend verloren. Auch in Deutschland basieren Mitgliedschaft und Mitmachen in zivilgesellschaftlichen Organisationen heute auf freiwilligen Wahlentscheidungen und sind kaum noch durch traditionelle Milieubezüge vorgeprägt. Auch ist die Bereitschaft, sich dauerhaft an eine Organisation zu binden und sich kontinuierlich bürgerschaftlich sowie in verantwortungsvollen Positionen, etwa als Mitglied des Vorstands, zu engagieren, gemäß den Ergebnissen des Freiwilligensurveys (Simonson et al. 2017; BMSFJ o. J.) wie auch des ZIVIZ-Surveys (2014) als Instrument der Dauerbeobachtung des bürgerschaftlichen Engagements und der zivilgesellschaftlichen Organisationen (Zivilgesellschaft in Zahlen), merklich zurückgegangen.

Die zivilgesellschaftlichen Organisationen haben auf diese veränderten Kontextbedingungen reagiert. Insgesamt lässt sich eine zunehmende Anpassung der Organisationen an das Modell der Wirtschaftsunternehmung feststellen. In besonderer Weise trifft dies für jene zivilgesellschaftlichen Organisationen zu, die umfänglich in die wohlfahrtsstaatliche Dienstleistungserstellung eingebunden sind, wie etwa die Mitgliederorganisationen der Wohlfahrtsverbände. In der Literatur wird die Anpassung als Verbetriebswirtschaftlichung, Ökonomisierung oder Managerialism (Maier et al. 2016) charakterisiert. Hierzu zählt eine umfangreiche Professionalisierung sowie die Veränderung der Governance bzw. der Leitungsstrukturen der Organisationen. In der Regel finden sich kaum noch Ehrenamtliche im operativen Bereich der zivilgesellschaftlichen Organisationen. Auf der Leitungsebene hat sich häufig eine Doppelstruktur von hauptamtlicher

Geschäftsführung und ehrenamtlichem Vorstand bzw. Aufsichtsrat der Organisation etabliert. Auch finanzieren sich die zivilgesellschaftlichen Organisationen nicht mehr durch freiwillige Leistungen oder Mitgliedsbeiträge, sondern im Wesentlichen durch Einnahmen auf verschiedenen Märkten. Nicht selten favorisieren die Organisationen jetzt auch eine Rechtsform, die wirtschaftsnäher ist, und entscheiden sich für die gGmbH, die den e. V. als in Deutschland klassische Rechtsform zivilgesellschaftlicher Organisationen ablöst (Zimmer et al. 2013).

Welche Perspektiven ergeben sich aufgrund der Veränderungen sowohl der rechtlichen, wie auch ökonomischen und gesellschaftlichen Rahmenbedingungen für das Zusammenspiel von Wohlfahrtsstaat und Zivilgesellschaft? Sehen wir einem Ende der traditionellen Public-Private Partnership bei der sozialen Dienstleistungserstellung entgegen? Und erwachsen aus der Zivilgesellschaft Impulse, Ansätze und Ideen für eine Neubestimmung?

5 Zusammenfassung und Ausblick

Reduziert man den Wohlfahrtsstaat auf Transferzahlungen und setzt man Zivilgesellschaft mit gemeinnützigen bzw. Non-Profit-Organisationen gleich, so ist es ziemlich klar, wo „die Reise hingehen wird" und wie sich das Verhältnis zwischen zivilgesellschaftlichen Organisationen als Dienstleistern und staatlichen Instanzen als Kostenträgern in Zukunft entwickeln wird. Die Ökonomisierung der verschiedenen Bereiche wohlfahrtsstaatlicher Dienstleistungserstellung wird vermutlich insofern weiter voranschreiten, als vor dem Hintergrund des demografischen Wandels – Stichwort alternde Gesellschaft – der Veränderung der Geschlechterrollen – Stichwort Abschwächung des Breadwinner-Modells – sowie der zunehmenden Integration von Frauen in den Arbeitsmarkt, die Nachfrage nach personenbezogenen sozialen Dienstleistungen weiter zunehmen wird. Dies gilt insbesondere für die Märkte, wie etwa Pflege, Gesundheit und Kinderbetreuung, die im Vergleich zur Gesamtwirtschaft bereits in den letzten Jahren beachtliche Wachstumsraten verzeichnen konnten. Hatte in den 2000er Jahren diese Bereiche der damalige Bundeskanzler Gerhard Schröder noch despektierlich mit „Gedöns" abgetan, um das man sich nicht näher kümmern müsse, hat sich die soziale Dienstleistungserstellung inzwischen längst zu einem ökonomischen Wachstumsmotor von maßgeblicher arbeitsmarktpolitischer Relevanz entwickelt.

Allerdings handelt es sich hierbei auch um Märkte, deren Finanzierung „indirekt" über Leistungsentgelte der Sozialkassen oder andere Transferzahlungen erfolgt. Bereits vor mehr als dreißig Jahren war von der Wohlfahrtsstaatsforschung im Hinblick auf die weitere Entwicklung und den Ausbau der sozialen Dienstleistungen ein „Growth to Limits" (Flora 1986) postuliert worden. Dieser Perspektive hat man vonseiten der Politik mit einem Paradigmenwechsel zu begegnen versucht: Die privilegierte und als neo-korporatistisch charakterisierte Partnerschaft zwischen zivilgesellschaftlichen Organisationen, vor allem der Wohlfahrtsverbände, und Wohlfahrtsstaat wurde aufgekündigt und stattdessen unter Konkurrenz stehende Anbietermärkte geschaffen, wobei die privat-kommerziellen sozialen Dienstleister, in den Bereichen Pflege und Gesundheit und mit zeitlicher Verzögerung jetzt auch bei der Kinderbetreuung (Kita und Kindergarten) als „neue Player" in den letzten Jahren an Bedeutung und Marktmacht deutlich gewonnen haben (Henriksen et al. 2012). Wie dargelegt, haben sich die zivilgesellschaftlichen Organisationen, allen voran die Mitgliedsorganisationen der Wohlfahrtsverbände, den veränderten Kontextbedingungen insofern angepasst, als sie sich zu effizient geführten und vorrangig mit Professionellen bzw. Hauptberuflichen arbeitenden Non-Profit-Unternehmen entwickelt haben (vgl. den Beitrag von Backhaus-Maul in diesem Band).

Allerdings wäre es zu kurz gegriffen Wohlfahrtsstaat wie auch Zivilgesellschaft nur auf ihre jeweilige ökonomische Dimension zu reduzieren und auf soziale Dienstleistungserstellung und ihre Finanzierung zu begrenzen. Sowohl beim Wohlfahrtsstaat wie auch bei der Zivilgesellschaft (vgl. Einleitung von Freise und Zimmer in diesem Band) handelt es sich um hoch-anspruchsvolle Konzepte und normative Leitbilder, die beide im Geleitzug von Industrialisierung sowie gesellschaftlicher Modernisierung und Individualisierung ab etwa Mitte des 19. Jahrhunderts entstanden sind. Zumindest in Europa sind beide Konzepte – Wohlfahrtsstaatlichkeit wie Zivilgesellschaft – normativ eng mit Zielvorstellungen von Gerechtigkeit, Partizipation und Solidarität verbunden. Wohlfahrtsstaatlichkeit in seiner sichernden wie steuernden Dimension liegt die Überzeugung zugrunde, dass soziale Ungleichheit in ihrer extremen Form gesellschaftlichen Zusammenhalts konterkariert und aufgrund dessen nicht erstrebenswert und möglichst zu verhindern ist. Es ist eine Kultur der Solidarität, des gesellschaftlichen Miteinanders und der gesellschaftlichen Integration, die Wohlfahrtsstaatlichkeit auszeichnet (Kaufmann 2015). Mit Blick auf ihre jeweils normative Dimension, und zwar ausbuchstabiert als soziale bzw. Chancengerechtigkeit, sind Wohlfahrtsstaatlichkeit und Zivilgesellschaft nahezu synonym zu verwenden.

Betrachtet man Wohlfahrtsstaatlichkeit weniger aus einer politikwissenschaftlichen top-down Perspektive, sondern nimmt eher die gesellschaftliche Einbettung in den Blick, zeigen sich Schnittmengen und Bezüge zu Zivilgesellschaft als Konzept und normatives Leitbild. Zivilgesellschaft dient als Synonym einer aktiven und engagierten Gesellschaft, deren Mitgliedern der oder die Andere, sei es der/die Nachbar_in, Freund oder Freundin oder der oder die Fremde, nicht gleichgültig ist. Demokratie als Lebensform und Auseinandersetzung um das „richtige Konzept" und den „richtigen Weg" zur Erreichung einer gerechteren und partizipativeren Gesellschaft sind zentrale normative Eckpfeiler von Zivilgesellschaft. Es geht um Meinungsbildung im Diskurs, und zwar unter Akzeptanz des Gegenübers und unter Tolerierung eines abweichenden Standpunktes. Hierbei erfolgt die Auseinandersetzung „zivil" und damit gewaltfrei, ohne Diffamierung der anderen Position und ohne üble Nachrede bzw. Rekurs auf sog. „fake news". Auch umfasst Zivilgesellschaft als normatives Konzept stets eine kritische Komponente. Der Status quo in Politik, Gesellschaft und Wirtschaft wird nicht vorbehaltlos akzeptiert, sondern es geht auch immer darum, die Verhältnisse kritikfähig und zugänglich für Alternativen zu halten. Nur so lässt sich aus zivilgesellschaftlicher Sicht Stagnation und Reformstau verhindern.

Dass eine enge Verbindung zwischen Wohlfahrtsstaat und Zivilgesellschaft als Motor der Veränderung und kritisches Pendant besteht, lässt sich nur für die frühen Anfänge von Wohlfahrtsstaatlichkeit und Zivilgesellschaft feststellen. Im Beitrag wurde gezeigt, wie der Wohlfahrtsstaat in Deutschland auf die „private culture of welfare" der vielen sozialen Vereine bereits Ende des 19. Jahrhunderts zugegangen ist und diese frühzeitig in die sich entwickelnde öffentliche Daseinsvorsorge integriert hat. Auch heute lässt sich wieder ein Zugehen des Wohlfahrtsstaates auf zivilgesellschaftliche Initiativen und Organisationen feststellen. Besonders deutlich wurde dies im Rahmen der „Flüchtlingskrise" von 2015 als Zivilgesellschaft in Form von Willkommensinitiativen und mittels bürgerschaftlichen Engagements maßgeblich dazu beigetragen hat, dass Leitmotiv und Vorgabe der Politik, nämlich das „Wir schaffen das", auch in die Tat umgesetzt werden konnte. Greift der Wohlfahrtsstaat auch heute noch gern auf Zivilgesellschaft als Ausfallbürge, wie etwa in der Flüchtlingskrise, oder aber als „stille Reserve", wie etwa in Form des bürgerschaftlichen Engagements, zurück, so wird das kritische Potenzial der Zivilgesellschaft eher gering geschätzt. Zuviel Aufmerksamkeit wird in der Politik und insbesondere in den Medien auf populistische Bewegungen verwandt, die weder für einen zivilen Umgang miteinander eintreten, noch an einer positiven Bewältigung gesellschaftlicher Herausforderungen arbeiten: Hier ist nicht Solidarität, sondern (Fremden-)Feindlichkeit, Aggressivität und plumpe Abgrenzung gegenüber allem Nicht-Bekannten angesagt. Mit Zivilgesellschaft hat dies wenig zu tun (vgl. Walter 2018; Grande 2018).

Doch die Kritik richtet sich nicht nur an Politik und Medien. Auch die Zivilgesellschaft hat die aktuellen sozialen Fragen und neuen Problemlagen nur begrenzt im Blick. Im Dienst einer Weiterentwicklung von Demokratie und Gesellschaft sowie hinsichtlich der Begrenzung und Korrektur der infolge von Globalisierung und umfassender Ökonomisierung immer offensichtlich werdender gesellschaftlicher Verwerfungen und zunehmender Ungleichheiten wäre es angezeigt, dass die Zivilgesellschaft sich erneut der sozialen Frage annimmt und die bestehende Wohlfahrtsstaatlichkeit in ihren überkommenden Formen und Leitmotiven auf den Prüfstand stellt. Gleichzeitig wäre es angezeigt, dass wohlfahrtsstaatliche Politikgestaltung nicht nur „von oben" ansetzt, sondern auf die neuen zivilgesellschaftlichen Gruppen und Initiativen, wie etwa Sozialunternehmen, neue Genossenschaften oder Initiativen im Bereich Wohnen, verstärkt zugeht und eine Neu-Justierung von Wohlfahrtsstaatlichkeit „von unten nach oben" unter Berücksichtigung der Anliegen und Interessen sowie insbesondere der neuen Ideen und Konzepte der zivilgesellschaftlichen Akteure initiiert.

Literatur

Althammer, J.W., und H. Lampert. 2014. *Lehrbuch der Sozialpolitik.* Berlin: Springer.
Aner, K., und P. Hammerschmidt. 2010. Zivilgesellschaftliches Engagement des Bürgertums vom Anfang des 19. Jahrhunderts bis zur Weimarer Republik. In *Engagementpolitik. Die Entwicklung der Zivilgesellschaft als politische Aufgabe*, Hrsg. T. Olk, A. Klein, und B. Hartnuß, 63–96. Wiesbaden: VS Verlag.
Anheier, H., E. Priller, und A. Zimmer. 2001. Civil society in transition: The east German third sector ten years after unification. *Eastern European Politics and Societies* 15 (1): 139–156.
Arts, W.A., und J. Gelissen. 2010. Models of the welfare state. In *The Oxford handbook of the welfare state*, Hrsg. F.G. Castels, S. Leibfried, J. Lewis, H. Obinger, und C. Pierson, 569–583. Oxford: University Press.
Backhaus-Maul, H., Und T. Olk. 1994. Von der Subsidiarität zum „outcontracting": Zum Wandel der Beziehungen von Staat und Wohlfahrtsverbänden in der Sozialpolitik. In *Staat und Verbände (Sonderheft 25 der PVS)*, Hrsg. S. Wolfgang, 100–135. Opladen: Westdeutscher Verlag.
BMSFJ. o. J. Freiwilliges engagement in Deutschland. Zusammenfassung zentraler Ergebnisse. https://www.bmfsfj.de/blob/113702/53d7fdc57ed97e4124fffec0ef5562a1/vierter-freiwilligensurvey-monitor-data.pdf. Zugegriffen: 14. Okt. 2018.
Boeßenecker, K.-H., und M. Vilain. 2013. *Spitzenverbände der Freien Wohlfahrtspflege.* Weinheim: Beltz.
Boeckh, J., E.-U. Huster, B. Benz, und J.D. Schütte. 2017. *Sozialpolitik in Deutschland.* Wiesbaden: Springer VS.
Bußmann, U., K. Esch, und S. Stöbe-Blossey. 2003. *Neue Steuerungsmodelle – Frischer Wind im Jugendhilfeausschuss?* Opladen: Leske+Budrich.
Cacliagli, M. 2003. Christian democracy. In *The Cambridge history of twenty-century political thought*, Hrsg. T. Ball und R. Bellamy, 165–180. Cambridge: Cambridge University Press.

Castles, F.G. et al., Hrsg. 2010. *Handbook of the Welfare State*. Oxford: University Press.
Dackweiler, R.-M. 2008. Wohlfahrtsstaat: Institutionelle Regulierung und Transformation der Geschlechterverhältnisse. In *Handbuch der Frauen- und Geschlechterforschung*, Hrsg. R. Becker und B. Kortendiek, 512–523. Wiesbaden: VS Verlag.
Epkenhans-Behr, I. 2016. *Beziehungsmuster zwischen Jugendämtern und freien Trägern*. Wiesbaden: Springer VS.
Esping-Andersen, G. 1985. *Politics against markets. The social democratic road to power*. Princeton: Princeton University Press.
Esping-Andersen, G. 1990. *The three worlds of welfare capitalism*. Princeton: Princeton University Press.
Esping-Andersen, G. 2000. *Social foundations of postindustrail economies*. Oxford: Oxford University Press.
Evers, A., und A.-M. Guillemard. 2013. *Social policy and citizenship. The changing landscape*. Oxford: University Press.
Evers, A., und T. Olk. 1996. *Wohlfahrtspluralismus. Vom Wohlfahrtsstaat zur Wohlfahrtsgesellschaft*. Opladen: Westdeutscher Verlag.
Flora, P. 1986. Introduction. In *Growth to limits: The western European welfare states since World War II*, Hrsg. Peter Flora, 12–36. Berlin: De Gruyter.
Girvetz, H.K. 1968. Welfare state. In *International encyclopedia of the social sciences*, Bd. 16, Hrsg. D.L. Sills, 512. Chicago: Macmillan Co.
Grande, E. 2018. Schattenseiten der Zivilgesellschaft. [Radiointerview]. In *Deutschlandfunk*. https://www.wzb.eu/de/personen/edgar-grande. Zugegriffen: 13. Nov. 2018.
Granovetter, M. 1985. Economic action and social structure: The problem of embeddedness. *American Journal of Sociology* 91:481–510.
Hammerschmidt, P. 2005. *Wohlfahrtsverbände in der Nachkriegszeit: Reorganisation und Finanzierung der Spitzenverbände der Freien Wohlfahrtspflege 1945–1961*. Weinheim: Juventa.
Hammerschmidt, P. 2011. Kommunale Selbstverwaltung und kommunale Sozialpolitik – Ein historischer Überblick. In *Handbuch kommunale Sozialpolitik*, Hrsg. H.-J. Dahme und N. Wohlfahrt, 21–40. Wiesbaden: VS Verlag.
Heinze, R.G., und T. Olk. 1981. Die Wohlfahrtsverbände im System sozialer Dienstleistungsproduktion: Zur Entstehung und Struktur der bundesrepublikanischen Verbändewohlfahrt. *Kölner Zeitschrift für Soziologie und Sozialpsychologie* 33:94–114.
Held, D. 2006. *Models of democracy*. Stanford: Stanford University Press.
Henriksen, L.S., S.R. Smith, und A. Zimmer. 2012. At the eve of convergence? Transformation of social service provision in Denmark, Germany, and the United States. *Voluntas* 23 (2): 458–501.
Holzinger, K., H. Jürgens, und C. Knill. 2007. *Transfer, Diffusion und Konvergenz von Politiken*. Wiesbaden: VS Verlag.
Horcher, G. 2013. Subsidiarität. In *Lexikon der Sozialwirtschaft*, Hrsg. K. Grundwald, G. Horcher, und B. Maelicke, 1005–1007. Baden-Baden: Nomos.
Kaebele, H., und G. Schmidt, Hrsg. 2004. *Das europäische Sozialmodell: Auf dem Weg zum transnationalen Sozialstaat*. Berlin: Edition Sigma.
Katz, M.B., und C. Sachße, Hrsg. 1996. *The mixed economy of social welfare*. Baden-Baden: Nomos.
Kaufmann, F.-X. 1997. *Herausforderungen des Sozialstaates*. Frankfurt a. M.: Suhrkamp.

Kaufmann, F.-X. 2009. *Sozialpolitik und Sozialstaat. Soziologische Analysen.* Wiesbaden: VS Verlag.

Kaufmann, F.-X. 2015. *Sozialstaat als Kultur. Soziologische Analysen II.* Wiesbaden: VS Verlag.

Klenk, T. 2008. *Modernisierung der funktionalen Selbstverwaltung. Universitäten, Krankenkassen und andere öffentliche Körperschaften.* Frankfurt a. M.: Campus.

Lewis, J.E. 1993. *Women and social policies in Europe: Work, family and the state.* Aldershot: Elgar.

Liebig, R. 2005. *Wohlfahrtsverbände im Ökonomisierungsdilemma. Analysen zu Strukturveränderungen am Beispiel des Produktionsfaktors Arbeit im Licht der Korporatismus- und der Dritte-Sektor-Theorie.* Freiburg im Breisgau: Lambertus.

Lowi, T.J. 1972. Four systems of policy, politics and choice. *Public Administration Review* 33:298–310.

Lundström, T., und F. Wijkström. 1997. *The nonprofit sector in Sweden.* Manchester: Manchester University Press.

Maier, F., M. Meyer, und M. Steinbereithner. 2016. Nonprofit organizations becoming business-like: A systematic review. *Nonprofit and Voluntary Sector Quarterly* 45 (1): 64–86.

Manow, P. 2008. *Religion und Sozialstaat: Die konfessionellen Grundlagen europäischer Wohlfahrtsregime.* Frankfurt: Campus.

Merchel, J. 2011. Wohlfahrtsverbände, Dritter Sektor und Zivilgesellschaft. In *Handbuch Soziale Dienste*, Hrsg. A. Evers, R.G. Heinze, und T. Olk, 245–264. Wiesbaden: VS Verlag.

Obinger, H., und M.G. Schmidt. Hrsg. 2019. *Handbuch der Sozialpolitik.* Wiesbaden: Springer VS.

Offe, C. 1973. *Strukturprobleme des kapitalistischen Staates. Aufsätze zur politischen Soziologie.* Frankfurt a. M.: Suhrkamp.

Øverbye, E. 2010. Disciplinary perspectives. In *The Oxford handbook of the welfare state*, Hrsg. F.G. Castels, S. Leibfried, J. Lewis, H. Obinger, und C. Pierson, 152–168. Oxford: University Press.

Pierson, C., und M. Leimgruber. 2010. Intellectual roots. In *The Oxford handbook of the welfare state*, Hrsg. F.G. Castels, S. Leibfried, J. Lewis, H. Obinger, und C. Pierson, 32–44. Oxford: University Press.

Reiter, R. 2017. *Sozialpolitik aus politikfeldanalytischer Perspektive. Eine Einführung.* Wiesbaden: Springer VS.

Rokkan, S. 2000. *Staat, Nation und Demokratie in Europa. Die Theorie Stein Rokkans aus seinen gesammelten Werken rekonstruiert und eingeleitet von Peter Flora.* Frankfurt a. M.: Suhrkamp.

Sachße, C. 1995. Verein, Verband und Wohlfahrtsstaat. Entstehung und Entwicklung der dualen Wohlfahrtspflege. In *Von der Wertegemeinschaft zum Dienstleistungsunternehmen*, Hrsg. T. Rauschenbach, C. Sachße, und T. Olk, 123–149. Frankfurt: Suhrkamp.

Sachße, C. 2011. Zur Geschichte Sozialer Dienste in Deutschland. In *Handbuch Soziale Dienste*, Hrsg. A. Evers, R.G. Heinze, und T. Olk, 94–116. Wiesbaden: VS Verlag.

Sachße, C., und F. Tennstedt. 1998a. *Geschichte der Armenfürsorge in Deutschland (Bd. 1). Vom Spätmittelalter bis zum 1. Weltkrieg.* Stuttgart: Kohlhammer.

Sachße, C., und F. Tennstedt, Hrsg. 1998b. *Bettler, Gauner und Proleten. Armut und Armenfürsorge in der deutschen Geschichte; Ein Bild-Lesebuch.* Frankfurt a. M.: Fachhochschulverlag.

Salamon, L. 1996. Third party government. Ein Beitrag zu einer Theorie der Beziehungen zwischen Staat und Nonprofit-Sektor im modernen Wohlfahrtsstaat. In *Wohlfahrtspluralismus*, Hrsg. A. Evers und T. Olk, 79–102. Wiesbaden: Westdeutscher Verlag.
Salamon, L.M., und H.K. Anheier. 1997. Der Nonprofit-Sektor: Ein theoretischer Versuch. In *Der Dritte Sektor in Deutschland*, Hrsg. H.K. Anheier, E. Priller, W. Seibel, und A. Zimmer, 211–246. Berlin: Edition Sigma.
Salamon, L.M., und H.K. Anheier. 1998. Social origins of civil society: Explaining the nonprofit sector cross-nationally. *Voluntas* 9 (3): 213–248.
Salamon, L. M., und W. Sokolowski. 2016. The third sector in Europe: Towards a consensus conceptualization. Working Paper 2/2014 Third Sector Impact.
Scharpf, F. 1973. *Planung als politischer Prozeß. Aufsätze zur Theorie der planenden Demokratie*. Frankfurt a. M.: Suhrkamp.
Scharpf, F. 1987. *Sozialdemokratische Krisenpolitik in Europa*. Frankfurt: Campus.
Schmid, J. 1998. *Herkunft und Zukunft der Wohlfahrt. Entwicklungspfade zwischen ökonomischem Globalisierungsdruck, staatlich vermittelter Solidarität und gesellschaftlicher Leistung im Vergleich*. Tübingen: University Tübingen.
Schmid, J. 2010. *Wohlfahrtsstaaten im Vergleich. Soziale Sicherung in Europa: Organisation, Finanzierung, Leistungen und Probleme*. Wiesbaden: VS Verlag.
Schmidt, M. 1982. *Wohlfahrtsstaatliche Politik unter bürgerlichen und sozialdemokratischen Regierungen. Ein internationaler Vergleich*. Frankfurt a. M.: Campus.
Schmidt, M. 1995. *Wörterbuch zur Politik*. Stuttgart: Kröner.
Schmidt, M. 2005. *Sozialpolitik in Deutschland. Historische Entwicklung und internationaler Vergleich*. Wiesbaden: VS Verlag.
Schmidt, M., und R. Zohlnhöfer. 2006. *Regieren in der Bundesrepublik Deutschland. Innen- und Außenpolitik seit 1949*. Wiesbaden: VS Verlag.
Schmidt, M.G. 2010. *Demokratietheorien*. Wiesbaden: VS Verlag.
Schmidt, M.G., T. Ostheim, N.A. Siegel, und R. Zohlnhöfer. 2007. *Der Wohlfahrtsstaat. Eine Einführung in den historischen und internationalen Vergleich*. Wiesbaden: VS Verlag.
Schroeder, W. 2016. *Konfessionelle Wohlfahrtsverbände im Umbruch*. Wiesbaden: Springer VS.
Seibel, W. 1992. *Funktionaler Dilettantismus*. Baden-Baden: Nomos.
Simonson, J., C. Vogel, und C. Tesch-Römer, Hrsg. 2017. *Freiwilliges Engagement in Deutschland. Der Deutsche Freiwilligensurvey 2014*. Wiesbaden: Springer VS.
Smith, S.R., und K.A. Gronbjerg. 2006. Scope and theory of government-nonprofit relations. In *The nonprofit-sector. A research handbook*, Hrsg. W.W. Powell und R. Steinberg, 221–242. New Haven: Yale University Press.
Strachwitz, R., und A. Zimmer. 2010. Traditions of civic embeddedness in Germany. *Journal of Political Ideologies* 15 (3): 273–287.
Streeck, W., Hrsg. 1994. *Staat und Verbände*. Opladen: Westdeutscher Verlag.
Walter, F. 2018. Kritik der Zivilgesellschaft. *Frankfurter Allgemeine Zeitung*, 6. April, Nr. 88.
White, S. 2010. Ethics. In *Handbook of the welfare state*, Hrsg. F.G. Castles, S. Leibfried, J. Lewis, H. Obinger, und C. Pierson, 19–31. Oxford: University Press.
Wijkström, F., und A. Zimmer. 2011. Introduction. In *Nordic civil societies at a crossroads*, Hrsg. F. Wijkström und A. Zimmer, 9–24. Baden-Baden: Nomos.

Zimmer, A. 1998. Public-Private-Partnerships: Staat und Nonprofit-Sektor in Deutschland. In *Der Dritte Sektor in Deutschland*, Hrsg. H. Anheier, W. Seibel, E. Priller, und A. Zimmer, 75–98. Berlin: Edition Sigma.

Zimmer, A. 2001. Corporatism revisited. The legacy of history and the German nonprofit sector. In *Third sector policy at the crossroads. An international nonprofit analysis*, Hrsg. H. Anheier und J. Kendall, 114–125. London: Routledge.

Zimmer, A. 2007. *Vereine – Zivilgesellschaft konkret*. Wiesbaden: VS-Verlag.

Zimmer, A. 2010a. Third sector-government partnerships. In *Third sector research*, Hrsg. R. Taylor, 201–218. New York: Springer.

Zimmer, A. 2010b. Zivilgesellschaft und Demokratie in Zeiten des gesellschaftlichen Wandels. *Der moderne Staat* 3 (1): 147–163.

Zimmer, A., und F. Paul. 2018. Zur volkswirtschaftlichen Bedeutung der Sozialwirtschaft. In *Sozialwirtschaft. Handbuch für Wissenschaft und Praxis*, Hrsg. K. Grundwald und A. Langer, 103–117. Baden-Baden: Nomos.

Zimmer, A., und E. Priller. 2007. *Gemeinnützige Organisationen im gesellschaftlichen Wandel*. Wiesbaden: VS Verlag.

Zimmer, A., und R. Speth. 2009. Verbändeforschung. In *Politische Soziologie. Ein Studienbuch*, Hrsg. V. Kaina und A. Römmele, 267–309. Wiesbaden: VS Verlag.

Zimmer, A., A. Basic, und T. Hallmann. 2011. Sport ist im Verein am schönsten? Analysen und Befunde zur Attraktivität des Sports für Ehrenamt und Mitgliedschaft. In *Bürgerschaftliches Engagement unter Druck?* Hrsg. T. Rauschenbach und A. Zimmer, 269–385. Opladen: Budrich.

Zimmer, A. et al. 2013. Der Nonprofit-Sektor in Deutschland. In *Handbuch der Nonprofit-Organisation*, 5. Aufl, Hrsg, S. Ruth, M. Michael, und B. Christoph, 15–36. Stuttgart: Schäfer-Poeschel.

Zivilgesellschaft in Zahlen. https://www.bertelsmann-stiftung.de/de/unsere-projekte/zivilgesellschaft-in-zahlen/projek. Zugegriffen: 18. Okt. 2018.

ZIVIZ-Survey. 2014. http://www.ziviz.info/ziviz-survey. Zugegriffen: 14. Okt. 2018.

Soziale Investitionen als Strategie im deutschen Wohlfahrtsstaat

Carolin Schönert und Matthias Freise

Zusammenfassung

Soziale Investitionen sind Angebote des Sozialstaates, deren vorrangiges Ziel nicht die Absicherung von Lebensrisiken durch Transferzahlungen wie Rente, Arbeitslosen- oder Krankengeld ist, sondern vielmehr die Befähigung von Menschen, soziale Notsituationen aus eigener Kraft zu überwinden. Das Kapitel zeigt, dass soziale Investitionen zwar kein neues Phänomen im deutschen Sozialstaat sind, aber seit Beginn der neoliberalen Wende in den 1980er Jahren, insbesondere aber seit den Wohlfahrtsstaatssozialstaaten unter Bundeskanzler Gerhard Schröder erheblich an Bedeutung gewonnen haben. Am Beispiel der Expansion der U3-Kinderbetreuung wird der Bedeutungszuwachs sozialinvestiver Leistungen im deutschen Wohlfahrtsstaat illustriert und gefragt, welche Rolle der (organisierten) Zivilgesellschaft zukommt.

Schlüsselwörter

Soziale Investitionen · Strategieentwicklung · Aktivierender Sozialstaa Befähigung · Familienpolitik · Kinder- und Jugendhilfe · Expansion der U3-Kinderbetreuung

---

C. Schönert (✉) · M. Freise
Westfälische Wilhelms-Universität Münster, Münster, Deutschland
E-Mail: schoenec@uni-muenster.de

M. Freise
E-Mail: freisem@uni-muenster.de

© Springer Fachmedien Wiesbaden GmbH, ein Teil von Springer Nature 2019
M. Freise und A. Zimmer (Hrsg.), *Zivilgesellschaft und Wohlfahrtsstaat im Wandel*, Bürgergesellschaft und Demokratie,
https://doi.org/10.1007/978-3-658-16999-2_3

1 Einleitung

Dieses Kapitel befasst sich mit der Strategieentwicklung im deutschen Wohlfahrtsstaat in der jüngeren Zeit und illustriert die Auswirkungen, die diese Strategien auf das Verhältnis von Sozialpolitik und Zivilgesellschaft haben. Sozialstaatliche Strategien werden dabei definiert als in der Regel langfristig angelegte und planvolle Kombinationen von Maßnahmen, die auf die Verwirklichung von sozialstaatlichen Zielen abzielen und dabei auf sich verändernde Rahmenbedingungen wie beispielsweise den demografischen Wandel oder veränderte Wertvorstellungen in der Gesellschaft reagieren.

Betrachtet man die modernen Wohlfahrtsstaaten der Gegenwart aus einer vergleichenden Perspektive, kann man zwei zentrale Fragestellungen ausmachen, die die politische Debatte um Strategien des Sozialstaates nahezu überall dominieren: Welche sozialpolitischen Ziele sollen verfolgt werden? Und mit welchen Maßnahmen sollen diese Zielsetzungen verwirklicht werden? Je nachdem, welcher politischen Ideologie man sich zuordnet, formuliert man ganz unterschiedliche Antworten auf diese Fragen.

In Deutschland ist das Sozialstaatsprinzip in den Artikeln 20 und 28 im Grundgesetz niedergelegt. Es wird dort jedoch nicht abschließend definiert. Stattdessen wird die konkrete Ausgestaltung weitgehend der Gesetzgebung überlassen, die dabei den sozialen und wirtschaftlichen Wandel zu berücksichtigen hat und eigene Schwerpunktsetzungen verfolgen kann. Somit befindet sich Sozialstaatlichkeit in Deutschland in einem permanenten Prozess der Neukonfiguration und ist Gegenstand politischer Konflikte (Schmidt 2012).

Gleichwohl lassen sich durchaus einige Grundsätze deutscher Sozialstaatlichkeit identifizieren, die sich über die Jahre etabliert haben und von den dominierenden politischen Akteuren nicht (mehr) infrage gestellt werden. Aus dem Primat der Menschenwürde, den das Grundgesetz in Artikel 1 zur zentralen Verpflichtung allen staatlichen Handelns erhebt, folgt, dass der Sozialstaat allen Menschen im Geltungsbereich des Grundgesetzes ein Existenzminimum garantieren muss. Infolgedessen liegt der Fokus des deutschen Wohlfahrtsstaates vor allem auf der Absicherung der klassischen Lebensrisiken: Alter, Krankheit, Unfälle, Behinderung, Pflegebedürftigkeit und Erwerbslosigkeit (Krapf 2016). Darüber hinaus besteht auch Konsens darüber, dass der Wohlfahrtsstaat den sozialen Ausgleich und die gesellschaftliche Teilhabe zu fördern hat und in Notsituationen Hilfe gewähren muss, etwa durch die Leistung von Sozialhilfe, Wohngeld, Mutterschutz, Jugend- und Familienhilfe und viele weitere Angebote mehr (Schiller 2016).

Politisch umstritten ist jedoch, wie generös diese Leistungen ausgestaltet, ob und ggf. an welche Voraussetzungen sie gekoppelt werden sollen. Auch die Fragen, inwieweit der Sozialstaat gesellschaftlichen Wandel vorantreiben soll, inwieweit er Solidarität zwischen den einzelnen Bevölkerungsschichten verwirklichen kann und welche sozialen Anspruchsrechte verankert und/oder vertieft werden sollen, sind Gegenstand der politischen Kontroverse. Schließlich steht die Frage zur Debatte, mit welchen Maßnahmen der Wohlfahrtsstaat seine Ziele am effektivsten verwirklichen kann (Kaufmann 2013).

Im Zentrum der Diskussion steht dabei in den vergangenen Jahren vor allem eine Strategie, die im vorliegenden Kapitel vorgestellt und diskutiert wird, nämlich der verstärkte Einsatz sogenannter sozialer Investitionen als Ausdruck eines aktivierenden und präventiv wirkenden Wohlfahrtsstaates.

Unter sozialen Investitionen versteht man Angebote des Sozialstaates, deren vorrangiges Ziel nicht die Absicherung von Lebensrisiken durch Transferzahlungen wie Rente, Arbeitslosengeld oder Krankengeld ist, sondern vielmehr die Investition in die Befähigung von Menschen, soziale Notsituationen aus eigener Kraft zu überwinden (Morel et al. 2012), z. B. durch Bildung, Qualifizierung oder Beratung. Auch vorsorgende Maßnahmen, die auf die Verhütung künftiger sozialer Notlagen oder von gesellschaftlichen Fehlentwicklungen abzielen, können den sozialen Investitionen zugerechnet werden (Jenson 2012). Dazu zählen etwa Weiterbildungen, Erziehungsberatung oder die präventive Gesundheitspolitik.

Soziale Investitionen betonen den positiven Einfluss von sozialen Leistungen auf die wirtschaftliche Produktivität des Landes. Sind die Bürgerinnen und Bürger eines Staates höher gebildet, engagiert und aktiv, so nehmen sie zunehmend am Arbeitsleben teil, fallen weniger in Armut und nehmen seltener Sozialleistungen in Anspruch. Die Güte einer sozialinvestiven Maßnahme bemisst sich dementsprechend an ihrer ökonomischen und sozialen Wirkung. Ziele einer solchen Wirkungsmessung können die Reduktion der Rückfallquote von Haftentlassenen oder die Erhöhung des Anteils von Menschen mit Behinderungen in Arbeit sein.

Weitere Beispiele für soziale Investitionen, mit denen zurzeit in Ländern auf der ganzen Welt experimentiert wird, zielen auf die Integration nicht-erwerbstätiger Personen in den Arbeitsmarkt – allen voran Frauen, aber auch Migrant_innen, Älteren oder Menschen mit Behinderungen. Gleichzeitig fördern sie die gesellschaftliche Teilhabe von ausgeschlossenen Gruppen und versuchen die Exklusion vom Arbeitsmarkt und der Gesellschaft zu verhindern. Zahlreiche Beispiele solcher sozialen Investitionen sind in Baines et al. (2017) aufgeführt.

Im historischen Rückblick betrachtet, sind soziale Investitionen sicherlich kein neues Phänomen, weder hierzulande, noch andernorts. Ganz im Gegenteil: Seit den Anfängen des modernen Wohlfahrtsstaates im späten 19. Jahrhundert werden in Deutschland soziale Investitionen getätigt. Rechnet man beispielsweise das Bildungssystem dem Sozialstaat zu, ist dies eine soziale Investition par excellence: Der Staat investiert in die Befähigung seiner Bürger_innen wirtschaftlich tätig zu werden und generiert somit Einkommen durch Steuern. Auch die aktive Arbeitsmarktpolitik, die in Deutschland unter Bundeswirtschaftsminister Karl Schiller (SPD) Ende der 1960er Jahre als wichtiger Bestandteil des deutschen Wohlfahrtsstaates etabliert wurde, lässt sich als soziale Investition beschreiben: Umschulungsprogramme, Weiterbildungsmaßnahmen und Stellenvermittlung sollen die Abhängigkeit von Arbeitslosenhilfe reduzieren (Altmann 2004).

Ähnliche historische Beispiele finden sich in vielen sozialpolitischen Politikfeldern. Allerdings lässt sich erst seit rund zwanzig Jahren eine systematische Fokussierung auf soziale Investitionen als wohlfahrtsstaatliche Strategie feststellen, nämlich seit Amtsantritt der sozialdemokratisch-grünen Bundesregierung unter Bundeskanzler Gerhard Schröder, dessen Agenda 2010 in vielerlei Hinsicht mit sozialdemokratischen Wohlfahrtsprogrammen brach. Standen seit Ende des Zweiten Weltkrieges sogenannte dekommodifizierende Maßnahmen im Zentrum sozialdemokratischer Forderungen (also solche Programme, die auf die Kompensation von Lohnausfällen abzielten, wie das Arbeitslosengeld, die Rente oder die Lohnfortzahlung im Krankheitsfall), fand nun das Prinzip „Fördern und Fordern" Eingang in die sozialdemokratische Wohlfahrtsstaatskonzeption (Meyer 2013). Der Wohlfahrtsstaat wird dabei nicht mehr vorrangig als Kompensator eintretender Lebensrisiken verstanden, sondern soll Menschen befähigen, aktivieren aber auch sanktionieren. Um eine langfristige (auch: „selbst gewählte") Abhängigkeit von Arbeitslosengeld zu verhindern, wurden die Lohnersatzleistungen auf das Existenzminimum gekürzt und mit individuellen Kürzungsmöglichkeiten versehen, die greifen, wenn keine Anstrengungen der Arbeitssuche erkennbar sind (Steck und Kossens 2003).

An dieser Stelle wird bereits deutlich, dass das Konzept der sozialen Investitionen sehr unterschiedlich umgesetzt wird. In der Praxis stellen sich Fragen wie: Welche Forderungen sind zumutbar? Wie geht man mit Individuen um, die nicht „aktivierbar" sind, weil sie beispielsweise zu krank sind? Wie viel Eigeninitiative und Beteiligung lässt sich von den Bürger_innen erwarten? Und – wohl am prominentesten: Welche Bürger_innenrechte sollen gewährleistet werden? Diese Fragen können im politischen Spektrum je nach Parteizugehörigkeit und Ideologie beantwortet werden und bilden so eine große Varianz von Umsetzungsmöglichkeiten ab.

Wie verschiedene Beiträge im vorliegenden Band zeigen, erfolgen soziale Investitionen in Deutschland häufig unter Einbeziehung zivilgesellschaftlicher Akteure, wie etwa den Spitzenverbänden der freien Wohlfahrtspflege, aber auch zahlreicher lokaler Vereine, Stiftungen und anderer Organisationen, die in die Wohlfahrtsproduktion eingebunden werden. Dabei treten sie einerseits als politische Interessenvertreter in Erscheinung, die sich für den Ausbau sozialer Investitionen einsetzen, wie beispielsweise die Bertelsmann Stiftung, die zahlreiche Politikempfehlungen zum Umbau des deutschen Wohlfahrtsstaates abgegeben hat. Andererseits agieren viele zivilgesellschaftliche Akteure auch als Durchführungsorganisationen, die die verschiedenen Maßnahmen (häufig mit staatlicher Finanzierung) implementieren, z. B. als Anbieter von Kinderbetreuungseinrichtungen, Weiterbildungszentren oder Integrationskursen.

In den folgenden Abschnitten wird der verstärkte Einsatz sozialer Investitionen als Reformstrategie im deutschen Wohlfahrtsstaat untersucht und illustriert. Dazu wird in einem ersten Schritt der Stellenwert sozialer Investitionen im wohlfahrtsstaatlichen Diskurs nachgezeichnet (Abschn. 2), um dann am Beispiel der Expansion der U3-Kinderbetreuung zu verdeutlichen, wie soziale Investitionen bei der Reform des Wohlfahrtsstaates eingesetzt werden (Abschn. 3 und 4). Der Beitrag schließt mit einem Ausblick und fragt, inwieweit diese Strategien das Modell des deutschen Wohlfahrtsstaates nachhaltig verändert haben (Abschn. 5).

2 Soziale Investitionen in der politischen Debatte

Reformmaßnahmen des Sozialstaates stellen für die Sozialwissenschaften insofern eine analytische Herausforderung dar, als dass sie nur selten wirklich in sich geschlossene, politikfeldübergreifende Programme identifizieren können, die sich eindeutig einer konsistenten Strategie zuordnen lassen. Im Gegenteil: Sozialpolitische Reformen in demokratischen Staaten sind häufig widersprüchlich und durch Brüche gekennzeichnet (Kuhlmann et al. 2016).

Gleichwohl lassen sich für die vergangenen Jahrzehnte durchaus einige Entwicklungslinien im deutschen Wohlfahrtsstaat ausmachen, die in der Literatur unter der Überschrift „Vom fürsorgenden zum aktivierenden Wohlfahrtsstaat" zusammengefasst werden (für eine Übersicht vgl. Dingeldey 2006). Sowohl die Einbeziehung bürgerschaftlichen Engagements als auch der verstärkte Einsatz von sozialen Investitionen sind Ausdruck dieses sozialpolitischen Paradigmenwechsels, der durch die Politik der rot-grünen Bundesregierung unter Kanzler Gerhard Schröder (1998–2005) intensiviert wurde.

Diese Maßnahmen sind politisch hoch umstritten: Anhänger_innen des traditionellen deutschen Wohlfahrtsstaats sehen darin einen Angriff auf das Fürsorgeprinzip und kritisieren, dass sich der Staat zunehmend aus seiner sozialpolitischen Verantwortung stehle. Reformen wie die Zusammenlegung von Arbeitslosenhilfe und Sozialhilfe (die sogenannten Hartz-Reformen) seien nichts anderes als ein paternalistisch motivierter, massiver Abbau des Wohlfahrtsstaates, der zu einer Spaltung der Gesellschaft geführt habe (Butterwege 2015). In der Tat bedeutet die Reduktion von sozialen Leistungen und die Einführung von Sanktionsinstrumenten besonders für die schwächsten Mitglieder der Gesellschaft teilweise erhebliche finanzielle Verschlechterungen und administrative Repressionen: Wer sich nicht selbst versorgen kann und dauerhaft auf staatliche Fürsorge angewiesen ist, wird an die staatliche Kandare genommen und für viele bleibt das Versprechen auf sozialen Aufstieg durch soziale Investitionen uneingelöst (May und Schwanholz 2013).

Befürworter_innen des Paradigmenwechsels sehen in den Reformen hingegen die einzige Möglichkeit, den Sozialstaat dauerhaft aufrecht zu erhalten und argumentieren, durch diese Maßnahmen die Chancen- und Leistungsgerechtigkeit zu erhöhen, indem die Bürgerinnen und Bürger in die Lage versetzt werden, selbst mit den Fährnissen des Lebens umzugehen. Zudem nehmen sie für sich in Anspruch, soziale Notsituationen gar nicht erst auftreten zu lassen oder zumindest deutlich abzumildern. In diesem Verständnis erreicht der Sozialstaat dann die besten Ergebnisse, wenn er die Menschen aktiviert und befähigt (für eine Übersicht der Debatte vgl. Brettschneider 2007). Der Fokus der Sozialpolitik verschiebt sich somit von statuserhaltenden Kompensationsleistungen auf die Schaffung von Employability[1], also die Verwertbarkeit der Menschen auf dem Arbeitsmarkt.

Dabei ist klar, dass soziale Investitionen immer nur als ein Baustein der Sozialpolitik betrachtet werden können. Anton Hemerijck (2013) spricht von einem „Maßnahmenmix", der den erfolgreichen Wohlfahrtsstaat kennzeichnet und der sich durch die Kombination von drei Maßnahmebündeln auszeichnet: 1) die Bereitstellung von kompensierenden sozialen Sicherungssystemen, die zumindest ein Existenzminimum garantieren, 2) die Bildung von Humankapital und 3) die Vorbereitung auf die Auswirkungen sozialer Veränderungen wie etwa den demografischen Wandel oder auch veränderte Lebensweisen der Menschen, z. B. die Abkehr vom Alleinernährer-Modell oder von der heterosexuellen Ehe als Leitbild.

---

[1]Employability (zu Deutsch auch Arbeitsmarktfähigkeit oder Beschäftigungsfähigkeit) beschreibt die Fähigkeit eines Menschen am Arbeitsmarkt zu partizipieren, indem er den Anforderungen der Arbeitswelt gerecht wird. Typische Anforderungen sind fachliche Kompetenzen und Fertigkeiten, aber auch physische und psychische Stabilität, Flexibilität und Verfügbarkeit (vgl. ausführlich Kraus 2008).

Die Frage, wie dieser Mix ausgestaltet werden soll, ist damit immer auch hochgradig politischer Natur, denn wann eine soziale Investition tatsächlich erfolgreich getätigt worden ist und was mit ihr überhaupt erreicht werden soll, lässt sich anders als in der Ökonomie nicht in Euro und Cent berechnen. Sozialpolitik legitimiert sich nicht ausschließlich durch ihr Kosten-/Nutzenverhältnis, sondern muss sich immer auch an der Menschenwürde und einem „guten Leben" aller Mitglieder einer Gesellschaft orientieren. Inwieweit soziale Investitionen diesem Anspruch tatsächlich gerecht werden, ist nicht nur politisch umstritten, sondern auch Gegenstand der vergleichenden Wohlfahrtsstaatsforschung, die bei der Bewertung der langfristigen Wirksamkeit von sozialen Investitionen noch ganz am Anfang steht. Immerhin kann sie aber zeigen, dass derzeit weltweit und ganz besonders innerhalb der europäischen Wohlfahrtsstaaten verstärkt mit sozialinvestiven Maßnahmen experimentiert wird (Prandini et al. 2016). Im europäischen Vergleich ist gegenwärtig der Auf- und Ausbau von Kinderbetreuungseinrichtungen für unter Dreijährige (U3) eine der bedeutsamsten soziale Investitionen, so auch in Deutschland. In den folgenden Kapiteln verdeutlichen wir diese Entwicklung und diskutieren sie vor dem Hintergrund der Debatte um soziale Investitionen.

3 Das Beispiel des Ausbaus der U3-Kinderbetreuung

Der Ausbau der Kinderbetreuung ist ein sehr interessantes Beispiel für sozialinvestive Politik, da es idealtypisch aufzeigt, welchen Herausforderungen eine solche Policy zu begegnen versucht, welche Implikationen sie für die Funktion und Struktur des Wohlfahrtsstaates hat und welchen Einfluss sie auf das Zusammenwirken der beteiligten Akteure nimmt. Zunächst sollen deshalb die Entwicklung der Kinderbetreuungspolitik und die aktuellen Herausforderungen beschriebenen werden, um darauf aufbauend die Akteure und Instrumente in diesem Bereich in den Blick zu nehmen. Abschließend wird nach der Rolle der Zivilgesellschaft gefragt.

3.1 Kinderbetreuung auf der politischen Agenda

Um die Jahrtausendwende hat die Thematik der Kinderbetreuung in Deutschland eine außerordentliche Popularität erhalten, die sich aus verschiedenen Richtungen entwickelte. Zum einen hängt diese Entwicklung mit der Neuorientierung der

Familienpolitik zusammen, welche die ökonomische Funktion der Familie stark machte. Zum anderen wurde die Bedeutung von Bildung für die Wirtschaftskraft eines Landes hervorgehoben und dieser Bereich auf der politischen Agenda aufgewertet. Der maßgebliche Treiber des neuen Agenda-Settings war jedoch die Hinwendung zum aktiven Wohlfahrtsstaat im Rahmen der Agenda 2010. Dieser Wendepunkt in der Sicht auf die Rolle des Wohlfahrtsstaates als sozialer Investor machte die neue Agenda der Familien- und Bildungspolitik sowie deren Verbindung erst möglich (Rüling 2010).

Die deutsche Familienpolitik orientierte sich noch bis zur Jahrtausendwende in erster Linie am Alleinernährer-Modell, welches die Absicherung der Ehefrau über die Erwerbsarbeit des Ehemannes gewährleistete und gleichzeitig die Sorgearbeit für den Nachwuchs sowie die ältere Generation garantierte (vgl. auch den Beitrag von Regina Ahrens in diesem Band). Darüber hinaus sollten Familie und Ehe nicht zum Gegenstand politischer Interventionen gemacht werden, denn sie galt als ausschließlich private Angelegenheit (Bujard 2015). Diese an der Lebensrealität der Nachkriegsgesellschaft ausgerichtete Herangehensweise geriet nach und nach in Rechtfertigungsdruck. Beginnend mit der Emanzipationsbewegung in den 1970er Jahren nahmen immer mehr Frauen am Arbeitsmarkt teil und forderten gleichberechtigte Lebensmöglichkeiten ein. Infolgedessen nahm die Zahl an Alleinerziehenden, Unverheirateten, Geschiedenen und Alleinlebenden zu; die Geburtenrate ging zurück (Blum 2012).

In der Folge brach die christdemokratisch-liberale Bundesregierung im fünften Familienbericht (1995) mit dem wertorientierten traditionellen Familienbild und machte die ökonomische Funktion der Familie stark. Die Familie als kleinste wirtschaftliche Einheit wurde als maßgeblich für das deutsche Wirtschaftswachstum definiert und sollte in ihrer Leistungsfähigkeit Unterstützung finden (Ritzi und Kaufmann 2014). Ein echter Richtungswechsel in der Familienpolitik wurde jedoch erst nach der Jahrtausendwende sichtbar. Beginnend mit der rot-grünen Regierung 1998, verstärkt jedoch in der großen Koalition 2005 bis 2009, wurde die Vereinbarkeit von Beruf und Familie zum zentralen Interventionsfeld neben den traditionellen Instrumenten des Familienlastenausgleichs (Gerlach 2010). Dabei standen der aufkommende Fachkräftemangel und die zunehmende Kinderlosigkeit im Fokus, die mit der Erhöhung der Erwerbstätigkeit von Frauen, der Expansion der Kinderbetreuungsmöglichkeiten und Vereinbarkeitsmaßnahmen wie dem Elterngeld ausbalanciert werden sollten (Bäcker et al. 2010).

Zur selben Zeit geriet das Feld der Bildungspolitik wieder in den Fokus, nachdem die international vergleichende Bildungsstudie PISA (2000) deutlich machte, dass der Bildungsstand in Deutschland erheblich geringer und die Bildungsungleichheit deutlich höher war als in vielen anderen OECD-Ländern.

Der jahrelange Investitionsstau in Grund-, Sekundar- und Hochschulen machte sich vor allem in den geringeren Bildungschancen von Kindern aus Arbeiterhaushalten oder mit Migrationshintergrund bemerkbar (Geißler 2008). Diese Erkenntnis wurde zum sogenannten „PISA-Schock", weil man in der verhältnismäßig geringen und ungleich verteilten Bildung eine Erklärung für die geringe wirtschaftliche Produktivität Deutschlands ausmachte. Die Anhebung des Bildungsniveaus und die Herstellung von Chancengleichheit wurden deshalb zu den wichtigsten Zielen der Bildungspolitik erklärt. Eine zentrale Rolle sollten frühkindliche Bildungsprozesse im Rahmen der Kinderkrippe, des Kindergartens oder der Kindertagespflege (Elementarstufe) spielen. Ihnen wurde zugeschrieben, durch die Betreuung von Kindern aller Gesellschaftsschichten zum Ausgleich verschiedener Ressourcenausstattung beizutragen (Klinkhammer 2010). 2004 verpflichteten sich die Bundesländer, Bildungspläne für die Elementarstufe zu entwickeln. Dies wurde auch im § 22 Sozialgesetzbuch (SGB) VIII festgehalten, der nicht nur die Betreuung und Erziehung, sondern auch die Bildung als zentralen Bestandteil der Kindertagesbetreuung festschrieb. Seitdem sind in allen Bundesländern Bildungspläne entstanden, die jedoch in den Einrichtungen sehr unterschiedlich umgesetzt werden (Hübenthal und Ifland 2011). Erst seit 2014 findet wieder eine stärkere Fokussierung von Qualität in der Kinderbetreuung statt. Ziel sind gemeinsame Qualitätsstandards in ganz Deutschland in den Bereichen Sprache, Ausstattung, Qualifikation von Fachkräften, Gesundheit und Bildung (BMFSFJ 2017b).

Der familienpolitische Paradigmenwechsel wie auch die neue Zuwendung zur Bildungspolitik basieren wie bereits ausgeführt maßgeblich auf dem Wendepunkt der Agenda 2010. Sozialpolitische Maßnahmen wurden im Sinne eines „aktiven Wohlfahrtsstaates" als produktive Leistungen für die ökonomische Entwicklung des Landes umgedeutet. Damit wurden Sozialausgaben zu sozialen Investitionen mit positiven ökonomischen Effekten und erhielten politische Legitimation.

Zentraler Orientierungspunkt für die Produktivität von sozialen Investitionen ist der Arbeitsmarkt, denn mit dem Ziel der Höherbildung und dem chancengerechten Zugang zu Bildung und Arbeit ist in erster Linie die Entwicklung von Humankapital für die wissensbasierte globale Marktwirtschaft verbunden (Lessenich 2008). Ausdruck dieser Orientierung ist der Vorrang erwerbssuchender und erwerbstätiger Eltern bei der Kinderbetreuungsplatzvergabe (Hielscher et al. 2013). Besonders deutlich wird die Verknüpfung von Kindertagesbetreuung und Arbeitsmarkt jedoch fiskalisch: Die durch Kürzung des Arbeitslosengeldes im Rahmen der Agenda 2010 frei gewordenen 1,5 Mrd. EUR sollten für den Ausbau der Kindertagesbetreuung genutzt werden, um Eltern beim Zugang zu Arbeit und Bildung zu unterstützen (Rüling 2010).

3.2 Aktuelle Trends und Herausforderungen

In der Ausgestaltung des deutschen Wohlfahrtsstaates spielt die Familie eine tragende Rolle. So wurde die Rollenteilung des Mannes als Familienernährer und der Frau als Mutter, Hausfrau und Sorgende für Alte und Kranke institutionalisiert. Der Arbeitsmarkt wurde entsprechend der männlichen Realität durch das Normalarbeitsverhältnis strukturiert, welches ein Auskommen garantieren sollte, das als Grundlage für eine ganze Familie diente. Mit der Sozialversicherung wurden außerdem Lohnausfälle aufgrund von Krankheit und Arbeitslosigkeit sowie die Rente im Alter abgesichert. Die Anspruchsgrundlage für Ausgleichszahlungen von Frauen war dagegen die Ehe. Das Ehegattensplitting[2], die Witwenrente[3] und die kostenlose Mitversicherung in der Sozialversicherung stellte ihre ökonomische Versorgung sicher (Bäcker et al. 2010). Nach wie vor sind diese Instrumente die Grundpfeiler des Wohlfahrtsstaates, nur treffen sie heute auf eine veränderte Realität.

Familienmodelle in Deutschland sind verschieden und differenzieren sich weiter aus. Die klassische Kernfamilie wird nicht mehr als Ehepaar mit leiblichen/m Kind/ern definiert, sondern offen als Eltern-Kind-Gemeinschaft, die „Ehepaare, nicht eheliche und gleichgeschlechtliche Lebensgemeinschaften oder alleinerziehende Mütter und Väter" sowie „leibliche Kinder, Stief-, Pflege- oder Adoptivkinder von beiden oder von einem der beiden Elternteile" umfasst (Huinik 2009). Nach wie vor werden die meisten Kinder in einer Ehegemeinschaft geboren, die Anzahl der Geschiedenen, Alleinerziehenden, Patchworkfamilien und eheähnlichen Gemeinschaften nimmt jedoch zu (Destatis und WZB 2016). Die Ehe kann demnach nur noch für einen Teil der Familien als Sicherungsinstanz dienen.

Gleichzeitig hat eine Dualisierung des Arbeitsmarktes stattgefunden. Neben den klassischen Normalarbeitsverhältnissen, die ein Familieneinkommen sichern, ist ein breiter Niedriglohnsektor mit befristeten, Zeitarbeits- und geringfügigen Arbeitsverhältnissen entstanden, die kaum eine ökonomische Versorgung bieten. Der Arbeitsmarkt wird dabei immer flexibler, beispielsweise werden Branchen

---

[2]Sind beide Ehepartner_innen steuerpflichtig, können sie sich gemeinsam zur Einkommenssteuer veranlagen. Das hat insbesondere bei großen Einkommensunterschieden den Vorteil, dass Steuern eingespart werden, denn die Steuerlast wird dann geteilt.

[3]Diese Rente wird im Falle des Todes dem oder der hinterbliebenen Ehepartner_in gewährt. Sie soll das Einkommen ersetzen, das das Familienmitglied durch den Tod nicht mehr erbringen kann und beträgt bis zu 55 % der errechneten Rente.

aufgegeben, Unternehmen ziehen in andere Länder oder werden verkauft. Die Globalisierung in einer beschleunigten Zeit bringt Risiken der Arbeitslosigkeit, der Entwertung des gelernten Berufes und auch gesundheitlicher Beeinträchtigung mit sich, die kaum mehr vorherzusehen sind (Dingeldey und Warsewa 2016).

Die Lebensverhältnisse von Familien, die von einem oder zwei Normalarbeitsverhältnissen leben und jenen, die im Niedriglohnsektor beschäftigt sind oder von Sozialleistungen leben, werden zunehmend ungleicher. Mit jedem Kind steigt in Deutschland das Armutsrisiko. Insbesondere Alleinerziehende und Familien mit mehr als zwei Kindern sind davon betroffen, denn sie können ihre Beschäftigung nicht entsprechend des Normalarbeitsverhältnisses gestalten (Garbuszus et al. 2018). Das Aufwachsen in Armut wirkt sich negativ auf die Chancen im Bildungs- und Berufsverlauf von Kindern aus. Die Wahrscheinlichkeit, dass Kinder, die in Armut aufwachsen auch als Erwachsene in Armut leben, ist in Deutschland immer noch hoch (Destatis und WZB 2016).

Diese Entwicklungen führten lange Zeit zu einer fallenden Geburtenrate, die unter der Sterberate liegt und zusammen mit der steigenden Lebenserwartung zum Altern der Gesellschaft beiträgt. Der sogenannte demografische Wandel führt dazu, dass das in Deutschland etablierte Sozialversicherungssystem, das die Rente der Älteren durch die Erwerbseinkommen der Jüngeren finanziert, zunehmend teurer wird. Bleibt das Sozialversicherungssystem erhalten und bewahrheitet sich die negative Bevölkerungsprognose, müssen Arbeitnehmer_innen immer mehr Abgaben leisten und erhalten im Alter immer weniger Rente, was nicht nur zu einer massiven Altersarmut, sondern auch zu einer höheren Armut von Familien führen kann (Krapf 2016).

Gleichzeitig wirkt sich die geringe Geburtenrate auf das Angebot auf dem Arbeitsmarkt aus: Immer weniger Menschen im erwerbsfähigen Alter können den steigenden Bedarf an Fachkräften in Gesellschaft und Wirtschaft decken. Der Fachkräftemangel wird in der Wirtschaft wie auch in Krankenhäusern und Kindertageseinrichtungen bereits daran deutlich, dass Ausbildungsplätze und Arbeitsstellen nicht mehr besetzt werden können. Dieser Trend wird verstärkt durch den Wandel von der Industrie- zur Dienstleistungsgesellschaft, die ihre wirtschaftliche Produktivität zunehmend aus dem Angebot von Services und Wissen zieht (Bußmann 2015).

Dazu werden insbesondere gut ausgebildete und kreative Fachkräfte benötigt, die zunehmend in Frauen gesehen werden. Aktuell ist die Verteilung der Erwerbs- und Sorgearbeit insbesondere in den alten Bundesländern jedoch nach wie vor traditionell: Der Mann übernimmt die Rolle des Familienernährers und die Frau die Rolle der Mutter, Hausfrau und z. T. der Dazuverdienerin. In den alten

Bundesländern ist die Hälfte der Mütter teilzeitbeschäftigt und ein Fünftel vollzeiterwerbstätig, in den neuen Bundesländern ist das Verhältnis andersherum (Destatis und WZB 2016).

In der Zusammenschau zeigt sich, dass der Wohlfahrtsstaat in seiner aktuellen Konfiguration mit seinen traditionellen Tätigkeitsschwerpunkten die sogenannten „neuen Risiken" (Scheidung, Erziehung durch Einzelpersonen, psychische Erkrankungen, Langzeitarbeitslosigkeit) nicht mehr absichern kann. Würde man diesen neu aufkommenden Lebensrisiken mit einem Ausbau sozialer Transferleistungen begegnen wollen, würde der Wohlfahrtsstaat ausufern, noch ineffizienter und ineffektiver werden, so dessen Kritiker (Giddens 1999). Sie sehen stattdessen sozialinvestive Policies als alternative Lösung der aktuellen Herausforderungen, die durch Prävention und Unterstützung der Teilnahme am Arbeitsmarkt sowie an Bildung zu einer Erhöhung der Beschäftigung beitragen. Der dahinterliegende Gedanke ist: je mehr Menschen in Beschäftigung sind, desto mehr Einkommen und soziale Netzwerke haben sie zur Verfügung, um selbstbestimmt Lebensrisiken zu überwinden. Dadurch werden nicht nur die Sozialsysteme entlastet, sondern auch die Produktivität erhöht (Esping-Andersen 2002).

Um die Partizipation von Frauen in Arbeit und Bildung zu unterstützen wurde als zentrales Investitionsfeld der Ausbau der U3-Kinderbetreuung festgemacht. Bisher ist die Kinderbetreuungsinfrastruktur besonders in den alten Bundesländern schwach aufgestellt. Derzeit wird circa ein Drittel der Kinder unter drei Jahren in Einrichtungen oder der Kindertagespflege betreut, jedoch wünscht sich die Hälfte der Eltern mit Kindern dieser Altersgruppe einen Betreuungsplatz. Auch der Betreuungsumfang und die Flexibilität der Betreuungszeiten entspricht noch nicht den Ansprüchen der Familien in Deutschland. Vormittagsöffnungszeiten, Schließung über die Ferien oder starre Bring- und Abholzeiten ermöglichen nur eine Teilzeiterwerbstätigkeit oder machen die Verfügbarkeit von Großeltern notwendig. Auch die Qualifikation der Fachkräfte und der Personalschlüssel sind in vielen Regionen weit entfernt von einem qualitativ hochwertigen Angebot (Bock-Famulla et al. 2017). Der quantitative und qualitative Ausbau der Kinderbetreuung sind damit auch weitergehend ein wichtiges Investitionsfeld.

Eine weitere zentrale Herausforderung, die sich aus den aufgezeigten Entwicklungen für Familien und zunehmend für den Wohlfahrtsstaat ergibt, sind die steigenden Anforderungen an die Bildung und Erziehung der nachwachsenden Generation. Es wird zunehmend die Ansicht vertreten, dass Familien weniger in der Lage seien ihren Kindern die notwendigen Fähigkeiten und Kenntnisse zu vermitteln, die in der modernen Gesellschaft erwartet werden. Dem Wohlfahrtsstaat kommt demnach zunehmend die Aufgabe zu, Familien bei der Erziehung und Bildung ihrer Kinder zu unterstützen. Aus dieser Sicht ist eine möglichst frühe institutionelle Einbindung von Kindern, insbesondere, wenn sie aus bildungsfernen oder zugewanderten Familien stammen, ein zentrales Anliegen, um spätere Chancenungleichheiten zu unterbinden. Dies wird aktuell besonders in den Bemühungen deutlich, geflüchtete Kinder in Krippen und Kitas aufzunehmen (Naumann 2014).

3.3 Akteure

Die Bereitstellung einer Kinderbetreuungsinfrastruktur ist Aufgabe der Kommunen und Regionen, die diese unter Aufsicht des jeweiligen Bundeslandes entsprechend der Vorgaben des Sozialgesetzbuches (SGB) VIII und abhängig von den lokalen Bedingungen und Bedarfen umsetzen. Der Bund hat neben der Gesetzgebungskompetenz die Aufgabe die Kinder- und Jugendhilfe zu fördern, anzuregen und fortzuentwickeln, sofern dies von überregionalem Interesse ist. Dazu gehört die Sicherung des Rechtsanspruches auf einen Krippen- bzw. KiTa-Platz, die Bereitstellung der Infrastruktur bedarfsgerechter Angebote in den Kreisen und Städten, der Schutz von Kindern in Einrichtungen und die Auflage von Modellprojekten. Die Länder konkretisieren die Bundesgesetzgebung durch eigene Gesetze und wirken auf eine ausreichende Versorgung in den Kommunen hin. Die Kommunen tragen jedoch die Gesamtverantwortung für die Planung und Erbringung der Leistungen (BMFSFJ 2013). Das nachrangige Eingreifen der nächst höheren politischen Ebene zur Koordination, Nachbesserung oder zum Garantieren von Rechten ist im Grundgesetz mit dem Prinzip der Subsidiarität geregelt. Dieses Prinzip wurde auch im Kinder- und Jugendhilfegesetz festgehalten, das im Sozialgesetzbuch VIII zu finden ist: Demnach haben Träger der freien Wohlfahrtspflege[4] den Vorrang in der Erstellung von Dienstleistungen, Einrichtungen und Produkten gegenüber den öffentlichen Trägern. Letztere übernehmen die Planung, Organisation, Steuerung und Finanzierung der Hilfen,

---

[4]Zu den Trägern der freien Wohlfahrtspflege zählen die sechs großen Wohlfahrtsverbände Caritas, Diakonie, Rotes Kreuz, der Paritätische, der Arbeiter Samariter Bund und die Zentralwohlfahrtsstelle der Juden sowie weitere Verbände und Vereinigungen. Sie zeichnen sich durch ihre staatliche Unabhängigkeit und ihre Gemeinnützigkeit aus. Sie verfolgen in erster Linie soziale Ziele und erwirtschaften Gewinne nur um Investitionen oder den Betrieb zu refinanzieren. Vgl. auch den Beitrag von Holger Backhaus-Maul in diesem Band.

betätigen sich aber an der Umsetzung nur, wenn diese nicht von freien Trägern übernommen wird. Eine herausgehobene Stellung bei den freien Trägern nehmen vor allem in den westdeutschen Ländern kirchennahe Träger ein, die Mitglieder im katholischen Caritas-Verband oder dem evangelischen Diakonischen Werk sind. Vielerorts befinden sich die Einrichtungen auch direkt in der Trägerschaft der lokalen Kirchengemeinden (Weegmann und Ostendorf-Servissoglou 2017). Grundsätzlich wird jedoch der Familie das prinzipielle Erziehungs- und Versorgungsrecht zugeschrieben. Den freien und öffentlichen Trägern kommt die Aufgabe zu, vorsorgend und fürsorgend auf die Familie einzuwirken sowie im Falle verwaister Kinder die familiären Fürsorgepflichten zu übernehmen (Jordan et al. 2012).

Auf Bundesebene ist das Ministerium für Familie, Senioren, Frauen und Jugend (BMFSFJ) für die Regulierung in den Policy-Bereichen Vereinbarkeit von Beruf und Familie, Familienhilfen sowie Kinder- und Jugendhilfe zuständig. In den Ländern ist je nach Fokus das Sozial- oder das Bildungsministerium zuständig für die U3-Kinderbetreuung. Als exekutive Behörde übernehmen die (Landes-)Jugendämter und Familienbüros in den Bundesländern und Kommunen die Schirmherrschaft für die Ausgestaltung, Umsetzung und Auszahlung der Hilfen (BMFSFJ 2013). Die Einrichtung und praktische Gestaltung der U3-Kinderbetreuung in Tageseinrichtungen wird zum Großteil von Organisationen der freien Wohlfahrtspflege übernommen (siehe Abb. 1), die 2016 mehr als die Hälfte (55 %) der Betreuungsplätze anboten. Die öffentlichen Träger offerieren Plätze für ein Viertel (26 %) und kommerzielle Unternehmen – auch frei-gewerbliche Träger genannt – für 4 % der Kinder unter drei Jahren. 15 % der Betreuungsplätze

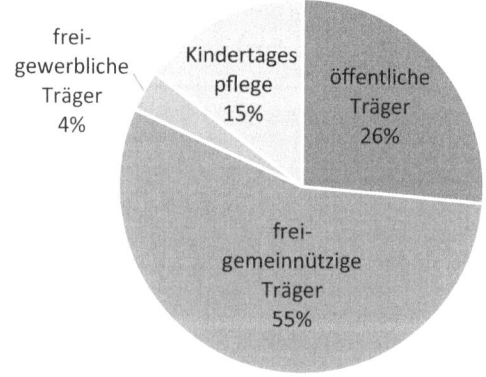

Abb. 1 Kinder in Kindertageseinrichtungen nach Träger und in Kindertagespflege 2016. (Quelle: Statistisches Bundesamt, Statistiken der Kinder- und Jugendhilfe, Kinder und tätige Personen in Tageseinrichtungen und öffentlich geförderter Kindertagespflege, 2016, eigene Berechnungen. Grafik: Eigene Darstellung)

unter drei Jahren werden jedoch nicht von Einrichtungen angeboten, sondern von der Kindertagespflege[5]. Finanziert werden die Betreuungsformen zum größten Teil von den Bundesländern und Kommunen, zu einem geringer werdenden Teil von den Trägern und von den Eltern. Welchen Anteil jeder Akteur an der Finanzierung hat, ist je nach Bundesland, Kommune und Träger unterschiedlich (BMFSFJ 2013).

In der Bildungspolitik sind dagegen die Länder die Hauptverantwortlichen für die Gesetzgebung, Ausgestaltung und Implementation von Bildung. In verschiedenen Versuchen zielte der Bund zwar darauf eine stärkere Koordinationskompetenz zu erhalten – zuletzt durch die rot-grüne Regierung 2003 – jedoch wurden diese Anstrengungen mit dem Kooperationsverbot 2006 beendet. Der Bund hat infolge dessen lediglich eine Kooperationskompetenz im internationalen Raum. National kann er sich durch Anregungen, Moderationen sowie Teilfinanzierungen einbringen. Im aktuellen Koalitionsvertrag (2018–2021) ist eine Lockerung des Kooperationsverbots vorgesehen, um die Digitalisierung in den Schulen und die Ganztagsbetreuung weiter auszubauen. Eine wichtige Rolle in der Koordinierung der Bildungsanstrengungen auf Landesebene spielt die Kultusministerkonferenz (KMK), ein freiwilliger Zusammenschluss der Länder für Fragen der Kultur- und Bildungspolitik, der viermal im Jahr tagt, jedoch keine rechtlich verbindlichen Entscheidungen treffen kann (Hepp 2013). Im Jahr 2004 hat die KMK einen Rahmenplan für die Bildung erstellt, der den Elementarbereich als wichtigen Teil des Bildungssystems deklariert. Seitdem wurden in allen Bundesländern Bildungspläne eingeführt, jedoch mit sehr unterschiedlicher Konnotation im U3-Bereich. Jede Betreuungseinrichtung kann dabei entsprechend ihrer konfessionellen oder pädagogischen Ausrichtung selbst entscheiden, inwiefern sie dem Rahmenplan folgt. Oftmals sind einem großflächigen Umbau der Einrichtungen in Bildungsorte jedoch schon aufgrund der dünnen Personaldecke und der engen Finanzierungslage Grenzen gesetzt (Hübenthal und Ifland 2011).

---

[5]Diese wird in der Regel von einer Tagesmutter oder einem Tagesvater in der eigenen Wohnung oder der Wohnung des Kindes ausgeführt. Sie sind je nach Vorgaben des Bundeslandes qualifiziert und haben eine öffentliche Anerkennung. Eine Tagespflegeperson kann bis zu fünf Kinder betreuen und mit anderen Tagespflegepersonen im Rahmen einer Großtagespflege zusammenarbeiten.

3.4 Instrumente

Nachdem von staatlicher Seite wie oben beschrieben ein Reformbedarf in der U3-Kinderbetreuung festgemacht wurde, der mithilfe sozialinvestiver und aktivierender Strategien gelöst werden soll, wirkt die Bundesebene nun verstärkt im Bereich der Familienpolitik sowie der Kinder- und Jugendhilfe, die sonst hauptsächlich in der Verantwortung der Kommunen und Familien liegen. Insbesondere hat der Bund keine Finanzierungskompetenz in der Kinder- und Jugendhilfe. Diese obliegt den Ländern und Kommunen. Das bedeutet, dass der Bund keine zweckgebundenen Mittel bereitstellen kann, aber dennoch Investitionsfonds ohne Mittelbindung (BMFSFJ 2013). Im Falle der U3-Kinderbetreuung wurde verstärkt von diesem Instrument Gebrauch gemacht.

Das erste Investitionsprogramm wurde 2005 im Rahmen des Tagesbetreuungsausbaugesetzes (TAG) gestartet. Insgesamt sollten 230.000 Plätze in Tageseinrichtungen oder in der Tagespflege entstehen (Gerlach 2009). 2008 folgte das Kinderförderungsgesetz (KiFöG), welches die finanzielle Beteiligung des Bundes am Kinderbetreuungsausbau regeln sollte und neue Bedarfskriterien festlegte. Der Anspruch auf einen Kinderbetreuungsplatz wurde damit als Aktivierungsmaßnahme auch auf arbeitssuchende Eltern ausgeweitet. Weiterhin wurde die Förderung und Professionalisierung der Kindertagespflege gleichberechtigt neben die institutionelle Kindertagesbetreuung gestellt (Klinkhammer 2010). Insgesamt sollte bis 2013 eine dem Bedarf der Eltern entsprechende Expansion der Kindertagesbetreuung vorgenommen werden, die mit dem gesetzlichen Recht auf einen Betreuungsplatz ab dem ersten Geburtstag im selben Jahr verankert wurde. Das Recht auf einen Krippenplatz kann als Wendepunkt in der Familienpolitik betrachtet werden, da es die Abwendung vom Modell des männlichen Alleinverdieners institutionalisiert (Blum 2012). Als neues Leitbild wird der Doppelverdiener-Haushalt beworben, der im Sinne des Sozialinvestitionsansatzes zur geschlechtergleichen Integration in den Arbeitsmarkt und damit zu einem gleichberechtigten Anspruch auf Sozialversicherungsleistungen führen soll (Klinkhammer 2010).

Da jedoch der steigende Bedarf der Eltern 2013 und in den Folgejahren nicht gedeckt werden konnte, wurden mit dem „Gesetz zur weiteren Entlastung von Ländern und Kommunen ab 2015 und zum quantitativen und qualitativen Ausbau der Kindertagesbetreuung" (2015) und dem „Gesetz zum weiteren quantitativen und qualitativen Ausbau der Kindertagesbetreuung" (2017) die Grundlagen für zwei weitere Investitionsprogramme gelegt. Die insgesamt drei Investitionsprogramme des Bundes haben maßgeblich dazu beigetragen, dass sich die Ausgaben für die U3 Kindertagesbetreuung von 2005 bis 2015 von 11,1 Mrd. EUR

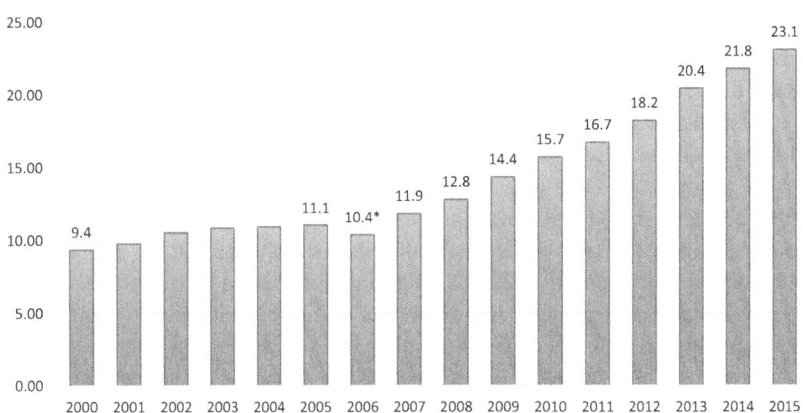

Abb. 2 Ausgaben für Tageseinrichtungen für Kinder in Mrd. Euro. *Im Berichtsjahr 2006 wurde das Rechnungswesen der Jugendämter auf Doppik umgestellt. Die rückläufige Zahl beruht daher zum Teil auf der neuen Berechnung. (Quelle: Bundesamt für Statistik (2017): Statistiken der Kinder- und Jugendhilfe. Ausgaben und Einnahmen. Grafik: Eigene Darstellung)

auf 23,1 Mrd. EUR mehr als verdoppelt haben (siehe Abb. 2). Mit dem ersten Investitionsprogramm wurden von 2008 bis 2013 vier Mrd. Euro für Investitionen in die Erweiterung von bestehenden Einrichtungen oder den Neubau von Einrichtungen sowie in neue Ausstattung bereitgestellt. Dieses Sondervermögen wurde mit dem zweiten Investitionsprogramm (2013–2014) nochmals um 580,5 Mio. EUR, mit dem dritten Investitionsprogramm (2015–2018) um 550 Mio. EUR und mit dem vierten Investitionsprogramm (2017–2020) um 1,126 Mrd. EUR aufgestockt. Außerdem beteiligt sich der Bund seit 2008 an den laufenden Betriebskosten mit ursprünglich 770 Mio. und aktuell 945 Mio. EUR. Allein im Jahr 2017 gab der Bund 2,5 Mrd. EUR für die U3-Kindertagesbetreuung aus (BMFSFJ 2017a).

Seit 2008 konnten insgesamt 357.935 neue U3 Plätze geschaffen werden. Damit hat sich die Anzahl betreuter Kinder auf 719.558 sowie die Betreuungsquote von 17,6 % auf 32,7 % fast verdoppelt (Deutscher Bundestag 2017). Nichtsdestotrotz wird aufgrund der großen Zuwanderung 2015, der steigenden Geburtenzahl sowie der Erhöhung der Erwerbsbeteiligung von Müttern ein weiter steigender Bedarf erwartet, der im Jahr 2016 noch mit zusätzlichen 13 % beziffert wurde (BMFSFJ 2017c).

Gleichzeitig mit dem Anspruch auf eine Kinderbetreuung ab dem zweiten Lebensjahr wurde 2013 auch das Betreuungsgeld eingeführt. Das Gesetz sollte Eltern unterstützen, die ihre Kinder unter drei Jahren zu Hause betreuen und somit die Wahlmöglichkeiten erhöhen. 2015 wurde das Betreuungsgeld wegen fehlender Gesetzgebungskompetenz des Bundes vom Bundesverfassungsgericht gestoppt.[6] In der Folge führte die bayrische Staatsregierung ein Landesbetreuungsgeld in Bayern ein. Das Instrument des Betreuungsgeldes wurde jedoch weniger als Mittel für mehr Wahlfreiheit diskutiert, sondern als der Versuch vonseiten der konservativen CSU am traditionellen Modell des männlichen Alleinverdieners festzuhalten. Die in weiten Kreisen dominierende Ablehnung des Betreuungsgeldes macht deutlich, dass in Deutschland dagegen ein Paradigmenwechsel hin zum Ideal des Doppelverdiener Haushaltes stattgefunden hat (Auth 2012).

Nichtsdestotrotz sind Instrumente zur Förderung der Wahlfreiheit durchaus ein wichtiges Ziel sozialinvestiver Politik, denn sie sind Ausdruck einer marktwirtschaftlichen Ausgestaltung des Wohlfahrtsstaates, von der nicht nur die Anbieter_innen, sondern auch die „Kund_innen" profitieren sollen. Das Optimum wäre aus dieser Sicht eine ökonomisch und rechtlich abgesicherte Familienarbeit in Verbindung mit einer qualitativ hochwertigen und bezahlbaren bedarfsdeckenden Betreuungsinfrastruktur (Esping-Andersen 2002). In Deutschland liegt der Fokus bisher jedoch hauptsächlich auf letzterem, wodurch eine Abwertung der Familienarbeit stattfindet und Eltern in ihrer Doppelrolle stärker belastet werden.

Wahlfreiheit wird in Deutschland weniger durch die Förderung vielfältiger Betreuungskonstellationen, sondern eher durch die Schaffung eines „Wohlfahrtsmarktes" von Kinderbetreuungseinrichtungen bzw. Tagespflegepersonen unterstützt. Ein solcher Wohlfahrtsmarkt, wie er in Deutschland in verschiedenen Kommunen bereits mit Kita-Gutscheinen gefördert wird, soll die Konkurrenz der Anbieter erhöhen, um so die Qualität insbesondere der Bildungsangebote in den Einrichtungen zu verbessern (Betz 2010). Gleichzeitig können Eltern entsprechend ihrer Lebenssituation oder der Vorlieben des Kindes eine geeignete Einrichtung aussuchen. Die Gefahr eines solchen Instrumentes liegt jedoch in der potenziellen sozialen Segregation von Familien, die durch eine geringere Ressourcenausstattung nicht für qualitativ hochwertige Betreuung aufkommen können. Seit den 90er Jahren findet eine graduelle Öffnung des Wohlfahrtssektors

---

[6]https://www.bmfsfj.de/bmfsfj/aktuelles/alle-meldungen/ergebnisse-der-rechtlichen-pruefung-zum-betreuungsgeld-urteil/75862.

für privat-kommerzielle und frei-gemeinnützige Organisationen statt (Backhaus-Maul und Olk 1994), ein pluraler Markt ist daraus jedoch nicht entstanden. Begleitet von Einsparungen kam es eher zu Einschränkungen der Angebotspalette und zur Suche nach gewerblichen Alternativen. In der Kinderbetreuung liegt der Fokus des Bundes bisher auf der Deckung des Bedarfes und nicht auf der Wahlfreiheit der Eltern (BMFSFJ 2013).

Andererseits ist die Frage der Verbesserung der Qualität der Kinderbetreuung im Zuge der Expansion der Kinderbetreuungsinfrastruktur durchaus zentral geworden: 2014 hat das BMFSFJ mit den Stellvertretern von Ländern und Kommunen ein Communiqué („Frühe Bildung weiterentwickeln und finanziell sichern") veröffentlicht, welches Qualitätsstandards in Krippe, Kindergarten und Tagespflege anregt. 2015 wurde zusätzlich der Themenschwerpunkt Integration von Kindern mit Fluchthintergrund festgelegt. Auf Grundlage der Verständigung von Bund, Ländern, Kommunen und Spitzenverbänden wurde schließlich 2017 die Vorlage für ein Qualitätsentwicklungsgesetz entwickelt. Dieses Gesetz soll ein Instrumentarium bereitstellen, das eine flexible Implementierung von Maßnahmen entsprechend der Bedarfe in den Kommunen ermöglicht und sich demnach auf das Verhältnis von Kind zu Personal, die Steuerung der Einrichtung, gesundheitliche Maßnahmen, Qualifizierung, erweiterte Öffnungszeiten oder die Reduzierung des Elternbeitrags konzentriert (BMFSFJ 2017b).

Aktuell investiert der Bund bereits mit folgenden Programmen in den qualitativen Ausbau der Kinderbetreuung: Für „Sprach-Kitas" – Einrichtungen mit erhöhtem Anteil an Kindern mit sprachlichem Förderbedarf – wird Fachpersonal zur Sprachförderung zur Verfügung gestellt; „Qualität vor Ort" soll den Wissens-Transfer unter den Kommunen durch Dialogveranstaltungen und Netzwerke unterstützen; „Bildung durch Sprache und Schrift" soll die Bildungsmaßnahmen von der Kita bis zur Sekundarschule verbinden und weiterentwickeln, um einen bruchlosen Bildungsverlauf zu ermöglichen; und „KitaPlus" soll die Betreuung außerhalb der klassischen Kita- und Grundschulöffnungszeiten fördern (BMFSFJ 2017b). Diese Bundesprogramme sind darauf gerichtet, Grundstandards über Anbieter und Kommunen hinweg zu institutionalisieren und die Qualität der Angebote zu sichern.

Einerseits verfolgt sozialinvestive Politik also ein diverses marktgesteuertes Angebot an sozialen Dienstleistungen und sozialer Infrastruktur, andererseits soll dieses Angebot vergleichbar und qualitativ hochwertig sein. Dieses Beispiel verdeutlicht, dass sich eine Vorgehensweise entsprechend sozialinvestiver Prinzipien in einem Spannungsfeld zwischen der freien Entfaltung privater Märkte und der Gewährleistung gesellschaftlicher Werte (z. B. gleiche Chancen) befindet. Dies ist zugleich die zentrale Charakteristik und der wohl wichtigste Kritikpunkt der neuen Wohlfahrtsstrategie, denn Fragen nach gesellschaftlichen Werten („In welcher Gesellschaft wollen wir leben?") werden oftmals zugunsten der Fragen von Effizienz und Effektivität zurückgestellt (Lessenich 2008).

4 Soziale Investitionen und die Rolle der Zivilgesellschaft

Die Rolle der Zivilgesellschaft ist, wie die ausgeprägte Verantwortung der freien Wohlfahrtspflege zeigt, in der Kinder- und Jugendhilfe sehr groß. Unterscheidungen ergeben sich jedoch, wenn man nach der Entwicklung, Finanzierung und Implementierung sozialer Maßnahmen fragt. Klassisch übernehmen die Familien- und Wohlfahrtsverbände die Interessenvertretung für Familien auf allen föderalen Ebenen. Sie sind Intermediäre zwischen Familien, Eltern, Kindern, Jugendlichen, Frauen, Arbeitnehmer_innen etc. und den Kommunen oder der Wirtschaft. So gestalten sie bedarfsgerechte Ansätze für lokalspezifische Problemlagen im Austausch mit den Zielgruppen sowie der Politik und sensibilisieren Politik, Wirtschaft und gemeinnützige Einrichtungen für die Bedarfe der Zielgruppen. Die Verbände wenden sich mit Stellungnahmen, Positionspapieren und Fallbeispielen an die Politik, sind jedoch in den zentralen Bundesprogrammen selten beteiligt. Mit dem Bundesforum Familie – gefördert von der Arbeitsgemeinschaft der deutschen Familienorganisationen (AGF) und dem BMFSFJ – in dem 120 Organisationen vertreten sind, soll die Beteiligung der Familienvertretungen gewährleistet werden. In der Praxis führt die Beteiligung dieser Organisationen auf Bundesebene aber selten zu einflussreichen Gestaltungsimpulsen in der Familienpolitik. Die Heterogenität der Positionen legitimiert oft die Bevorzugung politischer Interessen (Ahrens 2012).

Einen nicht zu unterschätzenden Einfluss haben jedoch seit längerer Zeit und insbesondere seit der Hinwendung zur wissenschaftlichen und experimentierenden Politikplanung das Deutsche Jugendinstitut (DJI) in München als zentrales Forschungsinstitut zu Kinder-, Jugend- und Familienhilfe sowie die Bertelsmann Stiftung, die auf die Gestaltung gesellschaftlichen Wandels zielt. Sie verbinden wissenschaftliche Erkenntnisse mit gesellschaftspolitischem Gestaltungswillen. Diese Querschnittsfunktion wird politisch zunehmend genutzt (Petrick und Birnbaum 2016). Das DJI und die Bertelsmann Stiftung sind derzeit an diversen Projekten in der Frühkindlichen Bildung, Betreuung und Erziehung beteiligt und dominieren die aktuelle Debatte rund um die Kinderbetreuung und kindliches Aufwachsen. Die Bertelsmann Stiftung bestimmt auch maßgeblich den Themenbereich der Vereinbarkeit von Beruf und Familie. Auch der Deutsche

Verein für öffentliche und private Fürsorge als Zusammenschluss der öffentlichen und freigemeinnützigen Träger der sozialen Arbeit und die politischen Stiftungen als parteinahe Akteure (Freise 2010) agieren als einflussreiche Think Tanks in diesem Politikfeld.

Ähnlich wie bei der Gestaltung von politischen Maßnahmen stellt sich die Lage in der Finanzierung von familienpolitischen Leistungen dar: Es gibt Hinweise auf neue Instrumente und Strategien, aber Hauptinvestoren sind nach wie vor Bund, Länder und Kommunen mit geringen Beiträgen von freien Trägern (i. d. R. die großen Wohlfahrtsverbände), Stiftungen oder auch Eltern. Es werden zwar durchaus Investitionen in sozial wirksame Initiativen und Projekte von vermögenden Privatpersonen, sozialen Banken (z. B. GLS, Triodos) den großen Stiftungen wie der BMW-, Siemens- oder Vodafone Stiftung vorgenommen, ein florierender Sozialinvestment Markt ist jedoch bisher nicht entstanden (Petrick und Birnbaum 2016).

Die bedeutendste Rolle zivilgesellschaftlicher Organisationen ergibt sich daher in der Erbringung von Leistungen. Wie bereits dargestellt bieten lokale Kirchengemeinden und andere Träger der freien Wohlfahrtspflege neben kommunalen Einrichtungen den Großteil der Kinderbetreuung an und sind somit maßgeblich für die Gestaltung hinsichtlich Qualität und Bildung verantwortlich. Im Zuge der Expansion der U3-Kindertagesbetreuung hat sich ihre Rolle noch weiter gefestigt (siehe Abb. 3); sie verdoppelten ihr Angebot und bieten 2016 fast 400.000 Plätze an. Die öffentlichen Träger weiteten ihre Plätze um 80 % aus und bieten halb so viele Plätze an. Den größten Zuwachs konnten die kommerziellen Unternehmen verzeichnen, die ihr Angebot verdreifachten, jedoch ist ihre Rolle nach wie vor marginal.

Gleichwohl führt die Öffnung des Wohlfahrtsmarktes dazu, dass die freie Wohlfahrtspflege in Deutschland zunehmend unter Druck gerät, sich stärker marktwirtschaftlich auszurichten (vgl. den Beitrag von Holger Backhaus-Maul in diesem Band). Um im neuen Wettbewerb mithalten zu können, müssen auch sie ihre Verwaltung verschlanken, ihre Prozesse effizienter gestalten und ihre Wirkung herausstellen. Zunehmend entstehen „hybride" Organisationen, die kommerzielle und gemeinnützige Angebote verbinden. Zum Beispiel eröffnen frei-gemeinnützige Organisationen kommerzielle Fitness Klubs oder Catering Services um ihre wirtschaftliche Grundlage zu sichern (Glänzel und Schmitz 2012).

Gleichzeitig öffnet sich die Wohlfahrtslandschaft für kleine, auf der Ebene der Kommunen entstehende Initiativen, Selbsthilfegruppen und Jugendvereine, die besonders die Bereiche abdecken, die von öffentlicher Seite nicht bedient werden und auf neue soziale Probleme reagieren. Insgesamt dominiert in Deutschland im Bereich der Familie jedoch nach wie vor die Unterstützung durch Verwandte,

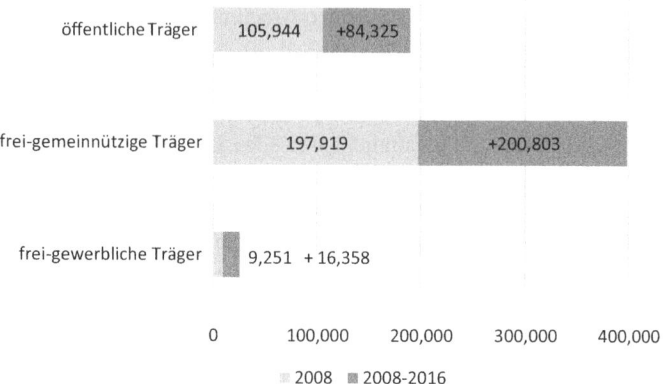

Abb. 3 Kinder in Kindertageseinrichtungen unter drei Jahren 2008 und 2016 nach Trägern. (Quelle: Statistisches Bundesamt, Statistiken der Kinder- und Jugendhilfe, Kinder und tätige Personen in Tageseinrichtungen und öffentlich geförderter Kindertagespflege, eigene Berechnungen. Grafik: Eigene Darstellung)

Freunde und Bekannte organisiert in Krabbelgruppen, Spielkreisen oder anderen Arten der Elternselbsthilfe (Bäcker et al. 2010).

5 Fazit

In unserem Beitrag haben wir zunächst das Konzept der sozialen Investitionen als Angebote des Sozialstaates definiert, deren vorrangiges Ziel nicht die Absicherung von Lebensrisiken ist, sondern vielmehr die Investition in die Befähigung von Menschen, sich aus eigener Kraft aus sozialen Notsituationen zu befreien. Zudem haben wir gezeigt, dass soziale Investitionen in Deutschland und andernorts in den vergangenen Jahren eine Aufwertung im Politikbetrieb erfahren haben. Zwar lassen sich seit Anbeginn des modernen Wohlfahrtsstaats Beispiele für Policies ausmachen, mit denen Menschen in die Lage werden sollten, die Fährnisse des Lebens selbst zu bewältigen. Betrachtet man jedoch die aktuelle sozialpolitische Schwerpunktsetzung, dann wird deutlich, dass derzeit sehr viel intensiver mit sozialinvestiven Programmen gearbeitet wird als vor der neo-liberalen Wende in den 1980er und 1990er Jahren. Dies gilt für nahezu alle Teilbereiche des Wohlfahrtsstaates, wie auch die Policy-Analysen von Eichhorst und Schroeder (Arbeitsmarktpolitik), Meyer (Migration und Integration), Gluns

(Wohnungspolitik), Ahrens (Familienpolitik), Ewert (Gesundheitspolitik) und Pahl (Sportpolitik) in diesem Band illustrieren.

Im Hinblick auf die Regulierung und Implementierung von sozialen Investitionen folgt der deutsche Wohlfahrtsstaat einem seit Beginn der Bundesrepublik etablierten Schema: Die Regulierung sozialer Investitionen über die Sozialgesetze erfolgt im Wesentlichen durch den Bund, während Länder und Kommunen für die Implementation verantwortlich zeichnen. Allerdings zeigt sich bei der Finanzierung sozialer Investitionen eine zunehmende Abkehr vom bismarckschen Wohlfahrtsstaat, der auf einem obligatorischen Sozialversicherungssystem basiert, denn soziale Investitionen wie der hier skizzierte Ausbau der Kinderbetreuung, aber auch viele andere Maßnahmen werden aus dem allgemeinen Steueraufkommen bestritten.

Eine Neuerung, die mit sozialen Investitionen einhergeht, ist schließlich die Legitimierung des Wohlfahrtsstaates, die zwei Argumentationslinien folgt: Zum einen werden soziale Investitionen als Instrumente zur Verwirklichung einer höheren Chancengerechtigkeit (z. B. für Frauen und benachteiligte Kinder) gerechtfertigt, zum anderen stehen soziale Investitionen auch für eine Effizienz- und Optimierungssteigerung etablierter sozialstaatlicher Angebote. Durch kurzfristige Investitionen soll langfristig eine Entlastung des Wohlfahrtsstaates erreicht werden. Deshalb sind diese Maßnahmen an verschiedenen politischen Ideologien anschlussfähig und werden quer durch die politischen Lager in verschiedenen Politikfeldern diskutiert.

In allen diesen Politikfeldern kommt der organisierten Zivilgesellschaft eine wichtige Rolle bei der Implementation sozialer Investitionen zu. Das ist nicht verwunderlich, handelt es sich bei ihnen doch in der Regel um personenbezogene Dienste, die in der subsidiären Tradition deutscher Sozialpolitik häufig von freigemeinnützigen Trägern angeboten werden, die sich der Zivilgesellschaft zurechnen lassen. Auch als Themenanwälte für die Vertiefung solcher Maßnahmen werden zivilgesellschaftliche Organisationen aktiv.

Allerdings sollte der Stellenwert sozialer Investitionsprogramme im deutschen Wohlfahrtsstaat auch nicht überschätzt werden. Nach wie vor dominieren dekommodifizierende Angebote sein Aufgabenspektrum, indem eintretenden Lebensrisiken wie Alter, Krankheit und Arbeitslosigkeit mit Transferleistungen begegnet wird. Alleine die Rentenversicherung macht mit Abstand den größten Teil sozialpolitischer Ausgaben in Deutschland aus. Angesichts der zunehmenden Alterung der Bevölkerung wird sich daran auch in Zukunft nichts ändern.

Aus Perspektive der Wohlfahrtsstaatsforschung ist schließlich darauf hinzuweisen, dass die Erfolgsmessung sozialer Investitionen überaus herausfordernd ist. Das hat zwei Gründe: Zum einen ist die Wirkung (bzw. Nicht-Wirkung) sozialer Investitionen häufig erst nach Jahrzehnten messbar und der Nachweis von Kausalitäten ist nicht selten schwierig. Zum anderen liegt der Erfolg sozialer Investitionen im Auge des Betrachters: Ihre Beurteilung ist immer abhängig von den angelegten sozialpolitischen Wertvorstellungen.

Literatur

Ahrens, R. 2012. *Nachhaltigkeit in der deutschen Familienpolitik. Grundlagen – Analysen – Konzeptualisierung*. Wiesbaden: Springer VS.
Altmann, G. 2004. *Aktive Arbeitsmarktpolitik. Entstehung und Wirkung eines Reformkonzepts in der Bundesrepublik Deutschland*. Wiesbaden: Steiner.
Auth, D. 2012. Betreuungsgeld und Familienpflegezeit: Mehr Wahlfreiheit und bessere Vereinbarkeit? *Femina Politica* 1 (2012): 135–139.
Bäcker, G., G. Naegele, R. Bispinck, K. Hofemann, und J. Neubauer. 2010. *Sozialpolitik und Soziale Lage in Deutschland. Buchreihe Gesundheit, Familie, Alter und Soziale Dienste*, Bd. 2. Wiesbaden: VS Verlag.
Backhaus-Maul, H., und T. Olk. 1994. Von Subsidiarität zu „outcontracting": Zum Wandel der Beziehungen zwischen Staat und Wohlfahrtsverbänden in der Sozialpolitik. In *Staat und Verbände*, Hrsg. W. Streeck, 100–135. Opladen: Westdeutscher Verlag.
Baines, S., et al. 2017. Synthesis report on case studies. http://innosi.eu/wp-content/uploads/2017/09/Synthesis-of-case-studies.pdf. Zugegriffen: 12. März 2018.
Betz, T. 2010. Königsweg Kita-Gutschein? Einblicke in bundesdeutsche Wirklichkeiten im System der Bildung, Betreuung und Erziehung. Neue Praxis. *Zeitschrift für Sozialarbeit, Sozialpädagogik und Sozialpolitik* 40 (2): 215–228.
Blum, S. 2012. *Familienpolitik als Reformprozess*. Wiesbaden: Springer VS.
BMFSFJ. 2013. *14. Kinder- und Jugendbericht. Bericht über die Lebenssituation junger Menschen und die Leistungen der Kinder- und Jugendhilfe in Deutschland*. Berlin: BMFSFJ.
BMFSFJ. 2017a. Gesetzliche Grundlagen für den Ausbau der Kinderbetreuung. https://www.bmfsfj.de/bmfsfj/themen/familie/kinderbetreuung/gesetzliche-grundlagen-fuer-den-ausbau-der-kinderbetreuung/86386. Zugegriffen: 21. Sept. 2017.
BMFSFJ. 2017b. Gute Kinderbetreuung. https://www.bmfsfj.de/bmfsfj/themen/familie/kinderbetreuung/gute-kinderbetreuung/73518. Zugegriffen: 21. Sept. 2017.
BMFSFJ. 2017c. *Kindertagesbetreuung Kompakt. Ausbaustand und Bedarf 2016*. Berlin: BMFSFJ.
Bock-Famulla, K., E. Strunz, und A. Löhle. 2017. *Länderreport Frühkindliche Bildungssysteme 2017. Transparenz schaffen – Governance stärken*. Gütersloh: Bertelsmann-Stiftung.
Brettschneider, A. 2007. Jenseits von Leistung und Bedarf. Zur Systematisierung sozialpolitischer Gerechtigkeitsdiskurse. *Zeitschrift für Sozialreform* 53 (4): 365–389.
Bußmann, S. 2015. Fachkräftemangel am deutschen Arbeitsmarkt. In *Aktuelle Herausforderungen in der Wirtschaftsförderung. Konzepte für eine positive regionale Entwicklung*, Hrsg. J. Lempp, G. van der Beek, und T. Korn, 45–50. Wiesbaden: Springer Gabler.

Bujard, M. 2015. Ziele der Familienpolitik. In *Dossier Familienpolitik*, Hrsg. Bundeszentrale für politische Bildung, 33–42. Bonn: Bundeszentrale für politische Bildung.
Butterwege, C. 2015. *Hartz IV und die Folgen: Auf dem Weg in eine andere Republik?* Weinheim: Beltz.
Destatis, und WZB. 2016. *Datenreport 2016. Ein Sozialbericht für die Bundesrepublik Deutschland.* Bonn: Bundeszentrale für politische Bildung.
Deutscher Bundestag. 2017. Gesetzentwurf der Bundesregierung. Entwurf eines Gesetzes zum weiteren quantitativen und qualitativen Ausbau der Kindertagesbetreuung. Drucksache 18/11408.
Dingeldey, I. 2006. Aktivierender Wohlfahrtsstaat und sozialpolitische Steuerung. *Aus Politik und Zeitgeschichte* 50 (8–9): 3–9.
Dingeldey, I., und G. Warsewa. 2016. Eine neue Ordnung der Arbeit? *WSI Mitteilungen* 69 (6): 409–426.
Esping-Andersen, G. 2002. Towards the good society, once again? In *Why we need a new welfare state*, Hrsg. G. Esping-Andersen, 1–25. Oxford: Oxford University Press.
Freise, M. 2010. Foundations, political. In *International encyclopedia of civil society*, Hrsg. Helmut Anheier, Stefan Toepler, und Regina List, 722–726. New York: Springer.
Garbuszus, J. M., N. Ott, S. Pehle, und M. Werding. 2018. *Wie hat sich die Einkommenssituation von Familien entwickelt? Ein neues Messkonzept. Im Auftrag der Bertelsmann Stiftung.* Gütersloh: Bertelsmann-Stiftung.
Geißler, R. 2008. Die Metamorphose der Arbeitertochter zum Migrantensohn: Zum Wandel der Chancenstruktur im Bildungssystem nach Schicht, Geschlecht, Ethnie und deren Verknüpfungen. In *Institutionalisierte Ungleichheiten*, Hrsg. Peter A. Berger und Heike Kahlert, 71–100. Weinheim: Juventa.
Gerlach, I. 2009. Wichtige Stationen bundesdeutscher Familienpolitik. http://www.bpb.de/izpb/8067/wichtige-stationen-bundesdeutscher-familienpolitik. Zugegriffen: 14. Sept. 2017.
Gerlach, I. 2010. *Familienpolitik*. Wiesbaden: VS Verlag.
Giddens, A. 1999. *The third way: The renewal of social democracy*. Cambridge: Polity.
Glänzel, G., und B. Schmitz. 2012. Hybride Organisationen – Spezial- oder Regelfall? In *Soziale Investitionen. Interdisziplinäre Perspektiven*, Hrsg. Helmut K. Anheier, Andreas Schröer, und Volker Then, 181–203. Wiesbaden: VS Verlag.
Hemerijck, A. 2013. *Changing welfare states*. Oxford: Oxford University Press.
Hepp, G. 2013. Der Staat als Akteur in der Bildungspolitik. Bpb Dossier. http://www.bpb.de/gesellschaft/kultur/zukunft-bildung/145238/staat-als-akteur?p=all. Zugegriffen: 22. Febr. 2018.
Hielscher, V., et al. 2013. *Zwischen Kosten, Zeit und Anspruch. Das alltägliche Dilemma sozialer Dienstleistungsarbeit*. Wiesbaden: Springer VS.
Hübenthal, M., und A.M. Ifland. 2011. Risks for children? Recent developments in early childcare policy in Germany. *Childhood* 18 (1): 114–127.
Huinik, J. 2009. Familie: Konzeption und Realität. http://www.bpb.de/izpb/8017/familie-konzeption-und-realitaet?p=all. Zugegriffen: 14. Febr. 2018.
Jenson, J. 2012. A new politics for the social investment perspective: Objectives, instruments, and areas of intervention in welfare regimes. In *The politics of the new welfare state*, Hrsg. Giuliano Bonoli und David Natali, 21–44. Oxford: Oxford University Press.
Jordan, E., S. Maykus, und E.C. Stuckstätte. 2012. *Kinder- und Jugendhilfe*. Weinheim: Beltz.

Kaufmann, F.-X. 2013. *Variations of the welfare state. Great Britain, Sweden, France and Germany between capitalism and socialism*. Berlin: Springer.

Klinkhammer, N. 2010. Frühkindliche Bildung und Betreuung im ‚Sozialinvestitionsstaat' – Mehr Chancengleichheit durch investive Politikstrategien? In *Kindheit zwischen fürsorglichem Zugriff und gesellschaftlicher Teilhabe*, Hrsg. Doris Bühler-Niederberger, Johanna Mierendorff, und Andreas Lange, 205–228. Wiesbaden: VS Verlag.

Krapf, M. 2016. *Der deutsche Sozialstaat: Geschichte, Aufgabenfelder und Organisation*. Baltmannsweiler: Schneider.

Kraus, K. 2008. *Beschäftigungsfähigkeit oder Maximierung von Beschäftigungsoptionen? Ein Beitrag zur Diskussion um neue Leitlinien für Arbeitsmarkt und Beschäftigungspolitik*. WISO-Diskurs November/2008. Bonn: Friedrich-Ebert-Stiftung.

Kuhlmann, J., K. Schubert, und P. de Villota. 2016. Recent developments of european welfare systems. Multiple challenges and diverse reactions. In *Challenges to European welfare systems*, Hrsg. J. Kuhlmann, K. Schubert, und P. de Villota, 1–10. New York: Springer.

Lessenich, S. 2008. *Die Neuerfindung des Sozialen: Der Sozialstaat im flexiblen Kapitalismus*. Bielefeld: transcript.

May, M., und J. Schwanholz. 2013. Vom gerechten Weg abgekommen? Bewertungen von Hartz IV durch die Bevölkerung. *Zeitschrift für Sozialreform* 59 (2): 197–223.

Meyer, H. 2013. *Was kann der Staat? Eine Analyse der rot-grünen Reformen in der Sozialpolitik*. Bielefeld: transcript.

Morel, N., B. Palier, und J. Palme. 2012. Beyond the welfare state as we knew it? In *Towards a social investment state? Ideas, policies and challenges*, Hrsg. N. Morel, B. Palier, und J. Palme, 1–32. Bristol: Policy Press.

Naumann, I.K. 2014. Access for all? Sozialinvestitionen in der frühkindlichen Bildung und Betreuung im Europäischen Vergleich. *Zeitschrift für Erziehungswissenschaft* 17:113–128.

Petrick, S., und J. Birnbaum. 2016. *Social impact investment in Deutschland*. Gütersloh: Bertelsmann Stiftung.

Prandini, R., M. Orlandini, und A. Guerra. 2016. Social investment in times of crisis: A quiet revolution or a shaken welfare capitalism? Overview report. Bologna.

Ritzi, C., und V. Kaufmann. 2014. Vom „menschlichen Grundbedürfnis" zum „Humanvermögen". Ökonomisierungsprozesse in der deutschen Familienpolitik. In *Die Ökonomisierung der Politik in Deutschland. Eine vergleichende Politikfeldanalyse*, Hrsg. G.S. Schaal, C. Ritzi, und M. Lemke, 97–129. Wiesbaden: Springer VS.

Rüling, A. 2010. Ausbau der Kinderbetreuung als soziale Investition? Ein Vergleich der Policies und politischen Debatten in Deutschland und England. *Sozialer Fortschritt* 59 (4): 96–103.

Schiller, C. 2016. *The politics of welfare state transformation in Germany*. London: Routledge.

Schmidt, M. 2012. *Der deutsche Sozialstaat*. München: Beck.

Steck, B., und M. Kossens. 2003. *Einführung zur Hartz-Reform*. München: Beck.

Weegmann, W., und E. Ostendorf-Servissoglou. 2017. Freie Träger und ihre Bedeutung für die Kinderbetreuung in Deutschland. In *Das Kita-Handbuch*, Hrsg. M. Textor. www.kindergartenpaedagogik.de/.

Teil II
Zivilgesellschaftliche Akteure

Zentrifugalkräfte in der Freien Wohlfahrtspflege: Wohlfahrtsverbände als traditionsreiche und ressourcenstarke Akteure

Holger Backhaus-Maul

Zusammenfassung
Die Freie Wohlfahrtspflege ist mit ihren Verbänden, Einrichtungen und Diensten eine der traditionsreichsten und zugleich wichtigsten Institutionen der deutschen Gesellschaft. Aus der Perspektive des akteurzentrierten Institutionalismus wird die Freie Wohlfahrtspflege als institutioneller Kontext verstanden, in dem sich ihre Organisationen als ressourcenstarke kollektive Akteure betätigen. Im Beitrag wird die Genese der Institution der Freien Wohlfahrtspflege skizziert, die organisationale Vielfalt und Vielschichtigkeit der Freien Wohlfahrtspflege dargestellt, ihre Akteurqualität herausgearbeitet, ihre zivilgesellschaftliche Bedeutung hinterfragt und auf institutionelle Erosionsprozesse aufmerksam gemacht.

Schlüsselwörter
Institution der Freien Wohlfahrtspflege · Ordnungs- und Subsidaritätspolitik· Personenbezogene soziale Dienstleistungen · Korporatismus · Intermediäre Organisation · Ökonomisierung · Soziale Innovation

---

H. Backhaus-Maul (✉)
Martin-Luther-Universität Halle-Wittenberg, Halle (Saale), Deutschland
E-Mail: holger.backhaus-maul@paedagogik.uni-halle.de

1 Institution und Organisation

Wohlfahrtsverbände sind – einem Swarovski-Kristall gleich – vielgestaltige und schillernde Gebilde, die nicht leicht zu erfassen sind. Damit stellt sich die Frage, was ist der Gegenstand? Ist es die Freie Wohlfahrtspflege als Institution oder sind es ihre Verbände, Mitgliedsorganisationen, Einrichtungen und Dienste als Akteure?

Die Freie Wohlfahrtspflege ist mit ihren Verbänden, Einrichtungen und Diensten eine der traditionsreichsten und zugleich wichtigsten Institutionen der deutschen Gesellschaft im Allgemeinen und der Produktion öffentlicher sozialer Dienstleistungen im Besonderen (Arnold et al. 2014; Grunwald und Langer 2018; Heinze und Olk 1981; Rauschenbach et al. 1995; Schmid und Mansour 2007). Ihre Tradition reicht bis zur Entstehung von Diakonie und der Caritas im 19. Jahrhundert zurück. Die Freie Wohlfahrtspflege gründet in spezifischen sozialkulturellen Milieus, wie dem Protestantismus, Katholizismus und Judentum sowie der Arbeiterbewegung und dem Bürgertum, die in der Weimarer Republik von den Reichsspitzenverbänden der Freien Wohlfahrtspflege weitgehend abgebildet wurden, sodass sie legitimatorisch selbstbewusst behaupten konnten, die deutsche Bevölkerung zu repräsentieren (Rauschenbach et al. 1995); und selbst für nicht an religiöse, politische und soziale Milieus gebundene Personengruppen hat die Freie Wohlfahrtspflege seit 1924 mit der „Vereinigung der freien privaten gemeinnützigen Wohlfahrtseinrichtungen Deutschlands", dem Vorläufer des Paritätischen Wohlfahrtsverbandes, ein organisiertes Angebot innerhalb der Freien Wohlfahrtspflege.

Mit der Entwicklung des deutschen Sozialstaates von der Weimarer Republik bis zur Bundesrepublik Deutschland wurde die Institution der Freien Wohlfahrtspflege ordnungs- beziehungsweise subsidiaritätspolitisch und sozialrechtlich bis in die 1990er Jahre hinein privilegiert (Backhaus-Maul und Olk 1994). Im Zuge dieser Entwicklung hat sich die Freie Wohlfahrtspflege funktional und politisch ausdifferenziert. Sie besteht aus sechs Spitzenverbänden sowie einer zur Unübersichtlichkeit neigenden Vielzahl an Mitgliedsorganisationen, stationären Einrichtungen und ambulanten Diensten, die jeweils einem der sechs Spitzenverbände angehören. Die Verbände der Freien Wohlfahrtspflege sind als politische Mehrebenenorganisationen aufzufassen, die auf Kommunal-, Landes-, Bundes- und europäischer Ebene vertreten sind (Schmid und Mansour 2007), voneinander unabhängig sind und zugleich institutionell miteinander kooperieren. Die Eigenständigkeit der sechs Spitzenverbände kommt in ihrem jeweils spezifischen Selbstverständnis sowie unterschiedlichen Organisationsweisen zum Ausdruck. Während etwa Caritas und Diakonie in ihrer Verbandspolitik und in der Dienstleistungserbringung konfessionelle Orientierungen und Prägungen aufweisen, gründet die Arbeiterwohlfahrt in einem gesellschaftspolitisch sozialdemokratischen Selbstverständnis. Die Art und Weise der Organisation der Freien Wohlfahrtspflege weist sowohl zwischen den Spitzenverbänden als auch innerhalb einzelner Verbände eine erhebliche Spannbreite von hierarchisch-zentralistischen bis hin zu dezentral-basisdemokratischen Organisationsformen auf. Organisationssoziologisch betrachtet ist nur so viel sicher, dass auch innerhalb der Freien Wohlfahrtspflege nichts so ist, wie es vorgibt zu sein oder wie es auf den ersten Blick erscheint (Kühl 2011). Wer etwa die Caritas heutzutage für einen konservativen zentralistisch-hierarchischen Spitzenverband und den Paritätischen Wohlfahrtsverband für einen Zusammenschluss selbstorganisierter linksalternativer Basisinitiativen halten würde, wäre einer dem Alltagsverständnis vergangener Zeiten geschuldeten Selbsttäuschung erlegen.

Aus der Perspektive des akteurzentrierten Institutionalismus (Scharpf 2000) richtet sich der Blick auf die Freie Wohlfahrtspflege als Institution und als Akteur: Die Freie Wohlfahrtspflege wird dabei als ein institutioneller Kontext verstanden, in dem sich die Organisationen der Freien Wohlfahrtspflege als kollektive Akteure betätigen. Ihre Akteurqualität gründet in den zur Verfügung stehenden personellen, materiellen und technologischen Handlungsressourcen, wobei Fritz W. Scharpf der Fähigkeit zur Entscheidung über institutionelle Regeln besondere Bedeutung bemisst. Und in der Tat verfügen die Organisationen der Freien Wohlfahrtspflege über ganz erhebliche personelle, finanzielle, sachliche und fachliche Ressourcen sowie über ein eigenes Satzungsrecht. Demzufolge können die in der Bundesarbeitsgemeinschaft der Freien Wohlfahrtspflege zusammengeschlossenen Spitzenverbände selbst entscheiden und regeln, was Freie Wohlfahrtspflege ist und wer unter welchen Bedingungen und aufgrund welcher Kriterien dazu gehört und wer nicht (Neumann 1989, 2004).

Als Institution prägt die Freie Wohlfahrtspflege die Vorstellungen, Präferenzen und Fähigkeiten der beteiligten Akteure sowie deren Interaktionsformen und Akteurkonstellationen. Im Sinne eines institutionellen Möglichkeitsspielraumes markiert die Freie Wohlfahrtspflege damit sowohl Handlungsoptionen als auch -restriktionen.

Im Folgenden soll die Genese der Institution der Freien Wohlfahrtspflege skizziert, die organisationale Vielfalt und Vielschichtigkeit der Freien Wohlfahrtspflege dargestellt, ihre Akteurqualität herausgearbeitet, ihre zivilgesellschaftliche Bedeutung hinterfragt und auf institutionelle Erosionsprozesse aufmerksam gemacht werden.

2 Deskription der Freien Wohlfahrtspflege

Die Institution der Freien Wohlfahrtspflege gliedert sich in sechs bundesweit tätige Spitzenverbände, wobei wiederum jeder für sich ein Zusammenschluss von Mitgliedsorganisationen ist. Die Geschichte der Freien Wohlfahrtspflege reicht bis zur Entstehung von Diakonie und Caritas aus lokalen Vereinigungen im protestantischen und katholischen Milieu im Kaiserreich zurück. Sowohl die Spitzenverbände als auch ihre Mitgliedsorganisationen verfügen über eigene Gliederungen auf Bundes-, Landes- und Kommunalebene sowie in Einzelfällen auch auf internationaler Ebene (Boeßenecker und Vilain 2013; Flierl 1992; Neumann 1989; Schmid und Mansour 2007). Die Funktion der Spitzenverbände besteht in erster Linie darin, die Interessen ihrer Mitgliedsorganisationen im Politik- und Gesetzgebungsprozess auf Bundes-, Landes- und europäischer Ebene zu vertreten. Zugleich obliegt ihnen die Verantwortung für den innerverbandlichen Meinungsbildungs- und Entscheidungsprozess. Diese vertikale Gliederung der Freien Wohlfahrtspflege geht einher mit einer funktionalen Ausdifferenzierung, der zufolge Verbände in erster Linie hierarchisch strukturierte Organisationen zur Herstellung kollektiv bindender Entscheidungen, Dienstleistungsorganisationen im eigenen Wirkungskreis und nicht zuletzt Interessenvertreter sind.

Die Aufgaben der Freien Wohlfahrtspflege als Dienstleistungsorganisationen erstrecken sich über alle Bereiche personenbezogener sozialer Dienstleistungen und reichen von der Alten-, Behinderten-, Kinder- und Jugendhilfe über Gesundheitsleistungen bis hin zur Aus- und Weiterbildung in Sozial- und Gesundheitsberufen (Bundesarbeitsgemeinschaft der Freien Wohlfahrtspflege 2012). Die Leistungserbringung erfolgt in stationären Einrichtungen und ambulanten Diensten unterschiedlicher Größe und Art, wobei die Freie Wohlfahrtspflege insgesamt über rund 105.000 Dienste und Einrichtungen mit 3,4 Mio. Betten beziehungsweise Plätzen verfügt (Bundesarbeitsgemeinschaft der Freien Wohlfahrtspflege 2012, S. 16). In relevanten Bereichen öffentlicher Sozialleistungen ist die Freie Wohlfahrtspflege nach wie vor „Marktführer", so befinden sich etwa 80 % aller freien Kindertagesstätten, 36 % aller Krankenhäuser und 54 % aller Altenpflegeheime in Trägerschaft von Wohlfahrtsverbänden (Bundesarbeitsgemeinschaft der Freien Wohlfahrtspflege 2012, S. 12); gleichwohl hat die Freie Wohlfahrtspflege in den vergangenen Jahrzehnten in Teilbereichen öffentlicher Sozialleistungen, wie etwa Krankenhäusern und ambulanten Altenpflegediensten, gegenüber privatgewerblichen Anbietern erheblich an Bedeutung verloren.

Die wirtschaftliche Bedeutung der Freien Wohlfahrtspflege wird erkennbar, wenn man sich die zuletzt veröffentlichten Beschäftigtenzahlen der Bundesarbeitsgemeinschaft der Freien Wohlfahrtspflege vergegenwärtigt: In den Einrichtungen und Diensten der Freien Wohlfahrtspflege sind rund 1,7 Mio. Menschen beschäftigt, davon 946.000 in Teilzeit und 728.000 in Vollzeit (Bundesarbeitsgemeinschaft der Freien Wohlfahrtspflege 2012, S. 10–17). Damit sind fast 4 % aller Erwerbstätigen in Deutschland in der Freien Wohlfahrtspflege tätig. Die Beschäftigungs- und Tätigkeitsverhältnisse in der Freien Wohlfahrtspflege reichen von Vollzeit- und Teilzeitbeschäftigungen bis hin zu geringfügigen Beschäftigungen; hinzu kommen Maßnahmen zur Integration in den Arbeitsmarkt, Praktika und Ausbildungen (Goll 1991). Diese Vielfalt unterschiedlicher Beschäftigungsverhältnisse wird ergänzt durch Tätigkeitsverhältnisse im ehrenamtlichen, freiwilligen und bürgerschaftlichen Engagement, die insbesondere in Form des Freiwilligen Sozialen Jahres, des Freiwilligen Ökologischen Jahres und des Bundesfreiwilligendienstes sowie in selbstorganisierten Formen des Engagements stattfinden. Groben Schätzungen der Spitzenverbände zufolge engagieren sich derzeit noch rund 2,5–3 Mio. Bürger_innen in den Einrichtungen und Diensten der Freien Wohlfahrtspflege (Bundesarbeitsgemeinschaft der Freien Wohlfahrtspflege 2012).

Retrospektiv betrachtet erlebte die Institution der Freien Wohlfahrtspflege mit der Expansion des deutschen Sozialstaates seit Ende der 1960er Jahre – gemessen an der Zahl der Beschäftigten sowie der Betten und Plätze – ein insgesamt erhebliches und kontinuierliches Wachstum (Schroeder 2017, S. 37 ff.) bei weitgehender Spezifizierung und Ausdifferenzierung ihrer Aufgaben- und Organisationsstrukturen (vgl. Abb. 1).

Die deskriptive Darstellung der Freien Wohlfahrtspflege ergibt das Bild einer komplexen Institution mit einer Vielfalt und Vielzahl an Organisationen (Arnold et al. 2014; Goll 1991; Grunwald und Langer 2018).

3 Wohlfahrtsverbände als intermediäre Organisationen und multifunktionale Akteure

Organisationssoziologisch betrachtet, lassen sich Wohlfahrtsverbände als multifunktionale und intermediäre Akteure beschreiben und analysieren. In funktionaler Hinsicht sind sie zugleich Assoziationen, Interessenverbände und Dienstleistungsbetriebe (Olk 1995), während sie sich als intermediäre Non-Profit-Organisationen (Angerhausen et al. 1998; Boeßenecker 2008; Olk 1995), durch eine „eigene Handlungslogik" (Zimmer und Priller 2004, S. 16) auszeichnen.

Als multifunktionale Organisationen haben Wohlfahrtsverbände – mit je nach Aufgabenfeld und Organisationsform unterschiedlichen Akzent- und

	Deutscher Caritasverband	Diakonisches Werk der Evangelischen Kirche Deutschland	Deutscher Paritätischer Wohlfahrtsverband	Arbeiterwohlfahrt	Deutsches Rotes Kreuz	Zentralwohlfahrtsstelle der Juden in Deutschland
weltanschauliche/ religiöse Orientierung	katholisch	evangelisch	weltanschaulich neutral	Sozialdemokratisch	weltanschaulich neutral	jüdisch
Anzahl voll- und teilzeitbeschäftigter MitarbeiterInnen	500.000	450.000	160.000	135.000	75.000	50
Einrichtungen	26.000	27.000	12.500	12.500	15.000	2
Unterverbände	27 Diözesanverbände (mit deren jeweiligen Untergliederungen), 262 karitative Ordensgemeinschaften, 19 Fachverbände	Die Diakonischen Werke der 24 Landeskirchen der EKD (mit deren jeweiligen Untergliederungen), 9 Freikirchen, 90 Fachverbände	9.300 Trägervereine	29 Landes- und Bezirksverbände (mit deren jeweiligen Untergliederungen in Kreisverbänden und Ortsvereinen)	19 Landesverbände (mit deren jeweiligen Untergliederungen)	12 Landesverbände (mit deren jeweiligen Untergliederungen)
Mitgliederzahl	570.000	Es gibt keine persönliche Mitgliedschaft auf der Ebene des Spitzenverbandes, nur auf der Ebene der Basisverbände	2,5 Mio. Mitglieder (der Trägervereine)	640.000 (Mitgliedschaft auf Ebene der Ortsvereine)	4,1 Mio.	100.000

Abb. 1 Synoptischer Vergleich der Spitzenverbände der Freien Wohlfahrtspflege. (Quelle: Schmid und Mansour 2007, S. 254)

Schwerpunktsetzungen – assoziative, interessenverbandliche und betriebliche Funktionen (Angerhausen et al. 1998):

- In den Vereinen und Gruppen der Freien Wohlfahrtspflege schließen sich Bürger_innen freiwillig – assoziativ – zusammen (Assoziation),
- die Verbände der Freien Wohlfahrtspflege vertreten die Interessen ihrer persönlichen Mitglieder und korporativen Mitgliedsorganisationen (Interessenverband) und
- in den Betrieben, das heißt in den stationären Einrichtungen und ambulanten Diensten der Freien Wohlfahrtspflege, werden soziale Dienstleistungen produziert (Betrieb).

Als intermediäre Akteure verfügen Wohlfahrtsverbände über eine besondere Art und Weise der Steuerung und Koordination beziehungsweise Governance, die sie von Staat und Markt unterscheidet (Nullmeier 2011): Weder Hierarchie noch preisvermittelter Markttausch steuern und koordinieren das Handeln in

Non-Profit-Organisationen, sondern vielmehr solidarisch-reziproke Formen, denen dezidierte sozialmoralische Vorstellungen zugrunde liegen (Zimmer und Priller 2004, S. 17). Erfahrungs- und vertrauensbasierte Erwartungen auf Gegenseitigkeit bilden die sozialkulturellen Grundlagen von Non-Profit-Organisationen (Backhaus-Maul et al. 2015). Dementsprechend wird ihnen – etwa im Unterschied zu staatlichen Organisationen und privatwirtschaftlichen Unternehmen – zugeschrieben, dass sie in der Lage sein sollen, die sozialkulturellen Grundlagen moderner Gesellschaften, von denen insbesondere Staat und Wirtschaft „zehren", fortlaufend neu zu erzeugen.

Im Unterschied zu privatwirtschaftlichen Unternehmen, deren Zielsetzung auf Gewinnmaximierung und private Gewinnentnahme gerichtet ist, verfolgen Wohlfahrtsverbände als multifunktionale und intermediäre Akteure mehrere und zugleich divergierende Zielsetzungen, die in komplexen innerverbandlichen und gesellschaftlichen Aushandlungsprozessen und der alltäglichen Handlungspraxis immer wieder „in Einklang" miteinander zu bringen sind (Priller et al. 2013).

4 Genese der Freien Wohlfahrtspflege

Die Freie Wohlfahrtspflege ist – wie gesagt – eine der traditionsreichsten deutschen Institutionen, die auf die Gründung konfessioneller Wohlfahrtsverbände im 19. Jahrhundert zurückgeht (Sachße und Tennstedt 1988). Diakonie und Caritas entstanden 1848 beziehungsweise 1897 in ihren jeweiligen sozialkulturellen Milieus als Ausdruck gesellschaftlicher Selbstorganisation. Bereits in diesen Gründungsakten kommen das normative Selbstverständnis der Freien Wohlfahrtspflege sowie ihr macht- und ordnungspolitischer Anspruch zum Ausdruck. Die katholische Soziallehre bot mit dem Begriff der Subsidiarität eine deutungsoffene und -starke Metapher, der zufolge der Freien Wohlfahrtspflege ein bedingter Vorrang bei der Erbringung öffentlicher Sozialleistungen und dem im Entstehen begriffenen Sozialstaat die Verpflichtung zur institutionellen Förderung der Freien Wohlfahrtspflege zugewiesen wurde (Backhaus-Maul und Olk 1994; Münder und Kreft 1990; Sachße 1995, 2003). Vor diesem Hintergrund forcierte die katholische Caritas mit Ende des Deutschen Kaiserreichs einen „Kulturkampf", um die verbandliche Autonomie und subsidiäre Vorrangstellung freigemeinnütziger Wohlfahrtsverbände gegenüber dem entstehenden und erwartbar erstarkenden Sozialstaat auf Dauer zu stellen (Sachße und Tennstedt 1988; Thränhardt 1984). Diese subsidiaritätspolitisch begründete Auseinandersetzung („Subsidiaritätsstreit") zwischen Freier Wohlfahrtspflege und Staat wurde – mit Unterbrechung durch den deutschen Faschismus – bis in die 1960er Jahre fortgeführt.

Erst mit dem sogenannten Subsidiaritätsurteil des Bundesverfassungsgerichts wurde 1967 das Verhältnis von Staat und Kommunen einerseits und Wohlfahrtsverbänden andererseits ordnungspolitisch neu justiert (Münder und Kreft 1990). Der in der Weimarer Republik sozialrechtlich geregelte Vorrang freigemeinnütziger gegenüber öffentlichen Leistungsanbietern wurde im Sinne einer arbeitsteiligen Zusammenarbeit zwischen öffentlichen Gewährleistungsträgern und freigemeinnützigen Leistungsanbietern als „bedingter Vorrang" reformuliert (Sachße 1994, 2003). Die Übernahme öffentlicher sozialer Dienstleistungsaufgaben durch freigemeinnützige Wohlfahrtsverbände wurde vom Bundesverfassungsgericht an Bedingungen geknüpft, sodass die Übertragung nur dann erfolgen sollte, wenn sie gewillt, fachlich geeignet und – ohne nennenswerte Mehrkosten – organisatorisch in der Lage dazu seien, diese Aufgaben fachgerecht und wirtschaftlich unter Beachtung der jeweiligen Vorgaben kommunaler Sozialplanung zu erbringen. Anstelle des bisher praktizierten Konkurrenzverhältnisses zwischen öffentlichen (Kommunen) und freigemeinnützigen Leistungsanbietern (Wohlfahrtsverbänden) setzte das Bundesverfassungsgericht auf eine funktionale Arbeitsteilung zwischen Kommunen als sozialpolitisch verantwortlichen Gewährleistungsträgern und Wohlfahrtsverbänden als Leistungsanbietern (Backhaus-Maul und Olk 1994).

In Kenntnis der gesellschaftspolitischen Bedeutung des „Kulturkampfes" und des „Subsidiaritätsstreits" wäre zu erwarten gewesen, dass die vom Bundesverfassungsgericht propagierte Pflicht zur arbeitsteiligen Zusammenarbeit zwischen Staat und Kommunen einerseits und Wohlfahrtsverbänden andererseits grundsätzliche Auseinandersetzungen zur Folge gehabt hätte. Aber der klassische Konflikt zwischen Staat und Kommunen einerseits und Wohlfahrtsverbänden andererseits wurde durch die von der sozialliberalen Koalition seit Ende der 1960er Jahre verfolgte Expansion des deutschen Sozialstaates und den damit einhergehenden Zuweisungen öffentlicher Ressourcen zugunsten der Freien Wohlfahrtspflege bis auf Weiteres befriedet. Die Expansion des deutschen Sozialstaates hat ein Bedeutungs- und Aufgabenwachstum von freigemeinnützigen Leistungsanbietern zur Folge, das bis heute anhält und der Freien Wohlfahrtspflege seit Jahrzehnten ein zunächst großes und im Fortgang kontinuierliches Wachstum sicherte. Die sozialstaatlich dafür bereitstehenden Ressourcen wurden seit Ende der 1960er Jahre merklich größer und die Verbände der Freien Wohlfahrtspflege waren – trotz zunehmender Konkurrenz privatwirtschaftlicher Leistungsanbieter – die Nutznießer dieser fortwährenden und nahezu unverbrüchlichen sozialstaatlichen Prosperität. Seitdem erlebt die Freie Wohlfahrtspflege ein beachtliches quantitatives Wachstum ihrer Einrichtungen und Dienste und wurde gleichzeitig sukzessiv in den sozialpolitischen Entscheidungs- und Gesetzgebungsprozess einbezogen (Heinze und Olk 1981, 1984; Heinze et al. 1997; Möhring-Hesse 2008; Neumann 1992).

Seit Mitte der 1980er Jahre wird – vor dem Hintergrund internationaler Diskussionen – im Sinne einer betriebswirtschaftlich inspirierten politischen Steuerung verstärkt Einfluss von Politik und Verwaltung auf die Entwicklung der Freien Wohlfahrtspflege sowie ihrer Verbände, Einrichtungen und Dienste genommen (Bode 2004; Goll 1991; Grohs und Bogumil 2011; Schmid 1996). Im Mittelpunkt stehen dabei betriebswirtschaftliche Instrumente und Verfahren, wie etwa Leistungs- und Produktbeschreibungen, Budgets, Kontrakte und Controlling, die als politisch-administrative Vorgaben auf gleichsam alle freien – d. h. freigemeinnützigen und privatgewerblichen – Erbringer öffentlicher sozialer Dienstleistungen angewandt werden (Backhaus-Maul und Olk 1998; Evers at al. 2011; Kuhlbach und Wohlfahrt 1996; Merchel 2003; Meyer 1998; Olk und Otto 2003; Strünck 1996; Wohlfahrt 1999). Diese „politische" Ökonomisierung der Freien Wohlfahrtspflege hat einen politisch administrierten Quasi-Markt öffentlicher sozialer Dienstleistungen geschaffen (Zacher 2005), auf dem die Freie Wohlfahrtspflege erstens in Konkurrenz mit privatwirtschaftlichen Unternehmen gebracht und zweitens der Wettbewerb zwischen Verbänden, Einrichtungen und Diensten der Freien Wohlfahrtspflege forciert wird.

Ob und inwiefern derartige politisch-ökonomische Interventionsversuche erfolgreich sind, die Freie Wohlfahrtspflege diese politischen Vorgaben in ihren Einrichtungen und Diensten tatsächlich praktiziert und ob sie auf der „Schauseite" der Freien Wohlfahrtspflege nur eine „Bühne" gefunden haben, ist eine offene, empirisch zu klärende Frage. Auf jeden Fall aber hat eine Aufwertung der organisationalen Ebene der Freien Wohlfahrtspflege, d. h. von einzelnen Verbänden, Diensten und Einrichtungen als Anbietern öffentlicher Leistungen, stattgefunden, wobei der Wettbewerb zwischen ihnen staatlicherseits forciert wurde.

Im Ergebnis verzeichnet die Freie Wohlfahrtspflege seit den 1960er Jahren ein beachtliches Wachstum, das sich seit den 1990er Jahren unter veränderten politisch-ökonomischen Prämissen fortsetzt. Hinzu kommt, dass es nunmehr auch vermehrt privatwirtschaftliche Anbieter personenbezogener Dienstleistungen gibt, insbesondere von Krankenhäusern, ambulanten Pflegediensten und auch Kindertagesstätten, die an den Zuwächsen öffentlicher Sozialleistungen teilhaben. Seitdem gibt es außerhalb der Freien Wohlfahrtspflege erstmals eine nennenswerte Anzahl privatgewerblicher Leistungsanbieter, die – bei wachsenden öffentlichen Sozialausgaben – aber weder das Wachstum noch den Bestand der Freien Wohlfahrtspflege insgesamt infrage stellen.

Die skizzierte Genese der Freien Wohlfahrtspflege zeigt über einen langen Zeitraum und unter sich verändernden Rahmenbedingungen einerseits deren hohe institutionelle Flexibilität und Anpassungsfähigkeit sowie andererseits die fortschreitende Aufwertung der organisationalen Ebene von Verbänden, Einrichtungen und Diensten als Anbietern öffentlicher Dienstleistungen. So wurde die Freie Wohlfahrtspflege einerseits in sozialpolitische Entscheidungs- und Gesetzgebungsprozesse inkorporiert und andererseits wurden ihre Verbände, Einrichtungen und Dienste zur größten Gruppe von Anbietern öffentlicher sozialer Dienstleistungen.

5 Freie Wohlfahrtspflege – ein Resonanzboden des sozialen Wandels?

Von Wohlfahrtsverbänden als multifunktionalen und intermediären Akteuren ist zu erwarten, dass sie frühzeitig einen Resonanzboden für sozialen Wandel bilden und entsprechende Veränderungen zumindest inkrementell umsetzen (Zimmer und Priller 1997). Historisch betrachtet ist die Freie Wohlfahrtspflege als Ausdruck gesellschaftlicher und politischer Selbstorganisation zweifelsohne ein Kernbestandteil von Zivilgesellschaft. In den vergangenen Jahren und Jahrzehnten hat es aber eine Vielzahl bedeutsamer Umweltveränderungen für die Freie Wohlfahrtspflege gegeben, die ihre historisch begründete zivilgesellschaftliche Rolle infrage stellen. Allen voran ist die Einführung neuer betriebswirtschaftlicher Steuerungsinstrumente und -verfahren in Staat und Verwaltung im Kontext eines globalen Trends zur Ökonomisierung von Gesellschaft zu nennen (Schimank und Volkmann 2008, 2017). Die Verbände der Freien Wohlfahrtspflege haben auf entsprechende Vorgaben der öffentlichen Mittelgeber zwar unterschiedlich schnell, insgesamt aber zügig und affirmativ reagiert (Klug 1997; Liebig 2005; Olk und Otto 2003; Wohlfahrt 1999). Stellt man in Rechnung, dass die Ökonomisierung des Sozialen einem Paradigmenwechsel in der Erstellung öffentlicher sozialer Leistungen gleichkommt, so ist in Kenntnis vergangener gesellschaftlicher Auseinandersetzungen, wie dem „Kulturkampf" und dem „Subsidiaritätsstreit", die gesellschafts- und ordnungspolitische Fügsamkeit der Freien Wohlfahrtspflege diesen staatlichen Setzungen gegenüber zumindest irritierend.

Mittlerweile ist die Implementierung der politisch vorgegebenen betriebswirtschaftlichen Instrumente und Verfahren in allen Verbänden, Einrichtungen und Diensten weitgehend abgeschlossen (Jüster 2015), während eigene Ansätze zur fachlichen Modernisierung der Freien Wohlfahrtspflege, wie etwa die Entwicklung, Implementation und Messung von Qualität, weitgehend in den Hintergrund getreten oder sogar in Vergessenheit geraten sind (Greiling 2014). Damit hat zugleich die betriebliche gegenüber der politischen und der assoziativen

Funktion im Sinne einer Verbetrieblichung oder „gGmbHisierung" (Zimmer 1996, S. 296) der Freien Wohlfahrtspflege einen Siegeszug erlebt, der Wohlfahrtsverbände, Einrichtungen und Dienste vielerorts bisweilen als „stromlinienförmige" Sozialunternehmen erscheinen lässt. Gleichzeitig aber zeigen sich die Freie Wohlfahrtspflege und auch ihre Verbände in der von einzelnen Wirtschaftsakteuren vor einigen Jahren initiierten Diskussion über „Social Entrepreneurship" seit Jahren merkwürdig enthaltsam, obwohl dieser Begriff eigentlich den Kern ihres aktuellen Selbstverständnisses treffen dürfte (Grohs et al. 2014; Heinze et al. 2011). Vielleicht, so könnte man mutmaßen, sind sich Wohlfahrtsverbände ihrer sozialunternehmerischen Tradition derart gewiss und sicher, dass die aktuelle Diskussion, die mit diesem Begriff unterlegt ist, für sie keine Relevanz hat.

Aber gemessen am originären Selbstverständnis der Freien Wohlfahrtspflege wäre zu erwarten, dass die Freie Wohlfahrtspflege, ihre Verbände, Einrichtungen und Dienste, aus eigener Kraft zumindest eine öffentliche Diskussion über Transparenz, Innovationskraft und Gemeinnützigkeit von Non-Profit-Organisationen pflegen würden (Jansen et al. 2010), zumal Wolfgang Seibel bereits 1992 Non-Profit-Organisationen, so auch Wohlfahrtsverbänden, eine ausgeprägte Anpassungsfähigkeit gegenüber den Vorgaben staatlicher Zuwendungsgeber einerseits sowie Unwirtschaftlichkeit, Intransparenz und Innovationsmangel andererseits attestiert hat (Seibel 1992). Aber innerhalb der Freien Wohlfahrtspflege scheint man selbst nach den öffentlich diskutierten Skandalen von UNICEF und ADAC nach wie vor darauf zu vertrauen, dass Non-Profit-Organisationen in der Öffentlichkeit uneingeschränktes Vertrauen genießen. Gleichzeitig aber praktizieren einzelne Verbände, Einrichtungen und Dienste bei der Darlegung ihrer Leistungs- und Finanzierungsbilanzen sowie ihrer Aufgaben-, Organisations- und Personalstrukturen mittlerweile ein sichtlich höheres Maß an Transparenz. Gleichwohl gibt es auch innerhalb der Freien Wohlfahrtspflege bisher immer noch keine allgemeingültigen Transparenzkriterien und -verfahrensrichtlinien sowie eine gesellschaftspolitisch gehaltvolle und kollektiv geteilte Vorstellung von Gemeinnützigkeit.

Vergegenwärtigt man sich die Genese der Freien Wohlfahrtspflege, so war die Freie Wohlfahrtspflege ein Protagonist sozialer Innovationen par excellence, wenn man sich an Namen wie etwa Friedrich von Bodelschwingh, Adolph Kolping und Johann Hinrich Wichern erinnert. Einer explorativen Studie im Auftrag der Bundesarbeitsgemeinschaft der Freien Wohlfahrtspflege zufolge (Centrum für soziale Investitionen und Innovationen 2013) ist auch heute noch die Hervorbringung, Erprobung und Implementation sozialer Innovationen ein Wesensmerkmal der Freien Wohlfahrtspflege, wobei aber die öffentliche Diskussion über soziale Innovationen weitgehend ohne die Freie Wohlfahrtspflege stattzufinden scheint (Howaldt und Jacobsen 2010).

Betrachtet man die aktuellen Diskussionen über Wirkungen und Digitalisierung von sozialen Dienstleistungen, so zeigt die Freie Wohlfahrtspflege auch hier kein einheitliches Bild, sondern die Verbände, Einrichtungen und Dienste reagieren auf öffentliche Thematisierungen und rezipieren diese in unterschiedlicher Art und Weise. Einzelne Verbände scheinen sich mit diesem Thema sogar in Abgrenzung zu anderen Verbänden und der Freien Wohlfahrtspflege insgesamt profilieren zu wollen.

Gegenüber diesen aktuellen Entwicklungen ist die zivilgesellschaftliche Selbstverortung der Freien Wohlfahrtspflege weitgehend in den Hintergrund getreten. Allenfalls auf lokaler Ebene sind Wohlfahrtsverbände, Einrichtungen und Dienste als zivilgesellschaftliche Akteure erkennbar, während sie auf Bundes- und Landesebene – von Einzelfällen abgesehen – nicht als gesellschaftspolitische Protagonisten eines modernen Verständnisses von Zivilgesellschaft in Erscheinung treten, das die Rolle und Bedeutung organisierten bürgerschaftlichen Engagements hervorhebt.

Ob es sich insgesamt bei dieser Vielstimmigkeit in der Freien Wohlfahrtspflege um einen Ausdruck von organisationaler Pluralität oder Kakofonie oder gar um Anzeichen für eine Fragmentierung und von Zerfallserscheinungen der Institution der Freien Wohlfahrtspflege handelt, wäre theoretisch konzeptionell zu analysieren und empirisch zu untersuchen.

6   Zentrifugalkräfte in der Freien Wohlfahrtspflege

In der Perspektive des akteurzentrierten Institutionalismus wurden im vorliegenden Beitrag der institutionelle Wandel und die Akteurqualität der Freien Wohlfahrtspflege thematisiert. Dabei wurde deutlich, dass die traditionsreiche deutsche Institution der Freien Wohlfahrtspflege einerseits einen gesellschafts- und ordnungspolitisch induzierten Bedeutungsverlust und andererseits eine Aufwertung ihrer organisationalen Ebene, d. h. einzelner Verbände, Einrichtung und Dienste in ihrer Funktion als Erbringer öffentlicher Dienstleistungen, erfährt.

Als traditionsreiche Institution prägte die Freie Wohlfahrtspflege die Vorstellungen, Präferenzen und Fähigkeiten der beteiligten Akteure sowie deren Interaktionsformen und Akteurkonstellationen. Als institutionelle Handlungsarena markiert die Freie Wohlfahrtspflege sowohl die Handlungsoptionen als auch die Handlungsrestriktionen der beteiligten Akteure. In diesem Sinne bildete sie Akteur bezogen in mehrfacher Hinsicht einen hoch relevanten institutionellen Kontext:

- die Verankerung der Freien Wohlfahrtspflege in allen relevanten sozialkulturellen Milieus der deutschen Gesellschaft war eine „starke" Legitimationsgrundlage,
- die Definitionsmacht und Selbstregelungskompetenz qua Satzungsmacht und Verweis auf das Gemeinnützigkeitsrecht garantierte der Freien Wohlfahrtspflege weitgehende Autonomie und
- die Organisationsmacht der Freien Wohlfahrtspflege auf Bundes- und Landesebene sicherte ihr politischen Einfluss.

Von dieser institutionellen Stärke der Freien Wohlfahrtspflege konnten – quasi im Windschatten – Verbände, Einrichtungen und Dienste als relativ „schwache" Akteure zehren. Unter den Bedingungen gesellschaftlichen und politischen Wandels unterlagen die Institution der Freien Wohlfahrtspflege und ihre Organisationen in den vergangenen Jahrzehnten erheblichen Veränderungen. Mit der Erosion traditioneller – insbesondere des katholischen, protestantischen und proletarisch-sozialdemokratischen – Milieus, haben auch deren Vorstellungen und Deutungen, wie insbesondere das katholische Subsidiaritätsprinzip, die für die steuer- und sozialrechtliche sowie ordnungspolitische Privilegierung der Freien Wohlfahrtspflege ausschlaggebend waren, an Bedeutung und Geltung verloren. Vor allem aber haben staatlicherseits die politisch-ökonomischen Interventionen durch Vorgabe betriebswirtschaftlicher Kriterien und Verfahren maßgeblich dazu beigetragen, die Organisationen der Freien Wohlfahrtspflege einem politisch initiierten wirtschaftlichen Wettbewerb auszusetzen. Hinzu kam zeitgleich, dass die marktschaffende Politik der Europäischen Union darauf ausgerichtet war, freigemeinnützige Wohlfahrtsverbände und privatwirtschaftliche Unternehmen bei der Erbringung personenbezogener Dienstleistungen wettbewerbsrechtlich gleichzustellen.

Diese politische Schwächung der Institution der Freien Wohlfahrtspflege geht einher mit einer Aufwertung der einzelnen Organisationen der Freien Wohlfahrtspflege. Nach Jahren der Expansion verfügt mittlerweile jede von ihnen über erhebliche personelle, finanzielle, sachliche und fachliche Ressourcen. Mit dem Übergang vom Selbstkostendeckungsprinzip zu Leistungsabrechnungen in den 1990er Jahren (Backhaus-Maul und Olk 1994) treten freigemeinnützige Verbände, Einrichtungen und Dienste als Anbieter öffentlicher Dienstleistungen in Konkurrenz zueinander. Dabei verlieren die mit Abstand größten und institutionell prägenden konfessionellen Verbände Caritas und Diakonie (Schroeder 2017) gegenüber den weitaus kleineren Wohlfahrtsverbänden, wie Arbeiterwohlfahrt, Deutsches Rotes Kreuz und Paritätischer Wohlfahrtsverband, relativ an Einfluss. So ist aktuell etwa die Arbeiterwohlfahrt bestrebt, eine tarifpolitische Einigung zwischen den Wohlfahrtsverbänden herbeizuführen, versucht sich das Deutsche Rote Kreuz als wirtschaftlich moderner Verband zu profilieren und nicht zuletzt sucht der Paritätische Wohlfahrtsverband die Auseinandersetzung mit der Caritas um armutspolitische Deutungen. So sind die Institution der Freien Wohlfahrtspflege und mit ihr die beiden sie historisch tragenden konfessionellen Spitzenverbände durch einen relativen Verlust an Bedeutung und Einfluss gekennzeichnet, der sich in einer Parzellierung und Fragmentierung von Verbänden, Einrichtungen und Diensten der Freien Wohlfahrtspflege als Anbietern öffentlicher Dienstleistungen niederschlägt.

Diese Entwicklung innerhalb der Freien Wohlfahrtspflege geht einher mit einem Wandel des Korporatismus (Backhaus-Maul und Olk 1998; Heinze et al. 1997; Neumann 1992; Reichenbachs 2017). Wurde bisher – unter Wahrung relativer Autonomie – die Institution der Freien Wohlfahrtspflege in den sozialpolitischen Entscheidungs- und Gesetzgebungsprozess einbezogen, so treten mittlerweile einzelne Wohlfahrtsverbände sowie auch einige große Einrichtungen und Dienste als politische Akteure an diese Stelle, wobei sie aber staatlicherseits, d. h. von Bundes- und Landespolitik und Ministerialverwaltung an einer „kurzen Leine" geführt werden und ihr Handlungsspielraum gesetzgeberisch detailliert geregelt wird.

Die Schwächung der Institution der Freien Wohlfahrtspflege und die Aufwertung von Einzelorganisationen unter veränderten korporatistischen Bedingungen haben zur Folge, dass die Macht des Staates erstarkt ist, während die Autonomie der Freien Wohlfahrtspflege geschwächt wurde und Einzelorganisationen an Bedeutung gewonnen haben, dem Staat machtpolitisch aber deutlich unterlegen sind. Im Ergebnis könnte bilanziert werden, dass die traditionsreiche deutsche Institution der Freien Wohlfahrtspflege unter politisch-ökonomischen Bedingungen parzelliert wurde und sich auch selbst parzelliert hat. Der „freiwillige Verzicht" der Freien Wohlfahrtspflege und ihrer Verbände auf eine zeitgemäße zivilgesellschaftliche Selbstverortung und -verankerung könnte vor diesem Hintergrund als ein selbst erzeugtes und folgenreiches Problem gedeutet werden, dass spätestens in der ausstehenden Diskussion über die Reform des Gemeinnützigkeitsrechts virulent werden könnte.

Beobachten wir Anzeichen für eine erodierende Institution, selbstdestruktive zentrifugale Kräfte ihrer Verbände oder sogar das nahe Ende dieser traditionsreichen Institution? Zumindest denkbar wäre aber auch, dass hier ein kreatives organisationales Feld entsteht, in dem ressourcenstarke Akteure wettbewerbsorientiert mit Blick auf die gemeinsame Institution der Freien Wohlfahrtspflege erfolgreich voneinander lernen. Die Freie Wohlfahrtspflege, ihre Verbände, Einrichtungen und Dienste als kooperative Avantgarde?

Alles „Spekulation", denn mangels theoretisch-konzeptioneller und empirischer Untersuchungen des Gegenstandsbereiches weiß man – im Sinne einer unabhängigen wissenschaftlichen Wohlfahrtsverbändeforschung – nichts Genaues (Backhaus-Maul 2018). Ein letztlich irritierender Befund über den Stand der wissenschaftlichen Erforschung einer der traditionsreichsten und wichtigsten Institutionen der deutschen Gesellschaft.

Literatur

Angerhausen, S., H. Backhaus-Maul, C. Offe, T. Olk, und M. Schiebel. 1998. *Überholen ohne einzuholen. Freie Wohlfahrtspflege in Ostdeutschland*. Opladen: Westdeutscher Verlag.
Arnold, U., K. Grunwald, und B. Maelicke. 2014. *Lehrbuch der Sozialwirtschaft*. Baden-Baden: Nomos.
Backhaus-Maul, H. 2018. Unergründete Tiefen. Zum Stand der noch jungen Wohlfahrtsverbändeforschung. In *Neue Governancestrukturen in der Wohlfahrtspflege. Wohlfahrtsverbände zwischen normativen Ansprüchen und sozialwirtschaftlicher Realität*, Hrsg. R.G. Heinze, J. Schmid, und W. Sesselmeier, 17–37. Baden-Baden: Nomos.
Backhaus-Maul, H., und T. Olk. 1994. Von Subsidiarität zu ‚outcontracting'. Zum Wandel der Beziehungen zwischen Staat und Wohlfahrtsverbänden in der Sozialpolitik. In *Staat und Verbände, Politische Vierteljahresschrift Sonderheft 25*, Hrsg. W. Streeck, 100–135. Opladen: Westdeutscher Verlag.
Backhaus-Maul, H., und T. Olk. 1998. Verhandeln und kooperieren versus autoritative Politik – Regieren im Beziehungsgeflecht zwischen Staat und Drittem Sektor in der Sozialpolitik. In *Regieren und intergouvernementale Beziehungen*, Hrsg. Ulrich Hilpert und Everhard Holtmann, 127–146. Opladen: Leske & Budrich.
Backhaus-Maul, H., K. Speck, M. Hörnlein, und M. Krohn. 2015. *Engagement in der Freien Wohlfahrtspflege. Empirische Befunde aus der Terra incognita eines Spitzenverbandes*. Wiesbaden: Springer VS.
Bode, I. 2004. *Desorganisierter Wohlfahrtskapitalismus. Die Reorganisation des Sozialsektors in Deutschland, Frankreich und Großbritannien*. Wiesbaden: VS Verlag.
Boeßenecker, K.-H. 2008. Intermediäre Organisationen. In *Lexikon der Sozialwirtschaft*, Hrsg. Bernd Maelicke, 520–522. Baden-Baden: Nomos.
Boeßenecker, K.-H., und M. Vilain. 2013. *Spitzenverbände der Freien Wohlfahrtspflege. Eine Einführung in Organisationsstrukturen und Handlungsfelder sozialwirtschaftlicher Akteure in Deutschland*, 2. Aufl. Weinheim: Beltz Juventa.
Bundesarbeitsgemeinschaft der Freien Wohlfahrtspflege. 2012. *Gesamtstatistik der Einrichtungen der Freien Wohlfahrtspflege*. Berlin: Bundesarbeitsgemeinschaft der Freien Wohlfahrtspflege.
Centrum für soziale Investitionen und Innovationen (CSI). 2013. *Soziale Innovationen in den Spitzenverbänden der Freien Wohlfahrtspflege*. Berlin: Bundesarbeitsgemeinschaft der Freien Wohlfahrtspflege.
Evers, A. 2011. Wohlfahrtsmix und soziale Dienste. In *Handbuch soziale Dienste*, Hrsg. Rolf G. Heinze und T. Olk, 265–283. Wiesbaden: VS Verlag.
Evers, A., R.G. Heinze, und T. Olk. 2011. *Handbuch Soziale Dienste*. Wiesbaden: VS Verlag für Sozialwissenschaften.

Flierl, H. 1992. *Freie und öffentliche Wohlfahrtspflege. Aufbau, Finanzierung, Geschichte, Verbände*, 2. Aufl. München: Jehle-Rehm.
Goll, E. 1991. *Die freie Wohlfahrtspflege als eigener Wirtschaftsfaktor. Theorie und Empirie ihrer Verbände und Einrichtungen*. Baden-Baden: Nomos.
Greiling, D. 2014. Qualität und Transparenz von NPOs: Pflichtübung oder Chance. In *Forschung zu Zivilgesellschaft, NPOs und Engagement*, Hrsg. A. Zimmer und R. Simsa, 231–244. VS.Wiesbaden: Springer.
Grohs, S., und J. Bogumil. 2011. Management sozialer Dienste. In *Handbuch soziale Dienste*, Hrsg. A. Evers, R.G. Heinze, und T. Olk, 299–314. Wiesbaden: VS Verlag.
Grohs, S., K. Schneiders, und R.G. Heinze. 2014. *Mission Wohlfahrtsmarkt: Institutionelle Rahmenbedingungen, Strukturen und Verbreitung von Social Entrepreneurship in Deutschland*. Baden-Baden: Nomos.
Grunwald, K., und A. Langer. 2018. *Handbuch der Sozialwirtschaft*. Baden-Baden: Nomos.
Heinze, R.G., und T. Olk. 1981. Die Wohlfahrtsverbände im System sozialer Dienstleistungsproduktion. *Kölner Zeitschrift für Soziologie und Sozialpsychologie* 33 (1): 94–114.
Heinze, R.G., und T. Olk. 1984. Sozialpolitische Steuerung: Von der Subsidiarität zum Korporatismus. In *Gesellschaftssteuerung zwischen Korporatismus und Subsidiarität*, Hrsg. Manfred Glagow, 162–194. Bielefeld: AJZ.
Heinze, R.G., J. Schmid, und C. Strünck. 1997. Zur Politischen Ökonomie der sozialen Dienstleistungsproduktion. Der Wandel der Wohlfahrtsverbände und die Konjunkturen der Theoriebildung. *Kölner Zeitschrift für Soziologie und Sozialpsychologie* 49 (2): 242–271.
Heinze, R.G., K. Schneiders, und S. Grohs. 2011. Social Entrepreneurship im deutschen Wohlfahrtsstaat – Hybride Organisationen zwischen Markt, Staat und Gemeinschaft. In *Social Entrepreneurship – Social Business: Für die Gesellschaft unternehmen*, Hrsg. H. Hackenberg und S. Empter, 86–102. Wiesbaden: VS Verlag.
Howaldt, J., und H. Jacobsen, Hrsg. 2010. *Soziale Innovation. Auf dem Weg zu einem postindustriellen Innovationsparadigma*. Wiesbaden: VS Verlag.
Jansen, S.A., E. Schröter, und N. Stehr, Hrsg. 2010. *Transparenz. Multidisziplinäre Durchsichten durch Phänomene und Theorien des Undurchsichtigen*. Wiesbaden: VS Verlag.
Jüster, M. 2015. *Die verfehlte Modernisierung der Freien Wohlfahrtspflege. Eine institutionalistische Analyse der Sozialwirtschaft*. Baden-Baden: Nomos.
Klug, W. 1997. *Wohlfahrtsverbände zwischen Markt, Staat und Selbsthilfe*. Freiburg: Lambertus.
Kühl, S. 2011. *Organisationen. Eine sehr kurze Einführung*. Wiesbaden: VS Verlag.
Kuhlbach, R., und N. Wohlfahrt. 1996. *Modernisierung der öffentlichen Verwaltung? Konsequenzen für die freie Wohlfahrtspflege*. Freiburg: Lambertus.
Liebig, R. 2005. *Wohlfahrtsverbände im Ökonomisierungsdilemma. Analysen zu Strukturveränderungen am Beispiel des Produktionsfaktors Arbeit im Licht der Korporatismus- und der Dritte Sektor-Theorie*. Freiburg: Lambertus.
Merchel, J. 2003. *Trägerstrukturen in der sozialen Arbeit*. Weinheim: Beltz Juventa.
Meyer, D. 1998. *Wettbewerbliche Neuorientierung der Freien Wohlfahrtspflege*. Berlin: Duncker und Humblot.
Möhring-Hesse, M. 2008. Verbetriebswirtschaftlichung und Verstaatlichung. Die Entwicklung der Sozialen Dienste und der Freien Wohlfahrtspflege. *Zeitschrift für Sozialreform* 54 (2): 141–160.

Münder, J., und D. Kreft. 1990. *Subsidiarität heute*. Münster: Votum.
Neumann, V. 1989. Der Verband der freien Wohlfahrtspflege als Rechtsbegriff. *Beiträge zum Recht der sozialen Dienste und Einrichtungen* 4:1–30.
Neumann, V. 1992. *Freiheitsgefährdung im kooperativen Sozialstaat, Rechtsgrundlagen und Rechtsformen der Finanzierung der freien Wohlfahrtspflege*. Köln: Carl Heymanns.
Neumann, V. 2004. Rechtsstatus und Perspektiven der Freien Wohlfahrtspflege in Deutschland. In *Die Freie Wohlfahrtspflege. Ihre Entwicklung zwischen Auftrag und Markt*, Hrsg. K.D. Hildemann, 25–35. Leipzig: Evangelische Verlagsanstalt.
Nullmeier, F. 2011. Governance sozialer Dienste. In *Handbuch soziale Dienste*, Hrsg. A. Evers, R.G. Heinze, und T. Olk, 284–298. Wiesbaden: VS Verlag.
Olk, T. 1995. Zwischen Korporatismus und Pluralismus. Zur Zukunft der Freien Wohlfahrtspflege im bundesdeutschen Sozialstaat. In *Von der Wertgemeinschaft zum Dienstleistungsunternehmen. Jugend- und Wohlfahrtsverbände im Umbruch*, Hrsg. T. Rauschenbach, C. Sachße, und T. Olk, 98–122. Frankfurt: Suhrkamp.
Olk, T., und H.-U. Otto. 2003. *Soziale Arbeit als Dienstleistung. Grundlegungen, Entwürfe und Modelle*. München: Luchterhand.
Priller, E., M. Alscher, P. J. Droß, C. J. Poldrack, C. Schmeißer, und N. Waitkus. 2013. Dritte-Sektor-Organisationen heute. Eigene Ansprüche und ökonomische Herausforderungen. Ergebnisse einer Organisationsbefragung, *WZB-Discussion Paper SP IV* 402. Berlin: Wissenschaftszentrum für Sozialforschung.
Rauschenbach, T., C. Sachße, und T. Olk. 1995. *Von der Wertgemeinschaft zum Dienstleistungsunternehmen. Jugend- und Wohlfahrtsverbände im Umbruch*. Frankfurt: Suhrkamp.
Reichenbachs, D. M. 2017. *Corporatism is dead, long live corporatism! The 6 Dimensions of Government-Nonprofit Relationships and why Germany has entered the era of regulated welfare corporatism, Dissertation*. Bremen: Universität Bremen.
Sachße, C. 1994. Subsidiarität: Zur Karriere eines sozialpolitischen Ordnungsbegriffes. *Zeitschrift für Sozialreform* 40 (11): 717–738.
Sachße, C. 2003. Subsidiarität. Leitmaxime deutscher Wohlfahrtsstaatlichkeit. In *Wohlfahrtsstaatliche Grundbegriffe. Historische und aktuelle Diskurse*, Hrsg. S. Lessenich, 191–212. Frankfurt: Campus.
Sachße, C., und F. Tennstedt. 1988. Geschichte der Armenfürsorge in Deutschland. Fürsorge und Wohlfahrtspflege 1871–1929, Traditionslinien bürgerschaftlichen Engagements, Buchreihe *Geschichte der Armenfürsorge in Deutschland*, Bd. 2. Stuttgart: Kohlhammer.
Scharpf, F.W. 2000. *Interaktionsformen. Akteurzentrierter Institutionalismus in der Politikforschung*. Opladen: Leske + Budrich.
Schimank, U., und U. Volkmann. 2008. Ökonomisierung der Gesellschaft. In *Handbuch der Wirtschaftssoziologie*, Hrsg. Andrea Maurer, 382–393. Wiesbaden: VS Verlag.
Schimank, U., und U. Volkmann. 2017. *Das Regime der Konkurrenz: Gesellschaftliche Ökonomisierungsdynamiken*. Weinheim: Beltz Juventa.
Schmid, J. 1996. *Wohlfahrtsverbände in modernen Wohlfahrtsstaaten. Soziale Dienste in historisch-vergleichender Perspektive*. Opladen: Leske + Budrich.
Schmid, J., und J.I. Mansour. 2007. Wohlfahrtsverbände. Interesse und Dienstleistung. In *Interessenverbände in Deutschland*, Hrsg. T. von Winter Winter und U. Willems, 244–270. Wiesbaden: VS Verlag.

Schroeder, W. 2017. *Konfessionelle Wohlfahrtsverbände im Umbruch. Fortführung des deutschen Sonderwegs durch vorsorgende Sozialpolitik.* Wiesbaden: Springer VS.

Seibel, W. 1992. *Funktionaler Dilettantismus: Erfolgreich scheiternde Organisationen im „Dritten Sektor" zwischen Markt und Staat.* Baden-Baden: Nomos.

Strünck, C. 1996. Von Mythen, Macht und paradoxen Effekten. Betriebswirtschaftliche Reformen in der freien Wohlfahrtspflege. *Zeitschrift für Sozialreform* 42 (11/12): 715–725.

Thränhardt, D. 1984. Von Thron und Altar zur bürokratischen Verknüpfung. Die Entwicklung korporatistischer Beziehungen zwischen Wohlfahrtsverbänden und Staat in Deutschland. In *Die liebe Not: zur historischen Kontinuität der „Freien Wohlfahrtspflege",* Hrsg. R. Bauer, 164–171. Weinheim: Beltz.

Wohlfahrt, N. 1999. Zwischen Ökonomisierung und verbandlicher Erneuerung: Die Freie Wohlfahrtspflege auf dem Weg in einen veränderten Wohlfahrtsmix. *Theorie und Praxis der sozialen Arbeit* 50 (1): 3–8.

Zacher, J. 2005. Die Marktillusion in der Sozialwirtschaft. *Beiträge zum Recht der sozialen Dienste und Einrichtungen* 58: 1–36.

Zimmer, A. 1996. New Public Management und Nonprofit-Sektor in der Bundesrepublik. *Zeitschrift für Sozialreform* 42 (5): 285–305.

Zimmer, A., und E. Priller. 1997. Zukunft des Dritten Sektors in Deutschland. In *Der Dritte Sektor in Deutschland. Organisationen zwischen Staat und Markt im gesellschaftlichen Wandel,* Hrsg. H.K. Anheier, E. Priller, W. Seibel, und A. Zimmer, 249–283. Berlin: edition sigma.

Zimmer, A., und E. Priller. 2004. *Gemeinnützige Organisationen im gesellschaftlichen Wandel. Ergebnisse der Dritte-Sektor-Forschung.* Wiesbaden: VS Verlag.

Stiftungen und Wohlfahrtsstaat

Rupert Graf Strachwitz

Zusammenfassung
Stiftungen sind traditionsreiche Organisationen der Zivilgesellschaft und bereits seit der Antike bekannt. Aus sozialpolitischer Perspektive sind Stiftungen insofern wichtige Akteure, als dass sie vor dem Aufkommen des modernen Wohlfahrtsstaates Pioniere bei der Erstellung sozialer Güter waren – von der Gesundheitsversorgung über die Armenfürsorge bis hin zur Betreuung von Waisen. Über viele Jahrhunderte war die Gründung von Stiftungen in Europa durch christlich-religiöse Motive geprägt. Erst seit dem Ende des 18. Jahrhunderts sind Stiftungen auch Ausdruck eines säkularen philanthropischen Engagements der Stifterinnen und Stifter. Mit der Herausbildung des modernen Wohlfahrtsstaates haben Stiftungen als Mitorganisatoren des Wohlfahrtswesens an Bedeutung verloren. Trotzdem sind sie vor allem auf der lokalen Ebene tätig und übernehmen heute neben ihrer Rolle als Anbieter von Wohlfahrtsleistungen vermehrt Aufgaben in der Mitgestaltung des Wohlfahrtswesens.

Schlüsselwörter
Stiftungsfunktionen im Wohlfahrtsstaat · Stiftungstypen · Geschichte des Stiftungswesens · Wohlfahrtsproduktion

---

R. Graf Strachwitz (✉)
Maecenata Institut, Berlin, Deutschland
E-Mail: rs@maecenata.eu

1 Einleitung

Stiftungen blicken auf eine lange Tradition zurück, weisen ein vielfältiges Arbeits- und Tätigkeitsspektrum auf und sind in Deutschland kein Nischenphänomen mehr. Allerdings steht dies in Kontrast zur wissenschaftlichen wie gesellschaftspolitischen Auseinandersetzung mit der Stiftung als Konzept und als zivilgesellschaftliche Organisation. Von Ausnahmen abgesehen (bspw. Adam 2018; Borgolte 2017; Forschungsjournal 2017/4; Anheier et al. 2017; Strachwitz 2010) ist die Literatur zum Stiftungswesen in Deutschland entweder vorrangig juristisch geprägt (bspw. Hüttemann und Rawert 2017; Campenhausen und Seifart 2009), hat eher Handbuchcharakter oder konzentriert sich auf Stiftungsgründung und -management (bspw. Bundesverband 2014; Strachwitz und Mercker 2005; Bertelsmann Stiftung 2003). Eine Auseinandersetzung mit der Tradition der Stiftung als Träger und Anbieter sozialer Dienste und Leistungen, die die Stiftung und ihren Funktionswandel mit einem dezidierten Fokus auf ihre Stellung im Kontext des Wohlfahrtsstaates und seiner Entwicklung in den Blick nimmt, steht weitgehend noch aus. Die Gründe hierfür sind vielfältig und sicherlich in dem ambivalenten Verhältnis zwischen diesen beiden Institutionen zu sehen.

Bevor im Folgenden hierauf näher eingegangen und der Blick auf den Wandel des Verhältnisses zwischen (Wohlfahrts)-Staat und Stiftung gelenkt wird, werden in diesem Beitrag Stiftungen zunächst als multifunktionale Organisation vorgestellt, und es wird auf ihre konstitutiven Elemente eingegangen. Daran schließt sich ein datengestützter Überblick über die Stiftungslandschaft in Deutschland an, wobei die zentralen Arbeitsbereiche sowie die regionalen Schwerpunkte von Stiftungen herausgestellt werden. Vor diesem Hintergrund wird auf die Entwicklung des Stiftungswesens seit seinen frühen Anfängen eingegangen und es werden aktuelle Entwicklungen thematisiert. Der Beitrag endet mit einem Resümee, das auf das wechselvolle und weder immer ausgewogene noch friedvolle Verhältnis zwischen Wohlfahrtsstaat und Stiftungen eingeht. Ein Beispiel, die Stiftung Neuerkerode, an deren wechselvoller Geschichte sich das Verhältnis zwischen Wohlfahrtsstaat und Stiftungen ebenso ablesen lässt wie deren sukzessiver Einbau in diesen und ihre heutige Akzeptanz und uneingeschränkte Anerkennung als Träger sozialer Leistungen und Dienste im Wohlfahrtsstaat, steht am Schluss.

2 Stiftungen als multifunktionale Organisationen

Das konstitutive und zentrale Element einer Stiftung ist ihre bei der Gründung vom Stifter festgelegte Idee, die sich in ihrem Zweck konkretisiert. Hinzu tritt meistens, aber keineswegs immer, auch ein materielles Vermögen, das der Stifter oder die Stifterin oder Dritte der Stiftung bei der Gründung mitgeben. Solange die Stiftung besteht, bleibt sie an den Stifterwillen gebunden und unterliegt, anders als der Verein, nicht einem permanenten Willensbildungsprozess. Der Stifterwille kann sehr präzise gefasst sein und sich etwa auf den Betrieb einer sozialen Einrichtung beziehen oder späteren Stiftungsverwaltern und -verwalterinnen durch eine weite Formulierung der Stiftungszwecke größere Entscheidungsfreiheit einräumen. In der Regel trifft in Europa das erstere zu. Stifter oder Stifterin müssen das materielle Vermögen nicht notwendigerweise selbst bereitstellen. Gerade im Sozialbereich finden sich zahlreiche Stiftungen, deren materielle Basis durch Fundraising, bspw. durch öffentliche Aufrufe geschaffen wurde. Ein prägnantes Beispiel hierfür ist die 1870 von dem Tettnanger Kaplan Adolf Aich gegründete Stiftung Liebenau, die als Zufluchtsstätte für Menschen mit unheilbaren Krankheiten und Behinderungen gegründet wurde und heute als Dachorganisation eines Verbundes von innovativen sozialen Einrichtungen und Diensten fungiert.[1] Auch muss eine Stiftung keineswegs ausschließlich oder auch nur teilweise ihre Tätigkeit aus Erträgen des ihr zugewidmeten Vermögens finanzieren. Unter Beachtung von Einschränkungen des Steuerrechts kann sie sich vielmehr

- aus eigener wirtschaftlicher Tätigkeit, die mit dem Stiftungszweck nichts zu tun hat (sog. *unrelated business*),
- aus Erlösen für ihre satzungsmäßige Tätigkeit (sog. *related business*), bspw. der Bereitstellung von Wohlfahrtsleistungen, die aufgrund von Verträgen mit Sozialversicherungsträgern, Kommunen usw. von diesen bezahlt werden,
- aus Spenden oder
- aus anderen Quellen, bspw. Subventionen aus öffentlichen Mitteln

die für die Erfüllung ihres Satzungszwecks notwendigen Mittel beschaffen.

Der Begriff der Stiftung ist rechtlich nicht geschützt. Auch Vereine und andere Organisationen können die Begriffe „Stiftung" oder „Stift" im Namen führen. So sind etwa die meisten parteinahen Stiftungen wie die Friedrich-Ebert-, die

---

[1]https://de.wikipedia.org/wiki/Stiftung_Liebenau.

Konrad-Adenauer- und die Heinrich-Böll-Stiftung in der Rechtsform des Vereins organisiert. Manche Pflegeheime und Krankenhäuser nennen sich – häufig aus Tradition – Stift, obwohl sie der Rechtsform nach Kapitalgesellschaften sind. Stiftungen im engeren Sinn sind, juristisch gesehen, rechtsfähige und nicht rechtsfähige (= Treuhand-)Stiftungen. Rechtsfähige Stiftungen (Stiftungen bürgerlichen Rechts) unterstehen der staatlichen Rechtsaufsicht, die von einer Landesbehörde ausgeübt wird. Treuhandstiftungen sollten der nachhaltigen Aufsicht durch den Treugeber (= Stifter) unterliegen. Nicht rechtsfähige Stiftungen lassen sich allerdings auch als Schenkungen unter Auflage darstellen, die dann allerdings der Kontrolle im Wesentlichen entzogen sind.

Stiftungen haben eine Verfassung oder Satzung, in der die Zwecke und die Art ihrer Verwirklichung – z. B. fördernd oder operativ – festgeschrieben ist. Auch die Governance der Sitzung ist hier festgelegt. In der Gestaltung dieser Governance ist der Stifter oder die Stifterin relativ frei. Aber auch an diese Festlegungen ist die Stiftung dauerhaft gebunden. Neben einem Vorstand können weitere Stiftungsorgane oder beratende Gremien vorgesehen sein. Stiftungen haben keine Mitglieder. Vorstand und/oder Stiftungsrat, die auch andere Bezeichnungen tragen können, sind die Entscheidungsgremien der Stiftung. Stiftungen unterliegen also nicht demokratischen Prinzipien.

Aufgrund der Vielfalt der Stiftungszwecke und der Art, wie diese im Einzelnen erfüllt werden, ist es nicht einfach, die Stiftungstätigkeit zu kategorisieren. Funktional lässt sich Stiftungstätigkeit differenzieren in:

- Eigentümerfunktion,
- operative Funktion,
- Förderfunktion,
- mildtätige Funktion.

Insbesondere größere, Stiftungen sind häufig multifunktional tätig.

In der Eigentümerfunktion beschränkt sich die Tätigkeit einer Stiftung auf die Wahrung des Eigentums, z. B. einer Kunstsammlung oder eines Kirchengebäudes zugunsten der Zweckerfüllung. Die operative Funktion ist dann erfüllt, wenn zum einen Einrichtungen, z. B. Krankenhäuser, Pflege- oder Behinderteneinrichtungen, von der Stiftung unterhalten und selbst betrieben werden. Diese Stiftungen, im Fachjargon als Anstaltsträgerstiftungen bezeichnet, sind in hohem Maße in Deutschland in die Bereitstellung sozialer Dienstleistungen eingebunden (vgl. den einführenden Beitrag von Annette Zimmer in diesem Band). Zum anderen kann eine Stiftung auch dann operativ tätig sein, wenn sie forschend und beratend, als *Think Tank* oder Themenanwalt arbeitet oder Preise oder Stipendien vergibt.

Diese Stiftungen erfüllen ihre Aufgaben selbstständig und in Eigenregie und -verantwortung und unterstützen nicht Dritte bei der Erfüllung von deren Aufgaben. Dies unterscheidet die operative von der Förderfunktion von Stiftungen.

In fördernder Funktion sind Stiftungen vielfältig engagiert. Sie unterstützen langfristig Einrichtungen und Organisationen oder initiieren und finanzieren Modellvorhaben, Aus-, Fort- und Weiterbildungs- und infrastrukturelle Maßnahmen. Sie finanzieren die Anschaffung von Ausstattung, etwa von medizinischen Geräten. Traditionell geschah dies in der Regel auf Antrag von staatlichen oder zivilgesellschaftlichen Trägern. Zunehmend entwickeln sie eigene Programme und suchen gezielt dafür Partner.

Die mildtätige Funktion bezieht sich auf die Unterstützung von Personen, die aus wirtschaftlichen, medizinischen oder anderen Gründen auf Hilfe angewiesen sind.

In den letzten 20 Jahren haben zwei Sonderformen von Stiftungen Bedeutung erlangt:

- die Gemeinschaftsstiftung,
- die Bürgerstiftung.

Eine Gemeinschaftsstiftung führt das Engagement einer Vielzahl von Stiftern und Stifterinnen, Zustiftern und Zustifterinnen und Spendern und Spenderinnen zugunsten einer Organisation oder einer Gruppe von Organisationen zusammen. Bspw. wird das Engagement durch Spenden, Fonds, Zustiftungen und Vermächtnisse zugunsten eines Wohlfahrtsverbandes hier gebündelt.

Bürgerstiftungen bündeln ebenfalls das Engagement Vieler, verfolgen aber eine Vielzahl von Zwecken in einem geografisch begrenzten Raum, in der Regel in einer Gemeinde. Sie sind in Deutschland in der Regel operativ tätig. Da sie ihren Stiftern und Spendern oder auch den aktiv Mitarbeitenden in der Regel Mitgestaltungsrechte und -möglichkeiten einräumen, lassen sie sich in gewisser Weise als Mischform von Stiftung und Verein beschreiben (Müller 2005).

3 Die deutsche Stiftungslandschaft in der Übersicht

In Deutschland bestehen zurzeit (2018) rund 20.000 Stiftungen bürgerlichen Rechts und (geschätzt) etwa 40.000 nicht rechtsfähige Stiftungen. Hinzu kommen rund 1200 Stiftungen öffentlichen Rechts, die vom Bund oder einem Land durch Gesetz oder Rechtsverordnung gegründet sind (Priemer et al. 2017, S. 51) sowie bis zu 100.000 Stiftungen kirchlichen Rechts, da die großen Religionsgemeinschaften in Deutschland berechtigt sind, eigenes Stiftungsrecht zu setzen. Bekannte Beispiele für öffentlich-rechtliche Stiftungen sind die Stiftung Preußischer Kulturbesitz, die zu den größten Kultureinrichtungen weltweit zählt.

Verglichen mit den über 600.000 eingetragenen und geschätzt mindestens 300.000 nicht eingetragenen Vereinen machen Stiftungen damit nur den kleineren Teil der organisierten Zivilgesellschaft in Deutschland aus. Gleichwohl spielen sie für die Zivilgesellschaft eine wichtige Rolle, und dies nicht nur wegen ihrer wirtschaftlichen Stärke. Stiftungen können zwar für jeden gesetzlichen Zweck errichtet werden, jedoch dienen in Deutschland rund 95 % gemeinwohlorientierten Zielen (siehe Abb. 1). Ein kleiner Teil der Stiftungen dient anderen Zwecken, etwa der Regelung von Unternehmensnachfolgen oder der Versorgung von Familien.

In den vergangenen beiden Jahrzehnten hat das Stiftungswesen einen Boom erlebt, vor allem in der ersten Dekade des neuen Jahrtausends, in der bisweilen jährlich über 1000 Stiftungen errichtet wurden (Bundesverband Deutscher Stiftungen 2018). Diese Entwicklung ist durch die internationale Finanzkrise und die damit verbundene anhaltende Niedrigzinsphase ins Stocken geraten Bischof (2017).

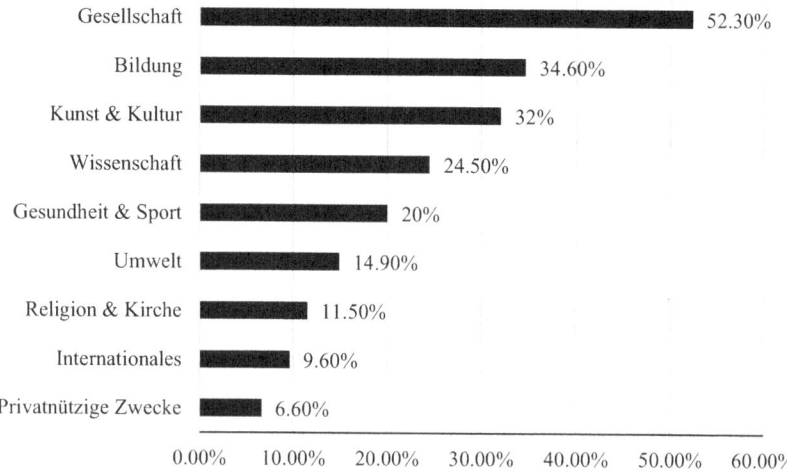

Abb. 1 Stiftungszwecke rechtsfähiger Stiftungen bürgerlichen Rechts. (Quelle: Bundesverband Deutscher Stiftungen 2018 [n = 20.133])

Stiftungen und Wohlfahrtsstaat 107

Bedenkt man, dass über Zweidrittel der Stiftungen über ein Stiftungskapital von weniger als einer Million Euro verfügen, ist offenkundig, dass sie als Förderstiftungen bei Zinserträgen von etwa 1 % kaum noch arbeiten können. Gut die Hälfte aller Stiftungen in Deutschland schüttet jährlich nicht mehr als 50.000 EUR aus (Poldrack und Schreier 2013, S. 15). Anders sieht es bei großen Stiftungen aus, die Anteile an florierenden Wirtschaftsunternehmen halten. Nur rund 6 % der Stiftungen in Deutschland verfügen jedoch über ein Vermögen von mehr als 10 Mio. EUR (vgl. Abb. 2). Stiftungen wie die Else Kröner-Fresenius-Stiftung (über 9 Mrd. EUR Buchvermögen), die Dietmar-Hopp-Stiftung (knapp 6 Mrd. EUR) oder die Robert-Bosch-Stiftung (gut 5 Mrd. EUR) bilden die große Ausnahme.

Anstaltsträgerstiftungen haben natürlich eine ganz andere Finanzierungsgrundlage. Sie erhalten für ihre Tätigkeit Leistungsentgelte, die bspw. von den Sozialversicherungsträgern erbracht werden.

Betrachtet man die deutsche Stiftungslandschaft aus der Vogelperspektive, wird eine Ungleichverteilung im Raum deutlich. Bremen und Hamburg verfügen über die größte Stiftungsdichte in der Republik; vor allem Hamburg sticht mit 76 Stiftungen pro 100.000 Einwohner heraus. Hier haben auch zahlreiche reiche Stiftungen ihren Sitz, die bei der Bereitstellung sozialer Dienste eine wichtige

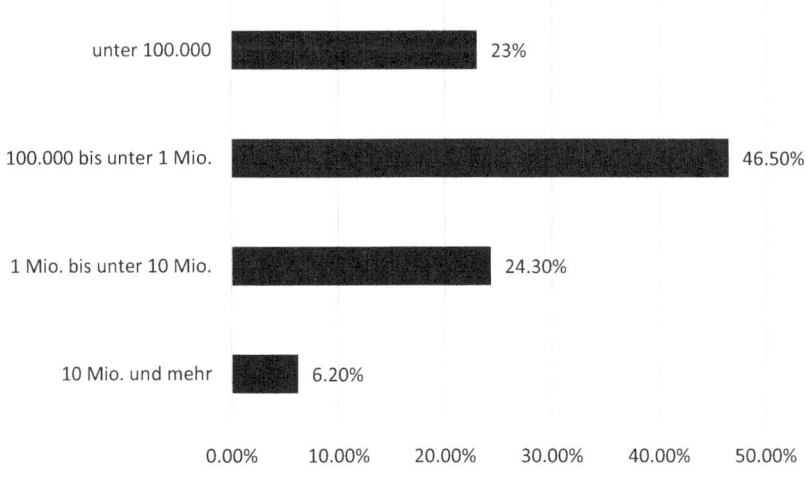

Abb. 2 Stiftungskapital der rechtsfähigen Stiftungen bürgerlichen Rechts. (Quelle: Bundesverband Deutscher Stiftungen 2018 [n = 4898])

Rolle spielen. Auch die südlichen Bundesländer Baden-Württemberg, Bayern und Hessen verfügen über eine vergleichsweise dichte Stiftungslandschaft, während die ostdeutschen Bundesländer kaum Stiftungen beherbergen. Brandenburg bildet mit 9 Stiftungen auf 100.000 Einwohner das Schlusslicht, gefolgt von Mecklenburg-Vorpommern (10) und Sachsen-Anhalt (13). Dies hat natürlich damit etwas zu tun, dass die DDR in den 1950er Jahren fast alle Stiftungen durch Gesetz aufhob und Neugründungen nicht zuließ.

Im Stadt-Land-Vergleich wird offensichtlich, dass Stiftungen überwiegend, aber nicht ausschließlich ein urbanes Phänomen sind. Überproportional viele Stiftungen sind in Städten angesiedelt und sind dort wichtige Standbeine der Zivilgesellschaft, die die lokale Wohlfahrtslandschaft bereichern (Bundesverband Deutscher Stiftungen 2018).

Regionale Unterschiede in Hinblick auf die Stiftungsziele weisen Auswertungen des Maecenata-Instituts nach. Sie zeigen, dass vor allem in den nördlichen Bundesländern soziale Aktivitäten einen Schwerpunkt der Stiftungsarbeit einnehmen, während im Süden anderen Zwecken wie Umweltschutz, Bildung, Kunst und Kultur, internationale Verständigung und Tierschutz ein höherer Stellenwert zukommt. Zudem zeigt sich, dass soziale Zwecke vor allem von alten und älteren Stiftungen ausgewiesen werden, während neugegründete Stiftungen auf anderen Gebieten unterwegs sind (Poldrack und Schreier 2013, S. 20).

Wie sich das Stiftungswesen seit der Antike entwickelt hat, ist Gegenstand des nachfolgenden Abschnitts.

4 Das Stiftungswesen im historischen Vergleich

Stiftungen gehören zu den ältesten Kulturzeugnissen der Menschheit. Schon in den frühen Hochkulturen Mesopotamiens und Ägyptens finden wir ein ausgeprägtes Stiftungswesen vor, das sich wesentlich auf zwei Ziele konzentrierte, und zwar die Sorge um das eigene Heil in der Ewigkeit sowie die Sorge für Arme, Kranke, Schwache, Witwen, Waisen und Kinder im Allgemeinen.

4.1 Stiftungen in der Antike und im Mittelalter

Stiftungen sind in der Antike in allen Kulturen zum einen im religiösen Bereich verankert; zum anderen treten sie als Anbieter oder Förderer von Sozialleistungen in Erscheinung. Dabei bilden Seelenheil und praktische Ziele fast immer eine Einheit. Dies entspricht der Grundregel des antiken Denkens, die auf den kurzen

Nenner gebracht werden kann: „Die Götter sind immer dabei." Neben der religiösen Komponente lassen sich drei wesentliche Motive des Stiftens erkennen, die heute unverändert Gültigkeit besitzen[2]:

- der Wunsch, in Erinnerung zu bleiben (die sog. *memoria*, ein in sich stark religiös konnotierter Begriff);
- der Wunsch zu schenken (eine heute als anthropologische Grundkonstante erkannte menschliche Triebfeder)[3]
- der Wunsch, anderen Menschen einen fremden Willen aufzudrücken (Teil des natürlich Machtinstinkts des Menschen).

Viele Grundsätze des heutigen Stiftungswesens sind seit der Antike unverändert geblieben. Das im Jahr 2 n. Chr. im damals römischen Leptis Magna (heute in Libyen gelegen) von Annobal Tapapius Rufus gestiftete Theater ist deshalb dafür ein so prägnantes Beispiel, weil die dort angebrachte, in Stein gemeißelte (und bis heute erhaltene) Stiftungsurkunde alle Festlegungen nennt, die auch ein moderner Stifter zu treffen hat:

- den Namen des Stifters und der Stiftung,
- den Sitz der Stiftung,
- den Zweck der Stiftung (Inhalt des Stifterwillens),
- das materielle Vermögen der Stiftung,
- Bestimmungen zur Verwaltung der Stiftung,
- das Datum der Gründung.

In der Spätantike bildete sich auch ein rechtlicher Korporationenbegriff heraus, wobei für die Stiftung auf eine rechtliche Fiktion zurückgegriffen wurde: Das materielle Stiftungsvermögen wurde den Göttern übereignet. Man nannte dies die *pia causa Deorum*, im Christentum später (so auch im *Codex Justinianus*, vgl.

---

[2]Dies gilt freilich im Wesentlichen für den Menschen als Stifter. Die erst in der Moderne auftretende Form der Stiftungsgründung durch Staaten, Unternehmen oder Organisationen nutzt in durchaus legitimer und weithin üblicher Weise die Hülle, die sich zur Institutionalisierung des Stiftens herausgebildet hat, ohne aber in der Regel von den hier genannten Motiven geprägt zu sein.

[3]Die Evolutionsbiologie weist heute bei Primaten und auch bei Vögeln ein Schenkungsbedürfnis nach; dies hat nichts mit der Frage zu tun, ob damit eine wie immer geartete Reziprozitätserwartung verbunden wird.

Otto et al. 1832) die *pia causa Dei*. Im islamischen Stiftungswesen, das hoch bedeutend ist und ebenfalls in seinen Grundzügen auf den Codex Justinianus zurückgeht, wird dies heute noch so gesehen. Dies hatte mehrere Folgen:

- Stiftungsvermögen erhielt einen Schutzmantel, der es zwar nicht in allen Fällen politisch-gesellschaftlicher Umbrüche, aber doch in vielen vor Zugriffen von außen schützte. Die außerordentliche Langlebigkeit vieler Stiftungen[4] ist auch damit erklärbar.
- Die Frage, ob zur Verwaltung einer Stiftung eine eigenes Gremium gebildet oder ob diese einem bestehenden Gremium oder einer Person übertragen wurde, war ggf. für die Arbeit der Stiftung von Bedeutung, nicht aber für das rechtliche Konstrukt. So bestanden stets beide Formen nebeneinander.[5]
- Seit dem 4. Jahrhundert, als der christlichen Kirche in mehreren Schritten Legitimität, der Status einer Körperschaft und der einer Staatsreligion zugemessen wurden, hatte diese als zunehmend alleinige Hüterin des „Göttlichen" im Stiftungswesen eine sehr starke Stellung. In hohem Maße, wenn auch nie ausschließlich, wurden Stiftungen zwischen dem 4. und dem 18. Jahrhundert an den kirchlichen Strukturen angesiedelt.

Zwischen dem 4. und 18. Jahrhundert entwickelte sich auch eine primäre, wenn auch nicht alleinige Zuständigkeit der Kirche[6] für das Sozialwesen, die diese u. a. durch die ihr angegliederten Stiftungen wahrnahm. Nur in den sich ab dem 12. Jahrhundert herausbildenden Städten bildete sich ein kommunal orientiertes, wenngleich auch religiös konnotiertes soziales Stiftungswesen heraus. Davon

---

[4]Als älteste noch bestehende deutsche Stiftung gilt die Bürgerspitalstiftung Wemding (bei Nördlingen in Bayern), die sich (urkundlich nicht belegbar) bis in das 10. Jahrhundert. zurückführt. Es ist zu vermuten, dass im weithin unerforschten Bereich der kirchlichen Stiftungen eine gewisse Anzahl von Stiftungen zu finden ist, die im ersten Jahrtausend gegründet wurden.

[5]Aus den beiden Formen hat sich in Deutschland die rechtsfähige Stiftung bürgerlichen Rechts gem. §§ 80–89 BGB einerseits und die Treuhandstiftung (auch nicht rechtsfähige, unselbstständige oder fiduziarische Stiftung genannt) andererseits entwickelt. Die von vielen Juristen vertretene Auffassung, die rechtsfähige Stiftung sei die Regelform, ist vor dem historischen Hintergrund nicht haltbar. Der ersteren, d. h. mit spezifischer Governance-Struktur ausgestatteten Variante sind auch die Stiftungen in der Form der GmbH oder AG zuzurechnen, die ebenso legitim sind.

[6]Gegründet auf das Liebesgebot des Neuen Testaments (bspw. Mk 12,29; Mt 22,34–40; Lk 10,25–28), das im Alten Testament (bspw. Lev. 19,18) seinen Ursprung hat.

zeugen einerseits die von Städten zum Teil bis heute verwalteten Stiftungen und Stiftungskonglomerate (zum Teil bis heute mit altertümlichen Bezeichnungen, bspw. „Gemeine Kästen"), andererseits die ebenfalls zum Teil bis heute arbeitenden, durch Stiftungsakte entstandenen Anstalten: Heilig-Geist-Spitäler und Bürgerspitäler. Selbst die Reformation hat an dieser Situation nichts Grundsätzliches geändert, sieht man von den (politisch und wirtschaftlich motivierten) Säkularisierungen von Kirchen- und Klosterbesitz im 16. Jahrhundert ab. Stiftungen, so lässt sich feststellen, waren von der Antike bis in das 18. Jahrhundert:

- in hohem Maße religiös-kirchlich konnotiert,
- in operativer, fördernder und mildtätiger Funktion integrale, seltener sogar dominierende Akteure der Wohlfahrtsproduktion,
- langjährige resiliente Träger von Wohlfahrtseinrichtungen,
- politisch und gesellschaftlich unbestritten.

4.2 Stiftungen in der Neuzeit

In der Frühen Neuzeit bedeutete allerdings die ab dem 16. Jahrhundert einsetzende Entwicklung des modernen säkularen Staates einen Einschnitt. Dabei ging es primär um eine Erweiterung staatlicher Zuständigkeiten und Autorität. Für das Stiftungswesen wichtig waren in diesem Zusammenhang die Philosophen und Theoretiker der Aufklärung in Frankreich, die es für unerträglich erachteten, dass Grund und Boden in umfänglichen Maße den Kirchen und ihren Stiftungen gehörte. Stiftungen in kirchlicher Trägerschaft galten nicht mehr als legitim. Vielmehr war es jetzt Sache des Staates, darüber souverän zu verfügen. So unterlagen Neugründungen nun einer Genehmigung durch die staatliche Obrigkeit; viele Stiftungen (Klöster und sonstige kirchliche Einrichtungen) wurden 1803 in der zweiten Säkularisierungswelle enteignet. Allerdings war es in dieser Zeit auch um das Stiftungswesen nicht sehr gut bestellt, sodass die Einführung von Kontrollmechanismen folgerichtig und vielfach als notwendig erachtet wurde.

In Deutschland hat aber, im Unterschied etwa zu Frankreich, die Stiftung nie ihre Attraktivität verloren. Hierfür waren mehrere Gründe ausschlaggebend: Besonders herauszustellen ist der Aufstieg des Bürgertums, das in verstärktem Maße Handlungsweisen des Adels, darunter auch das Stiften, nachzuahmen wünschte. Vor diesem Hintergrund erschien es notwendig, den Rechtsrahmen der Stiftung anzupassen, und zwar hinsichtlich der Fragen,

- wem Stiftungseigentum gehört, wenn die Denkfigur des Gotteseigentums nicht mehr akzeptabel ist, sowie
- des Umfangs und der Ausgestaltung der staatlichen Aufsicht und Kontrolle.

Diskutiert wurden diese Fragen wesentlich im Rahmen eines Rechtsstreits um das Erbe des 1816 verstorbenen Johann Heinrich Städel, der seine Kunstsammlung und sein Vermögen einer zu gründenden Stiftung zugewidmet hatte. Daraus entwickelte sich das Konstrukt der eigentümerlosen rechtsfähigen Stiftung als besondere Ausprägung einer privatrechtlichen juristischen Person.

Gleichzeitig mit dieser Entwicklung kam es im 19. Jahrhundert zu einem geradezu stürmischen Aufschwung des Stiftungswesens, der in zahlreichen Neugründungen, darunter vielen Sozialstiftungen, seinen Niederschlag fand. Eine dieser bemerkenswerten Stiftungsneugründungen ist die Stiftung Neuerkerode, die als Fallbeispiel im Anhang dieses Kapitels näher beschrieben wird. Vielfach, wenn auch nicht immer, lehnten diese sich an die katholische oder evangelische Kirche an; relativ häufig waren sie operative Träger und Betreiber sozialer Einrichtungen. Neben der Fürsorge, wie man sie damals nannte, und der medizinischen Versorgung spielte für die oft ausgeprägt eigensinnigen Stifter der soziale Wohnungsbau eine nicht zu unterschätzende Rolle. Der Sohn des Gründers des Bibliographischen Instituts Joseph Meyer (bekannt durch das Meyersche Lexikon), gründete bspw. 1888 einen „Verein zur Erbauung billiger Wohnungen" und stattete diesen mit einem Startkapital von zwei Millionen Mark aus. Der Verein wurde 1900 in die gleichnamige Stiftung (heute Stiftung Meyersche Häuser) umgewandelt und hält heute über 2500 Sozialwohnungen.[7] Ernst Abbe, alleiniger Eigentümer der Unternehmen Carl Zeiss und Schott in Jena übertrug beide Unternehmen auf eine ebenfalls heute noch bestehende Stiftung mit zwei Zielen: Förderung der Wissenschaft und soziale Absicherung der Mitarbeiter.[8] Ein ausgeprägter Individualismus war ihm wie allen Stiftern eigen, vielen darüber hinaus eine komplizierte Biografie und ein altruistischer Eifer. Es herrschte ein liberaler Geist, der es für besser hielt, den staatlichen Einfluss auf den Schutz der inneren und äußeren Sicherheit begrenzt zu halten.

---

[7]http://www.meyersche-haeuser.de.
[8]Vgl. Geschichte der Stiftung: https://www.carl-zeiss-stiftung.de/german/die-stiftung/index.html.

4.3 Stiftungen seit dem 19. Jahrhundert

In der zweiten Hälfte des 19. Jahrhunderts wurde zunehmend deutlich, dass infolge des rasanten Bevölkerungswachstums, der Industrialisierung, der Landflucht und der mit alldem einhergehenden Verelendung weiter Teile der Bevölkerung weder das traditionelle Engagement der Kirchen und Kommunen, noch die freiwillige Philanthropie wohlhabender Bürger ausreichten, um ein auch nur ausreichendes soziales Netz zu knüpfen und zu unterhalten. Die Verfassung des 1867 gegründeten Norddeutschen Bundes bestimmte erstmals in der deutschen Verfassungsgeschichte, dass die beteiligten Souveräne einen „ewigen Bund zum Schutze des Bundesgebietes und des innerhalb desselben gültigen Rechtes sowie zur Pflege der Wohlfahrt des Deutschen Volkes" schließen. Wortgleich findet sich dieses Staatsziel in der Verfassung des Deutschen Reichs von 1871. Damit war nicht nur der Wohlfahrtsstaat eingeläutet, sondern auch der Anspruch angemeldet, diesen zu organisieren. Allerdings kam es in Deutschland nicht zu einem Gegensatz – Stiftungen versus Wohlfahrtsstaat –, sondern Stiftungswesen und Wohlfahrtsstaat entwickelten sich im 19. und frühen 20. Jahrhundert parallel positiv (vgl. der Beitrag von Annette Zimmer in diesem Band). Doch konfliktfrei war das Verhältnis zwischen Stiftungen und dem sich formierenden Wohlfahrtsstaat keineswegs. Frühzeitig schlossen sich die den Kirchen nahestehenden sozialen Einrichtungen und Stiftungen – namentlich Caritas und Diakonie – zu Verbänden zusammen (vgl. den Beitrag von Backhaus-Maul in diesem Band)[9]. Nicht zuletzt dank dieser Zusammenführung konnte sich frühzeitig eine Zusammenarbeit und Partnerschaft entwickeln, die später mit dem Subsidiaritätsprinzip theoretisch unterfüttert wurde. Die Stiftungen behielten ihre Daseinsgrundlage und Legitimation.

Gleichwohl lassen sich zur Einbindung und Kontrolle von Stiftungen in den (wohlfahrts-)staatlichen Kontext die folgenden Maßnahmen benennen: zum einen die staatliche Genehmigung und Stiftungsaufsicht, zum anderen die Weisungen über die Anlage des Stiftungsvermögens. Aus theoretischer Sicht wurde der Rekurs auf das Gotteseigentum für die rechtsfähigen Stiftungen durch das Konstrukt der Eigentümerlosigkeit ersetzt, die staatlich zu kontrollieren und

---

[9]Von den 1920er Jahren bis 2007 mussten aus steuerrechtlichen Gründen alle im Wohlfahrtswesen tätigen Organisationen einem Spitzenverband der freien Wohlfahrtspflege angeschlossen sein.

zu beaufsichtigen war.[10] Die Aufsicht wurde den Ländern übertragen und dort unterschiedlich gestaltet. Regelmäßig gab es jedoch staatliche Genehmigungsvorbehalte für bestimmte Rechtsgeschäfte, die Verpflichtung zur periodischen Berichterstattung und die Möglichkeit der Bestellung von Ersatzvorständen durch die Behörde. Einheitlich geregelt war zum einen, dass die Stiftungen zu ihrer Entstehung einer staatlichen Genehmigung bedurften, zum anderen die Ermächtigung zur Aufhebung der Stiftung bei Gemeinwohlgefährdung[11], eine Bestimmung, die der nationalsozialistischen Regierung die Möglichkeit eröffnete, die sog. jüdischen, das heißt von jüdischen Mitbürgern gegründeten Stiftungen aufzuheben, nachdem alles Jüdische als gemeinwohlgefährdend deklariert worden war.[12] Die Regierung der DDR hob die Stiftungen auf ihrem Territorium auf, nachdem sie das Stiftungswesen als solches für gemeinwohlgefährdend erklärt hatte. Nicht zu übersehen ist, dass es auch in der alten Bundesrepublik heute wieder zunehmend vorkommt, dass Behörden den gesetzlichen Rahmen der Rechtsaufsicht vorsätzlich überschreiten und die Stiftungsorgane mit sehr konkreten Forderungen zur Verwirklichung des Stiftungszwecks, Änderungen der Satzung usw. bedrängen.

Besonders einschneidend erwiesen sich die Regelungen zur Verwaltung des Stiftungsvermögens. Das Deutsche Reich, das kaum über eigene Steuereinnahmen verfügte, nutzte die Möglichkeit, den Markt für staatliche Anleihen auszudehnen und schuf das Instrument der mündelsicheren Anlage.[13] Stiftungen wurden ebenso wie Lebensversicherungen gedrängt, ihr Kapital in diese Anlagen zu investieren. Dabei wurde ihnen ein besonders niedriges Risiko bei ordentlicher Verzinsung in Aussicht gestellt. Dieses Verfahren sollte sich nach dem Ersten Weltkrieg für zahllose Stiftungen als tödlich erweisen. Betroffen waren nicht so sehr die Anstaltsträgerstiftungen, deren Vermögen meist in den

---

[10]Dies galt und gilt nur für die neue Form der rechtsfähigen Stiftung bürgerlichen Rechts. Andere Formen, insbesondere die Treuhandstiftung, wurden (außer im Steuerrecht) gewissermaßen übersehen, blieben aber in ihren Möglichkeiten eingeschränkt.
[11]§ 87 BGB, bis heute gültig.
[12]Jüdische Mitbürger und Mitbürgerinnen traten im späten 19. und frühen 20. Jahrhundert weit überproportional als Stifter auf, sowohl im Sozialbereich, als auch in anderen Bereichen. Der Kreis der Destinatäre war zum Teil, aber keineswegs generell auf andere jüdische Mitbürger beschränkt.
[13]Als mündelsichere Anlagen wurden festverzinsliche Anleihen inländischer öffentlicher Emittenten definiert. Der Grundsatz, Stiftungsvermögen möglichst mündelsicher anzulegen, blieb bis in die 1990er Jahre gültig.

betriebsnotwendigen Gebäuden und sonstiger Betriebsausstattung bestand. Es waren vielmehr die mit liquidem Vermögen ausgestatteten, häufig von Städten und Universitäten verwalteten kleineren Stiftungen, die keine Möglichkeit sahen, dem staatlichen Druck zu widerstehen, die sogenannten Kriegsanleihen zu zeichnen. Sie trugen damit unfreiwillig zur Finanzierung des Ersten Weltkriegs bei und wurden anschließend durch die Hyperinflation und den ausdrücklichen Ausschluss von Entschädigungsregelungen vermögenslos. Da Preußen von jeher und die übrigen Länder immer häufiger darauf verzichtet hatten, Stiftungsverzeichnisse zu erstellen und zu veröffentlichen, ist die Gesamtzahl der in den 1920er und 1930er Jahren infolge der Vernichtung ihres Vermögens aufgelösten Stiftungen nicht zuverlässig zu ermitteln. Schätzungen gehen von bis zu 90.000 Auflösungen aus. Da zu dieser Zeit mindestens 50 % der Stiftungen entweder ausschließlich oder teilweise soziale Zwecke verfolgten, war der Aderlass beträchtlich. Es blieben die Anstaltsträger als Träger sozialer Einrichtungen, etwa Kranken- oder Waisenhäuser, die in der speziellen Ausprägung des deutschen korporatistischen Wohlfahrtssystems in den Wohlfahrtsstaat integriert waren.

Obwohl es sogar 1918, 1919 und 1945, wenn auch in sehr geringer Zahl, Neugründungen von Stiftungen in Deutschland gab, blieb das Stiftungswesen zwischen 1918 und 1990 eine marginale Erscheinung. In Ostdeutschland verschwanden sie fast vollständig; in Westdeutschland setzte in den 1950er Jahren eine leicht verstärkte Gründungstätigkeit ein. Im Vordergrund standen jetzt Wissenschafts- und Bildungsthemen (Volkswagen-Stiftung, Thyssen-Stiftung), später Kultur (Alfried Krupp-von-Bohlen-und-Halbach-Stiftung), Umwelt (Schweisfurth-Stiftung) und Völkerverständigung (Robert-Bosch-Stiftung).

Im Mittelpunkt des Stiftungswesens stand seit den 1970er Jahren die Kapitalförderstiftung.[14] Der Betrieb eigener Einrichtungen oder die Durchführung eigener Projekte kam aus der Mode. Die einzige nennenswerte Ausnahme bildete die 1977 gegründete Bertelsmann Stiftung, die sich ausdrücklich als operative Stiftung verstand und von ihrem Gründer, Reinhard Mohn, den Auftrag hatte, aktiv durch Konferenzen, Studien, Veröffentlichungen und dergleichen an der Lösung gesellschaftlicher Probleme mitzuwirken. Wohlfahrtsstaatliche Themen interessierten diese Stiftung in der Anfangszeit aber nur bedingt. Daneben kam es, insbesondere, aber nicht nur im kirchlichen Bereich, zu Stiftungsgründungen

---

[14] Als Kapitalförderstiftung wird eine Stiftung bezeichnet, die aus den Zinsen auf ein rentierlich, d. h. bspw. in Wertpapieren angelegtes Vermögen ihre Zwecke dadurch verwirklicht, dass sie die Tätigkeit Dritter, d. h. von staatlichen, kommunalen und steuerbegünstigten privatrechtlichen Einrichtungen und Körperschaften fördert.

durch Rechtsformwechsel, indem bestehende Einrichtungen, z. B. die Schulen in Trägerschaft katholischer Träger in einer Diözese, aus organisatorischen Gründen in einer Diözesanschulstiftung zusammengefasst wurden. Schließlich traten Bund, Länder und Gemeinden verstärkt als Stifter auf, indem sie die Rechtsform der Stiftung nutzten, um vormals in Eigenregie geführte kulturelle und soziale Einrichtungen auszugliedern.

4.4 Stiftungen heute

Ob zwischen dem seit den späten 1980er Jahren feststellbaren Um- und Abbau des Wohlfahrtsstaates und dem Anstieg der Stiftungsneugründungen in den 1990er und 2000er Jahren ein Zusammenhang besteht, ist nicht sicher. Zwar blieb bis heute der Prozentsatz der Stiftungen, die soziale Ziele verfolgen, in etwa konstant, was den Schluss zulässt, dass diese auch neuen Stiftern wichtig erschienen.[15] Auch kam es wieder verstärkt zur Gründung von mildtätigen Stiftungen, da das staatliche soziale Netz eben doch Lücken aufwies. Zudem förderte ab 1998 der Gesetzgeber die Entstehung neuer Stiftungen, da er glaubte, auf diese Weise private Mitfinanzierer öffentlicher Aufgaben zu gewinnen. Doch waren zum einen die meisten Stiftungsneugründungen sehr klein und ihr Einfluss insofern eher marginal. Zum anderen verschob sich gleichzeitig die Grundausrichtung vieler Stiftungskonzepte, indem nicht mehr Bestehendes unterstützt und keine Ergänzungsfunktion zu staatlichem Handeln mehr eingenommen wurde, sondern Neues initiiert werden sollte. Insbesondere in jüngster Zeit lässt sich ein stärkeres Engagement von Stiftungen für zivilgesellschaftliche Anliegen und gesellschaftskritische Belange feststellen. Während noch vor 20 Jahren die Stiftungen in der Regel Wert darauf legten, sich von politischen Vorgängen fernzuhalten, verstehen sich heute nicht wenige mittlere und kleinere Stiftungen ausdrücklich auch als politikberatend. In der Klassifikation von acht Grundfunktionen zivilgesellschaftlicher Organisationen

- Dienstleistungen
- Themenanwaltschaft *(advocacy)*
- Mittler

---

[15]Da Stiftungen bis heute nicht verpflichtet sind, irgendwelche Angaben über sich zu veröffentlichen, sind statistische Auswertungen schwierig.

- Selbsthilfeorganisationen
- Wächter
- Gemeinschaftsbildende Organisationen
- politische Mitgestaltung und
- Ermöglichung persönlicher Erfüllung

sind heute Stiftungen, abgesehen von der Selbsthilfe und in der Gemeinschaftsbildung, in allen Funktionen präsent. Vor allem große Stiftungen nutzen ihre finanziellen Möglichkeiten und Netzwerke zur Mitgestaltung des sozialen Wandels, aber durchaus auch als Lobbyisten für gesellschaftliche Interessen. Beispiele hierfür sind die Beteiligung an Gesetzgebungsvorhaben, wie etwa bei der Reform des Stiftungsgesetzes von 2002 oder bei der Vorbereitung der sog. Hartz-Gesetze (Schuler 2015). Stiftungen gründeten Monitor- und Beratungsorganisationen, so die Bertelsmann Stiftung das Centrum für Hochschulentwicklung; Stiftungen engagieren sich als Themenanwälte für neue zivilgesellschaftliche Akteure, bspw. Sozialunternehmen (Vodafone, Mercator). Auch lässt sich ein Wechsel der Arbeitsweise von Stiftungen feststellen. Sie werden wie Banken tätig und vergeben Kredite oder bieten Beratung und Coaching an. Kleinere Stiftungen fühlen sich allerdings nach wie vor überwiegend dem Prinzip der konkreten Hilfe verpflichtet. Metathemen sind für sie kaum von Interesse. Stärker als seit langem regt sich aber bei alten und neuen Stiftungen generell der Wunsch, gemeinwohl- bzw. sozialunternehmerisch in der Zivilgesellschaft aktiv zu sein, mit neuen Ideen, alternativen Konzepten und Methoden, durchaus im Wettbewerb zu anderen Anbietern. Selbstermächtigung und Eigensinn scheinen sich ganz allgemein wieder Bahn zu brechen. Nicht zuletzt dank der aktiven Mitwirkung der Stiftungen ist eine Entwicklung hin zu einem vielfältigen Wohlfahrtsmix und insofern zu einer nachhaltigen Veränderung des Wohlfahrtsstaates durch die Zivilgesellschaft nicht mehr aufzuhalten.

5 Resümee

Zweifelsfrei besteht zwischen Stiftungen und Wohlfahrtsstaat ein prinzipieller Konflikt (vgl. die Beiträge im Forschungsjournal 2017). Ist der Wohlfahrtsstaat Ausdruck eines Gesellschaftsverständnisses, das allen Mitgliedern einer Gesellschaft, also etwa allen Bewohnern eines Staatsgebiets, gleiche Ansprüche gegen diese Gesellschaft zubilligt und dem Staat die Aufgabe zumisst, diese Ansprüche zu organisieren und zu befriedigen, so ist die Stiftung idealtypisch gesehen Ausdruck und Instrument eines individuell gestalteten Willens. Dieser kann nicht für sich in Anspruch nehmen, durch eine Willenserklärung aller Mitglieder einer Gesellschaft legitimiert zu sein; auch kann die Stiftung billigerweise nicht anstreben, alle Mitglieder der Gesellschaft in gleicher Weise zu Destinatären zu haben[16]. Dazu ist sie auch nicht verpflichtet; vielmehr kann sie sich ihre Ziele und damit auch den Personenkreis, den sie zu potenziellen Destinatären[17] bestimmt, selbst wählen.

Grundsätzlich entscheidet und wählt die Stiftung anders aus als der Wohlfahrtsstaat. Während dieser die verfügbaren Mittel eher möglichst allen Anspruchsberechtigten zugutekommen lässt und dabei in Kauf nimmt, dass der Einzelne die gewünschte Leistung nur teilweise erhält, begrenzt die Stiftung eher die Zahl der Destinatäre, lässt aber den Ausgewählten umfassende Leistungen zukommen.

Der grundsätzliche Konflikt wird dadurch akzentuiert, dass der Wohlfahrtsstaat moderner Prägung in der Praxis in engem Zusammenhang mit einer demokratisch organisierten Gesellschaftsstruktur steht. Durch die funktionale und im Wesentlichen auch politiktheoretische Allianz zwischen Demokratie und Wohlfahrtsstaat wird dieser in den Bereich heterarchischer Gesellschaftsmodelle einbezogen, aus denen die Stiftung wegen ihrer Bindung an den Stifterwillen ausdrücklich ausgeschlossen ist. Sie ist vielmehr eine klassische Ausprägung des hierarchischen Modells. Während im modernen demokratischen Verfassungsstaat die Willensbildung, jedenfalls theoretisch, in einem permanenten, von den Mitgliedern ausgehenden Prozess, in landläufiger Terminologie also von „unten" nach „oben" erfolgt, ist in der Stiftung der Wille des Stifters oder der Stifterin mit Gründung der Stiftung die allein bestimmende Richtschnur und wird mit Anspruch auf Befolgung von „oben" nach „unten" weitergegeben; dieser, oft durchaus eigensinnige Stifterwille bleibt so lange, wie die Stiftung besteht, maßgeblich und kennzeichnet damit die Extremform einer hierarchisch organisierten Struktur. Es ist insofern nicht verwunderlich, dass im klassischen Wohlfahrtsstaat

---

[16]Zwar muss eine Stiftung, die sich zur Förderung des allgemeinen Wohls verpflichtet und aus diesem Grund von Steuerzahlungen freigestellt wird, tatsächlich „die Allgemeinheit" und nicht nur einen definitorisch begrenzten Personenkreis, bspw. Mitglieder einer Familie oder Mitarbeiter eines Unternehmens begünstigen. In der Praxis wird aber einerseits die Allgemeinheit durch die Zielrichtung (bspw. Kinder, an einer bestimmten Krankheit Leidende usw.), andererseits durch die begrenzten Mittel begrenzt, die stets nur punktuelle Interventionen und damit notwendigerweise eine Auswahl erlauben. Dies gilt selbst für eine Bill and Melinda Gates Foundation, die derzeit wohl größte Stiftung der Welt mit einem Ausgabevolumen von rund 3,5 Mrd. US$ pro Jahr.

[17]Als Destinatäre werden Empfänger von Stiftungsleistungen aller Art bezeichnet.

zumindest in der frühen konstitutiven Phase Stiftungen mit Argwohn beobachtet und sogar mit den Instrumenten der hoheitlichen Gewalt bekämpft wurden. Dies war in Deutschland weit weniger der Fall als in den europäischen Nachbarländern, insbesondere in Frankreich. Vielmehr erfolgte hierzulande eine relativ frühzeitige Einbindung der sozial tätigen zivilgesellschaftlichen Organisationen, und darunter auch der Stiftungen, in den sich entwickelnden Wohlfahrtsstaat. Allerdings verlief die Einbindung der Stiftungen in die staatlich organisierte und reglementierte soziale Leistungserstellung auch in Deutschland nicht konfliktfrei. Beispielsweise kann davon ausgegangen werden, dass das Ende vieler Stiftungen durch Vermögensauszehrung nach dem Ersten Weltkrieg durchaus im Sinne eines nicht unerheblichen Teils der politischen Entscheidungsträger war. Auch hatte der Ausbau des Wohlfahrtsstaates zur Folge, dass sich der Stellenwert und die Funktionszuweisung der Stiftung im Gefüge der sozialen Leistungserstellung maßgeblich änderte. Waren Stiftungen in Verbund mit anderen kirchlichen Akteuren bis in die Frühe Neuzeit nahezu alleinige Anbieter und Ersteller sozialer Leistungen und Dienste, so ist diese umfängliche Versorgungsfunktion sukzessive an den Wohlfahrtsstaat übergegangen. Allerdings waren Stiftungen auch von Anfang an Pioniere, die, lang bevor an den Wohlfahrtsstaat überhaupt gedacht wurde, im Bereich der sozialen Dienstleistungserstellung engagiert und innovativ tätig waren. Auf Bedarfe und gesellschaftliche Anliegen zu reagieren und konzeptionell tätig zu werden, ist nach wie vor eine wichtige Funktion von Stiftungen im sozialen Bereich. Gleichzeitig sind Stiftungen heute stärker zivilgesellschaftlich „unterwegs", indem sie als Themenanwälte und Wächter tätig sind und zunehmend Funktionen der politischen Mitgestaltung übernehmen und aktiv vorantreiben.

6 Fallbeispiel: Die evangelische Stiftung Neuerkerode

Ein Beispiel zur Illustration des bisweilen schwierigen Verhältnisses von Stiftungen und Wohlfahrtsstaat ist die evangelische Stiftung Neuerkerode.[18]

„Der Keim zu meiner Arbeit an den Idioten [sic], der fünf Jahre später die erste Wurzel schlug, liegt in jenem kleinen Hause in Neuendettelsau. Daß ich's kennengelernt habe, betrachte ich als eine besondere Fügung Gottes." (Stutzer

---

[18]https://www.neuerkerode.de/.

1921, S. 91). So beschrieb Pastor Gustav Stutzer in seinen Lebenserinnerungen den ersten Impuls, der zur Gründung der Stiftung Neuerkerode führte.

Schon sein Herkommen und seine nicht unbedingt für ein Pfarrhaus typische Erziehung – seine Mutter war ausgebildete Sängerin – bedingten, dass Gustav Stutzer Streit mit Vorgesetzten und anderen Zeitgenossen nicht scheute. Ein bequemer Mitarbeiter war er seiner Kirche nicht. „Man hielt sich an das (…) Recht und die Kirchenordnung und verlor die Fühlung mit der Bewegung der Zeit," schrieb er in seinen Lebenserinnerungen (ebd., S. 129). „Gemütlichkeit war das Ideal, Frieden um jeden Preis; bürgerliche Tadellosigkeit die anziehende Erscheinungsform. Man triefte vor lauter Tugenden." (ebd., S. 130) „Dagegen blieb das Verständnis für die praktischen Aufgaben der Inneren Mission noch auf enge Kreise beschränkt und fand (…) bei der Geistlichkeit einen passiven, stellenweise sogar entschiedenen Widerstand. Man fürchtete, daß die freie christliche Liebestätigkeit eine Gefährdung des kirchlichen Amtes mit sich brächte!!" (ebd., S. 133).

Am 1. Mai 1867, „im Begriff, den Zeitungsbogen, in welchem sie [ein paar Stiefel] eingewickelt waren, in den Papierkorb zu werfen, fiel mein Auge auf eine Frage, die in einer Ecke des Blattes gedruckt stand: ‚…Soll für die vielen Geistesschwachen, die unter uns leben, nichts geschehen??' Eine ernste Stunde. (…) Jenes kleine Haus in Neuendettelsau (…) stand deutlich vor mir." (ebd., S. 167).

Nun waren Gustavs Fähigkeiten als Organisator gefragt. Es dauerte nicht lange, da begann das, was man heute Fundraising nennt. Ein Taler von hier, tausend Taler von dort, ein ziemlich großer Beitrag von der Braunschweiger Bankierstochter Louise Löbbecke.

„Es erschien viel Vorarbeit nötig, das statistische Material zu sammeln... Die Volkszählungen gaben darüber damals noch keine Auskunft. Meine an die Geistlichen gesandten Fragebogen blieben bis auf wenige unbeantwortet. Die weltlichen Behörden im Herzogtume halfen bereitwilligst. Es stellte sich eine erschreckend hohe Zahl und ein heilloses Vorübergehen der zur Hilfe an den Unglücklichen Berufenen heraus." (ebd., S. 171). Es gab also dringenden Bedarf, und es war Eile geboten. Am 13. September 1868 wurde das erste Haus in Erkerode eingeweiht. Bald war das Haus zu klein. Der Landtag bewilligte 20.000 Taler, sodass die Stiftung bei Veltheim ein altes Fabrikgelände erwerben und umbauen konnte. Stutzer nannte es Neuerkerode; unter diesem Namen besteht die Einrichtung bis heute.

1870 machte Stutzer mit dem Braunschweiger Arzt Dr. Berkhan eine ausgiebige Erkundungsreise durch Deutschland. „Die Irrenanstalt im [katholischen] Alexianerkloster in Mönchen-Gladbach übte eine besondere Anziehung auf uns aus (…) Ich bin seitdem doppelt kritisch gegen die sogenannten ‚unumstößlichen'

Lehrsätze und Beweise..." (ebd., S. 149 ff). 1874 legte Stutzer sein Pfarramt nieder, um sich ganz der Führung der Stiftung widmen zu können. Der Verwaltungsrat „schloß mit mir den Vertrag auf unkündbare, lebenslängliche Anstellung als Direktor der Idiotenanstalt." (ebd., S. 175) Dieser aber bedurfte einer Bestätigung der herzoglichen Landesregierung, „die von allen als eine reine Formalität angesehen ward, weil der Regierung keinerlei Verpflichtung dadurch auferlegt wurde. (...) Die Bestätigung des Ministeriums erfolgte nicht! (...) Ich wartete bis zum 8. Mai 1878 (...) Wiederum wartete ich 1 ½ Jahre (...)" Und schließlich: „Audienz beim Staatsminister (...) ‚Die Anstalt ist viel zu sehr auf Ihre Person zugeschnitten' (...) ‚Der Staat hat viel Geld für die Anstalt hergegeben und sich dadurch ein Recht erworben, mitzusprechen' (...) ‚Es muß alles ähnlich eingerichtet werden wie ... der staatlichen Irrenanstalt' (...) ‚Durch solche Veränderung [wird] die Verwaltung bedeutend teurer und der Charakter der Anstalt völlig verwandelt' (...) ‚Die Reorganisation ist conditio sine qua non!' (...) ‚Ich kann nicht länger warten als 5 Jahre' (...) Ohne den Mund zu öffnen, entließ mich der Minister durch die bei solchen Audienzen übliche Verbeugung." (ebd., S. 186 f.) „Das war wieder einmal nicht schlangenklug von mir gehandelt" (ebd., S. 187).

1880 verließ Stutzer die Stiftung, die bis heute tätig ist. Gemeinsam mit der Diakonissenanstalt Marienstift fungiert sie als Holding verschiedener Gesellschaften und ist Partner eines Versorgungsnetzwerkes zur Förderung von Gesundheit, Inklusion und Lebensqualität. Mit ihren rund 2400 Mitarbeitenden und über 200 Ausbildungsplätzen gehört sie zu den großen Wohlfahrtsdienstleistern in der Region Südostniedersachen.

Literatur

Adam, T. 2018. *Zivilgesellschaft oder starker Staat? Das Stiftungswesen in Deutschland (1815–1989)*. Frankfurt a. M.: Campus.
Anheier, H.K., S. Förster, J. Mangold, und C. Striebing. 2017. *Stiftungen in Deutschland 1: Eine Verortung*. Wiesbaden: Springer VS.
Bischof, A. 2017. Was tun, wenn's brennt? Stiftungen in der Niedrigzinsphase. In Newsletter für Engagement und Partizipation in Deutschland 14/2017. http://www.b-b-e.de/fileadmin/inhalte/aktuelles/2017/07/newsletter-14-bischoff.pdf. Zugegriffen: 23. Nov. 2018.
Borgolte, M. 2017. *Weltgeschichte als Stiftungsgeschichte*. Darmstadt: Wiss. Buchgesellschaft.
Bundesverband Deutscher Stiftungen. 2014. *Die Grundsätze guter Stiftungspraxis: Erläuterungen, Hinweise und Anwendungsbeispiele aus dem Stiftungsalltag*. Berlin: Bundesverband.

Bundesverband Deutscher Stiftungen. 2018. Aktuelle Grafikblätter zum Stiftungswesen in Deutschland. www.stiftungen.org/stiftungen/zahlen-und-daten/grafiken-zum-download.html. Zugegriffen: 23. Nov. 2018.

Campenhausen, A.v, und W. Seifart. 2009. *Stiftungsrechtshandbuch*. München: Beck.

Forschungsjournal Soziale Bewegungen. 2017. *Engagement und Einfluss. Stiftungen in der Kritik*. Berlin: De Gruyter.

Hüttemann, R., und P. Rawert Bearb. 2017. *J. von Staudingers Kommentar zum Bürgerlichen Gesetzbuch, Buch 1, Allgemeiner Teil §§ 80–89 (Stiftungsrecht)*. Berlin: De Gruyter.

Müller, K. 2005. Bürgerstiftungen und ihre Charakteristika. Anspruch und Realität. In *Bürgerstiftungen in Deutschland. Bilanz und Perspektiven*, Hrsg. S. Nährlich et al., 67–91. Wiesbaden: VS Verlag.

Otto, C., B. Schilling, und C. Sintenis, Hrsg. 1832. *Corpus Iuris Civilis Codex Iustiniani, nach der zweiten Bearbeitung, 534*. Leipzig: Scientia.

Poldrack, C., und C. Schreier. 2013. Aktuelle Zahlen und Thesen zum deutschen Stiftungswesen. In *6. Forschungsbericht: Statistiken zum deutschen Stiftungswesen 2013*, Hrsg. Maecenata Institut, 7–22. Berlin: Maecenata Institut.

Priemer, J., H. Krimmer, und A. Labigne. 2017. *ZIVIZ-Survey 2017. Vielfalt verstehen – Zusammenhalt stärken*. Berlin: Stifterverband für die deutsche Wissenschaft.

Schuler, T. 2015. Politikgestaltung von langer Hand: Die Bertelsmann-Stiftung und die Hartz Reformen. In *Lobby Work*, Hrsg. R. Speth und A. Zimmer, 333–342. Springer: Wiesbaden.

Stiftung, Bertelsmann, Hrsg. 2003. *Handbuch Stiftungen*. Wiesbaden: Gabler.

Strachwitz, R. 2010. *Die Stiftung – ein Paradox? Zur Legitimität von Stiftungen in einer politischen Ordnung*. Stuttgart: Lucius & Lucius.

Strachwitz, R., und F. Mercker, Hrsg. 2005. *Stiftungen in Theorie, Recht und Praxis*. Berlin: Duncker & Humblot GmbH.

Stutzer, G. 1921. *In Deutschland und Brasilien – Lebenserinnerungen*. Braunschweig: Hellmuth Wollermann Verlagsbuchhandlung.

Genossenschaften als alte und neue Player

Heike Walk

Zusammenfassung
Neue öko-soziale Wirtschaftsformen und Genossenschaften sowie Strategien zur Einbettung der Ökonomie und zum Schutz der globalen öffentlichen Güter gewinnen seit der Finanzkrise an Bedeutung. Die jahrzehntelange ökonomische Doktrin des Vorrangs individueller wirtschaftlicher Vorteile weichen Vorstellungen einer öko-sozialen Transformation, die solidarische Wirtschaftsformen ins Zentrum stellt. Gerade die genossenschaftlichen Prinzipien und Werte wie Solidarität, Demokratie und Nachhaltigkeit passen sich besonders gut in diese neuen Visionen ein. Der Beitrag gibt einen Überblick über die Ursprünge und Besonderheiten des genossenschaftlichen Modells, d. h. die wichtigsten Prinzipien, aktuelle Zahlen und Fakten. Darüber hinaus werden die unterschiedlichen Bereiche, in denen Genossenschaften gegründet werden, beleuchtet und einige Fallbeispiele näher beschrieben.

Schlüsselwörter
Nachhaltige Wirtschaftsformen · Demokratie- und Nachhaltigkeitspotenziale von Genossenschaften · Öko-soziale Transformation · Solidarische Wirtschaftsweise

---

H. Walk (✉)
Hochschule für Nachhaltige Entwicklung Eberswalde, Eberswalde, Deutschland
E-Mail: heike.walk@hnee.de

1 Einleitung

Die Wirtschaft ist Teil eines gesellschaftlichen Gesamtzusammenhangs – so selbstverständlich diese Aussage gegenwärtig erscheint, so umstritten war sie zu Zeiten neoliberaler Vorherrschaft. Noch vor zehn Jahren, d. h. vor Ausbruch der Finanzkrise war die „Entbettung" der Wirtschaft eine selbstverständliche Gesetzmäßigkeit in der Welt der Aufsichtsräte und Aktionärsversammlungen. Und in dieser Wirtschaftslogik spielten dann auch Genossenschaften und deren solidarische Wirtschaftsauffassung keine Rolle. Ganz im Gegenteil erschienen sie gegenüber dem Mittelstand und dem professionellen Unternehmertum unflexibel, verstaubt und wenig tauglich.

Dieses Bild hat sich im Zuge der Wirtschafts- und Finanzkrise der letzten Jahre deutlich gewandelt. Neue öko-soziale Wirtschaftsformen und Genossenschaften sowie Strategien zur Einbettung der Ökonomie und zum Schutz der globalen öffentlichen Güter gewinnen an Bedeutung. Besonders in den Ländern, die von finanziellen Krisen betroffen sind, aber auch in vielen anderen Industrie- und Transformationsstaaten ist derzeit eine Gründungswelle von Genossenschaften, insbesondere in den Bereichen Sozial- und Gesundheitswesen, Energie und Wasser sowie lokal-regionale Versorgung mit Bio-Lebensmitteln zu beobachten. Genossenschaften sind demzufolge wieder zu wichtigen Playern geworden. Die eingetragene Genossenschaft ist die Rechtsform für Kooperationen, d. h. Genossenschaften bieten ein Rechtskleid, welches die unternehmerische Initiative der Beteiligten stärkt.

Eine besonders große Entfaltungskraft von Genossenschaften kann in den letzten Jahren im Bereich der erneuerbaren Energien beobachtet werden. Hier haben sich viele Bürger_innen zusammengeschlossen, um selbst Teil bzw. Treiber der Energiewende zu sein. Auch im Wohnungs- und Pflegebereich ist ein starker Anstieg zu beobachten. Eine soziale Ausgewogenheit zwischen Kurzfristkosten und der Verteilung von Langfristgewinnen findet immer größeren Anklang. Auch die Förderung von verschiedensten Formen von Teilhabe, die im genossenschaftlichen Modell zum Ausdruck kommt, gewinnt zunehmend an Bedeutung für einen immer größeren Teil der Bevölkerung.

Im nachfolgenden Beitrag werden die Ursprünge und Besonderheiten des genossenschaftlichen Modells, d. h. die wichtigsten Prinzipien, aktuelle Zahlen und Fakten vorgestellt. Darüber hinaus werden die unterschiedlichen Bereiche, in denen Genossenschaften gegründet werden, beleuchtet und einige Fallbeispiele näher beschrieben.

2 Historische Bezüge

Genossenschaften spielen nicht nur in der aktuellen Finanz- und Wirtschaftskrise eine bedeutsame Rolle, sondern waren in unterschiedlichen historischen Phasen wichtige Player, um Krisen zu bewältigen. In Deutschland können Genossenschaften auf eine mehr als 150-jährige Geschichte zurückblicken. Ihre historischen Grundsteine wurden ab Mitte des 19. Jahrhunderts von Hermann Schulze-Delitzsch und Friedrich Wilhelm Raiffeisen gelegt, die vor allem Kreditgenossenschaften vorantrieben. Diese Genossenschaftsform wurde häufig in Kombination mit Konsumgenossenschaften entwickelt, die von Arbeiter_innen und Handwerker_innen gegründet wurden und die Versorgung der armen Bevölkerungsschichten mit qualitativ besseren Waren zu günstigeren Preisen gewährleisten sollten. Demzufolge wird in der Genossenschaftsforschung auch häufig von „Kindern der Not" gesprochen (vgl. u. a. Mersmann und Novy 1991). Diese Konsum- und Kreditgenossenschaften wurden gegründet, um gegenüber dem Großkapital konkurrenzfähig zu sein. Denn die kleinen Handwerksbetriebe bekamen in der Regel keine Kredite von den Banken.

Ende des 19. Jahrhunderts wurden die ersten Wohnungsgenossenschaften gegründet. Auch sie waren in erster Linie eine Antwort auf die negativen ökonomischen und sozialen Auswirkungen der Industrialisierung. Diese hatte zur Folge, dass die Bevölkerungszahl in den Städten aufgrund der Land-Stadt-Wanderung in kurzer Zeit stark anstieg. Wohnungsgenossenschaften konnten in Zeiten der Wohnungsnot ein Angebot für ärmere Bevölkerungsschichten bieten, die durch kleine Mitgliedseinlagen, aber auch durch Mitarbeit bzw. Selbsthilfe die gemeinschaftlichen Projekte unterstützen (Crome 2007).

In der Gesamtschau des letzten Jahrhunderts nahm die Zahl der Genossenschaften vor allem in den ersten Jahren nach dem Ersten Weltkrieg rapide zu. Zu keiner anderen Zeit hat es in Deutschland ein solches genossenschaftliches Wachstum gegeben. Bis 1918 existierten etwas mehr als 3740 Genossenschaften. In den nachfolgenden fünf Jahren vervierfachte sich die Zahl der Genossenschaften: Von 1919 bis 1923 wurden 20.144 Genossenschaften gegründet (Jahrbücher des Deutschen Genossenschaftsverbandes 1920–1939).

Eine der wichtigsten Interpretationen dieser Zahlen ist, dass sich ein deutlicher Zusammenhang zwischen der Gründung von Genossenschaften bzw. der deutschen Genossenschaftsbewegung und der schwierigen wirtschaftlichen Situation erkennen lässt. Deutschland war nach dem Ersten Weltkrieg durch Reparationszahlungen hoch verschuldet. Lebensmittel, Rohstoffe sowie das Heizmaterial waren knapp. Die Arbeitslosigkeit war extrem hoch und es herrschte – vor allem in den schnell wachsenden Städten – eine große Wohnungs- und Lebensmittelnot. Demzufolge fungierten die Genossenschaften als Selbsthilfeeinrichtungen, d. h. die Betroffenen regelten ihre Angelegenheiten in eigener und gleichzeitig gemeinsamer Verantwortung zur Verbesserung ihrer Lebensbedingungen.

Allerdings wurde dieser Trend zur Gründung von Genossenschaften in Deutschland – im Gegensatz zu den anderen europäischen Ländern – nach dem zweiten Weltkrieg abrupt beendet. Während der Zeit der Diktatur der Nationalsozialisten wurden die Genossenschaften systematisch bekämpft und der Großteil der Genossenschaften bis Anfang der 1940er Jahre aufgelöst (Brendel 2011). Nach dem zweiten Weltkrieg entwickelte die genossenschaftliche Bewegung in Deutschland – bis auf wenige Ausnahmen – eher einen konservativ-liberalen Habitus und damit eine immer größere Distanz zur Arbeiterbewegung bzw. zu ärmeren Bevölkerungsschichten (Schlosser und Zeuner 2006). In der Folge kam es, aufgrund dieses konservativ-liberalen Habitus bei der strategischen Ausrichtung der Genossenschaften, häufig zum Konflikt zwischen der Orientierung auf Solidarität unter den Mitgliedern und der wirtschaftlichen Effizienz (Kramer 1993; Laurinkari 2002). Ein Großteil der Genossenschaften votierte für die wirtschaftliche Effizienz als oberstes Prinzip und ordnete das Solidaritätsprinzip diesem unter.

3 Was sind die spezifischen Charakteristika von Genossenschaften?

Genossenschaften sind kollektive Selbsthilfeeinrichtungen, die sich wirtschaftlich betätigen wollen. Sie können auf eine Vielzahl von Zielen (Konsum, Mobilität, Wohnen, Gesundheit, etc.) gerichtet sein. Vom eingetragenen Verein unterscheidet sich die Genossenschaft vor allem dadurch, dass sie wirtschaftliche Zwecke verfolgt, während ein Verein (e. V.) ideelle Zwecke verfolgt (also explizit nicht auf einen wirtschaftlichen Zweck ausgerichtet sein darf). Zwar ist seit 2006 als Genossenschaftszweck auch die Förderung „sozialer oder kultureller Belange" der Mitglieder zulässig, sodass diese Abgrenzung zu Vereinen nicht mehr so trennscharf ist wie früher, dennoch steht der wirtschaftliche Zweck im Vordergrund. Gleichzeitig sind Genossenschaften nicht primär – wie bspw. viele zivilgesellschaftliche Akteure – an gesellschaftspolitischen Zielen interessiert.

Von anderen unternehmerischen Modellen, wie bspw. dem GmbH-Modell unterscheiden sich die Genossenschaften dadurch, dass kein Mindestkapital notwendig ist und dass der Stimmenanteil sich nicht an der Kapitalanlage bemisst.

D. h. jedes Mitglied hat eine Stimme – unabhängig von der Höhe der Kapitaleinlage. Darüber hinaus haben sich Genossenschaften explizit nicht nur der Verfolgung wirtschaftlicher Ziele verschrieben, sondern widmen sich auch sozialen, demokratischen und nachhaltigen Zielen. Diese Ambivalenz wurde von Draheim (1952) als „Doppelnatur" beschrieben, d. h. eine Genossenschaft ist eine solidarische Personenvereinigung und zielgerichtete Wirtschaftseinheit zugleich.

Aufgrund dieser spezifischen Ausrichtung gibt es unterschiedliche Prinzipien, die die genossenschaftliche Organisationsform prägen. Das vielleicht wichtigste Unterscheidungskriterium zur Charakterisierung der genossenschaftlichen Organisationsform ist das sogenannte *Identitätsprinzip*: Es besagt, dass alle Mitglieder gemeinsame Eigentümer des Gesellschaftskapitals sind. Jedes Genossenschaftsmitglied ist also formell Mitunternehmer_in und – je nach Bereich – Träger_in und Kund_in bzw. Lieferant_in oder Arbeitskraft der Genossenschaft zugleich. Ein weiteres wichtiges Prinzip ist das genossenschaftliche *Demokratieprinzip*, welches auf zwei Ebenen wirkt: Einerseits betrifft es die Mitwirkungsrechte der Mitglieder in der Genossenschaft (z. B. das kapitalunabhängige Stimmrecht: ein Mitglied = eine Stimme). Dies verhindert, dass sich einzelne Mitglieder allein aufgrund größerer Wirtschaftskraft gegen schwächere durchsetzen. Andererseits sind Aufsichtsrat und Vorstand hinsichtlich ihrer Kontroll- und Leitungsbefugnisse von den demokratischen Entscheidungen der Mitglieder abhängig.

Aus diesem Demokratieprinzip ergibt sich eine weitere Besonderheit, die Genossenschaften vor allem in Krisenzeiten als wichtiges Organisationsmodell ins Zentrum der Aufmerksamkeit rückt: Wenn alle Mitglieder gemeinsam Eigentümer_innen des Gesellschaftskapitals sind und darüber in basisdemokratischer Verfahrensweise bestimmen, dann sind stabilitätsgefährdende Spontanaktionen Einzelner kaum möglich. Die Identität von Eigentümer_innen/Träger_innen und Kund_innen bzw. Lieferant_innen oder Beschäftigten verhindert weitgehend geschäftsgefährdende Aktivitäten. Hinzu kommt, dass Genossenschaften aufgrund ihrer Insolvenzresistenz sowie der generationenübergreifend angelegten Mitgliedschaft zur Stabilität des Unternehmensbestandes der Volkswirtschaft beitragen (Atmaca 2014).

Darüber hinaus weist Atmaca auf die grundsätzliche Bedeutung des Vertrauens für das Funktionieren von Beziehungen hin: Vertrauen ist gleichsam der Kitt einer jeden Beziehung, also auch jedes Sozialgefüges – ebenfalls ein Beitrag zur zukunftsfähigen und soliden Entwicklung (Atmaca 2014). Für die Genossenschaft als freiwilliger Zusammenschluss von Personen, die solidarisch gemeinsame Ziele verfolgen und zu diesem Zweck einen Wirtschaftsbetrieb gründen, gilt Vertrauen als eine besonders bedeutsame Voraussetzung für die Motivation zur Selbsthilfe bzw. zum zivilgesellschaftlichen Engagement.

Über die grundsätzlichen Fragen der Geschäftsführung beschließen die Mitglieder in der Generalversammlung. Sie stellen den Jahresabschluss fest und entscheiden über die Gewinnverwendung. Das Demokratieprinzip besagt nicht nur, dass Entscheidungen demokratisch, d. h. gleichberechtigt und transparent getroffen werden, sondern dass sich auch die Geschäftsführung des Vorstandes und die Kontrollfunktionen des Aufsichtsrates von der Gesamtheit der Mitglieder herleiten. Dies ist vergleichbar mit dem Grundsatz, dass in demokratischen Staaten alle Macht vom Volke ausgeht. Dementsprechend müssen diese Funktionsträger auch Mitglieder der Genossenschaft sein.

Das genossenschaftliche Organisationsprinzip konkretisiert sich in den Möglichkeiten zu entscheiden und Entscheidungen zu beeinflussen, welche die Funktionsträger, Gremien und einzelne Mitglieder von Genossenschaften wahrnehmen. Der strukturelle Rahmen für die Mitgliederpartizipation ist zu einem guten Teil durch die Regelungen des Genossenschaftsgesetzes vorgegeben: Die wesentlichen Rechte und Pflichten der Organe der Genossenschaft sind darin festgeschrieben (s. Abb. 1).

Ein wesentliches Spezifikum der genossenschaftlichen Rechtsform, insb. im Vergleich zu den Kapitalgesellschaften, ist vor allem auch das Prüfungsregime. Anders als die AGs und GmbHs können Genossenschaften ihren Prüfer nicht frei wählen. Vielmehr müssen sie einem Verband beitreten, dem das Prüfungsrecht

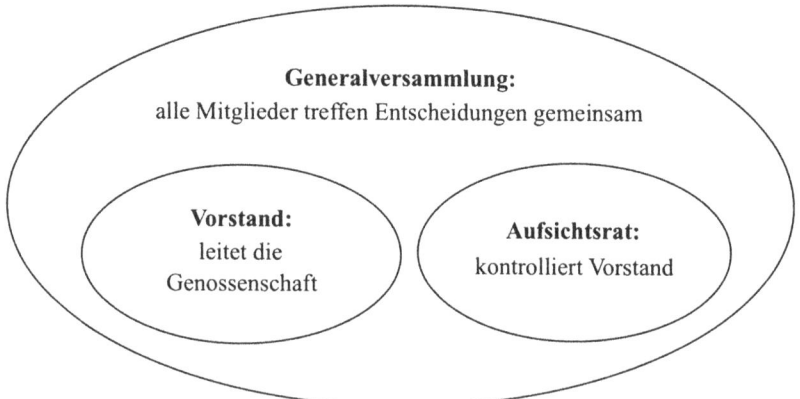

Abb. 1 Aufbau der Genossenschaft. (Quelle: Eigene Darstellung)

verliehen ist (Schaffland 2001). Dieser Prüfungsverband kontrolliert die wirtschaftlichen Verhältnisse, insbesondere die Vermögenslage der Genossenschaft. Bei Genossenschaften, deren Bilanzsumme zwei Millionen Euro übersteigt, muss die Prüfung in jedem Geschäftsjahr erfolgen. Anders als bei Kapitalgesellschaften steht somit bei Genossenschaften nicht der Jahresabschluss im Fokus der Prüfung, sondern die Feststellung der wirtschaftlichen Verhältnisse und der Ordnungsmäßigkeit der Geschäftsführung (Hillebrand und Keßler 2010).

Mit der Gesetzesnovellierung, die am 18. August 2006 in Kraft trat, wurde u. a. die Öffnung der Rechtsform für soziale, gesundheitliche und kulturelle Zwecke (z. B. Sozial- und Gesundheitsgenossenschaften) ermöglicht. Damit wurde der Zugang zu Genossenschaften erleichtert. Die Zahl der Mitglieder muss seitdem anstatt sieben jetzt mindestens drei betragen und bei sogenannten kleinen Genossenschaften kann auf einen Aufsichtsrat verzichtet werden. Hier nimmt die Generalversammlung die Rechte und Pflichten des Aufsichtsrats wahr. Nicht zuletzt aufgrund dieser Novellierung kam es zu einem erneuten Gründungsboom von Genossenschaften in Deutschland.

Unterschieden werden kann zwischen Förder- und Produktivgenossenschaften (Atmaca 2002). Fördergenossenschaften unterstützen sozusagen die Mitgliederbetriebe in der Weise, dass sie bestimmte Funktionen für sie wahrnehmen. Die wirtschaftliche Selbstständigkeit der Mitglieder bleibt im Falle der Fördergenossenschaft grundsätzlich unangetastet. Vielfach ist eine wichtige Aufgabe der Fördergenossenschaft, sich um die Erhaltung, bzw. um die Stärkung der Mitgliedsbetriebe zu bemühen. Die Fördergenossenschaft ist in marktwirtschaftlichen Ökonomien die weitverbreitetste Form. Davon unterschieden werden kann das in der Praxis wenig angewendete Modell der Produktivgenossenschaft. Hier sind keine Mitgliederbetriebe zusammengeschlossen, sondern der gemeinschaftliche Betrieb erfolgt als eine von den Mitgliedern betriebene Unternehmung. Die Mitglieder sind gleichzeitig Mitunternehmer_in und Mitarbeiter_in im gemeinsamen Produktionsbetrieb der Genossenschaft.

Die Genossenschaften können als Großhandelsbetrieb tätig werden, wenn die Mitglieder der Genossenschaft Einzelhändler_innen sind (z. B. kleine Handwerks- oder Dienstleistungsbetriebe). Sie können aber auch als Einzelhandelsbetrieb gegründet werden, wenn die Mitglieder Konsument_innen sind. Unterschieden werden kann bei Genossenschaften auch zwischen Betrieben, die ihre Leistungen ausschließlich an ihre Mitglieder geben, ohne Nichtmitgliedergeschäfte zu tätigen und solchen, die auch Leistungsbeziehungen zu Nichtmitgliedern unterhalten. Bei der ersten Form sind alle Mitglieder Kund_innen und alle Kund_innen sind auch Mitglieder der Genossenschaft.

4 Genossenschaften in Zahlen

Im internationalen Vergleich spielt der Genossenschaftssektor in Deutschland, infolge der dargelegten spezifischen Entwicklung,[1] eher eine nachrangige Rolle. In den vergangenen Jahrzehnten war die genossenschaftliche Entwicklung durch zwei deutliche Trends gekennzeichnet: Zunächst durch einen seit den 1960er Jahren anhaltenden Fusions- bzw. Konzentrationsprozess (Bundesverband der Deutschen Volksbanken und Raiffeisenbanken 2012). Dieser Prozess führte in den vergangenen Jahren zu einem Rückgang der Gesamtzahl der Genossenschaften. Parallel, aber deutlich jüngeren Datums, kann – wie schon beschrieben – seit ca. 2005 ein Gründungsprozess in einigen Sektoren verzeichnet werden. Die Neugründungen sind aber vor allem in den alten Bundesländern und hier verstärkt in den Ballungsräumen zu finden. Abb. 2 zeigt die räumliche Verteilung der neugegründeten Genossenschaften.

Die meisten Neugründungen im letzten Jahrzehnt erfolgten im Bereich der gewerblichen Genossenschaften. Gewerbliche Genossenschaften sind insbesondere in folgenden Sparten aktiv:

- Nahrungs- und Genussmittelhandel,
- Konsumgüterhandel,
- Nahrungsmittelhandwerk und
- Sonstiges Handwerk.

Im aktuellen Geschäftsbericht des Genossenschaftsverbandes wird für den Genossenschaftssektor dargelegt, dass dieser mit ca. 5600 Unternehmen, 800.000 Beschäftigten und 20 Mio. Mitgliedern einen stabilen Wirtschaftsfaktor darstellt (Deutscher Genossenschafts- und Raiffeisenverband 2016). In der Statistik des Genossenschaftsverbandes werden fünf Genossenschaftssektoren benannt: Kreditgenossenschaften, Raiffeisengenossenschaften (damit sind ländliche bzw. landwirtschaftliche Genossenschaften gemeint), gewerbliche Waren- und Dienstleistungsgenossenschaften, Energiegenossenschaften sowie Konsum- und Dienstleistungsgenossenschaften. Diese sind in ihren Geschäftsfeldern und ihrer Charakteristik sehr unterschiedlich, siehe Tab. 1.

---

[1]Diesen Sonderweg und seine Folgen habe ich ausführlich beschrieben in: Elsen, Susanne: Die Ökonomie des Gemeinwesens. Weinheim und München 2007, S. 256–314.

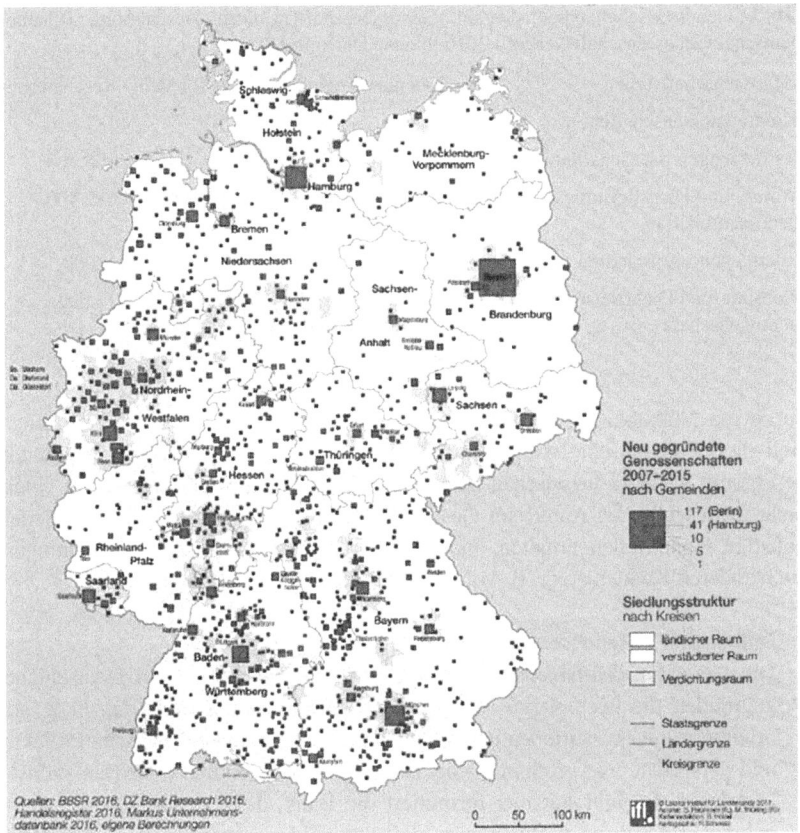

Abb. 2 Genossenschaftsgründungen 2007–2015 nach Gemeinden. (Quelle: Haunstein und Thürlin 2017)

Varianz ist ein wichtiges Charakteristikum des Genossenschaftssektors. In fast allen Wirtschaftsbereichen gibt es Genossenschaften, die zum Teil sehr unterschiedliche Aufgaben wahrnehmen. Nachfolgend möchte ich auf einige wichtige Sektoren etwas genauer eingehen:

Der mitgliederstärkste genossenschaftliche Sektor ist der Bankensektor. Primäres Ziel der Bank- bzw. Kreditgenossenschaften ist es, den Mitgliedern die Möglichkeit zu bieten, Gelder anzulegen (Sparen), Gelder zu leihen (Kreditaufnahme) und sonstige Finanzdienstleistungen in Anspruch zu nehmen. Dies soll durch die Genossenschaft zu günstigeren Konditionen erfolgen als

Tab. 1 Genossenschaftstypen: Anzahl, Genossenschaftler_innen, Beschäftigte. (Quelle: Deutscher Genossenschaftsverband 2016 [eigene Darstellung])

Genossenschaftstypen	Genossenschaften	Mitglieder (in Mio)	Beschäftigte
Kreditgenossenschaften	972	18,4	187.616
Raiffeisengenossenschaften	2186	1,4	105.968
Waren- und Dienstleistungsgenossenschaften	1393	0,35	632.400
Energiegenossenschaften	853	0,18	1200
Konsum- und Dienstleistungsgenossenschaft	359	0,3	14.000

durch die Nutzung der Leistungen von gewinnorientierten Banken. Allerdings sind die Genossenschaftsbanken zum Großteil längst nicht auf ihre Mitglieder beschränkt, sondern inzwischen macht gerade das Nichtmitgliedergeschäft einen nicht unwesentlichen Anteil am Gesamtgeschäft aus. D. h. damit die Mitglieder günstige Konditionen erhalten, bieten Kreditgenossenschaften ihre Leistungen auch anderen Kunden an (z. B. Volksbank, Raiffeisenbank, Sparda Bank).

Fallbeispiel 1: Genossenschaftsbank GLS Bank
Die Genossenschaftsbank GLS Bank wurde als erste Bank in Deutschland gegründet, die nach sozial-ökologischen Grundsätzen wirtschaftet. D. h. sie orientiert ihre Investitionen und Anlagen auf soziale und ökologische Projekte und verspricht eine größtmögliche Transparenz hinsichtlich ihrer Bankdienstleistungen. In ihrer Satzung formuliert die Bank, dass sie nur solche Unternehmen und Projekte finanziert, die Entwicklungschancen für zukünftige Generationen erhalten oder schaffen. Die Schwerpunkte liegen dabei in den Bereichen Energie, Wohnen, Bildung, Ernährung, Soziales, nachhaltige Wirtschaft. Über diese Schwerpunkte bzw. über die Verwendung ihres Geldes können die Kunden beim Abschließen eines Kontos frei entscheiden.[2]

Ein weiterer Sektor wird durch die Konsum- bzw. Verbrauchergenossenschaften gebildet. Diese Genossenschaften befassen sich in erster Linie mit dem Einkauf und Weiterverkauf von Nahrungs- und Genussmitteln sowie verwandten Waren des täglichen Bedarfs. Ziel einer Konsumgenossenschaft ist es, den Mitgliedern

---

[2]Mehr Informationen siehe: www.gls.de. Zugriffriffen: 18. Oktober 2017.

beim Erwerb (bzw. Konsum) von Gütern günstige Preise und gute Qualität zu gewährleisten. Auch in diesem Genossenschaftssektor gibt es sowohl auf Mitglieder begrenzte als auch auf Nichtmitglieder erweiterte Geschäftsmodelle (z. B. die Edeka-Supermärkte). Unter den Konsumgenossenschaften subsumieren sich auch Erzeuger-Verbraucher- sowie Dorfladengenossenschaften (Klemisch und Flieger 2007). Z. B. gibt es eine Reihe von neuen Konsumgenossenschaften, die als Dorfläden in ländlichen Regionen aktiv sind. Dort haben die Einwohner ansonsten keine Einkaufsmöglichkeit mehr und greifen zur Versorgung auf die genossenschaftliche Selbsthilfe zurück. Auch die Einkaufsgenossenschaft ähnelt ein wenig der Konsumgenossenschaft, allerdings steht bei der Einkaufsgenossenschaft der preisgünstige Großeinkauf von Rohstoffen, Maschinen und Waren im Mittelpunkt (d. h. nicht der Weiterverkauf). Dadurch können höhere Rabatte und bessere Konditionen herausgeschlagen werden, die dann an die Mitglieder weitergegeben werden können. Dies trifft für die neuen Einkaufgenossenschaften insofern nicht zu, als sie sich von Anfang auch als soziale Dienstleister und „Ermöglicher" von Gemeinschaft sehen.

Fallbeispiel 2: Dorfladen Grambow
2009 wurde der Förderverein Grambow in Mecklenburg-Vorpommern gegründet, um Zuschüsse zu beantragen, mit deren Hilfe erste Bedarfsanalysen erstellt werden konnten, inwiefern es sich lohnt, einen Dorfladen in einem rund 680-Seelendorf zu gründen. Die Bedarfsanalyse ermittelte ein positives Ergebnis und mithilfe einer Anschubfinanzierung von 50.000 EUR der Robert-Bosch-Stiftung konnte der Ladenausbau im Dorfgemeinschaftshaus begonnen werden. Zusätzliche Mittel wurden aus Fördertöpfen des EU-Leader-Programms für die Entwicklung des ländlichen Raums, aus dem Innenministerium des Landes Mecklenburg-Vorpommern sowie durch die Mitgliederanteile generiert. So hatte der Dorfladen 2016 knapp 60 Mitglieder, die insgesamt 70 Anteile á 200 EUR zusammentrugen. In dem Einkaufsladen wird ein Vollsortiment angeboten und ein Schwerpunkt auf regionale Produkte gelegt. Viele Kund_innen sind gleichzeitig Mitglied der Genossenschaft. Durch die demokratische Beteiligung identifizieren sie sich mit „ihrem Laden", das wiederum stärkt die Kundenbindung. Außerdem wird mit dem Dorfladen auch ein kommunikativer Treffpunkt für die Einwohner_innen geschaffen[3].

---

[3]Mehr Informationen siehe: http://dorfladen-grambow.de/. Zugegriffen: 18. Oktober 2017.

> **Fallbeispiel 3: tageszeitung**
> Diese taz-Genossenschaft wurde 1992 als Konsumgenossenschaft gegründet und gilt als eines der erfolgreichsten Genossenschaftsprojekte im Zeitungsbereich in Deutschland. Die tageszeitung (taz) gab es zwar schon seit 1979, allerdings befand sie sich nach dem Fall der Mauer im November 1989, als die staatlichen Subventionen der Bundesregierung für Berlin[4] wegfielen, in einer finanziell äußerst prekären Situation. Es gab zwei Möglichkeiten: Verkauf an überregionale bzw. internationale Medienkonzerne oder selbstständig bleiben, aber mit einem neuen Geschäftsmodell. Mit der Entscheidung für die Gründung einer Genossenschaft wurden binnen weniger Monate 3000 Mitglieder gewonnen, die mehr als 5 Mio. Mark (2,5 Mio. EUR) mit ihren Anteilen aufbrachten, um die Zeitung zu retten. Mit dem Geld konnten die Gehälter der Angestellten der täglich erscheinenden Zeitung gesichert werden, das Verlagshaus gekauft und eine gemeinnützige Stiftung gegründet werden, die „taz Panther-Stiftung". Die Zahl an Mitgliedern wuchs in den letzten 25 Jahren stetig an. Allein im ersten Halbjahr 2017 konnten 660 neue Mitglieder mit Anteilen in Höhe von 580.000 EUR gewonnen werden (taz: Mitgliederinfo Nr. 27, 2017). Was das Genossenschaftsprojekt auszeichnet und einen deutlichen Unterschied zu anderen Zeitungen darstellt, ist die Situation, dass die taz von Werbung unabhängig ist und so gut wie keine Werbung schaltet, während die anderen großen deutschen Zeitungen sich zu 80 % aus dem Anzeigengeschäft finanzieren[5].

Ein weiterer wichtiger Genossenschaftsbereich ist der Wohnungssektor. Wohnungsgenossenschaften haben in Deutschland eine lange Tradition, die bis ins Ende des 19. Jahrhunderts zurückreicht. Wohnungsgenossenschaften werden vor allem dann gegründet, wenn der Wohnraum knapp wird (z. B. während der Industrialisierung, die zur Folge hatte, dass die Bevölkerungszahl in den Städten aufgrund der Land-Stadt-Wanderung in kurzer Zeit stark anstieg). Wohnungsgenossenschaften umfassen in Deutschland einen Bestand von 2,3 Mio. Wohnungen und verfügen damit ca. über 10 % des Mietwohnungsbestandes (Stappel 2013, S. 36). Gegenwärtig erfreuen sich Wohnungsgenossenschaften (wieder) steigender Beliebtheit.

---

[4]Staatliche Maßnahmen zur Förderung der Wirtschaft von Berlin (West) von 1951 bis 1989, um deren Standortnachteile auszugleichen.
[5]Mehr Informationen siehe. www.taz.de. Zugegriffen: 18.10.2017.

In Wohnungsgenossenschaften sind die Mitglieder gleichzeitig Eigentümer_innen und Nutzer_innen der Immobilie. Sie haben als Anteilseigner_innen mittelbar oder unmittelbar Einfluss auf die Entscheidungsprozesse und die Kontrolle der Genossenschaft. Die Mitglieder in Wohnungsgenossenschaften haben das lebenslange Recht auf Versorgung mit Wohnraum in der Genossenschaft, d. h. eine faktische Unkündbarkeit. Für eine Genossenschaftswohnung ist ein sogenanntes Nutzungsentgelt (analog zur Miete) zu zahlen. Die Wohnung kann vom Mitglied gekündigt werden, aber diese Kündigung hat keine Auswirkungen auf die Mitgliedschaft in der Genossenschaft. Bei Austritt aus der Genossenschaft wird der Gegenwert der gezeichneten Anteile ausgezahlt.

Als Vorteile genossenschaftlichen Wohnens für den Einzelnen bzw. die Einzelne werden demzufolge genannt:

- Sicheres Wohnen durch lebenslanges Wohn- und Nutzungsrecht
- Gemeinschaftlicher Besitz und dem Einzeleigentum vergleichbare Rechte bei vergleichsweise geringem finanziellen Einsatz und Haftung.

Wohnungsgenossenschaften können zu stabilen Verhältnissen in Problemkommunen beitragen, weil die gemeinsamen Belange und Interessen einer genossenschaftlich organisierten Gemeinschaft unter dem Fokus des guten Zusammenlebens sich auch auf viele Bereiche erstrecken, die die kommunale bzw. Stadtentwicklung berühren (z. B. Schulen, Verkehrsentwicklung etc.). So umfasst das Förderprinzip vieler genossenschaftlich organisierter Wohnungsunternehmen mehr als die reine Wohnraumversorgung. Die Mieter_innen sollen sich als Teil einer nachbarschaftlich solidarischen Gemeinschaft fühlen (König 2007, S. 236). Gleichzeitig sind Wohnungsgenossenschaften im Vergleich zu anderen Wohnungsunternehmen mittels des Förderprinzips wesentlich stärker an die Bedürfnisse ihrer Mitglieder gebunden. Bewohner_innen, die sich ernst genommen fühlen und in Entscheidungsprozesse eingebunden werden, so argumentiert Rausch (2011), engagieren sich sehr viel stärker für ihr Wohnumfeld.

Angesichts der veränderten demografischen Situation und der Urbanisierungstendenzen sind zunehmend neue Formen des intergenerativen Zusammenlebens sowie der Unterstützung auf Gegenseitigkeit von großer Bedeutung. Darüber hinaus waren und sind Wohnungsgenossenschaften für die Lösung sozialer Probleme in den Städten sowie die soziale Stadtentwicklung zentral (BBR 2007). Für viele Menschen, die nicht genügend Eigenkapital haben oder aber die Entwicklung und Stärkung lebendiger Nachbarschaften unterstützen wollen, ist das genossenschaftliche Modell von zentraler Bedeutung.

Im Zusammenhang mit einer neuen Qualität von Nachbarschaft, Wohnbereich und Nahraum für ältere Menschen gewinnt ein anderer Bereich auch für die genossenschaftliche Organisationsform an Bedeutung: die Seniorengenossenschaften. In Seniorengenossenschaften schließen sich Menschen unterschiedlichen Alters zusammen, um sich gegenseitig im Alltag zu unterstützen, bzw. damit die älteren Mitglieder möglichst lange in ihrem gewohnten Umfeld (der Wohnung, dem Haus) verbleiben können. Seniorengenossenschaften entstehen dort, wo die Versorgung der älteren Menschen durch professionelle Anbieter nicht sichergestellt werden kann. Meist ist eine Mitgliedschaft der Ausdruck einer auf Dauer angelegten gegenseitigen Unterstützung (vgl. Beetz 2007; Elsen 2003).

Fallbeispiel 4: Modellprojekte
In Baden-Württemberg wurden in den 1990er Jahren zehn Modellprojekte im Bereich der Seniorenhilfe von der Landesregierung unterstützt (vgl. Lietaer 2002). Zeitbasierte Komplementärwährungen (Zeitbanken) bilden den wichtigsten Bestandteil dieser Seniorengenossenschaften[6]. Gerade im Bereich von häuslichen und personenbezogenen Dienstleistungen sind Zeitwährungssysteme und Seniorengenossenschaften eine wichtige Alternative zu den Angeboten der „Pflegewirtschaft". In der Seniorengenossenschaft Riedlingen bspw. unterstützen engagierte Bürger_innen hilfebedürftige alte Menschen und arbeiten für die gemeinsame Idee: Altern in Würde und im vertrauten sozialen Umfeld. Aktive Mitglieder liefern z. B. Essen aus oder bringen Hilfebedürftige zum Arzt und können sich diese Aktivitäten unterschiedlich honorieren lassen: Sie erhalten entweder einen (geringen) Stundenlohn in Geld oder sie lassen sich die geleistete Zeit auf ihr Stundenkonto gutschreiben.

Wie weiter oben schon erwähnt, erhielt der Genossenschaftssektor eine neue Dynamik durch das genossenschaftliche Neugründungsgeschehen im Bereich der erneuerbaren Energien. Der Trend zur Gründung von Energiegenossenschaften setzte in Deutschland vor allem zwischen 2007 und 2008 ein und entwickelte sich in den Folgejahren sehr dynamisch. In diesen Energiegenossenschaften schlossen sich Tausende engagierter Bürger_innen zusammen, um gemeinsam Solar-, Biogas- oder Windkraftanlagen zu betreiben (Klemisch 2014). Ein wichtiger Grund für die vielen Neugründungen sind die hohe Bezuschussung aus der

---

[6]Zeit ist in diesen Modellprojekten Tauschmedium, Recheneinheit und Mittel der Wertaufbewahrung. Durch die Einführung der Zeitwährung können auch Arbeiten für private und öffentliche Auftraggeber im Gemeinwesen erschlossen werden, für die kein Geld vorhanden ist.

EEG-Umlage und der Einspeisevorrang für erneuerbare Energien. Darüber hinaus ist bei den meisten Unterstützer_innen eine starke Klima- und Umweltschutzmotivation zu beobachten (Walk und Schröder 2014).
Dieses Engagement von Bürger_innen hatte zur Folge, dass sich der Ausbau von Erneuerbaren Energien eher dezentral vollzog, d. h. in den Regionen und Kommunen. Energiegenossenschaften rekrutieren nicht nur ihre Mitglieder vor Ort, sondern bieten ihre Leistungen auch überwiegend in der Gemeinde, Kommune oder Region an (Volz 2011). Zum Teil betreiben sie auch eigene Netze, über die sie die Energie einspeisen. Das heißt es gibt unterschiedliche Formen von Energiegenossenschaften:

1. Energie-Erzeuger-eG produzieren und vertreiben aus Primärenergieträgern (Wasser, Wind, Sonne, Biomasse) Sekundärenergie.
2. Energie-Verbraucher-eG versorgen ihre Mitglieder mit Sekundärenergie (durch einen gemeinsamen Energieeinkauf bei den Energieerzeugern). Häufig betreiben sie auch eigene Netze, über die sie die Energie regional verteilen.
3. Energie-Erzeuger-Verbraucher-eG umfassen die gesamte Wertschöpfungskette (von der Erzeugung, über den Handel, Transport bis zum Konsum).
4. Dienstleistungs-eG unterstützen alle zuvor genannten Energie-eG mit Serviceleistungen in den Bereichen Beratung, Kapitalvermittlung, ggf. Wartung.

5 Zum Verhältnis von Genossenschaften und Zivilgesellschaft

Das zivilgesellschaftliche Potenzial von Genossenschaften wurde im stark wirtschafts- und rechtswissenschaftlich geprägten Genossenschaftsdiskurs in Deutschland bzw. in den Forschungsschwerpunkten der meisten Genossenschaftsinstitute viele Jahre lang stiefmütterlich behandelt (Elsen und Walk 2016). Die genossenschaftliche Gestaltungskraft von lokal-ökonomischen Prozessen sowie die produktive Mischung von professioneller Erwerbsarbeit und zivilgesellschaftlichem Engagement wurden stark vernachlässigt und gewinnen erst seit einigen Jahren an Bedeutung. Die Studie von Priller et al. (2012) geht bspw. explizit den Potenzialen und Grenzen von Genossenschaften im Spannungsverhältnis zwischen wirtschaftlichen und sozialen Zielsetzungen nach. Die Ergebnisse einer Organisationsbefragung zeigen, dass zivilgesellschaftliches bzw. ehrenamtliches Engagement in den Genossenschaften eine große Rolle spielt (Thürling 2014).
Eine der offensichtlichen Gemeinsamkeiten von Genossenschaften und zivilgesellschaftlichen Akteuren besteht in der stark sozialpolitisch geprägten

Reaktion auf Herausforderungen, die große Mehrheiten für ein Randproblem halten, d. h. sie reagieren häufig auf Bedarfe, mit deren Bewältigung nicht in erster Linie ökonomische Vorteile erzielt werden können, sondern auch soziale Verwerfungen solidarisch gelöst werden sollen. In diesem Sinne nehmen zivilgesellschaftliche, genossenschaftliche und Dritte-Sektor-Organisationen eine Rolle als gesellschaftliche Pioniere und Innovatoren ein (Evers 2014, S. 1). Damit kompensieren Genossenschaften und zivilgesellschaftliche Akteure Mängel und Fehler der Funktionssysteme Staat und Markt und sind gleichzeitig gesellschaftliche Korrektive und Gegenentwürfe der vorherrschenden Wirtschaftslogik.

Genossenschaften und zivilgesellschaftliche Akteure treiben demzufolge die Prinzipien der gesellschaftlichen Verantwortungsübernahme und der demokratischen Mitgestaltung voran. In der Regel verfolgen sie ähnliche soziale und politische Ziele: Zu den sozialen Zielen gehört, dass die Gemeinschaft als Solidargemeinschaft verstanden wird und dass das Handeln der Individuen aufeinander bezogen und als gegenseitig verbindliches gemeinschaftliches Handeln aufgefasst wird. Zu den gemeinsamen politischen Zielen können Mitbestimmung, Selbstorganisation und Demokratie gezählt werden, die im ökonomischen und alltagspraktischen Handeln erweitert werden sollen.

6 Formen der Kooperation und Förderung zwischen Genossenschaften und öffentlicher Hand

Aufgrund knapper kommunaler Kassen und begrenzter öffentlicher Mittel stehen zunehmend nicht nur Kultur-, Bildungs- und Freizeiteinrichtungen auf dem Prüfstand, sondern auch im Konsum-, Wohnungs- und Gesundheitsbereich können die unterschiedlichen Infrastrukturen von privaten oder kommunalen Trägern kaum noch wirtschaftlich betrieben werden. Immer mehr Kommunen stehen damit vor dem Problem, dass die örtliche Infrastruktur nicht mehr aufrechterhalten werden kann und die Lebensqualität der Bürgerinnen und Bürger beeinträchtigt wird.

In diesem Zusammenhang werden zunehmend Diskussionen um nachhaltigere Organisations- bzw. Betriebsmodelle geführt, die sich an demokratischen Werten eines Gemeinwesens orientieren. Die jahrzehntelange ökonomische Doktrin des Vorrangs individueller wirtschaftlicher Vorteile weichen Vorstellungen einer öko-sozialen Transformation, die solidarische Wirtschaftsformen ins Zentrum stellt. Gerade die genossenschaftlichen Prinzipien und Werte wie Solidarität, Demokratie und Nachhaltigkeit passen besonders gut zu diesen neuen Visionen.

In der Folge kann eine Renaissance des genossenschaftlichen Modells beobachtet werden. Wie in dem Beitrag dargestellt, wurden in den letzten Jahren in unterschiedlichsten Bereichen neue Genossenschaften gegründet: Im Gesundheitsbereich bspw. schlossen sich Mediziner_innen, Apotheker_innen oder Krankenhäuser in Genossenschaften zusammen, um gemeinsam Gesundheitsprodukte und Dienstleistungen einzukaufen und anzubieten. Durch die Kooperation wurden Größenvorteile genutzt und eine bessere Verhandlungsposition bspw. gegenüber Industrie oder Großhandel erreicht. Im Energiebereich war die Motivation etwas anders gelagert. Dort schlossen sich engagierte Bürger_innen zusammen, um die Energiewende in gemeinschaftlichen Projekten mit zu unterstützen bzw. um eine nachhaltige Energieversorgung zu gewährleisten.

Für diese unterschiedlichen Sektoren wiederum wurden sehr unterschiedliche staatliche bzw. kommunale finanzielle Förderungen in Anspruch genommen. So wurden im Rahmen des Bund-Länder-Programms „Soziale Stadt" (1999–2012) bspw. vermehrt Stadtteilgenossenschaften gefördert, deren Geschäftsfelder zu sehr großem Teil in haushaltsnahen Dienstleistungen (wie zum Beispiel Hausmeistertätigkeiten, Grünpflege, Reinigung, etc.) bestehen. Damit konnten zunächst über mehrere Jahre Langzeitarbeitslose angestellt und zum Teil auch weiter qualifiziert werden. Allerdings erwiesen sich nach Auslaufen der finanziellen Förderung diese Angebote in der Regel als nicht mehr tragbar und wurden zum großen Teil eingestellt (BBR 2007).

Für Kommunen spielen Genossenschaften angesichts leerer Kassen als potenzielle Nothelfer eine zunehmend bedeutsame Rolle. Beispielsweise wird die Bedeutung der Genossenschaften in einer Studie des BMVBW (2004) hervorgehoben, die sich mit Fragen der nachhaltigen sozialen Sicherung der alternden Bevölkerung, der schrumpfenden Städten und Regionen und der Sicherung von bezahlbarem Wohnraum im Zusammenhang mit genossenschaftlichem Wohnen auseinandersetzt hat. Die Ergebnisse wiesen darauf hin, dass gerade in strukturschwachen Städten und Gemeinden vermehrt Stadtteil- und Regionalgenossenschaften zur Erhaltung und Entwicklung von Einrichtungen der Daseinsvorsorge und der bürgerschaftlichen Infrastruktur (Bibliotheken, Schwimmbäder, Sporteinrichtungen Parks, Bürgerzentren etc.) gegründet wurden.

Wie weiter oben ausführlich beschrieben, werden Genossenschaften aktuell in unterschiedlichen gesellschaftlichen und politischen Problembereichen als Lösungsmodelle für gesellschaftliche Schieflagen benannt; dies führt nicht selten dazu, dass diese Organisationsform mit ideellen Wertvorstellungen überfrachtet wird. Diese wertebasierte Zuspitzung täuscht darüber hinweg, dass Genossenschaften in erster Linie den Interessen ihrer Mitglieder, also einem gemeinschaftlichen Wohl der spezifischen Genossenschaft verpflichtet sind, nicht aber einem Gemeinwohl.

Gerade hier bedarf es einer gezielten öffentlichen Diskussion um die Vorteile, aber auch Restriktionen des genossenschaftlichen Modells. Die Zusammenarbeit von Genossenschaften und Kommunen ist hier eher ambivalent. Zwar arbeiten z. B. viele größere Wohnungsbaugenossenschaften bereits mit Kommunen zusammen, aber gleichzeitig sind viele Kommunen der Idee genossenschaftlicher Organisation gegenüber nur bedingt aufgeschlossen (Alber 2014). Meist bedarf es einer außerordentlich guten Vernetzung der Genossenschaftsmitglieder oder aber einer sehr guten Öffentlichkeitsarbeit, um von den Kommunen als Akteur bzw. Partner wahrgenommen zu werden. Genau hier zeigt sich, dass in Deutschland noch ein enormer Nachholbedarf für die Verbreitung der genossenschaftlichen Ideen und Prinzipien und gerade auch ihrer zivilgesellschaftlichen Potenziale von Nöten ist. Wie im Abschnitt „Historische Bezüge" schon angerissen wurde, wirkt die systematische Zerstörung der Genossenschaftsbewegung durch die Nazi-Diktatur noch immer nach. Während in anderen europäischen Ländern häufig gezielte Förderprogramme für Genossenschaften auf den Weg gebracht wurden, sind diese in Deutschland nur sehr vereinzelt zu finden.

Eine Ausnahme bildete das Bund-Länder-Förderprogramm „Stadtumbau Ost", in das Wohnungsgenossenschaften auch strategisch eingebunden waren (BMVBS 2012). In vielen Fällen verhindert jedoch das Gebot der Gleichbehandlung die Bevorzugung von Genossenschaften gegenüber anderen marktwirtschaftlichen Akteuren.

Bislang richten Kommunen ihre Vergabekriterien nur zum Teil auf nachhaltige Projekte, und zwar im Sinne einer sozialen, wirtschaftlichen und ökologischen Nachhaltigkeit. Auch die lokale Verankerung, die nachhaltige regionale Wertschöpfung fördert, kommt erst allmählich in den Fokus von Förderprogrammen. Hier wären Genossenschaften zweifelsfrei im Vorteil, denn in der Regel orientieren sich Genossenschaften mit ihren Geschäftsfeldern an lokalen Bedürfnissen und finden lokale Lösungen für lokale Probleme. Im Sinne eines solidarischen Miteinanders spielen die genossenschaftlichen Ansätze kollektiver Verantwortungsübernahme eine ganz besondere Rolle, da die Verantwortung nicht einzelnen Individuen übertragen und auch nicht dem Staat oder den Unternehmen zugeschoben wird, sondern Gruppen durch gemeinsame Aktivitäten und durch ein demokratisches Miteinander selbstverantwortlich tätig werden.

Trotz der Orientierung auf die Unternehmensführung und der Fokussierung auf die Mitgliederinteressen ist das „Demokratieprinzip" der Genossenschaften – ein Mitglied, eine Stimme – prägend für ihr Selbstverständnis. Mit anderen Worten geben Genossenschaften Impulse zum wertgebundenen Wirtschaften, die für eine demokratische Entwicklung der Ökonomien äußerst förderlich ist. Mit ihrer sozialen Einbindung und ihrer Wirtschaftskultur können Genossenschaften zukunftsfähige Modelle der Organisation von Wirtschaft und Gesellschaft jenseits von quantitativem Wachstum und ökosozialer Destruktion sein. Dementsprechend heben die Vereinten Nationen den Beitrag der Genossenschaften zur Sicherung der Lebensgrundlagen und der Lebensqualität der Weltbevölkerung explizit hervor und riefen 2012 zum Jahr der Genossenschaften aus.

Literatur

Alber, G. 2014. Die sozialen Dimensionen von Klimawandel und Klimapolitik. In *Genossenschaften und Klimaschutz. Akteure für zukunftsfähige solidarische Städte*, Hrsg. C. Schröder und H. Walk, 109–134. VS Verlag für Sozialwissenschaften, Wiesbaden: Springer Fachmedien.
Atmaca, D. 2002. *Kooperation im Wettbewerb, Kontinuität im Wandel. Identität und Erfolg der produktivgenossenschaftlichen Organisationsform*. Aachen: Shaker Verlag.
Atmaca, D. 2014. Genossenschaften in Zeiten raschen Wandels – Chancen einer nachhaltigen Organisationsform. In *Genossenschaften und Klimaschutz. Akteure für zukunftsfähige solidarische Städte*, Hrsg. C. Schröder und H. Walk, 49–72. Wiesbaden: Springer VS.
Beetz, S. 2007. Wohnungsgenossenschaften und Nachbarschaften. *Informationen zur Raumentwicklung: Wohnungsgenossenschaften und Stadtentwicklung* 4:241–249.
BMVBS. 2012. *Bund-Länder-Bericht zum Stadtumbau Ost*. Berlin: BMVBS.
BMVBW. 2004. *Wohnungsgenossenschaften. Potenziale und Perspektiven. Bericht der Expertenkommission Wohnungsgenossenschaften*. Berlin: Duncker & Humblot.
Brendel, M. 2011. Genossenschaftsbewegung in Deutschland – Geschichte und Aktualität. In *Solidarität, Flexibilität, Selbsthilfe. Zur Modernität der Genossenschaftsidee*, Hrsg. M. Allgeier, 15–36. Wiesbaden: VS Verlag.
Bundesamt für Bauwesen und Raumordnung (BBR). 2007. *Wohnungsgenossenschaften und Stadtentwicklung*, Bd. 4., Informationen zur Raumentwicklung Bonn: Bundesamt für Bauwesen und Raumordnung.
Bundesverband der Deutschen Volksbanken und Raiffeisenbanken. 2012. *Die deutschen Genossenschaften 2012. Entwicklungen – Meinungen – Zahlen*. Wiesbaden: Deutscher Genossenschaftsverlag.
Crome, B., und B. Crome. 2007. Entwicklung und Situation der Wohnungsbaugenossenschaften in Deutschland. *Informationen zur Raumentwicklung* 4:211–221.
Deutscher Genossenschafts- und Raiffeisenverband (DGRV). 2016. *Geschäftsbericht 2016*. Berlin.
Draheim, G. 1952. *Die Genossenschaft als Unternehmungstyp*. Göttingen: Vandenhoek & Ruprecht.
Elsen, S. 2003. Lässt sich Gemeinwesenökonomie durch Genossenschaften aktivieren? In *Sozialgenossenschaften: Wege zu mehr Beschäftigung, bürgerschaftlichem Engagement und Arbeitsformen der Zukunft*, Hrsg. B. Flieger, 57–79. Neu-Ulm: Ag Spak.
Elsen, S. 2007. *Die Ökonomie des Gemeinwesens. Sozialpolitik und Soziale Arbeit im Kontext von gesellschaftlicher Wertschöpfung und -verteilung*. Weinheim. München: Juventa Verlag.

Elsen, S., und H. Walk. 2016. Genossenschaften und Zivilgesellschaft. Historische Dynamiken und zukunftsfähige Potenziale einer ökosozialen Transformation. *Fachjournal Soziale Bewegungen* 3:60–72.

Evers, A. 2014. Das Konzept des Wohlfahrtsmix, oder: Bürgerschaftliches Engagement als Koproduktion. *BBE-Newsletter* 4:1–8.

Haunstein, S. und M. Thürling. 2017. Aktueller Gründungsboom – Genossenschaften liegen im Trend. In *Nationalatlas aktuell* 11. Leipzig: Leibniz-Institut für Länderkunde (IfL).

Hillebrand, K.-P., und J. Keßler, Hrsg. 2010. *Berliner Kommentar zum Genossenschaftsgesetz*, 2. Aufl. Hamburg: Hammonia Verlag.

Jahrbücher des Deutschen Genossenschaftsverbandes. 1920–1939. Berlin.

Klemisch, H. 2014. Energiegenossenschaften als regionale Antwort auf den Klimawandel. In *Genossenschaften und Klimaschutz. Akteure für zukunftsfähige solidarische Städte*, Hrsg. C. Schröder und H. Walk, 149–165. Wiesbaden: Springer VS.

Klemisch, H., und B. Flieger. 2007. Genossenschaften und ihre Potenziale für Innovation, Partizipation und Beschäftigung. *KNi Bericht* 1. Köln.

König, B. 2007. Herausforderungen der Stadtentwicklung: Wohnungsgenossenschaften und die Privatisierung öffentlicher Wohnungsbestände. *Informationen zur Raumentwicklung* 4:233–240.

Kramer, J.W. 1993. Kurzer Abriss der unterschiedlichen Genossenschaftkonzeptionen und -ideologien in Europa. In *Genossenschaften im Spannungsfeld zwischen geschichtlicher Philosophie und wirtschaftlich-rechtlichen Veränderungen, Berliner Beiträge zum Genossenschaftswesen*, Hrsg. Institut für Genossenschaftswesen, 11–26. Berlin: Institut für Genossenschaftswesen an der Humboldt- Universität zu Berlin.

Laurinkari, J. 2002. Das Genossenschaftswesen in einer im Wandel begriffenen Welt. In *Genossenschaften zwischen Auftrag und Anpassung*, Hrsg. M. Hanisch, 13–29. Berlin: Institut für Genossenschaftswesen.

Lietaer, B. 2002. *Das Geld der Zukunft*. München: Riemann Verlag.

Mersmann, A., und K. Novy. 1991. *Gewerkschaften – Genossenschaften – Gemeinwirtschaft. Hat eine Ökonomie der Solidarität eine Chance?* Köln: Bund-Verlag.

Priller, E., M. Alscher, P. Droß, F. Paul, C. Poldrack, C. Schmeißer, und N. Waitkus. 2012. Dritte-Sektor-Organisationen heute: Eigene Ansprüche und ökonomische Herausforderungen. Ergebnisse einer Organisationsbefragung. Discussion Paper SP IV 402, Wissenschaftszentrum für Sozialforschung, Berlin.

Rausch, G. 2011. Mensch kann nicht Nichtwohnen. In *Ökosoziale Transformation. Solidarische Ökonomie und die Gestaltung des Gemeinwesens*, Hrsg. S. Elsen, 238–267. Neu-Ulm: AG Spak.

Schaffland, H.-J. 2001. Verfassungsmäßigkeit der Pflichtmitgliedschaft von Genossenschaften in genossenschaftlichen Prüfungsverbänden. *DB* 54 (49): 2596–2599.

Schlosser, I., und B. Zeuner. 2006. *Gewerkschaften, Genossenschaften und Solidarische Ökonomie, Reader des Wissenschaftlichen Beirats von Attac*. Hamburg: VSA-Verlag.

Schröder, C., und H. Walk. 2014. *Genossenschaften und Klimaschutz. Akteure für zukunftsfähige solidarische Städte*. Wiesbaden: Springer VS.

Stappel, M. 2013. *Die deutschen Genossenschaften 2013. Entwicklungen – Meinungen – Zahlen*. Wiesbaden: DG Verlag.

Thürling, M. 2014. Genossenschaften im Dritten Sektor: Situation, Potentiale und Grenzen. Discussion Paper SP V 301, Wissenschaftszentrum für Sozialforschung, Berlin.

Volz, R. 2011. Strukturen und Merkmale von Energiegenossenschaften in Deutschland. In *Hohenheimer Genossenschaftsforschung*, 65–88. Stuttgart: Selbstverlag.

Sozialunternehmertum und Social Entrepreneurship in Deutschland: Change Maker im Kommen?

Katharina Obuch und Christina Grabbe

Zusammenfassung

Vor dem Hintergrund der sich wandelnden wohlfahrtsstaatlichen Strukturen in Deutschland rücken Sozialunternehmen zunehmend in den Blick von Wissenschaft und Öffentlichkeit. Angesichts leerer öffentlicher Kassen und steigender sozialpolitischer Bedarfe überzeugen Sozialunternehmer_innen durch die innovative Nutzung ökonomischer Strategien und Instrumente. Mit ihnen verwirklichen sie primär soziale oder anders gemeinnützige, zum Beispiel ökologische, Ziele. Der Beitrag gibt einen Überblick über die Entwicklung des Sozialunternehmertums in Deutschland, den aktuellen Diskurs, die Tätigkeitsfelder, spezifische Fördermaßnahmen und Skalierungsoptionen für Sozialunternehmen als „neue Player" im deutschen Wohlfahrtsstaat.

Schlüsselwörter

Social Entrepreneurship · Sozialunternehmen · Wohlfahrtsstaat · Innovation · Skalierung · Fördermaßnahmen

---

K. Obuch (✉) · C. Grabbe
Westfälische Wilhelms-Universität Münster, Münster, Deutschland
E-Mail: k.obuch@uni-muenster.de

C. Grabbe
E-Mail: christina.grabbe@uni-muenster.de

1 Einleitung

Wie in den vorangehenden Beiträgen bereits erläutert, blickt Sozialpolitik in Deutschland auf eine lange historische Entwicklung zurück, wobei als Meilenstein oftmals das Jahr 1883, die Einführung der gesetzlichen Krankenversicherung für Arbeiter_innen unter dem damaligen Reichskanzler Otto von Bismarck genannt wird (Dietz et al. 2015, S. 14). In Deutschland war der Staat jedoch nie alleiniger Akteur bei der Erstellung wohlfahrtsstaatlicher Leistungen (Speth 2013, S. 43 f.). Vielmehr kooperiert er traditionell mit einem breiten Feld an Co-Akteuren, die sich geleitet durch unterschiedliche Interessen und Zuständigkeiten, an der „sozialpolitischen Willensbildung, Entscheidungsfindung und der Leistungserbringung beteiligen" (Dietz et al. 2015, S. 86). Dies umfasst sowohl privatwirtschaftliche Unternehmen und Tarifpartner, also auch die Gewerkschaften, die Wohlfahrtsverbände, kleinere Vereine und Selbsthilfeinitiativen bis hin zu den Familien. Zugleich unterliegt dieses komplexe Akteursgefüge den in den letzten Jahrzehnten durch den gesellschaftlichen und politischen Wandel angestoßenen Veränderungs- und Erneuerungsprozessen in der Sozialpolitik.

Vor dem Hintergrund der sich wandelnden sozialpolitischen Rahmenbedingungen nimmt dieser Beitrag sogenannte Sozialunternehmen als „neue Player" in den Fokus. Wie der Begriff schon vermuten lässt, geht es für Sozialunternehmer_innen darum ein primär soziales oder anderes gemeinnütziges, zum Beispiel ökologisches Ziel, mit ökonomischen, innovativen Strategien zu verfolgen. Dies kann zum Beispiel über die Schaffung von Arbeitsplätzen für benachteiligte Menschen (Arbeitsmarktintegration), das Recycling von Materialien zur Herstellung eines ökologisch nachhaltigen Produktes (Umweltschutz), aber auch durch die Bereitstellung einer App zur lokalen Vernetzung und Stärkung des Miteinander im ländlichen Raum (Regionalentwicklung) geschehen. Konstitutiv ist, dass dabei das soziale Ziel und nicht die Gewinnmaximierung im Vordergrund steht.

Im Folgenden werden wir zunächst den Begriff Sozialunternehmen genauer erläutern. Dafür zeichnen wir die Entwicklung des aktuellen Diskurses nach, skizzieren die zentralen Merkmale von Sozialunternehmen (2) und werfen einen Blick auf die historische Entwicklung von Sozialunternehmertum in Deutschland (3). Anschließend geben wir einen Einblick in die Tätigkeitsfelder, spezifischen Fördermaßnahmen und Skalierungsoptionen von Sozialunternehmen heute (4), der als Grundlage für eine abschließende Diskussion über die Potenziale des „Hoffnungsträgers" Sozialunternehmen dient (5).

2 Diskurs und Definition

International hat der Diskurs um „Social Entrepreneurship" seinen Ursprung in den 1980er Jahren (Jansen 2013a, S. 35), entwickelte sich allerdings zunächst in bzw. in Bezug auf sogenannte Schwellen- und Entwicklungsländer sowie in den angelsächsischen Industriestaaten. In Deutschland war er aufgrund des starken Sozialsystems zunächst weniger bedeutsam und erhielt erst vergleichsweise spät, Mitte der 90er Jahre, im Zusammenhang mit dem in den vorangegangenen Beiträgen bereits beschriebenen Ökonomisierungsdruck, Einzug (Heinze et al. 2013, S. 315; Spiess-Knafl et al. 2013, S. 21). Inzwischen jedoch hat sich, parallel zum Abklingen des Diskurses zu Zivil- oder Bürgergesellschaft, Sozialunternehmertum als „neuer Topos auf dem akademischen Markt" etabliert (Heinze et al. 2013, S. 317).

Von Sozialunternehmen wird erwartet, dass sie dazu beitragen dem „Dilemma von zunehmenden Bedarfen bei gleichzeitig stagnierenden öffentlichen Ressourcen" (Heinze et al. 2013, S. 319 f.) entgegenzuwirken, indem sie unter anderem die „Effektivität sozialer Dienstleistungen" (Heinze et al. 2013, S. 16) steigern. Kern ist ein „intelligentes Zusammenspiel von Akteuren aus Staat, Wirtschaft und Zivilgesellschaft und ein entsprechender Mix von Ressourcen der öffentlichen Hand, des Marktes und des Engagements" (Fuchs 2013, S. 468). Sozialunternehmertum gilt heute als „Boombereich, als Hoffnungsträger in Zeiten knapper öffentlicher Haushaltskassen bei ständig wachsenden sozialen Aufgaben" (Schwengsbier 2014, S. 7).

Als Katalysator für die Wahrnehmung des Themas in der Öffentlichkeit wird zumeist die Verleihung des Friedensnobelpreises an den Wirtschaftsprofessor Muhammad Yunus in 2006 gesehen, der mit der Grameen Bank ein Mikrofinanzsystem zur Armutsbekämpfung in Bangladesch entwickelte[1]. Yunus gilt als „Vorbild für eine neue Generation von Sozialunternehmer_innen, die Wirtschaft ganz neu definieren wollen: als Mittel, um die Welt sozialer und humaner zu gestalten" (Schwengsbier 2014, S. 9). Nach Yunus' Vorstellungen soll „die Struktur des Kapitalismus" durch die Einführung von Sozialunternehmen „vervollständigt werden". „Der Zweck dieser Unternehmen soll nicht die Gewinnmaximierung sein, sondern die Lösung von sozialen und Umweltproblemen." (Fuchs 2013, S. 469).

---

[1]Die von Mohammad Yunus bereits in den 1970er Jahren in Bangladesch gegründete Grameen Bank vergibt Mikrokredite an Kleinunternehmer (davon bisher 97 % an Frauen). Das Nobelpreiskomitee würdigte Yunus und die Bank für ihre Verdienste um eine „wirtschaftliche und soziale Entwicklung von unten" (https://www.nobelprize.org/nobel_prizes/peace/laureates/2006/).

Wie am Beispiel Yunus zu sehen, fokussiert sich der aktuelle Diskurs sehr stark auf die Gründerpersönlichkeit, die Motive und spezifischen Charaktereigenschaften von Sozialunternehmer_innen. André Habisch, Professor an der wirtschaftswissenschaftlichen Fakultät der Katholischen Universität Eichstätt-Ingolstadt, beschreibt den „Archetyp" des Sozialunternehmers als „Gründer einer neuartigen Organisation, deren primäres Ziel nicht die Erwirtschaftung von Profit, sondern die Lösung eines bestimmten gesellschaftlichen Problems ist, die dadurch zum Motor sozialer Innovation im Dienst einer benachteiligten Bevölkerungsgruppe wird" (Decker und Habisch 2016, S. 26 f.).

Nichtsdestotrotz steht nicht nur die deutsche sondern auch die internationale Forschung dreißig Jahre nach dem Aufkommen des Begriffs noch immer am Anfang (Jansen 2013a, S. 35). Zentrales Manko und Kritikpunkt ist das Fehlen einer anerkannten Definition, die Sozialunternehmertum von anderen Sphären und Akteuren abzugrenzen vermag (u. a. Non-Profit-Organisationen, Dritter Sektor, Markt) (Jansen 2013a, S. 35 ff.). Gerade für den deutschen Kontext hat sich die Abgrenzung von traditionellen Begriffen wie Sozialwirtschaft oder Freier Wohlfahrtspflege bzw. eine Definition dessen, „was das Neue ist an Social Entrepreneurship", als schwierig erwiesen (Schwengsbier 2014, S. 7 f.). Zumal gibt es wie in den meisten anderen Staaten keine eigene Rechtsform für Sozialunternehmen, die stattdessen die im Dritten Sektor in Deutschland jeweils üblichen Rechtsformen – eingetragener Verein, private Stiftung, gemeinnützige GmbH, Unternehmergesellschaft und Genossenschaft – annehmen.

Zur weiteren Annäherung an den Begriff sollen im Folgenden die von Scheuerle et al. in ihrer KfW Studie zu „Social Entrepreneurship in Deutschland"[2] abgeleiteten drei „wegweisenden" Kriterien herangezogen werden (Scheuerle et al. 2013, S. 8 ff.):

- Das erste Kriterium zur Definition von Sozialunternehmen ist demnach die Gemeinwohlorientierung. Das heißt, die Lösung sozialer (oder ökologischer) Probleme muss im Unterschied zu klassischen kommerziellen Unternehmen im Vordergrund stehen. Dies lässt sich unter Umständen schon in der Rechtsform (z. B. Verein, Stiftung) oder aber am konkreten „Umgang mit Profiten und möglichen Gewinnausschüttungen" (Scheuerle et al. 2013, S. 8) ablesen.

---

[2]Studie zu Social Entrepreneurship in Deutschland, durchgeführt zwischen 2012–2013 vom Centrum für soziale Investitionen und Innovationen (CSI) der Universität Heidelberg im Auftrag der Kreditanstalt für Wiederaufbau (KfW).

- Das zweite Kriterium ist die Innovation, wobei der innovative Charakter eines Sozialunternehmens sowohl im Produkt, in den angebotenen Dienstleistungen sowie deren Erstellung und Vermarktung, oder gerade in der „Versöhnung" ökonomischer und sozialer Ziele liegen kann (Scheuerle et al. 2013, S. 10). Besonders dieses Kriterium scheint mitverantwortlich für den aktuellen „Hype" und die Hoffnungen, die sich aus dem Diskurs um Social Entrepreneurship ablesen lassen.
- Das dritte Kriterium bezieht sich auf die Bedeutung leistungsbasierten Einkommens, oft als Teil einer hybriden Finanzierungsstruktur. Sozialunternehmen finanzieren sich zumeist aus einem Mix aus öffentlichen und privaten Einkommen, wie Spenden, staatlichen Fördermitteln, Leistungsentgelten aber auch Mitgliedsbeiträgen. Im Unterschied zu anderen Bereichen, wie etwa Fair Trade, alternative Energien oder ökologische Landwirtschaft sind im sozialen Bereich marktbasierte Einkommen bislang weniger bedeutend. Allerdings bietet der Quasi-Markt[3] der sozialen Dienstleistungserstellung über die Bezahlung durch Leistungsentgelte sehr wohl eine Fläche für Wettbewerb. Dieses dritte Kriterium ermöglicht eine bessere Abgrenzung zu solchen gemeinnützigen Organisationen, die sich ausschließlich durch öffentliche oder private Fördermittel finanzieren (Scheuerle et al. 2013, S. 11), nicht aber zu den Einrichtungen und Diensten der Wohlfahrtsverbände als Teil der Sozialwirtschaft in Deutschland (siehe auch Beitrag von Backhaus-Maul in diesem Band).

3 Rückblick: Evolution des Sozialunternehmertums in Deutschland

Auch wenn der Begriff Sozialunternehmen in Deutschland erst in den letzten zehn bis fünfzehn Jahren Einzug in den öffentlichen Diskurs erhalten hat, handelt es sich nicht um ein per se neues Phänomen. Geht man von Sozialunternehmertum im

---

[3]Der Quasi-Markt beschreibt ein dreigliedriges System: Die öffentliche Hand kauft soziale Dienstleistungen bei entsprechenden Anbietern ein, die diese den Nutzern zur Verfügung stellen. Im Gegensatz zu einem regulären Markt werden die Preise nicht durch Angebot und Nachfrage determiniert, sondern Leistungsentgelte werden über staatliche Regelungen oder Verhandlungen zwischen den Dienstleistungserbringenden und der öffentlichen Hand festgelegt (Scheuerle und Glänzel 2016, S. 1646). Marktmechanismen wirken insofern, als dass die Anbieter sozialer Dienstleistungen um ausgeschriebene öffentliche Aufträge konkurrieren (Schneider und Pennerstorfer 2014, S. 173).

Sinne eines von einer sozialen Mission geleiteten unternehmerischen Handelns aus, findet man bei uns bereits im 19. Jahrhundert erste Initiativen, die vor allem durch ein „zunehmendes Bewusstsein für soziale Missstände" (Decker und Habisch 2016, S. 27) entstanden. Zumeist waren es Kirchenleute, die die negativen Effekte der Industrialisierung mit einer innovativen Verbindung von Philanthropie und Unternehmertum abzufedern versuchten (Zimmer und Obuch 2017).

Beispiele für damalige sozialunternehmerische Pioniere sind unter anderem Adolph Kolping (1813–1865) oder Friedrich Wilhelm Raiffeisen (1818–1888), der sich durch die „Wiederbelebung des genossenschaftlichen Gedankens und die Gründung entsprechender Organisationen" vor allem für die ländliche Bevölkerung einsetzte (Decker und Habisch 2016, S. 27). Oder Pastor Friedrich von Bodelschwingh, der 1890 mit der Brockensammlung von Bethel ein bis heute erfolgreiches Sozialunternehmen ins Leben rief, bei dem das „Sammeln und Verteilen von brauchbaren Dingen an Bedürftige" mit der „Einbindung von Menschen mit Behinderungen in einen geregelten Arbeitsalltag"[4] verbunden wird. Gemäß der Vision „Gemeinschaft verwirklichen" arbeiten bei Bethel größtenteils Menschen mit psychischer oder physischer Beeinträchtigung an der Verarbeitung und dem Verkauf der von der umliegenden Bevölkerung gesammelten Sachspenden.

Im Zuge der Entwicklung wohlfahrtsstaatlicher Strukturen gegen Ende des 19. Jahrhunderts wurden viele private Initiativen in das entstehende neo-korporatistische System eingebunden (Zimmer 2015, S. 14 f.). Eine besondere Bedeutung kommt dabei den nach und nach entstehenden Wohlfahrtsverbänden (1848–1924)[5] zu. Nach einer Phase der Restriktion, wenn nicht des Verbots, während des Nationalsozialismus entwickelten sich diese nach 1945 zum größten Anbieter sozialer Dienstleistungen in Deutschland (Zimmer 2015, S. 14 f.) und zu einflussreichen sozialpolitischen Lobbyisten (Horcher 2014, S. 313). Das auf Innovation und Unabhängigkeit zielende sozialunternehmerische (Ausgangs-)Potenzial der Mitgliederorganisationen der Verbände ging angesichts zunehmender Bürokratisierung und gesicherter Privilegien allerdings mit der Zeit zum Teil verloren (Zimmer und Obuch 2017).

---

[4]www.brockensammlung-bethel.de/.
[5]Die sechs Freien Wohlfahrtsverbände in Deutschland sind: die der Deutschen Sozialdemokratie nahestehende (AWO) Arbeiterwohlfahrt (gegründet 1919), das Deutsche Rote Kreuz (1921), der Paritätischer Wohlfahrtsverband (DPWV) (1924), sowie die konfessionell gebundenen Diakonie (gegründet 1848), Caritas (1897) und die Zentralwohlfahrtsstelle der Juden in Deutschland (1917) (Boeckh et al. 2015, S. 60).

Erst ab den 1980ger Jahren haben „veränderte wirtschaftliche Rahmenbedingungen die sozialpolitischen Entscheidungsspielräume" (Horcher 2014, S. 313) und infolgedessen auch die Akteurskonstellationen verändert. Neuer Wettbewerb und schwindender politischer Schutz für die Anbieter sozialer Dienstleistungen in Gestalt der „Abschaffung der *wettbewerbsverzerrenden* Privilegien" der Wohlfahrtsverbände (Horcher 2014, S. 313) trieb die Gleichstellung gemeinnütziger und privat-gewerblicher Träger voran. Damit wurde schließlich der Weg geebnet für eine Wiederbelebung des sozialunternehmerischen Gedankens, der eine Antwort auf die wachsende Diskrepanz zwischen leeren Kassen und steigenden Bedarfen im deutschen Wohlfahrtsstaat bieten soll.

Abhängig vom jeweiligen Feld gingen die Einrichtungen und Dienste der Wohlfahrtsverbände dazu über, Business Pläne zu entwickeln, die internen Abläufe und Strukturen und nicht zuletzt ihre Terminologie an die Geschäftswelt anzupassen, aber auch ihre spezifisches Innovationspotenzial zu stärken, um im Wettbewerb mit rein kommerziellen Anbietern mithalten zu können (Zimmer und Obuch 2017). Die Bemühungen der Mitgliederorganisationen der Wohlfahrtsverbände durch „inhaltliche Neuausrichtung", „Ausgründungen" (Spiess-Knafl et al. 2013, S. 27) oder mittels „Erschließung von alternativen Finanzierungsquellen im gemeinnützigen Bereich" (Schmitz und Scheuerle 2013, S. 196) innovative Lösungen für soziale Probleme zu finden, werden heute oft als „Social Intrapreneurship" bezeichnet (Fuchs 2013, S. 468). Der Zugriff auf bestehende Ressourcen und Infrastruktur vermindert dabei das jedem neuen, sozialen Innovationsvorhaben innewohnende Risikopotenzial (Schmitz und Scheuerle 2013, S. 195).

In Abgrenzung dazu wird im Rahmen des aktuellen Diskurses über Social Entrepreneurship besonders die Neugründung von Organisationen durch eine „neue Generation" von Sozialunternehmer_innen diskutiert und erforscht (Bornstein 2007; Leadbeater 1997; Rummel 2011). Diese selbst ernannten „Change-makers"[6] versuchen von vorneherein, soziale Probleme mit Instrumenten und Strategien aus der Geschäftswelt zu lösen (Zimmer und Obuch 2017). Als Gründungsmotive für diese neuen Sozialorganisationen gelten einerseits, wie bereits in der Vergangenheit, Empathie und Selbstbetroffenheit (Jansen 2013a, S. 67). Andererseits charakterisiert eine aktuelle Studie diese neuen Sozialunternehmen auch als Ausdruck eines „*bohemen* Lebensgefühls in einer bestimmten Biografiephase (postgraduierte Mittzwanziger bis Mittdreißiger)" wenn nicht

---

[6]www.germany.ashoka.org/.

sogar als Indikator einer „politischen bzw. ökonomischen (Sinn-) Krise der (nationalen) Gesellschaft" (Jansen 2013a, S. 67).

Im Folgenden werfen wir einen Blick auf die aktuelle Landschaft der (alten und neuen) Sozialunternehmen in Deutschland, ihre Tätigkeitsfelder, bestehende Fördermaßnahmen vonseiten des Staates und Skalierungsmöglichkeiten.

4 Sozialunternehmen heute

4.1 Zahlen und Arbeitsbereiche von Sozialunternehmen

Da es keine spezifische Rechtsform und auch keine anerkannte Definition für Sozialunternehmen in Deutschland gibt, variieren die Angaben über ihre Anzahl erheblich. Die Angaben reichen von einigen hundert (Deutscher Bundestag 2012, S. 2) der „neuen Generation" zugeordneten Sozialunternehmen bis hin zu über 500.000, wenn alle Organisationen des Dritten Sektors als Sozialunternehmen betrachtet werden (Scheuerle et al. 2013, S. 20 f.). In der Praxis scheint der Status als Sozialunternehmen oftmals auch einfach von der Selbsteinschätzung der Akteure sowie deren Mitgliedschaft in bestimmten Fördernetzwerken abhängig. Schließlich wird bei der Bestimmung der Größe des Bereichs auf unterschiedliche Kontextualisierung von „Sozialunternehmen" Bezug genommen. Geht man zum Beispiel von der im angelsächsischen Raum entwickelten Social Enterprise School aus (Dees und Anderson 2006), so stehen die ökonomische Nachhaltigkeit und Unabhängigkeit der Organisation von staatlichen Fördermitteln im Vordergrund. Angesichts der traditionell starken wohlfahrtsstaatlichen Strukturen wird man im deutschen Kontext eher weniger Organisationen finden, die diesen „harten" ökonomischen Kriterien entsprechen.

Definiert man Sozialunternehmen aber im Sinne der unter anderem durch das weltweit agierende Fördernetzwerk Ashoka[7] geprägten Social Innovation School (Dees und Anderson 2006, S. 44 f.), wird man eher fündig: hier steht die Fähigkeit von sozialen Organisationen im Vordergrund, gesellschaftlichen Problemen mit innovativen Konzepten, Instrumenten und Dienstleistungen zu begegnen, während dem Finanzierungsmix eine nachgeordnete Bedeutung zugemessen wird.

Die Mehrheit der deutschen Sozialunternehmen ist wie aus Abb. 1 zu entnehmen in traditionellen Wohlfahrtsbereichen aktiv. Dabei kombiniert ein Unternehmen

---

[7] www.ashoka.org.

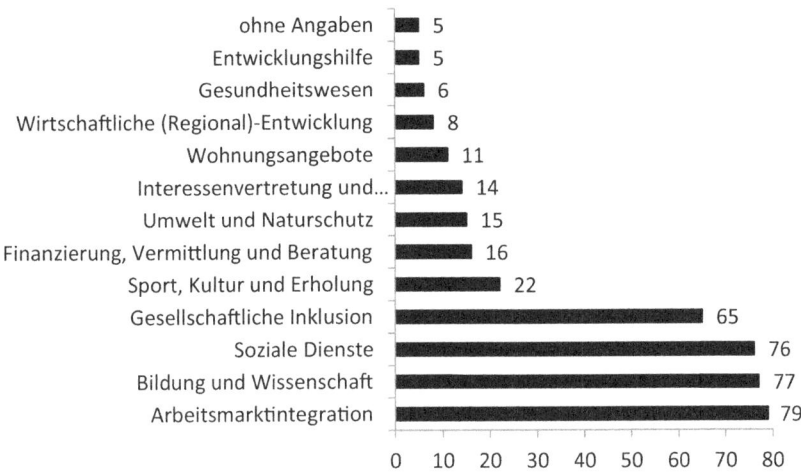

Abb. 1 Themenfelder von Sozialunternehmen in Deutschland. (Quelle: Spiess-Knafl et al. 2013, S. 26. N = 239)

oft verschiedene Themenfelder. Besonders häufig finden sich Sozialunternehmen in den Bereichen Arbeitsmarktintegration, soziale Dienstleistungen, Bildung und gesellschaftliche Inklusion (Spiess-Knafl et al. 2013, S. 25 f.). Hierunter fallen dann auch Einrichtungen und Dienste wie Kindergärten, Krankenhäuser, Pflegedienste oder Behindertenwerkstätten. Die neuere Generation von Sozialunternehmen ist häufig in Bereichen aktiv, die bisher nicht oder nur bedingt abgedeckt werden. Ferner setzt die neue Generation von Sozialunternehmen verstärkt auf die Nutzung neuer Technologien zur Lösung sozialer Probleme.

Ein Beispiel für ein Sozialunternehmen im Bildungsbereich ist der Verein Chancenwerk. Gegründet von einer Gruppe Studierender im Jahr 2004, organisiert Chancenwerk e. V. mit einem innovativen Lehr- und Lernkonzept Schülerhilfe für sozial benachteiligte Kinder und Jugendliche. Das Sozialunternehmen stützt sich dabei auf einen hybriden Finanzierungsmix aus Mitgliedsbeiträgen, Spenden durch Stiftungen und Corporate Social Responsibility Programmen von Unternehmen. Seit seiner Gründung ist die Zahl der geförderten Schüler kontinuierlich gestiegen; zudem hat die Organisation inzwischen zahlreiche Preise und Auszeichnungen erhalten. Der Erfolg von Chancenwerk erklärt sich, wenn man die bestehenden Chancenungleichheiten im deutschen Bildungssystem sowie die aktuellen gesellschaftlichen Herausforderungen im Bereich Integration den Blick nimmt (siehe auch die Beiträge von Hendrik Meyer und Danielle Gluns zum Projekt MAMBA in diesem Band).

Ein Beispiel für die innovative Nutzung neuer Technologien im Dienst der Umsetzung sozialer Ziele ist das Sozialunternehmen „Was hab ich"[8]. Die 2011 gegründete gemeinnützige GmbH hat sich zum Ziel gesetzt, die Kommunikation zwischen Ärzt_innen und Patient_innen zu verbessern. Medizinstudent_innen und Ärzt_innen übersetzen ehrenamtlich medizinische Befunde in leicht verständliche Sprache. Eine eigens entwickelte Online Plattform ermöglicht die landesweite bzw. sogar grenzübergreifende Mitarbeit bei „Was hab ich". Das Sozialunternehmen arbeitet bewusst nicht gewinnorientiert und setzt neben der ehrenamtlichen Arbeit auf die finanzielle Unterstützung zahlreicher Partner aus dem Gesundheitsbereich.

Sozialunternehmen in Deutschland sind aber auch in anderen Feldern, wie zum Beispiel Wohnen, Sport und Kultur und regionale Entwicklung, aktiv (Spiess-Knafl et al. 2013, S. 26). Ein Beispiel dafür sind die aktuell wieder neu entstehenden Dorfläden (Göler von Ravensburg 2015, S. 150 ff.) (siehe auch Beitrag von Heike Walk in diesem Band), wie die Bürgergenossenschaft unser Laden Welbergen eG im Münsterland. Dieser wurde 2010 aus der Dorfgemeinschaft heraus gegründet, um einer drohenden Schließung der letzten lokalen Einkaufsmöglichkeit entgegenzuwirken. Der Laden wird gemeinsam von den Dorfbewohner_innen betrieben, gilt mit seinem Stehcafé als Treffpunkt für Jung und Alt und dient zudem aus Sicht der sich engagierenden Volksbank, der Kommune und mehrerer lokaler Firmen auch der „direkten wirtschaftlichen Förderung der Region."[9]

Weiterhin hat es gerade im Bereich Nachhaltigkeit und Umweltschutz in den letzten Jahren einige Neugründungen von Sozialunternehmen gegeben. In diesem Feld finden sich jedoch häufig Organisationen ohne Gemeinnützigkeitsstatus, sodass die Abgrenzung zu gewöhnlichen Unternehmen erschwert ist (SEFORIS 2016, S. 6). Ein Beispiel ist der 2014 mittels einer erfolgreichen Crowdfunding Kampagne gegründete Zero Waste Supermarkt Original Unverpackt (GmbH)[10] in Berlin. Ziel des Sozialunternehmens ist es, die weltweite Müllproduktion zu senken, indem die gesamte Lieferkette der Produkte „verpackungsfrei oder zumindest so verpackungsfrei wie möglich" gestaltet wird. Um die Wirkung

---

[8]www.washabich.de.
[9]www.genossenschaften.de/b-rgergenossenschaft-welbergen-eg.
[10]www.original-unverpackt.de.

ihrer Idee zu verstärken, bieten die Gründer_innen auch einen Online-Kurs zur Eröffnung weiterer Läden sowie ein eigenes Online-Magazin mit Infos zu „nachhaltigen Themen rund um Ernährung, Lifestyle, Gesellschaft, Umwelt und Zero Waste"[11]an.

Oft werden von Sozialunternehmer_innen inzwischen auch hybride, also kombinierte Rechtsformen zur Umsetzung ihrer Idee gewählt. Ein Beispiel dafür ist das vielen bekannte Unternehmen Lemonaid,[12] eine GmbH, die fair-trade zertifizierte Bio Limonade produziert. Mit dem Kauf jeder Flasche fließen fünf Cent an den gemeinnützigen Lemonaid & ChariTea Verein, der damit Projekte im globalen Süden fördert.

Zusammengenommen verdeutlichen die genannten Beispiele die Heterogenität der in Deutschland unter dem Begriff Sozialunternehmen diskutierten Akteure. Gerade die „neue Generation" von Sozialunternehmer_innen eint dabei der Wille die Gesellschaft aktiv mitzugestalten und in Richtung eines sozialeren und nachhaltigeren Miteinanders zu verändern – und sich dabei die Kräfte des Marktes zunutze zu machen.

4.2 Fördermaßnahmen

Die Bundesregierung hat sich der Thematik vergleichsweise spät angenommen und unterstützt Sozialunternehmen vor allem im Kontext ihrer Förderung Bürgerschaftlichen Engagements (Gebauer und Ziegler 2013, S. 21). So wurden 2010 Sozialunternehmen explizit in die Nationale Engagementstrategie des Ministeriums für Familie, Senioren, Frauen und Jugend (BMFSFJ) aufgenommen. Die Bundesregierung verfolgte damit das Ziel, soziale Unternehmen als einen „neuen Trend", der die „Innovationsfähigkeit des bürgerschaftlichen Engagements" stärkt, zu unterstützen (Bundesregierung 2010, S. 5). Gleichzeitig versuchte sie, im Rahmen der Nationalen Engagementstrategie diejenigen Akteure zusammenzubringen, „die sich für die Förderung von sozialen Innovationen engagieren," und organisierte ab 2010 einen regelmäßigen Austausch zwischen Vertretern von Sozialunternehmen und den Spitzenverbänden der Freien Wohlfahrtspflege (Deutscher Bundestag 2012, S. 4). Ab 2014 begann auch das Bundesministerium für Wirtschaft und Technologie (BMWi) Sozialunternehmen aus der Perspektive der Gründungs- und Wirtschaftsförderung aufzugreifen. Zum einen beauftragte das

---

[11] www.ou-magazin.de/ueber-uns/.de.
[12] www.lemon-aid.de.

BMWi die Studie „Herausforderungen bei der Gründung und Skalierung von Sozialunternehmen" (Unterberg et al. 2016), zum anderen führte es mehrere Veranstaltungen durch, um die Aufmerksamkeit auf das neue Thema Sozialunternehmen und Sozialunternehmertum zu lenken (Deutscher Bundestag 2017, S. 3).

Allerdings hat sich im Gegensatz zu den Erwartungen das Interesse der Bundesebene für Sozialunternehmen bisher nicht in entsprechender finanzieller Unterstützung niedergeschlagen. Zwei Finanzierungsprogramme können aufgeführt werden: 2012 initiierte die Bundesregierung im Rahmen der Nationalen Engagementstrategie in Zusammenarbeit mit der Kreditanstalt für Wiederaufbau das *KfW-Förderprogramm für Sozialunternehmen* (Deutscher Bundestag 2012, S. 2). Die Bank stellte Kapital zwischen 50.000 und 200.0000 EUR für Sozialunternehmen in ihrer Gründungsphase zur Verfügung. Nachdem elf Sozialunternehmen unterstützt werden konnten, ist das Pilotprogramm 2015 ausgelaufen (Unterberg et al. 2015, S. 62). Gegenwärtig ist das einzige Förderprogramm, das auch Sozialunternehmen als Zielgruppe adressiert, der vom BMWi aufgelegte *Mikromezzaninfonds Deutschland,* der Unternehmen in ihrer Startphase Finanzierungshilfen bis zu 50.000 EUR zur Verfügung stellt (Deutscher Bundestag 2017, S. 3). Im Übrigen verweist das Ministerium darauf, dass Sozialunternehmen von Finanzierungsinstrumenten aus dem Bereich der Gründungsförderung Gebrauch machen können (Bundesregierung 2017, S. 3 f.). Ein Großteil dieser Finanzierungsprogramme ist jedoch nur bedingt auf die Bedarfe von Sozialunternehmen zugeschnitten und dürfte eher für technologieorientierte Start-ups oder klassische Unternehmen infrage kommen (Unterberg et al. 2015, S. 110 f.).

Auch Fördermaßnahmen vonseiten der Bundesländer sind vorzufinden (Unterberg et al. 2015, S. 56). Zwar zeigen die Länder in den letzten Jahren ein gesteigertes Interesse an unternehmerischen Ansätzen in der Sozialpolitik (Scheuerle et al. 2013, S. 51), dennoch variieren die Angebote von Land zu Land und der Zugang zu ihnen ist häufig abhängig vom Netzwerk des jeweiligen Sozialunternehmens (Zimmer und Bräuer 2014, S. 31). Vielfach zielen die Programme – mit Ausnahme derer, die von Mitteln der Europäischen Union getragen werden – ähnlich wie auf Bundesebene auf rein kommerzielle Unternehmen (Unterberg et al. 2015, S. 113). Insgesamt scheint von politischer Seite somit noch kein einheitliches Konzept oder passendes Finanzierungsprogramm vorzuliegen. Stattdessen werden Sozialunternehmen von verschiedenen Ministerien und Verwaltungsebenen mit unterschiedlichen Zielsetzungen aufgegriffen (Unterberg et al. 2015, S. 96) und im Rahmen anderer Themenschwerpunkte wie z. B. dem bürgerschaftlichen Engagement „mitgenommen" (Gebauer und Ziegler 2013, S. 22).

Neben Angeboten auf Bundes- und Landesebene sind seit Mitte der 2000er Jahre gewerbliche sowie insbesondere Non-Profit-Organisationen entstanden, die eine bedarfsorientierte Förderstruktur für Sozialunternehmen aufgebaut haben (Unterberg et al. 2015, S. 66). Zu nennen sind hier die international agierenden Stiftungen wie die Ashoka Foundation oder die Schwab Foundation[13], die auch als erste in Deutschland das Thema Sozialunternehmertum in die Öffentlichkeit getragen haben und den Organisationen Beratung, finanzielle Ressourcen und Vernetzungsmöglichkeiten zur Verfügung stellen (Glänzel und Schmitz 2012, S. 7). Der Fokus liegt hierbei oft auf der Förderung „ausgewählter Gründerpersönlichkeiten" (Heinze et al. 2013, S. 317 bzw. S. 18 f.), die für eine neue Generation sozial orientierter und motivierter Unternehmer_innen stehen. So bietet u. a. die Ashoka Foundation bis zu dreijährige Stipendien – die Ashoka Fellowships – an. Die Stipendien ermöglichen Gründer_innen, ihren eigentlichen Beruf ruhen lassen und sich ganz dem Aufbau ihres Projektes widmen zu können (Ashoka 2017). Dem Vorbild dieser internationalen Promotoren folgend sind auch einige deutsche Stiftungen auf Sozialunternehmen aufmerksam geworden. So bilden inzwischen Zuwendungen von privater Stiftungen, Corporate Social Responsibility Programme von Unternehmen (z. B. Siemens Stiftung, Robert Bosch Stiftung, Vodafone Stiftung) und in geringerem Umfang Kleinspenden von Privatpersonen[14] wichtige Finanzierungsquellen von Sozialunternehmen (Glänzel und Schmitz 2012, S. 7). Hauptsächlich handelt es sich um konventionelle Förderungen ohne Rückzahlungsverpflichtung (Scheuerle et al. 2013, S. 52). In der Regel erhalten innovative Projekte eine erste Anschubfinanzierung, die jedoch nicht über die Gründungsphase hinausgeht und insofern nur bedingt eine nachhaltige Organisationsentwicklung ermöglicht (Schmitz und Scheuerle 2013, S. 112; Unterberg et al. 2015, S. 53).

Sowohl internationale als auch nationale Stiftungen sind zudem an Konferenzen (z. B. Vision Summit[15], Entrepreneurship Summit[16]) und spezifischen Wettbewerben (z. B. Start Social Wettbewerb[17], Deutscher Nachhaltigkeitspreis[18])

---

[13]www.schwabfound.org.
[14]Diese werden verstärkt durch onlinebasierte Spendenportale wie startnext (https://www.startnext.com) oder betterplace.org (www.betterplace.org/de) eingeworben, auf denen soziale Organisationen gegen Gebühr ihre Projekte vorstellen können.
[15]www.visionsummit.org/events/the-power-of-social-inclusion.html.
[16]www.entrepreneurship.de/summit/.
[17]www.startsocial.de/wettbewerb.
[18]www.nachhaltigkeitspreis.de.

beteiligt. Sie machen sich damit zum einen zu wichtigen Fürsprechern von Sozialunternehmer_innen in Politik und Gesellschaft und bieten ihnen zum anderen in der Gründungsphase durch Preisgelder eine weitere Finanzierungsquelle (Unterberg et al. 2016, S. 66 ff.).

Weiterhin hat sich eine Infrastruktur von Non-Profit-Organisationen und privatwirtschaftlichen Unternehmen ausdifferenziert, die sich auf die Beratung und Qualifizierung von Sozialunternehmen spezialisiert hat. Für Sozialunternehmen in der Gründungsphase sind z. B. die vom Sozialunternehmen Social Impact gGmbH[19] betriebenen Social Impact Labs oder die Filialen der weltweit agierenden Impact Hubs[20] relevant. Sie unterhalten in verschiedenen Metropolregionen Deutschlands Büroräume *(Co-Working Spaces)* und unterstützen Gründer_innen beim Aufbau ihres Sozialunternehmens durch Know-how und die Ausgabe von Teilstipendien (Scheuerle et al. 2013, S. 52). Ferner bieten Non-Profit-Organisationen, wie etwa Heldenrat[21] oder Ökonauten[22], bereichsspezifische Beratungsdienstleistungen speziell für Sozialunternehmen an. Vonseiten der Privatwirtschaft haben internationale Unternehmen (z. B. McKinsey & Company, Deutsche Bank) Volunteerprogramme mit der Zielsetzung eingerichtet, Sozialunternehmen erfahrene Mitarbeiter_innen als Expert_innen für mehrere Monate zur Verfügung zu stellen (Unterberg et al. 2015, S. 67). Auch bieten Unternehmen kostenlose Fachberatungen im Kontext von „Pro Bono Programmen" in eng definierten rechtlichen und finanziellen Bereichen an. Diese richten sich sowohl an Gründer_innen als auch an Sozialunternehmen mit Skalierungsabsichten.

Alles in allem präsentiert diese Beschreibung der bestehenden Angebote, die nicht abschließend, sondern eher als Schnappschuss eines wachsenden Feldes zu betrachten ist, eine junge und dynamische, aber auch unübersichtliche Förderlandschaft. Sie ist vom Engagement einzelner Akteure gekennzeichnet und oftmals auf einen „Kreis von Eingeweihten" in den Metropolregionen fokussiert, ohne dass ihr eine einheitliche und flächendeckende Strategie zugrunde liegt.

4.3 Formen und Modelle der Skalierung

Hat ein Sozialunternehmen die Start-up Phase von der Idee über die Gründung bis zum laufenden Geschäftsbetrieb überstanden, setzen zumeist Überlegungen

---

[19] www.socialimpact.eu.
[20] www.impacthub.net.
[21] www.heldenrat.org.
[22] www.oekonauten.org.

darüber an, wie man Reichweite und Einfluss („impact") des Unternehmens erweitern kann. Im Gegensatz zu kommerziellen Unternehmen zeichnet sich die Skalierung eines Sozialunternehmens dadurch aus, dass das Ziel nicht ausschließlich die Gewinnmaximierung oder das quantitative Wachstum der Organisation ist (Scheuerle et al. 2013, S. 57). Stattdessen verweisen Uvin et al. (Uvin et al. 2000, S. 1409) darauf, dass es darum geht, die soziale Wirkung zu erhöhen. Skalierung muss daher nicht unbedingt direkt über neue Standorte und Zielgruppen erfolgen. Skaliert werden kann auch indirekt über Kooperationen mit anderen Anbietern, Verbesserung der Nachhaltigkeit der Organisation dank „der Entwicklung eines soliden Finanzierungskonzeptes" oder durch „Themenanwaltschaft" in Form von verstärkter Einflussnahme auf gesellschaftliche und politische Institutionen (Scheuerle et al. 2013, S. 57).

Die MEFOSE-Studie[23] (Jansen 2013b, S. 92) untersuchte angewandte und geplante Skalierungsstrategien deutscher Sozialunternehmer_innen. Für mehr als achtzig Prozent der Befragten steht die qualitative Verbesserung des eigenen Angebots, die Entwicklung neuer Produkte, die Erweiterung der Zielgruppe am Standort und die Kooperation mit anderen Anbietern im Fokus. Immerhin zwei Drittel planen den Aufbau weiterer Standorte. Für sechzig Prozent der Sozialunternehmer_innen ist ein Open Source Ansatz, wobei Idee und Konzept ihres Sozialunternehmens frei zugänglich gemacht und kopiert werden können, eine Option der Skalierung. Nach Scheuerle et al. (2013, S. 59) spiegelt sich darin das Anliegen der Sozialunternehmer_innen, den eigenen Ansatz mit geringem Aufwand möglichst vielen Menschen zugute kommen zu lassen. Demgegenüber werden dem privatwirtschaftlichen Sektor entlehnte Strategien, wie die Veräußerung des Konzeptes bzw. Skalierung durch einen Social Franchise Ansatz, der Dritten Konzept und Idee des Unternehmens gegen eine Lizenzgebühr überlässt, von den meisten Sozialunternehmen ausgeschlossen. Insbesondere bei Übernahmen (Verkäufe) sehen die befragten Sozialunternehmer_innen das soziale Engagement und die Zielgruppen des Sozialunternehmens durch mögliche Gewinnerzielungsabsichten der übernehmenden Organisation in Gefahr (Jansen 2013b, S. 91 f.). Abb. 2 gibt einen Überblick über die angewandten bzw.

---

[23]Im Rahmen des von der Stiftung Mercator geförderten Forscherverbunds „Innovatives Soziales Handeln – Social Entrepreneurship" befassten sich von 2010 bis 2012 Wissenschaftler des Centrums für Soziale Investitionen und Innovationen in Heidelberg, der TU München und der Zeppelin Universität Friedrichshafen mit der Eingrenzung und Untersuchung des Phänomens. Siehe auch https://www.csi.uni-heidelberg.de/projekte_MEFOSE.htm.

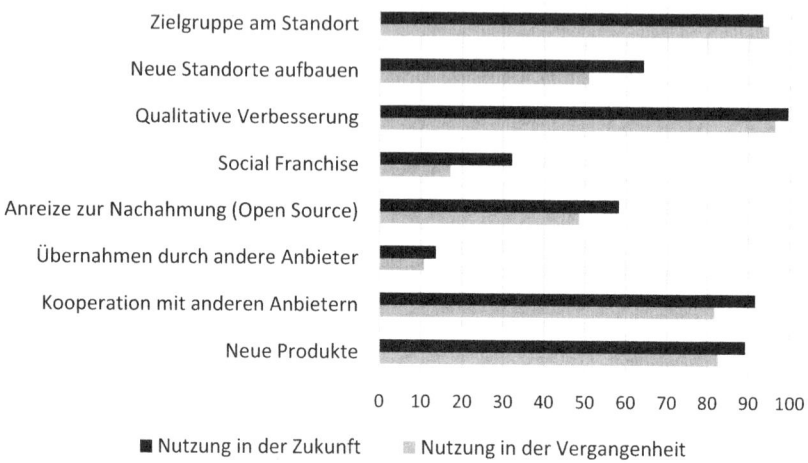

Abb. 2 Skalierungsstrategien von Sozialunternehmen in Deutschland. (Quelle: Scheuerle et al. 2013, S. 59 auf Basis von Jansen 2013a, S. 59. N: 239)

geplanten Skalierungsstrategien der im Rahmen der MEFOSE Studie befragten Sozialunternehmen.

Im Prozess der Skalierung sind Sozialunternehmer_innen mit vielfältigen Herausforderungen konfrontiert. Im deutschen Kontext liegt, neben dem Zugang zu qualifiziertem Personal, die größte Hürde in der Finanzierung der Skalierung (Jansen 2013b, S. 93). Zwar stehen wie im vorangegangen Kapitel gezeigt Sozialunternehmen diverse Finanzierungsmöglichkeiten öffentlicher (Angebote der Wirtschaftsförderung) und privater Institutionen (Zuwendungen von Stiftungen, Stipendien via Ashoka/Social Impact Labs, Preisgelder) zur Verfügung, jedoch sind diese Finanzierungsangebote mehrheitlich auf die Phase der Gründung zugeschnitten oder bieten für gemeinnützige Organisationen unpassende Konditionen. Insofern sind Sozialunternehmer_innen stets auf der Suche nach alternativen Finanzierungsmodellen.

So ist die Finanzierung über die Empfänger der Leistung, zumindest in einigen Bereichen, wie etwa in der Arbeitsmarktintegration oder beim Fairen Handel, eine Option (Scheuerle et al. 2013, S. 71 f.). Diese kann beispielsweise über Markteinkünfte, Mitgliedsbeiträge oder Schulungskosten erfolgen. Allerdings kann es für die Skalierung hinderlich sein, dass die Patentierung innovativer unternehmerischer Ansätze noch nicht sehr verbreitet ist, auch wird häufig aus ideellen Gründen eine Patentierung gar nicht erst erwogen (Scheuerle et al. 2013, S. 71 f.).

Eine zweite Möglichkeit ist die Kreditfinanzierung. Diese kann über klassische Kreditinstitute erfolgen. Aktuell zunehmend diskutiert wird jedoch Impact Investing für Sozialunternehmen mit Skalierungsabsichten (Scheuerle et al. 2013, S. 72). Hierbei handelt es sich um Investitionen „die neben finanziellen Renditen, positive gesellschaftliche Auswirkungen bezwecken" (O'Donohoe et al. 2010, S. 5). Passend dazu sind in Deutschland in jüngster Zeit einige Social Investment Fonds wie Bon Venture[24], Ananda Ventures[25] oder Tengelmann Social Ventures[26] entstanden. Mit dem Ziel nachhaltige Geschäftsmodelle zu entwickeln, werden für einen fest definierten Zeitraum finanzielle Mittel (Kredite) vergeben und die Sozialunternehmen während der Kreditlaufzeit durch Beratung und Vernetzung unterstützt (Stahl 2007, S. 122). Renditen bei Social Investment Fonds sind zugunsten des sozialen Ziels niedriger als am Markt üblich (Achleitner et al. 2013, S. 156). Auch Stiftungen haben die Potenziale von Social Investment als neues Finanzierungsinstrument entdeckt und begonnen als Co-Investoren über solche Fonds Sozialunternehmen zu fördern (Unterberg et al. 2015, S. 54). Insgesamt ist die Kreditfinanzierung aber immer noch schwierig: kleine Sozialunternehmen können klassischen Kreditinstituten nicht die nötigen Sicherheiten und Renditen bieten; eher gewerblich orientierte Sozialunternehmen entsprechen z. T. nicht den Vorstellungen philanthropisch orientierter Investor_innen (Unterberg et al. 2016, S. 42). Um die Entwicklung von Impact Investing voranzutreiben und Investoren mit Sozialunternehmen zusammenzubringen, wurde 2013 von Ashoka die Finanzierungsagentur für Sozialunternehmen[27] (FASE) ins Leben gerufen (Scheuerle et al. 2013, S. 72 f.).

Dennoch spielt bis dato für deutsche Sozialunternehmen mit Skalierungsabsichten eine Finanzierung über Leistungsempfänger oder per Investitionslogik eher eine untergeordnete Rolle (Scheuerle et al. 2013, S. 40). Zum einen steckt die Finanzierung über Investoren in Deutschland eher in den Kinderschuhen (Unterberg et al. 2015, S. 105), zum anderen ist zu berücksichtigen, dass viele Sozialunternehmen in klassischen Zuständigkeitsbereichen des Wohlfahrtsstaats aktiv sind. Sozialunternehmen rekurrieren daher mit zunehmender Größe und Anerkennung als Ersteller von sozialen Dienstleistungen auf öffentliche Förderung in Form von Zuschüssen und leistungsbasierten Mitteln aus

---

[24]www.bonventure.de/home.html.
[25]www.socialventurefund.com.
[26]www.bonventure.de/home.html.
[27]www.fa-se.de.

den Sozialversicherungen (Scheuerle et al. 2013, S. 40). Jedoch ist auch diese Finanzierungsform nicht frei von Herausforderungen. Da Sozialunternehmen häufig in mehreren Themenfeldern agieren oder präventive Ansätze verfolgen, haben sie es schwer im eng regulierten deutschen Wohlfahrtsstaat die entsprechenden Fördertöpfe zu finden (Schmitz und Scheurle 2013, S. 111). Stattdessen begegnen die öffentlichen Geldgeber den neuen Akteuren mit Misstrauen und setzen auf das erprobte Arrangement mit der Freien Wohlfahrtspflege (Grohs et al. 2015, S. 170). Hinzu kommt, dass öffentliche Finanzierung zumeist mit einem für kleinere und junge Organisationen schwer zu bewältigenden administrativen Aufwand verbunden ist, der zudem ihre Flexibilität einschränkt (Birkhölzer et al. 2015, S. 22). Vor diesem Hintergrund ist es nachvollziehbar, dass gerade jene Sozialunternehmen langfristig erfolgreich sind, die sich bestmöglich in die bestehenden Finanzierungs- und Netzwerkstrukturen des Sozialstaats eingliedern und hier mit den etablierten Akteuren kooperieren (Grohs et al. 2015, S. 175; Schmitz und Scheurle 2013, S. 111). So können Sozialunternehmen beispielsweise Mitglied eines Wohlfahrtsverbands werden oder mit seinen lokalen Einrichtungen zusammenarbeiten (Grohs 2017, S. 23; Schwengsbier 2014, S. 79).

Im Zusammenhang mit der Finanzierung stellen die steuerlichen Rahmenbedingungen weitere Fallstricke bereit. Die als gemeinnützig anerkannten Sozialunternehmen (z. B. eVs, gGmbHs) genießen zwar Steuererleichterungen und sind von der Körperschaftssteuer befreit (Jachmann 2011, S. 104), auch können Spender_innen, Mitglieder und Sponsor_innen ihre Unterstützung an die Sozialunternehmen steuerlich geltend machen, allerdings ist die Bildung von Rücklagen bei gemeinnützigen Organisationen erheblich erschwert (Unterberg et al. 2015, S. 36). In der Skalierungsphase wirkt sich dies insofern nachteilig aus, als eine Finanzierung über Eigenmittel dank Rücklagenbildung nur begrenzt möglich ist (Scheuerle et al. 2013, S. 74 f.). Zudem hat die Gemeinnützigkeit eher einen nachteiligen Effekt auf die wirtschaftlichen Tätigkeiten von Sozialunternehmen. Einnahmen aus dem steuerbegünstigen Zweckbetrieb, der ausschließlich dazu dient, die gemeinnützigen Ziele der Organisation zu verwirklichen, sind gesetzlich gedeckelt. Übersteigen die Einnahmen diesen Fixbetrag, sind diese zu versteuern. Alle anderen wirtschaftlichen Aktivitäten des Sozialunternehmens unterliegen in vollem Umfang der Besteuerung und sind auch administrativ getrennt von den gemeinnützigen Aktivitäten des Unternehmens auszuweisen (Jachmann 2011, S. 109). Ferner besteht die Steuerbegünstigung für den Zweckbetrieb nur solange keine potenzielle Konkurrenz zu nicht-gemeinnützigen Marktteilnehmern besteht (Schwengsbier 2014, S. 54). Da in der Praxis die Abgrenzung häufig schwierig ist, gehen Sozialunternehmen dazu über, ihre verschiedenen wirtschaftlichen sowie gemeinnützigen Aktivitäten in unterschiedlichen Rechtsformen zu organisieren und z. B. unter dem „Dach" eines e. Vs. oder einer Stiftung für unterschiedliche Geschäftsbereiche GmbHs zu errichten (Unterberg et al. 2015, S. 38; Pöllath 2007, S. 52 f.).

Unabhängig davon für welche Rechts- und Finanzierungsform sich die Organisationen entscheiden, müssen sie, um Geldgeber für die Skalierung zu gewinnen und zu halten, Rechenschaft über ihre soziale Wirkung ablegen. Im Gegensatz zur Quantifizierung finanzieller Erfolge über betriebswirtschaftliche Indikatoren, stellt sich die Messung sozialer Wirkung vor dem Hintergrund eines uneinheitlichen Wirkungsbegriffs und der Heterogenität sozialer Problemlagen als nicht einfach dar (Scheuerle et al. 2013, S. 75). Um dies zu erleichtern, sind in den letzten Jahren durch die Zusammenarbeit von Non-Profit Organisationen und Wissenschaft Standards der Wirkungsmessung wie z. B. der Social Reporting Standard[28] oder das Wirkt-Siegel von Phineo[29] entstanden. Sie streben an, die Resultate von Sozialunternehmen vergleichbar zu machen und so zu ihrer Skalierung beizutragen.

5 Ausblick: Die Zukunft der „Changemaker"

> The world has always known change, but the change we see today is transforming the way we live, work, and interact at a rate and scale never seen before. Technologies have lowered barriers to participation so that everyone can contribute and act collectively more than ever before. As a result, we are living in a truly historic moment where anyone can create positive change. Now is the moment to ensure that everyone knows they can change the world for the better, and does so. We want to live in a world where every young person grows up to become an adult changemaker, capable of taking creative action to solve a social problem; a world where the development of young changemakers and the practice of changemaking are the norm (www.ashoka.org/en/about-ashoka).

Der Überblick über Sozialunternehmen als „neue Player" im deutschen Wohlfahrtsstaat hat verdeutlicht, dass diese zugleich über eine historische Tradition verfügen. Sozialunternehmerische Strukturen lassen sich schon im 19. Jahrhundert finden, während vor allem der aktuelle, sich auf eine neue Generation

---

[28]www.social-reporting-standard.de.
[29]www.phineo.org.

von Unternehmerpersönlichkeiten fokussierte Diskurs, die sich in den letzten zehn bis fünfzehn Jahren entwickelten Förderstrukturen für Sozialunternehmen und die dem Phänomen gegenwärtig zugeschriebene Bedeutung, neu sind. In Zeiten sich wandelnder Sozial(staats)strukturen und neuer gesellschaftlicher Herausforderungen scheint die Idee von Sozialunternehmen als neuen Hoffnungsträgern verstärkt den Zeitgeist zu treffen.

Aktuell hinken die Entwicklung und die dem Thema vonseiten der Politik zugeschriebene Bedeutung dem Diskurs allerdings eher hinterher. Nicht zuletzt haben es neue Akteure und Ideen in den vergleichsweise immer noch stark ausgeprägten Sozialstaatsstrukturen in Deutschland traditionell schwer. Schaut man sich die Landschaft der aktuell in Deutschland als Sozialunternehmen diskutierten Akteure an, zeigt sich, dass viele den hohen Erwartungen nur in geringem Maße entsprechen. Vielmehr hat sich gezeigt, „dass es sich bei den (vermeintlichen) Social Entrepreneurs oftmals weder um inhaltlich besonders innovative noch um eine originär neue Form der Leistungserstellung handelt" (Heinze et al. 2013, S. 341). So handelt es sich bei vielen der aktuell untersuchten Fälle eher um Beispiele für „Intrapreneurship". Durch innovative Konzepte, Strategien und Instrumente versuchen etablierte Organisationen sich an veränderte Herausforderungen und zunehmenden Wettbewerb im Wohlfahrtsstaat anzupassen. Auf der anderen Seite zeigen viele der in den letzten Jahren neu gegründeten Sozialunternehmen spätestens nach der Anfangsphase, für die verschiedene Fördermöglichkeiten existieren, eine Tendenz zur Eingliederung in die etablierten wohlfahrtsstaatlichen Strukturen, einschließlich der Mitgliedschaft in einer der Wohlfahrtsverbände. Insofern gleichen sie sich sukzessive den im Feld bereits bestehenden Organisationen an.

Abschließend stellt sich deswegen die Frage, inwieweit Sozialunternehmen in Deutschland wirklich des von Förderorganisationen wie Ashoka proklamierten hohen Ideals eines „changemaker" (siehe Zitat oben) entsprechen. Eine alternative Perspektive bieten Heinze et al. mit ihrem Vorschlag, Social Entrepreneurship nicht als auf die Organisationsform fokussierten Begriff sondern als Handlungsstil zu betrachten (Heinze et al. 2013, S. 320). Der Fokus liegt dann nicht mehr auf Sozialunternehmen als „neuen Playern", sondern auf der Erforschung der zunehmenden Bedeutung von Sozialunternehmertum als Ausdruck eines durch Ökonomisierungsdruck bedingten notwendigen Wandels etablierter Akteure im Wohlfahrtsstaat.

Sozialunternehmertum und Social Entrepreneurship ...

Abb. 3 Organigramm Chancenwerk, Eigene Darstellung auf Basis von Chancenwerk (2016, S. 19)

Fallbeispiel Chancenwerk

Das Sozialunternehmen Chancenwerk, siehe Abb. 3, wurde 2004 als eingetragener Verein von dem Geschwisterpaar Murat und Şerife Vural in Castrop-Rauxel gegründet. Motiviert durch ihre eigenen Erfahrungen als Kinder türkischer Migranten setzten sie sich zum Ziel, die Chancenungerechtigkeit im deutschen Bildungssystem zu bekämpfen. Besonders für Kinder und Jugendliche aus einkommensschwachen Familien ist es häufig schwer, bezahlbare Nachhilfeangebote zu finden. Zu diesem Zweck haben die Gründer das Geschäftsmodell „Lernkaskade" entwickelt: Schüler_innen ab der neunten Klasse erhalten in einem Fach ihrer Wahl einmal wöchentlich kostenfreie Nachhilfe durch Studierende. Im Gegenzug betreuen sie dann unter der Aufsicht eines bzw. einer Studierenden Schüler_innen der unteren Klassen bei den Hausaufgaben. Zudem überträgt Chancenwerk die „Lernkaskade" auch auf die Ausbildung und bringt Auszubildende mit Schüler_innen an Haupt- und Realschulen zusammen um diesen einen Erfahrungsaustausch aus erster Hand zu ermöglichen. Ergänzt wird das Angebot um Schulungen für Studierende, Auszubildende und Schüler_innen durch die organisationsinterne Chancenwerk-Akademie.

Der Gewinn des Start Social Wettbewerbs im Jahr 2006 rückte Chancenwerk ins Licht der Öffentlichkeit und die Ernennung Murat Vurals zum Ashoka Fellow (die ihm durch eine dreijährige Förderung erlaubte Vollzeit an der Verwirklichung seiner Idee zu arbeiten) ebneten den Weg für die weitere Institutionalisierung. Auch nominell wurde Gründer Murat Vural, der sich nach eigener Aussage selbst zuvor nicht so bezeichnet hätte, dadurch zum „Sozialunternehmer" (Bräuer et al. 2016, S. 4).

Mittlerweile ist die Organisation an 68 Kooperationsschulen in sieben Bundesländern aktiv und erreicht mehr als 3000 Schüler. Die Organisation umfasst vier Regionalbüros. Diese sind Castrop-Rauxel (für das Ruhrgebiet), Köln (für das Rheinland, Hessen und Baden-Württemberg), München (für Bayern und Berlin) und Bremen. Das Büro in Castrop-Rauxel fungiert auch als Zentrale von Chancenwerk. Jedes Regionalbüro wird von einem/r Regionalkoordinator_in geleitet. Zusammen mit dem Geschäftsführenden Vorsitzenden Murat Vural und der operativen Geschäftsführerin und pädagogischen Leiterin Şerife Vural bilden sie die hauptamtliche Geschäftsführung der Organisation. Diese ist verantwortlich für die regionsübergreifenden Aufgaben wie Qualitätsmanagement, Projektentwicklung und den Aufbau neuer Standorte. Daneben besteht die Organisation aus drei ehrenamtlichen Gremien: der Mitgliederversammlung, dem Vorstand und einem Wirtschaftsbeirat mit drei ordentlichen und zwei beratenden Mitgliedern.

Die Organisation weißt eine hybride Finanzierungsstruktur auf. Sie finanziert sich zu 73 % über Zuwendungen von Stiftungen und Privatpersonen und zu 27 % über Eigenerträge, die in Form von gestaffelten Mitgliedsbeiträgen (bis zu 20 EUR pro Monat) von den Eltern ausschließlich der jüngeren Schüler (bis Klasse 9) erhoben werden. In den letzten Jahren hat Chancenwerk seine Kooperation mit der öffentlichen Hand zunehmend ausgebaut und gewinnt als anerkannter Träger der Kinder- und Jugendhilfe 14 % seiner Eigenerträge als Leistungserbringer im Rahmen des Bildungs- und Teilhabepakets[30]. Da die Abrechnung von Leistungen des Bildungs- und Teilhabepakets häufig mit einem erheblichen administrativen Aufwand der Kommune, der dienstleistenden Organisation und der Eltern verbunden ist, hat Chancenwerk beispielsweise mit der Stadt Köln einen Kooperationsvertrag geschlossen. Er zielt darauf ab den administrativen Aufwand zu minimieren und den antragsberechtigen Schüler_innen einen möglichst barrierefreien Zugang zum Bildungs- und Teilhabepaket zu ermöglichen (Ramos 2016).

Links: www.chancenwerk.de

---

[30]Die „Leistungen für Bildung und Teilhabe" (kurz „Bildungspaket") wurden 2011 eingeführt um Kinder, Jugendliche und junge Erwachsene aus benachteiligten Verhältnissen zu fördern. Die im Bildungspaket enthaltene „Lernförderung" zielt konkret auf einen Ausgleich der schulischen Defizite und eine damit einhergehende Verbesserung der Bildungs- und Aufstiegschancen (Gallander 2013, S. 2). Die konkrete Umsetzung bzw. Bewilligung der Leistungen wird von vielen Seiten als zu restriktiv und bürokratisch kritisiert (Bartelheimer et al. 2016, S. 41 ff.; Gallander 2013).

Literatur

Achleitner, A.-K., J. Mayer, und W. Spiess-Knafl. 2013. Sozialunternehmen und ihre Kapitalgeber. In *Sozialunternehmen in Deutschland*, Hrsg. S.A. Jansen, R.G. Heinze, und M. Beckmann, 153–166. Wiesbaden: Springer VS.
Ashoka. 2017. Fellowship-Programm. http://www.germany.ashoka.org/fellowship-programm. Zugegriffen: 9. Febr. 2018.
Bartelheimer, P., J. Henke, P. Kaps, S. Kotlenga, Dr. K. Marquardsen, B. Nägele, und Dr. A. Wagner, unter Mitarbeit von Dr. N. Söhn. 2016. Evaluation der bundesweiten Inanspruchnahme und Umsetzung der Leistungen für Bildung und Teilhabe. Kurzfassung mit Empfehlungen. Soziologisches Forschungsinstitut Göttingen (SOFI)/ Institut für Arbeitsmarkt- und Berufsforschung (IAB) der Bundesagentur für Arbeit, Nürnberg. http://www.bmas.de/DE/Presse/Meldungen/2016/endbericht-zur-evaluation-des-bildungspaketes.html. Zugegriffen: 9. Febr. 2018.
Birkhölzer, K., N. Göler von Ravensburg, G. Glänzel, C. Lautermann, und C. Mildenberger. 2015. Social Enterprise in Germany: Understandings Concepts and Context. ICSEM Working Papers 14. http://base.socioeco.org/docs/social_enterprise_in_germany_-_understanding_concetps_and_context.pdf. Zugegriffen: 9. Febr. 2018.
Boeckh, J., B. Benz, E.-U. Huster, und J. D. Schütte. 2015. *Sozialpolitische Akteure und Prozesse im Mehrebenensystem. Informationen zur politischen Bildung 327/2015 (Sozialpolitik)*. Bonn: Bundeszentrale für Politische Bildung.
Bornstein, D. 2007. *How to change the world. Social Entrepreneurs and the power of new ideas*. Oxford: Oxford University Press.
Bräuer, S., K. Obuch, C. Grabbe, und A. Zimmer (2016). New Generation of Social Entrepreneurs. Case Study Report Germany.
Bundesregierung. 2010. Nationale Engagementstrategie der Bundesregierung. http://www.b-b-e.de/fileadmin/inhalte/aktuelles/2010/10/Nationale%20Engagementstrategie_10-10-06.pdf. Zugegriffen: 9. Febr. 2018.
Chancenwerk e. V. 2016. Jahres- und Wirkungsbericht 2015. https://drive.google.com/file/d/0BxQL_jR3m082Z202UElzUWJMZFE/view. Zugegriffen: 9. Febr. 2018.
Decker, A., und A. Habisch. 2016. Soziales Unternehmertum aus Sicht von Wissenschaft und Praxis. *Aus Politik und Zeitgeschichte (APuZ)* 66 (16–17): 25–31.
Dees, J.G., und B.B. Anderson. 2006. Framing a theory of social entrepreneurship: Building on two schools of practice and thought. *Research on social entrepreneurship, ARNOVA occasional paper series* 1 (3): 39–66.
Deutscher Bundestag. 2012. Antwort der Bundesregierung auf die Kleine Anfrage der Abgeordneten Ulrich Schneider, Britta Haßelmann, Beate Walter-Rosenheimer, weiterer Abgeordneter und der Fraktion BÜNDNIS 90/DIE GRÜNEN – Drucksache 17/10731. http://dip21.bundestag.de/dip21/btd/17/109/1710926.pdf. Zugegriffen: 9. Febr. 2018.
Deutscher Bundestag. 2017. Antwort der Bundesregierung auf die Kleine Anfrage der Abgeordneten Kai Gehring, Dr. Thomas Gambke, Beate Walter-Rosenheimer u.a. Frankion BÜNDNIS 90/DIE GRÜNEN btr: "Gründung von Sozialunternehmen aus Hochschulen" BT-Drucksache: 1810720. http://dipbt.bundestag.de/doc/btd/18/109/1810907.pdf. Zugegriffen: 9. Febr. 2018.

Dietz, B., B. Frevel, und K. Toens. 2015. *Sozialpolitik kompakt*. Wiesbaden: Springer VS.
Fuchs, S. 2013. „Soziale Innovationen" durch „Sozialunternehmen": Schlüssel zur Lösung gesellschaftlicher Probleme? *Fachbeiträge der NDV – Nachrichtendienst des Deutschen Vereins* 10: 468–473.
Gallander, S. 2013. Nachhilfe für das Bildungspaket. Policy Paper. Hrsg. Vodafone Stiftung Deutschland. https://www.vodafone-stiftung.de/uploads/tx_newsjson/nachhilfe_fuer_das_bildungspaket.pdf. Zugegriffen: 9. Febr. 2018.
Gebauer, J., und R. Ziegler. 2013. Corporate Social Responsibility und Social Entrepreneurship. In *Unternehmerisch und Verantwortlich wirken? Forschung an der Schnittstelle von Corporate Social Responsibility und Social Entrepreneurship*, Hrsg. Gebauer, J. und H. Schirmer. Institut für ökologische Wirtschafsforschung. https://www.ioew.de/fileadmin/_migrated/tx_ukioewdb/IOEW_SR_204_Unternehmerisch_und_verantwortlich_wirken.pdf. Zugegriffen: 9. Febr. 2018.
Glänzel, G., und B. Schmitz. 2012. Hybride Organisationen – Spezial- oder Regelfall. In *Soziale Investitionen. Interdisziplinäre Perspektiven*, Hrsg. H. K. Anheier, A. Schröer, und V. Then, 181–203. Wiesbaden: VS Verlag.
Göler von Ravensburg, N. 2015. Sozialgenossenschaften in Deutschland. Eine diskursgeleitete phänomenologische Annäherung. *Zeitschrift für das gesamte Genossenschaftswesen (ZfgG)* 65 (2): 135–154.
Grohs, S. 2017. Fragen und Antworten im Kontext föderaler Organisationen. Chancen und Lösungsansätze in den Spannungsfeldern der föderal organisierten Wohlfahrtspflege. In *Die Wohlfahrtsverbände als föderale Organisationen*, Hrsg. Tobias Nowoczyn, 21–38. Wiesbaden: Springer VS.
Grohs, S., K. Schneiders, und R. G. Heinze. 2015. Social Entrepreneurship versus Intrapreneuership in the German Social Welfare State. A Study of Old-Age Care and Youth Services. *Nonprofit Voluntary Sector Quarterly* 44 (1): 163–180.
Heinze, R. G., A.-L. Schönauer, K. Schneiders, S. Grohs, und C. Ruddat. 2013. Social Entrepreneurship im etablierten Wohlfahrtsstaat. Aktuelle empirische Befunde zu neuen und alten Akteuren auf dem Wohlfahrtsmarkt. In *Sozialunternehmen in Deutschland*, Hrsg. S. A. Jansen, R. G. Heinze, M. Beckmann, 315–364. Wiesbaden: Springer VS.
Horcher, G. 2014. Das System öffentlicher und freier Träger sozialer (Dienst)Leistungen. In *Lehrbuch der Sozialwirtschaft*, Hrsg. U. Arnold, K. Grunwald, und B. Maelicke, 275–319. Baden-Baden: Nomos.
Jachmann, M. 2011. Gemeinnützigkeits- und Spendenrecht. In *Handbuch Bürgerschaftliches Engagement*, Hrsg. T. Olk und B. Hartnuß, 103–115. Weinheim: Beltz Juventa.
Jansen, S. A. 2013a. Begriffs- und Konzeptgeschichte von Sozialunternehmen. Differenztheoretische Typologisierungen. In *Sozialunternehmen in Deutschland*, Hrsg. S. A. Jansen, R. G. Heinze, und M. Beckmann, 35–78. Wiesbaden: Springer VS.
Jansen, S. A. 2013b. Skalierung von sozialer Wirksamkeit. Thesen, Tests und Trends zur Organisation und Innovation von Sozialunternehmen und deren Wirkungsskalierung. In *Sozialunternehmen in Deutschland*, Hrsg. S. A. Jansen, R. G. Heinze, und M. Beckmann, 79–100. Wiesbaden: Springer VS.
Leadbeater, C. 1997. *The rise of the social entrepreneur*, Bd. 25. London: Demos.
O'Donohoe, N., C. Leijonhufvud, und Y. Saltuk. 2010. Impact Investments. An emerging asset class. J. P. Morgan Global Research November 2010. https://thegiin.org/assets/documents/Impact%20Investments%20an%20Emerging%20Asset%20Class.pdf. Zugegriffen: 9. Febr. 2018.

Pöllath, R. 2007. Rechtsformfrage. In *Finanzierung von Sozialunternehmen*, Hrsg. A.K. Achleitner, R. Pöllath, und E. Stahl, 44–53. Stuttgart: Schäffer-Poeschel.

Ramos, A. 2016. Das Bildungs- und Teilhabepacket: ein lokaler Spagat zwischen engen Rahmenbedingungen, gesetzlichen Anforderungen und ehrgeizigen Teilhabezielen. Pressemitteilung. http://www.chancenwerk.de/CW-Downloads/Presse/20160304_european_social_network-das_bildungs-und_teilhabepaket.pdf. Zugegriffen: 9. Febr. 2018.

Rummel, M. 2011. *Wer sind Social Entrepreneurs in Deutschland? Ein soziologischer Versuch der Profilschärfung*. Wiesbaden: VS Verlag.

Scheuerle, T., und G. Glänzel. 2016. Social Impact Investing in Germany. Current Impediments from Investors' and Social Entrepreneur's Perspectives. *VOLUNTAS: International Journal of Voluntary and Nonprofit Organizations* 27:1638–1668.

Scheuerle, T., G. Glänzel, R. Knust, und V. Then. 2013. Social Entrepreneurship in Deutschland – Potentiale und Wachstumsproblematiken. CSI Center for Social Investment (Heidelberg). https://www.kfw.de/PDF/Download-Center/Konzernthemen/Research/PDF-Dokumente-Studien-und-Materialien/Social-Entrepreneurship-in-Deutschland-LF.pdf. Zugegriffen: 9. Febr. 2018.

Schmitz, B., und T. Scheuerle. 2013. Social Intrapreneurship. Innovative und unternehmerische Aspekte in drei deutschen christlichen Wohlfahrtsträgern. In *Sozialunternehmen in Deutschland*, Hrsg. S. A. Jansen, R. G. Heinze, und M. Beckmann, 187–218. Wiesbaden: Springer VS.

Schneider, U., und A. Pennerstorfer. 2014. Der Markt für soziale Dienstleistungen. In *Lehrbuch der Sozialwirtschaft*, Hrsg. A. Ulli, K. Grunwald, und B. Maelicke, 157–182. Baden-Baden: Nomos.

Schwengsbier, J. 2014. *Sozialunternehmen: Innovationsmotoren in Deutschland*, Bd. 1., Reihe Sozialstudien Berlin: Epubli GmbH.

SEFORIS (EU funded project: Social Enterprise as Force for more Inclusive and Innovative Societies) (2016). The State of Social Entrepreneurship – Executive Summary Country Reports. https://www.hertie-school.org/en/seforis/. Zugegriffen: 9. Febr. 2018.

Speth, R. 2013. Die Rolle des bürgerschaftlichen Engagements in der Transformation des Wohlfahrtsstaates. *Zeitschrift für Wirtschafts- und Unternehmensethik (zfwu)* 14 (1): 42–44.

Spiess-Knafl, W., R. Schües, S. Richter, T. Scheuerle, und B. Schmitz. 2013. Eine Vermessung der Landschaft deutscher Sozialunternehmen. In *Sozialunternehmen in Deutschland*, Hrsg. S.A. Jansen, R.G. Heinze, und M. Beckmann, 21–34. Wiesbaden: Springer VS.

Stahl, E. 2007. Socially Responsible Venture Capital, traditionelles Venture Capital und Stiftungen. In *Finanzierung von Sozialunternehmen*, Hrsg. A.-K. Achleitner, R. Pöllath, und E. Stahl, 121–127. Stuttgart: Schäffer-Poeschel.

Unterberg, M., D. Richter, T. Jahnke, W. Spieß-Knafl, R. Sänger, und N. Förster. 2015. Herausforderungen bei der Gründung und Skalierung von Sozialunternehmen. Welche Rahmenbedingungen benötigen Social Entrepreneurs? Endbericht für das Bundesministerium für Wirtschaft und Energie. https://www.bmwi.de/Redaktion/DE/Publikationen/Studien/herausforderungen-bei-der-gruendung-und-skalierung-von-sozialunternehmen.pdf?__blob=publicationFile&v=12. Zugegriffen: 9. Febr. 2018.

Unterberg, M., D. Richter, T. Jahnke, W. Spieß-Knafl, R. Sänger, und N. Förster. 2016 Praxisleitfaden Soziales Unternehmertum. https://www.bmwi.de/Redaktion/DE/Publikationen/Mittelstand/praxisleitfaden-soziales-unternehmertum.pdf?__blob=publicationFile&v=25. Zugegriffen: 9. Febr. 2018.

Uvin, P., P.C. Jain, und L.D. Brown. 2000. Think Large and Act Small: Toward a New Paradigm for NGO Scaling Up. *World Development* 28 (8): 1409–1419.

Zimmer, A. 2015. Germany's Nonprofit Organizations: Continuity and Change. *Sociologia e Politiche Sociali* 18 (3): 9–26.

Zimmer, A., und S. Bräuer. 2014. National Country Report. The development of social entrepreneurs in Germany. http://www.fp7-efeseiis.eu/national-report-germany/. Zugegriffen: 9. Febr. 2018.

Zimmer, A., und K. Obuch. 2017. A Matter of Context? Understanding Social Enterprises in Changing Environments: The Case of Germany. *VOLUNTAS: International Journal of Voluntary and Nonprofit Organizations* 28 (6): 1–21.

Frauen in sozialen Dienstleistungsberufen: Verliererinnen der neuen Wohlfahrtsstaatlichkeit?

Franziska Paul und Andrea Walter

Zusammenfassung

Die Erstellung sozialer Dienstleistungen durch Non-Profit-Organisationen mit zivilgesellschaftlicher Einbettung (Korporatismus) hat in Deutschland eine lange Tradition – genauso wie die Tatsache, dass soziale Dienstleistungsbereiche (etwa Kranken-, Seniorenpflege, Gesundheitsdienste oder Kinderbetreuung) ein typisches Arbeitsfeld für Frauen bilden. Dieser Arbeitsbereich unterlag seit Mitte der 1990er deutlichen Veränderungen. Einerseits führten die wohlfahrtsstaatlichen Reformen zu einem Ausbau sozialer Dienstleistungen. Gleichzeitig wurden in den Bereich der sozialen Dienstleistungen zunehmend Prinzipien der Ökonomisierung und Marktlogik eingebracht. Der Beitrag beleuchtet die Auswirkungen der Wohlfahrtsstaatsreformen auf die Arbeitssituation von Frauen in sozialen Dienstleistungsberufen in Non-Profit-Organisationen. Der Fokus des Beitrags liegt dabei auf den Faktoren: Beschäftigungsformen, Entlohnungssituation, Arbeitsbedingungen, und -zufriedenheit. Auf Grundlage der Befunde geben die Autorinnen schließlich eine Antwort auf die Frage, inwiefern Frauen vor dem Hintergrund der veränderten Arbeitsbedingungen als Verliererinnen der neuen Wohlfahrtsstaatlichkeit zu betrachten sind.

F. Paul (✉)
Gesundheitskollektiv Berlin e.V., Berlin, Deutschland
E-Mail: paul@geko-berlin.de

A. Walter
Fachhochschule für öffentliche Verwaltung NRW, Dortmund, Deutschland
E-Mail: andrea.walter@fhoev.nrw.de

© Springer Fachmedien Wiesbaden GmbH, ein Teil von Springer Nature 2019
M. Freise und A. Zimmer (Hrsg.), *Zivilgesellschaft und Wohlfahrtsstaat im Wandel*, Bürgergesellschaft und Demokratie,
https://doi.org/10.1007/978-3-658-16999-2_8

Schlüsselwörter

Frauen · Soziale Dienstleistungsberufe · Arbeitsbedingungen · Atypische Beschäftigungsverhältnisse · Ökonomisierung · Non-Profit-Organisationen

1 Einleitung

Dass Non-Profit-Organisationen (NPOs) mit zivilgesellschaftlicher Einbettung für den Wohlfahrtsstaat sozialstaatliche Angebote und Leistungen erbringen, hat in Deutschland eine lange Tradition: Der sogenannte Korporatismus, nach dem den Spitzenverbänden der Freien Wohlfahrtspflege eine besondere Rolle bei der Politikgestaltung und im Rahmen von Gesetzgebungsprozessen zukommt (Heinze und Olk 1981), geht bis in die Weimarer Republik zurück. Unter dem Begriff der Subsidiarität genießen freigemeinnützige Wohlfahrtsverbände seitdem umfassende verfassungs- und sozialrechtliche Privilegien (Backhaus-Maul 2002). In vielen Bereichen (Altenpflege, Jugend- und Behindertenhilfe) verfügten sie so jahrzehntelang über eine Vormachtstellung als Leistungserbringer.

Erst die Wohlfahrtsstaatsreformen Ende der 1980er, Anfang der 1990er Jahre stellten mit ihren Bestrebungen nach mehr Wettbewerb und Kostensenkungen die marktverzerrende Privilegierung der in diesem Feld tätigen Non-Profit-Organisationen infrage (vgl. Einführung der Pflegeversicherung SGB XI). Die Einführung von Instrumenten des New Public Managements in der Zusammenarbeit mit der öffentlichen Hand und die damit verbundene Öffnung des Marktes für kommerzielle Anbieter führte zu einer vorher nicht gekannten Wettbewerbssituation und stellt die Organisationen vor neue Herausforderungen.

Gleichzeitig setzte die neoliberale Reformpolitik zunehmend auf soziale Investitionen (der Befähigung von Menschen, sich selbst aus Notsituationen zu helfen) und damit verstärkt auf personenbezogene soziale Dienstleistungen. Ein Großteil der Beschäftigten in Non-Profit-Organisation in Deutschland ist so auch primär im Bereich der sozialen Dienstleistungen[1] tätig: drei Viertel der 2,3 Mio. sozialversicherungspflichtigen Beschäftigten des Non-Profit-Sektors arbeiten im Sozial-, Gesundheits- und Erziehungswesen (Rosenski 2012, S. 216). Und während die Wohlfahrtsverbände ihre privilegierte Position zwar etwas eingebüßt

---

[1]Unter soziale Dienstleistungen fassen wir in diesem Artikel in Anlehnung an die vorhandenen Daten alle Angebote und Leistungen im Bereich Sozial-, Bildungs- und Gesundheitswesen und folgen damit einer an die Wirtschaftszweige angelehnten Definition.

haben, kommen sie immer noch für einen Großteil der sozialen Dienstleitungserbringung auf. Der Non-Profit-Sektor ist somit auch für eine bedeutende Anzahl von Erwerbstätigen in diesem Bereich zuständig: von allen sozialversicherungspflichtig Beschäftigten im Sozialwesen sind 83 % bei Non-Profit-Organisationen angestellt, im Bereich Heime sind es 69 %. Aber auch im Bereich Erziehung und Unterricht arbeitet mehr als ein Drittel der Arbeitnehmer_innen bei Non-Profit-Organisationen, im Gesundheitswesen ein Viertel (Rosenski 2012, S. 214). Im Bereich der sozialen Dienstleistungen zeigt sich die enorme volkswirtschaftliche sowie arbeitsmarktpolitische Bedeutung von Non-Profit-Organisationen: hier arbeiten mehr zwei Millionen sozialversicherungspflichtig Beschäftigte, zum überwiegenden Teil in den Kernbereichen sozialstaatlicher Leistungserstellung (Zimmer und Paul 2018).

Die Mehrheit der sozialen Dienstleistungstätigkeiten wird dabei von Frauen ausgeübt. So sind auch Non-Profit-Organisationen sehr von weiblichen Beschäftigten geprägt, insgesamt machen sie mehr als zwei Drittel der Angestellten aus. Vor allem im Bereich der sozialen Dienstleistungen sind Frauen in Non-Profit-Organisationen überdurchschnittlich vertreten (Priller et al. 2012, S. 31).

Vor diesem Hintergrund fokussiert der vorliegende Beitrag auf Frauen in sozialen Dienstleistungsberufen in Non-Profit-Organisationen und untersucht, wie sich die Wohlfahrtsstaatsreformen auf die Non-Profit-Organisationen und deren Beschäftigungsverhältnisse ausgewirkt haben. Dabei werden Faktoren wie Beschäftigungsformen, Entlohnungssituation, Arbeitsbedingungen und -zufriedenheit beleuchtet.

Dazu werden in einem ersten Schritt gesellschaftliche und wohlfahrtsstaatliche Entwicklungen dargestellt, die für die Ausgangsfrage relevant sind (2). Anschließend werden jene Reformen skizziert, die konkrete Auswirkungen auf Non-Profit-Organisationen als Arbeitgeber im sozialen Dienstleistungsbereich hatten (3). Vor diesem Hintergrund werden dann die aktuellen Arbeitsbedingungen von Frauen in sozialen Dienstleistungsberufen beleuchtet – und mit den zuvor aufgezeigten Veränderungen in Zusammenhang gesetzt (4). Auf Grundlage der Befunde folgt das Fazit (5), das in Anlehnung an den Titel des Beitrags eine Antwort auf die Frage gibt, inwiefern Frauen nun als Verliererinnen der neuen Wohlfahrtsstaatlichkeit gelten. Im Ausblick werden Implikationen gegeben, was seitens NPOs und des Sozialstaats nun zu tun ist, damit zukünftig Frauen (und Männer) in sozialen Dienstleistungsberufen zufriedenstellende Arbeitsbedingungen vorfinden und damit ihre Arbeit qualitativ hochwertig durchführen können.

Der Beitrag basiert auf sekundärstatistischen Analysen unter Rekurs auf unterschiedliche Datenquellen wie z. B. dem Statistischen Bundesamt und der

WZB-Erhebung „Dritte-Sektor-Organisationen im Wandel" 2011 und dem DGB-Index „Gute Arbeit" 2011, der ein spezielles Oversampling für Beschäftigte im Non-Profit-Bereich enthielt.

2 Wandel des Wohlfahrtsstaats

2.1 Erwerbstätigkeit von Frauen nimmt zu – klassisches Tätigkeitsfeld sind soziale Berufe

Das Ernährermodell (Breadwinner Model) galt lange Zeit als idealtypisches Modell der Aufteilung von Familien- und Erwerbsarbeit. Dabei übernahm in der modernen Kleinfamilie eine erwachsene Person/ein Elternteil die Erwerbsarbeit und sorgte mit ihrem Einkommen für den Unterhalt der Familie, während die zweite Person sich um die häusliche Arbeit und Kinderbetreuung kümmerte. Im Zusammenhang mit geschlechtsspezifischen Rollenverteilungen ging bei heterosexuellen Paaren in der Regel der Mann der Erwerbsarbeit und die Frau der Familienarbeit nach. Mittlerweile gibt es modernisierte Varianten, wie das Adult-Worker-Model (alle Erwachsenen im Haushalt arbeiten) oder des 1,5-Ernährer-Modells bzw. Dazuverdienermodell (eine Person ist vollzeiterwerbstätig, zweite Person ist teilzeiterwerbstätig und übernimmt zusätzlich Haus- und Familienarbeit) (z. B. Lewis 1992).

In den vergangenen Jahrzehnten hat sich der gesellschaftliche Status der Frau in Deutschland deutlich verändert, was Auswirkungen unterschiedlicher Art für den Wohlfahrtsstaat zur Folge hatte. Ende der 1960er bzw. Anfang der 1970er Jahre führten verschiedene Aspekte zu einer deutlichen Ausweitung der Frauenerwerbstätigkeit: neben den Emanzipationsbestrebungen der zweiten Frauenbewegung sowie einem erhöhten Bedarf an Arbeitskräften (Fraser 2013) zwangen sinkende Reallöhne zu einer Abkehr männlichen Ernährermodells und führten dazu, dass es weiteres Einkommen nötig war, um die Ernährung der Familie sicherzustellen. In den 1950er Jahren, als der öffentliche Diskurs berufstätige Mütter als ‚Rabenmütter' brandmarkte und per Gesetz steuerliche Anreize verabschiedet wurden, die die ‚Hausfrauenehe' bis heute bevorteilen, war nur etwa ein Drittel der Frauen erwerbstätig (Schildt 2007, S. 18). Im Jahr 2016 lag die Erwerbstätigenquote von Frauen dagegen schon bei 70 % (WSI GenderDaten-Portal 2018).

Obgleich sich die Verteilung von Berufs- und Lebenschancen für Frauen und Männer seit den 1950er Jahren also zunehmend angleicht, gibt es auch heute noch in einigen Berufsfeldern deutliche Differenzen zwischen den Frauen- und Männeranteilen an den Beschäftigten (siehe z. B. Achatz 2005; Busch 2013;

Charles und Bradley 2009). Besonders der Bereich der reproduktiven und sozialen Dienstleistungen ist sehr stark weiblich geprägt: Die Frauenanteile an den Beschäftigten sind im Bereich der privaten Haushalte sowie im Bildungs-, Gesundheits- und Sozialwesen überdurchschnittlich hoch (siehe Abb. 1).

Die Geschlechtsspezifik von sozialen Dienstleistungen hat historische Wurzeln. So waren Haushalts- und Familienarbeit traditionell (nicht entlohnte) Aufgabe der Frau. Auch caritative Tätigkeiten und Pflegearbeit wurden anfangs vor allem von bürgerlichen Frauen ausgeübt. Mit der bürgerlichen Frauenbewegung, die ihren Ausgangspunkt in der zweiten Hälfte des 19. Jahrhunderts hatte und sich für ein Recht auf Bildung und Arbeit für Frauen einsetzte, wurde die Verberuflichung und Professionalisierung der „Familien- und Gemeindearbeit"

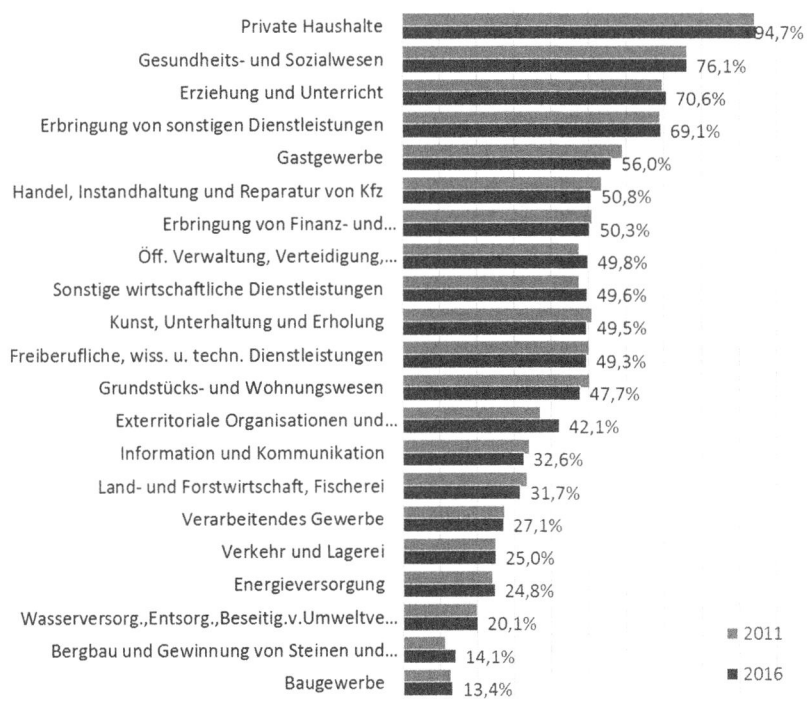

Abb. 1 Frauenanteile an den Erwerbstätigen in verschiedenen Wirtschaftszweigen. (Quelle: Eigene Darstellung nach Statistisches Bundesamt 2017)

(Sachße 2004) angestoßen und bildete eine Schneise zur Frauenerwerbstätigkeit. „Es entstand ein genuines Berufsfeld, in dem Frauen trotz einer dominanten Kultur des ‚Kinder-Küche-Kirche' als Arbeitnehmerinnen gesellschaftlich akzeptiert und geschätzt wurden" (Priller und Zimmer 2017, S. 397). Gleichzeitig konnte dies nur in einem Rahmen funktionieren, in dem die Berufstätigkeit weiterhin am Idealbild der häuslichen und mütterlichen Frau orientiert blieb, wobei die Akteurinnen der bürgerlichen Frauenbewegung die „mitmenschliche Fürsorge und einfühlendes Helfen als naturwüchsig den Frauen innewohnende Fähigkeit" begriffen und als Gegensatz zur rationalen, kühlen Männlichkeit als „das Andere der Frauen, welches sie zur Gestaltung der Gesellschaft beizutragen vermochten" darstellten (Fleßner 1995, S. 12–14).

Diese Annahme prägt bis heute die gesellschaftliche Anerkennung und die Bezahlung von Frauen, die in sozialen Dienstleistungsberufen tätig sind. Die als ‚typische' Frauenberufe gebrandmarkten Professionen gehen tendenziell mit einer geringeren Bezahlung einher als männerdominierte Berufe mit vergleichbaren Qualifikationsanforderungen und ähnlichen Arbeitsbedingungen und -belastungen. Eine Lohnbenachteiligung wurde in verschiedenen Studien nachgewiesen (z. B. für die USA: England 1992; England et al. 1994; für Europa: Hipp und Kelle 2015).

Theoretische Erklärungsansätze für die geringe Bezahlung von Fürsorgearbeit

- Fürsorge-Arbeit zeichnet sich durch besondere Merkmale aus, sie beinhaltet interaktive, emotionale, affektive und kommunikative Arbeit. Die Beziehung zwischen Erbringer_innen und Empfänger_innen der sozialen Dienstleistungen kann meist als asymmetrische Beziehung aufgefasst werden, die eine besondere Sensibilität für das Abhängigkeitsverhältnis erfordert (Senghaas-Knobloch 2008, S. 222).
- Die ‚Prisoner of Love' These (Folbre 2001) geht von einer sogenannten ‚Zuneigungsgefangenschaft' aus: aufgrund der persönlichen Beziehungen und der Abhängigkeit der Hilfsbedürftigen ist es für Beschäftigte schwieriger, höhere Löhne einzufordern oder gar zu streiken. Gleichzeitig zeichnet sich die Arbeit oft durch eine hohe intrinsische Motivation aus, die als eigener Wert den Preis von Fürsorgearbeit drückt (Himmelweit 1999; England 2005).
- Eine weitere These zur Erklärung der vergleichsweise geringen Gehälter im Bereich der sozialen Dienstleistungen liegt in dem Gemeinwohlcharakter von Fürsorgearbeit. Nicht nur die Personen, die auf Fürsorgearbeit angewiesen sind, sondern auch deren Angehörige sowie die

Gesamtgesellschaft profitieren davon, wenn ältere, nicht mehr arbeitsfähige Menschen versorgt und kleine Kinder erzogen und in der Schule gebildet werden. Gleichzeitig können die Kosten oftmals nicht von den Empfänger_innen von Fürsorgearbeit allein getragen werden. Da es sozial nicht erwünscht ist, dass einzelne von Fürsorgearbeit ausgeschlossen werden, werden Dienstleistungen in diesem Bereich zu einem quasi-öffentlichen Gut, was in der Regel vom Markt nicht erbracht und vom Staat nur strukturell unterfinanziert bereitgestellt wird (Folbre 2001; England 2005; England und Folbre 2002).

- Auch wurden und werden die sozialen Dienstleistungsberufe häufig von Frauen ausgeübt und die dafür erforderlichen Qualifikationen ‚natürlichen' oder ‚angeboren' weiblichen Fähigkeiten gleichgesetzt und damit abgewertet. Diverse Studien u. a. von England (1992, 1994) zeigen, wie Berufe mit hohen Frauenanteilen deutlich geringer entlohnt werden als andere Berufe mit vergleichbaren Arbeitsanforderungen und -belastungen.
- Zugleich verharrten Fürsorge-Berufe lange in einem Zustand der Semi-Professionalisierung (Gottschall 2008), dem z. B. durch die Einführung von Studiengängen für Frühpädagogik oder Pflegewissenschaften erst langsam begegnet wird.

2.2 Neuausrichtung der ‚klassischen' Sozialpolitik

Die sukzessive Zunahme der Erwerbstätigkeit von Frauen seit Gründung der Bundesrepublik führte zwangsläufig zu einer höheren Nachfrage nach Betreuung für Kinder und pflegebedürftige Angehörige. Diese Aufgaben, die früher von Frauen unbezahlt erbracht worden sind, müssen nun vermehrt durch den Wohlfahrtsstaat abgedeckt werden. Hinzu kommt, dass aufgrund des demografischen Wandels der Anteil älterer Menschen stark zunimmt und damit auch mehr pflegebedürftige Menschen versorgt werden müssen. Für den Wohlfahrtsstaat steigen somit die Kosten für gesellschaftlich notwendige Fürsorgearbeit. Gleichzeitig sinken die Einnahmen der Sozialkassen aufgrund niedriger Reallöhne und eines sinkenden Anteils von kontinuierlich und umfassend erwerbstätigen Arbeitnehmer_innen: Im Jahr 1996 leben erstmals mehr Erwerbslose, Renten- und Sozialhilfeempfänger_innen als sozialversicherungspflichtige Arbeitnehmer_innen in Deutschland (Czada 2008, S. 191f.; zitiert nach Heinze 2011, S. 171).

Begleitet wurden diese gesellschaftlichen Verschiebungen durch eine Neuorientierung der Sozialpolitik. Die klassische Sozialpolitik, die einen sozialen Ausgleich durch Abfederung sozialer Risiken und Kompensation von

Benachteiligung anstrebte, wurde abgelöst durch eine ‚aktivierende', ‚präventive' und ‚investive' Sozialpolitik. Diese „produktivistische Neuausrichtung der Sozialpolitik" (Lessenich 2007, S. 5) zielt auf die individuelle Eigenverantwortung sowie die Maximierung des – politisch konstruierten – gesamtgesellschaftlichen Nutzens sozialpolitischer Maßnahmen (wie z. B. in Bezug auf das Wachstum von Wirtschaft, Humankapital oder Bevölkerung) (ebd.). Dabei werden auch zunehmend familien- und bildungspolitische Maßnahmen und Instrumente einbezogen und verknüpft (vgl. auch Schönert/Freise in diesem Band).

Eine Folge dieser gesellschaftlichen und politischen Entwicklungen war der enorme Ausbau sozialer Dienstleistungen in den letzten Jahrzehnten (Heinze 2011, S. 170; Zimmer et al. 2017, S. 18). Gleichzeitig haben zentrale Wohlfahrtsreformen – die im Kern eine neoliberale Ausrichtung[2] verbindet – zu veränderten Rahmenbedingungen für Organisationen und Beschäftigte im Bereich der sozialen Dienstleistungen geführt. Hintergrund der Reformen war eine umfassende Modernisierung des Staats, welche sich nach Butterwegge et al. (2008) in folgenden Leitideen ausdrückte: „Ökonomie, Wirtschaftlichkeit, Effektivität und Rechenbarkeit werden zu Leitideen aller sozialen und politischen Institutionen." (ebd.: 37).

Die durchgeführten Reformen hatten besonders starke Auswirkungen für den Non-Profit-Sektor, der im Bereich der sozialen Dienstleistungen v. a. durch die großen Wohlfahrtsverbände geprägt war.

2.3 Wohlfahrtsstaatsreformen im Bereich der sozialen Dienstleistungen

Eine zentrale Reform war die Marktliberalisierung: Zur Eindämmung der steigenden Kosten für professionell geleistete Fürsorge wurde in Deutschland (anders als in anderen Ländern) die Öffnung des Marktes für private Anbieter gewählt (Krenn 2014, S. 14 ff.) – primär im Gesundheitswesen und bei der Altenpflege. So hat die gesetzliche Pflegeversicherung im Jahr 1995 eine Vorrangstellung gemeinnütziger vor privat-gewerblichen Trägern vermieden. Das Kinder- und Jugendhilfegesetz (SGB XIII), das 1991 in Kraft trat, unterscheidet ausschließlich

---

[2]Die Anfänge neoliberaler Entwicklungen liegen mehr als 70 Jahre zurück (s. Weltwirtschaftskrise 1929). Der Status quo des deutschen Wohlfahrtsstaats in seiner heutigen Ausprägung geht vor allem auf die Etablierung neoliberaler Ansätze in der Wirtschafts- und Sozialpolitik der 1980/1990er Jahre zurück (Butterwegge et al. 2008).

öffentliche und freie Träger, letztere werden nicht mehr in unterschiedliche Gruppen (privatwirtschaftlich oder gemeinnützig) differenziert.

▶ Das *Subsidiaritätsprinzip* beschreibt, dass der Staat im Verhältnis zur Gesellschaft nicht mehr, aber auch nicht weniger tun soll, als Hilfe zur Selbsthilfe anzubieten und zwar nur, wenn die jeweils kleinstmögliche Einheit oder Ebene (Individuum, Familie, Kommune etc.) bestimmte Aufgaben nicht aus eigener Kraft erfüllen kann (Andersen und Woyke 2013).

▶ Der *korporatistische Wohlfahrtsstaat* zeichnet sich durch die Einbeziehung von Interessensverbänden in die staatliche Entscheidungsfindung aus; daher wurden staatliche Aufgaben dort oft an Verbände (Gewerkschaften, Wohlfahrtsverbände etc.) delegiert.

Damit wurde die Sonderstellung der Wohlfahrtsverbände in der partnerschaftlichen Zusammenarbeit mit dem Sozialstaat im Rahmen der Erstellung sozialer Dienste (durch das sogenannte Subsidiaritätsprinzip) sukzessive zurückgedrängt.

Das korporatistische Wohlfahrtsarrangement hatte zuvor lange Jahre das Verhältnis zwischen Sozialstaat und Non-Profit-Organisationen im Bereich sozialer Dienstleistungen entscheidend geprägt (vgl. Droß und Priller 2013, S. 1). Ziel hinter den Neuregelungen war die „Kostensenkung durch eine Effizienzsteigerung in der Allokation öffentlicher finanzieller Ressourcen" (Droß 2013, S. 10).

Die nachfolgenden Abbildungen zeigen anschaulich, wie sich das Verhältnis von öffentlichen, frei-gemeinnützigen und privaten Trägern bei der Trägerschaft von Krankenhäusern und Pflegediensten innerhalb der letzten Jahrzehnte verändert hat. War z. B. die Anzahl von Krankenhäusern in öffentlicher Trägerschaft 1991 noch dreimal so hoch wie die von privaten Trägern, gibt es knapp 25 Jahre später mehr Krankenhäuser in privater Trägerschaft als in öffentlicher. Gleichzeitig hat auch die Anzahl der Krankenhäuser in frei-gemeinnütziger Trägerschaft in den vergangenen 25 Jahren um ein Drittel abgenommen (Abb. 2).

Eine ähnliche Entwicklung zeigt sich bei der Anzahl der Pflegedienste. Während die Pflegedienste in frei-gemeinnütziger und öffentlicher Trägerschaft zwischen 2001 und 2013 leicht zurückgingen, ist die Anzahl der Pflegedienste in privat-gewerblicher Trägerschaft deutlich gestiegen (Abb. 3). Die privaten Pflegedienste konnten damit ihren Anteil an allen Anbietern von der Hälfte zu knapp zwei Drittel ausbauen (Abb. 4).

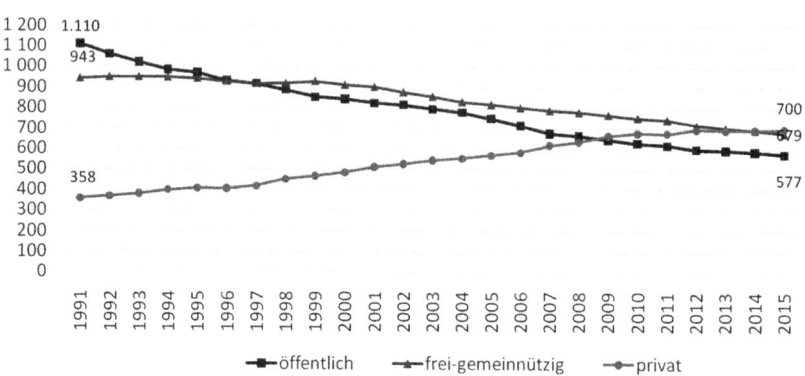

Abb. 2 Anzahl der Krankenhäuser in Deutschland nach Trägerschaft, 1991–2015. (Quelle: Eigene Darstellung auf Grundlage von Daten des Statistischen Bundesamts)

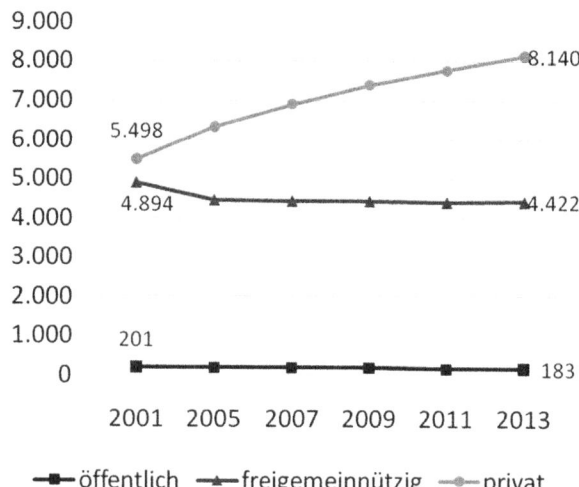

Abb. 3 Anzahl der Pflegedienste nach Trägerschaft. (Quelle: Eigene Darstellung nach Daten des Statistischen Bundesamts)

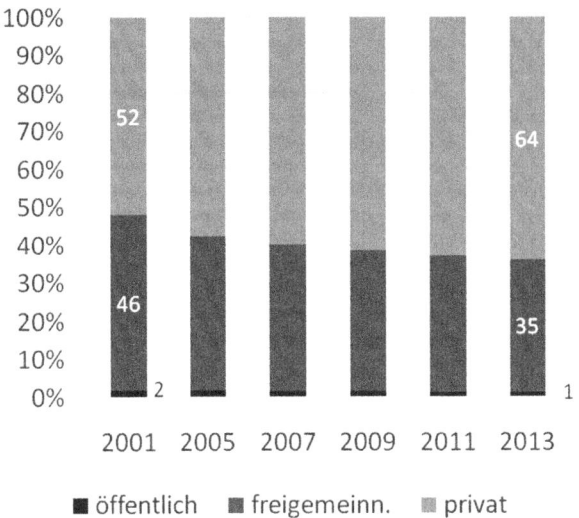

Abb. 4 Anteil der Träger an allen Pflegediensten. (Quelle: Eigene Darstellung nach Daten des Statistischen Bundesamts)

3 Auswirkungen der Wohlfahrtsstaatsreformen für Non-Profit-Organisationen: Wettbewerbs- und Ökonomisierungsdruck

Die Abb. 3 bis 5 illustrieren, wie die durchgeführten Reformen das Kräfteverhältnis zuungunsten von Non-Profit-Organisationen verschoben haben. Die NPOs waren gezwungen auf die Reformen zu reagieren – mit Auswirkungen auf ihre Organisationsstrukturen und die Ausgestaltung ihrer Arbeitsverhältnisse.

3.1 Zunehmender Wettbewerb als Folge der Reformen

Neben dem sukzessiven Eintritt privat-gewerblicher Konkurrenten in traditionelle Tätigkeitsfelder für Non-Profit-Organisationen bildete die Einführung von Instrumenten des New Public Management im Rahmen der Beauftragung von Non-Profit-Organisationen zur Erbringung sozialer Dienstleistungen eine weitere große Veränderung.

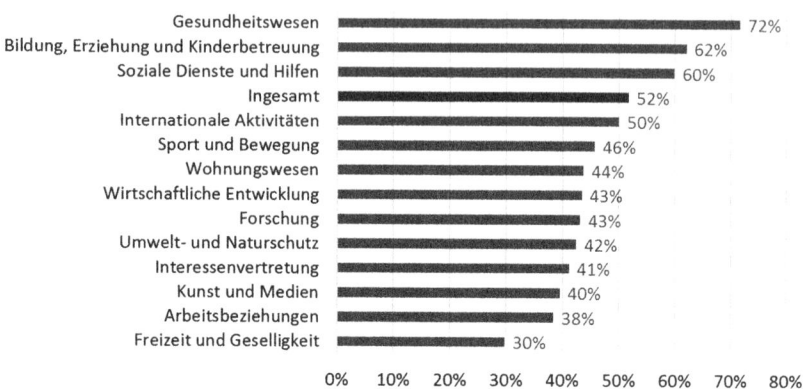

Abb. 5 Zunahme von Wettbewerb in Non-Profit-Organisationen. (Quelle: Eigene Darstellung nach WZB-Erhebung „Dritte-Sektor-Organisationen im Wandel" 2011)

Zu den zentralen betriebswirtschaftlichen Instrumenten gehört das Kontraktmanagement, bei dem die zur Verfügung gestellten Ressourcen, die zu erbringenden Leistungen sowie die Form der Berichterstattung festgelegt werden. Der Auftragnehmer verpflichtet sich zur Berücksichtigung von Vorgaben, u. a. Durchführung von Controlling, Evaluierungen, Qualitätssicherung. So kann die Ergebnisqualität nach Erbringung der Leistung über Kennzahlen ermittelt werden. Andere Instrumente des New Public Managements sind die Vergabe von Aufträgen über Ausschreibungsverfahren (Dahme und Wohlfahrt 2015, S. 77). Vor allem projektförmige Ausschreibungen können Organisationen dazu animieren, Projektlaufzeiten und Ressourcen möglichst knapp zu kalkulieren, um wettbewerbsfähig zu bleiben (Droß 2013, S. 11).

▶ Als *New Public Management* oder Neues Steuerungsmodell werden Verwaltungsreformen in verschiedenen Länder bezeichnet, die durch Implementierung überwiegend betriebswirtschaftlicher Logiken in der staatlichen Verwaltung auf einen ‚moderneren' und ‚schlankeren' Staat abzielen. Dabei wurden z. B. die Marktorientierung gestärkt, Wettbewerbselemente eingeführt, privatwirtschaftliche Managementmethoden übernommen, Führungs- und Organisationsstrukturen dezentralisiert, Privatisierung und Deregulierung vorangetrieben (Oschmiansky 2010).

Auch Finanzierungsmodi haben sich geändert, die Finanzierung ist seitdem für die Organisationen unsicherer geworden. Wo einst institutionelle Zuwendungen

Kontinuität sicherte, müssen sich Non-Profit-Organisationen nun verstärkt über Projektförderung, Leistungsentgelte (z. B. Pflegesätze) bzw. selbsterwirtschaftete Mittel finanzieren (Priller et al. 2012). Hier ist interessant, sich in Erinnerung zu rufen, dass das John Hopkins Projekt in den 1990er Jahren errechnet hat, dass sich der Non-Profit-Sektor in Deutschland zu zwei Dritteln über öffentliche Gelder finanziert – dies gilt vor allem für die Bereiche Soziales, Gesundheit und Bildung (Zuwendungen und Leistungsentgelte machen hier jeweils über 70 % aus) (Anheier 1997).

Beide Entwicklungen – der Eintritt privatgewerblicher Konkurrenten und die Einführung von Instrumenten des New Public Managements – führten zu veränderten Umweltbedingungen und bei den Organisationen konkret zu einem zunehmenden Wettbewerbs- und Ökonomisierungsdruck (u. a. Droß 2013; Priller et al. 2012).

In der WZB-Erhebung „Dritte-Sektor-Organisationen im Wandel" geben über die Hälfte der befragten Non-Profit-Organisationen an, eine Wettbewerbszunahme zu spüren. Die Spitze mit überdurchschnittlichen Werten zwischen 60 % und 72 % bilden jene Organisationen, die im Bereich Gesundheit, Bildung und soziale Dienste tätig sind (Abb. 5).

3.2 ‚Verbetriebswirtschaftlichung' in NPOs: Ökonomische Prinzipien und Kosteneinsparungen als neuer Steuerungsmodus

Viele Non-Profit-Organisationen bzw. speziell jene Organisationen, die im Bereich der sozialen Dienstleistungen tätig sind, reagierten auf den zunehmenden Wettbewerbs- und Kosteneinspardruck (s. Tab. 1) durch mehr Anbieter und veränderte Finanzierungsmodi mit einer ‚Verbetriebswirtschaftlichung' (Zimmer 2012). Die Organisationen orientierten sich in ihrem Handeln sukzessiv an ökonomischen Leitprinzipien:

- Einzug ökonomischen Denkens bzw. einer Orientierung an der Marktlogik (Kosteneinsparungen als Leitmaxime, Fundraising und Campaining als neue Managementaufgaben)
- Einführung betriebswirtschaftlicher Instrumente (s. o. Instrumente des New Public Managements) und
- Integration einer an der Betriebswirtschaft orientierten Sprache, z. B. Controlling, Change Management, vgl. „Business Talk" bei Sozialunternehmen (Zimmer 2012, S. 199).

Tab. 1 Wie haben Non-Profit-Organisationen im Bereich soziale Dienstleistungen auf Wohlfahrtsreformen in puncto Ausgestaltung ihrer Arbeitsverhältnisse reagiert? (Quelle: eigene Darstellung)

Kernelemente zentraler wohlfahrtsstaatlicher Reformen	Auswirkungen für NPOs im Bereich soziale Dienstleistungen	Reaktion/Handlungsansätze von NPOs	Konkrete Maßnahmen in Bezug auf die Ausgestaltung der Arbeitsverhältnisse in NPOs
Stärkere Marktorientierung	Wegfall der privilegierten Stellung der Wohlfahrtsverbände → Anpassungszwang an gesetzte Marktlogik	Organisationen beginnen, ökonomisch zu denken und zu handeln	Einführung betriebswirtschaftlicher Instrumente
Privatisierungsstreben und Deregulierung; Abbau staatlichen Handelns	Öffnung des Marktes, mehr Wettbewerber	Organisationen müssen Kosten sparen, um im Wettbewerb mithalten zu können	• Flexibilisierung der Arbeitsverhältnisse (Befristungen, Teilzeit) • Differenzierung in Fach- und Hilfskräfte (unterschiedliche Entlohnungen) • strikteres Zeitregime (unter Inkaufnahme von möglicher Mehrarbeit, da sich Aufgaben in kürzerer Zeit nicht immer qualitativ hochwertig ausführen lassen)
Veränderte Finanzierungsmodi, z. B. durch Kontraktmanagement	• Abrechnung über Entgelte aus Pflegeversicherung etc • Verschiebung von Regelfinanzierung zu Projektförderung	Organisationen reagieren auf Planungsunsicherheit mit Anpassung der Ausgestaltung von Arbeitsverträgen und verändertem Vorgehen in der Personalsuche	

In diesem Zusammenhang werden Kosteneinsparungen zu einem zentralen Steuerungsmodus für die Organisationen. Um unter veränderten Finanzierungsbedingungen (s. o.) und verstärktem Wettbewerb (u. a. mit privat-gewerblichen Akteuren) bestehen zu können, gilt es Betriebskosten zu senken. Da im Bereich sozialer Dienstleistungen kaum Produktivitätssteigerung z. B. durch moderner Technologie zu erreichen sind, zeigt sich die Politik der Kosteneinsparung in Bezug auf Beschäftigungsverhältnisse und Arbeitsbedingungen. Flexibilität in der Personalplanung wird mittels Befristungen und geringfügiger Beschäftigung erreicht, die auch ermöglicht, auf kurzfristige Veränderungen (z. B. das Auslaufen von Projektmitteln) schnell zu reagieren (Priller et al. 2012).

4 Auswirkungen auf Beschäftigungsverhältnisse in NPOs

Den im vorherigen Abschnitt dargestellten Auswirkungen der Wohlfahrtsreformen der vergangenen Jahre auf Non-Profit-Organisationen im Bereich sozialer Dienstleistungen sollen konkrete Fakten zur Ausgestaltung der Beschäftigungsverhältnisse und Arbeitsbedingungen gegenübergestellt werden. Dabei wird untersucht, welche Beschäftigungsformen dominieren (Normalarbeitsverhältnis versus atypische Beschäftigung), welche Arbeitsbedingungen die Beschäftigten in sozialen Dienstleistungsberufen vorfinden (u. a. flexible Gestaltung der Arbeitszeit und des -ortes, Stress, Zeitdruck) und schließlich wie zufrieden die Beschäftigten mit ihrer Arbeit sind.

4.1 Beschäftigungsformen: Atypische Beschäftigungsverhältnisse vor allem für Frauen

Im Zusammenhang mit Arbeitsmarktreformen sind Beschäftigungsverhältnisse in Deutschland seit zwanzig Jahren einem Wandel unterlegen. Dabei wird das sogenannte Normalarbeitsverhältnis zunehmend von atypischer Beschäftigung verdrängt.

Der Kosteneinsparungsdruck durch die veränderten wohlfahrtsstaatlichen Rahmenbedingungen zeigt besonders im Bereich der sozialen Dienstleistungen zusätzliche Wirkung: hier sind Teilzeitarbeit und Unterbeschäftigung noch häufiger verbreitet als in anderen Bereichen (Hipp et al. 2017). So sank der Anteil von Normalarbeitsverhältnissen in den sozialen Dienstleistungsberufen in Deutschland von 54 % im Jahr 1996 auf 39 % im Jahr 2008 (Dathe et al. 2012, S. 2 f.).

Besonders Non-Profit-Organisationen scheinen atypische Beschäftigung als Reaktion auf Wettbewerb und Planungsunsicherheit durch veränderte Finanzierungsmodi (z. B. Zunahme von – befristeter – Projektförderung) zunehmend einzusetzen, und zwar noch stärker, als staatliche oder privatwirtschaftliche Organisationen.

▶ Als *Normalarbeitsverhältnis* werden unbefristete Vollzeitanstellungen, wie sie lange die Norm waren, gefasst. Demgegenüber stellen *atypische Beschäftigungsverhältnisse* alle Anstellungen dar, die von dieser Norm abweichen, also befristete Verträge, Teilzeitarbeit, geringfügige Beschäftigung, Leih- oder Zeitarbeit.

Davon sind vor allem Frauen betroffen, die deutlich seltener in Normalarbeitsverhältnissen arbeiten als Männer: Während fast 70 % der männlichen Beschäftigten in den sozialen Dienstleistungsberufen im Non-Profit-Sektor eine unbefristete Vollzeitstelle haben, ist dies nur einem Drittel aller weiblichen Beschäftigte vorbehalten (35 %). Frauen, die in sozialen Dienstleistungsberufen im Non-Profit-Sektor arbeiten, schneiden dabei auch schlechter ab als ihre Kolleginnen in den anderen Sektoren (vgl. Tab. 2).

Tab. 2 Beschäftigungsformen im Bereich der Sozialen Dienstleistungen nach Geschlecht und Sektoren, 2011. (Quelle: Eigene Berechnung auf Grundlage von DGB-Index ‚Gute Arbeit' 2011)

	Non-Profit-Sektor		Privatwirtschaft		Öffentlicher Dienst	
	Frauen (%)	Männer (%)	Frauen (%)	Männer (%)	Frauen (%)	Männer (%)
Vollzeit unbefristet	37,0	69,9	46,2	64,6	42,3	68,1
Vollzeit befristet	7,3	7,5	5,1	1,3	6,3	10,9
Teilzeit unbefristet	42,9	16,1	39,3	17,7	46,1	18,5
Teilzeit befristet	7,8	3,2	3,4	16,5	4,4	2,5
Minijob	5,0	3,2	6,0	0,0	0,9	0,0

4.2 Arbeitsbedingungen: Flexibilität, Stress und Zeitdruck prägen den Berufsalltag

Bei den Arbeitsbedingungen in Non-Profit-Organisationen spielt das Thema Flexibilität eine zentrale Rolle. Neben Arbeitsverträgen, die dem Arbeitgeber Flexibilität ermöglichen, fordern Organisationen von ihren Beschäftigten aktiv ein, sich dem Arbeitsaufkommen flexibel anzupassen. Gleichzeitig stellt Flexibilität aus Perspektive der Beschäftigten einen großen Anreiz dar, da eine flexible Gestaltung ihrer Arbeitszeit und ggf. auch des Arbeitsorts (z. B. Homeoffice) – sofern es die konkrete Tätigkeit zulässt – große Autonomiegewinne ermöglicht. Gerade Non-Profit-Organisationen zeichnen sich aufgrund flacher Hierarchien oft dadurch aus, dass hier auf Bedürfnisse der Mitarbeitenden eingegangen wird. Dennoch birgt die flexible Arbeitszeitgestaltung Risiken für die Beschäftigten, vor allem, wenn diese unzureichend geregelt sind und Überstunden in einen fließenden Übergang zwischen haupt- und ehrenamtlichen Tätigkeiten münden, wie es vor allem bei kleinen und mittleren NPOs häufig der Fall ist (Boubaris 2014, S. 38).

Mit den veränderten Rahmen- und Beschäftigungsbedingungen zeigt sich weiterhin eine zunehmende Belastung der Beschäftigten in sozialen Dienstleistungsberufen durch Stress und Zeitdruck (Krenn und Papouschek 2003; Dathe 2011; Dathe et al. 2012). 80 % der Mitarbeiter_innen in Non-Profit-Organisationen sind mindestens gelegentlich davon betroffen, ein Drittel fühlt sich sogar sehr häufig oder oft bei der Arbeit gehetzt und unter Zeitdruck. Frauen äußern dabei eine stärkere Betroffenheit als Männer (Abb. 6). Der Stress ist bei vielen auch nach Feierabend oder im Urlaub noch präsent (Schmeißer 2013, S. 38–40). Als Ursache für Zeit- und Termindruck nennen Beschäftigte aus sozialen Berufen in Deutschland vor allem eine zu knappe Personalbemessung (Dathe et al. 2012, S. 4), was als direkte Folge von Kosteneinsparungsmaßnahmen gewertet werden kann.

4.3 Entlohnung

In Abschn. 1 wurde bereits auf die tendenziell geringe Bezahlung von sozialen Dienstleistungen eingegangen. In einer aktuellen Studie zeigen Hipp und Kelle (2015), dass die meisten Beschäftigten in sozialen Dienstleistungen in Deutschland unter dem deutschen Einkommensdurchschnitt liegen, lediglich Lehrkräfte im Bildungs- und Erziehungsbereich verdienen etwas mehr als das durchschnittliche Einkommen. Hilfskräfte im Bildungs-, Gesundheits- und Pflegebereich

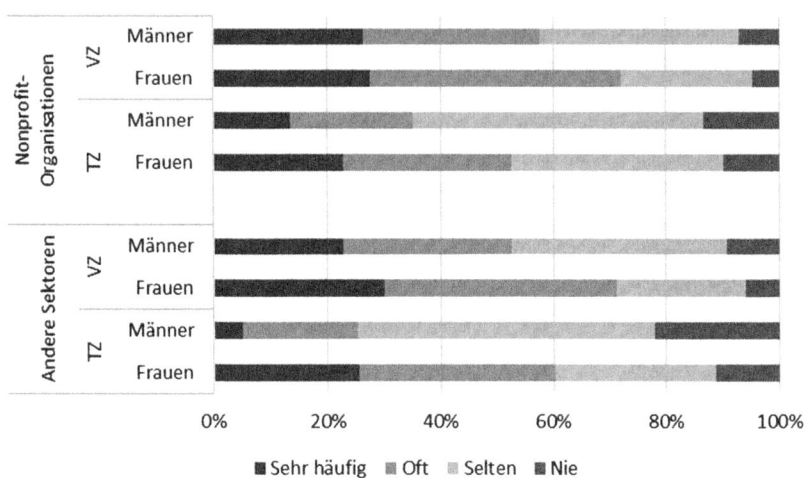

Abb. 6 „Wie häufig fühlen Sie sich bei der Arbeit gehetzt und stehen unter Zeitdruck?" (Quelle: Eigene Darstellung nach DGB-Index ‚Gute Arbeit' 2011)

liegen dagegen im untersten Einkommensbereich und verdienen durchschnittlich 65 % weniger als alle abhängig Beschäftigten in Deutschland (Hipp und Kelle 2015, S. 19). Auch wenn durch Kontrolle relevanter Merkmale[3] vergleichbare Bedingungen analysiert werden, liegen besonders im Gesundheits- und Pflegebereich die Einkommen sowohl der Fach- als auch der Hilfskräfte unter dem Einkommen von Beschäftigten in vergleichbaren Positionen.

Speziell für Non-Profit-Organisationen, die im sozialen Dienstleistungsbereich tätig sind, stehen in dieser Hinsicht kaum Zahlen zur Entlohnung zur Verfügung. Unbestritten ist, dass die Bezahlung in NPOs – insgesamt betrachtet – durchschnittlich niedriger ist als im Vergleich zu anderen Tätigkeiten in der Erwerbswirtschaft (Bellmann et al. 2002, S. 4; Dathe und Kistler 2005, S. 62; Wex 2005: 32). Dabei muss allerdings mitbedacht werden, dass eine Ursache davon ist, dass die bezahlte Arbeit in NPOs vor allem im Bereich der sozialen Dienstleistungen geleistet wird – wo eben die Entlohnung gering ist. Gerade die

---

[3]In die multivariate Regression wurden folgende Merkmale als Kontrollvariablen einbezogen: Geschlecht, Alter, Familienstatus, Anwesenheit von kleinen Kindern im Haushalt, Bildung, Arbeitsumfang und Betriebsgröße).

etwas besser bezahlten Fachkräfte im Bildungsbereich sind im Non-Profit-Sektor weniger vorhanden, da hierunter vor allem Lehrer_innen an staatlichen Schulen zählen.

Im Zuge der sozialstaatlichen Reformen wurde angestrebt, im Bereich der sozialen Dienstleistungen Kosteneinsparungen durch die ‚Taylorisierung' von Pflege- und Fürsorgearbeit (Becker-Schmidt 2011, S. 20) zu realisieren. Als Folge werden Fürsorgetätigkeiten standarisiert, fragmentiert und hierarchisiert. Die Standardisierung versucht einzelne Tätigkeiten ökonomisch und finanziell zu erfassen und einen Preis-/Kostenpunkt zu vergeben. Über die Fragmentierung von Pflegearbeit z. B. in medizinisch-fachspezifische Tätigkeiten (wie die Verabreichung von Medikamenten etc.) und einfache, versorgende Tätigkeiten (wie Körperpflege und -hygiene etc.) wird darüber hinaus versucht, Einsparungen über Lohndifferenzierung zu bewirken: Der Beruf wird in Fach- und Hilfskräfte unterteilt und entsprechend unterschiedlich entlohnt. Die durch Fragmentierung und Hierarchisierung resultierenden Lohnunterschiede sind länderübergreifend deutlich sichtbar, wenn man die Einkommen von Fach- und Hilfskräften vergleicht. Damit wirken die Wohlfahrtsreformen der monetären Abwertung von sozialen Dienstleistungen kaum entgegen. Zwar könnte die Professionalisierung von Fach- und Lehrkräften perspektivisch zu einer Aufwertung der Löhne führen. Gleichzeitig werden jedoch versorgende Aufgaben abgespalten und an kostengünstigere Hilfen ausgelagert, die deutlich niedrigere Einkommen erzielen. Zu vermuten ist, dass diese überwiegend in caritativen Einrichtungen im Non-Profit-Sektor zu finden sind, etwa in Tagesstätten für ältere Menschen, die dort tagsüber betreut werden und sonst professionell von Fachkräften aus anderen ambulanten Pflegediensten versorgt werden.

4.4 Arbeitszufriedenheit

Trotz belastender Arbeitsbedingungen und geringer Entlohnung, sind die Beschäftigten im Non-Profit-Sektor hoch motiviert und weitgehend zufrieden mit ihrer Arbeit, insbesondere im Bereich der sozialen Dienstleistungen (Schmeißer 2013, S. 35; Simsa 2004, S. 75 f.).

Die Zufriedenheit steht in engem Zusammenhang mit der hohen intrinsischen Motivation, die in sozialen Dienstleistungsberufen besonders ausgeprägt ist und eine eigene Art der Wertschätzung ausdrückt, wie es auch die ‚Prisoner of Love' These beschreibt (siehe Abschn. 1). Beschäftigte weisen eine starke Identifikation mit ihrer Arbeit auf und haben das Gefühl, eine sinn- und verantwortungsvolle Tätigkeit auszuüben (Simsa 2004, S. 77; Schmeißer 2013, S. 35 f., 47 ff.).

Vor diesem Hintergrund sind sie eher bereit, schlechtere Arbeitsbedingungen oder zeitliche oder finanzielle Einschränkungen im Privat- oder Familienleben hinzunehmen (Boubaris 2014, S. 45).

Ebenso legen viele der Beschäftigten neben der sinnstiftenden Arbeit und einen menschlichen und respektvollen Umgang auch Wert auf flexibles, selbstbestimmtes Arbeiten und die Möglichkeit, eigene Aufgaben und Ziele zu formulieren (ebd.: 44). Dies ist besonders in Non-Profit-Organisationen gegeben: Die Möglichkeit zur flexiblen Arbeitszeitgestaltung wird von gerade von Frauen in NPOs besser eingeschätzt als von jenen, die in anderen Sektoren tätig sind (Priller und Paul 2015). Speziell für soziale Dienstleistungsberufe stellt Simsa für Österreich fest, dass knapp zwei Drittel der Beschäftigten bei Mobilen Diensten und in Heimen in ihrer Arbeitszeit einen Anreiz sehen (Simsa 2004, S. 77).

Beim Punkt Beschäftigungsform lohnt es sich allerdings genauer hinzusehen: So sind nach Auswertungen des DGB Index ‚Gute Arbeit' Non-Profit-Beschäftigte mit unbefristeten und/oder Vollzeitstellen meist motivierter und zufriedener als atypisch Beschäftigte (Schmeißer 2013, S. 35, 49–50).

5 Fazit und Ausblick

5.1 Frauen in sozialen Dienstleistungsberufen als Verliererinnen der neuen Wohlfahrtsstaatlichkeit…

Der vorliegende Beitrag hat untersucht, wie sich die Wohlfahrtsstaatsreformen auf die Arbeitssituation von Frauen in sozialen Dienstleistungsberufen in Non-Profit-Organisationen ausgewirkt haben. Die dargestellten Ergebnisse fallen eindeutig aus: Der Rückzug des Sozialstaats und die Öffnung des Markts haben unmittelbare Auswirkungen auf die Arbeitsverhältnisse. Besonders zu spüren bekommen haben dies besonders jene Non-Profit-Organisationen, die in der sozialen Dienstleistungserbringung aktiv sind. Bei der Ausgestaltung der Arbeitsplätze mussten sie die neue Prämisse der Marktlogik berücksichtigen und sahen sich mit Ökonomisierung und Wettbewerb mit anderen Anbietern konfrontiert. Als unmittelbare Folge müssen mehr Beschäftigte bei geringer Bezahlung in atypischen Beschäftigungsverhältnissen unter hohem Zeitdruck arbeiten. Vor allem Frauen, die die Mehrheit der Beschäftigten hier stellen, sind davon betroffen. Angesichts der weiten Verbreitung von Teilzeitarbeit ist anzunehmen, dass die traditionelle männlich-weibliche Rollenverteilung im modernisierten Ernährermodell mit dem Mann als Vollzeit-Familienernährer und der

Frau als Dazuverdienerin in Teilzeit, die sich zusätzlich um Haushalt, Kinder und pflegebedürftige Angehörige kümmern muss, weiter zementiert wird. Die zunehmend flexibilisierten und atypischen Beschäftigungsverhältnisse können dabei angesichts widersprüchlicher Flexibilitätsansprüche in Beruf und privater Fürsorge statt Erleichterung auch Vereinbarkeitsprobleme mit sich bringen.

Die Kosteneinsparungen der Organisationen dürfen sich nicht auf die ohnehin schon niedrigen Löhne im Bereich der sozialen Dienstleistungen auswirken. Geringe Löhne können – v. a. in Kombination mit Teilzeitarbeit – die Realisierung des eigenen Lebensentwurfs erschweren (u. a. Unterhalt einer Wohnung, Familiengründung), und später in Altersarmut münden. Neben Burn-out, Überforderung und hohen Wechselquoten (vgl. Dathe et al. 2012) könnte dies außerdem den jetzt schon bestehenden Fachkräftemangel im Fürsorgesektor verschärfen.

Mit Blick auf die aktuelle Beschäftigungssituation und zusätzlich drohenden Verschlechterungen sind Frauen in den sozialen Dienstleistungsberufen vorerst als Verliererinnen der neuen Wohlfahrtsstaatlichkeit zu betrachten. Dabei sind besonders migrantische Sozialdienstleisterinnen von geringer Entlohnung sowie schlechten und unsicheren Arbeitsverhältnissen betroffen. Die klaffende Fachkräfte-Lücke wird zunehmend versucht über Personal aus dem Ausland zu schließen, durch sogenannte ‚global care chains' (Hochschild 2000). Für weiteren Analysen und Diskussionen ist es daher unumgänglich, eine intersektorale Perspektive anzulegen.

5.2 ... aber nicht auf Dauer

Für den Wohlfahrtsstaat gilt es, sich dieser Problematik anzunehmen. An ihm ist es, den oben beschriebenen Abwertungsmomenten von Fürsorgearbeit aktiv zu begegnen und zum Beispiel Einkommensverluste bzw. ungleiche Entlohnung zu kompensieren. Beim Ausbau sozialer Dienstleistungen muss berücksichtigt werden, dass die Beschäftigungsverhältnisse angemessen ausgestaltet werden können. Das zentrale Argument dafür liegt auf der Hand: Eine Gesellschaft kann es sich langfristig nicht leisten, in Zeiten akuten Fachkräftemangels – vor allem in den sozialen Dienstleistungen – (weibliche) Fachkräfte unzureichend zu entlohnen.

Eine wichtige Stellschraube liegt also für staatliche Akteure darin, Arbeitsbedingungen in den sozialen Dienstleistungsberufen – gemeinsam mit den Non-Profit-Organisationen – attraktiver zu gestalten:

- Gesellschaftliche Anerkennung stärken: Es gilt soziale Dienstleistungsberufe aufzuwerten – monetär und gesellschaftlich. Dies bedingt eine Debatte über die Wertschätzung von Fürsorgetätigkeiten genauso wie über eine angemessene Entlohnung.[4]
- Qualifikation angemessen ausgestalten: Eine angemessene Entlohnung kann u. a. dadurch sichergestellt werden, dass die fachliche Ausbildung sozialer Dienstleistungsberufe entsprechende Qualitätsstandards erfüllt und so konzipiert ist, dass sie die Lebenserhaltung abdeckt und den Ausgebildeten langfristige Perspektiven eröffnet.
- Auskömmliche Finanzierung sichern: Fördermittel, die nur auf kurze Zeiträume angelegt sind und ggf. regelmäßig neu beantragt werden müssen („Projektitis"), sollten möglichst vermieden werden. NPOs benötigen ein gewisses Maß an Planungssicherheit, um ihr Personal halten zu können bzw. ein attraktiver Arbeitgeber für Arbeitnehmer_innen zu sein.

Schließlich sind auch die Non-Profit-Organisationen aufgefordert, zu handeln. Auch sie können einen entscheidenden Beitrag leisten, um die Arbeitsbedingungen ihrer Beschäftigten und hier speziell von Frauen zu verbessern:

- Gute Arbeitsbedingungen gestalten: Lohntransparenz sollte eine Leitmaxime sein, Minijobs sollten – wenn überhaupt – nur als Einstiegshilfe und nicht als Dauerlösung dienen.
- Lobby schaffen: Gleichzeitig können sie ihrer Funktion als Interessensvertreter nachkommen und auf die problematische Situation von (weiblichen) Beschäftigten in den sozialen Dienstleistungsberufen öffentlich und im Fachdiskurs aufmerksam machen. Als Themenanwälte für soziale (und geschlechtliche) Gerechtigkeit sollten sie auch die Beschäftigungsverhältnisse in ihren eigenen Organisationen betrachten und thematisieren. Im Zusammenhang mit dem Fachkräftemangel, der sich auch auf die Nutzer_innen von sozialen Dienstleistungen – und damit auf potenziell jedes einzelne Gesellschaftsmitglied – auswirkt, sollte mehr politische Brisanz für dieses Thema erzeugt werden.

---

[4]Bislang fehlt es hier an entsprechenden Zielen in Koalitionsverträgen der Bundesregierung – auch im aktuellen von 2018.

Literatur

Achatz, J. 2005. Geschlechtersegregation im Arbeitsmarkt. In *Arbeitsmarktsoziologie. Probleme, Theorien, empirische Befunde*, Hrsg. M. Abraham und T. Hinz, 263–301. Wiesbaden: VS Verlag.
Andersen, U., und W. Woyke, Hrsg. 2013. *Handwörterbuch des politischen Systems der Bundesrepublik Deutschland*, 7. Aufl. Wiesbaden: Springer VS.
Anheier, Helmut K. 1997. Der Dritte Sektor in Zahlen: Ein sozial-ökonomisches Porträt. In *Der Dritte Sektor in Deutschland: Organisationen zwischen Staat und Markt im gesellschaftlichen Wandel*, Hrsg. Helmut K. Anheier et al., 29–74. Berlin: Edition Sigma.
Backhaus-Maul, H. 2002. Wohlfahrtsverbände als korporative Akteure. In *Aus Politik und Zeitgeschichte* (B 26–27/2000) Korporatismus – Verbände.
Becker-Schmidt, R. 2011. Verwahrloste Fürsorge – Ein Krisenherd gesellschaftlicher Reproduktion. Zivilisationskritische Anmerkungen zur ökonomischen, sozialstaatlichen und sozialkulturellen Vernachlässigung von Praxen im Feld „care work". *Gender* 3:9–23.
Bellmann, L., D. Dathe, und E. Kistler. 2002. Der „Dritte Sektor". *Beschäftigungspotenziale zwischen Markt und Staat*, Bd. 18. Nürnberg: IAB Kurzbericht.
Boubaris, T. 2014. *Work + Life = Balance?: Hauptamtliche in kleinen und mittleren Nonprofit-Organisationen*. Berlin: Maecenata.
Busch, A. 2013. Die Geschlechtersegregation beim Berufseinstieg: Berufswerte und ihr Erklärungsbeitrag für die geschlechtstypische Berufswahl. *Berliner Journal für Soziologie* 23 (2): 145–179.
Butterwegge, C., B. Lösch, und R. Ptak. 2008. *Kritik des Neoliberalismus*, 2. Aufl. Wiesbaden: VS Verl.
Charles, M., und K. Bradley. 2009. Indulging our gendered selves? Sex segregation by field of study in 44 countries. *American Journal of Sociology* 114:924–976.
Czada, R. 2008. Irrwege und Umwege in die neue Wohlfahrtswelt. In *Sozialpolitik: Ökonomisierung und Entgrenzung*, Hrsg. A. Evers und R.G. Heinze, 186–207. Wiesbaden: VS Verlag für Sozialwissenschaften.
Dahme, H.-J., und N. Wohlfahrt. 2015. *Soziale Dienstleistungspolitik. Eine kritische Bestandsanalyse*. Wiesbaden: SpringerVS.
Dathe, D., und E. Kistler. 2005. Arbeit(en) im Dritten Sektor. In *Arbeit(en) im dritten Sektor. Europäische Perspektiven*, Hrsg. S. Kotlenga, 54–66. Talheimer: Mössingen-Talheim.
Dathe, D., F. Paul, und S. Stuth. 2012. *Soziale Dienstleistungen: Steigende Arbeitslast trotz Personalzuwachs*, Bd. 12., WZBrief Arbeit Berlin: Wissenschaftszentrum Berlin für Sozialforschung.
Droß, P.J. 2013. Ökonomisierungstrends im Dritten Sektor. Verbreitung und Auswirkungen von Wettbewerb und finanzieller Planungsunsicherheit in gemeinnützigen Organisationen. *WZB Discussion Paper* SP V 2013-301. Berlin.
Droß, P.J., und E. Priller. 2013. Subsidiarität: Aktuelle empirische Befunde zum Verhältnis Dritter Sektor – Staat. In *BEE-Newsletter* 21/2013.
England, P. 1992. *Comparable worth. Theories and evidence*. New York: Aldine de Gruyter.
England, P. 2005. Emerging theories of care work. *Annual Review of Sociology* 31:381–399.

England, P., und N. Folbre. 2002. Care, inequalities, and policy. In *Child care and inequality: Re-thinking carework for children and youth*, Hrsg. F.M. Cancian, 133–144. New York: Routledge.

England, P., M.S. Herbert, B.S. Kilbourne, L.L. Reid, und L.M. Megdal. 1994. The gendered valuation of occupations and skills: Earnings in 1980 census occupations. *Social Forces* 73 (1): 65–99.

Fleßner, H. 1995. *Mütterlichkeit als Beruf – Historischer Befund oder aktuelles Strukturmerkmal sozialer Arbeit?*. Oldenburg: BIS-Verlag.

Folbre, N. 2001. *The invisible heart. Economics and family values*. New York: New Press.

Fraser, N. 2013. Neoliberalismus und Feminismus: Eine gefährliche Liaison. *Blätter für deutsche und internationale Politik* 12:29–31.

Gottschall, K. 2008. Soziale Dienstleistungen zwischen Informalisierung und Professionalisierung – oder: der schwierige Abschied vom deutsche Erbe sozialpolitische Regulierung. *Arbeit, Jg* (17) 4: 254–267.

Heinze, R.G. 2011. Soziale Dienste und Beschäftigung. In *Handbuch Soziale Dienste*, Hrsg. A. Evers et al., 168–186. Wiesbaden: VS Verlag.

Heinze R. G., und T. Olk. 1981. Die Wohlfahrtsverbände im System sozialer Dienstleistungsproduktion. Zur Entstehung und Struktur der bundesrepublikanischen Verbändewohlfahrt. *Kölner Zeitschrift für Soziologie und Sozialpsychologie* 33 (1981): 94–114.

Himmelweit, S. 1999. Caring labour. *The Annals of the American Academy of Political and Social Science* 561 (1): 27–38.

Hipp, L., und N. Kelle. 2015. *Nur Luft und Liebe? Die Entlohnung sozialer Dienstleistungsarbeit im Länder- und Berufsvergleich*. Berlin: Friedrich-Ebert-Stiftung.

Hipp, L., N. Kelle, und L. Ouart. 2017. Arbeitszeiten im sozialen Dienstleistungssektor im Länder- und Berufsvergleich. *WSI-Mitteilungen* 3 (2017): 197–204.

Hochschild, A.R. 2000. Global care chains and emotional surplus value. In *On the edge: Living with global capitalism*, Hrsg. W. Hutton und A. Giddens. London: Jonathan Cape.

Krenn, M. 2014. Kapitalistische Dynamik und die gesellschaftliche Organisation von Pflege- und Sorgearbeit. *Working Paper der DFG-KollegforscherInnengruppe Postwachstumsgesellschaften*. Jena.

Krenn, M., und U. Papouschek. 2003. *Mobile Pflege und Betreuung als interaktive Arbeit: Anforderungen und Belastungen*, http://www.forba.at/data/downloads/file/36-FORBA%20FB%203_2003.pdf. FORBA-Forschungsbericht 3/2003, Wien: FORBA.

Lessenich, S. 2007. Normative Ansätze der Sozialpolitik. In *Zukunft des Sozialstaats – Sozialpolitik*, Hrsg. Friedrich-Ebert-Stiftung, 5–6. Wiso-Diskurs November 2007.

Lewis, J. 1992. Gender and the development of welfare regimes. *Journal of European Social Policy* 2 (3): 159–173.

Oschmiansky, F. 2010. Neues Steuerungsmodell und Verwaltungsmodernisierung. In Dossier Arbeitsmarktpolitik, Hrsg. Bundeszentrale für politische Bildung. Bonn.

Priller, E., F., und Paul. 2015. Gute Arbeit in atypischen Beschäftigungsverhältnissen? Eine Analyse der Arbeitsbedingungen von Frauen in gemeinnützigen Organisationen unter Berücksichtigung ihrer Beschäftigungsformen und Lebenslagen. Eine Studie im Auftrag der Hans-Böckler-Stiftung.

Priller, E., und A. Zimmer. 2017. Hochgeschätzte Beschäftigung in Nonprofit-Organisationen: Wie lange noch? In *Nonprofit-Organisationen und Nachhaltigkeit*, Hrsg. L. Theuvsen, R. Andeßner, M. Gmür, und D. Greiling, 387–400. Wiesbaden: Springer Gabler.

Priller, E., M. Alscher, P.J. Droß, F. Paul, C.J. Poldrack, C. Schmeißer, C., und N. Waitkus. 2012. Dritte-Sektor-Organisationen heute: Eigene Ansprüche und ökonomische Herausforderungen. Ergebnisse einer Organisationsbefragung. *WZB Discussion Paper* SP IV 2012-402. Berlin.

Rosenski, N. 2012. Die wirtschaftliche Bedeutung des Dritten Sektors. *Wirtschaft und Statistik* 3:209–217.

Sachße, C. 2004. *Mütterlichkeit als Beruf*. Weinheim: Beltz-Verlag.

Schildt, A. 2007. *Die Sozialgeschichte der Bundesrepublik Deutschland*. München: Oldenbourg.

Schmeißer, C. 2013. Die Arbeitswelt des Dritten Sektors. Atypische Beschäftigung und Arbeitsbedingungen in gemeinnützigen Organisationen. *WZB. Discussion Paper* SP V 2013-302. Berlin.

Senghaas-Knobloch, E. 2008. Care-Arbeit und das Ethos fürsorglicher Praxis unter neuen Marktbedingungen am Beispiel der Pflegepraxis. *Berliner Journal für Soziologie* 18 (2): 221–243.

Simsa, R. 2004. Arbeitsbedingungen in der Sozialwirtschaft. *Kurswechsel* 4 (2004): 74–80.

Statistisches Bundesamt. 2017. Tabelle 12211-0009. Erwerbstätige: Deutschland, Jahre, Wirtschaftszweige (WZ2008), Geschlecht. www-genesis.destatis.de/genesis/online/link/tabelleErgebnis/12211-0009. Zugegriffen: 10. Febr. 2018.

Wex, T. 2005. Facetten von Arbeit und Beschäftigung im Dritten Sektor. In *Arbeit(en) im dritten Sektor. Europäische Perspektiven*, Hrsg. S. Kotlenga, 28–34. Talheimer: Mössingen-Talheim.

WSI GenderDatenPortal. 2018. Erwerbstätigenquoten und Erwerbsquoten der 15–64-jährigen Frauen und Männer in Deutschland (1991–2016), in Prozent. Datenquelle. Statistisches Bundesamt, Mikrozensus, auf Anfrage. www.boeckler.de/53509.htm. Zugegriffen: 5. Mai 2018.

Zimmer, A. 2012. Die Zivilgesellschaft zwischen Ökonomisierung und Verbetriebswirtschaftlichung. *Sozialwissenschaften und Berufspraxis* 35 (2): 189–202.

Zimmer, A., und F. Paul. 2018. Zur volkswirtschaftlichen Bedeutung der Sozialwirtschaft. In *Sozialwirtschaft. Handbuch für Wissenschaft und Praxis*, Hrsg. K. Grunwald und A. Langer, 103–117. Nomos: Baden-Baden.

Zimmer, A., E. Priller, und F. Paul. 2017. *Karriere im Nonprofit-Sektor? Arbeitsbedingungen und Aufstiegschancen von Frauen*. Münster: Zentrum für Europäische Geschlechterforschung.

Vermeintliche *Sozial*wirtschaft: Der „Frauenverein" als Beispiel für dauerhaftes Prekariat in sozialen Dienstleistungsberufen

Christina Rentzsch

Zusammenfassung
Am anonymisierten Beispiel eines Vereines, der sich auf das Thema Frauenerwerbslosigkeit spezialisiert hat, illustriert die Fallstudie, wie prekäre Arbeitsverhältnisse von einer zivilgesellschaftlichen Organisation thematisiert werden, die unter jenem Problem leidet, das sie selbst anprangert: Arbeitsverträge können aufgrund projektgebundener öffentlicher Förderung nur befristet angeboten werden und Vollzeitarbeitsverhältnisse sind die Ausnahme. Infolgedessen werden die Mitarbeiterinnen zu Verliererinnen auf dem Arbeitsmarkt.

Schlüsselwörter
Atypische Beschäftigungsverhältnisse · Prekariat · Frauen · Ökonomisierung · Fallstudie

1 Einleitung

Wie der vorangegangene Beitrag von Paul und Walter aufzeigt, hat nicht nur die grundlegende Erbringung sozialer Dienstleitungen in Deutschland eine lange, historisch gewachsene Geschichte. Auch die Verbindung zwischen der Erstellung und Wandlung dieser Dienstleistungen und der überproportional häufigen Durchführung durch Frauen blickt auf eine lange, auch politisch aufrechterhaltene,

---

C. Rentzsch (✉)
Westfälische Wilhelms-Universität Münster, Münster, Deutschland
E-Mail: christina.rentzsch@uni-muenster.de

© Springer Fachmedien Wiesbaden GmbH, ein Teil von Springer Nature 2019
M. Freise und A. Zimmer (Hrsg.), *Zivilgesellschaft und Wohlfahrtsstaat im Wandel*, Bürgergesellschaft und Demokratie,
https://doi.org/10.1007/978-3-658-16999-2_9

Geschichte zurück. Es ist deshalb nicht verwunderlich, dass ebenjener hohe Frauenanteil dafür sorgt, dass Frauen auch überproportional häufig und besonders stark durch strukturelle Veränderungen im Sozialbereich betroffen sind.

Der im Folgenden vorgestellte Verein präsentiert ein Beispiel einer Organisation, die als Negativschablone für die im Beitrag beschriebenen Entwicklungen herangezogen werden kann. Es dient dazu, die aufgeworfenen Aspekte von Ökonomisierung und deren Folgen und Auswirkungen auf die im Verein arbeitenden Frauen zu illustrieren und damit aufzuzeigen, wie wirkmächtig strukturelle Veränderungen auf Makroebene für die Mesoebene werden können.

2 Profil des *Frauenvereins*

1984 gegründet, bearbeitet der eingetragene Verein[1] das Thema der Frauenerwerbslosigkeit. Seine inhaltlichen Schwerpunkte liegen auch heute noch auf der Interessenvertretung von erwerbslosen Frauen mit dem besonderen Fokus der Interkulturalität. Der Frauenverein vertritt jedoch nicht nur die Interessen der Zielgruppe ‚Frauen', sondern zählt zu seinen Aufgaben auch die politische Bildungsarbeit, die die geschlechtsspezifischen Folgen von Erwerbslosigkeit in den Blick nimmt.

Der Verein beschäftigt ca. 15 Personen, allerdings in besonders prekären Arbeitssituationen, da er auf keine finanzielle Sicherung zurückgreifen kann. Der Verein ist durch den gesellschaftlichen Umgang mit dem Thema ‚Frauen' geprägt, das seiner Meinung nach eine solide Finanzierung erschwert.

Aus diesem Grund dient der Frauenverein als Beispiel für eine Organisation, die in besonderem Maße von sich verschärfenden Rahmenbedingungen betroffen ist.

Besonders offen geht der Frauenverein hinsichtlich seiner Finanzierungssituation damit um, dass er sich die finanziellen Mittel einer Maßnahme mit einer befreundeten Organisation teilt und von diesem Arrangement auch profitiert. Der Verein besitzt einen ehrenamtlichen Vorstand aus derzeit zwei Personen. Darüber hinaus sind lediglich vereinzelt Ehrenamtliche aktiv – eine Entwicklung, die der Verein vor dem Hintergrund seiner eigenen Geschichte als besonders negativ erlebt.

---

[1]Der Name des Vereins wurde geändert.

3 Prekäre Arbeitsverhältnisse: Inhaltliches Thema und Selbstbetroffenheit gleichermaßen

Die Gründungsgeschichte des Frauenvereins hat Wurzeln in den Neuen Sozialen Bewegungen. Schon 1982, zunächst als Selbsthilfegruppe gegründet, war das Anliegen der damaligen Initiative, sich mit den Erwerbssituationen von Frauen auseinanderzusetzen. Dieses Thema war hoch personalisiert, was sich auch darin zeigte, dass die späteren Gründerinnen selbst erwerbslos waren. Ihre Arbeit reihte sich damit in eine bundesweit organisierte Arbeit ein, die sich auf eigens dafür ausgerichteten bundesweiten Konferenzen und Seminaren darum bemühte, politische Positionen zu diesem Thema zu erarbeiten (vgl. Rein 2013, S. 48).

Als sich 1984 dann der Verein gründete, war auch dessen Namensgebung ein politisches Anliegen: Nicht Arbeitslosigkeit war das Thema, sondern *Erwerbslosigkeit*. Zurückzuführen war dies darauf, dass Frauen im privaten Bereich unzählige Stunden an unbezahlter Arbeit leisten, sodass mit der Besetzung dieses Themas auch das Statement vertreten werden wollte, dass vorrangig die *Form* der Erwerbslosigkeit problematisch war (vgl. Interview FVGF[2], in Rentzsch 2017).

Der Frauenverein beteiligte sich aus diesem Grund mit Flugblättern und aktiven Aufrufen an Protestaktionen des bundesweiten Bündnisses, die unter dem Namen „Frauen stürmt die Arbeitsämter" dafür sorgten, dass erwerbslos gemeldet Frauen nicht nur statistisch sichtbar wurden. Vielmehr wurden damit die brisanten Themen der Rentenanrechnung und der Bedürftigkeitsprüfung in den Fokus gerückt, die unabhängig vom Einkommen des Ehemannes durchgeführt werden sollten, so die politische Forderung (vgl. Rein 2013, S. 48). Damals trafen den noch jung gegründeten Verein die entsprechenden negativen öffentlichen Reaktionen auf diese Proteste sehr hart, indem beispielsweise als Konsequenz die Stelle einer Mitarbeiterin nicht bewilligt wurde. Für einen Verein, der zum damaligen Zeitpunkt ausschließlich durch ehrenamtliche Arbeit getragen war, war das eine schwer zu verkraftende Entscheidung. Politische oder „militante Arbeit" (vgl. Interview FVGF in Rentzsch 2017), die für so viel öffentliche Aufregung sorgte, wurde aus ebendiesem Grund trotzdem als erfolgreich von den Aktivist_innen angesehen. Sie zeugte letztlich deutlich davon, dass man die patriarchalischen Strukturen dort angriff, wo sie verwundbar waren. Dazu trugen auch die kontinuierlichen öffentlichkeitswirksam gestalteten Demonstrationen und Protestmärsche bei.

Insgesamt bildet diese Geschichte bis heute den Kern der Vereinsarbeit: Seine inhaltlichen Schwerpunkte liegen auf der (mehrsprachigen) Beratung und

---

[2]FVGF = Anonymisierte Interviewperson in Rentzsch (2017).

Interessenvertretung von erwerbslosen Frauen, wenn auch mittlerweile erweitert um den besonderen Fokus der Interkulturalität. Der Frauenverein vertritt sowohl individuelle Interessen der Zielgruppe ‚Frauen', sieht seine Aufgabe aber auch in der politischen Bildungsarbeit, die die geschlechtsspezifischen Folgen von Erwerbslosigkeit in den Blick nimmt.

Wie die Geschäftsführerin beschreibt, war der Verein noch bis Mitte der 1990er Jahre kollektiv organisiert, das heißt auf Basisdemokratie und Gleichberechtigung gründende Entscheidungsstrukturen galten als Leitmaxime. Dass es im Rahmen dieser Organisationsstrukturen keine finanziellen Sicherheiten gab und prekäre Arbeitsbedingungen als Normalität galten, war für die Vereinsarbeit an sich nicht ausschlaggebend und wurde von den Mitarbeiterinnen bewusst akzeptiert.

Heute beschäftigt der Verein 16 Personen. Bei genauerem Blick zeigt sich, dass sich diese jedoch auch heute noch immer in prekären Arbeitssituationen befinden. Bis auf vier unbefristet angestellte Mitarbeiterinnen (Verwaltung, Beratung, Empfang und Geschäftsführung) sind alle in befristeten Verträgen beschäftigt. Diese sind zwischen 12 und 18 Monaten lang, sodass sich fast alle Mitarbeiterinnen jährlich arbeitslos melden müssen. Obwohl der Frauenverein grundsätzlich nach Tarif bezahlt, sind die damit einhergehenden Erfahrungsstufen aktuell nicht angeglichen, weil diese für den Verein nicht finanzierbar sind.

Der Organisationsaufbau folgt keinem starren, autoritären oder hierarchischem Prinzip. Die Geschäftsführung ist nicht zu weitreichenden Entscheidungen berechtigt. Es gibt einen zweiköpfigen ehrenamtlichen Vorstand, der Personal- und Finanzentscheidungen verantwortet und der der Geschäftsführerin weisungsbefugt ist. In den Projekten gibt es darüber hinaus jeweils noch eine Koordinatorin.

Die Finanzierung des Frauenvereins setzt sich hauptsächlich aus kommunalen Mitteln sowie Mitteln des Landes NRW und der EU zusammen. Eine sichere und nachhaltige Finanzierungsstruktur besteht darüber hinaus nicht. Die Arbeit des Vereins wird hauptsächlich projektbasiert organisiert.

Neben dem Vorstand gibt es weitere ehrenamtlich Engagierte. Diese sind jedoch seltener in den Projektstrukturen involviert als vielmehr in den offenen Formaten der Organisation. Der Frauenverein ist außerdem besonders gut vernetzt und Mitglied in verschiedenen Frauennetzwerken in der Kommune aber auch darüber hinaus. Der Frauenverein verkörpert das Ideal einer zivilgesellschaftlichen Organisation. Seine thematische Ausrichtung ist der übergreifende Aspekt, an dem sich alle Aktivitäten des Vereins orientieren. Frauen in beruflichen Umbruchsituationen erhalten hier eine parteiische Beratung, die so auch offengelegt wird. Patriarchalische und rassistische Strukturen aufzudecken und darüber zu informieren, ist das Grundanliegen des Frauenvereins. Er bietet eine stark wertgebundene Arbeit und trägt diese Wertgebundenheit auch bewusst nach außen. Es geht ihm um die Ermächtigung von Frauen, die strukturell benachteiligt sind. Um diese Missstände öffentlich zu machen, werden auch heute noch Proteste und Demonstrationen organisiert. Der Frauenverein möchte gezielt Einfluss auf Politik und Gesellschaft nehmen. Die damit einhergehenden, notwendigen inhaltlichen Auseinandersetzungen werden intern und extern geführt und forciert. Der Verein betreibt eine ausgeprägte aktive Netzwerkarbeit, bildet soziale und politische Bündnisse und Kooperationen mit anderen Organisationen. Darüber hinaus ist er besonders durch seine niedrigschwelligen Angebote lokal stark verankert und genießt eine hohe Vertrauenswürdigkeit bei seiner Zielgruppe. Zivilgesellschaft wird hier als Errungenschaft gesehen, die über viele Jahrzehnte hinweg erkämpft wurde und die es zu erhalten und zu fördern gilt. Die Bedürfnisse anderer stehen in diesem Kampf immer im Vordergrund und Eigeninteressen werden weitestgehend unberücksichtigt gelassen. Es geht um die Sache an sich und da beweist der Verein eine hohe Leidensfähigkeit.

Aus diesem Grund zeigt sich auch eine persönliche Betroffenheit, sogar Enttäuschung, darüber, wenn thematische Bezüge verloren gehen. Der Frauenverein lebt von seinem „Herzblut" (vgl. Interview FVGF in Rentzsch 2017), das der Antrieb für die Mitarbeiter_innen ist. Deutlich wird dies an der hohen Identifikation und Motivation der Mitarbeiter_innen, die bereits über viele Jahre hinweg in Kauf nehmen, in prekären und unsicheren Arbeitskontexten zu verharren. Auch das Thema des Vereins ist immer wieder mühsam zu bearbeiten. Es ist einerseits schwierig, Unterstützer_innen zu gewinnen, für die das Thema Frauenerwerbslosigkeit einen ähnlich hohen Stellenwert besitzt wie für den Verein selbst. Andererseits sind die individuellen Situationen der betroffenen Frauen kaum auflösbar, da nach wie vor Vorbehalte in der Gesellschaft bestehen. Die Arbeit ist insgesamt schwierig und frustrierend – erfordert also einen hohen persönlichen Einsatz und Passion, um weiterhin umgesetzt werden zu können. Ehrenamtliche Arbeit unterstützt und ergänzt, was durch hauptamtliche Arbeit nicht abgedeckt werden kann.

4 Der Frauenverein vor heutigen Herausforderungen

Der Frauenverein präsentiert sich im Gegensatz zu anderen Organisationen in seinem Aufbau und seiner Ausrichtung als besonders zivilgesellschaftlich. Er agiert basisorientiert und beteiligt offen und frühzeitig junge Mitarbeiter_innen an seinen Strukturen und in seinen Aktivitäten. Geschäftsführerin und ehrenamtlicher Vorstand arbeiten zusammen und beide verfolgen das Ziel einer politischen Arbeit. Es geht dem Frauenverein nicht ausschließlich darum, Lösungen anzubieten und Leistungen für ihre Zielgruppe zu erbringen, sondern um die langfristige und nachhaltige Veränderung gesellschaftlicher Missstände. An den Bedarfen und Bedürfnissen seiner Zielgruppe der erwerbslosen Frauen (mit Migrationshintergrund) orientiert sich die Arbeit des Vereins. Er ist deshalb offen für neue Entwicklungen die Zielgruppe betreffend, was sich beispielsweise in der Entscheidung zeigt, das Prinzip der Interkulturalität Ende der 1990er Jahre als Leitmaxime in die eigene Arbeit zu integrieren.

Damit erkennt der Frauenverein an, dass politische Arbeit beweglich und flexibel bleiben muss – denn nur so können die Bedarfe der Zielgruppe weiterhin im Blick bleiben. Die Gründungsgeschichte aus der Selbsthilfe heraus ist auch heute noch präsent in der Vereinsarbeit. Lokalisiert am Marktplatz im Stadtteil bietet der Frauenverein die Möglichkeit, barrierefrei die Angebote des Vereins kennenzulernen.

Deren anonyme und vertrauliche Ausrichtung trägt sich vor allem über Mund-zu-Mund-Propaganda weiter und verhilft dem Verein zu einem großen Ansehen innerhalb der Zielgruppe. Gleichzeitig wird aber auch deutlich, dass jene beschriebene monothematische Ausrichtung für Vereine mit besonderen Herausforderungen verbunden sein kann. Den Fokus ausschließlich auf den Sozialraum und die Bedarfe der Zielgruppe zu richten, verführt dazu, den Blick für ‚das große Ganze' zu verlieren und der Entstehungsgeschichte der Organisation zu hohe Bedeutung beizumessen. Damit geht der Anspruch einher, immer die ‚dicken Bretter bohren zu wollen', was zu Frustration und Ohnmacht führen kann.

5 Fazit: Der Frauenverein als Verlierer?

Der Frauenverein und seine Beschäftigten muss, an die Argumentation von Paul und Walter (vgl. in diesem Band) anknüpfend, als Systemverlierer angesehen werden – und das im doppelten Sinne: einerseits besetzt er das Thema „Erwerbslosigkeit von Frauen mit Migrationshintergrund" inhaltlich und dient als Beleg dafür, wie schwerfällig das Thema über Jahrzehnte hinweg (politisch) behandelt wird. Andererseits ist der Verein durch eine Kombination verschiedener Eigenschaften selbst von prekären Arbeitsverhältnissen betroffen: Die inhaltliche Ausrichtung, die eigenen Organisationsstrukturen sowie die zivilgesellschaftliche Ausrichtung des Vereins tragen dazu bei, dass eine langfristige institutionelle finanzielle Förderung nicht in Aussicht steht und damit dem Verein erschwert wird, sich als nachhaltig tragfähige Organisation zu etablieren. Doppelter Verlierer darüber hinaus auch in dem Sinne, dass der Verein durch seine unsichere Finanzierungssituation weniger Frauen mit Angeboten unterstützen kann und gleichzeitig selbst unter den Zuständen, die er versucht zu bekämpfen, leidet.

Die Frauen, die hier beschäftigt sind, stellen ebenjene Beispiele dar, wie sie im Beitrag herausgearbeitet wurden: Als klassischer Beschäftigungsbereich dient die Fürsorgearbeit für andere Frauen; die Beschäftigungssituation ist überdurchschnittlich prekär; die Arbeit durch hohe intrinsische Motivation gekennzeichnet.

Wie Paul und Walter in diesem Band zeigen, steht dieser Status quo mit Reformen im Wohlfahrtsstaat und dessen zunehmender Ausrichtung an ökonomischen Prinzipen in Verbindung. Einer an betriebswirtschaftlichen Strukturen ausgerichteten Sozialpolitik liegt dabei eine Rationalität zugrunde, die den Prinzipien der Fürsorgearbeit gegenübersteht. Diese ist an den Bedürfnissen von Individuen, hier erwerbslosen Frauen orientiert, und „nicht [an der, C.R.] Maximierung des – politisch konstruierten – gesamtgesellschaftlichen Nutzens sozialpolitischer Maßnahmen" (Paul und Walter in diesem Band).

Durch die beschriebenen Reformen ist der Frauenverein zunehmend von einem weiteren Nachteil betroffen: Die Neuausrichtung der Sozialpolitik hat letztlich dafür gesorgt, dass er und die Organisationen, deren Themensetzung der Logik des New Public Managements nicht oder nur schwer folgt, nur selten von finanzieller Stabilität profitieren kann. Für einen Verein, dessen thematische Arbeit gesellschaftlich nur wenig anerkannt ist, stellen die von Paul und Walter in diesem Band beschriebenen Reaktionsmuster deshalb lediglich kurzfristig realistische Handlungsoptionen dar. Wie die Situation im Frauenverein zeigt, hat sich die Flexibilisierung von Arbeitsverhältnissen insbesondere durch Befristung und Teilzeit als feststehende Struktur etabliert, deren Durchbrechung kaum mehr möglich scheint. Letztlich bleibt damit die prekäre Beschäftigungssituation für alle Beteiligten bestehen und manifestiert sich.

Schlussendlich lässt sich die Situation des Frauenvereins derart zusammenfassen, dass dessen Arbeit nur durch die Etablierung atypischer Beschäftigungsverhältnisse aufrechterhalten bleiben kann.

Literatur

Rein, H. 2013. Geschichte des organisierten Erwerbslosenprotestes in Deutschland (1945–2010). In *1982–2012. 30 Jahre Erwerbslosenprotest. Dokumentation, Analyse und Perspektive*, Hrsg. Harald Rein, 43–67. AG SPAX Bücher: Neu-Ulm.

Die Studie ist der folgenden Dissertation entnommen

Rentzsch, C. 2017. Strategien zivilgesellschaftlicher Organisationen im Umgang mit Veränderung. Zwischen Idealismus und Pragmatismus. Wiesbaden, Springer VS.

Teil III
Politikfelder

Soziale Innovationen in der Arbeitsmarktpolitik

Werner Eichhorst und Wolfgang Schroeder

Zusammenfassung

Der deutsche Arbeitsmarkt befindet sich in einem kontinuierlichen Wandel, der auch von sozialen Innovationen geprägt ist. Soziale Innovationen nehmen dabei positiven Einfluss auf die Arbeitsmarktlage bestimmter sozialer Gruppen, um diese oder und auch die staatlichen sowie unternehmerischen Akteure zu veränderten Verhaltensformen zu bewegen. Zum einen stellt sich deshalb die Frage, wie sich die Arbeitsmarktpolitik in den letzten Jahren verändert hat. Zum anderen muss hinterfragt werden, welche sozialen Innovationen heute notwendig sind und welche Rolle die Sozialpartner dabei einnehmen. Denn das Kräfteverhältnis zwischen Staat und Sozialpartnern hat sich mit den Gesetzen zur Modernisierung des Arbeitsmarktes 2004/2005 verändert. In der Arbeitsmarktpolitik lässt sich nun eine zunehmende Bedeutung des Zentralstaates und der Kommunen feststellen. Neben den strukturellen politischen Veränderungen wirken durch die Digitalisierung, Automatisierung und eine Zunahme atypischer Beschäftigungsverhältnisse strukturelle Wandlungsprozesse, die den Arbeitsmarkt verändern. Soziale Innovationen sind deshalb insbesondere in der Aus- und Weiterbildung notwendig. Während das deutsche Ausbildungssystem als weltweites Vorbild angesehen wird, werden

---

W. Eichhorst (✉)
Forschungsinstitut zur Zukunft der Arbeit Bonn, Bonn, Deutschland
E-Mail: eichhorst@iza.org

W. Schroeder
Universität Kassel, Kassel, Deutschland
E-Mail: wolfgang.schroeder@uni-kassel.de

© Springer Fachmedien Wiesbaden GmbH, ein Teil von Springer Nature 2019
M. Freise und A. Zimmer (Hrsg.), *Zivilgesellschaft und Wohlfahrtsstaat im Wandel*, Bürgergesellschaft und Demokratie,
https://doi.org/10.1007/978-3-658-16999-2_10

gleichzeitig auch immer mehr Probleme des Systems sichtbar. Sozialpartner treten hier meist reaktiv in Erscheinung, während die Initiative häufig bei den staatlichen Akteuren liegt. Im Bereich der Weiterbildung treten die Sozialpartner, aber auch Betriebe und Betriebsräte, hingegen innovativ auf und treiben wichtige Maßnahmen voran.

Schlüsselwörter
Arbeitsmarktpolitik · Soziale Innovationen · Sozialpartner · Aus- und Weiterbildung

1 Einleitung

Soziale Innovationen in der Arbeitsmarktpolitik gleichen Suchbewegungen, um bessere Antworten auf die Zugangs- und Integrationsperspektiven auf den Arbeitsmarkt zu geben. Wenn man unter sozialen Innovationen Konzepte und Maßnahmen versteht, die entwickelt und eingesetzt werden, um neue soziale Herausforderungen durch die davon betroffenen Institutionen, Personen und Gruppen besser zu bewältigen, dann ist die Geschichte der Arbeitsmarktpolitik immer auch schon eine Geschichte der sozialen Innovationen. Die Betonung liegt aber auf „auch", denn wie wir in diesem Beitrag herausarbeiten werden, kommt es nicht permanent, sondern eher in gewissen Abständen zu neuen Antworten auf veränderte Herausforderungen auf dem Arbeitsmarkt. Zudem ist zu berücksichtigen, dass ebenso wie für Produkte und Verfahren erst dann von Innovationen gesprochen werden kann, wenn die damit identifizierten Erfindungen angewandt werden. Neue Konzepte und Instrumente können also dann als soziale Innovationen verstanden werden, wenn sie einen Nutzen für die Gesellschaft, den Arbeitsmarkt, die Wirtschaft und vor allem für die adressierte Zielgruppe stiften, der am Ende in einer individuell verbesserten Arbeitsmarktposition liegen sollte.

In der Arbeitsmarktpolitik angewandte neue Ideen können somit dann zu sozialen Innovationen werden, wenn sie besser wirken als die bisher genutzten Konzepte und Instrumente. Es kann sich dabei um neue Unterstützungs-, Beteiligungs- oder Zugangsregeln handeln, von denen ein positiver Einfluss auf die Arbeitsmarktlage bestimmter sozialer Gruppen ausgeht, um diese oder und auch die staatlichen sowie unternehmerischen Akteure zu veränderten Verhaltensformen zu bewegen. Das Spektrum reicht dabei von informellen individuellen Verhaltensweisen bis hin zu höchst formellen Dimensionen der Organisationsentwicklung und des rechtlich kodifizierten Zugangs zu bestimmten Leistungen. In diesem Sinne sind soziale Innovationen auch Teil des sozialen Wandels, den sie auch graduell beeinflussen können. (Howaldt und Jacobsen 2010).

2 Das Politikfeld der Arbeitsmarktpolitik

Arbeitsmarktpolitik ist Teil des umfassenden, in sich sehr komplexen Bereiches der Sozial- und Wirtschaftspolitik. In einer weiten Definition zielt das Politikfeld der Arbeitsmarktpolitik (Bothfeld et al. 2012) einerseits auf die Gestaltung der Rahmenbedingungen für Beschäftigung, insbesondere die Regulierung von Arbeitsbedingungen, und andererseits auf die Absicherung gegen Risiken des Arbeitsmarktes.

Hinsichtlich der Absicherung gegen Risiken des Arbeitsmarktes kann zwischen aktiver und passiver Arbeitsmarktpolitik unterschieden werden. Während passive Arbeitsmarktpolitik die Gewährung von Einkommensersatzleistungen im Falle der Arbeitslosigkeit meint, im deutschen Kontext Arbeitslosengeld I und Arbeitslosengeld II, umfasst die aktive Arbeitsmarktpolitik all jene Instrumente, die dazu dienen sollen, Arbeitslosigkeit so rasch und effektiv wie möglich zu beenden bzw. zu vermeiden. Hierzu zählen beispielsweise alle Formen der Arbeitsvermittlung, der Beratung von Stellensuchenden und potenziellen Arbeitgebern, verschiedene Weiterbildungsmaßnahmen, Lohnkostenzuschüsse an Arbeitgeber, die Unterstützung von Existenzgründungen oder auch öffentlich finanzierte Beschäftigungsgelegenheiten. Damit ist die Arbeitsmarktpolitik auch ein klassisches Feld investiver Sozialpolitik, da sie darauf abzielt, durch geeignete Programme Zugänge in Erwerbstätigkeit zu eröffnen und die individuellen, gesellschaftlichen und ökonomischen Kosten von Arbeitslosigkeit zu begrenzen. Als wesentliche Herausforderungen sind dabei technologische, betriebliche und gesellschaftliche Entwicklungen zu sehen, welche dazu führen, dass sich die Anforderungen an Akteure auf dem Arbeitsmarkt und damit auch an Arbeitsmarktpolitik ständig verändern. Angesichts des permanenten Wandels sind politische Anpassungen und soziale Innovationen gefragt.

3 Sozialpartner und Arbeitsmarktpolitik

Neben dem Zentralstaat, den Ländern und Kommunen sowie den Unternehmen, Wohlfahrtsverbänden und zivilgesellschaftlichen Akteuren beanspruchen die Sozialpartner traditionell eine wichtige Rolle in der Selbstverwaltung der Arbeitslosenversicherung bzw. der aktiven Arbeitsmarktpolitik. Seit den Anfängen der tripartistischen Arbeitsmarktpolitik im Jahre 1927 üben Gewerkschaften und Arbeitgeberverbände nicht nur einen indirekten Einfluss auf die Politikformulierung in den Parteien, Ministerien und auf die Entscheidungsbildung in Regierung und Parlament aus, sie verfügen auch über einen direkten Einfluss durch die Selbstverwaltung der Bundesagentur für Arbeit. Hinzu kommt ihre Rolle bei der Umsetzung von Gesetzen, vor allem in arbeitsmarktpolitischen Netzwerken sowie als Träger von Beschäftigungsgesellschaften und berufsbildenden Qualifizierungs- und Weiterbildungsinstitutionen.

Die bedeutende Rolle der deutschen Sozialpartner (Schroeder und Schulze 2012) in der Arbeitsmarktpolitik hat historische und funktionale Ursachen. Historisch hat sich die deutsche Arbeitsmarktpolitik aus kommunalen und verbandlichen Initiativen entwickelt, die bereits im 19. Jahrhundert entstanden sind (vgl. Schroeder 2017). Sowohl die Gewerkschaften wie auch die Arbeitgeberverbände bauten im 19. Jahrhundert eigenständige Institutionen der Arbeitsnachweise auf, die über einen längeren Zeitraum für jeden der beiden Verbände eine wichtige organisationspolitische Rolle einnahmen (vgl. Schmuhl 2003). Aufgrund der starken Stellung der Kommunen und Verbände, aber auch der Länder war es deshalb für den Zentralstaat äußerst schwierig, eine ganz Deutschland erfassende Arbeitsmarktpolitik zu entwickeln. Die vorwiegend lokalen Arbeitspolitiken wurden erst nach einem achtjährigen Verhandlungspoker – zwischen 1919 und 1927 – zentralisiert und in das korporatistische deutsche Sozialversicherungssystem integriert. Diese 1927 entstandene Konfiguration hat sich trotz vieler politischer Krisen und vielfältiger politischer Kurswechsel institutionell kaum verändert.

Funktional betrachtet haben sich Gewerkschaften und Arbeitgeberverbände seit dem Ende des 19. Jahrhunderts als bürokratisch-professionelle Einheiten, die als überbetriebliche Akteure des institutionalisierten Klassenkampfes wirken, im Sinne der industriellen Demokratie etabliert. Gewerkschaften in Deutschland (Schroeder 2014) sind berufs- und unternehmensübergreifende Branchen- und Massenorganisationen; die Arbeitgeberverbände können als unternehmensübergreifende bürokratisch-professionalisierte Honoratiorenorganisationen charakterisiert werden. Auf dieser Basis waren sie zugleich prädestiniert, um als wesentliche Träger des Selbstverwaltungskorporatismus zu wirken, der zugleich dazu beitrug, den institutionalisierten Klassenkampf zu strukturieren, zu kanalisieren und zu dämpfen. Somit kann man die Entwicklung der deutschen Form der tarifpolitischen Sozialpartnerschaft und des Selbstverwaltungskorporatismus als zwei Seiten einer Medaille betrachten: Einerseits ist die Institution der Selbstverwaltung bei den großen kollektiven Versicherungssystemen ein historisches Resultat obrigkeitsstaatlicher Integrationspolitik, die auf diese Weise eine friedliche Regulierung des Großkonfliktes zwischen Arbeit und Kapital zu befördern versuchte. Andererseits drückt sich darin die Mitbestimmungs-, also beteiligungsorientierte Dimension des deutschen Modells aus, die im 19. Jahrhundert wurzelt und auf zentralstaatlicher Ebene durch das Hilfsdienstgesetz (1916) und die Zentralarbeitsgemeinschaft (1919–23) erstmals praktiziert wurden.

Die unterschiedlichen Formen der Mitbestimmung wurden als Garanten für sozialen Ausgleich und Interessenpartizipation verstanden, was zugleich ein besonderes Merkmal des so genannten rheinischen Kapitalismus ist. In diesem Sinne deutet Matthias von Wulffen, der ehemalige Präsident des Bundessozialgerichtes, die Funktion der Selbstverwaltung: „In der sozialen Selbstverwaltung dokumentiert sich handgreiflich das den sozialen Sicherungssystemen in Deutschland zugrunde liegende Prinzip des solidarischen Ausgleichs. Soziale Selbstverwaltung ist gleichsam gelebte Sozialpartnerschaft. Die durch sie ermöglichte Partizipation der Betroffenen dient der Legitimation ihrer zwangsweisen Einbeziehung in ein System des solidarischen Ausgleichs und führt zu einer verstärkten Form ihrer Integration und Identifikation" (Wulffen 2005).

Das Prinzip der Selbstverwaltung charakterisiert die Bundesagentur als eine Institution zwischen Markt und Staat. Die Einflussstärke von Gewerkschaften und Arbeitgeberverbänden basiert auf deren Organisationskraft, ihrer Konfliktfähigkeit und ihren institutionellen Rechten. Insofern lässt sich durch die Pfadabhängigkeitsthese und Machtressourcentheorie (vgl. Schmidt et al. 2007) die langfristige und relativ stabile korporatistische Einbindung der Gewerkschaften und Arbeitgeberverbände in die Arbeitsmarktpolitik verstehen.

Zugleich ist aber auch zu berücksichtigen, dass in Phasen des Wandels und der Reform das Verhältnis zwischen beiden Akteuren sowie gegenüber dem Staat jeweils neu justiert wird. Dabei geht es meist um zwei Aspekte:

1. Wie ist das Kräfteverhältnis zwischen Gewerkschaften und Arbeitgeberverbänden hinsichtlich der Fähigkeit, die je eigenen Interessen durchzusetzen?
2. Inwieweit können die Sozialpartner den Einfluss des Staates in der Arbeitsmarktpolitik verringern?

Diese Begrenzung des Staatseinflusses hat nicht nur den Zweck, die eigenen Interessen besser durchzusetzen, sondern dient auch dazu, deutlich zu machen, dass ohne staatlichen Einfluss die direkt betroffenen Akteure besser und schneller reagieren können. In diesem Sinne können die Verbände durch ihre Beteiligung ihre eigene sozialpolitische Kompetenz und Legitimation erhöhen. Zugleich hat aber auch der Staat ein Interesse, konflikthafte Aufgaben zu delegieren, um Verantwortung zu teilen.

Die Rolle von Gewerkschaften und Arbeitgeberverbänden lässt sich angesichts der zunehmenden Organisationsprobleme wie rückläufiger Mitgliederzahlen und einer sinkenden Abdeckung durch Tarifverträge (Abb. 1, Ellguth und Kohaut 2017) sowie anderer Durchsetzungsprobleme und ihres Ressourcenmangels nur

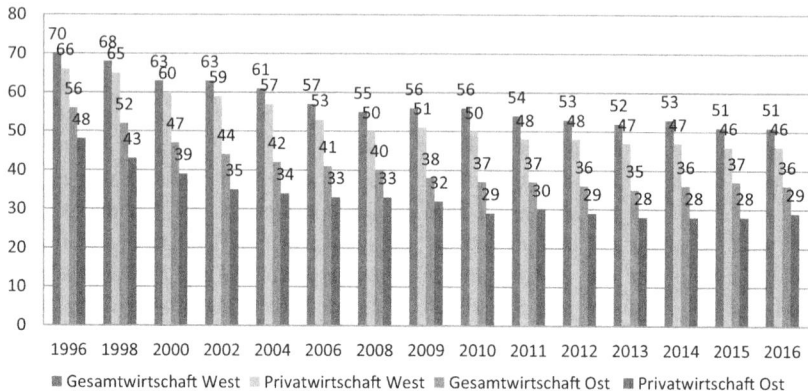

Abb. 1 Flächentarifbindung der Beschäftigten, 1996–2016, Angaben in Prozent. *Ohne Landwirtschaft und Organisationen ohne Erwerbszwecke. (Quelle: IAB-Betriebspanel; Ellguth und Kohaut 2017)

begrenzt mithilfe des Machtressourcen-Ansatzes erklären. Vielmehr ist die relative Stärke der Gewerkschaften und Arbeitgeberverbände im Kontext historischer Pfadabhängigkeiten, also gewachsener institutioneller Strukturen, zu verstehen. Letzteres spiegelt sich in der nach wie vor starken Integration der Verbände in zentrale arbeitsmarktpolitische Entscheidungsarrangements wider, in denen sie nicht nur beratend tätig sein können, sondern partiell auch den staatlichen Einfluss begrenzen. In Abb. 1 wird sichtbar, wie sich der tarifpolitische Einfluss der Sozialpartner in den letzten Jahren reduziert hat.

Während die Fähigkeit zur wirtschafts- und arbeitsmarktpolitischen Selbstregulation der Sozialpartner in den letzten Jahren deutlich zurückgegangen ist, hat der Einfluss des Staates in diesem Feld deutlich zugenommen. So lässt sich in der Arbeitsmarktpolitik eine zunehmende Bedeutung des Zentralstaates und der Kommunen feststellen. Zudem werden zur Politikformulierung auch von Verbänden unabhängige Experten hinzugezogen. Der Einfluss der Verbände hat sich in den letzten Jahren verengt. Eine Mitwirkungsoption in grundlegenden Strategiefragen wurde nicht in dem Maße wahrgenommen, wie dies aufgrund der vorhandenen Wissensressourcen möglich wäre. Ursächlich dafür waren insbesondere weit auseinandergehende Vorstellungen, die in einzelnen Bereichen grundsätzlichen Charakter besitzen. Dies verstärkt die Tendenz hin zu einem limitierten Korporatismus in der Arbeitsmarktpolitik. Durch eine forcierte Pluralisierung der Mitgliederinteressen bei Gewerkschaften und Arbeitgeberverbänden schwächten sich zudem die strategischen Handlungsmöglichkeiten zulasten kooperativer Arrangements zwischen beiden Verbänden. Die horizontalen Konflikte – vor allem hinsichtlich des Ausmaßes von Regulierung und Flexibilisierung – belasten auch die gemeinsam vertretenen Lösungsansätze in der Arbeitsmarktpolitik. Obwohl der Einfluss der Verbände in der Selbstverwaltung der Bundesagentur für Arbeit und in den Arbeitsagenturen gegenwärtig noch relativ stabil ist, kann sich der staatliche Einfluss weiter verstärken, wenn sich die gemeinsame Vetokoalition von Gewerkschaften und Arbeitgeberverbänden lockert und die Selbstverwaltung weniger politische Mitspracheoptionen wahrnehmen kann, weil sie in der Tendenz auf ein einfaches wirtschaftliches Aufsichtsorgan reduziert wird. Zugleich gibt es begründete Hinweise dafür, dass die von den Sozialpartnern favorisierte gesellschaftliche Lösungsperspektive durch Tarifverträge immer weniger funktioniert.

Diese Entwicklungen einer sukzessiven Schwächung der Selbstorganisation der Sozialpartner lassen sich in der Organisation der Arbeitsmarktpolitik in Deutschland konkret nachverfolgen. Über einen langen Zeitraum, von Ende der 1960er Jahre bis Anfang der 2000er Jahre, war die Arbeitsmarktpolitik institutionell weitgehend stabil. Sie folgte den Grundprinzipien des Arbeitsförderungsgesetzes (AFG) von 1969, welches auf den für damalige Erfahrungen starken Konjunktureinbruch 1966/67 reagierte, und eine Politik der Vollbeschäftigung anstrebte. Damit sollte Arbeitslosigkeit mit Hilfe von Arbeitslosengeld und Arbeitslosenhilfe abgesichert werden; zudem wollte man durch geeignete Instrumente der aktiven Arbeitsmarktpolitik die Arbeitslosigkeit vermindern bzw. verhindern, um das Beschäftigungsniveau zu erhöhen und die Qualifikationsstruktur der Beschäftigten zu verbessern. Diese innovative und ambitionierte Form der Arbeitsmarktpolitik hatte durchaus den Charakter einer sozialen Innovation, da sie sich von der Idee einer stark investiven Ausrichtung mit entsprechendem Gestaltungsanspruch leiten ließ. Dieser Anspruch drückte sich insbesondere im vermehrten Einsatz von Weiterbildungs- und Umschulungsmaßnahmen aus, gerade auch von intensiven, auf längere Dauer angelegten Programmen zur Qualifizierung der Beschäftigten und Arbeitsuchenden.

Allerdings stieß dieser Ansatz in Zeiten hoher Arbeitslosigkeit – etwa im Gefolge der beiden Ölkrisen und der Wiedervereinigung – immer offensichtlicher an seine Grenzen. Über die Jahre verschob sich der Förderschwerpunkt der aktiven Arbeitsmarktpolitik von Aufstiegsqualifizierungen für Erwerbstätige hin zu einer stärker reaktiven, problemgetriebenen Ausrichtung auf Qualifizierungsprogramme und andere Maßnahmen für die wachsende Zahl an Arbeitslosen. Das Fördervolumen hing dabei im Wesentlichen von politischen und fiskalischen Erwägungen ab. Gleichzeitig wurden Wirksamkeit und Kosteneffizienz der aktiven Arbeitsmarktpolitik und die Leistungsfähigkeit der für die Durchführung zuständigen Bundesanstalt zunehmend infrage gestellt (vgl. hierzu

z. B. Dobischat 2004). Kritik entzündete sich insbesondere an vergleichsweise teuren Bildungs- und Arbeitsbeschaffungsmaßnahmen, die in großem Stil eingesetzt wurden, die aber zu selten zum Sprungbrett in reguläre, nicht-geförderte Beschäftigung wurden. Gleichzeitig galt der institutionelle Aufbau der Arbeitsmarktpolitik mit der Einbindung der Sozialpartner, die nicht nur selbst Teil der Selbstverwaltung sind, sondern zugleich auch als Träger vieler Weiterbildungsanbieter agieren, als problematisch und kaum reformierbar.

Vor diesem Hintergrund kam es in der Arbeitsmarktpolitik in den frühen 2000er Jahren zu fundamentalen Veränderungen, den sog. Hartz-Reformen, entworfen von einer gerade nicht korporatistisch organisierten Expertenkommission, im Auftrag der damaligen rot-grünen Bundesregierung. Akuter Anlass war der sogenannte „Vermittlungsskandal" in der Bundesanstalt für Arbeit. Die Hartz-Reformen grenzten sich von der Tradition des Arbeitsförderungsgesetzes ab, indem sie auf eine aktivierende Arbeitsmarktpolitik setzten (Eichhorst et al. 2010), bei der eine schnellere Eingliederung von Arbeitsuchenden in Erwerbstätigkeit gegenüber einer teilweise eher passiven und auf langfristige Qualifizierungsmaßnahmen ausgerichteten Arbeitsmarktpolitik an Bedeutung gewann. In Reaktion auf das Scheitern des korporatistischen „Bündnisses für Arbeit" waren diese regierungsseitig vorangetriebenen Reformen auch ein Schritt zur Begrenzung des Einflusses der Sozialpartner sowohl auf den konkreten Gesetzgebungsprozess als auch auf das operative Handeln der Bundesanstalt bzw. Bundesagentur für Arbeit (vgl. etwa Trampusch 2005). Mit den Hartz-Reformen veränderte sich somit die Rolle der Sozialpartner und der Selbstverwaltung im Politikfeld der Arbeitsmarktpolitik.

Im derzeitigen Arrangement drückt sich die tripartistische Selbstverwaltung, mit Vertretern des Staates, der Arbeitgeber und der Gewerkschaften, im Verwaltungsrat der Bundesagentur für Arbeit (§ 373 SGB III) aus. Ihr Zuständigkeitsbereich ist dabei die Arbeitslosenversicherung und die Arbeitsmarktpolitik im Rahmen des SGB III. Der Verwaltungsrat legt die strategische Ausrichtung der BA und deren geschäftspolitische Ziele fest, beschließt die Satzung, den Haushalt, genehmigt den Geschäftsbericht der BA, überwacht die Arbeit des Vorstandes und berät die BA zu aktuellen arbeitsmarktpolitischen Fragen. Der Verwaltungsrat ist aber nicht in operative Fragen eingebunden. Das gleiche gilt auch für die Ebene der Bundesländer bzw. Regionaldirektionen, wo diese Kooperationsformen in Form von Beiräten zwar formal beibehalten wurden, jedoch ohne den gleichen starken rechtlichen Status von Verwaltungsräten zu besitzen. Dagegen bestehen auf der Ebene der lokalen Arbeitsagenturen nach wie vor Verwaltungsausschüsse als Beratungs- und Aufsichtsgremien, welche die lokalen arbeitsmarktpolitischen Maßnahmen abstimmen sollen.

Der aus Steuermitteln finanzierte Teil der Arbeitsmarktpolitik sowie der Grundsicherung nach dem SGB II, also Arbeitslosengeld II bzw. „Hartz IV", unterliegt nicht der Selbstverwaltung (Obermeier 2016). Hierbei handelt es sich vielmehr um eine Auftragsangelegenheit des Bundes, die in den meisten Fällen in geteilter Verantwortung von Arbeitsagentur und Kommunen als Arbeitsgemeinschaften, in einigen Kreisen auch allein durch zugelassene kommunale Träger (Optionskommunen), durchgeführt werden. Allerdings gibt es bei den örtlichen Jobcentern der Arbeitsgemeinschaften bzw. der Optionskommunen nach § 18 d SGB II Beiräte, an denen in der Regel die Sozialpartner und Wohlfahrtsverbände sowie Kammern und berufsständische Organisationen beteiligt sind. Die Beiräte sollen bei der Auswahl und Gestaltung von arbeitsmarktpolitischen Maßnahmen die Geschäftsführung beraten.

4 Umbrüche am Arbeitsmarkt

Der bundesdeutsche Arbeitsmarkt befindet sich seit einigen Jahren in einem beschleunigten Umbruch. Statt einem „Ende der Arbeitsgesellschaft", wie Anfang der 80er Jahre verschiedentlich befürchtet, haben wir mittlerweile eine „flexible Hyperarbeitsgesellschaft", die seit einigen Jahren mit immer neuen Rekordwerten aufwartet. 2016 waren es etwa 44 Mio. Menschen, die sich auf dem Arbeitsmarkt tummelten. Spätestens mit dem Diktum der Lissabon-Strategie der EU gilt „Arbeit für Alle" nunmehr auch für Frauen. In Westdeutschland waren 1960 47 % der Frauen erwerbstätig, 2016 waren es hingegen fast 70 %. Auffallend ist allerdings auch, dass umgerechnet in Vollzeitstellen dieser Anteil seit etwa Anfang 2000 stagniert. Zu beobachten ist, dass Frauen in den vergangenen Jahren stärker in geringwertige Teilzeitstellen, vor allem Mini- und Midi-Jobs, gedrängt wurden. Die Erhöhung der Frauenbeschäftigungsquote wird zwar von Wirtschaft und Politik gefordert, die institutionellen und gesamtgesellschaftlichen Antworten (Kindergartenplätze, Ganztagsschulen etc.) bleiben aber immer noch hinter den damit aufgeworfenen gesellschaftlichen und wirtschaftlichen Veränderungsnotwendigkeiten zurück. Der Zuwachs der Frauenerwerbstätigkeit hat ökonomische, soziale und politische Auswirkungen auf Sozialstrukturen, Lebensbedingungen, Konsumverhalten und Formen der sozialen Sicherung. Einerseits verbindet sich für viele Frauen mit dem Weg in den Arbeitsmarkt mehr Eigenständigkeit und Emanzipation. Andererseits ist dieser Wandel häufig gekoppelt mit schlecht bezahlten, flexiblen Jobs, die kaum Aufstiegsperspektiven bieten und keine oder nur geringe eigene Rentenansprüche generieren. Für diese Konstellationen sind innovative Arbeitsmarktpolitiken, die den Ein- und Ausstieg begleiten, ebenso wichtig wie veränderte lebens- und arbeitsplatznahe Qualifizierungsmaßnahmen.

Die Transformation der Arbeit zeigt sich auch an der Intensivierung wirtschaftlicher Leistungsfähigkeit. Heute kann mit einem vergleichbaren Arbeitsvolumen wie in den 60er Jahren des vorigen Jahrhunderts ein vielfach größeres BIP erwirtschaftet werden. In den 1960er-Jahren war das Arbeitsvolumen bezogen auf die insgesamt geleisteten Arbeitsstunden in Westdeutschland so hoch wie heute in Gesamtdeutschland. Im Vergleich zum Jahr 1970 wird heute ein BIP erwirtschaftet, das etwa 6,7 Mal so groß ist. Die Produktivitätssteigerung steht in Zusammenhang mit strukturellen Wandlungsprozessen. Manche Produktionsformen, Tätigkeiten und Berufe werden entweder komplett neu ausgerichtet oder fallen ganz weg. Industrie- und industrienahe Arbeitsplätze mit einfachen Tätigkeitsprofilen gibt es kaum noch – betroffen davon sind in erster Linie die „Geringqualifizierten". So ist ein „Proletariat neuen Typs" entstanden. Denn die Transformation von industrienahen zu dienstleistungsstrukturierten Jedermannsarbeitsmärkten ließ unstete und ungesicherte Arbeitsverhältnisse expandieren. Das Neue an dieser Entwicklung: Bis in die 1980er-Jahre waren Geringqualifizierte im industriellen Sektor in Normalarbeitsverhältnisse eingebunden, heute im Dienstleistungsbereich werden sie oft nur noch prekär beschäftigt.

Die neue Arbeitsgesellschaft ist aber ohne den technologischen Wandel, der eng mit dem Stichwort der Digitalisierung verbunden ist, nicht zu verstehen. Erwartbar ist, dass die Digitalisierung der Wirtschaft dazu führt, dass menschliche Arbeit in der Zukunft vermehrt mit nicht routineorientierten, also kreativen, analytischen und kommunikativen Tätigkeiten verbunden sein wird. Auch werden soziale, interaktive Kompetenzen durch die Digitalisierung weiter an Bedeutung gewinnen. Menschliche Arbeit wird dem entsprechend künftig vor allem dort angesiedelt sein, wo sie komplementär zu immer intelligenteren Maschinen sein kann. Tätigkeitsfelder wie Forschung und Entwicklung oder Dienstleistungen in Kombination mit industrieller Produktion sind in der Tendenz weniger von Automatisierung oder grenzüberschreitender Verlagerung betroffen, gehen aber in der Regel mit kontinuierlich steigenden Qualifikationsanforderungen einher. Das führt zu einer stärkeren Dualisierung des Arbeitsmarktes, mit atypischer Beschäftigung und Niedriglohn. Damit wächst die Bedeutung von individueller Beschäftigungsfähigkeit und stabileren Erwerbsverläufen (Eichhorst et al. 2017). Letztlich ist das kaum gelöste Problem der Langzeitarbeitslosigkeit zu erwähnen, dass seinerzeit ja einer der auslösenden Faktoren für die Arbeitsmarktreformen war. Es bestehen also vielfältige Risiken für jene, deren Qualifikationen nicht mit den Anforderungen am Arbeitsmarkt Schritt halten können, was allerdings nicht nur zu mehr und anderen Weiterbildungsangeboten im Zuge der Digitalisierung führen sollte, sondern auch zu anderen Flankierungen, um Ein- und Aufstiege besser zu ermöglichen. Und dazu bedarf es einer Umweltanpassung der Arbeitsmarktpolitik, die zu einem verbesserten Zusammenspiel von Unternehmen, Zivilgesellschaft, Verbänden und Staat führen muss. Einerseits geht es um die Voraussetzungen der Akteure und deren „employability", andererseits aber auch um eine angemessen schnelle Eingliederung in den Arbeitsmarkt.

5 Soziale Innovationen

Das deutsche System der Beruflichkeit ist in vielfältiger Hinsicht voraussetzungs- und anspruchsvoll. Dazu tragen die zuweilen komplexen Anforderungen bei, die damit für die Auszubildenden wie auch für die Betriebe verbunden sind. Lange Zeit galt das deutsche Berufsbildungssystem sowohl als Basis für eine lebenslange Fähigkeit, sich an veränderte berufliche Anforderungen anzupassen, als auch als Hindernis, ein leistungsfähiges System der flächendeckenden Weiterbildung zu etablieren. Letzteres deshalb, weil man mit der soliden Grundbildung weitere Anpassungen an veränderte Bedingungen während der Karriere für nicht unbedingt notwendig erachtete. Es ist offensichtlich, dass sowohl das duale Berufsbildungs- wie auch das Weiterbildungssystem sozialer Innovationen bedürfen, um ihre strategischen Funktionen auch in Zukunft erfüllen zu können. Durch Digitalisierung und einen befürchteten Fachkräftemangel sind die Erwartungen an Aus- und Weiterbildung gewachsen.

Mit dem forcierten Aufbau des dualen Studiums ist in Deutschland seit einiger Zeit eine massive Veränderung im Gange, die darauf zielt, zwischen die duale Berufsausbildung und das Studium eine unternehmenszentrierte Erweiterung einzubauen. In diesem Beitrag fokussieren wir die Frage: Wie kann die berufliche Ausbildung ihre Integrationsfähigkeit nach unten verbessern und welche sozialen Innovationen sind im Bereich der Weiterbildung notwendig?

5.1 Berufliche Ausbildung: Projekte gegen den Fachkräftemangel und für neue Chancen von Jugendlichen

Der solide Einstieg in den Arbeitsmarkt ist eine zentrale Basis für eine nachhaltige, integrierte Berufsentwicklung. Dafür ist die duale Ausbildung, die nach wie vor das Rückgrat der deutschen Wirtschaft bildet, von zentraler Bedeutung. Ihr unbestechlicher Vorteil besteht in der engen Verknüpfung zwischen theoretischem Lernen an den Berufsschulen und der praktischen Lernarbeit im Betrieb. Dies ermöglicht es den Unternehmen, ihren Fachkräftenachwuchs praxisnah auszubilden, und setzt Anreize für eine bedarfsgerechte, flächendeckende Berufsausbildung. Den Auszubildenden sichert sie eine hohe Wahrscheinlichkeit der Übernahme in Beschäftigung und ermöglicht so einen Berufsstart im Sinne eigenständiger Lebensführung und gesellschaftlicher Teilhabe. Obwohl Deutschland in den letzten Jahren von immer mehr Ländern wegen dieses dualen Systems beneidet wird, mithin eine internationale Vorreiterrolle einnimmt, lassen sich einige grundlegende Probleme nicht ignorieren. Dabei ist auch zu erkennen, dass der Attraktivitätsverlust der beruflichen gegenüber der akademischen Ausbildung auch das Ergebnis eines längerfristigen kulturellen Prozesses ist (Nida-Rümelin 2014). Aber genauso offensichtlich ist, dass die Weichen jetzt anders gestellt werden müssen. Wenn immer mehr junge Menschen an die Hochschulen gehen, dann stehen den Betrieben weniger leistungsstarke Kräfte zur Verfügung. Verschärft wird die Lage dadurch, dass in einzelnen Berufen die Anforderungen wegen einer technik- oder prozessgetriebener Komplexität deutlich zugenommen haben. Gerade Jugendliche, die von ihren kognitiven, sozialen und motivationalen Voraussetzungen betrieblich schwerer integrierbar geworden sind, stellen eine neue Herausforderung für eine innovative Arbeitsmarktpolitik dar. Eine so hohe Zahl von Auszubildenden wie noch nie löste das Ausbildungsverhältnis binnen eines Jahres auf; hinzu kommen jene, die die Abschlussprüfung nicht erfolgreich durchlaufen. Während im Bundesgebiet die Vertragsauflösungsquoten 2016 bei 24,4 % lagen, fiel der Wert z. B. in Brandenburg mit 29,2% deutlich höher aus. Viele Betriebe kapitulieren vor ausbildungsschwachen Jugendlichen und verzichten aufgrund der damit verbundenen Probleme darauf, weiter auszubilden. So bilden in Deutschland insgesamt nur noch 20 % aller Betriebe überhaupt aus. Da diese Problemlagen in den neuen Ländern besonders gravierend sind, gilt dies auch für den damit einhergehenden Handlungsbedarf.

Sicherlich, die Bundesagentur für Arbeit, die Landesregierungen, die Kommunen, die Industrie- und Handelskammern, aber auch die Sozialpartner, Wohlfahrtsverbände und Stiftungen haben diese Probleme längst erkannt. Gleichwohl konnte bislang keine Wende zum Besseren bewirkt werden. Bei der Suche nach Erfolg versprechenden Strategien und Initiativen scheint man nicht wirklich fündig zu werden: Weder ist erkennbar, dass die genannten, strukturellen Probleme abgebaut werden könnten, noch wie die dahinterstehende kulturelle Dimension zu verändern wäre.

Im Kern geht es einerseits um eine Imageaufwertung, damit auch leistungsstärkere Schülerinnen und Schüler für die berufliche Ausbildung gewonnen werden, und andererseits um strukturelle, betriebliche Reorganisationsprozesse, die dazu beitragen, schwächere Auszubildende in den Betrieben erfolgreich zu integrieren und zu sozialisieren. Denn es kann jetzt schon einiges getan werden: Offensichtlich ist, Jugendliche selbst, Eltern, Lehrer, Arbeitsagentur und Unternehmen tun sich schwer, bei der Vielfalt der beruflichen Perspektiven die richtige Wahl zu befördern. Es scheint so, dass nicht nur Reizüberflutung durch unbegrenzte Informationsmöglichkeiten oder Fehlinformationen zur Orientierungslosigkeit führen. Wir kennen in Deutschland etwa 330 verschiedene Ausbildungsberufe gleichwohl kaprizieren sich in manchen Regionen 40 % der junge Menschen auf nur 10 Ausbildungsberufe. Da sie kaum klare Vorstellungen von Tätigkeitsfeldern, Entwicklungsmöglichkeiten und Verdiensten haben, entpuppt sich für viele Auszubildende die getroffene Wahl als Enttäuschung.

So wie es aussieht, scheint das Problem nicht darin zu bestehen, dass die bestehenden Informationsangebote nicht wahrgenommen werden. Schon eher trifft zu, dass ihre Wirkung begrenzt ist. Offensichtlich ist jedenfalls, dass sich die Jugendlichen nicht hinreichend mit dem Berufsbild auseinandersetzen und somit mehr persönliche Orientierung, Unterstützung und Begleitung benötigen. Notwendig sind also Unterstützungsangebote, die frühzeitig einsetzen, um die Gefahr einer späteren Erwerbslosigkeit zu verringern („Prävention statt Reparatur"). Denn die Arbeitslosenquoten von Personen ohne Berufsabschluss sind gegenwärtig mit rund 20 % etwa viermal so hoch sind wie die von Personen mit mittlerem Bildungsabschluss (rund 5 %) und sogar fast sechs Mal so hoch wie die von Akademikern (rund 3,5 %). Kurzum: Beschäftigungsverhältnisse gut qualifizierter junger Menschen sind stabiler. Hinzu kommt: die hohen Abbrecherzahlen bedeuten auch eine ungemein hohe Verschwendung an Ressourcen – das trifft Unternehmen und Berufsschulen sowie Hochschulen gleichermaßen.

Ein innovatives Beispiel, wie auf diese Problemlagen reagiert wurde: In Brandenburg wurden 2013 Projekte installiert, die sich darauf konzentrieren, Jugendliche vor und in der dualen Ausbildung besser zu unterstützen. Das Projekt trägt den Namen „Türöffner". Mittels eines Mentoring-Ansatz sollen die Mentoren an den lebensweltlichen und biografischen Bedarfen der Jugendlichen ansetzen, indem sie als persönliche „Paten", die das Vertrauen der Jugendlichen haben, Verhaltensmuster ausarbeiten, die die Jugendlichen ermuntern, die anstehenden Herausforderungen anzunehmen.

Für die Organisation dieser Projekte sind lokale Koordinierungsstellen (LoK) an den Oberstufenzentren eingerichtet worden, die die Mentoren/Paten gewinnen und deren Einsätze organisieren. Eine Koordinierungsstelle ist in der Regel mit ein zwei Personen besetzt. Auf der Basis einer engen Vernetzung mit den örtlichen Betrieben, Vereinen und staatlichen Stellen werden Brücken zwischen Auszubildenden und Institutionen gebaut, um als Plattform Kontakte mit Menschen in ähnlichen Lebenslagen herzustellen und so eine Ebene für persönliche und berufliche Reflexion ermöglichen.

„1:1-Mentoring" (im Gegensatz etwa zu Gruppen- oder peer-to-peer Mentoring) beschreibt eine auf Vertrauen basierende Beziehung zwischen einem erfahrenen Mentor und seinem Mentee, bei der es vordergründig um die Vermittlung von Erfahrungen, der Förderung des Lernens und der positiven Entwicklung der Lebenschancen sowie des Anspornens des Mentees geht. Mentoring bietet so eine neue Ebene der Selbstreflexion für den Mentee durch regelmäßige Treffen mit seinem Mentor. Letztlich geht es um neue Ansprechwege und -partner für Jugendliche. Während standardisierte Programme den Vorteil haben, alle formal erreichen zu können, aber zu wenig auf ihre individuellen Präferenzen und Probleme einzugehen, ist die Stärke von Mentoring-Ansätzen, durch niedrigschwellige Zugänge, den einzelnen in seiner Lebenslage zu erreichen. Mit dieser Initiative soll auch verhindert werden, dass soziales Kapital allein vom elterlichen Bildungs- und Finanzhintergrund abhängt. Mentoring-Ansätze finden in vielen Bereichen Anwendung, etwa in der Nachwuchsförderung innerhalb eines Unternehmens oder im akademischen Bereich. Ein großer Nachteil besteht darin, dass das Türöffner-Projekt nicht flächendeckend besteht und als Projekt zeitlich befristet ist.

Auffallend ist, dass in den ostdeutschen Bundesländern, wo die Herausforderung im Feld der zukunftsorientierten Fachkräftepolitik besonders ausgeprägt sind, die Sozialpartner in die damit einhergehenden Programme lediglich beratend eingebunden sind. Die Sozialpartner treten selbst kaum initiativ, sondern eher reaktiv beratend in Erscheinung. Die Initiative liegt meist bei den staatlichen Akteuren, die allerdings in starkem Maße auf Impulse und Unterstützung aus der Zivilgesellschaft angewiesen sind. Das zivilgesellschaftliche Engagement stärkt langfristig nicht nur die Attraktivität vieler Ausbildungsberufe, sondern stabilisiert auch die lokalen Arbeitsmärkte. Gefordert ist also nicht einfach nur der Staat; vielmehr auch die Sozialpartner, die Bürgergesellschaft und vor allem die Unternehmen.

5.2 Weiterbildung: Soziale Innovationen unter Beteiligung der Sozialpartner

Die permanenten und tief greifenden Veränderungsprozesse auf dem Arbeitsmarkt belegen, wie wichtig gute und über den Erwerbsverlauf hinweg fortentwickelte beruflich nutzbare Qualifikationen sind. Vor diesem Hintergrund kommt neben der Ausbildung in der Phase des Berufseinstiegs der Weiterbildung im weiteren Berufsverlauf eine besondere und wachsende Bedeutung zu. Im Handlungsfeld der Weiterbildung zeigt sich auf der einen Seite eine laufende

Fortentwicklung mit einigen sozialen Innovationen, was die Organisation und Durchführung von Weiterbildung angeht, auf der anderen Seite wird in diesem Feld auch das Zusammenwirken von Staat, Arbeitgebern und ihren Verbänden sowie Gewerkschaften und Individuen deutlich.

Betrachten wir verschiedenen Ebenen der Weiterbildung, so ist zunächst zu konstatieren, dass ein Großteil der Weiterbildung von den Betrieben organisiert und finanziert wird (siehe Abb. 2). Hierbei geht es um die Anpassungsqualifikationen von Beschäftigten, die unmittelbar der Produktivität und Innovationskraft der Betriebe zugutekommen, aber in vielen Fällen kleinere und kürzere, oft nicht-formal strukturierte Lernformate umfasst. Diese Form von Weiterbildung findet während der Arbeitszeit oder in bezahlten Freistellungszeiten statt. Die Betriebe leisten damit einen großen Teil der Organisation und der Finanzierung von beruflicher Weitbildung selbst, wenngleich auch die Beschäftigten teilweise zur Ko-finanzierung beitragen.

Die Betriebsräte, die jedoch nur in etwa 9 % aller privatwirtschaftlichen Betriebe vorhanden sind (siehe Tab. 1), können hierbei im Rahmen ihrer Mitbestimmungsrechte auf die Weiterbildung einwirken (§§ 96 bis 98 Betriebsverfassungsgesetz). Sie sind auch in die Umsetzung von betrieblichen oder tarifvertraglichen Vereinbarungen über Weiterbildung einbezogen, wobei sie auf die Unterstützung durch gewerkschaftliche Beratung zurückgreifen können (Busse und Seifert 2009). Auffallend ist jedoch auch, dass Weiterbildung in Deutschland sozial selektiv ausfällt: Es sind vor allem die Stammbelegschaften,

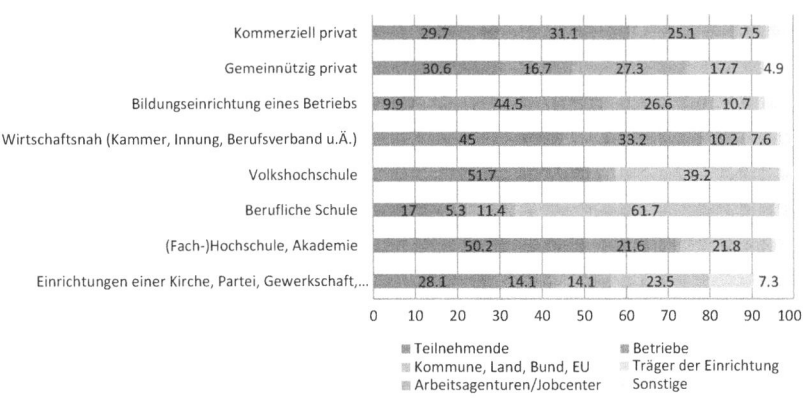

Abb. 2 Durchschnittliche Finanzierungsanteile im Bereich der Weiterbildung, differenziert nach Art der Einrichtung (Mittelwerte in %). (Quelle: BIBB/DIE wbmonitor Umfrage 2015: hochgerechnete Werte auf Basis von n = 1350 Angaben)

Tab. 1 Tarifbindung und Betriebsrat, 1996–2016[a], Anteil der jeweils betroffenen Beschäftigten in Prozent. (Quelle: IAB-Betriebspanel 1996–2016; Ellguth und Kohaut 2017)

	Westdeutschland									Ostdeutschland								
	1996	2000	2004	2008	2010	2012	2014	2016		1996	2000	2004	2008	2010	2012	2014	2016
Branchentarif und BR	41	37	35	30	31	29	28	27		29	25	22	18	18	15	15	14
Haustarif und BR	9[b]	6	6	6	6	6	6	7		13[b]	8	9	9	10	11	9	9
Kein Tarif und BR		7	6	9	8	8	9	9			8	9	10	9	9	9	11
Branchentarif und kein BR	27	25	24	22	21	21	21	21		22	16	16	18	13	13	15	17
Haustarif und kein BR	23[b]	1	1	2	1	1	2	1		36[b]	3	4	4	3	3	3	2
Kein Tarif und kein BR		24	27	31	32	34	34	36			39	41	42	47	47	49	47
Gesamt	**100**	**100**	**100**	**100**	**100**	**100**	**100**	**100**		**100**	**100**	**100**	**100**	**100**	**100**	**100**	**100**

[a]BR: Betriebsbeirat; Basis: privatwirtschaftliche Betriebe ab 5 Beschäftigte, ohne Landwirtschaft und Organisation ohne Erwerbszweck
[b]Erst ab 1998 können nach einer Veränderung der Fragestellung im IAB-Betriebspanel die Werte für Haustarifverträge getrennt ausgewiesen werden. Für 1996 werden deshalb die zusammengefassten Werte der Betriebe ohne Branchentarif angegeben

insbesondere fachlich hoch qualifizierte Beschäftigte und Führungskräfte werden gefördert und geschult (Bläsche et al. 2017). Im Bereich der Weiterbildung sind die Sozialpartner durchaus innovativ und treiben wichtige Maßnahmen voran. So gelang es auf der sektoralen Ebene in den letzten Jahren durch Tarifverträge neue Entwicklungen anzustoßen. Zu nennen sind vor allem die Demografie-Tarifverträge im Chemie- und Metallsektor. Die Sozialpartner haben dort durch Vereinbarungen für die tarifgebundenen Unternehmen ihrer jeweiligen Wirtschaftszweige und Regionen Regelungen geschaffen, die die Beschäftigten systematisch in Weiterbildung einbeziehen sollen.

Es liegt im Interesse der Gewerkschaften, dass die von ihnen vertretenen Beschäftigten zu den Gewinnern der technischen Veränderungen zählen (vgl. Wetzel 2015). Gleiches gilt im Grunde auch für die Unternehmen, weswegen es eine gemeinsame Schnittmenge für Qualifizierungsinitiativen gibt. Zahlreiche Initiativen verdeutlichen, dass die Sozialpartner beider Seiten die Zeichen der Zeit erkannt haben. Ein Beispiel liefert die Vereinbarung der „Allianz für Aus- und Weiterbildung" für die Jahre 2015 bis 2018, welche von den Dachorganisationen der Gewerkschaften und der Arbeitgeber sowie von Vertretern der Politik ausgehandelt wurde. Ziel der Vereinbarung ist es, die berufliche Bildung aufzuwerten und Zugänge zu fördern.

Vereinbarungen über Weiterbildung wurden bereits in der Vergangenheit getroffen. So haben die IG Metall und die IG Bergbau, Chemie, Energie (IG BCE) in den vergangenen Jahren Tarifverträge zur Qualifizierung abgeschlossen. Bereits seit 15 Jahren, also 2002, besteht auf der Grundlage eines Tarifvertrages für die Metall- und Elektroindustrie in Baden- Württemberg für die Beschäftigten ein Anspruch auf ein jährliches Gespräch zum Qualifikationsbedarf. Dabei wird der Bedarf an Qualifikation mit dem Vorgesetzten evaluiert und eine anschließende Umsetzung vereinbart. Diese Angebote werden von einer von den Sozialpartnern gegründeten Agentur unterstützt – vor allem für die kleinen und mittelgroßen Betriebe. Es wird dabei zwischen betrieblicher und persönlicher Weiterbildung unterschieden. Für letztere bestehen auch Freistellungsmöglichkeiten in einer regelmäßigen Teilzeitlösung oder in Form eines sogenannten Blockmodells (Bahnmüller und Fischbach 2006).

Der Tarifabschluss in der Metall und Elektroindustrie für 2015 schuf einen weiteren Meilenstein für die tarifvertraglich organisierte Weiterbildung. Hierbei wurde erstmals bundesweit ein durchsetzbares Recht auf eine bis zu siebenjährige Bildungsteilzeit geschaffen. Danach besteht der Anspruch auf einen gleich oder höherwertigen Vollzeitarbeitsplatz. Betriebsrat und Arbeitgeber können vereinbaren, dass ein Teil des für Altersteilzeit bereitgestellten Geldes für Bildungsteilzeit genutzt wird. Dies ermöglicht es beispielsweise jüngeren Beschäftigten, einen Schulabschluss nachzuholen, sich zum Beispiel als Techniker fortbilden zu lassen oder ein weiterführendes Studium zu absolvieren. Arbeitnehmer können für ihre eigene Fortbildung Zeit auf einem Weiterbildungskonto ansparen.

Die Idee eines Weiterbildungskontos wurde von der IG Metall bereits mehrfach auf betrieblicher Ebene durch Betriebsvereinbarungen umgesetzt: Die Vereinbarungen mit den Unternehmen Trumpf und Stihl in Baden-Württemberg gelten in diesem Kontext als wegweisend. Im Jahr 2011 einigten sich die IG Metall und die Geschäftsführung von Trumpf auf einen Beschäftigungspakt für die 4000 Mitarbeiter im Inland; festgelegt für eine Laufzeit von fünf Jahren. Ein Element des „Bündnisses 2016" ist ein „Familien- und Weiterbildungskonto", das mit bis zu 1000 Stunden gefüllt und blockweise in Anspruch genommen werden kann. So sind bis zu sechs Monate erwerbsfreier Zeit möglich. Das im Jahr 2010 bei der Stihl-Gruppe per Betriebsvereinbarung geregelte Qualifizierungskonto geht auf den Zusatz-Tarifvertrag zwischen dem Verband der Metall- und Elektroindustrie und der IG Metall Baden-Württemberg zurück. Wenn die festgelegte Höchstquote von Beschäftigten, die länger als 35 Stunden je Woche arbeiten, auf Wunsch des Arbeitgebers überschritten werden soll, so entsteht ein Guthaben auf einem „kollektiven Weiterbildungskonto für nebenberufliche Weiterbildung".

Im Jahr 2011 wurde erstmals auch in der Zeitarbeit ein Weiterbildungsfonds zur Finanzierung von Qualifizierungsmaßnahmen für Zeitarbeitnehmer gegründet. Die IG BCE schloss mit der USG People Germany-Tochter Technicum einen Haustarifvertrag, in dem die Weiterbildung tariflich verankert wurde. Kern des Haustarifvertrags ist ein Verein „Weiterbildungsfonds Zeitarbeit e.V.", der in gemeinnütziger Rechtsform organisiert ist und paritätisch von den Sozialpartnern verwaltet wird. Insgesamt fließen zwei Prozent der Bruttolohnsumme der Zeitarbeitnehmer in den Fonds, der sich aus Beiträgen von Personaldienstleister (0,8 %), Kundenunternehmen (0,8 %) und Beschäftigten (0,4 %) speist. Die Bereitstellung von finanziellen Mitteln für die individuelle Weiterbildung ist unabhängig von den eingezahlten Beiträgen.

Als dritter Baustein kann die Weiterbildung im Rahmen der aktiven Arbeitsmarktpolitik angesehen werden. Mit den Hartz-Reformen ergab sich insgesamt eine stärkere Betonung kürzerer, auf rasche Erwerbsintegration ausgerichteter Qualifizierung, auch wenn das im Einzelfall nicht immer ausreicht, um eine stabile Erwerbstätigkeit zu erreichen. Ein wichtiges Element in diesem Strategiewechsel waren Eignungsfeststellungs- und Trainingsmaßnahmen (seit 2012 als Maßnahmen zur Aktivierung und beruflichen Eingliederung bezeichnet, § 45 Abs. 1 SGB III). Neben der Förderung von betrieblichen Maßnahmen umfasst dies auch Maßnahmen bei einem externen Bildungsträger oder in Zusammenarbeit mit einem privaten Arbeitsvermittler.

Seit den Hartz-Reformen werden Weiterbildungen im Rahmen der aktiven Arbeitsmarktpolitik grundsätzlich über Bildungsgutscheine (§ 81 IV SGB III) organisiert. Wenn eine Weiterbildung als sinnvoll angesehen wird, um eine Beschäftigung anzutreten oder den Arbeitsplatz zu sichern, kann einem Stellensuchenden oder einer von Arbeitslosigkeit bedrohten Personen ein Bildungsgutschein ausgestellt werden. Um einen Bildungsgutschein zu erhalten, muss einerseits eine positive Prognose zur Eingliederung in den Arbeitsmarkt nach Durchlaufen der Weiterbildungsmaßnahme bestehen und andererseits werden nur Maßnahmen gefördert, die eine hohe Eingliederungschance für die Teilnehmer bieten. Der Gutschein bestimmt Art und Umfang der geförderten Weiterbildung. Er kann vom Gutscheininhaber für anerkannte Kurse anerkannter Träger innerhalb der Gültigkeitsfrist eingelöst werden (vgl. §§ 177–179 SGB III). Sowohl die Anbieter als auch die Kurse werden dabei von Akkreditierungsstellen vorab zertifiziert, um eine ausreichende Qualität und Wirksamkeit sicherzustellen. Die Inhaber eines Bildungsgutscheins haben prinzipiell Wahlmöglichkeiten bei der Einlösung des Gutscheins und werden damit quasi als Konsumenten auf einem Markt für Weiterbildung betrachtet.

Eine besondere Rolle in der Weiterbildungsförderung spielt das Sonderprogramm „Weiterbildung Geringqualifizierter und beschäftigter älterer Arbeitnehmer in Unternehmen" (WeGebAU), welches sich gezielt an gering qualifizierte Beschäftigte und Arbeitnehmer in kleineren und mittelgroßen Unternehmen richtet, also gerade nicht an Arbeitslose, sondern an potenziell von Arbeitslosigkeit bedrohte Personen. Hierbei werden die Beschäftigten für Weiterbildungsphasen freigestellt und die Kosten für die Qualifizierungsmaßnahmen übernommen. Auch diese Maßnahme wird mittels eines Bildungsgutscheins realisiert. Wie anhand der Entwicklung von betrieblicher, tarifvertraglicher und arbeitsmarktpolitisch organisierter Qualifizierung deutlich wird, reagiert das deutsche Weiterbildungssystem durchaus auf neue Anforderungen des strukturellen und technologischen Wandels. Hierbei tragen die Betriebe und die Betriebsräte, aber auch Arbeitgeberverbände und Gewerkschaften zu innovativen Lösungen bei. Weiterhin ist es auch so, dass die Betriebe, die Verbände der Wirtschaft, aber auch die Gewerkschaften, neben staatliche Einrichtungen sowie privat-kommerziellen und gemeinnützigen Akteuren wichtige Anbieter auf dem Weiterbildungsmarkt sind (vgl. Abb. 3, Weiß 2016). Sie tragen damit sowohl zur Vielfalt und als auch zur Wandlungsfähigkeit der Weiterbildungslandschaft bei.

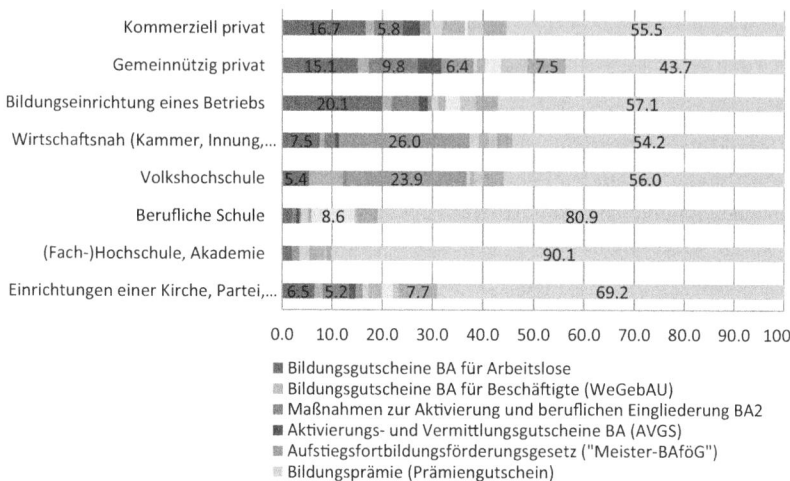

Abb. 3 Durchschnittliche Anteile öffentlich geförderter Personen an allen Teilnehmenden der Einrichtung im Bereich der Weiterbildung, differenziert nach Art der Einrichtung (Mittelwerte in %). (Quelle: BIBB/DIE wbmonitor Umfrage 2015: gewichtete und hochgerechnete Werte auf Basis von n = 1170 Anbietern)

6 Fazit

Die Organisation der deutschen Arbeitsmarktpolitik besitzt eine außerordentlich hohe Pfadabhängigkeit und zugleich ist sie sowohl offen für grundsätzliche Diskontinuitäten wie auch für soziale Innovationen. Die größten Brüche in der Organisation der Arbeitsmarktpolitik sind verbunden mit ihrer 1927 erfolgten Einrichtung, mit der sie die lokalen und verbandlichen Aktivitäten ablösten. Übrigens haben sich die damals gelegten, wesentlichen organisatorischen Grundlagen bis heute bewährt. Den zweiten großen Bruch bildete die große aber nur in Teilen eingelöste Reform der Arbeitsmarktpolitik von 1969 sowie schließlich die Gesetze zur Modernisierung des Arbeitsmarktes aus den Jahren 2004/2005. Doch die Arbeitsmarktpolitik lässt sich weder auf diese Daten und Gesetze noch auf die Ebene einer zentralstaatlichen Regulierungsbehörde reduzieren. Denn neben dem Gesetzgeber und der Arbeitslosenversicherung sind für soziale Innovationen auch die Unternehmen wichtig, wo neue Lösungen, die flächendeckend eingesetzt werden sollen, zunächst einmal ausprobiert und implementiert werden können. Damit diese keine Insellösungen bleiben, sind die Sozialpartner wichtig, weil sie über ihre Aktivitäten, vor allem das Instrument der Tarifverträge, partikulare Lösungen universalisieren können. Zudem sind aufgrund der Voraussetzungen, die mit dem Funktionieren des Arbeitsmarktes einhergehen, weitere zivilgesellschaftliche Impulse und Akteure bedeutend. Sich wandelnde Anforderungen lassen sich nicht im Status quo Modus bewältigen, vielmehr sind dafür innovative Lösungen notwendig.

Literatur

Bahnmüller, R., und S. Fischbach. 2006. *Qualifizierung und Tarifvertrag. Befunde aus der Metallindustrie Baden-Württembergs*. Hamburg: VSA-Verlag.
Bundesinstitut für Berufsbildung (BIBB). 2017. *Datenreport zum Berufsbildungsbericht 2017*. Bonn: Bundesinstitut für Berufsbildung.
Bläsche, A., R. Brandherm, C. Eckhardt, B. Käpplinger, M. Knuth, T. Kruppe, M. Kuhnhenne, und Petra Schütt. 2017. Qualitätsoffensive strukturierte Weiterbildung in Deutschland. Working Paper *Forschungsförderung* (25): 22–27.
Bothfeld, S., W. Sesselmeier, und C. Bogedan. 2012. *Arbeitsmarktpolitik in der sozialen Marktwirtschaft. Vom Arbeitsförderungsgesetz zum Sozialgesetzbuch II und III*. Wiesbaden: Springer VS.
Busse, G., und H. Seifert. 2009. *Tarifliche und betriebliche Regelungen zur beruflichen Weiterbildung*. Düsseldorf: Edition Hans Böckler Stiftung.
Dobischat, R. 2004. Förderung der beruflichen Weiterbildung – Konsequenzen aus der „Hartz-Reform". *WSI Mitteilungen* 4:199–205.
Eichhorst, W., M. Grienberger-Zingerle, und R. Konle-Seidl. 2010. Activating labor market and social policies in Germany: From status protection to basic income support. *German Policy Studies* 6 (1): 59–100.
Eichhorst, W., G. Stephan, und O. Struck. 2017. Struktur und Ausgleich des Arbeitsmarktes. Hans Böckler Stiftung Working Paper *Forschungsförderung*, 28. Düsseldorf.
Ellguth, P., und S. Kohaut. 2017. Tarifbindung und betriebliche Interessenvertretung – Ergebnisse aus dem IAB-Betriebspanel 2016. *WSI-Mitteilungen* 70 (4): 278–286.
Howaldt, J., und H. Jacobsen. 2010. *Soziale Innovation: Auf dem Weg zu einem postindustriellen Innovationsparadigma.*, Buchreihe Dortmunder Beiträge zur Sozialforschung Weinheim: VS Verlag.
Nida-Rümelin, J. 2014. *Der Akademisierungswahn. Zur Krise beruflicher und akademischer Bildung*. Hamburg: Edition Körber Stiftung.
Obermeier, T. 2016. Von der appellativen zur kooperativen Funktion? Die Sozialpartner im SGB II. Arbeitspapier, Institut für Sozialpolitk und Arbeitsmarktforschung, Remagen.
Schmidt, M.G., et al., Hrsg. 2007. *Der Wohlfahrtsstaat. Eine Einführung in den historischen und internationalen Vergleich*. Wiesbaden: VS Verlag.
Schmuhl, H.-W. 2003. Arbeitsmarktpolitik und Arbeitsverwaltung in Deutschland 1871–2002. Zwischen Fürsorge, Hoheit und Markt, Beiträge zur Arbeitsmarkt- und Berufsforschung. *Bundesanstalt für Arbeit*, Nr. 270, Nürnberg
Schroeder, W., und A.D. Schulze. 2012. Arbeitsmarktpolitik und Sozialpartner. In *Arbeitsmarktpolitik in der sozialen Marktwirtschaft*, Hrsg. S. Bothfeld, W. Sesselmeier, und C. Bogedan, 291–308. Wiesbaden: Springer VS.

Schroeder, W. 2014. *Handbuch Gewerkschaften in Deutschland*, 2. Aufl. Wiesbaden: Springer VS.
Schroeder, W. 2017. Geschichte und Funktion der deutschen Arbeitgeberverbände. In: *Handbuch. Arbeitgeber- und Wirtschaftsverbände in Deutschland*, Hrsg. W. Schroeder und B. Wessels, 2. Aufl., S. 29–51. Wiesbaden: Springer VS.
Trampusch, C. 2005. Sozialpolitik in Post-Hartz Germany. *WeltTrends* 13:77–90.
Weiß, C. 2016. *Berufliche Weiterbildung durch gewerkschafts- und arbeitgebernahe Institutionen. Ergebnisse der wbmonitor Umfrage 2016*. Berufsbildungsbericht 2016, 318–328, Bonn: Bundesinstitut für Berufsbildung.
Wetzel, D. 2015. *Arbeit 4.0. Was Beschäftigte und Unternehmen verändern müssen*. Freiburg: Herder.
Wulffen, M.v. 2005. 50 Jahre soziale Selbstverwaltung. Vortrag anlässlich der Mitgliederversammlung des Verbandes Deutscher Rentenversicherungsträger am 21. Oktober 2003 in Bad Homburg v. d. H.

Zivilgesellschaftliches Korrektiv und Koproduzenten im Versorgungssystem: Nutzerorganisationen im deutschen Gesundheitswesen

Benjamin Ewert

Zusammenfassung

Das deutsche Gesundheitssystem gilt gemeinhin als „Haifischbecken", in dem mächtige Selbstverwaltungsakteure wie Krankenkassen und Ärzteverbände gesetzliche Vorgaben ausgestalten. Die Rolle der Zivilgesellschaft im deutschen Gesundheitswesen gerät dabei trotz institutionalisierter Formen der Patientenbeteiligung nicht selten außer Acht. Der Beitrag beleuchtet daher die Arbeit von Nutzerorganisationen, die sich für die Belange von Versicherten und Patienten einsetzen. Als potenzielle Underdogs des Gesundheitswesens, so das leitende Argument, müssen Nutzerorganisationen einen produktiven Umgang mit ihrer ambivalenten Mehrfachrolle als politische Akteure, hartnäckige Systemkritiker sowie bürgernahe Dienstleister und Kompetenzvermittler finden.

Schlüsselwörter

Gesundheitssystem · Gesundheitspolitik · Zivilgesellschaft · Nutzerorganisationen · Patientenbeteiligung · Kompetenzvermittlung · Selbsthilfe

---

B. Ewert (✉)
Fernuniversität Hagen, Hagen, Deutschland
E-Mail: benjamin.ewert@fernuni-hagen.de

© Springer Fachmedien Wiesbaden GmbH, ein Teil von Springer Nature 2019
M. Freise und A. Zimmer (Hrsg.), *Zivilgesellschaft und Wohlfahrtsstaat im Wandel*, Bürgergesellschaft und Demokratie,
https://doi.org/10.1007/978-3-658-16999-2_11

1 Einleitung

Menschen ohne Vorwissen über das deutsche Gesundheitswesen, die erstmals mit dessen Grundprinzipien vertraut gemacht werden, könnten auf die – zugegeben etwas verwegene – Idee kommen, Gesundheitspolitik sei in Deutschland ein zivilgesellschaftliches Eldorado. Prägende Merkmale deutscher Gesundheitspolitik wie korporatistische Steuerung und Selbstverwaltung sowie das Solidarprinzip erwecken den Anschein, dass zivilgesellschaftliche Handlungslogiken und Ansprüche – allen voran Teilhabe, Mitgestaltung und Selbstorganisation – im Bereich des Gesundheitswesens von zentraler Bedeutung sind. Beispielsweise hat der zentrale Eckpfeiler des deutschen Gesundheitssystems, die solidarisch finanzierte Gesetzliche Krankenversicherung (GKV), einen zivilgesellschaftlichen Ursprung. Noch lange vor der Gründung der GKV durch Bismarck im Jahr 1883 organisierten Arbeiter ein System der solidarischen Selbsthilfe in freiwilligen Selbsthilfekassen und -vereinen (vgl. Döring 2015). Noch heute ist die GKV stolz auf die demokratische Mitbestimmung ihrer Mitglieder: Alle sechs Jahre wählen GKV-Versicherte in sogenannten Sozialwahlen wer „bei den Ersatzkassen der gesetzlichen Krankenversicherung in den jeweiligen Parlamenten sitzt und dort die wichtigen Entscheidungen trifft" (vgl. Sozialwahl 2017). Auch wer sich dafür interessiert, wo darüber entschieden wird, welche medizinischen Leistungen seitens der GKV übernommen werden, wird feststellen: Auch im obersten Selbstverwaltungsorgan des deutschen Gesundheitssystems, dem Gemeinsamen Bundesausschuss (G-BA), sind seit 2004 in Form von Patientenorganisationen Vertreter der Zivilgesellschaft beteiligt. Ebenso lässt sich mit Blick auf den stationären Sektor des Gesundheitswesens eine wichtige Rolle zivilgesellschaftlicher Akteure feststellen: Im Jahr 2015 befanden sich, ungeachtet der allgemeinen Privatisierungstendenzen, immer noch 34,7 % (1992 waren es 39,1 %) der deutschen Krankenhäuser und 33,8 % der Krankenhausbetten unter der Trägerschaft freigemeinnütziger Einrichtungen wie Caritas, Diakonie und Paritätischer Wohlfahrtsverband (vgl. IAQ 2015). Und schließlich landet jeder, der im Internet nach Gesundheitsinformationen oder Entscheidungshilfen für oder gegen eine medizinische Behandlung sucht und hinter den diversen Angeboten von Ärzteverbänden und Pharmakonzernen vor allem kommerzielle Interessen befürchtet, nicht selten auf den Seiten von Selbsthilfeorganisationen, denen ein hohes Maß an Unabhängigkeit und Nutzerorientierung zugesprochen wird. Die Quintessenz all dieser Vorbemerkungen lautet wie folgt: Zivilgesellschaftliche Akteure gestalten das deutsche Gesundheitswesen in vielfacher Weise mit: Sie sind bürgernahe Lobbyisten und Patientenanwälte in gesundheitspolitischen Entscheidungsprozessen,

koproduzieren das medizinische Leistungsgeschehen und leisten wichtige Aufklärungs- und Unterstützungsarbeit für Versicherte und Patienten.
Das Ziel dieses Beitrags ist es, die Rolle eines „kritisch-konstruktiven Akteurs im Gesundheitswesen" (Danner et al. 2009, S. 4) und dessen Gestaltungsmöglichkeiten darzustellen, nämlich die von Nutzerorganisationen[1]. Für eine bessere Einordnung zivilgesellschaftlicher Handlungsspielräume innerhalb des deutschen Gesundheitswesens werden dessen Grundzüge zunächst überblicksartig vorgestellt (2). Vor diesem Hintergrund wird dann eine Typologie von Nutzerorganisationen vorgestellt, mit deren Hilfe sich die Organisationstypen Fürsorgeorganisation, Vertreter der Gesundheits- und Selbsthilfebewegung sowie Einrichtungen des Konsumentenschutzes und der Kompetenzvermittlung unterscheiden lassen (3). Anschließend wird das politische Handlungsumfeld von Nutzerorganisationen im deutschen Gesundheitssystem auf der Makro- und Mesoebene abgesteckt (4). Welche Funktionen Nutzerorganisationen als *Koproduzenten* von gesundheitlichen Leistungen und Diensten zukommen, soll anhand von gegenwärtigen Herausforderungen in der Gesundheitsversorgung demonstriert werden. Das leitende Argument ist in diesem Zusammenhang, dass gerade die Komplexitätssteigerung in der Gesundheitsversorgung den Bedarf an unabhängiger Beratung und Unterstützung erhöht und somit die Rolle zivilgesellschaftlicher Akteure aufwertet (5). Das Fazit skizziert zukünftige Entwicklungsmöglichkeiten von Nutzerorganisationen im Politikfeld Gesundheit (6).

2 Das deutsche Gesundheitswesen: Ein Überblick

Das deutsche Gesundheitswesen kennzeichnen vor allem zwei Eigenschaften: Größe[2] und Komplexität. Alber (1992, S. 157) beschreibt das Gesundheitswesen treffend als „System komplexer Vielfachsteuerung". Tatsächlich genügt ein kursorischer Blick in die einschlägigen Einführungswerke (vgl. Busse et al. 2013;

---

[1]Der im diesen Aufsatz gewählte Oberbegriff *Nutzerorganisation* umfasst sowohl Versicherten-, Patienten- und Selbsthilfeorganisationen sowie Verbraucherzentralen als auch Einrichtungen der Nutzeredukation.

[2]Vergleicht man die Beschäftigtenzahlen des deutschen Gesundheitswesens mit denen der deutschen Autohersteller, stellt man einigermaßen überrascht fest, dass im Gesundheitswesen mit 5,3 Mio. Beschäftigten über fünfmal so viele Menschen arbeiten wie in der deutschen Automobilindustrie (knapp 800.000 Beschäftigte) (vgl. Bundesgesundheitsministerium 2017; Verband der Automobilindustrie 2017).

Rosenbrock und Gerlinger 2014; Simon 2017), um festzustellen, dass das Politikfeld durch eine Vielzahl von Akteuren und Handlungsebenen sowie dem Nebeneinander von Sektoren und Institutionen gekennzeichnet ist. Hinzu kommt die Schwierigkeit, dass Reformen im Gesundheitswesen in der Regel kleinteilig sind bzw. schrittweise vollzogen werden. Umfassende oder gar radikale Veränderungen der bestehenden Strukturen mittels *eines großen Wurfs* sind nicht zu erwarten. In der Politikfeldanalyse spricht man in diesem Zusammenhang von einem *inkrementellen Wandel* (vgl. z. B. Reiter und Töller 2014). Auch wenn das deutsche Gesundheitssystem häufig als „Dauerbaustelle" (Nagel 2009, S. 98) beschrieben wird, in dem einzelne Reformen weitere Reformschritte erfordern, zeichnet es sich in seiner Grundstruktur durch ein hohes Maß an Kontinuität und Pfadabhängigkeit aus. Im Folgenden wird ein knapper Überblick zur Steuerung, Aufgaben und Konfliktlinien des deutschen Gesundheitswesens gegeben.[3]

2.1 Deutsche Besonderheiten

Genau genommen gibt es in Deutschland zwei Gesundheitssysteme: ein öffentliches und ein privates System. Ersteres umfasst den Bereich der Gesetzlichen Krankenversicherung (GKV), in dem korporatistische Akteure mittels „Selbstorganisation im Schatten des Staates" (Scharpf 2000, S. 327) die medizinische Versorgung der gesetzlich versicherten Bevölkerung (rund 90 % der in Deutschland lebenden Menschen) gewährleisten. Die GKV versteht sich explizit als *Solidargemeinschaft,* deren zentrale Aufgabe es ist, „die Gesundheit der Versicherten zu erhalten, wiederherzustellen oder ihren Gesundheitszustand zu bessern" (Sozialgesetzbuch 2017). Die rechtlichen Bestimmungen der GKV, etwa in Bezug auf Leistungsarten, Finanzierung und Zuständigkeiten, regelt das fünfte Buch des Sozialgesetzbuches (SGB V). Neben der GKV existiert der Versorgungsbereich der privaten Krankenkassen, in denen rund zehn Prozent der Bevölkerung – in der Regel Beamte und Arbeitnehmer mit einem jährlichen Einkommen von über 59.400 EUR – versichert sind. Ungeachtet dieser Doppelstruktur gilt Deutschland als Prototyp eines sozialversicherungsbasierten Gesund-

---

[3]In diesem Beitrag kann nur ein unvollständiger Überblick zum deutschen Gesundheitswesen gegeben werden. Für einen umfassenden Überblick wird daher ausdrücklich auf die einschlägigen Lehrbücher verwiesen (vgl. Busse et al. 2013; Rosenbrock und Gerlinger 2014; Simon 2017).

heitssystems[4] – im Gegensatz zu staatlich (z. B. Großbritannien und Schweden) oder privat (z. B. USA) finanzierten Systemen. Wenn im öffentlichen Diskurs von *dem* deutschen Gesundheitswesen gesprochen wird, ist in der Regel das System der GKV gemeint.

2.2 Steuerung des Gesundheitswesens

Im dezentral organisierten deutschen Gesundheitssystem beschränkt sich der Einfluss staatlicher Gesundheitspolitik (d. h. seitens Bundestag und Bundesregierung) auf die Vorgabe der gesundheitspolitischen Rahmenbedingungen. Für die Implementierung der gesetzlichen Vorgaben sind die Akteure der gemeinsamen Selbstverwaltung zuständig. Neben Krankenkassen und Kassenärztlichen Verbänden gehören hierzu – wenngleich in der Regel ohne Stimmrecht – auch Vertreter der Zivilgesellschaft (zumeist aus Patienten- und Selbsthilfeorganisationen). Gesundheitspolitische Steuerung und Selbstverwaltung findet grundsätzlich auf allen politischen Ebenen statt. Auf Bundesebene[5] entscheidet der Gemeinsame Bundesausschuss (G-BA) als Organ der mittelbaren Staatsverwaltung darüber, welche medizinischen Leistungen zugelassen und seitens der GKV finanziert werden sowie welche Qualitätsstandards in der Gesundheitsversorgung maßgeblich sind (siehe auch Abschn. 4). Die konkrete Ausgestaltung des Leistungsgeschehens erfolgt auf Ebene der Bundesländer in den jeweiligen Landesausschüssen der Ärzte und Krankenkassen sowie der Zahnärzte und Krankenkassen. Hier wird z. B. darüber entschieden, welche Versorgungsprogramme Krankenkassen für chronische-kranke Menschen anbieten oder wie die integrierte Zusammenarbeit ambulanter und stationärer Leistungserbringer regional realisiert werden soll. Auch die Bedarfsplanung an Krankenhäusern (und teilweise auch an Krankenhausbetten) obliegt den Bundesländern, allerdings werden die letztendlichen Entscheidungen nicht von den Landeskrankenhausausschüssen, sondern von den jeweiligen Landesregierungen getroffen (vgl. Busse et al. 2013, S. 187). Trotz einheitlicher Rahmenbedingungen kann es daher in einem föderalen Regierungssystem wie in Deutschland zu erheblichen Unterschieden in der regionalen

---

[4]Da die Einführung der GKV im Jahr 1883 auf den damaligen Reichskanzler Bismarck zurückgeht, wird das deutsche Gesundheitswesen häufig als Bismarcksystem bezeichnet.
[5]Weitere Selbstverwaltungsorgane auf Bundesebene sind der Bewertungsausschuss, der erweiterte Bewertungsausschuss sowie der Krankenhaus-Entgeltausschuss (vgl. Busse et al. 2013, S. 62).

Gesundheitsversorgung kommen. Kommunale Gesundheitspolitik ist vor allem um den Austausch, die Vernetzung und die intersektorale Zusammenarbeit zwischen Akteuren des Gesundheitswesens und anderen Politikfeldern (z. B. Umwelt, Verkehr und Stadtentwicklung) bemüht. In einigen Bundesländern (z. B. in Baden-Württemberg, Bayern, Hessen und NRW) besteht hierzu die Möglichkeit kommunale Gesundheitskonferenzen einzuberufen, in denen vor allem Fragen der örtlichen Gesundheitsversorgung, der Prävention und der Gesundheitsförderung erörtert werden (vgl. Bär 2015, S. 96 ff.).

2.3 Sektoren der Gesundheitsversorgung

Die Gesundheitsversorgung ist in Deutschland in separaten Sektoren organisiert, die sich in ihren Aufgaben und ihrem Leistungsumfang erheblich unterscheiden. Wesentlich (und den meisten Menschen geläufig) ist die Unterscheidung zwischen ambulanter und stationärer Versorgung. Der ambulante Sektor umfasst ärztliche und zahnärztliche sowie physio- und psychotherapeutische Leistungen, die *niedergelassene* Ärzte und Therapeuten außerhalb von Kliniken erbringen. Diese nehmen eine Schlüsselstellung innerhalb des deutschen Gesundheitswesens ein, da ambulante Ärzte und Therapeuten, die erste Anlaufstelle für Patienten vor Ort sind und diese zumeist selbst in lokalen Praxen behandeln. Darüber hinaus überweisen niedergelassene Mediziner, insbesondere Hausärzte, Patienten zu Fach- und Klinikärzten, verordnen Therapien und Medikamente und stellen Krankschreibungen aus (vgl. Rosenbrock und Gerlinger 2014, S. 120 ff.). Im Jahr 2016 waren in Deutschland 152.000 Ärzte und Therapeuten im ambulanten Sektor tätig (vgl. Bundesärztekammer 2016). Die hohe Anzahl täuscht allerdings über die tatsächliche Versorgungssituation im ambulanten Sektor hinweg. So verwies der Sachverständigenrat zur Begutachtung der Entwicklung im Gesundheitswesen (2014, S. 103) unlängst auf „Disparitäten insbesondere zwischen ländlichen und urbanen Regionen [sowie] Ungleichverteilungen in der Ausgewogenheit des Verhältnisses zwischen haus- und fachärztlicher Versorgung".

Der stationäre Sektor umfasst diejenigen medizinischen Leistungen, die in Krankenhäusern und Kliniken erbracht werden, in die Patienten – mit der Ausnahme von Notfällen – seitens niedergelassener Ärzte überwiesen wurden. Trotz rückläufiger Zahlen verfügt Deutschland im internationalen Vergleich weiterhin über eine sehr hohe Dichte an Krankenhäusern (im Jahr 2015 waren es 1956), in denen rund 194.400 Ärzte arbeiten (vgl. Bundesärztekammer 2016). Ebenso zum stationären Sektor gehört der Bereich der Rehabilitationseinrichtungen, der sich organisatorisch von der Akutbehandlung in Krankenhäusern abgrenzt.

In medizinischen Rehabilitationszentren erhalten Patienten primär pflegerische Leistungen, etwa im Anschluss an Krankenhausaufenthalte. Im Jahr 2014 gab es in Deutschland 1158 solcher Einrichtungen (vgl. Statistisches Bundesamt 2015). Weitere wichtige Aufgabenbereiche des deutschen Gesundheitswesens (s. Tab. 1) sind die Sicherstellung der öffentlichen Gesundheit und Durchführung von Präventionsmaßnahmen, die Distribution und Preisregulierung von rezeptpflichtigen Arzneimitteln sowie die ambulante Langzeitpflege von pflegebedürftigen Menschen gemäß unterschiedlicher Pflegestufen. Operativ zuständig für die genannten Bereiche sind der Öffentliche Gesundheitsdienst bzw. kommunale Gesundheitsämter (Prävention), die GKV (Arzneimittelversorgung) sowie der Medizinische Dienst (Begutachtung von Pflegebedürftigkeit) bzw. ambulante Pflegedienste.

Je nach Sektor des Gesundheitswesens unterscheidet sich auch die Aufgabenverteilung zwischen öffentlichen, privaten und freigemeinnützigen Akteuren: Innerhalb des *öffentlichen* GKV-Systems benötigen Ärzte und Therapeuten eine Kassenzulassung, um Patienten behandeln zu können. Darüber hinaus können sie zusätzlich privatärztliche Leistungen – sogenannte Individuelle Gesundheitsleistungen (IGeL) – anbieten. Im Bereich der ambulanten Pflege dominieren private Anbieter mit einem Marktanteil von 65,1 %, gefolgt von freigemeinnützigen Anbietern (33,5 %). In der stationären Pflege ist die Situation umgekehrt: Hier sind 53 % der Pflegedienste freigemeinnützig und 42,2 % in privater Trägerschaft (vgl. IAQ 2016). Auf die unterschiedlichen Trägerschaften von Krankenhäusern wurde eingangs bereits hingewiesen: Rund ein Drittel der Krankenhäuser befindet sich in freigemeinnütziger Trägerschaft; wohingegen knapp die Hälfte der Krankenhäuser in öffentlicher (d. h. Universitäts- und Landeskrankenhäuser) und der Rest in privatwirtschaftliche Hand ist (vgl. IAQ 2015). Rehabilitationseinrichtungen sind wiederum mehrheitlich (54,2 %) in privater Trägerschaft, freigemeinnützige Einrichtungen haben in diesem Sektor einen Marktanteil von 26 %, private Anbieter von 19,8 % (Statistisches Bundesamt 2015, S. 8).

2.4 Gesundheitsausgaben und Finanzierung der GKV

Traditionell ist das Gesundheitswesen ein überaus kostenintensives Politikfeld. Dies hat einerseits mit dem medizinischen Fortschritt zu tun, der immer neue Behandlungsmethoden hervorbringt, andrerseits mit der längeren Lebenserwartung von Menschen und der hiermit verbundenen längeren Inanspruchnahme von Gesundheitsleistungen. Dominierten lange Zeit Kostendämpfungsmaßnahmen die Gesundheitspolitik, wird seit geraumer Zeit auf die (unausgeschöpften) Potenziale der Gesundheitswirtschaft (z. B. in Bezug auf

Tab. 1 Aufgaben der gesundheitspolitischen Akteure in Deutschland. (Quelle: eigene Zusammenstellung, in Anlehnung an Illing (2017, S. 20))

	Regulierung	Finanzierung	Implementierung
Bund	Gesetzgebungskompetenz z. B. in Bezug auf GKV-Beitragssatz oder Pflege-Leistungskatalog (SGB IX) Finanzzuweisung (stationäre Versorgung und Rehabilitation) Zulassung von Gesundheitsberufen und Arzneimitteln	Steuerzuschuss zum Gesundheitsfonds der GKV (ab 2017 festgeschrieben auf 14,5 Mrd. EUR)	–
Länder	Krankenhausgesetzgebung Krankenhausbedarfsplanung Durchführung von Landesgesundheitskonferenzen Kontrollfunktionen: Aufsicht über Kassenärztliche Vereinigungen (KVen) und Landesverbände der GKV sowie über die kommunalen Gesundheitsämter	Investitionen in Krankenhäuser, z. B. Sanierung von Gebäuden und Anschaffung medizinischer Großgeräte Bereitstellung der Mittel für den Öffentlichen Gesundheitsdienst (ÖGD) Niederlassungsanreize für Ärzte	Umsetzung der nationalen Präventionsstrategie (gemäß Rahmenvereinbarungen)
Kommunen	Trägerschaft kommunaler Krankenhäuser	Beteiligung bei der Krankenhausfinanzierung Niederlassungsanreize für Ärzte	Bereitstellung von Krankenhausplätzen Bereitstellung von Pflegediensten Organisation des ÖGD
Selbstverwaltungsakteure (Krankenkassen und Kassenärztliche Vereinigungen)	Ausgestaltung von Bundesgesetzen im Gemeinsamen Bundesausschuss (G-BA), z. B. Umfang des GKV-Leistungskatalogs Sicherstellungsauftrag der ambulanten Versorgung (KVen)	GKV: Beteiligung bei der Krankenausfinanzierung (Betriebskosten)	Umsetzung gesetzlicher Vorgaben durch Richtlinien, z. B. Verordnung von Arzneimitteln Einführung neuer Behandlungsmethoden GKV: Prävention und Gesundheitsförderung nach § 20 SGB V

Arbeitsplätze und Gewinnmöglichkeiten) verwiesen (vgl. Dahlbeck und Hilbert 2017). Im Jahr 2015 beliefen sich die gesamtgesellschaftlichen Gesundheitsausgaben in Deutschland auf 344,2 Mrd. EUR (2014 waren es 329,2 Mrd. EUR). Das entspricht einem Anteil von 11,3 % des Bruttoinlandproduktes (vgl. Statistisches Bundesamt 2017). Der Löwenanteil der Gesundheitsausgaben geht auf den Bereich der GKV zurück: Im Jahr 2015 summierten sich die Ausgaben für GKV-Leistungen auf 200 Mrd. EUR (ebd.). Die Finanzierung der GKV ist daher ein zentrales und dauerhaftes politisches Thema. Gegenwärtig wird der *Gesundheitsfonds*, aus dem die Ausgaben der aktuell 118 GKVen bestritten werden, anteilig durch Versicherungsbeiträge von Arbeitnehmern und Arbeitgebern sowie (in einem geringeren Maße) durch Steuerzuschüssen aus Bundesmitteln finanziert. Nach Jahrzehnten der paritätischen Finanzierung durch Arbeitnehmer und Arbeitgeber sind die Versicherungsbeiträge der Arbeitnehmer (7,3 % zusätzlich eines krankenkasseninternen Zusatzbeitrages) seit 2005 höher als die der Arbeitgeber (gesetzlich festgeschrieben auf 7,3 %). Alternative Vorschläge zur Finanzierung von Gesundheitsausgaben – diskutiert wurden vor allem das Modell der Kopfpauschale sowie der Bürgerversicherung – fanden bisher keine politischen Mehrheiten.

2.5 Gesundheitspolitische Konfliktlinien

Grundsätzlich ist Gesundheitspolitik dem Dilemma ausgesetzt, konkurrierende Ziele zu verfolgen. Nach Bandelow et al. (2009a, S. 15) stehen in der Steuerung des Politikfelds Gesundheit die

- Stabilisierung der Gesundheitsausgaben *(Finanzierbarkeit),*
- eine hochwertige Gesundheitsversorgung *(Qualität),*
- die gleichwertige Versorgung aller Bürger *(Solidarität)* sowie
- die Schaffung von Arbeitsplätzen und Gewinnmöglichkeiten für die Gesundheitswirtschaft *(Wachstum)*

in einem permanenten Spannungsverhältnis. Insbesondere im Bereich der GKV bestehen starke Konflikte zwischen den Zieldimensionen Solidarität und Finanzierbarkeit bzw. Wachstum. Auch wenn die gesundheitspolitische Steuerung in Deutschland weiterhin aus einem Mix von korporatistischen, staatlichen und marktwirtschaftlichen Elementen beruht, werteten Gesundheitsreformen der jüngeren Vergangenheit wie das Gesundheitsmodernisierungsgesetz (2004) oder das GKV-Wettbewerbsstärkungsgesetz (2007) Elemente der marktwirtschaftlichen

Steuerung auf. Infolgedessen haben betriebswirtschaftliche und unternehmerische Erwägungen für Leistungserbringer deutlich an Bedeutung gewonnen, teilweise zulasten der Versorgungsqualität (vgl. Beiträge in Manzei und Schmiede 2014). Für Patienten und Versicherte ergeben sich durch mehr Wettbewerb im Gesundheitswesen neue Wahlmöglichkeiten (etwa zwischen Versicherungen, Tarifen und Leistungserbringern), gleichzeitig wird jedoch die Eigenverantwortung von Nutzern erhöht.

3 Fürsprecher, Kritiker und Dienstleister: Nutzerorganisationen im deutschen Gesundheitswesen

Welche Rolle kommt Nutzerorganisationen innerhalb des deutschen Gesundheitswesens zu? Bevor diese Frage beantwortet werden soll, gilt es zunächst, deren Entstehungsgeschichte zu rekapitulieren. Hierbei wird deutlich, dass das zivilgesellschaftliche Eintreten für die Belange von Bürgern, Versicherten und Patienten historisch betrachtet unterschiedlichen Prämissen folgte. Ziele, Aufgaben und Adressaten von Nutzerorganisationen wandelten sich analog zur Weiterentwicklung und Ausdifferenzierung von Gesundheitspolitik und -versorgung. Wie im Folgenden schlaglichtartig dargestellt werden soll, agierten Nutzerorganisationen in unterschiedlichen Phasen vorrangig als Fürsorgeorganisationen, Gesundheits- und Selbsthilfebewegung sowie Einrichtungen des Konsumentenschutzes und der Kompetenzvermittlung. Die verbindenden Elemente aller drei Phasen ist – ungeachtet der Veränderungen im Organisationsprofil – die Unabhängigkeit gegenüber den Interessen von Leistungsanbietern und Kostenträgern im Gesundheitswesen sowie die bewusste Parteinahme für die Anliegen von Betroffenen und Nutzern gesundheitlicher Leistungen.

3.1 Fürsorgeorganisationen

Der Wandel zivilgesellschaftlicher Partizipationsbegehren im Gesundheitsbereich lässt sich an den jeweiligen Zielgruppen von Nutzerorganisationen verdeutlichen. Maßgebliches Gründungsmotiv für Organisationen wie den Bund der Kriegsblinden Deutschland (BKD) oder den Bund Deutscher Hirnbeschädigter (BDH) war es, die gesellschaftliche Anerkennung von Kriegsopfern zu erlangen, deren sozialen Rechte als Leistungsempfänger im Sozial- und Gesundheitssystem ausgeweitet werden sollten. Nach dem Zweiten Weltkrieg gründeten sich weitere

Organisationen der Betroffenenfürsorge, deren gesellschaftspolitischen Engagement auf wahrgenommene Lücken in der gesundheitlichen Versorgung und Interessenvertretung situativ benachteiligter Gruppen zurückzuführen sind. Beispielsweise entstand 1950 der Verband der Kriegsbeschädigten, Kriegshinterbliebenen und Sozialrentner Deutschlands e. V. (VdK), dessen Fürsorge anfänglich ausschließlich Kriegsopfern galt. Gegenwärtig steht der VdK, der mit 13 Landesverbänden und 1,8 Mio. Mitgliedern Deutschlands größter Sozialverband ist, neben Sozialversicherten und Rentnern allen chronisch kranken und behinderten Menschen offen (vgl. VdK 2017). Die Arbeit von klassischen Fürsorgeorganisationen im Sozial- und Gesundheitssystem hatte eine kompensatorische Funktion: Gesellschaftliche Anerkennung, materielle Absicherung und emotionaler Rückhalt für benachteiligte Menschen sowie der politische Einsatz für die Veränderung von Sozialgesetzgebung und Versorgungsstrukturen standen im Vordergrund.

3.2 Gesundheits- und Selbsthilfebewegung

Das Gefühl vieler Menschen seitens des Gesundheitssystems und dessen etablierten Akteuren vorrangig als Versorgungsobjekt betrachtet zu werden, jedoch mit den lebensweltlichen und psychosozialen Folgen von Krankheit und Behinderung alleingelassen zu werden, erwies sich in den 1970er und 1980er Jahren als zentrale Antriebskraft der Gesundheits- und Selbsthilfebewegung. Wenig formalisierte und institutionalisierte Gesundheitsinitiativen, -läden und Selbsthilfeorganisationen drängten daher auf mehr „Teilhabe, Mitentscheidung, Mitgestaltung [und] Hilfe zur Selbsthilfe" (Ruckstuhl 2011, S. 66). Von der Selbsthilfe geht ein dezidiert „zivilgesellschaftlicher Nutzen" (Rosenbrock 2015, S. 169) aus: Nicht der passive Leistungsempfänger und dessen soziale Absicherung steht im Fokus einer alternativen Gesundheitsbewegung, sondern die Stärkung des aktiven Bürgers und mündigen Patienten gegenüber der Vormachtstellung des „privaten medizinisch-industriellen Komplexes" (Deppe 1987, S. 155). Anstelle des Fürsorgeprinzips dominierte in Selbsthilfeorganisationen wie etwa der Deutschen AIDS Hilfe das Prinzip der Emanzipation. Rückblickend zeichnet die Selbsthilfe eine Erfolgsgeschichte „from a grassroots movement of spontaneous self-helpers" (Matzat 2010a, S. 279) hin zu etablierten Nutzerorganisationen und professionellen Anlaufstellen für Betroffene aus.

3.3 Konsumentenschutz und Kompetenzvermittlung

Die Vorzeichen der Nutzerfürsorge und -emanzipation haben sich spätestens mit Beginn der 2000er Jahre verändert. Im Zuge einer immer komplexer werdenden Steuerung des Gesundheitswesens und einer verstärkt marktorientierten Ausrichtung seiner Akteure rückte der Konsument und Koproduzent von Gesundheitsleistungen als Adressat von Nutzerorganisationen in den Mittelpunkt. Dies geschah zulasten des politisch aktiven Bürgers und Selbsthilfeaktivisten. Nutzer sollen vor den Fallstricken der modernen Gesundheitsversorgung geschützt und gleichzeitig per Information, Beratung und Edukation zur optimalen Nutzung des Versorgungssystems befähigt werden (siehe Abschn. 4). Auf einem sich ausdifferenzierenden Markt an Unterstützungsangeboten werden Nutzerorganisationen somit partiell zu Dienstleistern, wohingegen ihr sozial-emanzipatorisches Politisierungs- und Mobilisierungsvermögen nachlässt. Nutzerorganisationen wirken, in Konkurrenz zu Anbietern der abhängigen Nutzerberatung, wie GKVen, Ärzteverbänden und Apotheken, bei der Qualifizierung von Nutzern als Koproduzenten bzw. bei der Patientenschulung mit. Im Unterschied zur informellen Kompetenzbildung in Selbsthilfegruppen setzen neue Bildungsangebote wie z. B. die Patientenuniversität in Hannover verstärkt auf Professionalisierung und Qualitätssicherung (vgl. Gouthier und Tunder 2011, S. 39). Ein weiterer Aspekt des Konsumentenschutzes, der in modernen Gesundheitswesen an Bedeutung gewinnt und in Deutschland vornehmlich von Verbraucherzentralen thematisiert wird, ist der gesundheitliche Datenschutz.

In der Realität zeigen sich diese drei Phasen nicht trennscharf abgegrenzt, sondern sie koexistieren in relativen Gewichtungen. Nutzerorganisationen passen ihre Angebote und Dienste sukzessive den veränderten Versorgungsrealitäten an. Dies führt in der Praxis zu einem Nebeneinander bzw. zur Verknüpfung von klassischer Fürsorge für Patienten, politischer Beteiligung und Kompetenzvermittlung.

4 Nutzerbeteiligung in der Steuerung des deutschen Gesundheitswesens

Im Folgenden sollen die wesentlichen Struktur- und Steuerungsprinzipien des deutschen Gesundheitssystems vorgestellt werden. Ein besonderes Augenmerk ist dabei auf die bestehenden Optionen von zivilgesellschaftlichen Nutzerorganisationen gerichtet, Einfluss auf den gesundheitspolitischen Prozess zu nehmen bzw. diesen aktiv mitzugestalten. Im Unterschied zu anderen Politikfeldern werden im Bereich der Gesundheitspolitik Entscheidungen nur bedingt durch Politiker und Parteien sowie in Ministerien, Parlamenten und Ausschüssen getroffen. Vielmehr setzt der Staat korporatistischen Akteuren – d. h. Leistungserbringern (Ärzten und Therapeuten) und Kostenträgern (GKVen) der Gesundheitsversorgung – einen Handlungsrahmen, in dem sie steuerungspolitische Vorgaben wie Richtlinien und Gesetze für mehr Wettbewerb in der GKV oder den Ausbau von Kooperation und Integration verschiedener Leistungssektoren ausgestalten und implementieren sollen. Von diesem Prozess – klassisch als *gemeinsame Selbstverwaltung* beschrieben – können staatlicherseits nicht intendierte Eigendynamiken ausgehen, etwa dann, wenn Ärzte und Krankenkassen Reformen blockieren. Generell entlastet die Delegation von Steuerungsaufgaben jedoch den Staat: Das Aushandeln von Leistungsdetails, wie Preis, Menge und Qualität, ist im Wesentlichen der Expertise von Anbietern und Kostenträgern von Gesundheitsleistungen übertragen. Nutzerorganisationen sind traditionell betrachtet keine Akteure der Selbstverwaltung des Gesundheitswesens. Für sie besteht daher die Notwendigkeit gesundheitspolitische Entscheidungen auf mehreren Wegen zu beeinflussen: Einerseits sind Nutzerorganisationen auf Ebene der parlamentarischen und ministeriellen Politik herausgefordert, mittels klassischer Lobbyarbeit für ihre grundsätzlichen Anliegen und Perspektiven zu werben (Ewert 2015). Andrerseits geht es darum, innerhalb der Selbstverwaltungsgremien „Legitimation durch Beteiligung" (Etgeton 2009, S. 105) zu erlangen, d. h. sich neben Leistungserbringern und Krankenkassen als *dritte Säule des Gesundheitswesens* zu etablieren. Auch wenn die Rolle von Patienten und Selbsthilfevertretern als „Mitgestalter in der Gesundheitsversorgung" (Trojan 2017, S. 170) in den letzten Jahren deutlich gewachsen ist, kommt Nutzerorganisationen in der Gesundheitspolitik weiterhin die Rolle des Davids in der Auseinandersetzung mit gleich mehreren Goliaths (Politik, Ärzten und Krankenkassen) zu. Einige Organisationen versuchen daher gesundheitspolitische Entscheidungsprozesse, etwa in Bezug auf die Zulassung eines neuen Medikaments oder einer neuen Therapieform, gezielt *von außen* zu beeinflussen, indem sie die Öffentlichkeit, insbesondere mittels sozialer Medien und aufsehenerregender Kampagnen, als „Gegengewicht und Katalysator" (Bandelow et al. 2009b, S. 54) für ihre Interessen nutzen.

Das Paradoxon korporatistischer Arrangements wie sie für die Gesundheitspolitik beispielhaft sind, hierauf wies bereits die Enquete-Kommission „Zukunft des Bürgerschaftlichen Engagements" (2003, S. 514) explizit hin, liegt darin, dass sie zunächst einmal „wenig zivilgesellschaftlich – d. h. berücksichtigungsfähig gegenüber Gemeinwohlinteressen und demokratisch strukturiert – geprägt sind". Infolgedessen wurde das Selbstverwaltungssystem des Gesundheitswesens lange Zeit mit verkrusteten Strukturen und der Dominanz von Partikularinteressen in Verbindung gebracht. Erst 2004 kam es vor dem Hintergrund des Enqueteberichts sowie eines richtungsweisenden Gutachtens des Sachverständigenrats zur Begutachtung der Entwicklung im Gesundheitswesen (SVR 2003) zu einer vorsichtigen Demokratisierung der Selbstverwaltung. So wurden die bestehenden korporatistischen Strukturen aufgebrochen (vgl. 2010, S. 346) und die „Partizipation auf der Ebene der Systemgestaltung" (SVR 2003, o.S.) für Selbsthilfe- und Patientenorganisationen erleichtert. *Mehr Bürgerbeteiligung in der Steuerung des Gesundheitswesens* kann dabei als eine direkte Konsequenz der schrittweisen Vermarktlichung von Gesundheitsleistungen sowie der hieraus resultierenden Verantwortungszuschreibung an Versicherte und Patienten, *als Konsumenten* gute Versorgungsentscheidungen auf Gesundheitsmärkten zu treffen, betrachtet werden (Ewert 2013; Trojan 2011, S. 101). Die wesentliche Neuerung in der Governance des Gesundheitswesens in diesem Zusammenhang war die Einführung einer *dritten Bank* (neben Ärzteverbänden und Krankenkassen) im „mächtigsten Gremium zur Steuerung der Gesetzlichen Krankenversicherung in Deutschland" (Trojan 2017, S. 168), dem Gemeinsamen Bundesausschuss (G-BA)[6]. Im Sinne einer „institutionellen Engagementpolitik" (Lang 2010, S. 347) ist die Öffnung des G-BA für Patientenvertreter[7] tatsächlich als großer Wurf zu bezeichnen. Dies gilt insbesondere mit Blick auf die wichtigste Aufgabe des G-BA: „Als Entscheidungsgremium mit Richtlinienkompetenz legt er innerhalb des vom Gesetzgeber bereits vorgegebenen Rahmens fest, welche Leistungen der medizinischen Versorgung von der gesetzlichen Krankenversicherung (GKV) im Einzelnen übernommen werden." (G-BA 2017, o.S.) Indem Patientenvertreter an dieser Aufgabe und der Ausgestaltung anderer gesetzlicher Vorgaben wie beispielsweise der ärztlichen Bedarfsplanung oder Definition von Standards und Maßnahmen der Qualitätssicherung mitwirken, haben sie an Einfluss gewonnen. Allerdings krankt die Patientenbeteiligung im G-BA an einem wesentlichen Geburtsfehler, der auch 13 Jahre nach Einführung des Gremiums nicht behoben ist: Die aktuell 220 Patientenvertreter, seit 2008 unterstützt durch die Stabsstelle Patientenbeteiligung, haben innerhalb der Ausschüsse des G-BA kein Stimmrecht. Die Mitwirkung an den genannten Aufgaben beschränkt sich in der Praxis daher auf die Wahrnehmung

---

[6]Der G-BA wurde am 1. Januar 2004 gegründet und führt die Arbeit seiner Vorgängerorganisationen Bundesausschüsse der Ärzte und Zahnärzte und Krankenkassen, des Ausschusses Krankenhaus sowie des Koordinierungsausschusses fort (G-BA 2017, o.S.).
[7]Benannt nach § 140 g SGB V durch den Deutsche Behindertenrat (DBR), die Bundes-ArbeitsGemeinschaft der PatientInnenstellen (BAGP), die Deutsche Arbeitsgemeinschaft Selbsthilfegruppen e. V. und der Verbraucherzentrale Bundesverband e. V. (G-BA 2017, o.S.).

eines Mitberatungsrechts, das die Patientenvertretung einzig dazu befähigt, „die Erfahrungen und Positionen der Patientenvertreterinnen und Patientenvertreter zu einer einheitlichen Position zusammenzuführen" (Stabsstelle Patientenbeteiligung 2017, o. S.). Innerhalb des Gremiums versteht sich die Patientenvertretung „als Brücke zwischen dem G-BA und dem Alltag der Betroffenen" bzw. „Gegengewicht zu den anderen Akteuren" (Stabsstelle Patientenbeteiligung 2017, o. S.). Die Patientenvertreter reklamieren für sich, als einzige Mitglieder im G-BA einen unverstellten Blick auf die Lebens- und Versorgungssituation von Patienten zu haben. Ihre zivilgesellschaftliche Kompetenz besteht demnach darin – im Unterschied zu Ärzte- und Krankenkassenvertretern – glaubwürdig für die Interessen der Betroffenen eintreten zu können, etwa indem sie darlegen, weshalb eine „Verbesserungen der psychotherapeutischen Versorgung von Kindern und Jugendlichen in der Bedarfsplanung" (ebd., S. 9) dringend geboten ist. Auch wenn die Patientenvertretung den traditionellen, korporatistischen Akteuren nicht gleichberechtigt gegenübersteht, hat sie die „Diskussionskulturen und Entscheidungsrituale im G-BA verändert" (Klenk 2012, S. 98). Die Patientenvertretung hat den Prozess der gemeinsamen Selbstverwaltung im Gesundheitswesen, der in der Praxis allzu oft durch „massive Interessengegensätze" (Knieps 2017, S. 235) geprägt ist, somit gewissermaßen *zivilisiert,* da „Entscheidungen zulasten von Patienten in hohem Maße begründungspflichtig geworden sind" (Klenk 2012, S. 98). Gleichwohl sehen Patientenvertreter wie Martin Danner, Geschäftsführer der BAG Selbsthilfe, in dieser Errungenschaft erst einen Anfang und fordern eine Stärkung der Legitimation des G-BA und dessen Entscheidung durch die Zuerkennung eines Mitentscheidungsrechts für die Patientenvertretung (vgl. Knieps 2017, S. 237).

Neben der Mitsprache in der Umsetzung von gesundheitspolitischen Vorgaben möchten Patientenvertreter zukünftig verstärkt „Nutzer-Anregungen für die Qualitätsverbesserung" (Trojan 2017, S. 186) im Gesundheitswesen geben. Hiermit ist ausdrücklich nicht die fachliche Nutzenbewertung von medizinischen Leistungen gemeint, wie sie das Institut für Qualität und Wirtschaftlichkeit im Gesundheitswesen (IQWiG) im Auftrag des GB-A durchführt.[8] Stattdessen zielt der Qualitätsbegriff auf die Demokratisierung und Zivilisierung der Mesoebene des Versorgungssystems ab: Krankenhäuser, Rehazentren und Arztpraxen. Trojan (2011, S. 96) spricht in diesem Kontext von „Selbsthilfefreundlichkeit als Qualitätsmerkmal", d. h. der Beteiligung von Nutzerorganisationen in der

---

[8]Patientenvertreter, aber auch „Privatpersonen, Institutionen oder Unternehmen" (IQWiG 2017, o.S.), können zu Verfahren der Nutzenbewertung Stellung nehmen.

selbsthilfe- oder nutzerfreundlichen Gestaltung von Gesundheitseinrichtungen (vgl. Netzwerk Selbsthilfefreundlichkeit 2017).[9] Das Argument für mehr Nutzerbeteiligung auf der Ebene der Leistungserbringung ist dabei das gleiche wie auf der Makroebene (G-BA): Ohne das kollektive Erfahrungswissen von Betroffenen – im Selbsthilfejargon häufig als *Laienkompetenz* bezeichnet – geraten Krankenhäuser oder Arztpraxen akut in Gefahr, die Lebenswirklichkeit und die Bedürfnisse von Patienten und ihren Angehörigen aus dem Auge zu verlieren. Gerade im Hinblick auf den Ausbau von integrierten Versorgungsnetzwerken, d. h. der sektorübergreifenden Zusammenarbeit von Ärzten, Therapeuten und Pflege, sei die „systematische Integration *von* und Kooperation *mit* der organisierten Selbsthilfe" (Trojan 2017, S. 186) geboten.

Grundsätzlich ist zu fragen, ob die bestehenden Beteiligungsrechte für Nutzerorganisationen im deutschen Gesundheitswesen an der „richtigen Stelle" existieren. In wichtigen Entscheidungsprozessen, z. B. bei Rahmenvereinbarungen zwischen Leistungserbringern und Kostenträgern auf Landesebene, der Erstellung von Qualitätsberichten in Krankenhäusern oder bei der Konzeption von strukturierten Behandlungsprogrammen für chronisch-kranke Menschen, werden Nutzervertreter weiterhin nicht oder nur unzureichend beteiligt (vgl. Staber 2016; Köster-Steinebach 2016).

5 Nutzerorganisationen als Koproduzenten im gesundheitlichen Versorgungsprozess

Ging es im vorangegangenen Abschnitt um die politische Mitsprache von Nutzerorganisationen und deren Bemühungen die Nutzerfreundlichkeit in Gesundheitseinrichtungen zu verbessern, richtet sich der Fokus nun auf deren Rolle in der Wohlfahrtsproduktion im deutschen Gesundheitswesen. Inwiefern erleichtern zivilgesellschaftliche Akteure die Nutzungsbedingungen von Gesundheitsleistungen und verbessern die Ergebnisse der Leistungsinanspruchnahme? Bevor diese Frage beantwortet wird, soll ein kursorischer Blick auf die gegenwärtig zentralen Herausforderungen für Versicherte und Patienten im gesundheitlichen Versorgungsprozess geworfen werden. Drei parallel verlaufende Entwicklungen

---

[9]Das Netzwerk Selbsthilfefreundlichkeit (2017, o.S.) benennt verschiedene Qualitätskriterien für die Kooperation von Gesundheitseinrichtungen und Selbsthilfeorganisationen, zentral ist dabei insbesondere die Frage, ob die Partizipation der Selbsthilfe in den Entscheidungsgremien der entsprechenden Einrichtung ermöglicht wird.

sind dabei von besonderer Bedeutung: (a) die Vermarktlichung, (b) Wissensbasierung und notwendige (c) Integration von Gesundheitsleistungen.

(a) Unter die Vermarktlichung von Gesundheitsleistungen fällt vor allem die Ausweitung von Wahl- und Zusatzleistungen, die Nutzer im Stile von Konsumenten auf privaten Gesundheitsmärkten erwerben sollen. So sind gesetzlich Versicherte herausgefordert, zwischen verschiedenen GKVen den richtigen Anbieter zu wählen sowie individuelle Wahltarife (z. B. Zahnersatz oder Chefarztbehandlung) hinzuzukaufen. Gleiches gilt für den Umgang mit Individuellen Gesundheitsleistungen (IGeL), die Patienten in Krankenhäusern und Arztpraxen angeboten werden und deren Kosten nicht durch die GKV übernommen werden.
(b) Die Restrukturierung des Gesundheitswesens als wissensbasiertes Dienstleistungssystem macht Nutzer zu Mitentscheidern und Koproduzenten in den Bereichen „Prävention", „Therapie" und „Nachsorge" und rückt somit individuelle Behandlungskontexte in den Vordergrund. Die Ursachen für eine stärkere Wissensbasierung des medizinischen Leistungsgeschehens sind neue personalisierte Versorgungsformen, eine stärkere Lebensstilorientierung sowie medizinisch-technische Innovationen.
(c) Insbesondere chronisch-kranke Menschen sind im Sinne einer bestmöglichen Gesundheitsversorgung auf die möglichst reibungslose Zusammenarbeit unterschiedlicher Sektoren (ambulant, stationär) und Gesundheitsberufe (Haus- und Fachärzte, Therapeuten und Pflege) angewiesen. In der Praxis ist eine integrierte Versorgung, die sich zuvorderst an den komplexen Unterstützungsbedarfen der Patienten ausrichtet, weiterhin „das unvollendete Projekt des Gesundheitssystems" (Brandhorst et al. 2017) – trotz überaus positiver Erfahrungen mit regionalen Modellprojekten wie beispielsweise dem Gesunden Kinzigtal[10] (vgl. Hildebrandt 2014). Für Nutzer ergeben sich hieraus erhöhte Selbstmanagement-Anforderungen, da sie (oder ihre Angehörige) häufig ohne professionelle Unterstützung ein Versorgungsnetzwerk aufbauen müssen.

Vor dem Hintergrund der skizzierten Entwicklungstendenzen im Versorgungsprozess entstehen veränderte Anforderungen an eine unabhängige Nutzerunterstützung

---

[10]Hierbei handelt es sich um regionales Gesundheitsnetzwerk, das im Rahmen eines Vertrages zur Integrierten Versorgung mit zwei Krankenkassen, die medizinische Versorgung von 31.000 Versicherten im Kinzigtal (Baden-Württemberg) plant und koordiniert. Aktivierung, Prävention und Gesundheitsförderung stehen im Vordergrund der Netzwerkarbeit (vgl. Hildebrandt 2014).

im Gesundheitswesen. Dabei gewinnen die Aspekte Konsumentenschutz und Kompetenzvermittlung im Profil von Nutzerorganisationen deutlich an Bedeutung, wenngleich die meisten Organisationen eine vollständige Konsumentenorientierung weiterhin ablehnen (Ewert 2013, S. 235 ff.). Nutzerorganisationen können als Scharnier zwischen individuellen Lebenswelten, rechtlichen Ansprüchen und medizinischen Bedarfen von Versicherten und Patienten sowie einem komplexer werdenden Versorgungssystem verstanden werden. Dabei geraten sie immer häufiger in die Rolle von Koproduzenten des Gesundheitswesens, deren vorrangigste Aufgabe darin besteht, die Nutzung von Gesundheitsleistungen für viele Menschen erst zu ermöglichen bzw. zu optimieren. Folgende drei Aufgaben sind für das Profil moderner Nutzerunterstützung besonders zentral:

5.1 Gesundheits- und Systemwissen vermitteln

Die Themenbereiche Gesundheit und Krankheit sowie das Gesundheitswesen sind von immer neuen Dynamiken und Innovationen geprägt, in deren Folge Probleme in Bezug auf die Nutzung von Versorgungsleistungen auftreten können. Wissens- und kompetenzschwache Nutzer geraten in Gefahr keine diagnosegerechte Hilfe zu erhalten oder medizinisch nicht notwendige (und evtl. auch kostspielige) Leistungen in Anspruch zu nehmen – schlicht, weil ihnen die notwendigen Informationen zur ihrer Krankheit und zu gesetzlichen Leistungsansprüchen fehlen. Insbesondere Patienten mit chronischen und Mehrfacherkrankungen sehen sich zunehmend mit komplexen Versorgungspfaden konfrontiert, die personalisierte Navigationshilfen erfordern. Gleiches gilt für Versicherte, die ihr Leben lang Mitglied einer Krankenkasse waren, an ein System der paternalistischen Leistungszuweisung gewöhnt und daher mit der Wahl von Selektivverträgen und Zusatzleistungen überfordert sind.

5.2 Kompetenzen vermitteln

In einem Gesundheitswesen, indem die Suche nach einem „guten" Arzt oder dem „richtigen" Krankenhaus im Vorfeld einer Operation die Entschlüsselung pfadabhängiger Therapieoptionen erfordern, gewinnt eine laiengerechte Kompetenzvermittlung an Bedeutung. Die Unterstützungsleistung bzw. Koproduktion von Nutzervertretern besteht in diesem Fall in der Assistenz von Nutzern beim „Lesen" von Versorgungsebenen und -strukturen des Gesundheitssystems sowie beim Erkennen von Qualität medizinischer Leistungen. Neben der ursprünglichen

Kernaufgabe des emotionalen Auffangens und Begleitens von Nutzern und dem klassischen Empowerment von Nutzern, verstanden als Ausweitung der demokratischen Mitsprache im Gesundheitswesen, treten demnach neue Herausforderungen für Nutzerorganisationen auf: Es gilt Versicherte und Patienten für die konkrete Nutzungspraxis von Gesundheitsleistungen vorzubereiten bzw. *fit zu machen.*

5.3 Nutzeridentitäten stärken

Die Nutzerberater unterstützen und begleiten idealerweise Nutzer in der Mobilisierung von Anteilen der eigenen Identität im Gesundheitswesen. In der Praxis kann das bedeuten, verunsicherten Patienten zu empfehlen, sich der medizinischen Expertise von Professionellen anzuvertrauen, sofern sie sich von diesen respektvoll behandelt fühlen, oder aber ihnen nahezulegen, einen anderen Arzt aufzusuchen. Gute Unterstützung hilft Nutzern, die Prämissen ihres Handelns, z. B. als Bürger, Patienten und Koproduzenten, mit den situativen Erfordernissen – in der Arzt-Patient-Interaktion oder der Inanspruchnahme von medizinischen Leistungen – in Einklang zu bringen. Ein selbstbestimmtes Agieren in *vernetzten* Identitäten ist insbesondere dann, wenn die ursprüngliche Erwartungshaltung von Nutzern inkongruent zu den an sie gestellten Anforderungen ist nur durch eine Stärkung der Nutzerposition zu erreichen (vgl. Ewert 2017). Idealerweise bildet die Struktur der Nutzerunterstützung ein Äquivalent zur vernetzten Nutzerfigur. Zugänglichkeit, Angebotsstreuung und Kommunikationsstrategien von Nutzerorganisationen sollten nicht monolithisch und starr konzipiert sein, sondern stattdessen auf zielgruppenbasierte, flexible und kombinierbare Unterstützungsprogramme setzen.

Welche praktischen Schlussfolgerungen lassen sich für die Arbeit und Ausrichtung von Nutzerorganisationen als Koproduzenten vor dem Hintergrund der dargestellten Aufgaben ziehen? Angesichts der wachsenden Komplexität des Gesundheitswesens gilt es anwendungsfreundliche Unterstützungsangebote zu entwickeln. Hierfür erscheint ein Selbstverständnis als lernende Organisation, deren interne Struktur elastisch und deren konzeptionelle Ausrichtung ausreichend flexibel (jedoch nicht beliebig) ist, sinnvoll. Ob Nutzerorganisationen auf Tuchfühlung mit den tatsächlichen Problemen von Nutzern sind, hängt letztlich davon ab, inwieweit sie unterschiedlichen Profilanforderungen gerecht werden. Gleichwohl gilt: Nicht alle Organisationen müssen Nutzer zugleich informieren, beraten und schulen – hier ist eine inter- und intra-organisatorische Arbeitsteilung unvermeidlich und auch aus Gründen der Effizienz und Qualitätssicherung sinnvoll. Darüber hinaus stehen Nutzerorganisationen vor der Herausforderung, denjenigen Nutzern erhöhte Aufmerksamkeit zuteilwerden zu lassen, die den Koproduktionsanforderungen einer modernen Gesundheitsversorgung am wenigsten gerecht werden. Dies setzt voraus, dass Nutzerorganisationen ihre grundsätzliche Kritik an den Strukturen des Gesundheitswesens von konkreten Hilfestellungen trennen, deren Ziel das Heranführen bisheriger Nicht-Nutzer (z. B. sozial schwache Menschen und Migranten) an das Versorgungssystem sein sollte.

Zusammenfassend ist festzuhalten: Nutzerorganisationen befinden sich in der widersprüchlichen Situation, einerseits strategischer Partner und Koproduzent des Gesundheitswesens und andererseits dessen vehementesten Kritiker zu sein. Zivilgesellschaftliche Impulse für mehr Mitsprache, Selbstbestimmung und Selbsthilfefreundlichkeit drohen in modernen Zwangskontexten der Koproduktion *recycelt* zu werden. Wie Nutzerorganisationen der latenten Gefahr einer schleichenden Verwässerung ihres Profils begegnen, d. h. wie sie in der Praxis den Spagat an unterschiedlichen Aufgaben realisieren, wird am Beispiel der Deutsche Arbeitsgemeinschaft Selbsthilfegruppen e. V. dargestellt.

6 Zivilgesellschaftliches Handeln in der Praxis des deutschen Gesundheitswesens: Die Deutsche Arbeitsgemeinschaft Selbsthilfegruppen e. V

Selbsthilfe ist als spezifische Form von bürgerschaftlichem Engagement zu betrachten (vgl. Matzat 2010a), deren Kern die „emotionale Be- oder Verarbeitung von Krankheiten und Krisen" (ebd., S. 553) durch die Betroffenen selbst ausmacht. Im Hinblick auf eine politische Vertretung von Patienten geht es Selbsthilfeorganisationen um eine „Demokratisierung und Modernisierung des Gesundheits- und Sozialbereichs" (Engelhardt 2011, S. 191). Der Fachverband Deutsche Arbeitsgemeinschaft Selbsthilfegruppen e. V. (DAG SHG) verbindet auf der Basis des „zentrale[n] und differenzierende[n] Kriterium die eigene Betroffenheit" (Matzat 2010b, S. 553) beide Ziele: die Arbeit *nach innen*, verstanden als Aufbau von Laienkompetenz im Zuge der Arbeit von Selbsthilfegruppen, die der DAG SHG angehören, sowie die Arbeit *nach außen*, verstanden als politisches Engagement für „förderliche Rahmenbedingungen für die Arbeit von Selbsthilfegruppen und Selbsthilfekontaktstellen" (DAG SHG 2017, o.S.) im Gesundheitswesen.

Die DAG SHG ist ein seit 1982 anerkannter und eingetragener, gemeinnütziger Verein mit Verwaltungssitz in Berlin. Vier Einrichtungen sind der DAG SHG untergliedert: die Nationale Kontakt- und Informationsstelle zur Anregung und Unterstützung von Selbsthilfegruppen (NAKOS), die Koordination für die Selbsthilfe-Unterstützung in Nordrhein-Westfalen (KOSKON), das Selbsthilfe-Büro Niedersachsen und die Kontaktstelle für Selbsthilfegruppen in Gießen. Insgesamt beschäftigt die DAG SHG 25 hauptamtliche Mitarbeiter in der Berliner Verwaltung sowie den vier genannten Einrichtungen. Darüber hinaus arbeiten 14 *Ehrenamtliche* (neun Patientenvertreter, drei Vorstände und zwei weitere Mitarbeiter) für die DAG SHG. Finanziert wird die Arbeit der DAG SHG größtenteils durch Zuwendungen von Bund, Länder und Kommunen (458.321 EUR in 2016) pauschale Fördermittel nach § 20 h SGB V (551.400 EUR in 2016) und Projekt-Fördermittel nach § 20 h SGB V (416.222 EUR in 2016). Eine weitere Einnahmequelle sind Mitgliedsbeiträge, deren Höhe die Mitgliederversammlung des Vereins festlegt (derzeit 80 EUR für Privatpersonen und 150 EUR für juristische Personen wie Institutionen und Organisationen).[11]

Das Arbeitsspektrum der DAG SHG umfasst nach eigenen Angaben folgende Aspekte (DAG SHG 2017, o.S):

- Sie informiert über Möglichkeiten der gemeinschaftlichen Selbsthilfe in Gruppen.
- Sie nimmt Einfluss auf Politik und Verwaltung, um ein selbsthilfefreundliches Klima in Deutschland zu schaffen.
- Sie hat den Ansatz der Selbsthilfeunterstützung durch spezialisierte Selbsthilfekontaktstellen vor Ort entwickelt und vertritt diesen in Fachwelt und Öffentlichkeit. Selbsthilfekontaktstellen halten sachliche/infrastrukturelle Hilfen (Räume, Arbeitsmittel) und fachliche Beratung (Selbsthilfeberatung) bereit.
- Sie berät Entscheidungsträger in Bund, Ländern und Kommunen sowie Krankenkassen und anderen relevanten Institutionen in Fragen der sozial- und gesundheitspolitischen Bedeutung und Förderung von Selbsthilfegruppen.
- Sie qualifiziert Mitarbeiterinnen und Mitarbeiter in Selbsthilfekontaktstellen und anderen Selbsthilfe unterstützenden Einrichtungen für die besonderen Anforderungen der professionellen Selbsthilfeberatung.

Dieses Bündel an fach- und themenübergreifenden Arbeitsbereichen der DAG SHG lässt sich in die Aufgaben *Selbsthilfeunterstützung, Stellungnahmen* und *Mitarbeit und Fachgremien* unterteilen, die im Folgenden konkretisiert werden sollen.

---

[11]Für die Bereitstellung dieser Informationen dankt der Autor recht herzlich Marita Sowinska (Verwaltung, DAG SHG).

6.1 Selbsthilfeunterstützung sichern und weiterentwickeln

Für die professionelle Selbsthilfeunterstützung in Deutschland bedarf es institutioneller und fachlicher Standards. Als zentrale, bundesweite Anlaufstelle und Lobbyistin in eigener Sache fungiert in diesem Zusammenhang die Nationale Kontakt- und Informationsstelle zur Anregung und Unterstützung von Selbsthilfegruppen (NAKOS), deren Träger die DAG SHG ist. Die vorhandenen Selbsthilfestrukturen zu stabilisieren und auszubauen, steht im Mittelpunkt der Arbeit von NAKOS. Schließlich befindet sie sich die Selbsthilfe zunehmend in einem schwierigen „Spagat zwischen knappen Ressourcen und Ausdehnung des Aufgabenumfangs" (Wohlfahrt und Zülke 2016, S. 155). Die wichtigste Aufgabe[12] der über 300 lokalen Selbsthilfekontaktstellen ist es hingegen, „Selbsthilfeinteressierte und Selbsthilfegruppen themenübergreifend Informationen, Kontakte und Unterstützung auf örtlicher Ebene" (DAG SHG 2017, o.S.) zu bieten. Die Kontaktvermittlung erfolgt über vier, im Laufe der Zeit immer weiter ausdifferenzierte Datenbanksysteme, in denen Betroffene bundesweit tätige Selbsthilfevereinigungen sowie Selbsthilfe-Internetforen (GRÜNE ADRESSEN), Selbsthilfeunterstützungsangebote auf örtlicher und regionaler Ebene (ROTE ADRESSEN), seltene Krankheiten (BLAUE ADRESSEN) und sowie Gleichbetroffene, etwa bei einer seltenen Erkrankung (BETROFFENE SUCHEN BETROFFENE), finden können (vgl. NAKOS 2017, o.S.)[13].

6.2 Stellungnahme zu Gesetzgebungsverfahren

Ein Mittel zur „Verstärkung des politischen Gewichts der Selbsthilfe im Korporatismus des deutschen Gesundheitssystems" (Rosenbrock 2015, S. 174) ist es,

---

[12]Wohlfahrt und Zülke (2016, S. 151) zählen zum Leistungsspektrum von Selbsthilfekontaktstellen des Weiteren folgende Aufgaben: „Information und Beratung der Selbsthilfegruppen bei ihrer Tätigkeit, Hilfe bei der Pressearbeit, gruppenübergreifende Information über rechtliche und finanzielle Fragen, Unterstützung bei Antragstellungen, Durchführung von Selbsthilfetagen und diverser anderer Veranstaltungen, Fortbildung der Selbsthilfegruppen auf verschiedenen Gebieten, Durchführung von Gesamttreffen der Selbsthilfegruppen, Kooperation mit Professionellen des Sozial- und Gesundheitswesens, Öffentlichkeitsarbeit".
[13]Für weitere Informationen siehe https://www.nakos.de/adressen/. Abgerufen: 23. November 2017.

öffentlich Stellung zu laufenden Gesetzgebungsverfahren zu nehmen. Dies tut die DAG SHG immer dann, wenn in den Ausschüssen und Unterausschüssen des Deutschen Bundestages Berührungspunkte zu den Themen und Anliegen der Selbsthilfe bestehen. Beispielsweise positionierte sich die DAG SHG im Rahmen des Fachgesprächs zum Thema „Bürgerschaftliches Engagement im Bereich Pflege und Gesundheit"[14], um auf den Unterstützungsbedarf von pflegenden Angehörigen in Deutschland hinzuweisen (vgl. Helms 2016). Das diesbezügliche Ziel der DAG SHG ist es, die Angehörigen der schätzungsweise 2,6 Mio. pflegebedürftigen Menschen durch Angebote der gemeinschaftlichen Selbsthilfe zu entlasten. Hierzu bedarf es aus Sicht des DAG SHG, eine „sachgerechte finanzielle Ausstattung" sowie eine „fachliche Unterstützung" (ebd., S. 4, 5) von Selbsthilfekontaktstellen auf kommunaler Ebene, die Angehörige über „die Chancen der Selbsthilfe und die Notwendigkeit der Kooperation mit Betreuungsangeboten" (ebd.) informieren und aufklären. Angesichts des 2015 verabschiedeten Präventionsgesetzes formulierte die DAG SHG „Eckpunkte zur Erhöhung der Selbsthilfeförderung durch die GKV ab 2016", in denen man insbesondere die flächendeckende Einführung von Selbsthilfekontaktstellen sowie eine bessere personelle und infrastrukturelle Ausstattung der Landeskoordinierungsstellen forderte (vgl. Hundertmark-Mayser 2015).

6.3 Mitarbeit in Fachgremien

Die DAG SHG berät politische Entscheidungsträger sowie Krankenkassen „in Fragen der sozial- und gesundheitspolitischen Bedeutung und Förderung von Selbsthilfekontaktstellen und Selbsthilfegruppen" (DAG SHG 2017, o.S.). Der zentrale Ort, an dem die DAG SHG dieser Aufgabe nachgeht, ist der G-BA. Da die Patientenvertretung im Gemeinsamen Bundesausschuss (G-BA) – wie bereits dargestellt – kein Stimmrecht besitzt, ist sie auf die öffentliche Wirkung von mündlichen und schriftlichen Stellungnahmen, etwa zur Änderung des Heil- und Hilfsmittel Versorgungsgesetzes, angewiesen. Neben der Mitarbeit in weiteren fachpolitischen Gremien wie dem Gemeinsamem Arbeitskreis Selbsthilfeförderung der GKV und Verbänden wie der Bundesvereinigung Prävention und Gesundheitsförderung e. V. engagiert sich die DAG SHG in der

---

[14]Deutscher Bundestag, 26. Sitzung des Unterausschusses Bürgerschaftliches Engagement vom 19. Oktober 2016.

Erarbeitung von wissenschaftlichen (in der Regel evidenzbasierten) Versorgungs- und Patientenleitlinien. In einem Erfahrungsbericht bewertete Jürgen Matzat, der dort die Interessen der DAG SHG in einer Leitlinien-Arbeitsgruppe zur Fragestellungen der psychosomatisch-psychotherapeutisch-psychiatrischen Versorgung vertrat, die Mitarbeit von Patienten- bzw. Selbsthilfevertretern als „sehr hilfreich, wenn nicht sogar unerlässlich" (Matzat 2013, S. 317). Letztere könnten „das gesammelte Erfahrungswissen ihrer Gruppen und Organisationen" (ebd., S. 318) in Bezug auf die jeweils zu erstellende Leitlinie einbringen. Der zivilgesellschaftliche Beitrag in der Mitarbeit von Leitlinien besteht gewissermaßen darin, einen Kontrapunkt zum fachlichen Eigeninteresse – etwa hinsichtlich der Empfehlung von bestimmten Therapiemethoden – von medizinischen Professionen zu setzen. Ein weiteres Gremium, in dem die DAG SHG mitarbeitet, ist das Bundesnetzwerk Bürgerschaftliches Engagement (BBE). Innerhalb des BBE-Themenfeldes *Wandel des Sozialstaats* tritt der Fachverband für einen höheren Stellenwert der Selbsthilfe „in Staat und Gesellschaft" (DAG SHG 2017, o.S.) ein.

Die DAG SHG, insbesondere das gesundheitspolitische Engagement des Verbands, steht beispielhaft für eine Entwicklung, die Matzat (2010a, S. 563) treffend als „[a]us der „alternativen Ecke" zum „anerkannten Partner" beschreibt. Der mit dieser Aufwertung verbundene Professionalisierungsprozess führt unweigerlich zu einem Zielkonflikt, in dem die DAG DHG Alleinstellungsmerkmale der Selbsthilfe, allen voran die Einbringung von Betroffenenkompetenz, einerseits und notwendige Anpassungsleistungen an die Systemlogik des Gesundheitswesens andererseits ausbalancieren muss. Schaut man sich die vielfältigen Aktivitäten des Fachverbands an, wird ersichtlich, dass die DAG SHG sehr darum bemüht ist, ihren *Markenkern* zu erhalten. Die gelingt vor allem jenseits des skizzierten Alltagsgeschäfts durch eigene Schwerpunktsetzungen und Initiativen. So veranstaltete der Verband etwa regelmäßig Fachtagungen zu (aktuellen) Themen der Selbsthilfe und erörterte unter dem Motto *Wo bleibt der Mensch?* die Rolle der Selbsthilfe im Gesundheitswesen „zwischen Betroffenenkompetenz und Professionalisierung, zwischen Autonomie, Leistungsdruck und Qualitätsanforderungen" (DAG SHG 2017, o.S.). Wiederkehrendes Motiv dieser und anderer Veranstaltungen ist die Forderung nach einer Zivilisierung (oder Humanisierung) der medizinischen Versorgung, in der „das Miteinander, das Gespräch, das Zuhören und der Austausch über individuelle Anliegen" (ebd.) gegen äußere Systemzwänge verteidigt wird. Die DAG SHG bzw. die gemeinschaftliche Selbsthilfe als solche versteht ihre Rolle dabei als „Wegbereiterin für mehr Patientenorientierung im Gesundheitswesen" (ebd.). In diesem Sinne engagiert sich der Verband gegenwärtig ebenfalls für die strukturelle und kulturelle Öffnung der Selbsthilfe für Menschen mit Migrationshintergrund (vgl. Selbsthilfe und Integration 2017, o.S.). In dem die DAG SHG die Selbsthilfeanliegen von Migranten und deren spezifischen Voraussetzungen wie Mehrsprachigkeit und eine kultursensible Öffentlichkeitsarbeit zur Nutzung von Selbsthilfeangeboten thematisiert, wird der Blick auf bestehenden Integrationsbarrieren innerhalb des gesundheitlichen Versorgungssystems gelenkt. Im besten Fall fungiert die DAG SHG somit als Impulsgeber und mahnende Stimme für zivilgesellschaftliche Reformen innerhalb des Gesundheitswesens. Seine Legitimationsbasis, bestehend aus Glaubwürdigkeit und Authentizität, generiert der Fachverband in all den Aktivitäten aus dem kollektiven Erfahrungswissen, das sich aus der fortlaufenden Arbeit mit Betroffenen in den regionalen Selbsthilfekontaktstellen und Selbsthilfegruppen speist.

7 Fazit

Das Gesundheitswesen der Zukunft, hierin sind sich Politik, Praxis und Wissenschaft weitestgehend einig, steht vor der Herausforderung, passende Antworten für die immer komplexer werdenden medizinischen Bedarfe einer heterogenen und alternden Gesellschaft zu finden. Hierfür ist ein konsequenter Umbau der tradierten Versorgungsstrukturen in Richtung einer verbesserten Kooperation der unterschiedlichen Sektoren (ambulant, stationär und Pflege) und einer integrierten Zusammenarbeit aller Akteure des Gesundheitssystems nötig (vgl. Brandhorst und Hildebrandt 2017). Nimmt man den Anspruch ernst, dass im Mittelpunkt einer integrierten Versorgung die Patienten bzw. Nutzer des Gesundheitswesens stehen, können Nutzerorganisationen einen wichtigen, weil genuin zivilgesellschaftlichen Beitrag zu dem anstehenden Wandlungsprozess leisten. Zum einen als anerkannter Vertreter von kollektiven Patienteninteressen, zum anderen, weil sie gerade kein etablierter Akteur innerhalb des korporatistischen Systems sind, in dem trotz rhetorischer Bekenntnisse für mehr Bürger- und Patientenorientierung traditionell die Eigeninteressen von Leistungsanbietern und Kostenträgern Vorrang hatten (und weiterhin haben). Idealerweise gehen von Nutzerorganisationen Anstöße für mehr Nutzerorientierung aus, sei es was die Selbsthilfefreundlichkeit von Krankenhäusern oder die Transparenz von Leistungsangeboten und deren Qualität betrifft. Ihre Rolle als unabhängige Fürsprecher und glaubwürdige Anwälte von Bürgerinteressen können Nutzerorganisationen jedoch nur dann dauerhaft einnehmen, wenn sie eine vollständige Domestizierung seitens des Gesundheitssystems infolge von unvermeidlichen „Normalisierungsprozessen" (Engelhardt 2011, S. 250) abwenden können. Zwei Herausforderungen erscheinen somit für Nutzerorganisationen prioritär: Erstens die Verteidigung von Alleinstellungsmerkmalen wie organisatorische Unabhängigkeit sowie ein konsequentes Eintreten für die Anliegen von Betroffenen. Diese dürfen auch dann nicht aufgegeben werden, wenn es um die Umsetzung legitimer Interessen von Nutzerorganisationen innerhalb des Gesundheitswesens wie Teilnahme- und Stimmrecht in allen Gremien der gemeinsamen Selbstverwaltung oder einer Verbesserung der personellen und finanziellen Ressourcenausstattung der Patientenvertretung geht (vgl. BAGP 2017). Zweitens gilt es der bequemen Versuchung zu widerstehen, die Rolle von normalen Dienstleistungsunternehmen des Gesundheitswesens einzunehmen, die, indem sie neue Unterstützungsangebote, wie internetbasierte Navigationssysteme oder Beratungskonzepte entwickeln und vermarkten, gewissermaßen erst die notwendige *Software* zur Nutzung komplexer Versorgungssysteme liefern. Nutzerorganisationen müssen stattdessen einen produktiven Umgang mit ihrer ambivalenten Mehrfachrolle als politische Akteure, hartnäckige Kritiker sowie bürgernahe Dienstleister und Kompetenzvermittler des Gesundheitswesens finden. Gelingt es ihnen diesen Herausforderungen konzeptionell und praktisch angemessen zu begegnen, können sie ihre Funktion als zivilgesellschaftliches Korrektiv in einem zunehmend effizienz- und output-orientierten Gesundheitssystem aufrechterhalten. Andernfalls werden Nutzerorganisationen langfristig unweigerlich zu einer Marke unter vielen Leistungsanbietern im modernen Gesundheitswesen.

Literatur

Alber, J. 1992. *Das Gesundheitswesen der Bundesrepublik Deutschland. Entwicklung, Struktur und Funktionsweise*. Frankfurt a. M.: Campus.

Bandelow, N., F. Eckert, und R. Rüsenberg. 2009a. Qualitätssicherung als „Megathema" der Zukunft? In *Gesundheit 2030. Qualitätsorientierung im Fokus von Politik, Wirtschaft, Selbstverwaltung und Wissenschaft*, Hrsg. N. Bandelow, F. Eckert, und R. Rüsenberg, 13–28. Wiesbaden: VS Verlag.

Bandelow, N., F. Eckert, und R. Rüsenberg. 2009b. Wie funktioniert Gesundheitspolitik? In *Masterplan Gesundheitswesen 2020*, Hrsg. B. Klein, und M. Weller, 37–64. Baden-Baden: Nomos.

Bär, G. 2015. *Gesundheitsförderung lokal verorten. Räumliche Dimensionen und zeitliche Verläufe des WHO-Setting-Ansatzes im Quartier*. Wiesbaden: Springer VS.

Brandhorst, A., und H. Hildebrandt. 2017. Kooperation und Integration – Das unvollendete Projekt des Gesundheitswesens: Wie kommen wir weiter? In *Kooperation und Integration – Das unvollendete Projekt des Gesundheitssystems*, Hrsg. A. Brandhorst, H. Hildebrandt, und E.-L. Luthe, 573–612. Wiesbaden: Springer VS.

Brandhorst, A., H. Hildebrandt, und E.-L. Luthe, Hrsg. 2017. *Kooperation und Integration – Das unvollendete Projekt des Gesundheitssystems*. Wiesbaden: Springer VS.

Bundesarbeitsgemeinschaft der PatientInnenstellen und -Initiativen (BAGP). 2017. Stellungnahme der Bundesarbeitsgemeinschaft der PatientInnenstellen und -Initiativen (BAGP) zum Referentenentwurf des BMG: GKV-Selbstverwaltungsstärkungsgesetz vom 09.12.2016. http://www.bagp.de/dokumente/bagp/stellungnahme_der_bagp_zum_svsg160117.pdf. Zugegriffen: 16. Juli 2017.

Bundesärztekammer. 2016. Ärztestatistik 2016: Die Schere zwischen Behandlungsbedarf und Behandlungskapazitäten öffnet sich. http://www.bundesaerztekammer.de/ueber-uns/aerztestatistik/aerztestatistik-2016/. Zugegriffen: 8. Sept. 2017.

Bundesgesundheitsministerium. 2017. Gesundheitswirtschaft als Jobmotor. https://www.bundesgesundheitsministerium.de/themen/gesundheitswesen/gesundheitswirtschaft/gesundheitswirtschaft-als-jobmotor.html. Zugegriffen: 8. Sept. 2017.

Busse, R., M. Blümel, und D. Ognyanova. 2013. *Das deutsche Gesundheitssystem. Akteure, Daten, Analysen*. Berlin: Medizinisch Wissenschaftliche Verlagsgesellschaft.

Dahlbeck, E., und J. Hilbert. 2017. *Gesundheitswirtschaft als Motor der Regionalentwicklung*. Wiesbaden: Springer VS.

Danner, M., C. Nachtigäller, und A. Renner. 2009. Entwicklungslinien der Gesundheitsselbsthilfe. *Bundesgesundheitsblatt – Gesundheitsforschung – Gesundheitsschutz* 52 (1): 3–10.

Deppe, H.-U. 1987. *Krankheit ist ohne Politik nicht heilbar*. Frankfurt a. M.: Suhrkamp.

Deutsche Arbeitsgemeinschaft Selbsthilfegruppen (DAG SHG). 2017. Über die DAG SHG. https://www.dag-shg.de/ueber-dag-shg/. Zugegriffen: 16. Juli 2017.

Döring, D. 2015. *Sozialstaat*. Frankfurt a. M.: Fischer.

Engelhardt, H.-D. 2011. *Leitbild Menschenwürde: Wie Selbsthilfeinitiativen den Gesundheits- und Sozialbereich demokratisieren*. Frankfurt a. M.: Campus.

Enquête-Kommission „Zukunft des Bürgerschaftlichen Engagements" Deutscher Bundestag. 2003. *Bürgerschaftliches Engagement und Sozialstaat*. Opladen: Leske + Buderich.

Etgeton, S. 2009. Perspektiven für die Sicherung und Entwicklung von Qualität und der Einbezug von Patientensicht – Zukunftsmodell? In *Gesundheit 2030. Qualitätsorientierung im Fokus von Politik, Wirtschaft, Selbstverwaltung und Wissenschaft*, Hrsg. N. Bandelow, F. Eckert, und R. Rüsenberg, 97–106. Wiesbaden: VS Verlag.

Ewert, B. 2013. *Vom Patienten zum Konsumenten? Nutzerbeteiligung und Nutzeridentitäten im Gesundheitswesen*. Wiesbaden: Springer VS.

Ewert, B. 2015. Lobbyziel: Problembewusstsein schaffen. Wie ACHSE e. V. die Interessen von Menschen mit Seltenen Erkrankungen vertritt. In *LobbyWork. Interessenvertretung als Politikgestaltung*, Hrsg. R. Speth und a Zimmer, 193–207. Wiesbaden: Springer VS.

Ewert, B. 2017. Zwischen Individuum und Leistungsempfänger. Von dem Begriff des Nutzers im Gesundheitswesen. *Blätter der Wohlfahrtspflege* 164 (1): 20–22.

Gemeinsamer Bundesausschuss (G-BA). 2017. Der Gemeinsame Bundesausschuss stellt sich vor. https://www.g-ba.de/institution/struktur/. Zugegriffen: 16. Juli 2017.

Gouthier, M.H.J., und R. Tunder. 2011. Die Empowerment-Bewegung und ihre Auswirkungen auf das Gesundheitswesen. In *Wandel der Patientenrolle: Neue Interaktionsformen im Gesundheitswesen*, Hrsg. H.W. Hoefert und C. Klotter, 33–46. Göttingen: Hogrefe.

Helms, U. 2016. Möglichkeiten und Notwendigkeiten zur Umsetzung der Förderung der Selbsthilfe und des komplementären bürgerschaftlichen Engagements im Bereich Pflege und Gesundheit vor dem Hintergrund des demografischen Wandels. https://www.dag-shg.de/data/Texte/2016/NAKOS-Helms-Engagement-und-Pflege.pdf. Zugegriffen: 16. Juli 2017.

Hildebrandt, H. 2014. Crossing the boundaries from individual medical care to regional public health outcomes: The triple aim of „Gesundes Kinzigtal" – Better health + improved care + affordable costs. *International Journal of Integrated Care* 14 (5). http://www.ijic.org/articles/abstract/10.5334/ijic.1564/. Zugegriffen: 16. Juli 2017.

Hundertmark-Mayser, J. 2015. Gesundheitsbezogene Selbsthilfe unterstützen und stärken. Eckpunkte zur Erhöhung der Selbsthilfeförderung durch die GKV ab 2016. https://www.dag-shg.de/data/Texte/2015/DAGSHG-20h-Eckpunkte.pdf. Zugegriffen: 16. Juli 2017.

Illing, F. 2017. *Gesundheitspolitik in Deutschland. Eine Chronologie der Gesundheitsreformen der Bundesrepublik.* Wiesbaden: Springer VS.

Institut für Arbeit und Qualifikation (IAQ) der Universität Duisburg-Essen. 2015. Krankenhäuser und Betten nach Trägerschaft. http://www.sozialpolitik-aktuell.de/tl_files/sozialpolitik-aktuell/_Politikfelder/Gesundheitswesen/Datensammlung/PDF-Dateien/abbVI32b.pdf. Zugegriffen: 14. Juli 2017.

Institut für Arbeit und Qualifikation (IAQ) der Universität Duisburg-Essen. 2016. Ambulante und stationäre Pflegedienste nach Trägern 2015. http://www.sozialpolitik-aktuell.de/tl_files/sozialpolitik-aktuell/_Politikfelder/Gesundheitswesen/Datensammlung/PDF-Dateien/abbVI56_57.pdf. Zugegriffen: 8. Sept. 2017.

Institut für Qualität und Wirtschaftlichkeit (IQWiG). 2017. Patientensicht einbringen. https://www.iqwig.de/de/sich-beteiligen/patientensicht-einbringen.3070.html. Zugegriffen: 16. Juli 2017.

Klenk, T. 2012. Das Ende der korporatistischen Selbstverwaltung? In *Abkehr vom Korporatismus?: Der Wandel der Sozialversicherungen im europäischen Vergleich*, Hrsg. T. Klenk, P. Weyrauch, A. Haarmann, und F. Nullmeier, 53–118. Frankfurt a. M.: Campus.

Knieps, F. 2017. Fragen an Dr. Martin Danner, Geschäftsführer BAG Selbsthilfe. In *Gesundheitspolitik: Akteure, Aufgaben, Lösungen*, Hrsg. Frank Knieps, 235–240. Berlin: Medizinisch Wissenschaftliche Verlagsgesellschaft.

Köster-Steinbach, I. 2016. Welchen Stellenwert haben Patienten und ihre Vertretung bei der Qualitätssicherung? In *Patientenorientierung: Wunsch oder Wirklichkeit?*, Hrsg. Johanne Pundt, 59–82. Bremen: APOLLON University Press.

Lang, S. 2010. Und sie bewegt sich doch …Eine Dekade der Engagementpolitik auf Bundesebene. In *Engagementpolitik. Die Entwicklung der Zivilgesellschaft als politische Aufgabe*, Hrsg. T. Olk, A. Klein, und B. Hartnuß, 329–351. Wiesbaden: VS Verlag.

Manzei, A., und R. Schmiede. 2014. *20 Jahre Wettbewerb im Gesundheitswesen: Theoretische und empirische Analysen zur Ökonomisierung von Medizin und Pflege.* Wiesbaden: Springer VS.

Matzat, J. 2010a. Experience Report. Self-Help/Mutual Aid in Germany – A 30 Year perspective of a Participant Observer. *International journal of self help & self care* 5 (3): 279–294.

Matzat, J. 2010b. Ehrenamtliches Engagement, kollektive Selbsthilfe und politische Beteiligung im Gesundheitswesen. In *Engagementpolitik. Die Entwicklung der Zivil-*

gesellschaft als politische Aufgabe, Hrsg. T. Olk, A. Klein, und B. Hartnuß, 547–570. Wiesbaden: VS Verlag.

Matzat, J. 2013. Selbsthilfe trifft Wissenschaft – Zur Patientenbeteiligung an der Entwicklung von Leitlinien. *Zeitschrift für Evidenz, Fortbildung Qualität im Gesundheitswesen (ZEFQ)* 107 (4–5): 314–319.

Nagel, A. 2009. *Politische Entrepreneure als Reformmotor im Gesundheitswesen? Eine Fallstudie zur Einführung eines neuen Steuerungsinstruments im Politikfeld Psychotherapie.* Wiesbaden: VS Verlag.

Nationale Kontakt- und Informationsstelle zur Anregung und Unterstützung von Selbsthilfegruppen (NAKOS). 2017. Adressen. https://www.nakos.de/adressen/. Zugegriffen: 16. Juli 2017.

Netzwerk Selbsthilfefreundlichkeit. 2017. Unsere Qualitätskriterien. http://www.selbsthilfefreundlichkeit.de/unsere-qualitaetskriterien/. Zugegriffen: 16. Juli 2017.

Reiter, R., und A.E. Töller. 2014. *Politikfeldanalyse im Studium: Fragestellungen, Theorien, Methoden.* Baden-Baden: Nomos.

Rosenbrock, R. 2015. Gesundheitsbezogene Selbsthilfe im deutschen Gesundheitssystem – Funktionen und Perspektiven. In *Selbsthilfegruppenjahrbuch 2015*, Hrsg. Deutsche Arbeitsgemeinschaft Selbsthilfegruppen (DAG SHG) e. V., 165–175. Wetzlar: Majuskel.

Rosenbrock, R., und T. Gerlinger. 2014. *Gesundheitspolitik. Eine systematische Einführung.* Bern: Huber.

Ruckstuhl, B. 2011. 25 Jahre Ottawa-Charta: Ein Blick zurück in die Zukunft. *Prävention. Zeitschrift für Gesundheitsförderung* 34 (3): 66–70.

Sachverständigenrat zur Begutachtung der Entwicklung im Gesundheitswesen [SVR]. 2003. *Finanzierung, Nutzerorientierung und Qualität. Buchreihe Qualität und Versorgungsstrukturen,* Bd. 2. Baden-Baden: Nomos.

Scharpf, F.W. 2000. *Interaktionsformen. Akteurszentrierter Institutionalismus in der Politikforschung.* Opladen: Leske+Budrich.

Selbsthilfe und Integration. 2017. Projekt „Selbsthilfe und Integration in Niedersachsen". http://selbsthilfe-und-integration.de/projekt/. Zugegriffen: 16. Juli 2017.

Simon, M. 2017. *Das Gesundheitssystem in Deutschland: Eine Einführung in Struktur und Funktionsweise,* 6. Aufl. Bern: hofgrefe.

Sozialgesetzbuch. 2017. Fünftes Buch: Gesetzliche Krankenversicherung. http://www.sozialgesetzbuch-sgb.de/sgbv/1.html. Zugegriffen: 8. Sept. 2017.

Sozialwahl. 2017. Was ist die Sozialwahl? https://www.sozialwahl.de/sozialwahl/die-sozialwahl-auf-einen-blick/. Zugegriffen: 14. Juli 2017.

Staber, J. 2016. Patientenorientierung bei Leistungskatalogentscheidungen in der gesetzlichen Krankenversicherung. In *Patientenorientierung: Wunsch oder Wirklichkeit?*, Hrsg. Johanne Pundt, 43–58. Bremen: APOLLON University Press.

Stabsstelle Patientenbeteiligung. 2017. Wie wir arbeiten. https://patientenvertretung.g-ba.de/was-wir-tun/wie-wir-arbeiten/. Zugegriffen: 16. Juli 2017.

Statistisches Bundesamt. 2015. Gesundheit. Grunddaten der Vorsorge- oder Rehabilitationseinrichtungen. https://www.destatis.de/DE/Publikationen/Thematisch/Gesundheit/VorsorgeRehabilitation/GrunddatenVorsorgeReha2120612147004.pdf?__blob=publicationFile. Zugegriffen: 8. Sept. 2017.

Statistisches Bundesamt. 2017. Gesundheitsausgaben im Jahr 2015 um 4,5 % gestiegen, Pressemitteilung Nr. 061. https://www.destatis.de/DE/PresseService/Presse/Pressemitteilungen/2017/02/PD17_061_23611.html. Zugegriffen: 8. Sept. 2017.

Trojan, A. 2011. „Selbsthilfebewegung" und Public Health. In *Die Gesellschaft und ihre Gesundheit*, Hrsg. T. Schott und C. Hornberg, 87–104. Wiesbaden: Springer VS.

Trojan, A. 2017. Selbsthilfegruppen als Akteure für mehr Kooperation und Integration. In *Kooperation und Integration – Das unvollendete Projekt des Gesundheitssystems*, Hrsg. A. Brandhorst, H. Hildebrandt, und E.-L. Luthe, 167–190. Wiesbaden: Springer VS.

Verband der Automobilindustrie. 2017. Zahlen und Daten. https://www.vda.de/de/services/zahlen-und-daten/zahlen-und-daten-uebersicht.html. Zugegriffen: 8. Sept. 2017.

Verband der Kriegsbeschädigten, Kriegshinterbliebenen und Sozialrentner Deutschlands (VdK). 2017. Wir über uns. Der VdK – Ihr starker Partner in Sozialrecht und Sozialpolitik. https://www.vdk.de/deutschland/. Zugegriffen: 14. Juli 2017.

Wohlfahrt, N., und W. Zülke. 2016. Expertise zur Situation der Selbsthilfe-Kontaktstellen und Selbsthilfe-Büros in Nordrhein-Westfalen. https://www.dag-shg.de/data/Fachpublikationen/2016/DAGSHG-Jahrbuch-16-Wohlfahrt-Zuehlke.pdf. Zugegriffen: 16. Juli 2017.

Wohnungspolitik als „alte neue" Herausforderung des Sozialstaats

Danielle Gluns

Zusammenfassung

Staatliche Akteure befassen sich seit über hundert Jahren mit dem Wohnungsbau, der Zuteilung von Wohnraum und der Wohnungsqualität. Seit einigen Jahren erfolgt in Deutschland eine verstärkte Auseinandersetzung mit diesen Fragen, und staatliche Interventionen in den Wohnungsmarkt gewinnen angesichts steigender Mieten und Kaufpreise an Bedeutung. Der Beitrag erläutert die historische Entwicklung der Wohnungspolitik sowie aktuelle Problemstellungen. Darüber hinaus stellt er die Rollenverteilung zwischen verschiedenen Akteuren – staatlich, privatwirtschaftlich sowie zivilgesellschaftlich – in diesem Politikfeld dar. Schließlich geht er der Frage nach, welche weiteren Handlungsmöglichkeiten aktuell diskutiert werden, um bezahlbares und hochwertiges Wohnen für alle Menschen in Deutschland zu sichern.

Schlüsselwörter

Wohnungspolitik · Wohnungsmarkt · Dekommodifizierung · Akteure · Föderalismus · Gentrifizierung · Demografischer Wandel · Redistribution

---

D. Gluns (✉)
Westfälische Wilhelms-Universität Münster, Münster, Deutschland
E-Mail: glunsd@uni-hildesheim.de

© Springer Fachmedien Wiesbaden GmbH, ein Teil von Springer Nature 2019
M. Freise und A. Zimmer (Hrsg.), *Zivilgesellschaft und Wohlfahrtsstaat im Wandel*, Bürgergesellschaft und Demokratie,
https://doi.org/10.1007/978-3-658-16999-2_12

1 Einleitung

Die Wohnungspolitik ist ein Feld, das bereits seit mehr als einem Jahrhundert öffentliche Akteure beschäftigt. Es umfasst alle Maßnahmen öffentlicher Träger, mit denen die Wohnungsversorgung der Bevölkerung beeinflusst werden soll. Darunter fallen Interventionen in den Wohnungsbau, die Wohnkosten und den Wohnkonsum bzw. die Wohnungsvergabe (vgl. Clapham et al. 1990). Im weiteren Sinne beeinflussen auch Interventionen in anderen Politikfeldern die Wohnsituation von Haushalten, beispielsweise indem sozialpolitische Interventionen Haushaltseinkommen umverteilen und damit die Leistbarkeit des Wohnens beeinflussen, oder wenn aufgrund energiepolitischer Zielsetzungen der Wohnungsneubau reguliert wird. Diese Interventionen werden jedoch im vorliegenden Beitrag nicht behandelt, da sie sich von ihrer Zielsetzung her nicht primär auf die Wohnungsversorgung der Bevölkerung richten.

Im Folgenden wird zunächst die historische Entwicklung der Wohnungspolitik in Deutschland dargestellt (2), bevor die aktuelle Situation beleuchtet wird. Hierfür werden die derzeitigen Herausforderungen im Bereich des Wohnens anhand einiger Eckdaten dargestellt (3). Im Anschluss daran werden die relevanten Akteure skizziert (4), bevor der heutige „Instrumentenkasten" öffentlicher Akteure erläutert wird (5). Schließlich wird danach gefragt, welcher Sektor die besten Lösungen bereithält bzw. welche Rolle zivilgesellschaftliche Organisationen im Bereich des Wohnens spielen können (6). Ein abschließender Abschnitt fasst die Ergebnisse zusammen (7).

2 Die Geschichte der Wohnungspolitik in Deutschland

„Die Wohnungsfrage gehörte zu den herausragenden sozialpolitischen Themen der Politik während der Industrialisierung." (Häußermann und Siebel 2001, S. 762) Dies resultierte aus einer Reihe gesellschaftlicher und ökonomischer Veränderungen: Die Abschaffung der Leibeigenschaft der Bauern und die Veränderung der Erwerbsarbeit erhöhten die Mobilität der Menschen. Viele zogen in die rapide wachsenden Städte, sodass die Bevölkerung in Berlin beispielsweise von 172.000 im Jahr 1800 auf 2,3 Mio. Menschen im Jahr 1910 anwuchs (Oltmer 2016, S. 24–27). Das massive Wachstum führte zum spekulativen Bau von Mietwohnungen, wie beispielsweise dem großflächigen Mietskasernenbau in Berlin. Zugleich reichte der Neubau nicht aus, um allen Einwohner_innen eine (bezahlbare) Wohnung zu bieten. Untervermietung einzelner Räume oder sogar

Vermietung von Betten für bestimmte Tageszeiten an Geringverdiener („Schlafgänger") nahmen zu. Proteste gegen steigende Preise wurden laut (Häußermann und Siebel 2001).

Verschiedene Lösungsmöglichkeiten für diese Probleme wurden diskutiert. So sollten Arbeitgeber stärker in die Wohnungsversorgung ihrer Arbeiter einbezogen werden und in vielen Städten entstanden Werkswohnungen. Andere Akteure propagierten die Selbsthilfe der Arbeiter, die sich durch die Gründung von Arbeitergenossenschaften selbst adäquaten Wohnraum schaffen sollten. Die Wohnungs- und Bodenreformbewegung forderte, dem Anstieg der Grundstückspreise in Städten durch Vergemeinschaftung des Bodens Einhalt zu gebieten (Teuteberg 1986). Der Widerstand der Vermieter verhinderte jedoch einen derart starken Eingriff des Staates in individuelle Eigentumsrechte. Stattdessen verlegten sich staatliche Akteure darauf, die Gründung von Wohnungsgenossenschaften zu fördern und die Aufnahme finanzieller Anleihen bei den Sozialversicherungen für den Wohnungsbau zu ermöglichen (Lowe 2011, S. 150–152; Strom 1996). Gleichzeitig wurde der Wohnungsneubau durch Regulierungen stärker gesteuert, auch um negative Auswirkungen („Externalitäten") des beengten Wohnens in den Städten zu vermeiden. Beispielsweise wurden seit den 1870er Jahren Bauordnungen erlassen, um städtische Strukturen zu gestalten und die Verbreitung von Krankheiten oder die Gefahr von Flächenbränden zu verringern (Häußermann und Siebel 2000, S. 122–124). Erst in der Weimarer Republik begann der Staat, auch finanziell einen stärkeren Einfluss auf die Wohnungsmärkte auszuüben. Mithilfe öffentlicher Förderung wurden preisgünstige Wohnungen gebaut. Den gemeinnützigen Wohnungsgenossenschaften, die zahlreiche innovative Wohnformen entwickelten, kam beim geförderten Bau besondere Bedeutung zu (Häußermann und Siebel 2001, S. 763; Spellerberg 2013, S. 998 f.). Darüber hinaus wurde der Mieterschutz z. B. durch Kündigungsschutzregelungen ausgebaut und der Anstieg der Mietpreise durch staatliche Regulierung begrenzt (Lampert und Althammer 2007, S. 367–370).

Besondere Brisanz erlangte die Wohnungsfrage erneut nach dem Zweiten Weltkrieg. Vom Krieg zerstörte Innenstädte, die Flucht von 12,5 Mio. deutschstämmigen Menschen aus den ehemaligen deutschen Ostgebieten und osteuropäischen Staaten sowie die Rückkehr der „Kriegsheimkehrer" führten zu einer massiven Wohnungsnot. In Reaktion darauf wurde eine Wohnraumzwangsbewirtschaftung eingeführt, um den noch verbliebenen Wohnungsbestand bestmöglich zu nutzen und gerechter zu verteilen. Eine Zuteilung von Haushalten in privaten Wohnraum und die staatliche Unterbringung in Notunterkünften, sowie die Beibehaltung des Mietenstopps von 1936 sollten der unmittelbaren Wohnungsknappheit abhelfen (Lampert und Althammer 2007, S. 375; Heinelt und Egner 2006). Gleichzeitig wurde mithilfe staatlicher Fördermittel der Wohnungsneubau stark ausgeweitet. Der geförderte Wohnungsbau richtete sich an breite Schichten der Bevölkerung und wurde durch eine Vielzahl von Akteuren umgesetzt. Öffentliche Unternehmen von Bund, Ländern und Kommunen sowie gemeinnützige und private Wohnungsbauunternehmen errichteten Miet- und Genossenschaftswohnungen in Mehrfamilienhäusern. Zusätzlich wurde der Eigenheimbau durch vergünstigte Kredite gefördert, sodass die Angehörigen der Mittelschicht zunehmend in Einfamilienhäuser – vor allem am Stadtrand – zogen (vgl. Beyme 1999). Insgesamt konnte so der Wohnungsbestand innerhalb weniger Jahre stark erhöht werden. Die öffentlichen Ausgaben hatten auch wirtschaftliche Auswirkungen: „Der staatlich getriebene Wohnungsbau war eines der Schwungräder des sog. ‚Wirtschaftswunders' der 1950/1960er Jahre." (Einem 2016, S. 21).

Bereits ab 1960 konnten die Zwangswirtschaft abgebaut, der Mieterschutz teilweise gelockert und erste Mieterhöhungen vollzogen werden (Lampert und Althammer 2007, S. 375 f.). Sie wurden durch eine Subjektförderung (also eine direkte Förderung der Haushalte) im Rahmen des Wohngelds ergänzt.[1] Da der größte Wohnungsmangel behoben war, wurde die Wohnungsbauförderung schrittweise verringert. Der Neubau von Mietwohnungen wurde zunehmend dem Markt überlassen, da die Bundesregierung die quantitative Wohnungsversorgung als gut bewertete. Die verbliebene Förderung richtete sich zunehmend an einzelne Gruppen, insbesondere einkommensschwächere Haushalte und Familien, anstelle der zuvor breit gefassten Zielgruppen (Heinelt und Egner 2006). Allerdings wurde die Eigentumsförderung, die vornehmlich Mittelschichthaushalte erreichte, fortgeführt und durch das „Baukindergeld" 1982 noch ausgebaut. Dieser Schritt wurde auch mit „policy-fremden", z. B. familien- und gesellschaftspolitischen, Zielsetzungen begründet (Egner 2014). Gleichzeitig geriet die Qualität des Wohnungsbestands ins Blickfeld der Politik. In den 1970er Jahren wurden Bestandsverbesserungen förderfähig, insbesondere um den Verfall der Innenstädte aufzuhalten.

Als Ende der 1980er Jahre und Anfang der 1990er Jahre erneut Wohnungsengpässe auftraten, wurde die Wohnungsbauförderung kurzfristig reaktiviert und neue steuerliche Abschreibungsmöglichkeiten für den Mietwohnungsbau geschaffen. Diese Instrumente wurden auch auf die neuen östlichen Bundesländer

---

[1]Mit dem Wohngeldgesetz von 1965 wurden verschiedene zuvor existierende Unterstützungsleistungen für Haushalte integriert. Das Wohngeld wurde später in die Sozialgesetze eingebunden (Heinelt und Egner 2006, S. 214).

Wohnungspolitik als „alte neue" Herausforderung des Sozialstaats 261

angewendet, während gleichzeitig der Abriss der von der DDR seit den 1970ern geförderten Großsiedlungen gefördert wurde (Einem 2016, S. 22–26; Egner 2014, S. 16).[2] Der Wohnungsneubau erreichte Mitte der 1990er Jahre neue Hochstände und innerhalb weniger Jahre entstand in den neuen Bundesländern ein Überangebot an steuerbegünstigten Mietwohnungen. Die Leerstandsquote in diesen Ländern (ohne Berlin) erreichte über 17 %, während sie in den alten Bundesländern bei ca. 3 % lag (Einem 2016, S. 22–34).

Insgesamt schien die Entwicklung des Wohnungsmarktes einen Rückzug des Staates aus dem Wohnungsneubau zu rechtfertigen. Mit dem Wohnraumförderungsgesetz (2001) wurde eine „soziale Wohnraumförderung" eingeführt und der soziale Wohnungsbau „faktisch beendet" (Egner 2014, S. 17). Weiter reduziert wurde die Neubauförderung durch die Abschaffung der Eigenheimzulage 2006. Sie wurde mit dem entspannten Wohnungsmarkt ebenso begründet wie mit dem Ziel der Konsolidierung öffentlicher Haushalte.

Bereits 1999 waren die Ziele der Wohnungspolitik erweitert worden. Die in den 1970er Jahren eingeführte Sanierungsförderung, die sich auf den Wohnungsbestand konzentriert hatte, wurde durch weitreichendere stadtentwicklungspolitische Ziele und Instrumente ergänzt. Mit dem Bund-Länder-Programm „Stadtteile mit besonderem Entwicklungsbedarf – Soziale Stadt" (kurz: „Soziale Stadt") wurde erstmals ein integrierter Ansatz für benachteiligte Stadtteile verfolgt. Verschiedene Problemlagen in den jeweiligen Quartieren sollten gebündelt angesprochen werden. Die Bandbreite reichte von Verbesserungen der Wohnungen und des Wohnumfelds über die Stärkung der lokalen Ökonomie bis hin zur Ausbildung von benachteiligten Bevölkerungsgruppen. Dabei sollte die lokale Bevölkerung in die entsprechenden Vorhaben und ihre Planung einbezogen werden (vgl. Bundestransferstelle Soziale Stadt 2008).

Die Föderalismusreform 2006 veränderte zudem die Strukturen der Wohnungspolitik deutlich. Sie verfolgte das Ziel einer Neuordnung und klareren Aufteilung der Zuständigkeiten von Bund, Ländern und Kommunen. Vor dem

---

[2]Die DDR hatte eine gänzlich andere Wohnungspolitik verfolgt als die alte BRD. Durch die Aufhebung privaten Grundeigentums und die Verstaatlichung der Bauindustrie in „Volkseigenen Betrieben" sowie eine staatliche Zuteilung von Wohnraum sollte eine gleiche und sichere Wohnungsversorgung für alle sozialen Schichten erzielt werden. Das Ziel der Gleichheit zeigte sich auch in der Gleichförmigkeit der Wohnungen, insbesondere seit der Ausweitung des industrialisierten Bauens (vgl. Spellerberg 2013, S. 999–1001). Aufgrund hoher Leerstände, fehlender Investition und sozialer Prekarisierung wurden mithilfe des Programms „Stadtumbau Ost" seit 2002 einige der Großsiedlungen (ganz oder teilweise) abgerissen, um die Stadtviertel zu stabilisieren (Einem 2016, S. 25).

Hintergrund regionaler Unterschiede auf den Wohnungsmärkten wurde die ausschließliche Zuständigkeit für die Neubauförderung den Bundesländern zugeteilt. Für die Übergangszeit bis 2019 stehen den Ländern Kompensationsmittel des Bundes zu, um diese Aufgabe wahrnehmen zu können (Art. 125c(2) und Art. 143c Grundgesetz).

3 Aktuelle Trends und Herausforderungen – Die Situation der Wohnungsmärkte heute

Die Veränderung staatlicher Wohnungspolitik über die Zeit zeigt, dass die Politik immer auch eine Reaktion auf die jeweils spezifischen Herausforderungen an den Wohnungsmärkten ist. Wenn von Wohnungsmärkten im Plural die Rede ist, wird damit deutlich, dass kaum von einem Wohnungsmarkt in Deutschland gesprochen werden kann (vgl. BBSR 2013). Ein Differenzierungsmerkmal von Wohnungsmärkten bzw. Marktsegmenten ist die Eigentumsform. Grundsätzlich wird zwischen Miet- und Eigentumswohnungen unterschieden, da die Besitzverhältnisse jeweils mit bestimmten Rechten verbunden sind. Deutschland gilt bei einer Eigentumsquote von 46 % international als Mieterland, weil die Quoten des Wohneigentums beispielsweise in den süd- und osteuropäischen Staaten sowie in marktliberalen Systemen wie dem Vereinigten Königreich und den USA deutlich höher liegen[3]. Im Bereich der Mietwohnungen können zudem Genossenschaftswohnungen als eigene Kategorie gefasst werden. Sie räumen den Bewohner_innen über die Genossenschaftsanteile ein stärkeres Mitspracherecht ein als andere Mietverhältnisse (vgl. Brandsen und Helderman 2012).

Darüber hinaus können sog. „Sozialwohnungen" von frei vermieteten Wohnungen unterschieden werden. Hier sind die Vermieter_innen aufgrund einer öffentlichen Förderung des Wohnungsbaus an bestimmte Höchstmieten gebunden und dürfen die Wohnungen nur an bestimmte Personengruppen vergeben. Auch die Wohnungen im Eigentum öffentlicher Unternehmen (z. B. kommunaler Wohnungsunternehmen) werden in der Regel unter Marktpreisen vermietet. Bei der letzten Gebäude- und Wohnungszählung 2011 waren sieben Prozent des Wohnungsbestands in öffentlicher Trägerschaft, das entspricht ca. 2,7 Mio. Wohnungen (Statistisches Bundesamt und WZB 2016, S. 259–262).

---

[3]Vgl. Distribution of population by tenure status. 2015. http://ec.europa.eu/eurostat/statistics-explained/index.php/File:Distribution_of_population_by_tenure_status,_2015_(%25_of_population)_YB17-de.png. Zugegriffen: 25. September 2017); s. a. Droste et al. 2010, S. 35–44.

Auch die geografische Lage einer Wohnung wird häufig zur Differenzierung der Wohnungsmärkte herangezogen. Aufgrund der Immobilität, sowohl des Wohnungsangebots als auch der Wohnungsnachfrage, ist die Lage von Wohnungen ein wichtiger Faktor für die Preisbildung: Eine Wohnung in einer Stadt mit angespanntem Wohnungsmarkt ist deutlich mehr wert als eine gleichwertige Wohnung in einer schrumpfenden Stadt mit hohen Leerständen (Brezina und Blaas 1991, S. 12). Hier zeigen sich signifikante Unterschiede in Deutschland. Regionen mit Leerständen von über zehn Prozent konzentrieren sich in einigen östlichen Bundesländern, während andere Regionen Leerstände von unter zwei Prozent aufweisen (siehe Abb. 1). Somit muss der häufig in politischen und medialen Debatten der letzten Jahre verwendete Begriff der „Wohnungsnot" räumlich differenziert werden.

Der Begriff der Wohnungsnot muss auch in historischer Perspektive relativiert werden, denn die Wohnungsversorgung in Deutschland ist heute im Durchschnitt deutlich besser als früher. Die durchschnittliche Wohnfläche, die jeder Person in Deutschland zur Verfügung steht, beträgt heute mehr als 46 m^2, während sie 1965 noch bei 22 m^2 lag (Statistisches Bundesamt und WZB 2016, S. 266 f.; Kaltenbrunner und Waltersbacher 2014, S. 5). Parallel dazu hat sich die Haushaltsgröße sukzessive verringert. Lebten 1950 im Durchschnitt noch 4,7 Personen in einem Haushalt, so waren es 2005 nur noch 2,1 Personen (Lampert und Althammer 2007, S. 371). Auch die Ausstattung mit grundlegenden Einrichtungen wie Bad/WC und Heizung ist inzwischen fast in allen Wohnungen vorhanden und der Renovierungsbedarf konnte reduziert werden (Spellerberg 2013, S. 1003 f.). Dementsprechend ist „Wohnungsnot […] heute relative Not in einer sehr reichen Gesellschaft." (Häußermann und Siebel 2001, S. 770).

Diese Aussage darf nicht insofern missverstanden werden, dass es keinen politischen Handlungsbedarf gäbe. Die Bundesregierung geht davon aus, dass in den nächsten Jahren pro Jahr circa 350.000 Wohnungen neu gebaut werden müssen, um den Bedarf zu decken (Deutscher Bundestag 2016a). Nicht alle diese Wohnungen können über den Markt bereitgestellt werden. Neubauten sind in der Regel deutlich teurer als der ältere Bestand. Zudem produziert der Markt nur Wohnungen für die Haushalte, deren Bedarf in kaufkräftige Nachfrage übersetzt werden kann, sodass Neubauten oft eher im höherpreisigen Segment errichtet werden, wo die Gewinnmargen höher sind. Haushalte mit geringen Einkommen haben es hingegen schwer, sich am freien Markt mit Wohnungen zu versorgen. Dies ist insbesondere in angespannten Märkten z. B. in wachsenden Städten der Fall, wo die Nachfrage schneller steigt als das Angebot an Wohnungen, wodurch sich Miet- und Kaufpreise insgesamt erhöhen.

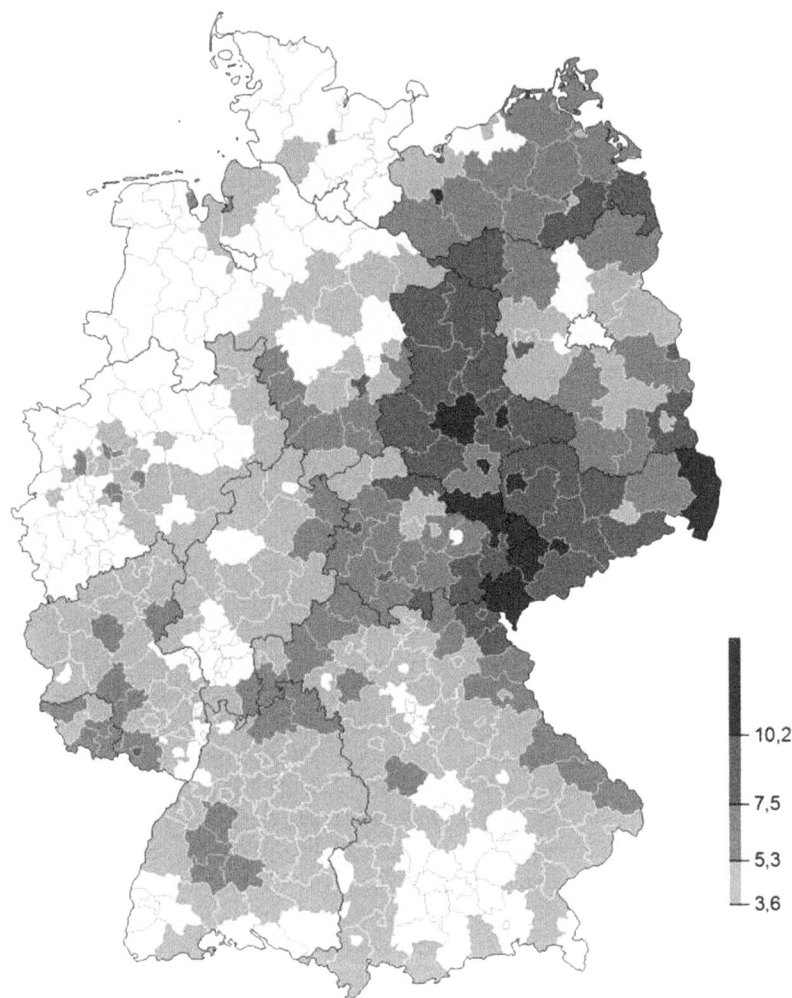

Abb. 1 Leerstandsquote 2011 in Prozent. (Quelle: Bundesamt für Statistik. 2014. Zensuskarte 2011. Wohnungsleerstand. Ergebnisse für Landkreise und kreisfreie Städte zum 9. Mai 2011. https://service.destatis.de/zensuskarte/index.html#!p=3&s=1. Zugegriffen: 07. Juni 2017)

Eng verbunden mit den Preisanstiegen in vielen Städten ist die Sorge vor Verdrängungsprozessen. Hier wird oft der Begriff der „Gentrifizierung" genannt. Darunter versteht man die bauliche Aufwertung von Quartieren, die über Preissteigerungen dazu führt, dass die angestammte und oft materiell benachteiligte Bevölkerung verdrängt wird (Lees et al. 2008; Kuhn 2012; Simon 2005). Diese Tendenz ist bereits sichtbar: Der durchschnittliche Anstieg der Mieten in Deutschland bewegt sich in der Mehrjahresperspektive zwar noch unterhalb der allgemeinen Inflation. Insbesondere im günstigen Segment werden aber in vielen Gemeinden die Wohnungen knapp, während das Angebot an kostspieligem Wohnraum weiter steigt (BBSR 2013, S. 3–7). Haushalte mit geringen Einkommen haben es nicht nur schwer, eine angemessene Wohnung zu finden, sie sind in der Regel auch von deutlich höheren Mietkostenbelastungen betroffen: Während diejenigen mit den geringsten Nettoeinkommen 49 % ihrer Einkommen für die Kaltmiete aufwenden, sind dies bei den höchst verdienenden Haushalten nur zehn Prozent. Besonders betroffen von hohen Mietbelastungen sind Alleinerziehende mit Kindern unter 18 Jahren sowie alleinlebende ältere Frauen (Statistisches Bundesamt und WZB 2016, S. 268–271).

Neben Fragen der Bezahlbarkeit des Wohnens ergibt sich ein politischer Handlungsbedarf auch aus dem demografischen Wandel in Deutschland. Der Anteil an älteren Menschen, insbesondere der Hochbetagten über 80 Jahren, an der Gesamtbevölkerung nimmt zu (Statistisches Bundesamt 2015). Auch wenn vom Alter nicht zwangsläufig auf eine etwaige Pflegebedürftigkeit geschlossen werden kann, ist davon auszugehen, dass der Bedarf an barrierefreien bzw. -armen Wohnungen steigen wird. Darüber hinaus stellt sich die sozialpolitische Frage nach der Teilnahme der älteren Haushalte an der Gesellschaft, insbesondere in Bezug auf ältere Alleinstehende.

Gleichzeitig steigen auch die Geburtenraten an, und insbesondere wachsende Großstädte ziehen immer mehr junge Menschen an. Neben einem erhöhten Neubaubedarf an Wohnungen – inklusive größerer Wohnungen mit drei und mehr Zimmern für Familien – sind daher in vielen Städten voraussichtlich auch erweiterte Kapazitäten etwa bei der Transportinfrastruktur und den Kinderbetreuungssystemen nötig (Deschermeier 2016). Zudem spielt auch der soziale Wandel mit veränderten Haushaltsstrukturen und Lebensformen eine Rolle für die Wohnungsnachfrage. Beispielsweise ist die traditionelle Kernfamilie im Rückgang begriffen, während alternative Lebensformen wie Alleinerziehende oder Patchworkfamilien zunehmen. Auch die Arbeitsorganisation wird zunehmend flexibler und verändert unseren Alltag und damit das Leben in Städten, das immer mobiler wird (vgl. Brake 2011). Eine erhöhte Mobilität steigert nicht nur die am Tag zurückgelegten Wege, sondern lässt sich auch über Lebenszyklen hinweg beobachten. Immer seltener verbringen Menschen ihr gesamtes Leben an einem Ort, wo sie als junge Erwachsene Wohneigentum erwerben, in dem sie bis zu ihrem Lebensende wohnen bleiben oder das sie an ihre Kinder weitervererben.

In dem Maße, wie sich das Leben der Menschen verändert, verändern sich auch die Anforderungen an das Wohnen. Die Wohnungsversorgung muss auf alle diese Veränderungen reagieren, um allen Personengruppen in Deutschland Zugang zu angemessenem und bezahlbarem Wohnraum zu bieten.

4 Wohnungspolitische Akteure

Die Kompetenz für das Wohnungswesen in Deutschland ist heute auf unterschiedliche Akteure verteilt (s. Tab. 1). Aufgrund dieser Vielfalt öffentlicher Akteure müsste man folgerichtig eigentlich von einer Vielzahl von „Wohnungspolitiken" in Deutschland sprechen (Rink et al. 2015, S. 70). Das verantwortliche Fachministerium auf Bundesebene ist seit 2013 das Bundesministerium für Umwelt, Naturschutz, Bau und Reaktorsicherheit (BMUB). Darüber hinaus ist das Bundesministerium für Justiz zuständig für das Mietrecht sowie die Prüfung von Gesetzesvorhaben. Das Bundesministerium der Finanzen ist grundsätzlich involviert, wenn Entscheidungen den Bundeshaushalt bzw. das Steuerrecht betreffen. Zudem können je nach der geplanten Maßnahme weitere Ministerien relevant werden, beispielsweise das Bundesministerium für Wirtschaft und Energie beim Thema „Energiewende im Gebäudebereich".[4] Die Bundesanstalt für Immobilienaufgaben (BImA) verwaltet die Grundstücke und Immobilien im Eigentum des Bundes.

Die Länder haben die Kompetenz für das Wohnungswesen unterschiedlichen Ministerien übertragen, beispielsweise dem Ministerium für Verkehr (Nordrhein-Westfalen), dem Staatsministerium des Innern (Sachsen), oder dem Ministerium für Wirtschaft, Arbeit und Wohnungsbau (Baden-Württemberg). Die Länder üben auch die Rechtsaufsicht über das Verwaltungshandeln der Kommunen aus, d. h. sie kontrollieren, dass Recht und Gesetz eingehalten werden. Über landeseigene Wohnungsunternehmen treten sie darüber hinaus direkt als Vermieter von Wohnungen auf.

---

[4]Siehe http://www.bmwi.de/Redaktion/DE/Dossier/energiewende-im-gebaeudebereich.html. Zugegriffen: 02. August 2017.

Tab. 1 Wohnungspolitische Akteure in Deutschland. (Quelle: Eigene Zusammenstellung)

	Regulierung	Finanzierung	Implementierung
Bund	Mietrecht Baugesetzbuch (BauGB)	Kompensationsmittel an die Länder Wohngeld (50 %) Städtebauförderung (z. B. Soziale Stadt, Stadtumbau) „Wohn-Riester", Bausparförderung etc.	Bundesanstalt für Immobilienaufgaben (BImA)
Länder	Beteiligung an Bundesgesetzen über den Bundesrat Landesbauordnungen	Wohnungsbauförderung Wohngeld (50 %) Städtebauförderung (Soziale Stadt; Stadtumbau)	Rechtsaufsicht über die Kommunen Landeseigene Wohnungsunternehmen
Kommunen	Bauleitplanung	Verwaltungskosten Kosten der Unterkunft nach SGB II („Hartz IV")	Auszahlung des Wohngelds Auszahlung von Wohnbauförderungsmitteln Umsetzung des Städtebaus Umsetzung der Landesbauordnung (Baugenehmigungen) Teilweise: kommunale Wohnungsunternehmen
Nichtstaatliche Akteure	Lobbyarbeit z. B. durch Mieterbund, Haus und Grund, sowie Verbände der Bauindustrie und der Banken	Bereitstellung privater Finanzmittel durch Banken, z. T. Genossenschaftsbanken oder Stiftungen	Bau von Wohnungen mit und ohne Fördermittel

Die Kommunen weisen ebenfalls eine Vielfalt von Strukturen auf, die u. a. abhängig ist von den lokalen Themenschwerpunkten und Strukturen sowie der historischen Entwicklung der jeweiligen Wohnungssysteme. Auf kommunaler Ebene findet der Hauptteil der Umsetzung wohnungspolitischer Programme und Instrumente statt. Darüber hinaus können die Kommunen über die Bauleitplanung (d. h. über den Erlass von Flächenwidmungs- und Bebauungsplänen) Einfluss auf die Entwicklung städtischer Strukturen nehmen.

Nichtstaatliche Akteure sind vor allem in die Implementation der Wohnungspolitik eingebunden. Heute werden in Deutschland nur noch wenige Wohnungen von der öffentlichen Hand direkt erbaut. Stattdessen versuchen staatliche Akteure in der Regel, das Verhalten privater (gewinnorientierter oder gemeinnütziger) Akteure durch Regulierung und Finanzierung zu steuern. Die einzelnen Instrumente, die den öffentlichen Akteuren auf den unterschiedlichen föderalen Ebenen hierfür zur Verfügung stehen, werden im folgenden Abschnitt dargestellt.

5 Möglichkeiten öffentlicher Steuerung – wohnungspolitische Instrumente heute

Wohnungspolitische Instrumente (S. Abb. 2) können nach der jeweiligen Aktivität staatlicher Akteure differenziert werden. Die wohl sichtbarste öffentliche Aktivität besteht aus *finanziellen Interventionen*, entweder direkt (in Form von Subventionen) oder indirekt (in Form von Steuern). Bei den direkten Subventionen wird zwischen Subjekt- und Objektförderungen unterschieden. Subjektförderungen unterstützen die Mieter_innen und Eigentümer_innen direkt, während Objektförderungen den Bau bzw. die Sanierung von Wohnungen subventionieren. Manche Autor_innen unterscheiden dabei zusätzlich öffentliches Eigentum an Wohnungen von der finanziellen Unterstützung privater oder gemeinnütziger Bauträger, da das öffentliche Eigentum dem Staat weiter reichende Interventionsmöglichkeiten

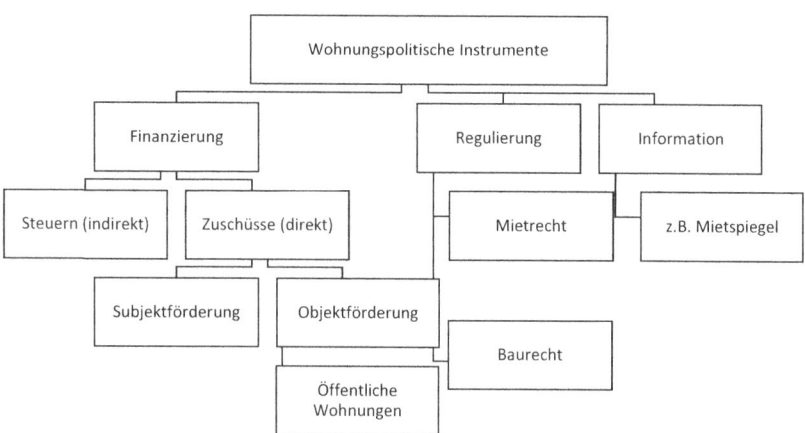

Abb. 2 Wohnungspolitische Instrumente. (Quelle: Eigene Zusammenstellung)

Wohnungspolitik als „alte neue" Herausforderung des Sozialstaats 269

bietet. Darüber hinaus können öffentliche Akteure über *Regulierung* – beispielsweise das Mietrecht oder die Bauleitplanung – die Wohnungsmärkte beeinflussen. Neben Subventionieren und Regulieren kommt noch *Informieren* – zum Beispiel über Fördermöglichkeiten oder Marktstrukturen – als weitere wohnungspolitische Aktivität hinzu. Beispielsweise bieten öffentlich erstellte Mietspiegel eine Orientierung über das Preisniveau in der jeweiligen Kommune und können so die Informationsasymmetrie zwischen Vermieter_innen und Mieter_innen verringern (Kunnert und Baumgartner 2012, S. 9).

Die Zuständigkeiten für diese unterschiedlichen Instrumente sind in Deutschland auf die föderalen Ebenen verteilt. Der Bund ist vor allem zuständig für regulative Interventionen im Bereich des *Mietrechts* (siehe §§ 535–577a BGB, Bürgerliches Gesetzbuch). Hier werden Rechte und Pflichten von Mieter_innen und Vermieter_innen geregelt. Sie betreffen beispielsweise Mieterhöhungen, Modernisierungsmaßnahmen oder den Kündigungsschutz. In diese Zuständigkeit fällt auch die 2015 eingeführte sogenannte „Mietpreisbremse". In § 556d BGB hat der Bund festgelegt, dass Neuvermietungsmieten in Gebieten mit angespannten Wohnungsmärkten die ortsübliche Vergleichsmiete um nicht mehr als zehn Prozent übersteigen dürfen. Die entsprechenden Gebiete werden von den Ländern per Rechtsverordnung festgelegt.[5]

Auch die Regulierung der Finanzmärkte durch den Staat hat Auswirkungen auf die Wohnungsmärkte. Das deutsche Bankensystem hat sich in der Industrialisierung herausgebildet. Grundsätzlich herrscht in Deutschland das Universalbankenprinzip vor, d. h. Banken übernehmen in der Regel das Einlagen- und Kreditgeschäft als auch den Zahlungsverkehr und Wertpapiergeschäfte. Neben privatwirtschaftlichen Kreditbanken hat sich in Deutschland das System der Sparkassen und Genossenschaftsbanken als eigener Typ etabliert. Sparkassen sind in der Regel öffentliche Institute in kommunaler Trägerschaft. Sie erfüllten ursprünglich den sozialen Auftrag, auch ärmeren Bevölkerungsschichten Zugang zu Kapital zu ermöglichen. Auch wenn diese Ausrichtung im Laufe der Zeit schwächer geworden ist, besteht sie nach wie vor im öffentlichen Auftrag der Sparkassen fort, der auch das Ziel der Vermögensbildung der Bevölkerung umfasst (Stein 1998).

---

[5]Inzwischen haben fast alle Bundesländer derartige Verordnungen erlassen oder prüfen deren Einführung (Stand: Juni 2017). Der aktuelle Stand in den verschiedenen Bundesländern kann hier eingesehen werden: http://www.mietpreisbremse.bund.de/WebS/MPB/DE/Home/home_node.html;jsessionid=9010E33.865CDE0F54.249B3B44EA13CC4.1_cid289#karte. Zugegriffen: 07. Juni 2017.

Kreditgenossenschaften bilden neben privatwirtschaftlichen und öffentlich-rechtlichen Kreditinstituten die dritte Säule des deutschen Bankenwesens. Während privatwirtschaftliche Banken eine Gewinnabsicht und öffentlich-rechtliche Banken einen öffentlichen Auftrag verfolgen, steht bei Kreditgenossenschaften wie den Volks- und Raiffeisenbanken die Förderung ihrer Mitglieder im Vordergrund.[6] Dadurch verfolgen sie grundsätzlich eine eher risikoarme Geschäftspolitik, die auch auf den Wohnungsmarkt stabilisierend wirkt (Voigt und Fischer 2016, S. 6–11; Mooslechner und Wagner 2011). Darüber hinaus verstehen sie sich v. a. als Partner für den Mittelstand, da sie ursprünglich als Selbsthilfevereine mittelständischer Unternehmer_innen gegründet wurden.[7] Sparkassen haben heute (zusammen mit den Landesbanken) einen Anteil am gesamten Geschäftsvolumen der deutschen Kreditwirtschaft von 28,6 %, während auf die Genossenschaftsbanken 12,1 % des Volumens entfallen (Deutscher Sparkassen- und Giroverband e. V. 2017, S. 33–35). Insbesondere im Bereich der privaten Wohnungsbaukredite sind beide Arten von Kreditinstituten stark vertreten: die Sparkassen mit 35 % und die Genossenschaftsbanken mit 27 %.[8] Öffentliche und soziale Banken sind zudem der Hauptfinanzier von Wohnungsgenossenschaften (Brandsen und Heldermann 2012, S. 181 f.).[9]

In Deutschland unterliegen alle Banken traditionell einer strikteren Regulierung z. B. bei der Vergabe von Krediten als in anderen Staaten. So müssen Kreditnehmer beispielsweise höheres Eigenkapital vorweisen und Banken sind zu einer vorsichtigeren Risikobewertung angehalten (André und Girouard 2011, S. 124–126; Mooslechner und Wagner 2011). Dies war vermutlich einer der Gründe dafür, dass der Einfluss der Finanz- und Wirtschaftskrise Ende der 2000er Jahre auf den deutschen Wohnungsmarkt keinen so starken Einfluss hatte wie z. B. in den USA. Dort waren mit dem Ziel der Förderung des Wohneigentums ärmerer Haushalte hochriskante Kredite vergeben worden, die von den Kreditnehmern nach dem Platzen der Immobilienblase nicht mehr bedient werden konnten (Schwartz 2009). Darüber hinaus können auch die hohen Transaktionskosten

---

[6]Zur Rechtsform der Genossenschaft siehe auch Kap. 5 in diesem Beitrag.
[7]Vgl. https://www.bvr.de/Wer_wir_sind/Genossenschaftliche_FinanzGruppe (abgerufen am 26.09.2017).
[8]https://de.statista.com/statistik/daten/studie/580.362/umfrage/marktanteile-an-privaten-wohnungsbaukrediten-in-deutschland-bankengruppen/. Zugegriffen: 17. Juli 2017.
[9]Neben der Vergabe von Krediten für den privaten oder gewerblichen Haus- und Wohnungsbau erstellen einige Sparkassen selbst Wohnungen. Für ein Beispiel der Sparkasse Mittelthüringen siehe Deutscher Sparkassen- und Giroverband e. V. 2017, S. 24–27.

für Wohneigentum, die u. a. durch die hohe Besteuerung auf Wohnungsverkäufe bedingt sind, zur Stabilität der deutschen Wohnungsmärkte beigetragen haben (vgl. Wolswijk 2011, S. 167 f.).

Der Bund nimmt auch über das *Steuerrecht* Einfluss auf die Wohnungsmärkte. Lange Zeit waren gemeinnützige Wohnungsunternehmen steuerlich begünstigt. Dieser Steuervorteil wurde 1988 nach Vorwürfen der Wettbewerbsverzerrung sowie einem Skandal um Spekulation und Selbstbereicherung bei der gewerkschaftseigenen Neue-Heimat-Gruppe[10] aufgehoben, womit die Wohnungsgemeinnützigkeit faktisch abgeschafft wurde (Rink et al. 2015, S. 70). In Reaktion auf die Wohnungsengpässe Anfang der 1990er Jahre wurden stattdessen Sonderabschreibungen für den Mietwohnungsbau eingeführt, wodurch der Neubau schnell ausgeweitet werden konnte. Allerdings wird vermutet, dass ein Teil der Investitionen nur vorgezogen wurde, um die zeitlich befristeten Sonderabschreibungen in Anspruch nehmen zu können, dass also eher Mitnahme- als Steuerungseffekte erzielt wurden (Einem 2016, S. 32). Anders als in anderen Staaten wird in Deutschland der Erwerb eines Eigenheims seit dem Wegfall der Eigenheimzulage kaum steuerlich gefördert.

Es gibt jedoch eine direkte Förderung der Haushalte *(Subjektförderung)* über das Wohngeld und die sogenannten Kosten der Unterkunft. Die Zuständigkeit hierfür ist in Deutschland föderal verflochten. So wird das Wohngeldgesetz auf nationaler Ebene erlassen; die Kosten für das Wohngeld werden jedoch durch die Länder getragen und diesen zur Hälfte durch den Bund erstattet (§ 32 Wohngeldgesetz). Die Kommunen tragen die Verwaltungskosten. Die Höhe des Wohngelds richtet sich nach der Anzahl der Haushaltsmitglieder, der Miethöhe bzw. Belastung durch Wohneigentum bis zu im Gesetz genannten Höchstbeträgen, und dem Haushaltseinkommen. Die quantitative Bedeutung des Wohngelds hat mit der Reform der Sozialgesetze (sog. „Hartz-Reformen") deutlich abgenommen. Wurden 2004 noch knapp 5,4 Mrd. EUR für das Wohngeld ausgegeben, waren es 2005 nur noch 1,3 Mrd. EUR (Gesamtausgaben von Bund und Ländern).[11] Das liegt daran, dass Empfänger_innen staatlicher Transferleistungen vom Wohngeldbezug ausgeschlossen sind und stattdessen auf Grundlage des Sozialgesetzbuchs über die Jobcenter Leistungen für die Kosten der Unterkunft und Heizung

---

[10]Hierzu wurde ein Untersuchungsausschuss im Deutschen Bundestag einberufen, vgl. Deutscher Bundestag 1987.

[11]Daten verfügbar unter https://de.statista.com/statistik/daten/studie/72.123/umfrage/wohngeld---leistungen-von-bund-und-laendern-seit-1996/. Zugegriffen: 07. Juni 2017.

erhalten. Diese Kosten werden über die Kommunen finanziert, denen ca. 30 % der Ausgaben durch den Bund erstattet werden (Deutscher Städtetag 2014, S. 4). Darüber hinaus werden der Wohnungsbau und die Sanierung finanziell gefördert *(Objektförderung)*. Die Zuständigkeit für die „soziale Wohnraumförderung" ist, wie oben bereits angesprochen, mit der Föderalismusreform auf die Bundesländer übergegangen. Die Kompensationsmittel des Bundes für den geförderten Wohnungsbau betragen seit 2007 jährlich 518,22 Mio. EUR (vgl. BBSR 2011). Aufgrund der zunehmenden Fluchtmigration 2015 und 2016 und der erwarteten Auswirkung auf die Wohnungsmärkte wurden diese Mittel für die Jahre 2016 bis 2019 auf 1,018 Mrd. EUR fast verdoppelt (§ 3 Abs. 2 Entflechtungsgesetz). Die meisten, aber nicht alle Bundesländer, haben zudem eigene Wohnraumförderungs- und Wohnungsbindungsgesetze erlassen und ergänzen die Bundesmittel zum Teil aus ihren eigenen Haushalten.[12] In größerem Umfang werden Mietwohnungen jedoch bislang nur in Nordrhein-Westfalen, Bayern und Hamburg gefördert (Einem 2016, S. 37).

In der Regel wird der Neubau von Mietwohnungen durch Subventionen wie z. B. vergünstigte Kredite gefördert. Im Gegenzug verpflichtet sich der Bauträger dazu, Mietobergrenzen einzuhalten und die gebauten Wohnungen nur an bestimmte Haushalte zu vergeben. Diese Regelungen gelten normalerweise für eine gewisse Laufzeit (z. B. 30 Jahre), nach der die Wohnungen am freien Markt vermietet werden können (Kirchner 2006). Das führt dazu, dass der Bestand an mietpreisgebundenem Wohnraum in den letzten Jahren deutlich abgenommen hat (Droste et al. 2010, S. 40). Dies wurde durch die Privatisierung vormals kommunaler Wohnungsbestände oder –unternehmen, oft mit dem Ziel der schnellen Konsolidierung kommunaler Haushalte, noch verschärft (Holm 2011). Nach Schätzungen der Bundesländer unterlagen 2013 nur noch knapp 1,5 Mio. Wohnungen (also nur noch gut 3,5 % des gesamten Wohnungsbestands) einer Mietpreisbindung (Deutscher Bundestag 2016a). Der Neubau geförderter Mietwohnungen hat in den letzten Jahren allerdings deutlich zugenommen. So wurden 2016 in Nordrhein-Westfalen 9300 geförderte Mietwohnungen neu gebaut, das entspricht einer Steigerung von 67 % im Vergleich zum Vorjahr.[13] Neben der

---

[12]Für die Länder, die keine eigenen Gesetze erlassen haben, gelten die ehemaligen Bundesgesetze fort. Siehe http://www.bmub.bund.de/themen/stadt-wohnen/wohnungsfoerderung/soziale-wohnraumfoerderung/(abgerufen am 12.06.2017).

[13]Pressemitteilung des Ministeriums für Bauen, Wohnen, Verkehr, Stadtentwicklung, Presse, Service des Landes NRW vom 12.05.2017: „Mit Abstand Deutscher Meister beim geförderten Wohnungsbau: Fast 40 Prozent der Sozialwohnungen in Deutschland sind 2016 in NRW entstanden". Online abrufbar unter http://www.vm.nrw.de/presse/pressemitteilungen/Archiv-des-MBWSV-2017/2017_05_12_-Deutscher-Meister-Wohnungsbau/index.php (zugegriffen am 07.03.2019).

Förderung von Mietwohnungen erlaubt das Gesetz zur Förderung und Nutzung von Wohnraum für das Land Nordrhein-Westfalen (WFNG NRW) auch z. B. die Förderung des Erwerbs von Wohneigentum, von Modernisierungsmaßnahmen sowie von Baumaßnahmen zur Umsetzung kommunaler wohnungspolitischer Handlungskonzepte (§ 7 WFNG NRW).

Mit solchen Konzepten sollen die Kommunen *ressortübergreifende Strategien* entwickeln, um aktuellen Herausforderungen im Bereich des Wohnens besser begegnen zu können. Dabei wird das „Wohnen" breit gefasst und umschließt auch die Stadt- und Quartiersentwicklung (MBV NRW 2007). Hierunter fallen z. B. eine Verbesserung des Wohnumfelds im öffentlichen Raum oder der Aufbau eines Quartiersmanagements. Die Bereiche Wohnen sowie räumliche, soziale, und ökonomische Stadtentwicklung werden somit zunehmend verknüpft. Diese Verzahnung zeigt sich auch in speziellen Programmen wie „Soziale Stadt" oder „Stadtumbau Ost" und „Stadtumbau West". Die Stadtumbau-Programme schließen neben der Wohnungspolitik beispielsweise arbeits- und wirtschaftspolitische Zielsetzungen ein. Sie sollen die „Zukunftsfähigkeit" der Städte erhöhen, indem Akteure der verschiedenen föderalen Ebenen über Ressortgrenzen hinweg zusammenarbeiten (vgl. BMVBS und BBR 2008; BMVBS 2012).

Eines der ältesten *regulativen Instrumente* der Kommunen zur Beeinflussung der räumlichen Stadtentwicklung und der Wohnungsmärkte ist die Bauleitplanung. Mithilfe von Flächenwidmungs- und Bebauungsplänen wird festgelegt, welche Art von Nutzung (Wohnen, Gewerbe, Verkehr, Grünräume etc.) auf welchen Flächen zulässig ist und welche Form und Größe die entsprechenden Gebäude haben dürfen. Verschiedene Behörden und die Bevölkerung können während der Erstellung der Pläne Stellungnahmen abgeben. Hierdurch sollen alle lokalen Belange berücksichtigt werden (§§ 1–4c BauGB, Baugesetzbuch). Auch Instrumente wie die Stellplatzverordnung bzw. lokale Stellplatzsatzung sind grundsätzlich dazu geeignet, den Wohnungsneubau zu beeinflussen, da die vorgeschriebene Anzahl der Stellplätze pro Wohnung die Kosten des Neubaus erhöhen bzw. senken kann.[14]

Kommunen in Deutschland können zudem Preissteigerungen und Verdrängungsprozesse, also Gentrifizierung, über den Erlass von Satzungen bzw. Verordnungen teilweise bremsen. Erhaltungs- und Umwandlungsverordnungen können eine Möglichkeit sein, physische Verbesserungen der Wohnungen und des Wohnumfelds mit dem Schutz einkommensärmerer Schichten zu verbinden.

---

[14]Stellplatzverordnungen fallen grundsätzlich in das Bauordnungsrecht der Länder. Einige Länder haben in den letzten Jahren dieses Recht jedoch an die Gemeinden delegiert, um regional unterschiedliche Stellplatzbedarfe berücksichtigen zu können.

Ihr Erfolg ist aber von den lokalen Kontextbedingungen sowie vom Timing der Maßnahmen abhängig (Schubert 2016; Vogelpohl 2016). Darüber hinaus kann eine Zweckentfremdungssatzung in angespannten Wohnungsmärkten verbieten, Wohnungen leer stehen zu lassen oder für berufliche Zwecke zu nutzen.[15] Abgesehen davon haben die Gemeinden grundsätzlich Vorkaufsrechte an Grundstücken, die beispielsweise in einem ausgewiesenen Sanierungs- oder Stadtumbaugebiet liegen. Die Gemeinden können folglich zum „Wohl der Allgemeinheit" (§ 24(3) BauGB) Grundstücke erwerben, um sie anschließend zu günstigeren Konditionen an Bauträger weiterzuverkaufen und so preisgünstigen Wohnraum auch in aufgewerteten Quartieren zu schaffen.

In angespannten Wohnungsmärkten kann auch von einem Vermieter_innenmarkt gesprochen werden, da ihre Marktmacht aufgrund der Knappheit des Gutes Wohnen steigt. Zudem verfügen Mieter_innen häufig nicht über die *Information*, wie viel eine Wohnung mit einer bestimmten Ausstattung in einer bestimmten Lage normalerweise kostet. Dieses Unwissen kann von Vermieter_innen ausgenutzt werden, um überhöhte Preise zu verlangen. Um dies zu verhindern oder zumindest zu verringern, erstellen die Gemeinden Mietspiegel, in denen die ortsübliche Vergleichsmiete für verschiedene Wohnungskategorien festgelegt wird (z. B. in Hinblick auf Lage, Ausstattung und Größe). Der Mietspiegel ist erstens Grundlage für erlaubte Mieterhöhungen in Bestandsverträgen (§§ 558c–558d BGB) und kann zweitens von Mieter_innen herangezogen werden, um die Höhe ihrer Miete mit anderen Wohnungen zu vergleichen. Hierdurch kann die Informationsasymmetrie zwischen Mieter_innen und Vermieter_innen verringert werden.

6 Wer soll es (er)richten – Staat, Markt oder Zivilgesellschaft?

Der bestehende Instrumentenkasten ist nur bedingt ausreichend, um die eingangs dargestellten Herausforderungen zu bearbeiten, sodass politische Akteure zurzeit nach neuen Handlungsoptionen suchen. Dabei stehen die Preisanstiege in wachsenden Städten und Regionen im Fokus der öffentlichen Aufmerksamkeit. Die Frage, wie möglichst schnell neuer Wohnraum gebaut werden kann, bestimmt die öffentlichen und politischen Debatten. Je nachdem, welches Verständnis von Wohnungsmärkten die jeweiligen Akteure haben, sehen sie die Zuständigkeit für diese Aufgaben bei unterschiedlichen Sektoren.

---

[15]Für entsprechende Satzungen in nordrhein-westfälischen Städten siehe http://www.mbwsv.nrw.de/wohnen/Wohnungsaufsicht_Mieterschutz/Zweckentfremdung_von_Wohnraum/index.php. Zugegriffen: 07. Juni 2017.

Die Bundesregierung folgt einem eher neoliberalen Verständnis, das die Aufgabe des Neubaus vor allem bei privatwirtschaftlichen Bauträgern sieht. Sie sollen u. a. durch Deregulierung (z. B. den Abbau von bautechnischen Standards) und Steuererleichterungen in die Lage versetzt werden, schneller günstigere Wohnungen zu bauen. Um „Gießkanneneffekte" zu verhindern, sollen die Steuererleichterungen nur für den Neubau in Gebieten mit anspannten Wohnungsmärkten gelten. Gleichzeitig wird auch dem geförderten Neubau eine hohe Bedeutung beigemessen, weshalb die Kompensationsmittel des Bundes aufgestockt wurden. Die Umsetzung der sozialen Wohnraumförderung solle aber bei den Bundesländern verbleiben, um auf regionale Herausforderungen besser eingehen zu können (Bundeskabinett 2016).

Die Opposition hingegen geht davon aus, dass eine marktförmige Bereitstellung von Wohnungen grundsätzlich nicht zu einer ausreichenden Versorgung der Bevölkerung mit kostengünstigem Wohnraum führen wird. Daher fordern sowohl Die Linke (Deutscher Bundestag 2016b) als auch Bündnis 90/Die Grünen (Deutscher Bundestag 2016c), die 1990 abgeschaffte Wohnungsgemeinnützigkeit wiedereinzuführen. Auch wenn sich die beiden Vorschläge in ihren Details unterscheiden, zielen sie darauf ab, eine neue Kategorie von Wohnungsunternehmen zu schaffen. Sie sollen im Tausch gegen Steuererleichterungen auf Gewinnausschüttung verzichten und Wohnungen zur sogenannten Kostenmiete (d. h. entsprechend der Kosten für Wohnungsbau und –erhalt) anbieten. Der zuständige Ausschuss des Bundestages hat jedoch in beiden Fällen dem Plenum die Ablehnung des Antrags empfohlen (Stand: Juni 2017).

Andere schreiben auch bestehenden zivilgesellschaftlichen Akteuren eine wichtige Rolle für den Wohnungsbau zu. Eine „klassische Rechtsform zur Hilfe zur Selbsthilfe" (Weitemeyer 2014, S. 47) ist die Genossenschaft als alternative Rechtsform zu klassischen gewinnorientierten Unternehmen. Hierbei sind die Nutzer_innen, im Fall von Wohnungsgenossenschaften also die Mieter_innen, gleichzeitig Anteilseigner_innen am Unternehmen. Das Ziel einer Genossenschaft ist die Förderung der Belange ihrer Mitglieder (Hallmann 2016, S. 535 f.). Wohnungsgenossenschaften verfolgen oft nicht nur wohnungswirtschaftliche, sondern auch soziale Zwecke und stellen beispielsweise Gemeinschaftseinrichtungen oder ergänzende Leistungen zur Verfügung. Aktuell werden Deutschland ca. fünf Prozent aller Mietwohnungen von Genossenschaften vermietet, die gleichzeitig mehr als 13 % aller neu gebauten Mietwohnungen im Geschosswohnungsbau erstellen (Blome-Drees et al. 2015). Allerdings nimmt die Gesamtanzahl der Wohnungsgenossenschaften in Deutschland – z. B. durch Fusionen – ab. Bürokratische Hürden und Prüfpflichten für Genossenschaften behindern deren Neugründung. Manche Länder fördern daher die Gründung von Wohnungsgenossenschaften finanziell und durch Beratungsleistungen, sodass in den letzten Jahren die Zahl der Neugründungen wieder gestiegen ist.[16]

Neben Genossenschaften gibt es auch andere zivilgesellschaftliche Formen der Selbsthilfe, die zum Teil von etablierten Organisationen wie Vereinen oder den Wohlfahrtsverbänden getragen werden. Sie verfolgen oft Zielsetzungen wie z. B. das Zusammenleben verschiedener Generationen und Bevölkerungsgruppen zu fördern (siehe Infokasten zu den Claudius-Höfen in Bochum), alternative Wohnformen zu etablieren, oder ausgegrenzte Gruppen in die Gesellschaft zu integrieren. Beispielsweise hat der Verein Condrobs e. V. in München ein integratives Wohnheim eingerichtet, in dem unbegleitete minderjährige Flüchtlinge mit Student_innen zusammenleben.[17] Ein anderes Beispiel ist das Programm „Wohnen für Hilfe", das in einigen deutschen Universitätsstädten Studierende an Senior_innen vermittelt. Anstelle einer finanziellen Mietzahlung leisten die Studierenden Haushaltshilfe, deren Umfang und Inhalt individuell vereinbart wird.[18] Die Möglichkeiten zivilgesellschaftlicher Organisation des Wohnens sind so vielfältig wie die Herausforderungen am Wohnungsmarkt. Oft ist jedoch eine finanzielle Unterstützung von staatlicher Seite nötig, um Wohnraum für die am stärksten benachteiligten Gruppen zu schaffen.

Letztlich sind zivilgesellschaftliche Organisationen und Bewegungen auch nötig, um das Thema Wohnen auf die politische Agenda zu setzen und es dort zu verankern. In vielen Städten formieren sich z. B. „Recht auf Stadt"-Bewegungen oder andere Initiativen, die eine aktive Rolle der staatlichen Akteure im Bereich von Wohnen und Stadtentwicklung einfordern (vgl. Rink et al. 2015). Insbesondere verlangen sie eine Einschränkung der Spekulation mit Boden und Wohnungen, die zu Preissteigerungen führt und deren Gewinne privaten Investoren zugutekommen, während die Kosten von der wohnenden Bevölkerung getragen werden.

Die zivilgesellschaftliche Relevanz des Themas Wohnen ergibt sich aus seiner Bedeutung für unterschiedliche Bereiche des gesellschaftlichen Lebens. Das Wohnen betrifft Fragen danach, welche Ungleichheiten der gesellschaftliche Zusammenhalt ertragen kann, ob und inwiefern benachteiligte soziale Gruppen

---

[16]Vgl. http://www.mbwsv.nrw.de/wohnen/wohnraumfoerderung/genossenschaften/index.php. Zugegriffen: 07. Juni 2017.
[17]„Integrationsprojekt Kistlerhofstraße", siehe https://www.condrobs.de/einrichtungen/integrationsprojekt-kistlerhofstrasse. Zugegriffen: 07. Juni 2017.
[18]Vgl. http://www.muenster.org/wohnen-fuer-hilfe/wordpress/?page_id=8. Zugegriffen: 07. Juni 2017.

an der Stadt teilhaben können (siehe oben: Gentrifizierung als Verdrängung von Gruppen mit geringen Einkommen), wie mit Trends der Landflucht und Reurbanisierung umgegangen werden soll, wie ein schonender Umgang mit begrenzten Ressourcen erreicht werden kann und welche Strategien für eine alternde Gesellschaft bereitgehalten werden müssen.

Sozial investiv sind wohnungspolitische Strategien und Instrumente dann, wenn es gelingt, nicht nur die Fehler und negativen Auswirkungen des Marktes zu reparieren, indem beispielsweise Wohngeld an einkommensschwache Haushalte verteilt wird, sondern wenn stattdessen Städte und Gesellschaften aktiv so gestaltet werden, dass Teilhabechancen von vornherein gewährleistet sind. Nötig wären hierfür eine stärkere Dekommodifizierung des Bodens und der Wohnungen, eine erhöhte Steuerung von Investitionen in Neubau und Erneuerung für eine stärkere soziale Mischung insbesondere in wachsenden Städten. Darüber hinaus wird ein ganzheitlicher Ansatz benötigt, der Zielkonflikte beispielsweise zwischen hohen bautechnischen Standards auf der einen und bezahlbarem Wohnen auf der anderen Seite explizit thematisiert.

7 Fallbeispiel: Die Claudius-Höfe in Bochum[19]

Nicht alle Fragen selbst zu beantworten, sondern den Menschen für tragfähige Lösungen einen selbstbestimmten Rahmen zu geben, sollte dem Staat [...] ein herausragendes Anliegen sein. (Dr. Henning Scherf in Informationen des Sozialwerks, Ausgabe 1/2014).

Die Claudius-Höfe in Bochum sind ein integratives Wohnprojekt für rund 180 Bewohner_innen. Sie verfolgen verschiedene Zielsetzungen. Im Vordergrund steht das inklusionspolitische Ziel, ein Zusammenleben von Menschen mit und ohne Behinderung zu ermöglichen. Darüber hinaus wird das sozialpolitische Ziel verfolgt, in der Stadt bezahlbaren Wohnraum für Menschen verschiedener Einkommensklassen bereitzustellen. Es soll ein Quartier geschaffen werden, das sozial durchmischt ist, also verschiedene Haushaltsformen und Generationen umfasst, und das sozialen Zusammenhalt vor Ort stärkt (gesellschaftspolitisches Ziel). Schließlich verfolgen die Claudius-Höfe das umweltpolitische Ziel, ökologische Nachhaltigkeit durch die Integration von Passivhäusern und die Nutzung

---

[19]Der Abschnitt stützt sich insbesondere auf die folgenden Quellen: http://claudius-hoefe.mcs-bochum.de/, http://sozialwerk.mcs-bochum.de/service/index.html, sowie auf Medienberichterstattung.

von Solarenergie zu erreichen und dadurch das Leben in der Stadt zukunftsfähig zu gestalten.

Das Projekt wird vom Matthias-Claudius-Sozialwerk e. V. getragen. Das Sozialwerk wurde 2008 gegründet, um verschiedene Tätigkeitsfelder zu integrieren. Es umfasst beispielsweise den Betrieb zweier integrativer Schulen in Bochum und fungiert als integrativer Arbeitgeber beispielsweise im Restaurant- und Hotelgewerbe. Mitglieder des Sozialwerks sind Kirchengemeinden, -verbände und Diakonische Werke.

Mit den Planungen für die Claudius-Höfe wurde 2004 durch eine Initiative von Eltern der integrativen Schulen begonnen. Nach mehrjährigen Vorbereitungen wie der Suche nach einem geeigneten Grundstück und der Ausschreibung für Architekturbüros wurde 2010 mit dem Bau begonnen. Die ersten Wohneinheiten konnten 2012 bezogen werden. Für den Bau und die Erschließung des Geländes wurden Mittel in Höhe von 22 Mio. EUR benötigt, wovon 4,5 Mio. EUR als Eigenmittel durch die neu gegründete Matthias-Claudius-Stiftung eingebracht wurden.

Die Claudius-Höfe umfassen 88 Wohnungen mit ca. 6.500 m^2 Wohnfläche auf einem Gelände von ca. 10.000 m^2 in unmittelbarer Nähe des Bochumer Hauptbahnhofs. Sie setzen sich zusammen aus 15 Einfamilienhäusern, 40 Mietwohnungen (davon 25 durch Wohnraumförderung gefördert), behindertengerechte Wohnformen, ambulant betreute Wohngruppen (4 Wohngruppen à 4 Personen) und 10 Apartments für Studierende (2 Wohngruppen à 5 Personen).

Die Claudius-Höfe wurden als „soziales Großstadt-Dorf" konzipiert. Dazu gehören ein zentraler Gemeinschaftssaal sowie -flächen, soziale Infrastruktur (z. B. integrative Gastronomie, Hotel) und ein Marktplatz, der den Kern des Dorfes markiert. Die Anlage soll weitgehend autofrei und begrünt sein und ist in vier Baufelder unterteilt, um kleine Nachbarschaften zu ermöglichen. Durch die Bewohner_innen werden Gemeinschaftsaktivitäten geplant und durchgeführt, die durch eine Inklusionsbeauftragte unterstützt werden. Trotz der Anlage als „Dorf" sind die Claudius-Höfe nicht als autarke Siedlung konzipiert und verfolgen aktiv die Anbindung an die restliche Stadt.

Das Konzept wurde mehrfach ausgezeichnet, u. a. als Teil der KlimaExpo. NRW, mit dem Deutschen Bauherrenpreis 2016 in der Kategorie Neubau, als „Ort des Fortschritts"; durch das Landesministerium für Innovation, Wissenschaft und Forschung NRW, sowie mit dem Architekturpreis des Bundeswirtschaftsministeriums 2009.

8 Fazit und Ausblick

Nachdem die Wohnungspolitik seit den 1990er Jahren wenig politische Aufmerksamkeit erhalten hat, rückt sie in letzter Zeit wieder stärker in den Fokus öffentlicher Debatten. Dabei spielen sowohl „alte" Herausforderungen – wie die Bereitstellung bezahlbarer Wohnungen für Menschen mit geringen Einkommen – als auch „neue" Fragestellungen – wie die Organisation des Zusammenlebens im Kontext des demografischen und sozialen Wandels – eine Rolle. Gesellschaftliche Veränderungen haben die Ziele der Wohnungspolitik erweitert, die inzwischen zunehmend auch stadtentwicklungspolitische Ziele und einen Fokus auf lokale Wohnquartiere einschließt.

Aufgrund der hohen Heterogenität wohnungspolitischer Herausforderungen in unterschiedlichen Regionen Deutschlands sind die Länder und Kommunen grundsätzlich besser geeignet als der Bund, wohnungspolitische Ziele und Instrumente passgenau zu definieren. Allerdings reicht die finanzielle Ausstattung dieser „unteren" staatlichen Ebenen oft nicht aus, den anstehenden Problemlagen zu begegnen. Das Gleiche gilt für die Problemlösungsfähigkeit der Zivilgesellschaft, die einerseits „nahe an den Bürger_innen" ist und innovative Lösungen finden kann, andererseits für deren Umsetzung aber oft auf staatliche Mittel angewiesen ist. Dementsprechend ist eine finanzielle Unterstützung durch die nationale Ebene für die Bewältigung der aktuellen Herausforderungen am Wohnungsmarkt unumgänglich, wenn das Ziel der Sozialstaatlichkeit eine Versorgung aller Einwohner_innen mit angemessenem und bezahlbarem Wohnraum einschließen soll. Das gilt umso mehr, wenn die Wohnungspolitik gleichzeitig Antworten auf die vielfältigen sozialen, ökonomischen und ökologischen Herausforderungen bereithalten soll, denen Städte und Gemeinden heute gegenüberstehen.

Literatur

André, C., und N. Girouard. 2011. Housing markets, business cycles and economic policies'. In *Housing market challenges in Europe and the United States*, Hrsg. P. Arestis, P. Mooslechner, und K. Wagner, 109–130. Basingstoke: Palgrave MacMillan.
BBSR. 2011. *Fortführung der Kompensationsmittel für die Wohnraumförderung. Fachgutachten*. Bonn: Bundesinstituts für Bau-, Stadt- und Raumforschung. (Bearbeitet von RegioKontext GmbH und Plan und Praxis GbR).
BBSR. 2013. *Wohnungsengpässe und Mietensteigerungen. Aktuelle Mietenentwicklungen in den Städten und Regionen*. Bonn: Bundesinstitut für Bau-, Stadt- und Raumforschung.

Beyme, Kv. 1999. Wohnen und Politik. In *Geschichte des Wohnens – Von 1945 bis heute, Aufbau, Neubau, Umbau*, Hrsg. Ingeborg Flagge, 81–152. Stuttgart: Deutsche Verlags-Anstalt.

Blome-Drees, J., N. Boggild, P. Degens, J. Michels, C. Schimmele, und J. Werner. 2015. *Potenziale und Hemmnisse von unternehmerischen Aktivitäten in der Rechtsform der Genossenschaft Endbericht. Studie im Auftrag des Bundesministeriums für Wirtschaft und Energie*. Düsseldorf: Kienbaum Management Consultants GmbH.

Brake, K. 2011. Reurbanisierung" – Janusköpfiger Paradigmenwechsel. Wissensintensive Ökonomie und neuartige Inwertsetzung städtischer Strukturen. In *Urbane Differenzen. Disparitäten innerhalb und zwischen Städten*, Bd. 9, Hrsg. B. Belina, N. Gestring, und D. Sträter, 69–96., Raumproduktionen Münster: Westfälisches Dampfboot.

Brandsen, T., und J.-K. Heldermann. 2012. The Conditions for successful co-production in housing. A case study of German housing cooperatives. In *New public governance, the third sector and co-production*, Bd. 7, Hrsg. V.A. Pestoff, T. Brandsen, und B. Verschuere, 169–191., Routledge critical studies in public management New York: Routledge.

Brezina, B., und W. Blaas. 1991. Charakteristika und Besonderheiten des Gutes Wohnung und des Wohnungsmarktes'. In *Mehr Markt oder mehr Staat im Wohnungswesen? Reformperspektiven für die österreichische Wohnungspolitik*, Hrsg. W. Blaas, G. Rüsch, B. Brezina, und C. Doubek, 11–17. Wien: Böhlau.

Bundeskabinett. 2016. Bericht zum Bündnis für bezahlbares Wohnen und Bauen und zur Wohnungsbau-Offensive. Berlin. http://www.bmub.bund.de/themen/stadt-wohnen/wohnungswirtschaft/details-wohnungswirtschaft/artikel/bericht-zum-buendnis-fuer-bezahlbares-wohnen-und-bauen-und-zur-wohnungsbau-offensive/?tx_ttnews%5Bback-Pid%5D=289. Zugegriffen: 30. Jan. 2017.

Bundesministerium für Verkehr, Bau und Stadtentwicklung (BMVBS) und Bundesamt für Bauwesen und Raumordnung (BBR). 2008. *Evaluierung des Bund-Länder-Programms Stadtumbau Ost*. Berlin: Bundesministerium für Verkehr, Bau und Stadtentwicklung (BMVBS).

Bundesministerium für Verkehr, Bau und Stadtentwicklung (BMVBS). 2012. *Stadtumbau West. Evaluierung des Bund-Länder-Programms*. Berlin: Bundesministerium für Verkehr, Bau und Stadtentwicklung.

Bundestransferstelle Soziale Stadt. 2008. Statusbericht 2008 zum Programm Soziale Stadt. Im *Auftrag des Bundesministeriums für Verkehr, Bau und Stadtentwicklung (BMVBS) vertreten durch das Bundesamt für Bauwesen und Raumordnung (BBR)*. Berlin: Bundesministerium für Verkehr, Bau und Stadtentwicklung (BMVBS).

Clapham, D., S.J. Smith, und P. Kemp. 1990. *Housing and social policy*. Basingstoke: Macmillan. (Studies in social policy).

Deschermeier, P. 2016. Die Großstädte im Wachstumsmodus. Stochastische Bevölkerungsprognosen für Berlin, München und Frankfurt a. M. bis 2035. IW-Report 39. Köln.

Deutscher Bundestag. 1987. Drucksache 10/6779. Beschlussempfehlung und Bericht des 3. Untersuchungsausschusses „NEUE HEIMAT" nach Art. 44 des Grundgesetzes, Berlin.

Deutscher Bundestag. 2016a. Drucksache 18/8570. Antwort der Bundesregierung auf die Kleine Anfrage der Abgeordneten Christian Kühn (Tübingen), Britta Haßelmann, Markus Tressel, weiterer Abgeordneter und der Fraktion BÜNDNIS 90/DIE GRÜNEN Wohnen und Leben in Deutschland, Drucksache 18/8348. Berlin.

Deutscher Bundestag. 2016b. Drucksache 18/7415. Bundesweiten Aktionsplan für eine gemeinnützige Wohnungswirtschaft auflegen. Antrag der Abgeordneten Heidrun Bluhm, Caren Lay, Herbert Behrens, Karin Binder, Eva Bulling-Schröter, Roland Claus, Kerstin Kassner, Sabine Leidig, Ralph Lenkert, Michael Leutert, Dr. Gesine Lötzsch, Thomas Lutze, Birgit Menz, Dr. Petra Sitte, Dr. Kirsten Tackmann, Hubertus Zdebel und der Fraktion DIE LINKE. Berlin.

Deutscher Bundestag. 2016c. Drucksache 18/8081. Die neue Wohnungsgemeinnützigkeit – Fair, gut und günstig wohnen. Antrag der Abgeordneten Christian Kühn (Tübingen), Britta Haßelmann, Sven-Christian Kindler, Lisa Paus, Annalena Baerbock, Bärbel Höhn, Sylvia Kotting-Uhl, Oliver Krischer, Steffi Lemke, Peter Meiwald, Dr. Julia Verlinden, Harald Ebner, Matthias Gastel, Stephan Kühn (Dresden), Nicole Maisch, Friedrich Ostendorff, Corinna Rüffer, Markus Tressel, Dr. Valerie Wilms und der Fraktion BÜNDNIS 90/DIE GRÜNEN. Berlin.

Deutscher Sparkassen- und Giroverband e. V. 2017. Finanzbericht 2016. der Sparkassen-Finanzgruppe. Berlin. http://finanzbericht.dsgv.de/. Zugegriffen: 26. Sept. 2017.

Deutscher Städtetag. 2014. Positionspapier. Wohngeld und Kosten der Unterkunft nach dem SGB II. http://www.staedtetag.de/imperia/md/content/dst/extranet/5_stadtentwicklung/wohnen/2014/pp_wohngeld_kosten_unterkunft_sgb_ii.pdf. Zugegriffen: 25. Jan. 2017.

Droste, C., P. Berndt, und T. Knorr-Siedow. 2010. *Study on Housing Exclusion: Welfare Policies, Housing Provision and Labour Markets. Country report for Germany*. University of Glasgow.

Egner, B. 2006. Wohnungspolitik. Von der Wohnraumzwangsbewirtschaftung zur Wohnungsmarktpolitik. In *Regieren in der Bundesrepublik Deutschland. Innen- und Außenpolitik seit 1949*, Hrsg. M.G. Schmidt und R. Zohlnhöfer, 202–220. Wiesbaden: VS Verlag.

Egner, B. 2014. Wohnungspolitik seit 1945. *APuZ* 21–22:13–19.

Einem, Ev. 2016. *Wohnen. Markt in Schieflage – Politik in Not*. Wiesbaden: Springer VS.

Hallmann, T. 2016. Genossenschaft als Rechtsform für soziale Unternehmen? In *Nonprofit-Organisationen vor neuen Herausforderungen*, Hrsg. A. Zimmer und T. Hallmann, 529–540. Wiesbaden: Springer VS.

Häußermann, H., und W. Siebel. 2000. Wohnverhältnisse und Ungleichheit. In *Stadt und soziale Ungleichheit*, Hrsg. A. Harth, G. Scheller, und W. Tessin, 120–140. Opladen: Leske + Budrich.

Häußermann, H., und W. Siebel. 2001. Wohnen. In *Handwörterbuch zur Gesellschaft Deutschlands*, Hrsg. B. Schäfers und W. Zapf, 761–771. Opladen: Leske + Budrich.

Holm, A. 2011. Politiken und Effekte der Wohnungsprivatisierungen in Europa. In *Urbane Differenzen. Disparitäten innerhalb und zwischen Städten*, Bd. 9, Hrsg. B. Belina, N. Gestring, W. Müller, und D. Sträter, 207–230., Raumproduktionen. Münster: Westfälisches Dampfboot.

Kaltenbrunner, R., und M. Waltersbacher. 2014. Besonderheiten und Perspektiven der Wohnsituation in Deutschland. *APuZ* 64 (20–21): 3–12.

Kirchner, J. 2006. *Wohnungsversorgung für unterstützungsbedürftige Haushalte. Deutsche Wohnungspolitik im europäischen Vergleich*. Wiesbaden: Deutscher Universitätsverlag.

Kuhn, G. 2012. Reurbanisierung der Städte: Zwischen Aufwertung und Verdrängung (Gentrifizierung). In *Soziale Mischung in der Stadt. Case Studies – Wohnungspolitik in*

Europa – Historische Analyse, Hrsg. T. Harlander, G. Kuhn, und Wüstenrot Stiftung, 324–337. Stuttgart: Kraemer Verlag.

Kunnert, A., und J. Baumgartner. 2012. *Instrumente und Wirkungen der österreichischen Wohnungspolitik*. Wien: Österreichisches Institut für Wirtschaftsforschung. (Unter Mitarbeit von Ursula Glauninger und Michael Weingärtler).

Lampert, H., und J. Althammer. 2007. *Lehrbuch der Sozialpolitik*, 8. Aufl. Berlin: Springer.

Lees, L., T. Slater, und E.K. Wyly. 2008. *Gentrification*. New York: Routledge.

Lowe, S. 2011. *The housing debate*. Bristol: Policy.

MBV, und NRW. 2007. Entscheidungshilfe Kommunale Handlungskonzepte, Wohnen'. Düsseldorf: Ministerium für Bauen und Verkehr des Landes Nordrhein-Westfalen.

Mooslechner, P., und K. Wagner. 2011. Housing markets in Europe and the USA. What are the relevant issues today? In *Housing market challenges in Europe and the United States*, Hrsg. P. Arestis, P. Mooslechner, und K. Wagner, 15–39. Basingstoke: Palgrave MacMillan.

Oltmer, J. 2016. *Migration vom 19. bis zum 21. Jahrhundert*. Berlin: De Gruyter Oldenbourg.

Rink, D., B. Schönig, D. Gardemin, und A. Holm. 2015. Städte unter Druck. Die Rückkehr der Wohnungsfrage. *Blätter für deutsche und internationale Politik* 6:69–79.

Schubert, D. 2016. Aufwertung ohne Verdrängung. Möglichkeiten und Grenzen der sozialen Erhaltungsverordnung und Umwandlungsverordnung – Erfahrungen aus Hamburg. In *Stadterneuerung und Armut. Jahrbuch Stadterneuerung*, Hrsg. U. Altrock und R. Kunze, 253–270. Wiesbaden: Springer VS.

Schwartz, H.M. 2009. *Subprime Nation. American power, global capital, and the housing bubble*. New York: Cornell University Press.

Simon, S. 2005. Gentrification of Old Neighborhoods and Social Integration in Europe. In *Cities of Europe. Changing contexts, local arrangements, and the challenge to urban cohesion*, Hrsg. Yuri Kazepov, 210–232. Malden (Mass.): Blackwell. (Studies in urban and social change).

Spellerberg, A. 2013. Wohnen. In *Handwörterbuch zur Gesellschaft Deutschlands*, Hrsg. S. Mau und N.M. Schöneck, 996–1010. Wiesbaden: Springer VS.

Statistisches Bundesamt. 2015. *Bevölkerung Deutschlands bis 2060. 13. koordinierte Bevölkerungsvorausberechnung*. Wiesbaden: Statistisches Bundesamt.

Statistisches Bundesamt; Wissenschaftszentrum Berlin für Sozialforschung (WZB) (Hrsg). 2016. *Datenreport 2016. Ein Sozialbericht für die Bundesrepublik Deutschland*. In Zusammenarbeit mit dem Sozio-oekonomischen Panel (SOEP) am Deutschen Institut für Wirtschaftsforschung (DIW Berlin). Bonn.

Stein, JHv. 1998. Das Bankensystem in Deutschland. Kreditbanken, Sparkassen, Genossenschaftsbanken, Kreditinstitute mit Sonderaufgaben und die Bundesbank. In *Banken in Deutschland. Wirtschaftspolitische Grundinformationen*, Bd. 1, Hrsg. K.-H. Naßmacher, H. von Stein, und H.-E. Büschgen, 35–49., Der Bürger im Staat Opladen: Leske + Budrich.

Strom, E. 1996. In search of the growth coalition. American urban theories and the redevelopment of Berlin. *Urban Affairs Review* 31 (4): 455–481.

Teuteberg, H.-J. 1986. Die Debatte der deutschen Nationalökonomie im Verein für Socialpolitik über die Ursachen der „Wohnungsfrage" und die Steuerungsmittel einer Wohnungsreform im späten 19. Jahrhundert. In *Stadtwachstum, Industrialisierung,*

sozialer Wandel. Beiträge zur Erforschung der Urbanisierung im 19. und 20. Jahrhundert, Hrsg. Hans-Jürgen Teuteberg, 13–60. Berlin: Duncker & Humblot.
Vogelpohl, A. 2016. Modernisierung und Mietpreisbremse im Widerstreit. Potenziale und Grenzen der Sozialen Erhaltungssatzung. In *Stadterneuerung und Armut. Jahrbuch Stadterneuerung 2016*, Hrsg. Uwe Altrock und R. Kunze, 271–290. Wiesbaden: Springer VS.
Voigt, K.-I., und M. Fischer. 2016. *Genossenschaftsbanken im Umbruch. Einfluss der Finanzmarktregulierung auf das Geschäftsmodell der Kreditgenossenschaften*. Berlin: De Gruyter Oldenbourg.
Weitemeyer, B. 2014. Eine neue Gemeinnützigkeit? Organisations- und Rechtsformen von Nonprofit-Organisationen. In *Forschung zu Zivilgesellschaft, NPOs und Engagement*, Hrsg. A. Zimmer und R. Simsa, 41–62. Wiesbaden: Springer VS.
Wolswijk, G. 2011. Fiscal Aspects of Housing in Europe. In *Housing market challenges in Europe and the United States*, Hrsg. P. Arestis, P. Mooslechner, und K. Wagner, 158–177. Basingstoke: Palgrave MacMillan.

Vereinbarkeit von Beruf und Familie: Herausforderung für Staat und Zivilgesellschaft

Regina Ahrens

Zusammenfassung

Staatliche Akteure definieren in Deutschland die Randbedingungen für die Vereinbarkeit von Erwerbstätigkeit und Familienpflichten (Kindererziehung und/oder Pflege von Angehörigen). Stiftungen, Sozialpartner und Akteure aus der Wissenschaft haben in den letzten Jahren die Vereinbarkeitspolitik allerdings maßgeblich mitgestaltet. Und für zahlreiche Unternehmen steht ein familienbewusstes Personalmanagement aus Gründen des Fachkräftemangels auf der Agenda. Dieser Beitrag skizziert die Akteurslandschaft und zentrale Instrumente des Politikfeldes, beleuchtet die Rolle zivilgesellschaftlicher Akteure im Problemlösungsprozess und gibt einen Blick auf die Herausforderungen der aktuellen Vereinbarkeitspolitik in Deutschland.

Schlüsselwörter

Familienbewusstes Personalmanagement · Vereinbarkeitspolitik · Beruf und Pflege · Kinderbetreuung · ElterngeldPlus · Familienpolitik

R. Ahrens (✉)
Hochschule Hamm-Lippstadt, Hamm, Deutschland
E-Mail: regina.ahrens@hshl.de

1 Einleitung

Vormals stiefmütterlich behandelt, ist die Vereinbarkeit von Beruf und Familie spätestens mit Einführung des Elterngeldes (2007) zu einem Thema avanciert, das in Politik und Gesellschaft fest verankert ist. Als Politikfeld umfasst es alle staatlichen und zivilgesellschaftlichen Maßnahmen, die dazu beitragen, dass Eltern und pflegende Angehörige ihre Erwerbstätigkeit mit ihren Familienpflichten in Einklang bringen können. Die deutsche Vereinbarkeitspolitik ist ebenso geprägt durch staatliche Instrumente (zum Beispiel das Elterngeld) wie durch Initiativen der Zivilgesellschaft. Während bis in die 1990er-Jahre hinein allerdings die sukzessive Vereinbarkeit von Beruf und Familie im Vordergrund stand und damit die Frage, wie v. a. Frauen *nach* der „Familienphase" wieder in das Erwerbsleben integriert werden können, herrscht seit Anfang des neuen Jahrtausends mehrheitlich Konsens darüber, dass das Ziel eine simultane Vereinbarkeit ist, d. h. die *parallele* Ausübung von Erwerbstätigkeit und Kindererziehung bzw. Angehörigenpflege.[1]

Als Schnittfeld von Sozial-, Familien- und Wirtschaftspolitik setzt die aktuelle Vereinbarkeitspolitik aber nicht nur inhaltlich einen neuen Fokus – auch neue Akteure, Kooperationsstrukturen und Zielgruppen gewannen in den letzten Jahren an Bedeutung. Neben Wohlfahrts- und Familienverbänden sowie Kirchen engagieren sich verstärkt auch die Sozialpartner und Unternehmen[2]. Als wirtschaftsnahe Akteure der Zivilgesellschaft sind Unternehmen und Sozialpartner einerseits als Lobbyisten im Policy-Prozess aktiv, andererseits tragen sie – im Rahmen ihres eigenen Personalmanagements oder im Rahmen von Kooperationen mit staatlichen Akteuren in Initiativen und Projekten – selbst zu einem Policy-Wandel bei. Entsprechend entwickelte sich auch das Spektrum der vereinbarkeitsfördernden Instrumente weiter. Das 2007 eingeführte und 2015 reformierte Elterngeld, das

---

[1]Wenn in diesem Beitrag von „Vereinbarkeit von Beruf und Familie bzw. Pflege" die Rede ist, so ist damit genau dieses neue Verständnis einer simultanen Vereinbarkeit gemeint.

[2]Da Unternehmen, die ihren Beschäftigten die Vereinbarkeit von Beruf und Familie erleichtern, ein soziales Engagement (Stichwort: Corporate Social Responsability) zugesprochen wird, werden sie in diesem Beitrag entsprechend der weiten Definition von Zivilgesellschaft der Enquête-Kommission „Zukunft des Bürgerschaftlichen Engagements" des Deutschen Bundestages der Zivilgesellschaft zugerechnet (Deutscher Bundestag 2002). Mit der Bezeichnung „Unternehmen" sind hier und im Folgenden neben Unternehmen aus der Wirtschaft auch nicht-gewinnorientierte Arbeitgebende wie z. B. Hochschulen, Kommunen oder Vereine gemeint.

eine gleichberechtigtere Aufteilung von Erwerbs- und Familienarbeit zwischen Müttern und Vätern fördern soll, steht exemplarisch für diese „neue" Vereinbarkeitspolitik.

Die folgenden Abschnitte geben zunächst einen Überblick über die Entwicklung (2) und die aktuellen Herausforderungen (3) der Vereinbarkeitspolitik in Deutschland. Im Anschluss daran werden die Akteurslandschaft (4) sowie vereinbarkeitsrelevante Instrumente staatlicher und zivilgesellschaftlicher Akteure (5) skizziert. Der Beitrag schließt mit der Darstellung der Rolle zivilgesellschaftlicher Akteure im Problemlösungsprozess (6) und einem Fazit (7).

2 Entwicklung der Vereinbarkeitspolitik in Deutschland

Die Vereinbarkeitspolitik gilt als vergleichsweise junges Politikfeld, ihre Ursprünge reichen allerdings weit zurück. Nicht nur auf staatlicher Seite und ausgehend von „klassischen" zivilgesellschaftlichen Akteuren wie Wohlfahrts- und Familienverbänden sowie Kirchen, sondern auch aus der Wirtschaft heraus gibt es seit vielen Jahrzehnten (vereinzelte) Bemühungen, Beschäftigte bei der Vereinbarkeit von Beruf und Familie zu unterstützen. Gerlach verweist diesbezüglich auf „familienwirksame Traditionen im Rahmen eines ‚paternalistischen' Unternehmertums" (2012, S. 11), die zwar in den 1970er und 1980er Jahren zurückgedrängt, mit der Diskussion um den demografischen Wandel aber wieder an Bedeutung gewonnen haben. Bis weit in die 1990er Jahre war die Vereinbarkeitspolitik in Deutschland normativ darauf ausgelegt, dass ein Elternteil (in der Regel die Mutter) mindestens in den ersten zwei Jahren nach der Geburt eines Kindes zu Hause blieb. Für diesen Zeitraum konnte das Erziehungsgeld – eine aus Steuern finanzierte, einkommensabhängige Leistung, die allerdings nur an Geringverdiener gezahlt wurde – bezogen werden.[3] Mit der Einführung des Rechtsanspruchs auf einen Kinderbetreuungsplatz ab dem dritten Lebensjahr (1996; siehe hierzu auch Blome 2017, S. 208) wurde es nach dem dritten Geburtstag des Kindes wieder realistisch, dass beide Elternteile einer Erwerbsarbeit nachgingen. Angesichts der beschränkten Öffnungszeiten vieler Kindergärten (fehlende Übermittags-Betreuung) sowie fehlender (Arbeitszeit-)Flexibilität seitens der Arbeitgebenden blieb es allerdings dabei, dass die meisten

---

[3]Mehr zum Erziehungsgeld, zu den Einkommensgrenzen und den Bezugsvarianten unter BMFSFJ (2004).

Mütter höchstens stundenweise erwerbstätig waren und die Hauptlast bei Hausarbeit und Kindererziehung trugen. Erst wenn die Kinder im Schulalter waren und auch Zeit allein zu Hause verbringen konnten, nahmen Mütter (wenn überhaupt) ihre Erwerbstätigkeit wieder auf. In jüngerer Zeit hat sich daran viel geändert. Das zeigen auch neuere Zahlen des Statistischen Bundesamtes: Die Erwerbsbeteiligung von Müttern mit einjährigen Kindern stieg allein zwischen 2008 und 2016 von 36 % auf 44 %, bei den Müttern mit zweijährigen Kindern von 46 % auf 58 % (Statistisches Bundesamt 2017, S. 28). Diese Veränderungen sind im Kontext gesetzlicher Änderungen – wie der Einführung des Elterngeldes (2007) und der Einführung des Rechtsanspruchs auf einen Betreuungsplatz für Kinder ab dem ersten Geburtstag (2013) – zu sehen. Aber auch eine verstärkte Zusammenarbeit zwischen staatlichen und zivilgesellschaftlichen Akteuren ist hier von Relevanz. So machen beispielsweise betriebliche Kinderbetreuungseinrichtungen – also ein Engagement vonseiten der Arbeitgebenden – die Erwerbstätigkeit vieler Mütter mit Kleinkindern erst möglich. Wie kam es dazu?

Angesichts des demografischen Wandels avancierte die Vereinbarkeitspolitik um die Jahrtausendwende herum zu einem der Hauptbestandteile einer sogenannten „nachhaltigen Familienpolitik" (hierzu mehr bei Ahrens 2012): Zu den „klassischen" Zielen von Familienpolitik wie zum Beispiel der Armutsbekämpfung und der (finanziellen) Unterstützung kinderreicher Familien kam das Ziel hinzu, Familie und Beruf sollten sich besser vereinbaren lassen. Dies ging Hand in Hand mit der Forderung aus der Wirtschaft, vor allem Mütter (als sogenannte „stille Reserve") schneller wieder in den Arbeitsmarkt zu integrieren, um dem Fachkräftemangel entgegen zu wirken. Der Charme einer vereinbarkeitsfördernden Politik lag aber nicht nur in der Annahme, so die Müttererwerbstätigkeit steigern zu können. Man nahm auch an, dass sich mit der Einführung vereinbarkeitsfördernder Instrumente wie dem einkommensabhängigen Elterngeld vor allem Paare mit einem hohen Erwerbseinkommen eher dazu entscheiden würden, eine Familie zu gründen. Schließlich war das bis dahin geltende Erziehungsgeld – auch wenn es für 24 Monate bezogen werden konnte – mit seinen maximal 300 EUR (Regelbetrag) für Eltern eher eine „Aufwandsentschädigung".

Dass die Diskussion rund um die Vereinbarkeit von Beruf und Familie an Fahrt aufgenommen hat, liegt auch an der Erkenntnis, dass eine gute Vereinbarkeitssituation nicht nur für Eltern und pflegende Angehörige Vorteile bringt, sondern dass auch Staat, Wirtschaft und Gesellschaft profitieren (Gerlach 2012). Die betriebswirtschaftliche Perspektive schlug sich in dem Anfang der 2000er Jahre geprägten Begriff „familienbewusste Personalpolitik" bzw. „familienbewusstes Personalmanagement" nieder.[4]

▶ Familienbewusste Personalpolitik umfasst alle Instrumente, die Arbeitgebende *freiwillig* einsetzen, um ihren Beschäftigten die Vereinbarkeit von Beruf und Familie zu erleichtern (nach Juncke 2005, S. 8). Sie wird flankiert von gesetzlichen Regelungen, staatlichen Unterstützungsangeboten (staatliche Vereinbarkeitspolitik) und anderen zivilgesellschaftlichen Initiativen (z. B. Projekte, Netzwerke). Vereinbarkeitspolitik ist die Summe staatlichen und zivilgesellschaftlichen Engagements in diesem Bereich.

Der Begriff steht für die Frage, wie die Vereinbarkeit von Beruf und Familie in personalpolitischen Fragestellungen berücksichtigt werden kann. Aus Sicht der Arbeitgebenden ist die Bedeutsamkeit des Themas in den letzten Jahren gestiegen: 2003 lag der Anteil der Unternehmen, die eine familienbewusste Personalpolitik als wichtig oder eher wichtig einschätzten bei 46,5 % – neun Jahre später war der Anteil auf knapp 81 % angestiegen (BMFSFJ 2013, S. 11). Es waren Akteure aus der Zivilgesellschaft, die mit zu diesem Bedeutungszuwachs beigetragen haben: Im Jahr 2003 beispielsweise riefen die Spitzenverbände der Deutschen Wirtschaft gemeinsam mit den Gewerkschaften – initiiert vom Bundesfamilienministerium und der Bertelsmann Stiftung – die Allianz für die Familie ins Leben. Ziel dieser Allianz war es, im Zusammenspiel der unterschiedlichen Akteure „Familienfreundlichkeit zum Markenzeichen der deutschen Wirtschaft zu machen" (BMFSFJ 2007). Während diese Allianz für die Familie keine bedeutende Rolle im aktuellen vereinbarkeitspolitischen Diskurs mehr spielt, trägt das vom Bundesfamilienministerium geförderte Unternehmensprogramm „Erfolgsfaktor Familie", das u. a. gute Beispiele familienbewussten Personalmanagements darstellt, auch heute noch zu einer Sensibilisierung von Wirtschaft und Gesellschaft bei.

Als Rechtsgrundlagen, die das Gesicht der aktuellen Vereinbarkeitspolitik maßgeblich geprägt haben, sind neben der Familienpflegezeit[5] v. a. die Einführung des Elterngeldes sowie des Rechtsanspruchs auf einen Betreuungsplatz für über einjährige Kinder zu nennen. Durch das Bundeselterngeld und Elternzeitgesetz (BEEG) von 2007 wurde das zuvor existierende Erziehungsgeld durch

---

[4]Beide Begriffe werden in diesem Beitrag synonym verwendet.
[5]Familienpflegezeitgesetz (FPfZG) von 2011.

das Elterngeld ersetzt und der Bezugszeitraum von 24 auf maximal vierzehn Monate „gestaucht". Während das Erziehungsgeld pauschal (und nur an Geringverdiener) gezahlt wurde, errechnet sich die Höhe des Elterngeldes auf Basis des Nettoeinkommens vor der Geburt (§ 2 BEEG). Zwei der vierzehn Bezugsmonate können beim Elterngeld nur in Anspruch genommen werden, wenn beide Partner Elterngeld beantragen. Steigt nach der Geburt des Kindes beispielsweise nur die Mutter aus dem Erwerbsleben aus, „verliert" die Familie zwei Monate der staatlichen Leistung (zum Elterngeld und ElterngeldPlus siehe auch Ahrens 2017). Durch die Einführung eines Anspruchs auf Förderung in Tageseinrichtungen und in Kindertagespflege für Kinder, die das erste Lebensjahr vollendet haben (§ 24 SGB VIII) wurden sechs Jahre nach Einführung des Elterngeldes die infrastrukturellen Voraussetzungen dafür geschaffen, dass beide Elternteile im Anschluss an den Elterngeld-Bezug ihre Erwerbstätigkeit wiederaufnehmen können. Die Anzahl der Betreuungsplätze wurde in diesem Zuge z. T. erheblich ausgebaut (Ahrens 2017).

Auf politischer Seite waren es die ehemaligen Bundesfamilienministerinnen Renate Schmidt und Ursula von der Leyen, die eine Kehrtwende hin zu einer simultanen Vereinbarkeit in der deutschen Familienpolitik einläuteten. Während Schmidt Anfang der 2000er Jahre den Ausdruck der „nachhaltigen Familienpolitik" prägte und die Ablösung des Erziehungsgeldes vorbereitete, steht von der Leyen vor allem für die Einführung des Elterngeldes nach skandinavischem Vorbild und des Rechtsanspruchs auf einen Betreuungsplatz für Kinder ab einem Jahr. Beide gesetzlichen Regelungen (BEEG und § 24 SGB VIII) gelten heute als Gestaltungsrahmen für ein familienbewusstes Personalmanagement. Die weitreichenden Gesetzesänderungen sind allerdings nur das sichtbare Ergebnis tiefergreifender Veränderungen und Herausforderungen, wie der nächste Abschnitt zeigen wird.

3 Aktuelle Herausforderungen in der deutschen Vereinbarkeitspolitik

Wird sie ganzheitlich betrachtet, so ist die Vereinbarkeit von Beruf und Familie ein Thema, das in unterschiedlichen Phasen des Lebens von Bedeutung ist: Berufseinsteiger und – einsteigerinnen haben zwar häufig noch keine eigenen Kinder, kümmern sich aber mitunter um ihre sorgebedürftigen Eltern, Großeltern oder andere nahe Angehörige. In der Lebensphase „volles Nest" (Gilly und Enis 1982) stehen Eltern vor der Herausforderung, die Erziehung und Betreuung ihrer Kinder mit der Erwerbstätigkeit zu vereinbaren. Der massive Ausbau der (staatlichen und zivilgesellschaftlichen) Kinderbetreuungsinfrastruktur der letzten Jahre hat dazu beigetragen, dass heute eine simultane Vereinbarkeit von Beruf und (Kleinkind–)Erziehung einfacher zu realisieren ist als noch vor fünfzehn Jahren. Die Fortschritte in diesem Bereich können allerdings nicht darüber hinwegtäuschen, dass es für eine gelungene Balance von Arbeit und Familienleben mehr braucht als das bloße Vorhandensein eines Kinderbetreuungsplatzes. Nach den Anstrengungen von Staat und Zivilgesellschaft für den quantitativen Ausbau ist weiterhin eine qualitative Verbesserung der Betreuungsinfrastruktur vonnöten. Dies ist u. a. relevant mit Blick auf die Ausbildung des Betreuungspersonals (auch in der Kindertagespflege) und dessen Bezahlung, den Betreuungsschlüssel und die sächliche Ausstattung der Betreuungseinrichtungen. Um eine gute Betreuung gewährleisten zu können, müssen Betreuungseinrichtungen aber vor allem eins haben: finanzielle Planungssicherheit. Durch Gesetze wie das Kinderbildungsgesetz (KiBiz) in Nordrhein-Westfalen und die darin enthaltenen Regelungen zur Finanzierung der Kindertageseinrichtungen (§ 19 KiBiZ) ist eine solche Planungssicherheit nicht vollumfänglich gegeben. Hier besteht dringend Nachbesserungsbedarf vonseiten der Politik.

In unserer alternden Gesellschaft gewinnt aber auch eine andere Facette der Vereinbarkeit an Bedeutung: die der Pflege. Im Gegensatz zur Lebensphase „volles Nest", die zumeist das Resultat einer gemeinsamen Planung der werdenden Eltern darstellt, treten Phasen der Angehörigenpflege häufig spontan auf (z. B. nach einem Unfall oder einer schweren Erkrankung), nehmen vielfach einen unvorhersehbaren Verlauf und treffen die Angehörigen mehr oder weniger unvorbereitet. Erwerbstätige stehen häufig hilflos vor der Frage, wie sie Beruf und Pflege unter einen Hut bringen können. Einzelne Unternehmen sind hier bereits Vorreiter und unterstützen ihre Beschäftigten z. B. mit Pflegelotsen[6], Informationsveranstaltungen für pflegende Angehörige oder der Vermittlung von Plätzen in der Tagespflege. Das Thema Angehörigenpflege ist allerdings im beruflichen Kontext immer noch tabuisiert – in vielen Fällen wissen Arbeitgebende gar nicht, welche körperliche und psychische Belastung nach Feierabend auf pflegende Beschäftigte wartet. Die Belastung ist dann besonders groß, wenn die Angehörigenpflege in die Phase „volles Nest" fällt, wenn also sowohl Kinderbetreuung als auch Pflege (älterer oder kranker) Angehöriger neben der Erwerbstätigkeit zu stemmen sind. Demografische Entwicklungen wie das steigende Alter

---

[6]Pflegelotsen sind unabhängige Ansprechpersonen im Unternehmen, die pflegende Angehörige v. a. in den Anfängen der Pflegephase unterstützen und beraten.

von Müttern bei der ersten Geburt und die steigende Lebenserwartung führen dazu, dass in Zukunft immer mehr Erwerbstätige dieser „Sandwich-Generation" angehören werden.

Ähnlich wie bei der Kinderbetreuung spielt auch bei der Pflege der Mangel an Fachkräften (Pflegepersonal) eine Rolle. Der Fachkräftemangel ist damit eins der beherrschenden Themen in der Vereinbarkeitspolitik – einerseits als Treiber z. B. eines familienbewussten Personalmanagements (im Kampf um die besten Köpfe), andererseits als hemmender Faktor im Betreuungs- und Pflegesektor. Es ist davon auszugehen, dass der Fachkräftemangel auch in Zukunft eine prägende Herausforderung für die Vereinbarkeitspolitik sein wird: Wer eine auf dem Arbeitsmarkt gesuchte Qualifikation mitbringt, kann es sich eher leisten, neben einem guten Gehalt auch noch einen Betreuungsplatz für das Kind auszuhandeln als ein Beschäftigter, der für das Unternehmen leichter ersetzbar ist. Gleichzeitig können nur so viele (qualitativ hochwertige) Betreuungsplätze geschaffen oder erhalten werden, wie dafür ausgebildetes Personal zur Verfügung steht. Der Staat hat hier über die Gestaltung gesetzlicher Grundlagen für ausgleichende Gerechtigkeit zu sorgen und darf beispielsweise das Vorhalten ausreichender und qualitativ hochwertiger Kinderbetreuungsplätze nicht allein den Arbeitgebenden oder anderen zivilgesellschaftlichen Akteuren überlassen.

So wichtig Betreuungsplätze für die Vereinbarkeit von Beruf und Familie auch sind: Berufliches und familiales Engagement gut in Einklang bringen kann nur, wer bei seinem Arbeitgebenden vereinbarkeitsfördernde Rahmenbedingungen vorfindet. Dazu gehört neben einer guten Balance von Flexibilität und Verlässlichkeit (z. B. bezogen auf Arbeitszeit und Arbeitsort) vor allem eine familienbewusste Unternehmenskultur. Sie hat einen entscheidenden Einfluss darauf, wie familienbewusst Beschäftigte ihren eigenen Arbeitgebenden bewerten (Ahrens 2016). Für eine gute Unternehmenskultur ist es wichtig, auch (mittlere) Führungskräfte konsequent in die Entwicklung und Umsetzung entsprechender Instrumente einzubeziehen. Sie sind es letztlich, die im Arbeitsalltag darüber entscheiden, ob die Vereinbarkeit von Beruf und Familie nur auf dem Papier existiert oder ob sie gelebte Realität ist. Neben ihrer Schlüsselrolle als „Ermöglicher" von Vereinbarkeit sind viele Führungskräfte aber auch selbst von Vereinbarkeitsfragen betroffen. Erst wenige Unternehmen verfügen bereits über zukunftsfähige Konzepte für die Vereinbarkeit von beruflichen Führungsaufgaben und Familie – hier besteht also noch Nachholbedarf (siehe hierzu auch Karlshaus und Kaehler 2017).

Eine Herausforderung für die staatlichen Akteure der deutschen Vereinbarkeitspolitik ist darüber hinaus auch die praxistaugliche Ausgestaltung der relevanten Gesetzesgrundlagen, beispielsweise in Bezug auf das Elterngeld(Plus). Die durch die staatliche Leistung entstehenden Nachweispflichten der Arbeitgebenden können u. U. immens sein (Ahrens 2017). Hier kann ein reger Austausch zwischen staatlichen und zivilgesellschaftlichen Akteuren (u. a. Sozialpartner) helfen, die Umsetzbarkeit vorhandener Gesetze zu erhöhen.

Die Vereinbarkeitspolitik in Deutschland ist neben den hier skizzierten Herausforderungen noch von zahlreichen anderen gesellschaftlichen Entwicklungen geprägt. Genannt sei an dieser Stelle beispielhaft die Digitalisierung der Gesellschaft. Für Familien ist sie insofern ambivalent, als dass sie z. B. zu einer Entgrenzung von Arbeit und Familie und damit auch zu einer Nicht-Vereinbarkeit von Beruf und Familie führen kann (siehe hierzu auch Jurczyk und Klinkhardt 2014). Es braucht ausgeprägte technische, fachliche und soziale Kompetenzen, um beispielsweise den Einsatz digitaler Medien zu einem Gewinn für den Familienalltag zu machen. Es ist daher davon auszugehen, dass die Digitalisierung zu einer neuen Konfliktlinie der Vereinbarkeitspolitik wird: Entweder nutzen und profitieren Familien von ihren Möglichkeiten oder sie werden aufgrund fehlender Kompetenzen abgehängt. Relevant ist dies auch mit Blick auf die Integration von zugewanderten Familien.

4 Akteure der Vereinbarkeitspolitik

Ebenso wie die Herausforderungen hat sich auch die Akteurslandschaft der deutschen Vereinbarkeitspolitik in den letzten Jahren weiterentwickelt. Beschäftigten sich bis in die 1990er Jahre hinein vor allem staatliche Akteure sowie Familien- und Wohlfahrtsverbände mit der Frage, wie Beruf und Familie unter einen Hut gebracht werden können, engagieren sich nunmehr vermehrt auch Sozialpartner (Arbeitgeber- und Arbeitnehmerverbände), Stiftungen und Unternehmen in diesem Bereich.

Die Abb. 1 veranschaulicht die Vielfalt der Akteure in der deutschen Vereinbarkeitspolitik.

Auf Seite der staatlichen Akteure machte das Bundesverfassungsgericht in den 1990er Jahren konkrete inhaltliche und zeitliche Vorgaben für den Gesetzgeber, die von familien- und vereinbarkeitspolitischer Relevanz waren. So postulierte es beispielsweise in einer Entscheidung von 1998, dass der Staat es Eltern nicht nur ermöglichen müsse, zeitweise oder teilweise ihre Erwerbsarbeit zugunsten der Familie zu reduzieren. Er habe auch dafür Sorge zu tragen, dass Familien- und Erwerbsarbeit gleichzeitig ausgeführt werden können (BVerfGE 99, 216 ff.).[7]

---

[7]Zur Relevanz des Bundesverfassungsgerichts in der Familien- und Vereinbarkeitspolitik und zur Arbeitsweise des Gerichts siehe Ahrens und Blum (2012).

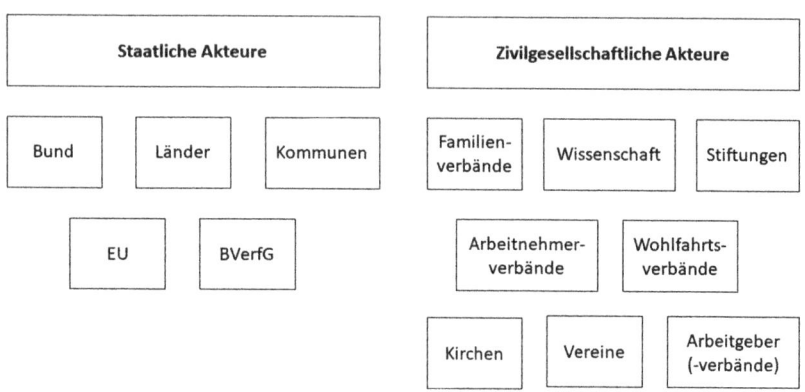

Abb. 1 Akteure der Vereinbarkeitspolitik. (Quelle: Eigene Darstellung)

Auch die Institutionen der Europäischen Union prägen – obwohl sie über keine originäre Kompetenz in diesem Bereich verfügen – über zahlreiche Verordnungen und Richtlinien die Vereinbarkeitspolitik in Deutschland (mehr hierzu bei Ahrens 2008). Als staatliche Akteure beeinflussen daneben Bund, Länder und Kommunen die Vereinbarkeit von Beruf und Familie unmittelbar. Relevante Bereiche staatlichen Einflusses sind neben der Infrastruktur (z. B. Kinderbetreuungsplätze) auch zeitpolitische Instrumente (z. B. Elternzeit, Familienpflegezeit) und die finanzielle Unterstützung von Familien (z. B. Elterngeld nach BEEG; zinsloses Darlehn bei einer pflegebedingten Freistellung von der Arbeit nach FPfZG). Diese Trias von Zeit, Geld und Infrastruktur wurde im Siebten Familienbericht der Bundesregierung festgeschrieben (Deutscher Bundestag 2006) und ist seither im familien- und vereinbarkeitspolitischen Diskurs fest verankert (Bujard 2014).

> **Beispiel**
> Bezogen auf die Vereinbarkeit von Beruf und Familie erfüllen staatliche Akteure eine Doppelrolle. Einerseits schaffen sie z. B. durch zeitpolitische, infrastrukturelle und monetäre Anreize die Rahmenbedingungen dafür, dass Eltern und pflegende Angehörige ihre Erwerbstätigkeit besser mit ihren Familienaufgaben vereinbaren können. Anderseits können sie in ihrer Funktion als Arbeitgebende auch selbst ein familienbewusstes Personalmanagement umsetzen – und so eine Vorbildfunktion für andere Arbeitgebende übernehmen.

Auf Bundesebene sind mehrere Ministerien in vereinbarkeitspolitische Fragestellungen involviert. Neben dem Bundesministerium für Familie, Senioren, Frauen und Jugend sind dies beispielsweise auch das Bundesministerium für Arbeit und Soziales, das Bundesministerium für Finanzen, das Bundesministerium für Gesundheit, das Bundesministerium für Bildung und Forschung sowie das Bundesinnenministerium.[8] Bujard stellt mit Blick auf den Gesamtumfang an familienpolitischen Leistungen dar, dass das Bundesfamilienministerium lediglich einen Bruchteil zu deren Finanzierung beitrage. Er spricht von einer „ressortspezifischen Fragmentierung" (Bujard 2014) und verweist hinsichtlich der großen Anzahl von familienpolitischen Leistungen auf den hohen Abstimmungsgrad, der durch den föderalen Staatsaufbau nötig sei. Dies betrifft nicht nur die Zusammenarbeit zwischen den verschiedenen Bundesministerien, sondern auch zwischen Bund, Ländern und Kommunen. So können mehrere staatliche Akteure an einer einzigen vereinbarkeitsrelevanten Maßnahme bzw. an deren Finanzierung beteiligt sein. Beispiel Kindertagesbetreuung: Der Bund hat mit dem Tagesbetreuungsausbaugesetz (TAG; 2005) und dem Kinderförderungsgesetz (KiFöG; 2008) den Ausbau der Infrastruktur vorangetrieben und seit 2008 vier Investitionsprogramme „Kinderbetreuungsfinanzierung" aufgelegt. Im Rahmen des ersten Investitionsprogramms wurde ein Sondervermögen „Kinderbetreuungsausbau" eingerichtet. Allein zwischen 2008 und 2013 beteiligte sich der Bund mit 4 Mrd. EUR an den Kosten für zusätzliche Kinderbetreuungsplätze. Die Finanzträgerschaft des Ausbaus liegt allerdings bei Ländern und Kommunen. Oder die steuerliche Absetzbarkeit von Kinderbetreuungskosten: Hier liegt die Finanzträgerschaft zu je 42,5 % bei Bund und Ländern und zu 15 % bei den Kommunen (Bujard 2014).

Zuständig für den Vollzug der Bundesgesetze, spielen die Bundesländer eine zentrale Rolle in vereinbarkeitsbezogenen Fragestellungen. Sie sind hier aber nicht nur als ausführende Akteure zu sehen, sondern nehmen im Rahmen der ausschließlichen Ländergesetzgebung z. B. im Bereich der Bildung sowie im Rahmen der konkurrierenden Gesetzgebung auch eine gestaltende Rolle ein. Einzelne Bundesländer zahlen beispielsweise – ergänzend zum Elterngeld des Bundes – ein sogenanntes Landeserziehungsgeld an Mütter und Väter (Gerlach 2008, S. 128). Eine bedeutende Rolle spielen die Länder auch im Bereich der Kinderbetreuungsinfrastruktur. In den letzten Jahren stellten viele von ihnen zusätzliche Mittel bereit, um den Rechtsanspruch für einen Betreuungsplatz für Kinder ab

---

[8]Einen Überblick über die einzelnen Leistungen, ihre bundespolitische Ministerzuständigkeit und ihr Finanzvolumen gibt Bujard (2014).

dem ersten Geburtstag erfüllen zu können. In einigen Bundesländern wurde das letzte Kindergartenjahr auch beitragsfrei gestellt, um Familien finanziell zu entlasten. Die Länder beeinflussen die Vereinbarkeit von Beruf und Familie aber nicht nur über gesetzliche Regelungen in den Bereichen Zeit, Geld und Infrastruktur. Mit Kampagnen und Projekten können sie inhaltliche Schwerpunkte setzen und zivilgesellschaftliche Akteure einbinden. Nordrhein-Westfalen beispielsweise unterstützt die Vernetzung von staatlichen und zivilgesellschaftlichen Akteuren im Bereich der Kinderbetreuung, Bildung und Erziehung. Das Land finanziert die Weiterentwicklung von Kindertageseinrichtungen zu sogenannten Familienzentren.[9]

Fragen der Vereinbarkeit von Beruf und Familie werden neben den staatlichen aber auch von zivilgesellschaftlichen Akteuren behandelt. Sie fungieren sie als „Transmissionsriemen" (Possinger 2015) zwischen Gesellschaft und Politik. Familienverbände, Verbände der freien Wohlfahrtspflege sowie die Sozialpartner beraten das politisch-administrative System und kommunizieren dessen Output (z. B. Gesetze) an die Öffentlichkeit. Vereinbarkeitspolitisch unmittelbar relevant durch ihre Trägerschaft z. B. von Kinderbetreuungseinrichtungen sind die großen Verbände der freien Wohlfahrtspflege: die Arbeiterwohlfahrt, der Deutsche Caritasverband, der Deutsche Paritätische Wohlfahrtsverband, das Deutsche Rote Kreuz, das Diakonische Werk der Evangelischen Kirche in Deutschland und die Zentralwohlfahrtsstelle der Juden in Deutschland. Sie ergänzen damit das staatliche Angebot: Bundesweit besuchen nur knapp 34 % der unter 6-Jährigen Kinder eine Kindertageseinrichtung in öffentlicher Trägerschaft. Mehr als 66 % der Kinder sind in Einrichtungen eines freien (konfessionellen oder nicht-konfessionellen) Trägers untergebracht (Dortmunder Arbeitsstelle Kinder- und Jugendhilfestatistik 2016; vgl. auch den Beitrag von Holger Backhaus-Maul in diesem Band).

Die ebenso wie die freien Träger der Wohlfahrtspflege parteipolitisch ungebundenen Familienverbände setzen sich für die Belange von Familien und die Vereinbarkeit von Erwerbs- und Familienleben ein. Der Deutsche Familienverband e. V., der Familienbund der Katholiken, die Evangelische Aktionsgemeinschaft für Familien e. V., der Verband binationaler Familien und Partnerschaften e. V., der Verband alleinerziehender Mütter und Väter e. V. sowie das Zukunftsforum Familie e. V. gehören zu den großen Familienverbänden in Deutschland.

---

[9]Zu nennen sind darüber hinaus z. B. die Kampagne „Vater ist, was du draus machst" oder das Projekt „Aktionsplattform Familie@Beruf.NRW" der nordrhein-westfälischen Landesregierung.

Sie unterscheiden sich hinsichtlich ihres Selbstverständnisses und ihrer (Mitglieder-)Struktur (mehr hierzu bei Possinger 2015). In den Gesetzgebungsprozess sind sie beispielsweise im Rahmen von Anhörungen im zuständigen Ausschuss des Bundestages oder über die Kommentierung von Referentenentwürfen eingebunden.[10] Um ihren Forderungen mehr Durchsetzungskraft zu verleihen, haben sich der Deutsche Familienverband, der Familienbund der Katholiken, die Evangelische Aktionsgemeinschaft für Familien, der Verband alleinerziehender Mütter und Väter sowie der Verband binationaler Familien und Partnerschaften in der Arbeitsgemeinschaft der deutschen Familienorganisationen (AGF) zusammengeschlossen.

Neben den Wohlfahrts- und Familienverbänden sind auch einzelne Stiftungen zu wichtigen Akteuren der Vereinbarkeitspolitik geworden. Sie treten als u. a. change agents auf, indem sie Gutachten vergeben und Projekte finanzieren und so versuchen, zum gesellschaftlichen Wandel beizutragen (Gerber 2006). Zu nennen sind hier insbesondere die Bertelsmann Stiftung, die Robert Bosch Stiftung sowie die Hertie-Stiftung. Letztere entwickelte mit dem audit berufundfamilie erstmals Standards für den Auf- und Ausbau eines familienbewussten Personalmanagements – also für die Frage, wie Vereinbarkeit vor Ort in den Unternehmen umgesetzt werden sollte.

Kurz nach der Jahrtausendwende wurden in der deutschen Familien- und Vereinbarkeitspolitik erstmals systematisch wissenschaftlich erhobene Daten bei der Begründung politischer Initiativen angeführt. Der Einbezug der Wissenschaft in den (Vereinbarkeits-)Politikzyklus erreichte seinen Höhepunkt während der vom Bundesministerium für Familie, Senioren, Frauen und Jugend (BMFSFJ) und vom Bundesministerium der Finanzen gemeinsam in Auftrag gegebenen „Gesamtevaluation der ehe- und familienbezogenen Maßnahmen und Leistungen in Deutschland". An den zwölf Modulen der Evaluation arbeiteten zwischen 2009 und 2013 elf Institute sowie gut 70 Wissenschaftlerinnen und Wissenschaftler. Ziel war es, die Effektivität und Effizienz der deutschen Familienpolitik – und damit auch der Vereinbarkeitspolitik – mit Blick auf die Ziele „Vereinbarkeit von Familie und Beruf", „Förderung und Wohlergehen von Kindern", „Wirtschaftliche Stabilität

---

[10]Possinger (2015) beschreibt, dass solche Anhörungen von vielen Verbänden durchaus kritisch beurteilt werden, da bei der Auswahl der eingeladenen Sachverständigen klare Muster deutlich würden: „So werden von der CDU/CSU-Fraktion neben Sachverständigen aus der Wissenschaft und Fachpraxis, die deren Position inhaltlich stützen, tendenziell häufig Arbeitgeber- und Industrieverbände geladen. Bei der SPD-Fraktion, Bündnis 90/Die Grünen und der Linken sind es dagegen häufiger Gewerkschaftsverbände.".

von Familien und Nachteilsausgleich" sowie „Erfüllung von Kinderwünschen" zu untersuchen.[11] Die Untermauerung politsicher Argumentationen mit Daten, die von Wissenschaftlern, Unternehmensberatungen oder Meinungsforschungsinstituten erhoben wurden, ist heute aus dem BMFSFJ nicht mehr wegzudenken.

Nicht die Wissenschaft, sondern die Sozialpartner sind allerdings die zivilgesellschaftlichen Akteure, die den größten Bedeutungszuwachs in der Vereinbarkeitspolitik der letzten Jahre zu verzeichnen haben (siehe hierzu auch Possinger 2015). Ihre hohe Durchsetzungskraft erreichten sie nicht nur aufgrund ihrer (v. a. im Gegensatz zu den Familien- und Wohlfahrtsverbänden) größeren finanziellen Ressourcen (das gilt insbesondere für die Arbeitgeberverbände), sondern auch durch eine konsequent verfolgte Argumentationslinie, nämlich die, dass die Vereinbarkeit von Beruf und Familie aufgrund des demografischen Wandels und des damit zusammenhängenden Fachkräftemangels unbedingt ermöglicht werden müsse. Possinger (2015) konstatiert: „Darüber hinaus erweisen sich strategische Kooperationen zwischen dem Bundesfamilienministerium und den Spitzenverbänden von Arbeitgebern und Gewerkschaften als eine zielführende Strategie der Politik, die Wirtschaft bei der Gestaltung einer familienbewussten Arbeitswelt stärker in die Pflicht zu nehmen." Die Beziehung von staatlichen Akteuren und Akteuren aus der Wirtschaft in der Vereinbarkeitspolitik beschreibt Gerlach als „komplementäre[s] Verhältnis, in dessen Zusammenhang Unternehmen durch politisch gesetzte Anreize und Rahmenbedingungen unterstützt werden" (Gerlach 2012, S. 20) und nennt hier insbesondere das Betriebsverfassungsgesetz, das die Vereinbarkeit von Beruf und Familie als Bestandteil der betrieblichen Mitbestimmung definiert (vgl. § 80 Abs. 1 Satz 2b BtrVG).

Als charakteristisch für den aktuellen Politikstil gelten die von Possinger beschriebenen strategischen Kooperationen von staatlichen und zivilgesellschaftlichen Akteuren, wie zum Beispiel die 2003 auf Initiative der Bertelsmann Stiftung und dem Bundesministerium für Familie, Senioren, Frauen und Jugend (BMFSFJ)

---

[11]Der Gesamtbericht der Evaluation ist auf den Seiten des Bundesfamilienministeriums zu finden unter https://www.bmfsfj.de/blob/73.850/1cea4bc07edb6697.571c03c739ece52f/gesamtevaluation-endbericht-data.pdf. (zugegriffen: 17. Januar 2018). Die Präsentation der Ergebnisse der Gesamtevaluation durch die damalige Bundesregierung wurde von einigen beteiligten Wissenschaftlern und Wissenschaftlerinnen sehr kritisch kommentiert und hat medial hohe Wellen geschlagen. Details können der kleinen Anfrage der der Abgeordneten Caren Marks, Petra Crone, Petra Ernstberger, weiterer Abgeordneter und der Fraktion der SPD (Drucksache 17/14.551) entnommen werden (http://dip21.bundestag.de/dip21/btd/17/146/1714.655.pdf. Zugegriffen: 18. Januar 2018).

geschaffene Allianz für die Familie oder die vom BMFSFJ ins Leben gerufenen und vom Europäischen Sozialfonds kofinanzierten Lokalen Bündnisse für Familie, in denen sich vor Ort in den Kommunen staatliche und zivilgesellschaftliche Akteure für eine bessere Vereinbarkeit von Beruf und Familie engagieren (mehr hierzu bei Juncke 2013). Zu nennen ist hier auch das Unternehmensnetz „Erfolgsfaktor Familie", in dessen Rahmen das BMFSFJ gemeinsam mit den Spitzenverbänden der Deutschen Wirtschaft (BDA, DIHK, ZDH) und dem Deutschen Gewerkschaftsbund das Ziel verfolgt, Beispiele guter Praxis im Bereich des familienbewussten Personalmanagements zu verbreiten.[12] Initiativen wie diese wurden in der Vergangenheit regelmäßig als Hinweis darauf angeführt, die deutsche Familienpolitik – und mit ihr auch die Vereinbarkeitspolitik – habe sich zu einem „nachhaltigen" Politikfeld entwickelt. Bertsch, ehemaliger Ministerialrat im BMFSFS, hingegen sieht in der Etablierung solcher Netzwerke eine Konsequenz aus einer „selbstverschuldete[n] Umsetzungsschwäche" des Bundes, welche dieser „durch Bündnisse und Allianzen mit zivilgesellschaftlichen und marktwirtschaftlichen Gruppen zu kompensieren" versuche (Bertsch 2009, S. 21).

5 Instrumente der Vereinbarkeitspolitik

Sowohl die im Kap. 4 aufgeführten staatlichen als auch die genannten zivilgesellschaftlichen Akteure verfügen über Instrumente, um die Vereinbarkeit von Beruf und Familie zu erleichtern. Die Instrumente der staatlichen vereinbarkeitsrelevanten Akteure lassen sich entsprechend des Siebten Familienberichts in die Kategorien Zeit, Geld und Infrastruktur einordnen.

Die Tab. 1 gibt einen Überblick über staatliche Vereinbarkeits-Instrumente (Auswahl):

Wie die Einteilung der Instrumente in die drei Kategorien Zeit, Geld und Infrastruktur zeigt, sind die meisten Instrumente der Bundespolitik auf finanzielle Transfers hin orientiert. Viele der monetären Leistungen wirken sich allerdings letztlich zeitpolitisch aus, da sie es Eltern bzw. pflegenden Angehörigen ermöglichen, (mehr) Zeit mit ihrer Familie zu verbringen. Die Tabelle verdeutlicht die im vorausgehenden Abschnitt bereits angesprochenen ressortübergreifenden und

---

[12]Das Unternehmensnetzwerk „Erfolgsfaktor Familie" wird im Rahmen des Programms „Vereinbarkeit von Familie und Beruf gestalten" durch das BMFSFJ und den Europäischen Sozialfonds gefördert. Das Programm wird koordiniert durch das beim Deutschen Industrie- und Handelskammertag angesiedelte Netzwerkbüro „Erfolgsfaktor Familie".

Tab. 1 Vereinbarkeitsfördernde Instrumente staatlicher Akteure (Auswahl). (Quelle: Eigene Darstellung nach Bujard 2014 basierend auf BMFSFJ 2012)

Kategorie	Instrument	in Mio. € (2010)	Zuständigkeit/Finanzierung
Geld	Steuerabzug Kinderbetreuungskosten	620	BMF/Bund, Länder und Kommunen
Geld/Zeit	Ermäßigte Einkommensteuer für haushaltsnahe Beschäftigung	425	BMF
Geld	Steuerfreiheit Arbeitgebende zur Betreuung von Kindern	10	BMF
Geld	Elterngeld (inkl. Geschwisterbonus)	4583	BMFSFJ
Geld	Beiträge für Kindererziehungszeiten an die gesetzliche Rentenversicherung (RV)	11.637	BMAS
Geld	Beitragsbefreiung GKV, PV bei Mutterschafts-, Elterngeld	1513	BMG
Geld	Leistungen bei Schwangerschaft und Mutterschaft	3415	BMG
Geld/Zeit	Krankengeld bei Erkrankung des Kindes	142	BMG
Geld/Zeit	Kinderbetreuungskosten bei Teilnahme an Maßnahmen	45	BMAS
Geld	Ehegattensplitting	19.790	BMF
Geld	Freie Mitversicherung nicht erwerbstätiger Ehegatten	13.334	BMG
Infrastruktur	Kindertagesbetreuung (Krippe, Kiga, Tagespflege, etc.)	16.183	BMFSFJ/Länder und Kommunen
Zeit	Elternzeit	–	BMFSFJ
Zeit	Familien(pflege)zeit	–	BMFSFJ

Mischzuständigkeiten, die für die Vereinbarkeitspolitik so charakteristisch sind. Bujard (2014) verweist darauf, dass bei einer Analyse der genauen Verwaltungsabläufe die Verflechtungen der staatlichen Akteure noch stärker zutage treten. Beim Elterngeld beispielsweise erfolgt die Finanzierung komplett durch den Bund. Allerdings wird die Auszahlung des Elterngeldes von den Ländern organisiert, die Anträge werden dort bearbeitet. Auf kommunaler Ebene beraten die sogenannten Elterngeldstellen (vielerorts verankert in den Jugendämtern) die Bezugsberechtigten über die Leistung. Eine ähnlich starke Verflechtung zeigt Bujard (2014) für den Bereich der Kindertagesbetreuung auf: Wenngleich die Finanzierung der Betreuungsinfrastruktur durch Länder und Kommunen erfolgt, hat die Bundesregierung im Rahmen des TAG (2005) sowie des KiFöG (2008) den Ausbau finanziell massiv unterstützt. Durch das KiFöG wurde darüber hinaus ein Rechtsanspruch auf einen Betreuungsplatz für Kinder ab dem ersten Geburtstag festgelegt. Wie die Kinderbetreuung rechtlich (z. B. im Hinblick auf den Betreuungsschlüssel) geregelt ist, bestimmen allerdings die Länder. Die Kommunen wiederum treten als Träger auf.

Zwischen 2009 und 2013 wurden die skizzierten Instrumente in der weiter oben bereits erwähnten, Gesamtevaluation der ehe- und familienbezogenen Maßnahmen und Leistungen in Deutschland analysiert. Eins der Ergebnisse der Gesamtevaluation ist, dass Inkohärenzen bestehen, da gewisse Instrumente die Wirkung anderer Instrumente abschwächen oder ihnen sogar zuwiderlaufen. Hier ein Beispiel: Während das Ehegattensplitting[13] – eine staatliche Leistung mit einem Umfang von immerhin 19.790 Mio. EUR – Partnerschaftsmodelle

---

[13]Das Ehegattensplitting (§ 26 Einkommensteuergesetz EStG) ist keine finanzielle Transferleistung an Familien, sondern eine ehebezogene Leistung. Das Vorgehen ist wie folgt: Bei Ehepaaren bzw. eingetragenen Lebenspartnerschaften, die bei der Einkommensbesteuerung eine Zusammenveranlagung wählen, werden beide zu versteuernde Einkommen zusammengerechnet und dann halbiert, die steuerliche Belastung wird für diese halbierten Einkommen (nach dem Grundtarif) berechnet. Anschließend wird die Einkommenssteuer verdoppelt. Im Ergebnis bedeutet das: Das zu versteuernde Einkommen wird gleichmäßig auf beide Partner verteilt. Der Ehepartner, der besser verdient, wird niedriger besteuert als bei einer Individualbesteuerung, der schlechter verdienende Ehepartner höher. Partnerschaften, in denen nur ein Partner über ein Einkommen verfügt, profitieren aus finanzieller Sicht maximal vom Ehegattensplitting. Für Partnerschaften, in denen die Einkommen der beiden Partner ungefähr gleich hoch sind, hat das Ehegattensplitting quasi keinen Effekt. Mit Blick auf die (simultane) Vereinbarkeit von Beruf und Familie ist das Ehegattensplitting problematisch, da es finanzielle Anreize dafür setzt, dass Ehepaare sich bei der Erwerbs- und Familienarbeit „spezialisieren", d. h. dass ein Ehepartner den Großteil der Erwerbsarbeit übernimmt und der andere Ehepartner nicht oder nur in geringem Umfang erwerbstätig ist (und dafür die Hauptlast bei der unbezahlten Familien- und Hausarbeit trägt).

Tab. 2 Handlungsfelder und Instrumente familienbewussten Personalmanagements (Auswahl) (Basierend auf dem Aufbau des audit berufundfamilie. Einen umfassenden Überblick über Instrumente familienbewussten Personalmanagements liefert Becker 2011). (Quelle: Eigene Darstellung in Anlehnung an Becker 2011)

Handlungsfeld	Instrument (Beispiel)	Erläuterung
Arbeitszeit	Gleitzeit	Beschäftigte können beispielsweise außerhalb festgelegter Kernarbeitszeiten selbst entscheiden, wann sie am Arbeitsplatz erscheinen bzw. ihn verlassen
Arbeitsorganisation	Vertretungsregelungen	Besondere Vertretungsregelungen z. B. für Beschäftigte mit pflegebedürftigen Angehörigen werden eingerichtet, damit der/die pflegende Angehörige kurzfristig im Falle eines familiären Notfalls den Arbeitsplatz verlassen kann
Arbeitsort	Alternierende Telearbeit	Beschäftigte erhalten vom Unternehmen eine Arbeitsplatzausstattung für zu Hause und arbeiten abwechselnd im Unternehmen und am heimischen Arbeitsplatz (z. B. ein sog. Homeoffice-Tag in der Woche)
Information und Kommunikation	Belegschaftsbefragungen	Die Beschäftigten werden anonym (durch die Personalabteilung oder externe Berater) zu ihrer Vereinbarkeitssituation, zu Lösungsmöglichkeiten und Konflikten befragt. Häufig werden entsprechende Fragen in bestehende Mitarbeiterbefragungen integriert
Führung	Führungskräfteseminare	Führungskräfte werden – z. B. in einem Workshop – zu den Herausforderungen und Chancen eines familienbewussten Personalmanagements geschult. Idealerweise wird dabei auch ihre eigene Vereinbarkeitssituation betrachtet
Personalentwicklung	Unterstützung aktiver Vaterschaft	Führungskräfte und Personalabteilung nehmen (werdende) Väter als Zielgruppe familienbewussten Personalmanagements wahr und informieren sie beispielsweise über Elterngeld(Plus) und Partnerschaftsbonus-Monate. Über Formate wie beispielsweise Väter-Stammtische wird der Austausch der Väter im Unternehmen gestärkt
Entgeltbestandteile und geldwerte Leistungen	Übernahme von Betreuungskosten	Unternehmen übernehmen (anteilig) die Kosten der Kinderbetreuung. Dies kann bei außergewöhnlichem Betreuungsbedarf (z. B. im Fall von Dienstreisen oder Mehrarbeit) oder generell geschehen

(Fortsetzung)

Tab. 2 (Fortsetzung)

Handlungsfeld	Instrument (Beispiel)	Erläuterung
Service für Familien	Beratung und Vermittlung zur Kinderbetreuung	Unternehmen kooperieren mit dem örtlichen Jugendamt oder einem externen Beratungsservice, das bzw. der bei der Vermittlung von Betreuungsplätzen unterstützt. Denkbar sind auch Kooperationen mit einzelnen Betreuungseinrichtungen in räumlicher Nähe zum Unternehmen. Für größere Unternehmen kann sich eine eigene betriebliche Großtagespflegestelle oder eine betriebliche Kindertagesstätte („Betriebskita") lohnen

finanziell begünstigt, in denen ein Partner (in der Regel die Frau) nicht oder nur in geringfügigem Umfang erwerbstätig ist, haben Maßnahmen wie die Finanzierung der Kindertagesbetreuung oder das Elterngeld(Plus) mit seinen „Väter"- und Partnerschaftsbonusmonaten das Ziel, eine gleichberechtigte Verteilung von Erwerbs- und Familienarbeit zwischen Müttern und Vätern zu ermöglichen.[14]

Die vereinbarkeitsfördernden Instrumente der staatlichen Akteure werden ergänzt von den Angeboten der Arbeitgebenden. Diese Angebote lassen sich in zwei Bereiche unterteilen: diejenigen, die Arbeitgebende freiwillig über die gesetzlichen Vorgaben hinaus anbieten (familienbewusstes Personalmanagement im engeren Sinne, z. B. eigene Betriebskita) und diejenigen, bei denen sie geltendes Recht in die betriebliche Praxis umsetzen (z. B. Beratung zu Elternzeit und Familienpflegezeit; gelebte Praxis im Unternehmen z. B. bei den sog. Vätermonaten). Ein familienbewusstes Personalmanagement wird häufig reduziert auf die allseits bekannte Betriebskita. Das Spektrum ist aber weitaus größer. Das audit berufundfamilie differenziert beispielsweise die acht Handlungsfelder Arbeitszeit, Arbeitsorganisation, Arbeitsort, Information und Kommunikation, Führung, Personalentwicklung, Entgeltbestandteile und geldwerte Leistungen sowie Service für Familien.

Die Tab. 2 zeigt beispielhaft die Zuordnung unterschiedlicher betrieblicher Instrumente zu den Handlungsfeldern des audit berufundfamilie.

---

[14] Zu den Problemen bei der praktischen Umsetzung des ElterngeldPlus siehe Ahrens 2017.

Der „Blumenstrauß" der vereinbarkeitsfördernden Maßnahmen, der Unternehmen zur Verfügung steht, ist bunt. Manche Maßnahmen – wie zum Beispiel die Betriebskita – sind organisatorisch und finanziell aufwendig und eignen sich besonders für große Unternehmen. Durch andere Instrumente – wie zum Beispiel einen Stammtisch für Väter – entstehen Unternehmen keine nennenswerten Kosten. Sie eignen sich daher insbesondere für kleinere Unternehmen. Unabhängig von der Unternehmensgröße: Für den Erfolg eines familienbewussten Personalmanagements ist die Unternehmenskultur von sehr großer Bedeutung (Ahrens 2016). Getrieben durch den verstärkten Fachkräftemangel, hat sich das familienbewusste Portfolio vieler Unternehmen in den letzten Jahren verändert. Sie sprechen neben der „klassischen" Zielgruppe (Mütter) zunehmend auch Väter oder pflegende Angehörige gezielt mit eigens für sie entwickelten (oder adaptierten) Instrumenten an. Diskussionen rund um eine „NEUE Vereinbarkeit" (BMFSFJ 2015) oder eine Lebensphasenorientierte Personalpolitik[15] (Rump und Eilers 2014) tragen diesen Veränderungen Rechnung.

6   Die Rolle der Zivilgesellschaft im Problemlösungsprozess

Zivilgesellschaftliche Akteure haben in den letzten Jahren eine erhebliche Schubkraft entwickelt und die Vereinbarkeitspolitik maßgeblich mitgestaltet. Dies gilt insbesondere für die Sozialpartner (Arbeitgeber- und Arbeitnehmerverbände), für die Wissenschaft sowie für verschiedene Stiftungen. Für die Ausweitung des Angebots an vereinbarkeitsfördernden Instrumenten in Unternehmen waren ein wichtiger Treiber die empirischen Erkenntnisse des 2005 von der berufundfamilie gGmbH – einer Initiative der gemeinnützigen Hertie-Stiftung – gegründeten Forschungszentrums Familienbewusste Personalpolitik (FFP). Das Forscherteam des FFP fand heraus, dass es sich für Unternehmen rechnet, ihren Beschäftigten die Vereinbarkeit von Beruf und Familie zu erleichtern: Die Mitarbeitendenmotivation ist in besonders familienbewussten Unternehmen um 31 % höher als in wenig familienbewussten Unternehmen. Bei der Produktivität der Mitarbeitenden liegt der Unterschied bei 23 %. Besonders familienbewusste Unternehmen haben darüber hinaus eine um 60 % geringere Fehlzeitenquote als wenig familien-

---

[15]Dem Konzept der Lebensphasenorientierten Personalpolitik liegt ein Fokus auf unterschiedliche Lebens- und Berufsphasen der Beschäftigten sowie daraus abgeleitete Handlungsfelder zugrunde (Rump und Eilers 2014).

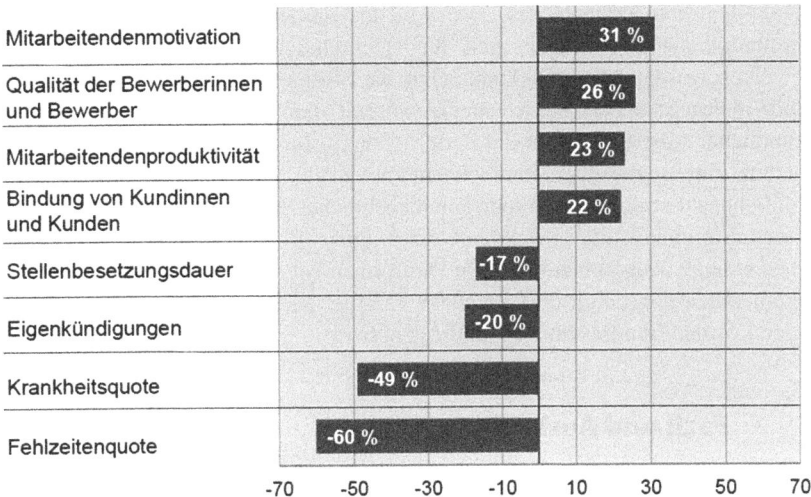

Abb. 2 Spannweite ausgewählter betriebswirtschaftlicher Effekte zwischen sehr und wenig familienbewussten Unternehmen (in %). (Quelle: Schein und Schneider 2017, S. 172)

bewusste Unternehmen. Auch bei anderen Kennzahlen schneiden besonders familienbewusste Unternehmen deutlich besser ab, wie Abb. 2 zeigt:

Ein familienbewusstes Personalmanagement ist damit „zum harten Standortfaktor bei der Sicherung der Wettbewerbfähigkeit von Unternehmen [geworden]" (Schein und Schneider 2017, S. 171). Die Forschungsergebnisse des FFP stehen exemplarisch für ein Phänomen, das die aktuelle Vereinbarkeitspolitik charakterisiert: Entgegen der traditionellen normativen Prägung der Familien- und damit der Vereinbarkeitspolitik gewannen Anfang des neuen Jahrtausends evidenzbasierte Argumentationen an Bedeutung. Nicht zuletzt mit der Gesamtevaluation der ehe- und familienbezogenen Leistungen in Deutschland bezog das Bundesfamilienministerium systematisch das Wissenschaftssystem in die Analyse familien- und vereinbarkeitsbezogener Instrumente ein. Aber auch mit kleineren, vom Bundesfamilienministerium in Auftrag gegebenen, Untersuchungen wurden Diskussionen rund um die Vereinbarkeitssituation in Deutschland angestoßen und vorangetrieben.

Neben Erkenntnissen aus der Wissenschaft wurde der vereinbarkeitspolitische Diskurs auch von Standards beeinflusst, die im Rahmen von Zertifizierungsprozessen gesetzt wurden. Impulse aus der Zivilgesellschaft kamen hierzu vor allem von der Hertie-Stiftung sowie von der Bertelsmann Stiftung. Einen hohen

Bekanntheitsgrad erlangte das 2005 von der Hertie-Stiftung entwickelte audit berufundfamilie (das später auch für Hochschulen und Kommunen weiterentwickelt wurde). Mit dem Audit schuf die Stiftung Qualitätsstandards für ein familienbewusstes Personalmanagement.[16] Mit dem Qualitätssiegel „Familienfreundlicher Arbeitgeber" hat die Bertelsmann Stiftung ein Instrument zur Unterstützung mittelständischer Unternehmen entwickelt. Kommunen können sich ihr Familienbewusstsein vom Verein Familiengerechte Kommune e. V. zertifizieren lassen. Kommunikative Schubkraft wird unter Beteiligung zivilgesellschaftlicher Akteure auch in bundesweiten Plattformen wie dem weiter oben erwähnten Unternehmensprogramm „Erfolgsfaktor Familie" sowie auf kommunaler Ebene in den Lokalen Bündnissen für Familie generiert.

7 Fazit und Ausblick

Die Vereinbarkeitspolitik in Deutschland hat sich in den letzten Jahren in mehrfacher Hinsicht gewandelt. Einige zivilgesellschaftliche Akteure wie die Sozialpartner, familienbewusste Unternehmen, Stiftungen und Akteure aus der Wissenschaft haben in der Vereinbarkeitspolitik an Bedeutung gewonnen. Strategische Kooperationen zwischen diesen zivilgesellschaftlichen und staatlichen Akteuren prägen heute das Gesicht des Politikfeldes. Sowohl staatliche als auch zivilgesellschaftliche Akteure setzen mittlerweile vermehrt auf Instrumente, die eine *simultane* Vereinbarkeit von Beruf und Familie erleichtern. Auf staatlicher Seite zeigt sich allerdings eine Pfadabhängigkeit: Das Festhalten an Instrumenten wie dem Ehegattensplitting, dass einer simultanen Vereinbarkeit von Beruf und Familie zuwiderläuft, führt zu Zielkonflikten und Inkohärenzen. Bujard (2014) ist beizupflichten, wenn er mehr politische Koordination und Kommunikation fordert, um diese Zielkonflikte zu reduzieren. Vonseiten der zivilgesellschaftlichen Akteure sind in diesem Beitrag die Bemühungen familienbewusster Unternehmen skizziert worden. Um die Vereinbarkeit von Beruf und Familie weiter voranzutreiben, ist es zentral, dass die Instrumente auf dieser Ebene weiterentwickelt und an sich verändernde Zielgruppen im Unternehmen (Stichwort: alternde Belegschaft) angepasst werden. Eine familienbewusste Unternehmenskultur und entsprechende Kommunikationsstrukturen sind essenziell für den Erfolg eines familienbewussten Personalmanagements. Familienbewusste Unternehmen sollten allerdings nicht

---

[16]Das audit berufundfamilie sowie das audit familiengerechte hochschule sind zum 01.01.2016 von der Hertie-Stiftung an die berufundfamilie Service GmbH übergegangen.

als *die* zentralen Gestalter der Vereinbarkeit von Beruf und Familie herhalten. Die staatlichen Akteure sind weiterhin in der Pflicht, für Gerechtigkeit und gleiche Ausgangsbedingungen für alle Menschen in Deutschland zu sorgen, die Erwerbstätigkeit und Familienpflichten miteinander vereinbaren möchten.

Um gesellschaftlichen Herausforderungen wie der Digitalisierung um dem Fachkräftemangel, denen sie ausgesetzt ist, entgegenzutreten, braucht es eine „atmende" Vereinbarkeitspolitik, die nicht nur hinsichtlich der Akteursstrukturen, sondern auch hinsichtlich der Instrumente wandelbar ist. Nur so kann eine Passgenauigkeit der Instrumente zu den Zielen und Zielgruppen der Vereinbarkeitspolitik langfristig sichergestellt werden.

Literatur

Ahrens, R. 2008. *Die Europäische Union als familienpolitischer Akteur*. Saarbrücken: VDM Verlag Dr. Müller.

Ahrens, R. 2012. *Nachhaltigkeit in der deutschen Familienpolitik. Grundlagen – Analysen – Konzeptualisierung*. Wiesbaden: Springer VS.

Ahrens, R. 2016. Unternehmenskultur als Schlüssel zu einer nachhaltigen familienbewussten Personalpolitik. In *Fehlzeiten-Report 2016. Unternehmenskultur und Gesundheit – Herausforderungen und Chancen. Zahlen, Daten, Analysen aus allen Branchen der Wirtschaft*, Hrsg. B. Badura, A. Ducki, H. Schröder, J. Klose, und M. Meyer, 121–128. Berlin: Springer.

Ahrens, R. 2017. Familienpolitik für junge Eltern zwischen Leitbild und Alltag – Elterngeld (Plus) und Kinderbetreuungs-Rechtsanspruch auf dem Prüfstand. In *Elternschaft. Zwischen Autonomie und Unterstützung*, Hrsg. Irene Gerlach, 249–262. Wiesbaden: Springer VS.

Ahrens, R., und S. Blum. 2012. Zwischen Stau und Stimulus: Hemmende und fördernde Vetospieler in der Familienpolitik. In *Vetospieler in der Policy-Forschung*, Hrsg. Florian Blank, 13–48. Wiesbaden: Springer VS.

Becker, S. 2011. *Familienbewusste Personalpolitik – Ein Überblick über Bewährtes. Expertise für die Sachverständigenkommission zur Erstellung des 8. Familienberichtes zum Thema*. (Unveröffentlichtes Manuskript. o. O.).

Bertsch, F. 2009. Auf der Suche nach einer verantwortlichen Familienpolitik. *Archiv für Wissenschaft und Praxis der sozialen Arbeit* 2:16–28.

Blome, J. 2017. Öffentliche Kinderbetreuung in Deutschland – Suboptimale Problemlösung im Föderalismus? In *Elternschaft. Zwischen Autonomie und Unterstützung*, Hrsg. Irene Gerlach, 197–226. Wiesbaden: Springer VS.

Bujard, M. 2014. Föderalismus und Bundesressorts. In Dossier Familienpolitik, Hrsg. Bundeszentrale für politische Bildung. http://www.bpb.de/politik/innenpolitik/familienpolitik/197916/foederalismus-und-bundesressorts?p=all. Zugegriffen: 2. Jan. 2018.

Bundesministerium für Familie, Senioren, Frauen und Jugend (BMFSFJ). 2004. Erziehungsgeld, Elternzeit. Das Bundeserziehungsgeldgesetz – Regelungen ab 1.1.2004. https://www.bmfsfj.de/blob/93686/7849f5442d89e947ea81d9190d8009c9/erzeihungsgeld-broschuere-juli-2004-data.pdf. Zugegriffen: 24. Jan. 2018.

Bundesministerium für Familie, Senioren, Frauen und Jugend (BMFSFJ). 2007. „Allianz für die Familie" macht Familienfreundlichkeit zum Erfolgsfaktor. Pressemitteilung des BMFSFJ vom 8. Mai 2007. https://www.bmfsfj.de/bmfsfj/aktuelles/alle-meldungen/-allianz-fuer-die-familie--macht-familienfreundlichkeit-zum-erfolgsfaktor/74092?view=DEFAULT. Zugegriffen: 21. Dez. 2017.

Bundesministerium für Familie, Senioren, Frauen und Jugend (BMFSFJ). 2012. Bestandsaufnahme der familienbezogenen Leistungen und Maßnahmen des Staates im Jahr 2010. http://www.bmfsfj.de/RedaktionBMFSFJ/Abteilung2/Pdf-Anlagen/familienbezogene-leistungen-tableau-2010,property=pdf,bereich=bmfsfj,sprache=de,rwb=true.pdf. Zugegriffen: 18. Jan. 2018.

Bundesministerium für Familie, Senioren, Frauen und Jugend (BMFSFJ), Hrsg. 2013. *Unternehmensmonitor Familienfreundlichkeit 2013*. Berlin: Bundesministerium für Familie, Senioren, Frauen und Jugend (BMFSFJ).

Bundesministerium für Familie, Senioren, Frauen und Jugend (BMFSFJ), Hrsg. 2015. *Memorandum Familie und Arbeitswelt. Die NEUE Vereinbarkeit. Fortschrittsfelder. Herausforderungen. Leitsätze*. Berlin: Bundesministerium für Familie, Senioren, Frauen und Jugend (BMFSFJ).

Deutscher Bundestag. 2002. Bericht der Enquete-Kommission „Zukunft des Bürgerschaftlichen Engagements". Bürgerschaftliches Engagement: auf dem Weg in eine zukunftsfähige Bürgergesellschaft. Drucksache 14/8900. Berlin. http://kulturrat.de/wp-content/uploads/altdocs/dokumente/studien/enquete_be.pdf. Zugegriffen: 19. Jan. 2018.

Deutscher Bundestag. 2006. Siebter Familienbericht. Familie zwischen Flexibilität und Verlässlichkeit. Perspektiven für eine lebenslaufbezogene Familienpolitik. Drucksache 16/1360. Berlin. http://dip21.bundestag.de/dip21/btd/16/013/1601360.pdf. Zugegriffen: 2. Jan. 2018.

Dortmunder Arbeitsstelle Kinder- und Jugendhilfestatistik. 2016. Kita vor Ort. Betreuungsatlas auf regionaler Ebene 2016 – Tabellenband. Zentrale Befunde aus der amtlichen Kinder- und Jugendhilfestatistik zum 01.03.2016. http://www.akjstat.tu-dortmund.de/index.php?id=738. Zugegriffen: 17. Jan. 2018.

Gerber, P. 2006. Der lange Weg der sozialen Innovation – Wie Stiftungen zum sozialen Wandel im Feld der Bildungs- und Sozialpolitik beitragen können. Eine Fallstudie zur Innovationskraft der Freudenberg Stiftung. Weinheim. http://www.freudenberg-stiftung.de/files/der_lange_weg_der_sozialen_innovation_14_02_06.pdf. Zugegriffen: 17. Jan. 2018.

Gerlach, I. 2008. *Familienpolitik. Lehrbuch*. Wiesbaden: VS Verlag.

Gerlach, I. 2012. Unternehmen als familienpolitische Akteure – Eine auch historische Einordnung. In *Betriebliche Familienpolitik. Kontexte, Messungen und Effekte*, Hrsg. I. Gerlach und H. Schneider, 11–27. Wiesbaden: Springer VS.

Gilly, M.C., und B.M. Enis. 1982. Recycling the family life cycle: A proposal for redefinition. *Advances in Consumer Research* 9:271–276.

Juncke, D. 2005. Betriebswirtschaftliche Effekte familienbewusster Personalpolitik: Forschungsstand. FFP-Arbeitspapier 1. http://www.ffp.de/tl_files/dokumente/2005/arbeitspapier_ffp_2005_1.pdf. Zugegriffen: 18. Jan. 2018.

Juncke, D. 2013. *Netzwerke in der kommunalen Familienpolitik. Lokale Bündnisse für Familie*. Marburg: Tectum.

Jurczyk, K., und J. Klinkhardt. 2014. *Vater, Mutter, Kind? Acht Trends in Familien, die Politik heute kennen sollte*. Gütersloh: Bertelsmann Stiftung.

Karlshaus, A., und B. Kaehler, Hrsg. 2017. *Teilzeitführung Rahmenbedingungen und Gestaltungsmöglichkeiten in Organisationen*. Wiesbaden: Springer Gabler.

Possinger, J. 2015. Verbände in der Familienpolitik. In Dossier Familienpolitik, Hrsg. Bundeszentrale für politische Bildung. http://www.bpb.de/politik/innenpolitik/familienpolitik/198908/verbaende-in-der-familienpolitik?p=all. Zugegriffen: 18. Jan. 2018.

Rump, J., und S. Eilers, Hrsg. 2014. *Lebensphasenorientierte Personalpolitik. Strategien, Konzepte und Praxisbeispiele zur Fachkräftesicherung*. Berlin: Springer Gabler.

Schein, C., und A.K. Schneider. 2017. Nicht-staatliche Akteure in der Familienpolitik – Die besondere Bedeutung von Arbeitgebenden. In *Elternschaft. Zwischen Autonomie und Unterstützung*, Hrsg. Gerlach Irene, 161–196. Wiesbaden: Springer VS.

Statistisches Bundesamt. 2017. Kinderlosigkeit, Geburten und Familien. Ergebnisse des Mikrozensus 2016. https://www.destatis.de/DE/PresseService/Presse/Pressekonferenzen/2017/Mikrozensus_2017/Pressebroschuere_Mikrozensus_2017.pdf?__blob=publicationFile. Zugegriffen: 21. Dez. 2017.

Unternehmen als Akteure in der Familienpolitik: Vereinbarkeit von Familie und Beruf am Universitätsklinikum Münster

Corinna Schein

Zusammenfassung
Die Fallstudie illustriert am Beispiel des Universitätsklinikums Münster, wie ein großes Gesundheitsunternehmen unter anderem durch Druck von außen selbst zu einem familienpolitischen Akteur wird, der eigene Angebote entwickelt und implementiert. Dazu hat das Klinikum ein Netzwerk mit privaten und zivilgesellschaftlichen Akteuren geknüpft und ein eigenes FamilienServicebüro eingerichtet. Zudem setzt es im Rahmen das audit berufundfamilie Vereinbarkeitsmaßnahmen als Management-Instrument zur strategischen Neuausrichtung seiner Personalpolitik ein.

Schlüsselwörter
Vereinbarkeitspolitik · Personalpolitik · Universitätsklinikum · Soziale Investition · Fallstudie

1 Einleitung

Wie der vorangegangene Beitrag von Regina Ahrens gezeigt hat, hat sich die Vereinbarkeit von Familie und Beruf nicht zuletzt aufgrund der Herausforderungen einer alternden Bevölkerung und dem damit einhergehenden Mangel an Fachkräften zu einem gesamtgesellschaftlichen Thema entwickelt. Auch die sich

---

C. Schein (✉)
Forschungszentrum Familienbewusste Personalpolitik, Münster, Deutschland
E-Mail: corinna.schein@ffp.de

© Springer Fachmedien Wiesbaden GmbH, ein Teil von Springer Nature 2019
M. Freise und A. Zimmer (Hrsg.), *Zivilgesellschaft und Wohlfahrtsstaat im Wandel*, Bürgergesellschaft und Demokratie,
https://doi.org/10.1007/978-3-658-16999-2_14

verändernden Rollenbilder und die steigende Frauenerwerbstätigkeit machen den Handlungsbedarf bei der Vereinbarkeit beruflicher und privater Pflichten deutlich. Die Politik hat in den letzten Jahren mit Neuregelungen im Bereich der Kinderbetreuung sowie der Eltern- und Pflegezeit verbesserte Möglichkeiten zur Vereinbarkeit geschaffen, während Unternehmen ihre eigenen Strategien zur Begegnung dieser Herausforderungen entwickeln. Arbeitgebende spielen eine wichtige Rolle bei der Lösung von Konflikten zwischen privaten und beruflichen Anforderungen, da sie innerhalb des staatlichen Rahmens konkret die Vereinbarkeitssituation ihrer Beschäftigten beeinflussen. Dabei wird eine familienbewusste Personalpolitik längst auch unter dem Aspekt des sozialen Investments betrachtet: Von einer Investition in eine bessere Vereinbarkeit erwarten sich Unternehmen betriebswirtschaftliche Effekte, u. a. eine erhöhte Arbeitgebendenattraktivität. Insbesondere im Bereich der Pflege zeigt sich der Fachkräftemangel bereits heute deutlich. Hier sind vorwiegend Frauen beschäftigt, für die die langen, häufig unflexiblen und in Schichten organisierten Arbeitszeiten die Vereinbarkeit von Beruf und Familie erschweren. Das hier präsentierte Fallbeispiel des Universitätsklinikums Münster steht exemplarisch für ein Unternehmen, das sich zu einem familienpolitischen Akteur entwickelt hat, dabei Netzwerke mit zivilgesellschaftlichen und privaten Akteuren aufgebaut hat und mit dem *audit berufundfamilie* ein Managementinstrument einsetzt, das ursprünglich durch eine zivilgesellschaftliche Organisation entwickelt wurde.

2 Familienbewusstsein als strategischer Prozess und Investition

Das Universitätsklinikum Münster (UKM) begegnet dem Mangel an qualifiziertem Personal unter anderem mit Investitionen in mehr Familienbewusstsein.[1] Seit dem Jahr 2010 nutzt das UKM das *audit berufundfamilie* als einen Rahmen, um eine familienbewusste Personalpolitik systematisch einzuführen.

Das audit berufundfamilie wurde von der Hertie-Stiftung entwickelt und ist ein Management-Instrument zur strategischen Neuausrichtung der Personalpolitik von Unternehmen und Institutionen. Ausgehend vom Status quo werden bedarfsgerechte Lösungen für eine bessere Vereinbarkeit von Beruf und Familie

---

[1] Die Beschreibung der Fallstudie basiert auf der Publikation von Schein und Schönert (2016).

entwickelt. Anschließend wird in Berlin öffentlichkeitswirksam ein Zertifikat durch das Bundesfamilienministerium und das Arbeitsministerium verliehen. Der Auditierungsprozess ist langfristig angelegt, das vergebene Zertifikat wird in regelmäßigen Abständen überprüft und alle drei Jahre erneuert (berufundfamilie Service GmbH 2018). Dem UKM wurde 2016 nach einer Re-Auditierung zum dritten Mal das Zertifikat „berufundfamilie" verliehen (UKM o. J.).

Im Rahmen des Audits wurde zunächst der Status quo am UKM erhoben, um darauf aufbauend die Bedarfe der Belegschaft und das Entwicklungspotenzial zu ermitteln. Auf dieser Basis wurde ein Ziel- und Maßnahmenkatalog vereinbart. Im Sinne der familienbewussten Personalpolitik beschränken sich die Aktivitäten des UKM nicht auf die Einführung von Leistungen, auch in den Bereichen „Dialog" und „Unternehmenskultur" wurden Maßnahmen vereinbart. Um ein passgenaues Angebot zu schaffen, ist ein kontinuierlicher Dialog zwischen Unternehmensführung und Beschäftigten notwendig. Die Verankerung von Familienbewusstsein in der Unternehmenskultur ist letztlich ausschlaggebend für den langfristigen Erfolg. Hier spielen Führungskräfte eine zentrale Rolle (vgl. Schein und Schneider 2017, S. 166 f.).

Im Zuge des Audits hat das UKM hohe Investitionen getätigt, beispielsweise in den Bereichen Personal und Bau (s. u.). Gleichwohl zeigen Studien, dass Investitionen in Familienbewusstsein auch aus Unternehmensperspektive eine Rendite hervorbringen. So weisen besonders familienbewusste Unternehmen eine geringere Fluktuationsrate auf als weniger familienbewusste. Nicht zuletzt führen familienbezogene Maßnahmen zu niedrigeren Kosten bei der Neubesetzung von Stellen und der Reintegration von Mitarbeitenden. Weiterhin kann für familienbewusste Unternehmen eine höhere Produktivität und ein höheres Level an Arbeitsmotivation nachgewiesen werden. Nach innen stärkt das Familienbewusstsein die Bindung der Beschäftigten an das Unternehmen, nach außen zeigt sich eine höhere Attraktivität bei der Gewinnung von Personal (Gerlach et al. 2013; Schneider et al. 2008). Auch für die Beschäftigten zeigen sich finanzielle und nicht-monetäre Vorteile: Sie können ein höheres Einkommens- und Rentenniveau erzielen, auch eine höhere Zufriedenheit, ein niedrigeres Stresslevel und eine bessere Gesundheit sind zu erwarten (vgl. Schein und Schönert 2016, S. 67 ff.).

2.1 Angebote gewährleisten durch Vernetzung und Kooperation

Da die Bedürfnisse von Familien zunehmend vielfältiger und zugleich auch die Möglichkeiten und Angebote immer komplexer werden, müssen Angebote und

Maßnahmen an einer zentralen Anlaufstelle gebündelt werden. So kann ein offener Zugang für alle Mitarbeiterinnen und Mitarbeiter gewährleistet werden. Am UKM war daher die Schaffung des FamilienServiceBüros wesentlich, das als betriebliche Anlaufstelle für Dienstleistungen, Informationen und Beratung zum Thema Vereinbarkeit von Beruf und Familie fungiert. Die Mitarbeiterinnen stehen innerhalb ihrer Sprechzeiten vor Ort oder per Telefon für Beschäftigte zur Verfügung und beraten diese in Fragen zur Vereinbarkeit. Sie entwickeln zusammen mit den jeweiligen Beschäftigten individuelle Vereinbarkeitspläne, die beispielsweise die Betreuung von Kindern und pflegebedürftigen Angehörigen, flexible Arbeitspläne, Elternzeit, Pflegezeit oder die Planung des Wiedereinstiegs beinhalten. Bei Bedarf stellen die Beraterinnen auch Kontakt mit anderen Institutionen oder Beratungsstellen her. Damit ist das FamilienServiceBüro für alle Mitarbeitenden die zentrale Anlaufstelle, die Beratung und Unterstützung sowie Vermittlung aus einer Hand anbietet. Gleichzeitig evaluiert und entwickelt das FamilienServiceBüro die eigenen Angebote zusammen mit den Beschäftigten weiter.

Um ein breites Portfolio an Angeboten zu gewährleisten, hat das FamilienServiceBüro Verträge mit externen Dienstleistern unterschiedlicher Rechtsformen geschlossen. So wird über die privatwirtschaftliche Familienservice Agentur *pme Familienservice GmbH* eine Notfallkinderbetreuung für Kinder im Alter von 4 Monaten bis 12 Jahren zur Verfügung gestellt. Dieses Angebot wird vollständig durch das UKM finanziert. Durch eine Kooperation mit dem Verein *ImpulsWerk Münster e. V.* (ehem. *Ferienwerk Münster e. V.*) werden seit 2011 Ferienangebote für Kinder unterschiedlicher Altersgruppen organisiert. Zweck des Vereins ist die Förderung von Kindern, Jugendlichen und jungen Erwachsenen im Sinne des Kinder- und Jugendhilfegesetzes (SGB VIII KJHG) und zur Förderung des Sports. Die Angebote werden hauptsächlich durch die Kommune und über Elternbeiträge finanziert.

Ein weiterer zentraler Baustein der systematischen Weiterentwicklung des Familienbewusstseins im Rahmen des Audits war die Neuerrichtung einer Betriebskindertagesstätte für Kinder von Mitarbeitenden des UKM und dessen Tochterunternehmen. Seit 2011 stehen 150 Betreuungsplätze für Kinder im Alter von 0 bis 6 Jahren zur Verfügung. Damit ist die UKM-Kita die größte von nur fünf betriebseigenen Kitas in Münster (Stadt Münster. Amt für Kinder, Jugendliche und Familien 2018, S. 37). Die Investitionen des UKMs in den Bau der Kita und den laufenden Betrieb sind hoch. Finanziell unterstützt wird es unter anderem durch staatliche Fördermittel innerhalb des Kinderförderungsgesetzes (KiföG) sowie durch kommunale Mittel. Die Eltern der betreuten Kinder zahlen ebenfalls eine Gebühr.

2.2 Zielgruppenorientierung

Zur zielgruppenspezifischen sowie breiten Kommunikation wurde ein Informations- und Kommunikationssystem eingerichtet. Das UKM nutzt dafür verschiedene Kanäle: Neben der zentralen Beratung durch das FamilienServiceBüro werden Informationen über das Intranet, die UKM-Zeitung sowie Seminare und Workshops für verschiedene Berufsgruppen gestreut. Auf diesem Weg können die meisten Mitarbeiterinnen und Mitarbeiter erreicht werden. Um die Effektivität der Maßnahmen und die sich verändernden Bedürfnisse der Mitarbeitenden zu erfassen, werden regelmäßig Mitarbeitendenbefragungen durchgeführt.

Im Bereich Unternehmenskultur spielt die Information und Sensibilisierung der Führungskräfte eine zentrale Rolle. Die Instituts-, Abteilungs- und Schichtleitungen sind dabei sowohl Ermöglichende von Vereinbarkeit als auch selbst Nutzende und nehmen somit auch eine Vorbildfunktion ein. Das UKM hat zur gezielten Information für die verschiedenen Leitungsebenen unterschiedliche Informationswege entwickelt. Unter anderem sind dies Broschüren, Diskussionen in Vorstandssitzungen sowie spezielle Handbücher und Fortbildungen. Diese sollen in besonderer Weise zur Sensibilisierung der Führungskräfte beitragen. Damit sich der kulturelle Wandel auf allen Ebenen des UKM durchsetzen kann, wurde innerhalb des Audits ein Fokus auf die Führungsebene gelegt. Insbesondere in großen Organisationen können Prozesse wie der Wandel der Unternehmenskultur langsam verlaufen und erfordern ständige Kommunikation.

3 Fazit: Unternehmen als familienpolitische Akteure

Am Beispiel des UKM zeigt sich, wie Unternehmen durch Druck von außen selbst zu familienpolitischen Akteuren werden. Sie setzen nicht nur die staatlichen Vorgaben um, sondern entwickeln eigene Lösungen. Im Fallbeispiel wird die systematische Einführung einer familienbewussten Personalpolitik von einem durch eine Stiftung entwickelten Management-Instrument unterstützt, das dazugehörige Zertifikat wird öffentlichkeitswirksam von der Bundesregierung verliehen. Durch die Zusammenarbeit mit externen Dienstleistern kann das UKM sein Portfolio ausweiten. Die Einbindung kommerzieller und nicht-kommerzieller Anbieter erweist sich als erfolgreich.

Der Kulturwandel einzelner Unternehmen, aber auch der Arbeitswelt im Allgemeinen, bleibt weiterhin eine große Herausforderung. Dabei können

Unternehmen diesen Wandel jedoch nicht alleine tragen. Die Politik muss hier durch eine gezieltere Zusammenarbeit aller beteiligten Akteure und einen bedarfsgerechten rechtlichen und infrastrukturellen Rahmen unterstützen.

Literatur

berufundfamilie Service GmbH. 2018. Auditierung von Unternehmen, Institutionen und Hochschulen. https://www.berufundfamilie.de/auditierung-unternehmen-institutionen-hochschule/audit-auf-einen-blick. Zugegriffen: 13. Aug. 2018.

Gerlach, I., H. Schneider, A.K. Schneider, und A. Quednau. 2013. Status quo der Vereinbarkeit von Beruf und Familie in deutschen Unternehmen sowie betriebswirtschaftliche Effekte einer familienbewussten Personalpolitik. http://www.ffp.de/tl_files/dokumente/2013/ub2012_bericht.pdf. Zugegriffen: 13. Aug. 2018.

Schein, C., und A.K. Schneider. 2017. Nicht-staatliche Akteure in der Familienpolitik – Die besondere Bedeutung von Arbeitgebenden. In *Elternschaft. Zwischen Autonomie und Unterstützung*, Hrsg. Irene Gerlach, 161–196. Wiesbaden: Springer VS.

Schein, C., und C. Schönert. 2016. Reconciliation of work and family through the programme „Audit Berufundfamilie" – A case study of Münster's university hospital. Münster. https://www.uni-muenster.de/imperia/md/content/ifpol/innosi/germany_work_and_family.pdf. Zugegriffen: 13. Aug. 2018.

Schneider, H., I. Gerlach, D. Juncke, und J. Krieger. 2008. Betriebswirtschaftliche Ziele und Effekte einer familienbewussten Personalpolitik. FFP-Arbeitspapier 5/2008. http://www.ffp.de/tl_files/dokumente/2008/arbeitspapier_ffp_2008_5.pdf. Zugegriffen: 13. Aug. 2018.

Stadt Münster. Amt für Kinder, Jugendliche und Familien. 2018. Bericht zur Kindertagesbetreuung in Münster. Zum Kindergartenjahr 2018/2019. V/0225/2018. https://www.stadt-muenster.de/sessionnet/sessionnetbi/vo0050.php?__kvonr=2004042953&voselect=10943. Zugegriffen: 13. Aug. 2018.

Universitätsklinikum Münster (UKM). O. J. audit berufundfamilie. https://www.ukm.de/index.php?id=berufundfamilie-audit. Zugegriffen: 13. Aug. 2018.

Grenzen der „offenen Gesellschaft": Integration im deutschen Wohlfahrtsstaat

Hendrik Meyer

Zusammenfassung
Die Integrationspolitik hat in Deutschland eine vielschichtige Entwicklung durchlaufen, bei der insbesondere die Sozial- und Arbeitsmarktpolitik, aber auch die Zivilgesellschaft eine zentrale Rolle gespielt haben. Gleichzeitig stehen Integrationsfragen immer auch im Kontext der Debatte um die sog. „offene Gesellschaft". Daher zeigt der Beitrag zum einen den Zusammenhang zwischen Wohlfahrtsstaat und Integration auf und verweist zum anderen auf die Grenzen der „offenen Gesellschaft". Dabei wird deutlich, dass die aktuelle Integrationspolitik auch als Teil der wohlfahrtsstaatlichen *Social Investment* Strategie beschreiben werden kann.

Schlüsselwörter
Sozialpolitik · Integration · Arbeitsmarktpolitik · Zivilgesellschaft · Migrantenselbstorganisationen · Soziale Investition

---

H. Meyer (✉)
Westfälische Wilhelms-Universität Münster, Münster, Deutschland
E-Mail: hendrikm@uni-muenster.de

© Springer Fachmedien Wiesbaden GmbH, ein Teil von Springer Nature 2019
M. Freise und A. Zimmer (Hrsg.), *Zivilgesellschaft und Wohlfahrtsstaat im Wandel*, Bürgergesellschaft und Demokratie,
https://doi.org/10.1007/978-3-658-16999-2_15

1 Einleitung

Die Entwicklungen im Zuge der sog. „Flüchtlingskrise"[1] sowie der anschließend ausgerufenen „Willkommenskultur" seit dem Herbst 2015 haben in Deutschland Fragen zur Migration und Integration ins Zentrum gesellschaftlicher und politischer Debatten gerückt. Dabei hat die Integrationspolitik in Deutschland bereits einen vielschichtigen Prozess durchlaufen, bei der unterschiedliche Themenkomplexe und Politikfelder berührt wurden. Insbesondere die Sozial- und Arbeitsmarktpolitik spielen hier eine entscheidende Rolle. Gleichzeitig berührt die aktuelle Debatte um die „Flüchtlingskrise", aber auch die wesentlich ältere Debatte um die sog. „offene Gesellschaft". Wenngleich der Begriff der „offenen Gesellschaft" auf Karl Poppers liberales Gesellschaftsmodell zurückgeht (vgl. Popper 1945), wird er in den letzten Jahren vor allem im Kontext von Zuwanderungs- und Integrationsfragen verwendet. Die „offene Gesellschaft" steht dabei einerseits für eine humanistisch geprägte politische Ziel- bzw. Wunschvorstellung. Sofern sie als Idee formuliert wird, können die Begriffe mit diversen, auch divergierenden Inhalten gefüllt werden. Andererseits soll der Begriff aber für die Beschreibung *tatsächlicher* politischer Verhältnisse stehen, in denen sich die Bedeutung nationalstaatlicher Grenzen relativiert. Dabei geht es u. a. um integrationspolitische Herausforderungen, denen „wir als offene Gesellschaft" (Achour 2016, S. 146) gegenüberstehen.

Vor diesem Hintergrund ist das Anliegen dieses Beitrages ein Doppeltes: Zum einen soll der Zusammenhang zwischen Wohlfahrtsstaat und Integration aufgezeigt und danach gefragt werden, inwiefern Integrationspolitik Bestandteil des Wohlfahrtsstaates ist. Zum anderen soll in diesem Kontext auch danach gefragt werden, inwiefern der Begriff der „offenen Gesellschaft" einer politischen Zustandsbeschreibung entspricht bzw. ob sich Grenzen der „offenen Gesellschaft" aufzeigen lassen.

Während Beschreibungen, Erklärungsversuche und Vergleiche der Wohlfahrtsstaaten bereits seit ihrer Entstehung zum Kernbereich sozial- und politikwissenschaftlicher Forschung gehören, können die Untersuchungen zum Nexus Wohlfahrtsstaat und Integration auf eine weniger lange Forschungstradition

---

[1]Der Begriff der „Flüchtlingskrise" wurde in Deutschland insbesondere seit dem Herbst 2015 geprägt, als überdurchschnittlich viele Flüchtlinge deutsches Hoheitsgebiet erreichten. Den Begriff allerdings in diesem Kontext zu verwenden, ist irreführend, da die krisenhafte und katastrophale Situation für derzeit über 68 Mio. Flüchtlinge weltweit nicht erst im Herbst 2015 und nicht ausschließlich in Deutschland begann.

Abb. 1 Schnittstelle von Integration, Sozialpolitik und Arbeitsmarkt. (Quelle: Eigene Darstellung)

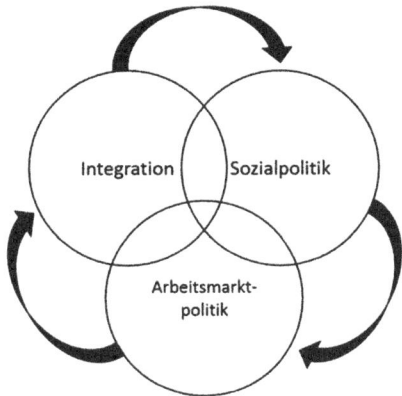

zurückblicken. Dennoch beschäftigen sich zahlreiche Arbeiten mit Entwicklungen, Theorien und Problemen zum Thema Migration, Integration und Wohlfahrtsstaat (vgl. u. a. Bommes 1999; Mohr 2005; Bommes und Sciortino 2011; Carmel et al. 2012; Treichler 2002). Dabei steht häufig die Arbeitsmarktpolitik im Zentrum des Interesses, die entweder als Teil der Sozialpolitik, oder aber als eigenständiges Politikfeld definiert werden kann. Insofern bewegt sich der vorliegende Beitrag an der Schnittstelle zwischen den Politikfeldern Integration, Sozialpolitik und Arbeitsmarktpolitik (s. Abb. 1).

Eine besondere Rolle bei der Integration von Migrant_innen haben darüber hinaus traditionell zivilgesellschaftliche Organisationen gespielt. Die Zivilgesellschaft hat bereits früh das fehlende Integrationsinteresse der Politik kompensiert und so auch wesentlich zur Sozialintegration unterschiedlichster Migrant_innengruppen beigetragen. Daher sind auch die Aufgaben zivilgesellschaftlicher Akteure von besonderem Interesse.

Zur Beantwortung der beiden Fragen gliedert sich der Beitrag in sechs Abschnitte. Nach der Definition des Begriffs Integration und der Abgrenzung zu anderen Politikfeldern (Kap. 2) wird die historische Entwicklung dieses Feldes kurz vorgestellt (Kap. 3). Darauf aufbauend werden die Integrationspolitik im deutschen Föderalismus (Kap. 4) sowie die Bedeutung der zivilgesellschaftlichen Akteure (Kap. 5) dargestellt. Hier werden auch Migrantenselbstorganisationen in den Blick genommen, die in den letzten Jahren eine deutliche Aufwertung im Kontext von Wohlfahrtsstaat und Integration erfahren haben. Das Kap. 6 stellt strukturelle und aktuelle Konfliktlinien und Herausforderungen im Kontext der drei Politikfelder dar, indem auch auf die deutsche Flüchtlingspolitik verwiesen wird.

Das letzte Kapitel fragt schließlich danach, inwiefern die aktuelle Integrationspolitik Teil der wohlfahrtsstaatlichen *Social Investment* Strategie ist und inwiefern der Begriff der „offenen Gesellschaft" zutreffend ist.

2 Was ist Integration? Definition und Abgrenzung

Die Fragen, wie sich Integration definieren und das Politikfeld Integration abgrenzen lässt, sind nicht einfach zu beantworten. Dies liegt daran, dass Integrationspolitik zahlreiche inhaltliche Schnittmengen mit anderen Politikfeldern aufweist und als Querschnittsaufgabe bezeichnet werden kann. Ein besonderer Zusammenhang besteht dabei jedoch zwischen der Sozial-, Arbeitsmarkt und Integrationspolitik. Daher ist es das Anliegen des folgenden Kapitels, diese Schnittmengen genauer zu bestimmen und zu fragen, inwieweit Integrationspolitik auch Bestandteil des deutschen Wohlfahrtsstaates ist. Dazu muss zunächst geklärt werden, was Integration überhaupt ist.

Die Begriffe *Migration* und *Integration* werden in der Literatur nicht immer trennscharf voneinander unterschieden. Im Prinzip handelt es sich um zwei Seiten einer Medaille. In der Forschung lassen sich jedoch unterschiedliche Schwerpunkte identifizieren. Die Migrationsforschung interessiert sich vor allem für die Ursachen von Migration, individuelle Entscheidungsprozesse sowie die rechtliche Regelung von Grenzübertritt und Aufenthalt. Die Integrationsforschung untersucht vielmehr die tatsächlichen Eingliederungsprozesse von Migrant_innen in die relevanten Bereiche der Aufnahmegesellschaft, also etwa ihre Teilhabe am Arbeitsmarkt, im Bildungssystem, ihre sozialen Kontakte außerhalb ihrer Herkunftsgemeinschaft sowie die Entwicklung ihrer Sprachkompetenz (Hoesch 2018, S. 13–14).

In den Sozialwissenschaften gilt Integration allgemein als ein Prozess des Zusammenwachsens oder -fügens von zuvor selbstständigen Größen zu einer Einheit. Ein Beispiel dafür ist etwa die Eingliederung von Migrant_innen in die Gesellschaft des Ziellandes und die näherungsweise Verwirklichung gleicher wirtschaftlicher und gleicher Lebensführungschancen (vgl. Schmidt 1995, S. 431). In dieser Definition zeigen sich bereits deutliche Bezüge zur Sozial- und Wirtschaftspolitik. Der Grad der gesellschaftlichen Integration von Migrant_innen gibt nämlich Antwort auf die Frage, in welchem Ausmaß es den Migrant_innen gelingt, an den für die Lebensführung bedeutsamen gesellschaftlichen Bereichen teilzunehmen, wie Zugang zu Arbeit, Ausbildung, Wohnung und Gesundheit (Bommes 2007, S. 3).

Die Definition von Integration als das Zusammenwachsen von zuvor selbstständigen Größen ist allerdings in zweierlei Hinsicht voraussetzungsvoll. Erstens unterstellt sie, dass es sich sowohl bei den Migrant_innen als auch bei der Aufnahmegesellschaft um homogene Einheiten handle. Dies ist allerdings nicht der Fall. Zum einen bringen unterschiedliche Herkunftsländer unterschiedliche Migrationsformen wie Flucht- oder Arbeitsmigration und damit höchst diverse Migrationsgruppen hervor. Zum anderen sind auch die Aufnahmegesellschaften selbst pluralistisch verfasst. Unabhängig von Migration bringen liberale Demokratien notwendig unterschiedliche ökonomische Klassen, soziale Schichten, politische Interessen und divergierende kulturelle Identitäten hervor. Pluralistische Gesellschaften können also keine eindeutige Antwort auf die Frage geben, worin Migrant_innen integriert werden sollen. Dieser Umstand steht im Widerspruch zur weit verbreiteten politischen Forderung, dass Migrant_innen sich integrieren sollen. Immerhin entzieht sich das in der Definition unterstellte Homogenitätspostulat den empirischen Realitäten: Weil soziale, politische und kulturelle Vielfalt ein zentrales Merkmal liberaler Aufnahmegesellschaften sind, muss der Versuch einer eindeutigen Charakterisierung der Aufnahmegesellschaft als homogene Einheit scheitern. Gleichzeitig aber gilt die Notwendigkeit von Integrationsmaßnahmen meist als unausgesprochene und wenig hinterfragte Prämisse.

Zweitens setzt der Integrationsbegriff den vorherigen grundsätzlichen *Ausschluss* der zu Integrierenden voraus. Ausgrenzung, und nicht die Integration ist daher die Regel im Umgang mit Migrant_innen. Deshalb sind es auch nicht die Migrant_innen selbst, die darüber entscheiden, wo und wie sie aufgenommen werden. Die Entscheidung, wer sich mit welchem Aufenthaltstitel wie lange rechtmäßig in einem Aufnahmeland aufhalten darf, unterliegt in jedem Staat den hoheitlichen Bestimmungen in Form von Zuwanderungs- und Aufenthaltsrechten. Die prinzipielle Ausgrenzung der Migrant_innen geht in Integrationsdiskursen jedoch mit Forderungen nach Anpassungen an die Aufnahmegesellschaft einher. Damit ist Integration nicht das Gegenteil, sondern das fordernde Pendant zur Regel nationalstaatlicher Ausgrenzung: Integration ist kein Angebot, sondern eine Verpflichtung zur Loyalität. Sie ist damit ein Spiegelbild der politischen Erwartungen an das eigene Volk. Die Integrationsforderung unterstellt ein grundsätzliches Misstrauen in die Neubürger_innen, das diese nie vollständig ausräumen können. Integration bleibt letztlich unerfüllbar, unendlich und „Menschen mit Migrationshintergrund" insofern Deutsche zweiter Klasse (Schiffer-Nasserie 2012, S. 29).

▶ **Was ist Integrationspolitik?** Integrationspolitik bezeichnet die Gesamtheit jener staatlichen Regelungen und Programme, die sich auf die schrittweise Eingliederung von dauerhaft und rechtmäßig in Deutschland lebenden Migrant_innen in die deutsche Gesellschaft beziehen.

Integrationspolitik findet in einem höchst komplexen politischen und administrativen System statt. Sie muss sowohl vertikal (über die politischen Ebenen Bund, Länder und Kommunen) als auch horizontal (zwischen den einzelnen Ressorts Bildung, Arbeit und Soziales, Wirtschaft und Inneres) koordiniert werden. Bei der Implementation der Integrationspolitik spielen darüber hinaus zivilgesellschaftliche Organisationen und ein großes Netz an Ehrenamtlichen eine entscheidende Rolle. Da die politischen Entscheidungsträger in Deutschland nur zögerlich anerkannten, dass sich Deutschland zu einem Einwanderungsland entwickelt hatte, betrieb die Bundesregierung erst ab Mitte der 2000er Jahre eine systematische Integrationspolitik. Im Zuge dieser langwierigen Entwicklung wurden die ehemals strikt voneinander getrennten Sub-policies der Asyl- und Flüchtlingspolitik sowie der Arbeitsmarktintegration stärker miteinander verknüpft (vgl. Bendel und Borkowski 2016, S. 112).

Zentrale Grundlage für die Gestaltung der Integrationspolitik des Bundes sind das Aufenthaltsgesetz und das Bundesvertriebenengesetz, in denen der Mindestrahmen für Integrationsangebote des Bundes festgeschrieben sind. Erklärtes Ziel der Integrationspolitik ist die Ermöglichung von Chancengleichheit und Teilhabe in allen Bereichen, insbesondere am gesellschaftlichen, wirtschaftlichen und kulturellen Leben. Als Voraussetzung dafür werden eine dauerhafte Bleibeperspektive, das Erlernen der deutschen Sprache sowie Grundkenntnisse der deutschen Geschichte und des Staatsaufbaus genannt: „Zuwanderer müssen die deutsche Verfassung und die deutschen Gesetze kennen, respektieren und befolgen." (BMI 2017)

Vor dem Hintergrund des Problems einer unterkomplexen Definition wird in den Sozialwissenschaften häufig zwischen *Systemintegration* und *Sozialintegration* unterschieden. Während sich die Systemintegration auf die oben erwähnte Loyalität der Migrant_innen zur (Politik der) Aufnahmegesellschaft bezieht, lässt sich die Sozialintegration in die vier Dimensionen Kulturation, Platzierung, Interaktion, Identifikation gliedern (Esser 2001). Die *Kulturation* meint den Erwerb von Wissen wie etwa der Sprache des Aufnahmelandes. Die *Platzierung* bezieht sich auf die Besetzung von Positionen in den relevanten gesellschaftlichen Strukturen wie Bildungssystem und Arbeitsmarkt. Die *Interaktion* bedeutet die Aufnahme sozialer Beziehungen zur Aufnahmegesellschaft im alltäglichen Bereich.

Die *Identifikation* beschreibt schließlich die Entwicklung einer emotionalen Zugehörigkeit zum betreffenden sozialen System (etwa, wenn von „unserem Wertesystem" die Rede ist; vgl. dazu auch Kap. 7). Das Besondere dieser vier Dimensionen der Sozialintegration ist allerdings, dass sie sich nicht allein auf Migrant_innen beziehen, sondern ebenso auf Mitglieder der Aufnahmegesellschaft (vgl. Hoesch 2018, S. 92; Heckmann 2015, S. 72–73).

Im Kontext wohlfahrtsstaatlicher Diskurse wird der Begriff der Sozialintegration also auch getrennt von Migration verwendet. Die große Bedeutung der Sozialintegration wird vor dem Hintergrund der Folgen des Kapitalismus sowie der Funktionen des Sozialstaates deutlich. Der demokratische Sozialstaat kann als die Summe staatlicher Einrichtungen, Steuerungsmaßnahmen und Normen definiert werden, durch die soziale Folgewirkungen einer kapitalistisch-marktwirtschaftlichen Ökonomie politisch bearbeitet werden. Dabei sorgt der Marktprozess für eine Vielzahl sozialer Risiken und Problemlagen, die nicht vom Markt reguliert werden (vgl. Andersen und Woyke 2009, S. 627). Diese, durch den Markt hervorgerufenen sozialen Risiken führen zur Entstehung und Ausgrenzung unterer sozialer Schichten und machen damit soziale Integrationsmaßnahmen notwendig:

> Jede Forschung zu sozialer Ungleichheit und sozialen Lebenslagen zeigt, dass dies die Kernbereiche der sozialen Integration in der modernen Gesellschaft nicht nur für Migranten sind: Wer Zugang zu Bildung, regelmäßige Beschäftigung und Einkommen hat und zudem in stabilen Familien lebt, hat auch bessere Chancen, seine Rechte wahrzunehmen, politisch Einfluss zu nehmen, weniger krank zu sein und in befriedigenden sozialen Alltagsbeziehungen zu leben (Bommes 2007, S. 102).

Die in Politik und Öffentlichkeit häufig beschriebenen Integrationsprobleme von Migrant_innen wie Arbeitslosigkeit oder Bildungsbenachteiligung, sind also „kein Effekt von Migration, sondern wesentlich bedingt durch die den Migranten in der Aufnahmegesellschaft zugemuteten Lebensbedingungen, insbesondere durch soziale Benachteiligung und Abgrenzung seitens der Mehrheitsgesellschaft" (Scherr 2009, S. 77; vgl. dazu auch Kap. 6). Der Wohlfahrtsstaat fungiert als Medium nationaler Integration angesichts der sozialen Spaltung der Gesellschaft. Die Erklärung der deutschen Integrationspolitik kommt also nicht ohne die Einbeziehung der Erklärung des Sozialstaates aus. Insofern erscheint auch eine scharfe Abgrenzung der Politikfelder Integration und Sozialpolitik problematisch. Dennoch nehmen Migrant_innen innerhalb des (Wohlfahrts-) Staates eine besondere Rolle ein. Dies zeigt bereits der Blick auf die Entwicklung der deutschen Integrationspolitik.

3 Integration als konjunkturabhängiges Politikfeld

Die deutsche Integrationspolitik basiert auf einer komplexen vertikalen Kompetenzverteilung zwischen Bund, Ländern und Kommunen sowie einer horizontalen Kompetenzverteilung zwischen den für Integrationspolitik zuständigen Ressorts. Trotz der Komplexität und thematischen Vielfalt zeigen sich aber deutliche Entwicklungslinien in der deutschen Integrationspolitik. So unterschiedlich und teils widersprüchlich sich die historische Entwicklung deutscher Integrationspolitik auch darstellt, stets gibt es einen deutlichen Bezug zur Ordnungs- und Arbeitsmarktpolitik und damit zur Sozialpolitik (zur historischen Entwicklung deutscher Integrationspolitik vgl. z. B. Kleinschmidt 2011; Hoesch 2018).

Integrationspolitik in Deutschland ist – im Unterschied zur Sozialpolitik – ein vergleichsweise junges Politikfeld. Denn zumindest die Sozialintegration von Migrant_innen war lange Zeit kein Ziel staatlicher Politik. Im Gegenteil: Die Gastarbeiterpolitik der „Bonner Republik" zielte darauf ab, eine dauerhafte Niederlassung und die Entstehung einer multi-ethnischen Gesellschaft zu verhindern (vgl. Scherr 2009, S. 72). Bis zum Anwerbestopp 1973 bezweckte die Aufnahme von Gastarbeiter_innen ausschließlich eine *Integration in den Arbeitsmarkt*. Als in Folge der ersten Ölkrise ab 1973 die Arbeitslosigkeit deutlich anstieg, setzte die Politik auf eine Verknappung des Arbeitskräfteangebots. Mit dem politischen Ziel der Eindämmung der Zuwanderung etwa von „Wirtschaftsflüchtlingen" sollte der Arbeitsmarkt vor Einwanderung geschützt werden (Thränhardt 2015, S. 11–12).

Im Unterschied zu den Gastarbeiter_innen war im Falle der Asylbewerber_innen lange Zeit nicht einmal die Arbeitsmarktintegration erwünscht. Die zwischen 1980 und 1993 geschaffenen Maßnahmen für Asylbewerber_innen und Geduldete wirkte nicht nur desintegrativ, sondern exkludierend. Sprachkurse und andere politische Maßnahmen zielten auf die Arbeitsmarktintegration von Zuwanderer_innen und standen damit den meisten Flüchtlingen nicht zur Verfügung. Da in dieser Zeit der weitere Zuzug von Ausländer_innen insgesamt unterbunden wurde und integrative Maßnahmen kaum stattfanden, werden die 1980er Jahre auch als das „verlorene Jahrzehnt" (Bade 1992, S. 51) bezeichnet.

Bis zum sog. „Asylkompromiss"[2] von 1992 herrschte in Deutschland eine im internationalen Vergleich liberale Asylgesetzgebung. Erst in Reaktion auf

---

[2]Der von CDU, FDP und SPD geschlossene Asylkompromiss fand vor dem Hintergrund zahlreicher rassistischer Anschläge in der Bundesrepublik statt. Wesentlicher Bestandteil dieser Grundgesetzänderung war die sog. Drittstaatenregelung, nach der ein Asylbewerber, der über einen EU-Staat eingereist war, wieder abgewiesen werden kann. Diese Regelung findet ihre Entsprechung in den europäischen Dublin-Abkommen, in denen das Prinzip der Verantwortung des Erstaufnahmelandes vereinbart wurde.

gestiegene Asylbewerberzahlen und einem gesellschaftlichen Klima der Ausländerfeindlichkeit wurde das Recht auf Asyl durch die Drittstaatenregelung eingeschränkt und Flüchtlinge wurden aus den regulären sozialstaatlichen Hilfesystemen ausgegliedert. Mit dem Ende des „Kalten Krieges" zählte die Flüchtlingsaufnahme nicht länger als Erfolgsnachweis in der globalen Konkurrenz, sondern erschien als Zusatzbelastung für den Sozialstaat (Mohr 2005, S. 395). Der „Asylkompromiss" sowie die weitere Absenkung von Sozialstandards für Asylbewerber durch das Asylbewerberleistungsgesetz stehen für eine auf Abschreckung ausgerichtete Politik. Das bestimmende Thema war die Gestaltung einer „Einwanderungspolitik, die Deutschland ökonomisch nützt, Engpässe bei Fachkräften vermeiden hilft und dazu beiträgt, das demografische Defizit zu verringern" (Thränhardt 2015, S. 14). Die Bedeutung des internationalen Wettbewerbs um qualifizierte Arbeitskräfte zeigt beispielsweise die Green Card-Regelung für IT-Fachkräfte der rot-grünen Bundesregierung aus dem Jahr 2000: „Während die Gastarbeiteranwerbung noch der Nachfrage traditioneller industrieller Produktionsweise nach gering Qualifizierten entsprach, ist die moderne Wissensgesellschaft vor allem an der Zuwanderung Hochqualifizierter interessiert" (Heckmann 2015, S. 43).

Die ökonomisch erwünschte Zuwanderung geriet jedoch mehr und mehr in Widerspruch zum politischen Vorbehalt gegenüber den Migrant_innen und der Behauptung, die Bundesrepublik sei *kein* Einwanderungsland. Erst Ende der 1990er Jahre wurde Deutschland nun auch von konservativen Kreisen als Einwanderungsland definiert und damit dem jahrzehntelangen Leugnen der Zuwanderungsrealität ein Ende gesetzt (Sauer und Brinkmann 2016, S. 1). Die Forderung der Rückkehr der in Deutschland lebenden Migrant_innen wurde nicht nur als unrealistisch, sondern auch als *unökonomisch* eingestuft. Als Folge dieser neuen Einsicht sollten Migrant_innen künftig zuwandern und dauerhaft in der Bundesrepublik bleiben dürfen, sofern ihre ökonomische Nützlichkeit und staatsbürgerliche Loyalität nicht infrage standen (Schiffer-Nasserie 2012, S. 24–26). Nach einem langwierigen parlamentarischen Weg trat 2005 schließlich das *Zuwanderungsgesetz* in Kraft (Novellierung 2007). Dieses Gesetz stellt insofern einen Paradigmenwechsel innerhalb der Integrationspolitik dar, weil es „als erstes legislatives Bekenntnis der Bundesregierung zu ihrer Verantwortung in der Integrationspolitik" (Bendel und Borkowski 2016, S. 102) bewertet werden kann. Das Kernstück bildete ein neues Aufenthaltsgesetz. Als zentrale Neuerung wird „die Integration von rechtmäßig auf Dauer im Bundesgebiet lebenden Ausländern in das wirtschaftliche, kulturelle und gesellschaftliche Leben der Bundesrepublik Deutschland […] gefördert und gefordert" (§ 43 Abs.1 Aufenthaltsgesetz).

Während das Zuwanderungsgesetz Ausdruck einer politisch gewollten (Arbeits-)Migration ist, blieben integrative Maßnahmen für noch Asylbewerber_innen aus. Trotz der politischen Einsicht in die Notwendigkeit integrativer Maßnahmen unterlagen Asylbewerber_innen bis 2014 einem zeitweise bis zu fünf Jahre andauernden Arbeitsverbot. Auch nach Ablauf dieser Frist konnten sie auf Grundlage der sog. Vorrangprüfung nur dann beschäftigt werden, wenn kein_e deutsche_r Staatsbürger_in und kein_e EU-Bürger_in für den besagten Arbeitsplatz zur Verfügung stand. So erhielt sich ein zentraler Widerspruch der deutschen Einwanderungs- und Integrationspolitik: Während angesichts der demografischen Lücke und des Fachkräftemangels große Schritte zur Förderung qualifizierter Zuwanderung unternommen wurden, blieb das Asylregime Deutschlands auf Abwehr ausgerichtet. In diesem Kontext wurde bereits von einer „staatlichen Integrationsverweigerung" (Kühne 2009; vgl. auch Voigt 2016) gesprochen. Die Abkehr vom strikten Arbeitsverbot vollzog sich über einen längeren Zeitraum in Form unterschiedlicher Modellprojekte wie etwa der „Partnerschaft für Fachkräfte in Deutschland" (2014) oder dem Modellprojekt „Jeder Mensch hat Potenzial – frühzeitige Arbeitsmarktintegration von Asylsuchenden" (2014). Damit sollte erstmals die gezielte Betreuung, Beratung und Arbeitsvermittlung von Asylbewerber_innen durch die Arbeitsagenturen erprobt werden. Ziel war es, die Potenziale von Asylbewerber_innen für den Arbeitsmarkt stärker zu berücksichtigen (vgl. Hanganu et al. 2015, S. 142). Darüber hinaus sind diese Projekte Ausdruck einer zunehmenden Verknüpfung der Sub-Policies der Asyl- und Flüchtlingspolitik mit der Politik der Arbeitsmarktintegration. Diese Veränderungen stehen in direkter Verbindung zum demografischen Wandel sowie dem daraus resultierenden Fachkräftemangel in der Bundesrepublik (Bendel und Borkowski 2016, S. 105). Zwar hängt der Zugang zum Arbeitsmarkt von Asylbewerber_innen und Flüchtlingen nach wie vor maßgeblich von ihrem Aufenthaltsstatus ab[3], doch kann insbesondere in den letzten Jahren eine deutliche Liberalisierung festgestellt werden.

Den vorläufigen Höhepunkt dieser Liberalisierungstendenzen bildet das neue Integrationsgesetz (2016), welches nicht zufällig ebenso wie die Hartz-Gesetze und das Zuwanderungsgesetz unter der Formel „Fördern und Fordern" firmiert. Das Integrationsgesetz wurde von Bundeskanzlerin Merkel als „Meilenstein" (Bundesregierung 2016) und von Vizekanzler Sigmar Gabriel als ein „echter Paradigmenwechsel in Deutschland" (Bundesregierung 2016) beschrieben. Darin

---

[3]Für eine ausführliche Darstellung der komplexen rechtlichen Rahmenbedingungen des Arbeitsmarktzugangs für geflüchtete Menschen vgl. BAMF (2016).

werden auch die drei als entscheidend bezeichneten Bausteine für gelungene Integration ausgeführt: Sprache, Arbeit und ein Bekenntnis zur Werteordnung. Konkreter Gegenstand des Gesetzes ist etwa die erweiterte Möglichkeit zur verpflichtenden Teilnahme an Integrationskursen sowie der erleichterte Zugang zum Arbeitsmarkt für Asylbewerber_innen und Geduldete.

Der Blick auf die Einwanderungspolitik der Bundesrepublik zeigt, dass es sich bei der Integration von Migrant_innen um ein konjunkturabhängiges Politikfeld handelt. Gerät der deutsche Arbeitsmarkt unter Druck, werden die aufenthaltsrechtlichen Bestimmungen restriktiver. Umgekehrt werden sie liberalisiert, wenn arbeitsmarktpolitische Bedarfe angemeldet werden. Die integrationspolitischen Debatten in Deutschland kreisen dabei insbesondere um die Frage, inwiefern Zuwanderung eine *Chance* bzw. einen volkswirtschaftlichen Nutzen für den „Standort Deutschland" darstellt oder ob Zuwander_innen eine *Bedrohung* des Standortes ist (vgl. u. a. Jakob 2016, S. 9; Butterwegge 2009, S. 74–75). Dabei werden Flüchtlinge nun erstmals in die Konkurrenz um „die besten Köpfe" mit einbezogen. Flüchtlinge sollen nicht länger primär als Versorgungsempfänger und Objekte staatlicher und privater Wohlfahrt betrachtet werden, sondern „einen Beitrag zur Linderung des steigenden Arbeitskräftebedarfs leisten können […]" (Angenendt 2015, S. 11; vgl. auch Kogan 2016; Pries 2016). Vor dem Hintergrund der beschriebenen Veränderungen kann das vergangene Jahrzehnt insgesamt als ein Paradigmenwechsel der Migrations- und Integrationspolitik bezeichnet werden (Halm 2015, S. 55; Sauer und Brinkmann 2016, S. 1). Gerade die Entwicklung der deutschen Arbeitsmarktpolitik der letzten Jahre wird im Kontext der deutschen Zuwanderungspolitik als Weg „vom restriktiven Außenseiter zum liberalen Musterland" (Kolb 2014, S. 71) sowie als „rapider Politikwechsel" (Kolb 2014, S. 71) beschrieben. Dabei zeigt sich ein wiederkehrendes Muster in der Integrationspolitik: Das Primat der Arbeitsmarktintegration ist nach wie vor die Konstante deutscher Einwanderungspolitik.

4 Integrationspolitik im deutschen Föderalismus

Integrationspolitik findet in Deutschland sowohl auf Bundesebene als auch in den Bundesländern und den Kommunen statt. Grund dafür ist der Föderalismus, der ein zentrales staatliches Ordnungsprinzip darstellt. Während etwa die Asyl- und Flüchtlingspolitik zunehmend von der europäischen Ebene beeinflusst wird (Angenendt 2006; vgl. dazu auch Hunger et al. 2008; Hoesch 2018), bleibt die Integrationspolitik vorwiegend Aufgabe der drei politischen Ebenen. Die Zuständigkeiten, Maßnahmen, Finanzierungen und Instrumente in diesem

Politikfeld sind dabei sehr unterschiedlich geregelt und müssen zwischen den Ebenen Bund, Länder und Kommunen in enger Kooperation koordiniert werden. Das liegt auch daran, dass die Integrationspolitik neben der Sozial- und Arbeitsmarktpolitik zahlreiche weitere Politikfelder wie etwa die Bildungs-, Jugend-, Familien- und Wohnungspolitik berührt.

Grundsätzlich ist die Aufgabenverteilung zwischen Bund, Ländern und Kommunen in der Integrationspolitik klar geregelt: Während dem Bund die allgemeine *Gesetzgebungskompetenz* mit dem Ziel einer Bundeseinheitlichkeit zugeschrieben wird, dominiert bei den Ländern und Kommunen die *Ausführungskompetenz* der Verwaltung. Dennoch haben sich im Laufe der deutschen Einwanderungsgeschichte immer wieder unterschiedliche und teils widersprüchliche politische Ansätze herausgebildet. Während etwa auf Bundesebene lange Zeit abgestritten wurde, dass es sich bei der Bundesrepublik um ein Einwanderungsland handle, wurden in den Kommunen bereits sehr früh pragmatische Ansätze verfolgt (Hoesch 2018, S. 302). Insgesamt handelt es sich bei der Kompetenzverteilung um ein überaus komplexes System, welches immer wieder Gegenstand zahlreicher politischer Anpassungsleistungen ist.

4.1 Bund

Die Bundesebene regelt die grundsätzlichen Fragen zum Aufenthaltsstatus der nach Deutschland kommenden Migrant_innen. Dies betrifft zum einen die Einreisebestimmungen im Bereich der Arbeitsmigration, wo der Bund mit der Bundesagentur für Arbeit (BA) kooperiert. Zum anderen definiert der Bund Regelungen in der Asyl- und Flüchtlingspolitik sowie spätere Regelungen zur Einbürgerung. Darüber hinaus trägt der Bund etwa die Kosten für die Migrationserstberatung während der ersten drei Jahre des Aufenthaltes. Dies tut er in enger Kooperation mit den etablierten Wohlfahrtsorganisationen Caritas, Diakonie, jüdische Zentralwohlfahrtsstelle, Deutsches Rotes Kreuz, Arbeiterwohlfahrt, Deutscher Paritätischer Wohlfahrtsverband (Leptien 2013, S. 42–43; vgl. dazu auch Kap. 5).

Mit dem Zuwanderungsgesetz von 2005 wurde ein deutlicher Schritt in Richtung *Zentralisierung der Integrationspolitik* unternommen. Hatten zuvor vor allem die Kommunen eigene Konzepte im Bereich der Integration entwickelt, wurden die Bedeutung von Integration und die staatliche Verantwortung für geeignete Maßnahmen erstmals in einem Bundesgesetz anerkannt (Hoesch 2018, S. 304). Ausdruck dieser Zentralisierungstendenz ist auch das im Zuge des Zuwanderungsgesetzes geschaffene Bundesamt für Migration und Flüchtlinge (BAMF) mit Sitz in Nürnberg und insgesamt 84 Außenstellen. Das dem

Bundesinnenministerium zugeordnete BAMF ist nicht allein für die Anerkennung von Flüchtlingen und Asylsuchenden zuständig, sondern setzt mit Integrationskursen und wissenschaftlichen Studien wesentliche Elemente der Integrationspolitik des Bundes um (s. Tab. 1). Zusätzlich haben Kommissionen, der Integrationsgipfel sowie die Islamkonferenz diesen zentralistischen Kurs konzeptionell und symbolisch unterstrichen (vgl. Gesemann und Roth 2014, S. 11). Auch das 2016 verabschiedete Integrationsgesetz (vgl. Kap. 6) setzt diese Tendenz in der Integrationspolitik fort. Bemerkenswert dabei ist, dass eine solche Zentralisierung dem deutschen Verwaltungssystem ansonsten fremd ist und im Gegensatz zur jüngsten Föderalismusreform (2006) steht.

Tab. 1 Ausgaben Bundeshaushalt (Bundesministerium des Inneren) für Integration und Migration, Minderheiten und Vertriebene. (Quelle: Bundeshaushalt 2017, Eigene Darstellung)

Posten	Betrag in Tausend Euro	Anteil an Summe pos. Posten (%)
Durchführung von Integrationskursen nach der Integrationskursverordnung	610.077	68,03
Förderung von Maßnahmen zur Integration von Zuwanderern und Spätaussiedlern	73.987	8,25
Zuschuss für Programme zur Förderung der freiwilligen Ausreise	64.090	7,15
Migrationsberatung für erwachsene Zuwanderern (MBE)	49.777	5,55
Allgemeine Hilfen	19.781	2,21
Leistungen für ehemalige deutsche zivile Zwangsarbeiter	15.000	1,67
Zuwendungen für Suchdienstaufgaben und für die Bearbeitung von Unterlagen zur Familienzusammenführung und Aussiedlung von Deutschen	13.901	1.55
Soziale und kulturelle Förderung der deutschen Volksgruppe in Nordschleswig/Dänemark	9782	1,09
Zuschuss des Bundes an die „Stiftung für das Sorbische Volk"	9315	1,04
Resettlement und Leistungen im Rahmen der humanitären Aufnahme	9000	1,00
Weiteres	22.117	2,47

Gesamtausgaben: 896.827.000,00 €

4.2 Länder

Auch wenn der Einfluss der Länder in der Integrationspolitik nicht selten unterschätzt wird und die Migrationsforschung häufig entweder auf die Bundeskompetenz oder auf die Rolle der Kommunen fokussiert, haben die Länder durchaus einen großen Handlungsspielraum. Dies erklärt auch die migrationspolitische Varianz auf Länderebene, die in diesem Bereich größer ist als in vielen anderen Politikfeldern (Thränhardt 2001, S. 26). Zwar bleiben den Ländern in Fragen des Aufenthaltsstatus nur geringe Gestaltungsmöglichkeiten. Durch die unterschiedliche Auslegung bzw. Interpretation von Bundesgesetzen (Süssmuth 2012, S. 908; Gesemann und Roth 2014, S. 19) kommt es jedoch zu deutlichen Unterschieden. Dies zeigt sich an den Beispielen der Erteilung von Beschäftigungserlaubnissen und Arbeitsverboten, aber auch bei der Einbürgerungs- und Abschiebepraxis, der Kultur-, Schul- und Bildungspolitik sowie in der Einsetzung von Ausländerbeiräten und -beauftragten (vgl. auch Gesemann und Roth 2014, S. 17). In Hinblick auf die Bedeutung länderspezifischer Integrationspolitik für wohlfahrtsstaatliche Arrangements spielt die Bildungspolitik eine zentrale Rolle. So sind in den hochselektiven Schulsystemen der süddeutschen Bundesländer die schulischen Abbruchraten jugendlicher Migrant_innen besonders hoch und die Anteile der Migrant_innen mit Abitur und Fachoberschulreife besonders niedrig (Thränhardt 2009, S. 271). Umgekehrt gilt etwa das Land Nordrhein-Westfalen (NRW) in diesem Bereich als progressiv, da es 2007 als erstes Land obligatorische Sprachtests bei Kindern im Vorschulalter einführte, um mögliche Förderbedarfe zu identifizieren und Konkurrenznachteile zu kompensieren. Aber auch hier finden Selektionsprozesse statt, von denen jugendliche Migrant_innen besonders betroffen sind.

Über die unterschiedliche Auslegung von Bundesgesetzen hinaus haben die Länder aber weitere Möglichkeiten, Einfluss sowohl auf die Bundesebene als auch auf die Entscheidungs- und Ausführungsprozesse auf kommunaler Ebene zu nehmen. Auf Bundesebene etwa können die Länder ihren Einfluss über den Bundesrat geltend machen. Die Positionen sind allerdings weniger durch Länderinteressen geprägt, als durch parteipolitische Interessen der jeweiligen Regierungen. Im Bund-Länder-Verhältnis ist darüber hinaus auch der Einfluss von Gerichtsentscheidungen nicht zu unterschätzen, da die Urteile höherer Instanzen die Entscheidungen der Gerichte auf den unteren Ebenen und der Verwaltung beeinflussen (Thränhardt 2013c, S. 16–17; vgl. auch Leptien 2013, S. 39). Gleichzeitig prägen die Bundesländer auch die Möglichkeiten kommunaler Integrationspolitik, indem sie über die Kommunalverfassungen und Landkreisordnungen den Rahmen der kommunalen Selbstverwaltung definieren.

So können die Länder ihre Gemeinden etwa zur Schaffung von Integrationsräten[4] verpflichten oder Programme auflegen, die die Kommunen und Landkreise bei der Entwicklung von Integrationskonzepten unterstützen (Gesemann und Roth 2014, S. 18). Zur Gestaltung länderspezifischer Integrationspolitik gibt es über die Ebene der symbolischen Politik (etwa in Form öffentlichkeitswirksamer Kampagnen) hinaus die Möglichkeit die Integrationsaktivitäten in eigenen Integrationsgesetzen zu bündeln. Davon haben bislang lediglich NRW und Berlin (seit 2012/2013) Gebrauch gemacht. Im NRW-Integrationsgesetz ist etwa die Eröffnung von Kommunalen Integrationszentren festgeschrieben.

4.3 Kommunen

Im Unterschied zur Bundesebene, wo Integrationsdiskurse der Legitimierung nationaler Wertvorstellungen verpflichtet sind, bedeutet Integration aus der Sicht der Kommunen zunächst einmal, praktische Lösungen zu finden (vgl. Aumüller 2009, S. 115). Dabei ist die Rolle der Kommunen im Integrationsprozess ambivalent. Zwar ist es plausibel, dass Probleme im Kontext der Integration von Migrant_innen am besten und pragmatischsten „vor Ort" verhandelt werden können. Deshalb wird Städten und Gemeinden auch eine Schlüsselrolle bei der Integration von Migrant_innen zugewiesen (Bommes 2009, S. 89). Anderseits sind die Handlungsspielräume der Kommunen – insbesondere durch die starke finanzielle Abhängigkeit von übergeordneten politischen Ebenen – begrenzt (Hoesch 2018, S. 308).

Die kommunale Integrationspolitik hat seit den 1970er Jahren vielfältige Entwicklungen und unterschiedliche Phasen durchlaufen. In Zeiten des expandierenden Wohlfahrtsstaates mussten die Kommunen immer mehr Aufgaben bewältigen. Dabei konnten sie zentrale Bereiche der Integrationspolitik (wie z. B. Einbürgerung und Verteilung von Asylbewerber_innen) zwar nicht beeinflussen, mussten aber mit den Entscheidungen des Bundes und der Länder umgehen. Während bis in die 1970er Jahre im Grunde keine kommunale

---

[4]Integrationsräte fungieren als politische Repräsentationsgremien und Interessenvertreter der Migrant_innen einer Gemeinde. Wahlberechtigt sind alle Ausländer_innen einer Gemeinde die über 18 Jahre alt sind und bereits eine bestimmte Zeit in der jeweiligen Gemeinde gemeldet sind. In Nordrhein-Westfalen sind diese Pflichtgremien etwa in § 27 der Gemeindeordnung rechtlich verankert. Da Integration auch hier als gesellschaftliche Querschnittsaufgabe verstanden wird, können sich Integrationsräte mit sämtlichen Angelegenheiten der Gemeinde befassen (vgl. Landesintegrationsrat 2018).

Migrations- und Integrationspolitik existierte, kamen einige Großstädte im Laufe der 1970er und 1980er Jahre zu der Einschätzung, dass die Migrant_innen dauerhaft in Deutschland bleiben würden. Im Bereich der interkulturellen Erziehung wurden zwar vereinzelte Modellprojekte initiiert, Integrationshilfen waren jedoch rein kompensatorischer Art. Erst in den 1990er Jahren bemühten sich zahlreiche Kommunen, ihre Integrationspolitik stärker strategisch zu planen, als Querschnittsaufgabe der Verwaltung zu betrachten und nicht mehr als ausgelagerte Angelegenheit einzelner symbolisch agierender Ausländerbeauftragte. Dadurch wurde Integration zu einer *Daueraufgabe* und einem wechselseitigen Prozess. Zu den kompensatorischen Maßnahmen traten nun Ansätze, die in die kommunale Politik insgesamt integriert waren (wie z. B. gezielte Stadtteilarbeit, Entwicklung interkultureller Strategien und Erziehungsansätze, Fokus auf die Schule als wichtigen Ort der Integration, Ganztags- und verlässliche Halbtagsschule, Vernetzung der Arbeit der verschiedenen städtischen Ämter, interkulturelle Öffnung der Verwaltung) (Hoesch 2018, S. 310; vgl. dazu auch Kap. 5).

Insgesamt lässt sich in der kommunalen Integrationspolitik die Entwicklung eines flächendeckenden *strategischen Integrationsmanagements* beobachten, die nicht nur durch den bundespolitischen Paradigmenwechsel, sondern auch durch den demografischen Wandel forciert wurde. Kommunale Integrationspolitik wird zunehmend zur „Chefsache" erklärt und nicht selten direkt in einer Stabsstelle beim Bürgermeister angesiedelt. Es wurden parteiübergreifende Integrationsleitlinien entwickelt und die Integrationsarbeit wurde zivilgesellschaftlich verankert, indem die Zusammenarbeit mit Migrantenorganisationen gesucht wurde (Hoesch 2018, S. 309–311; vgl. auch Baraulina 2007). Diese wachsende Bedeutung zivilgesellschaftlicher Organisationen kann aber nicht darüber hinwegtäuschen, dass sich die kommunalen Integrationspolitiken in ihren unterschiedlichen Ausgestaltungen auch nach wie vor „stets zwischen den Polen der versuchten Abwehr von Migranten und der Integration von Migranten" (Bommes 2009, S. 95) bewegen.

5 Bedeutung zivilgesellschaftlicher Akteure

Wie in anderen Politikfeldern kann auch hinsichtlich der Integrationspolitik zwischen den Bereichen Politikformulierung, -finanzierung und -implementation unterschieden werden. Je nachdem, auf welche Ebene fokussiert wird, kommen zivilgesellschaftlichen Akteuren unterschiedliche Aufgaben im deutschen Wohlfahrtsstaat zu. Allen drei Bereichen ist jedoch gemein, dass zivilgesellschaftlichen

Akteuren eine zunehmend bedeutendere Rolle zugeschrieben werden kann (vgl. dazu z. B. Halm und Sezgin 2013).

Im Bereich der Finanzierung von Integrationsaufgaben übernimmt zwar der Staat nach wie vor zentrale Aufgaben. Es lässt sich aber beobachten, dass auch Stiftungen zunehmend Aufgaben im Bereich der Integration übernehmen und diese auch mit beachtlichen Mitteln finanzieren. Insbesondere bei der Flüchtlingsintegration lässt sich ein hohes Engagement von Stiftungen feststellen, die in unterschiedlichen Bereichen wie Bildung, Ausbildung, Wohnen, Arbeit, Gesundheit, Gesellschaft und Patenschaft tätig sind (eine umfassende Liste der in Deutschland in der Flüchtlingsarbeit engagierten Stiftungen stellt der Bundesverband Deutscher Stiftungen (2017) zur Verfügung).

Auch die sechs etablierten Wohlfahrtsorganisationen Caritas, Diakonie, jüdische Zentralwohlfahrtsstelle, Deutsches Rotes Kreuz, Arbeiterwohlfahrt sowie der Deutsche Paritätische Wohlfahrtsverband beteiligen sich an der Finanzierung von Integrationsaufgaben. Darüber hinaus sind sie aber auch prominent als Interessenverbände sowohl an der Politikformulierung als auch an der Politikimplementation beteiligt. Traditionell sind die Wohlfahrtsverbände Ansprechpartner für soziale Problemlagen in Deutschland.

> Die Fürsorgefunktion der Wohlfahrtsverbände für Zuwanderer besitzt in Deutschland eine lange Tradition. Bereits im 19. Jahrhundert fungierte die Caritas als Beratungs- und Fürsorgeeinrichtung für polnische und italienische Arbeitsmigranten, die für den Ruhrkohlebergbau nach Deutschland einwanderten (Hunger 2004, S. 5).

Während der Staat die spezifischen Interessen von Migrant_innen lange Zeit ignorierte und Integration ausdrücklich kein Ziel staatlicher Akteure war, engagierten sich die Wohlfahrtsverbände, aber auch weitere Nicht-Regierungs-Organisationen, Kirchen und Gewerkschaften in der Integrationsarbeit. Während das integrative Engagement von Kirchen und Wohlfahrtsverbänden allerdings lange Zeit mit einem ausgeprägten Paternalismus und mit nationalen und konfessionellen Engführungen verbunden war (Thränhardt 2013b, S. 5), stellen die Gewerkschaften in diesem Kontext eine Ausnahme dar. Bereits im Kaiserreich bemühten sich die Gewerkschaften darum, Migrant_innen als Mitglieder zu gewinnen und sie in die Tarifsysteme zu integrieren. Insofern können Gewerkschaften als „herausragende[r] Erfolgsfall integrativer Organisation von Migrantinnen und Migranten in Deutschland – sowohl im Vergleich mit anderen Ländern wie mit anderen Gesellschaftsbereichen" (Thränhardt 2013b, S. 11) bezeichnet werden.

Wohlfahrtsorganisationen bilden also nicht nur allgemein das Rückgrat einer aktiven Zivilgesellschaft, indem sie etwa über unterschiedliche politische Ebenen hinweg tätig sind, hilfreiche Netzwerke bilden und Interessen gegenüber der Politik formulieren. Sie sind auch Träger von Integrationsaufgaben und vielfach etwa für die Erstversorgung und Unterbringung von Flüchtlingen zuständig (Bendel und Borkowski 2016, S. 108, vgl. auch Schiffauer et al. 2017).[5] Darüber hinaus gibt es zahlreiche Organisationen, die sich mit spezifischen Integrationsfragen beschäftigen und sich in bestimmten Aufgabenbereichen professionalisiert haben. Da die arbeitsmarktpolitische Integration eine zentrale Rolle spielt, haben auch die in diesem Bereich aktiven zivilgesellschaftlichen Akteure eine wichtige integrative Bedeutung. Ein gutes Beispiel dafür ist „Münsters Aktionsprogramm für MigrantInnen & Bleibeberechtigte zur Münsterland" (MAMBA), das in diesem Band vorgestellt wird.

Hinsichtlich der Bedeutung zivilgesellschaftlicher Akteure in der Integrationspolitik kann darüber hinaus grundsätzlich zwischen den Organisationen der Aufnahmegesellschaft und den sog. Migrantenorganisationen unterschieden werden. In den letzten Jahren und insbesondere im Zusammenhang mit der sog. „Flüchtlingskrise" haben die Migrantenorganisationen eine klare Aufwertung seitens der Politik erfahren.

Zivilgesellschaftlichen Akteure der Aufnahmegesellschaft galten in öffentlichen Kontroversen lange als „Ersatzsprecher" für migrantische Interessen (Thränhardt 2013a; vgl. auch Löhlein 2009). Im Unterschied zu den etablierten Wohlfahrtsorganisationen wurden Migrantenorganisationen in Deutschland über Jahrzehnte hinweg weitgehend ignoriert und kaum in die Strukturen der Politikformulierung und -implementation eingebunden. Hintergrund dieser fehlenden institutionellen Integration war die irrtümliche Annahme und nicht selten der ausdrückliche Wunsch maßgeblicher politischer Entscheidungsträger, dass die Migrant_innen nicht auf Dauer in Deutschland bleiben. Da die Migrant_innen auch im politischen System kaum repräsentiert werden (so haben etwa Ausländer_innen, die nicht aus der EU stammen, bis heute kein Wahlrecht), wurden in vielen Bereichen Ersatzformen gefunden, um Zuwanderer_innen in die Strukturen der Aufnahmegesellschaft einzubinden. Dies fand zwar u. a. in Form von

---

[5]Bei der Unterbringung von Flüchtlingen nimmt das sog. „Kirchenasyl", das Flüchtlingen zum Schutz vor Abschiebungen Unterkunft gewährt, eine Sonderrolle ein. Schließlich ist das Kirchenasyl ein Beispiel dafür, wie sich Teile der Zivilgesellschaft – zumindest in Fragen des Aufenthaltsrechts – direkt gegen den Staat stellen (vgl. zum Thema etwa Morgenstern 2003).

Ausländer- und Integrationsräten statt. Eine tatsächliche Mitentscheidungsgewalt blieb allerdings aus. Daher haben sich viele Migrant_innen schon früh in Selbstorganisationen und Vereinen engagiert, um Forderungen gegenüber der Aufnahmegesellschaft geltend zu machen. Die Grenzen zwischen politischen, sozialen und zivilem Engagement sind dabei häufig fließend (Hunger und Candan 2014, S. 137–138).

Innerhalb der Sozialwissenschaften gibt es keine allgemeingültige Definition für den Begriff der Migrantenorganisation. Allgemein werden sie als Verbände verstanden,

> (1) deren Ziele und Zwecke sich wesentlich aus der Situation und den Interessen von Menschen mit Migrationsgeschichte ergeben und (2) deren Mitglieder zu einem Großteil Personen mit Migrationshintergrund sind und (3) in deren internen Strukturen und Prozessen Personen mit Migrationshintergrund eine beachtliche Rolle spielen. Hinsichtlich ihrer Ziele und Zwecke können [Migrantenorganisationen] also auf den Prozess der Migration selbst wie auch auf die Fragen der hiermit zusammenhängenden gesellschaftlichen Teilhabe in den Herkunfts- und in den Ankunftsregionen der Migrierenden (sowie ihrer Vorfahren und Nachkommen) bezogen sein (Pries 2013).

Dabei werden die Begriffe Migrantenorganisation und Migrantenselbstorganisation in der Literatur häufig synonym verwendet.[6]

Die wissenschaftliche und politische Debatte über Rolle und Funktion von Migrantenorganisationen bewegte sich lange zwischen Distanz und Euphorie. Dieses Spannungsfeld wurde besonders in der sog. „Elwert/Esser-Kontroverse" deutlich. Während Elwert (1982) idealtypisch die Idee einer eher isolierenden „Binnenintegration" als Zwischenschritt zur späteren gesellschaftlichen Integration beschrieb, sah Esser (1986) genau darin die Gefahr von Selbstethnisierung und Isolation. Allerdings beruht diese Kontroverse auf der Annahme, dass Migrantenorganisationen per se eine isolierende Wirkung haben, wofür es aber in dieser Allgemeinheit keine Belege gibt. Aus einem breiten Spektrum an Forschungsergebnissen geht inzwischen hervor, dass in Deutschland eine

---

[6]Wie viele Migrantenselbstorganisationen in Deutschland aktiv sind, ist nicht bekannt. Schätzungen orientieren sich an der Anzahl der Ausländervereine und ausländischen Vereine. Während ein Bericht der Integrationsbeauftragten der Bundesregierung für das Jahr 2011 einen Schätzwert von 20.000 in Deutschland aktiven Migrantenselbstorganisationen angibt, vermutet Pries, dass diese Zahl zu hoch geschätzt ist (vgl. Pries 2013).

große Zahl sehr unterschiedlicher Migrantenorganisationen existiert, wobei viele Migrant_innen sowohl in deutschen also auch in herkunftsbezogenen Organisationen aktiv sind. Diese beschäftigen sich hauptsächlich mit Religion, Sport[7], Kultur und Integration, aber weniger mit der Arbeitswelt. Zwar sind die Migrantenorganisationen überwiegend herkunftshomogen, im wachsenden Maße aber auch herkunftsheterogen, d. h. im Inneren divers. Hinzu kommen starke regionale Unterschiede, die sich mit den unterschiedlichen Stellungen der Länder und Kommunen für die Partizipation von Migrant_innen erklären lassen (Thränhardt 2013b, S. 7). Der Integrationseffekt von Migrantenorganisationen kann also nicht allgemein beantwortet werden, sondern hängt von unterschiedlichen Faktoren wie insbesondere den spezifischen Zielen der Organisationen und ihrer Eliten, der Haltung der zivilgesellschaftlichen Organisationen der Aufnahmegesellschaft sowie insbesondere der Haltung der Politik ab (vgl. auch Fijalkowski und Gillmeister 1997).

Die aktuell zu beobachtende Aufwertung von Migrantenorganisationen hängt maßgeblich mit der Bereitschaft politischer Akteure der Aufnahmegesellschaft zusammen, Migrant_innen in Entscheidungsfindungsprozesse einzubeziehen. Dies zeigt etwa die Mitarbeit von Migrant_innen bzw. ihrer Verbände bei der Ausarbeitung des Nationalen Integrationsplans sowie bei der Deutschen Islamkonferenz (seit 2006) und diversen Integrationskonferenzen. Dabei sollen Migrantenorganisationen als Mittler zwischen Politik und (ausländischer) Bevölkerung fungieren und sind darüber hinaus wichtige Ansprechpartner für kommunale Verwaltungen sowie die Landes- und Bundespolitik. Unter dem Schlagwort *Empowerment* wurden daher verschiedene Maßnahmen initiiert, um die Arbeit der Migrantenorganisationen zu professionalisieren und damit zu stärken (Sauer 2016, S. 260; Halm 2015, S. 61).

Ausdruck dieser Entwicklung ist etwa der 2014 gegründete „Verband für interkulturelle Wohlfahrtspflege, Empowerment und Diversity (VIW)"[8], der vor allem im Bereich der Sozialpolitik tätig ist. Die gestiegene Bedeutung von

---

[7]Dem Sport wird hinsichtlich der Integration von Migrant_innen eine besondere Funktion zugeschrieben, bei der vor allem die „Zivilgesellschaft vor Ort" in den Blick genommen wird (vgl. dazu z. B. Braun und Nobis 2011).

[8]Ziel des VIW ist es, die Entwicklung wohlfahrtspflegerischer Aktivitäten insbesondere der Bürger_innen mit Einwanderungsgeschichte sowie das Ehrenamt zu fördern. Dieses Interesse bezieht sich dabei auf die Bereiche soziale Arbeit, Gesundheitsvorsorge sowie der Bildung. Es kann jede Migrantenselbstorganisation Mitglied werden, „die eine selbstständige Rechtspersönlichkeit (e. V. oder gGmbH) hat und in mindestens fünf Bundesländern tätig ist oder als nicht gegliederter Verein bundesweit tätig ist" (VIW 2018).

Migrantenorganisationen für das Thema Sozialpolitik kommt etwa auch durch die Studie der Deutschen Islamkonferenz zum Thema „Soziale Dienstleistungen von Muslimen" (vgl. Halm und Sauer 2015) zum Ausdruck. Im Zusammenhang mit der sog. „Flüchtlingskrise" (vgl. dazu auch Kap. 6) kann eine weitere Aufwertung unterschiedlicher Migrantenorganisationen beobachtet werden. Zwar wurde bereits im Integrationsbericht 2012 darauf hingewiesen, dass „Migrantenorganisationen Brücken zwischen Einwanderern […] und der einheimischen Bevölkerung bilden" (Integrationsbericht 2012). Die metaphorischen Zuschreibungen von Migrantenorganisationen als „Brückenbauer", „Integrationslotsen" oder „Kulturdolmetscher" seitens der Politik zeigen aber auch die gestiegenen Erwartungen an die zivilgesellschaftlich organisierten Migrant_innen in Deutschland.

Hinsichtlich der Bedeutung zivilgesellschaftlicher Akteure für die Integrationspolitik lassen sich also zwei Befunde festhalten: Zum einen stellen die etablierten zivilgesellschaftlichen Organisationen der Aufnahmegesellschaft wichtige integrationspolitische Akteure dar, die die lange Zeit fehlende staatliche Integrationspolitik kompensierten. Zum anderen wird die zivilgesellschaftliche Landschaft in den Bereichen der Politikformulierung, der Politikimplementation, aber auch der Politikfinanzierung vermehrt durch Migrantenorganisationen ergänzt. Hier zeigt sich mittlerweile eine enge Kooperation zwischen (migrantischen) zivilgesellschaftlichen Akteuren und der Politik. Insbesondere bei der Vielfalt der Bildungs-, Betreuungs- und Qualifizierungsangeboten und -maßnahmen sind Migrantenorganisationen heute als Partner des Staates in der Integrationsarbeit also unverzichtbar. Der gleiche Zugang zu Fördermitteln ist aber noch nicht flächendeckend gewährleistet, „zum einen aufgrund von Zugangsbarrieren seitens der Fördermittelgeber, zum anderen, da Professionalität und Qualität der Arbeit von Migrantenorganisationen noch nicht immer ausreichend gesichert sind" (Weiss 2013, S. 21).

Anhand der zu beobachtenden Aufwertungen und Erwartungen wird deutlich, dass die Strukturen im Einwanderungsland Art und Intensität des Engagements von Migrant_innen nicht nur prägen, sondern determinieren. Denn trotz der Anerkennung der sozialen und zivilgesellschaftlich bedeutenden Arbeit von Migrant_innen gibt es in Deutschland große Defizite bei der Akzeptanz von Migrant_innen. Denn erst die deutsche Staatsangehörigkeit bringt gleiche Bürgerrechte und volle demokratische Beteiligung. „Insofern bleibt bürgerschaftliches Engagement ohne Einbürgerung prekär, es kann sich erst bei voller Zugehörigkeit ohne Einschränkung entfalten" (Thränhardt 2013a, S. 72).

6 Strukturelle und aktuelle Konfliktlinien

Mit dem Hinweis darauf, dass erst die Einbürgerung von Migrant_innen volle Zugehörigkeit garantiert, ist bereits auf die zentrale Konfliktlinie im Spannungsfeld von Integration, Sozialstaat und Zivilgesellschaft verwiesen. Solange die Politik an der grundsätzlichen Einteilung in In- und Ausländern festhält und diese beiden Gruppen mit unterschiedlichen Rechten ausstattet, bleibt auch eine Integrationspolitik notwendig, die die politisch geschaffene Differenz mit Mitteln der Politik zu relativieren sucht. Dieses Paradoxon ist maßgeblich für sämtliche Konfliktlinien in der deutschen Integrationspolitik. Vor diesem Hintergrund sollen im Folgenden strukturelle und aktuelle Konfliktlinien an der Schnittstelle zwischen Integrations-, Sozial- und Arbeitsmarktpolitik sowie mit Blick auf das Postulat der „offenen Gesellschaft" aufgezeigt werden.

6.1 Diskriminierung von Migrant_innen im Sozialstaat

Wie in anderen Politikfeldern, nehmen Migrant_innen auch in der deutschen Sozialpolitik eine Sonderrolle ein. Diese Sonderrolle ist vor allem durch spezifische Formen von Diskriminierungen geprägt. Dabei kann insbesondere zwischen den zwei Themenkomplexen der institutionellen sowie der verbalen und medialen Diskriminierung unterschieden werden (Pioch 2008). Die *institutionelle Ebene* bezieht sich auf die Verteilung von Sozialleistungen. Hier ist danach zu fragen, ob Migrant_innen beim Zugang zu Sozialleistungen sowie bei der Leistungszuweisung (Umsetzungsebene) diskriminiert werden. Da der Zugang zu Sozialleistungen von der vorherigen Erwerbsarbeit auf dem Arbeitsmarkt abhängt (Hegelich und Meyer 2008, S. 145) und zwar unabhängig von Herkunft und Staatsangehörigkeit, kann zunächst einmal nicht von einer prinzipiellen Diskriminierung gesprochen werden. Dennoch ist die *Berechtigung* zur Arbeit nicht gleichbedeutend mit der *Möglichkeit* zu arbeiten. Arbeitsuchende Migrant_innen sind den Arbeitslosen und Unterbeschäftigten der Aufnahmegesellschaft zwar weitgehend gleichgestellt – nämlich als eine abhängige Variable des Arbeitsmarktes. Allerdings ist die Einkommenssituation von Migrant_innen deutlich schlechter als die der deutschen Bevölkerung. Dies hat zur Folge, dass niedrigere Erwerbseinkommen der Migrant_innen häufig zur Abhängigkeit von Transferleistungen des Sozialstaates führen. Die Diskriminierung von Migrant_innen

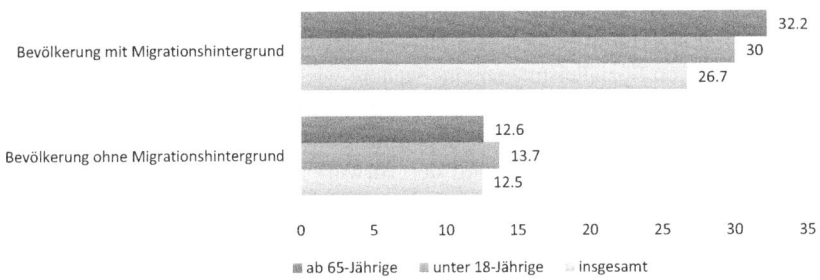

Abb. 2 Armutsgefährdungsquoten nach Migrationsstatus 2014 Anteil in Prozent. (Quelle: Statistisches Bundesamt und WZB 2016, S. 234 (Eigene Darstellung))

auf dem deutschen Arbeitsmarkt[9] wird also „in das System der sozialen Sicherung hinein verlängert, da die soziale Sicherung in Deutschland rückgebunden ist an den Erwerbsstatus auf dem Arbeitsmarkt" (Pioch 2008, S. 2042; vgl. dazu auch Kuhlmann 2013; Höhne und Schulze Buschoff 2015). Aktuelle Zahlen (s. Abb. 2) belegen, dass die Erwerbsbeteiligung von Migrant_innen deutlich unter dem Durchschnitt liegt und das Armutsrisiko insbesondere bei Kindern mit Migrationshintergrund besonders hoch ist.

Als Erklärung für das erhöhte Armutsrisiko, das insbesondere Menschen mit türkischer Herkunft betrifft, wird zum einen der Umstand genannt, dass migrantische Haushalte überproportional häufig mit einem Erwerbseinkommen für drei und mehr Personen auskommen müssen. Zum anderen wird auf die vergleichsweise niedrigen beruflichen Qualifikationen der Zuwanderer_innen verwiesen (Statistisches Bundesamt und WZB 2016, S. 235). Insgesamt kann also die unzureichende Integration eines großen Teils der Migrant_innen in Bildung und Arbeitsmarkt als „die sich tendenziell stabilisierende Grundlage für alle anderen registrierten sozialen Folgeprobleme […]" (Bommes 2007, S. 98) bezeichnet werden. Das Verhältnis von Migrant_innen und Sozialstaatlichkeit ist also durch erhebliche Konkurrenznachteile für Migrant_innen geprägt, aus dem sich unmittelbar Konfliktlinien ableiten lassen.

---

[9]Eine aktuelle Studie weist z. B. die deutliche Diskriminierung von Bewerberinnen mit Kopftuch und Migrationshintergrund auf dem deutschen Arbeitsmarkt nach (vgl. dazu Weichselbaumer 2016).

Neben der institutionellen Diskriminierung stellt die *verbale* und *mediale Diskriminierung* von Migrant_innen in Form des weit verbreiteten Vorwurfs des Missbrauchs von Sozialleistungen eine weitere wichtige Konfliktlinie dar. Dieser Missbrauchsvorwurf wird zum einen auf der Makroebene geäußert, wenn unterstellt wird, dass Zuwanderung den Sozialstaat an die Grenzen seiner Leistungsfähigkeit bringe. Zum anderen wird der Vorwurf auf der Mikroebene erhoben, wenn einzelnen Ausländer_innen unterstellt wird, sie betreiben Missbrauch von Sozialleistungen (Pioch 2008, S. 2037). Dieser Vorwurf ist ein Kontinuum der deutschen Migrationsgeschichte und wird nicht nur von einschlägigen Tageszeitungen, sondern auch von hochrangigen Politikern geäußert. Dass der Bezug von Sozialtransfers in diesem Zusammenhang immer wieder negativ besetzt wird, kommt etwa in Aussagen wie „Das Boot ist voll." (u. a. Otto Schily, SPD), „Wer betrügt, der fliegt." (CSU, ähnlich auch NPD und AfD) oder „Wir sind nicht das Sozialamt der Welt." (Horst Seehofer, CSU)[10] zum Ausdruck.

Die (nicht selten vorgeschobenen) Hauptargumente gegen Einwanderung sind also oft ökonomischer Natur: „Ein großer Zustrom von Arbeitern erhöhe tendenziell den Lohndruck und könne dazu führen, dass Teile der einheimischen Bevölkerung ihren Arbeitsplatz verlieren." (Entzinger 2013, S. 7) Im Kontext von Arbeitslosigkeit lässt sich nachweisen, dass Menschen, die ihren Arbeitsplatz verlieren bzw. Angst vor Arbeitsplatzverlust haben, deutlich stärker zu Fremdenfeindlichkeit tendieren (vgl. z. B. Lancee und Pardos-Prado 2013). Dieser Befund muss auch deshalb verwundern, weil es schließlich nicht migrantische Arbeitnehmer_innen sind, die Arbeitsplätze streichen, sondern Arbeitgeber_innen. Hier zeigt sich ein weiteres Mal, dass das Verhältnis zwischen Migrant_innen und Wohlfahrtsstaat häufig nicht durch rationale Erklärungen der sozioökonomischen Strukturen, sondern durch verkürzte Schuldzuweisungen geprägt ist. Die Diskriminierung von Migrant_innen im deutschen Sozialstaat ist demnach „eher ein gesellschaftliches als ein institutionelles Problem" (Pioch 2008, S. 2043). Auch hier ist es Aufgabe der Zivilgesellschaft, politisch aufgeladene Debatten zu versachlichen und ökonomische Zusammenhänge zu erklären.

---

[10]Insbesondere Horst Seehofer profiliert sich gegenüber seiner Wählerschaft mit einer scharfen Rhetorik gegen den vermeintlichen Sozialmissbrauch von Migrant_innen: „Wir werden uns gegen Zuwanderung in deutsche Sozialsysteme wehren – bis zur letzten Patrone" (Horst Seehofer auf dem politischen Aschermittwoch der CSU 2011, zit. nach Gathmann und Reimann 2011). Der Ausdruck „bis zur letzten Patrone" geht dabei auf einen Befehl aus dem Jahre 1945 zurück, als es galt, das faschistische Deutschland gegen die heranrückenden Alliierten zu verteidigen.

6.2 „Flüchtlingskrise" als aktuelle „Herausforderung"

Der zentrale Bezugspunkt, um den sich politische und öffentliche Debatten im Kontext von Migration und Sozialpolitik drehen, ist die Frage, inwiefern Migrant_innen eine Bedrohung bzw. eine Chance für den deutschen Wohlfahrtsstaat darstellen. Auch die ab Herbst 2015 durch Medien und Politik ausgerufene „Flüchtlingskrise" ist da keine Ausnahme (vgl. z. B. Pries 2016). Die Aufnahme zahlreicher Flüchtlinge wurde als die größte Herausforderung seit der deutschen Einheit bezeichnet (vgl. z. B. Maas 2016) und hat diese Debatte wieder neu belebt. Wie bereits bei anderen Zuwanderungsgruppen wird auch die Rolle und Funktion von Flüchtlingen für den deutschen Sozialstaat problematisiert. Dabei wird nicht nur zwischen Flüchtlingen und Einheimischen, sondern auch zwischen (legitimen) politischen Flüchtlingen und (illegitimen) „Wirtschaftsflüchtlingen" differenziert. Einerseits basiert diese Debatte auf dem geltenden Recht, da das deutsche Asylrecht zwar politisch Verfolgten Schutz gewährt (vgl. Art. 16a GG), nicht aber Menschen, die vor Hunger fliehen. Andererseits ist diese Differenzierung allerdings konstruiert, da alle ökonomischen Verhältnisse immer zugleich auch politisch verfügte Rechtsverhältnisse sind:

> Eingedenk der Massenarmut auf der Welt, die auch nicht vom Himmel gefallen ist, insistiert diese Politik darauf, dass ‚Deutschland nicht das Sozialamt der Welt' sein kann. Sie gibt damit zu verstehen, dass der Schutz und die Hilfe, die sie mit Art. 16a GG leisten will, nicht an dem Elend der Menschen Maß nimmt, welches sie zur Flucht veranlasst [...] (Huisken 2016, S. 54).

6.3 Die Behauptung von der Wertegemeinschaft

Neben der politischen Selektion in Flüchtlinge mit „guter" und „schlechter" Bleibeperspektive[11] existiert mit der *Forderung zur staatsbürgerlichen Loyalität* ein weiteres potenziell konfliktträchtiges Integrationskriterium. Diese Forderung

---

[11]Als Flüchtlinge mit „guter Bleibeperspektive" werden jene Migrant_innen kategorisiert, deren Herkunftsländer eine Anerkennungsquote von über 50 % haben. Je nach politischer Situation der Herkunftsländer und politischer Einschätzung des Aufnahmelandes kann diese Anerkennungsquote deutlich schwanken. Die Differenzierung in Menschen mit „guter" und „schlechter" Bleibeperspektive ist also kein objektiv messbares Kriterium. Nach Voigt lautet daher eine sinngemäße Übersetzung dieser Differenzierung: „Da wir nicht wollen, dass ihr hier seid, schließen wir euch von jeglicher gesellschaftlichen Teilhabe aus" (Voigt 2016, S. 41).

zieht sich wie ein roter Faden durch die gesamte deutsche Integrationsgeschichte und steht damit für eine zentrale gesellschaftliche Konfliktlinie, die sich zwischen den Polen einer (eher) offenen und einer (eher) geschlossenen Gesellschaft bewegt. Innerhalb der Debatte um die Integration, vor allem von muslimischen Einwanderer_innen, wird immer wieder auf die „deutsche Leitkultur" bzw. auf die „universellen westlichen Werte" verwiesen. Dabei wird die Identifikation mit „Deutschland" zur entscheidenden Bezugsgröße für eine erfolgreiche Integration. Aus der mangelnden Identifikation „mit dem eigenen Land" erwächst eine politische Erwartungshaltung gegenüber den Migrant_innen: Wer sich nicht an „unsere" Werte hält, gefährdet den gesellschaftlichen Zusammenhalt, muss mit staatlichen Sanktionen rechnen und verwirkt ggf. die „Chance", Teil der deutschen Wertegemeinschaft zu sein. Dieser Zusammenhang wird nicht nur durch zahlreiche Studien bestätigt, sondern durch diese auch reproduziert, wenn etwa danach gefragt wird, ob „der Islam" zu „Deutschland" bzw. in „die westliche Welt" passt (vgl. u. a. Bertelsmann Stiftung 2015).

Dieser Debattenstrang ist aus mehreren Gründen problematisch. Zum einen dienen Wertedebatten im Kontext von Migrations- und Integrationspolitik einer sachlich nicht haltbaren Abgrenzung (vgl. Meyer und Schubert 2011, S. 304) und stehen damit im Widerspruch zur Zielvorstellung einer „offenen Gesellschaft". Insofern stellt die Verpflichtung zum (wie auch immer zu überprüfenden) Bekenntnis zu den deutschen Werten eine weitere Selektionsebene innerhalb der Integrationspolitik dar. Das Konstrukt einer deutschen Leitkultur suggeriert dabei eine Hierarchie und eine Unvereinbarkeit „unserer deutscher Werte" mit denen der „Fremden" (vgl. Achour 2016, S. 131). Zum anderen entzieht sich die Behauptung, bei den zufällig auf deutschem Territorium geborenen Menschen handle es sich um eine Wertegemeinschaft, jeder Begründung. Wer die Forderung aufstellt, Migrant_innen müssen sich im Verlauf der Integration den deutschen Werten anpassen, muss die Frage beantworten können, worin diese „gemeinsamen" Werte eigentlich bestehen. Die Antwort darauf fällt allerdings notwendig uneindeutig aus. Die deutsche Gesellschaft ist eben nicht nur aufgrund ihrer sozialen Schichten und antagonistischen Gruppeninteressen plural, sondern auch, weil sich in ihr schichtübergreifend eine Vielzahl konkurrierender Wertvorstellungen zeigen (vgl. Kap. 2). Statt also die Anpassung an „deutsche Werte" als zentralen Maßstab für eine gelungene Integration zu postulieren, muss auf den faktischen (Werte-)Pluralismus und die Unmöglichkeit der Definition universeller deutscher bzw. westlicher Werte verwiesen werden.

Insgesamt handelt es sich bei den potenziellen Konflikten im Spannungsfeld von Wohlfahrtsstaat und Integration aber nicht ausschließlich um irrational motivierte Diskursphänomene, sondern ebenso um *materielle Verteilungskämpfe*.

Die Erwartung einer zunehmenden Konkurrenz auf verschiedenen Märkten ist begründet und wird durch das Integrationsgesetz von 2016 noch verschärft. Dies gilt insbesondere für Einkommensschwache und Geringqualifizierte auf dem Arbeits- und Wohnungsmarkt, aber ebenso etwa für Zugangschancen zu Bildung und Ausbildung. Trotz der jeweils unterschiedlichen Ausrichtungen haben die einwanderungspolitischen Bestimmungen eines gemeinsam: Sie schreiben die Differenzierung zwischen „nützlichen" und „unnützen" Migrant_innen fort, in dem klar definiert wird, wer „dazu gehört" bzw. die Chance bekommen soll, dazu zu gehören, und wer nicht. Aus arbeitsmarktpolitischer Sicht muss demnach von einer bedingt „offenen Gesellschaft" gesprochen werden.

7 Fazit: Integrationspolitik als soziale Investition?

Der vorliegende Beitrag hat gezeigt, dass die umfassende Erklärung deutscher Integrationspolitik nicht ohne die Einbeziehung sozialstaatlicher Praktiken möglich ist. Dies liegt zum einen am Integrationsbegriff selbst, da er sich nicht ausschließlich auf Migrant_innen bezieht, sondern auch auf den sozialen Ausschluss von Teilen der einheimischen Bevölkerung. Zum anderen zeigt sich, dass Migrant_innen aufgrund von Konkurrenznachteilen im Vergleich zur einheimischen Bevölkerung besonders häufig von Armut und damit von sozialen Transferleistungen betroffen sind. Auch darin zeigt sich die Bedeutung des Nexus Wohlfahrtsstaat und Integration. Gleichzeitig ist die besondere Stellung von Migrant_innen im deutschen Wohlfahrtsstaat auch die Erklärung für die Bedeutung von zivilgesellschaftlichen Akteuren. Während wohlfahrtsstaatliche Organisationen der Aufnahmegesellschaft lange als „Ersatzsprecher" für nicht bzw. kaum wahrgenommene migrantische Interessen galten, engagieren sich zunehmend auch Migrantenorganisationen im sozialen Bereich.

Wenngleich der deutsche Föderalismus auch in der Integrationspolitik eine wichtige Rolle spielt, zeichnen sich deutliche Zentralisierungstendenzen ab. Das Integrationsgesetz ist ein Beispiel dafür, wie die Bundesebene ihre Kompetenzen, insbesondere im Bereich der Arbeitsmarktintegration, weiter ausbaut. „Die Art und Weise, wie dieses Land mit Migrantinnen, Migrant_innen und Flüchtlingen umgeht, ist heute eine andere. Diese Transformation hat ökonomische Gründe" (Jakob 2016, S. 9). Vor dem Hintergrund der Formel des „Förderns und Forderns" schwindet die sonst übliche Unterscheidung in In- und Ausländer. In der Perspektive des Wohlfahrtsstaates werden Deutsche wie Ausländer_innen gleichermaßen danach beobachtet, ob sie kompetitiv oder nicht-kompetitiv sind (Bommes 2009, S. 99). Beide Personenkreise müssen sich die Leistungsberechtigung im

Wohlfahrtsstaat erwerben, da Sozialleistungen keine Mildtätigkeit sind, sondern Rechte, die man sich verdient hat bzw. verdient haben muss.

Vor diesem Hintergrund zeichnet sich ab, dass aktuelle Integrationspolitik von maßgeblichen Akteuren zunehmend als soziale Investition begriffen wird. Der *Social Investment*-Gedanke versteht wohlfahrtsstaatliche Leistungen als Produktionsfaktor, dessen Investitionen sich mittel- und langfristig in Form von wirtschaftlichem Wachstum und Beschäftigungsquoten auszahlen. Die zentrale Aufgabe des Staates wird darin gesehen, das Angebot an hoch qualifizierten und flexiblen Arbeitskräften durch Investitionen in das *Humankapital* zu maximieren.

> Während der traditionelle Sozialstaat versucht, die Soziallagen seiner Bürger durch passive Sozialtransfers vor dem Markt zu schützen, versucht der Sozialinvestitionsstaat seine Bürger zu starken Akteuren im Markt zu machen und betont Eigenverantwortlichkeit von Individuen (Allmendinger und Nikolai 2010, S. 107).

Dementsprechend wird aus Sicht der *Social Investment*-Ansätze eine frühzeitige und lebenslange Qualifizierung vorgeschlagen (frühkindliche Erziehung, lifelong learning, Aus- und Weiterbildung, re-training, Sprach- und Integrationskurse für Migrant_innen). Darüber hinaus zielt *Social Investment* auf eine effizientere Verwertung bislang ungenutzter Arbeitspotenziale durch aktivierende Arbeitsmarktpolitik und deren Ausweitung auf neue Bevölkerungsteile, „notably by facilitating access to the labour market for groups that have traditionally been excluded" (Morel et al. 2012, S. 2).

Ein Beispiel für eine solche traditionell vom Arbeitsmarkt ausgeschlossene Gruppe sind Asylsuchende und Flüchtlinge. Insofern muss es auch nicht verwundern, dass das Integrationsgesetz deutliche begriffliche und inhaltliche Schnittmengen mit der im Zuge der Agenda 2010 etablierten Arbeitsmarktpolitik aufweist. Mit dem Integrationsgesetz werden Flüchtlinge auch vonseiten der Politik nicht länger als bloße Last definiert, denen durch restriktive Arbeitsverbote der Zugang zum Arbeitsmarkt verwehrt bleibt. Vielmehr geht mit dem neuen Bundesgesetz die bereits zuvor erprobte Vorstellung einher, dass auch Flüchtlinge einen produktiven wirtschaftlichen Beitrag leisten können. Das aktivierende Moment liegt hier insbesondere in der expliziten sanktionsbewehrten Einforderung von Initiative und Eigenverantwortung. Die Integrationskurse, insbesondere die Sprachförderung, stellen sich darüber hinaus als *Social Investment* in das bislang ungenutzte Humankapital dar, welches sich langfristig auszahlen soll. Das Integrationsgesetz ist demnach keine unmittelbare Reaktion auf die anhaltende humanitäre Katastrophe für unfreiwillige Migrant_innen. Die politische Problemdefinition besteht vielmehr in der Anwesenheit einer großen Anzahl Asylsuchender in Deutschland bzw. in dem daraus resultierenden Handlungsdruck auf Verwaltung und Politik. Vor dem Hintergrund gegenwärtiger Leitbilder angebotsorientierter Arbeitsmarktpolitik präsentiert sich das Gesetz als Reaktion auf die gegenwärtigen Herausforderungen des demografischen Wandels und des Fachkräftemangels.

Die im Zuge der „Flüchtlingskrise" ausgerufene „Willkommenskultur" wird im Kontext aktueller Integrationspolitik in zweierlei Hinsicht limitiert: Erstens findet die „offene Gesellschaft" ihre Grenzen in den ökonomischen Nützlichkeitserwägungen. Je nach Bedarf an zusätzlichen Arbeitskräften werden Gesetze novelliert bzw. – wie beim Integrationsgesetz – neu erlassen. Von einer „im Grunde offene[n] Einwanderungspolitik" (Kösemen 2016, S. 96) zu sprechen, scheint daher verkürzt. Zweitens kennt die „offene Gesellschaft" im Diskurs über die deutsche Leitkultur geistig-moralische Grenzen, die zwar nicht klar definiert werden können, deshalb aber für die Sozialintegration von Migrant_innen nicht weniger gewichtig sind. Beiden Limitierungen ist gemein, dass sich ein Bleiberecht primär über einen positiven Beitrag für Deutschland legitimiert. Insbesondere in der aktuellen „Flüchtlingskrise" ist der Standpunkt, getrennt von ökonomischer Nützlichkeit und staatsbürgerlicher Loyalität „einfach" Menschenleben zu retten, in der politischen Debatte selten zu hören. Dass auch die deutsche und europäische Politik die Rettung von Menschen auf der Flucht nicht prioritär behandelt und sie sogar ihr Sterben verantwortet, belegen die vielen tausend Flüchtlinge im Mittelmeer, die bei dem Versuch europäisches Festland zu erreichen, in den letzten Jahren ertrunken sind. Insofern ist die „Willkommenskultur" nicht mit einer *allgemeinen* Begrüßung aller Schutzbedürftiger und Arbeitswilliger aus dem Ausland zu verwechseln. Die „Willkommenskultur" ist die Losung für einen vergleichsweise überschaubaren Adressatenkreis, die umgekehrt und aus Sicht der Bundesregierung in keinem Widerspruch zur selektiven Aufnahme und gleichzeitigen Verschärfung des Asylrechts steht. Für den Großteil der Migrant_innen mit dem Ziel Deutschland wird die „offene Gesellschaft" ein Wunsch bleiben, der nach wie vor und nicht selten in einem überfüllten Flüchtlingsboot auf dem Mittelmeer oder an den gut bewachten Grenzen Europas endet. Und für diejenigen Migrant_innen, die es bis nach Deutschland geschafft haben, beginnt die ungleiche Konkurrenz auf dem deutschen Arbeitsmarkt.

Literatur

Achour, S. 2016. Welche Werte halten pluralistische Gesellschaften zusammen? Die Leitkulturdebatte im Kontext von Flucht und Migration. In *Vielfalt statt Abgrenzung. Wohin steuert Deutschland in der Auseinandersetzung um die Einwanderung und Flüchtlinge?* Hrsg. Bertelsmann Stiftung, 131–148. Gütersloh: Bertelsmann Stiftung.
Allmendinger, J., und R. Nikolai. 2010. Bildungs- und Sozialpolitik: Die zwei Seiten des Sozialstaats im internationalen Vergleich. *Soziale Welt* 61:105–119.
Andersen, U., und W. Woyke, Hrsg. 2009. *Handwörterbuch des politischen Systems der Bundesrepublik Deutschland*. Wiesbaden: VS Verlag.
Angenendt, S. 2006. Die europäische Migrations- und Asylpolitik. In *Die Europäische Union. Politisches System und Politikbereich*, Hrsg. Werner Weidenfeld, 359–379. Bonn: Bundeszentrale für politische Bildung.
Angenendt, S. 2015. Flucht, Migration und Entwicklung: Wege zu einer kohärenten Politik. *Aus Politik und Zeitgeschichte* 25:8–17.
Aumüller, J. 2009. Die kommunale Integration von Flüchtlingen. In *Lokale Integrationspolitik in der Einwanderungsgesellschaft. Migration und Integration als Herausforderung von Kommunen*, Hrsg. F. Gesemann und R. Roth, 111–130. Wiesbaden: VS Verlag.
Bade, K. 1992. Ausländer- und Asylpolitik in der Bundesrepublik Deutschland: Grundprobleme und Entwicklungslinien. In *Einwanderungsland Deutschland: Bisherige Ausländer- und Asylpolitik. Vergleich mit anderen europäischen Ländern*, Hrsg. Forschungsinstitut der Friedrich-Ebert-Stiftung. Bonn: Friedrich-Ebert-Stiftung.
BAMF (Bundesamt für Migration und Flüchtlinge). 2016. Zugang zum Arbeitsmarkt für geflüchtete Menschen. http://www.bamf.de/DE/Infothek/FragenAntworten/ZugangArbeitFluechtlinge/zugang-arbeit-fluechtlinge-node.html. Zugegriffen: 15. Juli 2017.
Baraulina, T. 2007. Integration und interkulturelle Konzepte in den Kommunen. *Aus Politik und Zeitgeschichte (APuZ)* 22–23:26–32.
Bendel, P., und A. Borkowski. 2016. Entwicklung der Integrationspolitik. In *Einwanderungsgesellschaft Deutschland*, Hrsg. M. Sauer und H. Ulrich Brinkmann, 255–279. Wiesbaden: Springer VS.
Bertelsmann Stiftung. 2015. Religionsmonitor. Verstehen was verbindet. Sonderauswertung Islam 2015. Die wichtigsten Ergebnisse im Überblick. https://www.bertelsmann-stiftung.de/fileadmin/files/Projekte/51_Religionsmonitor/Zusammenfassung_der_Sonderauswertung.pdf. Zugegriffen: 8. Sept. 2017.
BMI (Bundesministerium des Inneren). 2017. Migration und Integration. http://www.bmi.bund.de/DE/Themen/Migration-Integration/Integration/integration_node.html. Zugegriffen: 8. Sept. 2017.
Bommes, M. 1999. *Migration und nationaler Wohlfahrtsstaat. Ein Differenzierungstheoretischer Entwurf*. Opladen: Westdeutscher Verlag.
Bommes, M. 2007. Integration – Gesellschaftliches Risiko und politisches Symbol. *Aus Politik und Zeitgeschichte (APuZ)* 22–23:3–5.
Bommes, M. 2009. Die Rolle der Kommunen in der bundesdeutschen Migrations- und Integrationspolitik. In *Lokale Integrationspolitik in der Einwanderungsgesellschaft.*

Migration und Integration als Herausforderung von Kommunen, Hrsg. F. Gesemann und R. Roth, 89–109. Wiesbaden: VS Verlag.

Bommes, M., und G. Sciortino, Hrsg. 2011. *Foggy social structures. Irregular migration, European labour market and the welfare state*. Amsterdam: Amsterdam University Press.

Braun, S., und T. Nobis, Hrsg. 2011. *Migration, Integration und Sport. Zivilgesellschaft vor Ort*. Wiesbaden: VS Verlag.

Bundeshaushalt. 2017. Ausgaben Bundesministerium des Inneren für Integration. https://www.bundeshaushalt-info.de/#/2017/soll/ausgaben/einzelplan/0603.html. Zugegriffen: 8. Sept. 2017.

Bundesregierung 2016. Abschluss der Kabinettsklausur. Merkel: Integrationsgesetz ist Meilenstein. https://www.bundesregierung.de/Content/DE/Arti-kel/2016/05/2016-05-25-meseberg-gabriel-merkel-mittwoch.html. Zugegriffen: 11. Juni 2016.

Bundesverband Deutscher Stiftungen. 2017. Integration von Geflüchteten. https://www.stiftungen.org/themen/gesellschaft/integration-von-gefluechteten.html#tabbed-list-62392-content-9. Zugegriffen: 8. Sept. 2017.

Butterwegge, C. 2009. Globalisierung als Spaltpilz und sozialer Sprengsatz. Weltmarktdynamik und ‚Zuwanderungsdramatik' im postmodernen Wohlfahrtsstaat. In *Zuwanderung im Zeichen der Globalisierung. Migrations-, Integrations- und Minderheitenpolitik*, Hrsg. C. Butterwegge und G. Hentges, 55–102. Wiesbaden: VS Verlag.

Carmel, E., A. Cerami, und T. Papadopoulus. 2012. *Migration and welfare in the new Europe. Social protection and the challenges of integration*. Bristol: Policy Press.

Elwert, G. 1982. Probleme der Ausländerintegration. Gesellschaftliche Integration durch Binnenintegration? *Kölner Zeitschrift für Soziologie und Sozialpsychologie* 4:717–731.

Entzinger, H. 2013. Grenzen, Migration und Politik. Wie Gesellschaften, Regierungen und Wissenschaft mit Integration umgehen. *WZB Mitteilungen* 142:6–9.

Esser, H. 1986. Ethnische Kolonien: ‚Binnenintegration' oder gesellschaftliche Isolation? In *Segregation oder Integration. Die Situation von Arbeitsmigranten im Aufnahmeland*, Hrsg. H.P. Jürgen und Hoffmann-Zlotnik, 106–117. Mannheim: FRG.

Esser, H. 2001. Integration und ethnische Schichtung. Arbeitspapier Nr. 40, Mannheimer Sozialforschung. http://www.mzes.uni-mannheim.de/publications/wp/wp-40.pdf. Zugegriffen: 30. Juni 2017.

Fijalkowski, J., und H. Gillmeister. 1997. *Ausländervereine – Ein Forschungsbericht über die Funktion von Eigenorganisationen für die Integration von Zuwanderern in einer Aufnahmegesellschaft – Am Beispiel Berlins*. Berlin: Hitit.

Gathmann, F., und A. Reimann. 2011. Populismus-Offensive – Union macht auf Sarrazin. Spiegel Online vom 10.03.2011. http://www.spiegel.de/politik/deutschland/populismus-offensive-union-macht-auf-sarrazin-a-750066.html. Zugegriffen: 1. Juli 2017.

Gesemann, F., und R. Roth. 2014. Integration ist (auch) Ländersache! Schritte zur politischen Inklusion von Migrantinnen und Migranten in den Bundesländern. Eine Studie des Instituts für Demokratische Entwicklung und Soziale Integration (DESI) für die Friedrich-Ebert-Stiftung, Forum Berlin. http://library.fes.de/pdf-files/dialog/10528-version-20140317.pdf. Zugegriffen: 18. Juli 2017.

Halm, D. 2015. Potenzial von Migrantenorganisationen als integrationspolitische Akteure. *IMIS-Beiträge* 20 (47): 37–67. https://www.imis.uni-osnabrueck.de/fileadmin/4_Publikationen/PDFs/imis47.pdf. Zugegriffen: 18. Juli 2017.

Halm, D., und M. Sauer. 2015. Soziale Dienstleistungen der in der Deutschen Islam Konferenzvertretenen religiösen Dachverbände und ihrer Gemeinden. Studie im Auftrag der Deutschen Islam Konferenz. http://www.deutsche-islam-konferenz.de/SharedDocs/Anlagen/DIK/DE/Downloads/WissenschaftPublikationen/soziale-dienstleistungen-gemeinden.pdf?__blob=publicationFile. Zugegriffen: 30. Juni 2017.

Halm, D., und Z. Sezgin. 2013. *Migration and organized civil society. Rethinking national policy*. Oxon: Routledge.

Hanganu, E., L. Kolland, und M. Neske. 2015. Arbeitsmarktintegration von Asylbewerberinnen und Asylbewerbern – Hintergrund und Erfahrungen. In *Profile der Neueinwanderung. Differenzierungen in einer emergenten Realität der Flüchtlings- und Arbeitsmarktintegration*, Hrsg. Christian Pfeffer-Hoffmann, 142–159. Berlin: Mensch und Buch Verlag.

Heckmann, F. 2015. *Integration von Migranten. Einwanderung und neue Nationenbildung*. Wiesbaden: VS Springer.

Hegelich, S., und H. Meyer. 2008. Das deutsche Wohlfahrtssystem. In *Europäische Wohlfahrtssysteme*, Hrsg. K. Schubert, S. Hegelich, und U. Bazant, 127–148. Wiesbaden: VS Verlag.

Hoesch, K. 2018. *Migration und Integration. Eine Einführung*. Wiesbaden: Springer VS.

Höhne, J., und K. Schulze Buschoff. 2015. Die Arbeitsmarktintegration von Migranten und Migrantinnen in Deutschland. Ein Überblick nach Herkunftsländern und Generationen. *WSI-Mitteilungen* 5:345–354.

Huisken, F. 2016. *Abgehauen. Eingelagert aufgefischt durchsortiert abgewehrt eingebaut. Neue deutsche Flüchtlingspolitik*. Hamburg: VSA Verlag.

Hunger, U. 2004. Wissenschaftliches Gutachten im Auftrag des Sachverständigenrates für Zuwanderung und Integration des Bundesministeriums des Innern der Bundesrepublik Deutschland zur Frage „Wie können Migrantenselbstorganisationen den Integrationsprozess betreuen?" Osnabrück.

Hunger, U., und M. Candan. 2014. Politisches Engagement von Migranten in Vereinen und Verbänden. Migrantenorganisationen als politische Akteure. *Forschungsjournal Soziale Bewegungen* 27 (4): 137–141.

Hunger, U., et al. 2008. *Migrations- und Integrationsprozesse in Europa. Vergemeinschaftung oder nationalstaatliche Lösungswege?* Wiesbaden: VS Verlag.

Jakob, C. 2016. Die Bleibenden. Flüchtlinge verändern Deutschland. *Aus Politik und Zeitgeschichte (APuZ)* 14–15:9–14.

Kleinschmidt, H. 2011. *Migration und Integration. Theoretische und historische Perspektiven*. Münster: Westfälisches Dampfboot.

Kogan, I. 2016. Arbeitsmarktintegration von Zuwanderern. In *Einwanderungsgesellschaft Deutschland. Entwicklung und Stand der Integration*, Hrsg. H.U. Brinkmann und M. Sauer, 177–199. Wiesbaden: Springer VS.

Kolb, H. 2014. Vom ‚restriktiven Außenseiter' zum ‚liberalen Musterland'. Der deutsche Politikwechsel in der Arbeitsmarktintegration. *Zeitschrift für Politik Sonderband* 6:71–92.

Kösemen, O. 2016. „Wir schaffen das!" Die Flüchtlingseinwanderung als Wendepunkt für das deutsche Selbstverständnis als Nation. In *Vielfalt statt Abgrenzung. Wohin steuert Deutschland in der Auseinandersetzung um die Einwanderung und Flüchtlinge?* Hrsg. Bertelsmann Stiftung, 95–109. Gütersloh: Bertelsmann Stiftung.

Kuhlmann, J. 2013. Diskriminierende Arbeitsmarktpolitik – Migranten in Deutschland und den Niederlanden im neuen Aktivierungsregime. *Zeitschrift für Sozialreform* 59 (3): 387–407.

Kühne, P. 2009. Flüchtlinge und der deutsche Arbeitsmarkt. Dauernde staatliche Integrationsverweigerung. In *Zuwanderung im Zeichen der Globalisierung. Migrations-, Integrations- und Minderheitenpolitik*, Hrsg. Christoph Butterwegge und Gudrun Hentges, 253–267. Wiesbaden: VS Verlag.

Lancee, B., und S. Pardos-Prado. 2013. Group conflict theory in a longitudinal perspective. Analyzing the dynamic side of ethnic competition. *International Migration Review* 47 (1): 106–131.

Landesintegrationsrat. 2018. Integrationsräte. http://landesintegrationsrat-nrw.de/mitglieder/. Zugegriffen: 17. Jan. 2018.

Leptien, K. 2013. Germany's Unitary Federalism. *IMIS-Beiträge* 43 (Special Issue: Immigration and Federalism in Europe. Federal, State and Local Regulatory Competencies in Austria, Belgium, Germany, Italy, Russia, Spain and Switzerland, Hrsg. Dietrich Thränhardt): 39–47. https://www.imis.uni-osnabrueck.de/fileadmin/4_Publikationen/PDFs/imis43.pdf. Zugegriffen: 18. Juli 2017.

Löhlein, H. 2009. Die Rolle der Wohlfahrtsverbände bei der Integration vor Ort. In *Kommunale Integration von Menschen mit Migrationshintergrund – Ein Handbuch*, Hrsg. Petra Mund und Bernhard Theobald, 130–149. Berlin: Lambertus.

Maas, H. 2016. Heiko Maas zur Handlungsfähigkeit der Koalition. http://www.bmjv.de/SharedDocs/Zitate/DE/2016/02262016_Koalition.html;jsessionid = E3B2B-188FC395647ADA2089D3CAEA458.1_cid297?nn = 6704286. Zugegriffen: 1. Juli 2017.

Meyer, H., und K. Schubert. 2011. Vielfalt als Potential – Implikationen aus dem Verhältnis von Politik und Islam. In *Politik und Islam*, Hrsg. Hendrik Meyer und Klaus Schubert, 290–310. Wiesbaden: VS Verlag.

Mohr, K. 2005. Stratifizierte Rechte und soziale Exklusion von Migranten im Wohlfahrtsstaat. *Zeitschrift für Soziologie* 34 (5): 383–398.

Morel, N., B. Palier, und J. Palme. 2012. Beyond the welfare state as we knew it? In *Towards a social investment welfare state? Ideas, policies and challenges*, Hrsg. N. Morel, B. Palier, und J. Palme, 1–30. Bristol: Policy Press.

Morgenstern, M. 2003. *Kirchenasyl in der Bundesrepublik Deutschland. Historische Entwicklung, aktuelle Situation, internationaler Vergleich*. Wiesbaden: Westdeutscher Verlag.

Pioch, R. 2008. Diskriminierung von Migranten und Migrantinnen im deutschen Sozialstaat. In *Die Natur der Gesellschaft: Verhandlungen des 33. Kongresses der Deutschen Gesellschaft für Soziologie in Kassel 2006. Teilband 1 und 2*, Hrsg. K.-S. Rehberg und Deutsche Gesellschaft für Soziologie, 2037–2047. Frankfurt a. M.: Campus.

Popper, K. 1945. *The open society and its enemies. Part 1: The spell of Plato*. London: Routledge.

Pries, L. 2013. Was sind Migranten(selbst)organisationen? Kurzdossier der Bundeszentrale für politische Bildung. http://www.bpb.de/gesellschaft/migration/kurzdossiers/158870/was-sind-migrantenselbstorganisationen. Zugegriffen: 29. Juni 2017.

Pries, L. 2016. *Migration und Ankommen. Die Chancen der Flüchtlingsbewegung*. Frankfurt: Campus.

Sauer, M. 2016. Politische und zivilgesellschaftliche Partizipation von Migranten. In *Einwanderungsgesellschaft Deutschland*, Hrsg. M. Sauer und H.U. Brinkmann, 255–279. Wiesbaden: Springer VS.

Sauer, M., und H.U. Brinkmann. 2016. Einführung: Integration in Deutschland. In *Einwanderungsgesellschaft Deutschland*, Hrsg. M. Sauer und H.U. Brinkmann, 1–21. Wiesbaden: Springer VS.

Scherr, A. 2009. Leitbilder in der politischen Debatte: Integration, Multikulturalismus und Diversity. In *Integrationspolitik in der Einwanderungsgesellschaft. Migration und Integration als Herausforderung von Kommunen*, Hrsg. F. Gesemann und R. Roth, 71–88. Wiesbaden: VS Verlag.

Schiffauer, W., A. Eilert, und M. Rudolff. 2017. *So schaffen wir das. Eine Zivilgesellschaft im Aufbruch. 90 wegweisende Projekte mit Geflüchteten*. Bielefeld: transcript.

Schiffer-Nasserie, A. 2012. Integration – Der neue Imperativ in Politik und Pädagogik. *Journal für Politische Bildung* 4:18–29.

Schmidt, M.G. 1995. *Wörterbuch zur Politik*. Stuttgart: Kohlhammer.

Statistisches Bundesamt, und Wissenschaftszentrum Berlin für Sozialforschung (WZB), Hrsg. 2016. Datenreport 2016. Ein Sozialbericht für die Bundesrepublik Deutschland. Bonn: Bundeszentrale für politische Bildung. https://www.destatis.de/DE/Publikationen/Datenreport/Downloads/Datenreport2016.pdf;jsessionid=927F37D7C06F522B4971B13A6EEEDFAF.cae4?__blob=publicationFile. Zugegriffen: 1. Juli 2017.

Süssmuth, R. 2012. Migration und Integration. Licht- und Schattenseiten des Föderalismus. In *Handbuch Föderalismus – Föderalismus als demokratische Rechtsordnung und Rechtskultur in Deutschland, Europa und der Welt*, Hrsg. Ines Härtel, 905–919. Berlin: Springer.

Thränhardt, D. 2001. Zuwanderungs- und Integrationspolitik in föderalistischen Ländern. In *Integrationspolitik in föderalistischen Systemen*, Hrsg. L. Akgün und D. Thränhardt, 15–33. Münster: LIT.

Thränhardt, D. 2009. Migration und Integration als Herausforderung von Bund, Ländern und Gemeinden. In *Migration und Integration als Herausforderung von Kommunen*, Hrsg. F. Gesemann und R. Roth, 267–278. Wiesbaden: VS Verlag.

Thränhardt, D. 2013a. Integration und bürgerschaftliches Engagement – Ein Einblick in Geschichte und Theorie. Publikation der Konrad-Adenauer-Stiftung, 57–76. http://www.kas.de/upload/Publikationen/2014/neue_impulse_fuer_die_integrationspolitik/140212_integrationspolitik_thraenhardt.pdf. Zugegriffen: 29. Juni 2017.

Thränhardt, D. 2013b. Migrantenorganisationen. Engagement, Transnationalität und Integration. *WISO Diskurs – Expertisen und Dokumentationen zur Wirtschafts- und Sozialpolitik*, 5–20.

Thränhardt, D. 2013c. Immigration and integration in European federal countries: A comparative evaluation. *IMIS-Beiträge* 43 (Special Issue: Immigration and Federalism in Europe. Federal, State and Local Regulatory Competencies in Austria, Belgium, Germany, Italy, Russia, Spain and Switzerland, Hrsg. Dietrich Thränhardt): 7–20. https://

www.imis.uni-osnabrueck.de/fileadmin/4_Publikationen/PDFs/imis43.pdf. Zugegriffen: 18. Juli 2017.

Thränhardt, D. 2015. Die Arbeitsmarktintegration von Flüchtlingen in Deutschland. Humanität, Effektivität, Selbstbestimmung. Gütersloh. https://www.bertelsmann-stiftung.de/fileadmin/files/Projekte/28_Einwanderung_und_Vielfalt/Studie_IB_Die_Arbeitsintegration_von_Fluechtlingen_in_Deutschland_2015.pdf. Zugegriffen: 1. Juli 2017.

Treichler, A. 2002. *Wohlfahrtsstaat, Einwanderung und ethnische Minderheiten. Probleme, Entwicklungen, Perspektiven*. Wiesbaden: Westdeutscher Verlag.

Verband für interkulturelle Wohlfahrtspflege, Empowerment und Diversity (VIW). 2018. Satzung. http://www.viw-bund.de/satzung.html. Zugegriffen: 17. Jan. 2018.

Voigt, C. 2016. Die Bundesregierung als Integrationsverweigerer. Das neue Arbeitserlaubnisrecht dient weder den Geflüchteten noch der Gesellschaft. In Tag des Flüchtlings 2016, 39–41. https://frsh.de/fileadmin/schlepper/schl_79-80/s79-80_39-41.pdf. Zugegriffen: 30. Juli 2017.

Weichselbaumer, D. 2016. Discrimination against female migrants wearing headscarves. IZA Discussion Paper No. 10217, September 2016. https://ftp.iza.org/dp10217.pdf. Zugegriffen: 1. Juli 2017.

Weiss, K. 2013. Migrantenorganisationen und Staat. Anerkennung, Zusammenarbeit, Förderung. *WISO Diskurs – Expertisen und Dokumentationen zur Wirtschafts- und Sozialpolitik*, 21–31.

Arbeitsmarktintegration durch Netzwerke: Das Fallbeispiel „MAMBA"

Danielle Gluns

Zusammenfassung
Dieser Beitrag erläutert die Strukturen und Aktivitäten des Netzwerks MAMBA (Münsters Aktionsprogramm für Migrant_innen & Bleibeberechtigte zur Arbeitsmarktintegration in Münster und im Münsterland) als Beispiel einer sozialen Investition im Bereich der Arbeitsmarktintegration geflüchteter Menschen. Es wird deutlich, dass die operativen Partner durch ihre jeweilige Expertise dazu beitragen, Hürden bei der Integration in den Arbeitsmarkt zu überwinden bzw. abzubauen. Dabei sind ein strategisches Netzwerkmanagement und die Koordination der verschiedenen Partner zentral für den Erfolg des Netzwerks.

Schlüsselwörter
Sozialpolitik · Integration · Arbeitsmarktpolitik · Zivilgesellschaft · Soziale Investition

1 Einleitung

Wie der vorangegangene Beitrag von Hendrik Meyer in diesem Band zeigt, hat sich die Integrationspolitik zu einem integralen Bestandteil des deutschen Wohlfahrtsstaats entwickelt, in dem insbesondere die großen Wohlfahrtsverbände, aber

---

D. Gluns (✉)
Universität Hildesheim, Hildesheim, Deutschland
E-Mail: glunsd@uni-hildesheim.de

auch lokale Organisationen eine wichtige Rolle spielen und dabei mit staatlichen und wirtschaftlichen Akteuren kooperieren.

Im Folgenden wird das Programm „MAMBA – Münsters Aktionsprogramm für Migrant_innen & Bleibeberechtigte zur Arbeitsmarktintegration in Münster und im Münsterland" vorgestellt. Es ist ein Beispiel für ein Netzwerk zivilgesellschaftlicher, privater und öffentlicher Organisationen, das das Ziel verfolgt, Migrant_innen und Geflüchtete in den Arbeitsmarkt zu integrieren. An diesem Beispiel kann sehr gut die Rolle der Zivilgesellschaft illustriert und verdeutlicht werden, wie sie mit den rechtlichen Rahmenbedingungen der Migration und des Sozialstaates umgeht, sowie auf welche Weise soziale Investitionen im deutschen Mehrebenensystem umgesetzt werden.

Die Mitglieder des Netzwerks versuchen, die durch das Aufenthaltsrecht geschaffenen Hürden beim Arbeitsmarktzugang auszugleichen und eine gleichberechtigtere Teilhabe der Migrant_innen zu erreichen. Dabei bauen sie auf die entsprechenden Stärken der beteiligten Organisationen und erreichen durch eine strategische Koordination des Netzwerks Synergieeffekte.

2 Das Fallbeispiel MAMBA

Das erste MAMBA-Projekt wurde 2008 durch die Gemeinnützige Gesellschaft zur Unterstützung Asylsuchender (GGUA) in Münster gegründet, einen lokalen Verein mit rund 200 ehrenamtlichen und 26 hauptamtlichen Mitarbeiter_innen. Damals hatte die Bundesregierung das „Bleiberechtsprogramm" ins Leben gerufen, das aus Mitteln des Europäischen Sozialfonds (ESF) sowie des Bundesministeriums für Arbeit und Soziales (BMAS) gefördert wurde (BMAS 2008). Das Programm war in zwei Förderphasen unterteilt (2008–2010 und 2010–2013). Trotz einer sehr positiven Evaluierung wollte die Bundesregierung das Programm 2012 zunächst nicht fortführen, was eine Protestwelle zivilgesellschaftlicher und politischer Akteure hervorrief (Deutscher Bundestag 2013). Schließlich wurde für die Förderperiode 2014–2020 das Programm „ESF-Integrationsrichtlinie Bund" aufgelegt, aus dem aktuell MAMBA 3 gefördert wird (BMAS 2014).

Die Ziele der Programme unterscheiden sich im Großen und Ganzen nicht. Die Hauptzielsetzung ist es, Migrant_innen in den Arbeitsmarkt zu integrieren und Hindernisse für eine erfolgreiche Teilhabe am Arbeitsmarkt auszuräumen. Allerdings haben sich die Zielgruppen des Programms im Laufe der Zeit gewandelt. Richtete sich das Programm zunächst an Bleibeberechtigte, die häufig bereits seit vielen Jahren mit dem Status der „Duldung"[1] in Deutschland lebten, so wurde der Kreis der Teilnehmenden sukzessive erweitert und umfasst jetzt auch anerkannte Flüchtlinge und Asylsuchende mit mindestens nachrangigem Zugang zum Arbeitsmarkt (Borosch und Klein 2017, S. 24 f.; BMAS 2014).

2.1 Aktivitäten

Um eine gleichberechtigte Teilhabe der Migrant_innen und Geflüchteten am deutschen Arbeitsmarkt zu erreichen und die Abhängigkeit von Sozialleistungen zu verringern, müssen strukturelle und individuelle Hindernisse abgebaut werden. Zu den strukturellen Hindernissen gehören beispielsweise die Bedingungen des regionalen Arbeitsmarktes sowie eine strukturell bedingte Diskriminierung von Zugewanderten. Individuelle Barrieren des Arbeitsmarktzugangs umfassen geringe Deutschkenntnisse, fehlende schulische oder berufliche Qualifikationen bzw. formelle Nachweise hierüber, mangelndes Wissen über die Bedingungen des deutschen Arbeitsmarktes sowie Kontakte zu potenziellen Arbeitgebern. Daher konzentriert sich das Netzwerk vor allem auf die Organisation, Durchführung und/oder Vermittlung von Aus- und Weiterbildungsmaßnahmen, Sprachkursen und Praktika, sowie auf die Unterstützung bei der Arbeitssuche. Darüber hinaus kann aber auch eine Unterstützung in weiteren Politikfeldern wie z. B. in Bezug auf das Wohnen, soziale Sicherheit oder auch Kinderbetreuung nötig sein, um die Lebenssituation der Teilnehmenden zu verbessern und teilweise eine Beschäftigungsfähigkeit überhaupt erst herzustellen. Daher bieten die Projektpartner eine umfassende Beratung und Unterstützung der Teilnehmenden an (Borosch und Klein 2017, S. 25 ff.). Somit wird durch das Netzwerk ein „ganzheitlicher, individueller Ansatz" (BMAS 2017, S. 6) verfolgt. Dabei haben die beteiligten Organisationen unterschiedliche Schwerpunkte, die im Folgenden näher erläutert werden.

---

[1]Die „Duldung" ist eine vorübergehende Aussetzung der Abschiebung, stellt also keinen Aufenthaltstitel dar. Sie wird jedoch häufig mehrfach erneuert und führt so zu langfristigen Aufenthalten ohne rechtlichen Aufenthaltsstatus. Die Bundesregierung schuf 2007/2008 die sogenannte „Bleiberechtsregelung", die langjährig „Geduldeten" die Möglichkeit bot, ein dauerhaftes Bleiberecht zu erhalten, wenn sie verschiedene Bedingungen erfüllten. Eine dieser Bedingungen war die selbstständige Sicherung des Lebensunterhalts. Aufgrund vorheriger Arbeitsverbote, fehlender Sprachkurse und weiterer rechtlicher und struktureller Hindernisse war dieses Ziel jedoch für viele „Geduldete" schwer zu erreichen. Daher sollte das Bleiberechtsprogramm helfen, diese Barrieren zu verringern.

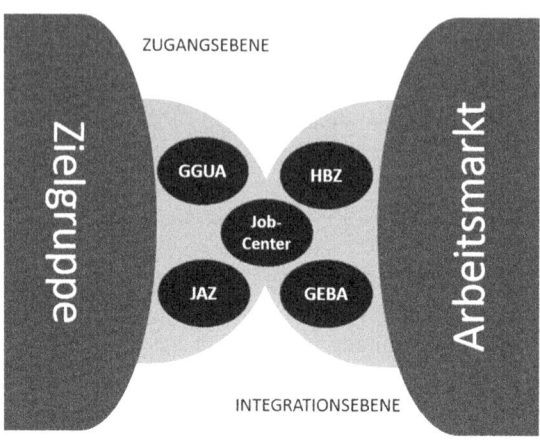

Abb. 1 MAMBA Partner. (Quelle: Borosch und Klein 2017, S. 50)

2.2 Interne Governance-Strukturen

MAMBA 3 besteht aus fünf operativen Partnern, die jeweils mit ihrer Expertise die Arbeit des Netzwerks unterstützen (siehe Abb. 1).

Koordiniert wird das Netzwerk von der Gemeinnützigen Gesellschaft zur Unterstützung Asylsuchender (GGUA) e. V., die bereits seit 1979 geflüchtete Menschen in Münster zu asyl- und aufenthaltsrechtlichen sowie sozialen Fragen berät. Im Laufe der Zeit hat die GGUA zudem verschiedene Projekte durchgeführt, um die Lebensbedingungen der Geflüchteten zu verbessern und ihre gesellschaftliche Inklusion zu fördern.[2] Aufgrund dieser langjährigen Tätigkeit in Münster verfügt die GGUA über einen sehr guten Zugang zur Zielgruppe sowie fundierte Kenntnisse im Sozial-, Aufenthalts- und Asylrecht. Sie engagiert sich auch sehr stark in der Öffentlichkeitsarbeit sowie für die Sensibilisierung für die Belange Geflüchteter. Diese Expertise bringt die GGUA auch in die Arbeit von MAMBA ein, indem die Organisation als erste, niedrigschwellige Anlaufstelle für die Asylsuchenden und Flüchtlinge dient, diese berät und gegebenenfalls an weitere (Partner-)Organisationen vermittelt. Außerdem führt die GGUA Schulungen für andere Akteur_innen durch, beispielsweise für Mitarbeitende der öffentlichen

---

[2] Siehe https://www.ggua.de/ggua/ueber-uns/. Zugegriffen: 14. August 2018.

Verwaltung, Arbeitgeber_innen sowie Ehrenamtliche. Darüber hinaus vertritt der Koordinator das Netzwerk nach außen und nimmt an den Koordinierungstreffen auf Bundesebene teil (Borosch und Klein 2017, S. 39 ff.).

Die Beratung von Flüchtlingen, die unter 25 Jahre alt sind, wird im Netzwerk vom Jugendausbildungszentrum (JAZ) übernommen. Auch das JAZ ist als gemeinnützige Organisation bereits seit 1982 in Münster aktiv. Es befindet sich seit 2009 in Trägerschaft der Caritas Münster und kümmert sich vorrangig um die Ausbildung und Qualifizierung junger Menschen durch die Beratung und Unterstützung beim Übergang zwischen Schule und Beruf, die Durchführung niedrigschwelliger Vorbereitungskurse und die Vermittlung von Arbeitsmöglichkeiten in anderen Organisationen.[3] Insbesondere mit anderen Partnern unter dem Dach der Caritas ist das JAZ bestens vernetzt.

Die Gesellschaft für Berufsförderung und Ausbildung (GEBA) bietet Qualifizierungsmöglichkeiten sowie fortgeschrittene und berufsbezogene Sprachkurse an und arbeitet hierbei eng mit der Agentur für Arbeit und dem Jobcenter zusammen. Darüber hinaus hat die Gesellschaft gute Kontakte zu Arbeitgeber_innen in der gesamten Region. In der Regel werden MAMBA-Teilnehmer_innen daher nach der ersten Aufnahmephase durch die GGUA oder das JAZ an die GEBA vermittelt, die ein persönliches Qualifikationsprofil erstellt, weitere Schritte plant und – ggf. nach einem aufbauenden Sprachkurs oder einer Qualifizierungsmaßnahme – Kontakte zu möglichen Arbeitgeber_innen herstellt. Die Mitarbeiter_innen unterstützen die Geflüchteten auch im Bewerbungsprozess, beispielsweise bei der Erstellung der Bewerbungsunterlagen oder der Vorbereitung auf Bewerbungsgespräche (Borosch und Klein 2017, S. 44 ff.).

Das Handwerkskammer Bildungszentrum (HBZ) erfüllt ähnliche Aufgaben für den Bereich des Handwerks. Durch seine enge Vernetzung mit Handwerksbetrieben in Münster und im Münsterland kann es Geflüchtete dabei unterstützen, hier ein Praktikum oder eine Ausbildungsstelle zu finden und bürokratische Hürden, beispielsweise bei der Erlangung einer Arbeitserlaubnis, zu überwinden. Da der Fachkräftemangel unter anderem in vielen Handwerksberufen sehr hoch ist, sind in diesem Bereich die beruflichen Aussichten für Flüchtlinge und Asylsuchende sehr gut (Borosch et al. 2019).

Schließlich ist auch das Jobcenter in Münster seit 2011 als operativer Partner am MAMBA-Netzwerk beteiligt. Das Jobcenter ist vor allem für Empfänger_innen von Leistungen nach dem Zweiten Sozialgesetzbuch (SGB II; insbesondere

---
[3]Siehe https://www.caritas-ms.de/foerderung-ausbildung/jugendausbildungszentrum-jaz/jugendausbildungszentrum-jaz. Zugegriffen: 14. August 2018.

Arbeitslosengeld II/„Hartz IV") zuständig. Im Rahmen von MAMBA sind dies die Teilnehmer_innen, die bereits eine Anerkennung als Asylsuchende oder Flüchtlinge erhalten haben. Das Jobcenter finanziert insbesondere Leistungen zur beruflichen Qualifikation, zur Aktivierung und beruflichen Eingliederung, zur Anerkennung von Schul- und Berufsabschlüssen, zum Erwerb und zur Verbesserung der Sprachkompetenz. Darüber hinaus ist es Ansprechpartner für Arbeitgeber_innen.[4]

Diese kurze Aufstellung zeigt, dass jede Partnerorganisation des Netzwerks im Rahmen ihrer jeweiligen Fähigkeiten und Schwerpunkte einen Beitrag dazu leistet, die Ziele des Projekts zu erreichen. Wichtig ist hierbei, dass die Kooperation auf verbindlichen Absprachen fußt, institutionelle Eigeninteressen überwunden und gemeinsame Ziele gesetzt werden. Darüber hinaus wird die „Übergabe" der Teilnehmenden zwischen den einzelnen Organisationen durch ein gemeinsames Case Management strukturiert (vgl. Borosch und Klein 2017). Dadurch wird das Netzwerk den heterogenen Bedarfen der Zielgruppe gerecht und kann diese individuell als Querschnittsaufgabe verschiedener Politikfelder bearbeiten.

2.3 Kooperation mit externen Akteuren

In der täglichen Arbeit von MAMBA sind nicht nur die operativen Partner von Bedeutung, sondern auch eine Reihe externer Organisationen, deren Beitrag entscheidend für den Erfolg des Programms ist. Dazu gehören unter anderem die strategischen Partner, namentlich das Amt für Ausländerangelegenheiten, der Integrationsrat, das Sozialamt sowie die Städtische Koordinierungsstelle für Migration und Interkulturelle Angelegenheiten. Sie nehmen aktiv am Netzwerk teil, indem sie beispielsweise neue Teilnehmer_innen gewinnen, über die Aktivitäten des Netzwerkes informieren und politische Öffentlichkeitsarbeit betreiben. Darüber hinaus sind hier die (potenziellen) Arbeitgeber_innen zu nennen, ohne deren Bereitschaft zur Einstellung von Migrant_innen eine Vermittlung in bezahlte Arbeit nicht möglich wäre. Sie werden durch die operativen Partner dabei unterstützt, die besonderen Herausforderungen geflüchteter Arbeitnehmer_innen zu verstehen und auf sie einzugehen sowie die administrativen Hürden bei der Beschäftigung von Menschen mit ungesichertem Aufenthaltsstatus zu überwinden.

---

[4]Siehe https://www.mamba-muenster.de/ueber-uns/. Zugegriffen: 14. August 2018.

3 MAMBA als soziale Investition

Die Finanzierung des Netzwerks aus Mitteln des ESF und des BMAS kann somit als nachhaltige soziale Investition betrachtet werden. Eine Evaluation von MAMBA im Rahmen eines durch die EU geförderten Forschungsprojekts[5] ergab, dass bereits durch die Vermittlung von zehn Geflüchteten in bezahlte Arbeit langfristig die Kosten für die Arbeit der Netzwerkpartner durch Steuermehreinnahmen und Minderausgaben des Sozialstaats kompensiert werden. Angesichts einer bereits jetzt deutlich höheren Vermittlungsquote kann die Arbeit des Netzwerks demzufolge als erfolgreiche soziale Investition betrachtet werden (Borosch und Klein 2017). Hierzu tragen die Synergien der Netzwerkpartner, die durch die enge Kooperation und das kontinuierliche Case Management entstehen, in besonderem Maße bei. Sie überwinden die Schnittstellenproblematiken des deutschen Sozialstaats, der in der Regel einzelne Bedarfe gesondert betrachtet, anstatt den „ganzen Menschen" mit seinen Bedürfnissen in den Blick nehmen zu können. Durch die kontinuierliche Begleitung durch das Netzwerk während der Ausbildung wird zudem das Risiko eines Ausbildungsabbruchs verringert (Borosch et al. 2019; siehe auch Knuth 2016, S. 19). Einzig die projektbasierte Finanzierung des Netzwerks behindert die Nachhaltigkeit der Innovation, da sie den stetigen Auf- und Ausbau kollaborativer Strukturen erschwert.

In der Logik sozialer Investitionen ist eine Vermittlung in den Arbeitsmarkt gesellschaftlich wünschenswert, da sie die Sozialsysteme entlastet und die regionale Wirtschaft stützt (vgl. Morel et al. 2011). Darüber hinaus ist der Zugang zu bezahlter Arbeit auch aus der Perspektive der meisten Geflüchteten ein wichtiges Ziel, das ihnen ermöglicht, ein eigenständiges Leben zu führen und einer sinnstiftenden Tätigkeit nachzugehen, anstatt nur als „Objekte" staatlicher Bürokratie verwaltet zu werden (vgl. Frings 2017).

Dementsprechend trägt die Förderung der Arbeitsmarktintegration zur Sozialintegration im Sinne Essers (siehe den Beitrag von Meyer in diesem Band) bei. Somit würde eine Regelfinanzierung von MAMBA sowie vergleichbarer Netzwerke sowohl auf individueller als auch auf gesellschaftlicher Ebene eine „lohnende" soziale Investition darstellen.

---

[5]Das Forschungsprojekt InnoSi – Innovative Social Investment. Strengthening Communities in Europe wurde durch das Horizon 2020 Programm der Europäischen Kommission gefördert und untersuchte soziale Investitionen im internationalen Vergleich. Für mehr Informationen siehe http://innosi.eu/about-innosi/. Zugegriffen: 14. August 2018.

Literatur

BMAS – Bundesministerium für Arbeit und Soziales. 2008. *Programmbeschreibung ‚XENOS – Integration und Vielfalt'*. Bonn.

BMAS – Bundesministerium für Arbeit und Soziales. 2014. *Funding Guidelines – ESF Integration Guidelines of the Federal Government.* Berlin.

BMAS – Bundesministerium für Arbeit und Soziales. 2017. Profil und spezifische Expertise der Netzwerke im Handlungsschwerpunkt IvAF. IvAF – Integration von Asylbewerberinnen, Asylbewerbern und Flüchtlingen. Bonn.

Borosch, N., und A. Klein. 2017. MAMBA – Labour market integration for refugees and asylum seekers in the city of Muenster (NRW). InnoSI WP4 Case studies. D4.2 Evaluation report on each case study. https://www.uni-muenster.de/imperia/md/content/ifpol/innosi/germany_mamba.pdf. Zugegriffen: 10. Jan. 2018.

Borosch, N., D. Gluns, und A. Zimmer. 2019. MAMBA. Network for labor market integration of migrants and refugees. In *Implementing innovative social investment*, Hrsg. S. Baines, A. Bassi, J. Csoba, und F. Sipos. Bristol: The Policy Press (im Druck).

Deutscher Bundestag. 2013. *Kleine Anfrage der Abgeordneten Ulla Jelpke, Heidrun Dittrich, Petra Pau, Frank Tempel, Jörn Wunderlich und der Fraktion DIE LINKE. Integrationsperspektiven von geduldeten und bleibeberechtigten Flüchtlingen*, Drucksache 17/13608. Berlin.

Frings, D. 2017. Flüchtlinge als Rechtssubjekte oder als Objekte gesonderter Rechte. In *Flüchtlinge*, Hrsg. C. Ghaderi und T. Eppenstein, 95–111. Wiesbaden: Springer VS.

Knuth, M. 2016. *Arbeitsmarktintegration von Flüchtlingen. Arbeitsmarktpolitik reformieren, Qualifikationen vermitteln.* Bonn: Friedrich-Ebert-Stiftung & Abteilung Wirtschafts- und Sozialpolitik (WISO Diskurs, 21/2016).

Morel, N., B. Palier, und J. Palme. 2011. Beyond the welfare state as we knew it? In *Towards a social investment welfare state? Ideas, policies and challenges*, Hrsg. N. Morel, B. Palier, und J. Palme, 1–30. Bristol: Policy Press.

Sport als Politik: Vereine vor neuen Herausforderungen

Joachim Benedikt Pahl und Annette Zimmer

Zusammenfassung

Das Politikfeld Sport ist in Deutschland staatsfern ausgestaltet. Sport wird hier maßgeblich durch zivilgesellschaftliche Akteure, den organisierten Sport, geprägt. Der organisierte Sport finanziert und verwaltet sich weitgehend autonom, wobei es eine partnerschaftliche Zusammenarbeit der unterschiedlichen Ebenen – Bund, Länder, Kommunen – gibt. Die Sportvereine sind der beliebteste Bereich, um Sport zu treiben und sich zu engagieren. Sie stellen damit eine wichtige soziale Infrastruktur der Zivilgesellschaft dar. Diese Infrastruktur bekommt allerdings Risse. Das Organisationsmodell der Vereine, welches auf freiwilliger Selbstorganisation der Mitglieder gründet, funktioniert aufgrund veränderter Engagementbereitschaft der Bürger oft nicht mehr. Zudem gestaltet sich die Nutzung öffentlicher Sportstätten vor dem Hintergrund von Budgetkürzungen der Kommunen als zunehmend schwierig. Als Antwort auf veränderte Kontextbedingungen investieren Sportvereine vermehrt in eigene Sportanlagen und professionalisieren ihre Personalstruktur. Um die damit verbundenen höheren Gemeinkosten zu finanzieren, haben sich Sportvereine inzwischen auch als Träger sozialer Dienstleistungen etabliert.

J. B. Pahl (✉) · A. Zimmer
Westfälische Wilhelms-Universität Münster, Münster, Deutschland
E-Mail: j.b.pahl@uni-muenster.de

A. Zimmer
E-Mail: zimmean@uni-muenster.de

Schlüsselwörter

Organisierter Sport · Sportpolitik · Sportförderung · Sportselbstverwaltung

1 Einleitung

Sportvereinen kommt in Deutschland eine zentrale sport-, gesellschafts- und sozialpolitische Bedeutung zu. Der Deutsche Olympische Sportbund (DOSB) als Dachverband der mehr als 90.000 Sportvereine mit ca. 27 Mio. Mitgliedern ist die größte Sportorganisation der Welt (DOSB 2016). Der Sport ist auch der beliebteste Bereich bürgerschaftlichen Engagements in Deutschland. Mehr als 8.8 Mio. Bundesbüger_innen sind in Sportvereinen engagiert und als freiwillige Mitarbeiter_innen im Sportbetrieb (z. B. als Übungsleiter_innen) oder als ehrenamtliche Funktionsträger_innen (z. B. als Kassenwart) auf den Leitungsebenen der Vereine tätig (DOSB 2011, S. 5; Braun 2017). Dank des hier gebundenen bürgerschaftlichen Engagements und der Mitgliederbasierung sind Sportvereine ein wichtiges Element der Zivilgesellschaft.

Gleichzeitig gewinnen Sportvereine als Ersteller von Dienstleistungen für spezifische gesellschaftliche Gruppen zunehmende Relevanz. Aus Sicht der Wohlfahrtsstaats- und Sozialpolitikforschung zählt der Sport nicht zu den klassischen Bereichen sozialpolitischer Intervention, wie etwa Gesundheit oder Wohnen. Doch infolge des veränderten Fokus von Sportpolitik, und zwar auf Prävention, Integration spezifischer Bevölkerungsgruppen sowie Investition insbesondere in Humankapital und Empowerment, haben Sportvereine spätestens seit den 1970er Jahren als Dienstleister und Anbieter von Breiten-, Reha- und Gesundheitssport im Kontext einer vorsorgenden und investiven Sozialpolitik eine wachsende Bedeutung gewonnen. Die sozialpolitisch relevanten Leistungen der Vereine decken inzwischen ein weites Spektrum ab, das von der Gesundheitsprävention bis hin zu Maßnahmen im Dienst der Verbesserung von Integration und Inklusion unterschiedlicher Bevölkerungsgruppen, wie etwa Senior_innen, Menschen mit Behinderungen, Mitgrant_innen sowie Kinder und Jugendliche aus sozialbenachteiligten Familien, reicht.

Allerdings steht der organisierte Sport vor wachsenden Herausforderungen. 37 % der Sportvereine fühlen sich aktuell in ihrer Existenz bedroht (Breuer und Feiler 2017). Der Sanierungsstau bei öffentlichen Sportstätten und veränderte Engagement- und Sportinteressen der Bürger_innen bedrohen zusehends das Organisationsmodell der Sportvereine.

Wie gehen Sportvereine mit den wachsenden Herausforderungen um? Und wie verändern die Reaktionen der Vereine auf die veränderten Umweltbedingungen die Funktionslogik des organisierten Sports? Dieser Frage wird im folgenden Beitrag nachgegangen.

Einleitend geht der Beitrag zunächst auf die historische Entwicklung des Vereinssports ein und charakterisiert die für Deutschland typische Verbandsstrukturierung bzw. die Sportselbstverwaltung als Teil der Zivilgesellschaft. Daran anschließend wird Sport als Politikfeld skizziert und auf die enge Verbindung zwischen öffentlich-staatlich und verbandlich-zivilgesellschaftlicher Organisation des Sports und der Sportförderung eingegangen, wobei die zentralen Akteure des „dualen Systems", bestehend aus „öffentlicher Sportverwaltung" und „Sportselbstverwaltung" und ihre jeweiligen Zuständigkeiten auf den verschiedenen politischen Systemebenen beschrieben werden (Zimmer et al. 2011, S. 285). Daran anschließend wird auf die aktuellen Herausforderungen der Sportvereine als Mitgliederorganisationen und zivilgesellschaftliche Akteure vor Ort eingegangen, die sich bei veränderten gesellschaftlichen Bedingungen und zurückgehender öffentlicher Finanzierung zunehmend „am Markt behaupten" müssen.

Der vorliegende Beitrag kommt zum Schluss, dass sich die Steuerung eines Sportvereins in ein komplexes Unterfangen entwickelt hat. Auf der einen Seite gründet der Sportverein unbestritten auf dem Engagement und der kollektivistischen Selbstorganisation seiner Mitglieder, die nach wie vor das Herz der Vereine darstellen. Auf der anderen Seite etablieren sich Sportvereine zusehends als professionelle Anbieter von Sport- sowie sozialen Dienstleistungen, die sowohl den strengen Qualitätskriterien der Kostenträger im Sinne des Patienten- und Kindeswohls Rechnung tragen, aber sich darüber hinaus auch durch Partizipation und den niedrig-schwelligen Zugang zu Gemeinschafts- und Sportaktivitäten des Vereins auszeichnen. Dieses „zivilgesellschaftliche Plus" der Vereinsarbeit zu erhalten, entwickelt sich zu einer zentralen aber auch komplexen Steuerungsaufgabe der Entscheidungsträger_innen im Verein.

Wie der Spagat zwischen Professionalisierung und Zivilgesellschaft gemeistert werden kann, wird abschließend anhand eines Fallbeispiels eines Hamburger Sportvereins illustriert, der sich durch ein breites Portfolio sportlicher als auch sozialpolitisch-relevanter Angebote auszeichnet und gleichzeitig versucht, sich als „klassischer Verein", der Gemeinschaft und soziales Miteinander ermöglicht, treu zu bleiben.

2 Historische Entwicklung des Vereinssports und der Verbandsstrukturierung

Sportvereine in Deutschland verfügen über eine lange Tradition, die sich auf die Turnvereine des Vormärz zu Beginn des 19. Jahrhunderts zurückdatieren lässt. Konstitutiv für die Sportvereine war von Beginn an das Moment der Selbstorganisation: Unabhängigkeit von staatlichen Instanzen, eine eigenständige Verwaltung bzw. ein Vorstand legitimiert durch demokratische Wahlen sowie nichtlimitierter Zugang zu Mitgliedschaft und statusübergreifende Inklusion der Mitglieder waren und sind Kriterien, die Sportvereine als zivilgesellschaftliche Organisationen auszeichnen (Hartmann-Tews 1996). Waren die Turnvereine mit ihrer Orientierung auf Gemeinschaft sowie auf Disziplin und Tapferkeit zunächst leitbildprägend, gewann der vereinsmäßig organisierte Wettkampfsport, wie etwa der Fußball, schnell an Popularität. Die beiden Traditionslinien – Turnen und Wettkampsport – verliefen zunächst getrennt voneinander.

Analog zum sozialen Bereich (vgl. den Beitrag von Holger Backhaus-Maul in diesem Band) kam es auch im Vereinssport frühzeitig zur Entstehung von Verbänden. Die bis heute prägende Strukturierung in mitgliederbasierte Vereine, die sportartenspezifischen Fach- und Dachverbänden angeschlossen sind, hat ihren Ursprung bereits im Kaiserreich (Zimmer et al. 2011, S. 278). Doch im Gegensatz zu heute waren Sportvereine und Verbände zunächst entlang gesellschaftlich-sozialer Konfliktlinien und unterschiedlicher religiöser Milieus organisiert. Bürgertum und Arbeiterschaft, Katholiken, Protestanten und Bürger_innen jüdischen Glaubens waren Mitglied lagerspezifischer Sportvereine und Verbände. Wettkämpfe wurden zwischen Vereinen des jeweiligen Lagers ausgetragen. Die Lagermentalität der Sportvereine und -verbände wurde infolge der zunehmenden Orientierung auf Wettkämpfe bereits in den 1930er Jahren infrage gestellt. Doch zu einer Neustrukturierung des Vereinssports kam es nicht mehr. Unter dem Nationalsozialismus wurden zunächst die Dachverbände des sozialistischen Lagers und die jüdische Sportorganisation verboten. Im Anschluss daran erfolgte die Gleichschaltung der bürgerlichen Sportverbände und die Unterstellung des vereinsmäßig organisierten Sports unter Aufsicht der Partei (Harring 2010, S. 37; Klages 2008, S. 186).

Nach dem Ende des Zweiten Weltkrieges wurde an die Strukturierung des Sports in Vereine, Fach- und Dachverbände wieder angeknüpft. Zunächst wurden von den Alliierten vor Ort Sportvereine lizenziert. Spiegelbildlich zum föderalen Aufbau des Landes entstanden in der Folge horizontal angeordnet die Landessportverbände und -bünde als sportartenübergreifende Dachorganisationen der

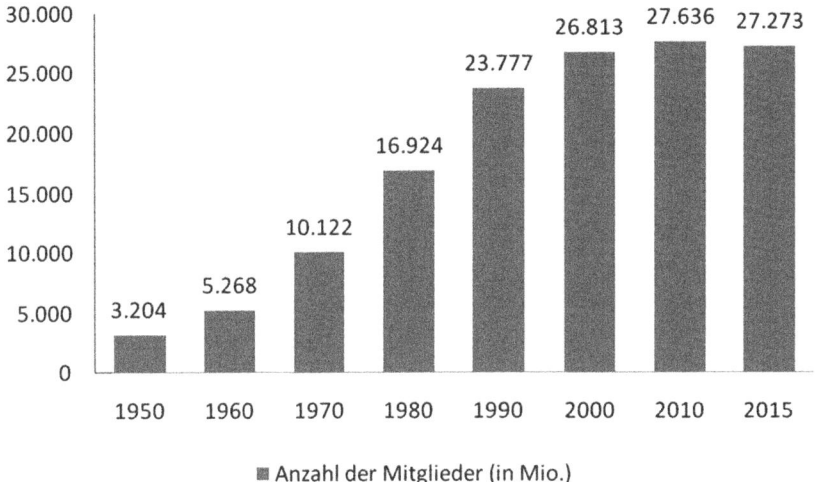

Abb. 1 Entwicklung der Vereinsmitgliedschaften. (DOSB Bestandserhebung 2016; Fahrner 2014, S. 59)

Vereine. Gleichzeitig entwickelten sich vertikal angeordnet die nach Sportarten und -disziplinen gegliederten Fachverbände und -ausschüsse (vgl. 3.3). Als Dachverband und Zusammenschluss aller deutschen Sportverbände entstand 1950 der Deutsche Sportbund (DSB), dem bis zum Zusammenschluss und Entstehung des Deutschen Olympischen Sportbundes (DOSB) im Jahr 2006 das Nationale Olympische Komitee (NOK) als sportartenübergreifende nationale Dachorganisation des Sports in Deutschland gegenüberstand.

Seit den 1950er Jahren befindet sich der Vereinssport in Deutschland kontinuierlich auf Wachstumskurs (s. Abb. 1), und zwar sowohl hinsichtlich der Neugründung von Vereinen wie auch hinsichtlich der Mitgliederentwicklung, und zwar von 3,2 Mio. im Jahre 1950 auf mehr als 27 Mio. Vereinsmitglieder aktuell.[1]

Für die bemerkenswerte Entwicklung des Vereinssports waren mehrere Faktoren ausschlaggebend. Neben dem im Vergleich zu den Anfangsjahren der Bundesrepublik deutlich gewachsenem Freizeitbudget sind hier insbesondere die Popularität des Breiten- und Freizeitsport ohne dezidierte Wettkampforientierung

---

[1]Siehe https://de.statista.com/statistik/daten/studie/215.297/umfrage/bevoelkerungsanteil-mit-einer-mitgliedschaft-im-sportverein-nach-alter/. Zugegriffen: 13. September 2018.

sowie aktuell die zunehmende Fitness und Gesundheitsorientierung weiter Teile der Bevölkerung zu nennen. Allerdings wurde das Wachstum des Vereinssports auch von der Politik nachhaltig unterstützt, und zwar sowohl durch Infrastrukturmaßnahmen wie auch durch werbewirksame Kampagnen. Allerdings wurden diese in der Regel vom Dachverband des Sports – heute DOSB – angestoßen und wie z. B. die sehr erfolgreiche Trimm-Dich-Bewegung von der Politik, aber auch der Wirtschaft und den Medien umfangreich unterstützt (Mörath 2005, S. 52).

Wenn auch auf sehr hohem Niveau, so stagniert inzwischen das Wachstum des Vereinssports. Ursächlich hierfür ist die Attraktivität sog. Trendsportarten, wie etwa Laufen, die individuell ohne Vereinsmitgliedschaft ausgeübt werden können. Zudem haben die Sportvereine durch Fitness-Center und andere kommerzielle Sportangebote, wie z. B. Yoga, spürbar Konkurrenz bekommen. Zunehmend infrage gestellt sieht sich ferner das Organisationsmodell des Sportvereins. Viele Mitglieder sehen in ihrem Verein inzwischen eher einen Dienstleister, der ein Sportangebot vorhält, als eine Gemeinschaft, zu deren Erhalt jedes Mitglied als freiwillig Engagierter oder ehrenamtlicher Funktionsträger beiträgt. So geben Vereine zunehmend Probleme bei der Rekrutierung von ehrenamtlichem Personal, insbesondere für Leitungs- und Führungspositionen im Vereinsvorstand an (Breuer und Feiler 2017; Zimmer et al. 2011, S. 309). Nicht nur das Sporttreiben im Verein hat an Attraktivität verloren, sondern auch das auf Mitgliedschaft und Ehrenamt basierende Organisationsmodell des Sportvereins wird zunehmend infrage gestellt. Bevor jedoch auf die aktuellen Herausforderungen des Vereinssports eingegangen wird, soll im folgenden Kapitel zunächst die Strukturierung des Politikfelds Sport mit der engen Verzahnung von Sportselbstverwaltung und öffentlicher Sportverwaltung als zentrales Charakteristikum dieses Politikbereichs näher beschrieben werden.

3 Sport als Politik: Akteure, Zuständigkeiten, Steuerung

3.1 Die Organisation des Sports in Deutschland

Kennzeichnend für die Bundesrepublik ist die enge Verbindung zwischen selbstverwalteter und öffentlicher Sportorganisation. Der Aufbau der öffentlichen Sportverwaltung ist dem föderalen Aufbau des Landes angepasst und dementsprechend auf den verschiedenen Ebenen des politischen Systems angesiedelt. Auf Bundes- und Landesebene ist der Sport in der Regel nicht eigens ressortiert, sondern in übergeordnete ministeriale Strukturen eingebettet und überwiegend den Innenministerien zugeordnet.

Im Folgenden wird zunächst auf die öffentliche Sportverwaltung eingegangen und daran anschließend die Sportselbstverwaltung mit ihrer für Deutschland charakteristischen Verbandsstrukturierung skizziert. Herauszustellen ist hierbei, dass auf jeder Ebene die öffentliche und private bzw. verbandliche Verwaltung des Sports eng zusammenarbeiten, wobei die Sportvereine als quasi mitgliederbasierte Basis die Hauptverantwortung für die Erstellung der Sportangebote tragen. Wie noch dargelegt wird, sehen sich insbesondere die Vereine infolge sowohl gesellschaftlicher Veränderungen – Stichwort Individualisierung – als auch aufgrund zurückgehender öffentlicher finanzieller wie insbesondere infrastruktureller Unterstützung – Substanzerhalt und Weiterentwicklung der Sportinfrastruktur – mit zunehmenden Herausforderungen konfrontiert.

3.2 Die öffentliche Sportverwaltung

3.2.1 Bund

Die sportpolitische Zuständigkeit des Bundes ist im Grundgesetz nicht definiert, leitet sich aber aus allgemeinen Bestimmungen ab, die etwa die Pflege der Beziehungen zu auswärtigen Staaten,[2] den Hochschulbau und die Verbesserung der regionalen Wirtschaftsstruktur[3], die Bildungsplanung und Forschungsförderung[4] sowie die finanzielle Förderung des Städtebaus[5] zum Inhalt haben. Schirmherr_in des deutschen Sports ist in repräsentativer Funktion der/die Bundespräsident_in; verantwortet wird die Sportpolitik auf Bundesebene von der Bundeskanzlerin bzw. dem Bundeskanzler und koordiniert vom Bundesinnenministerium. Der Bund ist sportpolitisch zuständig für Belange von nationalem und internationalem Interesse. In diese Bereiche fallen sportliche Entwicklungshilfe, Förderung ausgewählter Maßnahmen des Dachverbandes des deutschen Sports (DOSB) und der Bundesfachverbände, einzelne Vorhaben im Bereich des Sportstättenbaus, die Förderung des Spitzensports zu Zwecken nationaler Repräsentation, Modellprojekte im Bereich des Breitensports und

---

[2]vgl. Artikel 32 GG [Auswärtige Beziehungen].
[3]vgl. Artikel 91a GG [Mitwirkung des Bundes – Kostenverteilung].
[4]vgl. Artikel 91b GG [Bildungsplanung und Förderung der Forschung].
[5]vgl. Artikel 104a GG [Ausgabenverteilung – Finanzhilfe des Bundes], Abs. 4.

schließlich Großveranstaltungen wie Olympische Spiele sowie Welt- und Europameisterschaften. Im Detail lassen sich folgende Schwerpunkte der Sportförderung des BMI (Bundesministerium des Innern) benennen (Zimmer et al. 2011, S. 286):

- Jahresplanung der Fachverbände:
  z. B. internationales Wettkampfprogramm, Schulungsprogramm mit zentralen Lehrgängen der Nationalmannschaftskader, Schulung und Fortbildung von Trainer_innen und Kampfrichter_innen, Vergütung von Honorartrainer_innen, Förderung von talentierten Jugendlichen und Beschaffung technischer Hilfsmittel,
- Organisation von Veranstaltungen in der Bundesrepublik und Beteiligung an den Kosten internationaler Sportveranstaltungen,
- Unterhaltung, Ausbau und anteilige finanzielle Unterstützung der Bundesleistungszentren/Bundesstützpunkten
- Sportmedizinische Untersuchungen für Hochleistungssportler,
- Projekte des „Bundesausschusses Leistungssport" im DOSB,
- Vertretung in internationalen Organisationen,
- Sportstättenbau:
  Bundes- und Landesleistungszentren für den Hochleistungssport und Sportanlagen der Bundeswehr.

Dem Innenministerium unterstellt ist das Bundesinstitut für Sportwissenschaft (www.bisp.de), das Zweckforschung fördert, Förderungsprojekte wissenschaftlich begleitet und Sportstätten und -geräte entwickeln hilft. Neben dem BMI befassen sich verschiedene Ministerien auf Bundesebene mit ressortspezifischen Fragen und Themen des Sports, z. B. das Finanzministerium mit steuerrechtlichen Fragen, das Auswärtige Amt mit der Sportförderung im Rahmen der Auswärtigen Kulturpolitik, das Ministerium für Bildung und Wissenschaft mit dem Hochschulsport, das Verteidigungsministerium mit Bundeswehrsport und das Familienministerium mit Sportprojekten im sozialen und gesundheitlichen Bereich (Digel 1988, S. 62 ff.; Strob 1999, S. 218). Der Bund hat auch die Möglichkeit zur Förderung des Sports durch Sonderprogramme mit regionaler oder themen- und adressatengruppenspezifischer Zielsetzung. Eine wesentliche Förderung aus Bundesmitteln hat z. B. der Sport in Ostdeutschland im Rahmen des Programms „Goldener Plan Ost" erfahren. Die Mittel mit einem Volumen von über 400 Mio. EUR wurden im Zeitraum von 1999 bis 2009 im Wesentlichen für die strukturelle Erneuerung von Sportstätten in den damals neuen Ländern

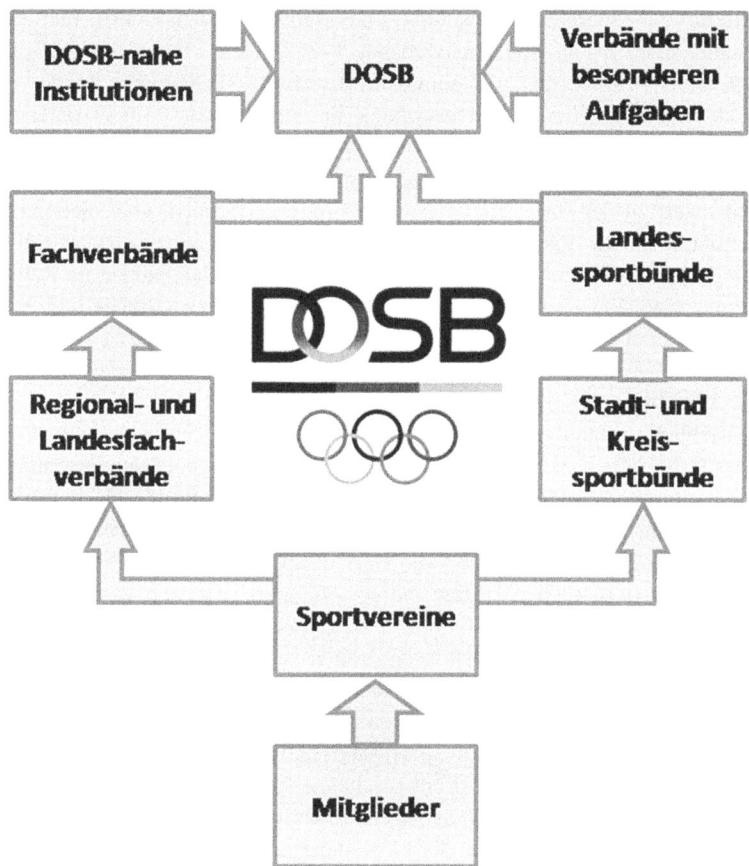

Abb. 2 Der Deutsche Olympische Sportbund – DOSB. (Müller 2010, S. 31)

eingesetzt.[6] Abgesehen von solchen Sonderprogrammen entfällt ein großer Anteil der Sportförderung des Bundes regulär auf die Unterstützung der verbandlichen

---

[6]Siehe http://www.bva.bund.de/DE/Organisation/Abteilungen/Abteilung_ZMV/Zuwendung_ Themen/Themenbereich_Sport/Goldener_Plan_Ost/Goldener_Plan_Ost-node.html. Zugegriffen: 13. September 2018.

Strukturen der Sportselbstverwaltung und damit auf den DOSB und seine angeschlossenen Dach- und Fachverbände (vgl. Abb. 2). Insgesamt betrachtet, erfolgt die Sportförderung und somit die distributive Politik des Bundes eher indirekt, indem die Sportselbstverwaltung mit öffentlichen Mitteln unterstützt wird. Abgesehen von Einzelprojekten und spezifischen Maßnahmen ist der Bund direkt primär in der Förderung des Spitzensports in Deutschland engagiert. Auch regulativ verfügt der Bund, im Gegensatz zum Sozialbereich, über eine geringe Eingriffstiefe in der Sportpolitik. Tangiert sind hier vor allem steuerrechtliche Regelungen (Vereinsrecht und Abgabenordnung) sowie Maßnahmen im Rahmen der Prävention und strafrechtlichen Ahndung von Doping (Breuer und Nowy 2017; Fechner et al. 2013, S. 25 ff.; Müller 2010, S. 30; Haring 2010, S. 45 ff.).

3.2.2 Länder

Hauptsächlich zuständig für den Sport sind gemäß des deutschen Föderalismus und der Kulturhoheit die Länder und Kommunen als nachgeordnete Verwaltungseinheiten. In der Vergangenheit war die Förderung des Sports als hoheitliche Aufgabe nicht explizit in den Landesverfassungen verankert. Seit den 1970er Jahren ist jedoch mit Ausnahme Hamburgs in allen Ländern die Unterstützung des Sports als gesetzlicher Auftrag mit sowohl sport- als auch sozialpolitischer Zielsetzung ausgewiesen (Digel 1988, S. 62 ff.; Weber et al. 1995, S. 234; Zimmer et al. 2011, S. 287 ff.). So ist in der Landesverfassung von Berlin festgelegt (Art. 32): „Sport ist ein förderungs- und schützenswerter Teil des Lebens. Die Teilnahme am Sport ist den Angehörigen aller Bevölkerungsgruppen zu ermöglichen." Differenzierter und auf spezifische Zielgruppen von sozialpolitischer Relevanz zugeschnitten lautet der entsprechende Artikel in der Landesverfassung von Brandenburg (Art. 35): „Sport ist ein förderungswürdiger Teil des Lebens. Die Sportförderung des Landes, der Gemeinden und Gemeindeverbände ist auf ein ausgewogenes und bedarfsgerechtes Verhältnis von Breitensport und Spitzensport gerichtet. Sie soll die besonderen Bedürfnisse von Schülern, Studenten, Senioren und Menschen mit Behinderung berücksichtigen."

Auf Länder und Gemeinden entfällt der Großteil der finanziellen Förderung des Sports und somit der distributiven Sportpolitik. Im Rahmen der Bildungshoheit wird der schulische Sportunterricht organisiert. Die Sportpolitik der Länder wird durch die Sportministerkonferenz koordiniert. Dabei ist auf Länderebene die Förderpolitik des Sports uneinheitlich gestaltet. Dies betrifft zum einen die Verortung des Sports im Kontext ministerieller Zuständigkeiten, wobei mit Ausnahme des Schulsports das Innenministerium auch in den Ländern in der Regel federführend ist. Zum anderen unterscheiden sich die Länder hinsichtlich des Umfangs der finanziellen Unterstützung des Sports sowie der Modi der

Mittelzuweisung. Als Faustregel kann festgehalten werden, dass Finanzkraft und Größe des Landes, gemessen an der Einwohnerzahl für den Sportetat des Landes ausschlaggebend sind.

Abgesehen von den Unterschieden hinsichtlich der Fördermaßnahmen und -schwerpunkte sowie der Ausgestaltung der Förderstrukturen lassen sich auch Gemeinsamkeiten der Länder hinsichtlich der Sportförderung erkennen. Als materielle und inhaltliche Schwerpunkte der distributiven Politik der Länder im Sport lassen sich festhalten:

- Sportstättenbau
- Dieser war lange Zeit das wichtigste Element der Sportförderung der Länder. Umgesetzt wurde u. a. der „Goldene Plan" als groß angelegte Infrastrukturmaßnahme zum Bau, Unterhalt und zur Weiterentwicklung von Sportstätten, der in Kooperation von Bund, Ländern, Gemeinden und Sportselbstverwaltung umgesetzt wurde.
- Schul- und Hochschulsport
- Finanzierung von Infrastrukturen (Sportstätten an Schulen und Hochschulen), Aus- und Fortbildung von Sportlehrer_innen, schulsportliche Wettkämpfe sowie die Förderung der Zusammenarbeit von Schule und Verein
- Förderung der Sportorganisation durch institutionelle, Projekt- und Maßnamenförderung
- u. a. Aus- und Weiterbildung sowie Honorierung von Übungsleiter_innen, Unterstützung von Sportveranstaltungen, Kauf von Sportgeräten, Leistungen der sportmedizinischen Betreuung
- Förderung zielgruppenspezifischer Maßnahmen
- z. B. Sport mit Senior_innen, Strafgefangenen, Drogenabhängigen, arbeitslosen Jugendlichen sowie Sportprogramme in sozialen Brennpunkten und aktuell Sportangebote für Migrant_innen (Zimmer et al. 2011: 290 ff.).

Festzuhalten ist, dass deutlicher als auf Bundesebene, die Länder Sportförderung insbesondere auch als sozialpolitische Aufgaben verstehen. Zum Ausdruck kommt dies eher leitbildmäßig in den „Sportartikeln" der Länderverfassungen sowie materiell in der Auflage von zielgruppenspezifischen Programmen, die der Verbesserung der Integration und Förderung von benachteiligten Bevölkerungsgruppen dienen. Gemeinsam ist den Ländern, dass die Förderung mittelbar über die Landessportbünde erfolgt, welche die Fördermittelverwaltung anstelle des Staates übernehmen und „Brückenköpfe des Staates in der Gesellschaft darstellen" (Haring 2010, S. 275, 279).

3.2.3 Gemeinden

Doch zweifelsfrei ist im Rahmen der öffentlichen Sportverwaltung die kommunale Ebene die wichtigste. Die lokale Sportpolitik beruht implizit auf Artikel 28 Absatz 2 des Grundgesetzes, der den Kommunen das Recht zuweist, alle Angelegenheiten der Gemeinschaft in eigener Verantwortung zu regeln. Nach Hockenjos (1995, zitiert nach Haring 2010, S. 49) tragen die Kommunen über 80 % der Sportförderung. Allerdings zählen der Sport und seine Förderung im Rahmen der kommunalen Selbstverwaltung nicht zu den Pflichtaufgaben. Das bedeutet, die Gemeinden sind nicht gesetzlich verpflichtet, den Sport vor Ort finanziell zu fördern sowie infrastrukturell zu unterstützen. Wenn sie aktiv werden, sind weder die Höhe noch die Art und Weise der Unterstützung – z. B. Sportvereinsförderung nach dem sog. Gießkannenprinzip oder auf Kontraktbasis – gesetzlich festgelegt. Ferner ist auch nicht gesetzlich geregelt, ob und in welchem Umfang Gemeinden sich infrastrukturell engagieren und Sport- und Spielstätten (Hallen, Plätze, Bäder) Sportvereinen kostenfrei oder gegen Gebühr zur Verfügung stellen bzw. überlassen. Gemäß den Ergebnissen der Sportentwicklungsberichte (Breuer und Feiler 2017) stellt sowohl die infrastrukturelle wie finanzielle kommunale Unterstützung für Sportvereine eine wichtige Ressource dar, wobei in der Regel nahezu jeder lokal aktive Sportverein von der Förderung – infrastrukturell wie monetär – profitiert. Allerdings sind die Zeiten einer großzügigen öffentlichen Förderung des Sports und der Sportvereine vor Ort vorbei. Vor allem in jüngster Zeit lässt sich eine zunehmende Kompetenz- und auch Risikoverlagerung von der Sportverwaltung zu den Sportvereinen feststellen. Kommunen übertragen vermehrt Sportstätten an Sportvereine, um finanzielle Risiken an die Sportvereine abzuwälzen und Kosten der Sportverwaltung zu reduzieren (Heining 2013, S. 66).

Nach wie vor kommt aber dem Sport als eine der wenigen uneingeschränkten Aufgaben der gemeindlichen Selbstverwaltung im Rahmen von Kommunalpolitik ein wichtiger Stellenwert zu. So findet sich in jeder deutschen Gemeinde mit mehr als 20.000 Einwohnern qualifiziertes Fachpersonal in der Verwaltung, das meist ressortiert im Sportamt mit Fragen der öffentlichen Sportverwaltung und Förderung befasst ist. Zudem lässt sich in der Mehrheit der Kommunen mit Blick auf den Sport in der Regel über parteipolitische Grenzen hinweg eine dauerhafte „große Sportfraktion" feststellen, die sich als Netzwerk fraktions- und parteiübergreifend für die Belange des Sports und der Sportvereine einsetzt (Hübner 2007, S. 110).

Obgleich Städte und Gemeinden in der Gestaltung ihrer Sportpolitik frei sind, lassen sich in der Retroperspektive Trends und Förderschwerpunkte erkennen, die sich an den Empfehlungen des Deutschen Städtetages orientieren. So hatten die „Leitsätze für die kommunale Sportpflege" des Städtetages von 1958 einen nachhaltigen Effekt auf die Entwicklung des Breitensports. Im Positionspapier „Sport in der Stadt" von 2002 wurde zur Sicherung der Lebensqualität in den Städten zu einer Stadtsportpolitik geraten, die in Kooperation mit den Vereinen Sport und sportnahe Freizeitangebote ermöglicht. Im Hinblick auf eine „gesunde Stadt" schreibt der Städtetag dem Sport eine herausgehobene Bedeutung zu (Zimmer et al. 2011, S. 292). In jüngster Zeit werden in den Publikationen des Städtetages die Potenziale des Sports und der Sportvereine zur Integration von Migrant_innen herausgestellt. Sportvereinen wird die Qualität zugeschrieben „eine barrierefreie Willkommenskultur" organisieren zu können sowie im Dienst der Vermittlung von Werten wie etwa Respekt, Toleranz, Verantwortungsgefühl und Durchhaltevermögen tätig zu werden (Deutscher Städtetag 2016, S. 52). Konkret umgesetzt wurden die Leitlinien lange Zeit durch die Erstellung von Sportinfrastruktur (Digel 1988) und heute vorrangig durch Auflage meist adressatenspezifischer Programme und Projekte (z. B. Braun und Nobis 2011).

3.3 Verbandsstrukturierung – Sportselbstorganisation

Unter dem Dach des Deutschen Olympischen Sportbundes (DOSB) ist die Organisation der Sportselbstverwaltung in Deutschland zum einen spiegelbildlich zur öffentlichen Verwaltung und föderalen Struktur des Landes in Landessportbünde sowie Kreis- und Stadtsportbünde gegliedert. Zum anderen ist die Verbandsstrukturierung des Vereinssports an die Bedarfe einer disziplinspezifischen Wettkampforganisation angepasst und in eine Vielzahl nationaler sowie Landes- und regionaler (sportdisziplinspezifischer) Fachverbände organisiert. Die Sportselbstorganisation weist daher eine duale Struktur auf. Sportvereine sind zugleich Mitglied in einem regionalen Verband sowie in sportartenspezifischen Fachverbänden.

Die Basis der Sportselbstverwaltung bilden die über 90.000 autonomen und in der Regel als e. V. organisierten Sportvereine mit ihren mehr als 27 Mio. Mitgliedern. Die lokalen Sportvereine sind meist Kreis- bzw. Stadtsportbünden als Mittlerorganisationen zwischen individuellen Vereinen und Politik (Kommunalverwaltung sowie Rat) angeschlossen. Der Stadtsportbund als Koordinierungsorgan übernimmt vielfältige Aufgaben, die von der Verantwortungsübernahme beim Bau und der Erhaltung der lokalen Sportinfrastruktur bis hin zu einem breiten Spektrum von den Vereinen zu Verfügung gestellten Dienstleistungen, wie etwa Arbeitshilfen oder Weiterbildung, reichen.

Gemäß dem Regionalprinzip sind die lokalen Sportvereine Mitglied im jeweiligen Landessportbund. Vor dem Hintergrund, dass gemäß des Föderalismus Sportpolitik in erster Linie Sache der Länder ist, kommt der Landesebene eine sehr wichtige Rolle zu. Auf der Landesebene werden die Vereine zum einen vertreten durch die Landessportbünde, und zwar als ihre politische Interessenvertretung (Winkler und Karhausen 1985, S. 78 ff.). Zum anderen bilden die jeweiligen Landessportbünde auf der regionalen bzw. Landesebene auch das „Dach" der sparten- und sportdisziplinspezifischen Fachverbände. Diese konzentrieren sich in ihrer Funktionswahrnehmung auf die Vertretung der Sportler und Sportlerinnen sowie der spezifischen Anliegen ihrer jeweiligen Sportart. Da die Fachverbände für die Wettkampforganisation zuständig sind, ist es durchaus nicht ungewöhnlich, dass ein Mehrspartensportverein Mitglied von einem ganzen Kranz disziplinspezifischer Fachverbände ist, die wiederum unter dem „Dach" des Landessportbundes agieren. Die Aufgaben der Landessportbünde sind daher breit gefächert. Es zählen hierzu u. a. die Vertretung der Interessen der Turn- und Sportvereine auf Landesebene, die Förderung der Ausbildung und Honorierung von Übungs- und Jugendleiter_innen sowie von Führungs- und Leitungskräften. Ferner sind sie eine wichtige Instanz der Vermittlung und Verteilung der öffentlichen Fördermittel sowie der Mittel aus dem Wettbetrieb (Haring 2010, S. 275). In Anbetracht der Konkurrenz der Sportarten untereinander, z. B. um öffentliche Förderung, treffen in den Landessportbünden durchaus konfligierende Interessen aufeinander. Die Landessportbünde wirken somit „nach außen" mit dem Adressaten Politik und allgemeine Öffentlichkeit sowie „nach innen" in Richtung Mitgliedschaft. Dazu zählen neben den Vereinen auch die Stadt- und Kreissportbünde. Finanziert werden die Landessportbünde überwiegend über Mitgliedsbeiträge, die proportional zur Zahl der Vereinsmitglieder an der Basis der Sportselbstverwaltung errechnet werden.

Der DOSB (Deutsche Olympische Sportbund) ist das „Dach der Dächer" (Strob 1999, S. 36) der Sportselbstverwaltung auf der Bundesebene. Auch der DOSB ist als e. V. organisiert. Geleitet wird der DOSB von einem ehrenamtlichen Präsidium mit Aufsichtsratsfunktion und einem hauptamtlichen Vorstand. Der DOSB steht unter der Schirmherrschaft des/der amtierenden Bundespräsident_in. Entstanden ist er in der heutigen Form 2006 als Zusammenschluss der Vorgängerorganisationen DSB (Deutscher Sportbund) und NOK (Nationales Olympisches Komitee). Gerade für die thematisch-inhaltliche Ausgestaltung des Politikfeldes Sport kommt dem DOSB insofern eine zentrale Bedeutung zu, als der Verband durch gezielte Maßnahmen und Kampagnen, die in enger Absprache mit der Politik aufgelegt und durchgeführt wurden und werden, Sporttreiben nicht nur für breite Bevölkerungsgruppen populär und zugänglich gemacht hat, sondern auch die gesellschaftspolitische Relevanz des Sports und seine präventiven wie auch integrativen Funktionen stets herausgestellt hat. Das Spektrum der Themen und Aktionen der Kampagnen sowie der Programme ist weit gefasst und reicht von der Trimm-Dich-Bewegung (Mörath 2005) als Vehikel zur Popularisierung des Sports über die spezifische Ansprache von Zielgruppen („Sport tut Frauen gut, Frauen tun dem Sport gut."), allgemeine Werbung für das Sporttreiben im Dienst der Gesundheitsprävention und Rehabilitation bis hin zu dem bereits Ende der 1980er Jahre in Kooperation mit dem Innenministerium aufgelegten Programms „Integration durch Sport".[7]

Im Kontext der Aktionen und Kampagnen werden jeweils Programme mit spezifischen „Fördertöpfen" aufgelegt, die von den Sportverbänden und Vereinen zum Ausbau und zur Weiterentwicklung ihres Sport(dienstleistungs)angebots abgerufen werden können. Insofern hat der DOSB wesentlich dazu beigetragen, den Sport in der Mitte der Gesellschaft zu verankern und aus der ausschließlichen Fokussierung auf sportliche Wettkämpfe herauszuführen. Die Neuinterpretation des Sports und seine gesellschaftspolitische Aufladung hat dazu geführt, dass die regionalen Sportverbände und insbesondere die lokalen Vereine sich zunehmend als sozialpolitische Akteure profilieren und in Absprache mit der Politik Leistungen anbieten und Dienste übernehmen, die nicht genuin mit Sportvereinen in Verbindung gebracht werden. Infolgedessen haben der Sport und seine Vereine nachhaltig an gesellschaftlicher Relevanz gewonnen, zunehmend werden daher auch die integrativen Potenziale insbesondere der Sportvereine gewürdigt und insgesamt Sportvereine als wichtige Kooperationspartner von Engagementpolitik im Dienst eines bürgerschaftlich orientierten Wohlfahrtsmixes betrachtet (z. B. Braun 2013; Braun und Finke 2010).

Fundament der gesellschaftspolitischen Verantwortungsübernahme vonseiten des Sports und insbesondere der Vereine vor Ort, die die Programme umsetzen, war lange Zeit eine enge Kooperation zwischen Staat und dem Sport als Teil der Zivilgesellschaft. Dies zeigte sich an einer umfangreichen infrastrukturellen Unterstützung – Stichwort „Goldener Plan" – sowie an finanzieller Förderung der Vereinsarbeit. Hierbei handelt es sich meist um ein kooperatives Miteinander bzw. um eine abgestimmte Politik zwischen Staat/Verwaltung und Sportverbänden und -vereinen auf den unterschiedlichen politisch-föderalen Ebenen und insbesondere vor Ort. Dies erlaubte den Sportvereinen an einem Model der

---

[7]Siehe http://www.bamf.de/DE/Infothek/Projekttraeger/IntegrationSport/integrationsport-node.html. Zugegriffen: 13. September 2018.

Organisation und Governance festzuhalten, das auf Mitgliedschaft und Reziprozität beruht und sich in hohem Maße durch bürgerschaftliches Engagement und Ehrenamtlichkeit auf der Leitungs- und Führungsebene der Vereine auszeichnet. Allerdings hat dieses Fundament aufgrund gesellschaftlicher Veränderungen wie auch infolge einer veränderten politischen „Großwetterlage" Risse bekommen. Die Sportvereine als zivilgesellschaftliche Organisationen sehen sich daher zunehmend mit Herausforderungen konfrontiert, die sie versuchen dahin gehend zu bewältigen, indem sie sich professionalisieren und als Anbieter von sozialen und Sportdienstleistungen zu profilieren.

4 Aktuelle Entwicklungen und Herausforderungen

Das lange sehr erfolgreiche Organisationsmodell des Sportvereins gründet auf dem hohen Engagement seiner Mitglieder und der indirekten Förderung des Sports durch eine Sport-für-alle-Politik, die den Sportvereinen gegen geringe Gebühren oder kostenlos die Nutzung öffentlicher Sportstätten gewährt hat. Diese beiden Säulen des Sports geraten zunehmend ins Wanken. Das Engagement der Vereinsmitglieder, insbesondere bei Vereinsämtern, geht zurück und die Nutzung von Sportstätten gestaltet sich aufgrund des Sanierungsstaus der vergangenen Jahrzehnte als zunehmend problematisch. Als Antwort auf das nachlassende Engagement seiner Mitglieder haben Sportvereine ihr Angebot professionalisiert und sind der zunehmend eingeschränkten Verfügbarkeit von Sportstätten mit Investitionen in eigene Anlagen begegnet. Um gestiegenen Gemeinkosten durch hohe Personal- und Unterhaltungskosten zu begegnen, haben Sportvereine ihre Einnahmen diversifiziert und sich als Träger sozialer Dienstlungen etabliert.

4.1 Personalstruktur in Sportvereinen: Sportvereine zwischen Professionalisierung und Selbstorganisation

4.1.1 Der Sportverein als Solidargemeinschaft

Der klassische Sportverein entspricht weitestgehend dem Idealtypus einer zivilgesellschaftlichen Organisation. Die Mitglieder des Vereins legen ihre Ressourcen zusammen, um gemeinsamen Interessen (Sporttreiben, Teilnahme an Wettkämpfen und Geselligkeit) nachzugehen. Die Mitglieder teilen hier sowohl den Nutzen als auch die Kosten des Sporttreibens. Über die Verwendung der

Mittel entscheiden die Mitglieder autonom, da sie sich zum überwiegenden Teil aus freiwilligen Leistungen der Mitgliedschaft, wie Mitgliedsgebühren oder Zeit- und Geldspenden, zusammensetzen (Emrich 2005; Nagel 2006; Schimank 2000). Insgesamt entfallen im Durchschnitt pro Kopf gerechnet 92 EUR der Einnahmen auf Mitgliedsbeiträge und nur 13 EUR auf öffentliche Zuwendungen (Breuer und Feiler 2013b, S. 2). Mitgliedsbeiträge machen ca. 60 % aller Einnahmen aus. Sie erlauben es den Vereinen langfristig mit kontinuierlichen Mitteln zu planen (Breuer und Feiler 2013b, S. 2; Wicker et al. 2015).

Ziel der Sportvereine ist es, die Interessen der Mitglieder zu verwirklichen, sodass die Ziele des Vereins und die Interessen der Mitglieder im Wesentlichen deckungsgleich sind. Die Rückbindung an die Interessen der Mitgliedschaft wird durch eine demokratische Entscheidungsfindung gewährleistet (Enjolras 2002, 2009). Die Mitgliederversammlung ist daher für Sportvereine zentrales Organ der Willensbildung, wo über alle grundlegenden Vereinsangelegenheiten entschieden wird und jedes Mitglied stimmberechtigt ist. Produkt der ausgeprägten Innenorientierung der Sportvereine sind die durch gelebte Solidarität und kollektive Verbundenheit gekennzeichneten Beziehungen der Mitglieder zueinander. Der auf Gegenseitigkeit beruhende Einsatz für die gemeinsame Sache des gemeinschaftlichen Sporttreibens äußert sich in hoher Engagementbereitschaft des Einzelnen (Borggrefe et al. 2012).

So ist der Sport seit Jahrzehnten der beliebteste Bereich für ehrenamtliches Engagement. 1,7 Mio. Freiwillige engagieren sich ehrenamtlich und weitere 6,9 Mio. Freiwillige engagieren sich temporär (Breuer und Feiler 2015). Etwa 20 % des bürgerschaftlichen Engagements in Deutschland geht auf den Sport zurück. Bis zuletzt waren verschiedene Engagementformen sehr beliebt und ein Zustrom an engagierten Freiwilligen war garantiert, sodass die Situation der Sportvereine als „Insel der Seligen" umschrieben wurde (Zimmer et al. 2011, S. 220).

Die zentrale Stellung jedes einzelnen Mitglieds für das Funktionieren des Sportvereins spiegelt sich auch in seiner multiplen Rollenidentität wider. Das Sportvereinsmitglied ist nicht nur Konsument, sondern auch zugleich Entscheider, Financier und Produzent des Sportprogramms in einer Person (Horch 1992, zitiert in Wicker 2011, S. 156). Das auf reziproker Koordination beruhende Steuerungsmodell kommt allerdings zusehends unter Druck. Vor dem Hintergrund eines veränderten Engagementverhaltens der Bürger_innen gestaltet sich Besetzung ehrenamtlicher Vereinsvorständen als zunehmend kritisch. Das auf freiwilliger Selbstverwaltung basierende Governancemodell verliert also schlussendlich seine Grundlage: Engagierte Freiwillige, die unter hohem Zeitaufwand auch langfristig Vereinsämter übernehmen.

4.1.2 Struktureller Wandel des Engagements

Sportvereine sind als selbstorganisierte Freiwilligenorganisationen besonders vom veränderten Engagementverhalten der Bürger_innen herausgefordert. In diesem Zusammenhang wird ein „Strukturwandel des Ehrenamts" (Olk 1987) konstatiert und zwischen einem „alten und neuen Ehrenamt" (Braun 2017, S. 31; Olk 1989) differenziert. So lässt sich ein Wandel weg von langfristigen hin zu projektförmigen Engagementformen feststellen. Auch wird das Ehrenamt nicht mehr durch Milieuzugehörigkeit „geerbt", sondern es wird sich bewusst für eine Freiwilligentätigkeit entschieden, welche zu der individuellen Lebenssituation passen muss. Im Vergleich zum „alten Ehrenamt" spielen Nützlichkeitserwägungen eine stärkere Rolle. Engagement soll auch den eigenen Interessen dienen und folgt nicht mehr nur altruistischen Motiven. Selbstfindung, Erwerb von Kontakten und Qualifikationen sowie Entlohnung spielen bei den „neuen" Freiwilligen eine größere Rolle.

In den Sportvereinen schlägt sich die Veränderung in der Gestalt nieder, dass sich die Handlungslogik der Vereinsmitglieder von solidarischer Selbstorganisation hin zu serviceorientiertem Konsum des Sportangebots verändert hat.

Gut ablesen lässt sich das veränderte Selbstverständnis der Mitglieder an dem Rückgang der Engagementbereitschaft. Im Zeitraum von 2009 bis 2015 sind die geleisteten Arbeitsstunden der in Sportvereinen engagierten Freiwilligen um 22,4 % auf 13,8 h zurückgegangen. In absoluten Zahlen entspricht das einem Rückgang von 372.000.00 auf 241.330.00 h (Breuer und Feiler 2015).

Dies wirkt sich insbesondere auf Positionen aus, die ein langfristiges und zeitintensives Engagement voraussetzen. Insbesondere Positionen im Vorstand, die mit einem hohen Maß an zeitlicher Verpflichtung verbunden sind und vermehrt verwaltungstechnisches Wissen erfordern, sind schwieriger zu besetzen.

48 % der Vereine berichten, dass sie große oder sehr große Probleme bei der Besetzung von Vorstandsposten haben. In 13 % aller Vereine wird dieses Problem als existenzbedrohlich angesehen (Breuer und Feiler 2015). Auch die langen Amtszeiten der Vereinsvorstände und ihr hohes Durchschnittsalter deuten auf Schwierigkeiten bei der Besetzung der Vorstandsposten hin (Breuer und Feiler 2015, S. 19). Im Ergebnis hat sich die Zahl der Funktionsträger_innen deutlich reduziert. Der Anteil der Engagierten mit Leitungs- und Vorstandsfunktion ist von 38 % im Jahre 1999 auf 33,9 % im Jahre 2009 zurückgegangen (Braun 2017, S. 47). Hinzu kommen die gestiegenen bürokratischen Anforderungen, welche die ehrenamtliche Arbeit auf der Vorstandsebene zusätzlich erschweren. Die Anzahl an Gesetzesvorschriften wird inzwischen von 6 % der Vereine als ein existenzbedrohendes Problem angegeben. Der von den Sportvereinen wahrgenommene

Problemdruck ist damit von 2010 zu 2015 um 22 % gestiegen. Insbesondere administrative Aufgaben, die im Zusammenhang mit der Steuererklärung, Rechnungslegung und Jahresbilanz stehen sowie Berichtspflichten werden zusehends als bürokratische Belastung wahrgenommen (Breuer und Feiler 2015).

4.1.3 Pluralisierung des Sports

Die Attraktivität des Sportvereins wurde durch den Slogan „Sport ist im Verein am schönsten" versinnbildlicht. Ein kontinuierlicher Zustrom von Mitgliedern war den Vereinen garantiert. Inzwischen ist der Sportmarkt stark umkämpft und Sportvereine haben gegenüber kommerziellen Anbietern an Attraktivität eingebüßt.

So zeigt sich auf der einen Seite, dass das Sporttreiben eine Veralltäglichung erfahren hat und eine Expansion der Sportkultur in viele Lebensbereiche beobachtbar ist. Von 1999 bis 2009 ist der Anteil von Bürger_innen, die sich in Gemeinschaft sportlich betätigen von 36,6 % auf 41,9 % gewachsen. Damit weist der Sportbereich die mit Abstand höchste Aktivitätsquote auf (Braun 2017, S. 41 f.). Auf der anderen Seite wird Sport vermehrt außerhalb der Vereinsstrukturen praktiziert. 7 % der Vereine bereitet die Gewinnung von Mitgliedern existenzielle Probleme (Breuer und Feiler 2015). Dieser Verlust an Attraktivität hängt zum Teil mit einer wachsenden Diversifizierung des Sporttreibens und einer Pluralisierung der Sportkultur zusammen (Braun 2017, S. 41). Bei vielen dieser neuen sportlichen Aktivitäten stehen weniger Wettkampf, sondern Fitness- und Wellnessaspekte im Vordergrund. Dieser Fitness- und Lifestylesport wird überwiegend von kommerziellen Fitnessstudios angeboten. Vor dem Hintergrund einer wachsenden Serviceorientierung der Bürger_innen und eingeschränktem Zeitbudget genießen die kommerziellen Anbieter mit flexiblen Öffnungszeiten und ohne über den Mitgliedsbeitrag hinausgehende Verpflichtungen einen Wettbewerbsvorteil. Kommerzielle Fitnessstudios erzielen daher einen wachsenden Marktanteil (DSSV 2016).

Viele der neuen Sportarten lassen sich auch individuell und spontan organisieren, ohne auf formale Vereinsstrukturen angewiesen zu sein. Bei Anbietern wie „Freeletics" lassen sich über mobile Applikationen individuelle Trainingspläne zusammenstellen und Nutzer_innen können sich spontan vernetzten. Auch auf anderen sozialen Medien bilden sich ad-hoc-Sportgruppen zu Trendsportarten, wie Parkourtraining, Rennradfahren oder „Urban Climbing".

4.2 Sport als freiwillige Aufgabe: Öffentliche Sportförderung unter dem Rotstift?

Neben der hohen Engagementbereitschaft der Vereinsmitglieder profitierte der organisierte Sport von einer Sport-für-alle-Politik, die sich in einem umfangreichen Ausbau der Sportinfrastruktur niederschlug. In der Folge des 1959 aufgelegten „Goldenen Plans für Gesundheit, Spiel und Erholung" zum Sportstättenbau nutzten Vereine kostengünstig eine umfangreiche Sportinfrastruktur, sodass die Mitgliedsgebühren der Vereine sehr niedrig ausgestaltet werden konnten und breite Bevölkerungsschichten angesprochen wurden (Eulering 2017, S. 157; Krüger 2017, S. 3, 17 f.; Müller 2010, S. 28; Schirwitz 2017, S. 207). Ein großer Teil der heutigen Sportinfrastruktur stammt aus dieser Zeit. Inzwischen hat sich hier oft ein erheblicher Sanierungsstau aufsummiert, sodass Sportstätten zum Teil nur noch eingeschränkt nutzbar sind (Fahrner 2014, S. 172).

Vor dem Hintergrund der staatsfernen Ausgestaltung des Sportes stagnieren die öffentlichen Ausgaben für den Sport im Vergleich zu anderen Politikfeldern mit ca. 3,5 Mrd. EUR auf eher geringem Niveau, wobei hier die indirekte Sportförderung und hier vor allem die kommunale Ebene ins Gewicht fallen (Statistisches Bundesamt 2016).[8]

Unter direkter Förderung versteht man die Ausstattung mit Finanzmitteln. Mit indirekter Förderung bezeichnet man die Bereitstellung von Gütern. Im Sport geht es bei der indirekten Förderung im Wesentlichen um die Bereitstellung von Sportstätten (Haring 2010, S. 44). Für die Sportvereine ist vor allem die indirekte Förderung wichtig, da der Zugang zu Sportstätten Grundvoraussetzung ist, um Sport treiben zu können. Ungefähr zwei Drittel (62,4 %) aller Sportvereine sind auf die Nutzung öffentlicher Sportstätten angewiesen. Davon zahlt nur jeder zweite Verein (50,5 %) Gebühren (Breuer und Feiler 2015).

Im Hinblick auf die staatliche Förderung fällt vor allem die Kommunalebene ins Gewicht, da Kommunen für den Freizeit- und Breitensport zuständig sind und hier insbesondere für den Erhalt der Sportinfrastruktur aufkommen (Eulering 2017, S. 157).

Im Rahmen der kommunalen Selbstverwaltung nehmen Kommunen viele Aufgaben der öffentlichen Daseinsvorsorge, also die Bereitstellung notwendiger

---

[8]Darüber hinaus profitiert der Sport von steuerlicher Förderung. Nach der Abgabenordnung (AO § 52. Absatz 2 Nr. 21 AO) gilt Sport als gemeinnützig und ist damit von der Körperschafts- oder Unternehmenssteuer befreit. Des Weiteren zahlen Sportvereine einen geringeren Mehrwertsteuersatz und Spenden können von der Steuer abgesetzt werden.

Güter und Leistungen für ein sinnvolles menschliches Dasein, wahr. Es wird zwischen Pflicht- und freiwilligen Aufgaben unterschieden. Bei Pflichtaufgaben haben die Kommunen kaum Spielraum. Die Kommunen sind zur Erledigung der Aufgaben verpflichtet. Über freiwillige Aufgaben entscheidet die Kommune eigenständig. Sportförderung wird als freiwillige Aufgabe wahrgenommen (Bogumil und Holtkamp 2013, S. 51 ff.). Die Kommunen können also eigenständig über die Förderung des Sports entscheiden.

Gerade in finanzschwachen Kommunen wird bei den freiwilligen Aufgaben oft der Rotstift angesetzt (Keller 2014, S. 390). Daher sind die Bedingungen für das Sporttreiben je nach Finanzlage der Kommune sehr unterschiedlich (Danckert und Schück 2009, S. 94 f.). Die Unterschiede in der Finanzkraft der Kommunen und in der Folge im Zustand der Sportinfrastruktur klaffen immer weiter auseinander (Bertelsmann Stiftung 2017). Dieser Problemdruck ist in den letzten Jahren stark gestiegen. Eine wachsende Anzahl der Vereine sieht aufgrund des eingeschränkten Zugangs zu Sportstätten ihre Existenz gefährdet (Breuer et al. 2013c). Vor dem Hintergrund der Diversifizierung des Sportes mit einem Bedeutungszuwachs von Lifestyle und Trendsport und den damit verbundenen erhöhten Anforderungen an Sportstätten ist dieser Umstand für Sportvereine besonders kritisch. Aufgrund der Einführung des Ganztagesunterrichtes an Schulen stehen Vereine auch vermehrt in Konkurrenz mit Schulen um Hallenzeiten.

Ferner werden neben direkten Kürzungen des Sportetats verstärkt Nutzungsgebühren für Sportstätten erhoben oder städtische Sportanlagen an Sportvereine übertragen, um Unterhaltungskosten zu sparen (Hübner 2017, S. 59; Heining 2013, S. 66).

4.3 Reaktionen der Vereine

Den oben dargestellten Herausforderungen begegnen viele Vereine mit Investitionen in eine eigene Sportinfrastruktur sowie der Professionalisierung des Personals. Infolge des eingeschränkten Zugangs zu Sportstätten und vor dem Hintergrund der höheren Anforderungen an die Sportinfrastruktur in dem wachsenden „Fitness- und Lifestyle" Segment, investieren Vereine vermehrt in eigene Vereinsanlagen (Breuer et al. 2013c, S. 30). Auch das auf freiwilliger Selbstorganisation beruhende Governancemodell der Sportvereine, welches auf dem hohen zeitlichen Engagement der Mitglieder gründet, ist im Umbau. Insbesondere wenn Sportstätten akquiriert werden und Geschäftstätigkeit ausgeweitet wird, ist betriebswirtschaftliches und administrativ-technisches Know-how wichtig, um sich auf der Vorstandsebene zu engagieren. Diese Anforderungen übersteigen oft die zeitlichen und auch fachlichen Kapazitäten der ehrenamtlichen Vereinsvorstände.

Um den Rekrutierungsproblemen vor allem bei ehrenamtlichen Funktionsträger_innen zu begegnen, professionalisieren Vereine vermehrt ihre Governancestrukturen. In 3,7 % der Vereine ist inzwischen ein hauptamtlicher Geschäftsführer oder eine Geschäftsführerin beschäftigt. Dies markiert ein Anstieg um 50 % im Vergleich zu 2007 (Breuer und Feiler 2015). Die Professionalisierung der Mitarbeiter und die Aneignung vereinseigener Sportstätten haben ihren Preis. Vor allem Personal- und Instandhaltungskosten eigener Vereinsanlagen fallen stark ins Gewicht, welche in den letzten Jahren kontinuierlich gewachsen sind. Insgesamt sind die Ausgaben der Vereine von 2007 bis 2013 um 24,1 % gestiegen und summieren sich auf 3,29 Mrd. EUR (Breuer und Feiler 2013b, S. 31).

Die höheren Instandhaltungskosten eigener Sportanlagen und höhere Personalkosten durch hauptamtliches Personal werden zum einen durch steigende Mitgliedsbeiträge kompensiert. So stiegen die Mitgliedsbeiträge von 2007 bis 2011 um 10,8 % und von 2013 bis 2015 um 5,4 %. Zum anderen erschließen sich Sportvereine neue Tätigkeitsfelder und verteilen auf diese Weise höhere Gemeinkosten des Vereins auf mehrere Geschäftsbereiche. Inzwischen sind 8 % als Träger der freien Jugendhilfe anerkannt (Breuer und Feiler 2017, S. 25). In diesem Zusammenhang treten Sportvereine vermehrt als Betreiber eigener Kindertagesstätten in Erscheinung oder bieten einzelne sportmotorische Kurse in Kindertagesstätten an (Breuer und Feiler 2013a). Im Kontext der Ausweitung des Ganztagsschulunterrichtes haben sich Sportvereine auch als Träger von Ganztagsschulen oder als Anbieter einzelner Kurse etabliert (Breuer und Feiler 2013a). Des Weiteren haben Sportvereine von der Steigerung der Ausgaben der Krankenkassen für Primärprävention profitiert und sich als Anbieter auf dem Gesundheitsmarkt etabliert. 24,8 % der Vereine sind in der Gesundheitsförderung und Primärprävention tätig. Weitere 4,1 % unterhalten Sportangebote im Bereich Behinderung und chronische Krankheit (Breuer und Feiler 2017, S. 26).

5 Ausblick: Entwicklungsperspektiven der Sportvereine

Nach wie vor sind viele Deutsche Mitglied eines Sportvereins und 90 % des freiwilligen Engagements im Sport konzentriert sich auf die Sportvereine (Braun 2017, S. 44). Der Vereinssport stellt weiterhin eine wichtige soziale Infrastruktur in Deutschland dar und Sportvereine leisten inzwischen auch als Träger von sozialen Dienstleistungen einen Beitrag für das Gemeinwohl. Allerdings hat diese

Infrastruktur Risse bekommen. Das traditionell auf bürgerschaftlichem Engagement und ehrenamtlicher Leitungstätigkeit beruhende Organisationsmodell der Vereine funktioniert oft nicht mehr. Angesichts des sich individualisierten Freizeit- und Sportverhaltens der Bürger_innen und der zunehmenden Serviceorientierung von Vereinsmitgliedern wird es für Vereine immer schwieriger, Mitglieder für die Übernahme regelmäßiger Verpflichtungen und insbesondere von Leitungsaufgaben im Verein zu gewinnen. Nicht zuletzt hängt dies auch mit den stetig wachsenden Ansprüchen an die Buchführung und Verwaltung der Vereine zusammen. Viele ehrenamtlich Tätige in Vorstand und Verwaltung fühlen sich diesbezüglich sowohl in fachlicher als auch in zeitlicher Hinsicht zunehmend überfordert.

Auch wird es für Sportvereine ohne eigene Sportanlagen immer schwieriger, ihr Sportangebot aufrechtzuhalten. Sie sind einerseits, u. a. infolge der Einrichtung von Ganztagsschulen, mit eingeschränktem Zugang zu Sportstätten konfrontiert; andererseits sind viele Sportstätten aufgrund finanzieller Engpässe der Kommunen in einem desolaten baulichen Zustand und z. T. werden sie auch nicht mehr ausreichend gepflegt und gewartet. Infolgedessen kommt es verstärkt zur Abwanderung von Sportinteressierten zu kommerziellen Anbietern, die oft erstklassig ausgestattet sind und im Bereich Fitnesssport umfangreichen Service vorhalten.

Viele Sportvereine haben auf die Herausforderungen reagiert, indem sie ihr Management professionalisiert, die Sportangebote diversifiziert und in eigene Sportstätten investiert haben. Personal- und Unterhaltungskosten der Sportanlagen sind in der Folge gestiegen (Breuer und Feiler 2013b). Um ihre Einnahmen zu steigern, übernehmen Sportvereine zunehmend Aufgaben und Aufträge mit gesicherter Regelsatzfinanzierung im Bereich der sozialen Dienstleistungserstellung. Um die steigenden Fixkosten zu kompensieren, sind viele Vereine ferner dazu übergegangen, die Mitgliedsbeiträge zu erhöhen.

Es ist abzusehen, dass bei einem weiteren Rückgang der öffentlichen Förderung des Sports, insbesondere hinsichtlich des Erhalts und Ausbaus der Sportinfrastruktur, Mitgliedschaft im Sportverein deutlich teurer werden würde. Sollte sich die öffentliche Hand aus der Finanzierung der Sportinfrastruktur weiter zurückziehen, könnten Sportvereine ihren inklusiven Charakter als Ermöglicher von „Sport für alle" vermutlich kaum mehr aufrechterhalten. Gemäß einer Sonderauswertung der Daten des Freiwilligensurveys (Braun 2017), weisen Sportvereinsmitglieder schon heute einen deutlich höheren sozio-ökonomischen Status auf als vor zehn Jahren. Insbesondere scheint es Sportvereinen, immer weniger zu gelingen, auch sog. bildungsferne Bevölkerungsgruppen anzusprechen und in die Vereine zu integrieren. Damit wären die gesellschaftlich sozial-integrativen Funktionen der Sportvereine gefährdet, sollte sich dieser Trend weiter fortsetzen.

Es scheint einiges darauf hinzudeuten, dass der Vereinssport vor einem tief greifenden Wandel steht. Um zu überleben, haben Sportvereine ihre Dienstleistungsfunktion verstärkt. Leistungen des Vereins werden vermehrt auch für Nutzer_innen ohne Vereinsmitgliedschaft geöffnet. Um auf dem zunehmend umkämpften Markt von Sportangeboten zu bestehen, müssen Vereine schnell auf Trends reagieren können. Kurze Entscheidungswege werden wichtiger. Auch an die „Servicequalität" und damit einhergehend die Qualifikation der Mitarbeiter_innen werden höhere Ansprüche gestellt. Die Ausbildung der Mitarbeiter_innen hat sich zu einem „strategischen Asset" der Vereine entwickelt: Die Servicequalität gewährt dem Sportverein nicht nur Wettbewerbsvorteile auf einem umkämpften Sportmarkt, sondern befähigt den Verein, die hohen fachlichen Voraussetzungen der Kostenträger in der sozialen Dienstleistungserbringung zu erfüllen und sich auf dem Sozial- und Gesundheitsmarkt zu etablieren. So müssen Vereine zunehmend einen Spagat bewältigen. Einerseits müssen sie hochprofessionell und nach strengen Qualitätskriterien der Kostenträger geführte Einrichtungen der sozialen Dienstleistungen managen und anderseits aber auch den kollektivistisch-selbstorganisierten Abteilungen der „traditionellen" Sportarten Raum geben. Den Sportverein als Ort von gelebter Partizipation zu erhalten und den Mitgliedern weiterhin die Möglichkeit geben, Gemeinschafts- und Selbstwirksamkeitserfahrungen zu machen, bleibt für die Vereine weiterhin eine hohe Priorität (Breuer und Feiler 2017, S. 22 ff.), denn es sind die zivilgesellschaftliche organisierten Bereiche, die den inklusiven Charakter des Sports ausmachen und für die besondere soziale Qualität der Vereinsangebote sorgen. Diese Komplexität zu managen, stellt die Führungsebene vor eine zunehmend anspruchsvolle Steuerungsaufgabe.

Die folgende Fallstudie dient zur Illustration der aufgeführten Trends. Als besonders resilienter Sportverein, also in einem komplexen und dynamischen Umfeld den Wandel vorauszusehen, zu überleben und zu wachsen[9], liefert die Turn- und Sportgemeinschaft Bergedorf ein Musterbeispiel, wie Sportvereine Herausforderungen des Organisationsfeldes bewältigen, gegenüber kommerziellen Anbietern wettbewerbsfähig bleiben, sich als soziale Dienstleister etablieren

---

[9]Vgl. Definition organisatorische Resilienz nach dem Standard BS65000 (2014) der British Standards Institution.

und dabei auch ihre sozial-integrativen Funktionen bewahren können, die ihre Einrichtungen gegenüber anderen Trägern auszeichnen.

6 Fallstudie: Die Turn- und Sportgemeinschaft Bergedorf von 1860 e. V.

Mit 11.000 Mitgliedern und einem Jahresumsatz von 9 Mio. EUR ist die Turn- und Sportgemeinschaft Bergedorf von 1860 e. V. einer der größten Breitensportvereine in Deutschland. Die TSG deckt als „Platzhirsch" nicht nur den Hamburger Bezirk Bergedorf ab, sondern ihr Einzugsgebiet reicht inzwischen weit über die Landesgrenzen Hamburgs hinaus. Der heutige Großverein „TSG Bergedorf" ist das Ergebnis erfolgreicher Fusionspolitik, kombiniert mit viel Eigeninitiative, Investitionen in vereinseigene Sportstätten und der Bereitschaft, als Sportverein für die Mitgliedschaft auch Leistungen und Dienste vorzuhalten, die über die Organisation von Trainingseinheiten und Wettkämpfe hinausgehen, ein breites Angebot für die Mitgliedschaft vorzuhalten und sich auch sozialpolitisch zu engagieren.

Der heutige Verein TSG Bergedorf geht auf mehrere Vereinsfusionen zurück und vereint Traditionen verschiedener Disziplinen. Ein Teil des Vereins hat seine Wurzeln in der Turnerbewegung mit der Vereinsgründung im Jahre 1864. Ein anderer Teil des Vereins hat seine Ursprünge im Ballsport. Seit seinen Anfängen kann der Verein auf ein stabiles Wachstum, gemessen an der Mitgliederzahl wie des Finanzvolumens, zurückblicken. Dank der Fusionen mit ebenfalls in Bergedorf ansässigen Sportvereinen wurde eine „kritische Masse" von 3000 Mitgliedern erreicht, welche es dem Verein erlaubte, in vereinseigene Sportanlagen zu investieren und umfangreiche Dienstleistungen professionell anzubieten. In der Folge gelang es dem Verein sich als Qualitätsanbieter auf dem expandierenden Fitness-, und Gesundheitsmarkt zu etablieren. Gleichzeitig profilierte sich die TSG als ein Verein, der sich für seine Mitgliedschaft und den Bezirk Bergedorf auch über das reine Sportangebot hinausgehend engagiert und z. B. seit den 1950er Jahren Kinderfreizeiten organisiert und heute vor Ort als Träger von Einrichtungen für Kinder und Jugendliche aktiv ist. Nicht zuletzt zeigte sich die TSG auch gegenüber neuen Ansätzen und Strategien der Ressourcenakquise, wie z. B. verschiedener Crowd Funding Maßnahmen, aufgeschlossen. Auf diese Weise gelingt es dem Verein, in hochwertige Sportanlagen zu investieren und die große Bandbreite des Sportangebotes von klassischem Wettkampfsport bis hin zu Fitness- und Gesundheitsangeboten bereit zu stellen (Turn- und Sportgemeinschaft Bergedorf von 1850 e. V. 2010).

6.1 Portfolio

Das Erfolgsrezept des Vereins beruht auf seiner Offenheit gegenüber Trends und veränderten Bedürfnissen der am Sporttreiben interessierten Bürger_innen. Immer am Puls der Zeit hat der Verein sowohl auf die wachsende Serviceorientierung seiner Mitgliedschaft als auch auf die zunehmende Ausdifferenzierung des Sports reagiert.

Ein weiteres Markenzeichnen der TSG Bergedorf ist die Qualität der Angebote, die durch die hohe Qualifikation ihrer 150 hauptamtlichen Mitarbeiter_innen gewährleistet wird. Dank dieser Professionalität erfüllt die TSG die Kriterien der Kostenträger, z. B. der Krankenkassen, die diese an die fachliche Ausbildung des in den Bereichen Reha-, Behinderten- oder Präventionssport eingesetzten Personals stellen. Zunehmend profiliert sich die TSG Bergedorf daher auch als sozialpolitischer Akteur und arbeitet insofern eng mit der Sozial- sowie der Schulverwaltung zusammen. So ist der Verein inzwischen Träger von vier Kindertageseinrichtungen, zwei Jugendzentren und Kooperationspartner von 12 Offenen Ganztagsschulen. Bei drei Ganztagsschulen hat die TSG Bergedorf die alleinige Trägerschaft, während der Verein bei den übrigen Ganztagsschulen einzelne Kurse anbietet. Mit 45 hauptamtlichen Kräften ist das Schulreferat der personalstärkste Bereich. Das Alleinstellungsmerkmal der pädagogischen Einrichtungen liegt auf der Entwicklung sport-motorischer Kompetenzen. In diesem Zusammenhang zeichnen sie sich durch einen niedrigschwelligen Zugang zu Sportstätten des Vereins, seinem Sportprogramm sowie seinen gemeinschaftlichen Aktivitäten aus. Neben der Auszeichnung seiner Einrichtungen und Sportstätten mit Gütesiegeln hat der Verein auch Preise gewonnen, die die Kompetenzen des Vereins ausweisen und den Verein als sozialen Träger empfehlen.

Parallel zur Diversifikation der Angebote des Vereins erfolgte die Professionalisierung der Administration, die durch das vielfältige Aufgabenprofil und die zahlreichen Kooperationen komplex geworden ist. Administrative Tätigkeiten, wie etwa die Personalbuchhaltung oder die Rechnungslegung im Rahmen von Kontraktmanagement, sind inzwischen ausgelagert und werden von der vereinseigenen Hamburger-Sport-Dienstleistungs-GmbH geleistet, die diese Aufgabe auch anderen Vereinen oder Verbänden kostenpflichtig zur Verfügung stellt.

Die Entlastung von administrativem Ballast ermöglicht es der TSG Bergedorf, sich einerseits auf der Ebene der Sportabteilungen auf die sportlichen Aktivitäten zu konzentrieren und anderseits dafür zu sorgen, dass das klassische Vereinsleben in Form von Gemeinschaft und Geselligkeit nicht zu kurz kommt. Hierdurch gelingt es der TSG Bergedorf, ihr Profil als zivilgesellschaftlicher Akteur

Sport als Politik: Vereine vor neuen Herausforderungen

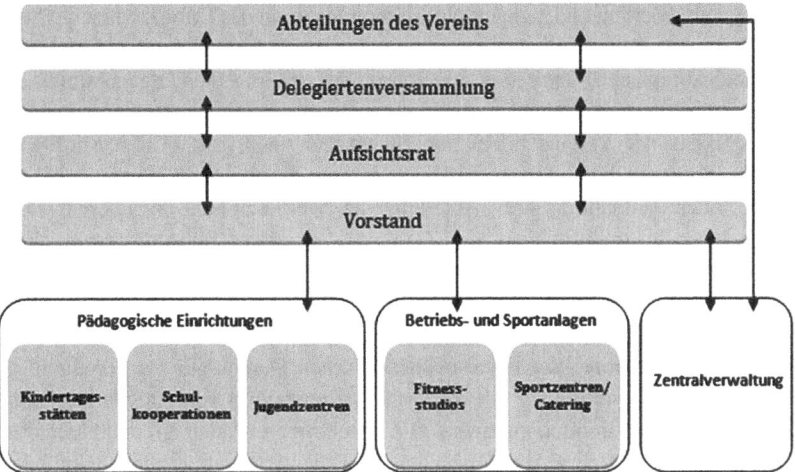

Abb. 3 Governance der TSG Bergedorf. (Eigene vereinfachte Abbildung basierend auf der Satzung vom 27. Juni 2017)

und Wahlgemeinschaft von Mitgliedern zu bewahren. Eine ganze Reihe von sportlichen Aktivitäten mit Gemeinschaftsbezug ist infolge dieses aktiven und engagierten Vereinslebens entstanden. Zum Beispiel engagiert sich der Verein in besonderer Weise für Geflüchtete. Durch einen Kooperationsvertrag mit dem Verein „Bergedorfer für Völkerverständigung" gewährt der Verein Geflüchteten im Rahmen des Programms „Sport für Refugees" einen reduzierten Mitgliedsbeitrag. Darüber hinaus richtet sich die TSG Bergedorf mit ihrem Sportangebot gezielt an Geflüchtete und bemüht sich um die Integration beliebter Sportarten. Die Arbeitsgruppe „Integration durch Sport" erarbeitet fortlaufend Strategien, um den Verein für Migranten zu öffnen und sich in diesem Zusammenhang beispielsweise mit Migrantenorganisationen zu vernetzen.

6.2 Governance

Die Anpassung der Governance, des administrativen Aufbaus und der Leitungsstruktur des Vereins, an die gewachsenen Anforderungen an das Vereinsmanagement, die sich aufgrund der zunehmenden Komplexität der Vereinstätigkeit durch steigende Mitgliederzahl und Diversifikation des Vereinsangebotes ergab, war dringend erforderlich und kann als ein weiterer Baustein des Erfolgs betrachtet werden. Hinsichtlich ihrer administrativen Struktur ist die TSG Bergedorf inzwischen eine hoch komplexe Organisation, wie anhand des vereinfachten Organigramms des Vereins deutlich wird (Abb. 3).

Die Basis des Vereins bilden die inzwischen mehr als 11.000 Mitglieder, die die Sportangebote nutzen und sich bürgerschaftlich im Verein, z. B. bei Festen oder Teilnahme ihrer Abteilung an Wettkämpfen, engagieren. D. h. Vereinsleben im traditionellen Sinn (Training, geselliges Beisammensein, Wettkampfteilnahme) findet in den insgesamt 28 Abteilungen der TSG Bergedorf statt, welche sich weitgehend autonom organisieren und über ein eigenes Budget verfügen. Um die Entscheidungsstruktur des Vereins zu verschlanken, gleichzeitig aber das Prinzip der innerorganisatorischen Demokratie zu bewahren, ist die Delegiertenversammlung seit der Organisationsreform von 2009 an die Stelle der Mitgliederversammlung getreten. Die Abteilungen wählen auf Abteilungsversammlungen neben dem Abteilungsvorstand Delegierte gemäß ihrer Mitgliederstärke, wobei kleinere Abteilungen strukturell bevorzugt sind und im Verhältnis zur Mitgliederzahl mehr Delegierte in der Delegiertenversammlung stellen. Insgesamt setzt sich die Delegiertenversammlung aus 128 Delegierten zusammen. Gemäß Vereinsgesetz ist die Vertretung der Mitgliedschaft – Mitglieder- oder Delegiertenversammlung – das höchste Entscheidungsgremium eines Vereins. Die Delegiertenversammlung der TSG Bergedorf wählt, bestätigt und entlastet den Aufsichtsrat, der beim TSG Bergedorf aus sieben ehrenamtlich tätigen Mitgliedern besteht und durch den/die aus ihrer Mitte gewählten Vorsitzenden/Vorsitzende geleitet wird. Der Aufsichtsrat überwacht den geschäftsführenden Vorstand. Größere wirtschaftliche Entscheidungen bedürfen der Zustimmung des Aufsichtsrates. Der Aufsichtsrat ernennt den Geschäftsführenden Vorstand, welcher derzeit aus einem Vorsitzenden und drei weiteren Mitgliedern besteht. Drei der vier Mitglieder sind hauptamtlich tätig. Die Mitglieder des geschäftsführenden Vorstandes sind altgediente Vereinsmitglieder, welche in unterschiedlichen Funktionen für den Verein Verantwortung getragen haben. Der geschäftsführende Vorstand vertritt den Verein nach außen und verantwortet das operative Geschäft. Die Mitglieder des geschäftsführenden Vorstandes zeichnen sich für jeweils eigene Aufgabenbereiche verantwortlich. Die pädagogischen Einrichtungen sowie die Fitnessstudios, Sport- und Gesundheitszentren sind als Referate innerhalb der Strukturen des Vereins organisiert und unterstehen in diesem Zusammenhang dem geschäftsführenden Vorstand.

Der Vorstand setzt sich neben dem geschäftsführenden Vorstand aus derzeit zwei Ehrenvorsitzenden und ex officio dem Vereinsjugendleiter zusammen, welcher von der Jugendversammlung gewählt wird.

Die Administration des Vereins wurde 2010 in eine eigens hierfür geschaffene GmbH ausgelagert. Die Hamburger-Sport-Dienstleistungs-GmbH ist eine hundertprozentige Tochter der TSG und eng an den Vereinsvorstand angebunden, welcher als Gesellschafterversammlung fungiert. Der Vorsitzende des Vorstandes ist Geschäftsführer der GmbH.

Zusammengehalten wird der komplexe Verein u. a. durch eine intensive interne wie externe Kommunikation. Der Verein präsentiert sich als „Marke" mit starkem regionalen Bezug und breitem Sportangebot. Neben zahlreichen Veranstaltungen mit großer Außenwirkungen nutzt der Verein Soziale Medien, um mit Mitgliedern und Nutzer_innen zu interagieren. Dank der intensiven Kommunikation mit seinen Mitgliedern sowie mit der allgemeinen Öffentlichkeit in Bergedorf und Umgebung gelingt es dem Verein, trotz Größe und Komplexität der Organisation ein Wir-Gefühl und die Identifikation insbesondere der Mitglieder mit der TSG aufrechtzuhalten. Das Vereinslogo „Wir bewegen Bergedorf" bringt diese Orientierung im Sinne eines Leitbildes sehr gut zum Ausdruck.

Literatur

Bertelsmann Stiftung. 2017. *Kommunaler Finanzreport 2017*. Gütersloh.
Bogumil, J., und L. Holtkamp. 2013. *Kommunalpolitik und Kommunalverwaltung. Eine policyorientierte Einführung*. Wiesbaden: Springer VS.
Borggrefe, C., K. Cachay, und A. Thiel. 2012. Der Sportverein als Organisation. In *Handbuch Organisationstypen*, Hrsg. M. Apelt und V. Tacke, 307–325. Wiesbaden: Springer VS.
Braun, S., Hrsg. 2013. *Der Deutsche Olympische Sportbund in der Zivilgesellschaft*. Wiesbaden: Springer VS.
Braun, S. 2017. *Ehrenamtliches und freiwilliges Engagement im Sport im Spiegel der Freiwilligensurveys von 1999 bis 2009. Zusammenfassung der sportbezogenen Sonderauswertungen*. Köln: Sportverlag Strauß.
Braun, S., und S. Finke, Hrsg. 2010. *Integrationsmotor Sportverein*. Wiesbaden: VS Verlag.
Braun, S., und T. Nobis, Hrsg. 2011. *Migration, Integration und Sport. Zivilgesellschaft vor Ort*. Wiesbaden: VS Verlag.
Breuer, C., und S. Feiler 2017. Sportstättensituation deutscher Sportvereine. In *Sportentwicklungsbericht 2011/2012. Analyse zur Situation der Sportvereine in Deutschland*, Hrsg. C. Breuer, 151–178. Köln: Sportverlag Strauß.
Breuer, C., und S. Feiler. 2013a. *Sportentwicklungsbericht 2011/2012. Analyse zur Situation der Sportvereine in Deutschland*. Köln: Sportverlag Strauß.
Breuer, C., und S. Feiler. 2013b. Finanzielle Situation und ökonomische Bedeutung des Vereinssports. In *Sportentwicklungsbericht 2011/2012. Analyse zur Situation der Sportvereine in Deutschland*, Hrsg. C. Breuer, 48–71. Köln: Sportverlag Strauß.

Breuer, C., und S. Feiler. 2013c. Sportvereine in Deutschland – Ein Überblick. In *Sportentwicklungsbericht 2013/2014. Analyse zur Situation der Sportvereine in Deutschland*, Hrsg. C. Breuer, 1–42. Köln: Sportverlag Strauß.

Breuer, C., und S. Feiler. 2017. *Sportentwicklungsbericht 2015/2016. Analyse zur Situation der Sportvereine in Deutschland*. Hellenthal: Sportverlag Strauß.

Breuer, C., und T. Nowy. 2017. Germany: Autonomy, partnership and subsidiarity. In *Sport policy systems and sport federations: A cross-national perspective*, Hrsg. J. Scheerder, A. Willem, und E. Claes, 157–178. London: Palgrave MacMillan.

Danckert, P., und H. Schück. 2009. *Kraftmaschine Parlament. Der Sportausschuss und die Sportpolitik des Bundes*. Aachen: Meyer & Meyer Verlag.

Deutscher Städtetag. 2016. *Flüchtlinge vor Ort in die Gesellschaft integrieren*. Köln: Deutscher Städtetag.

Digel, H. 1988. Die öffentliche Sportverwaltung in der Bundesrepublik Deutschland. In *Sport im Verein und im Verband*, Hrsg. H. Digel, 60–80. Schorndorf: Hofmann.

DOSB. 2011. *Bildung und Qualifizierung – Das Qualifizierungssystem der Sportorganisationen*. Frankfurt a. M.: DOSB.

DOSB. 2016. *Bestandserhebung 2016 des Deutschen Olympischen Sportbundes*. Frankfurt a. M.: DOSB.

DSSV Arbeitgeberverband Deutscher Fitness und Gesundheitsanlagen. 2016. *Eckdaten der deutschen Fitnesswirtschaft 2016*. Hamburg: DSSV.

Emrich, E. 2005. Organisationstheoretische Besonderheiten des Sports. In *Handbuch Sportmanagement*, Hrsg. C. Breuer und A. Thiel, 95–113. Schorndorf: Hofmann.

Enjolras, B. 2002. The commercialization of voluntary sport organizations in Norway. *Nonprofit and Voluntary Sector Quarterly* 31 (3): 352–376.

Enjolras, B. 2009. A governance-structure approach to voluntary organizations. *Nonprofit and Voluntary Sector Quarterly* 38 (5): 761–783.

Eulering, J. 2017. „Sport ist durch Land und Gemeinden zu pflegen und zu fördern" Von der Konstruktion einer Fachpolitik für alle. In *Sport für alle Idee und Wirklichkeit*, Hrsg. D.H. Jütting und M. Krüger, 155–174. Münster: Waxmann.

Fahrner, M. 2014. *Grundlagen des Sportmanagements*. München: Oldenbourg.

Fechner, F., J. Arnhold, und M. Brodführer. 2013. *Sportrecht*. Tübingen: Mohr Siebeck.

Haring, M. 2010. *Sportförderung in Deutschland. Eine vergleichende Analyse der Bundesländer*. Wiesbaden: VS Verlag.

Hartmann-Tews, I. 1996. *Sport für alle!?: Strukturwandel europäischer Sportsysteme im Vergleich: Bundesrepublik Deutschland, Frankreich, Großbritannien*. Schorndorf: Hofmann.

Heining, S. 2013. Unternehmensstrukturen und die wirtschaftliche Bedeutung des Sports-Sektors. *Wirtschaft und Statistik* 1:62–68.

Hübner, H. 2007. Governance im Bereich der kommunalen Sportstättenentwicklung. In *Sportpolitik. Theorie- und Praxisfelder von Governance im Sport*, Hrsg. W. Tokarski, K. Petry, und B. Jesse, 105–120. Köln: Sportverlag Strauß.

Hübner, H. 2017. Sportentwicklung und Sportpolitik in den Städten – Zwischen zeitgemäßem Sparen und zukunftsfähiger Förderung. In *Sport für alle – Idee und Wirklichkeit*, Hrsg. D.H. Jütting und M. Krüger, 48–63. Münster: Waxmann.

Keller, B. 2014. The continuation of early austerity measure: The special case of Germany. *Industrial Relations* 20 (3): 387–402.

Klages, A. 2008. Politikfeld Sport. Die gesellschaftspolitische Bedeutung des gemeinwohlorientierten Sports. In *Perspektiven der politischen Soziologie im Wandel von Gesellschaft und Staatlichkeit*, Hrsg. T. von Winter und V. Mittendorf, 185–202. Wiesbaden: VS Verlag.

Krüger, M. 2017. Sport für alle – In der Tradition der deutschen Turn- und Sportvereine. In *Sport für alle – Idee und Wirklichkeit*, Hrsg. D.H. Jütting und M. Krüger, 3–30. Münster: Waxmann.

Mörath, V. 2005. *Die Trimm-Aktionen des Deutschen Sportbundes zur Bewegungs- und Sportförderung in der BRD 1970 bis 1994*. Berlin: WZB (Veröffentlichungen der Arbeitsgruppe Public Health).

Müller, U. 2010. Sports clubs in Germany: Recent developments and challenges in turbulent environments. In *Third sector organizations facing turbulent environments. Sports, culture and social services in five European countries*, Hrsg. A. Evers und A. Zimmer, 25–40. Baden-Baden: Nomos.

Nagel, S. 2006. *Sportvereine im Wandel: Akteurtheoretische Analysen zur Entwicklung von Sportvereinen*. Schorndorf: Hofmann.

Olk, T. 1987. Das soziale Ehrenamt. *Sozialwissenschaftliche Literatur Rundschau* 14:84–101.

Olk, T. 1989. Vom "alten" zum "neuen" Ehrenamt: Ehrenamtliches Engagement außerhalb etablierter Träger. *Blätter der Wohlfahrtspflege* 136 (1): 7–10.

Schimank, U. 2000. *Handeln und Strukturen. Einführung in die akteurtheoretische Soziologie*. Weinheim: Juventa.

Schirwitz, B. 2017. Sport für alle – Ein Blick aus kommunaler Sicht (mit Beispielen aus Münster). In *Sport für alle – Idee und Wirklichkeit*, Hrsg. D.H. Jütting und M. Krüger, 205–215. Münster: Waxmann.

Statistisches Bundesamt. 2016. *Rechnungsergebnisse der öffentlichen Haushalte für soziale Sicherung und für Gesundheit, Sport, Erholung* Fachserie 14 Reihe 3.5 – 2011.

Strob, B. 1999. *Der vereins- und verbandsorganisierte Sport – Ein Zusammenschluß von (Wahl-) Gemeinschaften?* Münster: Waxmann.

Turn und Sportgemeinschaft Bergedorf von 1860 e. V. . 2010. 1860–2010 – 150 Jahre TSG – Wir bewegen! Hamburg: Deko 80 Werbung.

Weber, W., C. Schnieder, und N. Kortlüke. 1995. *Die wirtschaftliche Bedeutung des Sports*. Schorndorf: Hofmann.

Wicker, P. 2011. Willingness-to-pay in non-profit sports clubs. *International Journal of Sports Finance* 6:155–169.

Wicker, P., N. Longley, und C. Breuer. 2015. Revenue volatility in German nonprofit sports clubs. *Nonprofit and Voluntary Sector Quarterly* 44 (1): 5–24.

Winkler, J., und R.R. Karhausen. 1985. *Verbände im Sport: Eine empirische Analyse des Deutschen Sportbundes und ausgewählter Mitgliedsorganisationen*. Schorndorf: Hofmann.

Zimmer, A., A. Basic, und T. Hallmann. 2011. Sport ist im Verein am schönsten? Analysen und Befunde zur Attraktivität des Sports für Ehrenamt und Mitgliedschaft. In *Bürgerschaftliches Engagement unter Druck? Analyse und Befunde aus den Bereichen Soziales, Kultur und Sport Rauschenbach*, Hrsg. T. Rauschenbach und A. Zimmer, 269–385. Opladen: Budrich.

Teil IV
Fazit

Zivilgesellschaft und Wohlfahrtsstaat in Deutschland: Ein kurzer Ausblick

Matthias Freise und Annette Zimmer

Zusammenfassung
Der abschließende Beitrag fasst in acht Thesen die zentralen Ergebnisse des Lehrbuches zusammen und wirft einen Ausblick auf die Entwicklung des Verhältnisses von Wohlfahrtsstaat und Zivilgesellschaft in Deutschland. Während die deutsche Sozialpolitik nach wie vor von Pfadabhängigkeiten geprägt ist, die ihren Ursprung im späten 19. Jahrhundert haben, befindet sich der Welfare Mix in einem anhaltenden Umbruch. Neue Akteurskonstellationen, neue soziale Problemstellungen und neue politische Strategien werden den Wohlfahrtsstaat nachhaltig verändern.

Schlüsselwörter
Welfare Mix · Pfadabhängigkeiten · Herausforderungen des Wohlfahrtsstaats · Zivilgesellschaft

M. Freise (✉) · A. Zimmer
Westfälische Wilhelms-Universität Münster, Münster, Deutschland
E-Mail: freisem@uni-muenster.de

A. Zimmer
E-Mail: zimmean@uni-muenster.de

1 Einleitung

In diesem abschließenden Beitrag soll ein Rückblick auf die Ergebnisse der einzelnen Kapitel und ein Ausblick auf die weitere Entwicklung von Wohlfahrtsstaat und Zivilgesellschaft in Deutschland geworfen werden. Was lässt sich aus den Analysen lernen? Welche Rolle werden zivilgesellschaftliche Akteure künftig im deutschen Wohlfahrtsstaat spielen? Und welchen neuen und alten Herausforderungen müssen sie sich dabei stellen? Um diese Fragen zu beantworten, stellen wir acht Thesen auf, die wir im Folgenden knapp diskutieren.

2 Bismarck lebt

„Dämon außer Dienst" – so übertitelte Paul Munzinger (2015) einen Beitrag in der Süddeutschen Zeitung anlässlich des Bismarckjahres. Für die Tagespolitik mag das sicher zutreffen, Wohlfahrtsstaatsforscher_innen finden die Spuren der Politik des Reichskanzlers jedoch allerorten. Auch wenn der deutsche Wohlfahrtsstaat im Laufe der Jahrzehnte tief greifende Reformen durchlaufen und Neuerungen erfahren hat, ist er bis heute durch zwei Pfadabhängigkeiten geprägt, die in die Kaiserzeit zurückreichen, nämlich zum einen das Umlagesystem bei der Finanzierung der großen sozialen Sicherungssysteme (ursprünglich Rente und Krankenversicherung, später ergänzt um die Arbeitslosenversicherung und die Pflege) und zum anderen die Einbeziehungen zivilgesellschaftlicher Organisationen in die Produktion personenbezogener Dienste mit der Konsequenz einer engen Zusammenarbeit von Staat und Zivilgesellschaft.

Zwar steigen von Jahr zu Jahr die Zuschüsse des Bundes aus Steuermitteln in die Versicherungssysteme und die Beihilfe des Bundes zur Rente stellt mittlerweile den größten Haushaltsposten dar. Der Generationenvertrag, nämlich, dass die aktuell arbeitende Generation die im Ruhestand versorgt und dafür ihrerseits Ansprüche an die nachfolgenden Generationen erwirbt, ist jedoch nach wie vor Leitprinzip des deutschen Rentensystems. Und auch wenn die Ökonomisierung Eingang in die Leistungsproduktion gefunden hat, im Zuge derer privatwirtschaftliche Akteure an Bedeutung zugenommen haben, etwa im Krankenhaussektor und bei der häuslichen Pflege, sind es doch nach wie vor Wohlfahrtsverbände und ihre Mitgliederorganisationen, die für einen Großteil der Leistungserstellung verantwortlich zeichnen. Und das werden sie auch weiterhin tun, wie die Übertragung neuer Aufgaben an diese Organisationen zeigt, so etwa der Betrieb von Kitas, der schulischen Ganztagsbetreuung sowie der zahlreichen Angebote für geflüchtete Menschen.

Dem Bismarckschen Wohlfahrtsstaat wird in Politik und Sozialwissenschaften häufig die Totenglocke geläutet, ein radikaler Systemwechsel ist jedoch zumindest in der kommenden Dekade nicht zu erwarten. Studierende deutscher Wohlfahrtspolitik tun deshalb gut daran, die Klassiker_innen der Disziplin zu studieren (Schmidt 2005; Kaufmann 2003; Ritter 2010).

3 Die Musik spielt auf der lokalen Ebene

In der öffentlichen Debatte wird unbesehen dem Bund die Zuständigkeit für wohlfahrtsstaatliche Politik zugeschrieben. Und in der Tat hat sich in Deutschland eine Aufgabenteilung etabliert, in der Bund für die Regulierung nahezu aller und die Finanzierung der weitaus meisten sozialen Leistungen zu sorgen hat. Das Bundesministerium für Arbeit und Soziales verwaltet daher den mit Abstand größten Etat im Bundeshaushalt.

Ganz anders stellt sich die Situation jedoch dar, wenn es um die Frage der Leistungserstellung geht. Im Unterschied zu zentralistischen Staaten wie Frankreich verfügt Deutschland traditionell über ein regional und lokal organisiertes System sozialer Dienstleistungserstellung. Die Kapitel von Rupert Strachwitz, Holger Backhaus-Maul und Heike Walk in diesem Band illustrieren eindrucksvoll die Traditionslinien lokaler Einrichtungen. Stiftungen gehen teilweise bis ins Mittelalter zurück, auch Genossenschaften und die Vorläufer der Wohlfahrtsverbände agierten bereits lange vor Beginn des Wohlfahrtsstaates moderner Prägung.

Wer die Landschaft der sozialen Dienstleistungserstellung begreifen möchte, kommt deshalb nicht umhin, die lokale Ebene in den Blick zu nehmen und zu fragen, wann, durch wen und unter welchen Bedingungen die heutigen Leistungserbringer des Wohlfahrtsstaates, angefangen bei den Krankenhäusern bis hin zu Kitas und Kindergärten, vor Ort gegründet wurden. Es ist davon auszugehen, dass der Welfare Mix auf der lokalen Ebene des Wohlfahrtsstaates, auf der die eigentlichen Leistungen erbracht werden, auch künftig hochgradig divers bleibt und uns dort eine große Organisationsvielfalt begegnen wird.

4 Neue und alte Herausforderungen für den Wohlfahrtsstaat

Die Komplexität der deutschen Wohlfahrtsproduktion ist aus Sicht der Forschung Fluch und Segen zugleich. Auf der einen Seite sind bedingt durch die Governance im Mehrebenensystem des deutschen Föderalstaates mit seinen verschiedenen

Verwaltungsebenen umfängliche Abstimmungs- und Koordinationsprozesse erforderlich. Auf der anderen Seite erweist sich der deutsche Wohlfahrtsstaat im europäischen Vergleich insofern durchaus flexibel, als auf lokaler Ebene dank eines ausgeprägten Welfare Mixes sozialer Dienstleistungserstellung in der Regel responsiv und zeitnah auf neue Bedarfe und Notlagen reagiert werden kann. Besonders gut zeigt sich dies zurzeit im Umgang mit geflüchteten Menschen: Zwar stellte das erhebliche Anwachsen der Geflüchtetenzahlen 2015 und 2016 auch den deutschen Wohlfahrtsstaat vor große Herausforderungen, im Gegensatz zu anderen europäischen Ländern, die über keine Tradition zivilgesellschaftlicher Einbindung verfügen, konnten die deutschen Wohlfahrtsverbände jedoch durch ihre gesellschaftliche Verankerung im lokalen Raum schnell und effektiv Ressourcen mobilisieren.

Die Folgekosten der Überalterung der Gesellschaft bedingt durch niedrige Geburtenziffern bei gleichzeitig steigender Lebenserwartung lassen sich durch Erhöhung des Renteneintrittsalters, Migration in den Arbeitsmarkt und Steigerung der Produktivität nicht ausgleichen. So ist und bleibt in Hinblick auf die Kosten die Altersversorgung die Achillesferse des deutschen Wohlfahrtsstaates. Es ist zu erwarten, dass in den kommenden Jahren massive politische Konflikte um die Sicherung der Rente, aber auch der Krankenversorgung und der Pflege ausgefochten werden. Entsprechendes gilt für den gesellschaftlichen Wandel, im Zuge dessen sich Lebensentwürfe pluralisieren und deshalb veränderte Strategien des Wohlfahrtsstaates bedürfen. Eine besondere Herausforderung wird dabei die Armutsbekämpfung sein. Schon heute kommt es zu sozialen Verwerfungen: Zwei Drittel der Gesellschaft sind durch die Sozialversicherungen vergleichsweise gut abgesichert; doch für viele trifft dies nicht zu. Es sind insbesondere die vulnerablen Gruppen, z. B. alleinerziehende Mütter oder spät geschiedene Frauen, die infolge ihrer Erwerbsbiografien kaum oder nur geringe Ansprüche auf Sozialleistungen erworben haben. Weitere Herausforderungen an den Wohlfahrtsstaat ergeben sich infolge einer anhaltenden Landflucht mit der damit verbundenen Wohnungsknappheit in den Metropolenregionen. Schließlich stellt die gesellschaftliche Integration Zugewanderter den deutschen Wohlfahrtsstaat wie die Zivilgesellschaft vor neue Aufgaben, auf die sie unterschiedlich gut vorbereitet sind.

5 Soziale Investitionen rücken in den Fokus

Einen Bedeutungsgewinn erfahren in Deutschland wie andernorts in Europa soziale Investitionen, also Maßnahmen, mit denen der Wohlfahrtsstaat anstatt auf die Kompensation von Lebensrisiken abzuzielen, versucht, durch Investitionen in Sozialkapital diese zu verhindern oder zumindest abzumildern. Paradebeispiel dafür ist der Ausbau der Kinderbetreuung, die als mehrfache soziale Investition betrachtet werden kann: Ermöglicht wird hierdurch Müttern die Teilhabe am Arbeitsmarkt. Sie gewinnen individuelle Ansprüche auf Sozialleistungen und werden unabhängig von Partnern bzw. Vätern. Auch die Kinderbetreuung an sich gilt als soziale Investition. Kitas und Kindergärten sind Lernorte im Dienst der Gewinnung sozialer Kompetenzen sowie der Aneignung von Fähigkeiten, insbesondere für Kinder aus Elternhäusern, in denen nicht Deutsch gesprochen wird, oder aber für die Kinder, die seitens der Eltern kaum oder keine Förderung erfahren. Die Investition zahlt sich volkswirtschaftlich aus, wenn weniger Kinder den Schulabschluss verfehlen und ein selbstbestimmtes Leben führen können.

Soziale Investitionen sind sicher keine neue Erfindung. Die Forschung zeigt aber, dass sie im politischen Diskurs eine Aufwertung erfahren haben und durch Akteure wie die Europäische Union verstärkt Beachtung finden, wenngleich sie bei einer rein quantitativen Betrachtung im Vergleich zu den kompensatorischen Sozialleistungen vermutlich immer nur die "zweite Geige" spielen werden.

6 Unterschiedliche Politikfelder, verschiedene Trends

Die Fallstudien im dritten Teil des Bandes verdeutlichen, dass sich Policy übergreifende Entwicklungen feststellen lassen und sich Welfare Mixe neu konfigurieren. Allerdings sind Veränderungen in den verschiedenen Bereichen des Wohlfahrtsstaates unterschiedlich ausgeprägt. Wie der Beitrag von Benjamin Ewert zur Gesundheitspolitik zeigt, hat sich die Akteurskonstellation in diesem Politikfeld in den vergangenen Jahren ganz besonders gewandelt. Inzwischen betreiben private Unternehmen in beachtlichem Umfang Krankenhäuser und die häusliche Pflege ist mittlerweile von privaten Diensten dominiert. Politikfelder wie die Vereinbarkeitspolitik oder die Migrationspolitik erfahren derzeit hingegen einen Aufwuchs zivilgesellschaftlicher Akteure. Wie Danielle Gluns und Heike Walk zeigen, kommt es im Bereich Wohnungspolitik zu einer Renaissance der Genossenschaftsidee, während Katharina Obuch und Christina Grabbe vor allem in der Umweltpolitik, aber auch in der Arbeits- und der Inklusionspolitik ein vermehrtes Aufkommen von Sozialunternehmen konstatieren.

Auch in Hinblick auf die Bedeutungszumessung seitens der Politik lassen sich in den einzelnen Politikfeldern große Unterschiede ausmachen: Während die Vereinbarkeitspolitik als junges Politikfeld in den vergangenen Jahren große Aufmerksamkeit erfahren hat, hat angesichts der nach wie vor guten Konjunkturlage die aktive Arbeitsmarktpolitik an Relevanz verloren. Die Leistungen sind in den vergangenen Jahren deutlich reduziert worden, was insbesondere für Langzeitarbeitslose eine erhebliche Verschlechterung darstellt. Auch künftig ist zu erwarten, dass dem Ausbau der Ganztagsbetreuung ein hoher politischer Stellenwert zugemessen wird, während andere Politikfelder des Wohlfahrtsstaates eher selten Gegenstand der politischen Agenda sein werden.

7 Professionalisierung und gGmbHisierung auf dem Vormarsch

Die Beiträge im zweiten Teil des Lehrbuches haben ferner herausgearbeitet, dass sich derzeit politikfeldübergreifend ein Trend zur Ökonomisierung und Professionalisierung der zivilgesellschaftlichen Dienstleistungserstellung abzeichnet. Leitete früher ein Pastor den örtlichen Caritasverband, kommen heute Fachkräfte mit Hochschulstudium zum Einsatz. Die Führung der Mitarbeiter_innen, das Management von Ehrenamtlichen, Fundraising und Öffentlichkeitsarbeit sind nur einige Beispiele für Tätigkeitsfelder, in denen zunehmend hauptamtliche Mitarbeiter_innen als „Profis" tätig sind. Auch waren über Jahrzehnte hinweg die meisten zivilgesellschaftlichen Produzenten personenbezogener sozialer Dienste als Verein organisiert. Mit großem Abstand folgten Stiftungen. Auch dies hat sich nachhaltig geändert: Die Veränderung der Rechtsform zur gemeinnützigen Kapitalgesellschaften (gGmbHs) ist bei den zivilgesellschaftlichen sozialen Dienstleistern mittlerweile an der Tagesordnung. Die Gründe hierfür sind vielfältig: GmbHs ermöglichen ein strafferes Management von Zweckbetrieben und sie bieten in Haftungsfragen mehr Sicherheit als ein Verein. Dieser Trend wird in den kommenden Jahren sicherlich anhalten und es ist bereits abzusehen, dass die zivilgesellschaftlichen sozialen Dienstleister ihren Konkurrenten – den privaten Unternehmen – immer ähnlicher werden.

8 Zivilgesellschaft im schwierigen Spagat

Insgesamt wird sowohl durch die gesellschaftlichen Entwicklungen als auch durch die Veränderung von Wohlfahrtsstaatlichkeit die traditionelle Zusammenarbeit von Staat und Zivilgesellschaft auf eine harte Probe gestellt: Haben wir es überhaupt noch mit zivilgesellschaftlichen Organisationen in der Wohlfahrtspflege zu tun, die sich werteorientiert für die Interessen ihrer Mitglieder und Klienten einsetzen? Oder ist nicht längst ein Sektor entstanden, den man bei

Lichte betrachtet als staatlichen Erfüllungsgehilfen betrachten muss? Haben Caritas, Diakonie und die vielen anderen Organisationen überhaupt noch eine Werteorientierung oder geht es letztlich nur noch um die Abrechnung von Fallpauschalen gegenüber den Sozialversicherungsträgern?

Schaut man in diese Organisationen, stellt man fest, dass diese Fragen durchaus ihre Berechtigung haben. Gleichzeitig sind viele zivilgesellschaftliche Organisationen bemüht, Profil und Aktivitäten an einem Leitbild zu orientieren, das ihren Werten entspricht. Doch es gelingt bei weitem nicht allen, diesen Spagat zu meistern und unter Beibehaltung ihrer zivilgesellschaftlichen Identität sich in den inzwischen durchgängig durch Konkurrenz geprägten Bereichen der sozialen Dienstleistungserstellung zu behaupten.

9 Neue Frauen (und Männer) braucht das Land

Schließlich illustriert das Kapitel von Franziska Paul und Andrea Walter eindrucksvoll ein aktuelles Problem des deutschen Wohlfahrtsstaats: Arbeit und Beschäftigung in sozialen Berufen sind nicht besonders lukrativ und werden daher überwiegend von Frauen ausgeübt, während die Führungspositionen gerade auch der zivilgesellschaftlichen sozialen Dienstleister nach wie vor in männlicher Hand sind (Zimmer et al. 2017). Ist die männliche Dominanz auf den Führungsebenen vor allem ungerecht, stellen die schlechte Vergütung wie die z. T. prekären Beschäftigungsverhältnisse den Wohlfahrtsstaat auch vor ein steuerungstheoretisches Problem: Wie soll in Zukunft angesichts des sich bereits abzeichnenden Fachkräftemangels bei kontinuierlich steigender Nachfrage eine qualitativ hochwertige Versorgung garantiert und weiterentwickelt werden? Hier ist ein Umdenken angezeigt.

Nur wenn es gelingt, auch künftig motiviertes und engagiertes Personal auszubilden, das sich den Werten Professionalität und Solidarität verschreibt, kann die Zusammenarbeit von Wohlfahrtsstaat und Zivilgesellschaft auch weiterhin funktionieren.

Literatur

Kaufmann, F.-X. 2003. *Varianten des Wohlfahrtsstaates: Der deutsche Sozialstaat im internationalen Vergleich*. Frankfurt: edition suhrkamp.

Muninger, P. 2015. Dämon außer Dienst. *Süddeutsche Zeitung*. 31. März.

Ritter, G.A. 2010. *Der Sozialstaat: Entstehung und Entwicklung im internationalen Vergleich*. München: Oldenbourg.
Schmidt, M.G. 2005. *Sozialpolitik in Deutschland: Historische Entwicklung und internationaler Vergleich*. Wiesbaden: VS Verlag.
Zimmer, A., E. Priller, und F. Paul. 2017. Karriere im Nonprofit-Sektor. https://www.uni-muenster.de/imperia/md/content/ifpol/mitarbeiter/zimmer/_nonprofitfrauen_online.pdf. Zugegriffen: 4. Nov. 2018.

Sachverzeichnis

A
Abbe, Ernst, 112
ADAC, 93
Aich, Adolf, 103
AIDS-Hilfe, 237
Aktion, konzertierte, 30
Alleinernährer-Modell, 60, 62, 70, 72
Alleinerziehender, 62, 64, 265
Altersarmut, 189
Angehörigenpflege, 286, 291
Annobal Tapapius Rufus, 109
Arbeiterbewegung, 84
Arbeitergenossenschaft, 259
Arbeiterwohlfahrt, 41, 85, 95
Arbeitgeberverband, 207–211, 223
Arbeitsbedingung, 171, 174, 183, 185, 187, 189, 207
Arbeitsgemeinschaft der deutschen Familienorganisationen, 74
Arbeitslosengeld, 57, 58, 63
   I, 207, 213, 358
   II, 207, 213, 358
Arbeitslosenversicherung, 207, 212, 224
Arbeitsverhältnis, prekäres, 196, 198, 200, 201
Aristoteles, 6
Armutsbekämpfung, 288
Armutsrisiko, 339
Arzt, niedergelassener, 232
Ashoka, 150, 155, 158, 159, 162, 163
Asylbewerberleistungsgesetz, 325
Asylkompromiss, 324
Audit berufundfamilie, 297, 303, 306, 312
Austerität, 14

B
Baukindergeld, 260
Bauleitplanung, 267, 269, 273
Behindertenwerkstatt, 151
Bertelsmann Stiftung, 17, 59, 74, 115, 117, 289, 297, 298, 305
Beschäftigung, atypische, 183, 184
Betreuungsgeld, 72
Bismarck, Otto von, 34, 144, 228, 396
Bodelschwingh, Friedrich von, 148
Bonner Republik, 324
Breadwinner-Modell, 32, 34, 47
Bund der Kriegsblinden Deutschland, 236
Bund Deutscher Hirnbeschädigter, 236
Bundesagentur für Arbeit, 208, 211, 212, 216, 328
Bundesamt für Migration und Flüchtlinge, 328
Bundesanstalt für Immobilienaufgaben, 266
Bundesinstitut für Sportwissenschaft, 368
Bundesministerium des Innern, 329, 368
Bundesministerium für Arbeit und Soziales, 397
Bundesministerium für Familien, Senioren, Frauen und Jugend, 68, 73, 74, 295, 297, 298

© Springer Fachmedien Wiesbaden GmbH, ein Teil von Springer Nature 2019
M. Freise und A. Zimmer (Hrsg.), *Zivilgesellschaft und Wohlfahrtsstaat im Wandel*, Bürgergesellschaft und Demokratie,
https://doi.org/10.1007/978-3-658-16999-2

Bundesministerium für Umwelt, Naturschutz, Bau und Reaktorsicherheit, 266
Bundesministerium für Wirtschaft und Technologie, 153
Bundesverfassungsgericht, 90
Bürgerstiftung, 105

C
Caritas, 84–86, 89, 95, 228
Citizenship, 28
Cleavages, 41
Codex Justinianus, 109
Co-Produktion, 11

D
Demokratie, defekte, 27
Deutsche Arbeitsgemeinschaft Selbsthilfegruppen, 246–250
Deutsche Jugendkraft, 41
Deutscher Alpenverein, 42
Deutscher Gewerkschaftsbund, 299
Deutscher Olympischer Sportbund, 43, 362, 365, 366, 370, 374
Deutscher Turnerbund, 42
Deutscher Verein für öffentliche und private Fürsorge, 74
Deutsches Jugendinstitut, 74
DGB-Index „Gute Arbeit", 172, 184, 186, 188
Diakonie, 84, 86, 89, 95, 228
Doping, 370

E
Ehegattensplitting, 64, 301, 306
Eigenverantwortung, 176
Elterngeld, 286, 288–290, 292, 294, 295, 301, 303
Elternzeit, 314
Employability, 33, 60, 215
Empowerment, 28, 245, 336, 362
Erziehungsgeld, 287, 289, 290, 295
Europäischer Sozialfonds, 299, 354

F
Fallpauschale, 401
Familienhilfe, 56, 68, 74
Familienverband, 286, 287, 296
Finanzkrise, 106
Föderalismusreform, 329
Forschungszentrum Familienbewusste Personalpolitik, 304
Frauenerwerbslosigkeit, 196, 199
Frauenerwerbstätigkeit, 213
Freiwilligensurvey, 46, 383
Freiwilliges Soziales Jahr, 87
Fürsorgearbeit, 174, 175, 187, 189

G
Gabriel, Sigmar, 326
Geburtenrate, 62, 65
Gemeinnützige Gesellschaft zur Unterstützung Asylsuchender, 354, 356, 357
Gemeinschaftsstiftung, 105
Genossenschaftsverband, 125, 130
Gentrifizierung, 265, 273, 277
Gesellschaft für Berufsförderung und Ausbildung, 357
Gesetzliche Krankenversicherung, 228, 230, 231, 233, 235, 239, 243, 249
Gewerkschaft, 207–212, 219, 221, 223
gGmbHisierung, 93
Goldener Plan, 368, 371, 375, 380
Grameen Bank, 145
Grundgesetz, 56, 67

H
Habermas, Jürgen, 7
Hartz-Reformen, 212, 222
Heilig-Geist-Spital, 111

I
Industrialisierung, 113, 125, 134
Institut für Qualität und Wirtschaftlichkeit im Gesundheitswesen, 241
Islamkonferenz, 329, 336, 337

J
Jugendhilfe, 43

K
Kinderbetreuungseinrichtung, betriebliche, 288, 296
Kinderförderungsgesetz, 70, 295, 301, 314
Kindergarten, 151
Kinder- und Jugendhilfe, 67, 68, 70, 74
Kolping, Adolph, 148
Kontraktmanagement, 180
Korporatismus, 31, 96, 208, 210, 212, 228, 230, 235, 239, 241, 248, 251
Kostensenkung, 170, 177, 183
Krankenkasse, private, 230
Kreditanstalt für Wiederaufbau, 146, 154
Kulturation, 322
Kultusministerkonferenz, 69

L
Landflucht, 113
Land-Stadt-Wanderung, 125, 134
Legitimität, 26, 35
Leyen, Ursula von der, 290

M
Maecenata-Institut, 108
Marx, Karl, 6
Mäzenatentum, 6
Mentoring, 217
Mieterschutz, 259, 260
Mietspiegel, 269, 274
Migrantenselbstorganisation, 319, 335
Milieu, 84, 86, 89, 95
  soziales, 37, 41, 45
Mohn, Reinhard, 115
Müttererwerbstätigkeit, 288
Mutterschutz, 56

N
NAKOS, 246, 248
Neo-Institutionalismus, 38
Neue Soziale Bewegung, 8
New Public Management, 170, 179, 181, 201

O
Ökonomisierungsdruck, 145, 162

P
Paritätischer Wohlfahrtsverband, 84, 85, 95, 228
Partizipation, 26, 48, 49
Pegida, 8, 9
Pflege, stationäre, 233
Pflegedienst, 177, 187
Pflegezeit, 312, 314
Pflichtaufgabe, 372, 381
PISA-Schock, 63
Pluralisierung, 5, 13
Pluralismus, 39
Prävention, 232, 233, 243, 249, 362, 370, 375, 382, 386
Preußen, 115
Public-Private Partnership, 47

R
Raiffeisen, Friedrich Wilhelm, 125
Rechtsstaat, 25
Retrenchment, 13
Reurbanisierung, 277
Robert Bosch Stiftung, 297

S
Sanktion, 58, 60
Schiller, Karl, 58

Schmidt, Renate, 290
Schröder, Gerhard, 47, 58, 59
Schulze-Delitzsch, Hermann, 125
Schwab Foundation, 155
Selbstethnisierung, 335
Selbsthilfeeinrichtung, 126
Selbsthilfegruppe, 37
Selbsthilfeorganisation, 228, 231, 237, 246
Social Entrepreneurship, 93
Social Investment Fonds, 159
Solidarität, 27, 28, 48, 49, 57, 401
Soziale Stadt, 139
Sozialgesetzbuch, 63, 67
Sozialhilfe, 56, 60
Sozialleistungsquote, 29
Sozialpartner, 207, 209, 211–213, 216, 218, 221, 222, 224
Sozialstaatsprinzip, 56
Sozialwirtschaft, 146, 147
Spitzenverbände der Deutschen Wirtschaft, 289, 298
Sportministerkonferenz, 370
Staatlichkeit, 25
Städel, Johann Heinrich, 112
Stadtentwicklung, 135
Stadtumbau Ost, 140
Subsidiarität, 170, 177
Subsidiaritätsprinzip, 37, 44, 45

T
Tarifvertrag, 209, 211, 221, 224
Think Tanks, 104
Tocqueville, Alexis de, 6, 7
Transferleistung, 338, 343
Trimm-Dich-Bewegung, 366, 375
Turnverein, 364

U
U3-Kinderbetreuung, 59, 61, 66, 68, 70
UNICEF, 93
Universalbankenprinzip, 269
Unterstützungsangebot, 207, 217, 219

V
Verband der Kriegsbeschädigten, Kriegshinterbliebenen und Sozialrentner Deutschlands (VdK), 237
Verbetrieblichung, 91, 92, 95
Vereinte Nationen, 141
Volks- und Raiffeisenbank, 270

W
Weber, Max, 10
Weimarer Republik, 84, 90, 170
Weiterbildung, 57, 59, 207, 208, 211, 214, 215, 218, 221–223
Welfare Mix, 11, 14–16, 30, 397–399
Wirtschaftsform, öko-soziale, 124, 138
Wirtschaftswunder, 260
Wohlfahrtsreform, 176, 183, 187
Wohlfahrtsverband, 333
Wohngeld, 56
Wohnungsgenossenschaft, 259, 270, 275

X
Xiaobo, Liu, 9

Y
Yunus, Muhammad, 145

Z
Zero Waste Supermarkt, 152
ZIVIZ-Survey, 46
Zuwanderung, 318, 321, 324–326, 328, 340, 341
Zweiter Weltkrieg, 259

The manufacturer's authorised representative in the EU is Springer Nature Customer Service Centre GmbH, Europaplatz 3, 69115 Heidelberg, Germany. If you have any concerns regarding our products, please contact ProductSafety@springernature.com

Printed and bound by CPI Group (UK) Ltd, Croydon, CR0 4YY
23/03/2026
02076740-0006